JN436117

Analytic Methods for Design Practice

해석적 설계방법론

박경진·강병수 저

東 明 社

해석적 설계방법론

초판 발행 2007년 8월 20일
3쇄 발행 2013년 12월 27일

지은이 박경진 · 강병수
펴낸이 최국주
펴낸곳 동명사
출판등록 1950년 11월 1일(제1-76호)
주소 (우 413-756) 경기도 파주시 회동길 50(문발동)
전화 031-955-7200(대표)~2, 7203(편집부), 7204(물류)
팩스 031-955-7205
전자우편 webmaster@dmsbook.com
홈페이지 www.dmsbook.com

ISBN 978-89-411-0276-2 93550
값 31,000원

이 책의 내용 일부 또는 전부를 재사용하려면 저작권자와 도서출판 동명사의 동의가 반드시 필요합니다.
잘못 만들어진 책은 구입하신 서점에서 교환해 드립니다.

불법복사는 지적재산을 훔치는 범죄행위입니다.

저작권법 제97조의 5(권리의 침해죄)에 따라 위반자는 5년 이하의 징역 또는 5천만원 이하의 벌금에 처하거나 이를 병과할 수 있습니다.

머리말

preface

지난 20년 가까이 기계공학과에서 설계를 가르쳐 오면서 공부하고 배우고 느낀 점들을 요약하였다. 특히 지난 18년간 한양대학교에서 가르친 설계에 관한 사항을 정리하였다. 이 책은 책임저자가 Analytic Methods for Design Practice라는 제목으로 Springer 출판사를 통해 출간한 책의 번역판임을 밝힌다. 여기서의 설계는 주로 공학에서 많이 다루는 역학 계산의 결과를 제품의 계획에 반영하는 과정이다. 일반적으로 대상 시스템의 역학적 해석에는 많은 노력을 기울이고 있으나 이를 설계에 반영하는 과정은 즉흥적이거나 경험과 직관에 의존하고 있는 실정이다. 이러한 과정은 매우 비효율적으로 비추어질 수 있으나 실제로는 설계의 특징을 잘 나타내고 있다. 즉 설계과정은 오히려 역학적 계산보다 더 복잡해서 설계자의 사고나 판단으로 하는 것이 더 정확할 수 있다. 그러나 이 때문에 최선의 설계 결정은 객관적으로 증명할 수 없는 점도 있다.

최근 대상 시스템이 점차 대형화되는 추세가 있다. 대상 시스템이 크면 설계자의 주관적 판단만으로는 설계가 어렵고 객관적으로 검증할 수 있는 정형화된 설계방법이 요구된다. 이에 많은 설계방법을 개발하고 있다. 설계에는 필히 결정과정이 따르게 되어 설계자는 여러 개의 선택을 놓고 고민하게 되거나 하나의 결정도 못할 수 있다. 이러한 경우 설계자는 설계방법론을 필요로 한다. 즉 결정과정을 도와주는 도구가 필요하다.

설계는 대체로 제품의 전반적 특성을 정의하는 개념설계, 부품의 선정이나 배치 등을 결정하는 초기설계와 선정된 부품의 최종 치수를 결정하는 상세설계로 분류한다. 설계의 순서는 일반적으로 개념설계, 초기설계, 상세설계 순으로 진행한다. 이러한 모든 과정에 보편적으로 적용할 수 있는 설계방법이 있을까? 아직은 그러한 방법은 없는 것으로 보인다. 다만 설계과정에 따라 적용하는 방법을 달리 한다. 설계는 설계방법론의 적용 관점에서 전반적인 사항을 결정하는 개념설계와 치수를 최종적으로 결정하는 상세설계로 분류할 수 있다.

각 설계단계에 적용할 수 있는 설계방법들을 취급한다. 다시 말해 정형화된 설계방법을 설명하며 그들의 응용에 대해 논의한다. 이렇게 이론적 방법론이 확립된 정형화된 설계를 여기서는 해석적 설계방법이라 지칭한다. 각 단원은 하나의 방법을 다룬다. 우선 방법을 유도하고 설명한다. 예제를 통해 독자는 소개하는 방법을 연습할 수 있다. 실제적인 응용 사례는 단원 끝의 부록에 소개하였다. 따라서 각 단원은 독립적으로 사용할 수 있다.

이 책은 학부의 고학년이나 대학원과정의 수업에서 교과서로 사용할 수 있다. 배우는 학생은 기본적인 미적분에 대한 수학이나 공학의 기초 지식을 알고 있어야 한다. 또한 현장의 기술자들이 제품에 설계기술을 적용하려 할 때 사용할 수 있다. 설계방법만을 사용하려 한다면 이론적인 부분을 제외하고 설계방법의 과정만을 익히는 것으로 충분할 것이다. 최근 공과대학에서는 설계교육에 대한 요구가 증진되어 입문 설계, 캡스톤 설계, 창의 설계 등에 대한 논의가 활발하다. 이때 설계한 제품에 대한 객관적 검증에 여기에 소개되어 있는 설계이론을 응용할 수 있다.

각 단원을 간단히 소개하면 다음과 같다. 제 1 장에서는 설계의 전반적인 사항과 함께 이 책에서 소개하는 해석적방법들을 간단히 설명한다. 제 2 장에서는 개념설계에 유용한 공리적설계를 소개한다. 제 3 장부터 제 7 장까지는 상세설계에 적용할 수 있는 해석적방법들을 설명한다. 다루는 방법들은 최적설계, 구조최적설계, 동적반응최적설계, 실험계획법에 의한 설계, 강건설계이다. 제 8 장과 제 9 장에는 실제 설계에 방법론을 적용한 응용 사례를 소개한다. 끝으로 제 10 장에는 해석과 해석적설계법을 복합적으로 적용하는 다분야 통합최적설계가 있다. 독자는 필요에 따라 각 장을 따로 공부할 수 있다.

한양대학교의 대학원에서 많은 박사와 석사를 배출하면서 해결한 예제들을 수록하였다. 고병갑 교수, 박영선 박사, 이권희 교수, 도성희 박사, 임재문 박사, 이광원 박사, 최우석 박사, 신문균 박사, 황광현 박사, 강병수 박사, 송세일 박사, 심진욱 박사, 박철민 박사, 이정욱 박사, 이재완 박사, 박기종 박사, 신정규 박사, 신광섭 박사, 전상기 박사들께 감사드린다. 그들이 없었다면 다양한 설계론을 접할 기회도 없었을 것이다. 특히 공동저자인 강병수 박사와 교정 등의 마무리 작업을 주도적으로 도와준 신정규 박사에게 감사드린다. 그간 배출한 70여 명의 석사과정의 제자들께도 감사드린다. 또한 현재 재학하고 있는 대학원생들께도 감사드린다. 책을 만드는 시기에 저자와 함께 있음으로 인해 교정 등에 각종 도움을 받았음을 밝힌다.

저자에게 석사과정에서 처음으로 설계를 가르쳐 주신 KAIST의 곽병만 교수님, 박사과정에서 심도 있는 연구를 가르쳐 주신 The University of Iowa의 Arora 교수님, 임관 교수님께 감사드린다. 부교수 시절 공리적설계를 가르쳐 주시고 연구하는 교수의 방향을 제시하여 주신 MIT의 서남표 교수님께 무한한 감사를 드린다. 무엇보다도 저자의 장인이신 The University of Iowa의 박준부 교수님께 감사드린다. 박 교수님은 부족한 사위에게 교수생활의 각 단계마다 무엇을 해야 할 지를 사랑으로 이끌어 주셨다. 현재도 많은 대화를 통해 조언을 아끼시지 않는데 앞으로도 바랄 것이다.

끝으로 사랑하는 가족들에게 고마움을 전하고 싶다. 우선 믿음으로 키워주신 부모님께 감사드린다. 특히 이 책의 최종 출간을 앞두고 돌아가신 아버님과 이제 연로하셔서 투병중이신 어머님께 자식의 이 자그마한 결실이 미약하나마 그간의 사랑에 보답이 되길 바란다. 미국에서 자라 아무 것도 모르고 저자를 따라 우리나라에 온 아내에게는 항상 빚진 마음이다. 그간의 내조에 혹시 작은 위로라도 되기를 바랄 뿐이다. 아울러 우리의 예쁜 상은이, 상화, 상우가 나중에 아빠의 책으로 공부를 할 수 있다면 더 바랄 것이 없겠다.

2007. 7.
안산 연구실에서
책임저자 박경진

차 례

content

제1장 설계기법의 개요

제2장 공리적설계

제3장 최적설계

제4장 구조최적설계

제5장 동적반응최적설계

제6장 실험계획법에 의한 설계

제7장 강건설계

제8장 해석적 설계방법의 실제문제에의 적용

제9장 자동차 안전도 문제에 대한 해석적 설계방법의 적용

제10장 다분야통합최적설계

제 1 장

설계기법의 개요

1.1 공학설계란 무엇인가?

설계란 무엇인가? 이에 대한 답은 사람마다 다를 수 있다. 일상생활에 대한 계획을 의미하기도 하고, 예술적 아름다움과 생활의 편리함을 주는 도구 창출을 뜻하기도 한다. 이 책에서 사용하는 설계의 개념은 이런 포괄적인 의미가 아니라 공학적 제품을 생산할 때 세우는 일련의 계획을 뜻한다. 이를 달리 기계설계라고도 한다. 기계설계는 제품의 전반적 기능의 정의나 배치 등일 수도 있고, 자세한 치수의 결정이나 도면 제작을 의미할 수도 있다. 기계설계는 선사시대에 사냥을 위한 도구를 개발할 때부터 존재해 온 무엇보다도 오래된 공학적 행위이다. 그런데 공학적 행위 중 어느 단계를 설계로 보느냐의 문제에 대한 대답은 명확하지 않다. 이렇듯 설계 개념의 불명확성에도 불구하고 일반적으로 공학자들은 계획단계를 설계로 간주하는 데는 대체로 동의하고 있다.

공학적 작업에서 설계의 위치를 살펴보자. 제품의 기획단계에서 판매까지의 흐름도가 그림 **1·1**에 있다. 그림 **1·1**에서 음영 처리된 부분이 기계설계 과정이다. 이 과정에서는 기획단계에서 정의한 문제를 공학적 수단을 통해 물리적으로 제조가 가능하도록 변환하는 작업이 이루어진다. 즉, 제품의 기획단계에서 문자나 개념으로 정의된 사항을 물리적으로 구현할 수 있도록 구체화하는 계획이 이루어진다. 설계에서의 주된 작업은 기획단계에서 수립된 사항을 면밀히 검토하고 이의 공학적 타당성을 검증하여 최종 생산에 필요한 각종 부품 및 치수를 결정하는 일이다. 많은 경우 그 결과를 도면화하게 된다. 설계의 최종 산물이라 할 수 있는 도면의 예가 그림 **1·2**에 있다. 한편, 설계의 목적은 초기의 작업과 후반의 작업을 원활히 연결시키는 데 있다.

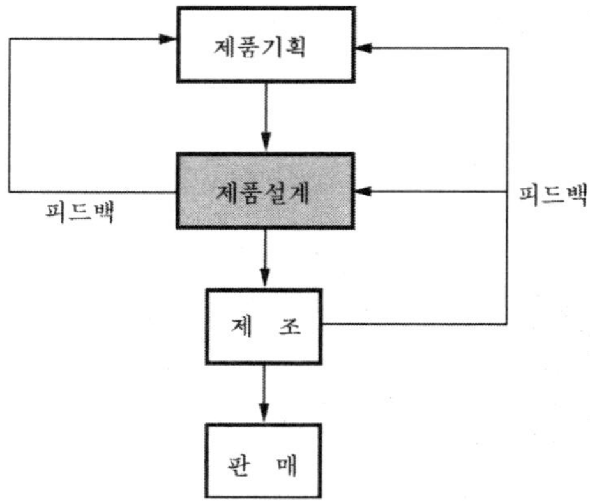

그림 1 · 1 제품생산의 흐름도

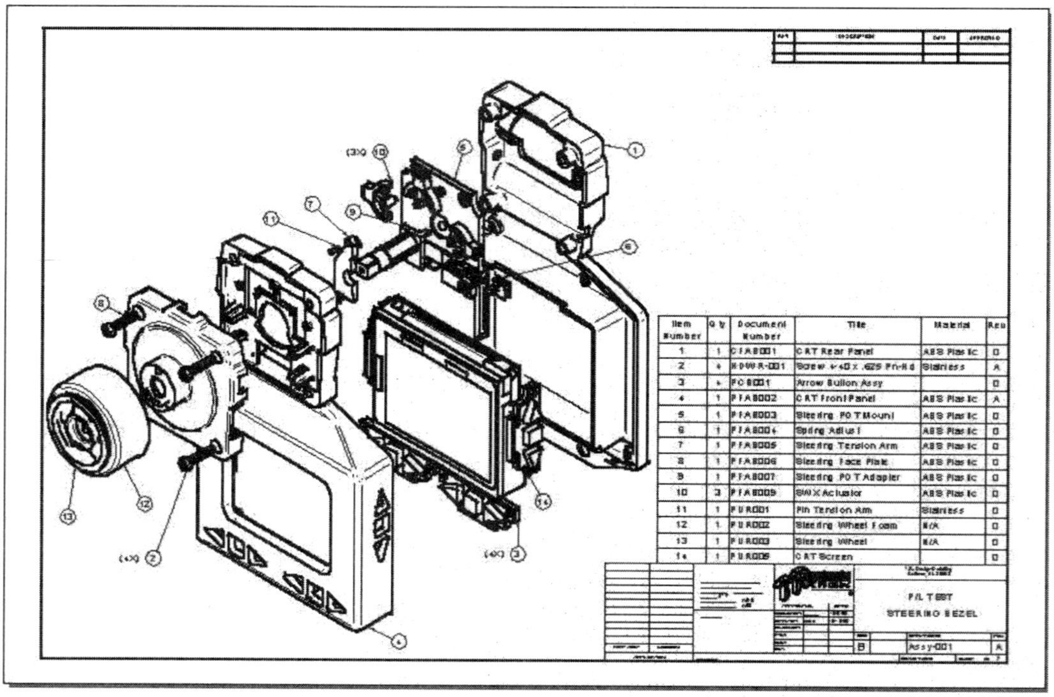

그림 1 · 2 설계도면의 예

설계 과정에서 설계자는 필히 어떤 결정(decision making)을 하게 된다. 그런데 그 결정을 하는 연유나 논리적 과정은 어떤 것일까? 또 좋은 결정의 특성을 객관적으로 정리할 수 있을까? 결정을 내리는 과정에 대한 시각차에 따라 설계를 예술(art)로 보는 쪽과 과학(science)으로 보는 쪽이 있으며 어떤 시각이 옳은지에 대해서는 논란이 계속 되고 있다. 설계를 예술로 간주하는 쪽은 결정 과정에서 직관을 중요하게 여긴다. 설계를 과학으로 간주하는 쪽은 직관보다는 객관적인 논리를 강조하며 보편적인 설계 원리가 존재한다고 주장한다. 예컨대 그림 **1 · 3**과 그림 **1 · 4**는 자동차의 설계이다. 그림 **1 · 3**의 설계에서는 미적인 면이 중요하다. 그러나 그림 **1 · 4**에서는 미적인 면보다는 설계조건을 만족하는 기능적인 면이 더 중요하기 때문에 수학적 · 역학적인 계산을 통해 과학적으로 설계 치수를 결정하게 된다. 이와 같이 설계의 특성은 다양하게 나타나지만 좋은 설계에 대한 보편적인 원리를 찾아낸다면 일반적인 설계법이나 설계이론을 말할 수 있을 것이다. 실제로 최근에는 좋은 설계라고 알려진 것들 사이의 공통점을 찾아내어, 이들을 정형화된 설계이론으로 설명하려는 경향이 나타나고 있다.

그림 1 · 3 멋진 자동차의 모습

그림 1 · 4 자동차 내부 구조설계

우리 주변에는 역사적으로 우수한 설계가 많다. 자전거, 자동차, 바퀴, 가전제품 등 우리가 당연하게 받아들이고 있는 제품들 모두가 우수한 설계라 볼 수 있다. 이들 중에는 천재들의 영감에 의해 갑자기 발명된 것도 있고, 노력에 의해 역사적으로 꾸준히 개선되어 온

것도 있다. 지금도 대부분 우수한 특허들은 이런 방식으로 만들어지고 있다. 그런데 설계에서 특정한 이론이나 보편적인 과정을 도출할 수는 없을까? 많은 공학자들 사이에는 과연 설계이론이 존재하는가에 대한 의구심이 팽배하다. 예술적인 면이 고려되는 설계 과정을 정형화된 이론으로 설명하기가 어렵다는 것이 그 의구심의 근거이다. 실제로 예술적으로 훌륭하다고 알려진 제품을 어떤 설계이론으로 설명하는 것은 무리가 있어 보인다. 그러나 사용이 편리하고 성능이 우수한 설계, 즉 공학적으로 좋은 설계에 대해서는 객관적인 설명이 가능할 것으로 보인다. 즉, 공학적으로 좋은 설계를 만들어내는 과정을 객관적으로 분석하고 그들 사이의 공통적인 특징으로부터 좋은 설계에 대한 해답을 얻을 수 있을 것이다. 설계 이론은 이러한 노력으로부터 창출된다.

이 책에서는 이미 확립되어 사용 가능한 설계이론에 대해서만 논의하고자 한다. 예술적이거나 미적인 것을 추구하는 설계에 관한 이론은 그 존재 여부나 객관성 여부의 문제가 있기 때문에 이 책에서는 제외한다. 따라서 공학적 기능을 고려하는 설계에서의 이론적 접근만을 취급한다. 다시 말해 공학적 설계방법론만을 설명한다.

1.2 설계의 특징 및 분류

공학적 작업의 흐름이 그림 **1 · 1**에 있다. 제품 기획단계에서는 시장조사 등을 통해 어떤 제품이 필요한가, 그 제품의 기능 및 용도는 무엇인가, 장래의 판매 및 예상이익은 어떤가 등을 결정한다. 이 물음들에 대한 대답을 바탕으로 생산 여부를 결정한다. 기획단계에서 생산을 결정하게 되면 이어서 제품의 구체적인 특성도 함께 결정한다. 이를 두고 광의의 설계라 할 수 있다. 그러나 공학적 설계는 기획이 종료된 후 제품의 구체적인 계획을 수립하는 것을 의미한다. 이미 결정된 제품의 개념을 물리적으로 구현할 수 있는 계획을 확정하는 것이다. 이러한 작업 과정을 설계 프로세스라고 하는데 이 책의 범주를 벗어나므로 참고문헌을 참조하기 바란다.

설계가 전체 공학적 작업에 미치는 영향은 지대하다. 총 생산 비용 중 5%만을 설계 과정에서 사용하나 그 영향은 전체의 80%가 된다는 보고가 있다. 그림 **1 · 1**에서 보면 설계 결과가 그 앞의 과정에 미치는 영향은 그리 많지 않다. 그러나 그 후의 제조나 판매에 끼치는 영향은 실로 막대하다. 그림 **1 · 1**에서 보듯이 한 단계에서 이전 단계의 오류를 발견하면 피드백 과정에 의해 그 오류의 수정이 이루어진다. 대부분의 경우 피드백 과정은 커다란 손실을 의미한다. 따라서 초기의 작업에서 오류를 최소화하여 손해를 줄일 필요가 있다.

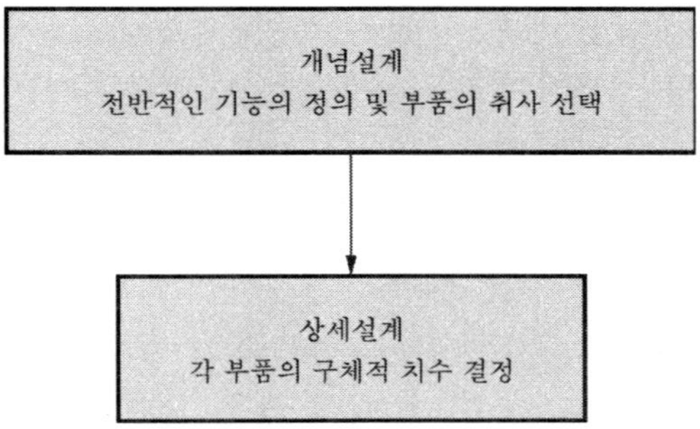

그림 1·5 설계의 순서

설계는 설계방법이나 주위의 환경에 따라 다르게 분류할 수 있다. 우선 과정의 선후에 따라 그림 **1·1**의 음영 처리된 부분을 개념설계와 상세설계로 나눈다. 설계의 순서는 개념설계, 초기설계, 상세설계의 세 가지로 나누기도 한다. 개념설계는 대상제품의 선정 및 기능의 정의, 초기설계는 각 부품의 선정 및 배치 등을 하는 것이다. 개념설계와 초기설계에는 비슷한 설계방법을 사용한다. 따라서 설계방법의 적용면에서 설계단계를 개념설계와 초기설계를 합한 개념설계와 상세설계로 분류한다. 두 가지의 순서도가 그림 **1·5**에 있다. 개념설계에서는 영향이 큰 사항이 대부분 완성된다. 반면 상세설계에서는 개념설계 단계에서 결정한 설계 결과를 바탕으로 각 부품의 치수, 모양 등을 결정한다. 이때 제품의 성능을 판별하기 위한 공학적인 실험이나 해석이 수반된다. 이러한 상세설계의 전형적 과정이 그림 **1·6**에 있다.

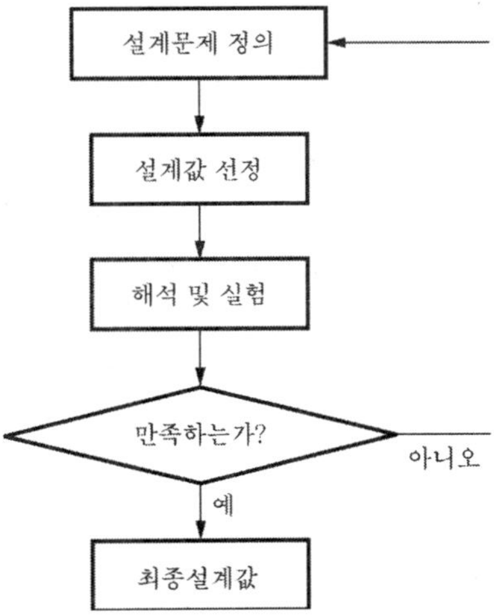

그림 1·6 상세설계 과정

한편으로는 결정할 값의 수에 따라 설계를 시스템설계와 요소설계로 나누기도 한다. 시스템설계는 주위의 환경을 고려하여 여러 부품의 설계값을 동시에 구하는 경우를 말한다. 시스템설계에서는 부품 사이의 상관관계나 상호작용을 고려하여 설계조건을 만족하는 시스템을 결정한다. 이와 반대로 요소설계는 한가지 부품의 설계만을 결정한다. 선반을 설계하는 경우를 예로 들면, 기계 전체를 설계할 경우가 시스템설계이며 주축 하나만 설계하는 경우가 요소설계이다. 그러나 최근에는 요소설계의 경우에도 주위의 영향을 고려해야 할 때 시스템설계와 같은 방법을 취하기도 한다. 축을 설계할 때 주변의 베어링이나 키 등의 영향을 고려하는 것이 그러한 경우에 해당한다.

시작단계에서의 의도에 따라 설계를 창의적 설계, 모방설계, 개선설계 등으로 분류하기도 한다. 창의적 설계는 존재하지 않는 제품을 창출하려는 노력이다. 주로 기술적으로 앞선 곳에서 채택되는 창의적 설계는 새로운 기능을 발명한다. 창의적 설계는 성공이 매우 어려운 만큼 흔히 수행되지는 않으나 다른 분야에 미치는 영향이 대단히 큰 것이 특징이다. 전통산업에서는 드문 반면, 전자산업에서는 많이 보인다. 최근의 휴대폰, DVD, MP3 등이 창의적 설계에 의해 출현한 것으로 볼 수 있다. 모방설계는 대부분 후발 주자들이 사용하는데, 이미 존재하는 제품의 특허를 피해가면서 기존 제품보다 성능이 우수한 제품을 계획하는 작업이다. 이 작업은 비교적 용이하나 다른 분야에 미치는 영향이 크지 않다. 개선설계는 가장 많이 사용하는 방식으로 기존의 제품에 기능 변경을 시도하거나 새로운 기능을 추가할 때 사용한다. 이미 창의적 설계에 의한 제품을 보유하고 있을 경우, 그 제품 설계에 관한 노하우(know-how)가 있으므로 개선을 통해 다양한 제품을 설계할 수 있다.

최근에는 앞에서 분류한 여러 종류의 설계에 객관적이고 과학적인 설계방법을 적용하려는 노력이 일고 있다. 다시 말하면 설계 과정에 과학적이고 정형화된 방법을 사용하려는 시도가 이루어지고 있다. 모든 설계분야에 항상 적용이 가능한 설계법이 존재한다면 매우 다행스러운 일이겠지만, 지금으로서는 그러한 방법이 존재하지는 않는 것으로 보인다. 따라서 설계 과정의 전후나 설계환경의 특성에 따라 적당한 방법을 적용하는 것이 현명하리라 생각한다. 물론 각 방법 간에 공통적인 양상이 있기는 하지만 설계의 특징, 환경, 목적에 따라 적절한 방법을 선택하는 것이 일반적이다.

1.3 설계방법론

설계방법론이란 모든 설계행위에서 공통적으로 사용할 수 있는 일반적이고도 과학적인 이론이자 원리라 할 수 있다. 과학적이라 함은 객관적, 논리적 타당성을 가지는 것을 뜻한다. 예술이 아닌 공학적 설계에서조차 설계방법론이 존재하는지 여부의 문제는 설계 연구자들의 최대 관심사이다. 설계방법론의 존재를 의심하는 이들은 설계의 직관적인 면을 강조한다. 실제로 개념설계 단계에서는 직관이나 경험에 의한 작업이 주를 이루는 경우가 많다. 반면에 개념설계를 완성한 후, 상세설계단계에서는 대상 제품의 특성을 평가하기 위하여 그림 **1 · 6**과 같이 과학적인 분석이나 해석방법을 동원한다. 이 경우 과학적인 해석 결과를 관련 이론에 입각하여 설계에 반영하는데, 이 과정에서조차 숙련자의 경험이나 직관을 이용하는 경우가 많다. 따라서 객관적으로 계산된 해석 결과를 설계에 반영할 때, 그 반영 정도가 설계자 개인의 자의적 판단에 좌우되게 된다. 이 때문에 그림 **1 · 6**의 방법적 효율성과 적합성에 대해 회의적인 시각이 존재한다. 이에 따라 최근에는 좋은 설계에 공통적으로 존재하는 원리를 찾아서 응용 가능한 설계방법론을 찾으려는 노력이 일고 있다.

설계방법론은 좋은 설계 사례들에 공통적으로 존재하는 원리를 규명함으로써 만들어진다. 대표적인 것이 공리적설계이다. 공리적설계는 모든 설계에 공히 적용될 수 있는 공리로 이루어져 있다. 좋은 설계를 위해 공리적설계에서는 두 가지 공리를 주장한다. 기능요구를 독립적으로 만족시키는 설계파라미터를 정해야 한다는 독립공리와, 관여된 정보량을 최소화해야 한다는 정보공리가 그것들이다. 최근 많은 예제들이 발표되어 공리적설계가 유용함을 보였다. 한편 설계 시에 사고 과정을 도와주는 도구로 TRIZ라는 것이 있다. TRIZ에서는 TRIZ가 요구하는 방법대로 설계 과정을 거치면서 분석하고 도표를 만든다. 이때 분석한 결과와 데이터베이스에 저장되어 있는 우수한 특허 사례를 비교함으로써 새로운 설계를 도출하는 데 도움을 받을 수 있다. 그 외에도 각 설계의 예마다 프로세스를 정의하는 방법이 있다. 설계의 순서를 논리적으로 정하여 효율화를 꾀한다. 이상에서 언급한 설계법은 일반적으로 개념설계 과정에서 많이 사용한다.

설계방법론을 가장 활발하게 사용하는 곳으로 상세설계를 들 수 있다. 상세설계 시에 지난 수십 년 동안 많이 사용된 도구는 최적설계기법이다. 최적설계에서는 목적함수와 설계조건으로 이루어진 제한조건을 수학적으로 정의한 후, 그 설계조건을 만족하면서 목적함수를 최소화하는 설계변수를 결정한다. 최근에는 컴퓨터 성능과 해석기법의 발달로 인하여 대규모 문제를 용이하게 풀 수 있게 되어, 완벽한 설계방법론으로는 최적설계가 거의 유일하다고 할 수 있다. 그러나 모든 문제를 수학적으로 표현해야 하기 때문에 실제 공학적 가치관을 최적설계문제에 반영하기 어려운 경우가 많다. 최적설계의 대안 혹은 보조도구로서 문제의 특성에 따라 실험계획법, 강건설계법 등 여러 방법이 제시되고 있으나, 문제를 바라보는 관점이 기본적으로 유사할 뿐만 아니라, 각 방법들 자체의 여러 문제점이 여전히 남아 있다. 한편 상세설계는 개념설계의 개념이 완성된 후 자세한 치수 등의 결정에 이용하기 때문에 제품에 미치는 영향력이 개념설계에 비해서는 그렇게 크지 않다.

개념설계 및 상세설계 이외에 앞에서 분류한 다른 설계분야에도 그 특성에 따라 위에서 언급한 설계방법을 이용할 수 있다. 지금부터 이 책에서 다루는 각종 설계방법에 대해 간단히 논하기로 한다.

1.4 공리적설계

공리적설계에서는 설계를 '무엇을 이룰 것인가?'와 '그것을 어떻게 얻을 것인가?'의 상호 작용이라고 정의한다. 이때 설계자는 양쪽의 기능 및 능력을 적절히 조합하고 배치해서 원하는 것을 얻으려고 한다. 설계를 수행할 때 문제를 정의하고 설계를 완성하는 등의 순서에 따라 그림 **1 · 7**과 같이 영역(domain)을 나눌 수 있다. 소비자 영역에서는 소비자들이 원하는 요구를 정의하는데, 대개 이들의 요구는 서술적으로 표현할 수 있다. 그런데 최근에는 소비자가 필요로 할 것 같은 사항을 생산자가 미리 예측하여 정의하는 경우도 흔하다. 소비자 영역에서 이렇게 정의한 것을 소비자요구(customer attributes, CAs)라 부른다. 이렇게 소비자 영역에서 정의한 사항을 기능적 영역에서 기능요구(functional requirements, FRs)로 변환한다. 기능요구는 소비자 영역의 소비자요구를 공학 용어로 다시 기술한 것이다. 이는 앞서 언급한 '무엇을 이룰 것인가?'에 대한 공학적 정의라 할 수 있다. 이러한 기능요구를 만족시키려면 물리적 영역에서 설계파라미터(design parameters, DPs)를 정의해야 한다. 대개 이 과정을 설계 과정이라 부른다. 설계파라미터를 결정한 후에는 동일한 방법으로 설계파라미터로부터 제조를 위한 생산변수(production variables, PVs)를 정의하게 된다. 이와 같이 공리적설계에서는 이웃하는 두 영역 사이의 관계를 파악하여, 앞의 영역에서 정의한 사항에 따라 뒤따르는 영역의 사항을 정의하게 된다. 이를 영역간 사상이라 부른다. 좋은 설계란 이 사상을 우수하게 정의한 상태를 뜻하기도 한다.

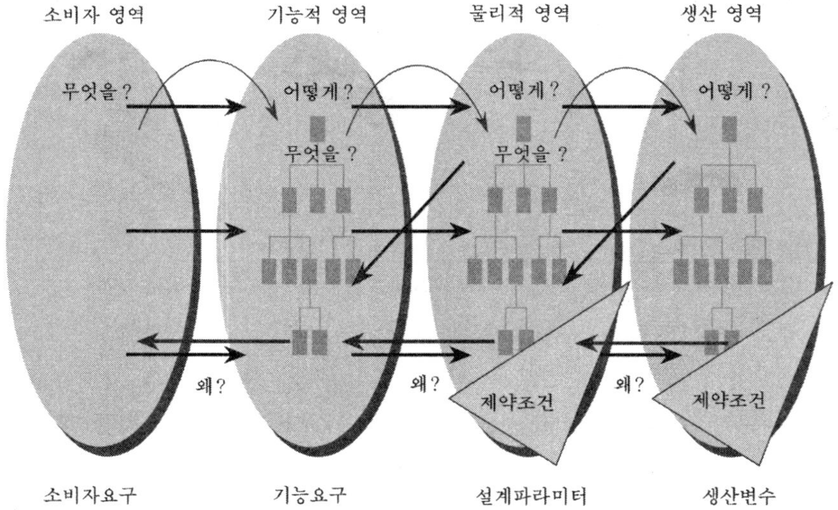

그림 1 · 7 영역, 사상, 설계공간의 관계

설계공리는 모든 공학 행위의 근간을 이루는 공통적인 원리를 집약적으로 표현한 것으로 다음과 같이 정의한다.

제 1 공리 : 독립공리 (The Independence Axiom)
기능요구의 독립성을 유지하라 (Maintain the independence of the functional requirements(FRs)).

제 2 공리 : 정보공리 (The Information Axiom)
설계 대상의 정보량을 최소화하라 (Minimize the information content of the design).

위의 공리는 간단하게 보이지만 공학적으로 많은 의미를 함축하고 있다. 제 1 공리는 일반적으로 설계자들이 의식적이건 무의식적이건 알고 있는 직감의 표현이라 할 수 있다. 독립공리의 의미는 복잡한 시스템을 설계할 경우 적절한 설계파라미터(DPs)를 설정하여 주어진 기능요구(FRs)들을 독립적으로 만족시키는 것이 좋은 설계라는 것이다. 그림 **1·7**의 기능적 영역에서 정의한 기능요구를 물리적 영역에서 정의한 설계파라미터를 사용하여 각각 독립적으로 만족시켜야 한다는 것을 말하고 있다. 다시 말해 각각의 기능요구들을 나누어서 정복하라는 의미이다. 제 2 공리는 제 1 공리를 만족할 수 있는 복수의 설계를 발견했을 경우, 그중 성공의 확률로 정의되는 정보량을 최소화하는 설계를 선택하라는 의미이다. 이것도 역시 설계자들이 평소에 직관적으로 느끼고 있는 것과 일치한다. 뒤에 설명하겠지만 제 2 공리는 강건설계(robust design)와도 연관이 있다. 이렇게 공리는 비교적 간단하게 설명되지만 직접 설계에 적용하는 것은 상당히 어려울 때도 있다. 공리들을 적용하는 감각이나 그때의 독립성이나 정보량을 정의하고 느끼는 데는 많은 시간을 요할 수도 있다.

공리적설계는 대개 다음과 같은 설계분야에서 응용할 수 있다.

(1) 개념설계단계에서의 창의적 설계
(2) 기존에 있는 복수의 설계에 대한 비교분석
(3) 현재의 설계분석으로부터 개선설계안의 도출

이에 대한 자세한 사항은 뒤에서 설명하도록 한다. 한편 공리는 대개 기하학에서 정의해 왔는데, 기하학의 경우와 마찬가지로 여기서도 공리로부터 증명이 가능한 많은 정리 및 추론을 도출할 수 있다.

1.5 최적설계

최적화이론은 수학적으로 다음과 같이 정식화된 문제의 해를 구하는 방법에 관한 이론이다.

Find	$\mathrm{b} \in R^n$	(1 · 1a)
to minimize	$f(\mathrm{b})$	(1 · 1b)
subject to	$h_i(\mathrm{b}) = 0, \quad i = 1, \cdots, l$	(1 · 1c)
	$g_j(\mathrm{b}) \leq 0, \quad j = 1, \cdots, m$	(1 · 1d)
	$\mathrm{b}_\mathrm{L} \leq \mathrm{b} \leq \mathrm{b}_\mathrm{U}$	(1 · 1e)

여기서 b는 n개의 요소로 이루어진 설계변수벡터, f는 목적함수, h_i는 i번째 등제한조건, g_j는 j번째 부등제한조건, b_L과 b_U는 각각 설계변수의 하한, 상한벡터이며, l은 등제한조건의 수, m은 부등제한조건의 수이다.

최적화이론에서는 주어진 목적함수를 최소화하거나 최대화한다. 이 점이 공학설계에서 특정 공학적 특성을 극대화하려는 것과 일치하는 면이다. 공학설계에 최적화이론을 도입할 경우 이를 최적설계라 부른다. 최적설계에서는 식 (1 · 1b)의 목적함수가 그 설계에서 추구하는 공학적 특성을 나타내며, 각종 주변 조건들이 식 (1 · 1c)와 (1 · 1d)의 제한조건들이 된다. 최적화이론을 공학설계에 도입할 때는 그 설계문제를 식 (1 · 1)과 같은 형태로 정식화할 수 있어야 한다. 최적설계는 설계변수의 값을 구체적으로 결정할 수 있는 점 때문에 주로 상세설계에서 사용된다. 개념설계 과정에서는 부품의 선택이나 배치 등을 결정하게 되므로 개념설계를 식 (1 · 1)과 같이 표현하기는 어렵다. 따라서 전반적인 설계 흐름상에서 보면 개념설계단계에서 설계 대상의 대부분이 개념적으로 잘 정의된 상태에서 구체적인 치수를 결정하는 데 최적설계가 사용된다고 보는 것이 타당하다. 최적설계를 적용할 때는 식 (1 · 1)과 같이 정식화한 문제의 해를 구하도록 특별히 개발된 알고리즘을 사용한다.

최적설계는 정식화를 의미 있게 정의한 경우에 우수한 설계해를 제공한다. 그러나 정식화가 현상을 분명하게 표현하지 못하거나 정식화의 공학적 의미가 실제 상황과 다를 경우에는 좋지 않은 설계해를 제공할 수도 있다. 한편 최적설계에서 얻은 해는 일반적으로 제한조건을 극한적으로 만족한다. 이 경우 설계변수에 공차가 있거나 약간의 변화가 있다면 그 해는 제한조건을 만족하지 못할 수 있다. 즉, 제한조건의 만족여부가 매우 중요한 문제에는 최적설계를 적용하는 데 다소 어려움이 있다. 물론 이를 극복하기 위해 여러 기술들이 제안되고 있다.

최적설계는 그 이름이 공학적으로 추구하는 가치와 잘 일치한다는 점에서 우리로 하여금 마치 모든 설계문제를 단숨에 해결할 것 같은 희망을 가지게 할 때가 있다. 이는 최적화이론을 설계에 응용할 때에 특히 경계해야 할 점이다. 최적설계는 설계문제를 식 (1·1)의 형태로 표현할 수 있을 때에만 적용 가능하다는 점을 유념해야 한다. 특히 부품의 선택 등 전반적인 계획이 완료된 후에 상세설계 과정에 최적설계를 응용하는 것이 효율적이다. 또한 개념설계에 비해 설계 과정에서의 영향도가 적다는 점도 기억해야 한다. 따라서 최적설계를 응용할 때에는 주변 사정을 잘 고려하여 주의를 기울여야 한다.

1.6 구조최적설계

구조물의 설계는 최적화이론을 가장 많이 응용하는 분야 중의 하나이다. 대상 구조물의 구체적 모양이나 치수를 결정할 때에 최적설계기술을 사용할 수 있다. 최근에는 유한요소법(finite element method)의 발전과 더불어 최적설계의 응용분야인 구조최적설계기술이 확산되고 있다.

여기서는 구조최적설계에서 가장 많이 사용하는 선형정역학 지배방정식을 살펴본다. 지배방정식을 유한요소법으로 표현하면 일반적으로 다음과 같다.

$$\mathrm{K(b)z = f} \tag{1·2}$$

여기서 K는 강성행렬, z는 절점에서의 변위벡터, b는 치수 등으로 이루어진 설계변수 벡터, f는 외력벡터이다.

실제문제에서 최적설계를 사용할 때에는 다루고 있는 시스템의 지배방정식을 컴퓨터로 계산해서 목적함수나 제한조건을 계산하게 된다. 지배방정식은 식 (1·1c)의 등제한조건으로 취급한다. 실제 최적화 과정에서는 식 (1·2)의 등제한조건을 풀어서 식 (1·1d)에 대입하여 등제한조건을 소거한다. 일반적인 구조최적설계의 문제는 다음과 같이 정식화할 수 있다.

$$\text{Find} \quad \mathrm{b} \in R^n \tag{1·3a}$$

$$\text{to minimize} \quad f(\mathrm{b}, \mathrm{z}) \tag{1·3b}$$

$$\text{subject to} \quad \mathrm{K(b)z = f} \tag{1·3c}$$

$$g_j(\mathrm{b}, \mathrm{z}) \le 0, \quad j = 1, \cdots, m \tag{1·3d}$$

$$\mathrm{b}_\mathrm{L} \le \mathrm{b} \le \mathrm{b}_\mathrm{U} \tag{1·3e}$$

여기서 목적함수를 나타내는 식 (1・3b)는 일반적으로 구조물의 중량으로 정의하지만 각종 반응값을 사용할 수도 있다. 부등제한조건인 식 (1・3d)는 변위, 응력, 고유진동수 등에 대한 한계값을 의미한다. 최적화 알고리즘을 식 (1・3)에 적용할 때에는 식 (1・3)에 있는 함수들의 설계변수에 대한 민감도가 필요하다. 민감도란 미분값을 의미하는데 이를 구하는 과정은 어렵고 비용이 많이 든다. 따라서 구조최적설계에서 중요한 문제는 민감도를 효율적으로 계산하고 이용하는 것이다.

구조최적설계는 설계변수의 특징에 따라 추구하는 바나 사용방법이 달라진다. 구조최적설계는 설계변수의 성격에 따라 표 **1・1**과 같이 분류할 수 있다. 구조물을 설계할 때에는 구조물이 보이는 다양한 물리적 현상을 규명하기 위해 다양한 해석방법을 동원한다. 이러한 해석들을 최적화 과정에서 사용하려면 각종 해석에 대한 지배방정식은 식 (1・3c)의 등제한조건으로 취급한다. 그런데 해석이 복잡할 경우에는 앞서 언급한 민감도해석이 복잡해진다. 민감도에 관한 많은 연구가 있었지만, 민감도를 해석적으로 구하는 과정이 수치적으로 일관되게 구현되어 컴퓨터에서 사용 가능한 경우는 다루는 해석이 선형정역학일 경우뿐이다. 따라서 진동/소음 해석, 시간영역에서의 동역학해석, 비선형해석, 열전달 해석, 유동해석 등을 이용하는 경우에는 수학적 최적화가 아직까지 다소 제한적이다. 예를 들어 시간영역에서 제한조건 등을 정의할 경우에는 제한조건의 수가 매우 많기 때문에 이를 용이하게 처리하기란 쉽지 않다.

표 1・1 구조최적설계의 분류

구조최적설계의 종류	설계변수의 특징
치수최적설계	단면계수, 두께 등이 설계변수이다. 설계변수의 변화 시 유한요소법의 영역은 고정된다.
형상최적설계	설계변수가 구조물의 형상을 표현한다. 설계변수의 변화 시 유한요소법의 영역도 함께 변화한다.
배치최적설계	유한요소법의 변환행렬이 설계변수의 함수이다. 자주 사용하지 않는 방법이며 형상최적설계와 동일하게 분류하기도 한다.
위상최적설계	유한요소법의 요소의 존재 여부가 설계변수이다.

1.7 동하중이 가해지는 구조물의 최적화

동하중이 가해지는 구조물은 시간에 따라 반응의 크기와 방향이 변한다. 따라서 동하중이 가해지는 구조물을 최적화하는 경우에는 구조물에 나타나는 반응의 시간종속성을 고려해야 한다. 구조물에 나타나는 반응의 시간종속성을 고려하여 최적화를 시도할 경우를 구조물의 동적반응최적화라고 한다. 구조물에 가해지는 힘은 실세계에서는 대부분 동하중이다. 실세계의 구조물을 최적화한다는 것은 엄밀한 의미에서 구조물의 동적반응을 최적화하는 것이다. 그러나 실제문제에 사용되는 구조최적화 기술은 앞서 소개한 정적반응최적화기법이 대부분이다. 이는 동적반응최적화가 정적반응최적화에 비해 몇 가지 어려운 점을 가지고 있어서 그 연구가 정적반응최적화 연구에 비해 활발하게 이루어지지 않았기 때문이다. 여기서는 구조물의 동적반응최적화가 무엇이며, 동적반응최적화를 수행하기 위해 필요한 요소들은 무엇인지에 대해 대략적으로 기술한다.

시간을 변수 t로 할 때 동하중 $\mathbf{f}(t)$가 구조물에 가해질 경우의 평형방정식은 다음과 같다.

$$\mathbf{M}(\mathbf{b})\ddot{\mathbf{z}} + \mathbf{K}(\mathbf{b})\mathbf{z} = \mathbf{f}(t) \qquad (1 \cdot 4)$$

여기서 $\mathbf{M}$은 질량행렬, $\ddot{\mathbf{z}}$는 가속도벡터이다. 한편 식 (1 · 5)는 구조물의 동적반응최적화를 위한 정식화를 일반적인 형태로 표현한 것이다.

$$\text{Find} \quad \mathbf{b} \in R^n \qquad (1 \cdot 5\text{a})$$

$$\text{to minimize} \quad f(\mathbf{b}, \mathbf{z}, t) \qquad (1 \cdot 5\text{b})$$

$$\text{subject to} \quad \mathbf{M}(\mathbf{b})\ddot{\mathbf{z}} + \mathbf{K}(\mathbf{b})\mathbf{z} = \mathbf{f}(t) \qquad (1 \cdot 5\text{c})$$

$$g_j(\mathbf{b}, \mathbf{z}, t) \le 0, \quad j = 1, \cdots, m \qquad (1 \cdot 5\text{d})$$

$$\mathbf{b}_L \le \mathbf{b} \le \mathbf{b}_U \qquad (1 \cdot 5\text{e})$$

식 (1 · 4)는 앞서 설명한 바와 같이 등제한조건식 (1 · 5c)로 사용된다. 식 (1 · 5)의 설계해를 구하는 것이 구조물의 동적반응최적화이다. 앞 절의 구조최적설계 정식과 비교하면 단지 등제한조건의 지배방정식만이 바뀌고 제한조건이 시간의 함수이다.

이 정식화의 특징은 제한조건이 시간의 함수라는 것이다. 위의 정식화를 풀기 위해 많은 경우 컴퓨터를 이용한 수치적 방법을 택하는데 수치적 방법에서는 시간을 이산적으로 나누어야 한다. 따라서 시간종속함수가 포함된 식 (1 · 5c)나 (1 · 5d)의 식은 이산적으로 나누어진 시간의 수만큼 생성된다. 일반적으로 이 수가 매우 많은 편이므로, 많은 수의 제한조건을 어떻게 효율적으로 처리하느냐가 동적반응최적화의 관건 중 하나이다. 때문에 시간종속함수를 처리하는 여러 방법들이 제시되어 왔다. 시간종속함수를 적분하여 시간에 종속적이지 않은 범함수로 변환하거나, 전체 시간영역에서 함수가 극값(peak value)을 가지는 경우만을 고려하는 방법 등이 그 예이다. 이들은 고려하려는 문제에 따라 성공적으로 적용될 수도, 그렇지 않을 수도 있다. 그 까닭은 범함수나 민감도를 계산하는 과정이 복잡하고 비용이 많이 들기 때문이다. 또한 극값을 고려할 때는 극값의 수가 많으므로 민감도계산이 어렵고 극값이 설계조건에 따라 변하는 등의 문제점도 있다. 이런 이유로 시간종속함수의 처리 기법은 규모가 작은 문제에 적용된 예는 있으나 대형의 문제에 적용된 예는 거의 없다.

한편 최근에 동적평형방정식을 정적으로 변환하여 반복 과정을 통해 동적반응최적화를 해결하려는 경향이 있다. 정적반응최적화는 이미 잘 개발되어 있다. 이 방법은 동하중을 시간영역에서 이산화하여 다수의 정하중으로 변환한 후, 변환된 다수의 정하중을 다중하중조건으로 처리하여 정적반응최적화를 반복적으로 시행한다.

1.8 실험계획법에 의한 설계

시스템의 특성이나 성질을 규명하기 위해 각종 실험을 할 때가 있다. 실험 후에는 측정하거나 산출한 결과를 목적에 맞게 분석한다. 분석할 때에는 특성치에 영향을 주는 수많은 요인들을 찾아내고 찾아낸 요인의 값을 결정하여 원하는 실험 결과를 얻는다. 이렇게 조직적으로 실험을 하고 결과를 분석하는 방법으로 실험계획법(design of experiments)이 있다. 최근 들어 실험계획법에서 사용하는 방법을 설계에 도입하려는 경향이 있다.

실험계획법을 이용하는 설계법은 실험계획법으로 대상 제품의 설계 모형을 수립하고 수립된 모형을 이용하여 설계값을 찾는다. 이때 실험 결과는 실제 실험을 통해 얻을 수도 있지만 컴퓨터로 계산한 결과를 사용할 수도 있다. 실험계획법에 의한 설계는 일반적으로 모형의 모형이라 할 수 있는 메타모형(meta model)을 이용하고 있다. 즉, 주어진 설계점에서 얻은 실험값이나 함수 계산값을 사용하여 원래의 실험 양상이나 함수를 근사화하는 근사모형(근사함수)을 만든 후, 만든 근사모형으로 최적설계 등을 실시한다. 메타모형을 사용하면 실험 횟수나 계산량을 절약할 수 있는데 크게 두 가지 방법으로 설계에 접근한다.

첫 째, 실험계획법에서 바람직한 실험 결과를 얻기 위해 요인의 값을 결정하는 특정 방법을 그대로 사용하는 경우이다. 실제 실험에서의 각종 요인을 설계변수로 하고, 실제 실험에서 얻는 결과값을 목적함수로 하여 설계를 수행한다. 실험이나 계산이 고가가 아닐 경우에는 가능한 모든 변수 조합에 대해 실험 결과를 계산하는 전조합실시법(factorial design)을 수행할 수 있다. 그러나 실험이나 계산이 고가일 때는 일부실시법을 실시한다. 대표적인 일부실시법으로 직교배열표(orthogonal array)를 이용하는 방법이 있다. 직교배열표는 특히 이산공간(discrete space)에서 치수를 구할 수 있는 등 일반적인 상세설계의 특성과 일치하는 점이 많아 사용하기 쉽다. 그러나 직교배열표를 효율적으로 응용하기 위해 많은 주의가 필요하다.

둘 째, 반응표면법(response surface method)을 사용하는 경우이다. 반응표면법은 메타모델을 이용하는 대표적인 방법이다. 이 방법은 주어진 여러 개의 설계후보점에서 실험이나 계산값을 산출한 후 설계후보점과 산출한 값의 관계를 명시함수(explicit function)로 근사화한다. 그 명시함수의 형태는 대부분 2차 함수이다. 이때 최소자승법(least square method)을 사용하여 실제 실험값이나 함수 계산값과 근사화된 함수값과의 차이를 최소화한다. 일단 근사화된 함수가 결정되면 최적설계방법 등을 사용하여 설계값을 구할 수 있다. 이때 설계후보점을 선정하는 방법에 따라 근사화의 정확도가 달라질 수 있으므로 설계후보점을 선정하는 데 주의를 기울여야 한다.

실험계획법에 의한 설계에서는 설계변수의 수가 많으면 설계를 진행하기 어려운 것으로 알려져 있다. 또한 의미 있는 결과를 얻기 위해서 여러 가지 통계적인 이론으로 설계 결과를 검증해야 한다. 그러나 이런 단점에도 불구하고 설계이론에 관한 해박한 지식이 없이 쉽게 사용할 수 있다는 장점 때문에 실험계획법을 사용하는 경우가 점점 증가하고 있다.

1.9 강건설계

제품 성능뿐 아니라 제품 성능의 질도 향상시키려는 노력을 제품설계단계에서 하는데, 그 중의 하나가 강건설계(robust design)이다. 강건설계가 추구하는 바는 설계변수의 공차(tolerance)나 정의하기 어려운 주변의 변화(noise 혹은 perturbation)에 대해 제품성능의 변화를 최소화하여 제품의 품질을 유지하고자 하는 것이다. 일본의 다구치(Taguchi)가 강건설계 개념을 실험계획법에 적용하여 공차나 주변 변화에 둔감(insensitive)한 인자를 찾는 방법을 제안한 이래 강건설계법은 기계설계에 계속 적용되고 발전되어 왔다.

설계를 마치면 설계변수값을 정하게 되는데, 이를 공칭설계(nominal design)라 한다. 공칭설계에 의해 계산되는 제품성능(최적화의 용어로는 목적함수로 볼 수 있다)을 공칭값(nominal value)이라 부른다. 그러나 흔히 설계변수에는 공차(변동)가 있다. 한편 주변의 온도나 습도 등 설계문제에서 감안하기 어려운 변수들에도 변동이 있다. 이러한 변동을 잡음(noise)이라 부르기도 한다. 변동이 존재하면 공칭값에도 변동이 발생하기 마련이다. 주변의 조그만 변동에 대해 공칭값의 변화가 큰 설계를 변동에 대해 민감(sensitive)한 설계라고 말하고, 일반적으로 좋지 않은 설계로 간주한다. 주변의 변동에 대해 성능이 목표치 주위에 좁게 분포하는 설계를 변동에 대해 둔감(insensitive)한 설계라 하는데, 변동에 대해 둔감한 시스템을 설계하는 기법이 강건설계이다.

강건설계의 구현에는 몇 가지 방법이 있는데 이들을 설명하면 다음과 같다. 먼저 다구치 방법을 그대로 이용하는 경우가 있다. 이는 실험이나 계산 횟수를 줄이기 위해 직교배열표에서 공차를 감안하여 반응치를 구한 후, 반응치의 분포를 최소화하는 방법이다. 이때 반응치의 분포를 표현하는 방법으로 손실함수(loss function)나 S/N(signal-to-noise)비율을 사용하기도 한다. 다구치의 제안 이래 이 방법의 문제점이 여러 번 지적되었으나 아직도 많이 사용하고 있다. 강건설계를 구현하는 다른 방법은 최적설계에서 목적함수를 대상함수의 민감도로 대치하여 최적화를 수행하는 것이다. 이 과정에서는 민감도의 민감도, 즉 2차 미분값이 필요하므로 강건최적설계는 고가의 방법이 될 수 있다. 이를 극복하기 위해 변형된 기술들을 사용하기도 한다. 마지막으로 공리적설계방법을 강건설계에 응용할 수도 있다. 강건성은 공리적설계에서 성공의 확률로 표현하는 정보량과 관계 있는 것이 확인되었다. 따라서 제 1 공리를 적용한 후, 복수의 설계 중 하나를 선정하는 과정에서 강건설계를 얻을 수 있다. 한편 기능요구가 하나일 때는 설계강성의 크기를 작게 하면 강건설계를 얻을 수 있다. 기능요구가 하나 이상일 때에도 설계행렬의 대각항들의 크기를 작게 하는 것이 강건설계의 개념과 일치한다.

1.10 다분야통합최적설계

지금까지 상세설계를 할 수 있는 다양한 설계기법을 소개하였다. 이런 다양한 상세설계기법들은 모두 최적설계라는 큰 범주에 속한다. 최적설계는 광범위하게 적용되고 있어 그 적용 사례를 많이 발견할 수 있다. 그런데 최적설계를 적용한 사례들의 일반적인 특징 중의 하나는 시스템의 특성을 알기 위한 해석이 하나의 분야에서만 이루어진다는 점이다. 그러나 실제로는 여러 분야를 고려하여 대상 시스템의 문제를 해결하는 수가 많다. 여러 분야를 동시에 고려하는 실제 공학문제를 해결하기 위해 다양한 분야를 고려하는 설계방법론이 대두되었는데, 이것이 다분야통합최적설계(multidisciplinary design optimization, MDO)이다.

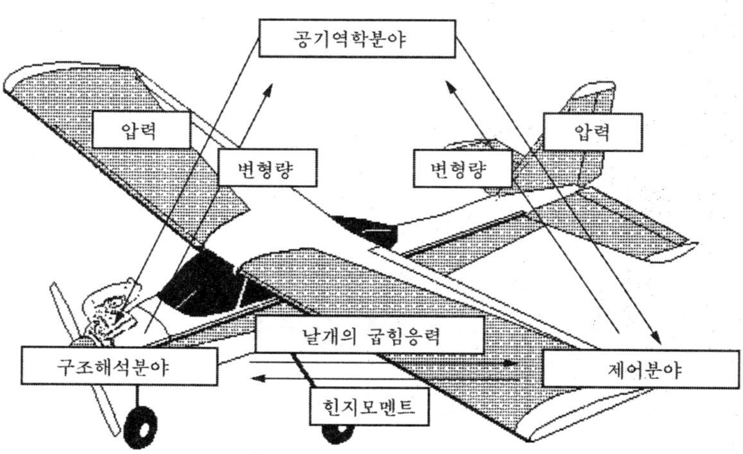

그림 1·8 전형적인 해석간 연성관계

다분야통합최적설계를 이해하기 위해서는 우선 고려하고 있는 해석들 사이의 관계를 살펴보아야 한다. 다분야통합최적설계의 주된 관심은 해석들 사이의 연성이다. 여기서 연성이란 한 분야의 해석 결과가 다른 분야들의 해석에 입력으로 작용하고 그 역도 성립하는 관계를 말한다. 이 연성 때문에 해석들 사이에는 복잡한 관계가 생겨 전체적인 해석이 어려워진다. 그림 **1·8**에 전형적인 연성관계가 있는데 이를 최적화 과정에서 수용하기란 쉽지 않다.

최적설계를 수행할 때에 연성관계가 있는 해석이 필요할 때, 구체적인 최적화방법은 문제마다 다양하다. 그 한 예가 그림 **1·9**에 있다. 그림 **1·9**에서는 연성을 고려하여 해석을 시행한 후 각 분야에서 정의된 최적화문제를 푼다. 그런데 각 분야의 반응함수 및 그의 민감도를 계산하기 위해 연성이 있는 해석을 다시 시행해야 하는 단점이 있다. 이를 극복하기 위해 각 분야의 최적화를 독립적으로 시행한 후에 연성된 해석을 다시 수행하는 등의 방법을 생각해 볼 수 있다. 이렇듯 다분야통합최적설계문제는 그 문제의 특성에 맞게 여러 가지 해법을 생각할 수 있다. 다분야통합최적설계는 최근에 대두된 이론으로서 앞으로 많은 연구가 필요하다.

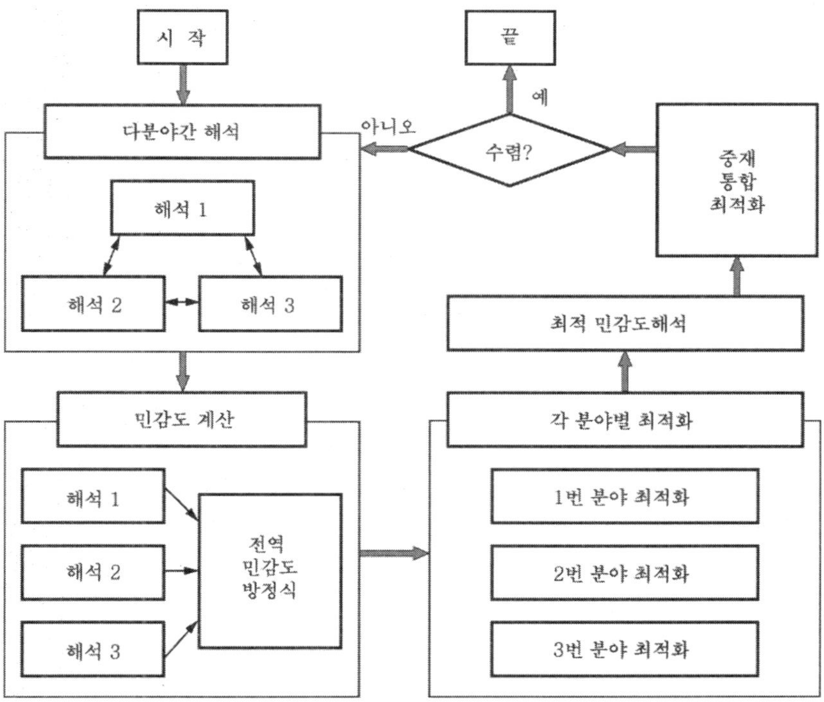

그림 1·9 다분야통합최적화의 문제 정의의 예

1.11 요 약

이상으로 이 책에서 취급하려는 각종 설계방법론을 간단히 설명하였다. 앞서 언급한 바와 같이 개념설계에서 유용하게 사용하는 이론으로 공리적설계방법을 제시하였다. 한편 설계프로세스를 효율적으로 증진시키는 방법으로 조립을 위한 설계법(design for assembly, DFA), 제조를 위한 설계법(design for manufacturing, DFM) 등의 여러 방법이 있다. 또한 앞서 언급했지만 설계 아이디어의 창출을 돕기 위한 TRIZ 등의 기법이 있다. 이들 역시 주요 개념설계방법들이기는 하지만 이 책에서는 생략한다.

상세설계에서 사용할 수 있는 설계법으로는 최적설계방법을 중심으로 실험계획법, 강건설계법을 간단히 설명하였다. 최근에는 이 외에도 많은 종류의 설계 알고리즘이 개발되었다. 예를 들어 유전자알고리즘(genetic algorithm, GA), 시뮬레이티드 어닐링(simulated annealing, SA), 퍼지(fuzzy)이론을 이용한 설계법, 신경회로망(neural network)을 이용한 설계법, 입자무리최적알고리즘(particle swarm optimization algorithm) 등이 그것들이다. 이들은 최적설계의 방법들이다. 이들에 대한 설명은 각 알고리즘을 전문적으로 다루는 문헌들을 참고하기 바란다.

참 고 문 헌

류연선 · 임오강 · 박경진 역, 최적설계입문, 반도출판사, 1994.

박성현, 현대실험계획법, 민영사, 1996.

차성운 · 박경진 역, 공리적설계 [1], 동명사, 2002.

Altshuller G, *And Suddenly the Inventor Appeared*, Technical Innovation Center, Massachusetts, 1996.

Antonsson EK & Cagan J, *Formal Engineering Design Synthesis*, Cambridge University Press, New York, 2001.

Arora JS, *Guide to Structural Optimization*, The American Society of Civil Engineers, New York, 1997.

Arora JS, *Introduction to Optimum Design*, 2nd ed., Elsevier, CA, 2004.

Braun R, "*Collaborative Optimization: An Architecture for Large-Scale Distributed Design*," Ph. D. Thesis, Stanford University, California, 1996.

Choi WS & Park GJ, "Structural Optimization Using Equivalent Static Loads at All Time Intervals," *Computer Methods in Applied Mechanics and Engineering* 191, pp. 2077~2094, 2002.

Dieter GE, *Engineering Design: A Materials and Processing Approach*, 3rd ed., McGraw-Hill, New York, 1999.

Haftka RT & Gürdal, Z, *Elements of Structural Optimization*, 3rd Rev. and Expanded ed., Kluwer Academic Publishers, Dordrecht, 1992.

Haugen EB, *Probabilistic Mechanical Design*, John Wiley and Sons, New York, 1980.

Hibbeler RC, *Mechanics of Materials*, 4th ed., Prentice Hall, Eaglewood Cliffs, NJ, 2000.

Hurst K, *Engineering Design Principles*, Wiley, New York, 1999.

Hyman BI, *Fundamentals of Engineering Design*, Prentice Hall, Eaglewood Cliffs, NJ, 1998.

Kang BS & Park GJ & Arora JS, "A Review of Optimization of Structures Subjected to Trasient Loads," *Structural and Multidisciplinary Optimization* 31, pp. 81~95, 2006.

Montgomery DC, *Design and Analysis of Experiments*, Wiley, New York, 1997.

Norton RL, *Machine Design: An Integrated Approach*, 2nd ed., Prentice Hell, Eaglewood Cliffs, NJ, 2000.

Park GJ & Kang BS, "Validation of Structural Optimization Algorithm Transforming Dynamic Loads into Equivalent Static Loads," *Journal of Optimization Theory and Applications* 119(1), pp. 191~200, 2002.

Park GJ & Lee TH & Lee KH & Hwang KH, "Robust Design: An Overview," *AIAA Journal* 44(1), pp. 181~191, 2006.

Phadke MS, *Quality Engineering Using Robust Design*, Prentice Hall, New Jersey, 1989.

Rao SS, *Engineering Optimization: Theory and Practice*, 3rd ed., Wiley, New York, 1996.

Sobieszcznski-Sobieski J & Haftka RT, "Multidisciplinary Aerospace Design Optimization: Survey of Recent Developments," *Structural and Multidisciplinary Optimization* 14(1), pp. 1~23, 1997.

Suh NP, *The Principles of Design*, Oxford University Press, New York, 1990.

Suh NP, *Axiomatic Design: Advances and Applications*, Oxford University Press, New York, 2001.

Taguchi G, *System of Experimental Design* Vol. 1 · 2, Kraus, New York, 1987.

Taylor WA, *Optimization and Variation Reduction in Quality*, McGraw-Hill, New York, 1991.

Ullman DG, *The Mechanical Design Process*, 2nd ed., McGraw-Hill, New York, 1997.

제 2 장

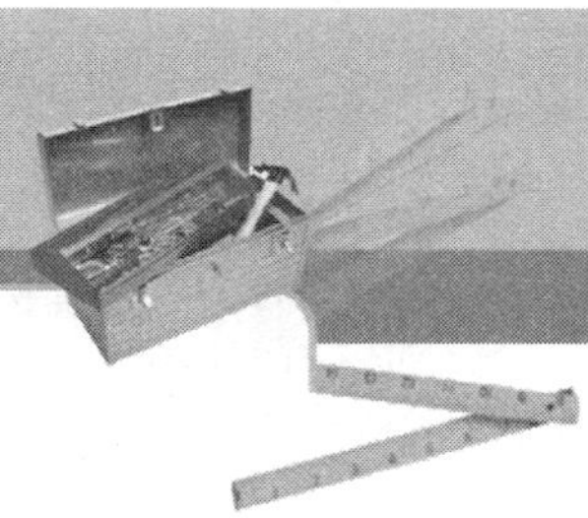

공리적설계

2.1 공리적설계

공리적설계는 매사추세츠 공과대학의 서남표 교수에 의해 창출되고 보급되어 온 설계이론이다(Suh, 1990 · 2000). 그러나 좀더 정확히 말하면 공리적설계는 설계이론이라기보다는 일반적인 공학적 과정에 적용할 수 있는 원리를 포함하는 설계프레임워크라 할 수 있다. 공리적설계는 독립공리와 정보공리로 이루어져 있다. 공리적설계에서 좋은 설계는 두 공리를 만족하는 설계이다. 두 공리를 만족하지 않는 설계는 좋은 설계가 아니다. 공리라는 용어는 기하학에서 사용되는 것과 동일한 의미로, 증명되지는 않지만 반례가 발견될 경우 거짓이 된다는 것을 의미한다. 그런데 아직까지는 공리적설계의 공리들에 대한 반례가 제시되지 않았다. 오히려 공리적설계로 설명이 가능한 좋은 설계의 예들이 증가하고 있다.

설계는 '무엇을 이룰 것인가?'와 '그것을 어떻게 얻을 것인가?'의 상호작용이라 정의할 수 있다. 설계자는 양쪽의 기능 및 자원을 적절히 조합하고 배치해서 원하는 것을 얻으려 한다. 설계를 수행할 때에 문제를 정의하고 설계를 완성하는 등의 순서에 따라 그림 **2 · 1**과 같은 영역들이 있다. 소비자 영역에서는 소비자들이 원하는 요구를 정의하며 대개 이들 요구는 서술적으로 표현할 수 있다. 그러나 최근에는 소비자들의 요구가 없는데도 소비자가 필요로 할 것 같은 사항을 생산자가 예측하여 직접 정의하는 수도 있다. 이렇게 정의한 것을 소비자요구(customer attributes, CAs)라 한다. 소비자 영역에서 정의한 사항은 기능적 영역에서 기능요구(functional requirements, FRs)로 변환된다. 기능요구는 소비자 영역의 소비자요구를 공학적 용어로 재정의한 것이다. 이는 앞에서 언급한 '무엇을 이룰

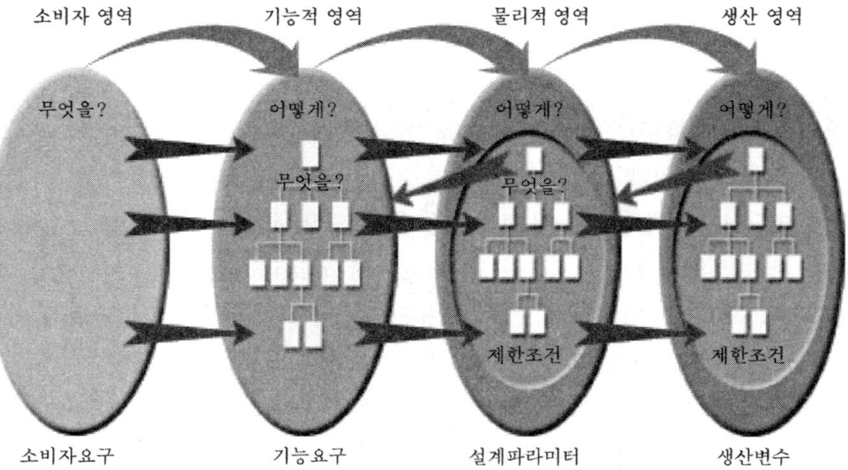

그림 2·1 도메인, 사상, 영역의 관계

것인가?'에 대한 공학적 정의라 볼 수 있다. 기능요구는 물리적 영역에서 설계파라미터(design parameters, DPs)를 정의하거나 선정함으로써 만족시킨다. 대개 이 과정을 설계과정이라 부른다. 설계파라미터를 결정하면 위와 동일한 방법으로 설계파라미터로부터 제조를 위한 생산변수(production variables, PVs)를 정의하게 된다. 이와 같이 공리적설계에서의 설계는 두 영역 사이의 관계를 파악하여 앞의 영역에서 정의한 사항에 따라 다음 영역에서의 사항을 정의한다. 이를 영역간 사상이라 한다. 좋은 설계란 이러한 사상을 효율적으로 정의한 것을 뜻하기도 한다.

설계공리는 모든 공학적 행위의 근간에 흐르는 공통적인 원리를 집약적으로 표현한 것으로 다음과 같이 정의한다(NSF, 1998 ; Suh, 1990).

제 1 공리 : 독립공리(The Independence Axiom)
기능요구의 독립성을 유지하라 (Maintain the independence of the functional requirements(FRs)).

제 2 공리 : 정보공리(The Information Axiom)
설계 대상의 정보량을 최소화하라 (Minimize the information content of the design).

공리는 대개 기하학에서 정의해 왔는데, 기하학의 경우와 마찬가지로 여기에서도 공리로부터 증명이 가능한 많은 정리 및 추론을 도출할 수 있다. 현재까지의 각종 정리 및 추론이 부록 **2.A**에 수록되어 있다. 여기서는 증명은 생략한다.

2.2 독립공리

2.2.1 독립공리

독립공리는 그림 **2·1**에 있는 영역간의 사상 과정에서 오른쪽 영역에 정의되는 사항들이 왼쪽 영역의 사항들을 독립적으로 만족시키는 것이 좋은 설계라는 의미이다. 앞 절에서 정의한 FR-DP 혹은 DP-PV간의 관계를 독립적으로 유지하라는 것이다. 복수의 FR이 정의되었을 때 각 DP가 각 FR을 독립적으로 만족시킬 수 있어야 한다. 이러한 FR-DP간의 관계는 설계행렬로 표현할 수 있다. 복수의 FR과 DP는 벡터 FR과 DP로 표시할 수 있다. 이들의 관계는 설계행렬 A를 사용하여 다음과 같이 표현할 수 있다.

$$\mathrm{FR} = \mathrm{A\ DP} \tag{2·1}$$

FR과 DP 벡터의 요소 수가 각각 3이라 하면 행렬 A는 다음과 같다.

$$\begin{bmatrix} FR_1 \\ FR_2 \\ FR_3 \end{bmatrix} = \begin{bmatrix} A_{11} & A_{12} & A_{13} \\ A_{21} & A_{22} & A_{23} \\ A_{31} & A_{32} & A_{33} \end{bmatrix} \begin{bmatrix} DP_1 \\ DP_2 \\ DP_3 \end{bmatrix} \tag{2·2}$$

설계행렬 A의 특성에 따른 관계식이 표 **2·1**에 보인다. 표 **2·1**에서 설계행렬이 대각행렬이 되는 경우를 비연성설계(uncoupled design)라 한다. 이 경우 각 설계파라미터가 대응하는 기능요구를 독립적으로 만족할 수 있으므로 완벽하게 독립공리를 만족하게 된다. 다음으로 설계행렬이 삼각행렬인 경우가 있다. 이것을 비연성화설계(decoupled design)라 부른다. 비연성화설계는 설계파라미터를 결정하는 순서에 따라서 기능요구를 독립적으로

표 2·1 설계행렬의 특성에 따른 FR-DP 관계

	설계방정식	설계 결과
비연성설계	$\begin{bmatrix} FR_1 \\ FR_2 \\ FR_3 \end{bmatrix} = \begin{bmatrix} A_{11} & 0 & 0 \\ 0 & A_{22} & 0 \\ 0 & 0 & A_{33} \end{bmatrix} \begin{bmatrix} DP_1 \\ DP_2 \\ DP_3 \end{bmatrix}$	$FR_1 = A_{11} \times DP_1$ $FR_2 = A_{22} \times DP_2$ $FR_3 = A_{33} \times DP_3$
비연성화설계	$\begin{bmatrix} FR_1 \\ FR_2 \\ FR_3 \end{bmatrix} = \begin{bmatrix} A_{11} & 0 & 0 \\ A_{21} & A_{22} & 0 \\ A_{31} & A_{32} & A_{33} \end{bmatrix} \begin{bmatrix} DP_1 \\ DP_2 \\ DP_3 \end{bmatrix}$	$FR_1 = A_{11} \times DP_1$ $FR_2 = A_{21} \times DP_1 + A_{22} \times DP_2$ $FR_3 = A_{31} \times DP_1 + A_{32} \times DP_2 + A_{33} \times DP_3$
연성설계	$\begin{bmatrix} FR_1 \\ FR_2 \\ FR_3 \end{bmatrix} = \begin{bmatrix} A_{11} & A_{12} & A_{13} \\ A_{21} & A_{22} & A_{23} \\ A_{31} & A_{32} & A_{33} \end{bmatrix} \begin{bmatrix} DP_1 \\ DP_2 \\ DP_3 \end{bmatrix}$	$FR_1 = A_{11} \times DP_1 + A_{12} \times DP_2 + A_{13} \times DP_3$ $FR_2 = A_{21} \times DP_1 + A_{22} \times DP_2 + A_{23} \times DP_3$ $FR_3 = A_{31} \times DP_1 + A_{32} \times DP_2 + A_{33} \times DP_3$

만족시킬 수 있다. 표 **2 · 1**의 두 번째 경우를 보면 우선 DP_1을 결정하여 FR_1을 만족시킨다. 이어서 DP_2, DP_3을 결정하여 FR_2, FR_3을 순서대로 만족시키게 된다. 그러나 표 **2 · 1**의 세 번째의 경우에서는 어떤 순서로도 FR과 DP가 연성의 관계를 가진다. 이를 연성설계(coupled design)라 한다. 비연성설계나 비연성화설계는 독립공리를 만족하는 것으로 간주하며 연성설계는 독립공리를 위배하는 것으로 간주한다. 위에서 기능요구인 FR과 설계 파라미터인 DP를 표기할 때 각 요소들을 구분하기 위해 아래 첨자를 사용했다. 그러나 표현방법에 있어서 아래첨자를 사용하지 않기도 한다. 따라서 FR_i와 FRi는 동일한 것이다. 한편 설계행렬 A는 일반적인 수학적 연산 가운데 곱셈만 가능하고 좌표변환 등의 연산은 불가능하다.

어떤 설계를 공리적설계방법으로 분석했을 때, 비연성설계나 비연성화설계는 좋은 설계이며 연성설계는 그렇지 않다라는 것을 의미한다. 따라서 연성설계는 설계파라미터의 재조정을 통해 비연성설계나 비연성화설계로 변환하여야 한다.

여기서 주목할 사항은 제한조건(constraints, Cs)이다. 제한조건은 설계 시 반드시 만족시켜야 하는 항목이다. 예컨대 비용이나 설계조건 등은 어떤 환경에서도 만족되어야 하는 명제이다. 제한조건은 설계의 독립성에 관계없이 정의할 수 있으며 다수의 설계파라미터가 연성되어 있을 수도 있다. 그림 **2 · 1**에서 보는 바와 같이 DP나 PV영역에서 제한조건을 정의할 수 있다.

다음의 예제에서 독립공리의 응용을 생각해 본다. 예제에서 보는 바와 같이 일반적으로 FR의 표현에는 명령문을, DP에는 명사를 사용한다.

예제 2 · 1 냉장고 문 설계 문제 (NSF, 1998 ; Suh, 2000)

자주 접할 수 있는 냉장고의 문은 그림 **2 · 2**에 보는 바와 같이 두 가지이다. 이 중 어떤 것이 우수한 설계일까? 이에 대한 해답을 찾기 위해 냉장고 문의 기능요구를 다음과 같이 정의한다.

FR_1 : 냉장고 안의 음식에 접근할 수 있도록 하여라.

FR_2 : 에너지 손실을 최소화하여라.

|| 풀 이 ||

그림 **2 · 2** (a)에 있는 수직문의 설계파라미터를 다음과 같이 설정할 수 있다.

DP_1 : 수직문

DP_2 : 문에 설치한 단열재

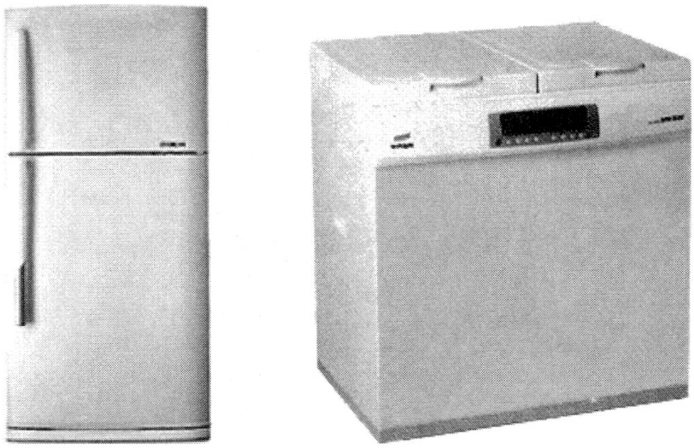

(a) 수직문 (b) 수평문

그림 2·2 냉장고 문의 모습

설계행렬을 이용한 그들의 관계는 다음과 같다.

$$\begin{bmatrix} FR_1 \\ FR_2 \end{bmatrix} = \begin{bmatrix} X & 0 \\ X & X \end{bmatrix} \begin{bmatrix} DP_1 \\ DP_2 \end{bmatrix} \qquad (2 \cdot 3)$$

여기서 X는 영향이 있음을, 0은 영향이 없음을 나타낸다.

이상에서 수직문의 설계는 비연성화설계임을 알 수 있다. 따라서 독립공리를 만족하는 설계이다. 그러나 비대각항의 X로 인해 문을 열 때 열손실이 발생하고 있다. 이를 극복하는 것으로 최근 김치 냉장고 등에 있는 수평문을 보자. 그림 **2·2** (b)에 보여지는 수평문의 공리적설계에 의한 분석은 다음과 같다.

DP_1 : 수평문

DP_2 : 문에 설치한 단열재

$$\begin{bmatrix} FR_1 \\ FR_2 \end{bmatrix} = \begin{bmatrix} X & 0 \\ 0 & X \end{bmatrix} \begin{bmatrix} DP_1 \\ DP_2 \end{bmatrix} \qquad (2 \cdot 4)$$

수평문의 경우 문을 열 때 찬공기가 그대로 남아 있어서 열손실을 최소화할 수 있다. 따라서 수평문은 비연성설계이고 수직문보다 우수한 설계이다. 그러면 수평문을 가진 냉장고가 항상 우수할까? 그 대답은 이 예제의 기능요구에 대해서는 '그렇다'이다. 그러나 저장할 음식물의 양이나 음식에 접근하는 편리성 등을 제한조건으로 제시하면 문제는 달라진다. 수평문의 냉장고가 충분한 저장량을 보유하지 못하거나 음식물에의 접근이 어려워 제한조건을 위배한다면, 독립성 여부와 관계없이 채택할 수 없는 설계가 되는 것이다. 제한조건이 있을 때는 우선적으로 제한조건을 만족하는 설계 중 독립공리의 만족 여부를 판단해야 한다.

예제 2·2 수도꼭지의 설계 (Suh, 2000)

더운물과 찬물이 사용자의 의도에 따라 용이하게 배합되는 수도꼭지의 설계를 생각해 본다. 이미 상품화된 것이 많으므로 기존의 제품을 가지고 평가한다. 수도꼭지의 기능요구는 다음과 같이 정의한다.

FR_1 : 수도꼭지에서 나오는 물의 양(Q)을 조절하여라.

FR_2 : 수도꼭지에서 나오는 물의 온도(T)를 조절하여라.

▌▌풀 이▌▌

그림 **2 · 3** (a)에 보이는 제품을 분석하면 다음과 같이 설계파라미터와 설계행렬이 만들어진다.

DP_1 : 그림 **2 · 3** (a)의 각도 ϕ_1

DP_2 : 그림 **2 · 3** (a)의 각도 ϕ_2

$$\begin{bmatrix} FR_1(Q) \\ FR_2(T) \end{bmatrix} = \begin{bmatrix} X & X \\ X & X \end{bmatrix} \begin{bmatrix} DP_1(\phi_1) \\ DP_2(\phi_2) \end{bmatrix} \tag{2 · 5}$$

식 (2 · 5)의 설계행렬에서 보듯이, 그림 **2 · 3** (a) 제품의 설계는 연성되어 있다. 따라서 좋지 않은 설계라는 결론이 뒤따른다.

다른 예로서 그림 **2 · 3** (b)를 들 수 있다. 이에 대한 분석은 다음과 같다.

DP_1 : 그림 **2 · 3** (b)의 각도 ϕ_1

DP_2 : 그림 **2 · 3** (b)의 각도 ϕ_2

$$\begin{bmatrix} FR_1(Q) \\ FR_2(T) \end{bmatrix} = \begin{bmatrix} X & 0 \\ 0 & X \end{bmatrix} \begin{bmatrix} DP_1(\phi_1) \\ DP_2(\phi_2) \end{bmatrix} \tag{2 · 6}$$

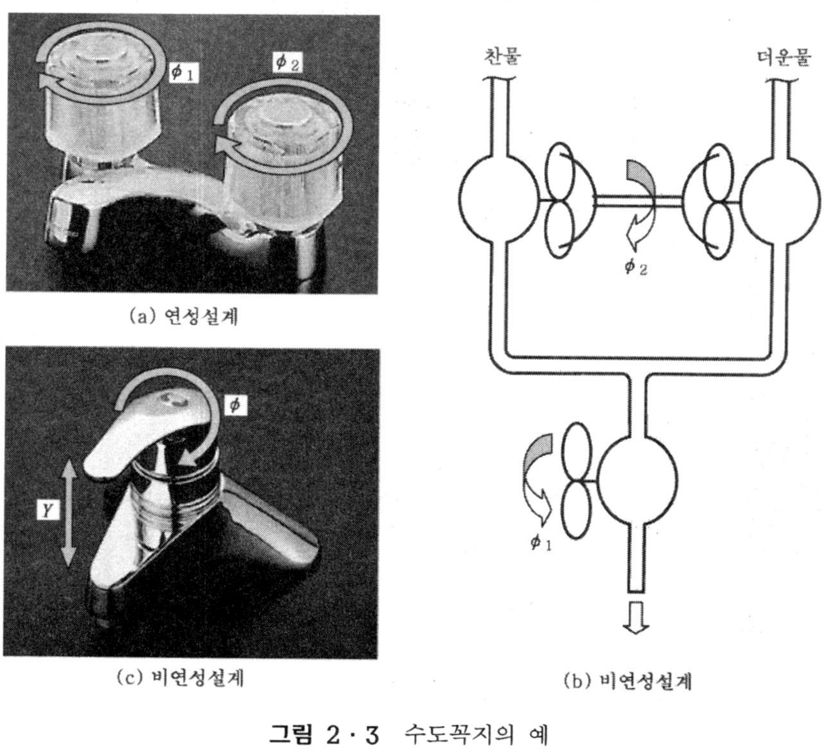

(a) 연성설계

(c) 비연성설계

(b) 비연성설계

그림 2 · 3 수도꼭지의 예

설계행렬이 대각행렬이므로 비연성설계이다. 따라서 독립공리를 만족하며 좋은 설계라 할 수 있다.

또 다른 예로서 그림 **2·3** (c)의 경우를 보자. 분석 결과는 다음과 같다.

DP_1 : 그림 **2·3** (c)의 변위 Y

DP_2 : 그림 **2·3** (c)의 각도 ϕ

$$\begin{bmatrix} FR_1(Q) \\ FR_2(T) \end{bmatrix} = \begin{bmatrix} X & 0 \\ 0 & X \end{bmatrix} \begin{bmatrix} DP_1(Y) \\ DP_2(\phi) \end{bmatrix} \tag{2·7}$$

설계행렬이 대각행렬이므로 독립공리의 관점에서 볼 때 그림 **2·3** (b)(c)는 우수한 설계라 볼 수 있다. 그러면 그림 **2·3** (b)와 **2·3** (c) 중 어느 것이 더 좋은 설계일까? 그림 **2·3** (c)의 설계는 조작이 간편한 반면 그림 **2·3** (b)는 조작이 대체로 복잡하다. 따라서 간편한 그림 **2·3** (c)가 가장 우수한데 이는 나중에 언급할 정보공리로 설명할 수 있다. 실제로 그림 **2·3** (c)의 설계가 최근 급속도로 보급되고 있는 것이 이를 대변해 준다고 볼 수 있다. 그러나 이는 공학적인 기능에 관한 것이며 미적 사항을 중요하게 여기는 설계에서는 다른 판단을 할 수도 있다.

복잡한 시스템을 설계할 때 단지 한번의 FR-DP의 관계 설정만으로는 부족할 수가 있다. 이런 경우에는 일단 설정된 FRs와 DPs를 다시 분해하게 된다. 그림 **2·4**에 보는 바와 같이 기능적 영역과 물리적 영역을 지그재그로 오가며 FR-DP관계를 정의한다. 이 지그재그 과정을 그림 **2·4**에서 번호순으로 보이고 있다. 여기서 주목할 점은 DP는 같은 단계의 FR에 의해 정의되고, FR은 위 단계의 DP의 특성에 따라 아래 단계로 분해된다는 것이다. 선반의 설계를 공리적설계의 관점에서 여러 단계로 분해한 예가 그림 **2·5**에 있다(Suh 1990).

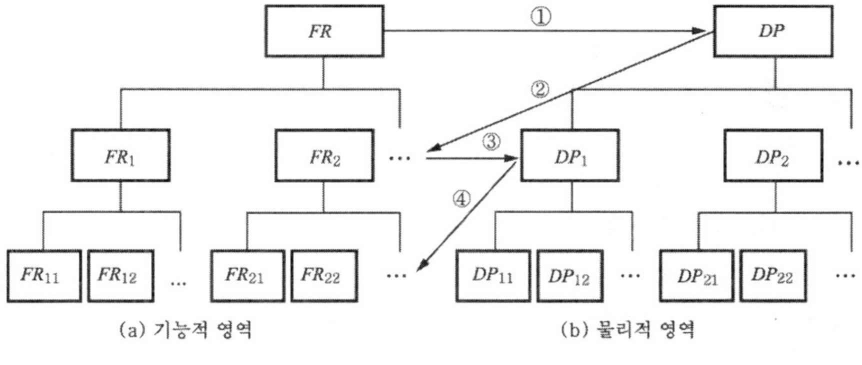

그림 2·4 영역간 지그재그 과정

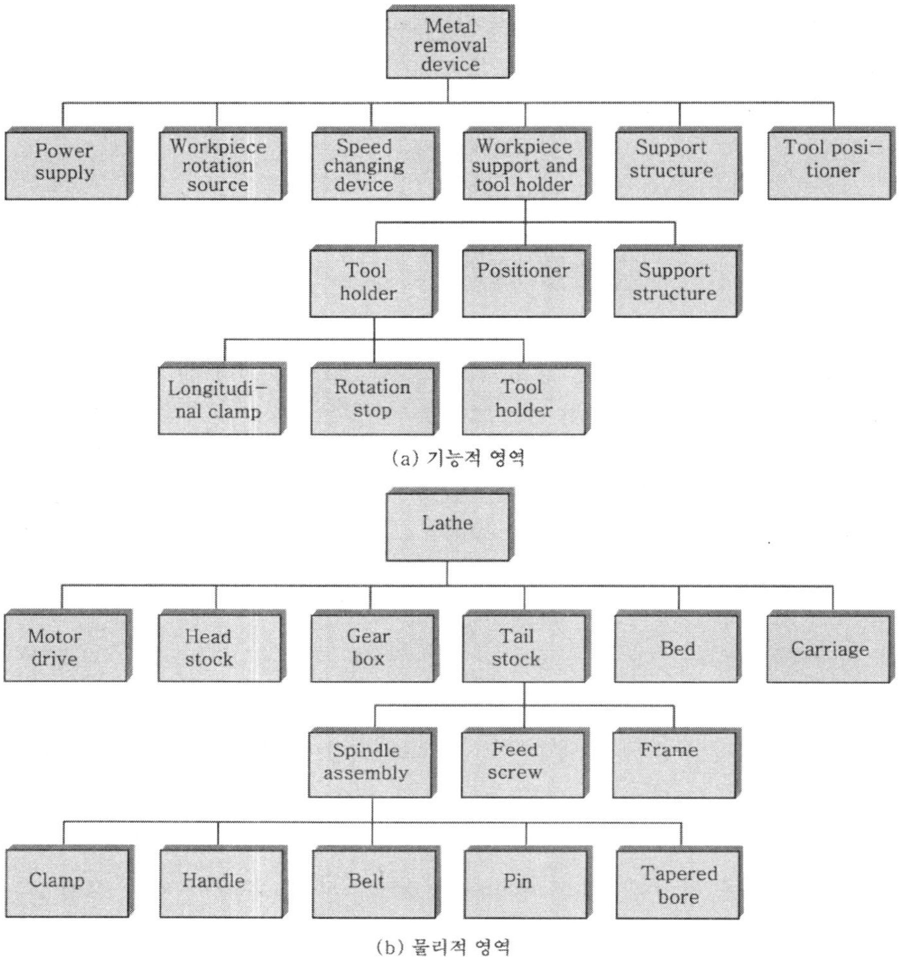

그림 2·5 공리적설계방법에 의한 선반 설계의 분석

2.2.2 독립성

기능요구와 설계파라미터 간의 관계는 식 (2·1)로 나타낸다. 기능요구와 설계파라미터의 개수가 2일 때, 설계행렬의 특성에 따라 사상 과정을 FR과 DP좌표계의 중첩을 통해 도식화한 것이 그림 **2·6**에 있다. 각각의 설계는 다음과 같은 설계행렬로 나타낼 수 있다 (Rinderle, 1982).

$$\begin{bmatrix} FR_1 \\ FR_2 \end{bmatrix} = \begin{bmatrix} A_{11} & 0 \\ 0 & A_{22} \end{bmatrix} \begin{bmatrix} DP_1 \\ DP_2 \end{bmatrix} \quad \text{비연성설계(그림 } \mathbf{2 \cdot 6}\text{ (a))} \tag{2·8}$$

$$\begin{bmatrix} FR_1 \\ FR_2 \end{bmatrix} = \begin{bmatrix} A_{11} & A_{12} \\ 0 & A_{22} \end{bmatrix} \begin{bmatrix} DP_1 \\ DP_2 \end{bmatrix} \quad \text{비연성화설계(그림 } \mathbf{2 \cdot 6}\text{ (b))} \tag{2·9}$$

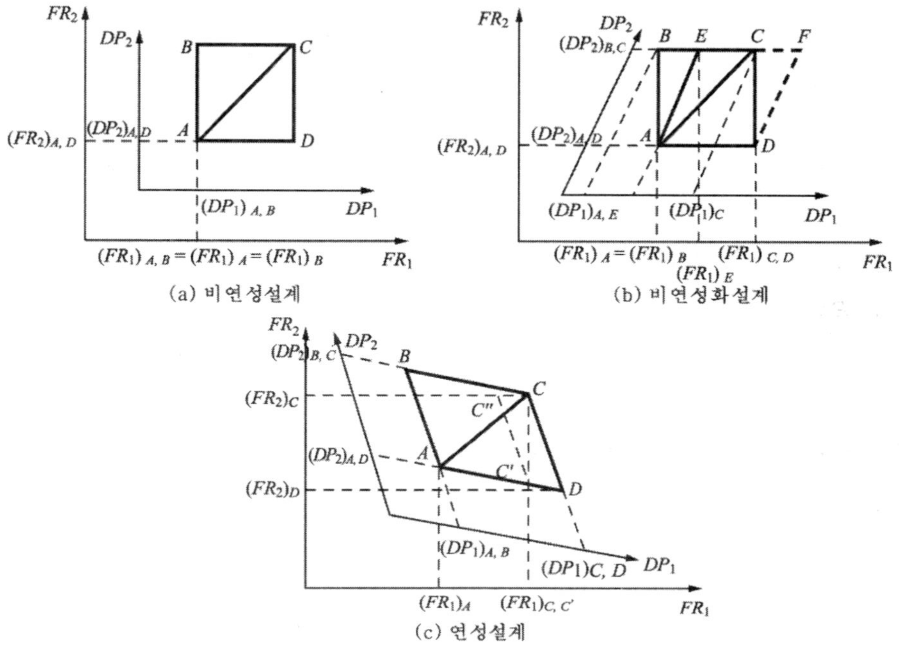

그림 2 · 6 각 설계에 대한 FR영역으로부터 DP영역에로의 사상 과정의 도식화

$$\begin{bmatrix} FR_1 \\ FR_2 \end{bmatrix} = \begin{bmatrix} A_{11} & A_{12} \\ A_{21} & A_{22} \end{bmatrix} \begin{bmatrix} DP_1 \\ DP_2 \end{bmatrix} \quad \text{연성설계(그림 } \mathbf{2 \cdot 6}\text{ (c))} \qquad (2 \cdot 10)$$

그림 **2 · 6** (a)에 있는 비연성설계를 보자. 상태 A는 $(DP_1)_A$, $(DP_2)_A$에 대해 $(FR_1)_A$, $(FR_2)_A$의 값을 가지며 상태 B, C, D도 동일한 성격을 지닌다. 상태 A에서 C로 설계를 변경하려면 A-D-C를 거쳐도 되고 A-B-C를 거쳐도 된다. 그러므로 비연성설계는 경로에 무관한 설계이다. 그러나 그림 **2 · 6** (b)의 비연성화설계는 다소 다른 특성을 보인다. 가령 상태 A에서 상태 C로 변경하려면 일단 $(DP_2)_A$에서 $(DP_2)_E$로 DP_2만 변화시킨다. 이때 DP_1은 고정되어 있으며 FR_1과 FR_2는 모두 변한다. 이후에 DP_2를 고정하고 DP_1을 $(DP_1)_E$에서 $(DP_1)_C$로 변화시키면 된다. 이 과정에서는 FR_2는 고정되어 있고 FR_1만이 변하게 된다. 이와 같이 비연성화설계는 경로에 의존하는 설계가 된다. 즉, DP_2를 먼저 결정하고 DP_1을 나중에 결정하는 순서를 따라야 한다. 그러면 그림 **2 · 6** (c)의 연성설계를 보자. 상태 A에서 상태 C로 변하려 할 때, 설계파라미터의 변화 순서를 어떻게 하더라도 효과는 마찬가지이다. DP_1을 먼저 변화시켜 보자. FR_1을 만족하기 위해서 DP_1을 A에서 C'으로 변화시켜 보면 FR_2도 변함을 알 수 있다. FR_2를 만족시키기 위해서 DP_2를 변화시키면 C'에서 C''으로 움직인다. 그러면 FR_1도 변하게 되어 다시 DP_1을 변

화시켜야 된다. 따라서 설계를 만족하기 위해서는 수렴할 때까지 이러한 반복 과정을 거치게 된다. 이것은 매우 복잡해질 수도 있으며 설계행렬이 비선형일 때에는 해의 수렴이 불가능할 수도 있다.

위의 관계를 간략히 보인 것이 그림 **2·7**에 있다. 결국 설계행렬의 특징은 그림 **2·7**의 α_1, α_2, θ로 나타낼 수 있다. 이상적인 설계인 비연성설계는 $\alpha_1 = \alpha_2 = 0$이고 $\theta = 90°$일 경우이다. 연성의 정도를 나타내는 지수로 식 (2·11)로 정의되는 리앵귤러리티(reangularity)라는 지수 R을 사용한다.

$$R = \sin\theta = (1 - \cos^2\theta)^{\frac{1}{2}} \tag{2·11}$$

FR과 DP의 개수가 n이고 설계행렬의 요소를 A_{ij}이라 할 때 일반적인 R은 다음과 같이 표시된다.

$$R = \prod_{\substack{i=1,\ n-1 \\ j=1+i,\ n}} \left[1 - \frac{\left(\sum_{k=1}^{n} A_{ki} A_{kj} \right)^2}{\left(\sum_{k=1}^{n} A_{ki}^2 \right) \left(\sum_{k=1}^{n} A_{kj}^2 \right)} \right]^{\frac{1}{2}} \tag{2·12}$$

여기서 $\theta = 90°$일 때, 즉 그림 **2·7**에서 DP_1축과 DP_2축이 직교할 때 $R = 1$이다.

리앵귤러리티 R만 가지고는 연성의 정도를 모두 나타낼 수는 없다. 왜냐하면 $R = 1$이 된다고 해도 $\alpha_1 \to 0$과 $\alpha_2 \to 0$을 보장하지는 않기 때문이다. α_1과 α_2가 영이 된다는 것은 설

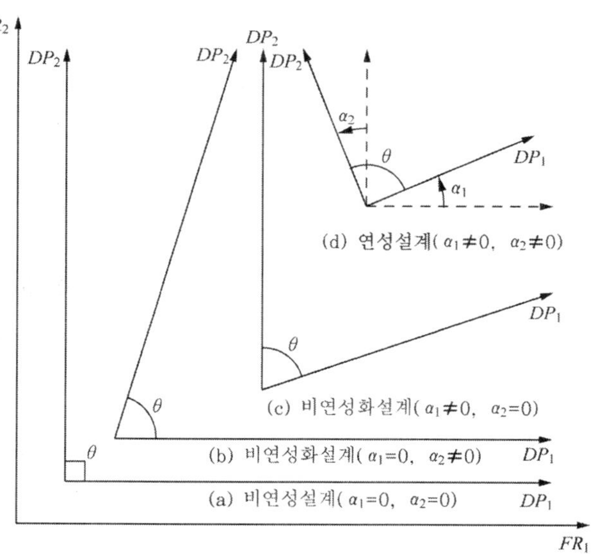

그림 2·7 연성 특성에 따른 설계의 도식화

계행렬이 대각행렬이 되는 것을 의미하며, 행렬의 대각 항이 상대적으로 클 때 연성 정도가 낮게 된다. 여기서 주목할 점은 α_1이나 α_2 중 하나가 0이면 R이 0에 가깝더라도 비연성화설계가 된다. 이에 대한 지수로 다음의 셈앵귤러리티(semangularity, 라틴말로 same angle quality를 의미한다) S를 정의한다.

$$S = \prod_{j=1}^{n} \frac{|A_{jj}|}{\left(\sum_{k=1}^{n} A_{kj}^2\right)^{\frac{1}{2}}} \tag{2・13}$$

설계행렬이 대각행렬일 때, 즉 $\alpha_1 = \alpha_2 = 0$일 때 $S = 1$의 값을 가진다. 각 설계에 대한 리앵귤러리티와 셈앵귤러리티의 특성이 표 **2・2**에 정리되어 있다. 비연성화설계에서는 R과 S값이 1보다는 작으나 동일한 값을 가지며 그 외의 경우는 연성설계이다.

표 2・2 각 설계에 대한 리앵귤러리티와 셈앵귤러리티의 특성

	비연성설계	비연성화설계	연성설계
리앵귤러리티	1	$R = S < 1$	$R \neq S < 1$
열벡터 간의 각도(θ)	90°	θ	θ
셈앵귤러리티	1	$S = R < 1$	$S \neq R < 1$

예제 2・3 비연성화설계에서의 리앵귤러리티와 셈앵귤러리티

식 (2・9)의 비연성화설계에서 R과 S값이 동일함을 증명하여라.

풀이 1

기능요구가 두 개일 경우의 R과 S의 값을 각각 식 (2・12)와 (2・13)을 이용하여 다음과 같이 얻을 수 있다.

$$R = \left[1 - \frac{(A_{11}A_{12} + A_{21}A_{22})^2}{(A_{11}^2 + A_{21}^2)(A_{12}^2 + A_{22}^2)}\right]^{\frac{1}{2}} \tag{2・14a}$$

$$S = \left[\frac{|A_{11}|}{\sqrt{A_{11}^2 + A_{21}^2}}\right]\left[\frac{|A_{22}|}{\sqrt{A_{12}^2 + A_{22}^2}}\right] \tag{2・14b}$$

식 (2・9)에서 $A_{21} = 0$이므로 이를 식 (2・14)에 대입하면 다음과 같다.

$$R = \left[1 - \frac{A_{11}^2 A_{12}^2}{A_{11}^2(A_{12}^2 + A_{22}^2)}\right]^{\frac{1}{2}} = \left[\frac{A_{11}^2 A_{22}^2}{A_{11}^2(A_{12}^2 + A_{22}^2)}\right]^{\frac{1}{2}} = \frac{|A_{22}|}{\sqrt{A_{12}^2 + A_{22}^2}} \tag{2・15a}$$

$$S = \left[\frac{|A_{11}|}{\sqrt{A_{11}^2}} \right] \left[\frac{|A_{22}|}{\sqrt{A_{12}^2 + A_{22}^2}} \right] = \frac{|A_{22}|}{\sqrt{A_{12}^2 + A_{22}^2}} \qquad (2 \cdot 15b)$$

그러므로 R과 S는 동일하다.

‖ 풀 이 2 ‖

위의 문제를 기하학적으로 풀어 본다. $\mathbf{c}_1 = [A_{11} \ \ 0]^T$, $\mathbf{c}_2 = [A_{12} \ \ A_{22}]^T$라 하면 두 개의 기능요구를 벡터 FR로 정의할 때 $\mathrm{FR} = DP_1\mathbf{c}_1 + DP_2\mathbf{c}_2$가 되는데 이에 대한 기하학적인 해석이 그림 **2 · 8**에 있다. 이로부터 R과 S의 값을 구하면 다음과 같다.

$$\cos\theta = \frac{\mathbf{c}_1^T \mathbf{c}_2}{|\mathbf{c}_1||\mathbf{c}_2|} = \frac{A_{11}A_{12}}{\sqrt{A_{11}^2}\sqrt{A_{12}^2 + A_{22}^2}} \qquad (2 \cdot 16a)$$

$$R = \sin\theta = (1 - \cos^2\theta)^{\frac{1}{2}} = \left[1 - \frac{A_{11}^2 A_{12}^2}{A_{11}^2(A_{12}^2 + A_{22}^2)} \right]^{\frac{1}{2}}$$

$$= \left[\frac{A_{11}^2 A_{22}^2}{A_{11}^2(A_{12}^2 + A_{22}^2)} \right]^{\frac{1}{2}} = \frac{|A_{22}|}{\sqrt{A_{12}^2 + A_{22}^2}} \qquad (2 \cdot 16b)$$

$$S = \cos\alpha_1 \cos\alpha_2 = \left[\frac{|A_{11}|}{\sqrt{A_{11}^2 + 0^2}} \right] \left[\frac{|A_{22}|}{\sqrt{A_{12}^2 + A_{22}^2}} \right] = \frac{|A_{22}|}{\sqrt{A_{12}^2 + A_{22}^2}} \qquad (2 \cdot 16c)$$

따라서 R과 S가 동일함을 알 수 있다.

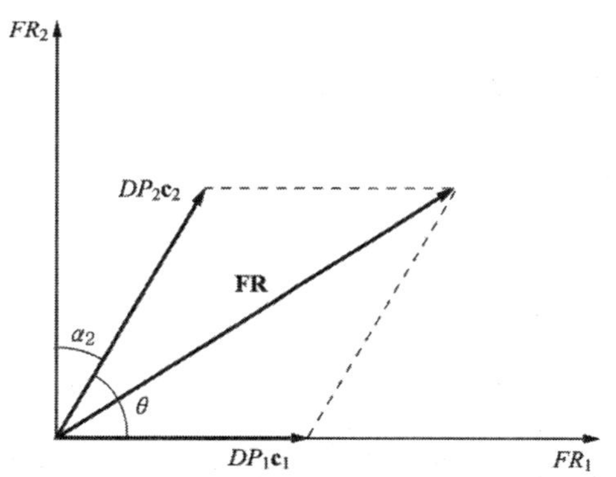

그림 2 · 8 예제 2 · 3의 도식화

설계행렬이 설계파라미터에 대해 비선형일 경우를 고려한다. 이때에는 식 (2 · 2)의 A_{ij}가 상수가 아니고 DP의 함수이다. 현재의 설계점을 DP_0이라 할 때 설계방정식은 $\mathrm{FR}_0 = \mathrm{ADP}_0$이라 할 수 있다. 설계행렬의 각 요소를 구하기 위해 식 (2 · 2)를 테일러 급수로 전개하여 근사화 함수를 구하면 식 (2 · 2)의 FR_i는 다음과 같이 된다.

$$FR_i = (FR_i)_0 + \delta FR_i = (FR_i)_0 + \sum_{j=1}^{3} \frac{\partial FR_i}{\partial DP_j} \delta DP_j \qquad (2 \cdot 17)$$

설계행렬은 식 (2 · 17)을 이용하여 다음과 같이 현재의 설계점 DP_0에서 정의한다.

$$\begin{bmatrix} \delta FR_1 \\ \delta FR_2 \\ \delta FR_3 \end{bmatrix} = \begin{bmatrix} \frac{\partial FR_1}{\partial DP_1} & \frac{\partial FR_1}{\partial DP_2} & \frac{\partial FR_1}{\partial DP_3} \\ \frac{\partial FR_2}{\partial DP_1} & \frac{\partial FR_2}{\partial DP_2} & \frac{\partial FR_2}{\partial DP_3} \\ \frac{\partial FR_3}{\partial DP_1} & \frac{\partial FR_3}{\partial DP_2} & \frac{\partial FR_3}{\partial DP_3} \end{bmatrix} \begin{bmatrix} \delta DP_1 \\ \delta DP_2 \\ \delta DP_3 \end{bmatrix} \qquad (2 \cdot 18)$$

식 (2 · 18)에서 보는 바와 같이 현재의 설계점에서 기능요구와 설계파라미터가 증분으로 표시되며, 설계행렬의 각 항은 편미분 값이다. 비연성설계를 찾는 노력은 식 (2 · 18)의 설계행렬이 주어진 증분의 범위에서 대각행렬이 되는 설계창(design window)을 찾는 일이다. 그리고 한 점에서 비연성관계를 가져도 설계점이 바뀔 경우 이것이 지속된다는 보장은 없다.

여기서 주목할 또 하나의 사항은, 설계행렬의 비대각항이 대각항보다 그 크기가 현저히 작을 때 이를 비연성설계로 취급할 수 있느냐는 것이다. 다음 식을 보자.

$$\begin{bmatrix} FR_1 \\ FR_2 \\ FR_3 \end{bmatrix} = \begin{bmatrix} X & x & x \\ x & X & x \\ x & x & X \end{bmatrix} \begin{bmatrix} DP_1 \\ DP_2 \\ DP_3 \end{bmatrix} \qquad (2 \cdot 19)$$

여기서 $X \gg x$이다. 이때는 설계에서 주어진 공차범위와 X, x의 크기로 판단할 수 있다. 이에 대한 근거가 부록의 정리 **2.A · 8**에 있다. 정리 **2.A · 8**을 소개하면 n이 기능요구의 수라 할 때 다음과 같다.

【정리 2.A · 8】 독립성과 공차

설계자로부터 지정된 공차가 다음 식보다 크면 설계는 비연성설계이다.

$$\sum_{\substack{j \neq i \\ j=1}}^{n} \left(\frac{\partial FR_i}{\partial DP_j} \right) \Delta DP_j \qquad (2 \cdot 20)$$

여기서 ΔDP_j는 j번째 설계파라미터의 현재점에서 설계의 변화량, 즉 설계창의 크기이다. 이러한 경우에서 설계행렬의 비대각 원소들을 설계 고려사항에서 제외할 수 있다.

식 (2 · 20)의 크기가 매우 작을 때, 즉 식 (2 · 19)의 x가 X에 비해 현저히 작을 때 식 (2 · 19)를 비연성설계로 간주할 수 있다.

위의 정리를 좀 더 자세히 설명한다. 현재의 설계점에서 $\mathrm{FR}_0 = \mathrm{ADP}_0$라 하자. 현재의 설계점에서 설계파라미터에 ΔDP만큼의 증분이 있다. 기능요구의 증분 ΔFR은 근사적으로 식 (2·18)에서 δ에 Δ를 대입하면 된다. 이때 $(\Delta FR_i)_{\text{diag}} \equiv \frac{\partial FR_i}{\partial DP_i} \Delta DP_i$로 정의하면 $(\Delta FR_i)_{\text{diag}}$는 DP_i가 변화할 때 i번째 대각항에 의해 발생하는 FR_i의 변화량이다. 설계행렬에서 대각항의 크기가 크므로 FR_i의 결정에 DP_i의 영향이 가장 크다. 따라서 $(\Delta FR_i)_{\text{diag}}$이 기능요구의 증분에 가장 많은 부분을 차지한다고 볼 수 있다. 기능요구의 증분에서 $(\Delta FR_i)_{\text{diag}}$을 제외하면 비대각항들에 의한 증분이 된다. 비대각항들에 의한 증분의 영향이 미미할 경우에는 비대각항을 고려하지 않아도 된다. 이를 다시 표현하면

$$\sum_{\substack{j \neq i \\ j=1}}^{n} \left(\frac{\partial FR_i}{\partial DP_j} \right) \Delta DP_j \leq (\Delta FR_i)_{\text{allowable}} \qquad i = 1, \cdots, n \tag{2·21}$$

이 되는데, 여기서 $(\Delta FR_i)_{\text{allowable}}$는 설계자가 허용하는 공차로서 설계자가 정의한다. 식 (2·21)은 비대각항에 의한 영향이 허용공차보다 작도록 하는, 즉 비연성설계로 간주할 수 있는 설계파라미터의 범위를 의미한다.

예제 2·4 비연성설계로 간주할 수 있는 설계파라미터의 범위

다음과 같이 정의된 설계가 있다.

$$\begin{bmatrix} FR_1 \\ FR_2 \end{bmatrix} = \begin{bmatrix} X & x \\ y & X \end{bmatrix} \begin{bmatrix} DP_1 \\ DP_2 \end{bmatrix} \tag{2·22}$$

$X \gg x$, $X \gg y$이며 각 기능요구에 대해 설계자가 정의한 비대각항에 의한 공차 범위를 $(\Delta FR_i)_{\text{allowable}}$, $i = 1, 2$라 할 때

(1) 위의 설계를 비연성설계로 간주할 수 있는 설계파라미터의 범위를 구하여라.
(2) 위의 설계를 비연성화설계로 간주할 수 있는 설계파라미터의 범위를 구하여라.

❙❙ 풀 이 ❙❙

(1) $x\Delta DP_2 \leq (\Delta FR_1)_{\text{allowable}}$와 $y\Delta DP_1 \leq (\Delta FR_2)_{\text{allowable}}$을 모두 만족하는 ΔDP_1과 ΔDP_2의 범위

(2) $x\Delta DP_2 \leq (\Delta FR_1)_{\text{allowable}}$이거나 $y\Delta DP_1 \leq (\Delta FR_2)_{\text{allowable}}$ 중 적어도 하나를 만족하는 ΔDP_1과 ΔDP_2의 범위

2.2.3 물리적 통합

좋은 설계는 단순한 설계라는 속설이 있다. 이 관점에서 볼 때 하나의 DP가 여러 FR을 동시에 만족하면 좋을 것이라는 추측이 나온다. 다시 말해 연성설계가 더 좋은 것이 될 수도 있을 듯이 보인다. 이는 공리적설계를 공부하고 응용함에 있어서 가장 많이 혼동하는 문제 중 하나이다. 그러나 공리적설계의 관점에서 볼 때, 단순한 설계라는 것은 여러 개의 DP가 하나의 물리적 개체를 이루고 있는 물리적 통합(physical integration)으로 설명할 수 있다. 복수의 DP가 복수의 FR을 각각 독립적으로 만족시키는 동시에 그 DP들이 하나의 개체를 이룰 경우, 그 설계의 정보량이 적어질 수 있다. 다음의 예에서 물리적 통합의 의미를 볼 수 있다.

예제 2 · 5 병따개 문제 (NSF, 1998 ; Suh, 2000)

병과 캔을 열 수 있는 기구가 필요하다고 하자. 기능요구는 다음과 같이 정의한다.

FR_1 : 병을 열 수 있는 기구를 설계하여라.

FR_2 : 깡통을 열 수 있는 기구를 설계하여라.

풀 이

그림 **2 · 9**에서는 병따개와 깡통따개가 하나의 물리적 개체를 이루고 있다. 그러나 기구 양단에 있는 두 개의 DP가 주어진 기능요구들을 독립적으로 만족시킨다. 따라서 그림 **2 · 9**의 기구는 독립공리를 만족하는 우수한 설계이고, 물리적으로 통합되어 있다. 물론 기능요구나 제한조건에 '두 기능을 동시에 사용할 수 있어야 한다'는 조건이 있다면 다른 설계를 찾아야 한다.

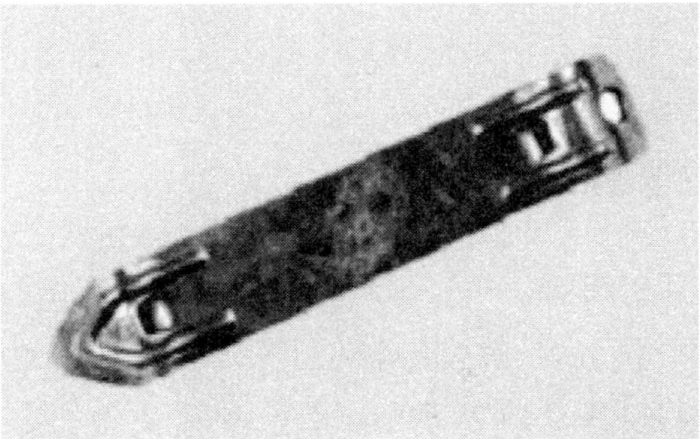

그림 2 · 9 병따개

예제 2·6 음료수 깡통 (NSF, 1998 ; Suh, 2000)

우리 주위에서 흔히 접할 수 있는 음료수 깡통이 그림 **2·10**에 있다. 이것을 공리적설계 관점에서 분석해 보아라. 음료수 깡통을 제작하는 기술자들에 의하면 여기에는 12개의 FR이 있다고 한다. 자세한 사항은 기밀 사항이므로 발표되지 않았다. 가능한 FR로는 내부의 축방향 원주방향의 압력, 낙하충격에 대한 강도, 쌓았을 때의 강도, 마시기에 편함, 알루미늄 재료사용의 최소화, 표면에 인쇄의 용이성 등이 있을 것이다. 그림 **2·10**의 깡통은 12개의 DP로 이루어져 각 FR을 독립적으로 만족하는 한편, 이들이 물리적 통합에 의해 세 개의 요소에 분산되어 통합되어 있다. 세 개의 요소는 몸통, 뚜껑, 마시는 구멍을 여는 요소이다.

설계의 비연성이 유지되면서 물리적으로 통합되어 있을 때는 제품의 복잡성이 감소하게 된다. 관계된 정보량도 줄어들 가능성이 있다. 따라서 물리적 통합은 공리적설계에 어긋나는 것이 아니라 오히려 추천할 사항이다.

그림 2·10 음료수 깡통

2.3 정보공리

2.3.1 확률에 의한 정보량 계산

공리적설계에서는 우선 독립공리를 만족하여야 한다. 그런데 독립공리를 만족하는 설계를 두 개 이상 발견할 수 있다. 독립공리를 만족하는 복수의 설계들 중에서 가장 우수한 설계를 선택하려면 정량적으로 정보량이 최소인 것을 선정한다. 그렇다면 정보량은 어떻게 정의할까? 상황에 따라 달라질 수 있지만 정보량은 대체적으로 복잡성(complexity)을 의미한다. 정보공리에서는 정보량을 계산하기 위해 지수를 정의한다. 각 설계의 특성에 따라 정보량의 지수는 다르게 정의할 수 있다. 현재까지 설계에 적용 가능한 지수로 성공의 확률(probability of success)이 알려져 있다. 설계한 제품을 실제로 사용할 때 특정 DP_i가

해당 FR_i를 만족하는 성공의 확률을 p_i라 하자. 이때 정보량 I_i를 다음과 같이 정의한다.

$$I_i = \log_2 \frac{1}{p_i} \tag{2・23}$$

여기서 확률의 역수를 취한 이유는 성공의 확률이 높을수록 정보량을 적게 만들기 위해서이다. 그리고 로그함수를 취한 것은 정보량의 가산성(additivity)을 증진시키기 위함이며, 로그함수의 밑수가 2인 이유는 정보량을 비트(bit) 단위로 표시하기 위함이다.

예를 들어 다음과 같은 비연성설계가 있다고 하자.

$$\begin{bmatrix} FR_1 \\ FR_2 \\ FR_3 \end{bmatrix} = \begin{bmatrix} A_{11} & 0 & 0 \\ 0 & A_{22} & 0 \\ 0 & 0 & A_{33} \end{bmatrix} \begin{bmatrix} DP_1 \\ DP_2 \\ DP_3 \end{bmatrix} \tag{2・24}$$

DP_1, DP_2, DP_3가 각각 FR_1, FR_2, FR_3을 만족할 확률을 p_1, p_2, p_3이라 할 때 총 정보량 I_{total}은 다음과 같다.

$$I_{\text{total}} = \sum_{i=1}^{3} I_i = \sum_{i=1}^{3} \log_2\left(\frac{1}{p_i}\right) \tag{2・25}$$

여기서 주의할 점은 정보량은 정의된 기능요구에 관해서만 정의할 수 있다는 것이다.

예제 2・7 비연성설계의 정보량 계산 예

그림 **2・9**의 설계 문제에 대한 정보량을 계산한다. 사용자가 평소의 습관대로 사용할 때, DP_1이 FR_1을 만족할 확률을 0.9라 하고 DP_2가 FR_2를 만족할 확률을 0.85라 가정한다. 이때의 총 정보량은 다음과 같이 계산할 수 있다.

$$\begin{aligned} I_{\text{total}} &= I_1 + I_2 = \log_2\left(\frac{1}{0.9}\right) + \log_2\left(\frac{1}{0.85}\right) \\ &= 0.1520 + 0.2345 = 0.3865(\text{bits}) \end{aligned} \tag{2・26}$$

여기서 예제 **2・5**의 문제에서 물리적 통합으로 인해 정보량이 줄어드는 것을 설명해 본다. 통합을 하지 않으면 두 개의 기구를 만들어야 한다. 제작에 필요한 물질의 양을 일정하게 유지하면 각각의 길이나 폭이 줄어들게 된다. 그 결과로 제품의 강도를 유지하기 힘들거나 제품을 손으로 잡기가 불편해져 성공의 확률이 떨어질 것이다. 결과적으로 정보량이 증가하는 셈이다. 따라서 물리적으로 통합된 기구가 정보량이 적은 우수한 설계라는 것을 유추할 수 있다. 그러나 아직도 물리적 통합으로 인한 정보량 감소 정도를 명쾌히 계량화한 연구는 드물다. 이 주제에 대해서는 앞으로 많은 연구가 필요하다.

예제 2 · 8 일정한 길이를 갖는 봉의 제작

성공의 확률을 계산하는 또 다른 방법의 예를 보자. 길이가 1m인 봉을 제작하려 하는데 이에 대한 공차가 ±0.00001m와 ±0.1m의 두 가지 경우가 주어졌다. 각 경우에 대한 정보량을 구하여라.

풀 이

두 경우에 동일한 기계를 사용하여 제작한다면 분명 공차가 적을 때 성공의 확률이 작을 것이다. 한편 주어진 길이(호칭길이 혹은 nominal length)가 길수록 공차가 차지하는 비율은 작을 것이다. 따라서 성공의 확률은 다음과 같은 함수가 된다.

$$p = f\left(\frac{\text{tolerance}}{\text{nominal length}}\right) \tag{2 · 27}$$

식 (2 · 27)을 선형함수로 가정한다면, c를 상수라 할 때 성공의 확률은 다음과 같이 된다.

$$p = c\frac{\text{tolerance}}{\text{nominal length}} \tag{2 · 28}$$

각 경우에 대한 정보량은 식 (2 · 28)에 주어진 치수를 대입하여 구한다.

비연성화설계에 대한 정보량 계산은 다소 다르다. 독립성이 설계의 순서에 의해 만족되는 이유로 뒷부분의 성공확률은 앞부분의 성공확률에 의존한다. 따라서 조건부확률이 된다. 다음과 같은 비연성화설계가 있다고 하자.

$$\begin{bmatrix} FR_1 \\ FR_2 \end{bmatrix} = \begin{bmatrix} X & 0 \\ X & X \end{bmatrix} \begin{bmatrix} DP_1 \\ DP_2 \end{bmatrix} \tag{2 · 29}$$

DP_1이 FR_1을 만족할 확률을 p_1이라 하고, DP_1이 FR_1을 만족한 상태에서 DP_2가 FR_2를 만족할 확률은 조건부확률인데 이를 p_{21}이라 하자. 그러면 FR_1, FR_2를 모두 만족할 확률 p는 다음과 같이 된다.

$$p = p_1 p_{21} \tag{2 · 30}$$

따라서 FR_1과 FR_2가 동시에 만족할 확률 p에 의한 총 정보량은 다음과 같이 된다.

$$\begin{aligned} I &= -\log_2 p = -\log_2(p_1 p_{21}) \\ &= -\log_2 p_1 - \log_2 p_{21} = I_1 + I_2 \end{aligned} \tag{2 · 31}$$

여기서 소개한 조건부확률에 의한 정보량 계산방법은 정보공리의 특성을 파악하는 데는 유익하다. 그러나 실제문제에 응용하는 경우는 많지 않다. 그보다는 확률밀도함수를 이용하여 정보량을 산출하는 방법이 더 실용적이다.

2.3.2 확률밀도함수와 정보량

확률밀도함수를 이용하여 정보량을 산출하는 것이 더 편리할 수 있다. 이를 도식화한 것이 그림 **2 · 11**에 있다. 여기서 사용하는 몇 가지 용어를 다음과 같이 정의한다. 설계영역은 설계하려는 제품성능 목표값의 범위이다. 시스템영역은 제조 후 제품의 실제 성능의 분포이고, 공통영역은 설계영역과 시스템영역의 공통범위이다. 설계영역은 범위로만 정의하며, 시스템영역은 성능의 분포함수로 정의한다. 가령 시스템영역이 균등분포를 한다면, 확률밀도함수를 이용하여 그림 **2 · 12**와 같이 시스템영역을 나타낼 수 있다. 설계는 공통영역을 증가시키는 방향으로 수행해야 한다. 그림 **2 · 12**에서 시스템영역은 A_{sr}로서 시스템영역의 확률밀도함수(혹은 면적)를 의미하며 A_{cr}은 공통영역의 면적이다. 따라서 제품의 성능이 설계영역 안에 들어올 성공의 확률과 이에 의한 정보량은 다음과 같이 된다.

$$p_s = \frac{A_{cr}}{A_{sr}} \tag{2 · 32a}$$

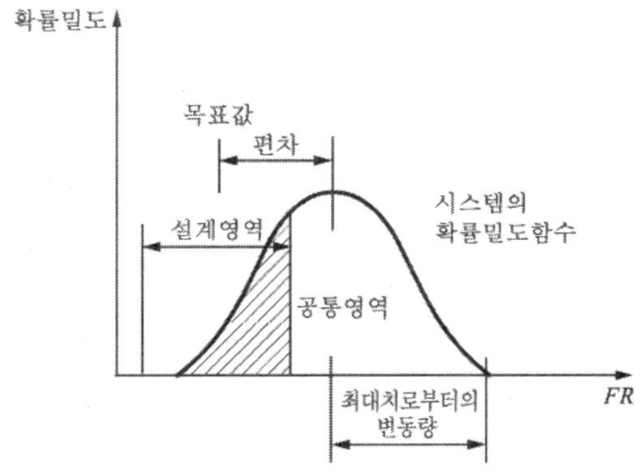

그림 2 · 11 확률밀도함수에 의한 정보량 계산

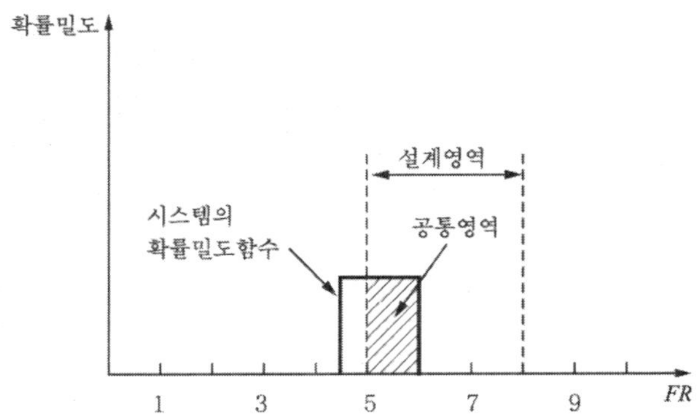

그림 2 · 12 균등분포일 때의 확률분포함수

$$I = -\log_2 \frac{A_{cr}}{A_{sr}} \tag{2·32b}$$

예제 2·9 확률밀도함수를 이용한 정보량 계산의 예

이해를 돕기 위해 다소 인위적인 다음의 문제를 생각해 본다. 황광현 씨란 사람이 아파트를 사려고 하는데 다음과 같은 두 가지의 기능요구를 정의한다.

FR_1 : 아파트의 가격이 5000만 원에서 8000만 원 사이에 있게 하여라.

FR_2 : 직장까지 출퇴근 시간이 40분 이내로 되게 하여라.

황광현 씨는 A시와 B시를 고려한다. 각 도시는 표 **2·3**의 조건을 가지고 있다. 공리적설계 관점에서 어느 도시에 집을 사는 것이 정보량이 적을까?

표 2·3 각 도시별 조건

	A시	B시
가 격	4500~6000만 원	7000~9000만 원
출퇴근 거리	35~50분	20~30분

|| 풀 이 ||

표 **2·3**의 조건으로부터 시스템영역을 정의한 후 기능요구로부터 설계영역을 결정한다. 모든 확률분포가 균등분포라고 가정할 때, A시의 아파트 가격에 대한 확률분포가 그림 **2·12**에 있다. 다른 사항들도 그림 **2·12**와 같이 보일 수 있다. A시의 정보량은 다음과 같다.

$$I_{A1} = \log_2\left(\frac{1.5}{1}\right) = 0.59,\quad I_{A2} = \log_2\left(\frac{15}{5}\right) = 1.59 \tag{2·33}$$

$$I_A = I_{A1} + I_{A2} = 2.18(\text{bits}) \tag{2·34}$$

한편 B시의 정보량은 다음과 같이 계산할 수 있다.

$$I_{B1} = \log_2\left(\frac{2}{1}\right) = 1.0,\quad I_{B2} = \log_2\left(\frac{10}{10}\right) = 0.0 \tag{2·35}$$

$$I_B = I_{B1} + I_{B2} = 1.0(\text{bits}) \tag{2·36}$$

아파트를 사기 위한 A시의 정보량 I_A는 2.18이고, B시의 정보량 I_B는 1.0이다. 따라서 정보공리의 관점에서 볼 때 황광현 씨가 사려는 최적의 아파트는 B시에 있다.

식 (2·32)를 이용해 정보량을 계산할 때 정보량을 줄일 수 있는 방법을 생각해 본다. 그림 **2·11**에서 시스템영역의 평균과 설계영역의 평균간의 차이인 편차(bias)를 먼저 줄이는 것이 효과적이다. 그 후 시스템영역의 분포함수의 표준편차를 줄이면 공통영역이 늘어나고 정보량이 줄어들게 된다. 이는 강건설계와도 관련이 있는데 **제7장**에서 자세히 설명하도록 한다.

2.3.3 비연성화설계에서의 정보량 계산

비연성설계의 정보량은 식 (2·25)를 사용하여 비교적 쉽게 구할 수 있다. 연성설계에 대한 정보량은 독립공리를 위반하므로 일반적으로 계산하지 않는다. 비연성화설계의 정보량을 구하기 위한 성공의 확률은 앞에서 설명한 조건부확률로 구할 수 있다. 그러나 시스템영역이 확률분포함수로 주어질 경우 하나의 숫자로 확률을 정의해야 하는 조건부확률 계산방법을 그대로 이용하는 방법에는 한계가 있다. 따라서 비연성화설계의 경우에는 일반적으로 정보량을 계산하기 위해 따로 개발된 방법을 사용한다. 이 방법은 공차의 적용방법에 따라 도식적방법과 적분에 의한 방법으로 나눌 수 있다. 도식적 방법은 확률분포함수가 균등분포가 아니거나 세 가지 이상의 기능요구가 있는 경우에는 사용하기 어렵다. 따라서 주로 두 개의 기능요구가 있을 때 사용이 용이하다. 이에 비해 적분에 의한 방법은 다수의 기능요구가 존재할 때에도 정보량 계산이 가능하다. 그러나 중적분을 포함하게 되어 계산이 어려운 단점이 있다. 각 방법을 다음과 같이 설명한다.

설계방정식이 다음과 같은 비연성화설계가 있다고 하자.

$$\begin{bmatrix} FR_1 \\ FR_2 \end{bmatrix} = \begin{bmatrix} X & 0 \\ X & X \end{bmatrix} \begin{bmatrix} DP_1 \\ DP_2 \end{bmatrix} \tag{2·37}$$

설계파라미터(DP_i)의 임의변동(random variation)에 의한 기능요구(FR_i)의 임의변동은 다음 식과 같다.

$$\begin{bmatrix} \delta FR_1 \\ \delta FR_2 \end{bmatrix} = \begin{bmatrix} \dfrac{\partial FR_1}{\partial DP_1} & \dfrac{\partial FR_1}{\partial DP_2} \\ \dfrac{\partial FR_2}{\partial DP_1} & \dfrac{\partial FR_2}{\partial DP_2} \end{bmatrix} \begin{bmatrix} \delta DP_1 \\ \delta DP_2 \end{bmatrix} = \begin{bmatrix} A_{11} & 0 \\ A_{21} & A_{22} \end{bmatrix} \begin{bmatrix} \delta DP_1 \\ \delta DP_2 \end{bmatrix} \tag{2·38}$$

설계파라미터의 임의변동이 $\delta \mathrm{DP}$이고 n이 설계파라미터의 수라 할 때, 각 설계파라미터의 제작공차의 범위가 $-\Delta DP_i \le \delta DP_i \le \Delta DP_i$, $i = 1, \cdots, n$으로 주어졌다고 하자. 여기서 $0 \le \Delta DP_i$이다. 기능요구의 목표값을 FR^*라 할 때, 설계가 성공했다는 것은 설계파라미터의 임의변동 $\delta \mathrm{DP}$에 대한 기능요구의 임의변동 $\delta \mathrm{FR}$이 설계자가 정의한 공차범위 내에 존재하는 것을 의미한다. 다시 말하면 $-\Delta FR_i \le \delta FR_i \le \Delta FR_i$, $i = 1, \cdots, n$을 만족하는 경우이다. 여기에서 $0 \le \Delta FR_i$이다. 이때 목표값이 현재의 설계파라미터 DP^*로 만족했다고 가정한다. 임의변동을 확률변수(random variable)로 취급하여 성공의 확률(p_s)을 다음과 같이 표현할 수 있다.

$$p_s \equiv p(-\Delta FR_1 \leq \delta FR_1 \leq \Delta FR_1) \cdot p(-\Delta FR_2 \leq \delta FR_2 \leq \Delta FR_2 \mid -\Delta FR_1 \leq \delta FR_1 \leq \Delta FR_1) \quad (2 \cdot 39)$$

식 (2・38)의 설계방정식의 행렬의 요소인 A_{ij}가 양의 상수(constant)이고, δDP_i가 통계적으로 독립이라고 가정한다. 여기서 δFR_1은 δFR_2에 대하여 통계적으로 종속인 확률변수이다. 식 (2・39)의 조건을 DP에 주어진 공차와 식 (2・38)을 이용해서 DP영역(domain)에 표현하면 다음과 같다.

$$-\Delta FR_1 \leq A_{11}\delta DP_1 \leq \Delta FR_1 \quad (2 \cdot 40a)$$

$$-\Delta FR_2 \leq A_{21}\delta DP_1 + A_{22}\delta DP_2 \leq \Delta FR_2 \quad (2 \cdot 40b)$$

$$-\Delta DP_1 \leq \delta DP_1 \leq \Delta DP_1 \quad (2 \cdot 40c)$$

$$-\Delta DP_2 \leq \delta DP_2 \leq \Delta DP_2 \quad (2 \cdot 40d)$$

한편 식 (2・40)을 FR영역(domain)으로 사상하면 다음과 같다.

$$-\Delta FR_1 \leq \delta FR_1 \leq \Delta FR_1 \quad (2 \cdot 41a)$$

$$-\Delta FR_2 \leq \delta FR_2 \leq \Delta FR_2 \quad (2 \cdot 41b)$$

$$-A_{11}\Delta DP_1 \leq \delta FR_1 \leq A_{11}\Delta DP_1 \quad (2 \cdot 41c)$$

$$-A_{22}\Delta DP_2 \leq \delta FR_2 - \frac{A_{21}}{A_{11}}\delta FR_1 \leq A_{22}\Delta DP_2 \quad (2 \cdot 41d)$$

여기서 A_{ij}가 음수이면 부등호가 달라질 수 있다.

식 (2・40)에 있는 부등식을 모두 만족하는 δDP의 범위는 식 (2・39)의 조건을 만족하는 영역이다. 식 (2・41)의 부등식을 모두 만족하는 δFR의 범위 역시 식 (2・39)의 조건을 만족한다. 이는 최적화이론에서 제한조건을 모두 만족하는 가용영역(feasible region)과 비슷한 개념이라 하겠다. 식 (2・40)이나 식 (2・41)의 가용영역에서 확률밀도함수를 구하면 식 (2・39)의 확률을 계산할 수 있다.

도식적 방법은 식 (2・40)이나 식 (2・41)의 유용영역을 2차원의 그래프로 나타내어 가용영역의 면적을 구하게 되므로 기능요구와 설계파라미터의 분포가 균일한 경우에만 사용할 수 있다. 식 (2・40)의 각 부등식을 만족하는 범위가 그림 **2・13**에 있다. 그림 **2・13**에서 성공의 확률과 정보량은 다음의 식으로 계산할 수 있다.

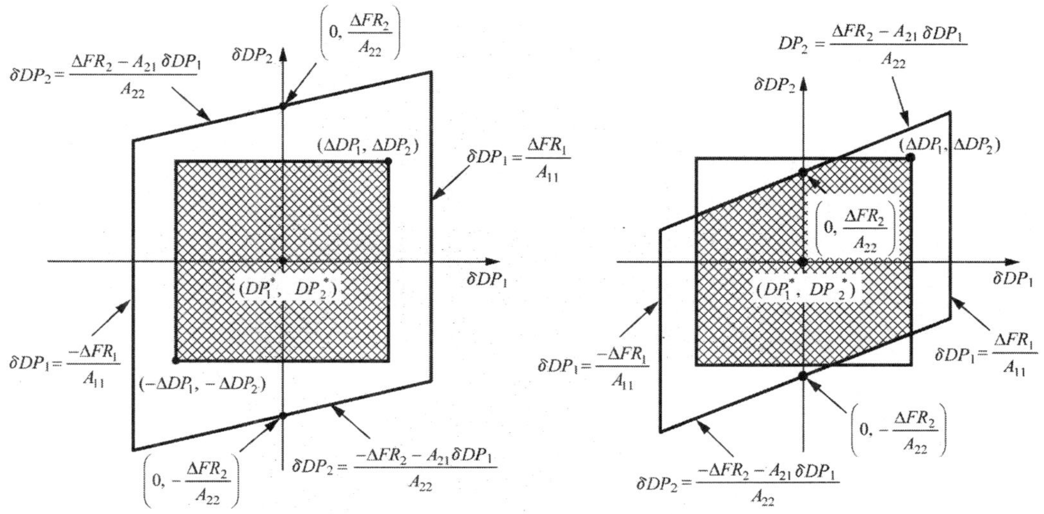

(a) 성공의 확률 = 1 인 경우　　(b) 성공의 확률 < 1 인 경우

그림 2 · 13 DP영역에서 비연성화설계의 성공의 확률

$$p_s = \frac{A_{\text{f}}}{A_{\text{dp}}} \tag{2 · 42a}$$

$$I = -\log_2 p_s \tag{2 · 42b}$$

여기서 A_{f}는 가용영역으로서 그림 **2 · 13**에서 빗금 친 부분이다. A_{dp}는 설계파라미터에 주어진 공차에 의한 면적으로서 그림 **2 · 13**에서 $4\Delta DP_1 \Delta DP_2$이다.

FR영역에서의 도식적인 방법이 그림 **2 · 14**에 있다. 이는 기능요구의 영역이므로 앞에서 정의한 시스템영역, 설계영역, 공통영역을 정의할 수 있다. 성공의 확률과 정보량은 앞의 식 (2 · 32)와 같이

$$p_s = \frac{A_{\text{cr}}}{A_{\text{sr}}} \tag{2 · 43a}$$

$$I = -\log_2 p_s \tag{2 · 43b}$$

이다. 여기서 A_{sr}은 시스템영역의 면적으로서 그림 **2 · 14**의 평행사변형의 면적이며, 설계영역은 그림 **2 · 14**의 직사각형 부분이다. 공통영역 A_{cr}은 시스템영역과 설계영역의 공통부분의 면적인데 이는 식 (2 · 41)의 가용영역과 동일하다. 여기서 주의할 점은 그림 **2 · 13** (a)에서는 성공의 확률이 1이나 그림 **2 · 13** (b)에서는 1이 아니다. 그림 **2 · 13** (b)의 빗금 친 부분이나 그림 **2 · 14** (b)의 공통영역의 면적을 구하는 것은 다소 복잡하다. 그림 **2 · 14** (b)의 경우에 대한 성공의 확률에 대한 결과식은 다음과 같다.

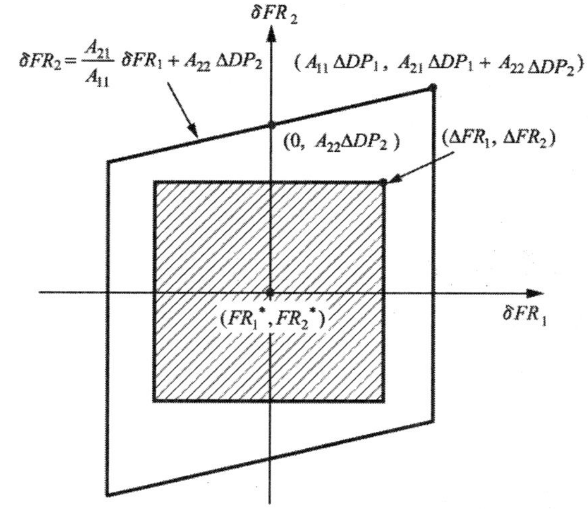

(a) 시스템영역 안에 설계영역이 존재

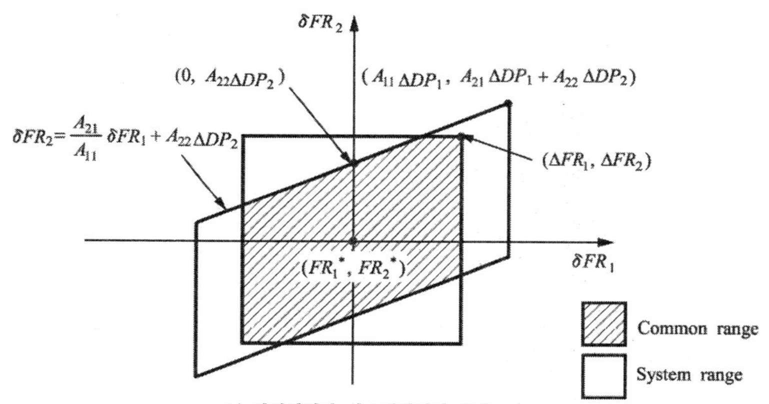

(b) 설계영역과 시스템영역이 교차

그림 2 · 14 FR영역에서 비연성화설계의 성공의 확률

$$p_s = \frac{\Delta FR_1}{A_{11}\Delta DP_1} - \frac{\frac{A_{11}}{A_{21}}\left(\frac{A_{21}}{A_{11}}\Delta FR_1 + A_{22}\Delta DP_2 - \Delta FR_2\right)^2}{4(A_{11}\Delta DP_1)\cdot(A_{22}\Delta DP_2)} \qquad (2 \cdot 44)$$

성공의 확률은 중적분을 이용하여 구할 수도 있다. 이는 DP영역에서 행하는데 앞에서 언급한 바와 같이 그림 **2 · 13**의 가용영역, 즉 빗금 친 부분의 확률밀도함수를 구하면 된다. δDP_1과 δDP_2의 분포함수를 각각 $p_{\delta DP_1}$, $p_{\delta DP_2}$라 하자. 가용영역을 Ω라 할 때 가용영역에서의 확률밀도함수, 즉 성공의 확률은

$$\iint_{\Omega} p_{\delta DP_1} p_{\delta DP_2} \, \mathrm{d}\,\delta DP_2 \, \mathrm{d}\,\delta DP_1 \qquad (2 \cdot 45)$$

이다.

가용영역이 그림 **2 · 13** (a)와 같을 경우에는 적분이 간단하나 그림 **2 · 13** (b)와 같이 될 경우에는 다소 어려워진다. 이를 해결하기 위해 다음과 같은 단위계단함수 $u(x)$를 이용한다.

$$u(x-x^*)=1 \;:\; x \geq x^* \text{일 때}$$
$$=0 \;:\; x < x^* \text{일 때} \qquad (2 \cdot 46)$$

그림 **2 · 15**가 이러한 단위계단함수를 보여주고 있다. 단위계단함수를 이용하면 가용영역뿐 아니라 전 영역에서 확률분포를 다음과 같이 정의할 수 있다.

$$p_1 = p_{\delta DP_1} \cdot [u(\delta DP_1 - (-\Delta DP_1)) - u(\delta DP_1 - \Delta DP_1)] \qquad (2 \cdot 47a)$$
$$p_2 = p_{\delta DP_2} \cdot [u(\delta DP_2 - (-\Delta DP_2)) - u(\delta DP_2 - \Delta DP_2)] \qquad (2 \cdot 47b)$$

이를 가용영역에서 적분하려면 그림 **2 · 13** (a)(b)의 평행사변형을 적분구간으로 하면 된다. 적분구간을 산출해 보면 다음과 같다.

$$\left(\frac{-\Delta FR_1}{A_{11}} \leq \delta DP_1 \leq \frac{\Delta FR_1}{A_{11}},\right.$$
$$\left.\frac{-\Delta FR_2 - A_{21}\,\delta DP_1}{A_{22}} \leq \delta DP_2 \leq \frac{\Delta FR_2 - A_{21}\,\delta DP_1}{A_{22}}\right) \qquad (2 \cdot 48)$$

이를 바탕으로 성공의 확률을 구하면, p_1과 p_2는 통계적으로 독립이므로 식 (2 · 47)을 이용하여 다음과 같이 구할 수 있다.

$$\int_{\frac{-\Delta FR_1}{A_{11}}}^{\frac{\Delta FR_1}{A_{11}}} \int_{\frac{-\Delta FR_2 - A_{21}\delta DP_1}{A_{22}}}^{\frac{\Delta FR_2 - A_{21}\delta DP_1}{A_{22}}} p_1 p_2 \; \mathrm{d}\,\delta DP_2 \, \mathrm{d}\,\delta DP_1 \qquad (2 \cdot 49)$$

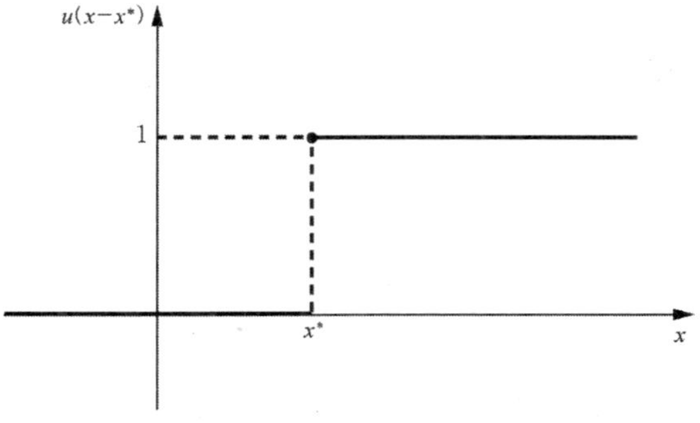

그림 2 · 15 단위계단함수

어떤 경우에 현재의 설계파라미터에 의해 기능요구의 목표값 FR*를 정확히 만족시키지 못할 수도 있다. 이때는 다음과 같은 관계식이 성립할 것이다.

$$\mathrm{FR}_c = \mathrm{ADP}_c \tag{2・50a}$$

$$\mathrm{FR}_c \neq \mathrm{FR}^* \tag{2・50b}$$

여기서 $\mathrm{DP}_c = [DP_{c1} \;\; DP_{c2}]^T$, FR_c는 각각 현재의 설계파라미터와 그에 의한 기능요구의 값이다. 도식적방법에 의한 성공의 확률은 그림 **2・13**과 그림 **2・14**의 직사각형과 평행사변형을 DP_c가 원점이 되도록 좌표변환을 통해 옮기면 된다.

이때 식 (2・40)이 조건은 다음과 같다.

$$FR_1^* - \Delta FR_1 \le A_{11}(DP_{c1} + \delta DP_1) \le FR_1^* + \Delta FR_1 \tag{2・51a}$$

$$\begin{aligned} FR_2^* - \Delta FR_2 &\le A_{21}(DP_{c1} + \delta DP_1) + A_{22}(DP_{c2} + \delta DP_2) \\ &\le FR_2^* + \Delta FR_2 \end{aligned} \tag{2・51b}$$

$$-\Delta DP_1 \le \delta DP_1 \le \Delta DP_1 \tag{2・51c}$$

$$-\Delta DP_2 \le \delta DP_2 \le \Delta DP_2 \tag{2・51d}$$

확률분포 p_1, p_2는 식 (2・47)을 다시 사용할 수 있다. 식 (2・47)과 식 (2・51)을 이용하여 성공의 확률은 다음과 같이 계산할 수 있다.

$$\int_{\frac{FR_1^* - A_{11}DP_{c1} - \Delta FR_1}{A_{11}}}^{\frac{FR_1^* - A_{11}DP_{c1} + \Delta FR_1}{A_{11}}} \int_{\frac{FR_2^* - A_{21}DP_{c1} - A_{22}DP_{c2} - \Delta FR_2 - A_{21}\delta DP_1}{A_{22}}}^{\frac{FR_2^* - A_{21}DP_{c1} - A_{22}DP_{c2} + \Delta FR_2 - A_{21}\delta DP_1}{A_{22}}} p_1 p_2 \; \mathrm{d}\,\delta DP_2 \, \mathrm{d}\,\delta DP_1 \tag{2・52}$$

적분법에 의한 장점은 다수의 설계파라미터에 대해서도 성공의 확률을 구할 수 있다는 점이다. 이러한 문제에 대해서는 설계파라미터의 수가 n이라 할 때 일반적으로 다음과 같은 중적분식을 사용한다.

$$\int_{\frac{FR_1^* - A_{11}DP_{c1} - \Delta FR_1}{A_{11}}}^{\frac{FR_1^* - A_{11}DP_{c1} + \Delta FR_1}{A_{11}}} \cdots \int_{\frac{FR_n^* - \sum_{i=1}^{n} A_{ni}DP_{c1} - \Delta FR_n - \sum_{i=1}^{n-1} A_{ni}\delta DP_i}{A_{nn}}}^{\frac{FR_n^* - \sum_{i=1}^{n} A_{ni}DP_{c1} + \Delta FR_n - \sum_{i=1}^{n-1} A_{ni}\delta DP_i}{A_{nn}}} p_1 \cdots p_n \, \mathrm{d}\,\delta DP_n \cdots \mathrm{d}\,\delta DP_1 \tag{2・53}$$

적분법은 식 (2・41)의 가용영역에 대해서 FR의 분포함수에 대해 시행할 수도 있다.

이상으로 성공의 확률 및 정보량 계산에 대해 설명하였다. 이는 여러 단계로 이루어진 FR-DP를 가지는 설계에도 적용할 수 있다. 행렬의 곱셈식을 전개하면 모든 하위 단계의

FR-DP로 이루어진 하나의 설계행렬을 만들 수 있다. 이러한 행렬로 정의되는 식에 위의 방법을 적용하면 된다. 한편 연성설계의 정보량 계산을 생각해 볼 수 있다. 위의 방법을 적절히 변형하면 불가능한 것은 아니다. 그러나 그 과정이 대단히 복잡할 뿐만 아니라, 실제로 설계를 수행할 경우 연성설계를 도출하지는 않으므로 여기서는 연성설계의 정보량에 관한 논의는 생략한다.

예제 2 · 10 비연성화설계의 정보량 계산 1

다음의 비연성화설계가 있다.

$$\begin{bmatrix} FR_1 \\ FR_2 \end{bmatrix} = \begin{bmatrix} 3 & 0 \\ 2 & 5 \end{bmatrix} \begin{bmatrix} DP_1 \\ DP_2 \end{bmatrix} \tag{2 · 54}$$

$\begin{bmatrix} DP_1{}^* \\ DP_2{}^* \end{bmatrix} = \begin{bmatrix} 1 \\ 1 \end{bmatrix}$, $\begin{bmatrix} FR_1{}^* \\ FR_2{}^* \end{bmatrix} = \begin{bmatrix} 3 \\ 7 \end{bmatrix}$이며 설계파라미터의 공차는 $\Delta DP_1 = 0.3$, $\Delta DP_2 = 0.3$이고, 기능요구의 허용공차는 $\Delta FR = 1.5$이다. 여기서 δDP_i는 공차구간 내에서 균등분포를 한다.

(1) DP영역에서 도식적 방법에 의한 정보량을 구하여라.

(2) FR영역에서 도식적 방법에 의한 정보량을 구하여라.

(3) DP영역에서 적분법에 의한 정보량을 구하여라.

❚❚ 풀 이 ❚❚

(1) DP영역에서 도식적 방법에 의한 정보량

식 (2 · 40)에 의해 DP영역에서의 유용영역은 다음과 같다.

$$-1.5 \le 3\delta DP_1 \le 1.5 \tag{2 · 55a}$$

$$-1.5 \le 2\delta DP_1 + 5\delta DP_2 \le 1.5 \tag{2 · 55b}$$

$$-0.3 \le \delta DP_1 \le 0.3 \tag{2 · 55c}$$

$$-0.3 \le \delta DP_2 \le 0.3 \tag{2 · 55d}$$

이를 도식화하여 보이면 그림 **2 · 16**과 같다. 성공의 확률과 정보량은 식 (2 · 42)에 의해

$$p_s = \frac{A_f}{A_{dp}} = \frac{0.6\times0.6 - 0.3\times0.12\times0.5\times2}{0.6\times0.6} = 0.9 \tag{2 · 56a}$$

$$I = \log_2 \frac{1}{p_s} = 0.152(\text{bits}) \tag{2 · 56b}$$

이다.

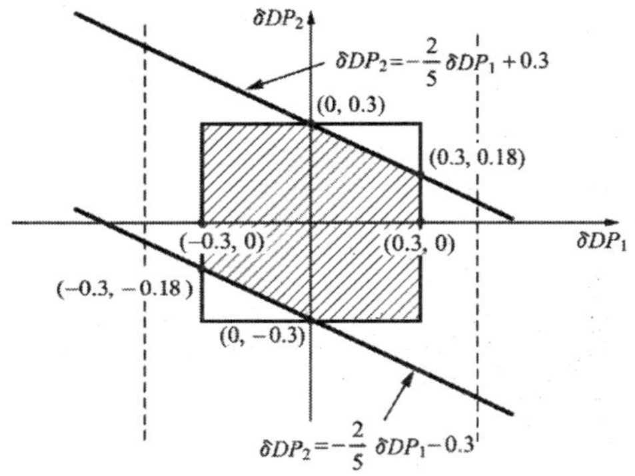

그림 2·16 예제 2·10(1)의 DP영역에서의 도식화

(2) FR영역에서 도식적 방법에 의한 정보량

식 (2·41)에 의해 FR영역에서 유용영역을 살펴보면 다음과 같다.

$$-1.5 \leq \delta FR_1 \leq 1.5 \tag{2·57a}$$

$$-1.5 \leq \delta FR_2 \leq 1.5 \tag{2·57b}$$

$$-3\times0.3 \leq \delta FR_1 \leq 3\times0.3 \tag{2·57c}$$

$$-5\times0.3 \leq \delta FR_2 - \frac{2}{3}\delta FR_1 \leq 5\times0.3 \tag{2·57d}$$

이것을 도식화하면 그림 **2·17**과 같다. 성공의 확률과 정보량은 식 (2·43)에 의해

$$p_s = \frac{A_{cr}}{A_{sr}} = \frac{1.8\times3 - 0.9\times0.6\times0.5\times2}{1.8\times3} = 0.9 \tag{2·58a}$$

$$I = \log_2 \frac{1}{p_s} = 0.152(\text{bits}) \tag{2·58b}$$

이다.

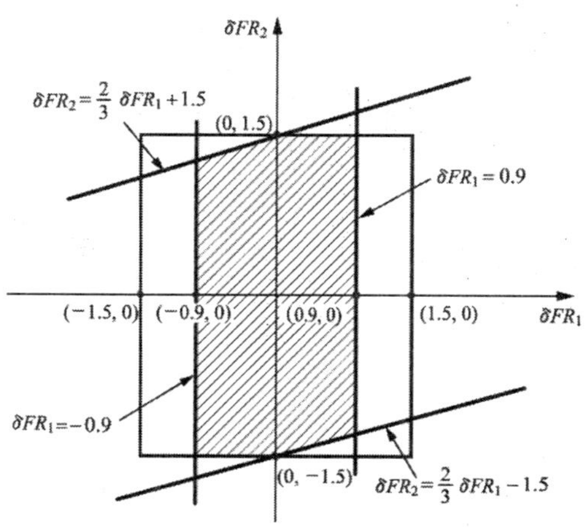

그림 2·17 예제 2·10(2)의 FR영역에서의 도식화

(3) DP영역에서 적분법에 의한 정보량

식 (2·47)에서

$$p_{\delta DP_1} = p_{\delta DP_2} = \frac{1}{2\Delta DP_1} = \frac{1}{0.6} \qquad (2 \cdot 59a)$$

$$p_1 = 1.667 \times [u(\delta DP_1 - (-0.3)) - u(\delta DP_1 - 0.3)] \qquad (2 \cdot 59b)$$

$$p_2 = 1.667 \times [u(\delta DP_2 - (-0.3)) - u(\delta DP_2 - 0.3)] \qquad (2 \cdot 59c)$$

성공의 확률과 정보량은 식 (2·49)에 의해

$$p_s = \int_{-\frac{1.5}{3}}^{\frac{1.5}{3}} \int_{\frac{-1.5-2\delta DP_1}{5}}^{\frac{1.5-2\delta DP_1}{5}} p_1 p_2 \, \mathrm{d}\delta DP_2 \, \mathrm{d}\delta DP_1 = 0.9 \qquad (2 \cdot 60a)$$

$$I = \log_2 \frac{1}{p_s} = 0.152(\text{bits}) \qquad (2 \cdot 60b)$$

이다.

예제 2·11 비연성화설계의 정보량 계산 2

식 (2·54)의 비연성화설계에 대해서 $\begin{bmatrix} DP_{c1} \\ DP_{c2} \end{bmatrix} = \begin{bmatrix} 0.9 \\ 1.1 \end{bmatrix}$일 때 기능요구의 허용공차는 $FR_i^* - \Delta FR_i \le FR_i \le FR_i^* + \Delta FR_i$이며, $\begin{bmatrix} FR_1^* \\ FR_2^* \end{bmatrix} = \begin{bmatrix} 3 \\ 7 \end{bmatrix}$, $\Delta FR_i = 1.5$, $i = 1, 2$이다. 단, 설계파라미터의 공차와 분포는 예제 **2·10**과 동일하다.

(1) DP영역에서 도식적 방법에 의한 정보량을 구하여라.

(2) FR영역에서 도식적 방법에 의한 정보량을 구하여라.

(3) DP영역에서 적분법에 의한 정보량을 구하여라.

▌▌풀 이▐▐

(1) DP영역에서 도식적방법에 의한 정보량

식 (2·40)을 이 문제에 맞게 변형하면 다음과 같다.

$$FR_1^* - \Delta FR_1 \le A_{11}(DP_{c1} + \delta DP_1) \le FR_1^* + \Delta FR_1 \qquad (2 \cdot 61a)$$

$$FR_2^* - \Delta FR_2 \le A_{21}(DP_{c1} + \delta DP_1) + A_{22}(DP_{c2} + \delta DP_2) \le FR_2^* + \Delta FR_2 \qquad (2 \cdot 61b)$$

$$-\Delta DP_1 \le \delta DP_1 \le \Delta DP_1 \qquad (2 \cdot 61c)$$

$$-\Delta DP_2 \le \delta DP_2 \le \Delta DP_2 \qquad (2 \cdot 61d)$$

식 (2·61)은

$$3 - 1.5 \le 3(0.9 + \delta DP_1) \le 3 + 1.5 \qquad (2 \cdot 62a)$$

$$7 - 1.5 \le 2(0.9 + \delta DP_1) + 5(1.1 + \delta DP_2) \le 7 + 1.5 \qquad (2 \cdot 62b)$$

$$-0.3 \le \delta DP_1 \le 0.3 \tag{2·62c}$$

$$-0.3 \le \delta DP_2 \le 0.3 \tag{2·62d}$$

이 된다. 이를 도식화하면 그림 **2·18**과 같다. 따라서 성공의 확률과 정보량은

$$p_s = \frac{0.6\times0.6-(0.18\times0.45\times0.5+0.15\times0.06\times0.5)}{0.6\times0.6} = 0.875 \tag{2·63a}$$

$$I = \log_2 \frac{1}{p_s} = 0.193(\text{bits}) \tag{2·63b}$$

이다.

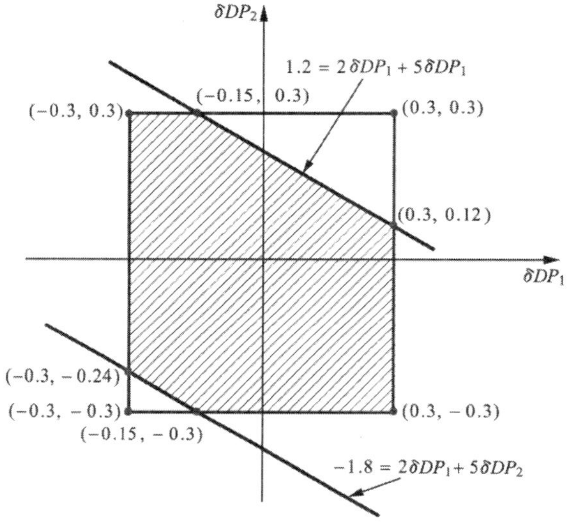

그림 2·18 예제 2·11 (1)의 DP영역에서의 도식화

(2) FR영역에서 도식적 방법에 의한 정보량

식 (2·41)을 이 문제에 맞게 변형하면

$$\begin{bmatrix} FR_{c1} \\ FR_{c2} \end{bmatrix} = \begin{bmatrix} 3 & 0 \\ 2 & 5 \end{bmatrix} \begin{bmatrix} DP_{c1} \\ DP_{c2} \end{bmatrix} = \begin{bmatrix} 2.7 \\ 7.3 \end{bmatrix} \tag{2·64a}$$

$$FR_1^* - \Delta FR_1 \le FR_{c1} + \delta FR_1 \le FR_1^* + \Delta FR_1 \tag{2·64b}$$

$$FR_2^* - \Delta FR_2 \le FR_{c2} + \delta FR_2 \le FR_2^* + \Delta FR_2 \tag{2·64c}$$

$$-A_{11}\Delta DP_1 \le \delta FR_1 \le A_{11}\Delta DP_1 \tag{2·64d}$$

$$-A_{22}\Delta DP_2 \le \delta FR_2 - \frac{A_{21}}{A_{11}}\delta FR_1 \le A_{22}\Delta DP_2 \tag{2·64e}$$

식 (2·64)는

$$-1.2 \le \delta FR_1 \le 1.8 \tag{2·65a}$$

$$-1.8 \le \delta FR_2 \le 1.2 \tag{2・65b}$$

$$-0.9 \le \delta FR_1 \le 0.9 \tag{2・65c}$$

$$-1.5 \le \delta FR_2 - \frac{2}{3}\,\delta FR_1 \le 1.5 \tag{2・65d}$$

식 (2・65)를 도식화하면 그림 **2・19**와 같다. 이로부터 성공의 확률과 정보량을 계산하면

$$p_s = \frac{A_{\mathrm{cr}}}{A_{\mathrm{sr}}} = \frac{1.8\times3-(0.45\times0.3\times0.5+1.35\times0.9\times0.5)}{1.8\times3} = 0.875 \tag{2・66a}$$

$$I = \log_2 \frac{1}{p_s} = 0.193(\mathrm{bits}) \tag{2・66b}$$

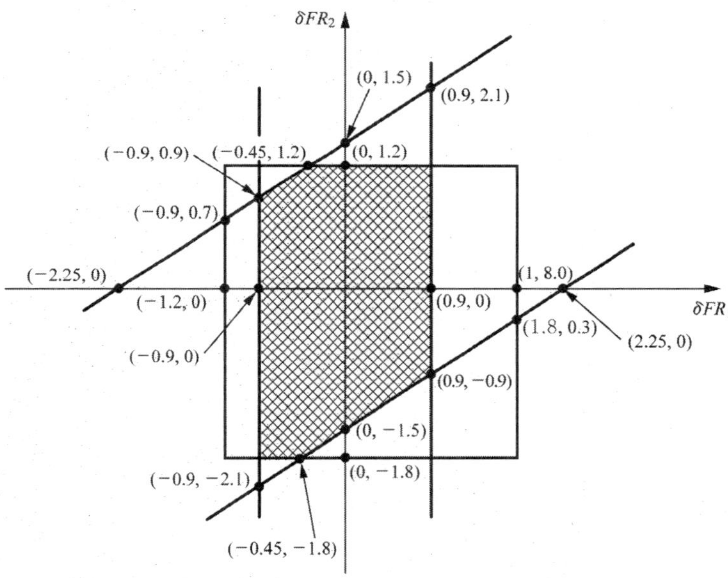

그림 2・19 예제 2・11 (2)의 FR영역에서의 도식화

(3) DP영역에서 적분법에 의한 정보량

중적분 구간은 그림 **2・18**에서 평행사변형의 안이다. 따라서 다음의 중적분으로 성공의 확률을 산출한다.

$$p_s = \int_{-0.4}^{0.6} \int_{\frac{-1.8-2\delta DP_1}{5}}^{\frac{1.2-2\delta DP_1}{5}} p_1 p_2 \,\mathrm{d}\,\delta DP_2 \,\mathrm{d}\,\delta DP_1 = 0.875 \tag{2・67}$$

여기서 p_1, p_2는 식 (2・59)와 동일하다.

예제 2 · 12 비연성화설계의 정보량 계산 3

식 (2 · 54)의 비연성화설계에 대해서 설계파라미터의 분포함수 $p_{\delta DP_i}$가 다음과 같다.

$$p_{\delta DP_i} = -\frac{3}{4(\varDelta DP_i)^3}(\delta DP_i)^2 + \frac{3}{4(\varDelta DP_i)} \qquad i = 1, 2 \qquad (2 \cdot 68)$$

(1) 예제 **2 · 10**에서 설계파라미터의 공차는 동일하고 확률분포만 식 (2 · 68)로 대치하여 적분법으로 성공의 확률을 구하여라.

(2) 예제 **2 · 11**에서 설계파라미터의 공차는 동일하고 확률분포만 식 (2 · 68)로 대치하여 적분법으로 성공의 확률을 구하여라.

❙❙풀 이❙❙

(1) 예제 **2 · 10**에서 식 (2 · 68)의 분포를 가질 때, 적분법에 의한 정보량

i번째 설계파라미터에 대한 확률분포 P_i는 다음과 같다.

$$P_i = \left[-\frac{3}{4\times0.3^3}(\delta DP_i)^2 + \frac{3}{4\times0.3}\right] \times[u(\delta DP_i - (-\varDelta DP_i)) - u(\delta DP_i - \varDelta DP_i)] \qquad (2 \cdot 69)$$

식 (2 · 69)를 식 (2 · 59)에 대입하여 다음의 중적분을 계산하여 성공의 확률과 정보량을 계산한다.

$$p_s = \int_{-\frac{1.5}{3}}^{\frac{1.5}{3}} \int_{\frac{-1.5-2\delta DP_1}{5}}^{\frac{1.5-2\delta DP_1}{5}} p_1 p_2 \ \mathrm{d}\,\delta DP_2 \,\mathrm{d}\,\delta DP_1 = 0.978 \qquad (2 \cdot 70a)$$

$$I = \log_2 \frac{1}{p_s} = 0.032(\text{bits}) \qquad (2 \cdot 70b)$$

(2) 예제 **2 · 11**에서 식 (2 · 68)의 분포를 가질 때, 적분법에 의한 정보량

식 (2 · 69)~(2 · 70)을 그대로 이용하되 중적분 계산을 다음과 같은 구간에서 실시하여 성공의 확률과 정보량을 계산한다.

$$p_s = \int_{-0.4}^{0.6} \int_{\frac{-1.8-2\delta DP_1}{5}}^{\frac{1.2-2\delta DP_1}{5}} p_1 p_2 \ \mathrm{d}\,\delta DP_2 \,\mathrm{d}\,\delta DP_1 = 0.953 \qquad (2 \cdot 71a)$$

$$I = \log_2 \frac{1}{p_s} = 0.07(\text{bits}) \qquad (2 \cdot 71b)$$

이와 같이 확률밀도함수를 이용하여 각종 설계에 대한 정보량을 계산할 수 있는데, 이에 대한 실제적인 예제가 부록 **2.B**에 수록되어 있다.

2.4 설계공리의 응용

대부분의 경우에 독립공리가 만족되면 정보량은 감소한다. 따라서 정보공리가 독립공리에 의존하므로 정보공리는 필요 없는 것으로 간주할 수 있다. 그러나 그렇지 않은 경우가 발생한다. 예를 들어 주어진 기능요구를 만족하는 비연성설계와 연성설계를 발견했다고 하자. 연성설계의 정보량이 비연성설계의 정보량보다 적을 수 있다. 그러면 연성설계가 더 좋은 설계라고 할 수 있는가? 대답은 '그렇지 않다'이다. 이런 경우는 발견한 연성설계보다 정보량이 더 적은 비연성설계나 비연성화설계가 존재함을 암시하는 것이다. 따라서 설계자는 더 좋은 설계를 찾기 위해 노력해야 한다. 다른 예로 비연성설계나 비연성화설계를 복수로 발견할 수도 있다. 독립공리에 대한 만족도가 동일하다고 가정하면, 정보량이 최소가 되는 설계를 최종적으로 선택해야 한다. 설계 시에 두 가지의 공리를 적용하는 흐름도를 그림 **2·20**과 같이 정의할 수 있다. 부록 **2.B**에 그림 **2·20**의 흐름도를 적용한 전형적인 예가 있다.

공리적설계방법을 실제 설계에서 어떤 방식으로 응용할 수 있는가에 대해 살펴본다. 대체로 다음과 같은 분야에 적용할 수 있다고 본다.

(1) 창조적 설계
(2) 기존설계의 분석
(3) 개선설계

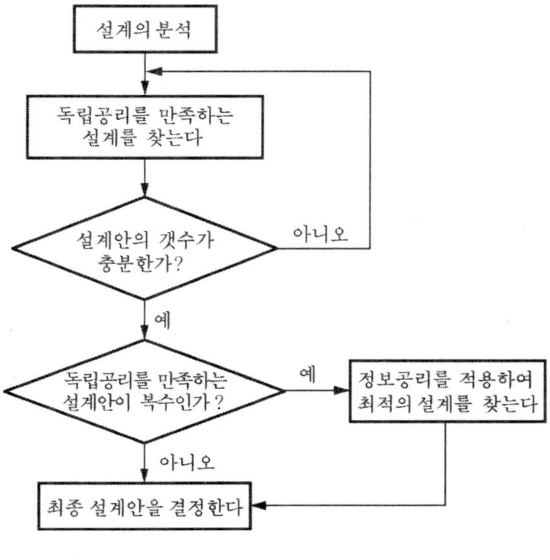

그림 2·20 공리적설계 적용의 흐름도

새로운 기능요구가 정의되고 이러한 기능요구를 만족하는 제품이 없다고 가정하자. 이 경우 새로운 제품을 창출하려고 할 것이다. 창조적 두뇌를 가진 자에 의해 새로운 제품에 대한 아이디어가 창출되는 것이 일반적이다. 그러나 이렇게 창출된 설계안을 구체화하는 방법으로 공리적설계법을 사용할 수 있다. 즉, 아이디어를 공학적으로 분석하고 이를 구현할 수 있는 부품의 선정, 배치 등에 대한 결정 과정을 공리를 이용해서 수행할 수 있다. 그러나 현실적으로 기계설계에 있어서 새로운 창조적 설계를 도출하는 것은 매우 어렵고 드물다. 따라서 기존의 설계를 크게 변화시키고 개선할 수 있다면 창조적 설계로 간주하는 경향이 있다.

이미 생산된 제품들을 평가할 때는 흔히 소비자들의 여론조사를 한다. 그러나 설계자의 관점에서 어떤 제품이 더 우수한가를 평가할 때에 공리적설계방법을 유용하게 도입할 수 있다. 즉, 제품의 목적을 기능요구로 정의하고 현재의 제품을 공리적설계방법으로 분석하여 평가할 수 있다. 이때에는 어떤 제품이 독립공리를 더 만족하는가를 평가하게 된다. 복수의 제품이 동일한 정도로 독립공리를 만족한다면 최소의 정보량을 가지는 가장 좋은 제품을 선정할 수 있다.

끝으로 공리적설계는 현재 제품의 성능을 개선하는 데에 사용할 수 있다. 현재의 제품 성능이 만족스럽지 않을 때나 좀더 좋은 성능을 가지도록 제품 개선을 꾀할 때에 우선 독립공리의 관점에서 기존 제품을 분석한다. 기능요구와 설계파라미터를 정의하고 그들의 관계 정의를 통해 독립공리의 만족여부를 점검해 본다. 독립공리를 만족하지 않을 때는 독립공리를 만족할 수 있도록 개선된 설계를 도출한다. 독립공리를 만족하면 독립공리가 위배되지 않는 범위에서 정보량을 최소화하는 설계파라미터를 도출한다.

예제 2·13 창조적 설계의 예 : 냉장고 설계 (Lee, 1994)

냉장고 설계의 예이다. 일반적인 냉장고의 설계에서 음식물을 오랜 기간 동안 보관하기 위해서는 냉동하고, 짧은 기간 동안 보관하기 위해서는 냉장하는 것을 고려해야 한다. 이로부터 아래와 같은 2개의 기능요구를 정의할 수 있다.

FR_1 : 오랜 기간 음식물의 보관을 위해 냉동하여라.

FR_2 : 짧은 기간 음식물의 보관을 위해 낮은 온도를 유지하여라.

2개의 기능요구를 만족시키기 위하여 2개의 부분으로 구성된 냉장고를 설계할 수 있다. 이에 대한 설계파라미터는 아래와 같다.

DP_1 : 냉동부

DP_2 : 냉장부

첫 번째 수준에서의 설계행렬은 대각행렬로 비연성설계이다. DP_1을 선택함으로써 설계자는 FR_1의 기능을 분해할 수 있다.

FR_{11} : 냉동부의 온도를 -18 ± 2℃로 하여라.

FR_{12} : 냉동부의 온도를 고르게 분포시켜라.

FR_{13} : 냉동부의 상대습도를 50%로 하여라.

마찬가지로 DP_2에 대하여 FR_2의 기능을 분해할 수 있다.

FR_{21} : 냉장부의 온도를 2~3℃로 하여라.

FR_{22} : 냉장부의 온도의 차이를 ±0.5℃ 이내로 분포시켜라.

두 번째 수준의 기능요구를 만족시키는 설계파라미터를 결정해야 한다. 설계파라미터를 결정할 때 기능요구들의 독립성을 만족해야 한다. 주목할 점은 하위수준의 설계파라미터들은 상위수준의 기능요구에 대한 독립성을 유지하는 범위에서 결정해야 한다.

냉동부의 요구사항은 ① 냉동부에 냉각된 공기를 불어넣어 주는 장치, ② 냉동부의 온도를 고르게 하기 위해 냉동 공기를 순환시키는 장치, ③ 순환되는 공기의 온도와 습기를 독립적으로 제어하기 위해 공기상태를 모니터하는 장치로 충족시킬 수 있다. 그러므로 두 번째 수준에서의 설계파라미터는 아래와 같이 선정할 수 있다.

DP_{11} : 냉동부 공기의 온도가 설정 온도보다 높거나 낮을 때 압축기(compressor)를 작동시키는 센서 및 압축기 시스템

DP_{12} : 냉동부에 공기를 불어넣어 주고 일정하게 순환시켜 주는 공기 순환 시스템

DP_{13} : 순환 공기가 이슬점을 넘어서면 습기를 응축시키는 응축기(condenser)

이때의 설계는 식 (2·72)와 같이 비연성화설계이다.

$$\begin{bmatrix} FR_{12} \\ FR_{11} \\ FR_{13} \end{bmatrix} = \begin{bmatrix} X & 0 & 0 \\ X & X & 0 \\ X & 0 & X \end{bmatrix} \begin{bmatrix} DP_{12} \\ DP_{11} \\ DP_{13} \end{bmatrix} \qquad (2 \cdot 72)$$

다음으로 냉장부는 음식물을 보관하기 위하여 냉장실의 온도를 2~3℃로 유지시켜야 한다. 냉장부 또한 냉동부와 비슷하게 압축기를 작동시켜 낮은 온도의 공기를 만들고, 공기를 순환시켜 주는 시스템으로 기능요구를 만족시킬 수 있다. 이에 대한 설계파라미터는 아래와 같다.

DP_{21} : 냉장부 공기의 온도가 설정 온도보다 높거나 낮을 때 압축기(compressor)를 작동시키거나 작동을 중지시키는 센서 및 압축기 시스템

DP_{22} : 냉장부에 공기를 불어넣어 주고 일정하게 순환시켜 주는 공기 순환 시스템

이에 대한 설계행렬은 식 (2·73)과 같이 삼각행렬이다.

$$\begin{bmatrix} FR_{22} \\ FR_{21} \end{bmatrix} = \begin{bmatrix} X & 0 \\ X & X \end{bmatrix} \begin{bmatrix} DP_{22} \\ DP_{21} \end{bmatrix} \qquad (2 \cdot 73)$$

두 번째 수준까지 분해한 설계에 대한 전체 설계방정식은 식 (2·74)와 같이 비연성화설계임을 알 수 있다.

$$\begin{bmatrix} FR_{12} \\ FR_{11} \\ FR_{13} \\ FR_{22} \\ FR_{21} \end{bmatrix} = \begin{bmatrix} X & 0 & 0 & 0 & 0 \\ X & X & 0 & 0 & 0 \\ X & 0 & X & 0 & 0 \\ 0 & 0 & 0 & X & 0 \\ 0 & 0 & 0 & X & X \end{bmatrix} \begin{bmatrix} DP_{12} \\ DP_{11} \\ DP_{13} \\ DP_{22} \\ DP_{21} \end{bmatrix} \qquad (2 \cdot 74)$$

식 (2 · 74)의 전체 설계행렬을 보면, 분해 과정을 통하여 나온 기능요구들이 상위수준에서의 기능요구의 독립성을 유지시키는 것을 알 수 있다.

위의 설계행렬에서 하나의 압축기와 두 개의 팬(fan)을 사용하여 기능요구들을 만족시킬 수 있다. 이때 DP_{11}과 DP_{21}은 두 개의 센서 중 하나가 신호를 감지하면 압축기를 작동시키는 센서/압축기 시스템이다. 그러나 DP_{12}와 DP_{22}의 팬은 각 부의 온도가 설정온도를 벗어나지 않는다면 작동하지 않을 것이다. 이와 같이 하나의 압축기와 두 개의 팬을 가지고 기능요구와 기능요구의 독립성을 만족하는 설계를 구성할 수 있다. 그에 대한 예를 그림 **2 · 21**에 보여주고 있다. 이 외에 독립공리를 만족하는 다양한 설계안을 제시할 수도 있다. 제시된 설계안 중 독립공리를 만족하면서 더 넓은 영역의 온도 제어와 습도 제어가 가능한 해를 최종안으로 선택하면 된다. 이제부터 기존의 냉장고와 새로이 제시된 설계안을 비교해 본다.

전통적인 냉장고는 하나의 압축기와 하나의 팬으로 구성되어 있다. 그림 **2 · 22**와 같이 두 부분(냉동부와 냉장부) 사이의 댐퍼를 조절하여 냉장부를 냉각시킨다. 그러므로 냉장부의 온도를 냉동부와 독립적으로 제어할 수 없다. 냉장부의 온도가 3℃보다 올라가면 댐퍼가 열리지만 냉동부의 압축기와 팬이 작동하지 않으면 FR_{21}을 만족시키지 못하므로 연성설계이다.

부록 **2.A**의 추론 **2.A · 3**에 따르면, 만일 하나의 팬만을 사용하여 기능요구를 독립적으로 만족시킬 수 있다면, 두 개의 팬과 적절한 연결관을 사용하는 것은 최상의 설계 해가 아닐 수도 있다. 독립공리를 만족하는 또 다른 설계안이 존재한다면 두 가지 설계안 중에서 더 좋은 설계를 선택하기 위해서 정보공리를 이용해야 한다.

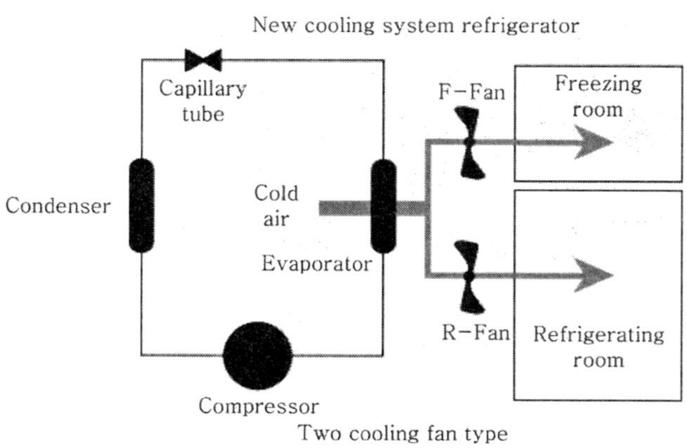

그림 2 · 21 독립공리를 만족하는 새로운 냉장고

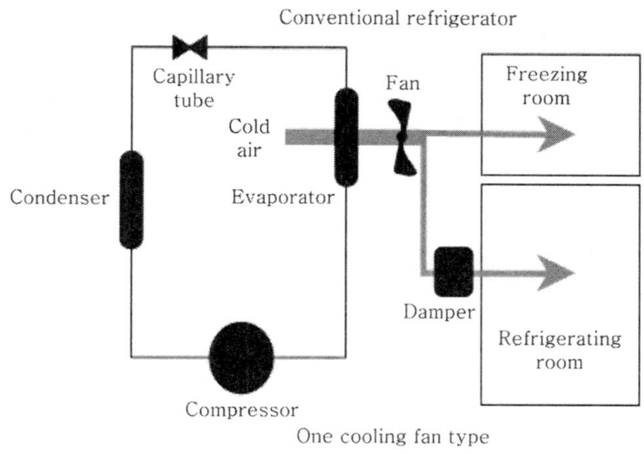

그림 2 · 22 기존의 냉장고

예제 2 · 14 기존설계의 분석에 대한 예 : 액정디스플레이의 고정대 설계(NSF 1998 ; Suh 2000)

액정디스플레이(liquid crystal display, LCD)는 컬러텔레비전 신호의 적색, 녹색, 청색을 투사하는 3개의 LCD 패널(panel)로 구성된 영사장치이다. LCD 영사기의 구성은 그림 **2 · 23**에 있다. LCD 영사 시스템이 정확한 색상을 표시하기 위해서는 청색 이미지에 대하여 패널의 픽셀(pixel)이 허용 공차 범위 내에 정렬되어야 한다.

픽셀을 정렬시키기 위해서 LCD 영사기는 각 LCD 패널의 회전 및 병진운동을 조절할 수 있는 기구장치를 사용한다. 먼저 3개의 패널 중에서 하나의 픽셀을 기준으로 정한 후, 남은 2개 패널의 픽셀을 적절히 정렬한다. 각 LCD 패널은 LCD 고정대(holder)라고 불리는 조절 기구장치에 장착된다. 픽셀 정렬을 위해서는 적어도 기준이 되는 패널을 제외한 2개의 LCD 고정대가 3 자유도(X축 및 Y축상의 이동, Z축을 중심으로 회전)를 가져야 한다. 이제 기존의 두 가지 LCD 고정대의 설계를 비교하고자 하는데, 이들은 산요(Sanyo)사와 샤프(Sharp)사에서 제작된 것이다.

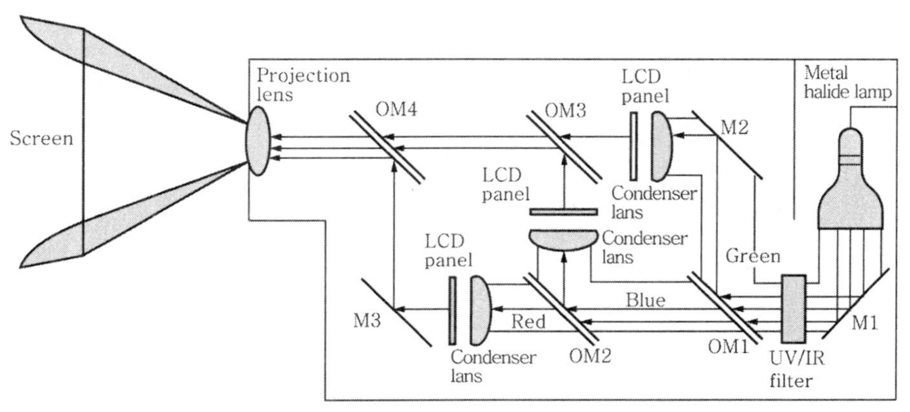

그림 2 · 23 도식화한 LCD

독립공리를 바탕으로 기존설계 중에서 어떤 설계가 3개의 LCD 패널의 픽셀을 정렬시키는 데 우수한지를 판단해 보아라.

❚❚ 풀 이 ❚❚

최상위수준에서의 기능요구와 설계파라미터는 아래와 같다.

FR : LCD 패널의 픽셀을 정렬하여라.

DP : LCD 패널의 픽셀을 정렬할 수 있는 LCD 고정대

각 LCD 패널의 픽셀을 정렬하기 위해서 기능요구를 분해할 수 있다.

FR_1 : X축을 따라서 이동하여라. $T(X)$

FR_2 : Y축을 따라서 이동하여라. $T(Y)$

FR_3 : Z축에 대해서 회전하여라. $R(Z)$

LCD 영사기는 3개의 패널을 사용하는데 그중 하나는 기준위치로 이용된다. 그러므로 픽셀을 정렬시키기 위해서는 3 자유도의 고정대 2개 이상이 필요하다. 지금부터 선정된 상용 LCD 영사기의 설계를 평가하도록 하자.

산요사의 고정대

그림 **2 · 24**는 산요사의 LCD 고정대를 보여주는 그림이다. 산요사의 제품은 3개의 기구로 구성되어 있는데, 모두 리드나사(lead screw)로 고정된다. 나사가 회전하면 해당하는 판이 움직인다. 이와 같이 나사의 회전운동을 판의 이동이나 회전운동으로 변환시킬 수 있다. A-판은 구조물의 측면에 고정되어 있고, 나머지 판들은 A-판 위에서 움직인다. LCD 패널은 C-판에 고정되어 있다. 이들 3개의 기구는 설계파라미터가 된다.

DP_1 : B-판과 나사 1을 결합하는 리드나사

DP_2 : C-판과 나사 2를 결합하는 리드나사

DP_3 : B-판과 나사 3을 결합하는 리드나사

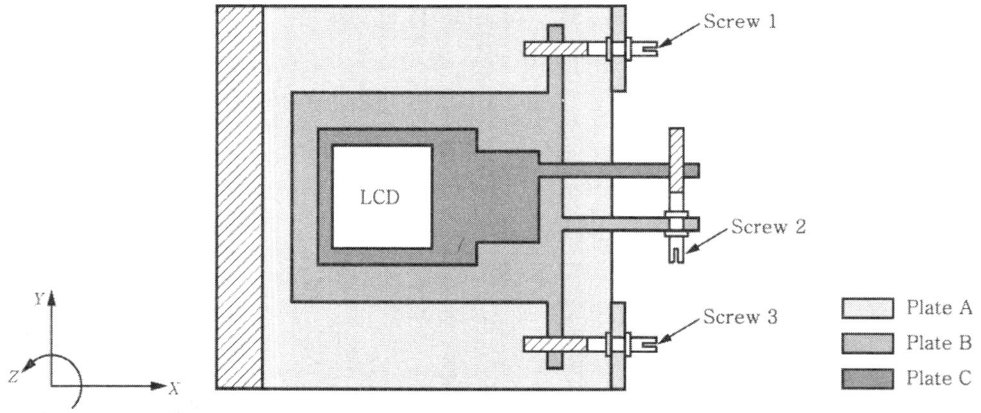

그림 2 · 24 산요사의 LCD판 조정기구

LCD 패널의 중심은 회전 중심과 떨어져 있기 때문에, B-판을 회전시켜 $T(X)$와 $R(Z)$축으로 LCD 패널을 이동 및 회전시킬 수 있다. B-판을 이동시켜 LCD 패널을 이동할 수 있으므로 나사 1을 회전시키면 LCD 패널이 $T(X)$와 $R(Z)$축 방향으로 이동한다. 따라서, DP_1은 FR_1과 FR_3에 영향을 미친다. DP_2는 나사 2와 C-판으로 구성되어 있다. 나사 2를 회전시키면 C-판과 LCD 패널이 B-판을 향하여 Y축으로 움직인다. 나사 2의 회전이 LCD 패널을 $T(Y)$축 방향으로 이동시키므로 DP_2가 FR_2에만 영향을 미친다. DP_3은 DP_1과 같은 구조를 가지고 있다. 나사 3의 회전이 LCD 패널을 패널이 $T(X)$와 $R(Z)$축 방향으로 이동시키므로 DP_3은 FR_1과 FR_3에 영향을 미친다. 이에 대한 설계방정식은 식 (2·75)와 같다.

$$\begin{bmatrix} T(X) \\ T(Y) \\ R(Z) \end{bmatrix} = \begin{bmatrix} X & 0 & X \\ 0 & X & 0 \\ X & 0 & X \end{bmatrix} \begin{bmatrix} DP_1 \\ DP_2 \\ DP_3 \end{bmatrix} \tag{2·75}$$

식 (2·75)의 설계행렬은 연성설계이므로 독립공리를 위배한다.

위의 제품은 픽셀을 정렬하기 위해서 몇 번의 반복 과정을 거쳐야 한다. 예를 들어, 각도가 잘못 조정되면 DP_1을 다시 정렬해야 한다. 그러나 DP_1이 LCD 패널의 $T(X)$축 방향 위치를 변화시키므로 또 다른 오차를 낳는다. 단지 FR_1에만 영향을 미치는 DP가 없으므로 몇 번이고 반복 과정을 거쳐야 한다. 이런 종류의 기구장치는 한 부품에 오류가 생기면 사용자의 오랜 보정이 필요하다.

샤프사의 고정대

샤프사의 제품도 그림 **2·25**와 같이 3개의 기구장치가 있다. 하나는 단순한 리드나사(lead screw)이고 나머지는 더 정밀한 리드나사이다. 각 리드나사에는 경로대(guide way)와 보스(boss)가 장착된다. A-판은 구조물의 측면이 고정되어 있다. LCD패널은 C-판에 장착되어 있어서 같이 움직인다. 이 세 개의 기구들은 설계파라미터로 아래와 같이 정의할 수 있다.

DP_1 : B-판과 나사 1을 결합하는 리드나사

DP_2 : C-판, D-판, 보스 1, 나사 2를 결합하는 리드나사

DP_3 : B-판, E-판, 보스 2, 나사 3을 결합하는 리드나사

나사 1이 회전하면 B-판의 측면이 구조물에 고정된 A-판을 향해 X 방향으로 이동한다. LCD패널은 C-판 위에 장착되었으므로 B-판과 함께 움직이며 X 방향을 따라 움직인다. 이처럼 나사 1과 결합된 DP_1은 FR_1에만 영향을 준다. 나사 2가 회전하면 D-판의 지지경로 때문에 C-판 위에 리벳 처리된 보스 1은 밀려난다. 결과적으로 B-판의 수직홈이 보스 1을 움직이는 경로가 되므로 보스 1은 Y 방향으로 움직인다. 또한 나사 2의 회전으로 LCD패널이 Y 방향으로 이동하므로 DP_2는 FR_2에만 영향을 준다.

나사 3은 E-판을 X 방향으로 이동시키고, E-판의 경로대 때문에 C-판에 리벳 처리된 보스 2를 밀어낸다. 보스 1에는 제한된 방향이 없으므로 C-판은 D-판의 경로대 안쪽에서 보스 2에 대하여 회전을 한다. LCD패널의 중심과 C-판의 회전중심이 떨어져 있으므로 LCD 패널의 회전으로 X 방향과 Y 방향의 이동을 제어할 수 있다. 그러므로 나사 3의 회전으로 LCD패널이 X 방향으로 이동하고 Z축에 대하여 회전한다. DP_3는 FR_1과 FR_3에 영향을 준다. 따라서 설계방정식은 식 (2·76)으로 나타낼 수 있다.

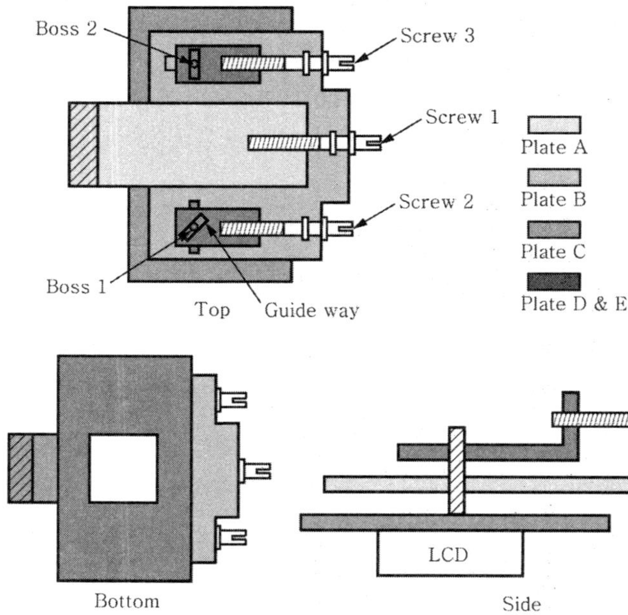

그림 2 · 25 샤프사의 LCD판 조정기구

$$\begin{bmatrix} T(X) \\ T(Y) \\ R(Z) \end{bmatrix} = \begin{bmatrix} A_{11} & 0 & A_{13} \\ 0 & A_{22} & 0 \\ 0 & 0 & A_{33} \end{bmatrix} \begin{bmatrix} DP_1 \\ DP_2 \\ DP_3 \end{bmatrix} \tag{2 · 76}$$

설계행렬이 삼각행렬이므로 이 설계는 비연성화설계이다. 이 설계행렬이 제시하는 순서대로 설계를 진행하면 독립공리를 만족한다. DP_3에 의하여 $R(Z)$축 방향으로 LCD를 정렬시키고 난 후, DP_1과 DP_2로 다른 방향을 정렬시키는 식으로 진행되어야 한다.

위에서 제시하는 방식으로 독립공리를 이용하여 기존설계를 분석하거나 비교할 수 있다. 이 경우에는 하나가 독립공리를 만족하지 않으므로 판정이 간단하다. 그러나 비교 대상의 설계가 모두 독립공리를 만족한다면 R이나 S(독립성의 정도)값을 산정하여 비교하거나 정보량으로 비교할 수도 있다.

예제 2 · 15 개선설계의 예 : 자동변속기의 주차모드 설계 (NSF, 1998 ; Suh, 2000)

자동차의 자동변속기는 주차모드를 가지고 있다. 주차모드는 구동 메커니즘을 잠금으로써 사람이 없을 때 자동차가 움직이는 것을 막아 주도록 설계되어 있다. 자동차가 언덕에 주차되어 있을 때 소비자들은 주차모드에서 기어를 푸는 것이 어렵다고 불평한다. 또한 언덕에서 기어의 주차모드가 풀릴 때 과도한 진동이 발생할 수 있다. 현재의 설계를 그림 **2 · 26**에 나타내었다. 현재의 주차 방법이 어떻게 작동하는지 생각해 보고 더 좋은 설계를 개발하여라.

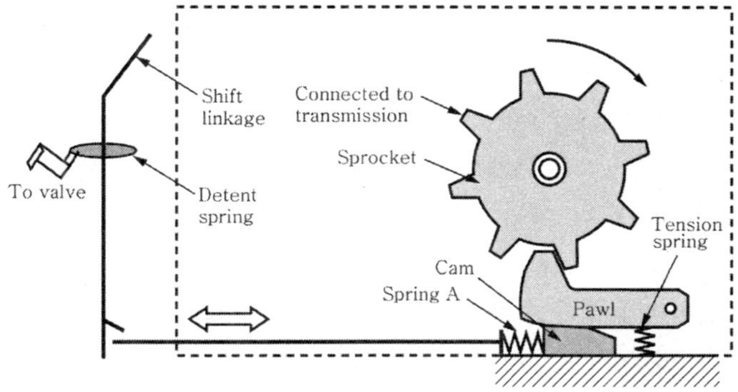

그림 2 · 26 자동변속기를 위한 주차기구의 도식도

풀 이

현재의 설계를 개선하기 위해 현재 설계의 작동방식을 알아야 한다. 그림 **2 · 26**에서는 멈춤쇠(pawl)가 모드전환장치(shift linkage)에 의해 스프라켓(sprocket)에 잠겨서 주차모드 위치에 있음을 알 수 있다. 스프라켓은 변속기에 부착되어 있다. 주차모드 위치로 모드전환 장치가 움직이면 멈춤스프링(detent spring)이 유압시스템을 작동시킨다. 이때 캠에 부착된 스프링 A를 밀게 된다. 모드전환 동작이 발생하면 캠 표면형상이 멈춤쇠를 물림위치로 밀어내고 그림 **2 · 26**과 같이 캠이 내부로 들어가서 스프라켓을 고정위치에 놓고 잠그도록 되어 있다. 이렇게 해서 자동차는 주차모드에 있게 된다.

자동차가 움직이는 동안에는 멈춤쇠가 스프라켓과 맞물릴 수 없다. 왜냐하면 자동차가 시속 4.8km 이상으로 움직일 때 스프라켓과 멈춤쇠 사이에 충격하중이 작용하기 때문이다. 스프라켓의 치형과 멈춤쇠의 치형은 그들 사이의 충격하중이 스프링 A에 의해 발생되는 하중보다 클 때 물릴 수 없도록 되어 있다. 충격하중이 스프링하중보다 더 크면 멈춤쇠를 뒤로 치게 되어 캠이 주차모드 위치로 이동하지 못하도록 예방하고 있다.

자동차가 언덕 위에 주차되어 있을 때, 자동차의 무게가 스프라켓에 토크를 발생시키고 토크는 치형과 멈춤쇠를 통해 캠에 전달된다. 따라서 자동변속기가 모드전환장치를 움직여 주차모드에서 벗어나려면, 캠과 멈춤쇠 사이의 마찰력보다 큰 힘으로 캠을 당겨야 한다. 캠을 주차모드 위치의 바깥으로 끌어당기면, 멈춤쇠가 스프라켓과 물리는 위치의 바깥으로 당겨지고 인장스프링에 의해 멈춤쇠가 내려온다.

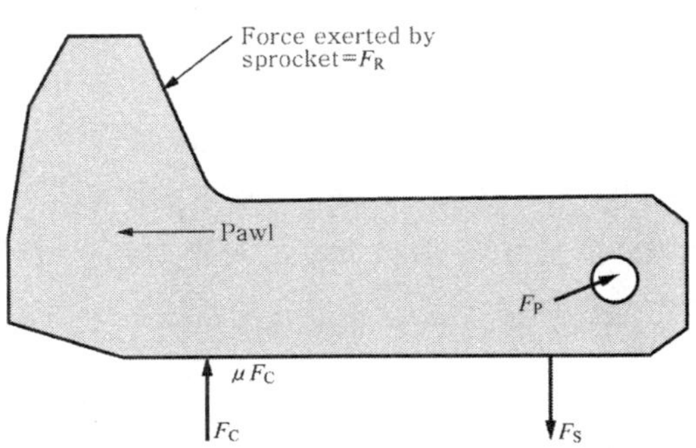

그림 2 · 27 멈춤쇠에 작동하는 힘의 자유물체도

그림 **2·27**은 멈춤쇠에 작용하는 힘을 보여주는 자유물체도이다. F_R은 멈춤쇠와 스프라켓 사이에 작용하는 반력이다. F_C는 멈춤쇠와 캠 사이의 반력, F_S는 인장스프링의 스프링력, F_P는 핀에 의해 멈춤쇠에 작용하는 반력이다. 그리고 μ는 멈춤쇠와 캠 사이의 마찰계수이다. 멈춤쇠 치형의 기울기가 증가함에 따라 F_R이 증가하면 반력 F_C와 마찰력 μF_C가 증가한다. 스프링력 F_S는 캠이 제거될 때까지는 일정하나 스프링의 인장에 따라 변한다.

여기서의 기능요구는 다음과 같이 정의할 수 있다.

FR_1 : 고정된 위치에서 멈춤쇠를 물릴 수 있게 하여라.

FR_2 : 고정된 위치로부터 멈춤쇠를 풀 수 있도록 하여라.

FR_3 : 우연한 물림을 방지하여라.

FR_4 : 멈춤쇠가 물리는 위치를 유지할 수 있도록 하여라.

FR_5 : 차량에 의해 전달되는 하중을 다시 전달하여라.

현재 설계는 위와 같은 기능요구를 만족시키기 위해서 아래와 같은 설계파라미터를 갖는다.

DP_1 : 캠 형상의 경사진 면

DP_2 : 인장 스프링

DP_3 : 스프라켓의 치형과 멈춤쇠의 치형 / 스프링 A / 모드전환장치 / 인장스프링

DP_4 : 캠 형상의 평평한 표면

DP_5 : 멈춤쇠 / 캠의 평평한 표면

설계방정식은 식 (2·77)과 같다.

$$\begin{bmatrix} FR_1 \\ FR_2 \\ FR_3 \\ FR_4 \\ FR_5 \end{bmatrix} = \begin{bmatrix} X & 0 & 0 & X & X \\ X & X & 0 & 0 & X \\ 0 & X & X & 0 & 0 \\ 0 & X & 0 & X & X \\ X & X & 0 & X & X \end{bmatrix} \begin{bmatrix} DP_1 \\ DP_2 \\ DP_3 \\ DP_4 \\ DP_5 \end{bmatrix} \tag{2·77}$$

따라서 현재 설계는 연성설계이다. 이를 자세히 보면 변속기에 의해 전달되는 차량의 하중을 멈춤쇠와 캠이 지탱하기 때문이다. 언덕의 경사가 증가함에 따라 캠에서의 법선력과 마찰력이 증가하므로 주차모드를 해제하는 것이 더욱 어려워진다.

새롭게 제안된 설계

그림 **2·28**은 새롭게 제안된 설계를 나타낸다. 새로운 설계는 이전의 설계와 다른 치형을 가진 스프라켓을 포함하고 있다. 치형의 외곽 모서리 근처의 경사진 면은 멈춤쇠가 우연히 물리는 것을 방지하기 위한 것이다. 그리고 멈춤쇠 치형 윗부분의 평평한 면은 차량의 하중을 전달한다. 멈춤쇠의 모서리는 차량이 시속 4.8km로 움직일 때 우연한 물림을 방지하기 위해서 경사져 있다. 따라서 그림 **2·28**의 F_R과 F_P가 동일선상에 놓이게 되어 캠과 멈춤쇠 사이의 힘이 제거되는 효과가 있다. 그리고 차량 하중은 캠이 아닌 핀에 의해서 전달된다. 새로운 설계에서 캠은 차량 하중을 전달하지 않는다. F_P는 대략 F_R과 같다.

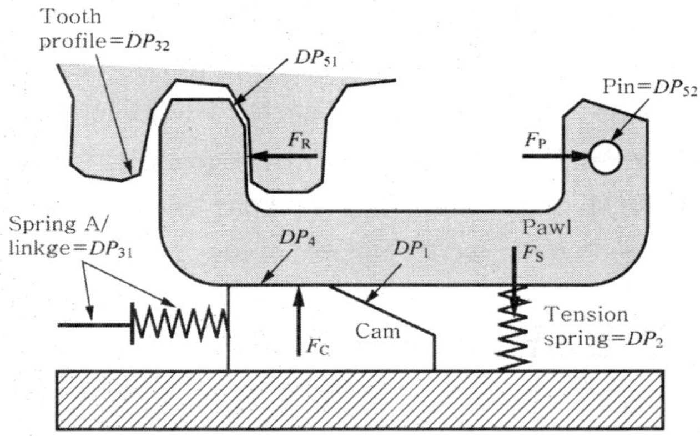

그림 2·28 새롭게 제안된 설계

기능요구는 이전과 같으며 설계파라미터는 그림 **2·28**에 보여지고 있다.

DP_1 : 캠 형상의 경사진 면

DP_2 : 인장 스프링

DP_3 : 스프라켓 휠과 멈춤쇠의 치형/스프링 A/모드전환장치

DP_4 : 캠형상의 평평한 면

DP_5 : 멈춤쇠의 평평한 면/스프라켓과 핀

설계방정식은 다음과 같다.

$$\begin{bmatrix} FR_4 \\ FR_2 \\ FR_3 \\ FR_1 \\ FR_5 \end{bmatrix} = \begin{bmatrix} X & 0 & 0 & 0 & 0 \\ X & X & 0 & 0 & 0 \\ 0 & X & X & 0 & 0 \\ X & 0 & 0 & X & 0 \\ 0 & 0 & 0 & 0 & X \end{bmatrix} \begin{bmatrix} DP_4 \\ DP_2 \\ DP_3 \\ DP_1 \\ DP_5 \end{bmatrix} \tag{2·78}$$

이것은 비연성화된 설계이다.

DP_3과 DP_5의 특성으로부터 다음과 같이 FR_3과 FR_5를 분해할 수 있다.

FR_{31} : 스프라켓으로 멈춤쇠를 밀어 넣는 힘을 제어하여라.

FR_{32} : 스프라켓의 회전 시 반력을 발생시켜라.

이에 상응하는 DP는 다음과 같다.

DP_{31} : 스프링 A

DP_{32} : 스프라켓 치형 형상

이에 관계된 설계행렬은 삼각행렬이다.

FR_5와 DP_5는 다음과 같이 분해할 수 있다.

FR_{51} : 스프라켓의 힘을 멈춤쇠로 전달하여라.

FR_{52} : 전달된 하중을 다시 전달하여라.

DP_{51} : 멈춤쇠의 수직에 가까운 면과 스프라켓 치형 형상

DP_{52} : 멈춤쇠의 수직면에 작용하는 힘 벡터와 동일선상에 위치한 핀

캠과 멈춤쇠 사이의 반력을 최소화하기 위해서는 스프라켓과 멈춤쇠 사이의 반력이 수평에 가까워야 한다. DP_{51}은 이를 위해 수직에 가까운 면이어야 한다. 멈춤쇠와 스프라켓 치형 사이의 작은 경사도는 멈춤쇠의 후퇴량을 적게 하기 위해 이용될 것이다. 여기에서의 설계행렬은 대각행렬이다. 이상으로 독립공리를 만족하는 개선된 설계를 발견하였다. 물론 독립공리를 적용할 때 더 좋은 아이디어로 더 좋은 개선설계의 결과를 얻을 수도 있을 것이다.

2.5 설계공리를 응용한 소프트웨어 설계

2.5.1 소프트웨어 설계

최근 들어 소프트웨어의 중요성은 공학 전 분야에 걸쳐 널리 인식되고 있다. 소프트웨어는 컴퓨터를 운용하기 위한 기술이나 방법론을 말한다. 그리고 소프트웨어 공학(software engineering)은 최소의 경비로 신뢰도 높은 소프트웨어를 생산하기 위한 기법과 도구를 의미한다. 소프트웨어의 개발에 필요한 이론적인 토대는 소프트웨어 공학에서 찾아볼 수 있다. 그러나 공학 분야의 응용 소프트웨어를 개발하는 개발자들은 소프트웨어 공학에 대해 전반적인 이해가 부족하다. 소프트웨어 공학을 설명하는 용어의 추상성 등으로 인해 개발자 나름의 방식대로 소프트웨어를 개발하려는 경향이 있다. 이러한 방식은 비체계적이며 경험에 크게 의존할 뿐 아니라 개발 과정의 문서화가 충분히 이루어지지 않는다. 따라서 소프트웨어 개발 이후에 나타나는 유지보수(maintenance)나 개정(modification) 및 확장(extension) 등에 많은 시간과 노력이 필요하다.

소프트웨어 공학에서는 이러한 문제점들을 두 가지 접근방법으로 해결하려 한다. 첫째는 초기에 시간과 노력을 집중 투자하여 독립적인 모듈(module)을 설계하고 이들 모듈들을 이용하여 소프트웨어를 설계함으로써 향후에 필요한 노력을 줄이려 한다. 둘째는 객체지향(object oriented)언어 등의 보다 진보된 컴퓨터 언어를 사용함으로써 개발자들의 부담을 덜어 보려는 노력이다. 그러나 이러한 해결 방법을 적극적으로 사용하는 소프트웨어 개발자라 하더라도, 소프트웨어 생명주기(life cycle) 동안에 발생되는 오류수정(debugging), 유지보수 및 확장 등에서 나타나는 소프트웨어의 고전적인 문제점들을 완전히 해결하지는 못하고 있다. 이러한 문제점의 가장 근본적인 이유는 각각의 독립적인 모듈들이 소프트웨어의 실행 과정에 따라 서로 기능적으로 연성(couple) 관계를 이루고 있기 때문이다.

앞에서 설명하였듯이 공리적설계는 각 기능별로 서로간의 독립성을 유지하는 설계를 창출하는 방법이기 때문에, 이를 소프트웨어 분야에 적용할 수 있다. 이에 최근에는 소프트웨어 개발 분야에 공리적설계방법의 개념이 성공적으로 도입되고 있다. 이 절에서는 공리적설계방법을 적용하여 기존의 소프트웨어 공학이 가지고 있는 한계를 극복할 수 있는 방법에 대하여 설명한다.

2.5.2 전통적인 프로그래밍 언어들과 설계공리

소프트웨어 공학에서는 복잡성을 제어하는 가장 좋은 방법으로 분할에 의한 개념이 사용되고 있다. 즉, 프로그램을 작고 이해하기 쉬운 모듈로 분할하는 것이다. 그러나 모듈이 독립적이고 상호 작용이 제한되어 있지 않으면, 복잡성은 제어될 수 없다. 모듈화는 크고 복잡한 시스템을 설계할 때 채택하는 방법인데 시스템을 기능 단위로 분해시켜 주고 수정, 유지보수를 용이하게 한다.

공리적설계 관점에서 소프트웨어의 설계를 표현하기 위해 소비자요구, 기능요구, 설계파라미터, 생산변수들의 특성을 다음과 같이 재정의할 수 있다.

CAs : 소프트웨어가 만족해야 하는 고객의 요구 사항이나 속성

FRs : 공학적인 용어로 표현된 소프트웨어에 대한 요구사항이나 요구사항을 실현하기 위하여 필요한 기능

DPs : (1) 알고리즘을 개발할 경우에는 입력 데이터
(2) 소프트웨어가 적재되는 하드웨어로부터의 신호
(3) 프로그램 코드

PVs : 서브루틴, 기계어, 컴파일러

위에서 정의한 내용을 바탕으로 공리적설계의 관점에서 소프트웨어를 개발하는 과정을 각 단계별로 설명한다. 도서관리용 소프트웨어 시스템 개발의 간단한 예제에 적용하여 이해를 돕고자 한다(Kim *et al.*, 1991 ; Suh, 2000).

단계 1. 소프트웨어의 기능요구들을 정의(Definition of FRs for the software system)

고객의 요구에 따라 기능적 영역에서 최상위수준의 기능요구들을 정의한다. 하나의 기능요구는 소프트웨어가 추구해야 할 기능을 표현한다. 설계 데이터를 입력받고, 프로세스를 실행하거나 어떠한 값을 계산하는 등의 기능을 정의하는 것으로 일반적으로 동사로 시작한다.

도서관리용 소프트웨어 시스템에서의 기능요구는 아래와 같다.

FR_1 : 새로이 반입된 책들에 대한 식별번호와 핵심어를 생성하여라.

FR_2 : 주제별 검색에 대한 도서 리스트를 제공하여라.

단계 2. 기능요구들의 독립성을 유지하는 하에서의 영역간 사상 과정(Mapping between the domains to maintain the independence of FRs)

기능요구를 실행하기 위한 설계파라미터를 물리적 영역에서 설정한다. 설계파라미터는 기능요구를 만족시키기 위해서 '어떻게' 할 것인가를 말한다. 소프트웨어 설계에서 설계파라미터는 입력 데이터와 프로그램을 실행하여 전달하는 결과 데이터에 해당한다. 그러므

로 일반적으로 설계파라미터는 데이터 명칭의 명사로 정의한다. 기능요구들의 독립성은 기능요구와 설계파라미터의 관계에 의해 도출한 설계방정식의 형태로 점검할 수 있다.

단계 1에서 정의한 각 기능요구에 대한 설계파라미터를 아래와 같이 선정할 수 있다.

DP_1 : 각 책들의 목차를 바탕으로 한 분류 시스템

DP_2 : 주제별 핵심어들을 바탕으로 한 검색 시스템

이 과정은 식 (2·79)와 같이 비연성화설계로 순서에 따른다면 독립공리를 만족한다.

$$\begin{bmatrix} FR_1 \\ FR_2 \end{bmatrix} = \begin{bmatrix} A_{11} & 0 \\ A_{21} & A_{22} \end{bmatrix} \begin{bmatrix} DP_1 \\ DP_2 \end{bmatrix} \tag{2·79}$$

소프트웨어 설계에서 A_{ij}는 연산이나 하나의 호출 함수일 수 있다. 이때 기능요구는 식 (2·80)과 같이 모듈에 의해 만족시킬 수 있다.

$$\begin{aligned} FR_1 &= M_1 DP_1 \\ FR_2 &= M_2 DP_2 \end{aligned} \tag{2·80}$$

여기서 M_1과 M_2는 모듈로 다음과 같이 정의된다.

$$\begin{aligned} M_1 &= A_{11} \\ M_2 &= A_{21}\frac{DP_1}{DP_2} + A_{22} \end{aligned} \tag{2·81}$$

모듈은 알고리즘으로 볼 수 있는데 작은 단위로는 논리연산이 있을 수 있고, 크게는 하나의 독립적인 시스템을 구성하는 함수가 될 수 있다.

단계 3. 각 기능요구와 설계파라미터의 분해 과정(Decomposition of FRs and DPs)

앞 절에서 최상위수준에서의 기능요구들과 설계파라미터들은 최하위수준까지 분해 과정을 진행한다고 설명하였다. 분해 시 현 수준에서의 각 설계파라미터는 하위수준의 기능요구들로 분해하기 위한 기준이 된다. 현 수준에서 기능요구 FR_i를 실행하기 위한 설계파라미터 DP_i를 어떠한 것으로 설정하느냐에 따라서 하위수준의 기능요구 FR_{ij}를 다르게 정의한다. 그러므로 기능요구와 설계파라미터를 하위수준으로 분해하는 방식은 지그재그 과정으로 진행된다.

앞 단계에서 예를 들었던 도서관리용 소프트웨어 시스템의 FR_1은 FR_{11}, FR_{12}로 분해할 수 있다.

FR_{11} : 새로운 도서에 식별번호를 부여하여라.

FR_{12} : 새로운 도서의 주제별 핵심어를 생성하여라.

DP_{11} : 도서의 표제 정보

DP_{12} : 도서의 목차

FR_2도 마찬가지로 분해할 수 있고, 최하위수준까지 분해 과정을 진행한다. 예제의 시스템에 대해서 최하위수준까지 분해한 결과는 그림 **2 · 29**와 같다.

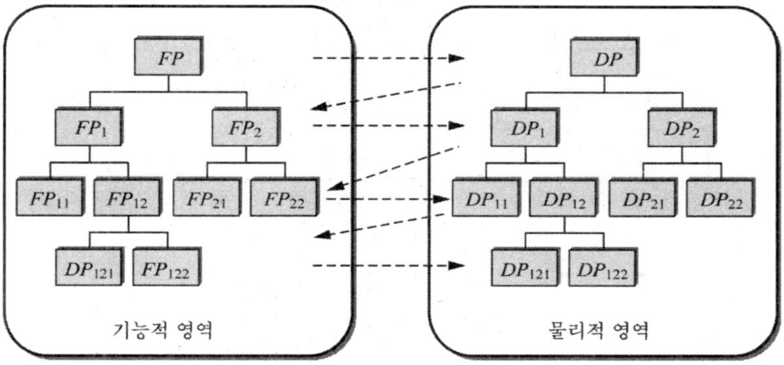

그림 2 · 29 도서관리용 소프트웨어 시스템의 계층구조

단계 4. 모듈 정의 (Definition of Modules)

분해 과정 후에는 모든 기능요구와 설계파라미터에 따르는 모듈을 구성한다. 각 모듈은 독립적으로 프로그램화할 수 있다. 각각의 모듈들을 조합하는 방법은 기능요구의 가지들과 그 가지의 수직 통합을 도표 형태로 표시하는 방법을 이용하며, 구체적인 형태로는 결합(junction)과 모듈(module)로 구성한다. 그림 **2 · 30**에서는 단위 결합의 형태에 따른 표현을 보이고 있다. 세 가지의 결합형태가 있을 수 있으며, 각각의 형태는 다음과 같다.

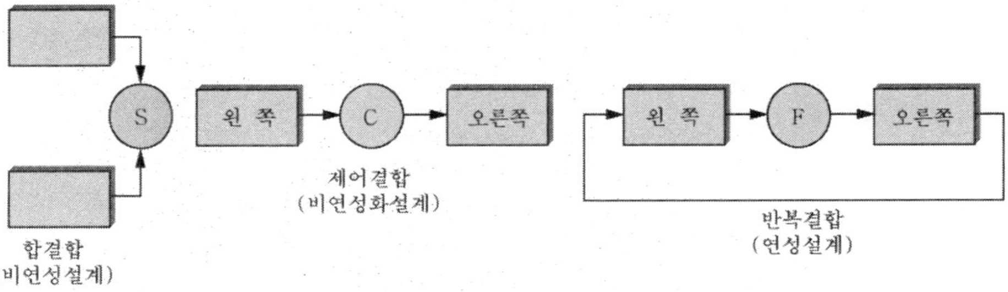

그림 2 · 30 단위 결합의 형태

합결합(summation junction : Ⓢ)은 비연성설계의 경우로 상위수준의 기능요구가 하위수준 모듈의 모든 결과를 결합함으로써 만족되는 형태이다.

제어결합(control junction : Ⓒ)은 비연성화설계의 경우로 그림 **2 · 30**에서 오른쪽 모듈의 행위를 제어하기 위해 왼쪽 모듈의 결과를 사용하는 형태이다.

반복결합(feedback junction : Ⓕ)은 연성설계의 경우로 그림 **2 · 30**에서 오른쪽 모듈의 결과를 왼쪽 모듈로 되돌려 보낸다. 그러므로 정보의 진행 과정이나 프로그램의 이용에 있어서 수많은 반복을 필요로 한다. 반복결합이 많을 때 그 프로그램은 곧 감당하기 어렵게 된다.

이들 결합 특성을 이용하여 기능요구와 설계파라미터의 계층적 트리구조(tree structure)와 설계행렬의 형태로 나타난 해석의 결과는 하나의 도표로 나타낼 수 있다. 이를 모듈결합구조도(module junction structure diagram)라고 하며 그림 **2 · 29**의 예제에 대해서 그림 **2 · 31**과 같이 표현할 수 있다. 또한 결합 특성을 사용함으로써 모듈결합구조도는 모듈들 간의 정보흐름을 보여주는 네트워크 형태의 그림으로 바뀌어지기 쉽다. 그림 **2 · 32**는 그림 **2 · 31**에서 유추한 흐름도이다.

이 절에서는 소프트웨어를 개발하기 위하여 공리적설계의 설계 과정에 따라 소프트웨어의 모듈을 구성하고, 모듈을 코딩하는 개발 과정을 설명하였다. 전통적인 프로그래밍 언어로 소프트웨어를 개발할 때 공리적설계의 독립공리를 이용하면 모듈의 기능적인 독립성을 확보할 수 있어 소프트웨어 개발 및 유지보수가 쉽다.

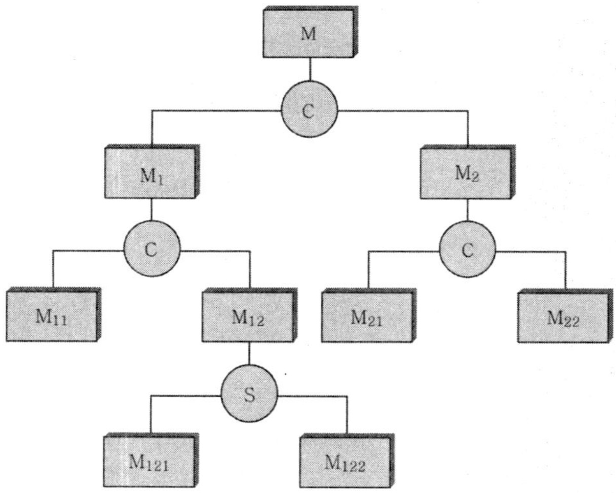

그림 2 · 31 그림 2 · 29의 모듈 결합도

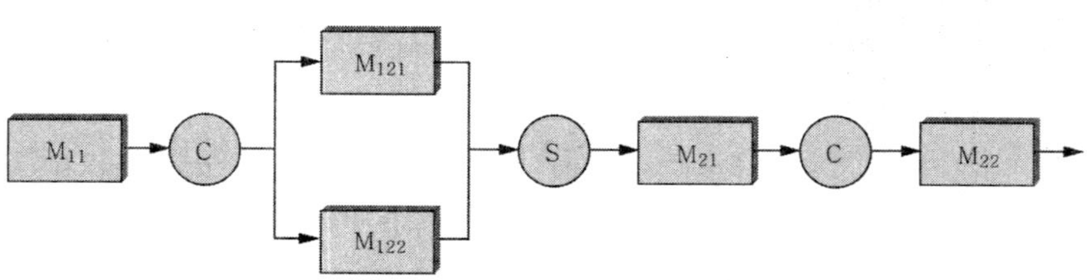

그림 2 · 32 그림 2 · 29의 흐름도

2.5.3 객체 지향적 프로그래밍과 설계공리

소프트웨어 공학에서는 1980년대 후반부터 객체지향 패러다임이 많은 호응을 얻었다. C, Pascal, Fortran과 같은 절차지향(process oriented) 프로그래밍과는 달리 최근 소프트웨어 프로젝트의 주류를 이루고 있는 사용자 중심의 대화형 프로그램을 개발하는 데에는 객체지향 프로그래밍 기술이 우수한 방법을 제공한다고 알려져 있다. 객체지향 기술은 새로운 프로그램의 개발 시 이전 프로그램을 재사용할 수 있는 방법을 제공한다. 즉, 공통으로 사용할 수 있는 부분을 라이브러리로 만들어 필요할 때 적절히 특수화(specialization)하고 알맞게 변경하여 사용할 수 있다. 객체지향 기술의 또 다른 특징은 프로그램을 뚜렷하게 구별되는 객체(object)로 분할할 수 있다는 것이다. 구별한 객체들은 잘 정의된 인터페이스를 이용하여 상호 협조할 수 있다.

이러한 장점으로 최근에 객체지향 프로그래밍(object-oriented programming, OOP)이 소프트웨어 개발에 많이 도입되고 있다. 이에 설계 과정의 기능적 독립성을 객체지향적 프로그래밍에 도입한 V-모델이 제안되었다(Do and Suh, 2000). V-모델에서 설계자는 소프트웨어의 기능을 정의하고 지그재그 과정을 통하여 분해하여 물리적 영역에서의 독립적 모듈을 정한다. 다음에 각 모듈을 객체지향적 프로그래밍의 클래스로 정의하고 프로그램으로 코딩(coding)한다. 이는 크게 하향식 접근방법에 의한 설계행렬(full design matrix)의 구성과 상향식 접근방법에 의한 소프트웨어 완성의 두 단계로 구분한다. 위에서 설명한 과정을 세분화하여, 그림 **2·33**과 같은 몇 가지 단계로 구분할 수 있다. 그림에서 단계 4까지의 하향식 과정은 앞 절에서 설명한 소프트웨어 개발 과정과 같다. 이후에 전체 설계행렬을 이용하여 객체를 정의하고 코딩을 하는 단계 5부터 설명한다.

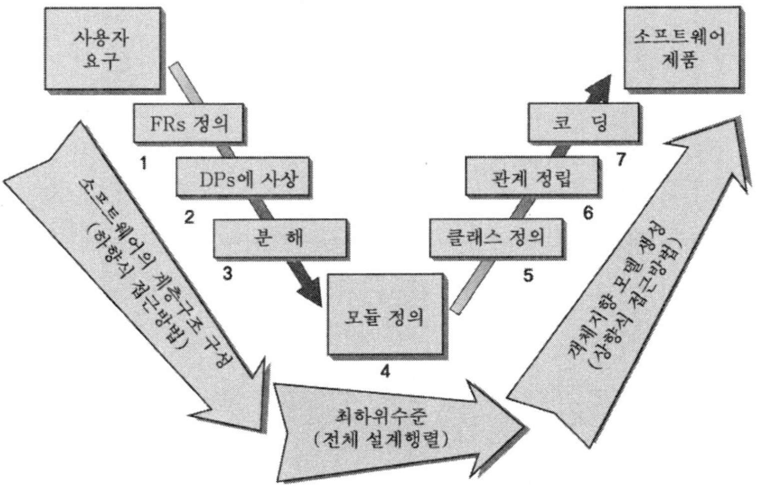

그림 2·33 객체 지향적 소프트웨어 시스템을 위한 공리적설계 과정(V-모델)

단계 5. 객체, 속성, 연산 식별(Identification of objects, attributes and operations)

분해 과정 후에는 모든 기능요구와 설계파라미터의 관계를 보이는 전체 설계행렬(full design matrix)을 구성한다. 그림 **2 · 34**에 전체 설계행렬의 예가 있다. 그림에서 설계행렬의 가로 행은 기능요구, 세로 열은 설계파라미터를 나타내고 'X'는 설계파라미터의 정보로 기능요구를 수행하는 논리적인 관계를 표현하는 알고리즘을 의미한다. 논리관계는 '+'나 '*'와 같은 연산자뿐만 아니라 'if 문'이나 'for 문'과 같은 제어 및 순환 관계 등을 포괄적으로 포함한다. 전체 설계행렬을 객체 지향적 관점에서 바라본다. 그림 **2 · 34**에서 설계행렬의 가로행을 따라 굵은 선으로 표현한 사각형은 하나의 객체를 생성한다. 객체는 세로 열의 설계파라미터에 해당하는 속성(attributes)과 굵은 사각형 내에 존재하는 연산 리스트의 메소드(methods)로 구성된다. 객체의 메소드는 모듈에 해당한다. 그러므로 객체는 주어진 속성을 가지고 메소드를 실행한다. 메소드를 실행함으로써 기능요구를 만족시킬 수 있다.

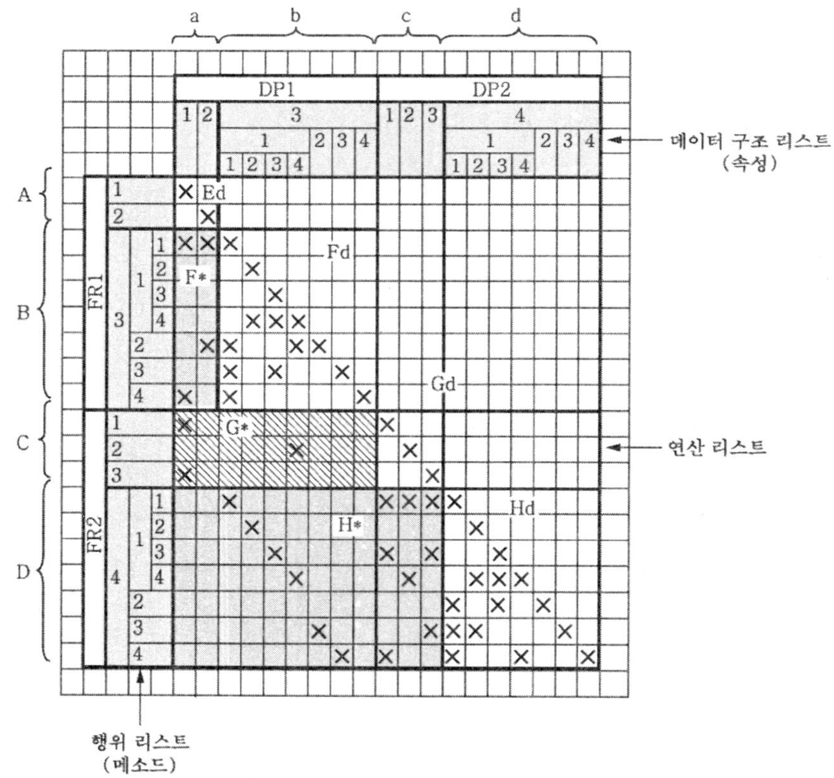

그림 2 · 34 객체 지향적 프로그래밍의 용어를 이용한 전체 설계행렬의 표현

단계 6. 객체들의 관계 정립(Establishment of interfaces between objects)

객체는 클래스에 의하여 표현할 수 있는데, 클래스는 객체의 형식을 정의하는 템플릿(template)이다. 이와 같이 클래스는 일정한 형식을 가진 객체들을 대표하는 것으로 데이터 구조인 속성과 공통적인 행위인 메소드들을 공유한다. 이 단계는 정의된 클래스들 사이의 관계를 설정하는 단계이다. 일반적으로, 그 관계는 일반화(generalization), 집단화(aggregation), 결합화(association)로 구분한다. 그림 **2·35**는 그림 **2·34**의 설계행렬에 따른 클래스 사이의 관계를 클래스 다이어그램으로 보여준다. 전체 설계행렬에 의해 설계에 필요한 데이터 및 기능을 알 수 있다. 또한 앞에서 설명한 설계 흐름도를 이용하면 설계 과정을 알 수 있다. 이들을 이용하여 소프트웨어 개발을 쉽게 진행할 수 있다.

단계 7. 시스템 구성에 따른 코딩작업(Coding with system architecture)

코딩(coding)은 클래스들과 그들 사이의 관계를 근거로 프로그램을 작성하는 것이다. 작업 중에 모듈 사이의 관계와 설계 과정은 모듈 결합도와 설계행렬의 흐름도를 통하여 도움을 얻는다.

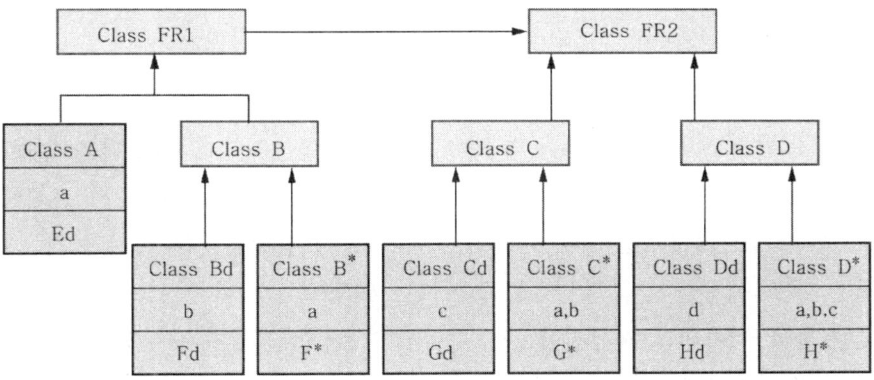

그림 2·35 그림 2·34의 전체 설계행렬에 대한 클래스 다이어그램

2.6 고 찰

앞에서 설명한 바와 같이 독립공리와 정보공리는 서로 독립적인 관계이다. 따라서 두 공리는 따로 적용해야 한다. 대체적으로 독립공리를 만족시키는 것이 우선적인 과제이다. 많은 경우 독립공리의 적용만으로 설계를 종료하기도 한다. 독립공리와 정보공리를 모두 적용할 때는 그림 **2·20**에 보이는 흐름도를 권장한다.

독립공리를 적용할 때에는 이상적인 설계를 염두에 두는 것이 좋다. 이상적인 설계는 기능요구의 수와 설계파라미터의 수가 동일해야 한다. 설계행렬은 정방형의 대각행렬이나 삼각행렬이어야 한다. 양쪽의 숫자가 다른 경우는 모두 연성설계가 된다. 설계파라미터의 숫자가 모자랄 때는 새로운 설계파라미터를 추가해야 한다. 설계파라미터의 숫자가 더 많은 과잉설계의 경우에는 숫자를 줄이거나, 설계행렬을 관찰하면서 특정 파라미터를 고정시킬 수 있다.

예를 들어 다음과 같은 과잉설계를 보자.

$$\begin{bmatrix} FR_1 \\ FR_2 \end{bmatrix} = \begin{bmatrix} X & X & 0 \\ 0 & X & X \end{bmatrix} \begin{bmatrix} DP_1 \\ DP_2 \\ DP_3 \end{bmatrix} \qquad (2 \cdot 82)$$

우선 DP_2를 고정시킨다. 그러면 나머지의 파라미터로 만드는 설계행렬은 비연성설계가 된다. 즉, 과잉의 파라미터를 고정시키되 나머지의 파라미터로 비연성설계나 비연성화설계가 되도록 한다.

정보공리는 독립공리를 만족한 설계를 정량적으로 평가하는 데 사용한다. 특히 독립공리를 만족하는 설계안이 복수일 때 어느 것이 더 좋은 설계인가를 판별하는 데 유용하다.

이상으로 공리적설계를 설명하였다. 기본적으로 공리적설계는 새로운 설계를 창출하거나 우수한 설계를 판별하는 데 유용하게 사용할 수 있다. 특히 기존에 없던 제품을 새로이 만들 경우 개념설계를 행하는 데 대단히 효과적이다. 공리적설계는 다른 설계방법에 비해 비교적 최근에 개발되었으나, 이미 많은 설계 예를 통해 그 유용성이 입증되었다(Suh, 1990 · 2000). 공리적설계를 이용하는 설계자들로부터 공통적으로 관찰되는 현상이 있다. 공리를 처음으로 접하였을 때는 공리에 대한 공감대가 쉽게 형성되고 즉시 설계에 적용할 수 있다고 생각한다. 그리고는 현재 다루고 있는 제품에 공리를 적용하려 한다. 그러나 대부분의 경우 기존 제품을 공리적설계로 분석하는 과정에서 커다란 어려움을 느끼게 된다. 그 이유는 제품을 기존의 설계관점으로만 생각하고 공리적설계의 관점으로 분석하지 않기 때문이다. 이 과정에서 대부분의 설계자들이 어려움을 느끼게 되고 그만두는 경우가 발생한다. 그러나 이 과정을 극복하면 공리적설계의 유용성을 인지하게 된다. 어려움을 극복하는 데 권장할 사항은 기능요구를 정의할 때 기존 제품을 의식하지 않아야 한다는 것이다. 그 대신 순수하게 무엇을 하고자 하는가의 기능요구만을 중립적 상태(solution neutral environment)에서 깊이 생각해야 한다. 특히 많은 설계자들은 설계를 물리적 영역에서 생각하는 경향이 있는데 공리적설계는 기능적 영역에서 생각하기를 권장한다.

최근의 연구에서 공리적설계를 상세설계에 이용하고 있다. 구조최적설계에서 구조물의 치수를 정하는 데 응용하는 예가 뒤에서 보일 것이다.

참 고 문 헌

강병수·송기남·최성규·박경진·윤경호,「공리적설계를 이용한 원자로 핵연료봉 지지격자체의 설계」, 대한기계학회논문집 A 26(8), pp. 1623~1630, 2002.

강영주·황윤동·차성운·정대진·문용락,「공리적설계에서 FRs의 상호 독립성을 정량적으로 측정하기 위한 도구의 개발」, 한국정밀공학회지 18(3), pp. 122~130, 2001.

도성희,「설계공리를 이용한 TV 유리벌브의 제조를 고려한 설계방법 개발」, 박사학위논문, 한양대학교, 1997.

도성희·박경진,「설계 공리를 이용한 유리벌브 제품설계 자동화 시스템 구축」, 대한기계학회논문집 A 20(4), pp. 1333~1346, 1996.

박경진·도성희·서남표,「공리적설계 방법을 이용한 소프트웨어 시스템의 설계 및 확장 – TV Glass Bulb 설계 소프트웨어를 중심으로–」, 대한기계학회논문집 A 23(9), pp. 1536~1549, 1999.

박경진·도성희·이정욱·김창훈·김재선,「제품설계 자동화 시스템 구축」, 프로젝트 최종 보고서, 삼성코닝(주), 1995.

신광섭·박경진,「레이저 장치의 보조빔 정렬장치」, 대한민국 특허 등록 제10-0453984호, 2004.

신광섭·이정욱·박경진,「레이저 마커용 빔 정렬장치의 공리적설계」, 대한기계학회논문집 A 26(9), pp. 1727~1735, 2002.

신문균·홍성우·박경진,「안전도를 고려한 전동 틸트/텔레스코픽 조향주의 해석 및 설계」, 대한기계학회논문집 A 24(6), pp. 1479~1490, 2000.

이광원,「독립 설계 공리를 이용한 구조물의 최적설계」, 박사학위논문, 한양대학교, 1998.

이광원·박경진,「독립 공리를 이용한 구조 최적화방법론 개발」, 대한기계학회논문집 A 24(10), pp. 2438~2450, 2000.

이정욱·하대율·이상우·임재문·박경진,「공리적설계를 이용한 모니터용 EPS 완충 포장 설계 시스템 개발」, 대한기계학회논문집 A 27(10), pp. 1644~1652, 2003.

차성운·박경진 역, 공리적설계 [I] , 동명사, 2002.

황광현·박경진,「강건성을 고려한 공리적설계의 새로운 정보 지수」, 대한기계학회논문집 A 26 (10), pp. 2073~2081, 2002.

황광현·이권희·박경진·이병렬·조용철·이석한,「공리적설계를 이용한 비대칭 내부 짐벌을 가진 진동형 자이로스코프의 강건설계」, 대한기계학회논문집 A 26(5), pp. 914~923, 2002.

Albano LD & Suh NP, "Axiomatic Approach to Structural Design," *Research in Engineering Design* 1(4), pp. 171~183, 1992.

Albano LD & Suh NP, The Information Axiom and its Implication, DE-Vol 66, *Intelligent Concurrent Design: Fundamentals, Methodology, Modeling and Practice, ASME*, 1993.

ANSYS Inc., *ANSYS User's Manual Version 8.1*, Canonsburg, PA, 2004.

Do SH & Park GJ, "Application of Design Axioms for Glass Bulb Design and Software Development for Design Automation," *Journal of Mechanical Design, Transaction of the ASME* 123(3), pp. 322~329, 2001.

Do SH & Suh NP, "Axiomatic Design of Software Systems," *CIRP Annals* 49(1), pp. 95 ~ 100, 2000.

Electronic Data Systems Co., *User Function Programming Manual*, Livonia, MI, 1993.

El-Haik B & Yang K, "The Components of Complexity in Engineering Design," *IIE Transactions* 31, pp. 925~934, 1999.

Frey DD & Jahangir, E & Engelhardt, F., "Computing the Information Content of Decoupled Designs," *Research in Engineering Design* 12, pp. 90~102, 2000.

Gebala DA & Suh NP, "An Application of Axiomatic Design," *Research in Engineering Design* 3, pp. 149~162, 1992.

Heller D & Ferguson PM, *Motif Programming Manual*, O'Reilly & Associaties, Setastopol, CA, 1994.

Hewlett-Packard Co. *Starbase Graphics Techniques*, TX, 1991.

Hwang KH & Lee KW & Park GJ, "Robust Optimization of an Automobile Rearview Mirror for Vibration Reduction," *Structural and Multidisciplinary Optimization* 21(4), pp. 300~308, 2001.

Kim SJ & Suh NP & Kim SK, "Design of Software Systems Based on Axiomatic Design," *Annals of CIRP*, 40(1), pp. 165~170, 1991.

Lee J & Cho K & Lee K, "A New Control System of a Household Refrigerator-Freezer," International Refrigeration Conference, Purdue University, IN, 1994.

Livermore Software Technology Co. *LS/INGRID Manual Ver.* 3.5, Livermore, CA, 1998.

Livermore Software Technology Co. *LS/DYNA Theory Manual*, Livermore, CA, 1998.

Livermore Software Technology Co. *LS/DYNA User's Manual Ver.* 950, Livermore, CA, 1999.

Mood AM & Graybill FA & Boes DC, *Introduction to the Theory of Statistics*, 3rd ed., McGraw-Hill, New York, 1963.

NSF, *Axiomatic Design Workshop for Professors*, MIT, Cambridge, MA, 1998.

Oracle Co, *ORACLE 3GL Programmers Guide*, Redwood Shore, CA, 1990.

Phadke MS, *Quality Engineering Using Robust Design*, Prentice Hall, Eaglewood Cliffs, NJ, 1989.

Pressman RE, *Software Engineering*, McGraw Hill, New York, 1997.

Rinderle JR & Suh NP, "Measures of Functional Coupling in Design," Transactions of ASME, *Journal of Engineering for Industry* 104, pp. 383~388, 1982.

Shin MK & Hong SW & Park GJ, "Axiomatic Design of the Motor-Driven Tilt/Telescopic Steering System for Safety and Vibration," *Proceeding of the Institution of Mechanical Engineers, Part D – Journal of Automobile Engineering* 215(2), pp. 179~187, 2001.

Suh NP, *The Principles of Design*, Oxford University Press, New York, 1990.

Suh NP, "Axiomatic Design of Mechanical System, Special 50th Anniversary, Combined Issue of the Journal of Mechanical Design and the Journal of Vibration and Acoustics," *ASME* 17, pp. 1~10, 1995.

Suh NP, "Designing-in of Quality through Axiomatic Design," *IEEE Transactions on Reliability* 449(2), pp. 256~264, 1995.

Suh NP, "Design and Operation of Large Systems," *Journal of Manufacturing Systems* 14(3), pp. 203~213, 1995.

Suh NP, "Axiomatic Design Theory for Systems," *Research in Engineering Design* 10, pp. 189~209, 1998.

Suh NP, "A Theory of Complexity, Periodicity and the Design Axioms," *Research in Engineering Design* 11, pp. 116~131, 1999.

Suh NP, *Axiomatic Design: Advances and Applications*, Oxford University Press, New York, 2000.

Suh NP & Bell AC & Gossard DC, "On an Axiomatic Approach to Manufacturing and Manufacturing Systems," *Journal of Engineering for Industry* 100(2), pp. 127~130, 1978.

Suh NP & Sekimoto, S., "Design of Thinking Design Machine," *Annals of the CIRP* 39(1), pp. 145~148, 1990.

Suh NP & Wilson DR & Tice WW & Yasuhara M & Bell AC, "Application of Axiomatic Design Techniques to Manufacturing, Winter Annual Meeting," ASME 79-WA/Prod-25, New York, 1979.

Taguchi G, *Systems of Experimental Design*, Kraus International Publications, New York, 1987.

Yi JW & Park GJ, "Development of a Design System for EPS Crushing Package of a Monitor Using Axiomatic Design," *Advances in Engineering Software* 36, pp. 273~284, 2005.

연 습 문 제

1. CD 플레이어 설계를 공리적설계의 독립공리의 관점에서 분석하여라.
2. 휴대전화의 설계를 공리적설계의 독립공리의 관점에서 분석하여라.
3. 주위에서 물리적통합의 아이디어를 사용한 제품을 찾아 공리적설계의 독립공리의 관점에서 분석하여라.
4. 자동차의 연료탱크를 설계하려고 하는데 다음의 기능요구가 설정되었다.

   FR_1 : 탱크에 연료를 주입할 수 있게 하여라.
   FR_2 : 탱크가 가득 차면 연료 주입이 멈추도록 하여라.
   FR_3 : 탱크 내의 연료의 수위가 주입관보다 높으면 연료의 기압에 의해 역류할 수 있는데 이를 방지하여라.
   FR_4 : 탱크 내의 연료에 의한 기압을 조절하여라.

   위의 네 가지 기능요구를 만족하는 연료탱크를 설계하여라. 단 탱크의 가격이 현재 가격보다 높지 않게 하여라.
5. FR-DP의 관계가 다음과 같은 설계행렬이 있다.

$$\begin{bmatrix} f_1 \\ f_2 \\ f_3 \end{bmatrix} = \begin{bmatrix} X & 0 & 0 \\ X & X & 0 \\ X & X & X \end{bmatrix} \begin{bmatrix} x_1 \\ x_2 \\ x_3 \end{bmatrix}$$

   그들의 자세한 관계는

$$f_1 = x_1^2$$
$$f_2 = x_1^2 + x_1x_2 + x_2^2$$
$$f_3 = x_1^2 + x_2^2 + x_2x_3 + x_3^2$$

   이다.

   (1) $x = [\,1.0 \;\; 1.0 \;\; 1.0\,]^T$일 때의 근사화된 설계행렬을 구하여라.
   (2) 위의 설계가 특정한 설계창에서 비연성설계가 되기 위한 조건을 구하여라.
6. 다음의 설계행렬에 대한 리앵귤러리티와 셈앵귤러리티를 구하고 설계행렬의 특성을 논하여라.

   (a) $\begin{bmatrix} 3 & 1 \\ 1 & 2 \end{bmatrix}$ (b) $\begin{bmatrix} 8 & 0.2 \\ 0.3 & 4 \end{bmatrix}$ (c) $\begin{bmatrix} 9.5 & 2.4 \\ 3.2 & 4.8 \end{bmatrix}$

   (d) $\begin{bmatrix} 5 & 0 \\ 1 & 2 \end{bmatrix}$ (e) $\begin{bmatrix} 5 & 0 \\ 4 & 2 \end{bmatrix}$ (f) $\begin{bmatrix} 3 & 0 \\ 0 & 2 \end{bmatrix}$

7. 다음의 두 가지 설계안이 있다.

$$설계안\ 1\ \begin{bmatrix} FR_1 \\ FR_2 \end{bmatrix} = \begin{bmatrix} 3 & 1 \\ 2 & 4 \end{bmatrix} \begin{bmatrix} DP_1 \\ DP_2 \end{bmatrix}$$

$$설계안\ 2\ \begin{bmatrix} FR_1 \\ FR_2 \end{bmatrix} = \begin{bmatrix} 3 & 0 \\ 8 & 5 \end{bmatrix} \begin{bmatrix} DP_1 \\ DP_2 \end{bmatrix}$$

(1) 각 설계에 대한 FR-DP의 그래프를 그리고 그래프 상에서 설계가 진행되는 순서를 설명하여라.

(2) 각 설계안에 대한 리앵귤러리티(R)와 셈앵귤러리티(S)를 구하고 결과를 비교하여 논하여라.

8. FR-DP의 관계가 다음과 같은 설계행렬이 있다.

$$\begin{bmatrix} FR_1 \\ FR_2 \\ FR_3 \end{bmatrix} = \begin{bmatrix} 5 & 0.1 & 0.2 \\ 0.3 & 7 & 0.4 \\ 0.5 & 0.7 & 4 \end{bmatrix} \begin{bmatrix} DP_1 \\ DP_2 \\ DP_3 \end{bmatrix}$$

설계파라미터가 $DP_1 = DP_2 = DP_3 = 1$의 값을 가질 때 제조 시 설계 공차가 $\varDelta DP_1$, $\varDelta DP_2$, $\varDelta DP_3$이다.

(1) 식 (2·21)에서 $(\varDelta FR_i)_{\text{allowable}}$이 0.5일 때 위의 설계가 비연성설계가 되기 위한 조건을 $\varDelta DP_1$, $\varDelta DP_2$, $\varDelta DP_3$로 이루어진 연립부등식으로 나타내어라.

(2) 설계자가 지정한 기능요구의 범위가 $4.8 < FR_1 < 5.8$, $7.3 < FR_2 < 8.0$, $5.1 < FR_3 < 6.3$이라 할 때 위의 설계를 비연성설계로 만드는 조건을 문제 (1)과 같은 방법으로 나타내어라.

9. 다음의 세 가지 설계안이 있다.

$$설계안\ 1\ \begin{bmatrix} FR_1 \\ FR_2 \end{bmatrix} = \begin{bmatrix} 3 & 0 \\ 0 & 4 \end{bmatrix} \begin{bmatrix} DP_1 \\ DP_2 \end{bmatrix}$$

$$설계안\ 2\ \begin{bmatrix} FR_1 \\ FR_2 \end{bmatrix} = \begin{bmatrix} 3 & 0 \\ 2 & 4 \end{bmatrix} \begin{bmatrix} DP_1 \\ DP_2 \end{bmatrix}$$

$$설계안\ 3\ \begin{bmatrix} FR_1 \\ FR_2 \end{bmatrix} = \begin{bmatrix} 3 & 1 \\ 2 & 4 \end{bmatrix} \begin{bmatrix} DP_1 \\ DP_2 \end{bmatrix}$$

(1) 위의 설계안 중 독립공리를 만족하는 것은?

(2) 독립공리를 만족하는 설계 중 리앵귤러리티와 셈앵귤러리티의 계산을 통해 독립성이 우수한 것을 판별하여라.

(3) 독립공리를 만족하는 설계에 대해서 $\varDelta DP_i = 0.1$, $\varDelta FR_i = 0.5$, $i = 1, 2$이다. 기능요구가 만족되는 설계점에서 정보량을 구하여라.

(a) DP영역에서 DP가 균등분포를 가질 때 도식적 방법으로 각각 구하고 결과를 비교하여라.

(b) FR영역에서 (a)와 동일한 조건하에서 구하여라.

(c) 설계파라미터의 분포가 다음과 같을 때

DP_1의 분포함수 $p_{\delta DP_1} = -\frac{3}{4(\Delta DP_1)^3}(\delta DP_1)^2 + \frac{3}{4(\Delta DP_1)}$

DP_2의 분포함수 $p_{\delta DP_2} = \frac{1}{(\Delta DP_2)^2}\delta DP_2 + \frac{1}{\Delta DP_2}$, $\delta DP_2 < 0$일 때

$p_{\delta DP_2} = \frac{-1}{(\Delta DP_2)^2}\delta DP_2 + \frac{1}{\Delta DP_2}$, $\delta DP_2 \geq 0$일 때

적분법에 의해 각각에 대해 구하고 비교하여라.

10. 다음의 비연성화설계가 있다. 설계행렬의 한 요소가 다음과 같이 미지수 x로 표기되어 있다. x가 0.5, 1, 2의 값을 가질 때

$$\begin{bmatrix} 0 < FR_1 < 2 \\ 0 < FR_2 < 2 \end{bmatrix} = \begin{bmatrix} 1 & 0 \\ 1 & x \end{bmatrix} \begin{bmatrix} 0 < DP_1 < 1 \\ 0 < DP_2 < 1 \end{bmatrix}$$

각각의 x값에 대해

(1) 성공의 확률을 계산하여라.

(2) 성공의 확률이 100%가 되기 위한 설계파라미터의 공차 크기를 계산하여라. 성공의 확률 계산 시 어느 방법이나 사용해도 무방하다. x의 크기에 따른 추세를 논하여라.

11. 집을 사는 문제와 비슷하게 노트북을 사는 문제를 만들어서 풀어 보아라.

12. 두 가지 기능요구를 만족하는 설계를 다음과 같이 발견하였다.

설계안 1 $\begin{bmatrix} FR_1 \\ FR_2 \end{bmatrix} = \begin{bmatrix} 100 & 0 \\ 0 & 100 \end{bmatrix} \begin{bmatrix} DP_1 \\ DP_2 \end{bmatrix}$

설계안 2 $\begin{bmatrix} FR_1 \\ FR_2 \end{bmatrix} = \begin{bmatrix} 1 & 0 \\ 1 & 1 \end{bmatrix} \begin{bmatrix} DP_1 \\ DP_2 \end{bmatrix}$

여기서 각 FR의 목표값은 10, 20이고 각 FR의 허용범위는 $-9.5 < FR_1 < 10.5$, $-19.5 < FR_2 < 20.5$이며 각 DP의 공차는 ±2.0이다.

(1) 위의 두 설계의 R, S를 구하고 독립성의 관점에서 볼 때 어느 것이 좋은 설계인가?

(2) 각 설계를 만족했을 때 정보량을 도식적으로 구하고 어느 것이 좋은 설계인가를 결정하여라.

(3) 위의 결과가 주는 시사점을 논하여라.

13. 비연성화설계도 설계행렬의 비대각항이 작을 경우에는 비연성설계로 간주할 수 있다. 이를 식 (2·21)과 R값의 관계로 설명하여라.

14. 비연성화설계에서 도식적 방법으로 정보량을 구하는 과정을 연성설계로 확장하여라.

2.A 추론 및 정리

추론 2.A · 1 연성설계의 비연성화

제안한 설계의 기능요구들이 연성되어 있거나 상호 종속적이면 설계해의 부품 혹은 특성을 비연성화시키거나 분리시킨다.

추론 2.A · 2 기능요구 최소화

기능요구와 제한조건의 숫자를 최소화한다.

추론 2.A · 3 물리적 통합

제안한 설계가 기능요구들을 독립적으로 만족할 수만 있다면 가능한 한 설계파라미터들을 하나의 물리적 부품에 통합한다.

추론 2.A · 4 표준화

기능요구와 제한조건을 만족할 수 있으면 표준화되어 있거나 교환 가능한 부품을 사용해야 한다.

추론 2.A · 5 대칭성의 이용

기능요구와 제한조건을 만족할 수 있으면 대칭적인 형상이나 요소를 이용해야 한다.

추론 2.A · 6 최대한의 공차

기능요구를 정의하는 경우 허용할 수 있는 가장 큰 공차를 명시해야 한다.

추론 2.A · 7 가장 적은 정보량을 갖는 비연성설계

기능요구를 만족하는 데 있어서 연성설계보다 적은 정보량이 필요한 비연성설계를 찾는다.

추론 2.A · 8 리앵귤러리티

독립성을 나타내는 설계행렬의 리앵귤러리티 R의 효율적인 값은 1이다.

정리 2.A · 1 설계파라미터 숫자의 부족함으로 인한 연성

설계파라미터의 수가 기능요구의 수보다 적으면 연성설계이거나 기능요구를 만족할 수 없다.

정리 2.A · 2 연성설계의 비연성화

설계파라미터의 수 n과 기능요구의 수 m의 관계가 $m>n$으로 인해 설계가 연성일 때, $n \times n$의 부분행렬이 삼각행렬이 되면 새로운 설계파라미터를 추가하여 기능요구의 수와 설계파라미터의 수를 같게 하여 비연성화할 수 있다.

정리 2.A · 3 과잉설계

기능요구보다 설계파라미터가 많을 때에 설계는 과잉설계이거나 연성설계이다.

정리 2.A · 4 이상적인 설계

이상적인 설계에서 설계파라미터의 수는 기능요구의 수와 동일하다.

정리 2.A · 5 새로운 설계의 필요

새로운 기능요구를 추가하거나 기능요구 중 하나를 교체 혹은 완전히 다른 기능요구 집합을 선정함으로 인해 기능요구의 집합이 바뀌면 원래의 설계파라미터에 의한 설계해는 새로운 기능요구의 집합을 만족시킬 수 없게 된다. 따라서 새로운 설계해를 찾아야 한다.

정리 2.A · 6 비연성설계의 경로 독립성

비연성설계의 정보량은 주어진 기능요구를 만족시키기 위하여 설계파라미터를 변경하는 순서에 대해 독립적이다.

정리 2.A · 7 연성설계와 비연성화설계의 경로 의존성

연성설계와 비연성화설계의 정보량은 설계파라미터를 변경하는 순서와 설계파라미터의 특정 경로에 대하여 종속적이다.

정리 2.A · 8 독립성과 공차

설계자가 지정한 기능요구에 대한 공차가 다음 식보다 크면 설계는 비연성설계이다.

$$\sum_{\substack{j \neq i \\ j=1}}^{n} \left(\frac{\partial FR_i}{\partial DP_j}\right) \Delta DP_j$$

이러한 경우에는 설계행렬의 비대각 원소들을 설계 고려사항으로부터 제외할 수 있다.

정리 2.A · 9 제조성을 고려한 설계

제품의 제조가능을 위해서는, 해당 제품에 대한 설계행렬 A(FR벡터와 DP벡터의 관계)와 제조 공정에 대한 설계행렬 B(DP벡터와 PV벡터의 관계)의 곱이 대각행렬 혹은 삼각행렬이 되어야 한다. 결과적으로 A 혹은 B 중 어느 하나라도 연성설계를 나타내는 경우에 해당 제품은 제조할 수 없다.

정리 2.A · 10 독립성 척도들의 모듈화

설계행렬 A가 주대각항만이 0이 아닌 정방 부분행렬들로 분할될 수 있으면 A의 리앵귤러리티(reangularity)와 셈앵귤러리티(semangularity)로 정의하는 독립성의 척도는 분할된 부분행렬들의 해당 척도들의 곱과 같다.

정리 2.A · 11 불변성

설계행렬 A에 대한 리앵귤러리티와 셈앵귤러리티는 각 FR과 해당 DP의 관계를 유지하는 한 FR과 DP의 순서를 다르게 하더라도 변하지 않는다.

정리 2.A · 12 정보의 합

사건들이 통계적으로 독립이 아닌 경우에 적절한 조건부 확률을 사용하면 사건들의 집합에 대한 정보의 합 역시 정보이다.

정리 2.A · 13 전체 시스템의 정보량

각 설계파라미터가 다른 설계파라미터들에 대하여 확률적으로 독립이면 전체 시스템의 정보량은 각 기능요구에 관련된 정보량의 합이다.

정리 2.A · 14 연성설계 대 비연성설계의 정보량

기능적 영역에서 기능요구의 상태가 변할 때 변화에 필요한 정보는 비연성 과정보다는 연성 과정에서 더 크다.

정리 2.A · 15 설계-제조 관계

제조 시스템이 제품의 기능요구들간의 독립성을 위배하면 제품의 설계를 변경하거나 혹은 새로운 제조 공정을 정의하여 그 독립성을 유지해야 한다.

정리 2.A · 16 정보량의 등가성

설계 작업과 관련된 모든 정보량은 그들의 물리적 근원과 상관없이 동일한 중요성을 가지며 정보량에는 어떠한 가중치도 적용해서는 안 된다.

정리 2.A · 17 완벽한 정보가 없는 경우 설계

비연성화설계의 경우에 부족한 정보가 설계행렬의 비대각 요소들과 관계되면 완벽한 정보가 없는 경우에도 설계는 진행할 수 있다.

정리 2.A · 18 비연성설계의 존재

연성설계보다 작은 정보량을 가지는 비연성설계나 비연성화설계가 항상 존재한다.

정리 2.A · 19 설계의 강건성

독립공리를 만족하는 설계의 정보량을 줄이는 것이 쉽다는 점에서 비연성설계와 비연성화설계는 연성설계보다 강건하다.

정리 2.A · 20 설계영역과 연성

비연성 혹은 비연성화설계의 설계영역이 좁아지면 연성설계가 될 수 있다. 반면 연성설계의 설계영역이 넓어지면 설계는 비연성 혹은 비연성화설계가 될 수 있다.

정리 2.A · 21 설계영역에서 비균등 확률밀도함수를 가질 때의 강건 설계

설계영역에서 FR의 확률밀도함수가 비균등분포를 하면 성공의 확률은 시스템영역이 설계영역 안에 있을 확률이다.

정리 2.A · 22 비연성화설계의 비교 강건성

FRs의 주어진 집합에 대하여 최대 설계 영역이 주어지면 비연성화설계의 DPs에 대한 허용공차는 비연성설계의 허용공차보다 작기 때문에 비연성화설계는 비연성설계만큼 강건할 수 없다.

정리 2.A · 23 비연성화설계의 강건성 감소

설계행렬의 모든 비대각항이 0이 아닌 비연성화설계에서 기능요구의 숫자가 증가하면 허용공차나 강건성이 감소한다.

정리 2.A · 24 최적 계획

로봇 운동계획이나 공장계획에 대한 공정설계는 그것이 최적화되기 전에 연성을 제거해야 한다. 이때 연성은 비연성화기를 이용해 제거할 수 있다. 비연성화기는 하드웨어 혹은 버퍼를 독립시키는 형태이거나 열(queue)의 형태일 수 있다.

정리 2.A · 25 '밀기(push)' 시스템 대 '당기기(pull)' 시스템

동일한 부품이 시스템을 통하여 처리될 때 '밀기' 시스템은 생산성을 최대화하는 비연성화기를 사용하여 설계할 수 있다. 반면 다른 작동들을 요구하는 불규칙한 부품들이 처리될 때는 '당기기' 시스템이 더 효과적이다.

정리 2.A · 26 무한한 시간 동안 조합의 복잡성(combinatorial complexity)을 가지는 시스템의 주기적인 복잡성(periodic complexity)을 가지는 시스템으로의 변환

지속적인 시간에서의 조합의 복잡성을 가지는 시스템의 불확실성은 주기적인 복잡성을 가지는 시스템으로 변환해서 현저히 줄일 수 있다.

2.B 레이저 마커용 빔 정렬장치의 설계

2.B.1 문제의 설명

반도체 집적회로나 산업용 부품의 표면에 로고나 상품정보를 표시하는 기계로 레이저 마커라는 것이 있다(신광섭 외, 2002). 그림 **2.B · 1**은 레이저 마커 중 하나이고 그림 **2.B · 2**는 그 내부를 도식화한 것이다. 이것은 최근에 널리 이용되고 있는 빔스캐닝(beam scanning)식 YAG 레이저 마킹 방법으로, 레이저와 고속으로 제어되는 거울을 이용하여 펜으로 써

나가듯이 표면에 글자를 쓴다. YAG 레이저는 고체 레이저의 하나로 이트륨(yttrium), 알루미늄(aluminium), 가닛(garnet)의 3개 합성물질로 이루어진 결정을 매질로 사용한다. 레이저 마커는 그림 **2.B · 1**과 같은 모양으로 크게 YAG 레이저를 발생시키는 빔 발생장치와 스캐닝 헤드부로 구성되어 있다. 스캐닝 헤드는 거울이 부착된 두 쌍의 모터가 장착된 장치로, 거울을 이용하여 레이저빔의 경로를 원하는 위치로 제어한다. 그림 **2.B · 2**에서 볼 수 있는 바와 같이 빔 발생 장치에서 생성된 레이저빔은 거울에 반사되어, 그 경로가 스캐닝 헤드부로 입사한다. 이때 마킹 속도를 두 배로 하기 위해서 50%는 반사하고 50%는 투과하는 기능을 가진 거울로 그 경로를 분리한다. 이와 같이 두 군데 위치에서 동시에 마킹할 수 있는 장치를 듀얼형 마커라 하는데 반도체 표면마킹 분야에서 널리 사용하고 있다.

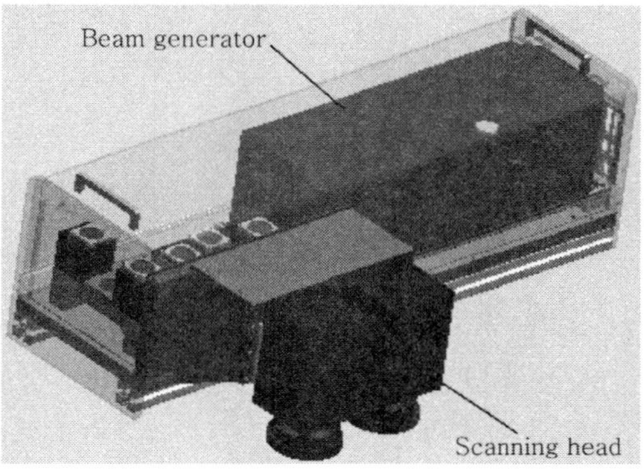

그림 2.B · 1 빔스캐닝 타입 레이저 마커

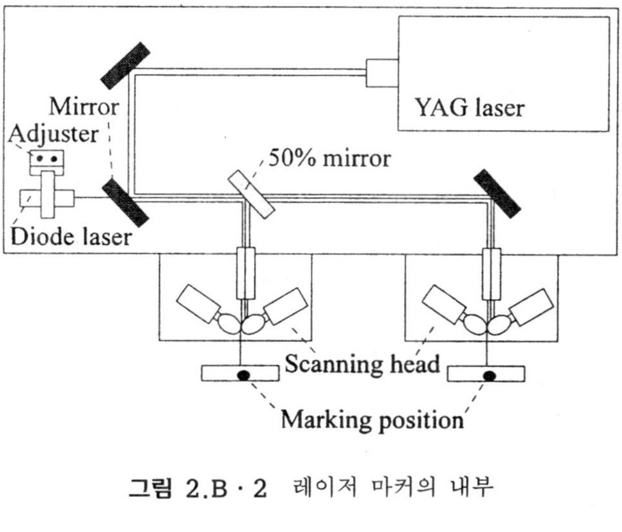

그림 2.B · 2 레이저 마커의 내부

실제로 마킹에 사용되는 빔은 YAG 레이저이다, 그러나 여러 가지 새로운 자재를 초기에 위치 설정할 때 고가의 자재를 보호하기 위해서 마킹용 레이저빔을 직접 사용하지 않고 마킹 위치를 확인하고 조정할 수 있어야 한다. 이를 위해 그림 **2.B · 2**의 왼쪽과 같이 저가 저출력의 지시용 다이오드 레이저(diode laser)를 사용하면 마킹 위치를 재설정할 때 자재의 손상 없이 마킹할 경로를 미리 확인하고 보정할 수 있다.

다이오드 레이저를 정렬하는 과정은 다음과 같다. 먼저 YAG 레이저에서 출력된 레이저빔이 스캐닝 헤드부에 입사하도록 정렬시킨다. 그런 뒤 경로를 표시하기 위해 기본적인 마킹 위치에 원점을 표시해 둔다. 다이오드 레이저가 YAG 레이저와 동일한 경로를 따르도록 정렬하기 위해서는 그림 **2.B · 3**과 같이 다이오드 레이저의 표시점과 YAG 레이저로 이미 생성한 마킹 기준점이 같아지도록 다이오드 레이저 빔의 발생 위치를 이동한다. 이때 다이오드 레이저를 마킹용 YAG 레이저의 경로에 정확히 일치시켜야 두 가지 레이저가 같은 위치가 된다. 이렇게 되면 YAG 레이저를 끈 상태에서 다이오드 레이저만으로도 마킹 위치를 안전하게 확인할 수 있다. 마치 사격에서 말하는 영점조정의 기능을 하도록 레이저빔 경로의 두 축을 일치시키는 장치가 빔 정렬장치(beam adjuster)이다.

빔 정렬장치는 마킹 확인용 다이오드 레이저를 이미 정렬된 마킹용 YAG 레이저의 경로에 정확히 일치시키는 역할을 한다. 이때 빔 정렬장치의 수직 · 수평의 위치 및 각도를 조정하여 올바른 마킹 기준점에 정렬해야 한다. 그러나 정렬장치는 가공오차가 아주 미세하여 정렬하기 어려운 경우가 많다. 이러한 문제점은 단순히 정밀한 부품을 사용하거나 많은 조립시간을 투자해도 해결되지 않는 경우가 많다. 그러므로 정렬장치의 위치 및 각도를 정확히 조정할 수 있는 설계가 요구된다.

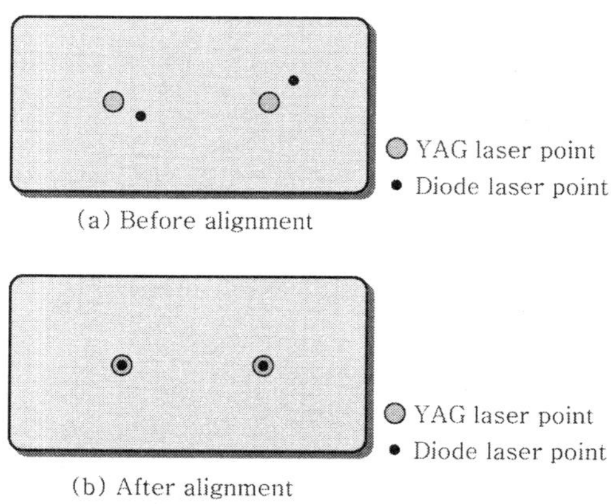

그림 2.B · 3 기능요구의 그림에 의한 설명

2.B.2 기존설계의 공리적 분석

독립공리를 이용하여 빔 정렬장치를 설계하기 위해서는 먼저 기능요구 벡터 FR과 설계파라미터 벡터 DP를 결정하고 이들간의 관계에 설계행렬 A를 사용한다. 특히 독립적인 기능요구의 정의는 설계분석에 있어서 상당히 중요한 비중을 차지한다. 이미 설계되어 사용되었던 빔 정렬장치의 기능요구는 다음과 같이 나타낼 수 있다.

FR_1 : 빔의 수직위치를 정렬시켜라.
FR_2 : 빔의 수직각도를 정렬시켜라.
FR_3 : 빔의 수평위치를 정렬시켜라.
FR_4 : 빔의 수평각도를 정렬시켜라.
FR_5 : 빔의 위치를 고정시켜라.

위와 같은 기능요구가 결정된 근거를 설명하면 다음과 같다. 먼저 빔의 경로를 서로 일치시킨다는 것은 빔의 두 중심축을 일치시킨다는 의미이다. 이러한 빔의 중심축을 일치시키려면 대상이 되는 빔 중심축의 연장선 위에 일치시키려는 빔의 시작점을 이동시켜야 한다(FR_1, FR_3). 시작점의 이동은 수직 및 수평위치가 모두 일치되어야 한다. 또한 빔의 거리에 관계없이 두 빔의 축이 일치하려면 두 빔의 각도가 서로 같아야 한다(FR_2, FR_4).

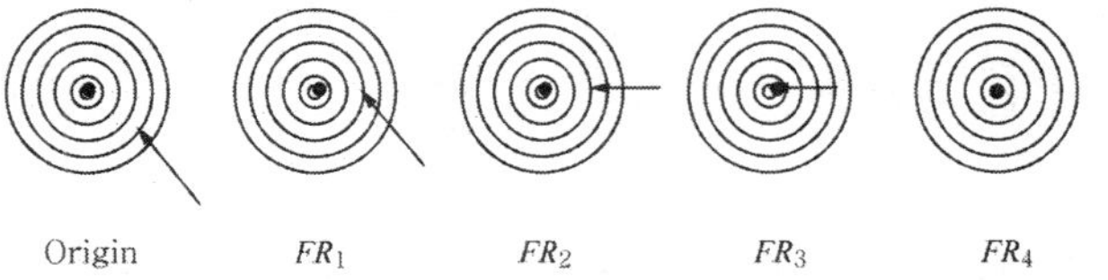

그림 2.B · 4 기능요구의 그림에 의한 설명

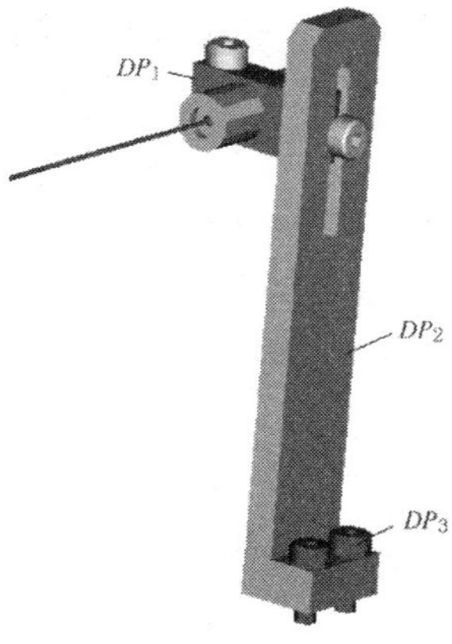

그림 2.B · 5 기존설계의 해

이러한 기능요구에 대한 정렬상태는 그림 **2.B · 4**와 같다. 기존의 설계가 그림 **2.B · 5**에 보여지고 있다. 기능요구에 대응되는 설계파라미터를 기존의 설계에서 찾으면 다음과 같다. 그림 **2.B · 5**에 각 설계파라미터를 표시하였다.

DP_1 : 수직이동블록

DP_2 : 지지블록

DP_3 : 하단나사

이에 대한 설계행렬은 식 (2.B · 1)과 같이 연성설계(coupled design)임을 알 수 있다.

$$\begin{bmatrix} FR_1 \\ FR_2 \\ FR_3 \\ FR_4 \\ FR_5 \end{bmatrix} = \begin{bmatrix} X & 0 & 0 \\ X & 0 & 0 \\ 0 & X & 0 \\ 0 & X & 0 \\ 0 & 0 & X \end{bmatrix} \begin{bmatrix} DP_1 \\ DP_2 \\ DP_3 \end{bmatrix} \tag{2.B · 1}$$

설계행렬을 구성해 본 결과 기존의 설계는 5개의 기능요구를 설계파라미터 3개로 조정해야 하는 연성설계임을 알 수 있다. 이 설계에서 수직위치를 정렬하고 싶을 때 수직이동블록을 움직여야 하므로 이미 설정된 수직각도가 같이 변동된다. 마찬가지로 수평위치를 정렬할 때 수평각도에도 영향을 미쳐 이를 동시에 정렬하기가 매우 어려운 구조로 되어 있다. 공리적설계에서 가장 이상적인 설계(ideal design)는 기능요구의 수와 설계파라미터의 수가 같아야 한다. 현재의 설계는 독립공리를 만족시키지 못하는 연성설계이므로 설계파라미터를 새로 추가하여 기능요구의 수와 같도록 하면 독립공리를 만족시키는 비연성설계 또는 비연성화설계를 도출할 수 있다.

2.B.3 공리적설계를 이용한 빔 정렬장치 개발

[1] 독립공리를 이용한 정렬장치의 설계안 도출

독립공리를 만족하는 새로운 설계를 도출하기 위하여 새로운 설계파라미터를 갖는 정렬장치를 고안하였다. 일단 수직위치 및 각도를 조절하는 FR_1, FR_2만을 고려하여 설계안을 도출한다면 수평위치를 조절하는 FR_3, FR_4는 같은 원리로 확장시킬 수 있다. FR_1, FR_2에 대한 기존 설계행렬을 다시 표시하면 식 (2.B · 2)와 같이 된다.

$$\begin{bmatrix} FR_1 \\ FR_2 \end{bmatrix} = \begin{bmatrix} X \\ X \end{bmatrix} [\,DP_1] \tag{2.B · 2}$$

위와 같은 연성설계를 개선하여 수직위치와 수직각도를 결정하기 위한 설계파라미터가 따로 구분되는 설계를 생각할 수 있다. 그 결과 다음과 같은 두 가지의 기본적인 설계안을 도출해 본다. 첫 번째 설계안은 그림 **2.B · 6**과 같이 빔이 시작하는 수직위치를 조절할 수 있는 뒤쪽 체결부와 수직각도를 조절할 수 있는 앞쪽 체결부로 구성된 설계파라미터를 가지고 있다. 이것은 각각의 구멍에 나사를 체결할 수 있고 조절 후 각 위치를 고정시킬 수 있는 설계다. 이에 대한 설계행렬을 구성한다면 다음과 같이 된다. 이는 이미 사용되고 있는 설계와 달리 식 (2.B · 3)과 같은 비연성화설계(decoupled design)가 된다.

$$\begin{bmatrix} FR_1 \\ FR_2 \end{bmatrix} = \begin{bmatrix} X & 0 \\ X & X \end{bmatrix} \begin{bmatrix} DP_1 \\ DP_2 \end{bmatrix} \qquad (2.B \cdot 3)$$

독립공리를 만족시키는 설계는 한 가지 이상이 나올 수 있다. 그러므로 독립공리를 만족시키는 다른 설계안을 고안한 결과 그림 **2.B · 7**과 같은 두 번째 설계안을 도출해 본다. 역시 빔의 수직 시작위치를 조정하는 뒤쪽 나사부와 빔의 수직각도를 조절하는 앞쪽 나사부가 분리되어 있다. 이 설계가 그림 **2.B · 6**과 다른 점은 빔의 각 위치를 직접 이동시키지 않고 나사를 이용하여 작은 양만큼 조절할 수 있다는 점이다. 이 설계안에는 위쪽 나사가 위치를 조정할 때 나사부 아래에는 스프링 플런저(spring plunger)가 부착되어 있다. 그러므로 직접 이동하지 않고 나사를 돌리는 것만으로 빔의 위치가 변동된다. 이 설계 또한 설계행렬을 표시하면 식 (2.B · 4)와 같은 비연성화설계가 된다.

$$\begin{bmatrix} FR_1 \\ FR_2 \end{bmatrix} = \begin{bmatrix} X & 0 \\ X & X \end{bmatrix} \begin{bmatrix} DP_1 \\ DP_2 \end{bmatrix} \qquad (2.B \cdot 4)$$

위의 두 가지 설계안은 각각의 기능요구에 대한 설계파라미터를 새로 정의하여 비연성화하는 설계이다. FR_1, FR_2를 비연성화시키는 개념을 같은 방법으로 확장시키면 다음과 같은 설계를 도출할 수 있다.

그림 **2.B · 8**은 그림 **2.B · 7**의 설계를 확장한 설계를 나타내고 있다. 이 설계의 기능요구와 설계파라미터를 정리하면 다음과 같이 된다.

FR_1 : 빔의 수직위치를 정렬시켜라.
FR_2 : 빔의 수직각도를 정렬시켜라.
FR_3 : 빔의 수평위치를 정렬시켜라.
FR_4 : 빔의 수평각도를 정렬시켜라.

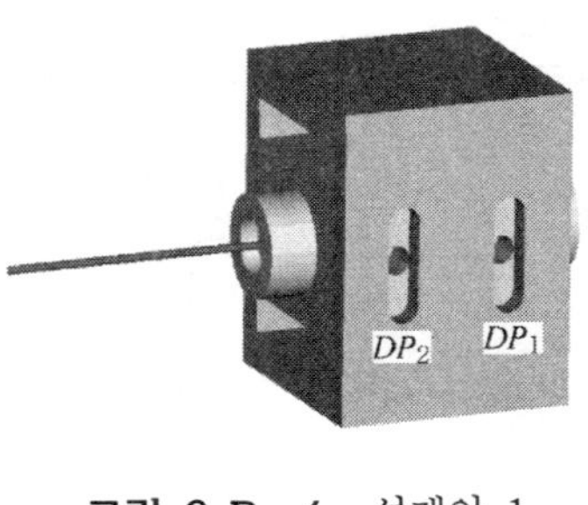

그림 2.B · 6 설계안 1

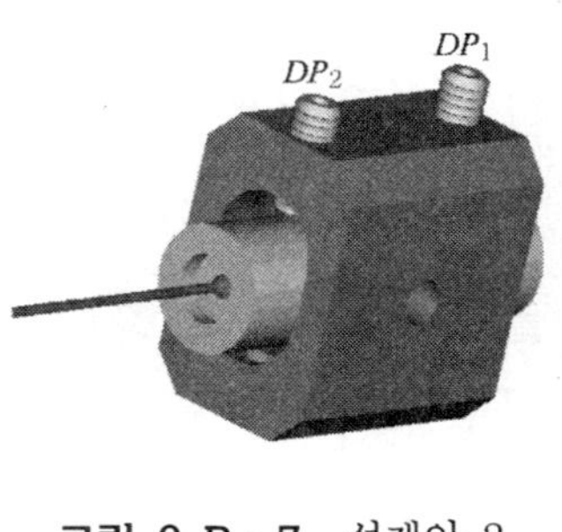

그림 2.B · 7 설계안 2

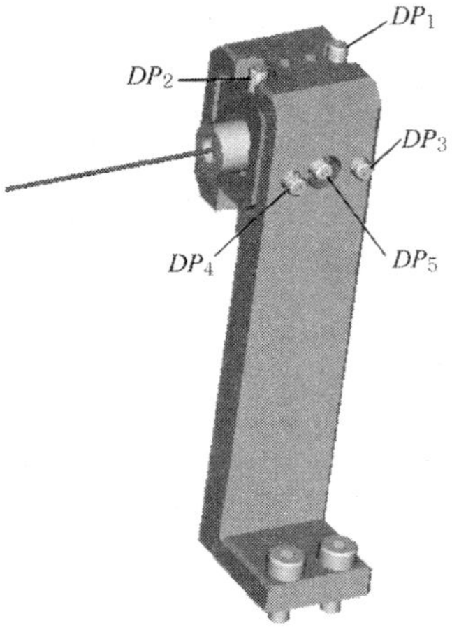

그림 2.B · 8 최종 설계안

FR_5 : 빔의 위치를 고정시켜라.

DP_1 : 위쪽 뒷나사

DP_2 : 위쪽 앞나사

DP_3 : 옆쪽 뒷나사

DP_4 : 옆쪽 앞나사

DP_5 : 고정 나사

여기서 DP_3과 DP_4는 앞에서 언급한 바와 같이 DP_1과 DP_2의 설계와 비슷한 것으로, 그림 **2.B · 6**과 **2.B · 7**에 보이는 두 가지의 설계를 생각할 수 있다. 그림 **2.B · 8**의 설계는 편의상 그림 **2.B · 7**의 방식으로 DP_3과 DP_4를 선정했다. 따라서 확장한 새로운 설계 역시 식 (2.B · 5)과 같은 비연성화설계행렬이 된다.

$$\begin{bmatrix} FR_1 \\ FR_2 \\ FR_3 \\ FR_4 \\ FR_5 \end{bmatrix} = \begin{bmatrix} X & 0 & 0 & 0 & 0 \\ X & X & 0 & 0 & 0 \\ 0 & 0 & X & 0 & 0 \\ 0 & 0 & X & X & 0 \\ 0 & 0 & 0 & 0 & X \end{bmatrix} \begin{bmatrix} DP_1 \\ DP_2 \\ DP_3 \\ DP_4 \\ DP_5 \end{bmatrix} \qquad (2.B \cdot 5)$$

따라서 도출된 설계는 기존의 설계보다 주어진 기능을 보다 독립적으로 만족시킨다고 할 수 있다. 물론 이 외에도 설계자에 따라 비연성화설계행렬을 가지는 다양한 설계 결과를 도출할 수 있다.

[2] 정보공리를 이용한 빔 정렬 장치의 선정

앞에서 도출한 두 가지의 설계 중 더 좋은 설계를 선택하기 위해 정보공리를 이용한다. 공리적 관점에서는 정보량이 적은 설계가 더 좋은 설계이다. 그림 **2.B · 6**과 **2.B · 7**에 있는 두 가지 설계의 정보량을 비교하기 위해 목표치 부근에서 각 설계파라미터의 분포에 대한 성공의 확률을 비교한다.

설계안 1은 조정 시에 이동거리가 빔의 이동거리와 일치하므로 그림 **2.B · 9**에서 기울기(m)는 1이 된다. 반면에 설계안 2는 나사의 지름을 한바퀴 돌릴 때 다음 식과 같이 나사의 피치(pitch)만큼 빔이 이동한다.

$$2\pi r \tan\theta = p \qquad (2.B \cdot 6)$$

r : 나사의 반경
p : 나사산의 피치
θ : 나사산의 각도

반경 1.5mm에 피치가 1mm인 나사를 사용한 경우 기울기는 0.106이 된다. 빔 조정장치의 치수를 고려하여 두 가지 설계안에 대한 설계행렬을 구하면 다음과 같다.

$$\text{설계안 1 : } \begin{bmatrix} FR_1 \\ FR_2 \end{bmatrix} = \begin{bmatrix} 1 & 0 \\ -4 & 4 \end{bmatrix} \begin{bmatrix} DP_1 \\ DP_2 \end{bmatrix} \qquad (2.B \cdot 7)$$

$$\text{설계안 2 : } \begin{bmatrix} FR_1 \\ FR_2 \end{bmatrix} = \frac{1}{3\pi} \begin{bmatrix} 1 & 0 \\ -4 & 4 \end{bmatrix} \begin{bmatrix} DP_1 \\ DP_2 \end{bmatrix} \qquad (2.B \cdot 8)$$

정보량을 구하기 위해 목표값 $FR^* = [0 \quad 0]^T$는 두 설계에서 $DP^* = [0 \quad 0]^T$에 의해 만족되었다고 가정한다. 정보량은 식 (2 · 40)이나 식 (2 · 41)에 의해 도식적 방법으로 구할 수 있다. 이때 $\Delta FR_1 = 0.2\text{mm}$, $\Delta FR_2 = 0.3 rad$이라 가정하고 설계파라미터의 공차는 사용자의 손으로 조정할 때의 공차로서 $\Delta DP_i = 1\text{mm}$, $i = 1, 2$의 크기로 균일분포를 한다고 가정한다. 가정에 의해 성공의 확률의 크기가 달라질 수 있다. 여기서는 두 설계를 비교하는 것이므로 크기보다는 비교 결과가 중요하다. 따라서 위의 가정은 비교만을 위해서 유효하다고 볼 수 있다.

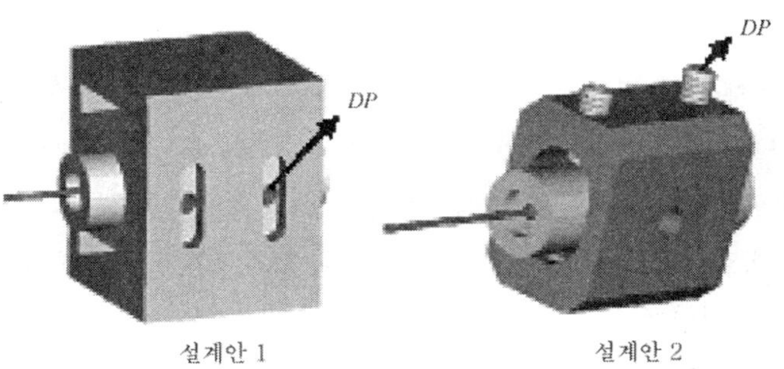

그림 2.B · 9 정보량 비교를 위한 설계파라미터

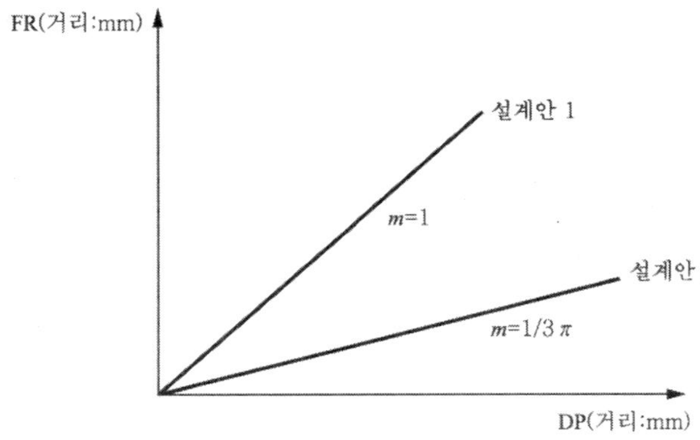

그림 2.B · 10 FR에 대한 DP의 경사도

도식화에 의한 방법은 그림 **2 · 13**과 그림 **2 · 14**의 방식으로 시행할 수 있다. 여기서는 적분법에 의한 성공의 확률을 계산해 본다. 그림 **2 · 15**에 있는 단위계단함수를 사용하여 각각의 설계안에 대한 확률분포를 식 (2.B · 9)과 같이 구할 수 있다.

$$p_i = \frac{1}{2\times1}[u(\delta DP_i-(-\varDelta DP_i))-u(\delta DP_i-(\varDelta DP_i))],\ \ i=1,\ 2 \qquad (2.B \cdot 9)$$

식 (2.B · 7)~(2.B · 9)를 식 (2 · 49)에 대입하여 각각의 성공의 확률 p_{1s}, p_{2s}과 정보량 I_1, I_2를 구하면

설계안 1 : $p_{1s}=0.015$, $I_1=6.059$(bits)
설계안 2 : $p_{2s}=0.582$, $I_2=0.781$(bits)

이다. 따라서 설계안 2가 더 좋은 설계임을 알 수 있다. 이는 DP_3과 DP_4의 설계에서도 마찬가지이다. 결론적으로 설계안 2를 확장시킨 그림 **2.B · 8**의 설계를 최종설계로 확정한다.

2.B.4 요 약

여기서 보여진 예제는 그림 **2 · 20**의 흐름도가 적용된 대표적인 예이다. 즉, 독립공리에 의해 복수의 설계안을 도출한 후, 정보공리에 의해 가장 좋은 설계안을 선택하는 것이다. 그 결과로 기존의 빔 정렬장치의 단점을 해결한 새로운 개념의 우수한 설계가 도출되었다. 여기서의 설계대로 시제품을 제작하여 시험한 결과 이전의 설계에 비해 매우 만족스러운 성능을 보였다. 이상에서 본 바와 같이 기계장치의 개념설계에 공리적설계를 사용하면 좋은 설계를 얻을 수 있음을 알 수 있다(신광섭 · 박경진, 2004).

2.C TV 유리벌브 설계 시스템 개발

2.C.1 문제의 설명

TV나 컴퓨터에 사용되는 모니터의 출력장치로 사용되는 브라운관용 유리는 유리벌브(glass bulb)라 부른다(Do and Park, 2001). 그 재질이 유리로 구성되어 있고 제품에는 섀도 마스크(shadow mask), 전자총(electron gun)과 같은 장치가 부착되어 있다. 그리고 캐비닛(cabinet)에 고정시키기 위한 밴드(band)가 장착되어야 비로소 브라운관이라 부르게 된다. 결국 유리벌브 자체는 하나의 부품으로 취급되는 단위요소 제품으로 전면 유리(panel)와 후면 유리(funnel)의 두 가지로 구성된다. 그림 **2.C · 1**은 유리벌브의 형상을 표현하고 있다.

제품설계의 수행에서는 생산을 위한 정보 체계가 도면을 통해 이루어지고 있다. 그리고 각종 설계 과정을 분산된 여러 시스템에서 수행하는 등 비효율적으로 진행되고 있다. 이를 개선하는 소프트웨어를 제작함에 있어, 공리적설계를 이용하여 개발하려는 소프트웨어의 성능을 향상시키고 각종 설계단계에서의 정보 전달 체계를 강화하고자 한다.

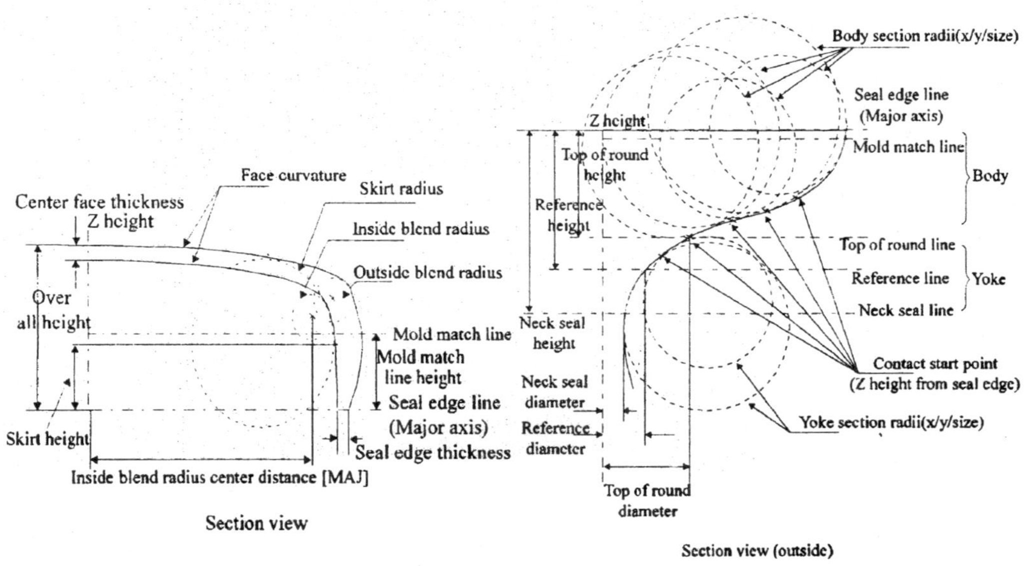

(a) Panel (b) Funnel

그림 2.C · 1 유리벌브의 형상

2.C.2 기존의 제품설계 과정의 공리적 분석

기존의 제품설계 과정은 그림 **2.C・2**와 같다. 이 과정을 기능요구로 정의하면 아래와 같다.

FR_1 : 제품의 기초 정보를 구축하라.

FR_2 : 제품의 형상을 구축하라.

FR_3 : 제품의 성능을 검토하라.

FR_4 : 제품 도면을 생성하라.

이를 물리적 영역의 설계파라미터로 사상하면 다음과 같다.

DP_1 : 기초설계 데이터 집합

DP_2 : 제품의 3차원 기하형상 구조(panel/funnel)

DP_3 : 하중 및 외부조건(panel/funnel)

DP_4 : 도면 데이터 집합

위의 기능요구와 설계파라미터의 관계를 설계방정식으로 표현하면 식 (2.C・1)과 같다.

$$\begin{bmatrix} FR_1 \\ FR_2 \\ FR_3 \\ FR_4 \end{bmatrix} = \begin{bmatrix} X & 0 & 0 & X \\ X & X & 0 & X \\ X & X & X & X \\ X & X & 0 & X \end{bmatrix} \begin{bmatrix} DP_1 \\ DP_2 \\ DP_3 \\ DP_4 \end{bmatrix} \tag{2.C・1}$$

FR_1의 구현은 거래선에서 제공하는 기초 데이터와 제품 도면을 이용한다. 마찬가지로 FR_4의 구현도 기초 데이터, 제품의 3차원 기하형상구조, 제품 도면을 이용한다. 결국 FR_1과 FR_4는 현재의 설계방식을 따른다면 연성설계가 된다. 이를 개선하기 위하여 기능요구와 설계파라미터를 고찰해 보도록 하자.

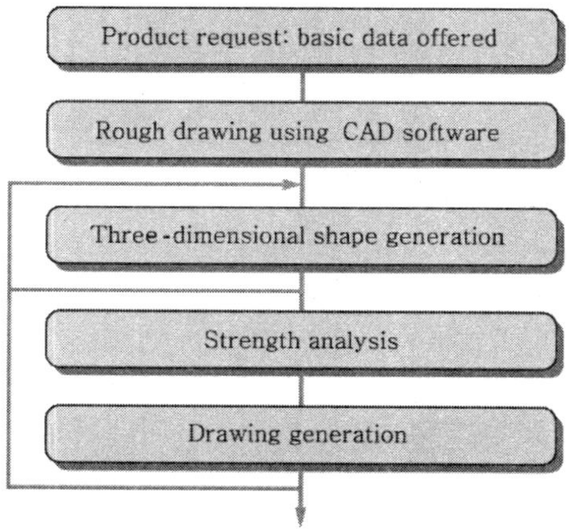

그림 2.C・2 유리벌브 제품의 설계 과정

2.C.3 공리적설계에 의한 제품설계 자동화 소프트웨어의 구성

기능요구를 재정의하면 다음과 같다.

FR_1 : 신제품에 대한 데이터베이스를 생성하라.

FR_2 : 제품의 형상을 구축하라.

FR_3 : 제품의 성능을 검토하라.

FR_4 : 제품 도면을 생성하라.

이에 대한 설계파라미터를 선정하면

DP_1 : 신제품 데이터(panel/funnel)

DP_2 : 제품의 3차원 기하형상 구조(panel/funnel)

DP_3 : 하중 및 외부조건(panel/funnel)

DP_4 : 액세서리 데이터 집합

과 같다. 이에 대하여 설계행렬은 식 (2.C・2)와 같이 비연성화설계로 생성된다.

$$\begin{bmatrix} FR_1 \\ FR_2 \\ FR_3 \\ FR_4 \end{bmatrix} = \begin{bmatrix} X & 0 & 0 & 0 \\ X & X & 0 & 0 \\ X & X & X & 0 \\ X & X & 0 & X \end{bmatrix} \begin{bmatrix} DP_1 \\ DP_2 \\ DP_3 \\ DP_4 \end{bmatrix} \qquad (2.C \cdot 2)$$

DP_1과 DP_2가 결정되면 FR_3은 상용 구조해석 소프트웨어를 이용하여 해결 가능하므로 FR_3은 하나의 모듈(M3)로 구성할 수 있다. 나머지 기능요구들은 비록 비연성화설계일지라도 설계파라미터의 정보가 명확하지 않으므로 주어진 설계파라미터를 만족하기 위한 새로운 기능요구를 제안하는 분해 과정이 필요하다.

FR_1에 대하여 하위수준의 기능요구를 선정하면

FR_{11} : 신제품의 ID 번호를 부여하라.

FR_{12} : 신제품의 데이터 집합을 구축하라.

이다. 마찬가지로 FR_2, FR_4에 대한 하위수준의 기능요구를 설정하면 다음과 같다.

FR_{21} : 곡률을 검토하라(panel 편평도, funnel 축별 profile).

FR_{22} : 3차원 형상을 계산하라.

FR_{23} : 제조 가능성을 검토하라.

FR_{41} : 제품의 형상을 표현하라.

FR_{42} : 주변 액세서리(accessory)를 표현하라.

두 번째 수준의 기능요구를 만족시키기 위한 설계파라미터를 선정하고 설계방정식을 세우면 다음과 같다.

DP_{11} : 신제품의 대표코드

DP_{12} : 신제품의 조건 데이터 집합

$$\begin{bmatrix} FR_{11} \\ FR_{12} \end{bmatrix} = \begin{bmatrix} X & 0 \\ X & X \end{bmatrix} \begin{bmatrix} DP_{11} \\ DP_{12} \end{bmatrix} \qquad (2.C \cdot 3)$$

신제품의 ID 번호는 설계조건 데이터를 만들기 전에 이용하므로 식 (2.C · 3)과 같이 비연성화설계가 도출된다. FR_{21}, FR_{22}, FR_{23}에 대한 설계파라미터는 다음과 같고 이에 대한 설계행렬이 식 (2.C · 4)에 있다.

DP_{21} : 제품의 내외면 곡률

DP_{22} : 제품의 기하학적인 연관 관계식

DP_{23} : 금형제작에 관련된 데이터 집합

$$\begin{bmatrix} FR_{21} \\ FR_{22} \\ FR_{23} \end{bmatrix} = \begin{bmatrix} X & 0 & 0 \\ X & X & 0 \\ X & X & X \end{bmatrix} \begin{bmatrix} DP_{21} \\ DP_{22} \\ DP_{23} \end{bmatrix} \qquad (2.C \cdot 4)$$

FR_{23}을 구현하는 방법 중 DP_{23}의 정의가 모호하므로 세분화작업이 필요하다. 따라서 FR_{23}에 대한 하위수준에 대한 정의가 필요하다. FR_{41}, FR_{42}에 대한 설계파라미터는 다음과 같다.

DP_{41} : 제품설계 데이터 집합

DP_{42} : 액세서리 데이터 집합

이에 대한 설계행렬은 다음과 같다.

$$\begin{bmatrix} FR_{41} \\ FR_{42} \end{bmatrix} = \begin{bmatrix} X & 0 \\ 0 & X \end{bmatrix} \begin{bmatrix} DP_{41} \\ DP_{42} \end{bmatrix} \qquad (2.C \cdot 5)$$

FR_{23}에 대하여 하위수준의 기능요구를 정의하면 다음과 같다.

FR_{231} : 전면 유리의 유효 화면거리(useful screen dimension)를 만족하는가 검토하라.

FR_{232} : 방출성(ejectability)이 용이하게 하라.

FR_{233} : 후면 유리의 주사선 편향각도가 만족되는지 검토하라.

이를 만족하는 설계파라미터는 다음과 같다.

DP_{231} : 내면 블렌딩 원(blending circle) 중심점의 중심축으로부터의 거리

DP_{232} : 측면 벽(side wall) 각도

DP_{233} : 요크부 내면 곡률

설계행렬은 다음과 같이 정의된다.

$$\begin{bmatrix} FR_{231} \\ FR_{232} \\ FR_{233} \end{bmatrix} = \begin{bmatrix} X & 0 & 0 \\ 0 & X & 0 \\ 0 & 0 & X \end{bmatrix} \begin{bmatrix} DP_{231} \\ DP_{232} \\ DP_{233} \end{bmatrix} \tag{2C · 6}$$

FR_{23}의 하위수준은 비연성설계이며, 결과적으로 FR_2를 구성하는 하위수준의 설계는 비연성화설계이다.

그림 **2.C · 3**은 유리벌브 제품설계 자동화 시스템에 대한 모듈 구성을 나타내는 모듈결합구조도이다. 또한 그림 **2.C · 4**는 설계의 흐름을 알 수 있는 정보흐름도이다. 그림 **2.C · 4**에서 점선으로 표시된 선은 기능요구와 설계파라미터들 간의 분해 과정에 대한 반복결합을 의미하는 것이 아니다. 다만 설계의 흐름상 해석 결과가 좋지 않아 설계파라미터의 값을 변경하는 반복을 나타낸다.

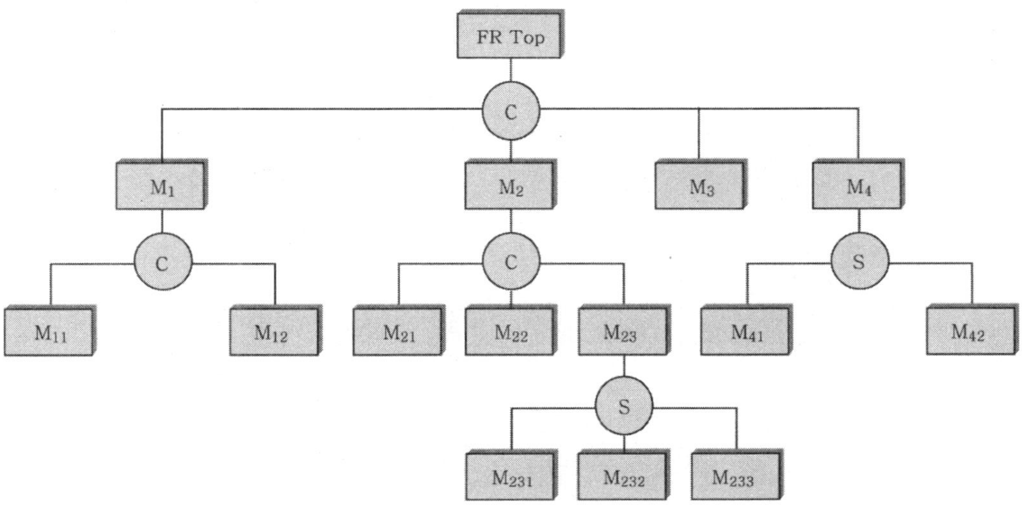

그림 2.C · 3 유리벌브 제품설계 자동화 시스템의 모듈결합구조도

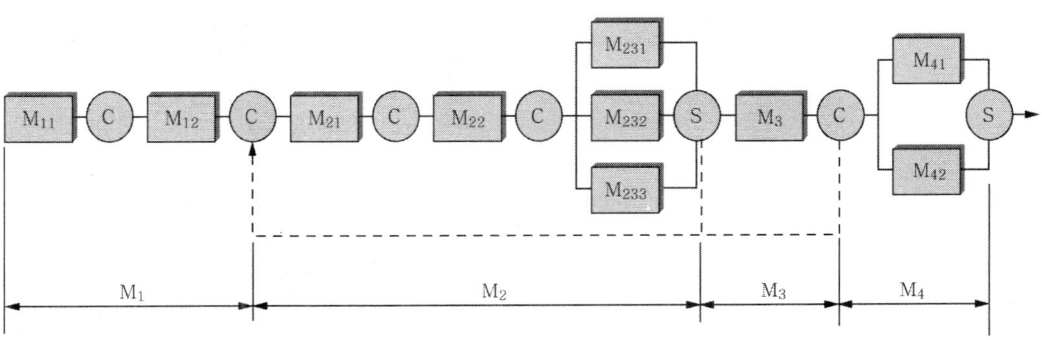

그림 2.C · 4 그림 2C · 3의 모듈결합구조도에서 유추된 정보흐름도

2.C.4 제품설계 자동화 소프트웨어의 개발

제품설계 자동화를 위한 소프트웨어를 실제로 구현하기 위해서 몇 가지 성격이 다른 부분들을 통합해야 한다. 따라서 실행파일의 크기가 커지는 단점이 있다. 모듈별로 프로그램을 공용 라이브러리(shared library) 형태로 만드는 방식을 추천한다. 설계를 위해 많은 곡률 데이터 및 위치 데이터 등을 운영하기 때문에 처리하는 데이터의 양이 매우 많아 메모리 공간을 확보하기 어렵다. 이에는 동적 메모리 할당 기법을 사용하여 필요 시에 메모리를 할당해서 쓴다. 소프트웨어의 기능을 간략하게 설명한다.

[1] 사용자 인터페이스

사용자 인터페이스는 UNIX 시스템의 표준 그래픽 도구인 X-window(MOTIF)를 이용하여 소프트웨어를 개발한다(Heller, 1994). 사용자 인터페이스를 통해 각종 메뉴시스템이나 그래프 등의 표현 양식을 제공한다. 그림 **2.C · 5**는 사용자 인터페이스의 화면의 예를 보이고 있다.

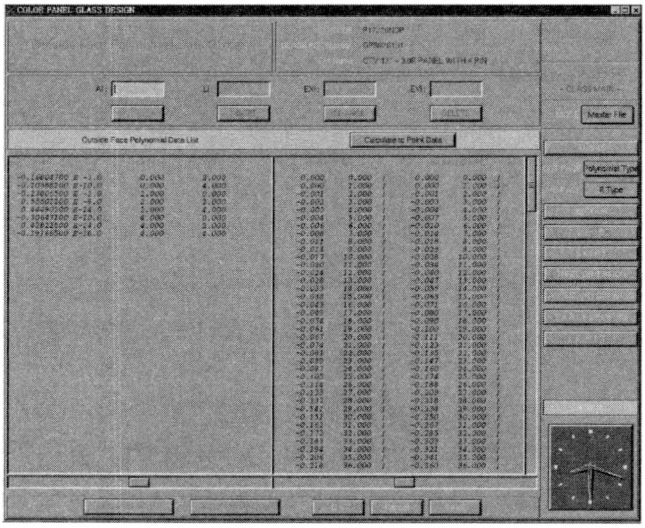

그림 2.C · 5 유리벌브 제품설계 자동화시스템의 메뉴 화면

[2] 데이터베이스

전체 제품설계 시스템의 지원을 위하여 데이터베이스(ORACLE) 접속 프로그램은 두 가지 방식을 사용한다(Oracle Co., 1990). 첫째는 사용자 인터페이스를 통해 정상적으로 데이터베이스를 접속하는 방법이고, 둘째는 비상시의 경우(예를 들어, 데이터베이스의 복

사 및 이전, 재구축 등)에 그래픽 사용자 인터페이스와는 상관없이 데이터베이스를 접속하도록 하는 방법이다. 접속 시 수행되는 기본 명령들은 메모리의 효율적인 이용을 위하여 접속방식에 관계없이 공용 라이브러리화하여 사용한다.

[3] 3차원 형상

전면 유리와 후면 유리의 3차원 형상 및 강도해석을 위한 메시를 생성하기 위해 자체 개발한 유리벌브 형상 계산 전용 프로그램인 BULB-3D를 이용한다(박경진 외, 1995). BULB-3D는 몇 가지 기하학과 수치 해법을 이용하여 유리벌브의 3차원 곡면형상 및 강도해석을 위한 메시를 생성한다. 3차원 형상은 그래픽 라이브러리인 스타베이스(Starbase)를 이용하여 축소/확대, 이동, 회전, 렌더링(rendering) 기능을 제공한다(Hewlett-Packard Co., 1991). 그림 **2.C · 6**에 제품의 3차원 형상의 출력 예가 있다.

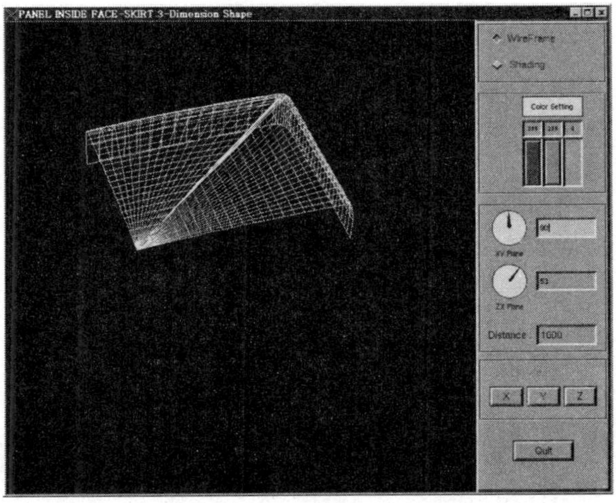

그림 2.C · 6 3차원 형상에 대한 메시 생성 후의 출력 화면

[4] 강도해석

강도해석을 위해서 상용 해석 소프트웨어인 ANSYS를 이용하여 제품의 진공강도 및 밴드강도 성능을 검증한다(ANSYS Inc., 1993). 메시가 정의되면 유리의 물성치, 하중조건, 구속조건 등의 데이터를 바탕으로 제품의 강도를 평가한다. 원하는 강도 결과를 얻을 때까지 3차원 형상 생성모듈과 연계해서 각종 변수를 바꿔 가면서 반복적으로 수행한다. 그림 **2.C · 7**에 강도해석의 결과 화면이 있다.

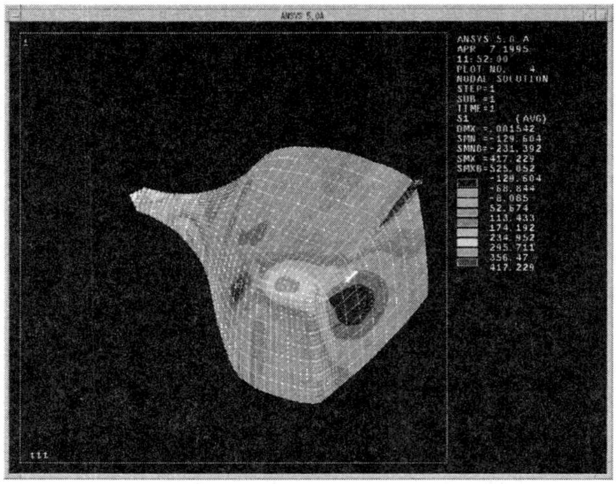

그림 2.C · 7 유리벌브의 강도해석 결과의 출력 화면

[5] 도면출도

도면출도를 위해서는 유니그래픽스(Unigraphics)라는 상용 CAD 소프트웨어를 이용한다(Electronic Data Systems Co., 1993). 유니그래픽스가 제공하는 프로그래밍 연결도구인 그립(GRIP)과 사용자 함수(user function)를 이용하여, 제품의 형상, 치수, 측정 위치, 핀 장착 위치, 정렬 위치, 표 등을 삽입하였다. 또한 사용자의 선택에 따라 도면의 항목을 조정할 수 있다. 자동 생성된 도면의 예가 그림 **2.C · 8**에 있다.

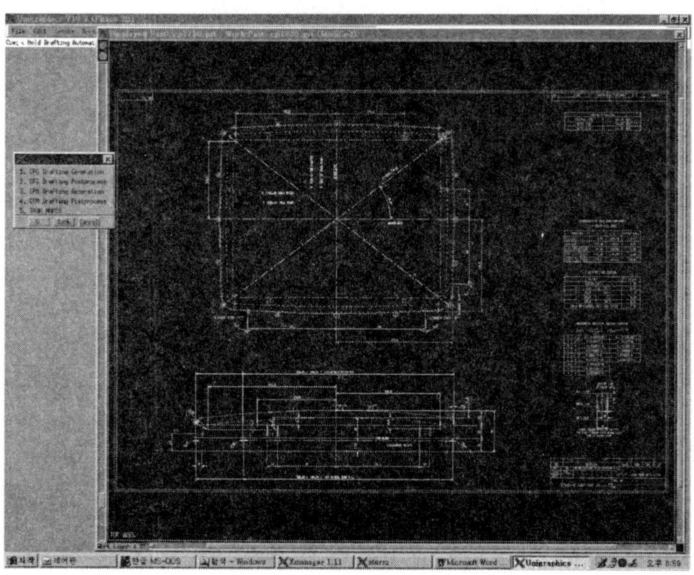

그림 2.C · 8 유리벌브의 도면출도 화면

2.C.5 요 약

공리적설계를 제품설계용 소프트웨어 설계에 어떻게 적용하는가에 대해 설명했다. 개발된 소프트웨어를 통하여 그간 설계자의 경험에만 의존하여 제품을 설계해 왔던 관행을 고쳤다. 또한 개념설계단계에서 상세설계단계인 도면작성까지 자동화하여 신제품의 개발기간을 단축했다. 공리적설계에 의하여 설계 과정을 분석하여 기능요구와 설계파라미터를 정의하고 분해함으로써 자동적으로 소프트웨어의 모듈이 정의되었다.

2.D 모니터용 EPS 완충 포장재 설계 시스템 개발

2.D.1 문제의 설명

모니터 제품은 운반 중에 취급 부주의로 인해서 낙하 및 충격 등의 많은 파손 위험에 노출된다(Yi and Park, 2005). 노출된 위험으로부터 제품을 안전하게 보호하기 위해 완충 포장을 하는데, 완충재로는 발포성 폴리스티렌(Expanded PolyStyrene, EPS)이 널리 쓰이고 있다. 그러나 완충 포장재의 제비용 부담뿐만 아니라 모니터 제품의 부피 증가로 인하여 물류 및 수송비용이 증가한다. 따라서 포장의 부피를 줄이면서 낙하 및 충격에 견딜 수 있는 적절한 완충 포장재 설계가 이루어져야 한다.

현장에서 완충재의 개념설계는 전적으로 설계자의 경험에 의존하고 있다. 시작제품을 제작한 후 낙하 충격 실험으로 검증하는 반복적인 시행착오 과정을 거친다. 이는 선임자의 잘못된 전례를 그대로 따를 수 있고 실험에 필요한 비용부담도 증가한다. 이러한 반복과정을 줄이기 위하여 충격해석 도구를 도입하고 있다. 그러나 사용상 기술 습득의 번거로움과 효율적인 설계를 위하여 개념설계단계에서 모니터 모델에 대한 완충 포장재 설계를 자동화하는 시스템이 필요하다.

이에 EPS 완충재의 유한요소해석모델을 상용소프트웨어인 LS/INGRID를 이용하여 자동으로 구성하고 LS/DYNA3D로 낙하해석을 실행하여 결과를 보여줌으로써 완충재를 보다 효과적으로 설계할 수 있는 설계 시스템을 개발하고자 한다(Livermore Software Technology Co., 1998 · 1999). 설계 시스템의 설계 목적을 공리적설계의 독립공리에 따라 정의하면 설계 과정이 순차적으로 진행될 수 있다. 따라서 자동설계 시스템 개발이 용이하다.

2.D.2 공리적설계를 이용한 모니터용 EPS 완충 포장 설계 시스템 설계 과정

2.5절에서 소개한 V-모델의 설계 과정을 완충 포장 설계 시스템을 설계하는 데 적용한다. 개발할 시스템은 모니터 제품의 포장재에 대한 개념설계단계에서 상세설계 수준의 형상치수까지 결정하는 자동설계 시스템이다. 우선 해당업체의 설계자로부터 지금까지 관행으로 해오고 있는 설계 과정을 습득하였다. 또한 지금까지 설계를 행하면서 필요하다고 생각하는 요구사항을 듣고 사용자요구(CAs)를 정리하였다. 시스템 개발 과정을 설명한다.

[1] 설계 시스템의 기능요구의 정의 및 분해(단계 1, 2, 3)

공리적 관점에서 EPS 완충 포장 설계의 목적을 정의한다. 최상위수준에서의 기능요구와 설계파라미터의 관계는 표 **2.D·1**과 같다. 설계행렬의 형태가 삼각행렬이므로 비연성화설계이다. 그러므로 소프트웨어의 설계 과정은 설계행렬에 표현된 순서에 따라 이루어져야 한다. 각 기능요구는 선정된 설계파라미터를 기준으로 분해할 수 있다. 소프트웨어 관점에서 기능요구와 설계파라미터의 분해 과정은 최소단위의 알고리즘이나 메소드(method)가 도출될 때까지 진행한다.

FR_2의 기능요구를 분해하는 예를 보인다. 표 **2.D·1**에 보이는 바와 같이 FR_2는 '모델링과 모사실험을 위한 데이터를 설정하라'이다. 그리고 FR_2에 대한 설계파라미터 DP_2는 모니터를 모델링하기 위한 입력 데이터와 해석을 위한 입력 데이터로 선정하였다. DP_2로부터 FR_2의 설계 과정을 세분화할 수 있다. 즉, 모니터를 모델링하기 위한 데이터, 해석을 위한 데이터, 물성 데이터 등의 다양한 입력 데이터를 사용자가 설정하는 기능을 정의해야 한다. 그러므로 FR_2는 하위수준에서 표 **2.D·2**와 같이 분해할 수 있다. 분해 과정은 최하위수준까지 진행한다. 표 **2.D·3**에 FR_2를 최하위수준까지 분해했을 때의 설계 관계가 있다. 소프트웨어 시스템의 설계 흐름은 소프트웨어의 옵션설정 및 데이터 관리기능을 제외하고는 실제 설계 과정과 같다.

표 2.D·1 모니터용 EPS 완충 포장재 설계용 시스템에 대한 최상위 수준에서의 기능요구

	FR_x	DM	DP_x
1	옵션을 설정하라.	X O O O O	옵션 정보 데이터
2	모델링과 모사실험을 위한 데이터를 설정하라.	X X O O O	모델링 및 낙하 충격해석을 위한 데이터
3	완충재의 유한요소모델을 생성하라.	X X X O O	완충재의 설계변수
4	모사해석 후, 분석을 통하여 개선된 설계안을 제시하라.	X X X X O	DYNA3D의 입력 구문
5	설계 데이터를 관리하라.	X X X X X	데이터 관리자

표 2.D · 2 FR_2의 기능요구 분해

	$FR_{2.x}$ 모델링과 모사실험을 위한 데이터를 설정하라.	DM	$DP_{2.x}$ 모델링 및 낙하 충격해석을 위한 데이터
1	모니터의 모델링 데이터를 설정하라.	X O O	모니터의 모델링 데이터
2	완충재의 모델링 데이터를 설정하라.	O X O	완충재의 모델링 데이터
3	낙하 충격해석을 위한 조건을 설정하라.	O O X	낙하 조건

표 2.D · 3 최하위수준에서 FR_{21223}의 기능요구 분해

	$FR_{21223.x}$ 노드와 요소 정보 파일을 DYNA3D 형식의 파일로 변환하여라.	DM_{21223}	$DP_{21223.x}$ 노드와 요소 설정에 관한 DYNA3D 형식 정보
1	노드와 요소 정보 파일을 읽어라.	X O O O	파일 이름
2	노드와 요소 번호를 충분히 크게 재설정하라.	X X O O	노드와 요소 번호
3	DYNA3D 형식으로 변환하라.	X X X O	DYNA3D 형식 구문
4	노드의 재설정 번호를 저장하라.	O X O X	노드의 재설정 번호

[2] 모듈 정의 및 객체 선정(단계 4, 5)

분해의 지그재그 과정을 통하여 전체 설계행렬을 구성할 수 있다. 전체 설계행렬은 소프트웨어의 모듈 및 객체를 정의하는 데 중요한 역할을 한다. 그림 **2.D · 1**의 FR_3에 대한 설계행렬을 살펴보도록 하자. 그림에서와 같이 설계자는 설계행렬을 통하여 굵은 선으로 표시한 사각행렬의 객체를 정의한다. 객체가 수행해야 할 기능인 기능요구는 소프트웨어의 모듈을 정의할 수 있다. 또한 각 기능요구에 해당하는 설계파라미터는 객체가 가진 속성(attributes)으로 입력 및 출력 데이터에 해당한다. 객체는 물리적 영역의 속성을 조절하여 기능적 영역의 기능을 수행한다. 이를 객체 지향적 소프트웨어에서는 행위(behavior)로 정의하고, 각 행위는 소프트웨어 코딩(coding) 시 메소드(methods)로 정의한다. 그러므로 설계자는 설계행렬을 통하여 기능적 영역과 물리적 영역 사이의 관계를 알 수 있다.

개발한 소프트웨어는 주모듈, 데이터 관리모듈, 모델링모듈, 낙하 충격해석 모듈, 결과분석 및 설계모듈로 구성되어 있다. 주모듈의 기능은 입력 및 전체설계 과정을 사용자가 제어하는 것이다. 데이터 관리 모듈은 시스템의 데이터를 관리하는 역할이다. 이는 외부 실행, 물성 데이터를 담고 있는 파일, 표준 직교배열표에 대한 데이터베이스를 관리한다. 모델링 모듈은 해석을 위한 입력 데이터를 파일로 생성하는 기능으로 완충재의 형상 크기,

상용 도구인 LS/INGRID를 통해 자동으로 유한요소해석모델을 생성하여 해석을 위한 입력 파일을 작성한다. 낙하 충격해석 모듈은 상용 해석기인 LS/DYNA3D의 입력 파일을 자동으로 생성하고 낙하 충격해석을 실행하도록 하는 기능을 수행한다. 결과분석 및 설계 모듈은 낙하 충격해석을 실행한 결과 데이터를 분석하고 새로운 설계안을 제시한다.

객체는 속성과 메소드로 정의한다. 설계자는 설계행렬의 사각행렬을 구성한다. 세로열에 있는 설계파라미터를 속성으로 하고 가로행에 표현한 기능요구를 메소드로 하는 하나의 객체를 결정할 수 있다. 또한 여러 개의 객체들을 추상화(abstraction)한 새로운 객체를 정의할 수 있다. 예를 들어, 그림 **2.D · 1**에서 완충 포장재의 유한요소해석모델을 생성하는 기능을 수행하는 FR_3 모듈은 객체 A로 정의할 수 있다. 그런데 객체 A는 완충재의 내부 형성을 정의하는 객체 B와 완충재의 외부형상을 정의하는 객체 C를 포함하고 있다. 모니터와 완충재가 서로 접촉하는 부분은 네 곳이 있다. 객체 B는 5개의 객체를 포함하고 있는데 완충재의 접촉면에 대한 형상을 결정하는 것이다. 네 곳의 접촉면에 대한 완충재의 형상을 결정하는 4개의 객체들과 공통적으로 사용할 수 있는 입력 데이터를 설정하는 1개의 객체를 포함하고 있다. 같은 방법으로 객체 C는 리브의 형상에 따라 5개의 객체로 구성하였다. 이와 같이 정의한 객체는 다음 단계에서 클래스로 정의할 수 있다.

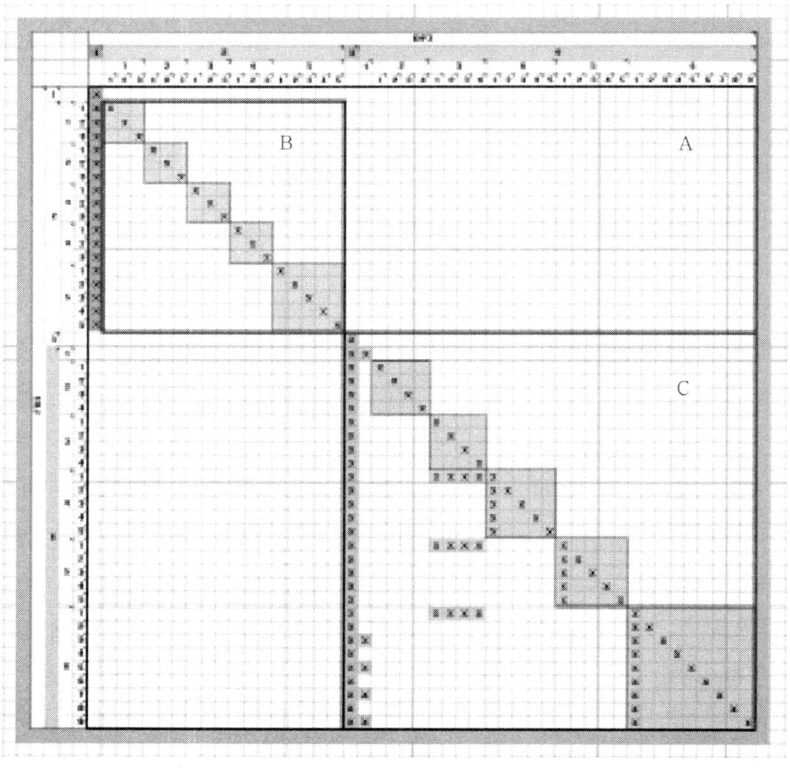

그림 2.D · 1 FR_3에 대한 설계행렬

[3] 클래스 관계 정의 및 코딩(단계 6, 7)

그림 **2.D · 2**에 각 객체들에 대한 클래스를 정의하였다. 여기서는 하위수준의 클래스들은 표현하지 않았다. 클래스 'PackDesign'은 4개의 클래스들을 포함하고 있다. 클래스 'Option'은 초기에 사용자가 정의해야 하는 시스템의 환경 데이터를 설정하는 기능을 수행한다. 이는 시스템의 구동 시 자동으로 설정한다. 클래스 'BasicModel'은 모니터와 완충재의 물성치를 설정하며, 클래스 'CushionModel'은 완충재의 형상을 설정한다. 사용자에게서 입력받은 데이터들은 시스템에 의하여 좌표를 변환하여 자동으로 유한요소해석을 위한 입력 파일을 생성한다. 클래스 'IterationAnal'은 선정한 직교배열표에 따라 낙하 충격해석을 자동으로 실시하고 그 결과를 분석하여 사용자에게 알맞은 완충 포장재의 형상을 제안한다.

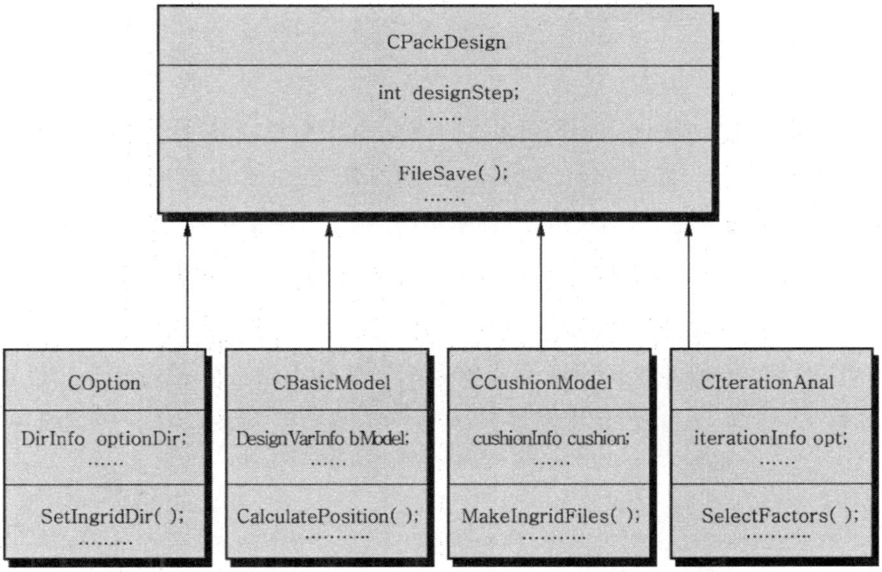

그림 2.D · 2 'PackDesign' 소프트웨어의 클래스 다이어그램

다음으로 정의한 클래스에 따라 프로그램을 작성하였다. 설계자는 클래스의 속성과 메소드에 해당하는 데이터와 알고리즘을 코딩한다. 그림 **2.D · 3**에서는 앞에서 설명한 과정을 통하여 개발한 소프트웨어로 설계하는 화면을 보이고 있다.

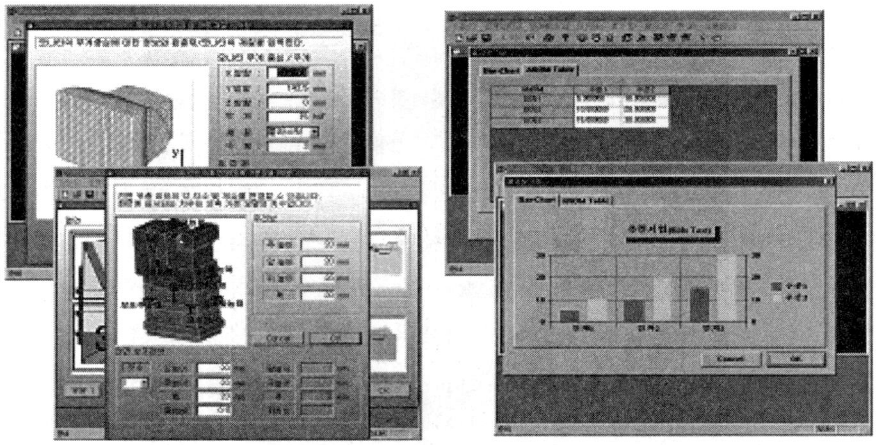

그림 2.D · 3 PackDesign 소프트웨어를 이용하여 설계한 결과 화면

2.D.3 요 약

공리적설계를 소프트웨어 설계에 어떻게 적용하는가에 대해서 설명했다. 소프트웨어 설계 방법인 객체 지향적 프로그래밍의 개념과 연계한 V-모델의 과정에 따라 개발하였다. 그리하여 소프트웨어 효율을 향상시킬 수 있었다. 여기서는 FR_1과 FR_2를 분해한 것만 보였으며 FR_3에 대해서는 결과행렬만 수록했다. FR_4와 FR_5는 설계 과정으로서 그에 대한 설명은 생략하였으나 분해 과정들은 다른 것과 비슷하다. 개발된 소프트웨어를 사용하면 설계경험이 부족한 설계자도 주어진 입력변수를 설정하여 새로운 모니터에 맞는 완충재를 쉽게 설계할 수 있다. 그리고 설계 결과를 저장하여 새로운 제품에 대한 설계에 반영할 수 있다.

제 3 장

최적설계

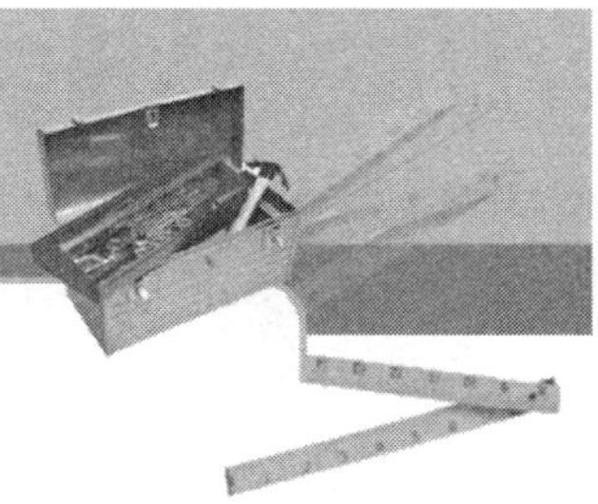

3.1 최적설계

최적화란 주어진 함수를 최소화하거나 최대화하는 작업으로서 수학자들의 호기심으로부터 출발하였다. 최적화를 수학적으로 다루는 과정은 주어진 함수나 물리적 현상을 최소화하거나 최대화하는 문제를 설정하고 이를 해결하는 과정에서 비롯된다. 예를 들어 대포의 포탄이 가장 멀리 날아가는 발포각도를 계산하는 문제를 생각해 보자. 이를 위해 뉴턴(Newton)역학을 이용하여 포탄이 날아가는 거리를 각도에 관한 함수로 표현한다. 이어서 그 함수를 최대화하는 각도를 구함으로써 포탄이 가장 멀리 날 수 있는 발포각도를 결정할 수 있다. 이 과정에서 여러 수학적 과정이 필요하다.

최적화기술은 범함수(functional)를 최소화하는 변분법(variational method)에서 유래한다. 변분법에 의하면 대상 시스템의 범함수(보통은 그 시스템의 에너지가 된다)를 최소화하는 것이 그 시스템의 평형방정식(지배방정식)이다. 한편 대상 시스템에 제한조건이 있을 때에는 새로운 확장범함수를 만들어 최소화시킨다. 확장범함수는 제한조건에 라그랑지승수를 곱하여 기존의 최소화할 범함수에 더하여 만든다. 범함수를 최소화하는 개념은 현대의 최적화방법에도 응용된다. 범함수를 최소화하는 문제로서 브라치스토크로운(Brachistochrone)문제가 있다. 이는 질량을 가진 물체가 중력장 속의 한 점에서 다른 점으로 낙하할 때 가장 짧은 시간에 이동할 수 있는 경로를 계산하는 문제이다. 또 다른 예로는 공간상의 두 점을 연결하는 가장 짧은 곡선은 직선인 것을 증명하는 문제가 있다. 이처럼 최소화나 최대화문제를 해결하기 위하여 대수학이나 변분법의 이론을 사용할 수 있다.

최적화이론이 현재의 모습을 갖추게 된 시기는 변분법을 공학설계에 적용하면서부터이다. 현대 최적화이론이 변분법이론과 다른 점은 범함수보다는 대수함수(algebraic function)를 많이 사용하는 점과 설계라는 특성 때문에 제한조건을 강조하는 점이다. 최적화이론은 다음과 같이 정식화된 문제의 해를 구하는 방법론이다.

$$\text{Find} \quad \mathrm{b} \in R^n \tag{3·1a}$$

$$\text{to minimize} \quad f(\mathrm{b}) \tag{3·1b}$$

$$\text{subject to} \quad h_i(\mathrm{b})=0, \; i=1, \cdots, l \tag{3·1c}$$

$$g_j(\mathrm{b}) \le 0, \; j=1, \cdots, m \tag{3·1d}$$

$$\mathrm{b}_\mathrm{L} \le \mathrm{b} \le \mathrm{b}_\mathrm{U} \tag{3·1e}$$

여기서 b는 n개의 요소로 이루어진 설계변수벡터, f는 목적함수, h_i는 i번째 등제한조건, g_j는 j번째 부등제한조건, b_L과 b_U는 각각 설계변수의 하한벡터, 상한벡터이다. 한편 l은 등제한조건의 수, m은 부등제한조건의 수이다.

최적화이론에서는 주어진 목적함수를 최소화하거나 최대화한다. 이 점이 공학설계에서 특정 공학적 특성을 극대화하려는 것과 일치하는 면이다. 공학설계에 최적화이론을 도입할 경우 이를 최적설계라 부른다. 최적설계에서는 식 (3·1b)의 목적함수가 추구하는 공학적 특성을 나타내며, 각종 주변 조건들이 식 (3·1c)~(3·1d)의 제한조건들이 된다. 최적화이론을 공학설계에 도입할 때에는 설계문제를 식 (3·1)과 같은 형태로 정식화할 수 있어야 한다. 최적설계는 설계변수의 값을 구체적으로 결정할 수 있기 때문에 주로 상세설계에서 사용된다.

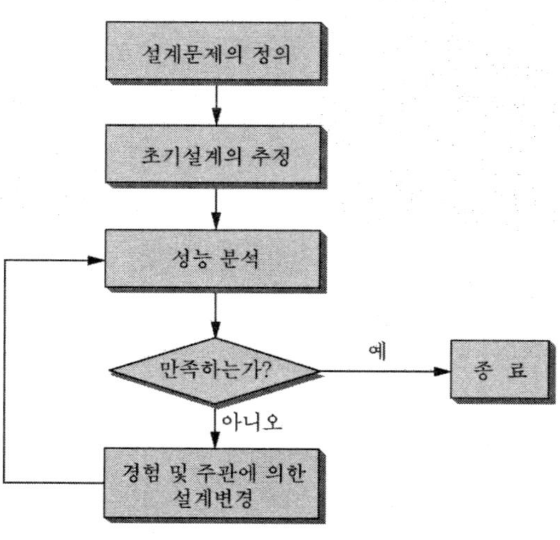

그림 3·1 종래의 설계 과정

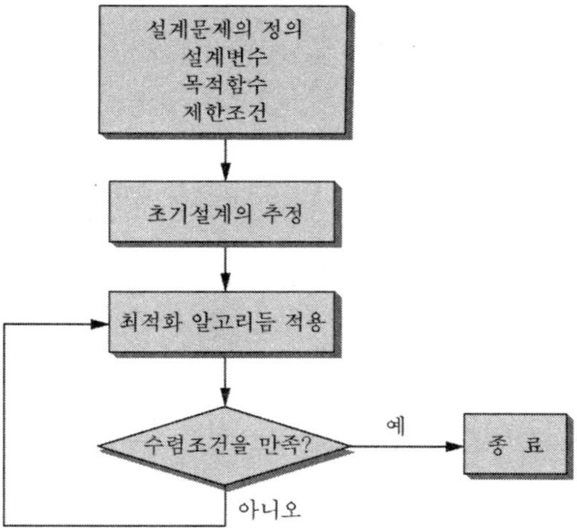

그림 3 · 2 최적설계 과정

개념설계 과정에서는 부품의 선택이나 배치 등을 결정하게 되므로 개념설계를 식 (3 · 1)과 같이 표현하기는 어렵다. 즉, 일반적인 설계 과정에서는 개념설계단계에서 설계대상을 개념적으로 잘 정의하고 나면 상세설계단계에서 대상의 구체적인 치수를 결정하며 이때 최적설계가 사용된다. 최적설계를 적용할 때는 식 (3 · 1)에서 정식화한 문제의 해를 구하도록 특별히 개발된 알고리즘을 사용한다. 종래의 설계 과정과 최적설계를 적용한 설계 과정이 그림 **3 · 1**과 그림 **3 · 2**에 있다. 두 설계 과정의 전반적인 흐름은 유사하다. 다른 점은 설계변경과 판단을 설계자가 하느냐 알고리즘에 의해 컴퓨터가 하느냐이다.

최적설계를 사용할 때 유념할 점은 식 (3 · 1)의 정식화를 의미 있게 정의할 때에만 우수한 설계해를 얻을 수 있다는 것이다. 식 (3 · 1)의 정식화가 현상을 정확하게 표현하지 못하거나 정식화의 공학적 의미가 실제 상황과 다르면 좋지 않은 설계해를 얻을 수 있다. 한편 최적설계에서 얻은 해는 일반적으로 제한조건을 극단적으로 만족한다. 이 경우 설계변수에 공차가 있거나 약간의 변화만 있더라도 그 해는 제한조건을 만족하지 못할 수 있다. 즉, 제한조건의 만족여부가 매우 중요한 문제에는 최적설계를 적용하는 데 다소 어려움이 있다. 물론 이를 극복하기 위한 여러 기술들이 제안되고 있다.

최적설계는 그 이름이 공학적으로 추구하는 가치와 일치한다. 때문에 마치 모든 설계문제를 단숨에 해결할 것 같은 희망을 주기도 한다. 그러나 이것은 최적화이론을 설계에 응용할 때에 특히 경계해야 할 점이다. 최적설계는 설계문제를 식 (3 · 1)의 형태로 표현할 수 있을 때에만 적용 가능하다는 점을 다시 한번 상기한다. 또 설계에 관한 전반적인 계획이 완료된 후에 상세설계 과정에서 최적설계를 응용하는 것이 효율적이다. 뿐만 아니라 개념설계에 비해 최적설계가 전체설계 과정에 미치는 영향도가 적다는 점도 기억해야 한다. 따라서 최적설계를 응용할 때에는 주변 사정을 잘 고려하여 주의를 기울여야 한다.

3.2 공학적 최적설계문제

공학설계문제를 최적화이론으로 수행하기 위해서는 문제를 정식화하는 것이 필수적이다. 그림 **3・2**에서 설계문제를 정의하는 과정(정식화 과정)은 대체로 다음의 순서를 따른다.

단계 1. 식 (3・1a)의 설계변수를 정의한다. 설계변수는 설계에서 결정하려는 변수이다. 예를 들어 구조물을 설계할 경우 두께나 단면계수 등의 치수가 설계변수가 된다.

단계 2. 식 (3・1b)의 목적함수를 정의한다. 목적함수는 설계 대상물에서 가장 중요한 것이며 그 설계에서 추구하는 바이다. 예를 들어 구조물의 무게, 특정한 반응 등을 목적함수로 간주할 수 있다.

단계 3. 식 (3・1c)~(3・1d)의 제한조건을 정의한다. 설계시방서(design specification)나 설계자가 정의하는 특정한 설계조건하에서 설계를 하게 되는데, 이들을 식 (3・1c)~(3・1d)로 변환하여 제한조건으로 사용한다.

식 (3・1)의 형태로 정식화된 문제를 표준화문제라고 한다. 표준화문제와 형태가 다른 것들은 표준화된 문제로 바꿀 수 있다. 예를 들어 최대화문제는 음의 부호를 사용하여 다음과 같이 식 (3・1b)의 최소화문제로 변환할 수 있다.

$$\text{Maximize } F(\mathrm{b}) = \text{Minimize } (-F(\mathrm{b})) \equiv \text{Minimize } f(\mathrm{b}) \tag{3・2}$$

여기서

$$-F(\mathrm{b}) \equiv f(\mathrm{b}) \tag{3・3}$$

를 사용하였다. 한편 부등호의 방향이 식 (3・1d)의 형태와 다른 경우에는 양쪽에 -1을 곱하여 다음과 같이 변환한다.

$$g_j(\mathrm{b}) \geq 0 \ \rightarrow \ -g_j(\mathrm{b}) \leq 0 \tag{3・4}$$

이와 같이 모든 최적화문제는 식 (3・1)의 표준화문제로 변환할 수 있다. 따라서 지금부터 최적화문제는 표준화문제만을 다룬다. 이제 간단한 설계문제를 식 (3・1)의 최적설계문제로 정식화하는 과정을 살펴보자.

예제 3・1 대칭형 3부재 트러스 설계문제 (Arora, 2004)

그림 **3・3**의 3부재 트러스를 설계하려고 한다. 부정정계인 3부재 트러스는 최적화 알고리즘의 성능을 시험하는 문제로 많이 사용되고 있다. 주어진 외력 P에 대해 각 부재에서의 응력이 허용응력보다 작고 부재 끝단에서의 변위가 허용변위보다 작아야 한다. 단,

구조물의 대칭을 유지해야 한다. 이러한 설계조건을 만족하는 설계 중 구조물의 질량을 최소화하는 설계를 찾아보아라.

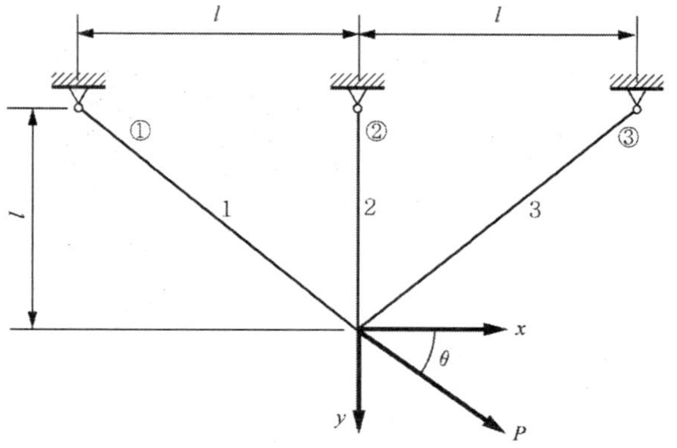

그림 3·3 3부재 트러스

❙❙ 풀 이 ❙❙

위에서 제시한 순서를 따라 정식화를 한다.

단계 1. 설계변수를 정의한다. 각 부재의 단면적 b_1, b_2, b_3을 설계변수로 한다. 구조물의 대칭을 유지해야 된다는 조건으로부터 $b_1 = b_3$이다.

단계 2. 목적함수를 정의한다. 구조물의 질량을 최소화해야 하므로 구조물의 총질량이 목적함수이다. 따라서 목적함수는 다음과 같이 정의한다.

$$f(\mathbf{b}) = \rho l(2\sqrt{2}b_1 + b_2) \tag{3·5}$$

여기서 ρ는 밀도이다. 식 (3·5)와 같이 목적함수가 설계변수의 함수여야 함을 유념한다.

단계 3. 제한조건을 정의한다. i 번 째 부재에서의 응력(σ_i, $i=1, 2, 3$)이 허용응력(σ_{all}) 보다 작아야 한다는 설계조건으로부터 다음과 같이 세 개의 응력제한조건을 정의한다.

$$g_i = |\sigma_i| - \sigma_{\text{all}} \le 0, \quad i=1, 2, 3 \tag{3·6}$$

또 끝단의 수평방향변위(δ_x)와 수직방향변위(δ_y)가 각각 허용범위($\delta_{x,\text{all}}$, $\delta_{y,\text{all}}$) 내에 있어야 하는 설계조건으로부터 다음의 제한조건을 정의한다.

$$g_4 = \delta_x - \delta_{x,\text{all}} \le 0 \tag{3·7}$$

$$g_5 = \delta_y - \delta_{y,\text{all}} \le 0 \tag{3·8}$$

이상으로 최적화문제가 일단 정의되었다. 주목할 점은 목적함수와 마찬가지로 제한조건 역시 설계변수의 함수여야 한다는 것이다. 이제 제한조건들을 설계변수의 함수로 정의해 보자. 끝단에서의 수평 및 수직변위 δ_x, δ_y는 다음과 같다.

$$\delta_x = \frac{\sqrt{2}\, l P_x}{b_1 E} \tag{3·9}$$

$$\delta_y = \frac{\sqrt{2}\, l P_y}{(b_1 + \sqrt{2} b_2) E} \tag{3·10}$$

여기서 E는 재료의 영률이고 $P_x(=P\cos\theta)$와 $P_y(=P\sin\theta)$는 각각 외력 P의 수평 및 수직성분이다. 이로부터 각 부재에 발생하는 응력은 다음과 같다.

$$\sigma_1 = \frac{1}{\sqrt{2}}\left(\frac{P_x}{b_1} + \frac{P_y}{b_1 + \sqrt{2} b_2}\right) \tag{3·11}$$

$$\sigma_2 = \frac{\sqrt{2} P_y}{b_1 + \sqrt{2} b_2} \tag{3·12}$$

$$\sigma_3 = \frac{1}{\sqrt{2}}\left(\frac{P_y}{b_1 + \sqrt{2} b_2} - \frac{P_x}{b_1}\right) \tag{3·13}$$

식 (3 · 9)~(3 · 13)을 식 (3 · 6)~(3 · 8)에 대입하면 제한조건이 설계변수의 함수가 된다. 각 단면적이 양의 값을 가져야 하는 조건을 비롯하여 각 설계변수의 상한값과 하한값에 대한 조건을 제한조건에 추가한다. 이와 같이 정의한 최적화문제에서 설계변수값을 구하는 것이 최적설계 과정이다.

예제 3 · 2 원통형 기둥 설계문제 (Arora, 2004)

그림 **3 · 4**의 기둥을 설계하고자 한다. 하중 P가 기둥에 가해질 때, 이 하중에 견디면서 좌굴도 일어나지 않는 길이 l의 기둥을 설계해 보아라. 기둥은 가벼울수록 좋다.

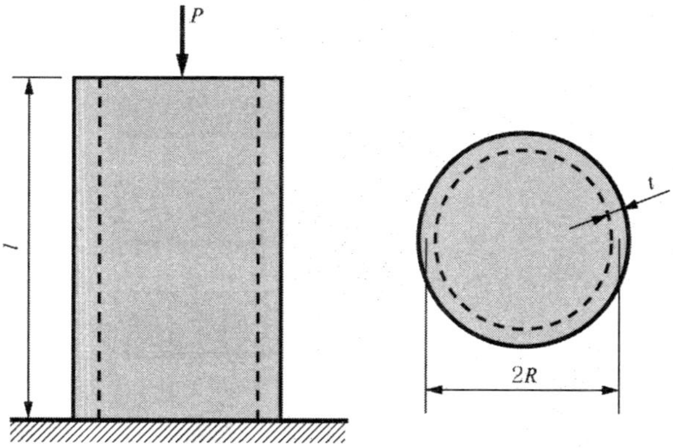

그림 3 · 4 원통형 기둥

❙❙ 풀 이 ❙❙

최적화문제 정식화의 순서에 따라

단계 1. 설계변수를 정의한다. 기둥의 평균반경 R과 두께 t를 설계변수로 선정한다. 물론 기둥의 내경과 외경을 설계변수로 선정할 수도 있다.

단계 2. 다음과 같이 구조물의 전체질량을 목적함수로 정의한다.

$$f=\rho(lA)=2\rho l\pi Rt \tag{3·14}$$

여기서 A는 기둥의 단면적으로서 $2\pi Rt$의 값을 갖는다.

단계 3. 제한조건을 정의한다. 기둥에 발생하는 응력이 허용응력보다 작게 하기 위해 다음과 같은 제한조건식을 정의한다.

$$\frac{P}{A}=\frac{P}{2\pi Rt}\le\sigma_{\mathrm{all}} \tag{3·15}$$

또 좌굴응력이 허용범위 안에 있어야 하므로 다음의 제한조건을 적용한다.

$$P\le\frac{\pi^2 EI}{4l^2}=\frac{\pi^3 ER^3 t}{4l^2} \tag{3·16}$$

여기서 I는 단면 2차 모멘트로서 $I=\pi R^3 t$의 값을 가지며 E는 영률이다.

단계 4. 설계변수 R과 t에 대한 상한, 하한조건을 정의한다.

$$R_{\min}\le R\le R_{\max} \tag{3·17}$$

$$t_{\min}\le t\le t_{\max} \tag{3·18}$$

이상으로 원통형기둥 설계문제를 정의하였다.

예제 3·3 용수철 설계문제 (Arora, 2004)

자주 사용하는 표준문제로 용수철의 최적화문제가 있다. 그림 **3·5**의 용수철은 단순한 모양이지만 비선형성이 높다. 때문에 최적화 알고리즘의 성능검증을 위해 이 문제가 많이 채택된다. 용수철에 관련된 설계식을 살펴보자. 설계시방서에 다음과 같은 설계식이 있다.

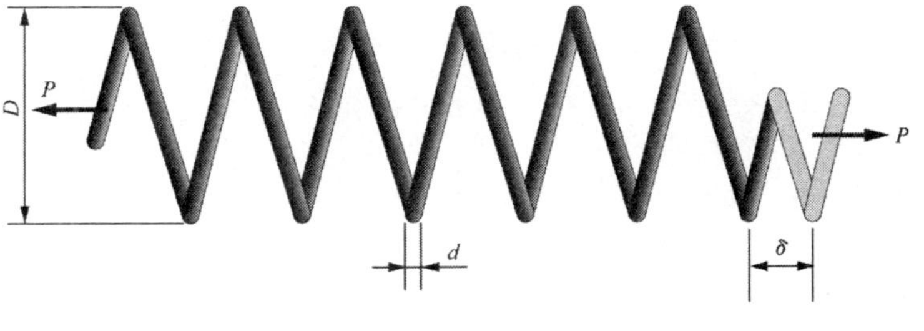

그림 3·5 용수철

힘-변형식 : $P=K\delta$ (3·19)

용수철상수 : $K=\dfrac{d^4 G}{8D^3 N}$ (3·20)

전단응력 : $\tau = \dfrac{8kPD}{\pi d^3}$ (3 · 21)

왈(Wahl) 응력집중계수 : $k = \dfrac{4D-d}{4D-4d} + \dfrac{0.615d}{D}$ (3 · 22)

공진주파수 : $\omega = \dfrac{d}{2\pi D^2 N}\sqrt{\dfrac{G}{2\rho}}$ (3 · 23)

여기서 d는 철선의 직경, D는 원통의 평균직경, N은 코일감김수, G는 전단계수, ρ는 재료의 밀도이며 왈응력집중계수는 실험적으로 결정되었다. 용수철의 최적화문제를 정의하여라.

풀 이

최적화문제를 정의하면

단계 1. 설계변수로는 철선의 직경(d), 원통의 평균직경(D), 용수철의 코일감김수(N)를 선정한다.

단계 2. 용수철의 질량을 최소화하기 위해 목적함수를 다음과 같이 정의한다.

$$f(\mathrm{b}) = \frac{1}{4}N\pi^2 Dd^2\rho \tag{3 · 24}$$

단계 3. 제한조건을 정의하기 위해 주어진 설계식을 이용한다. 먼저 처짐에 대한 한도를 설정한다. 에너지저장용량을 크게 하기 위하여 처짐 δ가 한도값 $\varDelta$보다 크도록 식 (3 · 19)~(3 · 20)으로부터 다음과 같은 제한조건을 정의한다.

$$\varDelta - \delta = \varDelta - \frac{P}{K} = \varDelta - \frac{8PD^3N}{d^4G} \le 0 \tag{3 · 25}$$

한편 전단응력 τ가 허용전단응력 τ_{all}보다 작아야 한다는 조건을 표현하면 식 (3 · 21)~(3 · 22)로부터 다음과 같다.

$$\frac{8PD}{\pi d^3}\left(\frac{4D-d}{4D-4d} + \frac{0.615d}{D}\right) - \tau_{\mathrm{all}} \le 0 \tag{3 · 26}$$

또 공진을 피하기 위해 공진주파수를 한계값 ω_0보다 크게 하는 제한조건을 식 (3 · 23)으로부터 다음과 같이 부여한다.

$$\omega_0 - \omega = \omega_0 - \frac{d}{2\pi D^2 N}\sqrt{\frac{G}{2\rho}} \le 0 \tag{3 · 27}$$

용수철 외경에 한계값 D_{lim}을 부여하면

$$D + d - D_{\mathrm{lim}} \le 0 \tag{3 · 28}$$

단계 4. 설계변수의 상한값과 하한값을 정의한다.

$$d_{\min} \le d \le d_{\max} \tag{3 · 29}$$

$$D_{\min} \le D \le D_{\max} \tag{3·30}$$

$$N_{\min} \le N \le N_{\max} \tag{3·31}$$

이상으로 용수철의 최적화문제를 정의하였다.

지금까지의 예제들에서 본 것처럼 공학설계를 최적화이론으로 해결하려면 문제를 잘 정의하는 것이 무엇보다 우선이다. 최적화문제를 정의할 때에 기억해야 할 사항들을 다시 한번 언급한다. 먼저 대상의 설계문제로부터 설계변수, 목적함수, 제한조건함수를 의미 있게 정의해야 한다. 또한 정의한 함수들이 설계변수의 함수이어야 한다. 여기서는 비록 작은 규모의 문제들을 다루었지만 대규모의 문제도 문제정의단계에서는 예제들과 동일한 과정을 따른다.

3.3 해석적 방법에 의한 최적화

식 (3·1)의 해를 최적해라 하고 최적해를 찾는 과정이 최적화 과정이다. 식 (3·1)의 정식화에 포함된 식을 모두 구체적인 함수로 표현할 수 있다면 그 답을 해석적으로 찾을 수 있다. 이 절에서는 최적화문제의 해를 해석적으로 구하는 방법들을 살펴본다.

3.3.1 도해에 의한 최적화

도해에 의한 최적화는 평면상에 목적함수와 제한조건을 나타내고 제한조건이 만족되는 유용영역 내에서 최적값을 찾는 방법이다. 평면상에 그림을 그리려면 설계변수의 수가 두 개 이하이어야 하기 때문에 실제문제에서는 사용하기 어렵다. 도해에 의한 최적화는 최적화 과정을 쉽게 설명할 때 주로 사용한다. 다음과 같은 순서에 의해 최적값을 찾는다.

단계 1. 평면상에 제한조건함수를 그린 후 유용영역을 정의한다.

단계 2. 목적함수의 등가선을 그린다.

단계 3. 목적함수가 제한조건을 만족하면서 최소가 되는 설계점을 찾는다.

예제 3·4 도해에 의한 최적화

다음의 문제를 도해에 의한 최적화로 풀어 보아라.

$$\text{Find} \quad \mathrm{b} = [\,b_1 \quad b_2\,]^T \tag{3·32a}$$

$$\text{to minimize}\quad f(\mathrm{b}) = (b_1 - 1.5)^2 + (b_2 - 1.5)^2 \tag{3·32b}$$

$$\text{subject to}\quad g_1(\mathrm{b}) = b_1 + b_2 - 2 \le 0 \tag{3·32c}$$

$$g_2(\mathrm{b}) = -b_1 \le 0 \tag{3·32d}$$

$$g_3(\mathrm{b}) = -b_2 \le 0 \tag{3·32e}$$

‖ 풀 이 ‖

각 함수의 그래프가 그림 **3·6**에 있다. 3개의 제한조건이 이루는 유용영역은 빗금 친 안쪽이다. 동심원으로 이루어진 곡선군은 목적함수의 등가선을 나타내고 있다. 유용영역 내에서 목적함수를 최소로 만드는 점 $\mathrm{b} = [1 \quad 1]^T$이 최적해가 된다. 주목할 점은 최적화 과정에 결정적인 영향을 미치는 중요한 제한조건 g_1이 최적점에서 목적함수의 등가선에 대해 접선이 된다는 것이다. 이 문제의 경우 제한조건 g_1을 활성화제한조건이라고 한다. 활성화제한조건에 관한 설명은 부록 **3.A**에 있다.

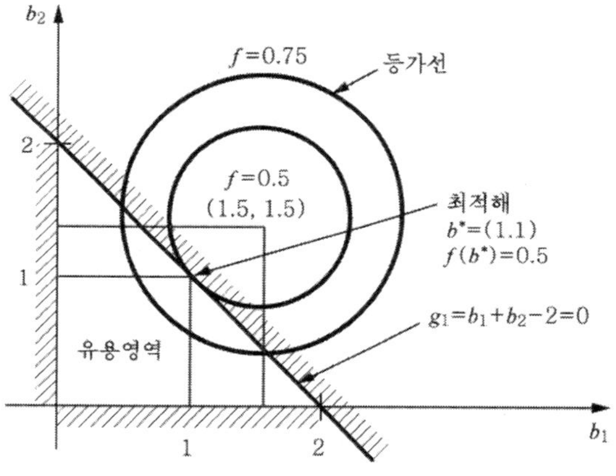

그림 3·6　도해에 의한 최적화의 예

3.3.2 제한조건이 없는 문제의 최적화

이제부터는 해석적인 방법을 사용한 최적화 과정을 설명한다. 우선 제한조건이 없는 문제를 생각해 본다. 다음과 같은 문제가 있다고 하자.

$$\text{Minimize}\quad f(\mathrm{b}) \tag{3·33}$$

함수 f를 테일러급수로 1차항까지 전개하고 b^*에서 그 증분량을 표현하면

$$\delta f = \nabla^T f(\mathrm{b}^*)(\mathrm{b} - \mathrm{b}^*) \tag{3·34}$$

이다. 여기서 $\nabla f(\mathrm{b}^*)$는 b^*에서의 경사도벡터(gradient vector)이다. 국부적 최소의 조건은 다음과 같이 쓸 수 있다.

$$\nabla f(\mathrm{b}^*) = 0 \tag{3·35}$$

즉, 함수 f의 경사도가 영벡터가 되어야 한다. 이를 편미분식으로 쓰면

$$\frac{\partial f(\mathrm{b}^*)}{\partial b_i} = 0, \quad i = 1, \cdots, n \tag{3·36}$$

와 같은 방정식이 된다. 식 (3·36)을 만족하는 점을 극점(extreme point) 혹은 상점(stationary point)이라 부른다. 테일러급수의 2차항까지 고려한 식 (3.A·9)를 고려해 볼 때 δf가 양이 되려면 모든 변화에 대하여 다음의 식이 성립하여야 한다.

$$(\mathrm{b} - \mathrm{b}^*)^T \mathrm{H}(\mathrm{b} - \mathrm{b}^*) > 0 \tag{3·37}$$

위의 부등식은 헤시안행렬 H가 양정행렬(positive definite matrix)일 때 만족된다. 위의 결과로부터 다음의 정리를 도출할 수 있다.

【정리 3·1】 국부최소에 대한 필요, 충분조건

필요조건 : 일변수문제에서의 국부최소에 대한 필요조건은 $f'(b^*) = 0$이다. 다변수문제에서는 설계점 b^*에서 $f(\mathrm{b})$가 국부최소값을 가지면 다음이 성립한다.

$$\nabla f(\mathrm{b}^*) = 0 \tag{3·38}$$

충분조건 : 헤시안행렬 H가 설계점 b^*에서 양정행렬이면 b^*는 함수 $f(\mathrm{b})$의 국부최소점이다. 일변수문제에서는

$$f''(b^*) > 0 \tag{3·39}$$

이다.

정리 **3·1**에 의하면 함수 $f(\mathrm{b})$의 국부최소점을 해석적으로 구하기 위해서는 먼저 식 (3·35)나 식 (3·36)의 경사도벡터를 0으로 하는 연립방정식의 해를 구해야 한다. 그후 그 해에서의 헤시안행렬이 양정행렬이 되는지를 검사한다. 헤시안행렬이 양반정(positive semidefinite)이 될 경우(일변수함수에서 $f''(b^*) = 0$)에는 고계도함수에 대한 검사를 추가로 해야 한다. 이에 대한 자세한 설명은 참고문헌에 있다(Arora, 2004 ; Rao, 1996).

예제 3·5 국부최소에 대한 필요충분조건

다음 함수의 국부최소점을 구하여라.

$$f(\mathrm{b}) = b_1^2 + 5b_2^2 - 4b_1b_2 - 2b_2 + 2 \tag{3·40}$$

❙❙ 풀 이 ❙❙

국부최소점에 대해 필요충분조건을 만족하는 점을 찾는다.

필요조건 :

$$\frac{\partial f}{\partial b_1} = 2b_1 - 4b_2 = 0 \tag{3·41}$$

$$\frac{\partial f}{\partial b_2} = 10b_2 - 4b_1 - 2 = 0 \tag{3·42}$$

따라서

$$b_1 = 2, \quad b_2 = 1 \tag{3·43}$$

충분조건 :

$$\mathrm{H} = \begin{bmatrix} \dfrac{\partial^2 f}{\partial b_1^2} & \dfrac{\partial^2 f}{\partial b_1 \partial b_2} \\ \dfrac{\partial^2 f}{\partial b_2 \partial b_1} & \dfrac{\partial^2 f}{\partial b_2^2} \end{bmatrix} = \begin{bmatrix} 2 & -4 \\ -4 & 10 \end{bmatrix} \tag{3·44}$$

$$\mathrm{b}^T\mathrm{Hb} = 2(b_1 - 2b_2)^2 + 2b_2^2 \geq 0 \ (b_1 = b_2 = 0 \text{일 때 } \mathrm{b}^T\mathrm{Hb} = 0) \tag{3·45}$$

헤시안행렬 (3·44)는 양정이므로 $b_1 = 2$, $b_2 = 1$은 식 (3·40)의 함수의 국부최소점이 되기 위한 필요충분조건을 만족한다. 따라서 $b_1 = 2$, $b_2 = 1$은 식 (3·40)의 함수의 국부최소점이다.

3.3.3 제한조건이 있는 문제의 최적화

대부분의 설계에는 일반적으로 제한조건이 있다. 제한조건이 있는 문제는 식 (3·1)에 있다. 여기서는 부록 **3.A**에서 설명하고 있는 정칙점(regular point)을 상기해야 한다. 어떤 설계점이 제한조건이 있는 최적화문제의 해가 되기 위한 필요충분조건은 다음과 같다.

【정리 3·2】 카루시-쿤-터커(Karush-Kuhn-Tucker, KKT) 조건 ....

식 (3·1)의 최적화문제에서 설계점 b^*가 제한조건을 만족하는(유용영역 내에 있는) 정칙점이고 목적함수 $f(\mathrm{b})$의 국부최소점이라 하자. 주어진 문제의 라그랑지(Lagrange)함수를 다음과 같이 정의한다.

$$L(\mathbf{b}, \mathbf{v}, \mathbf{u}, \mathbf{s}) = f(\mathbf{b}) + \sum_{i=1}^{l} v_i h_i(\mathbf{b}) + \sum_{j=1}^{m} u_j (g_j(\mathbf{b}) + s_j^2) \quad (3 \cdot 46)$$

그러면 다음 조건을 만족하는 라그랑지승수벡터 $\mathbf{v}^* \in R^l$와 $\mathbf{u}^* \in R^m$가 존재한다.

$$\frac{\partial L}{\partial b_k} \equiv \frac{\partial f}{\partial b_k} + \sum_{i=1}^{l} v_i^* \frac{\partial h_i}{\partial b_k} + \sum_{j=1}^{m} u_j^* \frac{\partial g_j}{\partial b_k} = 0, \quad k = 1, \cdots, n \quad (3 \cdot 47a)$$

$$h_i(\mathbf{b}^*) = 0, \quad i = 1, \cdots, l \quad (3 \cdot 47b)$$

$$g_j(\mathbf{b}^*) + s_j^2 = 0, \quad j = 1, \cdots, m \quad (3 \cdot 47c)$$

$$u_j^* s_j = 0, \quad j = 1, \cdots, m \quad (3 \cdot 47d)$$

$$u_j^* \geq 0, \quad j = 1, \cdots, m \quad (3 \cdot 47e)$$

여기서 모든 도함수는 설계점 $\mathbf{b}^*$에서 계산한 것이다.

제한조건이 있는 최적화문제의 국부최소점은 식 (3 · 47)의 연립방정식의 근이다. 특히 식 (3 · 47a)를 보면 식 (3 · 46)의 라그랑지함수의 경사도를 영벡터로 만드는 설계점이 국부최소점이 될 수 있는 것을 알 수 있다. 주목할 점은 제한조건함수들이 식 (3 · 46)과 같이 목적함수에 부가된다는 것과 부가되는 항에 라그랑지승수가 곱해진다는 것이다. 한편 부등제한조건에 대한 라그랑지승수는 항상 0 이상이어야 한다는 조건 때문에 해석적으로 최적해를 구하는 것이 어려워진다. 그 밖에도 비정칙점에서의 KKT 조건, 라그랑지함수의 헤시안행렬을 이용하는 충분조건 혹은 고계의 필요조건에 대하여는 참고문헌에 자세히 나와 있다(Arora, 2004 ; Rao, 1996). 볼록계획문제에 대한 전역적최소문제는 정리 **3.A · 4**에 있으며 이와 관련한 충분조건 정리를 소개한다.

【정리 3 · 3】 볼록계획문제의 충분조건

함수 $f(\mathbf{b})$가 볼록유용영역 상에 정의된 목적함수로서 볼록함수이면 KKT 조건은 전역최소이기 위한 필요충분조건이다.

예제 3 · 6 KKT 필요조건

다음 문제의 KKT 필요조건을 만족하는 점을 구하여라.

$$\text{Minimize} \quad f(\mathbf{b}) = (b_1 - 2b_2)^2 + (b_2 - 1)^2 + 1 \quad (3 \cdot 48a)$$

$$\text{subject to} \quad b_1 + b_2 = 0 \quad (3 \cdot 48b)$$

$$b_2 - 3b_1 \geq 0 \quad (3 \cdot 48c)$$

▌▌풀 이▐▐

제한조건이 있으므로 주어진 문제에 대한 라그랑지함수를 다음과 같이 정의한다.

$$L(\mathbf{b}, \mathbf{v}, \mathbf{u}, \mathbf{s}) = (b_1 - 2b_2)^2 + (b_2 - 1)^2 + 1 + v(b_1 + b_2) + u(-b_2 + 3b_1 + s^2) \tag{3·49}$$

다음의 KKT조건을 만족하는 b_1, b_2, u, v, s를 찾는다.

$$\frac{\partial L}{\partial b_1} = 2b_1 - 4b_2 + v + 3u = 0 \tag{3·50a}$$

$$\frac{\partial L}{\partial b_2} = 10b_2 - 4b_1 - 2 + v - u = 0 \tag{3·50b}$$

$$b_1 + b_2 = 0 \tag{3·50c}$$

$$-b_2 + 3b_1 + s^2 = 0 \tag{3·50d}$$

$$us = 0 \tag{3·50e}$$

$$u \geq 0 \tag{3·50f}$$

식 (3·50e)에서 다음 두 가지 경우의 해를 생각할 수 있다.

(1) $u = 0$인 경우 :

$$2b_1 - 4b_2 + v = 0 \tag{3·51a}$$

$$10b_2 - 4b_1 - 2 + v = 0 \tag{3·51b}$$

$$b_1 + b_2 = 0 \tag{3·51c}$$

$$-b_2 + 3b_1 + s^2 = 0 \tag{3·51d}$$

식 (3·51)을 만족하는 해는 $b_1 = -0.1$, $b_2 = 0.1$, $v = 0.6$, $s^2 = 0.4$이다.

(2) $s = 0$인 경우 :

$$2b_1 - 4b_2 + v + 3u = 0 \tag{3·52a}$$

$$10b_2 - 4b_1 - 2 + v - u = 0 \tag{3·52b}$$

$$b_1 + b_2 = 0 \tag{3·52c}$$

$$-b_2 + 3b_1 = 0 \tag{3·52d}$$

식 (3·52)를 만족하는 해는 $b_1 = 0$, $b_2 = 0$, $v = 1.5$, $u = -0.5$이다. 그런데 식 (3·50f)의 조건을 고려하면 (2)의 경우에 얻은 해는 적합하지 않다. 그러므로 식 (3·50)을 만족하는 해는 (1)의 경우에 얻은 해뿐이다. 따라서 주어진 문제의 KKT조건을 만족하는 해는

$$\begin{bmatrix} b_1 \\ b_2 \\ v \\ s^2 \\ u \end{bmatrix} = \begin{bmatrix} -0.1 \\ 0.1 \\ 0.6 \\ 0.4 \\ 0 \end{bmatrix} \tag{3·53}$$

이다.

3.4 수치적 방법에 의한 최적화

앞에서 소개한 몇 가지 정리를 이용하여 최적화문제의 해를 해석적으로 구할 수 있다. 그러나 공학문제에서 해석적인 방법으로 최적점을 찾는 것은 현실적으로 매우 어렵다. 제한조건이 없는 문제의 해는 식 (3·35)와 같이 목적함수의 경사도벡터가 영이 되는 점을 구하면 되는데, 일반적으로 연립방정식을 풀어야 해를 구할 수 있다. 그런데 이 연립방정식은 대부분 비선형이기 때문에 쉽게 풀 수가 없다. 한편 제한조건이 있는 문제에서는 KKT 조건을 만족하는 최적점을 구하기 위해 제한조건이 0인 경우와 그렇지 않은 경우에 대해 각각 연립방정식을 풀어야 한다(예제 **3·6** 참조). 이 경우에는 제한조건의 수가 조금만 늘어나도 문제가 아주 복잡해진다. 그런데 공학문제에서는 제한조건의 수가 많은 것이 일반적이다. 때문에 공학설계에서 최적화문제를 해석적으로 해결한다는 것은 거의 불가능하다.

해석적방법의 한계를 극복할 수 있는 대안으로 컴퓨터를 이용한 수치적방법이 있다. 해석적 방법은 기본적으로 연립방정식의 풀이에 관한 문제이다. 따라서 제한조건이 없는 문제를 풀기 위해서는 연립방정식의 근을 수치적으로 찾는 방법을 사용할 수 있다. 제한조건이 있는 문제의 경우에는 가능한 경우의 수에 대해 각각 연립방정식을 수치적으로 푸는 방법을 생각할 수 있다. 그렇지만 보다 효율적인 방법은 최적화 과정에 특화되어 있는 수치적 방법들을 따로 개발하여 이들을 컴퓨터와 함께 사용하는 것이다.

최적화문제만을 풀기 위한 수치적 방법은 다루려는 문제의 성격에 따라 다양하게 개발되어 있다. 최적화문제는 제한조건의 유무, 설계변수의 특성 등에 따라 다양하게 분류된다. 최적화문제는 제한조건이 있는 문제와 없는 문제, 설계변수가 연속인 문제와 비연속인 문제, 모든 함수가 선형인 문제와 그렇지 않은 문제, 목적함수가 하나인 문제와 여러 개인 문제 등으로 분류할 수 있다.

수치적 방법에서는 주어진 최적화문제를 위와 같이 분류한 후, 각 유형에 적합하게 개발된 최적화 알고리즘을 사용하여 최적화문제를 해결한다. 예를 들어 목적함수와 제한조건의 함수가 모두 선형인 경우에는 선형계획법(linear programming, LP)이라는 알고리즘을 사용한다. 제한조건이 없는 문제의 경우는 설계변수가 한 개인지 혹은 두 개 이상인지에 따라 다른 알고리즘을 사용한다. 제한조건이 있는 비선형문제를 위해서는 제한조건을 효율적으로 처리할 수 있는 다양한 비선형계획법(nonlinear programming, NLP)들이 개발되어 있다. 이 외에도 각종 분류방법이 있지만 여기에서는 공학설계에 많이 사용하는 일반적인 알고리즘을 소개하도록 한다.

공학설계에서의 최적화문제는 대개 제한조건이 있고, 설계변수가 연속이며, 사용하는 함수는 비선형인 경우가 일반적이다. 이에 많이 사용하는 수치적 방법으로 비선형계획법이 있다. 앞서 언급한 바와 같이 수치적으로 최적해를 찾는 방법은 해석적으로 찾는 것과 그 방법에서 근본적으로 다르다. 수치적 방법은 초기의 설계점에서 출발하여 일정한 규칙을 통해 새로운 설계점으로 이동하는 과정을 반복(iteration)한다. 즉, 다음과 같은 반복 과정을 통해 설계점을 갱신한다.

$$\mathrm{b}^{(k+1)} = \mathrm{b}^{(k)} + \Delta \mathrm{b}^{(k)}, \quad k = 0,\ 1,\ 2, \cdots \tag{3·54}$$

여기서 k는 반복수(iteration number)를 의미한다. k번째 반복 과정에서 수치적방법의 특성에 따라 변화량 $\Delta \mathrm{b}^{(k)}$를 계산한 후 현재의 설계점 $\mathrm{b}^{(k)}$에 더하여 새로운 설계점 $\mathrm{b}^{(k+1)}$을 구하게 된다. 이 반복 과정은 설계자가 정한 수렴조건을 만족할 때까지 이루어지며, 반복 과정이 멈추었을 때 얻은 설계점을 최적점으로 간주한다. 일반적으로 설계의 변화량 $\Delta \mathrm{b}^{(k)}$는 다음의 두 양으로 이루어진다.

$$\Delta \mathrm{b}^{(k)} = \alpha_k \mathrm{d}^{(k)} \tag{3·55}$$

여기서 방향벡터 $\mathrm{d}^{(k)}$는 설계공간상에서 설계변수 $\mathrm{b}^{(k)}$를 갱신하려는 방향이다. α_k는 양의 스칼라 값으로서 $\mathrm{d}^{(k)}$방향의 이동거리(stepsize)를 뜻한다.

반복 과정을 진행하면서 설계의 변화를 도식적으로 나타낸 것이 그림 **3·7**에 있다. 그림 **3·7**의 k번째 반복 과정을 보면, 방향벡터 $\mathrm{d}^{(k)}$를 구해 설계의 이동방향을 먼저 결정한다. 그 후 그 방향으로 이동할 거리 α_k를 구하여 새로운 설계점으로 이동한다. 방향벡터 $\mathrm{d}^{(k)}$와 이동거리 α_k를 구하는 규칙은 알고리즘마다 다르다.

수치적방법의 진행단계는 대체로 다음과 같다.

단계 1. 초기설계 $\mathrm{b}^{(0)}$를 추정한다. 반복 횟수는 $k=0$으로 둔다.

단계 2. 목적함수가 감소하도록 설계공간에서 방향벡터 $\mathrm{d}^{(k)}$를 결정한다. 최적화문제의 분류나 사용하는 알고리즘에 따라 이것을 결정하는 방법이 다르다.

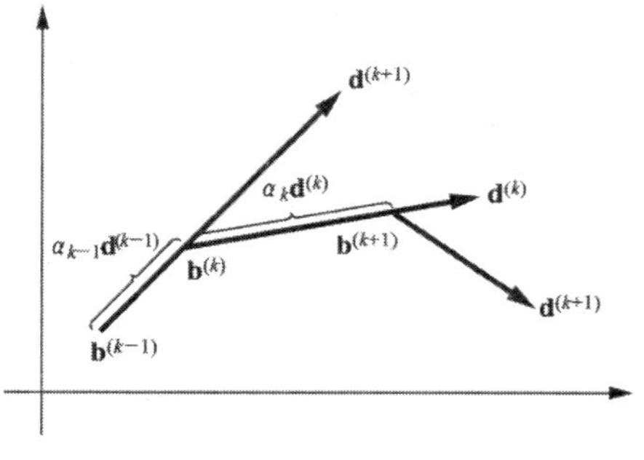

그림 3·7 반복 과정 중 설계점의 변화

단계 3. 수렴여부를 검토한다. 수렴조건은 알고리즘마다 다를 수 있다. 수렴하면 최적화 과정을 끝낸다.

단계 4. 목적함수가 최대로 감소되도록 양의 이동거리 α_k를 결정한다. 이를 결정하는 구체적인 방법은 여러 가지가 있다.

단계 5. 새로운 설계점을 식 (3·54)~(3·55)에서 결정한다. 반복 횟수를 $k=k+1$로 대치하고 단계 2로 되돌아간다.

위에서 설명한 수치적방법의 단계는 일반적인 것으로서 사용하는 방법에 따라 위의 각 과정에 다른 기법을 사용한다. 위에서 벡터 $\mathrm{d}^{(k)}$와 이동거리 α_k는 $\mathrm{b}^{(k)}$가 최적점이 아닐 때 목적함수 $f(\mathrm{b})$가 감소되도록 결정한다. 즉, 다음의 식을 만족하도록 결정한다.

$$f(\mathrm{b}^{(k+1)}) = f(\mathrm{b}^{(k)} + \alpha_k \mathrm{d}^{(k)}) < f(\mathrm{b}^{(k)}) \tag{3·56}$$

여기서 제한조건은 고려하지 않았다. 제한조건이 있는 문제는 여러 가지 방법을 통해 제한조건이 없는 문제로 변환할 수도 있다. 그러므로 여기서는 제한조건 없이 목적함수만으로 최적화 과정을 설명한다. 제한조건이 있는 문제를 제한조건이 없는 문제로 변환하는 방법에 대해서는 뒤에서 설명한다. 식 (3·56)을 만족하는 조건을 강하조건(descent condition)이라 한다. 이를 테일러급수로 선형전개하면

$$f(\mathrm{b}^{(k+1)}) \cong f(\mathrm{b}^{(k)}) + \alpha_k \mathrm{c}^{(k)^T} \mathrm{d}^{(k)} < f(\mathrm{b}^{(k)}) \tag{3·57}$$

이다. 여기서 $\mathrm{c}^{(k)} = \nabla f(\mathrm{b}^{(k)})$이다. α_k는 양수이므로 $\mathrm{c}^{(k)^T}\mathrm{d}^{(k)} < 0$이 되게 하는 벡터 $\mathrm{d}^{(k)}$의 방향을 강하방향(descent direction)이라 한다. 이론적으로 $\mathrm{d}^{(k)} = -\nabla f(\mathrm{b}^{(k)})$일 때 선형적으로 함수가 최대로 감소하며 이것을 최속강하방향(steepest descent direction)이라 한다.

알고리즘의 성능은 수렴성(convergence property)과 수렴률(rate of convergence)로 판단한다. 수렴성은 그 알고리즘을 사용하면 국부최소점을 반드시 찾을 수 있는지에 관한 문제를 말한다. 여기서 몇 가지 용어의 정의가 필요하다. 종종 혼동을 주는 용어로 전역최소값(global minimum)과 전역적 수렴성(global convergence)이 있다. 전역최소값은 유용영역 내의 국부최소값들 중에서 가장 작은 값을 가리킨다. 그러나 알고리즘의 전역적 수렴성은 초기 출발점에 관계없이 항상 국부최소점으로 수렴할 수 있는 성질을 말한다. 일반적으로 전역최소값을 찾을 수 있는 알고리즘은 없다. 우수한 알고리즘들은 대개 전역적 수렴성을 가진다. 유용영역이 닫혀 있고(closed) 유계(bounded)인 조건하에서 특정한 강하함수가 존재하고 매 반복회마다 강하함수가 감소하면 알고리즘은 수렴한다. 일반적으로 제한조건이 없는 문제에 대한 알고리즘에서는 목적함수를, 제한조건이 있는 문제에 대한 알고리즘에서는 목적함수와 제한조건의 위배량의 복합함수를 강하함수로 채택한다. 이 성

질이 있어야 그 알고리즘을 사용하면 현재 설계점이 최적점 방향으로 진행하는 것을 보장할 수 있다.

한편 수렴률은 수렴하는 속도를 뜻한다. 알고리즘의 수렴률은 $\mathbf{b}^*$를 최적점이라 할 때 다음 식으로 나타낸다.

$$\frac{\|\mathbf{b}^{(k+1)} - \mathbf{b}^*\|}{\|\mathbf{b}^{(k)} - \mathbf{b}^*\|^p} \le K, \quad K \ge 0, \quad p \ge 1 \tag{3·58}$$

지수 $p=1$이고 $0 \le K \le 1$이면 선형적으로 수렴한다고 하며 $p=2$이면 2차적으로 수렴한다고 말한다. 그러나 어떤 공학 알고리즘은 식 (3·58)로 나타나는 수렴성을 엄밀하게 입증하지 못하기도 한다. 이때에는 최적점을 구할 때까지의 반복 횟수와 함수의 계산 횟수로 알고리즘의 수렴성을 나타낸다. 함수의 계산 횟수에 대한 사항은 뒤에서 설명하기로 한다. 수학적으로 우수한 알고리즘을 실제로 컴퓨터 프로그램화하여 응용을 할 때 수렴성이 저조한 경우나 그 반대의 경우가 종종 있다. 이는 알고리즘을 이루는 각종 수학적 가정과 실제문제와의 차이 때문이기도 하지만, 알고리즘을 프로그래밍언어를 사용하여 수치적으로 구현하는 과정에서 발생하는 문제일 수도 있다.

최적화 알고리즘을 사용하려면 일반적으로 현재 설계점에서의 민감도정보가 필요하다. 민감도정보란 설계변수에 대한 목적함수나 제한조건의 도함수(편미분)값이다. 민감도는 말 그대로 특정 설계변수에 대해 그 함수가 민감한 정도를 나타내며 그 함수의 경사도벡터(gradient)라고도 한다. 민감도정보를 구하는 작업을 민감도해석이라고 한다. 민감도해석을 프로그래밍언어로 구현할 때에 다음과 같이 유한차분법을 사용할 수 있다.

$$\frac{\partial f}{\partial b_i} = \frac{f(b_1, \cdots, b_i + \Delta b_i, \cdots, b_n) - f(b_1, \cdots, b_i, \cdots, b_n)}{\Delta b_i} \tag{3·59}$$

여기서 Δb_i는 설계변수 b_i의 미소차분량이다. 미소차분량의 크기를 결정하는 명확한 기준은 아직 없다. 한편 민감도해석의 또 다른 방법으로 해석적방법이 있다. 해석적 방법은 도함수식을 해석적으로 유도한 후, 이 식을 그대로 프로그래밍언어로 구현하는 방법이다. 일반적으로 해석적 방법은 정확하고 계산량이 적지만 프로그래밍언어로 구현하기가 어렵다. 반대로 유한차분법은 프로그래밍언어로 구현하기는 쉽지만 계산량이 많고 해석적 방법에 비해 정확도가 떨어진다.

3.5 선형계획법

3.5.1 선형계획문제의 표준화

식 (3・1)로 표현되는 최적화문제 중에서 목적함수와 제한조건이 모두 선형함수인 경우를 선형계획문제(linear programming problem, LP)라고 한다. 선형계획문제는 주로 산업공학 분야에서 많이 나타나고 다른 분야의 최적설계문제에서는 거의 나타나지 않는다. 식 (3・1)에서 목적함수나 제한조건함수 중에서 하나 이상이 비선형함수인 경우를 비선형계획문제(nonlinear programming problem, NLP)라고 한다. 대부분의 공학최적설계문제는 비선형계획문제인데, 비선형계획문제를 풀 때 선형계획문제를 부수적으로 풀어야 하는 경우가 많이 있다. 비선형계획문제를 해결할 때와 선형계획문제를 해결할 때는 서로 다른 알고리즘을 사용한다. 선형계획문제의 최적해를 찾는 방법을 선형계획법이라고 한다. 선형계획문제는 다음과 같은 형태를 가진다.

$$\text{Find} \quad \mathrm{b} = [b_1 \quad b_2 \quad \cdots \quad b_n]^T \in R^n \tag{3・60a}$$

$$\text{to minimize} \quad f = c_1 b_1 + c_2 b_2 + \cdots + c_n b_n = \sum_{i=1}^{n} c_i b_i \tag{3・60b}$$

$$\begin{aligned} \text{subject to} \quad & a_{11} b_1 + a_{12} b_2 + \cdots + a_{1n} b_n = \sum_{i=1}^{n} a_{1i} b_i = e_1 \ge 0 \\ & a_{21} b_1 + a_{22} b_2 + \cdots + a_{2n} b_n = \sum_{i=1}^{n} a_{2i} b_i = e_2 \ge 0 \\ & \qquad \vdots \\ & a_{m1} b_1 + a_{m2} b_2 + \cdots + a_{mn} b_n = \sum_{i=1}^{n} a_{mi} b_i = e_m \ge 0 \end{aligned} \tag{3・60c}$$

$$b_i \ge 0, \quad i = 1, \cdots, n \tag{3・60d}$$

위는 표준화된 형태이다. 만약 모든 선형계획문제를 식 (3・60)의 형태로 변환할 수 있다면, 식 (3・60)을 해결할 수 있는 알고리즘으로 모든 선형계획문제를 풀 수 있다. 식 (3・60b)의 목적함수는 어떤 형태의 선형식도 가능하다. 식 (3・60c)와 (3・60d)의 제한조건은 다양한 모습을 가질 수 있다. 예를 들어 e_i가 음수일 수 있다. 또 식 (3・60c)에 부등제한조건이 올 수 있고, 식 (3・60d)의 설계변수가 음수가 될 수도 있다. 그러나 그런 경우들은 모두 다음과 같이 식 (3・60)의 형태로 변환할 수 있다 .

(1) e_i의 부호가 영보다 작을 때

e_i가 영보다 크다면 식 (3・60c)의 요건에 맞는다. 그러나 음수일 때는 식 (3・60c)의 양변에 -1을 곱하여 다음 식으로 변환한다.

$$-(a_{i1}b_1 + a_{i2}b_2 + \cdots + a_{in}b_n) = -e_i \geq 0 \tag{3·61}$$

이와 같이 제한조건의 우변은 항상 0 이상의 수로 표현할 수 있다.

(2) 식 (3·60c)가 부등제한조건일 때

식 (3·60c)가 0보다 작아야 되는 조건(less than type, <)일 때에는 다음과 같이 음수가 아닌 완화변수(slack variable) s_i를 추가하여 다음과 같이 변환한다.

$$a_{i1}b_1 + a_{i2}b_2 + \cdots + a_{in}b_n + s_i = e_i \tag{3·62a}$$

$$s_i \geq 0 \tag{3·62b}$$

식 (3·60c)가 0보다 커야 되는 조건(greater than type, >)일 때에는 음수가 아닌 부가변수(surplus variable) s_i를 추가하여 다음과 같이 변환한다.

$$a_{i1}b_1 + a_{i2}b_2 + \cdots + a_{in}b_n - s_i = e_i \tag{3·62c}$$

$$s_i \geq 0 \tag{3·62d}$$

이상과 같이 부등제한조건을 포함하는 비표준화문제는 변수를 추가하여 등제한조건만 포함하는 표준화문제로 변환할 수 있다.

(3) 설계변수의 하한치와 상한치

표준화문제에서는 설계변수의 상한치는 없고 하한치가 항상 0이어야 한다. 그러나 실제문제에서는 설계변수에 상한치가 있거나 하한치가 0이 아닌 경우가 있다. 해결책은 다음과 같다. $b_i \geq z$(상수)는 $b_i - z \geq 0$의 식에서 새로운 변수 $b_i \equiv b_i - z \geq 0$를 정의하여 표준화문제로 변환한다. 비슷하게 $b_i \leq z$(상수)는 $b_i - z \leq 0$의 식에서 새로운 변수 $b_i \equiv -(b_i - z) \geq 0$를 정의하여 표준화문제로 변환한다.

(4) 비제한변수(free variable)

어떤 문제는 상한치와 하한치가 없는 비제한변수를 포함하고 있다. 이때에는 다음과 같이 비제한변수를 가상의 설계변수로 분리하여 표준화문제로 변환한다.

$$b_i = b_i^+ - b_i^- \tag{3·63}$$

여기서

$$b_i^+ \geq 0, \quad b_i^- \geq 0 \tag{3·64}$$

이다. 최적화 결과가 $b_i^+ \geq b_i^-$이면 $b_i \geq 0$이고 $b_i^+ \leq b_i^-$이면 $b_i \leq 0$의 값을 가진다.

위와 같이 선형계획문제는 어떠한 형태라도 표준화문제로 변환할 수 있다. 그러므로 표준화문제를 풀 수 있는 알고리즘으로 모든 형태의 선형계획문제를 해결할 수 있다. 표준화문제는 행렬표기법을 이용하여 다음과 같이 표현할 수 있다.

Find $\quad \mathbf{b}$ (3 · 65a)

to minimize $\quad f = \mathbf{c}^T \mathbf{b}$ (3 · 65b)

subject to $\quad \mathbf{A}\mathbf{b} = \mathbf{e}$ (3 · 65c)

$\mathbf{b} \geq 0$ (3 · 65d)

예제 3 · 7 표준선형계획문제

다음의 문제를 표준선형계획문제로 변환하여라.

Minimize $\quad f(\mathbf{b}) = b_1 + 2b_2$ (3 · 66a)

subject to $\quad 2b_1 + 3b_2 \geq 8$ (3 · 66b)

$5b_1 + 2b_2 \leq 1$ (3 · 66c)

$b_2 \geq 0$ (3 · 66d)

|| 풀 이 ||

단계 1. b_1의 부호에 대한 제한이 없으므로(비제한변수) 다음과 같이 가상의 설계변수를 추가한다.

$$b_1 = b_1^+ - b_1^- \tag{3 · 67}$$

$$b_1^+ \geq 0, \quad b_1^- \geq 0 \tag{3 · 68}$$

단계 2. 추가된 가상의 설계변수를 사용하여 주어진 문제를 다시 기술하면 다음과 같다.

Minimize $\quad f(\mathbf{b}) = b_1^+ - b_1^- + 2b_2$ (3 · 69a)

subject to $\quad 2(b_1^+ - b_1^-) + 3b_2 \geq 8$ (3 · 69b)

$5(b_1^+ - b_1^-) + 2b_2 \leq 1$ (3 · 69c)

$b_1^+ \geq 0, \quad b_1^- \geq 0, \quad b_2 \geq 0$ (3 · 69d)

단계 3. 부가변수들을 추가하여 식 (3 · 69)를 다음과 같이 표준형으로 변환한다.

Minimize $\quad f(\mathbf{b}) = b_1^+ - b_1^- + 2b_2$ (3 · 70a)

subject to $\quad 2(b_1^+ - b_1^-) + 3b_2 - s_1 = 8$ (3 · 70b)

$5(b_1^+ - b_1^-) + 2b_2 + s_2 = 1$ (3 · 70c)

$b_1^+ \geq 0, \quad b_1^- \geq 0, \quad b_2 \geq 0, \quad s_1 \geq 0, \quad s_2 \geq 0$ (3 · 70d)

단계 4. $b_1^+ = z_1$, $b_1^- = z_2$, $b_2 = z_3$, $s_1 = z_4$, $s_2 = z_5$라 하고 식 (3·70)을 다음과 같이 정리한다.

$$\text{Minimize} \quad f(\mathbf{z}) = z_1 - z_2 + 2z_3 \qquad (3 \cdot 71\text{a})$$

$$\text{subject to} \quad 2z_1 - 2z_2 + 3z_3 - z_4 = 8 \qquad (3 \cdot 71\text{b})$$

$$5z_1 - 5z_2 + 2z_3 + z_5 = 1 \qquad (3 \cdot 71\text{c})$$

$$z_i \geq 0, \quad i = 1, \cdots, 5 \qquad (3 \cdot 71\text{d})$$

이상과 같이 주어진 문제를 식 (3·71)의 표준선형계획문제로 변환하였다.

3.5.2 선형계획문제의 기본개념

선형계획문제는 제한조건함수들이 모두 선형이므로 제한조건함수들로 이루어지는 유용영역은 정리 **3.A·3**에 의해 볼록집합이다. 또 정리 **3.A·4**에 의해 선형계획문제의 국부최소점은 전역최소점이 된다. 식 (3·60c)에서 선형독립인 제한조건의 수 m은 설계변수의 수 n보다 작아야 한다. 만일 $m > n$이면 제한조건을 만족하는 해가 없다. $m = n$이면 제한조건을 만족하는 해는 유일하며 최적해가 된다. $m < n$이면 식 (3·60c)를 만족하는 해는 무한개이다. 무한개의 해 중에서 목적함수를 최소로 하는 것이 최적해이다.

한편 선형계획문제에 부등제한조건이 있으면 최적해는 항상 유용영역의 경계에 있다. 왜 그럴까? 유용영역 내부에 어떤 최적점이 있다고 가정해 보자. 그러면 이 문제는 제한조건이 없는 문제와 같다. 그런데 목적함수가 선형이면서 제한조건이 없는 문제의 최소값은 음의 무한대로서 특정값이 될 수 없다. 이는 유용영역 내에서 특정한 최소값을 가진다는 처음의 가정과 상충된다. 따라서 유용영역 내부에는 최적해가 없으므로 유용영역의 경계에 최적해가 있다.

예제 3·8 이익극대화 문제

다음 이익극대화 문제의 해를 도해법으로 구하여라.

$$\text{Maximize} \quad f(\mathbf{b}) = 400b_1 + 600b_2 \qquad (3 \cdot 72\text{a})$$

$$\text{subject to} \quad b_1 + b_2 \leq 16 \qquad (3 \cdot 72\text{b})$$

$$\frac{1}{28}b_1 + \frac{1}{14}b_2 \leq 1 \qquad (3 \cdot 72\text{c})$$

$$\frac{1}{14}b_1 + \frac{1}{24}b_2 \leq 1 \qquad (3 \cdot 72\text{d})$$

$$b_1, b_2 \geq 0 \qquad (3 \cdot 72\text{e})$$

▮▮풀 이▮▮

각 함수를 그림 **3·8**에 표시하였다. 빗금 친 내부가 유용영역이며 점선이 목적함수의 등가선이다. 목적함수는 점 D에서 최대값을 가지므로 점 D가 최적해이다. 이처럼 선형계획문제에서는 유용영역의 경계에 최적해가 있다. 다시 말하면 유용영역의 경계들이 만나는 곳들, 즉 유용영역의 꼭짓점들을 비교하면 최적해를 쉽게 구할 수 있다. 식 (3·72)를 표준화문제로 변환해 본다. 목적함수에 −1을 곱해 최소화문제로 전환하고 각 부등식에 완화변수(slack variable)를 더하면 다음과 같다.

$$\text{Minimize} \quad f(\mathbf{b}) = -400b_1 - 600b_2 \tag{3·73a}$$

$$\text{subject to} \quad b_1 + b_2 + b_3 = 16 \tag{3·73b}$$

$$\frac{1}{28}b_1 + \frac{1}{14}b_2 + b_4 = 1 \tag{3·73c}$$

$$\frac{1}{14}b_1 + \frac{1}{24}b_2 + b_5 = 1 \tag{3·73d}$$

$$b_i \geq 0, \quad i = 1, \cdots, 5 \tag{3·73e}$$

여기서 식 (3·73b)~(3·73d)의 b_3, b_4, b_5는 부등제한조건을 등제한조건으로 만들기 위한 완화변수이다. 식 (3·73b)~(3·73d)의 방정식들은 서로 선형독립이다. 따라서 이들을 만족하는 해는 무한개이다. 선형문제에서 $p=(n-m)$를 정의한다. 여기서 n은 설계변수의 수, m은 선형독립인 제한조건의 수이다. 이 문제에서는 $p=2$이다.

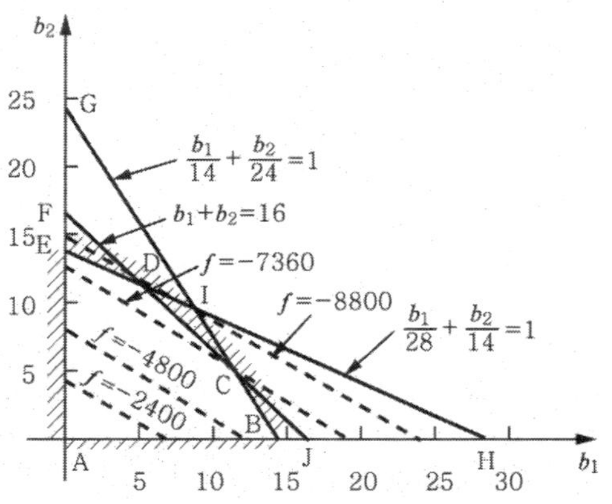

그림 3·8 도해에 의한 최적화의 예

그림 **3·8**의 유용영역이 만드는 다각형의 꼭짓점을 보면 p개(2개)의 변수가 0의 값을 가지는데 이를 기저해(basic solution)라고 한다. 식 (3·73b)~(3·73d)에서 2개의 변수를 0으로 놓으면 식 (3·73b)~(3·73d)의 연립방정식은 유일한 해를 가지게 된다. 이 문제에서는 10개의 기저해가 있는데 그림 **3·8**에 표시하였다. 이 기저해들은 제한조건의 경계들이 서로 만나는 지점들이거나 가로축 및 세로축과 만나는 지점들이다. 표 **3·1**에서 이들을 분석하였다. 기저해들 중 제한조건을 만족하면서 목적함수를 최소화하는 것이 최적해이다.

표 3 · 1 이익극대화 문제에 대한 10개의 기저해

No.	b_1	b_2	b_3	b_4	b_5	f	그림 **3 · 1**에서의 위치
1	0	0	16	1	1	0	A
2	0	14	2	0	5/12	−8400	E
3	0	16	0	−1/7	1/3	−	F (infeasible)
4	0	24	−8	−5/7	0	−	G (infeasible)
5	16	0	0	3/7	-1/7	−	J (infeasible)
6	14	0	2	1/2	0	−5600	B
7	28	0	−12	0	−1	−	H (infeasible)
8	4	12	0	0	3/14	−8800	D
9	11.2	4.8	0	9/35	0	−7360	C
10	140/17	168/17	−36/17	0	0	−	I (infeasible)

3.5.3 선형계획문제 용어

여기서는 선형계획문제에서 사용하는 용어들을 설명한다.

- 정점(꼭짓점, extreme point) : 두 개의 다른 점을 연결한 선분 상에 있지 않은 점이다. 예를 들어 원주 상의 모든 점이나 다면체의 꼭짓점은 모두 정점이다.
- 유용해(feasible solution) : 식 (3 · 65c)와 식 (3 · 65d)를 동시에 만족하는 해이다. 그림 **3 · 8**에서는 다각형 ABCDE에 둘러싸인 모든 점들이다.
- 기저해(basic solution) : 식 (3 · 65c)를 풀 때 $p=(n-m)$개의 설계변수의 값을 0으로 두고 나머지 설계변수만으로 식 (3 · 65c)를 풀어 얻은 해이다. 예제 **3 · 8**에서는 5개의 설계변수 중에 $2(=5-3)$개가 0의 값을 가질 수 있으므로 기저해는 10개$(={}_5C_2)$가 있다.
- 기저유용해(basic feasible solution) : 유용해이면서 동시에 기저해인 해이다. 그림 **3 · 8**에서 점 A, 점 B, 점 C, 점 D, 점 E이며 표 **3 · 1**에서 1, 2, 6, 8, 9번의 해이다.
- 퇴화기저해(degenerate basic solution) : 기저해의 기저변수들 중 한 개 이상 그 값이 0일 때 그 기저해를 퇴화기저해라고 한다.
- 퇴화기저유용해(degenerate basic feasible solution) : 기저유용해의 변수들 중에 한 개 이상 그 값이 0이 되는 경우이다.
- 최적해(optimum solution) : 유용기저해 중 목적함수를 최소로 하는 해이다. 따라서 그림 **3 · 8**의 점 D나 표 **3 · 1**의 8번 해를 말한다.

3.5.4 심플렉스법

심플렉스법은 선형계획법을 푸는 알고리즘으로서 최소값을 얻을 때까지 기저유용해들을 탐색한다. 이때 기저유용해를 탐색하는 방향은 목적함수가 감소하는 방향이다. 참고로 심플렉스는 n차원 공간에서 하나의 하이퍼면(hyperplane)에 있지 않은 $(n+1)$점의 볼록면(convex hull)이다.

예제 3·9 심플렉스법

다음의 선형계획문제를 심플렉스법으로 풀어라.

$$\text{Minimize} \quad f(\mathrm{b}) = -3b_1 + b_2 + 3 \tag{3·74a}$$

$$\text{subject to} \quad b_1 + b_2 \le 4 \tag{3·74b}$$

$$2b_1 - b_2 \le 2 \tag{3·74c}$$

$$b_1 \ge 0, \quad b_2 \ge 0 \tag{3·74d}$$

▌▌풀 이▐▐

먼저 주어진 문제를 표준선형계획문제로 변환한다.

$$\text{Minimize} \quad f(\mathrm{b}) = -3b_1 + b_2 + 3 \tag{3·75a}$$

$$\text{subject to} \quad b_1 + b_2 + b_3 = 4 \tag{3·75b}$$

$$2b_1 - b_2 + b_4 = 2 \tag{3·75c}$$

$$b_i \ge 0, \quad i = 1, \cdots, 4 \tag{3·75d}$$

표 3·2 초기 심플렉스표

b_1	b_2	b_3	b_4		
1	1	1	0	=	4
2	−1	0	1	=	2
−3	1	0	0	=	$f-3$

심플렉스법으로 선형계획문제를 풀기 위해 심플렉스표를 사용한다. 식 (3·75)의 표준선형계획문제를 표 **3·2**와 같은 심플렉스표로 나타낼 수 있다. 이를 '심플렉스표를 표준형(canonical form)으로 변환한다'고 말한다. 먼저 기저유용해를 구한다. 이 문제에서는 (설계변수의 수 − 제한조건의 수)가 2이므로 2개의 설계변수를 0으로 두어야 한다. 그런데 4개의 설계변수 중에 2개의 설계변수를 0으로 두는 경우의 수는 6이므로 기저유용해의 개수는 6개

이다. 6개의 기저유용해 중에 최적값이 있으므로, 최대 6번의 반복을 통해 최적값을 찾을 수 있다. 왜냐하면 심플렉스법은 기저유용해들만을 탐색하는 알고리즘이기 때문이다. 6개의 기저유용해 중 하나는 $b_3=4$, $b_4=2$이다. 나머지 변수들은(b_1, b_2) 모두 0이다. 이 경우의 목적함수값은 3이다.

표 **3・2**의 셋째 행을 목적함수 행이라고 한다. 목적함수 행의 계수 중 가장 작은 음수를 찾는다. 여기서는 −3이다. 목적함수의 계수 중 일부가 음수라는 것은 목적함수가 아직도 더 작아질 수 있다는 것을 뜻한다. 따라서 b_1이 0이 아닌 기저유용해로 새로이 선택한다. 이 문제에서는 0이 아닌 변수가 2개만 가능하므로 최초의 0이 아닌 변수 중 하나를 0으로 변화시켜야 한다. −3이 속하는 열을 주목하면 양수 1과 2가 있다. 이 숫자들과 최우측 열의 숫자들과의 비를 계산하여 그 대소를 비교한다. 즉, (4/1 > 2/2)이다. 이 비가 더 작은 행에 있는 0이 아닌 변수를 0으로 변화시킨다. 즉, b_4를 0으로 하고 b_1에 0이 아닌 값을 부여한다.

이제 새로운 기저유용해를 이용하여 다시 심플렉스표를 작성한다. 새로운 심플렉스표는 피봇작업을 통해 표 **3・3**과 같은 표준형의 형태로 얻을 수 있다. 이 표에서 얻은 해는 $b_1=1$, $b_3=3$, $b_2=0$, $b_4=0$, $f=0$이다. 목적함수 행의 두 번째 열의 계수가 음수이므로 아직 목적함수를 더 줄일 수 있다. 앞서 설명한 규칙을 표 **3・3**에 다시 적용한다. −1/2가 속하는 열을 주목하면 양수인 계수는 3/2뿐이다. 따라서 b_3을 0으로 변화시키고 b_2를 0이 아닌 변수로 선택한다.

표 3・3 첫 번째 반복 후의 심플렉스표

b_1	b_2	b_3	b_4		
0	3/2	1	−1	=	3
1	−1/2	0	1/2	=	1
0	−1/2	0	3/2	=	f

두 번째 반복 후의 심플렉스표는 표 **3・4**와 같다. 두 번째 반복 후에 얻은 기저유용해는 $b_1=1$, $b_2=2$, $b_3=0$, $b_4=0$이고, 이때의 목적함수값은 −1이다. 목적함수 행에 음수가 없으므로 목적함수는 더 이상 줄어들 수 없다. 따라서 두 번째 반복 후에 얻은 유용기저해가 이 문제의 최적해이다.

표 3・4 두 번째 반복 후의 심플렉스표

b_1	b_2	b_3	b_4		
0	1	2/3	−1/3	=	2
1	0	1/3	1/3	=	2
0	0	1/3	4/3	=	$f+1$

3.6 일변수 최적화문제

설계변수가 하나인 문제(일변수문제)를 생각해 보자. 일반적으로 설계변수가 하나인 문제는 시스템설계에서는 거의 없다. 따라서 시스템설계를 추구하는 최적화에서는 의미가 없을 수도 있다. 실제로 수치적 최적화 과정에서는 일변수문제를 해결하는 알고리즘을 쓰지 않는다. 그러나 이동거리(stepsize)를 계산하는 문제는 다음과 같이 일변수 α로 이루어지는 문제가 된다.

$$f(\mathrm{b}^{(k+1)}) = f(\mathrm{b}^{(k)} + \alpha \mathrm{d}^{(k)}) = \overline{f}(\alpha) \tag{3·76}$$

위의 식에서 함수 $\overline{f}$를 최소화하는 이동거리 α를 구하려고 한다. 해석적으로는 $\frac{\mathrm{d}\overline{f}(\alpha)}{\mathrm{d}\alpha} = 0$을 만족하는 α를 계산하면 된다. 그러나 수치적 최적화 알고리즘에서는 도함수를 영으로 하는 방정식을 풀지 않고 다른 방법으로 α를 구한다. 그 방법들을 소개한다.

3.6.1 등간격 탐색법

가장 간단한 방법의 하나로 등간격 탐색법이 있다. 그림 **3·9**의 함수 $f(\alpha)$를 보자. 이 방법은 균등간격의 여러 점에서 함수 $f(\alpha)$의 값을 비교하여 가장 작은 $f(\alpha)$를 만드는 α를 선택하는 방법이다. 이를 위하여 작은 수 δ를 택하여 점 $\alpha = \delta, 2\delta, 3\delta, \cdots, q\delta, (q+1)\delta$ 등에서 함수를 계산한다. 이때 인접하는 두 점 q와 $(q+1)$에서 함수값을 비교한다. 만일 $f(q\delta) > f((q+1)\delta)$이면 최소점을 지나가지 않았다. 반면에 $f(q\delta) < f((q+1)\delta)$이라면 최소점을 지났다. 최소점을 지난 경우에는 최소점이 $(q-1)\delta$와 $(q+1)\delta$ 사이에 있게 된다.

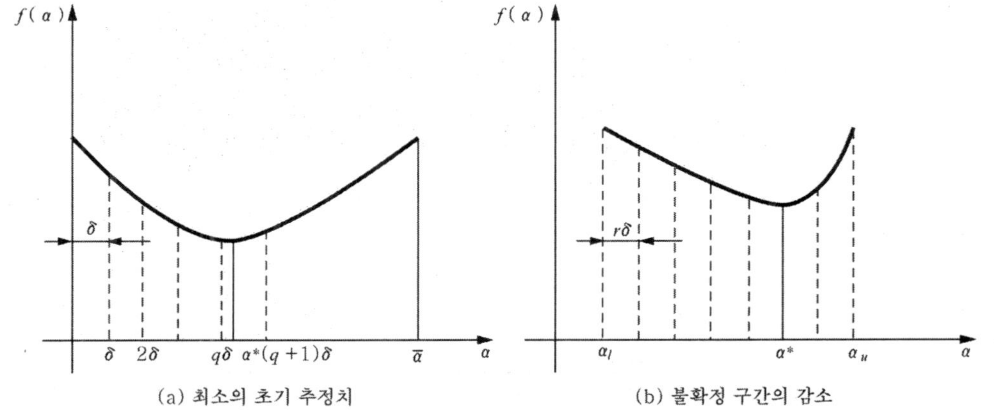

(a) 최소의 초기 추정치 (b) 불확정 구간의 감소

그림 3·9 등간격 탐색 과정

따라서 최소점이 있는 불확정구간은 $(q-1)\delta$와 $(q+1)\delta$ 사이이고 불확정간격은 $I=2\delta$가 된다. 이제 불확정간격 안에서 $r \ll 1$인 $r\delta$로 다시 탐색을 시작한다. 앞의 과정을 반복하여 불확정간격을 계속 줄여 나간다. 불확정간격이 충분히 작은 수 ε보다 작게 되면 탐색 과정이 수렴한 것으로 본다.

3.6.2 황금분할 탐색법

등간격 탐색법은 δ의 크기를 정하는 기준이 명확하지 않아 경우에 따라서는 $f(\alpha)$의 함수계산이 매우 많아지는 단점이 있다. 공학문제에서 함수계산은 많은 노력이 필요할 때가 있기 때문에 함수계산 횟수는 적을수록 좋다. 등간격 탐색법의 대안들 중의 하나로 황금분할 탐색법(golden section search method)이 있다. 황금분할 탐색법에서는 증분값이 δ로 고정되지 않고 황금비로 알려진 1.618을 곱하여 증분량을 결정한다. 따라서 함수값을 계산하는 점은 다음과 같다.

$$\alpha_q = \sum_{j=0}^{q} \delta(1.618)^j, \quad q = 0, 1, 2, \cdots \tag{3·77}$$

참고로 숫자 1.618은 다음과 같은 피보나치수열에서 유래한다.

$$F_0 = 1, \ F_1 = 1, \ F_n = F_{n-1} + F_{n-2}, \quad n = 2, 3, \cdots \tag{3·78}$$

$$\lim_{n \to \infty} \frac{F_n}{F_{n-1}} = 1.618 \tag{3·79}$$

피보나치수열의 n이 커지면 연속하는 두 수의 비는 1.618이 된다. 이와 같이 황금분할 탐색법에서는 피보나치수열과 비슷한 순서로 탐색점을 결정한다.

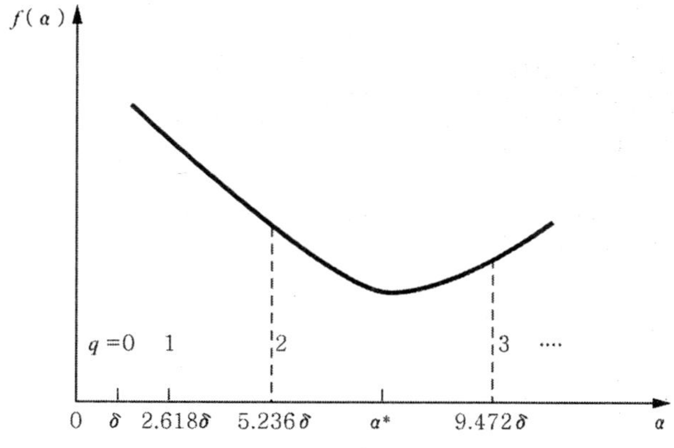

그림 3·10 황금분할 탐색법에서 초기 최소값 추정

그림 **3·10**은 최초에 황금분할 탐색법으로 최소값을 추정하는 과정을 보인다. 여기서 $f(\alpha_{q-1}) < f(\alpha_{q-2})$이고 $f(\alpha_{q-1}) < f(\alpha_q)$일 때 탐색점은 최소점을 통과하였다. 그 최소점은 α_{q-2}와 α_q 사이에 있다. 따라서 초기의 불확정구간은 다음과 같다.

$$I = \alpha_u - \alpha_l = \alpha_q - \alpha_{q-2} = \sum_{j=0}^{q} \delta(1.618)^j - \sum_{j=0}^{q-2} \delta(1.618)^j \tag{3·80}$$

일단 불확정구간 I가 확정되면 다음 과정에서 이를 세분화한다. 그림 **3·11**과 같이 양쪽에서 τI와 $(1-\tau)I$의 지점에 α_a와 α_b를 정의하는데 $\tau = 0.618$이다. 황금분할탐색 알고리즘은 다음과 같다.

단계 1. 미소의 이동량 δ를 선정하고 식 (3·77)을 계산하여 여기서 $f(\alpha_{q-1}) < f(\alpha_{q-2})$이고 $f(\alpha_{q-1}) < f(\alpha_q)$이 되는 q를 구한다. 초기의 불확정구간은 식 (3·80)으로부터 구한다. 수렴조건에 사용할 충분히 작은 수 ε을 정의한다.

단계 2. 그림 **3·11**의 (a)와 같이 α_a와 α_b를 구한다. 여기서 $\alpha_a = \alpha_{q-1}$이므로 $f(\alpha_a)$는 계산할 필요가 없다.

단계 3. $f(\alpha_a)$와 $f(\alpha_b)$를 비교하고 그 결과에 따라 (1), (2), (3)으로 간다.

(1) 만일 $f(\alpha_a) < f(\alpha_b)$이면 최적점 α^*는 $\alpha_l < \alpha^* < \alpha_b$이다. 그림 **3·11** (b)와 같이 세분화된 불확정구간의 새 한계는 $\alpha_l' = \alpha_l$이고 $\alpha_u' = \alpha_b$이다. 한편 $\alpha_b' = \alpha_a$로 정의한다. $f(\alpha_b') = f(\alpha_a)$이므로 $f(\alpha_b')$는 계산할 필요가 없다. $\alpha_a' = \alpha_l' + 0.382(\alpha_u' - \alpha_l')$에서 $f(\alpha_a')$를 계산한 후 단계 4로 간다.

(2) 만일 $f(\alpha_a) > f(\alpha_b)$이면 최적점 α^*는 $\alpha_a < \alpha^* < \alpha_u$이다. 세분화된 불확정구간의 새 한계는 $\alpha_l' = \alpha_a$, $\alpha_u' = \alpha_u$라 두고 $\alpha_a' = \alpha_b$로 정의한다. $f(\alpha_a')$는 $f(\alpha_a') = f(\alpha_b)$이므로 계산할 필요가 없다. $\alpha_b' = \alpha_l' + 0.618(\alpha_u' - \alpha_l')$에서 $f(\alpha_b')$를 계산한 후 단계 4로 간다.

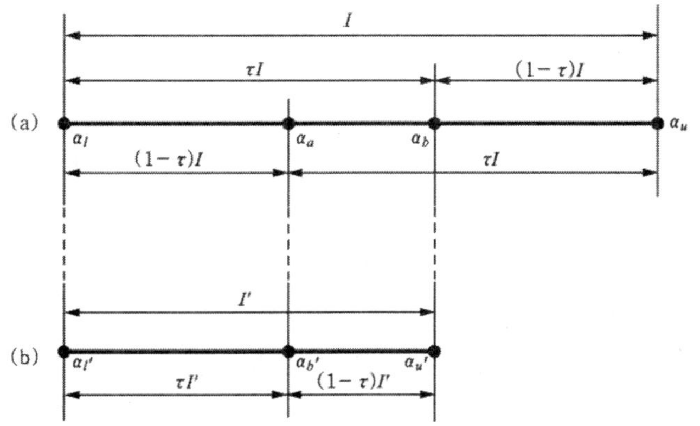

그림 3·11 불확정구간의 축소 과정

(3) 만일 $f(\alpha_a) = f(\alpha_b)$이면 $\alpha_l = \alpha_a, \alpha_u = \alpha_u$ 혹은 $\alpha_l = \alpha_l, \alpha_u = \alpha_b$로 대치하고 단계 2로 간다.

단계 4. 새 불확정구간 $I'(=\alpha_u' - \alpha_l')$이 $I' < \varepsilon$을 만족하면 수렴했다고 간주한다. 최적점은 $\alpha^* = (\alpha_u' + \alpha_l')/2$이다. 그 외에는 위에서 만든 프라임 부호를 없애고 단계 3으로 간다.

예제 3 · 10 황금분할 탐색법

다음의 일변수함수의 최소값을 황금분할 탐색법으로 구하는 과정을 보여라. $\delta = 1$이다.

$$f(x) = x^2 - 5x + 4 \tag{3 · 81}$$

▌▌풀 이▌▌

$x_0 = 1$

$x_1 = 1 + 1.618 = 2.618$

$x_2 = 1 + 1.618 + 1.618^2 = 5.2359$

반복 1 :

(1) $f(x_0) = 0$, $f(x_1) = -2.2361$, $f(x_2) = 5.2351$

$I^0 = 4.2359$, $x_u = 5.2359$, $x_l = 1$

(2) $x_a = 2.618$

$x_b = 1 + 0.618 I^0 = 3.6178$

(3) $f(x_a) = -2.2361$, $f(x_b) = -1.0005$

$f(x_a) < f(x_b)$이므로 최적점 x^*의 범위는 $1 \le x^* \le 3.6178$이다.

(4) $x_l' = x_l = 1$, $x_u' = x_b = 3.6178$, $x_b' = x_a = 2.618$

$x_a' = x_l' + 0.382(x_u' - x_l') = 2$

(5) $I = x_u' - x_l' = 2.6178$

반복 2 :

(1) $x_a' \to x_a$, $x_u' \to x_u$, $x_b' \to x_b$, $x_l' \to x_l$

(2) $f(x_a) = f(2) = -2$, $f(x_b) = f(2.618) = -2.2361$

$f(x_a) > f(x_b)$이므로 최적점 x^*의 범위는 $2 \le x^* \le 3.6178$이다.

(3) $x_l' = x_a = 2$, $x_u' = x_u = 3.6178$, $x_a' = x_b = 2.618$

$x_b' = x_l' + 0.168(x_u' - x_l') = 2.9998$

(4) $I = x_u' - x_l' = 3.6178 - 2 = 1.6178$

위와 같은 방법으로 반복을 거치면서 최소값을 추정할 수 있다.

여기서는 일변수 최적화문제를 푸는 대표적인 알고리즘만을 설명하였다. 이 외에도 보간법 등을 이용한 다양한 방법이 있는데 대개 함수 f의 계산 횟수를 줄이기 위한 시도들이다.

3.7 제한조건이 없는 문제의 수치적 방법

제한조건 없이 비선형목적함수만을 최소화하는 수치적 방법에 대해 설명한다. 전술한 바와 같이 제한조건이 없는 문제에서 목적함수가 선형함수라면 최적해는 무한이 되므로 문제가 성립하지 않는다. 따라서 목적함수는 항상 비선형함수이며 최적화문제는 다음과 같이 주어진다.

$$\text{Minimize} \quad f(\mathbf{b}) \tag{3·82}$$

식 (3·82)에 대한 필요조건을 만족하는 설계변수 $\mathbf{b}$는 $f(\mathbf{b})$의 경사도를 영벡터로 두고 얻은 연립방정식 $\nabla f(\mathbf{b}) = \mathbf{0}$의 근이다. 근을 구하는 각종 수치적 방법을 사용할 수도 있으나 계산량이 많다. 또한 근을 찾더라도 최소값에 대한 충분조건 ($\mathbf{H}(\mathbf{b})$가 양정행렬이라는 것)을 검토해야 하는데, $f(\mathbf{b})$의 이계미분인 $\mathbf{H}(\mathbf{b})$를 구하는 일은 매우 고가의 작업이다. 따라서 식 (3·82)를 푸는 데 있어서 근을 구하는 알고리즘은 일반적으로 사용하지 않는다. 대신에 최적화에 알맞게 개발된 수치적 방법을 사용한다. 일반적으로 수치적 방법은 **3.4**절에서 설명한 대로 반복 과정(iteration)을 사용한다. 즉, 방향벡터를 구하고 이동거리를 계산하여 다음 설계점으로 이동하는 과정을 수렴할 때까지 반복한다.

3.7.1 최속강하법

제한조건이 없는 최적화문제를 푸는 알고리즘으로 최속강하(steepest descent)법이 있다. 이는 방향벡터를 최속강하방향으로 잡는 방법인데 대부분의 다른 알고리즘의 기본 아이디어가 된다. 우선 최속강하방향벡터 $\mathbf{d}$를 정하는 것이 중요하다. 앞서 강하조건을 식 (3·56)~(3·57)에서 설명하였다. 테일러급수의 선형전개인 식 (3·57)을 보자. 이 식에 의하면 k번째 반복 과정에서 함수 변화량은 $\alpha_k(\mathbf{c}^{(k)T}\mathbf{d}^{(k)})$이다. 이때 이동거리 α_k는 양수이므로 함수 f를 1차적으로 최대한 줄일 수 있는 벡터 $\mathbf{d}^{(k)}$는 $-\mathbf{c}^{(k)}$가 된다. 여기서 벡터 $\mathbf{c}^{(k)}$는 f의 경사도벡터이므로 $\mathbf{d}^{(k)} = -\nabla f(\mathbf{b}^{(k)})$가 최속강하방향이 된다. 이상의 논의를 바탕으로 최속강하법 알고리즘을 정리하면 다음과 같다.

단계 1. 초기설계 $\mathbf{b}^{(0)}$를 추정한다. 반복계수 $k=0$으로 두고 충분히 작은 수렴매개변수 $\varepsilon>0$을 정한다.

단계 2. 설계점 $\mathbf{b}^{(k)}$에서 $\mathbf{c}^{(k)}=\nabla f(\mathbf{b}^{(k)})$와 같이 $f(\mathbf{b})$의 경사도벡터를 구한다. $\|\mathbf{c}^{(k)}\|<\varepsilon$이면 반복 과정을 중단하고 $\mathbf{b}^{(k)}$를 최적해 $\mathbf{b}^*$로 한다. 그렇지 않으면 단계 3으로 간다.

단계 3. 현재점에서 탐색방향을 $\mathbf{d}^{(k)}=-\mathbf{c}^{(k)}$로 한다.

단계 4. $f(\mathbf{b}^{(k)}+\alpha_k\mathbf{d}^{(k)})$를 최소화하는 이동거리 α_k를 계산한다.

단계 5. $\mathbf{b}^{(k+1)}=\mathbf{b}^{(k)}+\alpha_k\mathbf{d}^{(k)}$를 사용하여 설계를 갱신한다. 반복계수를 $k=k+1$로 바꾸고 단계 2로 되돌아간다.

이제 최속강하법의 특성을 살펴보자. 단계 2에서 경사도벡터를 구한다. 이 과정은 앞서 설명한 민감도해석 과정인데 해석적방법이나 유한차분법을 사용한다. 단계 3에서는 목적함수가 선형적으로 가장 많이 줄어드는 방향으로 설계 방향을 정한다. 단계 4에서 이동거리를 정하는 방법은 앞 절의 일변수 최적화방법을 사용한다. 단계 4가 일변수 최적화문제인 이유는 함수 $f(\mathbf{b}^{(k)}+\alpha_k\mathbf{d}^{(k)})$에서는 α_k만이 변수이고 나머지는 현재의 설계점에서 상수이기 때문이다. 단계 4에서는 정해진 방향으로 목적함수를 최소화하는 이동거리를 결정한다. 따라서 반복 과정이 진행되면서 목적함수는 계속 감소한다. 이 반복 과정은 목적함수가 더 이상 감소하지 않을 때에 멈추기 때문에 수렴하게 되면 최적해의 필요충분조건을 만족하게 된다.

여기서 눈여겨 볼 점은 연속하는 두 반복 과정에서 최속강하방향은 다음과 같이 서로 수직이라는 것이다.

$$\mathbf{c}^{(k)T}\mathbf{c}^{(k+1)}=0 \tag{3・83}$$

그 이유를 알아보자. 단계 4의 목적함수를 최소화하는 조건은 $\dfrac{\mathrm{d}f}{\mathrm{d}\alpha_k}=0$이다. 이 조건에 연쇄법칙(chain rule)을 사용하면

$$\frac{\mathrm{d}f(\mathbf{b}^{(k+1)})}{\mathrm{d}\alpha_k}=\left(\frac{\partial f(\mathbf{b}^{(k+1)})}{\partial\mathbf{b}}\right)^T\frac{\mathrm{d}\mathbf{b}^{(k+1)}}{\mathrm{d}\alpha_k}=0 \tag{3・84}$$

이 된다. 식 (3・84)에서 경사도벡터의 정의로부터

$$\frac{\partial f(\mathbf{b}^{(k+1)})}{\partial\mathbf{b}}=\mathbf{c}^{(k+1)} \tag{3・85}$$

이다. 그리고

$$\frac{d\mathbf{b}^{(k+1)}}{d\alpha_k} = \frac{d}{d\alpha_k}(\mathbf{b}^{(k)} + \alpha_k \mathbf{d}^{(k)}) = \mathbf{d}^{(k)} = -\mathbf{c}^{(k)} \tag{3·86}$$

이므로 식 (3 · 84)는 식 (3 · 85)~(3 · 86)을 사용하여 다음과 같이 쓸 수 있다.

$$\mathbf{c}^{(k+1)^T}\mathbf{d}^{(k)} = \mathbf{c}^{(k+1)^T}\mathbf{c}^{(k)} = 0 \tag{3·87}$$

따라서 식 (3 · 83)이 성립한다.

식 (3 · 83)은 이 방법의 약점으로 작용하기도 한다. 예컨대 함수의 등가선이 그림 **3 · 12**와 같이 어떤 특정변수에 대해 촘촘할 때, 다시 말해 그 변수에 대한 편미분값이 다른 것에 비해 특별히 클 경우를 생각해 보자. 이 경우에는 새로운 탐색방향벡터가 이전 반복 과정의 탐색방향벡터에 수직하는 조건 때문에 수렴속도가 매우 느리다. 따라서 비선형성이 높은 문제에서는 많은 경우 이 알고리즘의 수렴성이 나쁘다. 이 때문에 최속강하법은 아이디어로서는 큰 의미를 지니지만 실제로는 거의 사용되지 않는다. 다만 경사도벡터를 이용한다는 아이디어는 다른 알고리즘들의 기본이 된다.

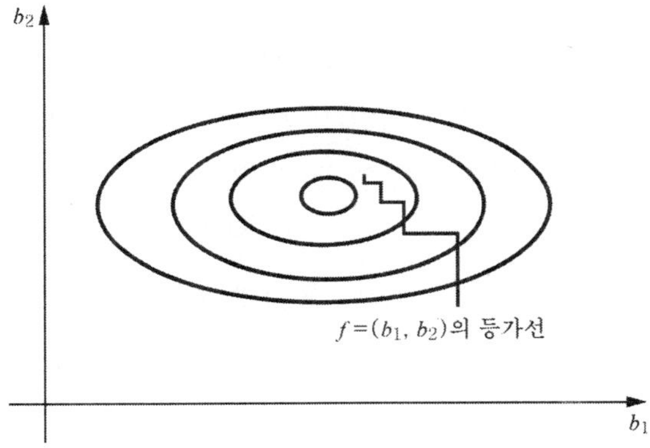

그림 3 · 12 경사도가 큰 목적함수에 대한 최속강하 알고리즘의 수렴형태

예제 3 · 11 최속강하법

다음의 함수를 최속강하법으로 최소화하는 과정을 두 번 반복하여라.

$$f(\mathbf{b}) = b_1^2 + 5b_2^2 - 4b_1b_2 - 4b_2 + 4$$

|| 풀 이 ||

반복 1 :

(1) $\mathbf{b}^{(0)} = [0 \quad 0]^T$

(2) $\nabla f = [2b_1 - 4b_2 \quad 10b_2 - 4b_1 - 4]^T = [0 \quad -4]^T$

(3) 탐색방향 $\mathbf{d} = -\nabla f = [0 \quad 4]^T$

(4) $\mathbf{b}^{(1)} = \mathbf{b}^{(0)} + \alpha \mathbf{d} = [0 \quad 0]^T + \alpha[0 \quad 4]^T = [0 \quad 4\alpha]^T$

$f(\mathbf{b}^{(0)} + \alpha \mathbf{d}) = 80\alpha^2 - 16\alpha + 4$

$\alpha^* = 0.1$

(5) $\mathbf{b}^{(1)} = \mathbf{b}^{(0)} + \alpha^* \mathbf{d} = [0 \quad 0]^T + 0.1 \times [0 \quad 4]^T = [0 \quad 0.4]^T$

반복 2 :

(1) $\nabla f = [2b_1 - 4b_2 \quad 10b_2 - 4b_1 - 4]^T = [-1.6 \quad 0]^T$

(2) 탐색방향 $\mathbf{d} = -\nabla f = [1.6 \quad 0]^T$

(3) $\mathbf{b}^{(2)} = \mathbf{b}^{(1)} + \alpha \mathbf{d} = [0 \quad 0.4]^T + \alpha[1.6 \quad 0]^T = [1.6\alpha \quad 0.4]^T$

$f(\mathbf{b}^{(1)} + \alpha \mathbf{d}) = \frac{64}{25}\alpha^2 - \frac{64}{25}\alpha + \frac{80}{25}$

$\alpha^* = 0.5$

(4) $\mathbf{b}^{(2)} = \mathbf{b}^{(1)} + \alpha^* \mathbf{d} = [0 \quad 0.4]^T + 0.5 \times [1.6 \quad 0]^T = [0.8 \quad 0.4]^T$

3.7.2 공액경사도법

공액경사도법(conjugate gradient method)은 수치적으로 우수한 성능을 지니는 알고리즘으로 최속강하법을 약간 수정한 것이다. 플레쳐와 리브즈(Fletcher and Reeves)가 최속강하법의 단점, 즉 연속하는 두 반복 과정에서 탐색방향들이 서로 수직이 되는 성질을 수정하여 수렴성을 향상시켰다. 공액경사도법의 첫 번째 반복 과정($k=0$)은 최속강하법과 동일하다. 두 번째 반복 과정($k=1$)부터도 최속강하법과 거의 같다. 다만 단계 3에서 탐색방향 $\mathbf{d}^{(k)}$를 결정하는 규칙만 다르다. 탐색방향 $\mathbf{d}^{(k)}$를 결정하는 규칙은 다음과 같다.

$$\mathbf{d}^{(k)} = -\mathbf{c}^{(k)} + \beta_k \mathbf{d}^{(k-1)} \tag{3·88}$$

$$\beta_k = (\|\mathbf{c}^{(k)}\| / \|\mathbf{c}^{(k-1)}\|)^2 \tag{3·89}$$

위 식의 $\beta_k \mathbf{d}^{(k-1)}$로 인해 탐색방향벡터 $\mathbf{d}^{(k)}$가 서로 수직인 $\mathbf{c}^{(k)}$와 $\mathbf{c}^{(k-1)}$ 사이에 놓이게 되어 수렴속도가 증가하게 된다.

3.7.3 유사뉴턴방법

제한조건이 없는 문제를 푸는 또 다른 알고리즘으로 뉴턴방법이 있다. 이 방법에서는 탐색방향벡터 $\mathbf{d}$를 결정할 때 뉴턴방법을 사용한다. 함수 $f(\mathbf{b})$를 테일러급수의 이차전개를 하면 다음과 같다.

$$f(\mathbf{b} + \Delta\mathbf{b}) = f(\mathbf{b}) + \mathbf{c}^T \Delta\mathbf{b} + 0.5\Delta\mathbf{b}^T \mathbf{H} \Delta\mathbf{b} \tag{3·90}$$

만일 헤시안행렬 H가 양정행렬이라면 식 (3·90)은 볼록함수이므로 이를 최소화하는 Δb는 유일하며 그 해는 다음의 방정식을 풀어 얻는다.

$$\frac{df}{d(\Delta b)} = c + H\Delta b = 0 \tag{3·91}$$

헤시안행렬 H가 특이(singular)하지 않다면 탐색방향벡터 d는 식 (3·91)을 만족하는 Δb로 한다.

$$d = \Delta b = -H^{-1}c \tag{3·92}$$

뉴턴방법의 각 단계는 최속강하법과 동일하다. 다만 단계 3에서 탐색방향벡터를 식 (3·92)로 대치한다.

뉴턴방법은 수렴률이 2차이기 때문에 이론적으로는 매우 우수한 알고리즘이다. 그런데 헤시안행렬 H를 계산하기 위해서는 목적함수의 2계미분값을 구해야 한다. 하지만 2계미분값을 수치적으로 구하는 일은 매우 힘든 작업이다. 더욱이 헤시안행렬 H가 양정행렬이 아닌 경우에는 수렴이 보장되지 않는다. 그 이유는 반복 과정으로 설계가 진행되면서 헤시안행렬이 양정행렬이 아닌 설계점을 거치게 되면 다음 반복에서 정확한 해를 얻기 어렵기 때문이다. 이런 여러 이유들 때문에 뉴턴방법은 실제문제에 사용되는 방법은 아니다. 그러나 아래에 설명할 유사뉴턴방법의 근간이 된다는 점에서 뉴턴방법은 큰 의미가 있다.

유사뉴턴방법은 뉴턴방법의 헤시안행렬 H나 그 역행렬 H^{-1}을 근사적으로 구하는 방법이다. 뉴턴방법의 약점은 H가 양정행렬이어야 하는 것과 2계 미분의 계산이 필요하다는 것이다. 그런데 유사뉴턴방법은 이 두 가지 요건이 필요하지 않다. 일반적으로 유사뉴턴방법은 뉴턴방법보다는 수렴률이 낮지만 공액경사도법보다는 수렴률이 좋은 것으로 알려져 있다. 헤시안행렬 H를 근사화하기 위해 초기점에서는 단위행렬을 사용하고 반복 과정이 진행되면서 일정한 규칙을 사용하여 헤시안행렬을 갱신한다. 헤시안행렬을 갱신하는 대표적인 두 방법에 대해 알아보자.

[1] DFP(Davidon-Fletcher-Powell)법

이 방법은 식 (3·92)에 있는 역헤시안행렬 H^{-1}을 근사화하는 방법으로 데이비든이 제안하고 플레처와 파웰이 수정한 것이다. 알고리즘의 과정은 다음의 두 경우를 제외하고는 최속강하 알고리즘과 동일하다.

(1) 최속강하 알고리즘의 단계 3에서 탐색방향을 다음과 같이 계산한다.

$$d^{(k)} = -A^{(k)}c^{(k)} \tag{3·93}$$

여기서 $A^{(k)}$는 역헤시안행렬의 근사행렬이다. 초기점에서는 임의의 대칭양정행렬로 둘 수도 있지만 일반적으로 $\mathrm{A}^{(0)}=\mathrm{I}$ 처럼 단위행렬로 둔다.

(2) 최속강하 알고리즘의 단계 5에서 설계점을 갱신한 후 다음과 같이 역헤시안행렬을 갱신한다.

$$\mathrm{A}^{(k+1)}=\mathrm{A}^{(k)}+\mathrm{B}^{(k)}+\mathrm{C}^{(k)} \tag{3・94}$$

여기서 보정행렬 $\mathrm{C}^{(k)}$와 $\mathrm{B}^{(k)}$는 다음과 같이 계산한다.

$$\mathrm{B}^{(k)}=\frac{\mathrm{s}^{(k)}\mathrm{s}^{(k)^T}}{\mathrm{s}^{(k)^T}\mathrm{y}^{(k)}} \tag{3・95a}$$

$$\mathrm{C}^{(k)}=\frac{-\mathrm{z}^{(k)}\mathrm{z}^{(k)^T}}{\mathrm{y}^{(k)^T}\mathrm{z}^{(k)}} \tag{3・95b}$$

$$\mathrm{s}^{(k)}=\alpha_k\mathrm{d}^{(k)} \text{ (설계의 변화)} \tag{3・95c}$$

$$\mathrm{y}^{(k)}=\mathrm{c}^{(k+1)}-\mathrm{c}^{(k)} \text{ (경사도의 변화)} \tag{3・95d}$$

$$\mathrm{c}^{(k+1)}=\nabla f(\mathrm{x}^{(k+1)}) \tag{3・95e}$$

$$\mathrm{z}^{(k)}=\mathrm{A}^{(k)}\mathrm{y}^{(k)} \tag{3・95f}$$

이 방법과 관련하여 플레처와 파웰은 모든 반복 과정에서 행렬 $\mathrm{A}^{(k)}$가 항상 양정인 것을 증명하였다. 또한 목적함수가 양정이면서 이차식의 형태를 가진 문제라면 반복이 진행되면서 $\mathrm{A}^{(k)}$가 역헤시안행렬에 수렴하는 것도 증명하였다.

[2] BFGS(Broyden-Fletcher-Goldfarb-Shanno)법

이 방법은 식 (3・91)에 있는 헤시안행렬을 직접 근사화한다. 다음 두 가지를 제외하고는 DFP법과 동일하다.

(1) 탐색방향을 구하기 위해 다음의 선형방정식을 푼다.

$$\mathrm{H}^{(k)}\mathrm{d}^{(k)}=-\mathrm{c}^{(k)} \tag{3・96}$$

여기서 $\mathrm{H}^{(k)}$는 k번째 반복 과정에서 헤시안행렬의 근사행렬이다. 첫 번째 반복 과정에서는 이를 대칭의 양정행렬로 추정할 수도 있으나 일반적으로 이를 $\mathrm{H}^{(0)}=\mathrm{I}$ 와 같이 단위행렬로 치환한다.

(2) 다음과 같이 헤시안행렬을 갱신한다.

$$\mathrm{H}^{(k+1)}=\mathrm{H}^{(k)}+\mathrm{D}^{(k)}+\mathrm{E}^{(k)} \tag{3・97}$$

여기서 보정행렬 $\mathrm{D}^{(k)}$와 $\mathrm{E}^{(k)}$는 다음과 같다.

$$\mathbf{D}^{(k)} = \frac{\mathbf{y}^{(k)}\mathbf{y}^{(k)^T}}{\mathbf{y}^{(k)^T}\mathbf{s}^{(k)}} \tag{3·98a}$$

$$\mathbf{E}^{(k)} = \frac{\mathbf{c}^{(k)}\mathbf{c}^{(k)^T}}{\mathbf{c}^{(k)^T}\mathbf{d}^{(k)}} \tag{3·98b}$$

$$\mathbf{s}^{(k)} = \alpha_k \mathbf{d}^{(k)} \tag{3·98c}$$

$$\mathbf{y}^{(k)} = \mathbf{c}^{(k+1)} - \mathbf{c}^{(k)} \tag{3·98d}$$

$$\mathbf{c}^{(k+1)} = \nabla f(\mathbf{x}^{(k+1)}) \tag{3·98e}$$

이 방법에서도 근사헤시안행렬 $\mathbf{H}^{(k)}$의 양정이 보장된다.

3.8 제한조건이 있는 문제의 수치적 방법

설계를 수행할 때에는 대개 설계조건이나 설계시방서(design specification) 등을 고려해야 한다. 최적설계에서는 이들을 제한조건으로 처리할 수 있다. 제한조건이 있는 문제는 앞의 식 (3·1)의 모든 식을 포함하게 된다. 최적화 과정에서는 공학설계의 문제를 식 (3·1)의 형태로 정식화해야 한다. 정식화가 이루어지면 설계문제를 식 (3·1)을 푸는 수학문제로 보고 이 문제의 최적해를 구할 수 있다. 식 (3·1)을 풀기 위한 수치적 방법은 다

표 3·5 제한조건이 있는 문제에 대한 수치적 방법의 분류

방법상 분류		알고리즘	비 고
직접법 (direct method)	기본법 (primal method)	순차적선형계획법(sequential linear programming, SLP) 경사투영법(gradient projection method, GRP) 유용방향법(feasible directions method, FDM) 순차적이차계획법(sequential or recursive quadratic method, SQP or RQP)	근사화 부문제의 최적해를 구하여 반복 과정으로 본 문제의 최적해를 찾아간다.
	변환법 (transformation method)	순차비제한최소화 기법(sequential unconstrained minimization technique, SUMT) 벌칙함수법(penalty function method) 장애함수법(barrier function method) 라그랑지승수방법(Lagrange multiplier method)	제한조건이 없는 문제로 변환하여 제한조건이 없는 문제에 사용하는 방법을 응용
간접법 (indirect method)		최적성조건방법(optimality criteria method)	정식화된 문제의 KKT 조건을 구한다.

양하게 개발되어 있다. 대표적인 것들을 표 **3 · 5**에 분류하였다. 간접법은 일반 최적설계 문제에서는 비효율적임이 판명되어 거의 사용되지 않지만, 설계변수가 매우 많은 위상최적설계에서 일부 사용되고 있다. 직접법 중에서 변환법은 계수를 인위적으로 결정해야 하는 단점 때문에 최근에는 점차 사용빈도가 줄고 있다. 이 절에서는 공학설계에서 주로 사용되는 직접법 중 기본법에 대해 알아보자.

3.8.1 기본법(Primal Method) 일반

기본법은 식 (3 · 1)의 정식화에서 제한조건을 최적화 과정에서 직접 고려한다. 이에 반해 변환법은 제한조건과 목적함수를 하나의 함수로 묶어 제한조건이 없는 문제로 변환시킨다. 기본법에서 설계변수를 갱신하기 위해 필요한 방향벡터는 선형화된 부문제(sub-problem)를 풀어서 얻는다. 선형화된 부문제는 식 (3 · 1)에 있는 모든 함수들을 선형근사화하여 얻는다. 얻어진 부문제를 풀면 방향벡터를 구할 수 있다. 방향벡터를 구하면 앞서 설명한 바와 마찬가지로 이동거리를 결정하여 다음 설계점으로 이동하는데 이 과정을 수렴할 때까지 반복한다.

먼저 식 (3 · 1)의 최적화문제를 선형근사화하는 과정을 살펴보자. k번째 반복 과정에서 선형근사화된 부문제는 다음과 같다.

Find	$\delta \mathrm{b}^{(k)}$	(3 · 99a)
to minimize	$\nabla^T f(\mathrm{b}^{(k)})\delta \mathrm{b}^{(k)}$	(3 · 99b)
subject to	$h_i(\mathrm{b}^{(k)}) + \nabla^T h_i(\mathrm{b}^{(k)})\delta \mathrm{b}^{(k)} = 0, \quad i = 1, \cdots, l$	(3 · 99c)
	$g_j(\mathrm{b}^{(k)}) + \nabla^T g_j(\mathrm{b}^{(k)})\delta \mathrm{b}^{(k)} \le 0, \quad j = 1, \cdots, m$	(3 · 99d)
	$\delta \mathrm{b}_L^{(k)} \le \delta \mathrm{b}^{(k)} \le \delta \mathrm{b}_U^{(k)}$	(3 · 99e)

위 부문제로부터 다음 사항들을 발견할 수 있다.

(1) 부문제의 설계변수는 $\delta \mathrm{b}^{(k)}$로서 현재 설계점에서의 변화방향을 의미한다.

(2) 식 (3 · 99b)는 목적함수에 대한 테일러급수 전개의 1차항으로서 설계변수 $\mathrm{b}^{(k)}$가 $\delta \mathrm{b}^{(k)}$만큼 변할 때 목적함수가 변하는 양을 뜻한다. 목적함수를 줄이려면 이 변화량을 최소화시킨다. 가장 좋은 것은 절대량은 크고 음의 값을 갖도록 하는 것이다.

(3) 식 (3 · 99c)는 등제한조건을 만족하게 한다. 원래 제한조건이 $h_i(\mathrm{b}^{(k)}) = 0$로 만족되어 있으면 등제한조건의 증분량이 $\nabla^T h_i(\mathrm{b}^{(k)})\delta \mathrm{b}^{(k)} = 0$이 되도록 $\delta \mathrm{b}^{(k)}$를 결정하고, $h_i(\mathrm{b}^{(k)}) \ne 0$로 제한조건이 위배되어 있으면 증분량 $(\nabla^T h_i(\mathrm{b}^{(k)})\delta \mathrm{b}^{(k)})$을

더하여 등제한조건을 만족하게 한다.

(4) 식 (3 · 99d)는 부등제한조건을 만족하게 한다. 원래의 제한조건이 $g_j(\mathrm{b}^{(k)}) \leq 0$로 만족되거나 $g_j(\mathrm{b}^{(k)}) \geq 0$로 위배된 모든 경우에 증분량을 더하여 $g_j(\mathrm{b}^{(k)}) + \nabla^T g_j(\mathrm{b}^{(k)}) \delta \mathrm{b}^{(k)} \leq 0$이 만족되도록 한다.

(5) 식 (3 · 99e)는 설계변수의 증분의 하한치와 상한치에 대한 제한조건이다.

이상으로 부문제의 의미를 설명하였다. 위의 부문제는 선형최적화문제이기 때문에 선형계획법으로 그 해를 구할 수 있다. 일반적으로 기본법의 알고리즘은 선형화된 부문제를 중심으로 다음을 따른다.

단계 1. 초기설계 $\mathrm{b}^{(0)}$을 추정한다. 반복 횟수 $k=0$으로 둔다. 충분히 작은 수 ε_1과 ε_2를 정의한다.

단계 2. 현 설계점에서 부문제 식 (3 · 99)를 풀어 설계변화량 $\delta \mathrm{b}^{(k)}$를 결정한다. 설계공간에서 탐색방향벡터는 $\mathrm{d}^{(k)} = \delta \mathrm{b}^{(k)}$로 한다.

단계 3. 수렴여부를 점검한다. 일반적으로 수렴조건은 탐색방향벡터의 크기가 $\| \mathrm{d}^{(k)} \| \leq \varepsilon_1$이고 제한조건 위배량의 최대값이 ε_2보다 작다는 조건을 이용한다. 수렴하면 최적화 과정을 끝낸다.

단계 4. 양의 이동거리 α_k를 결정한다. 사용하는 일변수 최적화 알고리즘마다 이를 결정하는 방법이 다를 수 있다.

단계 5. 새로운 설계점을 식 (3 · 54)~(3 · 55)에서 결정한다. 반복 횟수를 $k=k+1$로 대치하고 단계 2로 되돌아간다.

이상으로 기본법의 일반적인 흐름과 부문제의 형성 및 특성에 대해 알아보았다. 여기서 주목할 점은 부문제를 형성하려면 경사도벡터가 필요하다는 사실이다. 앞서 언급한 바와 같이 경사도벡터를 계산하는 것을 민감도해석이라고도 한다. 민감도해석은 공학설계문제에서 대개 많은 노력을 요한다.

예제 3 · 12 선형화된 부문제

다음 문제의 선형화된 부문제를 작성하여라.

$$\text{Minimize} \quad f(\mathrm{b}) = b_1^3 + b_2 \tag{3 · 100a}$$

$$\text{subject to} \quad -b_2^2 + 2b_1 b_2 - 3 \leq 0 \tag{3 · 100b}$$

$$b_1 + 3 \geq 0 \tag{3 · 100c}$$

$$\frac{1}{b_2+1} \geq 0 \tag{3・100d}$$

초기 설계치는 $\mathbf{b}^0 = [2 \quad 1]^T$이다.

❙❙ 풀 이 ❙❙

$$\nabla f = [3b_1^2 \quad 1]^T, \; f=9, \; \nabla f = [12 \quad 1]^T$$

$$\nabla g_1 = [2b_2 \quad -2b_2+2b_1]^T, \; g_1=0, \; \nabla g_1 = [2 \quad 2]^T$$

$$\nabla g_2 = [1 \quad 0]^T, \; g_2=5$$

$$\nabla g_3 = \left[0 \quad \frac{-1}{(b_2+1)^2}\right]^T, \; g_3=\frac{1}{2}, \; \nabla g_3 = \left[0 \quad \frac{-1}{4}\right]^T$$

위에서 얻은 정보를 식 (3・99)에 적용하면 다음과 같이 선형화된 부문제를 만들 수 있다.

$$\text{Find} \quad [\delta b_1 \quad \delta b_2]^T \tag{3・101a}$$

$$\text{to minimize} \quad [12 \quad 1][\delta b_1 \quad \delta b_2]^T \tag{3・101b}$$

$$\text{subject to} \quad 0+[2 \quad 2][\delta b_1 \quad \delta b_2]^T \leq 0 \tag{3・101c}$$

$$5+[1 \quad 0][\delta b_1 \quad \delta b_2]^T \geq 0 \tag{3・101d}$$

$$\frac{1}{2}+\left[0 \quad \frac{-1}{4}\right][\delta b_1 \quad \delta b_2]^T \geq 0 \tag{3・101e}$$

공학최적화문제에서는 식 (3・99d)의 부등제한조건의 숫자 m이 매우 큰 경우가 자주 있다. 이 경우 부문제가 매우 커져서 부문제를 푸는 것 자체가 부담이 된다. 그런데 대개 k번째 반복에서 어떤 제한조건이 만족하면 그 제한조건이 포함된 부문제를 풀어서 얻은 새로운 설계점에서도 그 제한조건은 여전히 만족하는 경우가 많다. 다시 말하면 현재 설계점에서 어떤 제한조건을 충분히 만족한다면 현재 반복에서는 그 제한조건을 고려하지 않아도 괜찮은 경우가 많다.

k번째 반복에서 어떤 제한조건이 만족할 때 k번째 반복의 부문제에 그 제한조건을 포함하지 않으면 부문제의 전체적인 크기가 줄어들 뿐만 아니라, 그 제한조건을 선형근사화하기 위해 필요한 민감도해석에 드는 비용 부담도 없어진다. 따라서 최적화 과정의 효율성이 증대된다. 이 아이디어를 실제로 구현하는 가장 손쉬운 방법은 부문제를 구성할 때 제한조건의 경계에 있는 활성화제한조건과 위배된 제한조건만을 부문제에 포함하는 것이다. 즉, 부문제에서 충분히 만족하는 제한조건을 제외하는 것이다.

만족한 제한조건의 값이 0에 가깝다면 반복 과정 동안 설계점이 이동하면서 만족, 불만족이 교대로 일어날 수 있다. 이 같은 현상을 방지하기 위해 0에 가깝게 만족하는 제한조건들은 부문제에 포함하는 ε-활성화제한조건방식을 생각할 수 있다. 즉, 다음을 만족하는 제한조건들만 부문제의 부등제한조건에 포함하는 것이다.

$$g_j(\mathrm{b}) \geq -\varepsilon, \ \varepsilon : \text{충분히 작은 양수} \tag{3·102}$$

그림 **3·13**의 실선 안쪽 부분을 유용영역이라고 하자. ε-활성화제한조건방식을 사용하면 점선의 안쪽 부분이 유용영역이 되어 유용영역이 줄어들게 된다. 활성화제한조건방식을 적용하면 설계점이 B나 C에 있을 때 $g_j(\mathrm{b})$가 제한조건에서 제외되어 설계점이 유용영역의 밖인 점 D 등으로 이동할 수 있다. 반면에 ε-활성화제한조건방식을 사용하면 설계점이 B나 C에 있을 때 $g_j(\mathrm{b})$가 제한조건에 포함되어 설계점이 계속 유용영역에 남게 되는 효과가 있다. 이때 설계점이 A에 있다면 $g_j(\mathrm{b})$는 충분히 만족되어 제한조건에서 제외된다. 이렇게 제한조건의 숫자를 줄이면 부문제의 규모가 작아지고 제외되는 제한조건에 대한 민감도해석을 할 필요가 없어지는 효과도 있다. 물론 등제한조건은 언제나 활성화제한조건에 포함한다.

이제 다음과 같은 ε-활성화제한조건집합 I_k를 정의하자.

$$I_k = \{i \mid h_i(\mathrm{b}) = 0, \ i = 1, \cdots, l\} \cap \{j \mid g_j(\mathrm{b}) + \varepsilon > 0, \ j = 1, \cdots, m\} \tag{3·103}$$

집합 I_k는 단순히 활성화제한조건의 목록이다. 식 (3·101)의 ε-활성화제한조건만을 부문제의 제한조건에 포함시키는 방법을 잠재제한조건전략(potential set strategy) 혹은 ε-활성화제한조건전략(ε-active set strategy)이라 한다. 제한조건제거전략(constrained deletion strategy)이라는 방법도 같은 개념이다(Vanderplaats, 1984). 대부분의 상용최적화코드는 ε-활성화제한조건전략이나 제한조건제거전략을 사용하여 제한조건을 처리한다. ε-활성화제한조건전략을 사용할 때는 매 반복 과정마다 ε-활성화제한조건집합에 포함되는 제한조건이 바뀔 수 있으므로 매 반복 과정마다 ε-활성화제한조건집합을 재구성해야 한다.

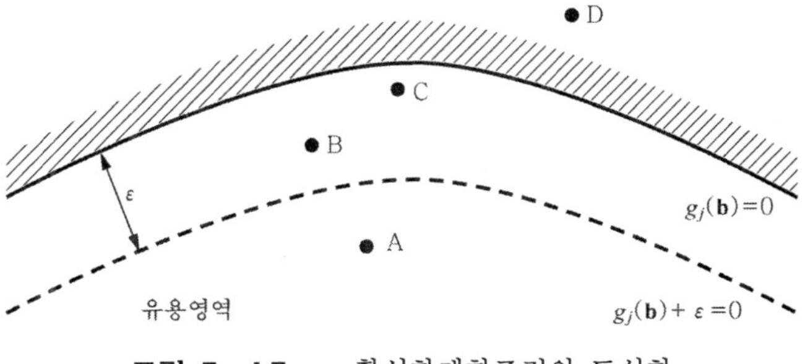

그림 3·13 ε-활성화제한조건의 도식화

예제 3 · 13 ε-활성화제한조건

다음의 제한조건으로부터 ε-활성화제한조건을 구하여라. $\mathbf{b}^0 = [0.56 \quad 2.5]^T$, $\varepsilon = 0.1$ 이다.

$$g_1 = \frac{b_1}{3} - \frac{b_2^2}{3} + 1 \le 0 \tag{3 · 104}$$

$$g_2 = b_1 + 1 \le 0 \tag{3 · 105}$$

$$g_3 = \frac{b_1 b_2}{4} - 1 \le 0 \tag{3 · 106}$$

$$g_4 = \frac{3}{2b_1 + 2} - 1 \le 0 \tag{3 · 107}$$

$$g_5 = \frac{3}{2b_2} - 1 \le 0 \tag{3 · 108}$$

‖ 풀 이 ‖

$$g_1 = -0.8967 \rightarrow \text{비활성화제한조건} \tag{3 · 109}$$

$$g_2 = 1.56 \rightarrow \text{활성화제한조건} \tag{3 · 110}$$

$$g_3 = -0.65 \rightarrow \text{비활성화제한조건} \tag{3 · 111}$$

$$g_4 = -0.0385 \rightarrow \varepsilon\text{-활성화제한조건} \tag{3 · 112}$$

$$g_5 = -0.4 \rightarrow \text{비활성화제한조건} \tag{3 · 113}$$

따라서 ε-활성화제한조건집합은 $I_k = \{g_2,\ g_4\}$이다.

3.8.2 기본법의 알고리즘

기본법 알고리즘은 **3.8.1**절에서 소개한 일반적인 단계를 기본으로 개발되었다. 각각의 알고리즘은 이 일반적인 과정에 약간의 변형을 가한다. 여기서는 많이 사용하고 있고, 다른 알고리즘에 아이디어를 제공하는 대표적 알고리즘 몇 개를 소개한다.

[1] 순차적선형계획법(Sequential Linear Programming, SLP)

우선 **3.8.1**절의 일반적인 단계를 거의 그대로 이용하는 순차적선형계획법을 살펴본다. 순차적선형계획법은 식 (3 · 99)의 부문제 정식화를 그대로 따른다. 다만 식 (3 · 99e)에서 설계변화벡터 $\delta \mathbf{b}^{(k)}$의 상한치와 하한치에 이동한계(move limit)를 다음과 같이 설정한다.

$$-\Delta_i^{(k)} \le \delta b_i^{(k)} \le \Delta_i^{(k)}, \quad i = 1, \cdots, n \tag{3 · 114}$$

식 (3 · 99e)를 식 (3 · 114)로 대치해서 부문제의 최적해를 찾는다. 식 (3 · 114)도 역시 선형이므로 부문제에 선형계획법 알고리즘을 그대로 이용할 수 있다. 여기서 주목할 점은 매 반복 과정마다 이동한계가 변할 수 있다는 것이다. 따라서 이동한계 설정방법이 이 방법의 효율성에 지대한 영향을 미치게 되는데 그 설정방법이 여러 가지이다. 이동한계를 적당하게 설정하고 탐색방향을 $\mathbf{d}^{(k)} = \delta \mathbf{b}^{(k)}$로 한다. 식 (3 · 54)~(3 · 55)의 설계변수 갱신 과정에서 이동거리는 1로 할 수 있다. 순차적선형계획법의 전체 흐름은 **3.8.1**절의 단계에서 이동거리를 산출하는 단계 4를 생략한 것이다. 즉, 일차원탐색(line search)을 생략한다.

순차적선형계획법의 장점은 알고리즘이 간단하여 구현하기 쉽다는 것이다. 반면 이동한계를 잘 설정하는 것이 어렵다.

[2] 순차적이차계획법(Sequential Quadratic Programming, SQP)

순차적선형계획법의 성공여부가 이동한계의 설정에 크게 좌우되는 단점을 극복하기 위해 이동한계를 다음과 같은 형식으로 제한하는 방법을 생각할 수 있다.

$$\|\delta \mathbf{b}^{(k)}\| \le \xi^2 \tag{3 · 115}$$

이제 부문제에 대한 식 (3 · 99)에서 탐색방향벡터의 한계로 식 (3 · 99e) 대신 식 (3 · 115)를 사용하여 전체 부문제를 풀 수 있다. 한편 식 (3 · 115)는 다음과도 같은 의미이다.

$$0.5 \sum_{i=1}^{n} (\delta b_i^{(k)})^2 \le \xi^2 \tag{3 · 116}$$

식 (3 · 116)은 행렬을 사용하여 다음과 같이 표현할 수 있다.

$$0.5\, \delta \mathbf{b}^{(k)^T} \mathbf{W} \delta \mathbf{b}^{(k)} \le \xi^2 \tag{3 · 117}$$

여기서 행렬 $\mathbf{W}$는 단위행렬이다. 그러나 식 (3 · 99e)의 상한치나 하한치에 따라서 행렬 $\mathbf{W}$는 단위행렬이 아닐 수도 있다. 식 (3 · 99e)를 식 (3 · 117)로 대치하여 얻은 부문제는 다음과 같다.

Find $\delta \mathbf{b}^{(k)}$ (3 · 118a)

to minimize $\nabla^T f(\mathbf{b}^{(k)}) \delta \mathbf{b}^{(k)}$ (3 · 118b)

subject to $h_i(\mathbf{b}^{(k)}) + \nabla^T h_i(\mathbf{b}^{(k)}) \delta \mathbf{b}^{(k)} = 0, \quad i = 1, \cdots, l$ (3 · 118c)

$g_j(\mathbf{b}^{(k)}) + \nabla^T g_j(\mathbf{b}^{(k)}) \delta \mathbf{b}^{(k)} \le 0, \quad j = 1, \cdots, m$ (3 · 118d)

$0.5\, \delta \mathbf{b}^{(k)^T} \mathbf{W} \delta \mathbf{b}^{(k)} \le \xi^2$ (3 · 118e)

식 (3・118e)는 비선형이기 때문에 심플렉스법과 같은 알고리즘으로는 식 (3・118)의 부문제를 풀 수 없다. 여기서 식 (3・118)을 풀어 얻은 해는 다음의 문제를 풀어 얻은 해와 동일하다는 것이 알려져 있다.

$$\text{Find} \quad \delta\mathrm{b}^{(k)} \tag{3・119a}$$

$$\text{to minimize} \quad \nabla^T f(\mathrm{b}^{(k)})\delta\mathrm{b}^{(k)} + 0.5\delta\mathrm{b}^{(k)^T}\mathrm{W}\delta\mathrm{b} \tag{3・119b}$$

$$\text{subject to} \quad h_i(\mathrm{b}^{(k)}) + \nabla^T h_i(\mathrm{b}^{(k)})\delta\mathrm{b}^{(k)} = 0, \quad i = 1, \cdots, l \tag{3・119c}$$

$$g_j(\mathrm{b}^{(k)}) + \nabla^T g_j(\mathrm{b}^{(k)})\delta\mathrm{b}^{(k)} \le 0, \quad j = 1, \cdots, m \tag{3・119d}$$

식 (3・119)는 이차계획문제(quadratic programming problem)의 형태이다. 이차계획문제란 목적함수는 2차 함수이고 제한조건은 선형인 문제를 말한다. 순차적이차계획법은 부문제를 식 (3・119)와 같이 이차계획문제로 구성하는 방법이다. 이 문제를 풀기 위해서 이차계획법 알고리즘을 사용한다.

순차적이차계획법에서는 식 (3・119)로 정식화된 이차계획문제로부터 탐색방향을 구한다. 알고리즘의 흐름은 **3.8.1**절에 정의한 단계를 그대로 따른다. 단지 부문제를 구성할 때 식 (3・119)를 사용한다는 점이 다르다. 순차적이차계획법은 탐색방향을 정한 후 이동거리를 계산할 때 강하함수를 이용한다. 강하함수를 정의하고 강하함수의 값을 최소화하는 거리만큼 탐색방향으로 설계점을 옮긴다. k번째 반복 과정에서의 강하함수는 일반적으로 다음과 같다.

$$\begin{aligned}\phi = f(\mathrm{b}^{(k)} + \alpha_k \mathrm{d}^{(k)}) + \sum_{i=1}^{l} v_i | h_i(\mathrm{b}^{(k)} + \alpha_k \mathrm{d}^{(k)})| \\ + \sum_{j=1}^{m} u_j(\max[0, g_j(\mathrm{b}^{(k)} + \alpha_k \mathrm{d}^{(k)})])\end{aligned} \tag{3・120}$$

강하함수는 목적함수에 벌칙함수(penalty function)를 더한 것이다. 벌칙함수는 제한조건의 위배량에 부문제의 라그랑지승수를 곱하여 얻는다. 이동거리 α_k는 식 (3・120)의 유일한 변수인데 강하함수 ϕ를 최소화하도록 α_k를 결정한다. 이것은 일변수 최적화문제이므로 일변수 최적화 알고리즘을 사용하면 된다. 다만 이 경우 함수 f, h, g를 계산하는 횟수가 많아질 수 있으므로 효율적인 알고리즘을 선택해야 한다. 순차적이차계획법 중의 하나로 쉐니크니(Pshenichny)방법이 있다. 이 방법은 $\mathrm{W} = \mathrm{I}$로 하며 ε-활성화제한조건전략을 사용하고 이동거리 계산방법을 효율적으로 개선한 것이 특징이다.

한편 뉴턴방법은 제한조건이 없는 문제를 푸는 알고리즘인데, 이를 제한조건이 있는 문제에 응용한 순차적이차계획법이 있다. 식 (3・119b)의 행렬 W를 다음과 같이 식 (3・46)의 라그랑지함수의 헤시안행렬로 두는 방법이 그것이다.

$$\mathrm{W} = \nabla^2 L \tag{3·121}$$

이 방법은 2차의 수렴률을 가지므로 매우 효율적이다. 그러나 헤시안행렬을 구하는 것이 어렵고 W가 양정행렬이 아닐 때는 수렴이 보장이 되지 않는 등 뉴턴방법이 가진 단점을 그대로 물려받는다.

위 방법을 변형한 것으로 W를 헤시안행렬의 근사값으로 대치한 알고리즘이 있다. 이를 제한유사뉴턴법이라 하는데 제한조건이 없는 문제의 유사뉴턴방법과 비슷하다. 즉, 부문제를 구성할 때 $\mathrm{W} = \nabla^2 L$를 BFGS 공식으로 다음과 같이 갱신한다.

$$\mathrm{s}^{(k)} = \alpha_k \mathrm{d}^{(k)} \tag{3·122a}$$

$$\mathrm{z}^{(k)} = \mathrm{W}^{(k)} \mathrm{s}^{(k)} \tag{3·122b}$$

$$\mathrm{y}^{(k)} = \nabla L(\mathrm{b}^{(k+1)}, \mathrm{u}^{(k)}, \mathrm{v}^{(k)}) - \nabla L(\mathrm{b}^{(k)}, \mathrm{u}^{(k)}, \mathrm{v}^{(k)}) \tag{3·122c}$$

$$\xi_1 = \mathrm{s}^{(k)^T} \mathrm{y}^{(k)} \tag{3·122d}$$

$$\xi_2 = \mathrm{s}^{(k)^T} \mathrm{z}^{(k)} \tag{3·122e}$$

$$\xi_1 \geq 0.2\xi_2 \text{면 } \theta = 1, \text{ 아니면 } \theta = \frac{0.8\xi_2}{\xi_2 - \xi_1} \tag{3·122f}$$

$$\mathrm{p}^{(k)} = \theta \mathrm{y}^{(k)} + (1-\theta)\mathrm{z}^{(k)} \tag{3·122g}$$

$$\xi_3 = \mathrm{s}^{(k)^T} \mathrm{p}^{(k)} \tag{3·122h}$$

$$\mathrm{D}^{(k)} = \frac{1}{\xi_3} \mathrm{p}^{(k)} \mathrm{p}^{(k)^T} \tag{3·122i}$$

$$\mathrm{E}^{(k)} = \frac{1}{\xi_2} \mathrm{z}^{(k)} \mathrm{z}^{(k)^T} \tag{3·122j}$$

$$\mathrm{W}^{(k+1)} = \mathrm{W}^{(k)} + \mathrm{D}^{(k)} - \mathrm{E}^{(k)} \tag{3·122k}$$

이상으로 순차적계획법 계열의 알고리즘을 간단히 소개하였다. 이 밖에도 제한조건 처리방법, 이동거리 계산방법 등에 따라 다양한 알고리즘이 있다. 더 자세한 것은 참고문헌을 보기 바란다(Arora, 2004 ; Rao, 1996).

3.8.3 변환법

주지하듯이 제한조건이 없는 문제를 푸는 알고리즘은 잘 발달되어 있다. 그래서 제한조건이 있는 최적화문제를 푸는 데 제한조건이 없는 문제를 푸는 알고리즘을 이용하려는 연구가 꾸준히 이루어져 왔다. 제한조건이 있는 문제를 제한조건이 없는 문제로 변환하면 기존의 제한조건이 없는 문제를 푸는 알고리즘을 그대로 이용할 수 있다. 제한조건이 있는 문제를 제한조건이 없는 문제로 만드는 통상적인 방법은 제한조건함수를 벌칙함수로 만들어서 식 (3·120)과 같이 목적함수에 더하여 새로운 목적함수로 변환하는 것이다. 변환된 목적함수의 형태는 일반적으로 다음과 같다.

$$\Psi(\mathrm{b}, \mathrm{r}) = f(\mathrm{b}) + P\{\mathrm{h}(\mathrm{b}), \mathrm{g}(\mathrm{b}), \mathrm{r}\} \qquad (3 \cdot 123)$$

여기서 Ψ는 변환된 목적함수, P는 벌칙함수, r은 조정(벌칙)매개변수이다. P는 실수함수인 벌칙량인데 r을 조절하여 그 값을 조절한다. 변환법은 대략 다음과 같은 순서를 따른다.

단계 1. 함수 ψ를 정의한 후 초기값 $\mathrm{b}^{(0)}$와 r을 정한다.

단계 2. 제한조건이 없는 문제를 푸는 알고리즘을 적용하여 함수 ψ를 최소화한다.

단계 3. r을 다시 조정하고 단계 2로 되돌아간다.

위의 과정을 ψ의 최적해가 더 이상 개선되지 않을 때까지 반복한다.

대표적인 변환법으로 순차비제한최소화기법(sequential unconstrained minimization technique, SUMT)을 들 수 있다. 벌칙함수와 조정계수 r에 따라 다양한 방법이 있기 때문에 SUMT계열이라 부르기도 한다. 가장 많이 알려진 벌칙함수는 이차손실함수라 명명한 다음의 식이다.

$$P(\mathrm{h}(\mathrm{b}), \mathrm{g}(\mathrm{b}), r) = r\left\{\sum_{i=1}^{l}[h_i(\mathrm{b})]^2 + \sum_{j=1}^{m}[\max(0, \mathrm{g}_j(\mathrm{b}))]^2\right\} \qquad (3 \cdot 124)$$

여기서 r은 스칼라 양이다. 이 방법은 외부벌칙함수법(exterior penalty function method)이라 하기도 한다. 이는 유용영역의 외부, 즉 불용영역에서 유용영역방향으로 설계점이 이동하기 때문에 붙여진 이름이다.

벌칙함수를 다르게 정의하면 내부벌칙함수법(interior penalty function method)이라 할 수 있는 장애함수법(barrier function method)을 사용할 수 있다. 부등제한조건만이 있을 대 사용하는데 다음과 같은 장애함수들이 있다.

$$P(\mathrm{g}(\mathrm{b}), r) = (1/r)\sum_{j=1}^{m}[-1/g_j(\mathrm{b})]$$: 역장애함수(inverse barrier function)

(3·125)

$$P(\mathrm{g}(\mathrm{b}), r) = (1/r)\sum_{j=1}^{m} -\log(-g_j(\mathrm{b}))$$: 대수장애함수(log barrier function)

(3·126)

이 방법은 초기설계점이 유용영역 내에 있어야 한다. 또 이론적으로 제한조건이 활성화되면 벌칙량 P의 값은 무한대가 된다. 이 함수들은 유용영역의 경계에 커다란 장애벽을 만들기 때문에 반복 과정 동안 설계점이 유용영역을 벗어날 수 없다. 위의 방법들에서 조정계수 r의 값은 반복 과정을 진행하면서 늘여야 한다. 조정계수 r이 무한대로 갈 때 식 (3·123)의 최적해는 원래 문제의 최적해에 수렴하게 된다.

또 다른 변환법으로 확장라그랑지방법(augmented Lagrangian method, ALM)이 있다. 다른 이름으로 승수법(multiplier method)이라 하기도 한다. 앞서 언급한 조정변수 r이 필요 없기 때문에 변환함수 ψ에서 특이점이 발생하지 않는다. 확장라그랑지방법의 벌칙함수는 여러 형태가 있지만 다음과 같이 정의할 수 있다.

$$P(\mathbf{h}(\mathbf{b}), \mathbf{g}(\mathbf{b}), r) = 0.5\sum_{i=1}^{l} r_i'(h_i + \theta_i')^2 + 0.5\sum_{j=1}^{m} r_j[(g_j + \theta_j)^+]^2 \qquad (3 \cdot 127)$$

여기서 $(g_j + \theta_j)^+ = \max(0, g_j + \theta_j)$이다. θ_i', r_i'는 i번째 등호조건과 관계가 있는 조정계수이다. 또 $\theta_j > 0$, $r_j > 0$는 j번째 부등호조건과 관계가 있는 조정계수이다. 만일 $\theta_j = \theta_i' = 0$, $r_j = r_i' = r$이라면 식 (3·127)은 식 (3·124)에 있는 이차손실함수와 동일하다. 이차손실함수에서는 반복 과정을 진행하면서 조정계수 r이 무한대로 가야하는 반면에 여기서는 조정계수들이 유한한 값을 가진다. 전반적인 흐름은 식 (3·127)을 식 (3·123)에 대입하여 식 (3·123)의 최적해를 찾는 과정을 따른다. 이때 조정계수들은 다양한 규칙에 의해 갱신해 나간다.

참고문헌

Arora JS, *Introduction to Optimum Design*, 2nd ed., Elsevier, San Diego CA, 2004.

Bazaraa MS & Sherali H D, *Shetty CM Nonlinear Programming*, Wiley, New York, 1993.

Belegundu AD & Chandrupatla TR, *Optimization Concepts and Applications in Engineering*, Prentice Hall, New Jersey, 1999.

Dantzig G, *Linear Programming and Extensions*, Princeton University Press, New Jersey, 1963.

Fiacco AV & McCormic GP, *Nonlinear Programming: Sequential Unconstrained Minimization Techniques*, Wiley, New York, 1968.

Fletcher, R. & Reeves CM, "Function Minimization by Conjugate Gradients," *Computer Journal* 7, pp. 149~154, 1964.

Fletcher R, "A New Approach to Variable Metric Algorithms," *Computer Journal* 13, pp. 317~322, 1970.

Goldberg DE & Samtani MP, "Engineering Optimization via Genetic Algorithm," *Proceedings of the 9th Conference of Electronic Computation,* ASCE, pp. 471~482, 1986.

Haftka RT & Gürdal Z, *Elements of Structural Optimization*, Kluwer, Dordrecht, 1992.

Haug EJ & Arora JS, *Applied Optimal Design*, Wiley, New York, 1979.

Papalambros PY & Wilde DJ, *Principles of Optimal Design: Modeling and Computation*, 2nd ed., Cambridge University Press, Cambridge, 2000.

Parmee IC & Hajela P(eds), *Optimization in Industry*, Springer, Berlin Heidelberg New York, 2002.

Polak E, *Computational Methods in Optimization*, Academic Press, New York, 1971.

Powell MJD, "An Efficient Method for Finding the Minimum of a Function of Several Variables without Calculating Derivatives," *Computer Journal* 7, pp. 303~307, 1964.

Rao SS, *Engineering Optimization*, 3rd ed., Wiley, New York, 1996.

Rosen JB, "The Gradient Projection Method for Nonlinear Programming," Part I, Linear Constraints, *SIAM Journal Appl Math* 8, pp. 181~217, 1960.

Rozvany GIN, *Topology Optimization in Structural Mechanics*, Springer, Berlin Heidelberg New York, 1997.

Rutenbar RA, "Simulated Annealing Algorithms: An Overview," *IEEE Circuits and Devices*, pp. 19~26, 1989.

Schmit LA, "Structural Synthesis – its Genesis and Development," *AIAA Journal* 19, pp. 1249~1263, 1981.

Vanderplaats GN, *Numerical Optimization Techniques for Engineering Design with Applications*, McGraw-Hill, New York, 1984.

Venkayya VB, "Structural Optimization — Recent Developments and Applications," *Int J Num Meth Eng* 13, pp. 203~228, 1978.

Zangwill WI, *Nonlinear Programming: A Unified Approach*, Prentice-Hall, New Jersey, 1969.

Zoutendijk G, *Methods of Feasible Directions*, Elsevier, Amsterdam, Netherlands, 1960.

연 습 문 제

1. 다음은 공학문제를 최적설계문제로 정식화하기 위해, 설계자가 다루고 있는 문제들을 기술한 것들이다. 각각의 기술을 토대로 주어진 문제들을 최적화문제로 정식화하려고 한다. 그러나 각각의 경우, 주어진 기술만으로는 최적화문제를 만들 수 없다. 각 경우에 주어진 기술들에서 어떤 부분이 부족하여 최적화문제를 만들 수 없는지 지적하여라(실제로 이처럼 문제를 명확하게 정의하지 않는 경우가 현장에서 자주 일어난다).
   (1) 펌프를 최적화하자.
   (2) 펌프를 최적화하고 싶은데 바꿀 수 있는 것은 외경과 블레이드 개수 뿐이다.
   (3) 단위시간당 펌프의 유량을 최대로 하고 싶다.
   (4) 단위시간당 펌프의 유량을 최대로 하고 싶다. 그런데 바꿀 수 있는 것은 외경과 블레이드 개수 정도이다.

2. 다음의 외팔보는 수직하중 P를 받고 있으며, 그 길이는 L이다. 자유단의 수직변위(d)가 10mm 이하, 고정단의 응력이 100MPa 이하가 되는 단면형상 중에서, 이 외팔보의 무게를 최소화하는 형상을 결정하는 문제를 정식화하여라(영률은 E, 관성모멘트는 I, 밀도는 ρ, 단면의 폭과 높이는 각각 b, h이다).

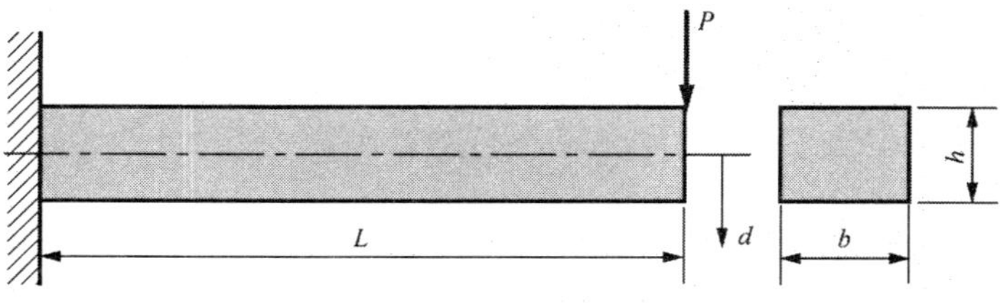

3. 다음의 용수철계를 생각한다. 하중 P_1과 P_2가 가해질 경우, Q지점의 변위 Q_x, Q_y를 구할 수 있는 최적화문제를 정식화하여라(힌트 : 계의 전체 퍼텐셜에너지를 최소화하여라).

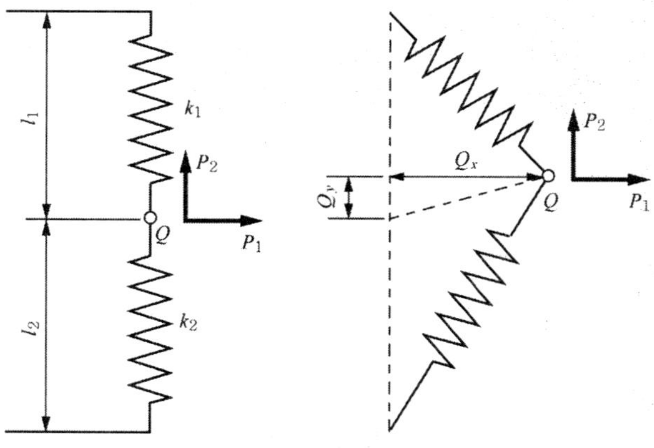

4. 차량의 승객거동실험을 통해 다음 그림의 $r(t)$와 같은 힘-시간 그래프를 얻었다. 이 실험 결과를 설계단계에 이용하기 위해 $r(t)$를 근사화한 다항식 $p(t)$를 구하려고 한다. 구할 다항식 $p(t)$는 다음과 같은 조건을 만족하여야 한다.

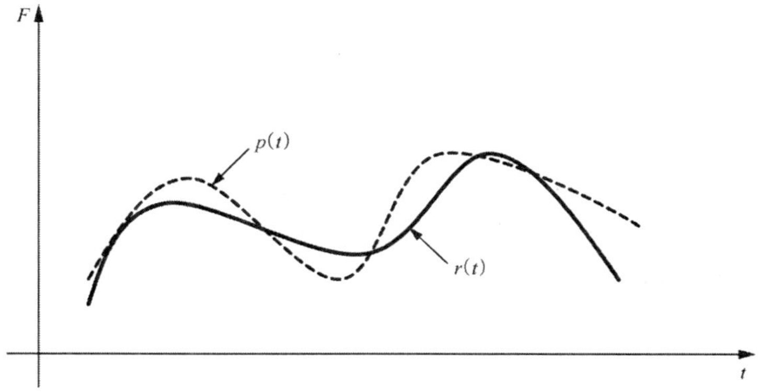

(1) $p(t)$에 의한 전체운동량과 $r(t)$에 의한 운동량의 차이가 최소화되어야 한다.

(2) 적어도 $p(t1)$과 $r(t1)$의 값의 차이, $p(t2)$와 $r(t2)$의 값의 차이는 각각 0.5 이하여야 한다.

(3) $p(t)$는 6차 다항식으로 가정한다.

위의 세 조건을 만족하는 다항식 $p(t)$를 구하기 위해 최적설계 정식화를 사용하려고 한다. 이를 위해 필요한 정식화를 기술하여라.

5. 도해법을 사용하여 다음 최적화문제의 해를 구하여라.

(1) Minimize $f(\mathrm{b}) = b_2^2 - 12b_1 - 4$

subject to $g_1(\mathrm{b}) = b_1 + 1 \le 0$

$g_2(\mathrm{b}) = b_1^2 + b_2^2 - 3 \le 0$

(2) Minimize $f(\mathrm{b}) = b_1 + b_2$

subject to $g_1(\mathrm{b}) = -b_1 + 3b_2 + 5 \ge 0$

$g_2(\mathrm{b}) = 2b_1 - 10b_2 - 2 \ge 0$

$g_3(\mathrm{b}) = b_1 \ge 0$

6. 다음 함수의 국부최적점을 구하여라.

(1) $f(b_1, b_2) = (b_1 - b_2)^2 + (b_2 - 1)^2$

(2) $f(b_1, b_2) = b_1^2 - b_1 b_2 + 3b_2^2 + 4b_2$

(3) $f(b_1, b_2) = 2b_1 + \dfrac{3}{b_1 b_2} + 3b_2$

7. 제한조건이 있는 다음 문제의 국부최적점을 구하고, 구한 최적점이 KKT 필요조건을 만족하는지 점검하여라.

(1) Minimize $f(\mathrm{b}) = 10b_1^2 + 2b_2^2 - 5b_1b_2 - 3b_1$

subject to $g_1(\mathrm{b}) = b_1 + b_2 = 4$

(2) Minimize $f(\mathrm{b}) = 3b_1^2 + 16b_1 + 16b_2^2 - 7$

subject to $g(\mathrm{b}) = b_1^2 + b_2^2 + 4b_1 = 10$

(3) Minimize $f(\mathrm{b}) = 2b_1 + 3b_2 - b_1^2 - b_2^2$

subject to $g_1(\mathrm{b}) = b_1 + 3b_2 \le 5$

$g_2(\mathrm{b}) = 2b_1 + 5b_2 \le 8$

$b_1, b_2 \ge 0$

8. 다음 함수의 최소값을 구하려고 한다.

$$f(\mathrm{b}) = 3b^2 - 6b + 7,\quad b^{(0)} = 2$$

3.4절에서 소개한 수치적방법의 5단계를 2회 반복하여라. 방향벡터는 $\mathrm{d} = -\nabla f$로 하고, 양의 이동거리는 $\alpha = 0.2$로 하여라.

9. 미소차분량 Δx를 다음과 같이 변화시켜서 다음 함수의 민감도를 유한차분법으로 구하여라. 해석적으로 구한 민감도와 비교하여라. 현재의 설계점은 $b^{(0)} = 1$이다.

$$f(b) = e^x + \sin x,\quad \Delta x = 1,\ 0.1,\ 0.001,\ 0.00001,\ 1\times 10^{-4}$$

10. 다음을 표준선형계획문제로 변환하여라.

(1) Minimize $f(\mathrm{b}) = 10b_1 - 4b_2 + 2b_3$

subject to $b_1 + b_2 - 2b_3 \ge 2$

$5b_1 + 2b_2 + 3b_3 \ge 4$

$b_1, b_2 \ge 0$

(2) Minimize $f(\mathrm{b}) = -b_1 - 3b_2$

subject to $-b_1 + 3b_2 \le 10$

$b_1 - 4b_2 \le 5$

$b_1 + 2b_2 \le 6$

$b_1, b_2 \ge 0$

(3) Maximize $f(\mathrm{b}) = 3b_1 + 4b_2 - 5b_3 + 5b_4$

subject to $5b_1 + 3b_2 + 7b_3 \le 8$

$2b_1 - 3b_2 + 3b_3 + b_4 \ge 3$

$-3b_1 + 9b_2 + 6b_3 + 7b_4 = 15$

$b_1, b_2, b_3, b_4 \ge 0$

(4) Minimize $f(\mathrm{b}) = 10b_1 + b_2$

subject to $-b_1+5b_2 \geq 8$

$4b_1-b_2 \geq 10$

$b_1 \leq 0$

11. 다음 선형계획문제의 해가 존재한다면 그 해를 도해법으로 구하여라. 해가 존재하지 않는다면 그 이유를 설명하여라.

(1) Minimize $f(\mathrm{b}) = b_1+b_2$

subject to $10b_1-3b_2 \leq 3$

$5b_1+7b_2 = 1$

$-b_1+3b_2 = 7$

$b_1, b_2 \geq 0$

(2) Minimize $f(\mathrm{b}) = b_1+b_2$

subject to $10b_1-3b_2 \leq 3$

$b_1, b_2 \geq 0$

(3) Minimize $f(\mathrm{b}) = b_1+b_2$

subject to $-2b_1+6b_2 = 14$

$-b_1+3b_2 = 7$

$b_1-5b_2 \leq 10$

12. 다음 선형계획문제의 기저해를 모두 찾고, 가능하면 그 기저해를 그래프로 표현하여라.

(1) Maximize $f(\mathrm{b}) = b_1-2b_2$

subject to $2b_1+b_2 \geq 4$

$b_1-2b_2 \leq 3$

$2b_1-3b_2 = 5$

$b_1, b_2 \geq 0$

(2) Maximize $f(\mathrm{b}) = 3b_1+2b_2$

subject to $7b_1+b_2 \geq 14$

$b_1+4b_2 \geq 5$

$b_1 \geq 0$

(3) Minimize $f(\mathrm{b}) = 9b_1+8b_2+2b_3$

subject to $-b_1-5b_2+4b_3 \leq -5$

$b_1-2b_2+3b_3 \geq -7$

$b_1, b_2, b_3 \geq 0$

13. 다음의 함수 $f(b)$를 최소화하는 $b=b^*$를 등간격탐색법으로 구하여라. 불확정간격이 0.001보다 작으면 수렴한 것으로 하고 $\delta=0.02$로 한다. $b=-1$을 초기치로 하고, 필요하다면 C나 FORTRAN 등의 프로그래밍언어를 사용하여라.

$$f(b) = 4b^2 - 5b + 9$$

14. 13번 문제를 황금분할 탐색법으로 풀어라.

15. 다음의 함수를 일변수 최적화문제에 적용할 수 있도록 α에 대한 함수로 변환하여라.

(1) $f(\mathrm{b}) = 2b_1^2 + 2b_1 + b_2^3 + 1$, $\mathrm{b} = [0 \quad 1]^T$, $\mathrm{d} = [-2 \quad -3]^T$

(2) $f(\mathrm{b}) = \cos b_1 - b_2^2 + 4b_1$, $\mathrm{b} = [\pi \quad 3]^T$, $\mathrm{d} = [-4 \quad 6]^T$

(3) $f(\mathrm{b}) = b_1^2 - 3b_1 + 7b_2^3 - 3b_2 + 1$, $\mathrm{b} = [1 \quad 0]^T$, $\mathrm{d} = [1 \quad 3]^T$

(4) $f(\mathrm{b}) = (b_1 - 4)^2 + (b_2 - 3)^2 + (b_3 - 2)^2$, $\mathrm{b} = [0 \quad 0 \quad 0]^T$, $\mathrm{d} = [8 \quad 6 \quad 4]^T$

16. 15번 문제에서 얻은 일변수 최적화문제들을 황금분할법으로 풀어라. 필요하면 C나 FORTRAN 등의 프로그래밍언어를 사용하여라. $\delta = 0.02$이며 불확정구간이 0.001이 되면 수렴한 것으로 간주한다.

17. 최속강하법을 사용하여 다음의 함수를 최소화하는 과정을 두 번 반복하여라.

(1) $f(b_1, b_2) = b_1^2 + 2b_2^2 - 2b_1 b_2 + 4b_1 + 1$, $\mathrm{b}^{(0)} = [1 \quad 0]^T$

(2) $f(b_1, b_2) = (b_1 - b_2^2)^2 + (5b_2 - 1)^2$, $\mathrm{b}^{(0)} = [1 \quad 1]^T$

(3) $f(b_1, b_2) = (b_1 - 1)^2/36 + (b_2 - 3)^2/4$, $\mathrm{b}^{(0)} = [-1 \quad -1]^T$

18. 공액경사도법을 사용하여 17번 문제를 풀어라.

19. 최속강하법과 공액경사도법을 각각 사용하여 17번 문제의 (3)번 함수를 불확정구간이 0.001이 될 때까지 최소화하여라. 그리고 두 방법에 의한 해의 수렴이력을 비교하여라.

20. DFP법을 사용하여 17번 문제를 풀어라.

21. BFGS법을 사용하여 17번 문제를 풀어라.

22. 다음의 제한조건들을 정규화한 후 ε-활성화제한조건집합을 구하여라. 단 $\varepsilon = 0.1$이며, 현재 설계점은 $\mathrm{b} = [3.3 \quad 3.3]^T$이다.

$$g_1(\mathrm{b}) = b_1 - 3.3 \le 0$$
$$g_2(\mathrm{b}) = b_2 - 3.5 \le 0$$
$$g_3(\mathrm{b}) = b_1^2 - 12.25 \le 0$$
$$g_4(\mathrm{b}) = b_1 b_2 - 12 \le 0$$
$$g_5(\mathrm{b}) = b_2 \le 0$$
$$g_6(\mathrm{b}) = b_1 + b_2^2 + 10 \le 0$$
$$g_7(\mathrm{b}) = b_2 - b_1 - 2 \le 0$$

23. 다음의 정식화로부터 주어진 점에서 선형화된 부문제를 만들어라.

(1) Minimize $\quad f(\mathrm{b}) = 2b_1 + b_2$

subject to $b_1^2 - 3b_1b_2 + 2b_2^2 - 1 \geq 0$

$\mathbf{b} = [3 \quad -1]^T$

(2) Minimize $f(\mathbf{b}) = b_1^2 + 2b_2^2 - 4b_1 + b_2 + 1$

subject to $6b_1^2 + 5b_2^2 \leq 30$

$3b_1 + 7b_2 \leq 10$

$b_1 - 2b_2 \geq 0$

$\mathbf{b} = [1 \quad 1]^T$

(3) Minimize $f(\mathbf{b}) = (b_1 - 1)^2 + (b_2 - 1)^2$

subject to $b_1 - b_2^2 - 2 \leq 0$

$b_1 - 2b_2 \leq 0$

$\mathbf{b} = [4 \quad 5]^T$

24. 23번의 부문제를 형성하되, 순차적선형계획법(SLP)을 사용하여라. 단 이동한계는 ±0.5이다.

25. 다음 정식화의 부문제를 형성하되, 순차적이차계획법(SQP)을 사용하여라.

(1) Minimize $f(\mathbf{b}) = (b_1 - 2)^2 + (b_2 - 3)^2$

subject to $b_1 + b_2^2 \leq 6$

$b_1, b_2 \leq 0$

$\mathbf{b}^{(0)} = [0 \quad -1]^T$

(2) Minimize $f(\mathbf{b}) = b_1^2 + 2b_2^2 - 4b_1b_2 + 3b_2 + 1$

subject to $4b_1^3 - b_2^2 \leq 0$

$b_1 - 2b_2^2 \leq 0$

$\mathbf{b}^{(0)} = [1 \quad 3]^T$

26. 다음의 제한조건이 있는 최적화문제를 변환법으로 풀기 위해 역장애함수를 정의하여라. 또 조정계수 r을 적절히 변화시켜 가면서 정의한 역장애함수의 등고선(contour)를 그려라. 설계변수값의 경계 근처에서 어떤 현상이 일어나는지 설명하여라.

Minimize $f(\mathbf{b}) = b^2 - 2b - 5$

subject to $3 \leq b \leq 7$

3.A 간단한 수학적 배경 및 용어 설명

[1] 유용영역

유용영역(feasible region)이란 설계변수의 공간상에서 식 (3·1c)~(3·1e)의 제한조건을 만족하는 설계변수의 영역을 의미한다. 집합기호로 유용영역 S는 다음과 같이 표현할 수 있다.

$$S = \{\mathrm{b} \mid h_i(\mathrm{b})=0,\ i=1, \cdots, l \cap g_j(\mathrm{b}) < 0,\ j=1, \cdots, m\} \tag{3.A・1}$$

설계해는 우선 유용영역 안에 있어야 하며 최적해는 유용영역 안에서 찾아야 한다. 즉, 최적해는 유용영역 내에서 목적함수를 최소로 하는 해이다. 예를 들어 다음과 같은 제한조건의 집합이 있다고 하자.

$$S_1 = \{\mathrm{b} \mid g_1 = b_1 + b_2 - 1 \le 0 \cap g_2 = b_1^2 + b_2^2 - 4 \le 0\} \tag{3.A・2}$$

그림 **3.A・1**에 각각의 제한조건함수를 도시하였다. 각 제한조건을 만족하는 영역은 빗금친 반대 부분이다. 모든 제한조건을 만족하는 유용영역이 음영 처리된 부분이다. 그림 **3.A・1**에서 점 A, B, C는 유용영역 안에 있으며 점 D, E, F는 유용영역 밖에 있다.

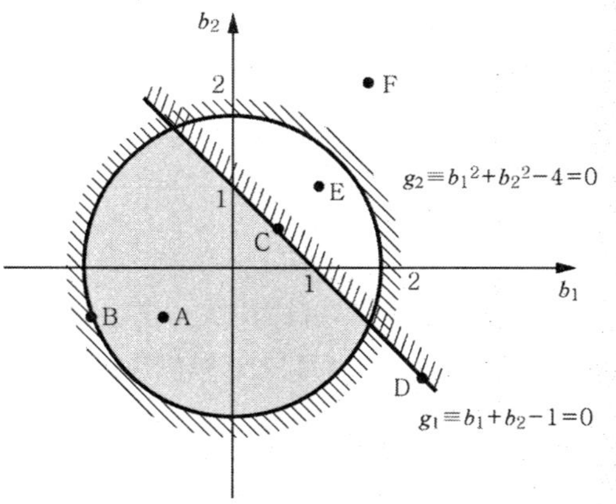

그림 3.A・1 유용영역의 예

[2] 전역(절대)최소

유용영역 내의 모든 b에 대하여 다음과 같은 조건을 만족하면 b*에서 목적함수가 전역(절대)최소값을 갖는다고 한다.

$$f(\mathrm{b}^*) \le f(\mathrm{b}) \tag{3.A・3}$$

여기서 부등호(<)가 성립되면 엄격한 전역최소(strict global minimum)라 한다.

정리 3.A · 1 Weierstrass 정리 – 전역최소의 존재

닫혀 있고(closed) 유계(bounded)인 유용집합 S상에서 함수 $f(\mathbf{b})$가 연속이면, $f(\mathbf{b})$는 S 내에서 전역최소를 갖는다.

[3] 국부최소

유용영역 S 내에서 $\mathbf{b}^*$의 근방 N은 다음과 같은 점들의 집합으로 정의한다.

$$N = \{\mathbf{b} \mid \mathbf{b} \in S, |\mathbf{b} - \mathbf{b}^*| < \delta\} \tag{3.A · 4}$$

여기서 δ는 충분히 작은 임의의 양수이다. 식 (3.A · 3)이 $\mathbf{b}^*$의 근방 N에서 성립할 때 $\mathbf{b}^*$를 국부최소라 부른다. 설계변수가 하나인 경우를 간단히 표현한 예가 그림 **3.A · 2**에 있다. 그림 **3.A · 2**의 유용영역에서 A, C, E는 국부최대이며 B, D, F는 국부최소이다. 한편 C는 전역최대이며 F는 전역최소이다.

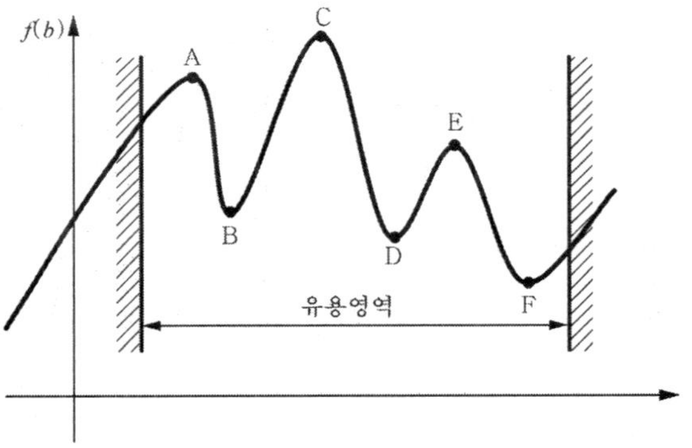

그림 3.A · 2 최대값과 최소값의 예

[4] 경사도(gradient)

1계편미분을 이용해 함수 $f(\mathbf{b})$의 경사도(gradient) ∇f를 다음과 같이 정의한다.

$$\nabla f = \left[\frac{\partial f}{\partial b_1} \ \frac{\partial f}{\partial b_2} \ \cdots \ \frac{\partial f}{\partial b_n} \right]^T \tag{3.A · 5}$$

위의 경사도는 기하학적으로 변수 $\mathbf{b}$의 공간에서 $f = c$(상수)가 만드는 하이퍼면(hyper plane)의 접평면(tangent plane)에 수직하는 법선벡터이다. 예를 들어

$$f = b_1^2 + b_2^2 - 2 = 0 \tag{3.A · 6}$$

의 함수가 있을 때 이의 경사도벡터는 다음과 같이 된다.

$$\nabla f = \left[\frac{\partial f}{\partial b_1} \quad \frac{\partial f}{\partial b_2} \right]^T = [\,2b_1 \quad 2b_2\,]^T \tag{3.A・7}$$

이를 도식적으로 표현하면 그림 **3.A・3**과 같다. 그림 **3.A・3**은 $f=0$일 때 $(b_1, b_2) =$ (1.0, 1.0)에서의 접선과 법선을 보여주고 있다.

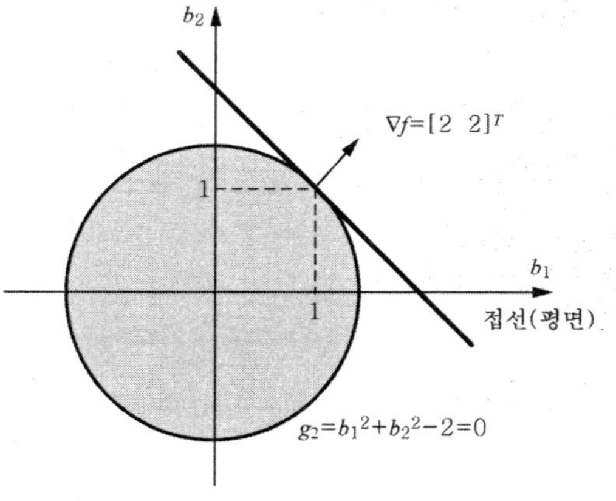

그림 3.A・3 경사도의 예

[5] 헤시안행렬(Hessian matrix)

경사도벡터를 다시 미분하면 다음과 같이 정의되는 헤시안행렬을 구할 수 있다.

$$\mathrm{H} = \frac{\partial^2 f}{\partial \mathrm{b}\, \partial \mathrm{b}} = \begin{bmatrix} \frac{\partial^2 f}{\partial b_1^2} & \frac{\partial^2 f}{\partial b_1 \partial b_2} & \cdots & \frac{\partial^2 f}{\partial b_1 \partial b_n} \\ \frac{\partial^2 f}{\partial b_2 \partial b_1} & \frac{\partial^2 f}{\partial b_2^2} & \cdots & \frac{\partial^2 f}{\partial b_2 \partial b_n} \\ \vdots & \vdots & & \vdots \\ \frac{\partial^2 f}{\partial b_n \partial b_1} & \frac{\partial^2 f}{\partial b_n \partial b_2} & \cdots & \frac{\partial^2 f}{\partial b_n^2} \end{bmatrix} \tag{3.A・8}$$

헤시안행렬은 함수의 2계미분값이며 편미분의 특성 때문에 대칭행렬(symmetric matrix)이다.

[6] 테일러급수(Taylor series)

b^*근방에서 함수 $f(\mathrm{b})$의 근사값은 다음과 같은 테일러급수 전개에 의해 구할 수 있다.

$$f(\mathrm{b}) = f(\mathrm{b}^*) + \nabla^T f(\mathrm{b}-\mathrm{b}^*) + \frac{1}{2}(\mathrm{b}-\mathrm{b}^*)^T \mathrm{H}(\mathrm{b}-\mathrm{b}^*) + R \tag{3.A・9}$$

여기서 R은 나머지의 오차를 의미한다. 테일러급수 전개는 주로 비선형함수를 선형함수나 2차 함수로 근사화할 때 사용한다. 즉, $\mathbf{b}^*$의 근방에서 함수 f를 식 (3.A · 9)의 1차항이나 2차항까지 근사화한다. 많은 경우 1차항까지만 사용하는데 다음과 같이 근사화한다.

$$f(\mathbf{b}) \cong f_{\text{app}}(\mathbf{b}) = f(\mathbf{b}^*) + \nabla^T f(\mathbf{b}^*)(\mathbf{b} - \mathbf{b}^*) \tag{3.A · 10}$$

여기서 $\delta f = \nabla^T f(\mathbf{b}^*)(\mathbf{b} - \mathbf{b}^*)$항은 $\mathbf{b}$의 변화에 대한 증분량을 의미한다. 따라서 $\nabla^T f(\mathbf{b}^*)$벡터와 $(\mathbf{b} - \mathbf{b}^*)$의 방향이 동일할 때 증분량이 최대가 된다. 경사도벡터방향은 함수의 최대증분방향이다. 반대로 $-\nabla^T f(\mathbf{b}^*)$방향은 최소증분방향 혹은 최대감소방향이라 할 수 있다.

여기서 식 (3.A · 9)에 포함된 헤시안행렬 $\mathbf{H}$의 특성을 살펴보자. 위의 식 (3.A · 9)에서 $\mathbf{x} \neq 0$인 임의의 $\mathbf{x}$에 대하여 $\mathbf{x}^T\mathbf{H}\mathbf{x} > 0$을 항상 만족하면 행렬 $\mathbf{H}$를 양정행렬(positive definite matrix)이라 부른다. 한편 $\mathbf{x}^T\mathbf{H}\mathbf{x} \geq 0$의 성질을 가지고 $\mathbf{x}^T\mathbf{H}\mathbf{x} = 0$인 $\mathbf{x} \neq 0$가 존재하면 이를 양반정(positive semidefinite)이라 한다. 이는 수학적뿐만 아니라 역학적으로도 대단히 중요한 성질이다.

[7] 볼록집합(convex set)

임의의 집합 S가 n차원 공간에서 정의된다고 하자. 집합 S 내의 임의의 두 점 $\mathbf{x}^1$과 $\mathbf{x}^2$를 연결하는 선분 $\mathbf{x}(=\alpha\mathbf{x}^1 + (1-\alpha)\mathbf{x}^2 (0 \leq \alpha \leq 1))$가 반드시 S에 포함될 때 S를 볼록집합이라 한다. 볼록집합의 예가 그림 **3.A · 4**에 있다.

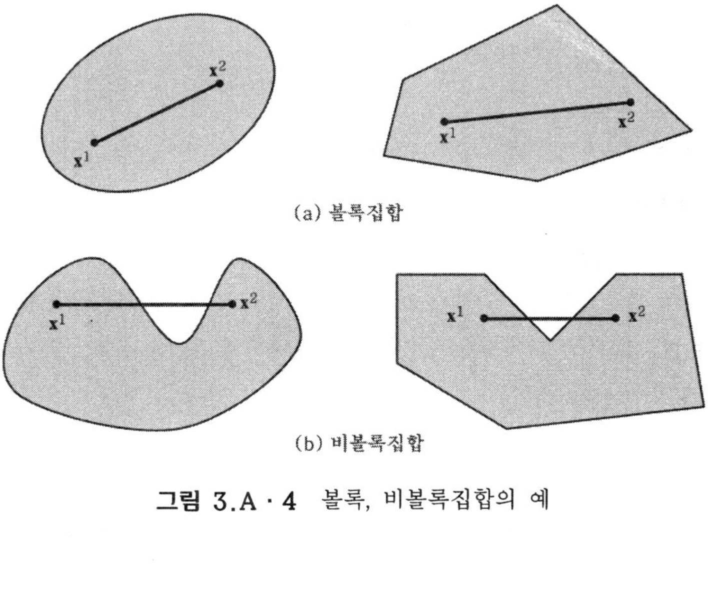

그림 3.A · 4 볼록, 비볼록집합의 예

[8] 볼록함수(convex function)

함수 $f(\mathbf{x})$에서 변수 $\mathbf{x}$가 볼록집합에 존재하고 $0 \le \alpha \le 1$에 대하여 다음의 부등식을 만족할 때 $f(\mathbf{x})$를 볼록함수라 부른다.

$$f(\alpha \mathbf{x}^1 + (1-\alpha)\mathbf{x}^2) \le \alpha f(\mathbf{x}^1) + (1-\alpha) f(\mathbf{x}^2) \qquad (3.A \cdot 11)$$

이상의 볼록성(convexity)으로부터 다음의 정리가 성립한다.

정리 3.A · 2 함수의 볼록성

볼록집합 S 상에 정의된 변수 $\mathbf{x} \in R^n$의 함수 $f(\mathbf{x})$는 집합 S 내의 모든 점에서 함수의 헤시안행렬이 양정 또는 양반정이면 볼록함수이다. 또 그 역도 성립한다. 만약 헤시안행렬이 집합 내의 모든 점에서 양정이면 f는 엄격한 볼록함수(strictly convex function)이다(그 역은 성립하지 않는다. 즉, 엄격한 볼록함수의 경우에도 어떤 점에서는 양반정 헤시안행렬이 될 수 있다. 예로서 $f(x) = (x-1)^4$은 엄격한 볼록함수이나 $x = 1$에서의 2계 도함수값이 0이다).

정리 3.A · 3 볼록함수와 볼록집합

식 (3 · 1)의 제한조건들로 정의된 집합을 S라 하자.

$$S = \{\mathbf{b} \mid h_i(\mathbf{b}) = 0,\ i = 1, \cdots, l \cap g_j(\mathbf{b}) \le 0,\ j = 1, \cdots, m\} \qquad (3.A \cdot 12)$$

함수 h_i가 선형함수이고 g_j가 볼록함수이면 S는 볼록집합이다.

정리 3.A · 4 전역적 최소

볼록집합 S 상에 정의된 볼록함수 $f(\mathbf{b})$에서 $\mathbf{b}^*$가 국부최소이면 전역최소이다.

[9] 활성화제한조건

어떤 설계점 $\mathbf{b}^*$에서 부등제한조건 $g_j(\mathbf{b}^*) \le 0$가 등호로 만족할 때, 즉 $g_j(\mathbf{b}^*) = 0$일 때 이를 설계점 $\mathbf{b}^*$에서 활성화제한조건이라 한다. 최적해에서 부등제한조건은 활성화제한조건일 수도 있고 그렇지 않을 수도 있지만 등제한조건은 항상 활성화제한조건이다. 제한조건을 만족하지 않을 때, 즉 설계점이 유용영역 밖에 있을 때 제한조건이 위배되었다고 한다. 그림 **3.A · 1**의 점 B에서는 g_2가 활성화제한조건이고, 점 C와 D에서는 g_1이 활성화제한조건이다.

[10] 정칙점(regular point)

식 (3 · 1)의 일반적인 최적화문제에서 등제한조건만 있는 문제를 가정하자. 제한조건 $h_i(\mathbf{b}^*) = 0,\ i = 1, \cdots, l$을 만족하는 점 $\mathbf{b}^*$가 있고 $\mathbf{b}^*$에서 모든 제한조건들의 경사도벡터들이 일차독립이면 그 점을 설계공간 상에서 정칙점이라 부른다. 일차독립(linear independence)이란 두 개의 경사도벡터가 서로 평행하지 않고, 어떤 경사도벡터도 다른 경사도벡터들의 선형결합(linear combination)으로 표현할 수 없다는 것을 의미한다. 부등제한조건이 포함된 문제의 경우에는 어떤 점이 정칙점이 되려면 그 점에서 활성화부등제한조건의 경사도 벡터들도 역시 일차독립이어야 한다.

제 4 장

구조최적설계

4.1 개 요

구조최적설계는 최적화이론을 구조물의 설계에 응용하는 분야이다. 제**3**장에서 강조하였듯이 최적화이론을 구조설계에 응용하려면 우선 설계문제가 식 (3 · 1)과 같은 형태로 정식화되어야 한다. 그런데 구조설계문제를 식 (3 · 1)의 형태로 명확하게 정의하는 것은 쉬운 일이 아니다. 특히 식 (3 · 1c)의 등제한조건을 명확하게 정의하고 이를 효율적으로 처리하는 것이 비교적 까다롭다. 그럼에도 불구하고 구조최적설계에 최적화기법을 많이 응용하는 이유는 식 (3 · 1)의 정식화가 구조물설계의 목적과 설계제한조건을 잘 반영할 수 있기 때문이다.

구조최적설계는 비행기 구조물을 경량화하려는 시도에서 시작되었다. 오늘날에도 구조최적설계를 가장 활발히 적용하고 있는 분야는 항공분야인데, 최근에는 자동차 등 여러 분야로 그 적용범위가 확장되고 있다. 이처럼 구조물의 설계에 최적화이론이 활발히 적용되는 이유는 몇 가지가 있다.

첫 째, 구조물을 설계하는 과정이 최적화 과정과 매우 유사해서 최적화기법을 구조물의 설계에 접목하기 쉽기 때문이다. 구조설계에서는 구조물의 경량화가 중요한데 구조물의 무게를 최소화한다는 점이 최적화이론의 목적함수 최소화와 일치한다. 경량화뿐만 아니라 설계목적이 특정 반응치를 최소화하거나 최대화하는 것일 수도 있는데, 이때에도 목적함수의 최소화개념과 잘 일치한다. 또한 구조설계에서 나타나는 각종 설계조건은 최적화이론의 제한조건과 일치한다.

둘 째, 유한요소법(finite element method, FEM)을 사용할 수 있기 때문이다. 최적화이론을 설계문제에 적용하려면 목적함수나 제한조건을 잘 정의해야 한다. 이를 위해 우선 구조물의 거동을 일관된 방법으로 명확하게 파악해야 한다. 유한요소법은 그런 목적에 잘 부합하는 해석방법이다. 유한요소법은 컴퓨터를 이용하는 해석방법들 중에서 가장 잘 발달되어 있는 기술 중의 하나이다. 또한 상용소프트웨어도 쉽게 구할 수 있기 때문에 최적화이론을 구현한 소프트웨어와 쉽게 접목할 수 있다.

구조최적설계에서는 대개 제3장에서 설명한 최적화이론을 그대로 사용한다. **3.8**절의 기본법과 연관지어 구조물의 최적치수를 찾는 과정을 예로 들면 다음과 같다. 먼저 부재의 현재 치수를 사용하여 구조물의 총중량(목적함수)과 특정 부재의 응력(제한조건함수)을 계산한다. 계산 결과를 바탕으로 선형화된 부문제를 형성한다. 형성된 부문제로부터 방향벡터를 산출하고 이동거리(stepsize)를 결정하여 부재의 치수를 다시 결정한다. 이 과정을 반복적으로 시행하여 부재의 최적치수를 찾는다. 한편 부문제를 형성하기 위해서는 민감도해석이 필요하다. 구조최적설계에서는 주어진 평형방정식(주로 유한요소법을 사용하여 푼다)을 사용하여 민감도해석을 한다. 이에 대한 자세한 사항은 뒤에서 다룬다.

구조최적화는 크게 두 부류의 접근방법이 있다. 하나는 직접법이고 다른 하나는 간접법이다. 직접법은 최적화 알고리즘이 대상 구조물의 반응을 직접 이용하는 방법으로 식 (3 · 1)의 모든 함수들을 유한요소법의 결과로 대치하는 경우이다. 간접법은 구조물의 반응을 설계변수나 다루기 쉬운 매개변수의 명시적인 함수로 근사화한 후, 근사화된 함수에 최적화 알고리즘을 적용하는 방법이다. 간접법에서는 식 (3 · 1)의 모든 함수들을 현재 설계점에서의 선형/비선형 근사함수로 대치한다. 간접법의 근사화는 구조물의 반응의 특성을 충분히 이용하여 이루어진다.

앞에서 언급한 대로 구조최적설계에서 목적함수나 제한조건함수의 값을 구하려면 대개 유한요소법을 사용한다. 그런데 규모가 큰 구조물에서는 유한요소법을 사용하는 비용이 크다. 특히 민감도해석에 소요되는 비용은 매우 크다. 민감도해석을 수치적으로 구현할 때 해석적으로 편미분하는 과정을 직접 구현하면 구현비용은 많지만, 민감도해석에 필요한 비용은 상대적으로 적다. 반대로 유한차분법을 사용하면 민감도해석을 구현하는 과정은 쉽지만 유한요소해석 횟수가 늘어나기 때문에 민감도해석 비용은 매우 많아진다. 구조최적설계에서는 유한요소해석과 민감도해석이 빈번하기 때문에 이들의 해석 횟수를 가급적 줄이는 일이 중요하다.

추구하는 목적에 따라 구조최적화를 몇 가지 부류로 분류할 수 있다. 가장 대표적인 분류는 설계변수의 특징에 의한 것인데, 치수최적설계(size optimization), 형상최적설계(shape optimization), 위상최적설계(topology optimization)로 나누는 방법이다. 뒤에서 자세히 설명하겠지만 치수최적설계에서는 설계변수가 변할 때 유한요소해석의 영역(domain)이 변하지 않는다. 그러나 형상최적설계에서는 설계변수가 영역의 경계가 되므로 설계 중 영역이 변한다. 위상최적설계에서는 영역 안에서의 재료의 분포 및 재료의 유무가 설계변수가 된다. 치수최적설계와 형상최적설계에서 사용하는 기본 이론은 거의 비슷하나 위상 최적설계에서 사용하는 이론은 많이 다르다.

설계공간의 특징에 따라 구조최적설계를 연속설계(continuous design)와 불연속설계(discrete design)로 분류할 수 있다. 연속설계는 설계변수를 연속적인 공간에서 정의하며 범위 내의 어떤 실수값도 설계변수값이 될 수 있다. 그러나 실제설계에서는 특정 설계변수가 가질 수 있는 값이 간격을 가진 일정한 값일 수 있다. 이러한 경우를 불연속설계라 부른다. 이 장에서는 연속설계에 대한 사항만을 취급하고 불연속설계는 제6장에서 기술한다.

4.2 유한요소법

유한요소법(finite element method)은 미분방정식으로 표현되는 지배방정식을 컴퓨터를 이용하여 수치적인 방법으로 푸는 해석방법이다. 유한요소법은 주로 고체로 이루어진 물체의 응력해석, 진동해석 등에 사용되지만 최근에는 열전달문제, 유체역학문제 등에도 사용된다. 이 책에서 최적화를 염두에 두고 유한요소법을 말할 때에는 고체나 구조물의 해석을 의미한다. 여기서는 유한요소법을 자세하게 설명하지는 않는다. 다만 구조최적화 관점에서 바라본 유한요소법에 대해 간단히 설명한다.

4.2.1 응력 및 변형률

응력을 공학적으로 정의하면 단위면적당 힘이라고 할 수 있다. 그림 **4・1**에 있는 정육면체 상의 응력요소는 다음과 같은 응력벡터를 이룬다.

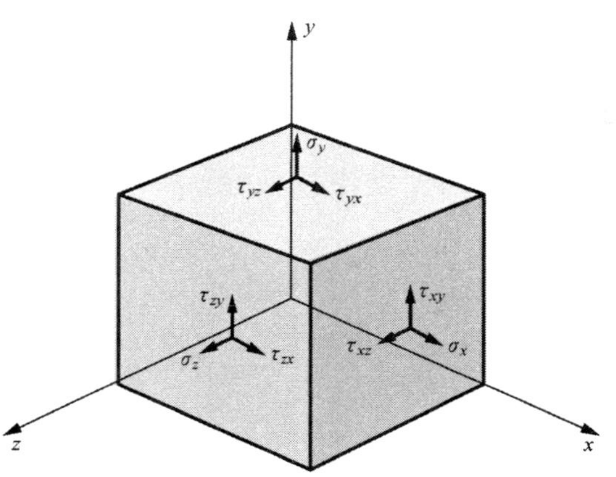

그림 4・1 정육면체 상의 응력

$$\sigma = [\, \sigma_x \quad \sigma_y \quad \sigma_z \quad \tau_{xy} \quad \tau_{yz} \quad \tau_{zx} \,]^T \tag{4・1}$$

식 (4・1)의 응력은 공간상의 점에서 다음의 평형방정식을 만족한다.

$$\frac{\partial \sigma_x}{\partial x} + \frac{\partial \tau_{xy}}{\partial y} + \frac{\partial \tau_{xz}}{\partial z} + F_x = 0 \tag{4・2a}$$

$$\frac{\partial \sigma_y}{\partial y} + \frac{\partial \tau_{xy}}{\partial x} + \frac{\partial \tau_{yz}}{\partial z} + F_y = 0 \tag{4・2b}$$

$$\frac{\partial \sigma_z}{\partial z} + \frac{\partial \tau_{xz}}{\partial x} + \frac{\partial \tau_{yz}}{\partial y} + F_z = 0 \tag{4・2c}$$

여기서 F_x, F_y, F_z는 중력 등의 체력(body force)이다.

공간상의 한 점에서의 변위를 $\mathrm{u} = [\, u \quad v \quad w \,]^T$라 하면 변형률은 다음과 같다.

$$\varepsilon_x = \frac{\partial u}{\partial x} \tag{4・3a}$$

$$\varepsilon_y = \frac{\partial v}{\partial y} \tag{4・3b}$$

$$\varepsilon_z = \frac{\partial w}{\partial z} \tag{4・3c}$$

$$\gamma_{xy} = \frac{\partial u}{\partial y} + \frac{\partial v}{\partial x} = \gamma_{yx} \tag{4・3d}$$

$$\gamma_{yz} = \frac{\partial v}{\partial z} + \frac{\partial w}{\partial y} = \gamma_{zy} \tag{4・3e}$$

$$\gamma_{zx} = \frac{\partial w}{\partial x} + \frac{\partial u}{\partial z} = \gamma_{xz} \tag{4・3f}$$

이를 벡터로 표시하면

$$\varepsilon = [\, \varepsilon_x \quad \varepsilon_y \quad \varepsilon_z \quad \gamma_{xy} \quad \gamma_{yz} \quad \gamma_{zx} \,]^T \tag{4・4}$$

이다. 탄성론에 의하면 응력과 변형률의 관계는 다음과 같다.

$$\sigma = \mathrm{E}\,\varepsilon \tag{4・5}$$

여기서 E는 재료행렬로서 재료의 영률(Young's modulus)과 푸아송비(Poisson's ratio)에 따라 결정된다.

4.2.2 유한요소법의 정식화

유한요소법이란 공간상의 연속체를 여러 개의 작은 요소로 나누고 탄성이론으로 각 요소의 변위나 응력을 계산하는 기법이다. 구조물의 응력을 구할 때 유한요소법을 사용하는 대략적인 순서를 기술하면 다음과 같다.

단계 1. 그림 **4·2**와 같이 응력해석을 하려는 대상을 각종 요소들로 나눈다.

단계 2. 각 요소에서의 평형방정식을 구한 후 평형방정식을 요소 내 절점에서의 변위를 사용하여 이산화시켜 행렬방정식을 얻는다. 각 요소들을 조립하여 하나의 행렬방정식을 만든다. 이는 그림 **4·3**의 각 요소의 절점변위를 미지수로 하는 연립방정식이다.

단계 3. 연립방정식의 해를 구하여 각 요소의 절점변위를 얻는다.

단계 4. 절점변위로부터 응력 등의 다른 반응값을 계산한다.

유한요소법을 구현하는 방법은 위에서 설명한 순서 이외에도 여러 가지 방법이 있다. 하지만 위의 방법이 가장 많이 사용되기 때문에 여기서는 이 방법에 관해서만 간단하게 설명한다.

일반적으로 앞의 단계 2에서는 강성행렬이 필요한데 강성행렬을 만드는 방법으로는 대개 다음과 같은 것들이 있다.

(1) 행렬법 : 힘의 평형방정식으로부터 연립방정식을 정의한다.

(2) 최소퍼텐셜에너지원리(principle of minimum potential energy) : 계의 총 퍼텐셜의 최소값이 되는 조건이 평형방정식이라는 원리를 이용한다.

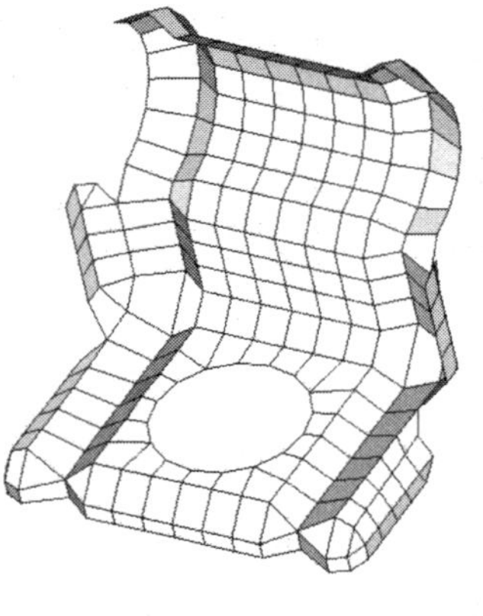

그림 4·2 유한요소로 정의한 예

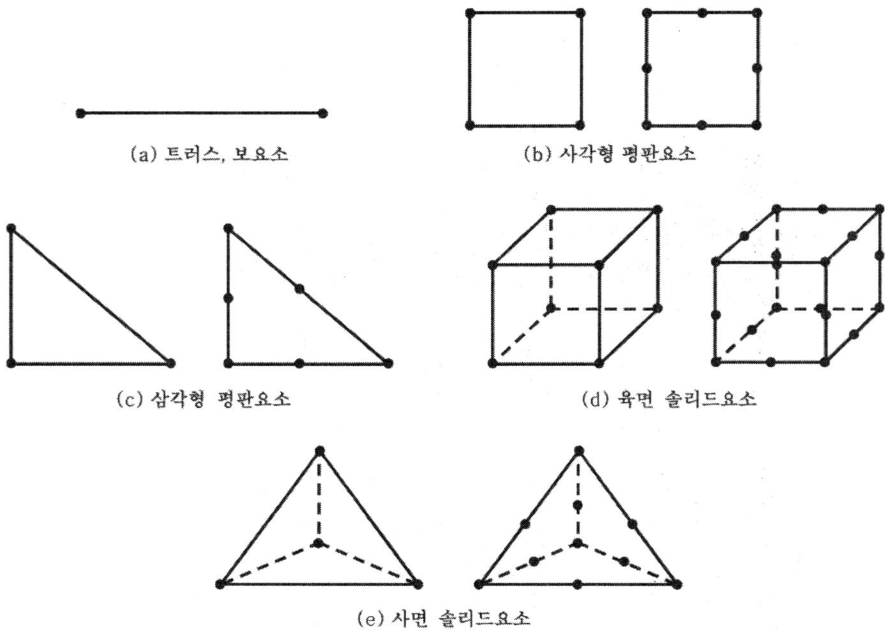

그림 4 · 3 각 요소와 절점

(3) 가상일의 원리 : 외력을 받는 구조물이 평형상태에 있을 때 경계조건을 만족하는 미소의 가상변위에 의한 일과 내부변형에너지의 합은 영이라는 가상일의 원리를 적용한다.

각 방법에 의해 요소강성행렬을 구하는 방법이 표 **4 · 1**에 있다. 행렬법은 트러스, 보, 삼각형요소 등의 간단한 요소로 이루어진 구조물의 강성행렬만을 구할 수 있다. 최근의 복잡한 요소들의 강성행렬을 구하려면 최소퍼텐셜에너지법이나 가상일의 원리를 사용해야 한다. 또한 트러스, 보, 삼각형요소 등으로 이루어진 구조물의 강성행렬은 각 요소들을 명시적으로 나타낼 수 있다. 하지만 일반적으로는 표 **4 · 1**에 보는 바와 같이 강성행렬은

$$\mathbf{k}_L = \int_V \mathbf{B}^T \mathbf{E} \mathbf{B} \, dV \qquad (4 \cdot 6)$$

와 같은 범함수(적분식)로 나타낸다. 여기서 V는 각 요소의 영역이다. 표 **4 · 1**과 같이 각 요소에서의 평형방정식은

$$\mathbf{k}_L \mathbf{z}_L = \mathbf{f}_L \qquad (4 \cdot 7)$$

이다. 여기서 $\mathbf{z}_L \in R^{l'}$는 각 요소의 절점변위벡터이며, l'은 각 요소가 가지고 있는 자유도(degrees of freedom)이다. 외력 $\mathbf{f}_L$은 각 절점의 자유도에 가해지는 외력벡터이다.

식 (4 · 7)의 요소 평형방정식을 조립하여 전체구조물의 평형방정식을 구성한다. 이때

표 4 · 1 유한요소법의 정식화 과정 (최창근 2002)

<table>
<tr><th>행 렬 법</th><th>최소퍼텐셜에너지원리</th><th>가상일의 원리</th></tr>
<tr><td colspan="3">1. 형상함수(보간함수) N을 사용하여 요소 내의 변위장(displacement field)을 다음과 같이 근사화한다.
$$\mathrm{u} = \mathrm{N}\mathbf{z}_L$$
여기서 $\mathbf{z}_L \in R^{l'}$은 요소 절점에서의 변위벡터이다.
2. 위의 식을 미분하여 즉 N을 변수(x, y 등이나 좌표 변환한 ξ, η 등)에 관해 미분하여 행렬 B를 구하고 변형율-절점변위 관계식(strain-displacement)을 구한다.
$$\varepsilon = \mathrm{B}\mathbf{z}_L$$
3. 재료의 성질을 나타내는 행렬 E를 이용하여 응력장(stress field)을 구한다.
$$\sigma = \mathrm{E}\varepsilon = \mathrm{EB}\mathbf{z}_L = \mathrm{S}\mathbf{z}_L$$</td></tr>
<tr><td>4. 요소의 경계 상에서의 응력장 σ와 이와 등가인 절점력 $\mathbf{f}_L$과의 관계식을 구한다.
$$\mathbf{f}_L = \mathrm{A}\sigma$$
5. 응력장 σ와 절점변위 $\mathbf{z}_L$와의 관계로부터 절점력 $\mathbf{f}_L$와 절점변위와의 관계식을 구한다.
$$\mathbf{f}_L = \mathrm{AEB}\mathbf{z}_L = \mathbf{k}_L\mathbf{z}_L$$
여기서 $\mathbf{k}_L = \mathrm{AEB}$</td><td>4. 외력에 의한 퍼텐셜을 구한다.
$$V = -\mathbf{z}_L^T\mathrm{P}$$
5. 변형에너지(strain energy)를 구한다.
$$U = \int_V \sigma^T\varepsilon\,\mathrm{d}V = \int_V \varepsilon^T\mathrm{E}\varepsilon\,\mathrm{d}V$$
$$= \mathbf{z}_L^T\int_V \mathrm{B}^T\mathrm{EB}\,\mathrm{d}V\mathbf{z}_L = \frac{1}{2}\mathbf{z}_L^T\mathbf{k}_L\mathbf{z}_L$$
여기서 $\mathbf{k}_L = \int_V \mathrm{B}^T\mathrm{EB}\,\mathrm{d}V$
6. 총퍼텐셜에너지를 나타내는 범함수를 변형에너지와 외력의 퍼텐셜의 합으로 구한다.
7. 총퍼텐셜에너지범함수를 최소화하기 위하여 절점변위 $\mathbf{z}_L$에 관해 미분하고 이를 영(0)으로 한다. 즉
$$\frac{\partial \Pi_P}{\partial \mathrm{z}_L} = 0$$
$$\mathrm{d}\mathrm{z}_L^T\mathrm{k}_L\mathrm{z}_L - \mathrm{d}\,\mathrm{z}_L^T\mathrm{f}_L = 0$$
$\mathrm{d}\mathbf{z}_L^T$를 소거하면
$$\mathrm{k}_L\mathrm{z}_L = \mathrm{f}_L$$</td><td>4. 변위장을 가정할 때와 같은 형상함수로 가상변위와 가상변형율을 구한다.
$$\bar{\mathrm{u}} = \mathrm{N}\bar{\mathrm{z}}_L,\ \bar{\varepsilon} = \mathrm{B}\bar{\mathrm{z}}_L$$
5. 가상변위에 의한 외력의 퍼텐셜을 구한다.
$$\bar{V} = -\bar{\mathrm{z}}_L^T\mathrm{f}_L$$
6. 가상변형율에 의한 변형에너지(strain energy)를 계산한다.
$$\bar{U} = \int_V \sigma^T\bar{\varepsilon}dV = \int_V \bar{\varepsilon}^T\mathrm{E}\varepsilon dV$$
$$= \bar{\mathrm{z}}_L^T\int_V \mathrm{B}^T\mathrm{EB}\,\mathrm{d}V\mathrm{z}_L = \bar{\mathrm{z}}_L^T\mathrm{k}_L\mathrm{z}_L$$
여기서 $\mathbf{k}_L = \int_V \mathrm{B}^T\mathrm{EB}\,\mathrm{d}V$
7. 가상일의 원리를 적용시킨다.
$$\bar{U} + \bar{V} = 0$$
$$\bar{\mathrm{z}}_L^T\mathrm{k}_L\mathrm{z}_L - \bar{\mathrm{z}}_L^T\mathrm{f}_L = 0$$
$\bar{\mathrm{z}}_L^T$를 소거하면
$$\mathrm{k}_L\mathrm{z}_L = \mathrm{f}_L$$</td></tr>
</table>

식 (4·7)의 각 요소는 전체좌표계(global coordinate)로 나타내어야 한다. 식 (4·7)을 조립하여 전체구조물의 평형방정식을 구성하고 경계조건(boundary condition)을 적용한 결과는

$$\mathrm{Kz} = \mathrm{f} \qquad (4\cdot8)$$

이다. 여기서 $\mathrm{z} \in R^l$는 변위벡터로서 전체구조물의 각 자유도에서 구한 변위값들이다. l은 구조물의 전체자유도다. K는 $(l \times l)$의 행렬이고 f는 $(l \times 1)$의 열벡터인데 각각 전체구조물의 강성행렬과 외력벡터를 의미한다.

한편 전체구조물의 고유진동수문제를 다루는 방정식을 유한요소법으로 나타내면 다음과 같다.

$$\mathrm{Ky} - \xi \mathrm{My} = 0 \qquad (4\cdot9)$$

여기서 K는 강성행렬, M은 $(l \times l)$의 질량행렬, y는 $(l \times 1)$의 고유벡터(eigenvector), ξ는 스칼라 양으로서 고유진동수(natural frequency 혹은 eigenvalue)를 의미한다. 질량행렬 M을 구하는 방법은 생략한다.

유한요소법을 수치적으로 구현할 때에는 가중잔여치법(weighted residual method)의 일종인 Galerkin 방법을 많이 사용한다. Galerkin 방법은 최소퍼텐셜에너지원리를 사용할 때와 달리 평형방정식(보통은 미분방정식이다)만 사용한다. 때문에 따로 범함수를 구할 필요가 없어 편리하지만 그 결과는 최소퍼텐셜에너지원리나 가상일의 원리를 사용할 때와 동일하다. 이에 대한 자세한 내용은 유한요소법에 관한 참고문헌들을 참고하기 바란다(Bathe, 1996 ; Cook *et al.*, 1989).

예제 4·1 대칭형 3부재 트러스 구조물

그림 **3·3**에서 $l = 1\mathrm{m}$, $\theta = 60°$, 하중 $P = 40{,}000\mathrm{N}$이다. 영률은 $E = 207\mathrm{GPa}$이다. 유한요소법으로 이 3부재 트러스 구조물의 응력해석을 시행하여라. 부재의 단면적은 각각 $b_1 = b_3 = 4.0 \times 10^{-4}\mathrm{m}^2$, $b_2 = 2.0 \times 10^{-4}\mathrm{m}^2$이다.

❚❚ 풀 이 ❚❚

국부좌표계에서 본 i번째 요소의 강성행렬 $\mathbf{k}_{iL}$은 다음과 같다.

$$\mathbf{k}_{iL} = \frac{b_i E}{L_i} \begin{bmatrix} 1 & -1 \\ -1 & 1 \end{bmatrix} \qquad (4\cdot10)$$

여기서 L_i는 각 부재의 길이이다. 그런데 전체구조물의 강성행렬을 구하기 위해서 식 (4·10)을 전체좌표계에서 나타내어야 한다. 국부좌표계에서 전체좌표계로 좌표변환을 하려면 다음과 같은 변환행렬 T를 사용한다.

$$\mathrm{T} = \begin{bmatrix} \cos\alpha & \sin\alpha & 0 & 0 \\ 0 & 0 & \cos\alpha & \sin\alpha \end{bmatrix} \tag{4·11}$$

여기서 α는 전체좌표계의 x축과 각각의 트러스요소가 이루는 각이다.

변환행렬 T를 사용하여 국부좌표계로 나타낸 강성행렬인 식 (4·10)을 전체좌표계로 나타내면 다음과 같다.

$$\mathbf{k}_i = \mathrm{T}^T \mathbf{k}_{iL}\, \mathrm{T} \tag{4·12}$$

여기서 $\mathbf{k}_i$는 i번째 부재의 강성행렬을 전체좌표계로 나타낸 것이다. 식 (4·12)를 이용하여 각 부재의 강성행렬과 변위의 곱을 전체좌표계로 나타내면 각각 다음과 같다.

$$\mathbf{k}_1\mathbf{z}_1 = \frac{b_1E}{L_1}\begin{bmatrix} \cos\left(\frac{-3\pi}{4}\right) & 0 \\ \sin\left(\frac{-3\pi}{4}\right) & 0 \\ 0 & \cos\left(\frac{-3\pi}{4}\right) \\ 0 & \sin\left(\frac{-3\pi}{4}\right) \end{bmatrix} \begin{bmatrix} 1 & -1 \\ -1 & 1 \end{bmatrix}$$

$$\begin{bmatrix} \cos\left(\frac{-3\pi}{4}\right) & \sin\left(\frac{-3\pi}{4}\right) & 0 & 0 \\ 0 & 0 & \cos\left(\frac{-3\pi}{4}\right) & \sin\left(\frac{-3\pi}{4}\right) \end{bmatrix} \begin{bmatrix} u_1 \\ v_1 \\ u_2 \\ v_2 \end{bmatrix}$$

$$= \frac{b_1E}{2L_1}\begin{bmatrix} 1 & 1 & -1 & -1 \\ 1 & 1 & -1 & -1 \\ -1 & -1 & 1 & 1 \\ -1 & -1 & 1 & 1 \end{bmatrix} \begin{bmatrix} u_1 \\ v_1 \\ u_2 \\ v_2 \end{bmatrix} \tag{4·13}$$

$$\mathbf{k}_2\mathbf{z}_2 = \frac{b_2E}{L_2}\begin{bmatrix} \cos\left(-\frac{\pi}{2}\right) & 0 \\ \sin\left(-\frac{\pi}{2}\right) & 0 \\ 0 & \cos\left(-\frac{\pi}{2}\right) \\ 0 & \sin\left(-\frac{\pi}{2}\right) \end{bmatrix} \begin{bmatrix} 1 & -1 \\ -1 & 1 \end{bmatrix}$$

$$\begin{bmatrix} \cos\left(-\frac{\pi}{2}\right) & \sin\left(-\frac{\pi}{2}\right) & 0 & 0 \\ 0 & 0 & \cos\left(-\frac{\pi}{2}\right) & \sin\left(-\frac{\pi}{2}\right) \end{bmatrix} \begin{bmatrix} u_1 \\ v_1 \\ u_3 \\ v_3 \end{bmatrix}$$

$$= \frac{b_2E}{L_2}\begin{bmatrix} 0 & 0 & 0 & 0 \\ 0 & 1 & 0 & -1 \\ 0 & 0 & 0 & 0 \\ 0 & -1 & 0 & 1 \end{bmatrix} \begin{bmatrix} u_1 \\ v_1 \\ u_3 \\ v_3 \end{bmatrix} \tag{4·14}$$

$$\mathbf{k}_3\mathbf{z}_3 = \frac{b_3E}{L_3}\begin{bmatrix} \cos\left(-\frac{\pi}{4}\right) & 0 \\ \sin\left(-\frac{\pi}{4}\right) & 0 \\ 0 & \cos\left(-\frac{\pi}{4}\right) \\ 0 & \sin\left(-\frac{\pi}{4}\right) \end{bmatrix} \begin{bmatrix} 1 & -1 \\ -1 & 1 \end{bmatrix}$$

$$\begin{bmatrix} \cos\left(-\frac{\pi}{4}\right) & \sin\left(-\frac{\pi}{4}\right) & 0 & 0 \\ 0 & 0 & \cos\left(-\frac{\pi}{4}\right) & \sin\left(-\frac{\pi}{4}\right) \end{bmatrix} \begin{bmatrix} u_1 \\ v_1 \\ u_4 \\ v_4 \end{bmatrix}$$

$$= \frac{b_3 E}{2L_3} \begin{bmatrix} 1 & -1 & -1 & 1 \\ -1 & 1 & 1 & -1 \\ -1 & 1 & 1 & -1 \\ 1 & -1 & -1 & 1 \end{bmatrix} \begin{bmatrix} u_1 \\ v_1 \\ u_4 \\ v_4 \end{bmatrix} \tag{4・15}$$

여기서 z_i는 i번째 트러스요소의 변위를 전체좌표계에서 나타낸 것이다. 이제 전체좌표계에서의 각 절점번호를 참조하여 각각의 강성행렬을 모두 조립하면 전체강성행렬 K와 변위 z의 곱을 다음과 같이 얻을 수 있다.

$$\mathrm{Kz} = E \begin{array}{cccccccc|c} \frac{b_1}{2L_1}+0+\frac{b_3}{2L_3} & \frac{b_1}{2L_1}+0-\frac{b_3}{2L_3} & -\frac{b_1}{2L_1} & -\frac{b_1}{2L_1} & 0+0 & 0+0 & -\frac{b_3}{2L_3} & \frac{b_3}{2L_3} & u_1 \\ \frac{b_1}{2L_1}+0-\frac{b_3}{2L_3} & \frac{b_1}{2L_1}+\frac{b_2}{L_2}+\frac{b_3}{2L_3} & -\frac{b_1}{2L_1} & -\frac{b_1}{2L_1} & 0+0 & 0-\frac{b_2}{L_2} & \frac{b_3}{2L_3} & -\frac{b_3}{2L_3} & v_1 \\ -\frac{b_1}{2L_1} & -\frac{b_1}{2L_1} & \frac{b_1}{2L_1} & \frac{b_1}{2L_1} & 0 & 0 & 0 & 0 & u_2 \\ -\frac{b_1}{2L_1} & -\frac{b_1}{2L_1} & \frac{b_1}{2L_1} & \frac{b_1}{2L_1} & 0 & 0 & 0 & 0 & v_2 \\ 0+0 & 0+0 & 0 & 0 & 0 & 0 & 0 & 0 & u_3 \\ 0+0 & 0-\frac{b_2}{L_2} & 0 & 0 & 0 & \frac{b_2}{L_2} & 0 & 0 & v_3 \\ -\frac{b_3}{2L_3} & \frac{b_3}{2L_3} & 0 & 0 & 0 & 0 & -\frac{b_3}{2L_3} & \frac{b_3}{2L_3} & u_4 \\ \frac{b_3}{2L_3} & -\frac{b_3}{2L_3} & 0 & 0 & 0 & 0 & \frac{b_3}{2L_3} & -\frac{b_3}{2L_3} & v_4 \end{array} \tag{4・16}$$

경계조건을 적용하는데 이는 식 (4・16)에 줄을 쳐서 소거한 것과 같다. 구체적인 수치를 적용하면 식 (4・16)은 다음과 같이 된다.

$$\mathrm{Kz} = \sqrt{2}\times10^{-4}\times207\times10^{9}\begin{bmatrix} 2 & 0 \\ 0 & 2+\sqrt{2} \end{bmatrix}\begin{bmatrix} u_1 \\ v_1 \end{bmatrix} \tag{4・17}$$

외력 f는 다음과 같다.

$$\mathrm{f} = \begin{bmatrix} 40000\times1/2 \\ 40000\times\sqrt{3}/2 \end{bmatrix} \tag{4・18}$$

식 (4・17)~(4・18)을 식 (4・8)에 대입하면 다음의 평형방정식을 얻을 수 있다.

$$\sqrt{2}\times10^{-4}\times207\times10^{9}\begin{bmatrix} 2 & 0 \\ 0 & 2+\sqrt{2} \end{bmatrix}\begin{bmatrix} u_1 \\ v_1 \end{bmatrix} = \begin{bmatrix} 40000\times1/2 \\ 40000\times\sqrt{3}/2 \end{bmatrix} \tag{4・19}$$

식 (4・19)를 풀어서 얻은 변위는 다음과 같다.

$$\mathrm{z} = \begin{bmatrix} u_1 \\ v_1 \end{bmatrix} = \begin{bmatrix} 3.4160\times10^{-4} \\ 3.4659\times10^{-4} \end{bmatrix} \tag{4・20}$$

일반적으로 부재의 응력 σ는 응력의 정의로부터 다음과 같이 구한다.

$$\sigma = \mathrm{EBz}_L \tag{4・21}$$

여기서 B는 미분연산자행렬이고 $\mathbf{z}_L$은 국부좌표계로 나타낸 부재의 변위이다. 한편 트러스 부재의 응력은 다음과 같이 구할 수도 있다.

$$\sigma = p/b \tag{4·22}$$

여기서 b는 단면적이다. 식 (4·22)는 식 (4·21)과 같은 결과를 준다. 여기서는 식 (4·22)를 이용하기로 한다.

그림 **4·4**의 트러스요소의 평형방정식을 국부좌표계로 나타내면 다음과 같다.

$$\begin{bmatrix} p_1 \\ p_2 \end{bmatrix} = \frac{bE}{L}\begin{bmatrix} 1 & -1 \\ -1 & 1 \end{bmatrix}\begin{bmatrix} z_{L1} \\ z_{L2} \end{bmatrix} \tag{4·23}$$

식 (4·23)을 풀면

$$p_2 = -p_1 = \frac{bE}{L}[-1 \quad 1]\mathbf{z}_L \tag{4·24}$$

을 얻을 수 있다. 식 (4·24)를 식 (4·22)에 대입하여 다음과 같이 응력을 계산할 수 있다.

$$\sigma = \frac{E}{L}[-1 \quad 1]\mathbf{z}_L \tag{4·25}$$

이 결과는 식 (4·21)을 구체적으로 기술한 형태이다. 식 (4·20)에서 구한 변위는 전체좌표계에서의 값이다. 그런데 식 (4·25)를 계산하기 위해서는 국부좌표계에서의 변위가 필요하다. 한편 국부좌표계에서의 변위(z_L)와 전체좌표계에서의 변위(z)는 서로 다음과 같은 관계를 가진다.

$$\mathbf{z}_L = \mathbf{Tz} \tag{4·26}$$

여기서 변환행렬 T는 전체좌표계와 국부좌표계의 관계를 정의하는 행렬로서 식 (4·11)과 같다. 식 (4·26)을 식 (4·25)에 대입하면 다음과 같이 전체좌표계에서 본 변위만으로 응력을 구할 수 있다.

$$\sigma_i = \frac{E}{L}[-1 \quad 1]\mathbf{Tz}_i \tag{4·27}$$

식 (4·27)을 이용하여 각 부재의 응력을 구하면 다음과 같다.

$$\begin{aligned}\sigma_1 &= \frac{E}{L_1}[-1 \quad 1]\begin{bmatrix} \cos\left(-\frac{3\pi}{4}\right) & \sin\left(-\frac{3\pi}{4}\right) & 0 & 0 \\ 0 & 0 & \cos\left(-\frac{3\pi}{4}\right) & \sin\left(-\frac{3\pi}{4}\right) \end{bmatrix}\begin{bmatrix} 3.4160\times10^{-4} \\ 3.4659\times10^{-4} \\ 0 \\ 0 \end{bmatrix} \\ &= 71.227\text{MPa}\end{aligned} \tag{4·28}$$

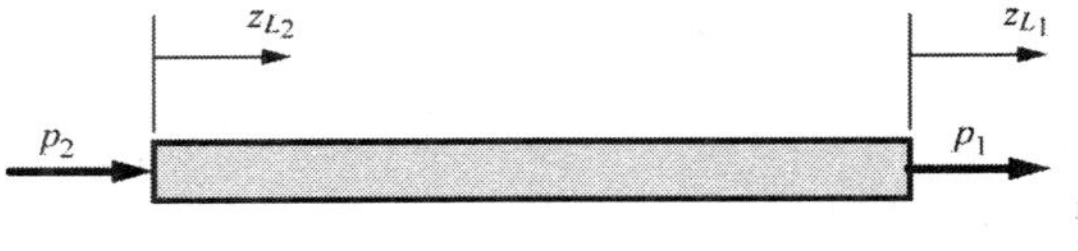

그림 4·4 트러스요소의 자유도

$$\sigma_2 = \frac{E}{L_2}[-1 \quad 1]\begin{bmatrix} \cos\left(-\frac{\pi}{2}\right) & \sin\left(-\frac{\pi}{2}\right) & 0 & 0 \\ 0 & 0 & \cos\left(-\frac{\pi}{2}\right) & \sin\left(-\frac{\pi}{2}\right) \end{bmatrix}\begin{bmatrix} 3.4160\times10^{-4} \\ 3.4659\times10^{-4} \\ 0 \\ 0 \end{bmatrix}$$

$$= 71.744\text{MPa} \tag{4・29}$$

$$\sigma_3 = \frac{E}{L_3}[-1 \quad 1]\begin{bmatrix} \cos\left(-\frac{\pi}{4}\right) & \sin\left(-\frac{\pi}{4}\right) & 0 & 0 \\ 0 & 0 & \cos\left(-\frac{\pi}{4}\right) & \sin\left(-\frac{\pi}{4}\right) \end{bmatrix}\begin{bmatrix} 3.4160\times10^{-4} \\ 3.4659\times10^{-4} \\ 0 \\ 0 \end{bmatrix}$$

$$= 516.5\text{kPa} \tag{4・30}$$

이상으로 트러스 구조물의 응력을 구하는 과정을 살펴보았다. 풀이 과정에서 알 수 있듯이, 유한요소법에서 제일 먼저 해야 할 일은 일반적으로 변위를 구하는 것이다. 나머지 필요한 정보들(이 예제에서는 응력)은 대부분 변위로부터 구할 수 있다.

예제 4・2 평면응력요소 구조물

그림 **4・5**에 4절점 평면응력요소가 있다. 하중이 그림과 같이 가해질 때 유한요소법으로 이 요소의 응력을 구하여라. 두께 $h = 1\text{mm}$, 영률 $E = 200\text{GPa}$, 푸아송비 $v = 0.25$이다.

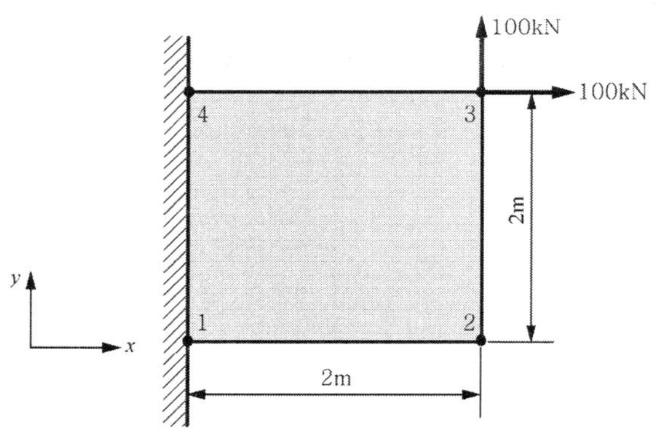

그림 4・5 하중을 받는 평면응력요소

‖ 풀 이 ‖

두께 h가 일정한 평면응력요소의 요소강성행렬은 다음과 같다.

$$\mathbf{k}_L = h\int \mathbf{B}^T\mathbf{E}\mathbf{B}\, dxdy \tag{4・31}$$

2차원 평면응력요소에서 식 (4・31)의 강성행렬에 있는 행렬 $\mathbf{E}$는 다음과 같다.

$$\mathbf{E} = \frac{E}{1-v^2}\begin{bmatrix} 1 & v & 0 \\ v & 1 & 0 \\ 0 & 0 & \frac{1-v}{2} \end{bmatrix} = E\begin{bmatrix} 1.06667 & 0.26667 & 0 \\ 0.26667 & 1.06667 & 0 \\ 0 & 0 & 0.4 \end{bmatrix} \tag{4・32}$$

식 (4・31)은 요소 내의 $s-t$고유좌표계(natural coordinate system)를 사용하여 다음과 같이 쓸 수 있다.

$$\mathrm{k}_L = h \int_{-1}^{1} \int_{-1}^{1} \mathrm{B}^T(s,t)\,\mathrm{EB}(s,t)\,|\,\mathrm{J}(s,t,x,y)\,|\,\mathrm{d}s\mathrm{d}t \tag{4・33}$$

여기서 고유좌표계는 요소를 등매개변수정식화(isoparametric formulation)하는 과정에서 형상함수(shape function)를 정의하기 위해 편의상 만든 좌표계이다. 또 행렬 J는 $s-t$고유좌표계와 실제 $x-y$좌표계와의 관계를 정의하는 Jacobian 행렬이다. 이에 대한 자세한 사항은 유한요소법에 관한 참고문헌들을 참고하기 바란다. 식 (4・33)을 수치적으로 적분하려면 4점 가우스 적분법을 이용하여 다음과 같이 근사화한다.

$$\mathrm{k}_L \cong h \sum_{i=1}^{4} \mathrm{B}^T(s_i,t_i)\,\mathrm{EB}(s_i,t_i)\,|\,\mathrm{J}(s_i,t_i,x,y)\,| \tag{4・34}$$

여기서 식 (4・34)의 강성행렬을 치수최적설계의 관점에서 주목해 보자. 식 (4・34)를 관찰하면 평면응력요소에서 설계변수가 될 수 있는 항목으로는 두께가 거의 유일하다는 것을 알 수 있다. 또한 두께(h)가 나머지 항에서 분리된다. 따라서 두께에 대한 강성행렬의 편미분을 쉽게 구할 수 있어 민감도해석이 비교적 쉽다는 것도 예상할 수 있다.

주어진 문제에 식 (4・34)를 적용하여 얻은 평면응력요소의 요소강성행렬은 다음과 같다.

$$\mathrm{k}_L = Eh \begin{bmatrix} 0.488667 & 0.166667 & -0.288667 & -0.033 & -0.244333 & -0.166667 & 0.044333 & 0.033 \\ 0.166667 & 0.488667 & 0.033 & 0.044333 & -0.166667 & -0.244333 & -0.033 & -0.288667 \\ -0.288667 & 0.033 & 0.488667 & -0.166667 & 0.044333 & -0.033 & -0.244333 & 0.166667 \\ -0.033 & 0.044333 & -0.166667 & 0.488667 & 0.033 & -0.288667 & 0.166667 & -0.244333 \\ -0.244333 & -0.166667 & 0.044333 & 0.033 & 0.488667 & 0.166667 & -0.288667 & -0.033 \\ -0.166667 & -0.244333 & -0.033 & -0.288667 & 0.166667 & 0.488667 & 0.033 & 0.044333 \\ 0.044333 & -0.033 & -0.244333 & 0.166667 & -0.288667 & 0.033 & 0.488667 & -0.166667 \\ 0.033 & -0.288667 & 0.166667 & -0.244333 & -0.033 & 0.044333 & -0.166667 & 0.488667 \end{bmatrix} \tag{4・35}$$

다음으로 식 (4・12)를 적용하여 전체좌표계에서의 강성행렬을 구한다. 그런데 이 문제에서는 변환행렬 T가 단위행렬이다. 또 요소가 하나이기 때문에 식 (4・35)의 요소강성행렬이 곧 전체좌표계에서의 전체강성행렬이 된다. 식 (4・35)에 경계조건을 적용하여 아래와 같은 강성행렬을 얻는다.

$$\mathrm{K} = Eh \begin{bmatrix} 0.488667 & -0.166667 & 0.044333 & -0.033 \\ -0.166667 & 0.488667 & 0.033 & -0.288667 \\ 0.044333 & 0.033 & 0.488667 & 0.166667 \\ -0.033 & -0.288667 & 0.166667 & 0.488667 \end{bmatrix} \tag{4・36}$$

이제 변위를 구하기 위해 다음과 같은 평형방정식을 푼다.

$$\mathrm{Kz} = \mathrm{f} \tag{4・37}$$

여기서 행렬 K는 식 (4・36)의 행렬이고 변위와 힘은 각각

$$\mathrm{z} = [\, u_2 \quad v_2 \quad u_3 \quad v_3 \,]^T \tag{4・38}$$

$$\mathrm{f} = [\, 0 \quad 0 \quad 100000 \quad 100000 \,]^T \tag{4・39}$$

이다. 식 (4・37)을 풀어 얻은 변위는 다음과 같다.

$$\mathrm{z} = [\, 4.0419 \quad 9.9649 \quad 4.0759 \quad 15.0012 \,]^T \times 10^{-4}\mathrm{m} \tag{4・40}$$

다음으로 평면응력을 구한다. 그런데 트러스나 보와는 달리 평판이나 셸요소는 한 요소 내에서도 각 지점마다 응력이 다르다. 때문에 평판이나 셸요소의 응력을 구하는 일반적인 방법은 식 (4・21)을 사용하여 모든 절점들에서 응력을 구한 후(요소 내의 임의의 지점에서 B행렬을 계산할 수 있다) 이들의 평균값을 최종응력값으로 취하는 것이다. 이보다 더 간단하게 응력을 구할 수도 있는데, 요소의 중앙에서만 $(s=t=0)$ 응력을 계산하여 이를 최종응력값으로 취하는 방법이다. 여기서는 편의상 후자의 방법을 사용한다. 응력을 구하는 식 (4・21)을 이 예제의 경우에 맞게 다시 기술하면 다음과 같다.

$$\sigma = \mathrm{EBz} \tag{4・41}$$

요소의 중앙$(s=t=0)$에서 B(0,0)를 계산한 결과와 식 (4・32) 및 식 (4・40)을 식 (4・41)에 대입하면 다음을 얻을 수 있다.

$$\sigma = E\begin{bmatrix} 1.06667 & 0.26667 & 0 \\ 0.26667 & 1.06667 & 0 \\ 0 & 0 & 0.4 \end{bmatrix}$$

$$\begin{bmatrix} \frac{1}{4} & 0 & \frac{1}{4} & 0 & \frac{1}{4} & 0 & -\frac{1}{4} & 0 \\ 0 & -\frac{1}{2} & 0 & -\frac{1}{2} & 0 & \frac{1}{2} & 0 & \frac{1}{2} \\ -\frac{1}{2} & -\frac{1}{4} & -\frac{1}{2} & \frac{1}{4} & \frac{1}{2} & \frac{1}{4} & \frac{1}{2} & -\frac{1}{4} \end{bmatrix} \begin{bmatrix} 0 \\ 0 \\ 4.0419 \\ 9.9649 \\ 4.0759 \\ 15.0012 \\ 0 \\ 0 \end{bmatrix} \times 10^{-4} \tag{4・42}$$

식 (4・42)를 계산하여 얻은 최종적인 응력값은 다음과 같다.

$$\sigma = [\,56.726 \quad 64.545 \quad 50.068\,]^T \mathrm{MPa} \tag{4・43}$$

4.3 구조최적설계의 정식화

최적화이론을 설계문제에 적용하려면 설계문제를 식 (3・1)의 형태로 구성해야 한다. 구조최적화문제에서는 식 (4・8)~(4・9)의 평형방정식을 등제한조건으로 간주하여 다음과 같이 설계문제를 정식화한다.

Find	$\mathrm{b} \in R^n, \quad \mathrm{z} \in R^l, \quad \xi \in R^1$	(4・44a)
to minimize	$f(\mathrm{b}, \mathrm{z}, \xi)$	(4・44b)
subject to	$\mathrm{K}(\mathrm{b})\mathrm{z} = \mathrm{f}$	(4・44c)
	$\mathrm{K}(\mathrm{b})\mathrm{y} - \xi \mathrm{M}(\mathrm{b})\mathrm{y} = 0$	(4・44d)
	$g_j(\mathrm{b}, \mathrm{z}, \xi) \le 0, \; j = 1, \cdots, m$	(4・44e)

$$\mathrm{b}_L \le \mathrm{b} \le \mathrm{b}_U \qquad (4 \cdot 44\mathrm{f})$$

여기서 식 (4 · 44c)는 유한요소방정식에서 평형방정식을 의미하며 선형해석을 한다고 가정하였다. 식 (4 · 44d)는 고유치방정식을 의미한다. 사실은 고유벡터 y도 식 (44 · 4a)에 설계변수로 포함되어야 한다. 그러나 일반적으로 y는 식 (44 · 4b)나 식 (44 · 4e)에 포함되지 않으므로 y는 설계변수벡터에서 생략되었다. 식 (4 · 44d)의 M은 진동문제에서는 질량행렬, 좌굴문제에서는 기하행렬인데 일반적으로 다음과 같이 정규화된다.

$$\mathrm{y}^T \mathrm{M} \mathrm{y} = 1 \qquad (4 \cdot 45)$$

식 (4 · 44)와 같이 정식화된 구조최적화설계문제의 해는 최적화 알고리즘을 사용하여 찾을 수 있다. 이때 일반적으로 **3.8.1**절의 기본법(primal method)을 사용한다. 따라서 앞으로는 기본법을 중심으로 구조최적설계를 설명할 것이다. 하지만 민감도해석 등 여기서 설명하는 주요 사항들은 기본법이 아닌 방법에서도 사용한다. 식 (4 · 44)에서 $\mathrm{z} \in R^l$와 $\xi \in R^1$는 유한요소해석을 통해 구하는 시스템의 반응치로서 상태변수라고도 한다. 이들은 설계변수 $\mathrm{b} \in R^n$와는 다른 성격을 가지지만 일단 편의상 b, z, ξ를 모두 설계변수로 간주한다. 그러면 설계변수의 숫자는 $(n+l+1)$개가 된다. 참고로 $\mathrm{y} \in R^l$도 상태변수이다.

기본법에서는 식 (3 · 99)와 같이 선형화된 부문제를 형성해야 하는데 이 과정에서 구조최적설계의 특징을 포함하게 된다. 기본법을 사용하여 식 (4 · 44)의 해를 구할 경우 k번째 반복 과정(iteration)에서의 부문제는 다음과 같다.

Find $\quad \delta\mathrm{b}^{(k)},\ \delta\mathrm{z}^{(k)},\ \delta\xi^{(k)} \qquad (4 \cdot 46\mathrm{a})$

to minimize $\quad \nabla_{\mathrm{b}}^T f \delta\mathrm{b}^{(k)} + \nabla_{\mathrm{z}}^T f \delta\mathrm{z}^{(k)} + \nabla_{\xi}^T f \delta\xi^{(k)} \qquad (4 \cdot 46\mathrm{b})$

subject to $\quad (\mathrm{Kz}-\mathrm{f}) + \dfrac{\partial}{\partial \mathrm{b}}(\mathrm{Kz}-\mathrm{f})\delta\mathrm{b}^{(k)} + \dfrac{\partial}{\partial \mathrm{z}}(\mathrm{Kz}-\mathrm{f})\delta\mathrm{z}^{(k)} = 0 \qquad (4 \cdot 46\mathrm{c})$

$$(\mathrm{Ky}-\xi\mathrm{My}) + \frac{\partial}{\partial \mathrm{b}}(\mathrm{Ky}-\xi\mathrm{My})\delta\mathrm{b}^{(k)} + \frac{\partial}{\partial \xi}(\mathrm{Ky}-\xi\mathrm{My})\delta\xi^{(k)} = 0 \qquad (4 \cdot 46\mathrm{d})$$

$$g_j + \nabla_{\mathrm{b}}^T g_j \delta\mathrm{b}^{(k)} + \nabla_{\mathrm{z}}^T g_j \delta\mathrm{z}^{(k)} + \nabla_{\xi}^T g_j \delta\xi^{(k)} \le 0,\ \ j = 1, \cdots, m \qquad (4 \cdot 46\mathrm{e})$$

$$\delta\mathrm{b}_{\mathrm{L}}^{(k)} \le \delta\mathrm{b}^{(k)} \le \delta\mathrm{b}_{\mathrm{U}}^{(k)} \qquad (4 \cdot 46\mathrm{f})$$

∇_b, ∇_z, ∇_ξ는 각각 b, z, ξ에 관한 경사도벡터를 의미한다. 경사도벡터는 열벡터로서 그 정의는 부록 **3.A**에 있다.

식 (4·46c)와 식 (4·46d)는 각각 l개의 등제한조건식이다. 자유도 l이 큰 문제에서는 대개 설계변수의 수가 많아져 풀어야 할 방정식의 수가 많아진다. 때문에 식 (4·46)을 그대로 푸는 일은 비효율적이다. 실제 구조최적설계에서는 등제한조건을 포함시키지 않고 설계변수의 수도 줄이는 방향으로 식 (4·46)을 변형시킨다.

다시 말하면, 식 (4·46c)와 식 (4·46d)의 등제한조건식으로부터 $\delta z^{(k)}$와 $\delta\xi^{(k)}$를 $\delta b^{(k)}$의 항으로 나타내고 그 결과를 식 (4·46e)의 부등제한조건식에 대입한다. 이 과정을 거치게 되면 식 (4·46c)와 식 (4·46d)의 등제한조건을 소거하게 되어 등제한조건을 포함할 필요가 없어진다. 또한 상태변수를 설계변수집합에서 제외시키게 되므로 설계변수의 숫자를 $(n+l+1)$개에서 n개로 줄일 수 있다. 그러면 식 (4·46c)를 예로 들어 등제한조건식의 소거 과정을 살펴보자. k번째 반복 과정에서 우선 유한요소방정식의 해 $z^{(k)}$를 구하면

$$Kz^{(k)} - f = 0 \tag{4·47}$$

이 된다. K와 f가 설계변수 b의 함수이므로 식 (4·46c)의 좌변의 두 번째 항은

$$\frac{\partial}{\partial b}(Kz - f)\delta b^{(k)} = \left(\frac{\partial(K\tilde{z})}{\partial b} - \frac{\partial f}{\partial b}\right)\delta b^{(k)} \tag{4·48}$$

이다. 여기서 $\tilde{z}$는 상수로서 식 (4·47)에서 구한 $z^{(k)}$를 의미한다. 또 식 (4·46c)의 좌변의 세 번째 항은

$$\frac{\partial}{\partial z}(Kz - f)\delta z^{(k)} = K\delta z^{(k)} \tag{4·49}$$

이다. 그런데 연쇄법칙으로부터

$$\delta z = \frac{dz}{db}\delta b \tag{4·50}$$

가 성립한다. 여기서 $\frac{dz}{db}$는 크기가 l인 벡터 z를 크기가 n인 벡터 b로 미분하여 얻은 결과로서 $l\times n$의 행렬이다. 이제 식 (4·47)~(4·50)을 식 (4·46c)에 대입하면 다음의 관계식을 얻을 수 있다.

$$\left(\frac{\partial(K\tilde{z})}{\partial b} - \frac{\partial f}{\partial b}\right)\delta b^{(k)} + K\frac{dz}{db}\delta b^{(k)} = 0 \tag{4·51}$$

식 (4·51)로부터 다음 식을 얻을 수 있다.

$$\frac{\partial(\mathrm{K}\tilde{\mathrm{z}})}{\partial \mathrm{b}} - \frac{\partial \mathrm{f}}{\partial \mathrm{b}} + \mathrm{K}\frac{\mathrm{dz}}{\mathrm{db}} = 0 \qquad (4 \cdot 52)$$

식 (4 · 52)를 dz/db(민감도)에 관하여 풀면 민감도해석을 완료하게 된다. 식 (4 · 52)를 i번째 설계변수에 대해 전개하면

$$\frac{\partial \mathrm{K}}{\partial b_i}\mathrm{z}^{(k)} - \frac{\partial \mathrm{f}}{\partial b_i} + \mathrm{K}\frac{\mathrm{dz}}{\mathrm{d}b_i} = 0, \quad i = 1, \cdots, n \qquad (4 \cdot 53)$$

이다. 식 (4 · 53)에서 볼 수 있듯이 민감도해석을 하기 위해서는 각 설계변수에 대한 강성행렬의 미분값인 $\partial \mathrm{K} / \partial b_i$가 필요하다. 체력(body force)이 없다고 가정하면 $\partial \mathrm{f} / \partial b_i = 0$이며 식 (4 · 53)은

$$\mathrm{K}\frac{\mathrm{dz}}{\mathrm{d}b_i} = -\frac{\partial \mathrm{K}}{\partial b_i}\mathrm{z}^{(k)}, \quad i = 1, \cdots, n \qquad (4 \cdot 54)$$

이다. 결론적으로 등제한조건식인 식 (4 · 46c)는 식 (4 · 54)가 된다.

이와 같은 방법으로 식 (4 · 46d)에 대해 전개한다. k번째 반복 과정에서 다음 식이 성립한다.

$$\mathrm{Ky} - \xi^{(k)}\mathrm{My} = 0 \qquad (4 \cdot 55)$$

식 (4 · 46d)의 두 번째 항을 i번째 설계변수 b_i에 대해 전개하면 다음과 같다.

$$\frac{\partial}{\partial b_i}(\mathrm{Ky} - \xi \mathrm{My}) = (\mathrm{K} - \tilde{\xi}\mathrm{M})\frac{\mathrm{dy}}{\mathrm{d}b_i} + \frac{\partial \mathrm{K}}{\partial b_i}\mathrm{y} - \tilde{\xi}\frac{\partial \mathrm{M}}{\partial b_i}\mathrm{y}, \ i = 1, \cdots, n \qquad (4 \cdot 56)$$

여기서 $\tilde{\xi}$는 상수로서 식 (4 · 55)에서 구한 $\xi^{(k)}$이다.

식 (4 · 46d)의 세 번째 항을 전개하면 다음과 같다.

$$\frac{\partial}{\partial \xi}(\mathrm{Ky} - \xi \mathrm{My}) = -\mathrm{My} \qquad (4 \cdot 57)$$

또한

$$\delta\xi = \frac{\mathrm{d}\xi}{\mathrm{db}}\delta \mathrm{b} \qquad (4 \cdot 58)$$

이다. 여기서 $\frac{\mathrm{d}\xi}{\mathrm{db}}$는 스칼라 ξ를 크기가 l인 벡터 b로 미분한 결과로서 $1 \times l$의 행벡터이다. 식 (4 · 55)~(4 · 58)의 관계를 식 (4 · 46d)에 대입하면 식 (4 · 46d)는 다음과 같이 된다.

$$(\mathrm{K} - \tilde{\xi}\mathrm{M})\frac{\mathrm{dy}}{\mathrm{d}b_i} + \frac{\partial \mathrm{K}}{\partial b_i}\mathrm{y} - \tilde{\xi}\frac{\partial \mathrm{M}}{\partial b_i}\mathrm{y} - \frac{\mathrm{d}\xi}{\mathrm{d}b_i}\mathrm{My} = 0, \quad i = 1, \cdots, n \qquad (4 \cdot 59)$$

여기서 y는 고유벡터(eigenvector)이며 각 항에 y^T를 곱하면 식 (4·59)의 첫째 항이 영이 되는 조건을 이용하면

$$\frac{d\xi}{db_i} = \frac{y^T\left(\dfrac{\partial K}{\partial b_i} - \tilde{\xi}\dfrac{\partial M}{\partial b_i}\right)y}{y^T M y}, \quad i=1, \cdots, n \tag{4·60}$$

이다. 결론적으로 등제한조건식인 식 (4·46d)는 식 (4·60)이 된다. 이 유도 과정은 고유치가 중근이 아니고 고유벡터는 목적함수나 제한조건에 포함되지 않는다는 가정하에 이루어졌다. 고유치 ξ는 물리적으로 구조물의 고유진동수나 좌굴하중을 의미하는데, 고유치가 중근일 경우에는 식 (4·60)이 방향벡터로 정의되는 것이 알려져 있으나 여기서는 자세한 내용을 생략한다.

이제 식 (4·46e)에 있는 부등제한조건을 살펴보자. 식 (4·46e)에 식 (4·50)과 식 (4·58)을 대입하면 다음과 같다.

$$\frac{\partial g_j}{\partial b}\delta b^{(k)} + \left(\frac{\partial g_j}{\partial z}\frac{dz}{db}\right)\delta b^{(k)} + \left(\frac{\partial g_j}{\partial \xi}\frac{d\xi}{db}\right)\delta b^{(k)} \le -g_j, \quad j=1, \cdots, m \tag{4·61}$$

여기서 $\dfrac{\partial g_j}{\partial b}$는 $1\times n$의 행벡터이고 $\dfrac{\partial g_j}{\partial z}$는 $1\times l$의 행벡터이다. 식 (4·54)와 식 (4·60)에서 구한 dz/db와 $d\xi/db$를 식 (4·61)에 대입하면 식 (4·46c)와 식 (4·46d)의 등제한조건이 소거되는 동시에 식 (4·46e)의 부등제한조건은 $\delta b^{(k)}$만의 함수가 된다. 지금까지의 논의 과정에서 알 수 있듯이 최적화 과정에서는 식 (4·54)와 식 (4·60)의 방정식의 근(dz/db와 $d\xi/db$)을 구하는 것이 관건이다. 이를 민감도해석이라 부르는데 최적화 과정에서 가장 많은 노력이 필요한 과정이다. 민감도해석을 하는 자세한 과정은 뒤에서 다루기로 한다.

한편 고유벡터의 민감도도 구할 수 있다. 고유벡터가 포함된 식 (4·45)를 미분하면 다음을 얻을 수 있다.

$$y^T M \frac{dy}{db_i} = -\frac{1}{2} y^T \frac{\partial M}{\partial b_i} y \tag{4·62}$$

식 (4·59)와 식 (4·62)로부터 다음의 관계를 이끌어낼 수 있다.

$$\begin{bmatrix} K-\xi M & -My \\ -y^T M & 0 \end{bmatrix} \begin{bmatrix} \dfrac{dy}{db_i} \\ \dfrac{d\xi}{db_i} \end{bmatrix} = \begin{bmatrix} -\left(\dfrac{\partial K}{\partial b_i} - \xi\dfrac{\partial M}{\partial b_i}\right)y \\ \dfrac{1}{2} y^T \dfrac{\partial M}{\partial b_i} y \end{bmatrix} \tag{4·63}$$

식 (4·63)을 풀면 고유벡터의 민감도를 구할 수 있다. 고유벡터의 민감도해석을 할 수 있는 방법에는 몇 가지가 있지만 여기서는 생략한다.

이 절에서는 유한요소정식화를 통해 이산(discrete)방정식이 세워진 이후에 민감도해석을 하는 과정을 설명하였다. 그러나 범함수이론을 통하여 유한요소정식화 이전에 연속함수로 민감도해석을 할 수도 있다. 이에 관한 설명은 뒤에서 할 것이다.

예제 4·3 구조최적설계 과정과 유사한 수학문제

다음의 간단한 최적화문제를 기본법으로 풀려고 한다. $b^0=1$, $z^0=-1$일 때 첫 번째 반복 과정에서 등제한조건을 소거한 부문제를 만들어라.

Find $\quad b,\ z \qquad (4 \cdot 64a)$

to minimize $\quad f = b^2 - z \qquad (4 \cdot 64b)$

subject to $\quad g_1 = b - 4z^2 + 2 \geq 0 \qquad (4 \cdot 64c)$

$\quad h_1 = b + z = 0 \qquad (4 \cdot 64d)$

❙❙ 풀 이 ❙❙

식 (4·46)의 형식에 따르되 식 (4·50)을 이용하여 δb만을 찾는 부문제를 다음과 같이 구성할 수 있다.

Find $\quad \delta b \qquad (4 \cdot 65a)$

to minimize $\quad \left(\nabla_b^T f + \nabla_z^T f \frac{dz}{db}\right)\delta b \qquad (4 \cdot 65b)$

subject to $\quad g_1 + \left(\nabla_b^T g_1 + \nabla_z^T g_1 \frac{dz}{db}\right)\delta b \geq 0 \qquad (4 \cdot 65c)$

$\quad h_1 + \left(\nabla_b^T h_1 + \nabla_z^T h_1 \frac{dz}{db}\right)\delta b = 0 \qquad (4 \cdot 65d)$

식 (4·65d)에서 $h_1 = 0$, $\delta b \neq 0$이므로

$$\left(\nabla_b^T h_1 + \nabla_z^T h_1 \frac{dz}{db}\right) = 0 \qquad (4 \cdot 66)$$

이다. 식 (4·66)을 $\frac{dz}{db}$에 관해 풀면 다음을 얻을 수 있다.

$$\frac{dz}{db} = -\frac{\nabla_b^T h_1}{\nabla_z^T h_1} = -\frac{\partial h_1}{\partial b} / \frac{\partial h_1}{\partial z} = -1 \qquad (4 \cdot 67)$$

식 (4·65d)를 소거하면서 얻은 식 (4·67)을 식 (4·65b)와 식 (4·65c)에 대입하면 다음과 같이 등제한조건이 소거된 부문제를 얻을 수 있다.

Find $\quad \delta b \qquad (4 \cdot 68a)$

to minimize $\quad (\nabla_b^T f - \nabla_z^T f)\,\delta b \qquad (4 \cdot 68b)$

subject to $\quad -1 + (\nabla_b^T g_1 - \nabla_z^T g_1)\,\delta b \geq 0 \qquad (4 \cdot 68c)$

예제 4 · 4 3부재 트러스의 최적화문제

예제 **3 · 1**의 3부재 트러스 설계문제를 다시 가져온다. 이 문제의 목적함수를 전체질량으로 하고 제한조건으로는 각 부재의 응력이 165MPa 이하가 되도록 한다. 설계변수는 각 부재의 단면적이다. 유한요소해석을 사용하여 이 문제를 다시 정식화하여라. 또한 정식화된 문제를 기본법으로 풀 때 첫 번째 반복 과정의 부문제를 등제한조건을 소거하여 정의하여라. 이 예제에서는 구조물이 좌우 대칭을 유지할 필요는 없으며 밀도(ρ)는 7830kg/m^{3}이다. 3부재 트러스의 유한요소해석은 예제 **4 · 1**의 과정을 참조한다.

‖ 풀 이 ‖

최적화문제는 다음과 같이 정식화할 수 있다.

$$\text{Find} \quad \mathbf{b} = [\,b_1 \quad b_2 \quad b_3\,]^T \tag{4 · 69a}$$

$$\text{to minimize} \quad f = \rho l(\sqrt{2}\,b_1 + b_2 + \sqrt{2}\,b_3) \tag{4 · 69b}$$

$$\text{subject to} \quad g_1 = \sigma_1 \le \sigma_{\text{all}} \tag{4 · 69c}$$

$$g_2 = \sigma_2 \le \sigma_{\text{all}} \tag{4 · 69d}$$

$$g_3 = \sigma_3 \le \sigma_{\text{all}} \tag{4 · 69e}$$

$$\mathbf{Kz} = \mathbf{f} \tag{4 · 69f}$$

여기서

$$\mathbf{K} = E\begin{bmatrix} \dfrac{b_1}{2L_1} + \dfrac{b_3}{2L_3} & \dfrac{b_1}{2L_1} - \dfrac{b_3}{2L_3} \\ \dfrac{b_1}{2L_1} - \dfrac{b_3}{2L_3} & \dfrac{b_1}{2L_1} + \dfrac{b_2}{L_2} + \dfrac{b_3}{2L_3} \end{bmatrix} \tag{4 · 69g}$$

$$\mathbf{z} = [\,u_1 \quad v_1\,]^T \tag{4 · 69h}$$

$$\mathbf{f} = [\,f\cos\theta \quad f\sin\theta\,]^T \tag{4 · 69i}$$

$$\sigma_{\text{all}} = 165\text{MPa} \tag{4 · 69j}$$

이다.

부문제를 정의할 때 식 (4 · 69f)의 등제한조건에 대응하는 부분은 식 (4 · 54)와 같음을 설명하였다. 편의상 식 (4 · 54)를 다시 쓴다.

$$\mathbf{K}\frac{\mathrm{d}\mathbf{z}}{\mathrm{d}\,b_i} = -\frac{\partial \mathbf{K}}{\partial\, b_i}\mathbf{z}^{(k)}, \quad i = 1, \cdots, n \tag{4 · 70}$$

먼저 식 (4 · 70)의 우변의 편미분값을 계산한다. 이를 위해 식 (4 · 69g)를 설계변수에 대해 편미분하여 다음을 얻는다.

$$\frac{\partial \mathbf{K}}{\partial b_1} = E\begin{bmatrix} 1/2L_1 & 1/2L_1 \\ 1/2L_1 & 1/2L_1 \end{bmatrix} \tag{4 · 71a}$$

$$\frac{\partial \mathrm{K}}{\partial b_2} = E\begin{bmatrix} 0 & 0 \\ 0 & 1/L_2 \end{bmatrix} \qquad (4 \cdot 71\mathrm{b})$$

$$\frac{\partial \mathrm{K}}{\partial b_3} = E\begin{bmatrix} 1/2L_3 & -1/2L_3 \\ -1/2L_3 & 1/2L_3 \end{bmatrix} \qquad (4 \cdot 71\mathrm{c})$$

이제 식 (4 · 69g)와 식 (4 · 71) 및 식 (4 · 20)을 각각 식 (4 · 70)에 대입하고 구체적인 치수를 적용한 후 식 (4 · 70)을 $\mathrm{dz}/\mathrm{d}b_i$에 대해 풀어 아래와 같이 민감도를 구할 수 있다.

$$\frac{\mathrm{dz}}{\mathrm{d}b_1} = [\,-0.86024 \quad -0.50392\,]^T \qquad (4 \cdot 72\mathrm{a})$$

$$\frac{\mathrm{dz}}{\mathrm{d}b_2} = [\,-0.0 \quad -0.71781\,]^T \qquad (4 \cdot 72\mathrm{b})$$

$$\frac{\mathrm{dz}}{\mathrm{d}b_3} = [\,0.00624 \quad -0.00365\,]^T \qquad (4 \cdot 72\mathrm{c})$$

식 (4 · 70)을 풀어 식 (4 · 72)의 해를 얻었기 때문에 부문제에서 등제한조건을 제외할 수 있다. 이제 식 (4 · 69a)~(4 · 69e)만으로 부문제를 형성한다. 등제한조건을 제외시킨 부문제는 다음과 같다.

Find $\quad \delta \mathrm{b} = [\,\delta b_1 \quad \delta b_2 \quad \delta b_3\,]^T \qquad (4 \cdot 73\mathrm{a})$

to minimize $\quad \nabla_{\mathrm{b}}^T f \delta \mathrm{b} = \rho l [\,\sqrt{2} \quad 1 \quad \sqrt{2}\,] \delta \mathrm{b} \qquad (4 \cdot 73\mathrm{b})$

subject to $\quad \sigma_1 + \left(\frac{\partial \sigma_1}{\partial \mathrm{b}} + \frac{\partial \sigma_1}{\partial \mathrm{z}_1} \frac{\mathrm{dz}_1}{\mathrm{db}} \right) \delta \mathrm{b} \le 0 \qquad (4 \cdot 73\mathrm{c})$

$$\sigma_2 + \left(\frac{\partial \sigma_2}{\partial \mathrm{b}} + \frac{\partial \sigma_2}{\partial \mathrm{z}_2} \frac{\mathrm{dz}_2}{\mathrm{db}} \right) \delta \mathrm{b} \le 0 \qquad (4 \cdot 73\mathrm{d})$$

$$\sigma_3 + \left(\frac{\partial \sigma_3}{\partial \mathrm{b}} + \frac{\partial \sigma_3}{\partial \mathrm{z}_3} \frac{\mathrm{dz}_3}{\mathrm{db}} \right) \delta \mathrm{b} \le 0 \qquad (4 \cdot 73\mathrm{e})$$

여기서 z_i는 i번째 트러스요소의 변위를 전체좌표계로 나타낸 것이다.

트러스요소의 응력식인 식 (4 · 27)을 다시 가져온다.

$$\sigma_i = \frac{E}{L}[\,-1 \quad 1\,]\mathrm{T}\mathrm{z}_i \qquad (4 \cdot 74)$$

식 (4 · 74)를 설계변수와 변위에 관해 각각 편미분하면 다음을 얻는다.

$$\frac{\partial \sigma_i}{\partial \mathrm{b}} = 0, \quad i = 1, \cdots, 3 \qquad (4 \cdot 75)$$

$$\frac{\partial \sigma_i}{\partial \mathrm{z}_i} = \frac{E}{L}[\,-1 \quad 1\,]\mathrm{T}, \quad i = 1, \cdots, 3 \qquad (4 \cdot 76)$$

식 (4 · 75)와 식 (4 · 76)을 식 (4 · 73)에 대입하여 다음을 얻는다.

Find $\quad \delta \mathrm{b} = [\,\delta b_1 \quad \delta b_2 \quad \delta b_3\,]^T \qquad (4 \cdot 77\mathrm{a})$

$$\text{to minimize} \quad \nabla_b^T f \delta \mathbf{b} = \rho l [\sqrt{2} \quad 1 \quad \sqrt{2}] \delta \mathbf{b} \qquad (4 \cdot 77b)$$

$$\text{subject to} \quad \sigma_1 + \left(0 + \frac{E}{L_1}[-1 \quad 1] \mathrm{T} \begin{bmatrix} \frac{dz_1}{db_1} & \frac{dz_1}{db_2} & \frac{dz_1}{db_3} \end{bmatrix}\right) \delta \mathbf{b} \le 0 \qquad (4 \cdot 77c)$$

$$\sigma_2 + \left(0 + \frac{E}{L_2}[-1 \quad 1] \mathrm{T} \begin{bmatrix} \frac{dz_2}{db_1} & \frac{dz_2}{db_2} & \frac{dz_2}{db_3} \end{bmatrix}\right) \delta \mathbf{b} \le 0 \qquad (4 \cdot 77d)$$

$$\sigma_3 + \left(0 + \frac{E}{L_3}[-1 \quad 1] \mathrm{T} \begin{bmatrix} \frac{dz_3}{db_1} & \frac{dz_3}{db_2} & \frac{dz_3}{db_3} \end{bmatrix}\right) \delta \mathbf{b} \le 0 \qquad (4 \cdot 77e)$$

최종적으로 식 (4 · 72)와 변환행렬을 식 (4 · 77)에 대입하고 구체적인 치수를 적용하면 다음과 같이 등제한조건이 소거된 부문제를 형성할 수 있다.

$$\text{Find} \quad \delta \mathbf{b} = [\delta b_1 \quad \delta b_2 \quad \delta b_3]^T \qquad (4 \cdot 78a)$$

$$\text{to minimize} \quad \nabla_b^T f \delta \mathbf{b} = \rho l [\sqrt{2} \quad 1 \quad \sqrt{2}] \delta \mathbf{b} \qquad (4 \cdot 78b)$$

subject to

$$71.227 \times 10^6 + \left(0 + \frac{207 \times 10^9}{\sqrt{2}}[-1 \quad 1] \begin{bmatrix} \cos\left(-\frac{3\pi}{4}\right) & \sin\left(-\frac{3\pi}{4}\right) & 0 & 0 \\ 0 & 0 & \cos\left(-\frac{3\pi}{4}\right) & \sin\left(-\frac{3\pi}{4}\right) \end{bmatrix} \begin{bmatrix} -0.86024 & 0.0 & 0.00624 \\ -0.50392 & -0.71781 & -0.00365 \\ 0 & 0 & 0 \\ 0 & 0 & 0 \end{bmatrix}\right) \delta \mathbf{b} \le 0 \qquad (4 \cdot 78c)$$

$$71.744 \times 10^6 + \left(0 + \frac{207 \times 10^9}{1}[-1 \quad 1] \begin{bmatrix} \cos\left(-\frac{\pi}{2}\right) & \sin\left(-\frac{\pi}{2}\right) & 0 & 0 \\ 0 & 0 & \cos\left(-\frac{\pi}{2}\right) & \sin\left(-\frac{\pi}{2}\right) \end{bmatrix} \begin{bmatrix} -0.86024 & 0.0 & 0.00624 \\ -0.50392 & -0.71781 & -0.00365 \\ 0 & 0 & 0 \\ 0 & 0 & 0 \end{bmatrix}\right) \delta \mathbf{b} \le 0 \qquad (4 \cdot 78d)$$

$$516.5 \times 10^3 + \left(0 + \frac{207 \times 10^9}{\sqrt{2}}[-1 \quad 1] \begin{bmatrix} \cos\left(-\frac{\pi}{4}\right) & \sin\left(-\frac{\pi}{4}\right) & 0 & 0 \\ 0 & 0 & \cos\left(-\frac{\pi}{4}\right) & \sin\left(-\frac{\pi}{4}\right) \end{bmatrix} \begin{bmatrix} -0.86024 & 0.0 & 0.00624 \\ -0.50392 & -0.71781 & -0.00365 \\ 0 & 0 & 0 \\ 0 & 0 & 0 \end{bmatrix}\right) \delta \mathbf{b} \le 0 \qquad (4 \cdot 78e)$$

식 (4 · 78)을 간단히 정리하면 다음과 같다.

$$\text{Find} \quad \delta \mathbf{b} = [\delta b_1 \quad \delta b_2 \quad \delta b_3]^T \qquad (4 \cdot 79a)$$

$$\text{to minimize} \quad \nabla_b^T f \delta \mathbf{b} = \rho l [\sqrt{2} \quad 1 \quad \sqrt{2}] \delta \mathbf{b} \qquad (4 \cdot 79b)$$

subject to

$$71.227 \times 10^6 + [-1.4119 \times 10^{11} \quad -7.4293 \times 10^{10} \quad 2.6741 \times 10^8] \delta \mathbf{b} \le 0 \qquad (4 \cdot 79c)$$

$$71.744 \times 10^6 + [-1.0431 \times 10^{11} \quad -1.4859 \times 10^{11} \quad -7.5635 \times 10^8] \delta \mathbf{b} \le 0 \qquad (4 \cdot 79d)$$

$$516.5 \times 10^3 + [3.6879 \times 10^{11} \quad -7.4293 \times 10^{10} \quad -1.0238 \times 10^9] \delta \mathbf{b} \le 0 \qquad (4 \cdot 79e)$$

예제 4 · 5 2부재 보의 최적설계 정식화

그림 **4 · 6**에 평면 2부재 보가 있다. 그림과 같이 설계변수가 각 부재의 단면 치수일 때 수직변위제한조건과 응력제한조건이 있는 질량최소화문제를 정식화하여라. 밀도는 ρ, 영률은 E이며 보요소의 요소강성행렬과 요소변위벡터의 곱은

$$\mathrm{k}_{i}\mathrm{z}_{iL} = \frac{2EI}{L^3}\begin{bmatrix} \frac{AL^2}{2I} & 0 & 0 & -\frac{AL^2}{2I} & 0 & 0 \\ 0 & 6 & 3L & 0 & -6 & 3L \\ 0 & 3L & 2L^2 & 0 & -3L & L^2 \\ -\frac{AL^2}{2I} & 0 & 0 & \frac{AL^2}{2I} & 0 & 0 \\ 0 & -6 & -3L & 0 & 6 & -3L \\ 0 & 3L & L^2 & 0 & -3L & 2L^2 \end{bmatrix}\begin{bmatrix} u_1 \\ v_1 \\ \theta_1 \\ u_2 \\ v_2 \\ \theta_2 \end{bmatrix} \tag{4 · 80}$$

이다. 여기서 I는 관성모멘트, A는 단면적, L은 요소의 길이이다. 또 좌표변환행렬은

$$\mathrm{T} = \begin{bmatrix} \cos\alpha & \sin\alpha & 0 & 0 & 0 & 0 \\ -\sin\alpha & \cos\alpha & 0 & 0 & 0 & 0 \\ 0 & 0 & 1 & 0 & 0 & 0 \\ 0 & 0 & 0 & \cos\alpha & \sin\alpha & 0 \\ 0 & 0 & 0 & -\sin\alpha & \cos\alpha & 0 \\ 0 & 0 & 0 & 0 & 0 & 1 \end{bmatrix} \tag{4 · 81}$$

이다.

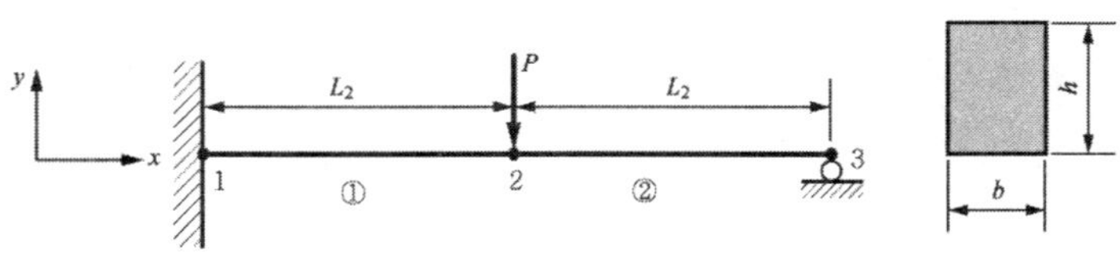

그림 4 · 6 하중을 받는 양단지지보

❙❙ 풀 이 ❙❙

국부좌표계와 전체좌표계가 일치하기 때문에 $\mathrm{T} = \mathrm{I}$이므로 전체좌표계에서의 전체강성행렬 K는 다음과 같다.

$$\mathrm{K} = \begin{bmatrix} \frac{A_1E_1}{L_1} & 0 & 0 & -\frac{A_1E_1}{L_1} & 0 & 0 & 0 & 0 & 0 \\ 0 & \frac{12E_1I_1}{L_1^3} & \frac{6E_1I_1}{L_1^2} & 0 & -\frac{12E_1I_1}{L_1^3} & \frac{6E_1I_1}{L_1^2} & 0 & 0 & 0 \\ 0 & \frac{6E_1I_1}{L_1^2} & \frac{4E_1I_1}{L_1} & 0 & -\frac{6E_1I_1}{L_1^2} & \frac{2E_1I_1}{L_1} & 0 & 0 & 0 \\ -\frac{A_1E_1}{L_1} & 0 & 0 & \frac{A_1E_1}{L_1}+\frac{A_2E_2}{L_2} & 0 & 0 & -\frac{A_2E_2}{L_2} & 0 & 0 \\ 0 & -\frac{12E_1I_1}{L_1^3} & -\frac{6E_1I_1}{L_1^2} & 0 & \frac{12E_1I_1}{L_1^3}+\frac{12E_2I_2}{L_2^3} & -\frac{6E_1I_1}{L_1^2}+\frac{6E_2I_2}{L_2^2} & 0 & -\frac{12E_2I_2}{L_2^3} & \frac{6E_2I_2}{L_2^2} \\ 0 & \frac{6E_1I_1}{L_1^2} & \frac{2E_1I_1}{L_1} & 0 & -\frac{6E_1I_1}{L_1^2}+\frac{6E_2I_2}{L_2^2} & \frac{4E_1I_1}{L_1}+\frac{4E_2I_2}{L_2} & 0 & -\frac{6E_2I_2}{L_2^2} & \frac{2E_2I_2}{L_2} \\ 0 & 0 & 0 & -\frac{A_2E_2}{L_2} & 0 & 0 & \frac{A_2E_2}{L_2} & 0 & 0 \\ 0 & 0 & 0 & 0 & -\frac{12E_2I_2}{L_2^3} & -\frac{6E_2I_2}{L_2^2} & 0 & \frac{12E_2I_2}{L_2^3} & -\frac{6E_2I_2}{L_2^2} \\ 0 & 0 & 0 & 0 & \frac{6E_2I_2}{L_2^2} & \frac{2E_2I_2}{L_2} & 0 & -\frac{6E_2I_2}{L_2^2} & \frac{4E_2I_2}{L_2} \end{bmatrix} \tag{4 · 82}$$

경계조건을 적용하면 다음과 같이 줄어든 강성행렬을 얻을 수 있다.

$$\mathrm{K}=\begin{bmatrix} \frac{A_1E_1}{L_1}+\frac{A_2E_2}{L_2} & 0 & 0 & -\frac{A_2E_2}{L_2} & 0 \\ 0 & \frac{12E_1I_1}{L_1^3}+\frac{12E_2I_2}{L_2^3} & -\frac{6E_1I_1}{L_1^2}+\frac{6E_2I_2}{L_2^2} & 0 & \frac{6E_2I_2}{L_2^2} \\ 0 & -\frac{6E_1I_1}{L_1^2}+\frac{6E_2I_2}{L_2^2} & \frac{4E_1I_1}{L_1}+\frac{4E_2I_2}{L_2} & 0 & \frac{2E_2I_2}{L_2} \\ -\frac{A_2E_2}{L_2} & 0 & 0 & \frac{A_2E_2}{L_2} & 0 \\ 0 & \frac{6E_2I_2}{L_2^2} & \frac{2E_2I_2}{L_2} & 0 & \frac{4E_2I_2}{L_2} \end{bmatrix} \tag{4・83}$$

따라서 다음과 같이 최적화문제를 정식화할 수 있다.

$$\text{Find} \quad b_1,\ h_1,\ b_2,\ h_2 \tag{4・84a}$$

$$\text{to minimize} \quad \rho(b_1h_1L_1+b_2h_2L_2) \tag{4・84b}$$

$$\text{subject to} \quad g_1=v_2\le v_{\text{all}} \tag{4・84c}$$

$$g_2=\sigma_1\le\sigma_{\text{all}} \tag{4・84d}$$

$$g_3=\sigma_2\le\sigma_{\text{all}} \tag{4・84e}$$

$$\mathrm{Kz}=\mathrm{f} \tag{4・84f}$$

여기서

$$\mathrm{K}=\begin{matrix} \frac{b_1h_1E}{L_1}+\frac{b_2h_2E}{L_2} & 0 & 0 & -\frac{b_2h_2E}{L_2} & 0 \\ 0 & \frac{12E}{L_1^3}\frac{b_1h_1^3}{12}+\frac{12E}{L_2^3}\frac{b_2h_2^3}{12} & -\frac{6E}{L_1^2}\frac{b_1h_1^3}{12}+\frac{6E}{L_2^2}\frac{b_2h_2^3}{12} & 0 & \frac{6E}{L_2^2}\frac{b_2h_2^3}{12} \\ 0 & -\frac{6E}{L_1^2}\frac{b_1h_1^3}{12}+\frac{6E}{L_2^2}\frac{b_2h_2^3}{12} & \frac{4E}{L_1}\frac{b_1h_1^3}{12}+\frac{4E}{L_2}\frac{b_2h_2^3}{12} & 0 & \frac{2E}{L_2}\frac{b_2h_2^3}{12} \\ -\frac{b_2h_2E}{L_2} & 0 & 0 & \frac{b_2h_2E}{L_2} & 0 \\ 0 & \frac{6E}{L_2^2}\frac{b_2h_2^3}{12} & \frac{2E}{L_2}\frac{b_2h_2^3}{12} & 0 & \frac{4E}{L_2}\frac{b_2h_2^3}{12} \end{matrix} \tag{4・84g}$$

$$\mathrm{z}=[\,u_2\quad v_2\quad \theta_2\quad u_3\quad \theta_3\,]^T \tag{4・84h}$$

$$\mathrm{f}=[\,0\quad -P\quad 0\quad 0\quad 0\,]^T \tag{4・84i}$$

이다.

예제 4・6 평면응력요소의 최적화를 위한 정식화

예제 **4・2**의 평면응력요소의 질량을 최소화는 문제를 정식화하여라. 설계변수는 두께이며 변위제한조건을 만족하여야 한다. 필요한 자료는 예제 **4・2**의 것들을 그대로 사용하고 밀도는 ρ로 하여라.

❙❙ 풀 이 ❙❙

정식화 정식은

$$\text{Find} \quad h \tag{4・85a}$$

$$\text{to minimize } \rho h \tag{4·85b}$$

$$\text{subject to } \quad u_2 \le u_{2,\text{ all}} \tag{4·85c}$$

$$v_2 \le v_{2,\text{ all}} \tag{4·85d}$$

$$u_3 \le u_{2,\text{ all}} \tag{4·85e}$$

$$v_3 \le v_{3,\text{ all}} \tag{4·85f}$$

$$\mathbf{Kz} = \mathbf{f} \tag{4·85g}$$

이다. 여기서

$$\mathrm{K} = Eh\begin{bmatrix} 0.488667 & -0.166667 & 0.044333 & -0.033 \\ -0.166667 & 0.488667 & 0.033 & -0.288667 \\ 0.044333 & 0.033 & 0.488667 & 0.166667 \\ -0.033 & -0.288667 & 0.166667 & 0.488667 \end{bmatrix} \tag{4·85h}$$

$$\mathrm{z} = [\, u_2 \quad v_2 \quad u_3 \quad v_3 \,]^T \tag{4·85i}$$

$$\mathrm{f} = [\, 0 \quad 0 \quad 100000 \quad 100000 \,]^T \tag{4·85j}$$

이다.

4.4 민감도해석

구조최적설계에서 일반적으로 가장 많은 비용을 차지하는 부분은 민감도해석이다. 민감도를 효율적으로 구하는 것이 중요하며, 민감도해석에 대한 연구가 많이 이루어져 왔다. 민감도정보를 계산하는 방법은 대개 유한차분법을 이용한 접근, 이산방정식을 이용한 접근, 연속방정식을 이용한 접근 등이 있다. 이산방정식을 이용한 접근은 해석적 방법과 준해석적 방법으로 구분할 수 있다. 연속방정식을 이용한 접근은 기본적으로 해석적 방법에 속한다.

표 4·2 접근방법에 따른 민감도해석의 분류

접근방법	해석방법	비 고
유한차분법에 의한 접근	전진차분법 후진차분법 중심차분법	
이산방정식을 이용한 접근	준해석적 방법 해석적 방법	직접미분법 보조변수법
연속방정식을 이용한 접근	연속-연속방법 연속-이산방법	직접미분법 보조변수법

이 방법은 다시 연속방정식을 수학적으로 미분하는 방법과 커다란 문제의 경우 연속방정식을 미분한 후 이산방정식으로 푸는 방법으로 분류할 수 있다. 한편 해석적 방법에는 직접미분법(direct differentiation method)과 보조변수법(adjoint variable method)이 있다. 민감도값을 구하는 방법은 서로 차이가 있지만 그 결과는 모두 최적화 과정에서 목적함수나 제한조건함수를 선형화하는 데 사용한다. 민감도해석을 수행하는 여러 방법들과 각 방법의 장단점은 표 **4 · 2**와 표 **4 · 3**에 설명하였다.

표 4 · 3 각 민감도해석방법의 특징

종 류	장 점	단 점	비 고
해석적 방법	· 정확한 민감도정보를 제공한다. · 민감도 계산시간이 적다	• 프로그램이 어렵다.	• 민감도 계산시간이 적은 이유로 반복적으로 사용하는 상용소프트웨어에 코드화하는 것이 좋다.
준해석적 방법	· 비교적 정확한 민감도정보를 제공한다. · 유한요소법의 프로그램이 있을 경우에 비교적 프로그램화가 용이하다.	• 유한차분의 크기에 따라 오차가 있을 수 있다.	• 형상최적화에 대한 민감도해석에 오차가 크다고 알려져 있다.
유한차분법	· 프로그램화가 쉽다.	• 유한차분의 적당한 크기의 결정이 어렵다. • 계산시간이 많다.	• 중심차분의 경우에 오차가 최소이나 계산시간이 더욱 많아진다.

4.4.1 유한차분법에 의한 접근

유한차분법에 의한 민감도해석이란 식 (4 · 44b)와 식 (4 · 44e)에 있는 목적함수나 제한조건의 미분값을 직접 유한차분법으로 구하는 것이다. 두 식에 동일하게 적용할 수 있으므로 식 (4 · 44e)를 예로 들어 설명한다. 먼저 전진차분법(forward difference)을 사용하여 식 (4 · 44e)의 설계변수 b_i에 대한 민감도정보를 구해 보자. 전진차분법에 의한 민감도는 다음 식을 계산한 결과이다.

$$\frac{\partial g_i}{\partial b_i} = \frac{g_j(\mathrm{b}+(\Delta \mathrm{b})_i,\ \mathrm{z}(\mathrm{b}+(\Delta \mathrm{b})_i),\ \xi(\mathrm{b}+(\Delta \mathrm{b})_i)) - g_j(\mathrm{b},\mathrm{z},\xi)}{\Delta b_i} \tag{4 · 86}$$

식 (4 · 86)의 $\mathrm{z}(\mathrm{b}+(\Delta \mathrm{b})_i)$와 $\xi(\mathrm{b}+(\Delta \mathrm{b})_i)$는 다음과 같이 구할 수 있다.

$$\mathrm{K}(\mathrm{b}+(\Delta \mathrm{b})_i)\,\mathrm{z}(\mathrm{b}+(\Delta \mathrm{b})_i) = \mathrm{f}(\mathrm{b}+(\Delta \mathrm{b})_i) \tag{4 · 87}$$

$$\begin{aligned} &\mathrm{K}(\mathrm{b}+(\Delta\mathrm{b})_i)\,\mathrm{y}(\mathrm{b}+(\Delta\mathrm{b})_i) \\ &\quad -\xi(\mathrm{b}+(\Delta\mathrm{b})_i)\,\mathrm{M}(\mathrm{b}+(\Delta\mathrm{b})_i)\,\mathrm{y}(\mathrm{b}+(\Delta\mathrm{b})_i)=0 \end{aligned} \tag{4·88}$$

여기서 $(\Delta\mathrm{b})_i$는 $[0 \ \cdots \ 0 \ \Delta b_i \ 0 \ \cdots \ 0]^T$와 같은 벡터인데 i번째 요소만 Δb_i이고 나머지 항은 영(0)으로 정의된다. 식 (4·87)~(4·88)에서 보듯이 전진차분법은 $\mathrm{b}+(\Delta\mathrm{b})_i$인 경우에 대해서 변수 z, ξ들을 다시 계산해야 하는데 이때 유한요소해석을 한번 더 수행하게 된다. 이 과정에서 식 (4·44c)와 식 (4·44d)의 등제한조건은 저절로 만족하게 된다.

유한차분법을 시행하는 방법에는 위의 전진차분법 이외에도 식 (4·89)의 후진차분법(backward difference)과 식 (4·90)의 중심차분법 등이 있다.

$$\frac{\partial g_j}{\partial b_i}=\frac{g_j(\mathrm{b},\mathrm{z},\xi)-g_j(\mathrm{b}-(\Delta\mathrm{b})_i,\ \mathrm{z}(\mathrm{b}-(\Delta\mathrm{b})_i),\ \xi(\mathrm{b}-(\Delta\mathrm{b})_i))}{\Delta b_i} \tag{4·89}$$

$$\begin{aligned} \frac{\partial g_j}{\partial b_i}=&\frac{g_j(\mathrm{b}+(\Delta\mathrm{b}/2)_i,\ \mathrm{z}(\mathrm{b}+(\Delta\mathrm{b}/2)_i),\ \xi(\mathrm{b}+(\Delta\mathrm{b}/2)_i))}{\Delta b_i} \\ &-\frac{g_j(\mathrm{b}-(\Delta\mathrm{b}/2)_i,\ \mathrm{z}(\mathrm{b}-(\Delta\mathrm{b}/2)_i),\ \xi(\mathrm{b}-(\Delta\mathrm{b}/2)_i))}{\Delta b_i} \end{aligned} \tag{4·90}$$

유한차분법의 정확도는 일반적으로 Δb_i의 크기에 의존한다. 오차해석에 따르면 전진차분법이나 후진차분법의 정확도는 동일하다. 그러나 중심차분법은 이들보다 오차의 양이 적은 반면 계산량이 많다. 민감도해석을 정확하게 하려면 Δb_i의 크기를 적절히 결정하는 것이 중요하다. 하지만 많은 연구에도 불구하고 Δb_i의 크기를 결정하는 일반적인 규칙은 없다. 다만 컴퓨터의 성능이 좋아져 Δb_i의 크기를 줄이는 경향이 있다. 그러나 Δb_i의 크기가 너무 작을 때는 반올림오차(round-off error)가 커지는 것에 유의해야 한다.

유한차분법은 수치적으로 구현하기가 간단하다. 또한 유한차분값을 계산하는 과정에서 상용소프트웨어를 블랙박스(black box)로 취급할 수 있어 민감도계산이 쉽다. 그러나 계산량이 매우 많아 반복 진행을 요하는 최적화에서는 비용이 많이 드는 단점이 있다.

예제 4·7 대칭형 3부재 트러스 구조물의 민감도해석-유한차분법

예제 **4·1**의 대칭형 3부재 트러스 구조물을 대상으로 전진차분법과 중심차분법을 사용하여 단면적에 대한 1번 부재의 응력민감도를 각각 구하여라. 단, $\Delta b=10^{-8}$로 하여라.

|| 풀 이 ||

3부재 트러스의 강성행렬인 식 (4·69g)를 다시 쓴다.

$$\mathrm{K} = E\begin{bmatrix} \dfrac{b_1}{2L_1}+\dfrac{b_3}{2L_3} & \dfrac{b_1}{2L_1}-\dfrac{b_3}{2L_3} \\ \dfrac{b_1}{2L_1}-\dfrac{b_3}{2L_3} & \dfrac{b_1}{2L_1}+\dfrac{b_2}{L_2}+\dfrac{b_3}{2L_3} \end{bmatrix} \tag{4·91}$$

식 (4・18)의 외력을 다시 쓴다.

$$\mathrm{f} = \begin{bmatrix} 40000\times 1/2 \\ 40000\times\sqrt{3}/2 \end{bmatrix} \tag{4·92}$$

현재 설계점에서의 변위값은 식 (4・20)과 같다. 식 (4・20)의 변위값을 식 (4・27)에 대입하여 1번 부재의 응력을 구하면 식 (4・28)의 값을 얻는다. 면적이 증분($\varDelta b$)만큼 커진 구조물의 응력도 같은 방법으로 구할 수 있다.

(1) 전진차분법을 이용한 민감도

식 (4・86)을 1번 부재의 응력민감도에 적용하면 다음과 같다.

$$\frac{\mathrm{d}\sigma_1}{\mathrm{d}b_1} = \frac{\sigma_1(b_1+\varDelta b,\, b_2,\, b_3,\, \mathrm{z}(b_1+\varDelta b,\, b_2,\, b_3)) - \sigma_1(b_1,\, b_2,\, b_3,\, \mathrm{z}(b_1,\, b_2,\, b_3))}{\varDelta b} \tag{4·93a}$$

$$\frac{\mathrm{d}\sigma_1}{\mathrm{d}b_2} = \frac{\sigma_1(b_1,\, b_2+\varDelta b,\, b_3,\, \mathrm{z}(b_1,\, b_2+\varDelta b,\, b_3)) - \sigma_1(b_1,\, b_2,\, b_3,\, \mathrm{z}(b_1,\, b_2,\, b_3))}{\varDelta b} \tag{4·93b}$$

$$\frac{\mathrm{d}\sigma_1}{\mathrm{d}b_3} = \frac{\sigma_1(b_1,\, b_2,\, b_3+\varDelta b,\, \mathrm{z}(b_1,\, b_2,\, b_3+\varDelta b)) - \sigma_1(b_1,\, b_2,\, b_3,\, \mathrm{z}(b_1,\, b_2,\, b_3))}{\varDelta b} \tag{4·93c}$$

식 (4・93)을 실제로 계산하여 얻은 결과는 다음과 같다.

$$\frac{\mathrm{d}\sigma_1}{\mathrm{d}\mathbf{b}} = [\,-1.4119\times 10^{11} \quad -7.4292\times 10^{10} \quad 2.6748\times 10^{8}\,] \tag{4·93d}$$

(2) 중심차분법을 이용한 민감도

식 (4・90)을 1번 부재의 응력민감도에 적용하면 다음과 같다.

$$\begin{aligned}\frac{\mathrm{d}\sigma_1}{\mathrm{d}b_1} = [\,&\sigma_1(b_1+\varDelta b/2,\, b_2,\, b_3,\, \mathrm{z}(b_1+\varDelta b/2,\, b_2,\, b_3)) \\ &- \sigma_1(b_1-\varDelta b/2,\, b_2,\, b_3,\, \mathrm{z}(b_1-\varDelta b/2,\, b_2,\, b_3))\,]/\varDelta b\end{aligned} \tag{4·94a}$$

$$\begin{aligned}\frac{\mathrm{d}\sigma_1}{\mathrm{d}b_2} = [\,&\sigma_1(b_1,\, b_2+\varDelta b/2,\, b_3,\, \mathrm{z}(b_1,\, b_2+\varDelta b/2,\, b_3)) \\ &- \sigma_1(b_1,\, b_2-\varDelta b/2,\, b_3,\, \mathrm{z}(b_1,\, b_2-\varDelta b/2,\, b_3))\,]/\varDelta b\end{aligned} \tag{4·94b}$$

$$\begin{aligned}\frac{\mathrm{d}\sigma_1}{\mathrm{d}b_3} = [\,&\sigma_1(b_1,\, b_2,\, b_3+\varDelta b/2,\, \mathrm{z}(b_1,\, b_2,\, b_3+\varDelta b/2)) \\ &- \sigma_1(b_1,\, b_2,\, b_3-\varDelta b/2,\, \mathrm{z}(b_1,\, b_2,\, b_3-\varDelta b/2))\,]/\varDelta b\end{aligned} \tag{4·94c}$$

식 (4・94)를 실제로 계산하여 얻은 결과는 다음과 같다.

$$\frac{\mathrm{d}\sigma_1}{\mathrm{d}\mathbf{b}} = [\,-1.4119\times 10^{11} \quad -7.4293\times 10^{10} \quad 2.6748\times 10^{8}\,] \tag{4·94d}$$

예제 4 · 8 평면응력요소의 민감도해석-유한차분법

예제 **4 · 2**의 평면응력요소의 두께에 대한 응력의 민감도를 전진차분법과 중심차분법으로 구하여라. 단, $\Delta h = 10^{-4}$mm로 하여라.

❙❙풀 이❙❙

(1) 전진차분법을 이용한 민감도

전진차분법을 이용한 응력민감도는 다음과 같다.

$$\frac{\mathrm{d}\sigma}{\mathrm{d}h} = \frac{\sigma(h+\Delta h,\ z(h+\Delta h)) - \sigma(h,\ z(h))}{\Delta h} \tag{4 · 95}$$

식 (4 · 95)를 계산하려면 응력계산이 선행되어야 한다. 평면응력요소의 응력은 식 (4 · 37)을 풀어서 얻은 변위를 식 (4 · 41)에 대입하여 구할 수 있다. 식 (4 · 95)를 실제로 계산하면 다음과 같다.

$$\frac{\mathrm{d}\sigma_x}{\mathrm{d}h} = -5.6720 \times 10^{10} \tag{4 · 96a}$$

$$\frac{\mathrm{d}\sigma_y}{\mathrm{d}h} = -6.4538 \times 10^{10} \tag{4 · 96b}$$

$$\frac{\mathrm{d}\tau_{xy}}{\mathrm{d}h} = -5.0063 \times 10^{10} \tag{4 · 96c}$$

(2) 중심차분법을 이용한 민감도

중심차분법을 이용한 응력민감도는 다음과 같다.

$$\frac{\mathrm{d}\sigma}{\mathrm{d}h} = \frac{\sigma(h+\Delta h/2,\ z(h+\Delta h/2)) - \sigma(h-\Delta h/2,\ z(h-\Delta h/2))}{\Delta h} \tag{4 · 97}$$

식 (4 · 37)과 식 (4 · 41)을 이용하여 구한 응력을 식 (4 · 97)에 대입하면 다음과 같은 응력민감도를 얻을 수 있다.

$$\frac{\mathrm{d}\sigma_x}{\mathrm{d}h} = -5.6725 \times 10^{10} \tag{4 · 98a}$$

$$\frac{\mathrm{d}\sigma_y}{\mathrm{d}h} = -6.4545 \times 10^{10} \tag{4 · 98b}$$

$$\frac{\mathrm{d}\tau_{xy}}{\mathrm{d}h} = -5.0068 \times 10^{10} \tag{4 · 98c}$$

4.4.2 이산방정식을 이용한 접근에서의 해석적 방법

해석적 방법(analytic method)은 식 (4 · 53)과 식 (4 · 60)의 미분 과정을 그대로 프로그래밍언어로 구현하는 방법이다. 민감도해석에서 계산량이 가장 적으며 프로그래밍이 정확하다면 가장 확실한 방법이 바로 해석적방법이다. 그러나 프로그래밍이 복잡한 경우가 대부분이고 소스코드 수준에서 유한요소 소프트웨어에 접근할 수 없을 때는 사용할 수 없는 등의 단점이 있다. 때문에 최근의 상용유한요소 소프트웨어에는 해석적 방법을 직접 적용할 수 없는 경우가 대부분이다. 이 같은 단점을 극복하기 위해 연속방정식을 이용하는 접근법이 있는데 이는 뒤에서 소개할 것이다. 여기서는 이산방정식으로 표현된 유한요소방정식에 적용할 수 있는 해석적 방법을 설명한다.

이산방정식으로 표현된 유한요소방정식은 앞서 소개한 행렬법, 최소퍼텐셜에너지원리, 가상일의 원리 등을 적용하여 강성행렬과 질량행렬을 구한 후 식 (4・44c)나 식 (4・44d)의 형태로 구성된 대수방정식을 의미한다. 식 (4・53)과 (4・60)의 민감도해석에 의해 식 (4・46e)는 식 (4・61)이 된다. 그런데 대개 실제문제에서는 식 (4・46e)의 z와 ξ가 동시에 나타나지는 않는다. 따라서 식 (4・61)을 미분하면 다음 둘 중의 하나가 된다.

$$\frac{\mathrm{d}g_j}{\mathrm{d}b_i} = \frac{\partial g_j}{\partial b_i} + \frac{\partial g_j}{\partial \mathrm{z}}\frac{\mathrm{d}\mathrm{z}}{\mathrm{d}b_i} \tag{4・99}$$

$$\frac{\mathrm{d}g_j}{\mathrm{d}b_i} = \frac{\partial g_j}{\partial b_i} + \frac{\partial g_j}{\partial \xi}\frac{\mathrm{d}\xi}{\mathrm{d}b_i} \tag{4・100}$$

여기서는 식 (4・99)를 계산하는 방법을 중점적으로 설명한다. 식 (4・100)은 식 (4・60)을 사용하여 지금부터 설명하는 방법과 비슷하게 계산할 수 있다. 식 (4・99)에서 계산하기 복잡한 부분은 두 번째 항인 $\frac{\partial g_j}{\partial \mathrm{z}}\frac{\mathrm{d}\mathrm{z}}{\mathrm{d}b_i}$인데 특히 $\frac{\mathrm{d}\mathrm{z}}{\mathrm{d}b_i}$의 계산에 많은 비용이 든다. $\frac{\mathrm{d}\mathrm{z}}{\mathrm{d}b_i}$를 구하는 방법에는 두 가지가 있는데 직접미분법과 보조변수법이 그것들이다.

직접미분법은 다음의 연립방정식을 푸는 방법이다.

$$\mathrm{K}\frac{\mathrm{d}\mathrm{z}}{\mathrm{d}b_i} = \mathrm{v}_i,\quad i=1, \cdots, n \tag{4・101a}$$

$$\mathrm{v}_i = -\frac{\partial \mathrm{K}}{\partial b_i}\mathrm{z}^{(k)} + \frac{\partial \mathrm{f}}{\partial b_i},\quad i=1, \cdots, n \tag{4・101b}$$

식 (4・101)은 식 (4・53)으로부터 얻을 수 있다. 식 (4・101)을 관찰해 보면 v_i는 구조물에 $\frac{\mathrm{d}\mathrm{z}}{\mathrm{d}b_i}$라는 변위를 생기게 하는 외력벡터로 작용함을 알 수 있다. 이 때문에 식 (4・101b)를 유사하중(pseudo load)이라고도 한다. 직접법에서는 민감도 $\frac{\mathrm{d}\mathrm{z}}{\mathrm{d}b_i}$를 구하기 위해 식 (4・101)의 연립방정식을 설계변수의 수만큼(n번) 반복해서 풀어야 한다.

다음으로 보조변수법에 대해 알아보자. 식 (4・99)에 식 (4・53)에서 유도한 $\frac{\mathrm{d}\mathrm{z}}{\mathrm{d}b_i}$를 대입하면

$$\frac{\partial g_j}{\partial \mathrm{z}}\frac{\mathrm{d\,z}}{\mathrm{d}b_i}=\frac{\partial g_j}{\partial \mathrm{z}}\mathrm{K}^{-1}\left(-\frac{\partial \mathrm{K}}{\partial b_i}\mathrm{z}^{(k)}+\frac{\partial \mathrm{f}}{\partial b_i}\right) \tag{4·102}$$

을 얻을 수 있다. 여기서 보조변수벡터 λ_j를 도입하여 다음의 보조방정식(adjoint equation)을 정의한다.

$$\lambda_j^T=\frac{\partial g_j}{\partial \mathrm{z}}\mathrm{K}^{-1} \tag{4·103}$$

식 (4·103)은 다음과 같이 변형할 수 있다.

$$\mathrm{K}\lambda_j=\left(\frac{\partial g_j}{\partial \mathrm{z}}\right)^T,\quad j=1,\cdots,m \tag{4·104}$$

여기서 강성행렬 K는 대칭행렬이라고 가정하였다. 식 (4·104)를 살펴보면 λ_j는 주어진 구조물에 $\left(\frac{\partial g_j}{\partial \mathrm{z}}\right)^T$의 외력이 가해질 경우에 생기는 변위벡터로 볼 수 있다. 식 (4·104)에 보듯이 보조변수법에서는 제한조건의 수(실제로는 ε-활성화제한조건의 수)만큼 식 (4·104)의 연립방정식을 풀어야 한다. 식 (4·103)을 식 (4·102)에 대입하면 식 (4·102)는 다음과 같이 된다.

$$\frac{\partial g_j}{\partial \mathrm{z}}\frac{\mathrm{d\,z}}{\mathrm{d}b_i}=\lambda_j^T\left(-\frac{\partial \mathrm{K}}{\partial b_i}\mathrm{z}^{(k)}+\frac{\partial \mathrm{f}}{\partial b_i}\right) \tag{4·105}$$

지금까지의 논의를 정리하면 민감도해석은 식 (4·101)을 푸는 직접미분법과 식 (4·104)를 푸는 보조변수법으로 분류할 수 있다. 두 방법의 효율성은 연립방정식을 푸는 횟수와 관련이 있는데, 직접미분법에서는 설계변수의 숫자 n만큼, 보조변수법에서는 부등제한조건의 개수 m만큼 연립방정식을 풀어야 한다. 일반적으로 구조최적설계에서는 부등제한조건의 숫자가 설계변수의 숫자보다 훨씬 많다. 그러나 제**3**장에서 소개한 ε-활성화제한조건전략을 사용하면 부등제한조건의 수가 설계변수의 수보다 훨씬 적을 수 있다. 이때에는 설계변수와 제한조건의 숫자를 비교하여 두 방법 중 하나를 적절히 사용하여야 한다.

예제 4·9 대칭형 3부재 트러스 구조물의 민감도해석-해석적 방법

예제 **4·1**의 대칭형 3부재 트러스 구조물을 대상으로 해석적 방법을 사용하여 면적에 대한 1번 부재의 응력민감도를 구하여라.

풀 이

식 (4·99)를 응력민감도에 적용하면 다음과 같다.

$$\frac{d\sigma_1}{db} = \frac{\partial\sigma_1}{\partial b} + \frac{\partial\sigma_1}{\partial z}\frac{dz}{db} \tag{4·106}$$

해석적 방법은 위의 식 (4·106)을 해석적으로 구하는 것이다.

(1) 직접법

식 (4·27)에서 응력은

$$\sigma_1 = \frac{E}{L}[-1 \quad 1]\mathrm{Tz} \tag{4·107}$$

이므로

$$\frac{\partial\sigma_1}{\partial b} = 0 \tag{4·108}$$

$$\frac{\partial\sigma_1}{\partial z} = \frac{E}{L}[-1 \quad 1]\mathrm{T} \tag{4·109}$$

이다. $\frac{dz}{db}$는 식 (4·101)을 풀어서 구할 수 있다. 식 (4·101)을 풀기 위해서는 강성행렬의 민감도를 해석적으로 구해야 하는데 식 (4·71)에서 이미 해석적으로 구해 두었다. 식 (4·101)을 풀어서 현재 설계점에서의 $\frac{dz}{db}$를 구한 결과가 식 (4·72)에 있다. 식 (4·72)의 결과와 식 (4·108)~(4·109)를 식 (4·106)에 대입하여 면적에 대한 응력의 민감도를 다음과 같이 얻을 수 있다.

$$\begin{aligned}\frac{d\sigma_1}{db} &= 0 + \frac{E}{L}[-1 \quad 1]\begin{bmatrix}\cos\left(\frac{-3\pi}{4}\right) & \sin\left(\frac{-3\pi}{4}\right) & 0 & 0 \\ 0 & 0 & \cos\left(\frac{-3\pi}{4}\right) & \sin\left(\frac{-3\pi}{4}\right)\end{bmatrix} \\ &\quad \begin{bmatrix}-0.86024 & 0.0 & 0.00624 \\ -0.50392 & -0.71781 & -0.00365 \\ 0 & 0 & 0 \\ 0 & 0 & 0\end{bmatrix} \\ &= [-1.4119\times10^{11} \quad -7.4293\times10^{10} \quad 2.6741\times10^{8}]\end{aligned} \tag{4·110}$$

(2) 보조변수법

응력민감도를 계산하는 식 (4·106)에 식 (4·102)를 적용하면 다음을 얻을 수 있다.

$$\frac{d\sigma_1}{db} = \frac{\partial\sigma_1}{\partial b} + \frac{\partial\sigma_1}{\partial z}\mathrm{K}^{-1}\left(-\frac{\partial\mathrm{K}}{\partial b}\mathrm{z} + \frac{\partial\mathrm{f}}{\partial b}\right) \tag{4·111}$$

이제 보조방정식을 다음과 같이 정의한다.

$$\lambda^T = \frac{\partial\sigma_1}{\partial z}\mathrm{K}^{-1} \tag{4·112}$$

강성행렬 K가 대칭행렬이므로 식 (4·112)는

$$\mathrm{K}\lambda = \left(\frac{\partial\sigma_1}{\partial z}\right)^T \tag{4·113}$$

로 쓸 수 있다. 식 (4·91)의 K에 수치를 대입하여 얻은 결과와 식 (4·109)에 수치를 대입하여 얻은 결과를 식 (4·113)에 대입하면 식 (4·113)을 다음과 같이 쓸 수 있다.

$$\begin{aligned}&\sqrt{2}\times10^{-4}\times207\times10^{9}\begin{bmatrix}2 & 0\\0 & 2+\sqrt{2}\end{bmatrix}\lambda\\&=\left(\frac{207\times10^{9}}{\sqrt{2}}[-1\quad 1]\begin{bmatrix}\cos\left(\frac{-3\pi}{4}\right) & \sin\left(\frac{-3\pi}{4}\right)\\0 & 0\end{bmatrix}\right)^{T}\end{aligned}\tag{4·114}$$

식 (4·114)는 경계조건을 적용한 후의 결과이다. 식 (4·114)의 해는 다음과 같다.

$$\lambda=[1767.78\quad 1035.53]^{T}\tag{4·115}$$

한편 식 (4·112)를 식 (4·111)에 대입하면 다음을 얻는다.

$$\frac{d\sigma_1}{db}=\frac{\partial\sigma_1}{\partial b}+\lambda^{T}\left(-\frac{\partial K}{\partial b}z+\frac{\partial f}{\partial b}\right)\tag{4·116}$$

식 (4·116)의 $\frac{\partial K}{\partial b}$를 계산하기 위해 강성행렬을 설계변수에 대해 미분한 결과는 식 (4·71)에 있다. 식 (4·71)에 실제 수치를 대입한 결과는 아래와 같다.

$$\frac{\partial K}{\partial b_1}=\frac{207\times10^{9}}{2\sqrt{2}}\begin{bmatrix}1 & 1\\1 & 1\end{bmatrix}\tag{4·117a}$$

$$\frac{\partial K}{\partial b_2}=207\times10^{9}\begin{bmatrix}0 & 0\\0 & 1\end{bmatrix}\tag{4·117b}$$

$$\frac{\partial K}{\partial b_3}=\frac{207\times10^{9}}{2\sqrt{2}}\begin{bmatrix}1 & -1\\-1 & 1\end{bmatrix}\tag{4·117c}$$

이제 식 (4·115), 식 (4·117), 식 (4·20)을 식 (4·116)에 대입하면 부재의 단면적에 대한 응력의 민감도를 아래와 같이 얻을 수 있다.

$$\begin{aligned}\frac{d\sigma_1}{db_1}&=0+[1767.78\quad 1035.53]\left(-\frac{207\times10^{9}}{2\sqrt{2}}\begin{bmatrix}1 & 1\\1 & 1\end{bmatrix}\begin{bmatrix}3.4160\times10^{-4}\\3.4659\times10^{-4}\end{bmatrix}+0\right)\\&=-1.4119\times10^{11}\end{aligned}\tag{4·118a}$$

$$\begin{aligned}\frac{d\sigma_1}{db_2}&=0+[1767.78\quad 1035.53]\left(-207\times10^{9}\begin{bmatrix}0 & 0\\0 & 1\end{bmatrix}\begin{bmatrix}3.4160\times10^{-4}\\3.4659\times10^{-4}\end{bmatrix}+0\right)\\&=-7.4293\times10^{10}\end{aligned}\tag{4·118b}$$

$$\begin{aligned}\frac{d\sigma_1}{db_1}&=0+[1767.78\quad 1035.53]\left(-\frac{207\times10^{9}}{2\sqrt{2}}\begin{bmatrix}1 & -1\\-1 & 1\end{bmatrix}\begin{bmatrix}3.4160\times10^{-4}\\3.4659\times10^{-4}\end{bmatrix}+0\right)\\&=2.6741\times10^{8}\end{aligned}\tag{4·118c}$$

예제 4·10 평면응력요소의 민감도해석-해석적 방법

예제 **4·2**의 평면응력요소에서 두께에 대한 응력의 민감도를 해석적 방법으로 구하여라.

❚❚ 풀 이 ❚❚

(1) 직접법

두께에 대한 응력의 민감도는 다음과 같다.

$$\frac{\mathrm{d}\sigma}{\mathrm{d}h}=\frac{\partial\sigma}{\partial h}+\frac{\partial\sigma}{\partial \mathbf{z}}\frac{\mathrm{d}\mathbf{z}}{\mathrm{d}h} \tag{4·119}$$

평면응력은 식 (4·41)로 계산되므로 식 (4·119)의 각 항은 다음과 같이 쓸 수 있다.

$$\frac{\partial\sigma}{\partial h}=0 \tag{4·120a}$$

$$\frac{\partial\sigma}{\partial \mathbf{z}}=\frac{E}{1-v^2}\begin{bmatrix}1 & v & 0\\ v & 1 & 0\\ 0 & 0 & \frac{1-v}{2}\end{bmatrix}\begin{bmatrix}\frac{1}{4} & 0 & \frac{1}{4} & 0 & \frac{1}{4} & 0 & -\frac{1}{4} & 0\\ 0 & -\frac{1}{2} & 0 & -\frac{1}{2} & 0 & \frac{1}{2} & 0 & \frac{1}{2}\\ -\frac{1}{2} & -\frac{1}{4} & -\frac{1}{2} & \frac{1}{4} & \frac{1}{2} & \frac{1}{4} & \frac{1}{2} & -\frac{1}{4}\end{bmatrix} \tag{4·120b}$$

식 (4·119)의 $\frac{\mathrm{d}\mathbf{z}}{\mathrm{d}h}$는 다음과 같이 식 (4·101)로부터 얻은 방정식을 풀어 구할 수 있다. 강성행렬은 식 (4·36)을 사용한다.

$$Eh\begin{bmatrix}0.488667 & -0.166667 & 0.044333 & -0.033\\ -0.166667 & 0.488667 & 0.033 & -0.288667\\ 0.044333 & 0.033 & 0.488667 & 0.166667\\ -0.033 & -0.288667 & 0.166667 & 0.488667\end{bmatrix}\frac{\mathrm{d}\mathbf{z}}{\mathrm{d}h}$$
$$=-E\begin{bmatrix}0.488667 & -0.166667 & 0.044333 & -0.033\\ -0.166667 & 0.488667 & 0.033 & -0.288667\\ 0.044333 & 0.033 & 0.488667 & 0.166667\\ -0.033 & -0.288667 & 0.166667 & 0.488667\end{bmatrix}\mathbf{z} \tag{4·121}$$

여기서 식 (4·101b)의 우변에 있는 $\frac{\partial \mathbf{K}}{\partial h}$를 해석적으로 구한 것에 주의한다. 예제 **4·12**의 준해석적 방법에서는 이 $\frac{\partial \mathbf{K}}{\partial h}$를 유한차분법으로 구할 것이다.

식 (4·121)을 풀면 아래와 같다.

$$\frac{\mathrm{d}\mathbf{z}}{\mathrm{d}h}=-\frac{\mathbf{z}}{h}=[-4.0419 \quad -9.9649 \quad -4.0759 \quad -15.0012]^T\times10^{-1} \tag{4·122}$$

이제 식 (4·120)과 식 (4·122)를 식 (4·119)에 대입하여 두께에 대한 응력의 민감도를 다음과 같이 구할 수 있다.

$$\frac{\mathrm{d}\sigma}{\mathrm{d}h}=\frac{\partial\sigma}{\partial h}+\frac{\partial\sigma}{\partial \mathbf{z}}\frac{\mathrm{d}\mathbf{z}}{\mathrm{d}h}$$
$$=0+\frac{E}{1-v^2}\begin{bmatrix}1 & v & 0\\ v & 1 & 0\\ 0 & 0 & \frac{1-v}{2}\end{bmatrix}\begin{bmatrix}\frac{1}{4} & 0 & \frac{1}{4} & 0 & \frac{1}{4} & 0 & -\frac{1}{4} & 0\\ 0 & -\frac{1}{2} & 0 & -\frac{1}{2} & 0 & \frac{1}{2} & 0 & \frac{1}{2}\\ -\frac{1}{2} & -\frac{1}{4} & -\frac{1}{2} & \frac{1}{4} & \frac{1}{2} & \frac{1}{4} & \frac{1}{2} & -\frac{1}{4}\end{bmatrix}\begin{bmatrix}0\\ 0\\ 0.40419\\ 0.99649\\ 0.40759\\ 1.50012\\ 0\\ 0\end{bmatrix} \tag{4·123}$$

최종적으로 식 (4 · 123)을 계산하여 두께에 대한 응력의 민감도를 다음과 같이 얻는다.

$$\frac{\mathrm{d}\sigma_x}{\mathrm{d}h} = -5.6725\times10^{10} \tag{4 · 124a}$$

$$\frac{\mathrm{d}\sigma_y}{\mathrm{d}h} = -6.4545\times10^{10} \tag{4 · 124b}$$

$$\frac{\mathrm{d}\tau_{xy}}{\mathrm{d}h} = -5.0068\times10^{10} \tag{4 · 124c}$$

(2) 보조변수법

식 (4 · 119)의 우변의 두 번째 항에 식 (4 · 102)를 적용하면 응력민감도는 다음과 같다.

$$\frac{\mathrm{d}\sigma}{\mathrm{d}h} = \frac{\partial\sigma}{\partial h} + \frac{\partial\sigma}{\partial \mathrm{z}}\mathrm{K}^{-1}\left(-\frac{\partial \mathrm{K}}{\partial h}\mathrm{z} + \frac{\partial \mathrm{f}}{\partial h}\right) \tag{4 · 125}$$

보조방정식을 다음과 같이 정의한다.

$$\lambda^T = \frac{\partial\sigma}{\partial \mathrm{z}}\mathrm{K}^{-1} \tag{4 · 126}$$

강성행렬 K가 대칭행렬이므로 식 (4 · 126)은

$$\mathrm{K}\lambda = \left(\frac{\partial\sigma}{\partial \mathrm{z}}\right)^T \tag{4 · 127}$$

와 같이 쓸 수 있다. 식 (4 · 41)로부터

$$\frac{\partial\sigma}{\partial \mathrm{z}} = \mathrm{EB} \tag{4 · 128}$$

이므로 식 (4 · 128)을 식 (4 · 127)에 대입하면 다음과 같다.

$$\mathrm{K}\lambda = (\mathrm{EB})^T \tag{4 · 129}$$

식 (4 · 41)~(4 · 42)를 계산하는 과정에서 $(\mathrm{EB})^T$를 다음과 같이 얻을 수 있다.

$$(\mathrm{EB})^T = \begin{bmatrix} 5.3333 & 1.3333 & -4 \\ -2.6667 & -10.667 & 2 \\ 5.3333 & 1.3333 & 4 \\ 2.6667 & 10.667 & 2 \end{bmatrix}\times10^{10} \tag{4 · 130}$$

여기서 식 (4 · 130)은 경계조건을 적용한 후의 결과이다. 식 (4 · 36)과 식 (4 · 130)을 식 (4 · 129)에 대입하면 보조변수 λ를 계산할 수 있다.

$$\lambda = \begin{bmatrix} 477.91 & -49.103 & -408.84 \\ -89.348 & -694.55 & 91.837 \\ 477.91 & -49.103 & 408.84 \\ 89.348 & 694.55 & 91.837 \end{bmatrix} \tag{4 · 131}$$

한편 식 (4 · 126)을 식 (4 · 125)에 대입하여 두께에 대한 응력의 민감도를 보조변수가 포함된 항으로 나타내면 다음과 같다.

$$\frac{\mathrm{d}\sigma}{\mathrm{d}h}=\frac{\partial\sigma}{\partial h}+\lambda^T\left(-\frac{\partial \mathrm{K}}{\partial h}\mathrm{z}+\frac{\partial \mathrm{f}}{\partial h}\right) \tag{4・132}$$

식 (4・41)로부터

$$\frac{\partial\sigma}{\partial h}=0 \tag{4・133a}$$

이고, 식 (4・36)으로부터

$$\frac{\partial \mathrm{K}}{\partial h}=E\begin{bmatrix} 0.488667 & -0.166667 & 0.044333 & -0.033 \\ -0.166667 & 0.488667 & 0.033 & -0.288667 \\ 0.044333 & 0.033 & 0.488667 & 0.166667 \\ -0.033 & -0.288667 & 0.166667 & 0.488667 \end{bmatrix} \tag{4・133b}$$

이다. 하중은 설계변수와 무관하므로

$$\frac{\partial \mathrm{f}}{\partial h}=0 \tag{4・133c}$$

이다. 식 (4・40), 식 (4・131), 식 (4・133)을 식 (4・132)에 대입하면 두께에 대한 응력의 민감도를 다음과 같이 얻을 수 있다.

$$\begin{aligned}\frac{\mathrm{d}\sigma}{\mathrm{d}h}= 0+&\begin{bmatrix} 477.91 & -49.103 & -408.84 \\ -89.348 & -694.55 & 91.837 \\ 477.91 & -49.103 & 408.84 \\ 89.348 & 694.55 & 91.837 \end{bmatrix}^T \\ &\left(-200\times10^9\times\begin{bmatrix} 0.488667 & -0.166667 & 0.044333 & -0.033 \\ -0.166667 & 0.488667 & 0.033 & -0.288667 \\ 0.044333 & 0.033 & 0.488667 & 0.166667 \\ -0.033 & -0.288667 & 0.166667 & 0.488667 \end{bmatrix}\right. \\ &\left.\begin{bmatrix} 4.0419 \\ 9.9649 \\ 4.0759 \\ 15.0012 \end{bmatrix}\times10^{-4}+0\right)\end{aligned} \tag{4・134}$$

식 (4・134)를 정리하면 다음과 같다.

$$\frac{\mathrm{d}\sigma_x}{\mathrm{d}h}=-5.6725\times10^{10} \tag{4・135a}$$

$$\frac{\mathrm{d}\sigma_y}{\mathrm{d}h}=-6.4545\times10^{10} \tag{4・135b}$$

$$\frac{\mathrm{d}\tau_{xy}}{\mathrm{d}h}=-5.0068\times10^{10} \tag{4・135c}$$

4.4.3 준해석적 방법

민감도해석을 해석적 방법으로 수행하려 할 때 프로그래밍언어로 구현하기에 가장 복잡한 부분은 강성행렬이나 질량행렬을 미분하는 과정이다. 소개하는 준해석적 방법(semi-analytic method)은 강성행렬이나 질량행렬을 미분하는 과정을 간소화시킬 수 있다. 강성행렬이나 질량행렬을 미분하는 과정을 간소화하는 핵심은 행렬들을 해석적으로 미분하지 않고 유한차분법을 사용하여 미분하는 것이다. 다시 말하면 식 (4 · 53)과 식 (4 · 60)에 있는 $\partial \mathrm{K} / \partial b_i$와 $\partial \mathrm{M} / \partial b_i$를 다음과 같이 유한차분법으로 계산한다.

$$\frac{\partial \mathrm{K}}{\partial b_i} \cong \frac{\mathrm{K}(b_i + \Delta b_i) - \mathrm{K}(b_i)}{\Delta b_i} \tag{4 · 136}$$

$$\frac{\partial \mathrm{M}}{\partial b_i} \cong \frac{\mathrm{M}(b_i + \Delta b_i) - \mathrm{M}(b_i)}{\Delta b_i} \tag{4 · 137}$$

식 (4 · 136)과 (4 · 137)에서 정확성을 위해 중심차분법을 사용하기도 한다. 준해석적 방법에서는 식 (4 · 136)과 식 (4 · 137)을 유한차분법으로 계산한 결과를 식 (4 · 53)과 식 (4 · 60)에 대입하고 나머지 과정은 해석적방법과 동일하게 진행한다. 준해석적 방법은 프로그래밍언어로 구현하기가 간편하기 때문에 구조최적설계 소프트웨어에서 많이 사용된다. 그러나 강성행렬이나 질량행렬을 유한차분법으로 구할 때는 Δb_i의 크기에 따라 정도의 차이는 있지만 반드시 오차가 발생하는데 이 오차가 이후의 과정에서 더욱 확대될 수 있다. 특히 형상변수에 대해서는 오차가 클 수 있다는 보고가 있다(Park, 1993).

예제 4 · 11 대칭형 3부재 트러스 구조물의 민감도해석-준해석적 방법

예제 **4 · 1**의 대칭형 3부재 트러스 구조물에 대하여 준해석적 방법으로 면적에 대한 1번 부재의 응력민감도를 구하여라. 단, $\Delta b = 10^{-8}\mathrm{m}^2$로 하여라.

❙❙ 풀 이 ❙❙

강성행렬의 민감도를 유한차분법으로 구하는 것을 제외하고는 예제 **4 · 9**의 풀이와 동일하다.

(1) 직접법

예제 **4 · 9**에서 식 (4 · 106)에 필요한 $\frac{\mathrm{d}z}{\mathrm{d}b}$를 구하기 위해 식 (4 · 101)을 풀고 이 과정에서 필요한 강성행렬의 민감도를 해석적으로 구하였다. 그러나 이 예제에서는 식 (4 · 101)에 필요한 강성행렬의 민감도를 다음과 같이 유한차분법으로 구한다. 이것이 예제 **4 · 9**의 해석적방법과 구별되는 점이다.

$$\frac{\partial \mathrm{K}}{\partial b_1} \cong \frac{\mathrm{K}(b_1 + \Delta b, b_2, b_3) - \mathrm{K}(b_1, b_2, b_3)}{\Delta b} = 7.3186 \times 10^{10} \begin{bmatrix} 1 & 1 \\ 1 & 1 \end{bmatrix} \tag{4 · 138a}$$

$$\frac{\partial \mathrm{K}}{\partial b_2} \cong \frac{\mathrm{K}(b_1, b_2 + \Delta b, b_3) - \mathrm{K}(b_1, b_2, b_3)}{\Delta b} = 2.0700 \times 10^{11} \begin{bmatrix} 0 & 0 \\ 0 & 1 \end{bmatrix} \tag{4 · 138b}$$

$$\frac{\partial \mathrm{K}}{\partial b_3} \cong \frac{\mathrm{K}(b_1, b_2, b_3 + \Delta b) - \mathrm{K}(b_1, b_2, b_3)}{\Delta b} = 7.3186 \times 10^{10} \begin{bmatrix} 1 & -1 \\ -1 & 1 \end{bmatrix} \tag{4 · 138c}$$

강성행렬의 값은 식 (4・91)을 사용하여 구할 수 있다. 식 (4・138)의 결과를 사용하여 식 (4・101)을 풀면 다음을 얻을 수 있다.

$$\frac{\mathrm{d}z}{\mathrm{d}b_1} = [-0.86024 \quad -0.50392]^T \tag{4・139a}$$

$$\frac{\mathrm{d}z}{\mathrm{d}b_2} = [-0.0 \quad -0.71781]^T \tag{4・139b}$$

$$\frac{\mathrm{d}z}{\mathrm{d}b_3} = [0.00624 \quad -0.00365]^T \tag{4・139c}$$

식 (4・139)의 결과는 식 (4・72)와 동일하다. 또한 이후의 과정과 결과는 예제 **4・9**와 동일하다.

(2) 보조변수법

준해석적방법에서는 예제 **4・9**의 식 (4・116)을 구하는 데 있어서 강성행렬의 민감도인 $\frac{\partial \mathrm{K}}{\partial b}$를 유한차분법으로 구한다. $\frac{\partial \mathrm{K}}{\partial b}$를 유한차분법으로 구한 결과는 식 (4・138)이다. 이 결과를 예제 **4・9**의 식 (4・117) 대신 사용한다. 이후의 과정과 결과는 예제 **4・9**와 동일하다.

예제 4・12 평면응력요소의 민감도해석-준해석적방법

예제 **4・2**의 평면응력요소의 두께에 대한 응력의 민감도를 준해석적방법으로 구하여라. 단, $\Delta h = 10^{-4}$mm로 하여라.

❙❙ 풀 이 ❙❙

(1) 직접법

예제 **4・10**에서 설명한 일련의 과정에서 식 (4・121)을 구성하기 위해 필요한 $\frac{\partial \mathrm{K}}{\partial h}$ 값을 유한차분법으로 구한다. 이 점을 제외하고는 예제 **4・10**과 동일한 과정을 거친다.

$$\begin{aligned}\frac{\partial \mathrm{K}}{\partial h} &\cong \frac{\mathrm{K}(h+\Delta h)-\mathrm{K}(h)}{\Delta h} \\ &= \begin{bmatrix} 9.7733 & -3.3333 & 0.8867 & -0.6600 \\ -3.3333 & 9.7733 & 0.6600 & -5.7733 \\ 0.8867 & 0.6600 & 9.7733 & 3.3333 \\ -0.6600 & -5.7733 & 3.3333 & 9.7733 \end{bmatrix} \times 10^{10}\end{aligned} \tag{4・140}$$

식 (4・140)을 식 (4・54)에 대입하여 얻은 방정식은 다음과 같다.

$$\begin{aligned}&200\times10^{9}\times10^{-3}\begin{bmatrix} 0.488667 & -0.166667 & 0.044333 & -0.033 \\ -0.166667 & 0.488667 & 0.033 & -0.288667 \\ 0.044333 & 0.033 & 0.488667 & 0.166667 \\ -0.033 & -0.288667 & 0.166667 & 0.488667 \end{bmatrix}\frac{\mathrm{d}z}{\mathrm{d}h} \\ &= -\begin{bmatrix} 9.7733 & -3.3333 & 0.8867 & -0.6600 \\ -3.3333 & 9.7733 & 0.6600 & -5.7733 \\ 0.8867 & 0.6600 & 9.7733 & 3.3333 \\ -0.6600 & -5.7733 & 3.3333 & 9.7733 \end{bmatrix} \times 10^{10}\mathbf{z}\end{aligned} \tag{4・141}$$

$\frac{dz}{db}$를 구하기 위해 예제 **4·10**의 식 (4·121)에서는 $\frac{\partial K}{\partial h}$를 해석적으로 구한 반면, 이 예제의 식 (4·141)에서는 $\frac{\partial K}{\partial h}$를 유한차분법으로 구하였다. 식 (4·141)을 풀면 다음을 얻는다.

$$\frac{dz}{dh} = [-4.0419 \quad -9.9649 \quad -4.0759 \quad -15.0012]^T \times 10^{-1} \tag{4·142}$$

이후의 과정과 결과는 예제 **4·10**과 동일하다.

(2) 보조변수법

예제 **4·10**에서 식 (4·133b)를 유한차분법으로 구한다. 그 결과는 식 (4·140)에 이미 구해 놓았다. 나머지 과정은 예제 **4·10**의 보조변수법과 동일하다.

4.4.4 연속방정식을 이용한 해석적 민감도해석

지금까지는 이산화된 유한요소방정식을 대상으로 민감도해석을 수행하였다. 여기서는 연속방정식을 대상으로 민감도해석을 실시한다. 연속방정식으로 이루어진 목적함수나 제한조건이 다음과 같다고 하자.

$$\Psi = \int_{\Omega} g(z, b)\, d\Omega \tag{4·143}$$

식 (4·143)을 최적화 과정에서 식 (4·46b)나 (4·46e)와 같이 사용하려면 다음과 같은 민감도를 계산해야 한다.

$$\delta\Psi = \int_{\Omega} (g_z \delta z + g_b \delta b)\, d\Omega \tag{4·144}$$

여기서 $g_z = \frac{\partial g}{\partial z}$, $g_b = \frac{\partial g}{\partial b}$, $\delta z = \frac{dz}{db}\delta b$이다. 앞서와 마찬가지로 식 (4·144)의 민감도해석을 수행하려면 δz를 구하는 것이 중요하다.

이산화된 방정식인 식 (4·8)을 가상일의 원리로 전개하면

$$\bar{z}^T K z = \bar{z}^T f = f^T \bar{z} \tag{4·145}$$

이다. 여기서 $\bar{z}$는 미소 가상변위로서 운동학적으로 수용 가능한(kinematically admissible) 변위이다. 식 (4·145)를 연속방정식으로 기술하면

$$a_b(z, \bar{z}) = l_b(\bar{z}) \tag{4·146}$$

이다.

식 (4·146)을 선형연산자(linear operator)식으로 기술해 보자. 먼저 영역이 Ω이고 경계가 Γ인 영역에서 다음의 식이 성립한다고 하자.

$$A_b z = f \tag{4·147}$$

여기서 A_b는 선형연산자이다. 이는 운동학적으로 수용 가능한 (kinematically admissible) $\bar{z}$에 대해 경계조건을 포함하며 다음 식을 만족한다.

$$\int_\Omega \bar{z}^T (A_b z - f)\, d\Omega = 0 \tag{4·148}$$

식 (4·146)과 (4·148)은 다음의 관계를 보면 동일한 식임을 알 수 있다.

$$a_b(z, \bar{z}) \equiv \int_\Omega \bar{z}^T A_b z\, d\Omega \tag{4·149a}$$

$$l_b(\bar{z}) \equiv \int_\Omega \bar{z}^T f\, d\Omega \tag{4·149b}$$

식 (4·146)의 변분(variation)을 취하면 다음과 같다.

$$a_b(\delta z, \bar{z}) + a'_{\delta b}(\tilde{z}, \bar{z}) = l'_{\delta b}(\bar{z}) \tag{4·150}$$

여기서 $a'_{\delta b} = \dfrac{\partial a}{\partial b}\delta b$, $l'_{\delta b} = \dfrac{\partial l}{\partial b}\delta b$이고 $\tilde{z}$는 현재 설계점에서의 값으로 상수로 간주한다. 식 (4·150)을 식 (4·53)의 이산화된 방정식과 비교해 보면 다음과 같다.

$$\bar{z}^T\left(K\frac{dz}{db} + \frac{\partial K}{\partial b}\tilde{z}\right)\delta b = \bar{z}^T\left(\frac{\partial f}{\partial b}\right)\delta b \tag{4·151}$$

식 (4·150)에서 δz를 구하여 식 (4·144)에 대입하는 과정이 민감도해석인데 이는 **4.3** 절의 직접법과 동일하다고 할 수 있다.

다음으로 보조변수법(adjoint method)을 설명한다. 보조변수법에서는 다음과 같은 보조 방정식을 정의한다.

$$a_b(\lambda, \bar{\lambda}) = \int_\Omega g_z \bar{\lambda}\, d\Omega \tag{4·152}$$

여기서 $\bar{\lambda}$는 앞의 $\bar{z}$와 마찬가지로 운동학적으로 수용 가능한(kinematically admissible) 벡터이다. 보조변수 λ는 식 (4·152)로부터 구하는데 이는 원래의 지배방정식인 식 (4·146)과 오른쪽 항만 다르다. 식 (4·152)의 $\bar{\lambda}$를 δz로 치환하면

$$a_b(\lambda, \delta z) = \int_\Omega g_z \delta z\, d\Omega \tag{4·153}$$

이 되며 식 (4·150)에서 $\bar{z}$를 λ로 치환하면

$$a_b(\delta z, \lambda) + a'_{\delta b}(\tilde{z}, \lambda) = l'_{\delta b}(\lambda) \tag{4·154}$$

이므로 식 (4 · 153)과 식 (4 · 154)에서

$$\int_{\Omega} g_z \delta z \, d\Omega = -a'_{\delta b}(\tilde{z}, \lambda) + l'_{\delta b}(\lambda) \qquad (4 \cdot 155)$$

이다. 따라서 식 (4 · 155)를 식 (4 · 144)에 대입하면

$$\delta \Psi = \int_{\Omega} g_b \delta b \, d\Omega + l'_{\delta b}(\lambda) - a'_{\delta b}(\tilde{z}, \lambda) \qquad (4 \cdot 156)$$

이 된다. 여기서 주목할 점은 보조변수벡터 λ는 식 (4 · 152)로부터 구한 것을 사용한다는 사실이다.

연속방정식에 의한 접근의 특징은 민감도해석 과정을 수학적으로 잘 규명할 수 있다는 점이다. 이에 대한 것은 참고문헌에 자세히 기술되어 있다(Choi and Kim, 2004a · 2004b). 직접법에서는 식 (4 · 150)에서 구한 δz의 값을 식 (4 · 144)에 대입하여 민감도정보를 구한다. 보조변수법에서는 식 (4 · 156)으로부터 민감도정보를 구한다. 이 과정에서 이산방정식에 의한 접근과 크게 다른 점은 강성행렬의 미분값 $\partial K / \partial b_i$를 구하지 않아도 된다는 점이다. 그 이유는 연속방정식을 먼저 미분하고, 이를 이산화한 후 조합(assemble)하기 때문이다. 이에 대한 간단한 예를 뒤의 예제에서 소개할 것이다.

연속방정식에 의한 접근은 표 **4 · 2**에서와 같이 두 가지로 분류되는데 연속-연속방법과 연속-이산방법이 그것들이다. 연속-연속방법은 식 (4 · 150)의 δz를 엄밀하게 구할 수 있을 때에 사용하지만, 간단한 문제에만 적용할 수 있고 일반적으로는 사용하지 않는다. 실제문제에서는 대개 연속-이산방법을 사용하는데 식 (4 · 150)과 식 (4 · 156)을 이산적으로 근사화하여 민감도정보를 구하는 방법이다.

예제 4 · 13 연속-연속방법에 의한 민감도계산

그림 **4 · 7**에 양단고정보가 균일분포하중을 받고 있다. $l = 1\text{m}$, $A = 0.005\text{m}^2$, $E = 200\text{GPa}$, $\alpha = 1/6$, $I = \alpha A^2$, $F = 49.61\text{kN/m}$, $\gamma = 77.126\text{N/m}$이다. 외력 $f = F + A\gamma$이며 이 외력에 의한 처짐은 $z = 2.5 \times 10^{-3}\{x^2(1-x)^2\}$이 된다. 설계변수가 $b = [E \quad A]^T$일 때 굴성

$$\Psi = \int_0^l fz \, dz = \int_0^l (F + \gamma A) z \, dx \qquad (4 \cdot 157)$$

의 설계변수에 대한 민감도를 연속-연속방법을 사용하여 직접법과 보조변수법으로 각각 구하여라.

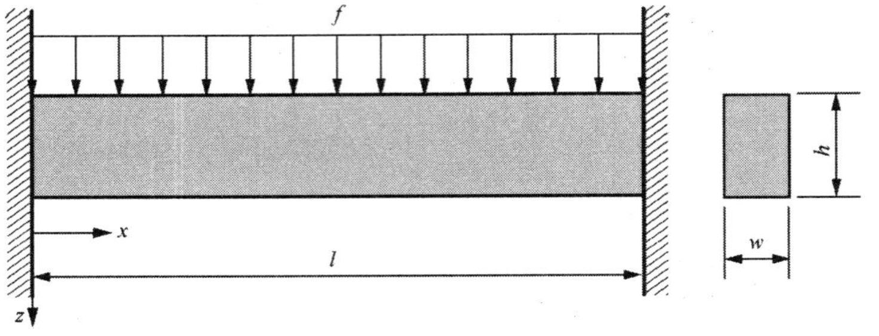

그림 4 · 7 균일분포하중을 받는 양단고정보

‖풀 이‖

보의 지배방정식을 변분법을 사용하여 나타내면 다음과 같다.

$$a_{\mathrm{b}}(z, \bar{z}) \equiv \int_0^l E\alpha A^2 z_{xx} \bar{z}_{xx} \mathrm{d}x = \int_0^l f \bar{z} \mathrm{d}x = \int_0^l (F+\gamma A) \bar{z} \mathrm{d}x \equiv l_{\mathrm{b}}(\bar{z}) \tag{4 · 158}$$

여기서 $z_{xx} = \dfrac{\partial^2 z}{\partial x^2}$ 이다. 식 (4 · 157)의 Ψ를 미분하면

$$\delta\Psi = \int_0^l [(F+\gamma A)\delta z + \gamma z \delta A] \mathrm{d}x \tag{4 · 159}$$

이다.

(1) 직접법

위 식의 δz는 식 (4 · 150)을 풀어서 구한다. 이 문제에서 식 (4 · 150)의 각 항들은 다음과 같다.

$$a_{\mathrm{b}}(\delta z, \bar{z}) = \int_0^l E\alpha A^2 \delta z_{xx} \bar{z}_{xx} \mathrm{d}x \tag{4 · 160}$$

$$l'_{\delta \mathrm{b}}(\bar{z}) = \int_0^l \gamma \bar{z} \mathrm{d}x \delta A \tag{4 · 161}$$

$$\begin{aligned} a'_{\delta \mathrm{b}}(\tilde{z}, \bar{z}) &= \int_0^l \alpha A^2 z_{xx} \bar{z}_{xx} \mathrm{d}x \delta E + \int_0^l 2E\alpha A z_{xx} \bar{z}_{xx} \mathrm{d}x \delta A \\ &= \frac{1}{E} \int_0^l E\alpha A^2 z_{xx} \bar{z}_{xx} \mathrm{d}x \delta E + \frac{2}{A} \int_0^l E\alpha A^2 z_{xx} \bar{z}_{xx} \mathrm{d}x \delta A \end{aligned} \tag{4 · 162}$$

그런데 식 (4 · 162)는 식 (4 · 158)로부터

$$a'_{\delta \mathrm{b}}(z, \bar{z}) = \frac{1}{E} \int_0^l (F+\gamma A) \bar{z} \mathrm{d}x \delta E + \frac{2}{A} \int_0^l (F+\gamma A) \bar{z} \mathrm{d}x \delta A \tag{4 · 163}$$

이다.

식 (4 · 160), 식 (4 · 161) 및 식 (4 · 163)을 식 (4 · 150)에 대입하면 식 (4 · 150)은 다음과 같이 된다.

$$\int_0^l E\alpha A^2 \delta z_{xx} \bar{z}_{xx} \mathrm{d}x = \int_0^l \gamma \bar{z} \mathrm{d}x \delta A - \frac{1}{E} \int_0^l (F + \gamma A) \bar{z} \mathrm{d}x \delta E - \frac{2}{A} \int_0^l (F + \gamma A) \bar{z} \mathrm{d}x \delta A \tag{4·164}$$

따라서 식 (4·164)로부터 δz는 그림 **4·7**의 양단고정보에 외력 $\gamma\delta A - \frac{1}{E}(F+\gamma A)\delta E - \frac{2}{A}(F+\gamma A)\delta A$이 가해질 때의 처짐량으로 볼 수 있다.

식 (4·164)로부터 δz를 계산하면

$$\delta z = \frac{x^2(1-x^2)}{24E\alpha A^2}\left[\gamma\delta A - \frac{1}{E}(F+\gamma A)\delta E - \frac{2}{A}(F+\gamma A)\delta A\right] \tag{4·165}$$

이다. 식 (4·165)에 구체적인 수치를 대입한 결과를 식 (4·159)에 대입하여 적분을 수행하면 다음과 같은 민감도를 얻을 수 있다.

$$\delta\Psi = -1653.75\delta A + 2.08\times10^{-11}\delta E \tag{4·166}$$

(2) 보조변수법

보조변수법에 의한 보조방정식은 식 (4·152)로부터

$$a_{\mathrm{b}}(\lambda, \bar{\lambda}) = \int (F + \gamma A)\bar{\lambda}\, \mathrm{d}x \tag{4·167}$$

인데 식 (4·167)은 보의 지배방정식인 식 (4·158)과 동일하므로 보조변수 $\lambda = z$가 된다. 따라서 식 (4·156)으로부터 다음과 같이 민감도를 계산할 수 있다.

$$\begin{aligned}
\delta\Psi &= \int_\Omega g_{\mathrm{b}} \delta \mathbf{b}\, \mathrm{d}\Omega + l'_{\delta \mathrm{b}}(z) - a'_{\delta \mathrm{b}}(\tilde{\mathbf{z}}, z) \\
&= \int_0^l \left[2\gamma z - 2E\alpha A(z_{xx})^2\right]\delta A\, \mathrm{d}x - \left[\int_0^l \alpha A^2 (z_{xx})^2 \mathrm{d}x\right]\delta E \\
&= \left[\int_0^l \left[385.6x^2(1-x)^2 - \frac{25,000}{3}(6x^2-6x+1)^2\right]\mathrm{d}x\right]\delta A + 2.08\times10^{-11}\delta E \\
&= -1653.75\delta A + 2.08\times10^{-11}\delta E
\end{aligned} \tag{4·168}$$

4.5 구조최적설계방법

구조최적설계에서는 유한요소해석과 민감도해석 및 최적화 알고리즘 등을 조합하여 설계를 진행한다. 이들을 조합하는 방법으로 직접법과 근사법이 있다. 직접법은 최적화 알고리즘이 전체최적화 과정을 제어하는 방법이고 근사법은 최적화 알고리즘이 전체 과정의 일부만을 담당하는 방법이다.

4.5.1 직접법(direct method)

구조최적화문제는 식 (4·44)의 형태로 정의하는데 이 정식화의 해는 비선형계획법(nonlinear programming) 알고리즘으로 직접 구할 수 있다. 비선형계획법을 풀기 위해 기본법을 사용할 때에는 식 (4·46)의 선형화된 부문제를 선형계획법이나 이차계획법 등의 알고리즘으로 풀어야 한다. 이때 앞서 설명한 민감도정보가 부문제를 만드는 데 필요하다.

직접법에서는 선형화된 부문제의 해를 구하여 방향벡터 δb를 정하고 선탐색을 통하여 이동거리(stepsize)를 구한 후, 새로운 설계점을 결정하는 과정을 반복(iteration) 수행한다. 이 방법은 제**3**장의 비선형계획법 알고리즘을 직접 이용하는 것으로 비선형계획법 알고리즘의 우수한 정도가 전체설계 과정의 효율에 직결된다. 이 과정을 간단히 나타낸 것이 그림 **4·8**에 있다.

직접법은 일반적인 최적화 과정과 동일한 방법으로 구조최적설계를 수행한다. 그런데 큰 규모의 구조최적화문제에서는 직접법이 수렴하지 않거나 수렴하기까지 시간이 오래 걸릴 수도 있다. 왜냐하면 방향벡터(선형화된 부문제의 해)가 전반적인 설계방향과 다를 수 있고, 이동거리를 계산할 때 유한요소해석을 반복수행해야 하므로 계산시간이 길어지기 때문이다. 직접법의 수렴조건은 제**3**장에서 소개한 비선형계획법 알고리즘의 수렴조건과 동일하다. 즉, 방향벡터의 크기가 작고 제한조건을 만족해야 한다. 직접법으로 구한 해는 일반적으로 카루시-쿤-터커(Karush-Kuhn-Tucker, KKT)조건을 만족하며 우수한 설계를 제공한다.

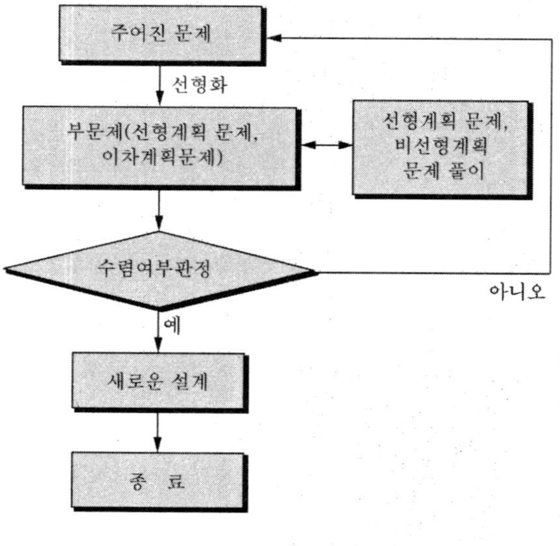

그림 4·8 직접법의 흐름

4.5.2 근사법(approximation method)

근사법은 구조최적설계에서 직접법이 가진 단점을 극복하기 위해 제안된 방법이다. 근사법은 구조물의 특성을 살린 근사함수를 만들어 이를 바탕으로 최적화를 진행한다. 어떤 면에서는 직접법도 부문제를 선형함수로 근사화한다는 의미에서 근사법의 범주에 속한다고 할 수 있다. 그러나 근사법에서는 원래의 문제를 선형화할 뿐만 아니라 비선형함수로도 근사화한다. 구조최적화문제에서 사용되는 많은 함수는 설계변수에 대한 음함수(implicit function)이다. 하지만 구조설계의 특색을 이용하여 이 음함수들을 설계변수에 대한 선형 혹은 비선형 명시함수(explicit function)들로 근사화할 수 있다.

근사화된 문제는 대개 비선형계획법의 알고리즘으로 해결한다. 근사법은 일반적으로 그림 **4·9**와 같이 진행된다. 근사화된 문제의 최적해를 구하는데 이 과정에서 방향벡터를 구하는 것이 아니고 다음 설계점을 구한다. 수렴하지 않으면 다음의 설계점에서 다시 근사화문제를 정의한다. 이렇게 진행하는 과정은 직접법과는 달리 반복 과정(iteration)이라 부르지 않고 순환 과정(cycle)이라 부른다. 따라서 각 순환 과정에서 비선형계획법을 한 번 사용하게 된다.

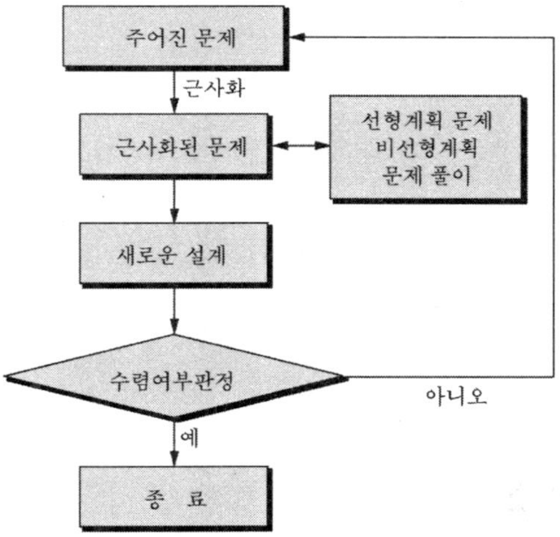

그림 4·9 근사법의 흐름

근사법에서는 매 순환 과정에서 새로운 설계점을 찾게 된다. 각 순환 과정에서 사용하는 비선형계획법 알고리즘은 설계변수의 명시함수로 정의한 문제를 푼다. 때문에 비선형계획법을 푸는 알고리즘의 성능은 그리 큰 문제가 아닌 반면 근사화의 정확도가 전체 흐름의 효율성을 결정하게 된다. 근사법의 수렴조건은 대개 순환 과정에서 제한조건을 만족하고 목적함수가 더 이상 변하지 않는 경우로 둔다. 따라서 최종해가 KKT 조건을 만족한다는 보장은 없다. 여기서 주목할 것은 근사법에서도 ε-활성화제한조건을 사용한다는 것이다. 다시 말하면 ε-활성화제한조건을 만족하는 것에 대해서만 근사함수를 정의하게 되는 것이다. 즉, 위배된 제한조건에 대해서만 근사함수를 만들게 된다.

전문적인 구조최적화 소프트웨어에는 대체로 이 근사법이 구현되어 있다. 근사법에서는 적용분야의 특징에 따라서 사용자가 다양하게 함수를 근사화할 수 있다. 때문에 이미 발표되어 있는 근사화방법이 대단히 많다. 여기서는 근사화의 기본개념 및 초기 연구의 결과만을 간단히 설명하도록 한다.

우선 식 (4・46e)는 직접법에서 사용하나 엄밀한 의미에서 보면 현재 설계점에서의 선형근사화이다. 식 (4・46e)를 근사화 관점에서 다시 쓰면 다음과 같다.

$$g_L = g(\mathrm{b}_0) + \sum_{i=1}^{n}(b_i - b_{i0})\left(\frac{\partial g}{\partial b_i}\right)_{\mathrm{b}_0} \tag{4・169}$$

여기서 g_L은 선형근사화된 함수를 의미한다.

근사화할 때 식 (4・169)에서 설계변수 b 대신에

$$c = c(\mathrm{b}) \tag{4・170}$$

의 관계를 가지는 매개변수를 사용할 수도 있는데 실제로는 다음과 같이 하나의 설계변수를 하나의 매개변수로 표현하는 경우가 많다.

$$c_i = c_i(b_i), \quad i = 1, \cdots, n \tag{4・171}$$

식 (4・169)를 매개변수를 사용하여 기술하면

$$g_A(\mathrm{b}) = \mathrm{g}(\mathrm{b}_0) + \sum_{i=1}^{n}(c_i(b_i) - c_i(b_{0i}))\frac{\partial g}{\partial b_i}\frac{\partial b_i}{\partial c_i}\bigg|_{\mathrm{b}_0} \tag{4・172}$$

이 된다. 특히 트러스 등에서는 $c_i = 1/b_i$의 관계를 가지는 매개변수를 이용하는 경우가 많은데, 이때에는 식 (4・172)를 다음과 같이 쓸 수 있다.

$$g_A(\mathrm{b}) = \mathrm{g}(\mathrm{b}_0) + \sum_{i=1}^{n}(b_i - b_{0i})\frac{b_{0i}}{b_i}\frac{\partial g}{\partial b_i}\bigg|_{\mathrm{b}_0} \tag{4・173}$$

이 외에도 각종 아이디어에 의해서 여러 가지 근사화방법이 제시되어 있으나 대부분 위와 비슷한 개념으로 이루어져 있다.

위와 같이 한 점에서의 정보를 바탕으로 이루어지는 근사화 중에서 응력제한조건에 적용할 수 있는 특이한 근사화가 있다. 예를 들어 보요소에서의 응력제한조건이 다음과 같다고 하자.

$$g = \frac{F(\mathrm{b})}{A(\mathrm{b})} + \frac{Mc(\mathrm{b})}{I(\mathrm{b})} + \frac{Tr(\mathrm{b})}{J(\mathrm{b})} - \sigma_{\mathrm{all}} < 0 \tag{4・174}$$

여기서 A, I, J, F, M, T, c, r은 각각 단면적, 관성모멘트, 극관성모멘트, 단면에 작용하는 수직력, 모멘트, 비틀림모멘트, 부재단면의 중립축으로부터의 거리, 부재단면의 원점으로부터의 거리이다. 식 (4・174)는 다음과 같이 설계변수 b의 비선형식으로 근사화할 수 있다.

$$g=\frac{F+\left(\frac{\partial F}{\partial \mathrm{b}}\right)\delta \mathrm{b}}{A(\mathrm{b})}+\frac{\left(M+\frac{\partial M}{\partial \mathrm{b}}\delta \mathrm{b}\right)c(\mathrm{b})}{I(\mathrm{b})}+\frac{\left(T+\frac{\partial T}{\partial \mathrm{b}}\right)r(\mathrm{b})}{J(\mathrm{b})}-\sigma_{\mathrm{all}}<0 \tag{4・175}$$

이와 같은 근사법을 힘근사법(force approximation)이라고 한다. 식 (4・175)를 보면 힘근사법은 응력을 직접 근사화하는 것보다 응력을 결정하는 내력(힘)을 근사화한다.

한편 한 점에서 근사화하지 않고 좀더 넓은 범위에서 근사화하는 방법이 있다. 이를테면 두 점에서의 정보를 이용하여 근사화하는 방법으로 이점지수근사화기법(two-point exponential approximation)을 대표적인 예로 들 수 있다. 여기서는

$$c_i=b_i^{p_i} \tag{4・176}$$

의 근사식을 이용한다. 이 식을 이용하여 함수 g를 테일러급수의 1차항까지 전개하면

$$g_A=g(\mathrm{b}_0)+\sum_{i=1}^{n}\left[\left(\frac{b_i}{b_{0i}}\right)^{p_i}-1\right]\left(\frac{b_{0i}}{p_i}\right)\left(\frac{\partial g}{\partial b_i}\right)_{\mathrm{b}_0} \tag{4・177}$$

이다. 여기서 또 하나의 설계점 b_1에서 g와 g_A의 미분값을 동일하게 하는 조건을 이용하면 p_i의 값은 다음과 같이 결정된다.

$$p_i=1+\frac{\log\left[\left(\frac{\partial g}{\partial b_i}\right)_{\mathrm{b}_1}\Big/\left(\frac{\partial g}{\partial b_i}\right)_{\mathrm{b}_0}\right]}{\log\left(\frac{b_{1i}}{b_{0i}}\right)} \tag{4・178}$$

이때 p_i는 -1부터 1까지의 값을 갖도록 하고 log 함수 내의 값이 음수일 때는 $p_i=1$로 한다. 만일 식 (4・178)의 계산 결과가 $p_i=0$이 되면 L Hospital의 정리를 이용하여

$$\lim_{p_i\to 0}\frac{\left[\left(\frac{b_i}{b_{0i}}\right)^{p_i}-1\right]}{p_i}=\log\left(\frac{b_i}{b_{0i}}\right) \tag{4・179}$$

을 계산한 후 식 (4・179)의 결과를 식 (4・177)에 대입한다.

이 외에도 많은 종류의 이점근사화가 있지만 대부분 위와 비슷한 개념을 이용하며 식 (4・177)에 보정항을 추가하거나 p_i를 변형하여 사용한다. 또 두 점 이상의 여러 점에서

근사화하는 방법도 있는데 크게 두 가지로 분류할 수 있다. 첫째는 위에서 소개한 이점근사화를 누적적으로 여러 개의 설계점에 적용하는 방법이고, 둘째는 회귀모델(regression model)을 사용하는 방법인데 반응표면법이 대표적이다. 여기서는 첫째의 경우는 생략하고 둘째의 경우는 제6장에서 소개한다.

구조최적화문제의 해를 구할 때 직접법이나 근사법 중 어떤 방법을 써야 하는가는 선택의 문제이다. 일반적으로 간단히 한두 문제의 최적값을 구할 때에는 직접법을 권장한다. 그러나 대규모 문제나 일반화된 소프트웨어를 개발할 때는 근사법을 권장한다. 두 방법을 비교한 것이 표 **4 · 4**에 있다.

표 4 · 4 직접법과 근사법의 특성 비교

	직 접 법	근 사 법
중요한 점	비선형계획법 알고리즘의 효율성	근사화의 우수성
계산시간	선탐색으로 인해 유한요소해석의 수가 많아질 수 있다.	한 단계에 유한요소해석을 한 번만 시행한다.
최적해	수학적인 최적해를 구할 수 있다.	수학적인 최적해에 대한 보장이 없다.
응용성	어떤 문제에나 동일한 방법을 적용할 수 있다.	유한요소법에서 사용하는 요소와 제한조건의 성격마다 근사화가 다르게 정의된다.
프로그램화	근사법에 비해 프로그램 양이 적다.	근사화 과정에 대한 프로그램화가 필요하다.

4.5.3 다중하중조건 및 설계변수결합

구조최적설계에서 흔히 사용하는 기법이 두 가지가 있는데 다중하중조건(multiple loading conditions)과 설계변수결합(design variable linking)이 그것이다. 구조물을 설계할 때 하중조건의 수가 여러 개인 경우가 많다. 하중조건이 여러 개이면 유한요소해석을 각 하중조건에 대해 수행해야 하고 이의 결과를 최적화 과정에 포함해야 한다.

목적함수가 설계변수만의 함수라는 것과 변위와 응력에 대한 제한조건만 있다는 것을 가정하고 다중하중조건에 대한 최적설계 정식화를 하면 다음과 같다.

$$\text{Find} \quad \mathrm{b} \in R^n, \quad \mathrm{z} \in R^l \tag{4・180a}$$

$$\text{to minimize} \quad f(\mathrm{b}) \tag{4・180b}$$

$$\text{subject to} \quad \mathrm{K}(\mathrm{b})\mathrm{z}^{\gamma} = \mathrm{f}^{\gamma}, \quad r = 1, \cdots, \mathrm{NLC} \tag{4・180c}$$

$$g_j = \max\{g_j(\mathrm{b}, \mathrm{z}^{\gamma}) \le 0\}, \quad r = 1, \cdots, \mathrm{NLC}, \quad j = 1, \cdots, m \tag{4・180d}$$

$$\mathrm{b}_{\mathrm{L}} \le \mathrm{b} \le \mathrm{b}_{\mathrm{U}} \tag{4・180e}$$

여기서 NLC는 다중하중조건의 수이다. 고유진동수는 하중조건의 영향을 받지 않으므로 고유진동수에 대한 제한조건은 제외하였다. 그런데 식 (4·180c)를 살펴보면 유한요소해석을 하중조건의 수만큼 해야 하는 것처럼 보인다. 그러나 식 (4·180c)를 자세히 보면 우변의 외력벡터만 여러 개가 있고 좌변은 변하지 않는 형태이다. 식 (4·180c)의 연립방정식을 풀 때에 우변에 있는 여러 개의 외력벡터를 동시에 고려하여 풀기 때문에 식 (4·180c)를 푸는 것은 유한요소해석을 한 번만 하는 효과와 거의 동일하다. 또 식 (4·180d)에서는 각 제한조건의 최악조건(worst case)만을 고려하므로 제한조건의 수도 늘어나지 않는다.

문제에 따라서는 다중하중조건 하에 목적함수가 변위벡터 z를 포함할 때가 있다. 이때에는 인위적인 의사변수(artificial variable) β를 도입하여 식 (4·180b)를 다음과 같이 나누어 정의한다.

$$\text{to minimize} \quad \beta \tag{4·181a}$$

$$\text{subject to} \quad \max\{f(\mathbf{b}, \mathbf{z}^{\gamma})\} < \beta, \quad \gamma = 1, \cdots, \text{NLC} \tag{4·181b}$$

즉, 목적함수에 상태변수벡터 z가 있으면 식 (4·180b)를 식 (4·181)로 대치하여 최적화를 수행한다.

구조최적설계에서 어떤 설계변수들은 서로 같은 값을 가져야 하는 경우가 있다. 이때에는 다음과 같이 설계변수를 결합하는 방법을 사용한다.

$$\mathbf{b} = \mathbf{A}\mathbf{b}_{el} \tag{4·182}$$

여기서 $\mathbf{b}_{el}$은 모든 요소에서 정의되는 변수이며 $\mathbf{A}$는 그들을 결합하는 행렬이다. 설계변수결합은 공학적으로 의미 있는 설계 결과를 내는 장점뿐만 아니라 설계변수의 수를 줄이는 효과도 있다. 최적설계에서 설계변수의 수가 문제의 크기를 결정하는 가장 중요한 사항 중 하나라는 것을 감안하면 설계변수의 결합은 아주 유용하다.

제3장에서 설명한 ε-활성화제한조건은 부문제를 형성할 때 충분히 만족하는 제한조건을 제외하는 방법이다. 구조최적설계에서는 일반적으로 변위제한조건의 수는 많지 않다. 그러나 응력제한조건은 모든 요소에서 고려하는 경우가 많기 때문에 그 수가 많아질 수 있다. 이때 ε-활성화제한조건을 효과적으로 사용할 수 있다. 즉, 구조최적설계에 ε-활성화제한조건을 적용하면 부문제에서 제한조건의 수가 현저히 감소하게 되며, 이에 따라 민감도해석에 드는 노력도 줄어들게 된다.

예제 4·14 직접법과 근사법을 이용한 보의 최적화

외팔보가 그림 **4·10**에 있다. $l=1\text{m}$, $w=0.003\text{m}$, $h=0.005\text{m}$, $E=200\text{GPa}$, $\alpha=1/6$, $I=\alpha A^2$, $P=10^7\text{N}$이다. 지지점의 상단에 걸리는 응력에 대한 제한조건을 $g=\sigma/\sigma_{\text{all}}-1\le 0$이라 할 때 이를 w에 대한 선형근사화식과 힘근사법식으로 각각 근사화하여라.

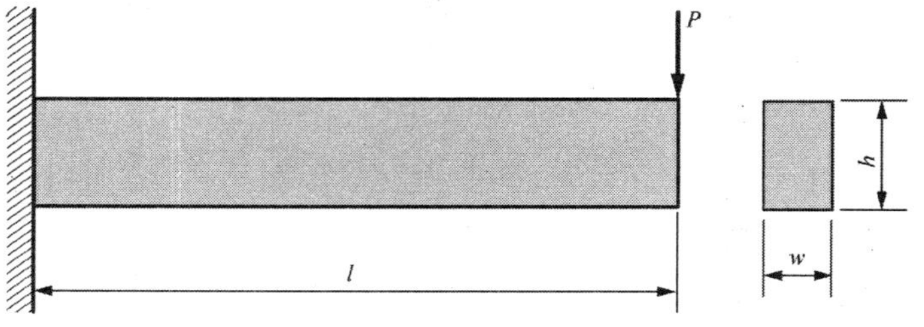

그림 4·10 끝단에서 집중하중을 받는 사각단면외팔보

▌▌풀 이▐▐

(1) 선형근사화식

현재 설계점에서 지지점에 걸리는 응력은

$$\sigma=\frac{Pl\frac{h}{2}}{I}=\frac{Pl\frac{h}{2}}{\alpha A^2}=\frac{Pl}{2\alpha w^2 h}=6.67\times10^{14}$$

이다. 이제 식 (4·169)의 각 항들을 아래와 같이 구한다.

$$g(\mathbf{b}_0)=\frac{\sigma}{\sigma_{\text{all}}}-1=\frac{6.67\times10^{14}}{\sigma_{\text{all}}}-1 \tag{4·183}$$

$$\frac{\partial g}{\partial w}=\frac{-Pl}{\alpha w^3 h\sigma_{\text{all}}}=\frac{-4.44\times10^{17}}{\sigma_{\text{all}}} \tag{4·184}$$

$$\frac{\partial g}{\partial h}=\frac{-Pl}{2\alpha w^2 h^2\sigma_{\text{all}}}=\frac{-1.33\times10^{17}}{\sigma_{\text{all}}} \tag{4·185}$$

식 (4·183)~(4·185)를 식 (4·169)에 대입하면 다음과 같이 선형근사화된 제한조건을 얻는다.

$$g_L=\frac{6.67\times10^{4}}{\sigma_{\text{all}}}-1-\frac{4.44\times10^{17}\times(w-0.003)}{\sigma_{\text{all}}}-\frac{1.33\times10^{17}\times(h-0.005)}{\sigma_{\text{all}}} \tag{4·186}$$

(2) 힘근사식

지지점에 걸리는 모멘트를 M이라 하면 $M=Pl$이므로

$$\frac{\partial M}{\partial \mathbf{b}}=0 \tag{4·187}$$

이다. 따라서 식 (4·175)를 이용하면 다음과 같이 힘근사식을 얻는다.

$$g_A = \frac{M\frac{h}{2}}{I\sigma_{\text{all}}} = \frac{Plh}{2\alpha w^2 h^2 \sigma_{\text{all}}} \le 1 \tag{4・188}$$

4.6 구조최적설계의 응용

구조최적설계방법을 구조물설계에 응용하는 방법은 치수최적설계(size optimization), 형상최적설계(shape optimization), 위상최적설계(topology optimization) 등 크게 세 가지로 분류할 수 있다. 이렇게 구분하는 기준은 설계변수의 변화에 따른 유한요소 영역(domain)의 변화 여부와 관계가 있다. 치수최적설계에서는 유한요소의 영역이 변하지 않는다. 다시 말해 설계 변화에 따라 요소의 모양이나 요소의 절점위치가 변하지 않는다. 반면 형상최적설계에서는 유한요소의 영역 자체가 설계변수가 되기 때문에 설계가 진행되면서 요소모양이나 절점위치가 변한다. 그리고 위상최적설계에서는 유한요소 영역 내의 재료의 존재 여부가 설계변수이다. 따라서 영역의 일부 지역에 재료를 배치하지 않는 방법으로 빈 공간이 있는 형상을 만들 수 있다.

위의 세 가지 방법들 중에서 특히 위상최적설계는 나머지 두 방법과 비교하여 다른 점이 상당히 많다. 자세한 내용은 매우 전문적인 영역에 속하므로 이들을 전문적으로 다룬 참고문헌을 참조하기 바란다. 다만 여기서는 각 방법을 개념적으로 간략히 설명하도록 한다.

4.6.1 치수최적설계

치수최적설계에서는 구조물의 치수를 설계변수로 하여 최적설계를 수행하는데 설계변수를 설정(design parameterization)하는 일부터 시작한다. 여기서 설계변수는 유한요소의 영역을 바꾸지 않는 어떤 변수도 될 수 있다. 예를 들어 트러스요소에서의 단면적, 보요소에서의 단면의 치수, 면적, 단면계수, 막이나 평판요소의 두께 등이다. 각 요소들에서 설계변수로 잡을 수 있는 것들의 예가 표 **4・5**에 있다. 이 최적설계 과정에는 **4.3~4.5**절에서 소개한 이론들을 그대로 적용할 수 있으므로 여기서 자세한 설명은 생략한다. 다만 다음에 소개하는 예제를 통해 치수최적설계를 응용하는 기본적인 방법을 이해할 수 있을 것이다.

표 4・5 각 유한요소들에서 치수설계변수로 잡을 수 있는 것들의 예

유한요소의 종류	치수설계변수
트러스요소	단면적, 밀도, 탄성계수
보요소	단면적, 단면의 각 치수, 관성모멘트, 밀도, 탄성계수
막요소, 평판요소, 셸요소	요소 두께, 밀도, 탄성계수

예제 4 · 15 3부재 트러스의 최적화 결과

예제 **4 · 4**의 3부재 트러스 구조물을 최적화하여라.

❙❙ 풀 이 ❙❙

예제 **4 · 4**의 자료들을 바탕으로 구조최적설계를 수행하여 표 **4 · 6**과 같은 설계이력을 얻었다.

표 4 · 6 3부재 트러스 구조물의 설계이력

반복횟수	b_1	b_2	b_3	목적함수	활성화 제한조건
1	4.000000E−4	2.000000E−4	4.000000E−4	1.042463E+1	
2	4.000000E−6	4.000000E−6	4.000000E−6	1.199063E−1	1,2,3
3	9.491768E−5	1.061901E−4	2.609107E−5	2.171434E+0	1,2
4	2.063529E−4	4.112808E−5	4.000000E−6	2.651332E+0	2,3
5	1.667416E−4	9.626272E−5	4.175927E−6	2.646356E+0	1,2
6	1.719769E−4	8.896829E−5	4.000000E−6	2.645265E+0	1,2

이 결과에서 설계변수 b_3은 하한치에 도달했다. 이 결과가 의미하는 것은 주어진 하중조건 하에서는 주어진 제한조건을 만족하는 데에 오른쪽의 부재가 거의 필요 없다는 점이다.

예제 4 · 16 2부재 보 문제의 최적화 결과

예제 **4 · 5**의 2부재 보 구조물을 최적화하여라. 여기서 절점 2의 허용수직변위는 0.01m, 허용응력은 165MPa, 모든 설계변수의 초기치는 0.05m, 영률 E는 200GPa, 밀도는 7890kg/m^3, 하중 $P=100$kN, 각 부재의 길이 L은 모두 1m이다.

❙❙ 풀 이 ❙❙

표 **4 · 7**에 2부재 구조물의 설계이력이 있다. 이 결과에서 보의 단면의 높이는 증가하고 폭은 하한치까지 감소하여, 전체적으로 질량은 감소하고 관성모멘트는 증가시키는 방향으로 설계가 진행되었음을 알 수 있다.

표 4 · 7 2부재 보 구조물의 설계이력

반복횟수	b_1	h_1	b_2	h_2	목적함수	활성화 제한조건
1	5.0000E−2	5.0000E−2	5.0000E−2	5.0000E−2	3.9450E+1	2,3
2	5.3312E−2	1.4999E−1	5.4378E−2	1.5000E−1	1.2745E+2	2,3

표 4·7 2부재 보 구조물의 설계이력 (계속)

반복 횟수	b_1	h_1	b_2	h_2	목적함수	활성화 제한조건
3	2.5302E−2	2.4990E−1	1.6513E−2	2.5000E−1	8.2461E+1	2,3
4	5.0000E−3	4.1650E−1	9.2194E−3	4.1667E−1	4.6740E+1	2
5	5.0000E−3	5.4602E−1	5.0003E−3	4.6454E−1	3.9867E+1	2,3
6	5.0000E−3	5.5591E−1	5.0000E−3	4.6879E−1	4.0425E+1	2,3

4.6.2 형상최적설계

형상최적설계에서는 유한요소의 영역이 설계변수가 된다는 것이 특징이다. 형상최적설계도 치수최적설계와 마찬가지로 설계변수를 설정(shape design parameterization)하는 일이 우선이다. 또한 형상최적설계문제도 치수최적설계와 동일하게 식 (4·44)로 정식화할 수 있으며 그에 대한 부문제도 식 (4·46)과 같다. 다른 점은 설계변수의 성격과 그에 따른 민감도해석방법이다.

[1] 설계변수의 설정(shape design parameterization)

형상최적화에서 사용되는 설계변수의 성격은 치수최적설계에서 사용되는 것의 성격과는 다소 다르다. 우선 설계변수가 변화하면 유한요소의 영역(domain)이 바뀌어야 한다. 예를 들어 그림 **4·11** (a)와 그림 **4·11** (b)를 보자. 그림 **4·11** (a)와 **4·11** (b)가 보요소의 단면이라면 L, r_1, r_2, d, e 등은 치수설계변수이다. 그러나 그림의 단면을 여러 개의 유한요소 메시(mesh)로 표현할 경우에는 위 변수들의 값이 변할 때 유한요소의 영역이 변하게 되므로 위 변수들은 형상설계변수가 된다. 한편 그림 **4·11** (c)와 같이 임의의 모양

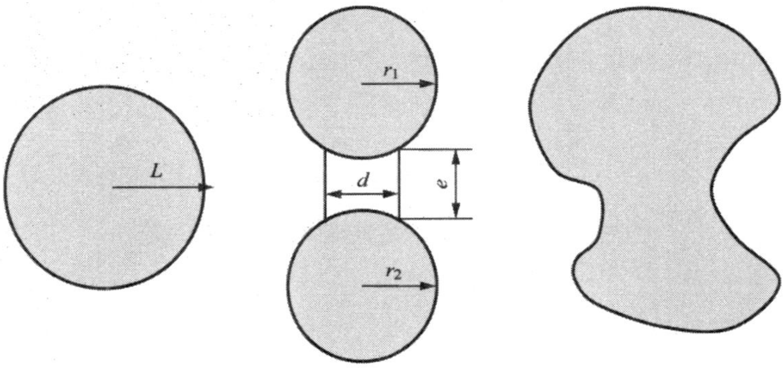

(a) 원의 모양 (b) 일정한 형상을 가진 모양 (c) 임의의 모양

그림 4·11 형상최적설계의 설계변수

으로 된 경계를 설계변수로 할 수 있는데 이도 역시 영역에 영향을 주는 변수이므로 형상설계변수이다. 일반적으로 그림 **4 · 11** (c)의 경우에는 경계를 다항식이나 스플라인 곡선 등으로 정의하여 곡선의 계수가 설계변수가 된다.

[2] 민감도해석

형상최적설계도 식 (4 · 46)의 부문제를 만들기 위해 민감도해석을 한다. 구조최적설계 관점에서 볼 때 형상최적설계문제는 치수최적설계문제에 비해 유한요소해석의 크기가 일반적으로 큰 문제이다. 따라서 민감도해석 시 유한차분법을 이용하는 방법은 비용이 많이 소요되므로 일반적으로 사용하지 않는다. 다만 상용소프트웨어에서는 식 (4 · 136)~(4 · 137)의 준해석적방법을 사용하기도 하는데 이때에도 유한차분량에 따라 오차가 커질 수 있다는 보고들이 있다. 따라서 반복적으로 최적화를 실시하는 경우에는 해석적 방법을 자주 사용한다. 여기서는 연속방정식을 이용한 접근에 대한 사항만을 소개한다. 여기서 사용하는 식들을 유도하는 과정은 참고문헌에 잘 설명되어 있다(Choi and Kim, 2004a · 2004b).

형상최적설계에서는 치수최적설계와는 달리 형상변수가 변할 때 유한요소의 영역이 변한다. 따라서 물질미분(material derivative)을 사용하거나 제어체적(control volume)법의의한 미분을 사용하여 민감도를 구해야 한다. 사실 두 방법은 동일한 것으로 증명되어 있다. 여기서는 물질미분에 대한 사항만을 간략하게 설명하도록 한다.

그림 **4 · 12**와 같이 설계변수가 변하면 영역 상의 각 점이 이동하게 된다. 이때 시간과 비슷한 τ라는 변수와 설계속도장이라 명명된 V로 그 이동량을 표시한다. 그림 **4 · 12**에서 τ는 형상설계변수의 변화로 인해 발생한다. Ω와 Γ는 각각 최초의 영역과 경계이며 Ω_τ와 Γ_τ는 변화된 영역과 경계이다.

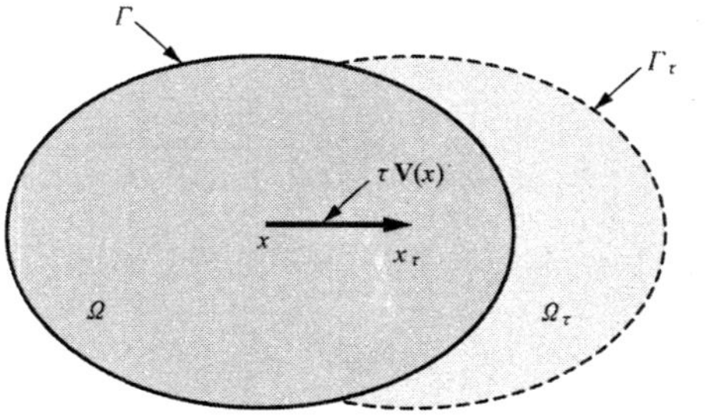

그림 4 · 12 영역의 변화에 따른 설계속도장

변위벡터 $\mathbf{z}$의 물질미분을 $\dot{\mathbf{z}}$라 하면

$$\dot{\mathbf{z}}(\mathbf{x}) = \mathbf{z}'(\mathbf{x}) + \nabla^T \mathbf{z}\, \mathbf{V}(\mathbf{x}) \qquad (4 \cdot 189)$$

가 된다. 여기서

$$z'(x) = \lim_{\tau \to 0}\left[\frac{z(x_\tau) - z(x)}{\tau}\right] \tag{4・190}$$

이다.

한편 가상일의 원리를 이용하면 영역에서의 지배방정식은 식 (4・146)의 방법으로 다음과 같이 된다.

$$a_{\Omega_\tau}(z, \bar{z}) = l_{\Omega_\tau}(\bar{z}) \tag{4・191}$$

여기서 $\bar{z}$는 기하학적으로 수용 가능한 변위이다.

다음의 함수가 있다고 하자.

$$\Psi = \iint_{\Omega_\tau} f_\tau(x_\tau)\, d\Omega_\tau \tag{4・192}$$

이에 대한 물질미분을 자세한 과정을 생략하고 결과식만 쓰면

$$\dot{\Psi} = \iint_{\Omega} f'(x)\, d\Omega + \int_{\Gamma} f(x)(V^T n)\, d\Gamma = \iint_{\Omega} [f'(x) + \mathrm{div}\{f(x)V(x)\}]\, d\Omega \tag{4・193}$$

이다. 여기서 n은 경계면에서의 법선벡터이고 div는 divergence를 의미하는데 $\mathrm{div}\, f = \frac{\partial f}{\partial x_1} + \frac{\partial f}{\partial x_2} + \frac{\partial f}{\partial x_3}$이다.

한편 식 (4・191)의 지배방정식은 다음과 같이 쓸 수 있다.

$$a_{\Omega_\tau}(z_\tau, \bar{z}_\tau) \equiv \iint_{\Omega_\tau} c(z_\tau, \bar{z}_\tau)\, d\Omega_\tau = \iint_{\Omega} f \bar{z}_\tau\, d\Omega_\tau \equiv l_{\Omega_\tau}(\bar{z}_\tau) \tag{4・194}$$

이에 대한 물질미분을 취하면

$$\dot{a}_{\Omega}(z_\tau, \bar{z}_\tau) = a'_V(z, \bar{z}) + a_{\Omega}(\dot{z}, \bar{z}) = l_V(\bar{z}) \tag{4・195}$$

이다. 여기서 각각

$$\begin{aligned} a'_V(z, \bar{z}) \equiv &- \iint_{\Omega} [c(z, \nabla^T z V) + c(\nabla^T z V, \bar{z})]\, d\Omega \\ &+ \int_{\Gamma} c(z, \bar{z})(V^T n)\, d\Gamma \end{aligned} \tag{4・196}$$

$$l_V(\bar{z}) = - \iint_{\Omega} f(\nabla^T \bar{z} V)\, d\Omega + \int_{\Gamma} f \bar{z}(V^T n)\, d\Gamma \tag{4・197}$$

$$\begin{aligned} a_{\Omega}(\dot{z}, \bar{z}) &= l'_V(\bar{z}) - a'_V(z, \bar{z}) \\ &= \iint_{\Omega} [c(z, \nabla^T \bar{z} V) + c(\nabla^T z V, \bar{z}) - f(\nabla^T \bar{z} V)]\, d\Omega \\ &\quad + \int_{\Gamma} [f \bar{z} - c(z, \bar{z})](V^T n)\, d\Gamma \end{aligned} \tag{4・198}$$

이다.

형상최적화 과정에서 사용하는 임의의 함수를 다음과 같이 정의해 보자.

$$\Psi = \iint_{\Omega_\tau} g(\mathrm{b}, \mathrm{z})\, \mathrm{d}\Omega_\tau \tag{4·199}$$

식 (4·199)에 대한 물질미분을 취하면 다음과 같다.

$$\begin{aligned}\dot{\Psi} &= \iint_{\Omega} (g_{\mathrm{z}} \mathrm{z}' + g_{\mathrm{b}} \delta \mathrm{b})\, \mathrm{d}\Omega + \int_{\Gamma} g(\mathrm{V}^T \mathrm{n})\, \mathrm{d}\Gamma \\ &= \iint_{\Omega} g_{\mathrm{z}} \dot{\mathrm{z}} + g_{\mathrm{z}}(\nabla^T \mathrm{z} \mathrm{V}) + g_{\mathrm{b}} \delta \mathrm{b})\, \mathrm{d}\Omega + \int_{\Gamma} g(\mathrm{V}^T \mathrm{n})\, \mathrm{d}\Gamma\end{aligned} \tag{4·200}$$

직접미분법에서는 식 (4·198)로부터 $\dot{\mathrm{z}}$을 구한 후 식 (4·200)에 대입하여 민감도정보를 구한다. 실제로는 보조변수법을 많이 사용하는데 보조변수법에서는 식 (4·201)~(4·203)을 식 (4·200)에 대입해서 물질미분 $\dot{\mathrm{z}}$를 소거한다.

$$a_\Omega(\lambda, \bar{\lambda}) = \iint_{\Omega} g_{\mathrm{z}} \bar{\lambda}\, \mathrm{d}\Omega \tag{4·201}$$

$$a_\Omega(\lambda, \dot{\mathrm{z}}) = \iint_{\Omega} g_{\mathrm{z}} \dot{\mathrm{z}}\, \mathrm{d}\Omega \tag{4·202}$$

$$a_\Omega(\dot{\mathrm{z}}, \lambda) = \iint_{\Omega} g_{\mathrm{z}} \dot{\mathrm{z}}\, \mathrm{d}\Omega = l'_{\mathrm{V}}(\lambda) - a'_{\mathrm{V}}(\mathrm{z}, \lambda) \tag{4·203}$$

여기서 λ는 식 (4·152)와 비슷한 개념의 보조변수벡터이다.

결국 식 (4·200)은 다음과 같이 된다.

$$\begin{aligned}\dot{\Psi} &= l'_{\mathrm{V}}(\lambda) - a'_{\mathrm{V}}(\mathrm{z}, \lambda) - \iint_{\Omega} g_{\mathrm{z}}(\mathrm{z}^T \mathrm{V})\, \mathrm{d}\Omega + \int_{\Gamma} g(\mathrm{V}^T \mathrm{n})\, \mathrm{d}\Gamma \\ &= \iint_{\Omega} \left[c(\mathrm{z}, \nabla^T \lambda\, \mathrm{V}) - f(\nabla^T \lambda\, \mathrm{V}) + c(\nabla^T \mathrm{z}\, \mathrm{V}, \lambda) - g_{\mathrm{z}}(\nabla^T \mathrm{z}\, \mathrm{V}) \right] \mathrm{d}\Omega \\ &\quad + \int_{\Gamma} [g + f\lambda - c(\mathrm{z}, \lambda)](\mathrm{V}^T \mathrm{n})\, \mathrm{d}\Gamma\end{aligned} \tag{4·204}$$

식 (4·204)는 식 (4·201)로부터 보조변수벡터 λ를 구한 후 계산하는데 간단한 문제에서는 이를 해석적으로 구할 수 있다. 그러나 대부분의 문제에서는 이를 유한요소법의 조립(assemble)과 비슷한 순서를 거쳐 구하게 된다. 한편 문제의 특성에 따라 식 (4·204)를 영역(domain) 상에서 구할 수도 있고 경계(boundary)상에서도 구할 수 있다. 이를 위해서는 Green의 정리를 사용한다.

식 (4·204)의 계산 결과는 속도장 V에 따라 달라질 수 있으므로 속도장을 어떻게 정의하느냐는 대단히 중요한 문제이다. 이는 형상최적설계의 설계변수와도 관계가 있다. 설계변수인 영역의 경계를 일정한 벡터로 설정하거나 스플라인(spline) 함수 등으로 정의할 수 있는데, 그 정의에 따라 영역 내의 유한요소 메시(mesh)의 변화가 결정되며 뒤이어 속도장도 결정되게 된다. 이에 대한 자세한 사항은 참고문헌을 참조하기 바란다(Choi and Kim, 2004a · 2004b).

예제 4 · 17 형상설계변수에 대한 양단 고정보의 민감도

예제 **4 · 13**에 있는 그림 **4 · 7**의 양단 고정보에서 형상설계변수가 l이고 분포하중은 f이다. 이때

$$\Psi = \int_0^l fz\,dx \tag{4 · 205}$$

일 때 연속-연속방법을 사용하여 (1) 직접법과 (2) 보조변수법으로 $\dot{\Psi}$을 구하여라.

풀 이

(1) 직접법

식 (4 · 198)로부터 $\dot{z}$을 계산하여 식 (4 · 200)에 대입하면 $\dot{\Psi}$를 구할 수 있지만 이는 대단히 복잡한 과정이다. 여기서는 간단하게 계산하는 방법을 사용한다. 양단 고정보의 처짐식은

$$z(x) = \frac{f}{2EI}\{x^2(1-x)^2\} \tag{4 · 206}$$

이다. 식 (4 · 206)을 식 (4 · 205)에 대입하면

$$\Psi = \frac{f^2 l^5}{720EI} \tag{4 · 207}$$

이다. 따라서

$$\dot{\Psi} = \frac{f^2 l^4}{144EI}\delta l \tag{4 · 208}$$

이 된다. 예제 **4 · 13**의 직접법도 이와 같이 구할 수 있다.

(2) 보조변수법

여기서도 예제 **4 · 13**과 같이 $\lambda = z$이다. 식 (4 · 204)에 각 항을 대입하고 계산하면 다음과 같다.

$$\dot{\Psi} = \int_0^l [2EI(z_x V)_{xx} z_{xx} - 2f(z_x V)]\,dx \tag{4 · 209}$$

식 (4 · 209)에 부분적분을 시행하면 다음과 같이 된다.

$$\dot{\Psi} = 2EIz_{xx}(z_x V)_x\big|_0^l - 2(EIz_{xx})_x(z_x V)\big|_0^l + (2fz - EI(z_{xx})^2)V\big|_0^l \tag{4 · 210}$$

식 (4 · 210)에 경계조건 $z(0) = z(l) = z_x(0) = z_x(l) = 0$을 대입하면

$$\dot{\Psi} = EI(z_{xx})^2 V\big|_0^l \tag{4 · 211}$$

이다. 식 (4・211)에 식 (4・205), $V(l)=\frac{\delta l}{2}$, $V(0)=-\frac{\delta l}{2}$을 대입하면

$$\dot{\Psi} = \frac{f^2 l^4}{144EI}\delta l \qquad (4\cdot 212)$$

이 되는데 이는 식 (4・208)과 동일하다.

예제 4・18 커넥팅로드의 형상최적설계

그림 **4・13**에 커넥팅로드의 1/2 모델은 좌측 대단부의 내부 원의 표면을 따라 일정한 압력이 가해지고 있다. von Mises 응력이 기준값 이하가 되면서 부피가 최소화되는 형상을 구하여라.

▌▌풀 이▐▐

그림 **4・13** (a)와 같이 형상설계변수를 취하였다. 형상설계변수를 어떻게 정하느냐에 따라 최적화 결과가 다를 수 있으므로 형상설계변수를 잘 잡는 일이 무엇보다 중요하다. 여기서는 대단부와 소단부 고리의 두께, 대단부와 소단부의 연결부위의 두께 등을 설계변수로 하였다. 그림 **4・13** (b)의 최적화 결과를 보면 고리들은 중공 원형을 계속 유지하면서 두께가 얇아졌고 연결부 역시 곡선을 유지하면서 얇아진 것을 확인할 수 있다.

이처럼 커넥팅로드의 영역의 경계들은 실제로는 미리 정해진 다항항수들에 의해 구속을 받기 때문에 비정상적인 설계값은(경계가 톱니 모양으로 나타난다든지 하는) 나오지 않는다. 대부분의 상용 형상최적화 프로그램은 각 영역의 경계가 미리 정해진 다항함수나 스플라인곡선을 따라 움직이도록 설정해 두고 형상설계변수가 그 다항함수나 스플라인곡선을 조절하도록 하는 방법을 사용하여 현실적인 형상을 얻을 수 있다.

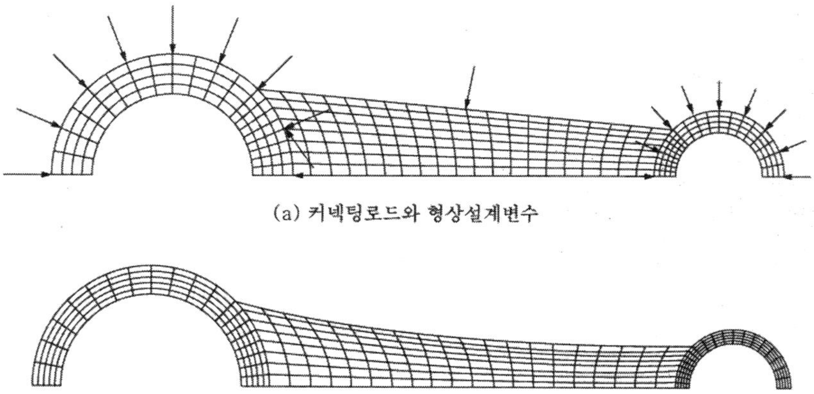

(a) 커넥팅로드와 형상설계변수

(b) 최적설계 결과

그림 4・13 커넥팅로드의 형상최적설계

4.6.3 위상최적설계

위상최적설계의 해를 구하는 과정은 치수최적설계나 형상최적설계에서의 풀이 과정과는 다소 다르다. 우선 위상최적설계에서는 구조물의 치수나 형상의 크기를 결정하는 것이 아니고 구조물의 영역 상에 물질의 분포 상태를 결정한다. 유한요소법과 연관지어 말하자면 요소의 존재여부를 결정하는 것이다.

그림 **4 · 14**에 자동차바퀴의 캡에 대한 위상최적설계의 결과가 있는데 목적함수를 최적화하는 물질의 분포가 주어진 영역상에 진한 색으로 표시되어 있다. 즉, 진한 색으로 표시된 부분에만 재료를 분포시키면 주어진 목적함수를 최적화하는 설계가 된다. 일반적으로 위상최적설계는 크게 두 가지의 방향으로 전개된다. 첫째는 구조물의 영역을 연속적인 것으로 가정하여 그림 **4 · 14**와 같은 결과를 얻는 것이며, 둘째는 트러스나 보요소 등을 가진 구조물에서 절점을 고정한 후 각 절점 사이의 연결성을 결정하는 것이다. 여기서는 첫째 경우에 대해서만 설명한다.

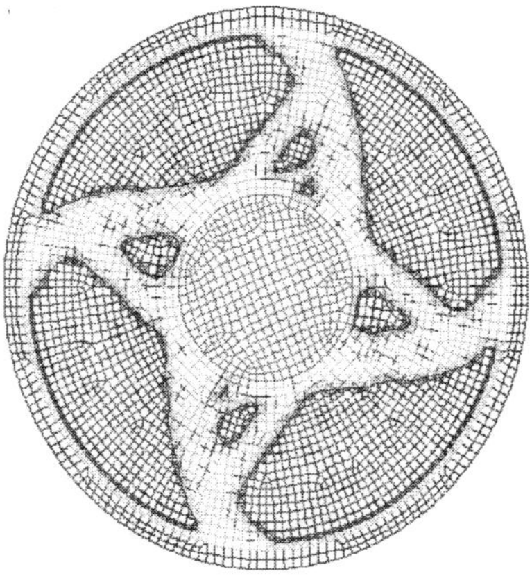

그림 4 · 14 자동차 휠의 위상최적설계 결과

위상최적설계의 방법론으로는 크게 두 가지가 있는데 균질화설계법(homogenization method)과 밀도법(density method)이다. 균질화설계법은 다공질재료(무수히 많은 작은 구멍이 있는 재료)로 이루어진 구조물의 거동을 지배하는 역학방정식으로부터 출발한다. 이 설계법은 그림 **4 · 15** (a)와 같이 미세구조물에 수많은 구멍이 균일하게 분포한다고 가정한다. 이 다공성물질로 이루어진 구조물을 유한요소법으로 표현한다면 각각의 유한요소에 평균적으로 그림 **4 · 15** (b)와 같은 커다란 구멍이 있다고 할 수 있다. 이 구멍이 정해진 기준보다 클 경우에는 그 요소에는 재료가 없는 것으로 간주한다. 이 과정을 계산하려면 섭동이론(perturbation theory)에 있는 다중축적(multi-scale) 방법을 사용한다. 이 방법은 수학적으로 잘 정립되어 있어 그 결과를 신뢰할 만하다.

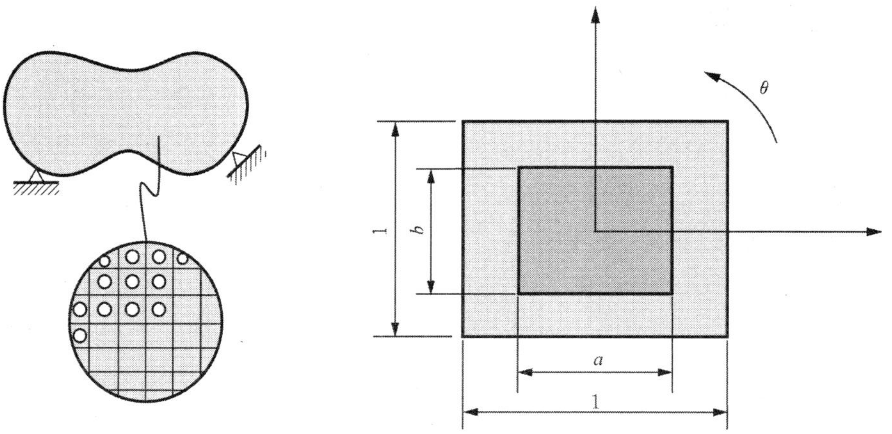

(a) 다공성 물질 (b) 유한요소 하나의 빈 공간

그림 4 · 15 균질화법에서의 빈 공간

한편 밀도법은 각 유한요소의 밀도를 설계변수로 하는 방법이다. 밀도가 0에 가까이 가면 재료가 없는 것으로 가정한다. 밀도법은 균질화법에 비해 수학적인 근거가 다소 약하지만 이론과 수치적인 구현이 간편하기 때문에 최근에 점점 많이 사용되고 있다. 여기서는 밀도법을 중심으로 위상최적설계의 간단한 개념만을 소개한다. 자세한 사항은 참고문헌을 참조하기 바란다(Bednsøe and Diaz *et al.*, 1998 ; Bednsøe and Sigmund, 2003 ; Hassani and Hinton, 1999 ; Mlejnek and Schirrmacher, 1990).

일반적으로 위상최적설계에서는 강성(stiffness)을 최대화하려고 한다. 그런데 강성을 최대화하는 것은 평균굴성(compliance)을 최소화하는 것과 같다. 따라서 위상최적설계에서는 대개 굴성을 최소화하는 것을 목적으로 한다. 식 (4 · 191)과 같이 영역에서의 가상일을 이용한 지배방정식에서 $\bar{z}$에 z를 대입하면 다음과 같다.

$$a(z, z) = l(z) \tag{4 · 213}$$

평균굴성의 최소화문제는

$$\text{Minimize} \quad l(z) \tag{4 · 214}$$

로 기술할 수 있는데 이는 식 (4 · 213)을 감안해 보면 **4.2**절의 전체 퍼텐셜에너지 중 변형에너지의 최소화와 같은 의미이다.

밀도법에서는 물질이 등방성(isotropic)이라 가정할 때 탄성계수 E를 다음과 같이 가상적인 밀도와의 곱으로 사용한다.

$$E = \rho^p E_0 \tag{4 · 215}$$

여기서 ρ는 밀도로서 설계변수이고 E_0은 사용하는 물질의 탄성계수이다. 한편 $p > 1$의 계수를 설정하여 밀도의 변화에 따른 탄성계수의 변화 정도를 나타내게 된다.

밀도법을 이용하는 위상최적설계의 정식화는 식 (4·215)를 이용하여 다음과 같이 기술할 수 있다.

$$\text{Find} \quad \rho \tag{4·216a}$$

$$\text{to minimize} \quad l(\mathbf{z}) \tag{4·216b}$$

$$\text{subject to} \quad a(\mathbf{z}, \bar{\mathbf{z}}) = l(\bar{\mathbf{z}}) \tag{4·216c}$$

$$\int_{\Omega} \rho \, d\Omega \le V, \quad 0 < \rho_{\min} \le \rho < 1 \tag{4·216d}$$

여기서 V는 주어진 체적의 한계값이다. 식 (4·216)의 문제는 설계변수는 많고 제한조건은 적은 문제이므로 최적성조건방법(optimality criterion method)으로 해결하는 경우가 많은데 이는 Karush-Kuhn-Tucker 조건을 직접 푸는 방법이다.

여기서는 자세한 것은 생략하고 다음과 같이 설계변수를 갱신하는 과정만을 보이도록 한다.

$$\rho_{k+1} = \begin{cases} \max\{(1-\varsigma)\rho_k, \rho_{\min}\}, & \text{if } \rho_k B_k \le \max\{(1-\varsigma)\rho_k, \rho_{\min}\} \\ \min\{(1+\varsigma)\rho_k, 1\}, & \text{if } \min\{(1+\varsigma)\rho_k, 1\} \le \rho_k B_k^{\eta} \\ \rho_k B_k^{\eta}, & \text{otherwise} \end{cases} \tag{4·217}$$

여기서 k는 반복 횟수(iteration number), η는 조절계수이고 ς는 이동한계(move limit)이다. B_k는 라그랑지승수로부터 계산하는데 라그랑지승수 Λ_k를 결정하는 방법은 다음 식과 같다.

$$p\rho_k^{p-1} E \varepsilon(\mathbf{z}_k) \varepsilon(\mathbf{z}_k) = \Lambda_k \tag{4·218}$$

$$B_k = \Lambda_k^{-1} p \rho^{p-1} E \varepsilon(\mathbf{z}_k) \varepsilon(\mathbf{z}_k) \tag{4·219}$$

한편 최근에 위상최적설계를 앞에서 설명한 치수최적설계방법을 사용하여 해결하려는 경향이 있다. 위상최적설계의 정식화는 이산화된 유한요소방정식과 식 (4·215)를 이용하면 다음과 같다.

$$\text{Find} \quad \rho_i, \quad i = 1, \cdots, NE \tag{4·220a}$$

$$\text{to minimize} \quad \mathbf{f}^T \mathbf{z} \tag{4·220b}$$

$$\text{subject to} \quad \sum_{i=1}^{NE} \rho_i^p \mathbf{k}_i = \mathbf{f} \tag{4·220c}$$

$$\sum_{i=1}^{NE} v_i \rho_i \le V, \quad 0 < \rho_{\min} \le \rho_i \le 1, \quad i = 1, \cdots, NE \tag{4·220d}$$

여기서 v_i는 i번째 요소의 체적이며 NE는 유한요소의 개수이다. 치수최적설계의 방법을 사용하려면 민감도해석이 필요한데 식 (4 · 220c)에서 보는 바와 같이 설계변수가 강성행렬로부터 분리되므로 민감도해석이 간단하다. 한편 위상최적설계에서는 설계변수가 매우 많기 때문에 **3.8.2**절의 기본법을 사용할 수도 있지만 **3.8.3**절의 변환법을 사용하기도 한다.

예제 4 · 19 Michell 구조 문제

그림 **4 · 16** (a)의 외팔평판 구조물을 주목한다. 외팔평판의 끝단에 집중하중이 가해지고 있고 구멍의 원주는 고정되어 있다. 이 문제를 Michell 구조 문제라고 하는데 위상최적설계 알고리즘의 성능을 평가하는 데 흔히 사용된다. 최소화할 목적함수는 변형에너지이고 제한조건은 처음 질량의 20%만 남도록 하는 것이다. 이 구조물의 위상최적설계를 수행하여라.

▌▌풀 이▐▐

그림 **4 · 16** (b)에 밀도법을 이용한 위상최적설계 결과가 있다. 진한 부분이 남아 있어야 할 부분이다.

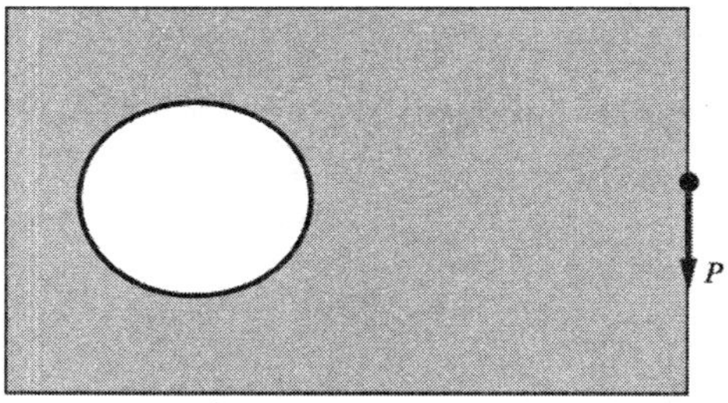

(a) 집중하중을 받고 있는 외팔평판

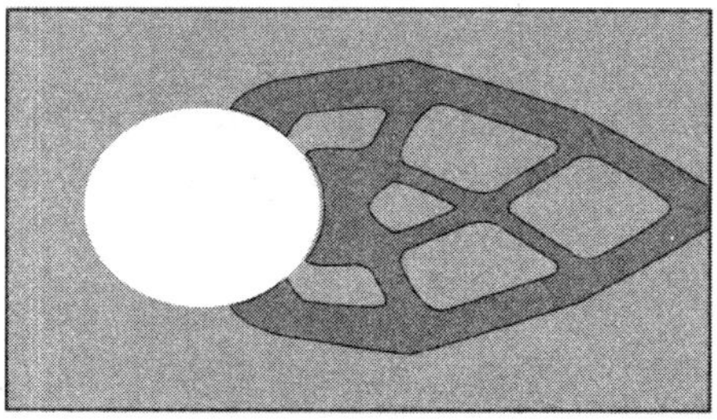

(b) 위상 최적설계 결과

그림 4 · 16 Michell 구조 문제의 위상최적설계

참 고 문 헌

류연선 · 임오강 · 박경진, 최적설계입문, 반도출판사, 1994.

최창근, 유한요소법, 테크노프레스, 2002.

Arora JS, *Introduction to Optimum Design*, 2nd ed., Elserier, San Diego CA, 2004.

Arora JS, *Guide to Structural Optimization*, The American Society of Civil Engineers, New York, 1997.

Arora JS & Haug EJ, "Methods of Design Sensitivity Analysis in Structural Optimization," *AIAA Journal* 17, pp. 970~974, 1979.

Bathe KJ, *Finite Element Procedure*, Prentice-Hall, Eaglewood Cliffs, NJ, 1996.

Bednsøe MP & Diaz A & Kikuchi N, "Topology and Generalized Layout Optimization of Elastic Structures," *Computer Methods in Applied Mechanics and Engineering* 71, pp. 197~224, 1998.

Bednsøe MP & Sigmund, O., *Topology Optimization*, Springer, Berlin Heidelberg New York, 2003.

Choi KK & Kim NH, *Structural Sensitivity Analysis and Optimization I: Linear Systems*, Springer, Berlin Heidelberg New York, 2004a.

Choi KK & Kim NH, *Structural Sensitivity Analysis and Optimization II: Nonlinear Systems and Applications*, Springer, Berlin Heidelberg New York, 2004b.

Cook RD & Malkus DS & Plesha ME, *Concepts and Applications of Finite Element Analysis*, 3rd ed., Wiley, New York, 1989.

Haftka RT & Gürdal Z, *Elements of Structural Optimization*, Kluwer, Dordrecht, 1992.

Haftka RT & Adelman HM, "Recent Developments in Structural Sensitivity Analysism," *Structural and Multidisciplinary Optimization* 1, pp. 137~151, 1989.

Haftka RT & Grandhi RV, "Structural Shape Optimization – A Survey," *Computer Methods in Applied Mechanics and Engineering* 57, pp. 99~106, 1985.

Haug EJ & Arora JS, *Applied Optimal Design: Mechanical and Structural Systems*, Wiley Interscience, New York, 1979.

Haug EJ & Choi KK & Komkov V, *Design Sensitivity Analysis of Structural Systems*, Academic Press, Orlando, FL, 1986.

Hassani B & Hinton E, *Homogenization and Structural Topology Optimization*, Springer, Berlin Heidelberg New York, 1999.

Lee KW & Park GJ, "Accuracy Test of Sensitivity Analysis in the Semianalytic Method with Respect to Configuration Variables," *Computers & Structures* 63, pp. 1139 ~1148, 1997.

Logan DL, *A First Course in the Finite Element Method*, 3rd ed., Brooks/Cole, Pacific Grove, CA 2002.

Mlejnek HP & Schirrmacher R, "An Engineers Approach to Optimal Material Distribution and Shape Finding," *Computer Methods in Applied Mechanics and Engineering* 106, pp. 1~26, 1990.

Park GJ, "Accuracy Tests for Various Sensitivity Analysis Methods with Respect to Shape Variables in Planar Cantilever Beams," *Computers & Structures* 47, pp. 1057~1063, 1993.

Park YS & Lee SH & Park GJ, "A Study of Direct vs. Approximation Methods in Structural Optimization," *Structural Optimization* 10, pp. 64~66, 1994.

Rao SS, *Engineering Optimization*, 3rd ed., Wiley, New York, 1996.

Rozvany GIN, *Topology Optimization in Structural Mechanics*, Springer, New York, 1997.

Schmit LA, "Structural Synthesis – its Genesis and Development," *AIAA Journal* 19, pp. 1249~1263, 1981.

Shin JK & Lee KH & Song SI & Park GJ, "Automotive Door Design with the ULSAP Concept using Structural Optimization," *Structural and Multidisciplinary Optimization* 23, pp. 320~327, 2002.

Vanderplaats GN, *Numerical Optimization Techniques for Engineering Design with Applications*, McGraw-Hill, New York, 1984.

Vanderplaats GN, "30 Years of Modern Structural Optimization," *Advances in Engineering Software* 16, pp. 81~88, 1993.

Vanderplaats GN & Salajegheh E, "New Approximation Method for Stress Constraints in Structural Synthesis," *AIAA Journal* 27, pp. 352~358, 1989.

Vanderplaats Research & Development, Inc., *GENESIS User's Manual* Ver. 6.0, Colorado, Springs, CO 2000.

연 습 문 제

1. 다음과 같은 트러스 구조물의 끝단에 수직방향으로 힘이 가해지고 있다. 끝단의 변형을 구하여라. $A=200\text{m}^2$, $E=200\text{GPa}$, $L=1.0\text{m}$, $P=100\text{kN}$이다.

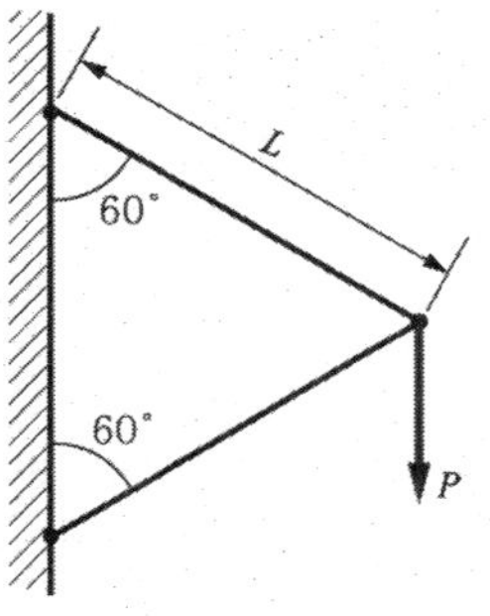

2. 문제 1의 트러스요소를 다음 그림과 같이 각각 이등분하여 다시 풀어라. 또 그 결과를 문제 1의 결과와 비교하고 그 이유를 설명하여라.

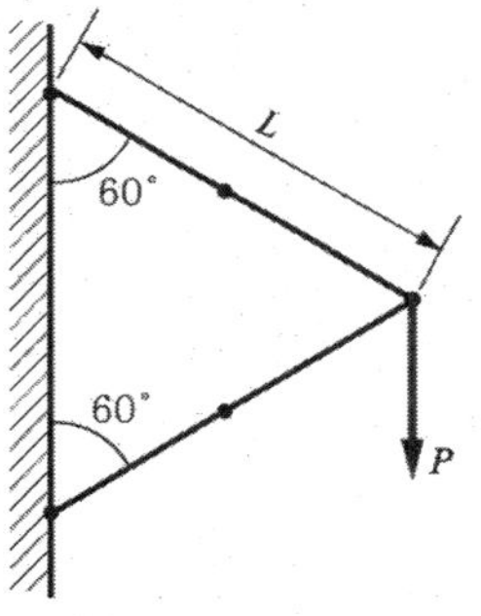

3. 다음 최적화문제들로부터 등제한조건을 소거한 부문제를 만들어라. 설계변수는 b이며 $b^0=1$이다.

(1) Find b, z

to minimize $f=b^2+z^2$

subject to $g_1=b^2-z-1\ge 0$

$h_1=5z-b^2+4=0$

(2) Find b, z

to minimize $f=b^2$

subject to $g_1=b^2-z^2-1\ge 0$

$g_2=4b-z^3-10\le 0$

$$h_1 = z - 2b^2 - 2 = 0$$

4. 1번 문제의 부문제를 만들어라. 목적함수는 구조물의 총 부피이고 설계변수는 각 부재의 단면적이며 구조물의 끝단에서 변위제한조건이 적용된다.

5. 다음의 구조물은 중앙에 집중하중을 받고 있다. 이 구조물의 부피를 최소화하려고 하는데 설계변수는 각 부재단면의 폭과 높이이고 변위제한조건을 가진다. 이 최적화문제의 부문제를 만들어라. 이 구조물은 2개의 보요소로 모델링하며 요소강성행렬은 예제 **4·5**의 풀이 과정을 참고하여라. 필요한 수치는 각각 $w^0 = h^0 = 0.01\text{m}$, $E = 200\text{GPa}$, $l = 1\text{m}$, $P = 200\text{kN}$이다.

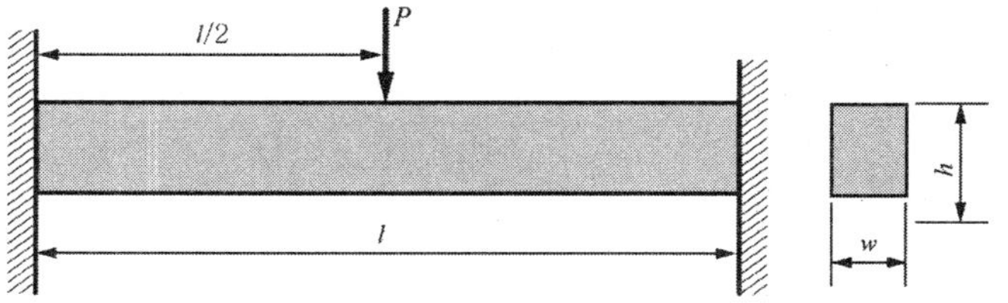

6. 1번 문제의 면적에 대한 변위민감도를 다음의 방법으로 구하여라. $\Delta A = 10^{-3}\text{m}^2$으로 하시오.
   (1) 유한차분법의 전진차분법과 중심차분법
   (2) 해석적방법의 직접법과 보조변수법
   (3) 준해석적방법

7. 다음 구조물의 변위민감도를 연속-연속방법의 직접법과 보조변수법으로 각각 구하여라. 필요한 자료는 예제 **4·13**의 것을 사용하여라.

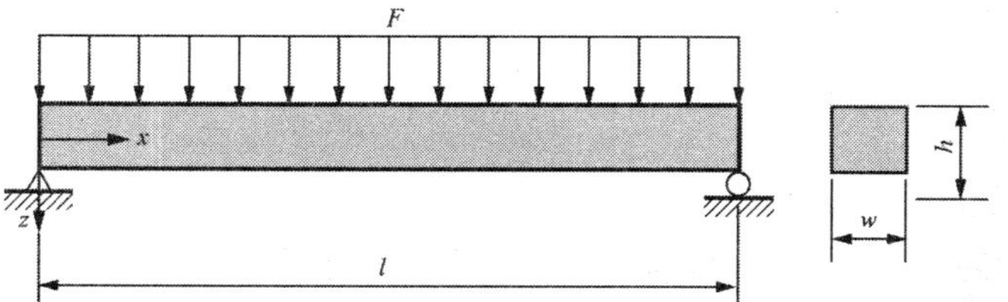

(a)

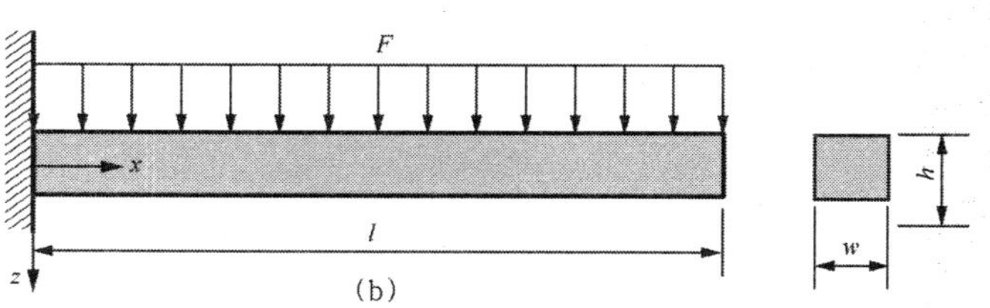

(b)

8. 예제 **4·14**의 문제에서 다음과 같이 하중조건과 경계조건을 변경시킨 구조물을 다시 풀어라.

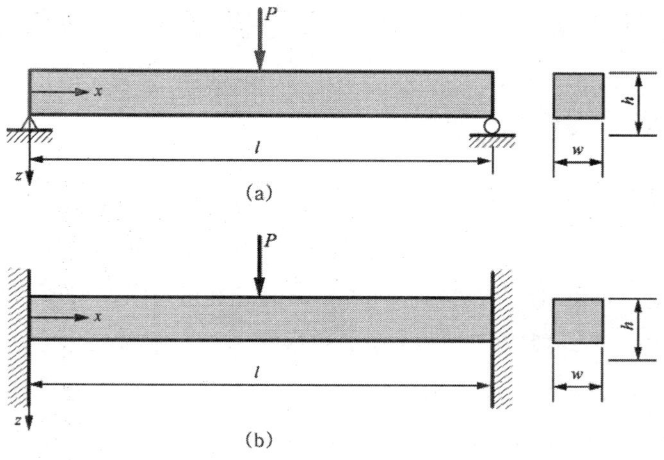

9. 1번 문제의 최적화를 시행하여라. 목적함수는 구조물의 총 부피이고 설계변수는 각 부재의 단면적이며 변위제한조건이 0.05m로 적용된다. 또한 각 단면적의 상하한치는 각각 $10^{-1}m^2$와 $10^{-8}m^2$이다.

10. 문제 7의 구조물들을 대상으로 직접법과 보조변수법을 사용하여 형상설계변수 l에 대한 변위민감도를 구하여라. 필요한 자료는 예제 **4·13**의 것을 사용하고 풀이 과정은 예제 **4·17**을 참고하여라.

4.A 구조최적설계기법을 이용한 초경량 차체 개념의 자동차 설계

4.A.1 문제의 설명

자동차를 경량화하는 방법 중의 하나로 초경량 차체(Ultra Light Steel Auto Body, ULSAB)개념을 들 수 있다. 이 개념은 총체적 설계(holistic design), 하이드로포밍(hydro-forming) 공정, 합체박판기술(tailor welded blank) 등의 세 가지 주요 기술로 이루어져 있다. 이들 가운데 합체박판기술은 부품수를 줄여 제조원가를 줄일 수 있으며 필요없는 소재를 제거하여 경량화에도 도움을 주는 기술이다. 합체박판기술은 주로 자동차 잠금장치(auto closure)인 후드, 도어, 트렁크리드 등의 부품에 적용할 수 있다. 여기서는 자동차 프론트도어에 이 기술을 적용하여 경량화의 가능성을 검토한다.

먼저 합체박판기술을 적용할 대상 부품을 선정한 후 기존의 보강재를 제거한다. 그리고 여러 개의 판재로 기존의 부품을 대체한다. 판재들의 두께분포를 결정하고 이 판재들을 서로 용접한 후 한 번의 스탬핑공정으로 원하는 부품을 얻게 된다. 두께분포를 결정하는 과정에서 최적화기법을 도입한다.

자동차 프론트도어 부품 중에서 합체박판기술을 비교적 쉽게 적용할 수 있는 내판(inner panel)에 경량화기법을 적용한다. 먼저 내판에 있는 보강재를 제거하고 보강재의 역할을 대신할 두께분포를 찾는다. 이를 위해 설계자는 위상최적설계를 수행하여 대략적인 판재의 수와 크기를 선정한다. 상세설계단계에서 치수최적설계를 통해 각 판재의 두께를 얻는다. 각 판재들의 경계인 용접선은 형상최적설계로 확정한다. 이때 보강재가 있을 때의 기존 강성을 유지하도록 제한조건을 부여한다. 그런데 실제구조물의 형상을 최적화할 때에는 구조물이 복잡하기 때문에 단번에 최적해를 얻기는 힘들다.

도어와 같이 곡면이 많은 구조물의 형상을 최적화하기 쉽게 요소단위의 형상최적설계(element-based shape optimization)를 제안하고 이를 도어 내판 설계 시 적용한다. 일련의 최적화 과정은 위상최적설계, 치수 및 형상최적설계가 가능한 상용소프트웨어인 GENESIS를 이용하여 이루어졌다(Vanderplaats Research & Development, 2000).

4.A.2 경량화설계 과정

[1] 합체박판기술을 이용한 자동차 경량화설계 과정

그림 **4.A・1**은 자동차의 잠금장치를 나타내고 있다. 현재 이 부품들은 보강재가 붙어있으며 합체박판기술은 이 보강재들을 여러 개의 판재로 대체하여 취약해진 강성을 보강하게 된다. 이 부품들 가운데 도어를 선택하여 경량화 가능성을 살펴볼 것이다. 그림 **4.A・2**는 한 가지 결과로서 기존의 합체박판기술을 도어설계에 적용한 경우이다.

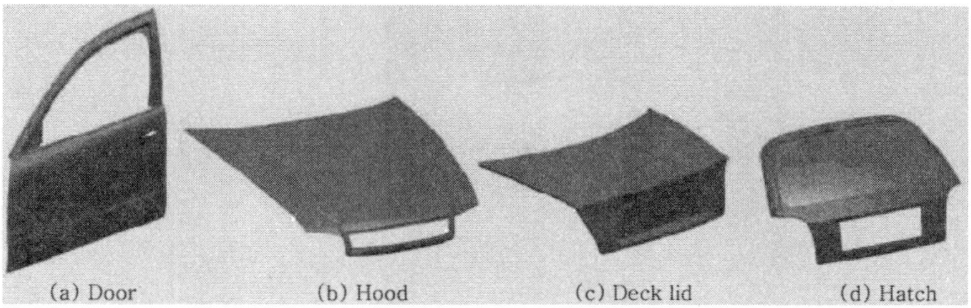

그림 4.A · 1 자동차 잠금장치

그림 **4.A · 2** (a)는 두께가 서로 다른 두 개의 판재(Part 1, Part 2)가 용접이 되어 있는 블랭크이며, 이를 한 번의 스탬핑공정으로 그림 **4.A · 2** (b)와 같은 도어를 완성하게 된다. 여기서는 각종 최적설계기법을 이용하여 구조물의 각 판재의 두께와 분포를 결정한다.

합체박판기술을 적용한 자동차 경량화방법이 그림 **4.A · 3**에 있다. 먼저 설계영역(design domain)을 선정해야 한다. 설계영역은 구조물의 전체나 부분이 될 수 있다. 개념설계의 단계로 위상최적화를 수행한다. 위상최적설계는 다양한 질량제한조건에 대해 수행하여 강성이 최대화되는 경로에 대한 경향을 얻을 수 있다. 목적함수는 주어진 하중조건에 대해 변형에너지를 최소화하는 것이다. 위상최적화 결과를 바탕으로 설계자는 주어진 설계영역을 몇 개의 판재로 나눌지 결정하게 된다. 나누어진 판재의 경계가 용접선이다. 따라서 설계자의 결정에 따라 판재의 형태와 개수는 달라질 수 있다.

상세설계단계에서는 치수최적설계와 형상최적설계를 사용한다. 치수최적설계는 이전의 판재선정단계(part selection process)에서 결정된 각 판재 영역의 두께를 결정한다. 즉, 주어진 하중조건에 대해 필요한 강성을 만족하면서 구조물의 무게를 최소화하는 두께를 찾는다. 구한 판재들의 두께를 유지하면서 이들의 경계인 용접선의 위치를 형상최적설계로 찾는다. 용접선은 유한요소 영역 내부에 있다. 내부의 경계를 형상최적설계로 직접 구하는 일은 어렵다. 이 문제점을 해결하기 위해 요소단위의 형상최적설계를 제안하여 적용한다.

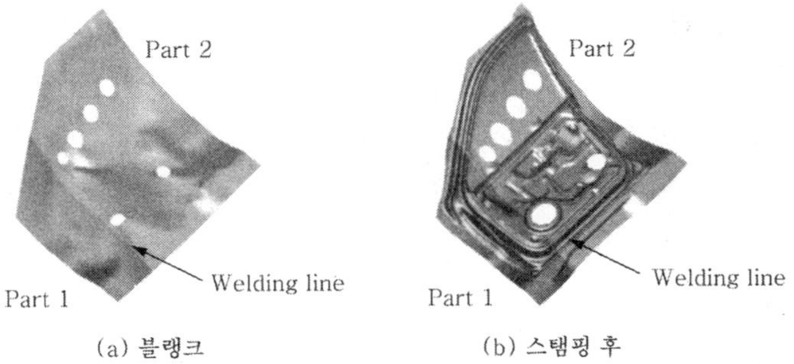

그림 4.A · 2 합체박판기술의 적용

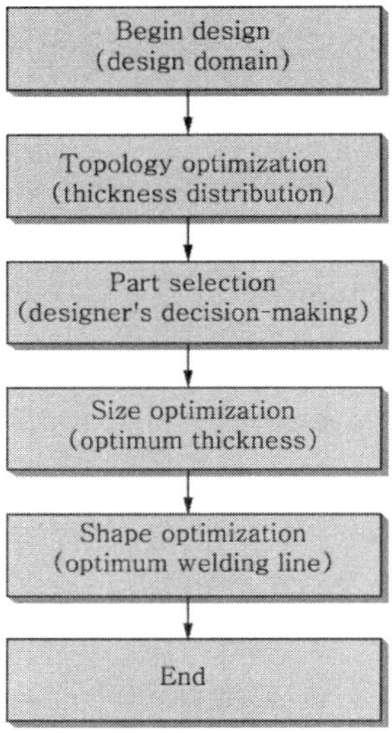

그림 4.A · 3 각종 최적화방법을 이용한 자동차 도어설계 과정

치수최적설계와 형상최적설계는 동시에 수행할 수 있다. 그런데 여기서는 치수설계변수의 민감도가 형상설계변수의 민감도보다 매우 크다. 따라서 두 방법을 동시에 적용하면 형상설계변수는 변하지 않고 판재의 두께를 결정하는 치수설계변수만 크게 변하게 된다. 또한 연속공간에서의 치수최적설계로 얻은 판재들의 두께는 제작을 고려할 경우 이산화된 값으로 대체해야 한다. 그러므로 치수최적설계 후 얻어진 판재들의 두께를 이산화하여 고정하고 형상최적설계를 수행하여 최적의 용접선을 결정한다.

[2] 사용한 최적화방법

굴성을 최소화하는 위상최적설계의 정식화인 식 (4 · 216)을 이용한다. 구조물의 평균 굴성을 최소화하는 문제는 최소의 변위를 가진 구조물의 형상을 찾는 문제이며 이는 물리적으로 강성이 큰 구조물을 제안해 줄 수 있다. 경량화된 자동차를 설계할 경우 주어진 하중조건 하에서 강성이 큰 구조를 설계해야 하므로 이를 개념설계로 사용한다. 여기서는 **4.6.3**절의 밀도법을 사용한다.

치수최적설계에서는 구조물의 높이나 폭, 두께, 면적 등의 치수가 설계변수이다. 형상최적설계에서는 구조물의 경계를 이루는 절점들의 위치를 섭동시키는 벡터의 크기가 설계변수이다. 결국 치수최적설계로 각 판재의 두께를 찾아내고 형상최적설계로 판재들의 경계인 용접선의 최적위치를 찾는다. 형상최적설계를 수행할 때 구조물의 유한요소들이 심각하게 변형(distortion)되는 것을 피하는 것이 중요하다. 구조물의 형상을 변하게 할 섭동벡터를 적절히 정의해야 한다. 그리고 이 문제와 같이 형상최적설계에서 찾는 경계가 유한요소 영역의 내부에 있을 때에는 주의가 필요하다. 상용소프트웨어에서 제공하는 형상최적설계 기능을 이 문제에 바로 사용하기는 불가능하기 때문에 그림 **4.A · 4**의 요소단위의 형상최적설계기법을 제안한다. 일반적인 형상최적설계는 제한조건을 만족하면서 목적함수를 최소화하려는 과정을 거쳐 수렴하는데 여기서는 이 과정을 사이클(cycle)로 정의한다.

합체박판기술을 적용하는 문제는 주어진 구조물의 형상을 유지하면서 용접선의 최적위치를 결정하는 문제인데, 형상변수가 큰 범위로 움직이면 자칫 유한요소의 형상을 유지하지 못한다. 때문에 그림 **4.A · 4** (a)와 같이 용접선이 한 번에 움직일 수 있는 범위를 현재 용접선에 인접한 요소들의 절반 정도가 되도록 제한한다. 이러한 상하한치를 가진 형상최적설계문제에 대해 i번째 사이클에서 최적화를 수행한다.

그 결과로 용접선이 상하한치의 어떤 값으로 수렴하면 용접선을 해당 요소로 이동시키고 $(i+1)$번째 사이클의 형상최적설계를 다시 푼다. 즉, 그림 **4.A · 4** (b)나 그림 **4.A · 4** (c) 중 한 가지가 된다. 만일 임의의 용접선의 위치가 어떠한 상하한치에 도달하지 못하고 수렴할 경우는 사이클을 종료하고 그때의 용접선의 위치를 최적값으로 결정하면 된다. 그 밖의 다른 수렴기준은 다음과 같다.

(1) 용접선의 이동이 i번째 사이클과 $(i+1)$번째 사이클 사이에서 반복한다면 i번째 사이클의 결과를 최종설계로 결정한다.

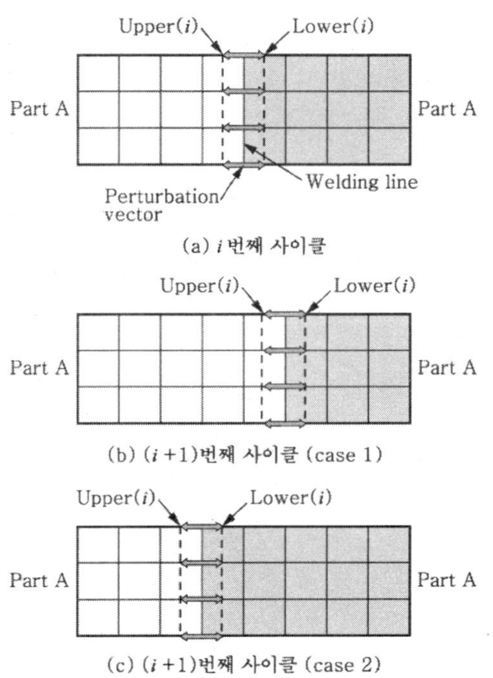

그림 4.A · 4 판재의 경계를 결정하는 형상최적설계

(2) i번째 사이클에서는 제한조건을 모두 만족했지만 $(i+1)$번째 사이클에서 제한조건을 위배할 경우 최종설계는 i번째 사이클의 결과를 선정한다.

제안한 방법을 사용하면 한 사이클 당 설계변수의 변화가 크지 않으므로 설계시간이 증가하게 된다. 또 경우에 따라서는 이 방법으로 얻은 설계보다 더 좋은 다른 설계가 있을 수도 있다. 그러나 형상설계변수의 민감도가 매우 작고 형상의 변화가 그리 크지 않으면 제안한 방법은 유한요소 영역 내부에 형상경계가 존재할 때 유용한 방법으로 활용할 수 있다.

[3] 합체박판기술을 이용한 자동차 프론트도어의 설계

프론트도어는 몇 개의 부품으로 구성되어 있다. 그 중에서 합체박판의 적용이 용이하고 도어 전체중량의 상당부분을 차지하는 내판에 앞의 방법을 적용하였다. 도어설계에서 구조적으로 가장 중요하게 고려할 성능은 프레임강성(frame rigidity)과 도어새깅(sagging)이 된다. 자동차가 고속으로 주행할 때 차체형상으로 인해 도어프레임 부분에 음압(negative pressure)이 발생하여 도어프레임이 굽힘을 받는다. 이때에 도어강성이 약할 경우 바람소리와 같은 잡음이 발생하여 차량의 승차감이 떨어진다. 도어새깅은 도어를 열고 닫을 때 도어 자체의 무게로 인한 처짐을 고려하기 위한 조건이다.

그림 **4.A · 5**에서 프론트도어의 유한요소모델과 함께 프레임강성조건(load case 1, 2)과 도어새깅조건(load case 3)의 경계조건을 나타내었다. 여기서 12345는 z축에 대한 회전만 자유롭게 풀어준 것이며 2356은 x축에 대한 병진 및 회전운동이 자유롭다는 의미이다. 그리고 2는 y축에 대한 병진운동만 구속되어 있다는 것이다. 유한요소모델은 프론트도어의 내판과 외판을 모두 포함한 모델이며 강성실험을 통해서 유한요소모델을 검증한다.

도어경량화방법의 첫 단계로 설계영역을 선정한다. 그 이유는 내판에는 합체박판기술의 적용이 용이하며 기존의 보강재를 제거하여 경량화 및 부품수감소로 인한 공정수감소의 추가적인 효과를 얻을 수 있기 때문이다. 개념설계단계에서 위상최적설계를 이용하여 판

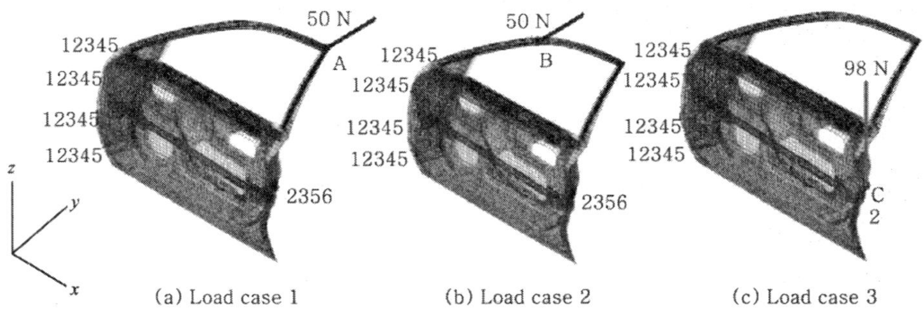

(a) Load case 1 (b) Load case 2 (c) Load case 3

그림 4.A · 5 도어의 유한요소모델 및 하중조건

재의 수와 대략적인 용접선의 분포를 결정한다. 합체박판기술을 적용하기 위해 내판에 붙어 있는 보강재를 제거하였으며 그 결과가 그림 **4.A · 6**에 있다. 최대의 강성을 가지는 구조물의 형태는 위상최적설계를 통해서 얻을 수 있다. 질량제한조건을 50%, 60%, 70%의 세 가지 경우에 대해서 위상최적설계를 수행한다. 목적함수는 3개의 하중조건에 대한 변형에너지의 선형합으로 선정한다.

위상최적설계의 결과가 그림 **4.A · 7**에 있다. 설계자는 이 결과를 바탕으로 3개의 판재로 내판을 나눌 수 있으며 이렇게 나누어진 내판의 그림이 그림 **4.A · 8**에 있다. 각 판재는 X_1, X_2, X_3으로 명명한다.

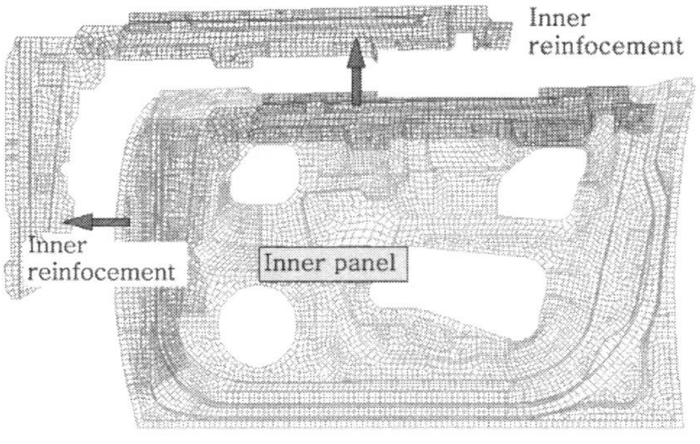

그림 4.A · 6 내판으로부터 보강재의 제거

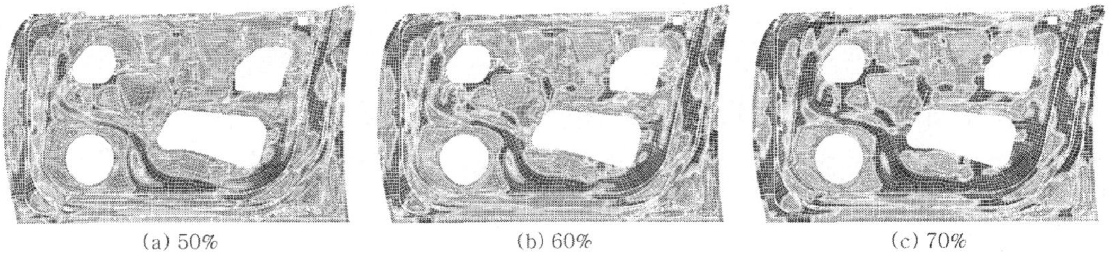

그림 4.A · 7 위상최적설계의 결과

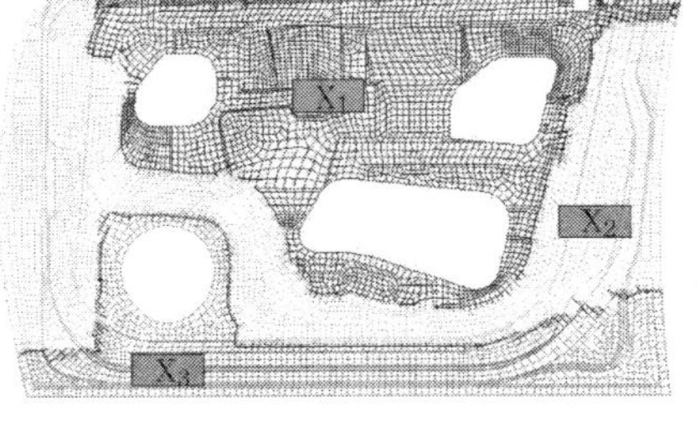

그림 4.A · 8 내판의 세 가지 판재로 분할

상세설계단계에서 각 판재들의 두께와 용접선의 위치를 정하게 된다. 각 판재의 두께는 치수최적설계를 통해서 결정하며 그 정식화는 다음과 같다.

$$\text{Find} \quad \mathrm{b} = [b_1 \quad b_2 \quad b_3]^T \tag{4.A·1a}$$

$$\text{to minimize} \quad \text{weight} \tag{4.A·1b}$$

$$\text{subject to} \quad \delta_j^{\mathrm{TWB}} - \delta_j^{\mathrm{BASE}} \le 0.0, \quad j = \text{load case } 1,\ 2,\ 3 \tag{4.A·1c}$$

$$0.5 \le b_i \le 2.1, \quad i = \text{load case } 1,\ 2,\ 3 \tag{4.A·1d}$$

$$b_i/2b_j - 1.0 \le 0.0, \quad i, j = \text{part } 1,\ 2,\ 3, \quad i \ne j \tag{4.A·1e}$$

여기서 b는 내판을 이루는 판재들의 두께를 나타내는 치수설계변수벡터, δ_j^{BASE}는 j번째 하중이 가해진 위치에서 보강재를 가진 기존 도어 모델의 변위, δ_j^{TWB}는 δ_j^{BASE}와 같은 위치에서 개선된 합체박판기술을 적용한 도어모델의 변위를 말한다.

각각의 판재들의 초기두께는 모두 0.7mm이다. 한편 서로 이웃하는 판재들의 두께 차이가 클 경우에 합체박판기술의 적용을 위한 용접이 불가능하다. 따라서 식 (4.A·1e)의 제한조건을 사용하여 대략적으로 하나의 파트두께가 이웃하는 파트두께의 2배를 넘을 수 없게 한다.

치수최적화를 수행하여 얻은 결과가 초기두께와 함께 표 **4.A·1**에 있다. 연속공간에서 얻은 최적의 두께값은 실제적인 생산을 고려할 경우 이산화된 값으로 대체해야 한다. 이산설계를 할 수 있는 정교한 방법들은 이 연구의 범위를 벗어나므로 반올림한 값을 채택한다. 그 결과 각 판재의 두께는 $b_1 = b_3 = 0.65$mm, $b_2 = 1.3$mm가 된다. 이렇게 반올림한 두께들이 식 (4.A·1)의 제한조건을 만족하는지를 확인한 후 이들을 최종값으로 결정한다.

표 4.A·1 치수최적화의 결과

	Initial value with reinforcement	Optimum in continuous space with TWB	Rounded up value with TWB
Objective	17.009kg	16.777kg	16.815kg
b_1	0.700mm	0.647mm	0.650mm
b_2	0.700mm	1.290mm	1.300mm
b_3	0.700mm	0.647mm	0.650mm

다음으로 용접선의 최종위치를 결정한다. 앞 단계의 치수최적설계 결과를 반올림했기 때문에 증가된 목적함수는 형상최적설계를 통하여 다소 감소될 수 있다. 형상최적설계의 정식화는 다음과 같다.

Find b_i, $i=1, \cdots, 11$ (4.A · 2a)

to minimize weight (4.A · 2b)

subject to $\delta_j^{TWB} - \delta_j^{BASE} \leq 0.0$, $j=$load case 1, 2, 3 (4.A · 2c)

$$\{XYZ\} = \{XYZ\}_0 + \sum_{i=1}^{11} b_i \{XYZP\}_i \quad (4.A \cdot 2d)$$

$$-3.0 \leq b_i \leq 3.0, \quad i=1, \cdots, 11 \quad (4.A \cdot 2e)$$

식 (4.A · 2)의 기호는 식 (4.A · 1)과 유사하다. $\{XYZP\}_i$는 X_2 판재의 영역을 변화시키기 위한 11개의 섭동벡터이며, b_i는 각각의 섭동량을 결정하는 11개의 형상설계변수들이다. 형상최적설계를 통해 얻는 최종용접선은 초기구조물의 형상을 유지하면서 이동하여야 한다. 따라서 앞에서 설명한 요소단위의 형상최적설계를 이용하였으며 X_2 판재의 최종경계는 용접선의 위치와 동일하게 된다.

최적화사이클이 표 **4.A · 2**에 있다. 각각의 사이클마다 설계변수의 상하한치를 그림 **4.A · 4**와 같이 엄격하게 선정한다. 3번의 설계 사이클을 수행하고 종료하였다. 요소단위의 형상최적설계 결과를 그림 **4.A · 9**에 나타내었다. 형상민감도(shape sensitivity)가 치수민감도(size sensitivity)보다 매우 작기 때문에 큰 변화가 없다. 치수 및 형상최적설계 결과 내판의 무게는 기존에 보강재를 가진 것에 비해 8.72%가 감소했다. 한편 최적화 과정에서 감안하지 않은 외판(outer panel)까지 포함하면 전체적으로 무게는 3.23% 감소하였다. 도어 하나의 무게 감소율은 그다지 크지 않지만 자동차는 도어가 여러 개이므로 전체차량의 무게를 감소시킬 수 있다. 또 도어와 유사한 구조물인 후드와 트렁크에도 적용 가능하다는 것을 고려해 본다면 경량화효과는 더욱 커질 것이다. 더불어 합체박판기술을 적용하면 공정수감소와 부품수감소의 추가적인 효과를 얻을 수 있다.

표 4.A · 2 형상최적설계의 결과

	Initial value	Optimum at each cycle
1st cycle	16.815kg	16.778kg
2nd cycle	16.609kg	16.569kg
3rd cycle	16.413kg	16.459kg

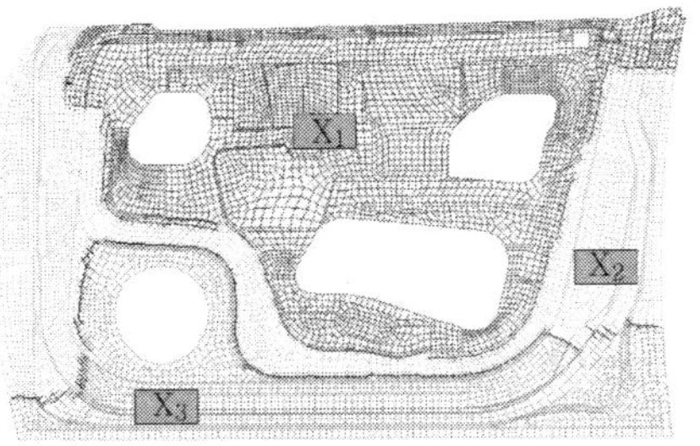

그림 4.A · 9 최종용접선

[4] 결 론

합체박판기술을 이용하여 자동차를 경량화할 수 있는 설계 과정을 제안하고 자동차 프론트도어에 적용하여 그 타당성을 다음과 같이 확인하였다.

(1) 도어의 부품들 중 내판에 적용하여 합체박판기술을 가진 도어의 내판 무게가 기존의 보강재를 가진 내판의 무게보다 8.72% 감소하였다.

(2) 실제구조물에 형상최적설계를 적용할 때는 심각한 요소의 변형이 발생할 수 있다. 구조물의 기존 형태를 유지하면서 형상최적설계를 할 수 있는 요소단위의 형상최적설계기법을 제안하였고, 실제 자동차 도어의 내판에 적용하였다.

제 5 장

동적반응최적설계

5.1 동적반응최적설계

제4장에서는 구조물에 가해지는 하중이 정하중일 경우를 상정하고 그 상황에 적합한 구조최적화기법들을 소개하였다. 이번 장에서는 구조물에 가해지는 하중이 동하중일 경우에 필요한 최적화기법에 대해 설명한다. 동하중은 하중의 크기와 방향이 시간에 따라 변하는 하중을 일컫는다. 구조물의 동적반응최적화는 동하중이 가해지는 구조물의 반응을 최적화하는 것을 말한다.

구조물을 설계하는 데 있어서 구조물에 가해지는 하중을 명확하게 규정하는 것은 매우 중요한 일이다. 그러나 대부분의 설계에서 구조물에 어떤 하중이 가해지는지를 명확하게 규정하기는 쉬운 일이 아니다. 많은 경우 설계대상에 가해지는 하중을 특정 크기의 정하중으로 가정한다. 설계는 이 가정한 정하중에 맞추어 진행된다. 그러나 실제 동작환경에서는 구조물에 대개 동하중이 가해지기 마련이다. 설계단계에서 실제 동작환경을 고려하는 손쉬운 방법은 안전계수를 충분히 높이는 것이지만, 이 경우 과잉설계가 될 가능성이 크다. 가능하다면 실제하중을 설계 과정에서 고려하는 것이 바람직하다. 동적반응최적화기법은 구조물에 가해지는 실제하중인 동하중을 다룬다는 점에서 실제하중을 설계 과정에서 고려할 수 있는 설계기법 중의 하나이다.

구조물을 최적화하는 방법에는 크게 민감도를 사용하는 방법과 그렇지 않은 방법이 있다. 여기서는 선형해석을 수행하고 민감도를 사용하는 방법만을 다룰 것이다. 동적반응최적화는 시간영역에서의 최적화와 주파수영역에서의 최적화로 나눌 수 있는데, 사용되는 최적화기법은 정적반응최적화에 사용되는 기법들과 기본적으로 동일하다. 특히 주파수영역에서 조화응답을 최적화할 때에는 정적반응최적화에 사용되는 방법을 그대로 적용할 수 있다. 그러나 시간영역에서의 최적화에서는 이계미분방정식을 등제한조건으로 다루기 때문에 다소 복잡한 문제들이 생긴다. 따라서 이 장의 대부분은 시간영역에서의 최적화에 대한 논의에 할애될 것이다. 주파수영역에서의 최적화 중 조화응답의 최적화에 대한 논의는 이 장의 마지막 절에서 이루어진다.

5.2 시간영역에서의 최적화

시간영역에서의 최적화에 관한 본격적인 연구는 1970년대 초반부터 시작되었다(Afimiwala and Mayne, 1974 ; Fox and Kapoor, 1970 ; Willmert and Fox, 1972). 1970년대 초반 이전에는 주로 주파수영역에서의 최적화에 관한 연구가 이루어졌는데, 이 연구 목록들은 참고문헌에서 볼 수 있다(Pierson, 1972). 시간영역에서의 최적화는 다음의 형태로 정식화된 문제를 푸는 것이다.

$$\text{Find} \quad \mathrm{b} \tag{5・1a}$$

$$\text{to minimize} \quad f(\mathrm{b}) \tag{5・1b}$$

$$\text{subject to} \quad \mathrm{M}\ddot{\mathrm{z}} + \mathrm{Kz} = \mathrm{f}(t) \tag{5・1c}$$

$$g_j(\mathrm{b},\ \mathrm{z}(t),\ \dot{\mathrm{z}}(t),\ \ddot{\mathrm{z}}(t),\ t) \le 0,\quad j = 1, \cdots, m \tag{5・1d}$$

여기에서 t는 시간, M은 질량행렬, K는 강성행렬, f는 외력, z는 구조물의 변위, $\dot{\mathrm{z}}$, $\ddot{\mathrm{z}}$은 각각 속도 및 가속도이다. 나머지 기호는 식 (3・1)의 것과 같다. 식 (5・1)이 구조최적설계 정식화인 식 (4・44)와 유사한 점에서 알 수 있듯이 시간영역에서의 최적화는 구조최적설계의 범주에 속한다. 따라서 제**4**장에서 논의한 내용들을 시간영역에서의 최적화에 그대로 적용할 수 있다. 다만 다루는 등제한조건이 식 (5・1c)와 같이 이계미분방정식이라는 점이 제**4**장의 내용과 다를 뿐인데, 이 점이 시간영역에서의 최적화를 특징짓는다.

시간영역에서의 최적화에서는 다음과 같이 최대값의 최소화문제(min-max problem)를 다룰 때가 있다.

$$\text{Minimize} \quad f = \max\ c_0(\mathrm{b},\ \mathrm{z}(t),\ \dot{\mathrm{z}}(t),\ \ddot{\mathrm{z}}(t),\ t) \tag{5・2}$$

최대가속도를 최소화하는 문제가 식 (5・2)의 대표적인 경우인데 식 (5・2)는 의사변수(artificial variable) β를 사용하여 식 (5・3)과 같이 기술할 수 있다.

$$\text{Minimize} \quad f = \beta \tag{5・3a}$$

$$\text{subject to} \quad g = \max\ c_0(\mathrm{b},\ \mathrm{z}(t),\ \dot{\mathrm{z}}(t),\ \ddot{\mathrm{z}}(t),\ t) \le \beta \qquad (5 \cdot 3\mathrm{b})$$

식 (5 · 3)은 식 (5 · 1b)와 같은 형태이다. 따라서 시간영역에서의 최적화문제는 대부분 식 (5 · 1)의 형태로 정식화된다.

시간영역에서의 최적화에서는 크게 세 가지 주제가 논의의 대상이 될 수 있다. 시간종속 제한조건 처리와 민감도의 계산 및 근사화가 그것들이다. 이 세 가지 문제에 대해 성공적인 대처 방안을 내놓으려는 노력들이 이 분야에서 지금까지 이루어진 연구의 주된 흐름이라 할 수 있다.

5.3 시간종속 제한조건의 처리

식 (5 · 1d)의 제한조건함수는 시간에 따라 그 값이 변하기 때문에 시간종속 제한조건함수라고 한다. 모든 시구간에 걸쳐서 부재의 응력이 허용응력 이하가 되도록 하는 제한조건은 식 (5 · 1d)의 대표적인 경우가 된다. 식 (5 · 1d)는 연속적인 시공간상에서 정의되었다. 그런데 최근의 공학문제는 컴퓨터를 이용한 수치적인 방법을 사용하여 해결하는 경우가 많다. 수치적인 방법은 대개 이산적인 시공간만을 다룰 수 있다. 따라서 연속적인 시공간(continuous time space)에서 기술된 식 (5 · 1)의 문제를 이산적인 시공간(discrete time space)에서 다음과 같이 기술한다.

$$\text{Find} \quad \mathrm{b} \qquad (5 \cdot 4\mathrm{a})$$

$$\text{to minimize} \quad f(\mathrm{b}) \qquad (5 \cdot 4\mathrm{b})$$

$$\text{subject to} \quad \mathrm{M}\ddot{\mathrm{z}}(t_u) + \mathrm{Kz} = \mathrm{f}(t_u), \quad u = 1, \cdots, q \qquad (5 \cdot 4\mathrm{c})$$

$$g_j(\mathrm{b},\ \mathrm{z}(t_u),\ \dot{\mathrm{z}}(t_u),\ \ddot{\mathrm{z}}(t_u),\ t_u) \le 0, \quad j = 1, \cdots, m,\ u = 1, \cdots, q \qquad (5 \cdot 4\mathrm{d})$$

식 (5 · 4d)의 각 제한조건은 이산적으로 나누어진 시간절점(time grid point)의 수 q개만큼 생성된다. 이 부분이 시간종속 제한조건의 처리를 어렵게 만든다. 제3장에서 설명하였듯이 최적화기법은 개개의 제한조건을 직접 다루는 직접법과 많은 제한조건을 하나의 함수로 변환하는 변환법으로 나눌 수 있다. 이제 이 두 방법에서 시간종속 제한조건을 어떻게 처리할 수 있는지 알아보자.

5.3.1 직접법에서의 시간종속 제한조건 처리

직접법의 특징은 부문제(subproblem)를 푼다는 것이다. 부문제를 풀 때에는 목적함수의 민감도와 함께 제한조건의 민감도도 필요하다. 시간영역에서의 최적화문제는 식 (5・4d)와 같이 많은 수의 제한조건이 생성되는데 이들을 모두 포함시켜 부문제를 푸는 것은 비효율적일 때가 많다. 때문에 직접법에서는 많은 수의 제한조건을 어떻게 효율적으로 다루는가가 중요한 문제이다.

[1] 등가범함수를 이용하는 방법

부문제 풀이의 효율성을 높이기 위해 식 (5・4d)의 제한조건을 식 (5・5)와 같이 단 하나의 등가범함수로 변환시켜 이를 제한조건으로 사용할 수 있다.

$$\int_0^T < g_j(\mathrm{b},\ \mathrm{z}(t),\ \dot{\mathrm{z}}(t),\ \ddot{\mathrm{z}}(t),\ t) > \mathrm{d}t \le 0 \qquad (5\cdot5)$$

여기서

$$< g_j(\mathrm{b},\ \mathrm{z}(t),\ \dot{\mathrm{z}}(t),\ \ddot{\mathrm{z}}(t),\ t) > = \begin{cases} 0 & \text{if } g_j < 0 \\ g_j & \text{if } g_j \ge 0 \end{cases} \qquad (5\cdot6)$$

이고 T는 시구간의 종점이다. 이 방법의 기본 취지는 제한조건이 위배되는 시간대에서의 위배량을 없애면서, 동시에 수많은 시간종속 제한조건을 단 하나의 제한조건으로 변환하는 것이다. 최적화 결과만을 보았을 때, 식 (5・5)가 만족된다면 식 (5・1d)가 만족된다. 또 식 (5・1d)가 만족되면 당연히 식 (5・5)가 만족된다.

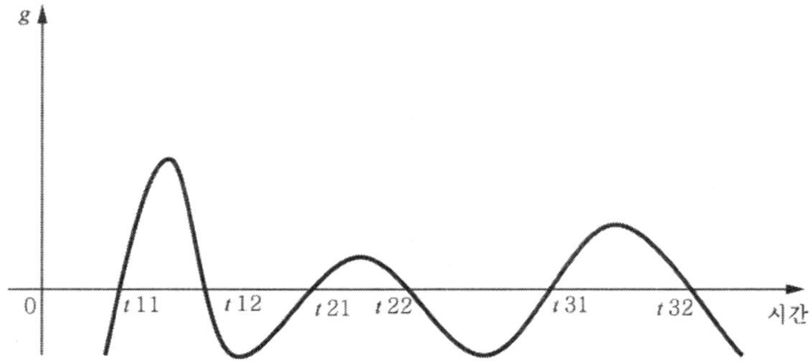

그림 5・1 여러 시구간에 걸쳐 위배되는 제한조건

그림 **5・1**과 같이 시구간에서 여러 번 제한조건을 위배하는 경우에는 제한조건을 위배하는 구간의 개수가 변할 수 있다. 이때에 식 (5・5)가 미분불가능하게 되어 최적해를 찾는데 어려움을 겪을 수 있다. 또한 제한조건을 등가범함수로 변환하는 방법에는 라그랑지

승수가 시구간 $[0, T]$에서 시간에 대해 그 크기가 변하지 않는 시불변량(time invariant quantity)이라는 전제가 필요하다. 그러나 라그랑지승수는 시간에 대한 함수임이 자명하다. 이런 이유로 식 (5·1d)를 직접 처리할 때의 라그랑지승수는 시간에 대해 그 크기가 변한다고 보는 것이 타당하다. 이런 이유로 식 (5·1d)를 직접 처리할 때에 대응되는 카루시-쿤-터커 조건(Karush-Kuhn-Tucker necessary conditions, KKT 조건)과 (5·1d)를 등가범함수로 처리할 때의 KKT 조건은 일반적으로 동일하지 않다.

한편 이와 비슷한 방법으로 위배되는 구간들을 모두 분리하고 이들을 각각 적분하여 식 (5·1d)를 여러 개의 식 (5·5)로 대체하는 방법을 생각할 수 있다. 식 (5·7)은 이 방법을 나타내고 있다.

$$\int_{tk1}^{tk2} < g_j(\mathrm{b}, \mathrm{z}(t), \dot{\mathrm{z}}(t), \ddot{\mathrm{z}}(t), t) > \mathrm{d}t \le 0, \quad j=1, \cdots, m \tag{5·7}$$

여기서 $tk1$은 k번째 위배구간의 시작점, $tk2$는 k번째 위배구간의 종점이다.

한편 등가범함수를 사용하는 최적화문제에서는 민감도계산을 위해 보조변수법(ajoint variable method, AVM)을 사용할 수 있는데 보조변수법은 **5.4**절에서 자세히 설명할 것이다.

[2] 최악조건만을 고려하는 방법

등가범함수에 대한 대안으로 생각할 수 있는 것은 식 (5·1d)에서 위험한 시간대의 제한조건들만을 고려하여 부문제의 크기를 줄이는 방법이다. 가장 쉽게 생각할 수 있는 방법은 그림 **5·2**와 같이 단 하나의 최악조건(worst-case)만을 고려하는 것이다. 이 방법은 전체 시구간에서 제한조건이 가장 크게 위배될 때의 시간 하나만을 고려하는 것으로 제한조건 수를 획기적으로 줄일 수 있다.

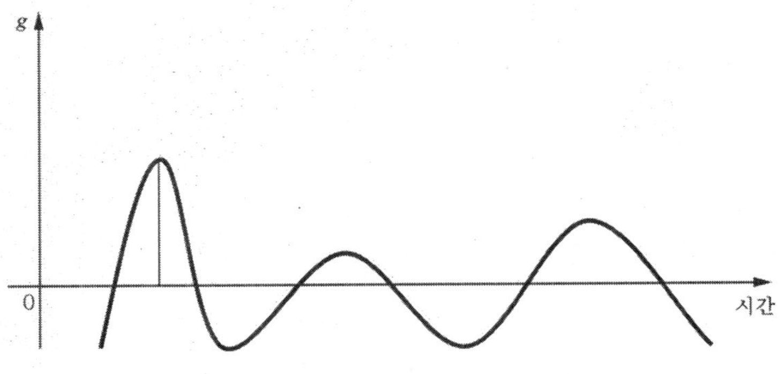

그림 5·2 최악조건만을 고려하는 방법

그런데 이 방법을 사용하면 현재 설계점에서 최악조건이 나타나는 시절점과 다음 설계점에서 최악조건이 나타나는 시절점이 다른 경우가 생길 수 있다. 다시 말하면, 현재 반복 과정에서 하나의 특정 시절점에서만 제한조건을 만족하도록 설계를 변경하면, 다음 반복 과정에서는 다른 시절점에서 제한조건이 최대로 위배되는 상황을 만날 수 있다. 이 같은 단점 때문에 최악조건법으로는 수렴하지 않을 때가 있다.

[3] 국부최대점들만을 고려하는 방법

최악조건법을 개선한 것으로 그림 **5 · 3**과 같이 여러 개의 국부최대점을 모두 제한조건으로 고려하는 방법이 있다. 이 방법은 최악조건법의 단점을 어느 정도 극복할 수 있지만 매 반복 과정마다 국부최대점들을 찾는 노력이 추가적으로 필요하다. 특히 시간격(time step)이 가변적인 적분알고리즘을 사용하는 경우에는 해를 구한 시절점들 사이의 간격이 일정하지 않아 국부최대점을 탐색하는 일이 쉽지 않다.

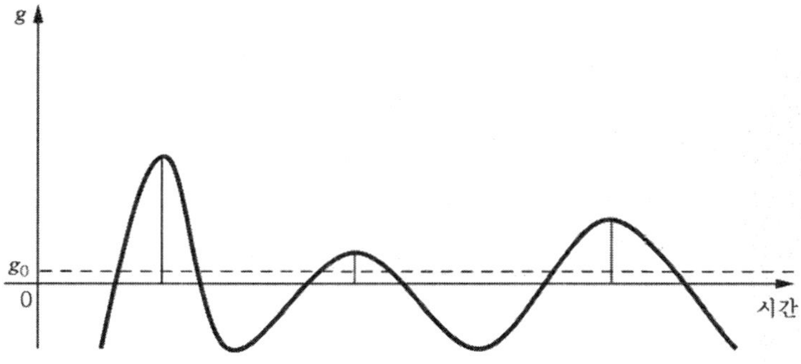

그림 5 · 3 국부최대점들만을 고려하는 방법

시절점간 간격이 α로 일정하고 시절점의 수가 충분히 많으면 이 방법이 효과적이다. 이때에는 국부최대점들을 찾는 알고리즘의 역할이 중요한데 여기서 Grandhi 등이 제안한 알고리즘을 약간 단순화시킨 것을 소개한다. 이 알고리즘은 제한조건의 값이 현저하게 작은 구간에서는 탐색간격을 넓게 하여 탐색속도를 높인다. 이는 제한조건의 값이 현저하게 작은 구간에서는 의미 있는 국부최대점이 나타날 확률이 적기 때문이다. 이 알고리즘의 자세한 과정은 참고문헌에서 볼 수 있다(Grandhi *et al.*, 1986).

국부최대점을 찾는 알고리즘을 개괄적으로 소개하면 다음과 같다.

단계 1. 최소이동크기와 최대이동크기를 결정할 계수 $n_{\min}$, $n_{\max}$와 탐색할 시간의 끝(t_f), 그리고 탐색간격을 넓히기 위한 기준값(g_0)을 설정한다. $t=t_0$에서 $g(t)$를 평가한다. $g(t_0)<g_0$이면, 즉 초기제한조건값이 현저하게 작으면 정수 $n=n_{\min}$으로 하고 단계 2로 간다. 그렇지 않다면 $t=t_0+\alpha$에서 $g(t)$를 평가

한다. 평가한 제한조건이 $g(t)<g(t_0)$이면 $g(t_0)$가 국부최대값이므로 단계 5로 간다. 그렇지 않다면 $g(t)<g(t-\alpha)$일 때까지 $t=t_0+2\alpha$, $t=t_0+3\alpha$, …에서 $g(t)$값을 탐색한다. 그 결과로 얻은 $g(t-\alpha)$가 국부최대값이다. 단계 5로 간다.

단계 2. $t=t+n\alpha$로 둔다. $t\geq t_f$라면 멈춘다. 그렇지 않다면 $g(t)$를 평가하기 위해 단계 3으로 간다.

단계 3. $g(t)<g_0$이면, 즉 제한조건값이 현저하게 작으면 $n=\min(n+1, n_{\max})$으로 하고 단계 2로 간다. 그렇지 않다면 단계 4로 간다.

단계 4. 현재 시절점을 기준으로 좌우 각 1개의 시절점에서 제한조건을 평가한다. 계산된 3개의 값들 중에서 최대값을 다음과 같이 찾는다.

a) 첫 번째 시절점에서의 값이 가장 크다면 $g(t-2\alpha)<g(t-\alpha)$이고 $g(t)<g(t-\alpha)$일 때까지 α 간격으로 역방향탐색을 한다. 역방향탐색의 결과로 얻은 $g(t-\alpha)$가 국부최대값이다.

b) 두 번째 시절점에서의 값이 가장 크다면 그 값이 국부최대값이다.

c) 세 번째 시절점에서의 값이 가장 크다면 $g(t-2\alpha)<g(t-\alpha)$이고 $g(t)<g(t-\alpha)$일 때까지 α 간격으로 탐색을 계속한다. 탐색의 결과로 얻은 $g(t-\alpha)$가 국부최대값이다. 만약 그 전에 $t\geq t_f$가 되면 $g(t_f)$가 국부최대값이다.

단계 5. $n=n_{\min}$으로 둔다.

단계 6. $t=t+n\alpha$로 둔다. $t\geq t_f$이면 멈춘다.

단계 7. $g(t)$를 평가하여 $g(t)<g_0$이면 단계 3으로 가고 $g(t)\leq g(t-n\alpha)$라면 단계 6으로 간다. 어느 경우도 아니라면 $t=t-n\alpha$로 두고 단계 4c)로 간다.

[4] 국부최대점 근처의 모든 제한조건들을 고려하는 방법

국부최대점들을 모두 제한조건으로 고려하더라도 설계가 진행됨에 따라 국부최대점이 발생하는 시절점이 항상 일정하다는 보장은 없다. 다시 말하면 현재 설계점에서 국부최대값이 발생하는 시절점들과 다음 설계점에서 국부최대값이 발생하는 시절점들은 일치하지 않는 것이 일반적이다. 이 경우를 대비해 국부최대점 근처의 제한조건들을 모두 제한조건으로 취하는 방법을 생각할 수 있다. 이 방법은 국부최대값이 생기는 시절점이 설계가 진행됨에 따라 크게 변하지 않는 경우에 사용할 수 있다.

그림 **5・4**는 이 방법을 나타내고 있다. 이 방법은 지금까지 논의한 방법 중에서 가장 많은 수의 제한조건을 다루어야 한다. 제한조건의 수가 부담스럽다면 그림 **5・5**의 방법을 고려할 수 있다. 그림 **5・5**는 국부최대점 근처 영역을 각각의 등가범함수로 처리하는 방법을 나타내고 있다. 이 방법은 그림 **5・4**의 방법보다 제한조건의 수가 더 적다.

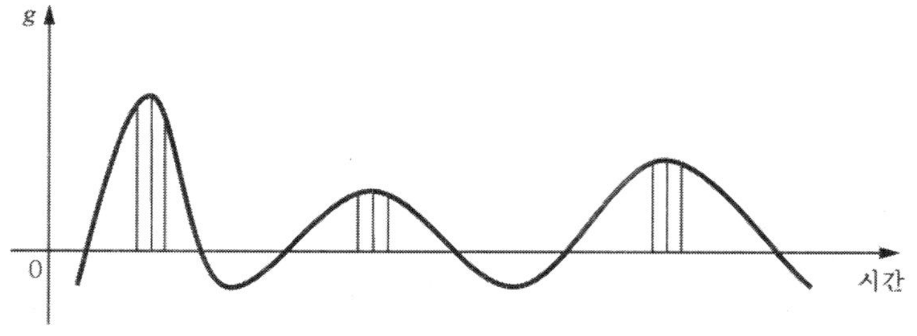

그림 5・4 국부최대점 근처의 제한조건들만을 고려하는 방법

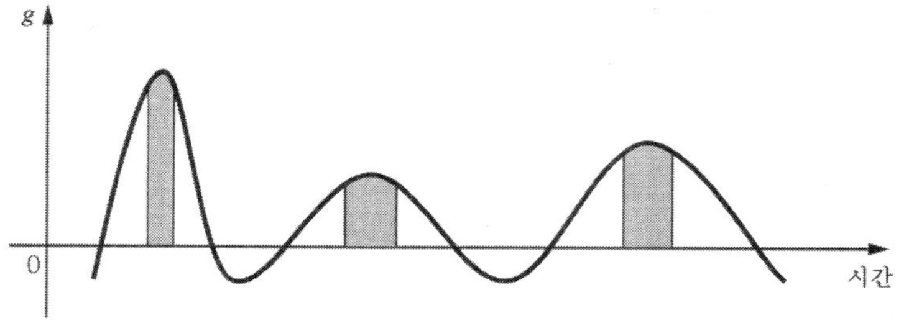

그림 5・5 여러 개의 등가범함수로 제한조건을 처리

[5] 모든 시절점에서의 제한조건들에 활성화제한조건전략을 적용

식 (5・1d)를 처리하는 가장 단순한 방법은 식 (5・1d)를 모든 시간절점에 적용하면서 동시에 활성화제한조건전략(active constraint set strategy)을 사용하는 경우라고 할 수 있다. 그림 **5・6**은 이 방법을 나타내고 있다. 이 방법은 제한조건이 대부분의 시구간에서

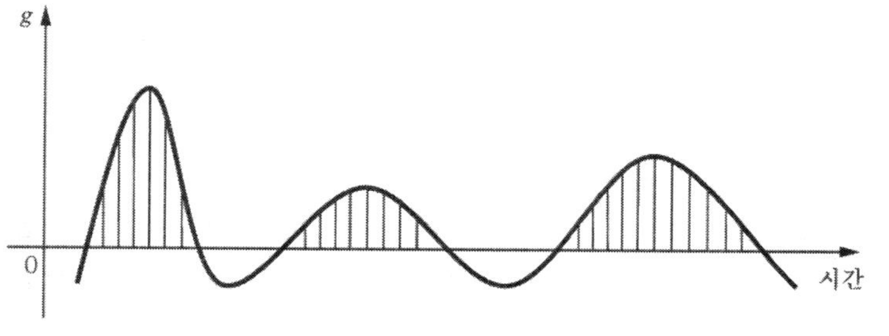

그림 5・6 모든 시절점에서 제한조건을 처리하되 활성화제한조건전략을 적용한 예

위배되는 경우에는 사용하기 힘들다. 하지만 이 방법은 수치적으로 구현하기가 간편할 뿐만 아니라 이미 있는 상용코드에 비교적 쉽게 적용할 수 있다. 제한조건이 위배되는 시구간들이 매우 길지 않다면, 오늘날의 발달된 전산환경에서는 시간종속 제한조건의 처리 방법으로 이 방법을 고려할 수 있다.

예제 5·1 국부최대점 탐색

다음 함수의 국부최대점들을 주어진 구간 사이에서 모두 찾아라. 단, 시절점 간격은 0.1로 하고 $g_0=0$으로 하여라.

$$g(t)=\sin t+\sin 5t,\quad 0\le t\le 2$$

▌▌풀 이▌▌

시절점 간격은 $\alpha=0.1$이며 $t_0=0$, $t_f=2$이다. 또 $n_{\min}=1$, $n_{\max}=3$으로 설정한다. 위의 식을 시절점 간격 0.1로 계산하면 표 **5·1**과 같다.

표 5·1 시절점 간격을 0.1로 했을 경우의 함수값

t	$g(t)$	t	$g(t)$
0	0.0	1.1	0.18567
0.1	0.57926	1.2	0.65262
0.2	1.04014	1.3	1.17868
0.3	1.29302	1.4	1.64244
0.4	1.29872	1.5	1.93549
0.5	1.07790	1.6	1.98893
0.6	0.70576	1.7	1.79015
0.7	0.29343	1.8	1.38597
0.8	−0.03945	1.9	0.87115
0.9	−0.19420	2.0	0.36528
1.0	−0.11745		

문제 풀이 과정을 설명하면 다음과 같다.

(1) $g(t_0=0)\ge g_0$이므로 $t=0+0.1=0.1$에서 $g(t)$를 평가한다. $g(t)=0.57926$이므로 $g(t)<g(t-0.1)$일 때까지 $t=0+0.2$, $t=0+0.3$, …의 순서로 순차적으로 $g(t)$값을 평가한다.

(2) $t=0.5$일 때 $g(t)<g(t-0.1)$이므로 $g(t-0.1)$인 $g(0.4)=1.29872$가 국부최대값이다.

(3) $t=0.5$를 기준으로 좌우로 $t=0.4$, $t=0.6$에서의 $g(t)$를 평가한다. 첫 번째 시절점에서의 제한조건함수값이 가장 크므로 $t=0.7$에서부터 $g(t-0.2)<g(t-0.1)$이고 $g(t)<g(t-0.1)$일 때까지 0.1의 간격으로 시절점을 계속 탐색한다. $t=1.7$일 때 이 조건을 만족하므로 $g(t-0.1)=g(1.6)=1.98893$이 국부최대값이다.

(4) $n = n_{\min} = 1$로 $t = t + 0.1$로 둔다.

(5) $t = 1.8$에서 $g(t) = 1.38597$, $g(t-0.1) = 1.79015$이다. $g(t) \le g(t - n\alpha)$이므로 $t = t + 0.1 = 1.9$로 둔다.

(6) $t = 1.9$에서 $g(t) \le g(t - n\alpha)$이므로 $t = t + 0.1 = 2.0$이다.

(7) $t = 2.0 = t_f$이므로 멈춘다.

따라서 이 탐색 과정에서 찾은 국부최대값은 각각

$$g(0.4) = 1.29872, \quad g(1.6) = 1.98893$$

이다. 그림 **5·7**은 이 함수를 도시한 것이다.

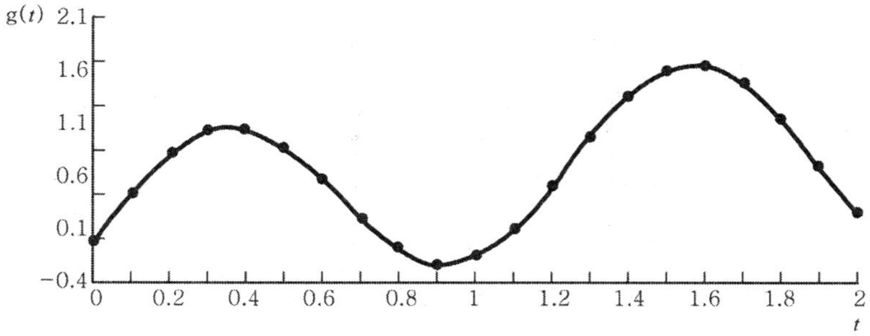

그림 5·7 $g(t) = \sin t + \sin 5t$의 그래프

5.3.2 변환법에서의 시간종속 제한조건 처리

변환법의 대표적인 방법은 확장라그랑지승수법(augmented Lagrange multiplier method, ALM method)이라 할 수 있다. 이 절에서는 주로 확장라그랑지승수법을 중심으로 논의를 전개한다. 변환법의 특징은 제한조건이 있는 문제를 제한조건이 없는 문제로 변환시켜서 문제를 해결하는 것이다. 즉, 변환법으로 문제를 풀게 되면 단 하나의 함수만을 최소화시키면 된다. 이 특징을 이용하면 시간영역에서의 최적화문제에서 다루어야 하는 수많은 시절점 제한조건들을 하나의 함수로 다룰 수 있다. 또한 확장라그랑지승수법의 구조상 활성화제한조건전략이 자동적으로 확장라그랑지승수법에 포함되기 때문에 직접법에서처럼 인위적으로 시간종속 제한조건을 처리하려는 노력이 필요 없다.

식 (5·1)의 문제를 확장라그랑지함수로 정의하는 방법은 여러 가지가 있다. 또한 확장라그랑지함수를 정의한 방법에 따라 라그랑지승수나 벌칙계수를 갱신하는 방법도 달라진다. 그 중에서 Paeng 등이 제안한 방법을 소개한다(Paeng and Arora, 1989).

$$\Psi(\mathrm{b}, \theta, \mathrm{r}, T) = f(\mathrm{b}) + \frac{1}{2}\int_0^T \left[\sum_{j=1}^{m} r_j \{\max(0, g_j(\mathrm{b}) + \theta_j)\}^2\right] \mathrm{d}t \qquad (5\cdot8)$$

여기서 $r_j\theta_j \equiv u_j$는 $g_j(\mathrm{b})$에 대응하는 라그랑지승수이고 시간에 관한 연속함수이다. θ_j는

$g_j(\mathrm{b})$에 대응하는 계수로서 항상 0보다 크거나 같고, r_j는 $g_j(\mathrm{b})$에 대응하는 벌칙계수이다. 우변의 두 번째 벌칙항이 시절점별 제한조건인 식 (5·1d)를 처리한 항인데 모든 시절점별 제한조건을 적분하여 하나의 함수로 나타내었다.

식 (5·8)을 이용하는 시간영역에서 구조물의 반응을 최적화하는 알고리즘은 다음과 같다. 이 알고리즘은 제한조건의 최대위배량이 일정값 이하일 경우에 최적화를 종료한다.

단계 1. $k=0$, $V_{\text{prev}}=\infty$로 둔다. $\mathrm{b}^{(0)}$, $\theta^{(0)}$, r, $\alpha>1$, $\beta>1$, $\varepsilon_1>0$, $\varepsilon_2>0$을 설정한다.

단계 2. $k=k+1$

단계 3. 식 (5·8)의 함수를 최소화한다. $\mathrm{b}^{(k)}$를 여기에서 나온 최적값이라고 하자.

단계 4. 제한조건의 최대위배량 V를 다음과 같이 계산한다.

$$V=\max_j(\max_t|\max(g_j,-\theta_j)|) \tag{5·9}$$

$V<\varepsilon_1$이고 $\|\Psi\|<\varepsilon_2$이면 종료한다. 그렇지 않다면 다음의 집합을 구성한다.

$$I=\{j:\max_t|\max(g_j,-\theta_j)|>K/\alpha,\ j=1,\cdots,m\}$$

이는 현재의 위배량이 이전 반복에서의 위배량의 $1/\alpha$배보다 큰 제한조건들의 집합이다.

단계 5. $V\geq V_{\text{prev}}$이면, 즉 위배량이 줄어들지 않으면 $j\in I$에 대해

$$r_j=\beta r_j,\quad \theta_j^{(k+1)}=\theta_j^{(k)}/\beta \tag{5·10}$$

으로 갱신하고 단계 2로 간다. 이는 라그랑지승수는 그대로 두고 벌칙계수만 더 크게 만드는 것을 의미한다. $V<V_{\text{prev}}$이라면, 즉 최대위배량이 줄어들었으면 단계 6으로 간다.

단계 6. $\theta_j^{(k)}$를 다음과 같이 갱신한다. 이 단계는 제한조건의 위배 정도가 개선되었을 경우에만 실행한다는 점을 유념한다.

$$\theta_j^{(k+1)}=\theta_j^{(k)}+\max(g_j(\mathrm{b}^{(k)}),-\theta^{(k)}) \tag{5·11}$$

만약 $V\leq V_{\text{prev}}/\alpha$이면, 즉 제한조건의 위배량이 이전 위배량의 $1/\alpha$보다 더 작다면 $V_{\text{prev}}=V$로 두고 단계 2로 간다. 그렇지 않다면, 즉 위배량은 줄어들었지만 이전 위배량의 $1/\alpha$보다 작지는 않은 경우에는 단계 7로 간다.

단계 7. $j \in I$에 대해 다음과 같이 갱신한다. 이 단계는 제한조건의 위배량이 줄어들기는 했지만 이전 위배량의 $1/\alpha$보다 작지는 않은 경우에만 실행된다는 점을 유념한다.

$$r_j = \beta r_j, \quad \theta_j^{(k+1)} = \theta_j^{(k+1)} / \beta \tag{5 · 12}$$

단계 2로 간다.

위의 알고리즘에서 θ_j의 초기값은 대개 0으로 둔다. 또 α는 2와 3 사이의 값을, β는 6과 10 사이의 값을 사용하면 최적화 과정이 안정적인 것으로 보고되어 있다.

이제 식 (5 · 8)에서 시간종속 제한조건함수를 시간에 관해 적분하여 하나의 함수로 만든 항만을 주목해 보자. 이 항에 있는 함수 $\max(0, g+\theta)$는 각 시절점에서의 제한조건값들을 평가하여 위배된 제한조건들의 값만을 사용하도록 한다. 이 함수로 인해 확장라그랑지승수법에서는 시간종속 제한조건을 활성화제한조건전략으로 처리하는 방법과 비슷한 효과가 생긴다. 또 단계 4에 있는 종료조건은 시간종속 제한조건이 모든 시간대에 걸쳐서 만족하는 것을 보장하는 조건이다. 이 두 가지 성격 때문에 확장라그랑지승수법은 시간종속 제한조건을 자동적으로 처리하면서 최적해에서는 시간종속 제한조건을 만족하게 된다. 한편 확장라그랑지함수의 민감도는 보조변수법(adjoint variable method)을 사용하는 편이 경제적이다. 민감도에 관한 내용은 나중에 다시 다룰 것이다.

확장라그랑지함수를 이용하려면 라그랑지승수를 주의 깊게 갱신하여야 한다. 갱신 규칙에 관한 여러 연구가 이루어져 있다(Chahande and Arora, 1993 ; Kim and Choi, 2000). 규모가 큰 공학문제에 확장라그랑지승수법을 적용하려면, 아주 정확한 해는 아니더라도 해에 어느 정도 가까이 접근했을 때 최적화 과정을 멈추어야만 직접법에 비해 해석비용 측면에서 우위를 점할 수 있다. 그러나 해가 너무 부정확하면 라그랑지승수와 벌칙계수를 적절하게 갱신하지 못하여 전체최적화 과정의 수렴을 지연시키게 된다. 실제 공학문제에 확장라그랑지승수법을 적용할 경우에는 한 반복에서는 다소 부정확한 해를 구하고 또 다른 반복에서는 정확한 해를 구하는 식의 절충안을 고려할 수 있다.

5.4 민감도해석

최적설계에 직접법을 적용할 때 가장 중요한 부분 중 하나는 탐색방향을 잘 정하는 것이다. 탐색방향을 정하기 위해서는 일반적으로 식 (4 · 46)과 같이 원래 문제에서 형성된 부문제(subproblem)를 풀어야 한다. 여기서 ∇f, ∇g 등의 경사도벡터는 부문제를 푸는 데 있어서 반드시 필요한 정보이다. 이때 감안하는 제한조건은 **5.3.1**절의 방법에 의하여 선택할 수 있다. 변환법을 적용할 때도 역시 이러한 경사도벡터가 필요하다. 제**4**장에서 이미 설명하였듯이 해석적방법이나 준해석적방법을 사용할 경우 민감도는 두 부류로 구분된다. 직접미분법과 보조변수법이 그것들이다. 시간영역에서의 최적화에 필요한 민감도를 구하는 방법은 정적반응최적화에 필요한 민감도를 구하는 방법과 기본적으로 같다. 다른 점은 다루려는 평형방정식이 미분방정식이기 때문에 대개 미분방정식으로부터 민감도를 구한다는 것이다.

식 (5・1)에 있는 함수들의 경사도벡터를 구하려면 일반적으로 다음을 계산하여야 한다.

$$\nabla^T f = \frac{\partial f}{\partial \mathrm{b}} \tag{5・13a}$$

$$\nabla^T g_j = \frac{\partial g_j}{\partial \mathrm{b}} + \frac{\partial g_j}{\partial \mathrm{z}}\frac{\mathrm{dz}}{\mathrm{db}} + \frac{\partial g_j}{\partial \dot{\mathrm{z}}}\frac{\mathrm{d}\dot{\mathrm{z}}}{\mathrm{db}} + \frac{\partial g_j}{\partial \ddot{\mathrm{z}}}\frac{\mathrm{d}\ddot{\mathrm{z}}}{\mathrm{db}} \tag{5・13b}$$

식 (5・13)에서 구하기 어려운 부분은 $\frac{\mathrm{dz}}{\mathrm{db}}, \frac{\mathrm{d}\dot{\mathrm{z}}}{\mathrm{db}}, \frac{\mathrm{d}\ddot{\mathrm{z}}}{\mathrm{db}}$ 등의 값들이다. 시간영역에서의 최적화에서는 식 (5・1c)의 평형방정식으로부터 $\frac{\mathrm{dz}}{\mathrm{db}}, \frac{\mathrm{d}\dot{\mathrm{z}}}{\mathrm{db}}, \frac{\mathrm{d}\ddot{\mathrm{z}}}{\mathrm{db}}$ 등의 값을 얻을 수 있다. 지금부터 식 (5・1c)로부터 민감도를 얻은 방법에 대해 논한다.

5.4.1 직접미분법

직접미분법은 두 가지 방법으로 나눌 수 있다. 첫 번째 방법은 식 (5・1c)를 설계변수에 관하여 미분한 결과식을 직접 적분하는 방법이다. 두 번째 방법은 식 (5・1c)를 모드근사화(modal approximation)하여 방정식의 크기를 줄인 후 그 방정식을 미분하고 다시 적분하는 방법이다. 적분하는 방법은 이계미분방정식을 적분하는 것과 동일하다.

[1] 직접적분법

식 (5・1c)로부터 민감도를 얻기 위해 식 (5・1c)를 설계변수에 대해 직접 미분하고 정리하면 다음과 같은 미분방정식을 얻는다.

$$\mathrm{M}\frac{\mathrm{d}^2}{\mathrm{d}t^2}\left(\frac{\mathrm{dz}}{\mathrm{d}b_i}\right) + \mathrm{K}\left(\frac{\mathrm{dz}}{\mathrm{d}b_i}\right) = \frac{\mathrm{df}(t)}{\mathrm{d}b_i} - \frac{\mathrm{dM}}{\mathrm{d}b_i}\ddot{\mathrm{z}} - \frac{\mathrm{dK}}{\mathrm{d}b_i}\mathrm{z} \tag{5・14}$$

식 (5・14)는 $\frac{\mathrm{dz}}{\mathrm{d}b_i}$에 관한 이계미분방정식이다. 식 (5・14)를 실제로 수치적분하는 방법은 Newmark법과 같은 기존의 수치적분법을 사용하면 된다. 시절점 간격을 Δt로 하고 Newmark법을 이용하여 식 (5・14)를 적분하면 다음과 같이 가속도, 속도, 변위를 얻을 수 있다.

$$\frac{d\ddot{z}(t+\Delta t)}{db_i} = -[M+\beta(\Delta t)^2K]^{-1}\Big[A_1 z(t) + A_2\dot{z}(t) + A_3\ddot{z}(t) + K\frac{dz(t)}{db_i} + A_4\frac{d\dot{z}(t)}{db_i} + A_5\frac{d\ddot{z}(t)}{db_i} + A_6\ddot{z}(t+\Delta t)\Big] \tag{5・15a}$$

$$A_1 = \frac{dK}{db_i} \tag{5・15b}$$

$$A_2 = \Delta t\frac{dK}{db_i} \tag{5・15c}$$

$$A_3 = \left(\frac{1}{2}-\beta\right)(\Delta t)^2\frac{dK}{db_i} \tag{5・15d}$$

$$A_4 = \Delta t K \tag{5・15e}$$

$$A_5 = \left(\frac{1}{2}-\beta\right)(\Delta t)^2 K \tag{5・15f}$$

$$A_6 = \frac{dM}{db_i} + \beta(\Delta t)^2\frac{dK}{db_i} \tag{5・15g}$$

$$\frac{d\dot{z}(t+\Delta t)}{db_i} = \frac{d\dot{z}(t)}{db_i} + \frac{\Delta t}{2}\left[\frac{d\ddot{z}(t)}{db_i} + \frac{d\ddot{z}(t+\Delta t)}{db_i}\right] \tag{5・16}$$

$$\frac{dz(t+\Delta t)}{db_i} = \frac{d\dot{z}(t)}{db_i} + \Delta t\frac{d\dot{z}(t)}{db_i} + \left(\frac{1}{2}-\beta\right)(\Delta t)^2\frac{d\ddot{z}(t)}{db_i} + \beta(\Delta t)^2\frac{d\ddot{z}(t+\Delta t)}{db_i} \tag{5・17}$$

여기서

$$\frac{d^2}{dt^2}\left(\frac{dz}{db_i}\right) = \frac{d\ddot{z}}{db_i},\quad \frac{d}{dt}\left(\frac{dz}{db_i}\right) = \frac{d\dot{z}}{db_i} \tag{5・18}$$

의 관계가 사용되었으며 β는 0과 1/6 사이의 값을 사용하여야 적분 과정의 수치적 안정성을 확보할 수 있다. 식 (5・14)를 풀어 식 (5・15)~(5・17)의 결과를 얻을 수 있으므로 주어진 문제의 부문제를 풀어 탐색방향을 결정할 수 있다. 여기서 $\frac{dM}{db_i}$, $\frac{dK}{db_i}$를 해석적으로 구하게 되면 식 (5・14)를 해석적방법으로 푼 것이고, 유한차분법으로 구하게 되면 식 (5・14)를 준해석적방법으로 푼 것이다.

직접미분법으로 민감도를 구하기 위해서는 식 (5・14)의 미분방정식을 설계변수의 수만큼 반복해서 풀어야 한다. 따라서 설계변수의 수가 많아지면 직접적분법을 이용한 민감도 해석은 그다지 효율적이지 않은 것으로 알려져 있다.

[2] 모드중첩법(Mode Superposition Method)

식 (5・14)는 식 (5・1c)와 그 형태가 비슷하다. 따라서 식 (5・1c)를 풀기 위한 근사화 기법을 식 (5・14)를 푸는 데도 적용할 수 있다. 먼저 모드중첩법을 사용하여 식 (5・1c)의 해를 다음과 같이 근사화한다.

$$\mathrm{z}(t) = \boldsymbol{\Phi}\mathrm{q}(t) \tag{5・19}$$

여기서 $\boldsymbol{\Phi}$는 모드행렬(modal matrix)이고 q는 일반좌표벡터(generalized coordinate vector)이다. 식 (5・19)로부터 설계변수에 대한 민감도를 다음과 같이 계산할 수 있다.

$$\frac{\mathrm{d}\mathrm{z}}{\mathrm{d}b_i} = \frac{\mathrm{d}\boldsymbol{\Phi}}{\mathrm{d}b_i}\mathrm{q} + \boldsymbol{\Phi}\frac{\mathrm{d}\mathrm{q}}{\mathrm{d}b_i} \tag{5・20a}$$

$$\frac{\mathrm{d}\dot{\mathrm{z}}}{\mathrm{d}b_i} = \frac{\mathrm{d}\boldsymbol{\Phi}}{\mathrm{d}b_i}\dot{\mathrm{q}} + \boldsymbol{\Phi}\frac{\mathrm{d}\dot{\mathrm{q}}}{\mathrm{d}b_i} \tag{5・20b}$$

$$\frac{\mathrm{d}\ddot{\mathrm{z}}}{\mathrm{d}b_i} = \frac{\mathrm{d}\boldsymbol{\Phi}}{\mathrm{d}b_i}\ddot{\mathrm{q}} + \boldsymbol{\Phi}\frac{\mathrm{d}\ddot{\mathrm{q}}}{\mathrm{d}b_i} \tag{5・20c}$$

식 (5・20)에서 설계변수에 대한 모드행렬의 민감도 $\frac{\mathrm{d}\boldsymbol{\Phi}}{\mathrm{d}b_i}$는 식 (4・63)으로부터 구할 수 있다. 식 (5・20)의 q, $\dot{\mathrm{q}}$, $\ddot{\mathrm{q}}$은 다음 식의 해로부터 구할 수 있다.

$$\boldsymbol{\Phi}^T\mathrm{M}\boldsymbol{\Phi}\ddot{\mathrm{q}} + \boldsymbol{\Phi}^T\mathrm{K}\boldsymbol{\Phi}\mathrm{q} = \boldsymbol{\Phi}^T\mathrm{f} \tag{5・21}$$

식 (5・21)은 식 (5・19)를 식 (5・1c)에 대입하여 얻은 것이다. 식 (5・20)의 $\frac{\mathrm{d}\mathrm{q}}{\mathrm{d}b_i}$, $\frac{\mathrm{d}\dot{\mathrm{q}}}{\mathrm{d}b_i}$, $\frac{\mathrm{d}\ddot{\mathrm{q}}}{\mathrm{d}b_i}$의 값들은 다음의 미분방정식의 해로부터 구할 수 있다.

$$\boldsymbol{\Phi}^T\mathrm{M}\boldsymbol{\Phi}\frac{\mathrm{d}\ddot{\mathrm{q}}}{\mathrm{d}b_i} + \boldsymbol{\Phi}^T\mathrm{K}\boldsymbol{\Phi}\frac{\mathrm{d}\mathrm{q}}{\mathrm{d}b_i} = \boldsymbol{\Phi}^T\frac{\partial\mathrm{f}}{\partial b_i} + \mathrm{B}_1\ddot{\mathrm{q}} + \mathrm{B}_2\mathrm{q} \tag{5・22a}$$

$$\mathrm{B}_1 = -\left[\boldsymbol{\Phi}^T\frac{\partial\mathrm{M}}{\partial b_i}\boldsymbol{\Phi} + \boldsymbol{\Phi}^T\mathrm{M}\frac{\mathrm{d}\boldsymbol{\Phi}}{\mathrm{d}b_i}\right] \tag{5・22b}$$

$$\mathrm{B}_2 = -\left[\boldsymbol{\Phi}^T\frac{\partial\mathrm{K}}{\partial b_i}\boldsymbol{\Phi} + \boldsymbol{\Phi}^T\mathrm{K}\frac{d\boldsymbol{\Phi}}{\mathrm{d}b_i}\right] \tag{5・22c}$$

식 (5・22)의 미분방정식은 식 (5・20)을 식 (5・14)에 대입하여 얻은 결과이다. 일반적으로 식 (5・22)는 식 (5・14)에 비해 그 크기가 매우 작다. 즉, q의 차원이 z의 차원보다 훨씬 작다. 따라서 식 (5・22)를 푸는 시간이 식 (5・14)를 푸는 시간보다는 적을 것임을 짐작할 수 있다.

한편 공학문제에 실제로 이 방법을 적용할 경우에는 고유벡터의 민감도값이 아주 작아 무시할 수 있다는 가정을 하기도 한다. 즉,

$$\frac{d\Phi}{db_i} \cong 0 \tag{5・23}$$

이 성립한다고 가정한다. 식 (5・23)을 식 (5・20)과 식 (5・22)에 적용하면 이들은 각각 다음과 같이 간단하게 계산된다.

$$\frac{dz}{db_i} = \Phi \frac{dq}{db_i} \tag{5・24a}$$

$$\frac{d\dot{z}}{db_i} = \Phi \frac{d\dot{q}}{db_i} \tag{5・24b}$$

$$\frac{d\ddot{z}}{db_i} = \Phi \frac{d\ddot{q}}{db_i} \tag{5・24c}$$

$$\Phi^T M \Phi \frac{d\ddot{q}}{db_i} + \Phi^T K \Phi \frac{dq}{db_i} = \Phi^T \frac{\partial f}{\partial b_i} - \Phi^T \frac{\partial M}{\partial b_i} \Phi \ddot{q} - \Phi^T \frac{\partial K}{\partial b_i} \Phi q \tag{5・25}$$

일부 상용구조최적설계 소프트웨어에서 이 방법을 사용하고 있다(Moore, 1994).

모드중첩법은 선형시스템에서만 적용할 수 있다는 단점이 있지만 유용한 방법이다. 그런데 식 (5・19)의 근사화를 어느 정도까지 할 것이냐는 모드중첩법이 가지고 있는 해묵은 숙제이다. 구조물이 하중에 비해 단단할 경우, 구조물의 고유진동수가 하중의 주파수에 비해 현저히 높을 때에는 식 (5・14)의 일반해(general solution)에서 특수해(particular solution)가 차지하는 비중이 커지게 된다(강병수 외, 2004). 일반해에서 특수해가 차지하는 비중이 커지면 준정적 변위 성분이 전체변위에 미치는 영향이 커지게 된다. 이 경우에는 고차모드까지 포함하는 것이 좋지만 모드가속법(mode acceleration method) 등을 이용하면 고차모드를 포함한 효과를 어느 정도 볼 수 있다(Greene and Haftka, 1991 ; Wang and Choi, 1992).

예제 5・2 민감도해석-직접미분법

직접미분법을 사용하여 그림 **5・8**의 일자유도 질량-스프링계의 민감도 dz/db를 구하여라.

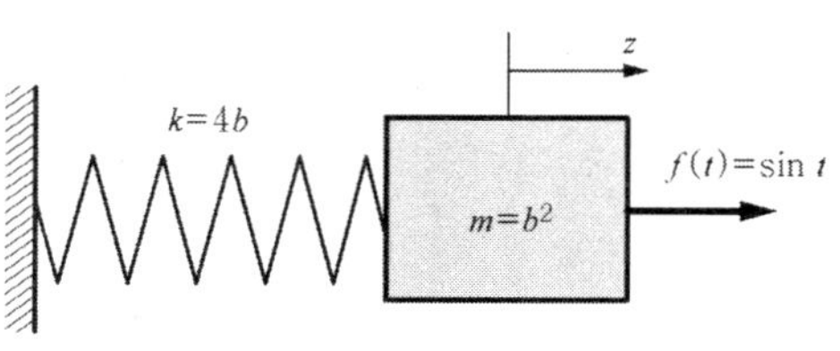

그림 5・8 일자유도 질량-스프링계

현재 설계점은 $b=1$이고 초기치들은 $z(0)=0$, $\dot{z}(0)=0$, $\mathrm{d}z/\mathrm{d}b(0)=0$, $\mathrm{d}\dot{z}/\mathrm{d}b(0)=0$이다.

풀 이

이 계의 지배방정식은 다음과 같다.

$$b^2\ddot{z}+4bz=\sin t \tag{5·26}$$

현재 설계점에서 제차방정식(homogeneous equation)의 일반해를 가정하면 다음과 같다.

$$z_h=A\sin 2t+B\cos 2t \tag{5·27}$$

또 식 (5·26)을 만족하는 특수해는

$$z_h=\frac{1}{3}\sin t \tag{5·28}$$

이다. 따라서 식 (5·26)을 만족하는 해는

$$z=z_h+z_p=A\sin 2t+B\cos 2t+\frac{1}{3}\sin t \tag{5·29}$$

이다. 초기조건을 만족하는 해는

$$z=-\frac{1}{6}\sin 2t+\frac{1}{3}\sin t \tag{5·30}$$

이다.

이제 민감도를 구하기 위해 식 (5·14)를 이용하여 다음의 미분방정식을 구성한다.

$$\frac{\mathrm{d}^2}{\mathrm{d}t^2}\frac{\mathrm{d}z}{\mathrm{d}b}+4\frac{\mathrm{d}z}{\mathrm{d}b}=0-2\ddot{z}-4z \tag{5·31}$$

이 미분방정식의 해가 민감도가 된다. 편의상 $y\equiv \mathrm{d}z/\mathrm{d}b$라 하여 식 (5·31)을 다음과 같이 다시 쓴다.

$$\ddot{y}+4y=-2\ddot{z}-4z \tag{5·32}$$

식 (5·32)에서 제차방정식의 일반해는 다음과 같다.

$$y_h=A\sin 2t+B\cos 2t \tag{5·33}$$

식 (5·32)를 만족하는 특수해는

$$y_p=Jt\sin 2t+Kt\cos 2t+L\sin t+M\cos t \tag{5·34}$$

위 특수해의 계수를 구하면서 식 (5·32)를 만족하는 해를 가정하면 다음과 같다.

$$y=A\sin 2t+B\cos 2t+\frac{1}{6}t\cos 2t-\frac{2}{9}\sin t \tag{5·35}$$

초기조건을 만족하는 해는 다음과 같다.

$$\frac{dz}{db}(t) = -\frac{1}{36}\sin 2t + \frac{1}{6}t\cos 2t - \frac{2}{9}\sin t \tag{5·36}$$

식 (5·36)이 민감도를 나타낸다. 민감도를 그래프에 표시한 것은 그림 **5·9**에 있다. 이 그림에서 알 수 있듯이 동하중이 가해지는 구조물의 민감도는 시간이 지남에 따라 대개 그 절대값이 커지는 경향이 있다. 그 이유는 식 (5·14)의 우변의 특성상 이 방정식의 해에는 시간에 비례하는 항이 포함되기 때문이다. 식 (5·34)의 $Jt\sin 2t + Kt\cos 2t$ 항이 그것이다. 이 항들 때문에 시간이 지남에 따라 전체민감도의 절대값이 커지는 경우가 많다.

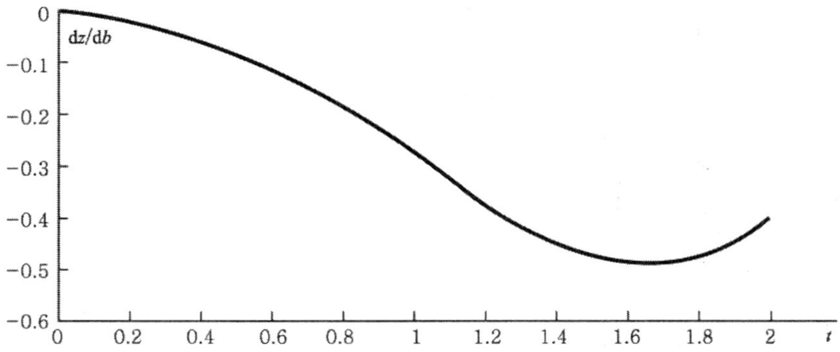

그림 5·9 일자유도 질량-스프링계의 민감도

5.4.2 보조변수법

보조변수법은 민감도를 구하는 과정에서 보조변수라는 새로운 항을 추가하는데 보조변수를 추가하는 방식은 여러 가지가 있다. 이 절에서는 확장반응함수(augmented response function)를 새로이 정의하고 이 확장반응함수에 보조변수를 도입한다.

동하중이 가해지는 구조물에서 다음 제한조건의 민감도를 보조변수법으로 구하는 일반적인 과정을 살펴본다.

$$g = \int_0^T h(\mathrm{z}, \dot{\mathrm{z}}, \ddot{\mathrm{z}}, \mathrm{b}, t)\,\mathrm{d}t \tag{5·37}$$

임의의 보조변수벡터 λ를 도입하여 식 (5·37)에 대응하는 확장반응함수 A를 다음과 같이 정의한다.

$$A = \int_0^T h(\mathrm{z}, \dot{\mathrm{z}}, \ddot{\mathrm{z}}, \mathrm{b}, t)\,\mathrm{d}t + \int_0^T \lambda^T(\mathrm{M}\ddot{\mathrm{z}} + \mathrm{Kz} - \mathrm{f})\,\mathrm{d}t \tag{5·38}$$

여기서

$$\mathrm{M}\ddot{\mathrm{z}} + \mathrm{Kz} - \mathrm{f} = 0 \tag{5·39}$$

이므로 식 (5 · 38)에 임의의 보조변수벡터 λ를 도입하더라도 식 (5 · 37)과 식 (5 · 38)은 항상 같은 값을 가진다. 또한 식 (5 · 39)가 항상 성립해야 하므로 다음의 관계가 성립한다.

$$\frac{dg}{d\mathbf{b}} = \frac{dA}{d\mathbf{b}} \tag{5 · 40}$$

즉, 제한조건의 민감도는 확장반응함수의 민감도와 같다. 따라서 확장반응함수의 민감도를 구하면 제한조건의 민감도로 간주할 수 있다.

식 (5 · 38)을 설계변수에 관하여 미분하면 다음과 같다.

$$\begin{aligned}\frac{dA}{db_i} &= \int_0^T \frac{\partial h}{\partial \mathbf{b}}\,dt + \int_0^T \lambda^T\left(\frac{\partial \mathbf{M}}{\partial b_i}\ddot{\mathbf{z}} + \frac{\partial \mathbf{K}}{\partial b_i}\ddot{\mathbf{z}} - \frac{\partial \mathbf{f}}{\partial b_i}\right)dt \\ &\quad + \underbrace{\int_0^T\left(\frac{\partial h}{\partial \mathbf{z}}\frac{d\mathbf{z}}{db_i} + \frac{\partial h}{\partial \dot{\mathbf{z}}}\frac{d\dot{\mathbf{z}}}{db_i} + \frac{\partial h}{\partial \ddot{\mathbf{z}}}\frac{d\ddot{\mathbf{z}}}{db_i}\right)dt + \int_0^T \lambda^T\left(\mathbf{M}\frac{d\ddot{\mathbf{z}}}{db_i} + \mathbf{K}\frac{d\mathbf{z}}{db_i}\right)dt}_{X}\end{aligned} \tag{5 · 41}$$

이제 식 (5 · 41)에서 X로 표시된 항이 다음의 관계를 만족하도록 임의의 보조변수벡터 λ를 결정한다.

$$X = \int_0^T\left(\frac{\partial h}{\partial \mathbf{z}}\frac{d\mathbf{z}}{db_i} + \frac{\partial h}{\partial \dot{\mathbf{z}}}\frac{d\dot{\mathbf{z}}}{db_i} + \frac{\partial h}{\partial \ddot{\mathbf{z}}}\frac{d\ddot{\mathbf{z}}}{db_i}\right)dt + \int_0^T \lambda^T\left(\mathbf{M}\frac{d\ddot{\mathbf{z}}}{db_i} + \mathbf{K}\frac{d\mathbf{z}}{db_i}\right)dt = 0 \tag{5 · 42}$$

식 (5 · 42)를 보조변수방정식이라고 부른다.

식 (5 · 42)를 보조변수벡터 λ에 관하여 푼다. 부분적분을 적용하면 식 (5 · 42)는 다음과 같이 변형된다.

$$\begin{aligned}&\int_0^T\left(\frac{\partial h}{\partial \mathbf{z}} - \frac{d}{dt}\frac{\partial h}{\partial \dot{\mathbf{z}}} + \frac{d^2}{dt^2}\frac{\partial h}{\partial \ddot{\mathbf{z}}} + \ddot{\lambda}^T\mathbf{M} + \lambda^T\mathbf{K}\right)\frac{d\mathbf{z}}{db_i}\,dt \\ &\quad + \left(\lambda^T\mathbf{M} + \frac{\partial h}{\partial \ddot{\mathbf{z}}}\right)\frac{d\dot{\mathbf{z}}}{db_i}\bigg|_0^T + \left(\frac{\partial h}{\partial \dot{\mathbf{z}}} - \dot{\lambda}^T\mathbf{M} - \frac{d}{dt}\frac{\partial h}{\partial \ddot{\mathbf{z}}}\right)\frac{d\mathbf{z}}{db_i}\bigg|_0^T = 0\end{aligned} \tag{5 · 43}$$

위의 식이 성립하려면 각 항들이 다음의 관계를 가지면 된다.

$$\frac{\partial h}{\partial \mathbf{z}} - \frac{d}{dt}\frac{\partial h}{\partial \dot{\mathbf{z}}} + \frac{d^2}{dt^2}\frac{\partial h}{\partial \ddot{\mathbf{z}}} + \ddot{\lambda}^T\mathbf{M} + \lambda^T\mathbf{K} = 0 \tag{5 · 44a}$$

$$\left(\lambda^T\mathbf{M} + \frac{\partial h}{\partial \ddot{\mathbf{z}}}\right)\frac{d\dot{\mathbf{z}}}{db_i}\bigg|_0^T = 0 \tag{5 · 44b}$$

$$\left(\frac{\partial h}{\partial \dot{\mathbf{z}}} - \dot{\lambda}^T\mathbf{M} - \frac{d}{dt}\frac{\partial h}{\partial \ddot{\mathbf{z}}}\right)\frac{d\mathbf{z}}{db_i}\bigg|_0^T = 0 \tag{5 · 44c}$$

그런데 z, $\dot{\mathrm{z}}$의 초기치가 주어지므로

$$\frac{\mathrm{d}\dot{\mathrm{z}}}{\mathrm{d}b_i}(0)=0\,,\quad \frac{\mathrm{d}\mathrm{z}}{\mathrm{d}b_i}(0)=0 \tag{5・45}$$

이 되어, 식 (5・44)는 최종적으로 다음과 같이 된다.

$$\mathrm{M}\ddot{\lambda}+\mathrm{K}\lambda=\left(-\frac{\partial h}{\partial \mathrm{z}}+\frac{\mathrm{d}}{\mathrm{d}t}\frac{\partial h}{\partial \dot{\mathrm{z}}}-\frac{\mathrm{d}^2}{\mathrm{d}t^2}\frac{\partial h}{\partial \ddot{\mathrm{z}}}\right)^T \tag{5・46a}$$

$$\lambda^T(T)\mathrm{M}+\frac{\partial h}{\partial \ddot{\mathrm{z}}}(T)=0,\quad \frac{\partial h}{\partial \dot{\mathrm{z}}}(T)-\dot{\lambda}^T(T)\mathrm{M}-\frac{\mathrm{d}}{\mathrm{d}t}\frac{\partial h}{\partial \ddot{\mathrm{z}}}(T)=0 \tag{5・46b}$$

여기서 M과 K는 대칭행렬이라 가정하였다. 식 (5・46)은 λ에 관한 2계미분방정식인데 종단값이 지정되어 있는 종단값문제(terminal value problem)이다. 식 (5・46)을 풀어 얻은 해인 보조변수벡터 λ^*를 식 (5・41)에 대입하면 식 (5・41)의 X항이 없어지면서 다음과 같이 간단한 형태로 나타낼 수 있다.

$$\frac{\mathrm{d}A}{\mathrm{d}b_i}=\int_0^T\frac{\partial h}{\partial b_i}\mathrm{d}t+\int_0^T\lambda^{*T}\left(\frac{\partial \mathrm{M}}{\partial b_i}\ddot{\mathrm{z}}+\frac{\partial \mathrm{K}}{\partial b_i}\mathrm{z}-\frac{\partial \mathrm{f}}{\partial b_i}\right)\mathrm{d}t \tag{5・47}$$

마지막으로 식 (5・40)으로부터 식 (5・47)을 다음과 같이 쓸 수 있다.

$$\frac{\mathrm{d}g}{\mathrm{d}b_i}=\int_0^T\frac{\partial h}{\partial b_i}\mathrm{d}t+\int_0^T\lambda^{*T}\left(\frac{\partial \mathrm{M}}{\partial b_i}\ddot{\mathrm{z}}+\frac{\partial \mathrm{K}}{\partial b_i}\mathrm{z}-\frac{\partial \mathrm{f}}{\partial b_i}\right)\mathrm{d}t \tag{5・48}$$

식 (5・48)이 보조변수법으로 구한 제한조건의 민감도이다.

보조변수법은 식 (5・37)과 같은 적분형 제한조건함수에 적용할 수 있다. 그런데 식 (5・5)에서 등가범함수로 변환된 제한조건이 적분형 제한조건이다. 따라서 등가범함수를 사용하여 시간종속 제한조건을 처리하는 문제에서는 보조변수법으로 민감도를 구할 수 있다(Feng *et al.*, 1977). 또한 식 (5・46)과 식 (5・48)을 살펴보면 설계변수가 많고 활성제한조건의 수가 적은 경우에 직접미분법에 비해 보조변수법이 더 효율적임을 알 수 있다.

그러나 적분형이 아닌 제한조건을 다루는 데는 보조변수법이 적절하지 않다. 적분형 제한조건이 아닌 경우의 대표적인 형태는 식 (5・4d)와 같은 시절점별 제한조건이다. 시절점별 제한조건을 보조변수법으로 처리하려면 다음과 같이 단위충격함수(Dirac delta function)를 사용할 수 있다. 특정시간 t_i에 부과된 제한조건함수

$$g=h(\mathrm{b},\mathrm{z},\dot{\mathrm{z}},\ddot{\mathrm{z}},t)|_{t_i} \tag{5・49}$$

는 단위충격함수를 사용하여 다음과 같이 기술할 수 있다.

$$g=\int_0^T h(\mathbf{b},\mathbf{z},\dot{\mathbf{z}},\ddot{\mathbf{z}},t)\delta(t-t_i)\,\mathrm{d}t \tag{5・50}$$

식 (5・50)은 식 (5・37)과 같은 적분형이므로 보조변수법을 적용할 수 있다.

각 시절점별 제한조건들을 모두 식 (5・50)과 같은 형태로 변환해야 하는 경우라면 위 방법은 매우 비효율적이다. q개의 시절점에 부과된 시절점별 제한조건을 식 (5・50)과 같은 형태로 변환한다면 이것은 q개의 확장반응함수를 정의하는 것과 같다. 결과적으로 식 (5・46)의 미분방정식을 q번 풀게 되는 셈으로 시절점의 개수 q가 커지면 직접미분법에 비해 보조변수법이 가지는 이점이 사라진다. 또한 시절점별 제한조건을 보조변수법으로 처리하려면 앞서 설명한 방법으로 제한조건을 처리하는 작업이 선행되어야 한다. 이런 이유로 시절점별 제한조건에는 보조변수법을 적용하지 않는 것이 일반적이다.

예제 5・3 변환법에 적용된 보조변수법

식 (5・8)의 확장라그랑지함수의 민감도를 보조변수법으로 구하여라.

❚❚ 풀 이 ❚❚

식 (5・48)에서

$$h=\frac{1}{2}\int_0^T\left[\sum_{j=1}^{m} r_j\{\max(0,g_j(\mathbf{b},t)+\theta_j(t))\}^2\right]\mathrm{d}t \tag{5・51}$$

이므로 식 (5・8)의 확장라그랑지함수의 민감도는 다음과 같다.

$$\frac{\mathrm{d}\Psi}{\mathrm{d}b_i}=\frac{\partial f}{\partial b_i}+\int_0^T\frac{\partial h}{\partial b_i}\,\mathrm{d}t+\int_0^T\lambda^T\left(\frac{\partial \mathbf{M}}{\partial b_i}\ddot{\mathbf{z}}+\frac{\partial \mathbf{K}}{\partial b_i}\mathbf{z}-\frac{\partial \mathbf{f}}{\partial b_i}\right)\mathrm{d}t \tag{5・52}$$

위의 식은 목적함수 $f(\mathbf{b})$의 민감도와 벌칙항의 민감도로 이루어져 있다. 목적함수의 민감도는 쉽게 구할 수 있다. 벌칙항의 민감도를 계산하기 위해 보조변수벡터 λ가 필요하다. 보조변수벡터 λ는 다음의 보조변수방정식으로부터 계산할 수 있다.

$$\begin{aligned}\mathbf{M}\ddot{\lambda}+\mathbf{K}\lambda=\Bigg[&-\sum_{j=1}^{m} r_j\max(0,g_j+\theta_j)\frac{\partial g_j}{\partial \mathbf{z}}+\frac{\mathrm{d}}{\mathrm{d}t}\left\{\sum_{j=1}^{m} r_j\max(0,g_j+\theta_j)\frac{\partial g_j}{\partial \dot{\mathbf{z}}}\right\}\\&-\frac{\mathrm{d}^2}{\mathrm{d}t^2}\left\{\sum_{j=1}^{m} r_j\max(0,g_j+\theta_j)\frac{\partial g_j}{\partial \ddot{\mathbf{z}}}\right\}\Bigg]^T\end{aligned} \tag{5・53a}$$

$$\lambda^T(T)\mathbf{M}+\sum_{j=1}^{m} r_j\max(0,g_j(\mathbf{b},\mathbf{z},\dot{\mathbf{z}},\ddot{\mathbf{z}},T)+\theta_j(T))\frac{\partial g_j}{\partial \ddot{\mathbf{z}}}(T)=0 \tag{5・53b}$$

$$\begin{aligned}&-\dot{\lambda}^T(T)\mathbf{M}+\sum_{j=1}^{m} r_j\max(0,g_j(\mathbf{b},\mathbf{z},\dot{\mathbf{z}},\ddot{\mathbf{z}},T)+\theta_j(T))\frac{\partial g_j}{\partial \dot{\mathbf{z}}}(T)\\&-\frac{\mathrm{d}}{\mathrm{d}t}\sum_{j=1}^{m} r_j\max(0,g_j(\mathbf{b},\mathbf{z},\dot{\mathbf{z}},\ddot{\mathbf{z}},T)+\theta_j(T))\frac{\partial g_j}{\partial \ddot{\mathbf{z}}}(T)=0\end{aligned} \tag{5・53c}$$

식 (5·53)을 풀어 구한 보조변수벡터 λ를 식 (5·52)에 대입하면 확장라그랑지함수의 민감도를 구할 수 있다.

이 예제의 식 (5·53)에서 볼 수 있듯이 확장라그랑지함수의 민감도를 보조변수법으로 구하기 위해 필요한 미분방정식의 풀이 횟수는 2번(평형방정식과 보조변수방정식의 풀이)이다. 따라서 확장라그랑지승수법과 보조변수법을 조합하는 방법은 계산비용 측면에서 매우 효율적이라 할 수 있다. 이 점 때문에 많은 문헌이 시간영역에서의 최적화에서는 변환법이 효율적이라고 주장한다.

5.4.3 그 밖의 방법들

식 (5·1c)의 미분방정식을 대수방정식으로 변환하여 푸는 여러 방법들 중에 시유한요소법(time finite element method)이 있다. 시유한요소법을 사용하면 변환된 대수방정식으로부터 직접미분법으로 민감도를 구할 수 있다. 시유한요소법에서는 미분방정식 (5·1c)의 해를 다음과 같이 가정한다. 여기서 잠시 미분방정식 (5·1c)을 일자유도계로 가정한다.

$$z(t) = \sum_{j=1}^{N} q_j \phi_j(t) \tag{5·54}$$

여기서 q_j는 구해야 할 계수이고 $\phi_j(t)$는 이미 알고 있는 시간에 관한 기저함수(basis function)이다. 일반적으로 유한요소법에서 식 (5·1c)를 풀 경우에는 q_j가 시변량(time variant)이고, ϕ_j는 시불변량(time invariant)으로 취급되는 경우가 많으나 여기서는 그 반대의 경우가 된다.

식 (5·54)와 함께 다음의 식 (5·55)를 적분하면 식 (5·56)과 같은 대수방정식을 얻을 수 있다.

$$\int_0^T \nu(M\ddot{z} + Kz - f)\,\mathrm{d}t = 0 \tag{5·55}$$

$$\begin{bmatrix} \mathrm{B} & M\boldsymbol{\Psi}(T) \\ \varphi(T)^T & 0 \end{bmatrix} \begin{bmatrix} q_j \\ \mu \end{bmatrix} = \begin{bmatrix} \mathrm{a}^* \\ z(T) \end{bmatrix} \tag{5·56a}$$

여기서

$$\mathrm{B} = \int_0^T (K\Psi_i \phi_j - M\dot{\Psi}_i \dot{\phi}_j)\,\mathrm{d}t, \quad \boldsymbol{\Psi}^T = [\Psi_1, \Psi_2, \cdots, \Psi_n] \tag{5·56b}$$

$$\mathrm{a}^* = M\Psi_i(0)\dot{z}(0) + \int_0^T f\,\Psi_i\,\mathrm{d}t, \quad \varphi^T = [\phi_1, \phi_2, \cdots, \phi_n] \tag{5·56c}$$

$$\mu = \dot{z}(T) \tag{5·56d}$$

이다. Ψ_i는 수용 가능 함수(admissible function)로서 $\nu(t) = \delta q_i \Psi_i(t)$, $1 \le i \le N$의 관계가 있다. μ는 임의의 라그랑지승수이다. 자세한 유도 과정은 참고문헌에서 찾을 수 있다 (Kapania and Park, 1996). 식 (5 · 56)은 대수방정식이다. 식 (5 · 56)을 풀면 식 (5 · 54)를 사용하여 식 (5 · 1c)의 이계미분방정식의 해를 구할 수 있다.

마지막으로 식 (5 · 56)을 직접미분하면 다음과 같은 대수방정식을 얻을 수 있다.

$$\begin{bmatrix} \mathrm{B} & M\Psi(T) \\ \varphi(T)^T & 0 \end{bmatrix} \begin{bmatrix} \dfrac{\partial q_i}{\partial b} \\ \dfrac{\partial \mu}{\partial b} \end{bmatrix} = -\begin{bmatrix} \dfrac{\partial \mathrm{B}}{\partial b} & \dfrac{\partial M}{\partial b}\Psi(T) \\ 0 & 0 \end{bmatrix} \begin{bmatrix} q_j \\ \mu \end{bmatrix} + \begin{bmatrix} \dfrac{\partial \mathrm{a}^*}{\partial b} \\ \dfrac{\partial z(T)}{\partial b} \end{bmatrix} \quad (5 \cdot 57)$$

여기서 우변의 각 요소들에 대한 편미분들은 쉽게 계산할 수 있는데 그 결과는 참고문헌에 설명되어 있다(Kapania and Park, 1996).

식 (5 · 57)의 대수방정식을 풀면 민감도를 구할 수 있다. 시유한요소법은 대응되는 대수방정식을 단 한 번만 풀어서 미분방정식의 해를 얻을 수 있다는 점에서 매력적인 아이디어이다. 그러나 대수방정식으로 변환하기까지의 여러 조건들이 명확하게 연구되어 있지 않을 뿐 아니라, 아직까지는 일반적인 다자유도계에 적용한 예를 찾기 힘들기 때문에 더 많은 연구가 필요하다.

Gu 등은 PTI법(precise time integration method)과 직접미분법을 사용하여 열전도문제, 구조문제가 연성되어 있는 경우에 열전도 부분에서의 민감도를 구하였다(Gu *et al.*, 2002). PTI법은 일계미분방정식의 해를 구하는 풀이법으로서 해의 무조건적 안정성 등이 특징이다. 이 방법은 행렬 조작 과정이 매우 복잡하여 구조문제의 민감도를 구하는 데까지는 적용되지 못하고 있다. 이 밖에도 미분방정식의 해를 Green 함수를 이용하여 해석적으로 구한 후, 이 해를 직접 미분하여 민감도를 구하는 Green 함수법 등을 생각할 수 있다(Haftka and Gürdal, 1992).

5.5 근사화

시간영역에서의 최적화에서는 구조물의 반응을 알기 위해서 대부분 과도응답해석을 수행하여야 한다. 그런데 그 비용이 정적해석에 드는 것보다 훨씬 많기 때문에 구조물의 동적반응을 근사화하려는 시도가 계속되어 왔다. 근사화는 대개 전역적 근사화와 국부적 근사화로 나눌 수 있다. 이 절에서는 두 근사화방법에 대해 간략하게 설명한다.

5.5.1 전역적 근사화

반응을 전역적으로 근사화하는 대표적인 방법으로 반응표면법(response surface method, RSM)을 들 수 있다(Myers and Montgomery, 1995). 반응표면법은 설계공간의 여러 설계후보점들로부터 얻은 반응들을 기초로 하여 일정한 규칙에 의해 구조물의 반응을 예측하는 모델을 만드는 작업이다. 반응표면법에 대한 자세한 내용은 제**6**장에 있다. 동적반응을 전역적으로 근사화하려면 많은 횟수의 과도응답해석이 불가피하다. 원하는 정확도를 가지는 근사모델을 구성하기 위해 필요한 과도응답 횟수가 많아지면 반응표면법을 사용하는 이점이 없어진다. 때문에 구조물의 동적반응을 전역적으로 근사화하여 최적화를 시도하는 방법은 반응표면법이 불가피하게 필요한 영역에서만 이루어지고 있다.

시간영역에서의 최적화에서 반응표면법이 사용된 곳은 대개 충돌관련 분야이다(박영선 외, 1995 ; 홍을표 외, 2001 ; Kurtaran *et al.*, 2001 · 2002 ; Marklund and Nilsson, 2001 ; Craig *et al.*, 2003 ; Bennett and Park, 1995). 충돌과 관련된 해석은 대부분 비선형반응을 다룬다. 또한 충돌해석에서 얻은 반응들은 각종 잡음들을 많이 포함하고 있어 떨림이 많다. 민감도정보에 기반한 최적화기법을 적용하려면 비선형성이 강하고 잡음이 많이 섞인 이 반응들을 매끈하게 근사화하는 단계가 선행되어야 한다. 이 경우에 반응표면법은 좋은 해결책이 될 수 있다. 충돌 관련 분야의 최적화에서 시간종속조건을 처리하는 방식은 일반적으로 최악조건법을 사용한다.

다음의 정식화는 차량이 충돌할 때 머리상해치를 최소화하면서 부품의 함몰량을 제한하는 전형적인 정식화이다.

$$\text{Find} \quad \text{design variables} \tag{5・58a}$$

$$\text{to minimize} \quad \sup_{t_1, t_2}\left\{(t_2-t_1)\left[\frac{1}{t_2-t_1}\int_{t_1}^{t_2} a(t)\,\mathrm{d}t\right]^{2.5}\right\} \tag{5・58b}$$

$$\text{subject to} \quad \text{maximum intrusion} < 400\text{mm} \tag{5・58c}$$

여기서 $a(t)$는 머리의 가속도이다. 위의 정식화는 제**9**장에서 자세히 설명한다. 이 문제는 최대값의 최소화문제인데 식 (5 · 58b)의 목적함수와 식 (5 · 58c)의 제한조건함수를 반응표면모델로 근사화한 후 최적화기법을 적용한다. 이때 각 설계후보점에서 최악조건(최대값)만을 구하여 이 값들만으로 목적함수와 제한조건의 반응표면모델을 구성한다. 시간영역상의 모든 반응에 대해 반응표면을 형성하여 이를 설계에 적용하는 것은 거의 불가능한 것으로 여겨지고 있다. 식 (5 · 58)의 정식화를 이용한 예제들이 제**9**장에 설명되어 있다. 그림 **5 · 10**은 반응표면법을 이용하여 시간영역에서의 반응을 최적화하는 전형적인 과정을 간단하게 설명하고 있다.

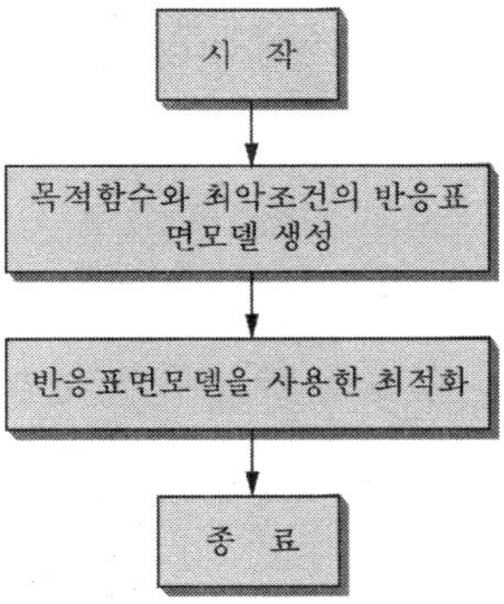

그림 5·10 반응표면법을 이용하는 시간영역에서의 최적화의 흐름

반응표면모델을 만들기 위해서는 일정한 규칙에 의해(예를 들면 D-최적성조건이나 직교배열표) 선정된 설계점들에서 해석을 수행해야 한다. 그런데 해석 횟수가 많아지면 반응표면법을 사용하는 의미가 없어지기 때문에 해석 횟수를 줄이기 위해 여러 가지 방법을 사용할 수 있다. 흔히 사용되는 방법은 처음에는 비교적 간단한 반응표면을 만들어 초기 최적점을 추측한 후 설계를 진행하면서 좀더 정교한 반응표면을 만드는 것이다. 이때 필요하다면 설계영역도 변경하게 된다(박영선 외, 1995 ; 홍을표 외, 2001 ; Kurtaran *et al.*, 2002). 이처럼 전형적인 반응표면법을 변형한 알고리즘을 실제문제에 적용한 예가 **9.8**절에 설명되어 있다.

5.5.2 국부적 근사화

현대의 구조최적설계기법은 대개 최적화문제 자체를 반복적으로 근사화하여 해를 구하는 근사법을 사용한다. 근사화된 최적화문제에서는 목적함수와 제한조건을 설계변수나 중간변수에 관한 명시적인 함수(explicit function)로 근사화한다. 시간영역에서의 최적화에도 이 개념을 적용할 수 있다. 근사법의 기본 전략은 민감도는 정확하게 구하되 반응은 근사화된 반응을 사용하는 것이다. 이때 대개 1차 미분값을 사용하여 반응을 국부적으로 근사화하기 때문에 근사화가 일정 수준 이상의 정확도를 가지도록 이동한계(move limit)를 잘 정해야 한다.

직접법에서는 k번째 반복 과정에서 원래 문제 대신 다음과 같은 근사화된 문제를 푼다 (Etman and Van, 1998).

$$\text{Find} \quad \mathbf{b} \tag{5·59a}$$

$$\text{to minimize} \quad \tilde{f}^{(k)}(\mathbf{b}) \tag{5·59b}$$

$$\text{subject to} \quad \tilde{g}_j^{(k)}(\mathrm{b}, t) = \tilde{g}_j^{(k)}(\tilde{\mathrm{r}}(\mathrm{b}, t), \mathrm{b}, t) \le 0, \quad j = 1, \cdots, m \tag{5・59c}$$

$$\mathrm{s}_L \le \mathrm{b} - \mathrm{b}^{(k-1)} \le \mathrm{s}_U \tag{5・59d}$$

여기서 ~는 근사화된 함수를, s_U와 s_L은 이동한계의 상하한값이다. 근사화된 반응 $\tilde{\mathrm{r}}$은 중간변수(N)나 설계변수의 명시적인 함수이다. 반응 $\tilde{\mathrm{r}}$을 중간변수로 근사화할 때는 다음과 같이 중간변수가 설계변수의 명시적인 함수가 된다.

$$\tilde{\mathrm{r}}(\mathrm{N}, t) = \mathrm{r}_0(\mathrm{N}, t) + \frac{\partial \mathrm{r}}{\partial \mathrm{N}} \Delta \mathrm{N} \tag{5・60}$$

$$\mathrm{N} = \mathrm{N}(\mathrm{b}) \tag{5・61}$$

결국 식 (5・59c)의 근사화된 제한조건함수 $\tilde{g}_j^{(k)}$는 근사화된 반응과 설계변수의 명시적인 함수이다. 많은 경우 반응 자체가 제한조건함수가 되기도 한다.

변환법에서는 여러 가지 방법으로 확장라그랑지함수를 근사화할 수 있다. 그 중에서 Kim 등이 제안한 방법을 간단히 소개한다(Kim and Choi, 1997). 이들이 제안한 확장라그랑지함수의 형태는 다음과 같다.

$$\Psi = f(\mathrm{b}) + \int_0^T \sum_{j=1}^m \left[\mu_j(t) \max\left(\frac{-\mu_j(t)}{r_j},\ g_j \right) + \frac{1}{2} r_j \left\{ \max\left\{ \frac{-\mu_j(t)}{r_j},\ g_j \right) \right\}^2 \right] dt \tag{5・62}$$

여기서 $\mu(t)$는 라그랑지승수이고 r_j는 벌칙계수이다. 이제 k번째 반복 과정에서 제한조건이 없는 문제의 최적화에서 선탐색을 통해 식 (5・62)의 확장라그랑지함수를 최소화하는 거리 α를 결정하는데 이 과정이 고가이다. 따라서 선탐색의 효율성을 높이기 위해 선탐색 과정에서 식 (5・62)를 직접 최소화하지 않고 다음의 근사확장라그랑지함수를 최소화한다.

$$\tilde{\Psi}(\alpha) = \tilde{f}(\alpha) + \int_0^T \sum_{j=1}^m \left[\mu_j(t) \max\left(\frac{-\mu_j(t)}{r_j},\ \tilde{g}_j \right) + \frac{1}{2} r_j \left\{ \max\left(\frac{-\mu_j(t)}{r_j},\ \tilde{g}_j \right) \right\}^2 \right] dt \tag{5・63a}$$

여기서

$$\tilde{f}(\alpha) = f(\mathrm{b}^{(k)}) + \nabla^T f(\mathrm{b}^{(k)})(\alpha \mathrm{s}^{(k)}) \tag{5・63b}$$

$$\tilde{g}_j(\alpha, t) = g_j(\mathrm{b}^{(k)}, t) + \nabla^T g_j(\mathrm{b}^{(k)}, t)(\alpha\, \mathrm{s}^{(k)}) \tag{5・63c}$$

이며 벡터 $\mathrm{s}^{(k)}$는 원래의 확장라그랑지함수인 식 (5・62)를 최소화하는 탐색방향이다.

식 (5·63)의 기본 아이디어는 확장라그랑지함수의 민감도는 원래의 확장라그랑지함수를 이용하여 정확하게 구하고, 선탐색을 할 때에는 근사화된 확장라그랑지함수를 사용하는 것이다. 이때에도 1차 미분 정보를 이용한 근사화가 이루어지기 때문에 이동한계를 잘 정하는 것이 중요하다. 필요하다면 식 (5·63b)나 식 (5·63c)의 근사화 과정에 중간변수를 이용한 근사화를 적용할 수도 있다.

5.6 등가정하중법

지금까지는 구조물에 가해지는 동하중을 직접 처리하여 구조물의 동적반응을 최적화하는 방법에 대해 설명하였다. 동하중을 직접 처리하는 방법에서는 반응과 민감도를 계산하기 위해 미분방정식을 풀어야 한다. 따라서 제한조건이나 설계변수의 수가 많아지면 풀어야 할 미분방정식의 수도 많아지기 때문에 설계비용이 증가하게 된다. 특히 구조최적화에서는 응력제한조건을 자주 다룬다. 그런데 응력제한조건은 대개 구조물의 모든 요소에 부과되므로 응력을 고려하는 최적설계에서는 제한조건의 수가 큰 폭으로 증가한다. 따라서 동하중이 가해지는 구조물에 응력제한조건이 있으면 지금까지 설명한 방법으로는 설계비용이 매우 많아진다.

반면 정하중을 사용하는 정적반응최적화는 민감도해석과 거동해석을 하기 위해 대수방정식을 풀기 때문에, 시간영역에서의 최적화에 비해 그 비용이 적다. 또 이미 성능이 검증되어 있고 현대적인 구조최적설계기법들도 잘 구현된 정적반응최적화 소프트웨어들이 있어 이들을 쉽게 사용할 수 있다. 만약 이러한 정적반응최적화의 장점들이 시간영역에서의 최적화에 채용될 수 있다면 구조물의 동적반응을 더 쉽게 최적화할 수 있다.

시간영역에서 시간종속 제한조건을 처리하는 기본적인 취지는 시간종속성을 제거하는 것이다. 즉, 매 반복마다 시간종속 제한조건들을 각각의 시절점에 고정시켜 시간 파라미터를 더 이상 고려하지 않으려는 것이 시간종속 제한조건을 다루는 본질이다. 이렇게 시간종속성을 제거한 후에 제한조건을 처리하는 여러 가지 방법을 적용한다. 한편 정적반응최적화는 시간종속성이 없는 제한조건을 다룬다. 여기서 만약 민감도해석 오차와 구조물의 반응값 오차를 적절하게 보정할 수 있다면 정적반응최적화기법을 시간영역에서의 최적화에 채용하여 정적반응최적화가 가지는 장점을 이용할 수 있다.

이 절에서는 이 점에 착안한 등가정하중법(equivalent static load method)을 소개한다. 등가정하중법은 구조물의 동적반응을 최적화하는 또 다른 접근법으로서 동하중을 적절한 정하중으로 변환한 후, 잘 발달된 정적반응최적화기법을 사용하여 문제를 해결한다.

5.6.1 등가정하중(equivalent static load)

동하중이 가해지는 구조물의 평형방정식으로부터 다음과 같이 등가정하중 f_{eq}를 정의한다.

$$f_{eq} \equiv Kz = f - M\ddot{z} \qquad (5 \cdot 64)$$

구조물에 동하중이 가해질 때에 동하중에 의해 생기는 변위장과 동일한 변위장을 만들 수 있는 정하중을 등가정하중이라 한다. 실제 계산에서는 식 (5 · 1c)에서 z를 구한 후, 식 (5 · 64)에서 강성행렬 K와 z를 곱하여 f_{eq}를 구한다. 여기서 z와 $\ddot{z}$은 식 (5 · 1c)의 해로부터 얻는다. 식 (5 · 64)에서 볼 수 있듯이 등가정하중은 외력과 관성력으로 이루어지며 모든 시절점에서 계산되어야 한다. 모든 시절점에서 등가정하중을 계산하기 때문에 최적화 과정에서는 모든 시간대에서의 변위를 고려할 수 있다.

현장에서는 동적확대계수(dynamic factor)를 사용하여 동하중을 정하중으로 대치하는 경우가 있는데 이것은 위험한 설계 결과를 가져올 수 있다. 그림 **5 · 11**은 동하중이 가해지는 구조물의 대표적인 거동을 묘사한 것이다. 그림 **5 · 11** (a)의 구조물에 동하중이 아래 방향으로 가해지면 이 구조물은 그림 **5 · 11** (b)의 상태와 **5 · 11** (c)의 상태를 거친다. 그런데 동하중이 가해지는 방향으로 동적확대계수를 곱하여 얻은 정하중은 그림 **5 · 11** (b)의 상태만 고려할 뿐 그림 **5 · 11** (c)의 상태는 고려할 수 없다. 그러나 동하중에 의해 발생하는 구조물의 거동을 설계 과정에 제대로 반영하려면 그림 **5 · 11** (b)의 상태뿐만 아니라 그림 **5 · 11** (c)의 상태도 고려해야 하는 것이 자명하다. 등가정하중은 모든 시간대에서 계산되기 때문에 시간에 따른 구조물의 거동을 빠짐없이 고려할 수 있다는 장점이 있다.

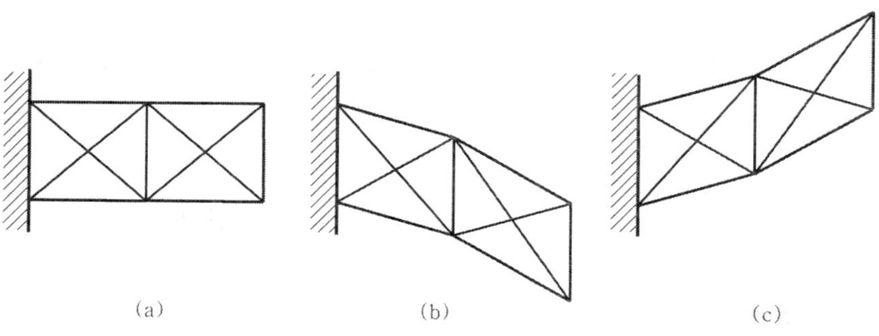

그림 5 · 11 동하중이 가해지는 구조물의 거동

동적확대계수를 사용하는 방법에 비해 등가정하중이 가지는 또 다른 특징은 그림 **5 · 12**와 같이 비록 동하중은 하나의 자유도에 가해지더라도 등가정하중은 구조물의 모든 자유도에 가해진다는 것이다. 그 이유는 등가정하중을 구성하는 요소에 외력뿐만 아니라

각자유도에 가해지는 관성력도 있기 때문이다. 식 (5·64)를 보면 관성력의 항이 영벡터가 아니기 때문에 등가정하중벡터 f_{eq}의 모든 요소들이 일반적으로 0이 아닌 값을 가질 것이라는 것을 쉽게 짐작할 수 있다.

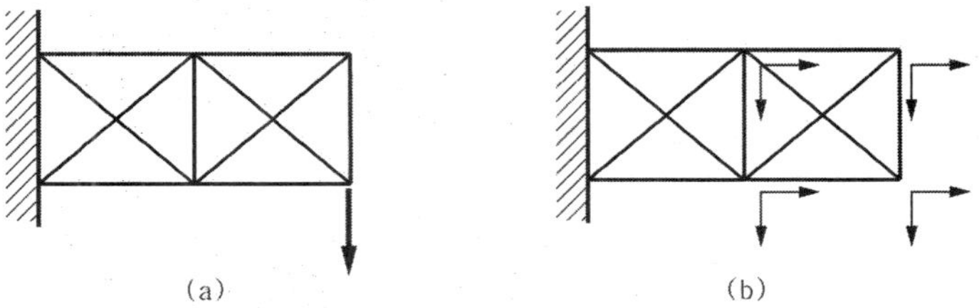

그림 5·12 구조물에 가해지는 동하중(a)과 이에 대응하는 등가정하중(b)

식 (5·64)는 변위에 관한 등가정하중을 정의하고 있다. 비슷한 방법으로 다음과 같이 가속도에 관한 등가관성하중(equivalent inertia load)을 정의할 수 있다.

$$p_{eq} \equiv M\ddot{z} = f - Kz \tag{5·65}$$

식 (5·65)는 동하중에 의해 발생하는 가속도와 동일한 가속도를 생성하는 관성력을 정의하고 있다. 실제 계산에서는 식 (5·1c)에서 $\ddot{z}$을 구한 후, 식 (5·65)에서 질량행렬 M과 z를 곱해 p_{eq}를 구한다. 등가관성하중은 최적설계 과정에서 가속도제한조건을 처리할 때 사용된다.

5.6.2 등가정하중법을 이용한 시간영역에서의 최적화

앞서 정의한 등가정하중을 이용하여 동하중이 가해지는 구조물을 최적화할 수 있다. 시간영역에서 주어진 최적화문제가 식 (5·1)과 같을 때 이를 등가정하중법으로 풀기 위한 알고리즘은 다음과 같다.

단계 1. $p=0$, $b_p = b_0$로 둔다.

단계 2. 식 (5·1c)에서 $b = b_p$로 하고 과도응답해석을 수행한다.

단계 3. 다음과 같이 모든 시절점에서 등가정하중과 등가관성하중을 계산한다. 시절점의 수가 q개이므로 q개의 등가정하중과 등가관성하중이 각각 생긴다.

$$f_{eq}^{u} = K(b_p)z_u, \quad u=1, \cdots, q \tag{5·66}$$

$$p_{eq}^{u} = M(b_p)\ddot{z}_u, \quad u=1, \cdots, q \tag{5·67}$$

단계 4. 단계 3에서 계산한 등가정하중과 등가관성하중을 이용하여 다음의 정적반응최적화문제를 푼다.

$$\text{Find} \quad \mathbf{b}_{p+1} \tag{5·68a}$$

$$\text{to minimize} \quad f(\mathbf{b}_{p+1}) \tag{5·68b}$$

$$\text{subject to} \quad \mathbf{K}(\mathbf{b}_{p+1})\mathbf{y}_u = \mathbf{f}_{\text{eq}}^u, \quad u=1, \cdots, q \tag{5·68c}$$

$$\mathbf{M}(\mathbf{b}_{p+1})\mathbf{a}_u = \mathbf{p}_{\text{eq}}^u, \quad u=1, \cdots, q \tag{5·68d}$$

$$g_{ju}(\mathbf{b}_{p+1}, \mathbf{z}_u, \mathbf{a}_u) \le 0, \ u=1, \cdots, q, \ j=1, \cdots, m \tag{5·68e}$$

단계 5. 수렴조건을 점검한다.

$$\frac{\| \mathbf{b}_{p+1} - \mathbf{b}_p \|}{\| \mathbf{b}_p \|} \le \varepsilon \tag{5·69}$$

이면 최적화 과정을 종료하고 최적점을 찾은 것으로 간주한다. 여기서 ε은 충분히 작은 양수이다. 식 (5·69)의 종료조건을 만족하지 않으면 단계 6으로 진행한다.

단계 6. $p=p+1$로 하고 단계 2로 간다.

여기서 속도제한조건을 고려하지 않았는데 속도제한조건은 일반적으로 구조최적설계에서 잘 사용되지 않는다.

단계 2에서 단계 6의 과정이 한 사이클(cycle)을 이룬다. 등가정하중과 등가관성하중은 식 (5·68)의 정적반응최적화를 수행하는 동안은 고정된 값이 된다. 식 (5·68)의 정적반응최적화에서 얻은 최적값을 사용하여 새로운 등가정하중과 등가관성하중을 계산함으로써 등가정하중과 등가관성하중을 갱신할 수 있다.

설계변수가 더 이상 갱신되지 않으면 식 (5·1)의 최적점을 찾은 것으로 간주하고 최적화 과정을 종료한다. 식 (5·68)의 정적반응최적화 과정에서 설계변수가 더 이상 갱신되지 않는 것은 등가정하중과 등가관성하중이 더 이상 변하지 않기 때문이다. 등가정하중법에 의해 얻은 최적해는 원래 최적화문제의 해와 같다. 이것은 등가정하중법의 마지막 사이클에서 식 (5·68)에 대응하는 KKT 최적조건과 원래 문제인 식 (5·1)의 KKT 최적조건이 같다는 것을 보임으로써 얻을 수 있는 결론이다. 이 증명 과정은 참고문헌에서 자세히 볼 수 있다(Park and Kang 2003).

이 알고리즘의 단계 3에서는 모든 시절점(q개)에서 등가정하중과 등가관성하중을 구하였다. 단계 3에서 계산된 등가정하중과 등가관성하중은 단계 4의 식 (5·68c)와 식 (5·

68d)에서 각각 q개의 다중하중조건으로 처리된다. 이렇게 함으로써 시간에 따른 구조물의 거동을 정하중으로도 근사적으로 구할 수 있다. 시간종속 제한조건을 처리하는 관점에서 보면 이 방법은 모든 시절점에서 제한조건을 고려하는 것과 같다. 그런데 다중하중조건을 처리하는 메커니즘은 최악조건을 우선적으로 처리하는 경향이 있다. 따라서 다중하중조건을 처리하는데 드는 비용은 많지 않다.

등가정하중의 최대 장점은 기존의 잘 발달된 정적반응최적화기법을 사용한다는 것이다. 정적반응최적화를 할 수 있는 최근의 구조최적설계 소프트웨어는 대형 구조물을 쉽게 다룰 수 있다. 따라서 이들을 이용하는 등가정하중법 또한 시간영역에서 대형 구조물의 반응을 비교적 쉽게 최적화할 수 있다(Choi and Park, 2002 ; Kang *et al.*, 2003).

예제 5 · 4 동적확대계수와 등가정하중

그림 **5 · 13**의 커넥팅로드에 계단파 형태의 동하중이 가해지고 있다. 커넥팅로드의 중량을 최소화하되 응력이 250MPa 이하가 되는 형상을 찾고자 한다. 동적확대계수를 곱하여 얻은 정하중과 등가정하중을 각각 사용하여 이 문제를 풀고 그 결과를 비교하여라.

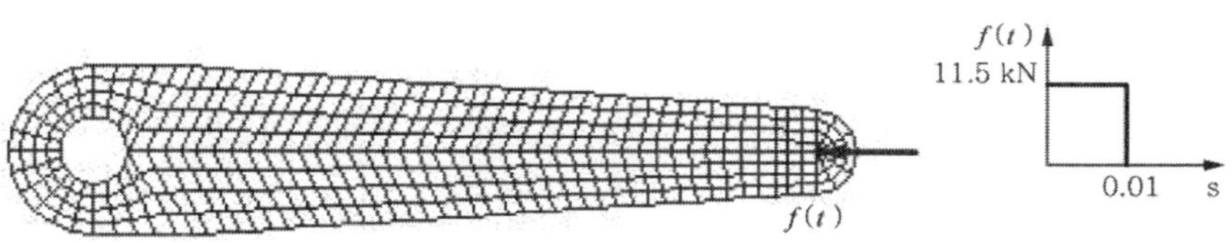

그림 5 · 13 동하중을 받는 커넥팅로드와 동하중의 개형

|| 풀 이 ||

먼저 동적확대계수를 2로 하여 얻은 정하중을 사용하여 형상최적화를 수행한다. 동하중이 가해지는 방향으로 동하중의 최대값의 두 배에 해당하는 정하중(23kN)을 동하중이 가해지는 절점에 가한 후 얻은 최적형상은 그림 **5 · 14**와 같다.

이 형상으로 과도응답해석을 수행한 결과 최대응력은 약 300MPa이고 그 위치는 그림 **5 · 14**의 A점이다. 즉, 동적확대계수를 사용한 형상최적화는 설계제한조건을 만족하지 못한다. 동적확대계수를 2가 아닌 그 이상의 값을 적용하면 설계제한조건을 만족할 가능성은 커지지만 과잉설계의 가능성도 그만큼 커진다.

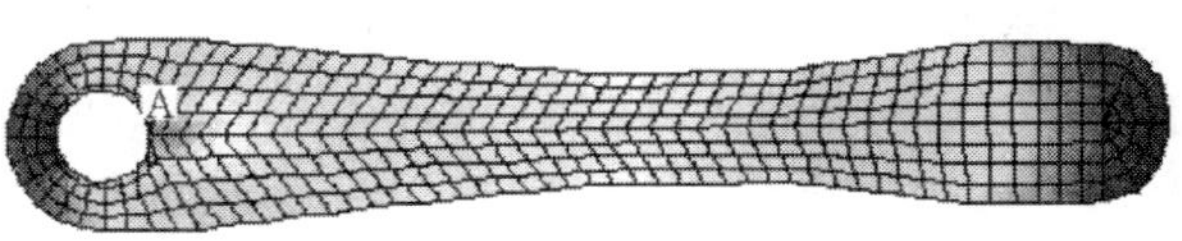

그림 5 · 14 동적확대계수를 사용한 형상최적화 결과

이번에는 등가정하중을 이용한 형상최적화를 수행한다. 식 (5・64)에 의해 얻은 등가정하중을 모든 자유도에 가하고 앞서 소개한 알고리즘을 사용하여 형상최적설계를 진행한 결과가 그림 **5・15**에 있다. 이 형상으로 과도응답해석을 수행한 결과 최대 응력은 약 250MPa로서 설계제한조건을 만족한다. 최대응력이 일어나는 위치는 그림 **5・15**의 A점이다.

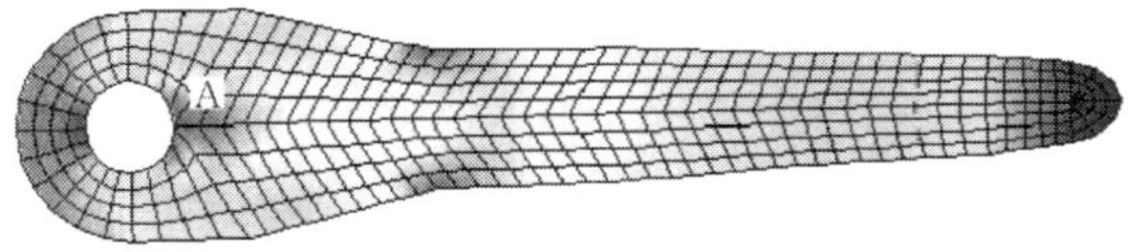

그림 5・15 등가정하중을 사용한 형상최적화 결과

그림 **5・14**와 그림 **5・15**의 형상은 매우 다르다. 그림 **5・15**는 그림 **5・14**처럼 단순히 동적확대계수를 사용해서는 얻을 수 없는 형상이다. 다시 말하면 시간영역에서의 최적화문제 중에는 동적확대계수로는 해결할 수 없는 문제들이 있다. 구조물의 동적효과들(관성력의 변화, 고유진동수의 크기 등)이 구조물의 거동에 지배적인 영향을 미치는 문제들이 그것들이다. 이때에는 구조물의 동적거동을 설계 과정에 충분히 반영해야 한다. 단순히 동적확대계수만을 사용하는 방법은 동적거동을 적절히 반영할 수 없기 때문에 위험한 설계 결과를 가져올 가능성이 크다는 것을 이 예제가 보여주고 있다(Park *et al.*, 2005).

예제 5・5 18부재 트러스 구조물의 최적화 – 응력 및 변위제한조건

그림 **5・16**과 같이 사인곡선의 동하중이 18부재 트러스의 상단에 가해지고 있다. 영률과 밀도는 각각 69GPa과 2765kg/m^{3}이다. 설계변수는 18개 부재의 단면적과 3, 5, 7, 9번 절점의 좌표이다. 등가정하중법으로 총질량을 최소하는 설계변수를 찾되, 모든 부재의 응력이 138MPa 이하, 모든 절점의 수직 변위가 20.3cm 이하가 되도록 하여라.

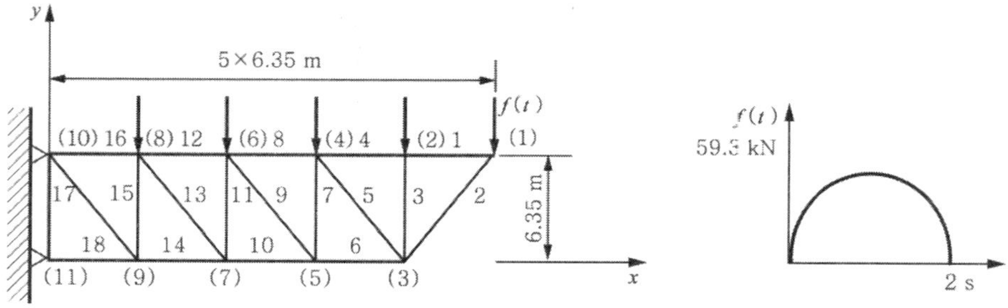

그림 5・16 동하중이 가해지는 18부재 트러스 구조물

▌▌풀 이▌▌

단면의 수가 많기 때문에 다음과 같이 설계변수결합(design variable linking)을 통해 설계변수의 수를 줄인다.

상단부재들의 단면적: $A1 = A4 = A8 = A12 = A16$
하단부재들의 단면적: $A2 = A6 = A10 = A14 = A18$
수직부재들의 단면적: $A3 = A7 = A11 = A15$
대각부재들의 단면적: $A5 = A9 = A13 = A17$

설계변수 연결의 결과로 4개의 설계변수를 다루게 된다. 1.5초에서 4.0초를 120개의 시절점으로 나누고 120개의 시절점에서 등가정하중을 구하였다. 위의 알고리즘에 따라 수렴할 때까지 5사이클을 진행하였다. 최적화 결과가 표 **5·2**에 있으며 최적형상이 그림 **5·17**에 있다.

표 5·2 18부재 트러스 문제의 설계이력 및 최적값

설계변수 \ 사이클	초기치	1	2	3	4	5
상단부재면적(cm^2)	64.52	113.34	129.03	129.03	129.03	129.03
하단부재면적(cm^2)	139.68	121.22	149.16	152.60	168.74	143.08
수직부재면적(cm^2)	80.65	29.21	40.22	34.91	27.72	44.35
대각부재면적(cm^2)	45.61	53.11	64.51	64.01	62.97	64.52
X3(cm)	0.00	−508.00	−494.03	−495.30	−450.85	−500.38
Y3(cm)	0.00	204.47	185.42	187.96	250.19	138.43
X5(cm)	0.00	−374.65	−294.64	−285.75	−232.41	−303.53
Y5(cm)	0.00	101.60	74.93	102.87	175.26	53.34
X7(cm)	0.00	−222.25	−218.44	−210.82	8.89	−254.00
Y7(cm)	0.00	24.13	2.54	20.32	85.09	−12.70
X9(cm)	0.00	−194.31	−220.98	−189.23	−106.68	−226.06
Y9(cm)	0.00	−30.48	−22.86	−33.02	−22.86	−27.94
질량(kg)	2916.78	2688.72	3260.07	3241.71	3313.62	3260.90
끝단변위(cm)	−27.4	−24.7	−20.3	−20.4	−20.3	−20.3
응력(MPa)	−156.5 (16)	−133.1 (15)	−111.7 (15)	−112.7 (15)	−113.2 (15)	−106.5 (8)

* 응력의 괄호 안의 번호는 최대응력이 일어난 부재의 번호를 가리킨다.

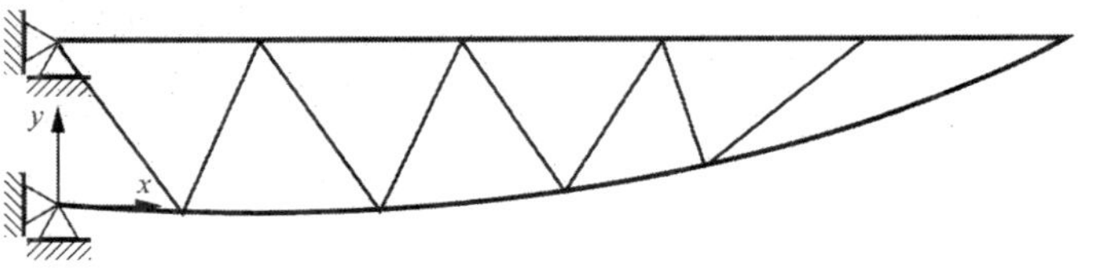

그림 5·17 등가정하중법으로 얻은 18부재 트러스 구조물의 최적형상

최적값에서는 끝단의 변위제한조건이 활성화되어 있음을 알 수 있다. 최적값을 얻기까지 과도응답해석은 6번 수행하였다. 각각의 사이클에서 사용된 정적반응최적화기법에는 제**4**장에서 설명한 근사법이 사용되었다. 또한 면적에 관한 민감도는 해석적인 방법으로, 좌표에 관한 민감도는 준해석적방법으로 처리하였다(Park *et al.*, 2005).

예제 5 · 6 외팔보의 최적화 - 가속도제한조건

그림 **5 · 18**의 사각단면 외팔보는 끝단에서 다음과 같은 수직하중을 받고 있다.

$$f(t)=\begin{cases}100t\text{N}, & 0.0\le t\le 0.005\text{s}\\ 0\text{N}, & 0.005<t\le 0.1\text{s}\end{cases} \tag{5 · 70}$$

등가정하중법을 사용하여 이 외팔보의 부피를 최소화하되 끝단의 가속도가 40m/s^2 이하가 되도록 해보자. 가속도를 고려하는 구간은 자유진동이 일어나는 (0.02, 0.1)초 사이로 하고 시절점은 4000개로 한다. 가속도는 시간에 관한 이계미분값이어서 시간에 따른 변화가 심하다. 때문에 시절점을 충분히 잘게 나누어야 한다. 설계변수는 단면의 폭(b)과 높이(h)이며 초기값은 각각 0.01m와 0.02m이다. 영률과 밀도는 각각 300MPa과 1700kg/m^{3}이다.

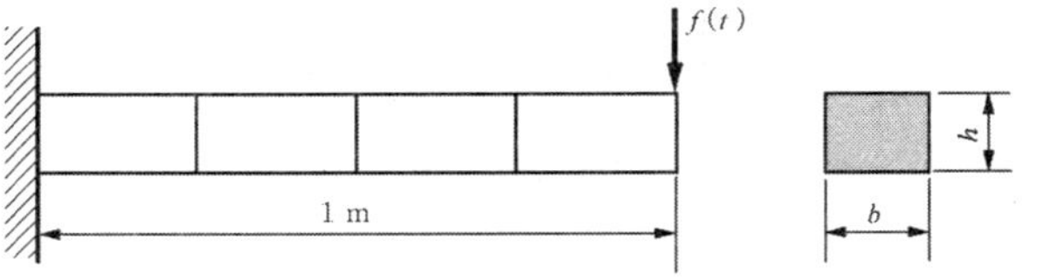

그림 5 · 18 동하중을 받는 외팔보

▎▎풀 이 ▎▎

전체부피에 1000을 곱하여 차수를 조절한 다음의 함수를 목적함수로 한다.

$$f(b,h)=1000\times b\times h\times 1.0 \tag{5 · 71}$$

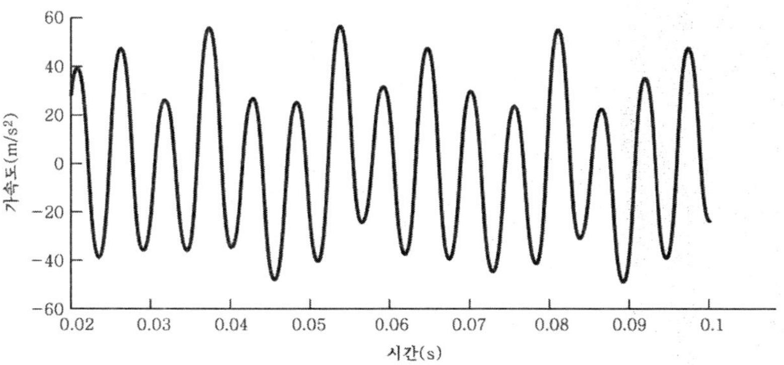

그림 5 · 19 초기설계에서 계산한 외팔보 끝단의 가속도

초기설계에서의 1차 고유진동수는 1.356Hz이다. 초기설계를 사용하여 과도응답해석을 한 결과가 그림 **5 · 19**에 있다. 가속도제한조건이 위배되는 것을 볼 수 있다.

식 (5 · 65)의 등가관성하중을 사용하여 얻은 설계 결과는 표 **5 · 3**에 있으며 이때의 가속도가 그림 **5 · 20**에 있다. 제한조건을 만족하는 것을 볼 수 있다.

표 5 · 3 가속도제한조건이 적용된 외팔보의 최적설계 결과

	초기값	최적값
폭(m)	0.01	0.01195
높이(m)	0.02	0.02300
부피(m^3)	0.2	0.27483
사이클 수	6	

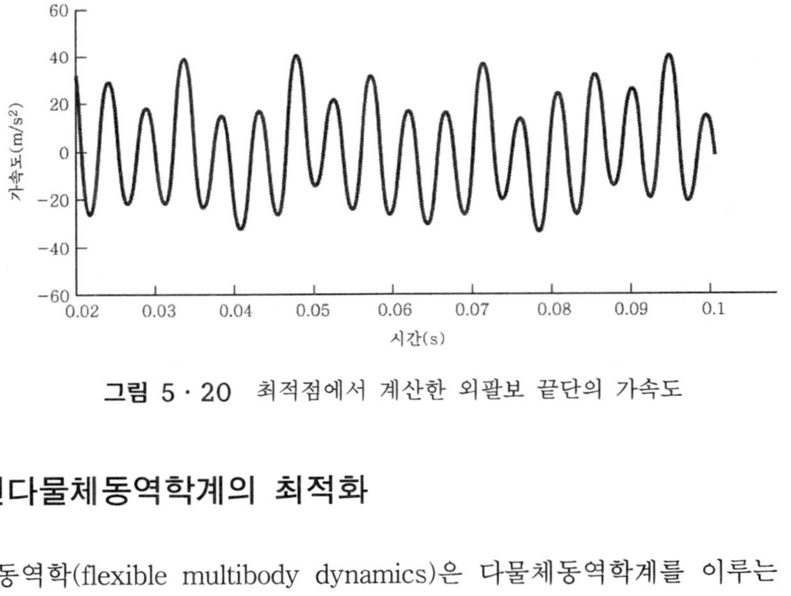

그림 5 · 20 최적점에서 계산한 외팔보 끝단의 가속도

5.6.3 유연다물체동역학계의 최적화

유연다물체동역학(flexible multibody dynamics)은 다물체동역학계를 이루는 부재들을 유연체(flexible body)로 보고 접근하는 분야이다. 유연다물체동역학계의 해석에 관한 부분은 참고문헌에서 찾을 수 있다(Shabana, 1998). 유연다물체동역학계에서 유연체의 변형을 구하기 위해서는 유한요소법을 차용한다. 유한요소법으로 표현된 링크와 강체 조인트 사이의 경계조건에 관한 문제 등이 아직 명확하게 해결되지 못하였으나, 고속으로 운동하는 다물체동역학계를 해석하는 데 있어서 유연다물체동역학은 새로운 대안이 되고 있다.

유연다물체동역학계에 가해지는 하중은 외력, 조인트기구에 의한 반력, 부재의 원심력 등으로서 시간에 따라 그 크기와 방향이 바뀌는 동하중이다. 따라서 유연다물체동역학계의 구조최적설계는 시간영역에서의 최적화영역에 속한다. 이 분야에 대한 연구동향을 파악하려면 참고문헌을 보면 도움이 될 것이다(강병수 · 박경진, 2004). 이 절에서는 등가정

하중법을 사용하여 유연다물체동역학계의 구조최적화에 접근한다(Kang *et al.*, 2005).

[1] 유연다물체동역학계에서의 등가정하중

등가정하중은 다루려는 계의 평형방정식으로부터 얻을 수 있다. 유연다물체동역학계의 평형방정식은 다음과 같다.

$$\mathbf{M}\ddot{\mathbf{z}} + \mathbf{K}\mathbf{z} = \mathbf{f}_c + \mathbf{f}_e + \mathbf{f}_v \tag{5・72a}$$

$$\mathbf{M} = \begin{bmatrix} \mathbf{m}_{RR} & \mathbf{m}_{R\theta} & \mathbf{m}_{Rf} \\ & \mathbf{m}_{\theta\theta} & \mathbf{m}_{\theta f} \\ \text{sym} & & \mathbf{m}_{ff} \end{bmatrix} \tag{5・72b}$$

$$\mathbf{K} = \begin{bmatrix} 0 & 0 & 0 \\ 0 & 0 & 0 \\ 0 & 0 & \mathbf{K}_{ff} \end{bmatrix} \tag{5・72c}$$

$$\mathbf{z} = \begin{bmatrix} \mathbf{R} \\ \theta \\ \mathbf{q}_f \end{bmatrix} \tag{5・72d}$$

$$\mathbf{f}_c = -\begin{bmatrix} \mathbf{C}_R^T \\ \mathbf{C}_\theta^T \\ \mathbf{C}_{q_f}^T \end{bmatrix} \lambda \tag{5・72e}$$

$$\mathbf{f}_e = \begin{bmatrix} (\mathbf{Q}_e)_R \\ (\mathbf{Q}_e)_\theta \\ (\mathbf{Q}_e)_f \end{bmatrix} \tag{5・72f}$$

$$\mathbf{f}_v = \begin{bmatrix} (\mathbf{Q}_v)_R \\ (\mathbf{Q}_v)_\theta \\ (\mathbf{Q}_v)_f \end{bmatrix} \tag{5・72g}$$

식 (5・72)를 이끌어내는 과정은 참고문헌에 잘 나타나 있다(Shabana, 1998).

식 (5・72b)는 질량행렬이다. 질량행렬의 비대각항은 강체운동과 탄성변형과의 상호연관관계를 나타낸다. 다물체동역학에서 강체운동과 탄성변형을 각각 따로 고려할 경우에는 질량행렬의 대각항만이 나타난다. 식 (5・72c)는 탄성변형을 계산할 때 필요한 유연체의 강성행렬이다. 이 행렬은 일반적인 유한요소법의 강성행렬을 그대로 사용하여 나타낼 수 있다.

식 (5・72d)의 $\mathbf{q}_f$는 유한유소모델의 절점변위, $\mathbf{R}$은 부동기준좌표계(floating body reference frame)의 원점의 위치를 가리키는 좌표값, θ는 부동기준좌표계의 자세를 나타내는 값이다. 식 (5・72e)는 조인트에서 생성되는 반력이다. 식 (5・72f)는 유연다물체동역학계에 가해지는 외부하중이다. 식 (5・72g)는 유연다물체동역학계에서 발생하는 코리올리 힘(Coriolis force)과 원심력을 나타내고 있다. 이 힘들은 모두 시간종속적인 힘이므로 유연다물체동역학계는 동하중을 받는 계이다.

일반적으로 다물체동역학계에서는 식 (5・72)의 지배방정식을 반복법(iterative method)에 의해 풀게 되는데 풀이방법의 특성상 자유도가 커지면 풀이에 어려움이 따른다. 때문에 풀이 과정에서 전체자유도를 줄이기 위해 유연체의 변위를 모드중첩법으로 근사화시키는 것이 일반적이다. 따라서 유연다물체동역학계의 풀이 과정은 모드중첩법이 가지는 장점과 단점들을 그대로 가지고 있다.

등가정하중을 구하려면 먼저 과도응답해석을 수행해야 하므로 식 (5・72)를 풀어야 한다. 적절한 방법을 사용하여 식 (5・72)의 과도응답해석문제를 풀었다고 가정하자. 이제 식 (5・72)를 다음의 세 방정식군으로 나눌 수 있다.

$$\mathrm{m}^{i}_{RR}\ddot{\mathrm{R}}^{i} + \mathrm{m}^{i}_{R\theta}\ddot{\theta}^{i} + \mathrm{m}^{i}_{Rf}\ddot{\mathrm{q}}^{i}_{f} = -\mathrm{C}^{T}_{R^{i}}\lambda + (\mathrm{Q}^{i}_{e})_{R} + (\mathrm{Q}^{i}_{v})_{R} \qquad (5\cdot 73\mathrm{a})$$

$$\mathrm{m}^{i}_{R\theta}\ddot{\mathrm{R}}^{i} + \mathrm{m}^{i}_{\theta\theta}\ddot{\theta}^{i} + \mathrm{m}^{i}_{\theta f}\ddot{\mathrm{q}}^{i}_{f} = -\mathrm{C}^{T}_{\theta^{i}}\lambda + (\mathrm{Q}^{i}_{e})_{\theta} + (\mathrm{Q}^{i}_{v})_{\theta} \qquad (5\cdot 73\mathrm{b})$$

$$\mathrm{m}^{i}_{Rf}\ddot{\mathrm{R}}^{i} + \mathrm{m}^{i}_{f\theta}\ddot{\theta}^{i} + \mathrm{m}^{i}_{ff}\ddot{\mathrm{q}}^{i}_{f} + \mathrm{K}^{i}_{ff}\mathrm{q}^{i}_{f} = -\mathrm{C}^{T}_{q^{i}_{f}}\lambda + (\mathrm{Q}^{i}_{e})_{f} + (\mathrm{Q}^{i}_{v})_{f} \qquad (5\cdot 73\mathrm{c})$$

이 중에서 식 (5・73c)를 다음과 같이 다시 쓸 수 있다.

$$\mathrm{K}^{i}_{ff}\mathrm{q}^{i}_{f} = -\mathrm{m}^{i}_{Rf}\ddot{\mathrm{R}}^{i} - \mathrm{m}^{i}_{f\theta}\ddot{\theta}^{i} - \mathrm{m}^{i}_{ff}\ddot{\mathrm{q}}^{i}_{f} - \mathrm{C}^{T}_{q^{i}_{f}}\lambda + (\mathrm{Q}^{i}_{e})_{f} + (\mathrm{Q}^{i}_{v})_{f} \qquad (5\cdot 74)$$

이 식에는 유연다물체의 변위정보가 포함되어 있다. 따라서 식 (5・72)를 풀어 모든 정보를 알고 있다면 유연다물체동역학계의 등가정하중 f_{eq}를 다음과 같이 구할 수 있다.

$$\mathrm{f}_{\mathrm{eq}} \equiv \mathrm{K}^{i}_{ff}\mathrm{q}^{i}_{f} = -\mathrm{m}^{i}_{Rf}\ddot{\mathrm{R}}^{i} - \mathrm{m}^{i}_{f\theta}\ddot{\theta}^{i} - \mathrm{m}^{i}_{ff}\ddot{\mathrm{q}}^{i}_{f} - \mathrm{C}^{T}_{q^{i}_{f}}\lambda + (\mathrm{Q}^{i}_{e})_{f} + (\mathrm{Q}^{i}_{v})_{f} \qquad (5\cdot 75)$$

식 (5・75)에서 우변의 첫 두 항들은 강체운동과 탄성변형사이의 상호연관에 의한 영향을 반영하고 있다. 세 번째 항은 유한요소법으로 표현된 유연체의 변형에 의한 관성력이다. 강체만으로 이루어진 다물체동역학계에서는 이들 세 항을 제외한 나머지 세 항만이 구조물에 가해지는 힘을 구성한다.

[2] 등가정하중을 이용한 유연다물체동역학계의 구조최적설계

등가정하중을 이용한 유연다물체동역학계의 구조최적설계는 **5.6.2**절의 방법을 그대로 적용한다. 다만 과도응답해석으로는 식 (5・72)를 풀고 등가정하중은 식 (5・75)를 이용하여 구한다. 또한 식 (5・72)를 풀기 위해서는 유연체들의 고유벡터정보가 필요하다. 실제 문제에 이 알고리즘을 구현하려면 구조최적설계 소프트웨어와 다물체동역학 소프트웨어 및 모드해석 소프트웨어가 유기적으로 사용되어야 한다.

이 세 소프트웨어들을 사용하는 것을 감안하여 **5.6.2**절의 알고리즘을 다시 기술하면 다음과 같다.

단계 1. $p=0$, $\mathbf{b}_p=\mathbf{b}_0$로 한다.

단계 2. 설계변수를 갱신하고 모드해석을 수행하여 대상 구조물의 고유벡터정보를 구한다.

단계 3. 유연다물체동역학을 해석할 수 있는 소프트웨어를 사용하여 $\mathbf{b}=\mathbf{b}_p$로 하고 식 (5·72)의 과도응답해석을 수행한다. 이때 단계 2에서 구한 고유벡터정보를 사용하여 유연체의 해를 근사화한다.

단계 4. 다음과 같이 q개의 시절점에서 등가정하중을 계산한다. 그 결과 q개의 등가정하중이 생긴다.

$$\mathbf{f}_{\text{eq}}^{u}=\mathbf{K}_{ff}(\mathbf{b}_p)\,\mathbf{q}_{ff}^{u},\quad u=1,\cdots,q \tag{5·76}$$

단계 5. 구조최적설계 소프트웨어로 단계 4에서 계산한 등가정하중을 이용하여 다음의 정적반응최적화문제를 푼다.

$$\text{Find}\quad \mathbf{b}_{p+1} \tag{5·77a}$$

$$\text{to minimize}\quad f(\mathbf{b}_{p+1}) \tag{5·77b}$$

$$\text{subject to}\quad \mathbf{f}_{\text{eq}}^{u}=\mathbf{K}_{ff}(\mathbf{b}_{p+1})\,\mathbf{z}_{ff}^{u},\quad u=1,\cdots,q \tag{5·77c}$$

$$g_{ju}(\mathbf{b}_{p+1},\,\mathbf{z}_{ff}^{u})\le 0,\quad u=1,\cdots,q,\quad j=1,\cdots,m \tag{5·77d}$$

단계 6. 수렴조건을 점검한다.

$$\frac{\|\mathbf{b}_{p+1}-\mathbf{b}_p\|}{\|\mathbf{b}_p\|}\le\varepsilon \tag{5·78}$$

이면 최적화 과정을 종료하고 최적점을 찾은 것으로 간주한다. 여기서 ε은 충분히 작은 양수이다. 식 (5·78)의 종료조건을 만족하지 않으면 단계 7로 진행한다.

단계 7. $p=p+1$로 하고 단계 2로 간다.

예제 5·7 로보트 팔의 단면치수 최적화

그림 5·21의 로보트 팔의 각 링크는 2개의 원형중공단면보로 이루어져 있다. 각 링크의 길이는 0.6m이며 설계변수는 각 보의 외경이다. 보의 두께는 외경의 1/10배로 고정되어 있다. 영률은 72GPa이고 밀도는 2700kg/m^{3}이다. 레볼루트 조인트(revolute joint) A는 2kg의 질량을 가지고 있으며 엔드이펙터(end effector) E의 질량은 1kg이다. 목적함수는 팔의 무게이며 엔드이펙터 E의 경로는 다음과 같다(Oral and Ider, 1997).

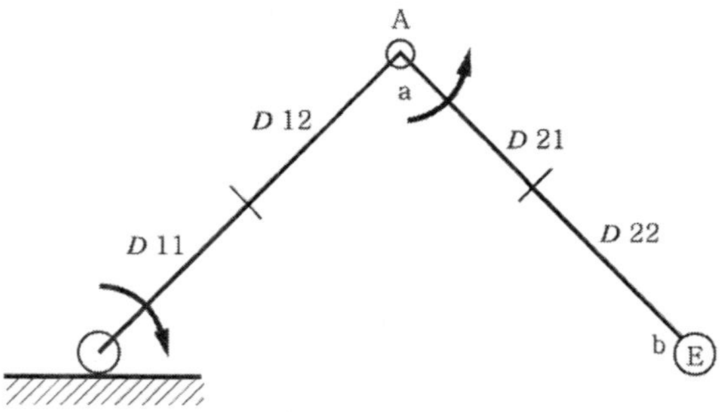

그림 5 · 21 중공단면을 가진 유연체 로보트 팔

$$\varDelta X_E = \varDelta Y_E = \frac{0.5}{T}\left(t - \frac{T}{2\pi}\sin\frac{2\pi t}{T}\right),\quad \forall t \in [0,\ 0.66] \tag{5·79}$$

여기서 T는 0.5초로 하였다. 제한조건은 다음과 같다.

$$-75.0 \le \sigma_i \le 75.0\text{MPa},\quad i = 1,\ 2,\ 3,\ 4 \tag{5·80}$$

$$(\delta y_a^2 + \delta y_b^2)^{0.5} \le 0.001\text{m} \tag{5·81}$$

식 (5 · 80)은 응력제한조건이고 식 (5 · 81)의 δy_a, δy_b는 절점 a와 b에서의 수직변위이다. 설계변수의 초기치는 모두 50mm일 때 목점함수를 최소화하고 제한조건을 만족하는 설계변수를 찾아보자.

❙❙ 풀 이 ❙❙

모두 6번의 사이클을 거쳐서 표 **5 · 4**의 결과를 얻었다. 과도응답해석을 하기 위해 사용한 모드의 수는 3차 모드까지이다. 처음 두 모드는 굽힘모드이고 세 번째 모드는 축방향 변형모드이다. 시절점은 300개로 하였기 때문에 식 (5 · 80)에서는 300개의 등가정하중이 다중하중조건으로 처리되었다. 식 (5 · 77)의 정적반응최적화 과정에서는 활성화제한조건전략과 중간변수에 의한 근사화가 적용되었다.

표 5 · 4 등가정하중법을 이용한 로보트 팔의 최적화 결과(mm, N)

설계변수 및 목적함수	최적설계 결과
D11	54.500
D12	38.525
D21	30.400
D22	22.700
무게	13.229

예제 5 · 8 4절 링크기구의 단면치수 최적화

그림 **5 · 22**의 4절 링크를 유한요소모델로 모델링하였다. 각 링크는 6개의 보요소로 이루어져 있으며 원형중실단면을 가지고 있다. 영률은 68.95GPa이고 밀도는 2757kg/m^{3}이다. 각 링크의 길이는 1번부터 4번까지 차례로 0.3048m, 0.9144m, 0.7620m, 0.9144m이다. 링크 1은 10π/s의 각속도로 회전하고 있다. 설계변수는 각 링크의 지름이다. i번째 링크의 k번째 노드에서 굽힘응력은 다음과 같이 결정된다.

$$\sigma_i^k = \frac{4\sqrt{\pi}}{A_i^{3/2}} M_i^k \tag{5 · 82}$$

여기서 A_i는 i번째 링크의 단면적이고 M_i^k은 i번째 링크의 k번째 노드에서의 굽힘모멘트이다. 목적함수는 링크기구의 전체질량이다. 식 (5 · 82)의 굽힘응력이 정상상태에서 27.58MPa 이하가 되도록 설계변수를 결정하여라. 설계변수의 초기값은 모두 356.8mm이다.

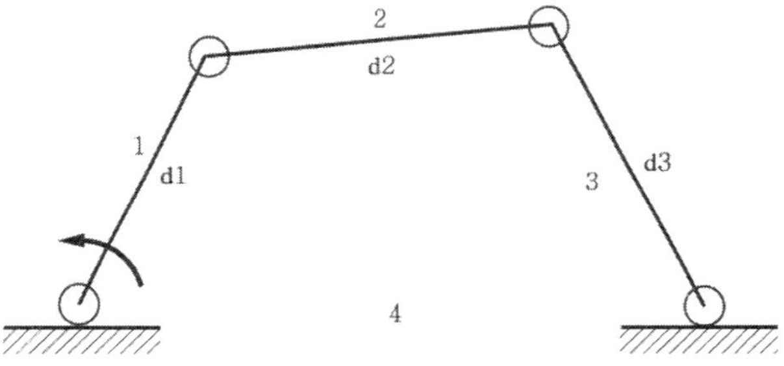

그림 5 · 22 유연체로 구성된 4절 링크기구

❙❙ 풀 이 ❙❙

표 **5 · 5**는 최적화의 결과를 보여주고 있다. 참고문헌에 의하면 이 문제는 국부최적점이 다수 존재하는 문제이다(Etman and Van, 1998). 따라서 본 연구에서의 결과는 다수의 국부최적점 중의 하나로 이해할 수 있다. 처음 3개의 모드를 사용하여 과도응답해석을 수행하였으며 총 16번의 사이클을 거쳤다. 시절점은 정상상태구간을 500개로 나누었다.

표 5 · 5 등가정하중법을 이용한 4절 링크기구의 최적화 결과(mm, kg)

설계변수 및 목적함수	최적설계 결과
d1	33.5
d2	23.2
d3	16.9
질량	2.28

5.7 주파수영역에서의 최적화

지금까지는 구조물의 과도응답(transient response)을 시간영역에서 최적화하는 방법에 대해 기술하였다. 이 절에서는 주파수영역에서 구조물의 거동을 최적화하는 방법에 대해 기술한다. 주파수영역에서 구조물의 거동을 최적화하는 분야는 다시 고유치 문제(eigen-value problem)의 최적화, 무작위(random) 하중에 의한 거동의 최적화, 조화응답(harmonic response)의 최적화 등으로 나눌 수 있다. 고유치 문제의 최적화에 관한 기본적인 내용들은 제**4**장의 구조최적설계에서 다루고 있다. 무작위 하중에 의한 거동의 최적화는 응답자체에 관한 연구는 활발하게 진행되고 있으나, 그 응답을 설계와 연결시키는 연구는 아직 충분하지 않다. 이 절에서는 주로 구조물의 조화응답의 최적화에 관한 내용을 설명한다.

5.7.1 조화응답의 최적화

구조물의 조화응답이란 구조물에 조화하중(harmonic force)이 가해질 때 구조물이 나타내는 거동을 말한다. 조화응답은 다음의 미분방정식을 풀어서 얻는 해이다.

$$\mathrm{M}\ddot{\mathrm{z}} + \mathrm{Kz} = \mathrm{p} \sin \omega t \tag{5・83a}$$

$$\mathrm{p} = [\, p_1 \;\; \cdots \;\; p_l \,]^T \tag{5・83b}$$

정상상태에서 식 (5・83)의 해를

$$\mathrm{z} = \mathrm{x} \sin \omega t \tag{5・84}$$

라고 하자. 식 (5・84)를 식 (5・83)에 대입하면 식 (5・83)을 다음과 같이 변형할 수 있다.

$$(-\omega^2 \mathrm{M} + \mathrm{K})\mathrm{x} = \mathrm{p} \tag{5・85}$$

조화응답해석이란 크기가 p이고 가진주파수가 ω인 조화하중이 구조물에 가해질 때에 식 (5・85)의 해 x를 얻어 식 (5・84)를 계산하는 것이다. 그런데 식 (5・84)에서는 조화응답의 크기만이 의미를 가지는 경우가 많다. 때문에 대부분의 경우 식 (5・84)의 해에서 조화응답의 크기 x만이 관심의 대상이 된다. 또 실제로는 가진주파수 ω가 가지는 범위 내의 모든 주파수대에서 조화응답해석을 수행하는 것이 일반적이다. 이것은 주어진 시간의 범위에서 과도응답해석을 수행하는 것과 유사하다. 따라서 시간영역에서 시간종속 제한조건을 처리하는 방법들 중의 일부를 주파수영역에서 주파수종속 제한조건을 처리하는 데 사용할 수 있다.

조화응답의 최적화는 다음과 같이 정식화된 문제의 해를 구하는 것이다.

$$\text{Find} \quad \mathrm{b} \in R^n \tag{5·86a}$$

$$\text{to minimize} \quad f(\mathrm{b}) \tag{5·86b}$$

$$\text{subject to} \quad (-\omega_i^2 \mathrm{M} + \mathrm{K})\mathrm{x}_i = \mathrm{p}_i, \quad i=1, \cdots, r \tag{5·86c}$$

$$g_j(\mathrm{b}, \mathrm{x}_i, \omega_i) \le 0, \quad i=1, \cdots, r, \quad j=1, \cdots, m \tag{5·86d}$$

$$\mathrm{b}_\mathrm{L} \le \mathrm{b} \le \mathrm{b}_\mathrm{U} \tag{5·86e}$$

여기서 r은 관심 있는 주파수의 수인 동시에 하중조건의 개수이다. 식 (5·86c)의 등제한 조건에는 조화응답해석을 위한 방정식이 포함되어 있는데 이는 대수방정식이다. 그런데 제**4**장의 구조최적설계에서 사용된 등제한조건 역시 대수방정식이다. 이것은 제**4**장에서 정적반응을 지배하는 등제한조건을 고려하면서 설명한 각종 방법들이 조화응답의 최적화에도 사용될 수 있다는 것을 의미한다. 다시 말하면 조화응답최적화에서 다루는 물리적인 현상 자체는 동적반응이다. 그러나 최적설계의 기술적인 측면에서 보면 조화응답최적화는 동적반응최적화라기보다는 정적반응최적화에 가깝다.

예제 5·9 조화응답해석

다음의 2자유도 질량-스프링계의 조화응답해석을 수행하여라. 여기서 $m=1$, $k=2$, $p=100$이며 가진주파수 ω의 범위는 $1 \le \omega \le 10$으로 하여라.

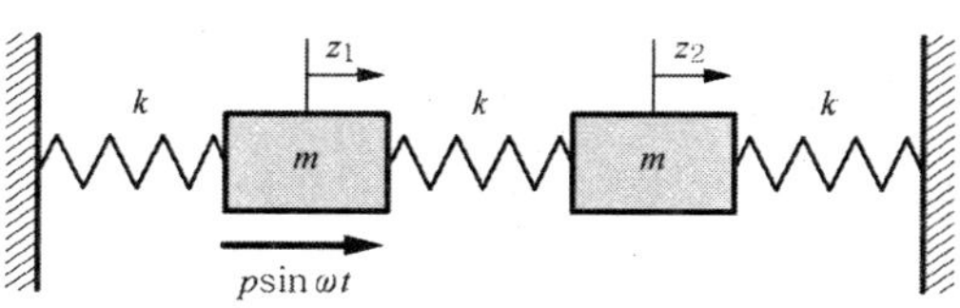

그림 5·23 2자유도 질량-스프링계

❙❙풀 이❙❙

계의 운동방정식은 다음과 같다.

$$\begin{bmatrix} m & 0 \\ 0 & m \end{bmatrix}\begin{bmatrix} \ddot{z}_1 \\ \ddot{z}_2 \end{bmatrix} + \begin{bmatrix} 2k & -k \\ -k & 2k \end{bmatrix}\begin{bmatrix} z_1 \\ z_2 \end{bmatrix} = \begin{bmatrix} p \\ 0 \end{bmatrix} \sin \omega t \tag{5·87}$$

식 (5·87)의 해를

$$\begin{bmatrix} z_1 \\ z_2 \end{bmatrix} = \begin{bmatrix} x_1 \\ x_2 \end{bmatrix} \sin \omega t \tag{5·88}$$

라 하자. 식 (5·85)에 의하면 주어진 계의 조화응답을 구하기 위한 방정식은 다음과 같다.

$$\left(-\omega^2\begin{bmatrix} m & 0 \\ 0 & m \end{bmatrix}+\begin{bmatrix} 2k & -k \\ -k & 2k \end{bmatrix}\right)\begin{bmatrix} x_1 \\ x_2 \end{bmatrix}=\begin{bmatrix} p \\ 0 \end{bmatrix} \tag{5・89}$$

식 (5・89)를 풀어 얻은 해는 다음과 같다.

$$x_1=\frac{(2k-m\omega^2)p}{m^2\left\{\left(\frac{k}{m}\right)^2-\omega^2\right\}\left\{\left(\frac{3k}{m}\right)^2-\omega^2\right\}} \tag{5・90a}$$

$$x_2=\frac{kp}{m^2\left\{\left(\frac{k}{m}\right)^2-\omega^2\right\}\left\{\left(\frac{3k}{m}\right)^2-\omega^2\right\}} \tag{5・90b}$$

식 (5・90)에 주어진 수치를 대입하면 최종적으로 다음을 얻는다.

$$x_1=\frac{10}{36-\omega^2} \tag{5・91a}$$

$$x_2=\frac{20}{(4-\omega^2)(36-\omega^2)} \tag{5・91b}$$

식 (5・91)을 주어진 ω의 범위에서 계산하고 그 결과를 그래프로 나타내면 그림 **5・24**와 같다.

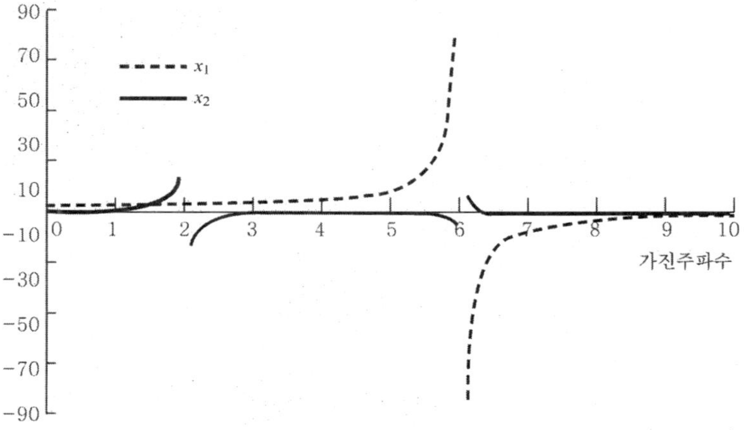

그림 5・24 2자유도 질량-스프링계의 조화응답

5.7.2 민감도해석

식 (5・86)의 부문제를 형성하기 위해 각 함수의 민감도가 필요하다. 부문제를 형성하는 자세한 과정은 제**4**장의 내용과 중복되기 때문에 여기서는 생략한다. 다만 식 (5・86c)의 등제한조건으로부터 민감도를 얻는 방법에 대해서만 설명한다. 식 (5・86)의 문제에 대응하는 선형화된 부문제를 형성하는 과정에서 식 (5・86c)의 등제한조건을 소거할 수 있다는 것을 제**4**장에서 설명하였다. 민감도해석은 다음과 같다.

[1] 직접미분법

외력이 설계변수와 무관하다는 가정하에 식 (5 · 86c)를 설계변수에 관하여 직접 미분하여 정리하면 다음을 얻는다.

$$(-\omega^2 \mathrm{M} + \mathrm{K})\frac{\mathrm{d}\mathrm{x}}{\mathrm{d}b_i} = \left(\omega^2 \frac{d\mathrm{M}}{db_i} - \frac{d\mathrm{K}}{d\mathrm{b}}\right)\mathrm{x} \tag{5 · 92}$$

식 (5 · 92)를 풀어서 민감도 $d\mathrm{x}/db_i$를 구할 수 있다.

[2] 모드중첩법

식 (5 · 86c)의 해를 다음과 같이 모드행렬을 사용하여 근사화할 수 있다.

$$\mathrm{x} = \Phi \mathrm{q} \tag{5 · 93}$$

여기서 q의 차원(dimension)은 x의 차원보다 작다. 식 (5 · 93)으로부터 민감도는 다음과 같다.

$$\frac{\mathrm{d}\mathrm{x}}{\mathrm{d}b_i} = \frac{\mathrm{d}\Phi}{\mathrm{d}b_i}\mathrm{q} + \Phi\frac{\mathrm{d}\mathrm{q}}{\mathrm{d}b_i} \tag{5 · 94}$$

위의 식에서 모드행렬의 민감도 $\frac{\mathrm{d}\Phi}{\mathrm{d}b_i}$는 고유벡터의 민감도해석을 통해 구할 수 있다. $\frac{\mathrm{d}\mathrm{q}}{\mathrm{d}b_i}$는 다음의 식을 풀어서 구할 수 있다.

$$\begin{aligned}(-\omega^2\Phi^T \mathrm{M}\Phi + \Phi^T\mathrm{K}\Phi)\frac{\mathrm{d}\mathrm{q}}{\mathrm{d}b_i} \\ = -\Phi^T(\omega^2\mathrm{M} + \mathrm{K})\frac{\mathrm{d}\Phi}{\mathrm{d}b_i}\mathrm{q} + \Phi^T\left(\omega^2\frac{\partial \mathrm{M}}{\partial b_i} - \frac{\partial \mathrm{K}}{\partial b_i}\right)\Phi\mathrm{q}\end{aligned} \tag{5 · 95}$$

식 (5 · 95)는 식 (5 · 93)~(5 · 94)를 식 (5 · 92)에 대입한 결과의 양변에 Φ^T를 곱하여 얻은 것이다. 고유벡터의 민감도 $\frac{\mathrm{d}\Phi}{\mathrm{d}b_i}$의 값이 매우 작아 무시할 수 있다면 식 (5 · 94)~(5 · 95)는 다음과 같이 변형된다.

$$\frac{\mathrm{d}\mathrm{x}}{\mathrm{d}b_i} \cong \Phi\frac{\mathrm{d}\mathrm{q}}{\mathrm{d}b_i} \tag{5 · 96}$$

$$(-\omega^2\Phi^T \mathrm{M}\Phi + \Phi^T\mathrm{K}\Phi)\frac{\mathrm{d}\mathrm{q}}{\mathrm{d}b_i} \cong \Phi^T\left(\omega^2\frac{\partial \mathrm{M}}{\partial b_i} - \frac{\partial \mathrm{K}}{\partial b_i}\right)\Phi\mathrm{q} \tag{5 · 97}$$

즉, 민감도는 식 (5 · 96)과 같으며 여기에 필요한 $\frac{\mathrm{d}\mathrm{q}}{\mathrm{d}b_i}$는 식 (5 · 97)을 풀어서 얻을 수 있다.

[3] 보조변수법

제한조건인 식 (5・86d)에 있는 함수 g_j의 민감도 $\frac{dg_i}{db_i}$를 보조변수법으로 구해 보자. 함수 g_j의 민감도 $\frac{dg_i}{db_i}$는 다음과 같다.

$$\frac{dg_i}{db_i}=\frac{\partial g_i}{\partial b_i}+\frac{\partial g_i}{\partial \mathbf{x}}\frac{d\mathbf{x}}{db_i} \tag{5・98}$$

식 (5・92)를 $\frac{d\mathbf{x}}{db_i}$에 관하여 정리하면 다음과 같다.

$$\frac{d\mathbf{x}}{db_i}=(-\omega^2\mathbf{M}+\mathbf{K})^{-1}\left(\omega^2\frac{\partial \mathbf{M}}{\partial b_i}-\frac{\partial \mathbf{K}}{\partial b_i}\right)\mathbf{x} \tag{5・99}$$

식 (5・99)를 식 (5・98)에 대입하면 다음과 같다.

$$\frac{dg_i}{db_i}=\frac{\partial g_i}{\partial b_i}+\frac{\partial g_i}{\partial \mathbf{x}}(-\omega^2\mathbf{M}+\mathbf{K})^{-1}\left(\omega^2\frac{\partial \mathbf{M}}{\partial b_i}-\frac{\partial \mathbf{K}}{\partial b_i}\right)\mathbf{x} \tag{5・100}$$

식 (5・100)에서 보조변수벡터 λ를 다음과 같이 도입한다.

$$\lambda^T=\frac{\partial g_i}{\partial \mathbf{x}}(-\omega^2\mathbf{M}+\mathbf{K})^{-1} \tag{5・101}$$

식 (5・101)을 변형하여 다음과 같은 보조변수방정식을 얻는다.

$$(-\omega^2\mathbf{M}+\mathbf{K})\lambda=\left(\frac{\partial g_i}{\partial \mathbf{x}}\right)^T \tag{5・102}$$

여기서 질량행렬(M)과 강성행렬(K)은 대칭행렬이라고 가정하였다. 식 (5・101)에 의해 식 (5・100)은 다음과 같이 나타낼 수 있다.

$$\frac{dg_i}{db_i}=\frac{\partial g_i}{\partial b_i}+\lambda^T\left(\omega^2\frac{\partial \mathbf{M}}{\partial b_i}-\frac{\partial \mathbf{K}}{\partial b_i}\right)\mathbf{x} \tag{5・103}$$

식 (5・102)를 풀어 얻은 보조변수벡터 λ를 식 (5・103)에 대입하면 함수 g_j의 민감도 $\frac{dg_i}{db_i}$를 구하게 된다.

예제 5・10 조화응답의 민감도해석

예제 **4・1**의 3부재 트러스 구조물에 하중 $p=40,000\times\sin 20t\mathrm{N}$이 가해지고 있다. 민감도 $\frac{d\mathbf{x}}{db_1}$를 직접미분법, 모드중첩법, 보조변수법으로 각각 구하여라. 단 트러스의 밀도는 $\rho = 7830\text{kg/m}^3$이다.

❚❚ 풀 이 ❚❚

전체좌표계에서 본 질량행렬과 강성행렬은 각각 다음과 같다.

$$\mathrm{K} = E\begin{bmatrix} \dfrac{b_1}{2L_1} + \dfrac{b_3}{2L_3} & \dfrac{b_1}{2L_1} - \dfrac{b_3}{2L_3} \\ \dfrac{b_1}{2L_1} - \dfrac{b_3}{2L_3} & \dfrac{b_1}{2L_1} + \dfrac{b_2}{L_2} + \dfrac{b_3}{2L_3} \end{bmatrix} \tag{5·104}$$

$$\mathrm{M} = \rho\begin{bmatrix} \dfrac{b_1L_1}{6} + \dfrac{b_3L_3}{6} & \dfrac{b_1L_1}{6} - \dfrac{b_3L_3}{6} \\ \dfrac{b_1L_1}{6} - \dfrac{b_3L_3}{6} & \dfrac{b_1L_1}{6} + \dfrac{b_2L_2}{3} + \dfrac{b_3L_3}{6} \end{bmatrix} \tag{5·105}$$

식 (5·104)~(5·105)에 주어진 수치를 대입하면 다음을 얻는다.

$$\mathrm{K} = \sqrt{2}\times10^{-4}\times207\times10^{9}\begin{bmatrix} 2 & 0 \\ 0 & 2+\sqrt{2} \end{bmatrix} \tag{5·106}$$

$$\mathrm{M} = \frac{2\times7830\times10^{-4}}{3}\begin{bmatrix} 4\sqrt{2} & 0 \\ 0 & 1+4\sqrt{2} \end{bmatrix} \tag{5·107}$$

또 주어진 하중은 다음과 같다.

$$\mathrm{p} = \begin{bmatrix} 40000\times1/2 \\ 40000\times\sqrt{3}/2 \end{bmatrix} \tag{5·108}$$

이제 식 (5·85)에 식 (5·106)~(5·108)을 대입하고 조화응답의 진폭 $\mathbf{x}$를 구한다. $\mathbf{x}$는 다음과 같다.

$$\mathbf{x} = [\ 0.00034160 \quad 0.00034659\ ]^T \tag{5·109}$$

(1) 직접미분법을 이용한 민감도

식 (5·104)~(5·105)를 설계변수에 대해 각각 미분한 결과는 다음과 같다.

$$\frac{\partial\mathrm{K}}{\partial b_1} = \frac{E}{2L_1}\begin{bmatrix} 1 & 1 \\ 1 & 1 \end{bmatrix} = \frac{207\times10^9}{2\sqrt{2}}\begin{bmatrix} 1 & 1 \\ 1 & 1 \end{bmatrix} \tag{5·110}$$

$$\frac{\partial\mathrm{M}}{\partial b_1} = \frac{\rho L_1}{6}\begin{bmatrix} 1 & 1 \\ 1 & 1 \end{bmatrix} = \frac{7830\times\sqrt{2}}{6}\begin{bmatrix} 1 & 1 \\ 1 & 1 \end{bmatrix} \tag{5·111}$$

식 (5·106)~(5·111)을 식 (5·92)에 대입하면 다음과 같다.

$$\begin{aligned} &\left(-20^2\times\sqrt{2}\times10^{-4}\times207\times10^{9}\begin{bmatrix} 2 & 0 \\ 0 & 2+\sqrt{2} \end{bmatrix} + \frac{2\times7830\times10^{-4}}{3}\begin{bmatrix} 4\sqrt{2} & 0 \\ 0 & 1+4\sqrt{2} \end{bmatrix}\right)\frac{\mathrm{d}\mathbf{x}}{\mathrm{d}b_1} \\ &= \left(20^2\times\frac{7830\times\sqrt{2}}{6}\begin{bmatrix} 1 & 1 \\ 1 & 1 \end{bmatrix} - \frac{207\times10^9}{2\sqrt{2}}\begin{bmatrix} 1 & 1 \\ 1 & 1 \end{bmatrix}\right)\begin{bmatrix} 0.00034160 \\ 0.00034659 \end{bmatrix} \end{aligned} \tag{5·112}$$

위의 식을 계산하면 다음과 같이 민감도를 얻을 수 있다.

$$\frac{\mathrm{d}\mathbf{x}}{\mathrm{d}b_1} = [\ -0.86026 \quad -0.50392\ ]^T \tag{5·113}$$

(2) 모드중첩법을 이용한 민감도

고유벡터의 민감도가 매우 작다는 가정을 두어 식 (5·96)~(5·97)을 사용한다. 이 문제에서 전체자유도에 대한 모드행렬은 다음과 같다.

$$\mathbf{\Phi}=[\,\mathbf{v}_1 \quad \mathbf{v}_2\,] \tag{5·114a}$$

$$\mathbf{v}_1=[1 \quad 0]^T \tag{5·114b}$$

$$\mathbf{v}_2=[0 \quad 1]^T \tag{5·114c}$$

이 문제의 3부재 트러스에서는 첫 번째 고유벡터(수평방향변위)와 두 번째 고유벡터(수직방향변위)가 모두 중요한 역할을 한다. 따라서 전체자유도에 대한 모드행렬을 그대로 사용하여야 한다. 그러나 모드행렬에 의한 근사화의 예를 보이기 위해 이 예제에서는 첫 번째 고유벡터 $\mathbf{v}_1$만을 사용하여 다음과 같이 $\mathbf{x}$를 $\mathbf{q}$로 근사화한다.

$$\mathbf{x}=\mathbf{v}_1 q_1 \tag{5·115}$$

주어진 설계점에서 식 (5·115)를 식 (5·85)에 대입하면 다음과 같다.

$$\left(-20^2\times\sqrt{2}\times10^{-4}\times207\times10^9\begin{bmatrix}2 & 0\\ 0 & 2+\sqrt{2}\end{bmatrix}+\frac{2\times7830\times10^{-4}}{3}\begin{bmatrix}4\sqrt{2} & 0\\ 0 & 1+4\sqrt{2}\end{bmatrix}\right)\begin{bmatrix}1\\0\end{bmatrix}q_1$$
$$=\begin{bmatrix}40000\times1/2\\ 40000\times\sqrt{3}/2\end{bmatrix} \tag{5·116}$$

식 (5·116)을 q_1에 대해 풀어서 얻은 결과를 식 (5·115)에 대입하면 다음과 같이 조화응답의 진폭을 얻을 수 있다.

$$\mathbf{x}=[\,0.00034160 \quad 0\,]^T \tag{5·117}$$

식 (5·96)에 의하면 민감도는 다음과 같이 근사화된다.

$$\frac{d\mathbf{x}}{db_1}\cong\mathbf{v}_1\frac{dq_1}{db_1} \tag{5·118}$$

$\dfrac{dq_1}{db_1}$은 식 (5·97)을 적용한 다음의 방정식을 풀어 얻는다.

$$\mathbf{v}_1^T(-\omega^2\mathbf{M}+\mathbf{K})\mathbf{v}_1\frac{dq_1}{db_1}=\mathbf{v}_1^T\left(\omega^2\frac{\partial\mathbf{M}}{\partial b_1}-\frac{\partial\mathbf{K}}{\partial b_1}\right)\mathbf{v}_1 q_1 \tag{5·119}$$

식 (5·119)에 주어진 수치를 대입하면 다음과 같이 $\dfrac{dq_1}{db_1}$를 구할 수 있다.

$$\frac{dq_1}{db_1}=-0.4270 \tag{5·120}$$

식 (5·120)을 식 (5·118)에 대입하여 최종적으로 다음과 같은 민감도를 얻는다.

$$\frac{d\mathbf{x}}{db_1}\cong[-0.4270 \quad 0]^T \tag{5·121}$$

고유벡터의 수가 충분하지 않기 때문에 식 (5·113)의 결과와는 차이가 크다.

(3) 보조변수법을 이용한 민감도

이 문제에서는 $g_j = x_j$이다. 식 (5 · 103)을 $\frac{dx_1}{db_1}$, $\frac{dx_2}{db_1}$에 적용하면 다음과 같다.

$$\frac{dx_j}{db_1} = \lambda_j^T\left(\omega^2 \frac{\partial \mathbf{M}}{\partial b_1} - \frac{\partial \mathbf{K}}{\partial b_1}\right)\mathbf{x}, \quad j = 1, 2 \tag{5 · 122}$$

여기서 보조변수벡터 λ_j는 식 (5 · 102)를 적용하여 구성한 다음의 방정식을 풀어서 얻는다.

$$\left(-20^2 \times \sqrt{2} \times 10^{-4} \times 207 \times 10^9 \begin{bmatrix} 2 & 0 \\ 0 & 2+\sqrt{2} \end{bmatrix} + \frac{2 \times 7830 \times 10^{-4}}{3} \begin{bmatrix} 4\sqrt{2} & 0 \\ 0 & 1+4\sqrt{2} \end{bmatrix}\right)\lambda_1 = \begin{bmatrix} 1 \\ 0 \end{bmatrix} \tag{5 · 123}$$

$$\left(-20^2 \times \sqrt{2} \times 10^{-4} \times 207 \times 10^9 \begin{bmatrix} 2 & 0 \\ 0 & 2+\sqrt{2} \end{bmatrix} + \frac{2 \times 7830 \times 10^{-4}}{3} \begin{bmatrix} 4\sqrt{2} & 0 \\ 0 & 1+4\sqrt{2} \end{bmatrix}\right)\lambda_2 = \begin{bmatrix} 0 \\ 1 \end{bmatrix} \tag{5 · 124}$$

식 (5 · 123)~(5 · 124)를 각각 풀면 다음의 보조변수벡터를 얻을 수 있다.

$$\lambda_1^T = [1.7080 \quad 0] \times 10^{-8} \tag{5 · 125}$$

$$\lambda_2^T = [0 \quad 1.0005] \times 10^{-8} \tag{5 · 126}$$

식 (5 · 125)~(5 · 126)을 식 (5 · 122)에 대입하면 다음과 같이 민감도를 얻을 수 있다.

$$dx_1/db_1 = -0.86026 \tag{5 · 127}$$

$$dx_2/db_1 = -0.50392 \tag{5 · 128}$$

5.7.3 제한조건의 처리 및 최대진폭의 최소화문제

조화응답최적화의 제한조건은 주파수종속 제한조건이다. 이는 식 (5 · 86d)와 같이 주파수의 함수로 나타낼 수 있는 제한조건을 말한다. 식 (5 · 86d)를 아래에 다시 쓴다.

$$g_j(\mathbf{b}, \mathbf{x}_i, \omega_i) \le 0, \quad i = 1, \cdots, r, \quad j = 1, \cdots, m \tag{5 · 129}$$

위의 제한조건은 그림 **5 · 25**와 같이 r개의 다중하중조건으로 부과된다. 따라서 ω_i의 개수는 하중조건의 수이다. 여기서 ω_i를 시간으로 대치하면 식 (5 · 129)는 시간종속 제한조건과 유사한 성격을 가진다. 이 때문에 식 (5 · 129)의 제한조건을 처리하는 방법은 시간종속 제한조건을 처리하는 방법과 비슷하다. 다만 반응과 민감도를 계산하기 위해 미분방정식을 풀지 않고 대수방정식을 푸는 점이 다르다. 시간종속 제한조건을 처리하는 방법은 앞에서 설명하였다.

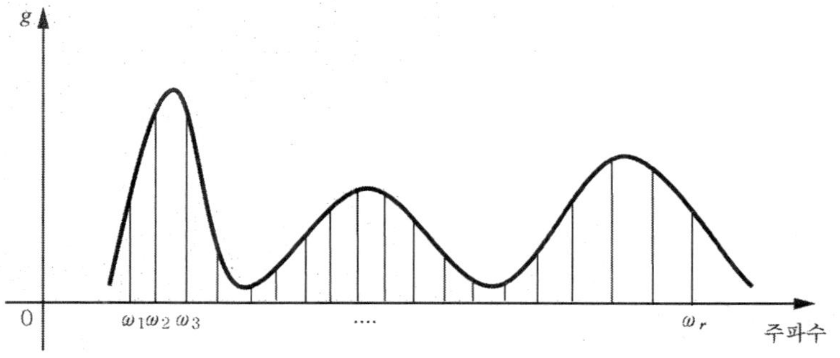

그림 5·25 주파수종속 제한조건

한편 조화응답의 최적화에서 자주 만나는 문제는 주어진 주파수범위 안에서 최대진폭을 최소화하는 것이다. 이는 최대값의 최소화문제로서 다음과 같이 정식화된다.

Find	$\mathbf{b}$	(5·130a)
to minimize	maximum amplitude at a DOF	(5·130b)
subject to	$(-\omega_i^2\mathbf{M}+\mathbf{K})\mathbf{x}_i=\mathbf{p}_i,\ \ i=1,\cdots,r$	(5·130c)
	$g_j(\mathbf{b},\ \mathbf{x}_i,\ \omega_i)\le 0,\ \ i=1,\cdots,r,\ \ j=1,\cdots,m$	(5·130d)
	$\mathbf{b}_L\le\mathbf{b}\le\mathbf{b}_U$	(5·130e)

이를 해결하는 대표적인 방법으로 의사변수를 도입하는 방법과 주파수-진폭이 이루는 면적을 최소화하는 방법이 있다.

[1] 최대진폭의 최소화문제 – 의사변수법

식 (5·3)과 같이 의사변수 β를 도입하여 식 (5·130)을 다음과 같이 변형시킬 수 있다.

Find	$\mathbf{b},\ \beta$	(5·131a)
to minimize	β	(5·131a)
subject to	$(-\omega_i^2\mathbf{M}+\mathbf{K})\mathbf{x}_i=\mathbf{p}_i,\ \ i=1,\cdots,r$	(5·131c)
	$g_j(\mathbf{b},\ \mathbf{x}_i,\ \omega_i)\le 0,\ \ i=1,\cdots,r,\ \ j=1,\cdots,m$	(5·131d)
	all amplitudes at a DOF in specified range of frequency $\le\beta$	(5·131e)
	$\mathbf{b}_L\le\mathbf{b}\le\mathbf{b}_U$	(5·131f)

식 (5·131)은 의사변수 β를 최소화시킨다. 이때 제한조건 (5·131e)를 추가하여 최대

진폭이 최소화된 의사변수보다 더 작거나 같도록 함으로써 최대진폭을 최소화한다. 이에 대한 것이 그림 **5 · 26**에 있다.

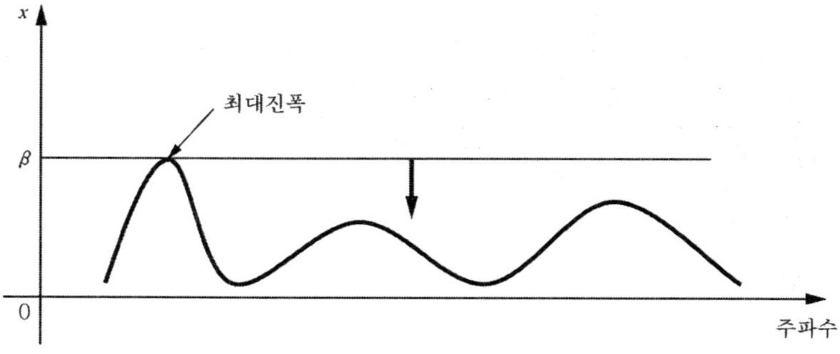

그림 5 · 26 의사변수법의 도해

[2] 최대진폭의 최소화문제 – 면적의 최소화

최대진폭을 줄이는 데 사용되는 또 다른 방법은 다음의 식을 푸는 것이다.

Find $\mathbf{b}, \mathbf{x}$ (5 · 132a)

to minimize $\int_{\omega 1}^{\omega 2} x \, d\omega$ (5 · 132b)

subject to $(-\omega_i^2 \mathbf{M} + \mathbf{K})\mathbf{x}_i = \mathbf{p}_i, \quad i = 1, \cdots, r$ (5 · 132c)

$g_j(\mathbf{b}, \mathbf{x}_i, \omega_i) \le 0, \quad i = 1, \cdots, r, \quad j = 1, \cdots, m$ (5 · 132d)

$\mathbf{b}_L \le \mathbf{b} \le \mathbf{b}_U$ (5 · 132e)

식 (5 · 132)는 그림 **5 · 27**에 보이는 진폭곡선과 ω(주파수)축이 만드는 면적을 최소화한다. 이는 시간종속 제한조건을 처리하는 등가범함수법 개념을 목적함수의 최소화에 응용

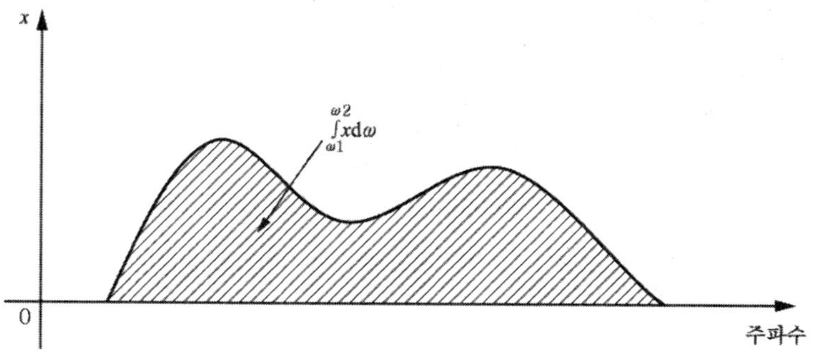

그림 5 · 27 주파수 – 진폭이 만드는 면적

한 것이라고 볼 수 있다. 식 (5 · 132)는 식 (5 · 130)과 동일한 문제는 아니다. 다만 이 면적을 최소화하면 대개 최대진폭도 줄어드는 경향이 있기 때문에 공학적으로는 최대진폭을 줄이기 위해 위의 정식화를 사용하기도 한다.

예제 5 · 11 최대진폭의 최소화

그림 **5 · 28**의 길이가 3m인 사각단면 외팔보 끝단에서 수직방향의 최대진폭을 최소화하여라. 단, 전체 부피는 $15 \times 10^6 \text{mm}^3$ 이하를 유지하여라. 가진주파수는 $9\text{Hz} \le f \le 57\text{Hz}$의 범위를 가진다. 사용된 재료의 영률 $E = 207\text{GPa}$, 밀도 $\rho = 8000\text{kg/m}^3$이며, 사각단면의 폭과 높이는 항상 같다. 폭과 높이의 초기치는 각각 100mm이다.

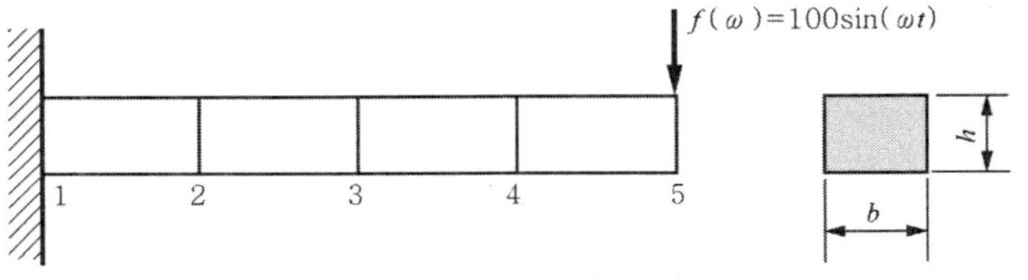

그림 5 · 28 사인파형의 하중을 받는 외팔보

❙❙ 풀 이 ❙❙

(1) 의사변수법

$9\text{Hz} \le f = (\omega/2\pi) \le 57\text{Hz}$의 가진주파수를 1Hz 간격으로 이산화하였다. 최대진폭을 최소화하기 위해 식 (5 · 131)의 의사변수법을 사용한다. 끝단의 초기설계의 조화응답을 가진주파수에 따라 그래프로 표시하면 그림 **5 · 29**와 같다. 최대진폭이 약 18mm인 것을 확인할 수 있다. 이때의 부피는 $30 \times 10^6 \text{mm}^3$이다.

이제 다음과 같이 의사변수 β를 도입하여 최적화문제를 푼다.

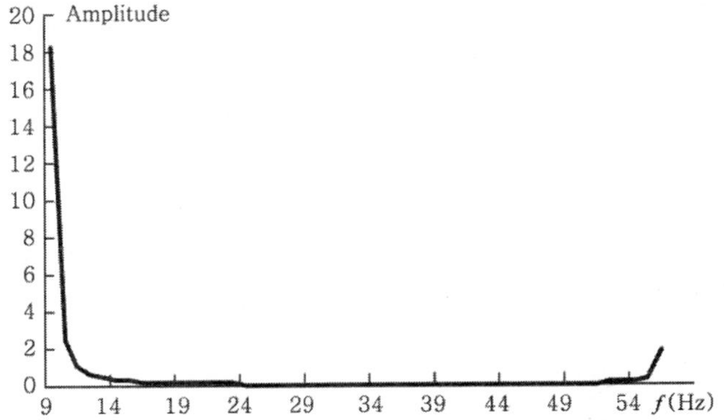

그림 5 · 29 초기설계의 조화응답

$$\text{Find} \quad \mathbf{b},\ \mathbf{x},\ \beta \tag{5·133a}$$

$$\text{to minimize} \quad \beta \tag{5·133b}$$

$$\text{subject to} \quad (-\omega_i^2\mathbf{M}+\mathbf{K})\mathbf{x}_i=\mathbf{p}_i,\quad i=1,\cdots,r \tag{5·133c}$$

$$\text{volume} \le 15\times10^6 \tag{5·133d}$$

$$\text{all amplitudes at } x_{5y} \text{ in a given range of frequency} \le \beta \tag{5·133e}$$

$$\mathbf{b}_L \le \mathbf{b} \le \mathbf{b}_U \tag{5·133f}$$

이 문제를 풀어 얻은 최종설계변수와 목적함수값은 표 **5·6**과 같다.

표 5·6 조화응답의 최적설계 결과－의사변수법

b_1(mm)	b_2(mm)	b_3(mm)	b_4(mm)	부피(mm^3)
74.192	59.7001	65.563	81.074	14,955,030

표 **5·6**의 최종설계변수를 사용하여 수행한 끝단의 조화응답이 그림 **5·30**에 있다. 최대진폭이 약 1.48로서 초기설계에 비해 현저하게 감소되었으며 부피도 초기값의 절반으로 감소하였다.

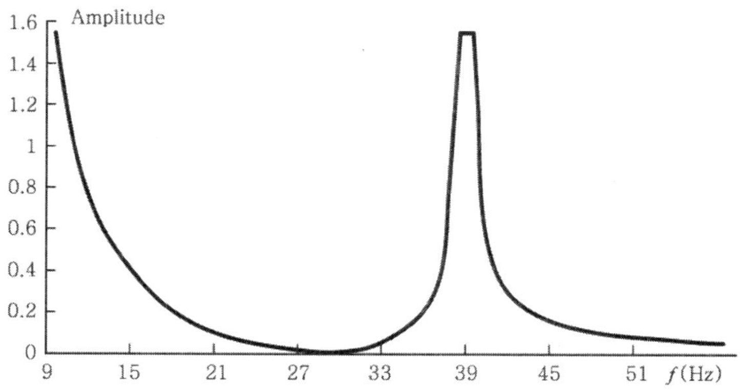

그림 5·30 최적설계의 조화응답－의사변수법

(2) 면적의 최소화

최대진폭과 주파수축이 만드는 면적을 최소화함으로써 간접적으로 최대진폭을 최소화한다. 이를 위해 다음의 최적화문제를 푼다.

$$\text{Find} \quad \mathbf{b},\ \mathbf{x} \tag{5·134a}$$

$$\text{to minimize} \quad \frac{(x_{5y_1}+x_{5y_n})}{2}\Delta f+\sum_{i=2}^{n-1}|x_{5y_i}|\Delta f \tag{5·134b}$$

$$\text{subject to} \quad (-\omega_i^2\mathbf{M}+\mathbf{K})\mathbf{x}_i=\mathbf{p}_i,\quad i=1,\cdots,r \tag{5·134c}$$

$$\text{volume} \leq 15 \times 10^6 \tag{5·134d}$$

$$\mathrm{b}_L \leq \mathrm{b} \leq \mathrm{b}_U \tag{5·134e}$$

여기서 면적은 사다리꼴 규칙을 사용하여 계산하였다. 초기설계에서 계산한 면적은 17.9062이다. 가진주파수는 1Hz의 일정한 간격(Δf)으로 이산화하였다. 이 문제를 풀어 얻은 최종 결과는 표 **5·7**과 같고 이때 끝단에서의 조화응답이 그림 **5·31**에 있다.

표 5·7 조화응답의 최적설계 결과－면적의 최소화

b_1(mm)	b_2(mm)	b_3(mm)	b_4(mm)	면적(mmHz)	부피(mm^3)
72.861	65.154	77.723	66.060	17.9989	14,968,960

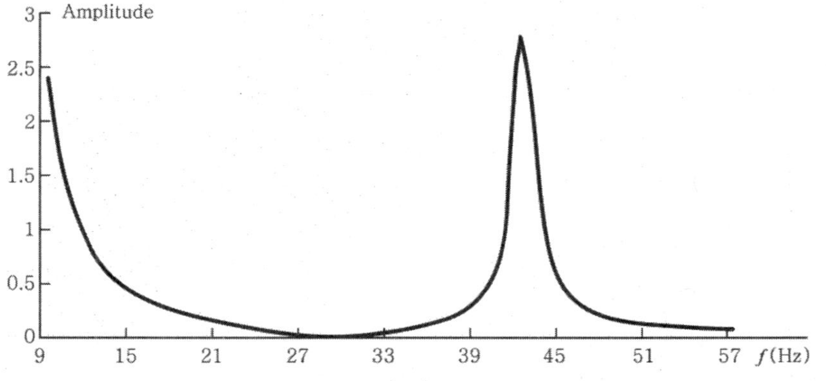

그림 5·31 최적설계의 조화응답－면적의 최소화

참 고 문 헌

이현아 · 김용일 · 강병수 · 김주성 · 박경진, 「동하중을 받는 구조물의 동적 특성에 관한 설계 관점에서의 고찰」, 대한기계학회 논문집, A30, pp. 1194~1201, 2006.

강병수 · 박경진, 「등가정하중을 이용한 유연다물체 동역학계의 구조최적설계」, 대한기계학회 논문집 A 28, pp. 48~54, 2004.

강병수 · 박경진, 「동하중을 받는 구조물의 최적화에 관한 연구동향」, 대한기계학회논문집 A 29, pp. 369~386, 2005.

강병수 · 최우석 · 박경진, 「변위에 기초한 동하중에서 변환된 정하중 하에서의 구조최적설계」, 대한기계학회논문집 A 8, pp. 1949~1957, 2000.

박경진 · 강병수, 「동하중에서 변환된 등가정하중에 의한 최적화방법의 수학적 고찰」, 대한기계학회논문집 A 27, pp. 268~275, 2003.

박기종 · 이종남 · 박경진, 「동하중으로부터 변환된 등가정하중을 통한 구조물의 형상 최적설계」, 대한기계학회논문집 A 27, pp. 1363~1370, 2003.

박영선 · 이주영 · 박경진, 「승객상해의 감소를 위한 승용차 조향주의 최적설계」, 한국자동차공학회논문집 3, pp. 33~44, 1995.

최우석 · 박경진, 「매 시간단계의 등가정하중을 다중하중조건으로 이용한 준정적 구조최적화방법」, 대한기계학회논문집 A 24(10), pp. 2568~2580, 2000.

홍을표 · 신문균 · 박경진, 「승객 상해를 최소화하는 충돌특성곡선의 결정 및 반응표면법을 이용한 충돌 부품의 최적설계」, 한국자동차공학회논문집 9, pp. 116~129, 2001.

Afimiwala KA & Mayne RW, "Optimal Design of an Impact Absorber," *Journal of Engineering for Industry, Transactions of the ASME* 96, pp. 124~130, 1974.

Barthelemy JFM & Haftka RT, "Approximation Concepts for Optimum Structural Design – A Review," *Structural Optimization* 5, pp. 129~144, 1993.

Bennett JA & Park GJ, "Automotive Occupant Dynamics Optimization," *Shock and Vibration* 2, pp. 471~479, 1995.

Chahande AI & Arora JS, "Development of a Multiplier Method for Dynamic Response Optimization Problems," *Structural Optimization* 6, pp. 69~78, 1993.

Choi WS & Park GJ, "Structural Optimization Using Equivalent Static Loads at All the Time Intervals," *Computer Methods in Applied Mechanics and Engineering* 191, pp. 2077~2094, 2002.

Craig KJ & Stander N & Balasubramanyam S, "Worst-Case Design in Head Impact Carshworthiness Optimization," *International Journal for Numerical Methods in Engineering* 57, pp. 795~817, 2003.

Etman LFP & Van CDH, "Design Optimization of Multibody Systems by Sequential Approximation," *Multibody System Dynamics* 2, pp. 393~415, 1998.

Feng TT & Arora JS & Haug JR, "Optimal Structural Design under Dynamic Loads,"

International Journal for Numerical Methods in Engineering 11, pp. 39~52, 1977.

Fox RL & Kapoor MP, "Structural Optimization in the Dynamic Regime: A Computational Approach," *AIAA Journal* 8, pp. 1798~1804, 1970.

Grandhi RV & Haftka RT & Watson LT, "Design-Oriented Identification of Critical Times in Transient Response," *AIAA Journal* 24, pp. 649~656, 1986.

Greene WH & Haftka RT, "Computational Aspects of Sensitivity Calculations in Linear Transient Structural Analysis," *Structural Optimization* 3, pp. 176~201, 1991.

Gu YX & Chen BS & Zhang HW & Grandhi. RV., "A Sensitivity Analysis Method for Linear and Nonlinearr Transient Heat Conduction with Precise Time Integration," *Structural and Multidisciplinary Optimization* 24, pp. 23~37, 2002.

Haftka RT & Gürdal Z, *Elements of Structural Optimization*, Kluwer, Dordrecht, 1992.

Kang BS & Choi WS & Park GJ, "Structural Optimization under Equivalent Static Loads Transformed from Dynamic Loads Based on Displacement," *Computers and Structures* 79, pp. 145~154, 2001.

Kang BS & Park GJ & Arora JS, "Optimization of flexible Multibody Dynamic Systems Using the Equivalent Static Load," *AIAA Journal* 43, pp. 846~852, 2005.

Kang BS & Park GJ & Arora JS, "A Review of Optimization of Structures Subjected to Transient Loads," *Structural and Multidisciplinary Optimization* 31, pp. 81~95, 2006.

Kapania RK & Park S, "Nonlinear Transient Response and Its Sensitivity Using Finite Elements in Time," *Computational Mechanics* 17, pp. 306~317, 1996.

Kim MS & Choi DH, "Multibody Dynamic Response Optimization with ALM and Approximation Line Search," *Multibody System Dynamics* 1, pp. 47~64, 1997.

Kim MS & Choi DH, "A New Penalty Parameter Update Rule in the Augmented Lagrange Multiplier Method for Dynamic Response Optimization," *KSME International Journal* 14, pp. 1122~1130, 2000.

Kurtaran H & Eskandarian A, "Design Optimization of Multi-Body Systems under Impact Loading by Response Surface Methodology," *Proceedings of the Institution of Mechanical Engineers, Part K – Journal of Multi-body Dynamics* 215, pp. 173~185, 2001.

Kurtaran H & Eskandarian A & Marzougui D & Bedewi NE, "Crashworthiness Design Optimization Using Successive Response Surface Approximations," *Computational Mechanics* 29, pp. 409~421, 2002.

Logan DL, *A First Course in the Finite Element Method*, Brooks/Cole, Pacific Grove, 2002.

Marklund PO & Nilsson L, "Optimization of a Car Body Component Subjected to Side Impact," *Structural and Multidisciplinary Optimization* 21, pp. 383~392, 2001.

Moore GJ, *MSC/Nastran Design Sensitivity and Optimization*, The MacNeal-Schwendler Corporation, Los Angeles, CA 1994.

Myers RH & Montgomery DC, *Response Surface Methodology*, Wiley, New York, 1995.

Oral S & Ider SK, "Optimum Design of High-Speed Flexible Robotic Arms with Dynamic

Behavior Constraints," *Computers & Structures* 65, pp. 255~259, 1997.

Paeng JK & Arora JS, "Dynamic Response Optimization of Mechanical Systmes with Multiplier Methods," *Journal of Mechanisms, Transmissions, and Automation in Design, Transactions of the ASME* 111, pp. 73~80, 1989.

Park GJ & Kang BS, "Validation of a Structural Optimization Algorithm Transforming Dynamic Loads into Equivalent Static Loads," *Journal of Optimization Theory and Applications* 118, pp. 191~200, 2003.

Park KJ & Lee JN & Park GJ, "Structural Shape Optimization Using Equivalent Static Loads Transformed from Dynamic Loads," *International Journal for Numerical Methods in Engineering* 63, pp. 589~602, 2005.

Pierson BL, "A Survey of Optimal Structural Design under Dynamic Constraints," *International Journal for Numerical Methods in Engineering* 4, pp. 491~499, 1972.

Sepulveda AE & Thomas HL, "Improved Transient Response Approximation for General Damped Systems," *AIAA Journal* 34, pp. 1261~1269, 1996.

Shabana AA, *Dynamics of Multibody Systems*, Cambridge University, Cambridge, 1998.

Wang S & Choi KK, "Continuum Design Sensitivity of Transient Response Using Ritz and Mode Acceleration Method," *AIAA Journal* 30, pp. 1099~1109, 1992.

Willmert KD & Fox RL, "Optimum Design of a Linear Multi-Degree-of-Freedom Shock Isolation System," *Journal of Engineering for Industry, Transactions of the ASME* 94, pp. 465~471, 1972.

제 6 장

실험계획법에 의한 설계

6.1 실험계획법에 의한 설계

특정한 시스템의 특성이나 성질을 규명하기 위해서 각종 실험을 할 때가 있다. 실험을 통해 측정하거나 산출한 결과를 반응치 혹은 특성치라 한다. 이때 특성치는 실험의 목적에 맞게 적절히 분석해야 한다. 특성치에 영향을 주는 모든 원인(이를 인자라 부른다)들을 명백히 찾아내어 적합한 값을 정하는 것은 쉬운 일이 아니다. 왜냐하면 원인이 무수히 많은데다가 실험장치, 주변조건, 숙련도 등의 차이 및 산포에 의해 특성치가 달라질 수 있고, 주위환경의 변동 및 오차 등에 의해서도 영향을 받기 때문이다.

실험의 목적은 대체로 다음의 사항을 알아내는 데 있다고 볼 수 있다.

① 주어진 실험조건하에서 특성치의 측정이나 산출 : 실험 결과를 통계적으로 처리하여 분석하지 않고 단지 어떤 특성치만 관찰하는 단순한 실험이다.

② 어떤 인자가 반응에 유의한 영향을 주는가와 그 영향이 얼마나 큰가를 파악 : 실험 결과를 통계적인 검증과 추정의 방법으로 분석한다.

③ 작은 영향을 미치는 인자들의 추정과 측정오차를 규명 : 통계적으로 오차항 추정방법 등을 사용한다.

④ 유의한 영향을 미치는 인자들이 가장 바람직한 반응을 얻기 위해서는 어떤 값을 가져야 하는가를 알아낸다. 즉, 최적반응조건을 결정하는 것이다.

실험계획법(Design of Experiments, DOE)은 위에서 나열한 실험목적을 충족하기 위하여 실험의 배치, 방법 등을 결정하는 것이다. 그리고 실험 결과의 통계적 분석을 통하여

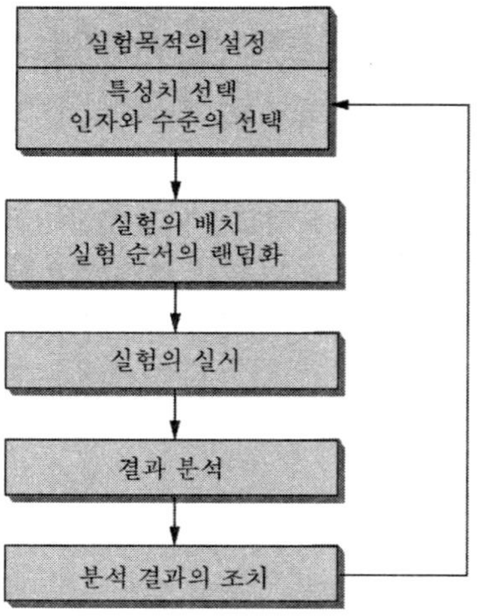

그림 6 · 1 실험계획법의 일반적 진행 방법

작업표준을 설정하거나 각종 인자를 선택한다. 실험계획법은 일반적으로 그림 **6 · 1**에 제시되어 있는 순서로 진행한다. 실험계획법은 전술한 대로 효율적인 실험과 그 결과의 분석을 위해 사용하여 왔으나, 최근에는 이 방법을 설계에 사용하려는 시도가 있다. 설계에서는 주로 위에서 열거한 방법 중 인자의 최적값을 결정하는 네 번째의 방법을 이용한다. 특성치는 설계의 목적함수로, 인자는 설계변수로 대치하여 특성치를 극대화하거나 극소화하는 인자의 값을 결정한다. 원래의 실험계획법에서는 특성치를 측정하여 산출하는데, 실험오차 등 많은 오차가 발생한다. 그러나 설계에서 실험계획법을 사용하는 경우에는 특성치를 컴퓨터에 의한 해석(혹은 모사, simulation)으로 계산하는 경우가 많다. 컴퓨터에 의한 해석은 측정오차 등이 없는 단정적(deterministic)인 방법이다.

실험계획법을 이용하는 설계는 메타모형(metamodel)을 사용하는 방법이라고 볼 수도 있다. 메타모형이란 모형(model)의 모형이라 정의한다. 주어진 점에서의 함수값을 가지고 원래의 함수값을 근사화하는데 이때 근사화된 함수가 메타모형이다. 설계변수벡터 b의 함수 y가 다음과 같다고 하자.

$$y = f(\mathrm{b}) \tag{6 · 1}$$

여기서 y는 특정한 성질의 모형이라 할 수 있다. f를 명시적(explicit)으로 구하는 것이 불가능할 때, 이의 명시적인 근사함수를 구하여 설계 과정에서 사용한다. 함수 y는 주어진 k개의 점 b_i, $i=1, \cdots, k$에서 다음과 같이 계산할 수 있다.

$$y_i = f(\mathrm{b}_i), \quad i=1, \cdots, k \tag{6 · 2}$$

메타모형 $\hat{y}$는 위의 b_i와 y_i값을 가지고 특정한 방법에 의하여 함수 y를 근사화한 함수인데 다음과 같이 표현할 수 있다.

$$\hat{y} = g(\mathrm{b}) \tag{6·3}$$

실제 설계 과정에서는 메타모형 $\hat{y}$를 이용한다. 근사화 과정의 오차를 ε이라 할 때 y와 $\hat{y}$의 관계는

$$y = \hat{y} + \varepsilon \tag{6·4}$$

이다.

실험계획법에 의한 설계에서는 기존에 개발된 실험계획법의 이론을 이용하여 원래함수에 가까운 메타모형함수 $\hat{y}$를 구성하고 이를 극대화하거나 극소화하는 설계변수 b를 찾아낸다. 여기서도 설계문제는 최적설계의 정식화와 같이 식 (3·1)로 나타낼 수 있다. 실험계획법에 의한 설계는 최적설계의 경우와 달리 민감도계산 등 복잡한 계산 과정이 없거나 간단한 반면 최적화보다는 수학적으로 다소 떨어지는 해를 구하게 된다. 실험계획법에 의한 설계에는 많은 방법이 있으나 일반적으로 다음 두 가지 방법을 많이 사용하고 있다. ① 직교배열표(orthogonal arrays)를 사용하여 설계하는 방법과 ② 메타모형을 간편한 다항식 등의 명시적인 함수로 근사화하여 진행하는 반응표면법(response surface method)이 그것이다. 이 장에서는 우선 기존의 실험계획법을 설명하고 위의 두 방법을 설계에 응용하는 것을 중점적으로 논의하도록 한다.

6.2 실험계획법

실험계획법은 효율적인 실험을 위하여 실험조건을 조직적으로 배치하고 그 결과를 구한 뒤, 통계이론을 사용하여 논리적으로 결과를 분석하는 방법이다. 일반적으로 실험을 하는 데는 많은 장비와 경비가 소요된다. 따라서 최소의 실험으로 최대의 정보를 얻을 수 있도록 계획하는 것이 무엇보다 중요하다. 이와 관련된 실험계획법의 기법은 다양하게 있고 수학적, 통계적 이론도 많이 있다. 그러나 여기서는 설계에 응용할 수 있는 기본적 개념만을 소개한다.

실험계획법에는 설계분야에서 사용하는 용어와 개념에 대별되는 용어들이 있다. 이를 간단히 비교한 것이 표 **6·1**에 있다. 대표적인 것만을 소개하면 특성치(characteristic value), 인자(factor), 수준(level) 등이다. 특성치는 실험의 결과로서 측정하려는 대상시스템의 반응값을 의미한다. 일반적으로 실험 결과는 특성치의 값이다. 인자는 실험 결과에 영향을 주리라 생각되는 원인을 의미한다. 즉, 실험조건을 바꾸어 가면서 실험할 때의 실험조건이 된다. 설계분야와 연관지어 설명하면 설계변수와 비슷한 개념이다. 수준은 인자의

표 6·1 실험계획법과 설계에서 대응되는 용어

실험계획법의 용어	설계분야의 용어	설 명
인자	설계변수	실험계획법에서는 특성치에, 설계에서는 설계 목적함수에 영향을 미치는 원인이며 시스템을 개선하려 할 때 변화시킬 수 있는 변수
수준	설계변수값	인자나 설계변수의 변화 시 배당할 수 있는 값
특성치	목적함수	실험이나 설계 대상 시스템의 반응값으로서 최소화나 최대화 혹은 일정한 목표치를 가지게 하려는 관심 있는 값

값이다. 예컨대 어떤 인자가 온도라 할 때 실험을 50℃, 100℃, 150℃에서 실시하면 온도는 인자이며 각 온도값을 수준이라 한다. 원래의 실험계획법에는 고도의 수학 및 통계 이론을 사용하지만 설계에서는 간단한 통계이론만을 사용한다. 이를 부록 **6.A**에 정리하였다. 또한 여기서는 설계 과정에서 이용하는 실험계획법의 이론적인 사항만을 발췌해서 설명하였으므로 자세한 내용은 참고문헌을 참고하기 바란다(박성현, 1990·1996 ; Montgomery, 1991).

6.2.1 일원배치법

실험계획법 중 가장 간단한 것으로 일원배치법(one-way factorial design)이 있다. 일원배치법은 인자의 수가 하나이고 수준수가 여러 개일 때의 실험배치 방법이다. 각 수준수에 대하여 반복실험을 시행하는데 각 수준별로 반복수가 동일할 필요는 없으나 여기서는 반복수가 동일할 때에 대한 분석을 한다. 인자 A의 수준이 l개($A_1, A_2, \cdots, A_l$) 있고 각 수준에서 반복수가 m인 일원배치법의 데이터는 표 **6·2**와 같다. 여기서

표 6·2 일원배치법 데이터의 배열

	인자의 수준					
	A_1	A_2	A_3	$\cdots$	A_l	
실험의 반 복	x_{11}	x_{21}	x_{31}	$\cdots$	x_{l1}	
	x_{12}	x_{22}	x_{32}	$\cdots$	x_{l2}	
	x_{13}	x_{23}	x_{33}	$\cdots$	x_{l3}	
	$\vdots$	$\vdots$	$\vdots$		$\vdots$	
	x_{1m}	x_{2m}	x_{3m}	$\cdots$	x_{lm}	
합 계	$T_{1.}$	$T_{2.}$	$T_{3.}$	$\cdots$	$T_{l.}$	T
평 균	$\bar{x}_{1.}$	$\bar{x}_{2.}$	$\bar{x}_{3.}$	$\cdots$	$\bar{x}_{l.}$	$\bar{\bar{x}}$

$$T_i = \sum_{j=1}^{m} x_{ij}, \quad \bar{x}_i = T_i/m, \quad i=1, 2, \cdots, l \tag{6·5a}$$

$$T = \sum_{i=1}^{l} T_{i.}, \quad \bar{\bar{x}} = T/lm \tag{6·5b}$$

이다. x_{ij}는 인자 A가 A_i일 때 j번째 실험에서의 실험 결과, 즉 특성치의 값이다. 각 수준에는 모집단이 존재하며 평균을 μ_i, 오차에 대한 분산을 σ_E^2이라 하면 실험 전체의 모평균 μ는 다음과 같다.

$$\mu = \sum_{i=1}^{l} \mu_i / l \tag{6·6}$$

데이터 구조식을 이용하여 x_{ij}를 나타내면

$$x_{ij} = \mu_i + e_{ij} = \mu + (\mu_i - \mu) + e_{ij} = \mu + a_i + e_{ij} \tag{6·7}$$

이다. e_{ij}는 $N(0, \sigma_E^2)$에 따르고 서로 독립이며, $\sum_{i=1}^{l} a_i = 0$이 된다. N은 정규분포를 의미하며 a_i는 수준 i에서 A의 주효과(main effect)라 한다. 식 (6·7)에서는 각 수준에서의 효과가 독립적으로 더해지고 있음을 나타내고 있다. 이를 가법모형(additive model)이라 한다. 이와 같이 실험계획법에서의 데이터 구조식은 가법성을 가정하여 정의한다.

일원배치법에서의 분산분석에 대해 논하도록 한다. 분산분석(analysis of variance, ANOVA)은 실험계획법에서 가장 많이 사용하는 분석방법이다. 특성치의 산포를 제곱합(sum of squares, 이를 변동이라 부르기도 한다)으로 나타내어 이러한 특성치의 제곱합을 각 요인에 대한 제곱합으로 분해한 후 특성치에 큰 영향을 주는 요인이 무엇인가를 찾아내는 분석방법이다. 여기서 사용하는 요인(source)이란 변동의 요인(source of variation)의 준말이고 변동(variation)은 특성치의 제곱합을 의미한다. 예컨대 인자, 오차, 교호작용 등이 요인의 일종이다.

표 **6·2**에 있는 일원배치법의 데이터로부터 x_{ij}와 총 평균 $\bar{\bar{x}}$와의 총 편차를 둘로 분해하면 식 (6·8)이 된다.

$$(x_{ij} - \bar{\bar{x}}) = (x_{ij} - \bar{x}_{i.}) + (\bar{x}_{i.} - \bar{\bar{x}}) \tag{6·8}$$

양변을 제곱하면,

$$\begin{aligned} \sum_{i=1}^{l} \sum_{j=1}^{m} (x_{ij} - \bar{\bar{x}})^2 &= \sum_i \sum_j (x_{ij} - \bar{x}_{i.})^2 + \sum_i \sum_j (\bar{x}_{i.} - \bar{\bar{x}})^2 \\ &\quad + 2 \sum_i \sum_j (x_{ij} - \bar{x}_{i.})(\bar{x}_{i.} - \bar{\bar{x}}) \end{aligned} \tag{6·9}$$

이 된다. 우변의 셋째 항은 0이 되므로 다음과 같이 된다.

$$\sum_i \sum_j (x_{ij} - \overline{\overline{x}})^2 = \sum_i \sum_j (x_{ij} - \overline{x}_{i.})^2 + \sum_i \sum_j (\overline{x}_{i.} - \overline{\overline{x}})^2 \tag{6・10}$$

따라서 총변동 S_T는 A의 변동 S_A와 오차변동 S_E로 다음과 같이 분해할 수 있다.

$$S_T = S_A + S_E \tag{6・11a}$$

$$S_T = \sum_{i=1}^{l} \sum_{j=1}^{m} (x_{ij} - \overline{\overline{x}})^2 = \sum_i \sum_j x_{ij}^2 - CT \tag{6・11b}$$

$$\begin{aligned} S_A &= \sum_i \sum_j (\overline{x}_{i.} - \overline{\overline{x}})^2 = m\sum_i (\overline{x}_{i.} - \overline{\overline{x}})^2 = m\sum_i \overline{x}_{i.}^2 - CT \\ &= \sum_i \frac{T_{i.}^2}{m} - CT \end{aligned} \tag{6・11c}$$

$$\begin{aligned} S_E &= \sum_i \sum_j (x_{ij} - \overline{x}_{i.})^2 = \sum_i \sum_j x_{ij}^2 - m\sum_i \overline{x}_{i.}^2 \\ &= \left(\sum_i \sum_j x_{ij}^2 - CT\right) - \left(\sum_i \frac{T_{i.}^2}{m} - CT\right) = S_T - S_A \end{aligned} \tag{6・11d}$$

여기서 $CT = \frac{T^2}{lm}$으로 수정항(correction term)이라 부른다.

각 제곱합의 자유도를 구해 본다. 제곱합의 자유도는 제곱을 한 편차의 수에서 선형제한조건의 수를 뺀 것과 같다. 따라서 각각의 자유도는 다음과 같다.

$$\phi_T = lm - 1 \tag{6・12a}$$

$$\phi_A = l - 1 \tag{6・12b}$$

$$\phi_E = lm - l = l(m-1) \tag{6・12c}$$

따라서

$$\phi_T = \phi_A + \phi_E \tag{6・13}$$

가 된다.

위의 결과를 일목요연하게 표로 나타낸 것을 분산분석표라 하는데 평균제곱 V는 다음과 같이 정의한다.

$$V = \frac{S}{\phi} \tag{6・14}$$

여기서 S는 제곱합, ϕ는 자유도이다. 일원배치법에 대한 분산분석표의 예가 표 **6・3**에 나타나 있다.

표 6 · 3 일원배치법의 분산분석표

요인	제곱합	자유도	평균제곱	F_0
A	$S_A = m\sum_{i=1}^{l}(\overline{x}_{i.}-\overline{\overline{x}})^2$	$\phi_A = l-1$	$V_A = \frac{S_A}{\phi_A}$	$F_0 = \frac{V_A}{V_E}$
E	$S_E = S_T - S_A$	$\phi_E = l(m-1)$	$V_E = \frac{S_E}{\phi_E}$	
T	$S_T = \sum_{i=1}^{l}\sum_{j=1}^{m}(x_{ij}-\overline{\overline{x}})^2$	$\phi_T = lm-1$		

이상의 분산분석표로부터 각 수준에서의 모평균 $\mu_i = \mu + a_i$를 추정해 본다. 여기서 모평균은 통계적인 용어로서 각 수준에서의 특성치이다. i수준의 m개 데이터는 정규분포 $N(\mu_i,\ \sigma_E^2)$에서 얻어진 확률표본(random sample)이라 볼 수 있다. σ_E^2의 불편추정값을 V_E라 할 때 부록의 식 (6.A · 20)~(6.A · 22)를 이용하면 μ_i의 $100(1-\alpha)\%$ 신뢰구간에 대한 다음과 같은 구간추정식을 추출할 수 있다.

$$\overline{x}_{i.} \pm t\left(\phi_E;\frac{\alpha}{2}\right)\sqrt{\frac{V_E}{m}} \tag{6 · 15}$$

여기서 $V_E = \frac{S_E}{\phi_E}$이며, V_E의 자유도 ϕ_E는 $l(m-1)$이다. 식 (6 · 15)의 t분포는 부록 **6.A**에 간단히 소개되어 있다(Walpole, 1982). 한편 $V_A = \frac{S_A}{\phi_A}$라 할 때 변동의 평균제곱의 값을 비교하기 위해 다음과 같은 F_0을 정의한다.

$$F_0 = \frac{V_A}{V_E} \tag{6 · 16}$$

식 (6 · 16)의 값은 F검정을 위해 사용하는 것으로 오차변동에 대한 상대적인 인자의 변동 비율을 나타낸다. 인자가 여러 개 존재할 경우 각 인자에 대해 F값을 구하여, F값이 작은 인자를 무시하고 실험을 분석할 수 있는 근거를 F검정이 마련해 준다. 한편 통계 결과에 대한 가설을 설정하고 이를 기각하거나 채택하는 F검정에 식 (6 · 16)을 도입하기도 하는데, 이는 설계에서는 많이 사용하지 않으므로 여기서는 생략한다.

예제 6 · 1 일원배치법 사용 시 분산분석표 작성

어떤 실험을 일원배치법으로 실시하여 표 **6 · 4**와 같은 결과를 얻었다. 이에 대한 분산분석표를 구하시오.

표 6 · 4 예제 6 · 1의 실험 결과

	인자의 수준			
	A_1	A_2	A_3	
반복실험에 의한 반응값	7.45	8.21	9.78	
	8.24	7.82	8.82	
	6.54	9.21	8.54	
합계	$T_{1.} = 22.23$	$T_{2.} = 25.24$	$T_{3.} = 27.14$	$T = 74.61$
평균	$\bar{x}_{1.} = 7.41$	$\bar{x}_{2.} = 8.41$	$\bar{x}_{3.} = 9.05$	$\bar{\bar{x}} = 8.29$

▌▌풀 이▌▌

식 (6 · 11)에 의해

$$\begin{aligned} S_T &= \sum_{i=1}^{3}\sum_{j=1}^{3}(x_{ij} - \bar{\bar{x}})^2 \\ &= (7.45 - 8.29)^2 + (8.24 - 8.29)^2 + \cdots + (8.54 - 8.29)^2 \\ &= 7.4078 \end{aligned} \qquad (6 \cdot 17a)$$

$$\begin{aligned} S_A &= m\sum_{i=1}^{3}(\bar{x}_{i.} - \bar{\bar{x}})^2 \\ &= 3[(7.41 - 8.29)^2 + (8.41 - 8.29)^2 + (9.05 - 8.29)^2] \\ &= 4.0992 \end{aligned} \qquad (6 \cdot 17b)$$

$$\begin{aligned} S_E &= \sum_{i=1}^{3}\sum_{j=1}^{3}(x_{ij} - \bar{x}_{i.})^2 \\ &= (7.45 - 7.41)^2 + (8.24 - 7.41)^2 + \cdots + (8.54 - 9.05)^2 \\ &= 3.3214 \end{aligned} \qquad (6 \cdot 17c)$$

위의 계산은 CT를 이용하여 식 (6 · 11)의 우측식으로 할 수도 있다. 이상의 결과를 정리하여 분산분석표를 작성하면 표 **6 · 5**와 같다.

표 6 · 5 예제 6 · 1의 분산분석표

요인	제곱합 S	자유도 ϕ	평균제곱 V	F
A	$S_A = 4.0992$	$\phi_A = 2$	$V_A = 2.0496$	$V_A / V_E = 3.7025$
E	$S_E = 3.3214$	$\phi_E = 6$	$V_E = 0.5536$	
T	$S_T = 7.4078$	$\phi_T = 8$		

예제 6 · 2 일원배치법 사용 시 모평균의 신뢰구간 추정

앞의 예제 **6 · 1**의 실험에서 A_i, $i=1, 2, 3$에서의 모평균의 95% 신뢰구간을 추정하여라.

❚❚ 풀 이 ❚❚

신뢰구간의 계산에는 식 (6 · 15)를 이용한다. 95%의 신뢰구간으로부터 $\alpha=0.05$의 값이 도출된다. 표 **6 · 4**와 **6 · 5**로부터 $m=3$, $\bar{x}_{1.}=7.41$, $\bar{x}_{2.}=8.41$, $\bar{x}_{3.}=9.05$, $V_E=0.5536$, $\phi_E=6$이므로, 이들 값을 식 (6 · 15)에 대입하면, 신뢰구간의 폭은 다음과 같다.

$$t(\phi_E;0.025)\sqrt{\frac{V_E}{m}}=t(6;0.025)\sqrt{\frac{0.5536}{3}} \tag{6 · 18}$$

여기서 $t(\phi_E;0.025)=2.447$이며 이는 일반적인 통계서적의 t분포표에서 찾을 수 있다 (Walpole, 1982). 따라서 각 수준의 모평균의 신뢰구간은 다음과 같이 된다.

$$\mu_1 : 7.41\pm1.0511=(6.36,\ 8.46) \tag{6 · 19a}$$

$$\mu_2 : 8.41\pm1.0511=(7.36,\ 9.46) \tag{6 · 19b}$$

$$\mu_3 : 9.05\pm1.0511=(8.00,\ 10.10) \tag{6 · 19c}$$

6.2.2 이원배치법

다음으로 반복이 없는 이원배치법(two-way factorial design)을 생각해 본다. 여러 개의 수준을 가진 인자의 수가 2일 때 이에 대한 실험을 분석하는 것을 이원배치법이라 한다. 두 개의 인자를 A, B라 하고 각각의 수준수를 l, m이라 하자. 실험으로 얻은 데이터의 배열은 표 **6 · 6**과 같다. 이와 같이 인자간의 모든 수준의 조합에 대해 실험을 배치하여 실시하는 것을 전조합실시법(factorial design)이라 부른다.

표 6 · 6 반복이 없는 이원배치법의 데이터 배열

인자 A / 인자 B	A_1	A_2	⋯	A_l	합	평균
B_1	x_{11}	x_{21}	⋯	x_{l1}	$T_{.1}$	$\bar{x}_{.1}$
B_2	x_{12}	x_{22}		x_{l2}	$T_{.2}$	$\bar{x}_{.2}$
⋮	⋮	⋮		⋮	⋮	⋮
B_m	x_{1m}	x_{2m}	⋯	x_{lm}	$T_{.m}$	$\bar{x}_{.m}$
합	$T_{1.}$	$T_{2.}$	⋯	$T_{l.}$	T	
평균	$\bar{x}_{1.}$	$\bar{x}_{2.}$	⋯	$\bar{x}_{l.}$		$\bar{\bar{x}}$

데이터 구조식은

$$x_{ij} = \mu + a_i + b_j + e_{ij}, \quad i = 1, \cdots, l, \quad j = 1, \cdots, m \tag{6・20}$$

이며 e_{ij}는 $N(0, \sigma_E^2)$이다. 여기서 x_{ij}는 A_i와 B_j에서 얻은 측정값, μ는 실험 전체의 모평균, a_i는 A_i가 주는 효과, b_j는 B_j가 주는 효과, e_{ij}는 A_i와 B_j에서 얻은 측정값의 오차이다. 반복이 없는 이원배치법에서는 인자의 조합에 의해 특성치에 영향을 주는 교호작용을 검출할 수 없다. 즉, 교호작용의 효과가 오차 e_{ij}에 교락(confounding)되어 있다고 하는데 교호작용의 효과에 대한 사항은 반복이 있는 이원배치법을 설명하는 과정에서 다시 언급하도록 한다.

표 **6・6**에서는 다음의 식이 성립한다.

$$T_{i.} = \sum_{j=1}^{m} x_{ij}, \quad \bar{x}_{i.} = T_{i.}/m, \quad i = 1, \cdots, l \tag{6・21a}$$

$$T_{.j} = \sum_{i=1}^{l} x_{ij}, \quad \bar{x}_{.j} = T_{.j}/l, \quad j = 1, \cdots, m \tag{6・21b}$$

표 **6・6**에 있는 데이터를 전개하면 다음과 같다.

$$(x_{ij} - \bar{\bar{x}}) = (\bar{x}_{i.} - \bar{\bar{x}}) + (\bar{x}_{.j} - \bar{\bar{x}}) + (x_{ij} - \bar{x}_{i.} - \bar{x}_{.j} + \bar{\bar{x}}) \tag{6・22a}$$

$$\sum_{i=1}^{l}\sum_{j=1}^{m}(x_{ij} - \bar{\bar{x}})^2 = \sum_i\sum_j(\bar{x}_{i.} - \bar{\bar{x}})^2 + \sum_i\sum_j(\bar{x}_{.j} - \bar{\bar{x}})^2 + \sum_i\sum_j(x_{ij} - \bar{x}_{i.} - \bar{x}_{.j} + \bar{\bar{x}})^2 \tag{6・22b}$$

$$S_T = \sum_{i=1}^{l}\sum_{j=1}^{m}(x_{ij} - \bar{\bar{x}})^2 = \sum_i\sum_j x_{ij}^2 - CT \tag{6・22c}$$

$$S_A = \sum_i\sum_j(\bar{x}_{i.} - \bar{\bar{x}})^2 = m\sum_i(\bar{x}_{i.} - \bar{\bar{x}})^2 = \sum_i \frac{T_{i.}^2}{m} - CT \tag{6・22d}$$

$$S_B = \sum_i\sum_j(\bar{x}_{.j} - \bar{\bar{x}})^2 = l\sum_j(\bar{x}_{.j} - \bar{\bar{x}})^2 = \sum_j \frac{T_{.j}^2}{l} - CT \tag{6・22e}$$

$$\begin{aligned} S_E &= \sum_i\sum_j(x_{ij} - \bar{x}_{i.} - \bar{x}_{.j} + \bar{\bar{x}})^2 = \sum_i\sum_j\{(x_{ij} - \bar{\bar{x}}) - (\bar{x}_{i.} - \bar{\bar{x}}) - (\bar{x}_{.j} + \bar{\bar{x}})\}^2 \\ &= \sum_i\sum_j(x_{ij} - \bar{\bar{x}})^2 - \sum_i\sum_j(\bar{x}_{i.} - \bar{\bar{x}})^2 - \sum_i\sum_j(\bar{x}_{.j} - \bar{\bar{x}})^2 \\ &= S_T - S_A - S_B \end{aligned} \tag{6・22f}$$

이에 대한 분산분석표는 표 **6・7**과 같고 앞에서 사용한 추정식과 동일한 개념으로 $\mu(A_i)$, $\mu(B_j)$, $\mu(A_i, B_j)$의 $100(1-\alpha)\%$ 신뢰구간은 각각

표 6 · 7 반복이 없는 이원배치법의 분산분석표

요인	S_A	ϕ	V	$E(V)$	F_0	$F(\alpha)$
A	S_A	$l-1$	V_A	$\sigma_E^2+m\sigma_A^2$	$\frac{V_A}{V_E}$	$F(\phi_A, \phi_E; \alpha)$
B	S_B	$m-1$	V_B	$\sigma_E^2+l\sigma_B^2$	$\frac{V_B}{V_E}$	$F(\phi_B, \phi_E; \alpha)$
E	S_E	$(l-1)(m-1)$	V_E	σ_E^2		
T	S_T	$lm-1$				

$$\overline{x}_{i.} \pm t\left(\phi_E; \frac{\alpha}{2}\right)\sqrt{\frac{V_E}{m}} \tag{6 · 23a}$$

$$\overline{x}_{.j} \pm t\left(\phi_E; \frac{\alpha}{2}\right)\sqrt{\frac{V_E}{l}} \tag{6 · 23b}$$

$$(\overline{x}_{i.} + \overline{x}_{.j} - \overline{\overline{x}}) \pm t\left(\phi_E; \frac{\alpha}{2}\right)\sqrt{\frac{V_E}{n_e}} \tag{6 · 23c}$$

이다. 유효반복수 $n_e = \frac{lm}{l+m-1}$ 이다. 유효반복수란 특정 인자가 어떤 수준에서 오차에 기여하는 유효한 반복수이다. 참고로 인자의 수가 하나인 식 (6 · 15)에서 m은 반복수이다. 그러나 이원배치법에서는 어떤 인자가 반복될 때 다른 인자도 같이 변하므로 실험에서 사용한 반복수는 오차에 그대로 기여하지 않는다. 따라서 유효반복수를 사용하게 된다. 한편 모평균의 최적값에 대한 최적 수준은 $(\overline{x}_{i.} + \overline{x}_{.j} - \overline{\overline{x}})$이 최적값일 때의 인자들의 수준이다. 이에 대한 자세한 이론적 근거는 통계서적을 참고하기 바란다(박성현, 1990 · 1996 ; Montgomery, 1991).

두 개의 인자를 가지고 실험을 함에 있어서 각 수준에서의 실험값을 반복적으로 구하는 경우가 있다. 이를 반복이 있는 이원배치법이라 하는데 실험 횟수의 증가로 인해 비용이 증가하는 반면 교호작용을 검출할 수 있는 이점이 있다. 인자 A가 l수준, 인자 B가 m수준, 반복수가 동일하게 r인 실험의 데이터 구조는

$$x_{ijk} = \mu + a_i + b_j + (ab)_{ij} + e_{ijk}, \quad i=1, \cdots, l, \quad j=1, \cdots, m, \quad k=1, \cdots, r \tag{6 · 24}$$

이며 e_{ijk}는 $N(0, \sigma_E^2)$이다. 여기서 기호 $(ab)_{ij}$는 A_i 수준과 B_j 수준에서의 인자 A, B의 교호작용(interaction)의 효과를 나타낸다. 교호작용이란 특성치에 대해 인자의 조합에 의한 효과를 의미한다. 그림 **6 · 2** (a)는 교호작용이 존재하지 않는 경우의 현상이고, 그림 **6 · 2** (b)와 (c)는 교호작용이 존재할 때의 현상이다. 동향적 교호작용인 그림 **6 · 2** (b)에서는 교호작용을 무시해도 큰 영향이 없다. 그러나 그림 **6 · 2** (c)와 같이 반향적 교호작용

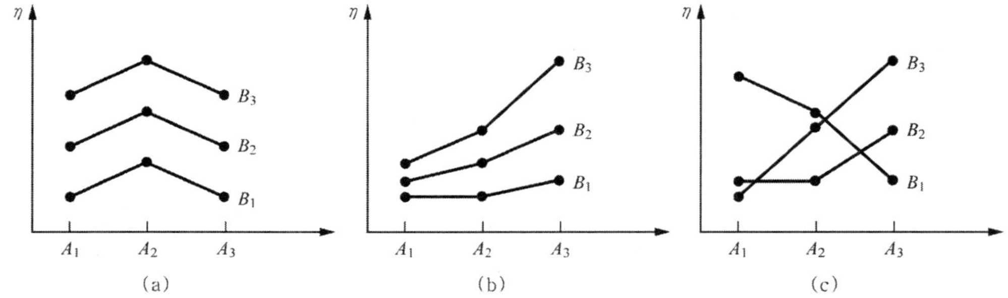

그림 6 · 2 교호작용 : (a) 교호작용이 없는 경우 (b) 동향적 교호작용이 있는 경우 (c) 반향적 교호작용이 있는 경우

이 있으면 교호작용의 효과가 특성치에 미치는 영향이 중요하게 되므로 교호작용을 반드시 고려해야 한다.

반복이 있는 이원배치법의 데이터 배열의 예가 표 **6 · 8**에 있는데 다음의 식이 성립한다.

$$T_{i..}=\sum_{j=1}^{m}\sum_{k=1}^{r}x_{ijk},\quad \bar{x}_{i..}=T_{i..}/mr,\quad i=1,\cdots,l \qquad (6\cdot 25a)$$

$$T_{.j.}=\sum_{i=1}^{l}\sum_{k=1}^{r}x_{ijk},\quad \bar{x}_{.j.}=T_{.j.}/lr,\quad j=1,\cdots,m \qquad (6\cdot 25b)$$

표 6 · 8 반복이 있는 이원배치법의 데이터 배열

인자 B \ 인자 A	A_1	A_2	$\cdots$	A_l	합	평균
B_1	x_{111} x_{112} $\vdots$ x_{11r}	x_{211} x_{212} $\vdots$ x_{21r}	$\cdots$	x_{l11} x_{l12} $\vdots$ x_{l1r}	$T_{.1.}$	$\bar{x}_{.1.}$
B_2	x_{121} x_{122} $\vdots$ x_{12r}	x_{221} x_{222} $\vdots$ x_{22r}	$\cdots$	x_{l21} x_{l22} $\vdots$ x_{l2r}	$T_{.2.}$	$\bar{x}_{.2.}$
$\vdots$	$\vdots$	$\vdots$	$\vdots$	$\vdots$	$\vdots$	$\vdots$
B_m	x_{1m1} x_{1m2} $\vdots$ x_{1mr}	x_{2m1} x_{2m2} $\vdots$ x_{2mr}	$\cdots$	x_{lm1} x_{lm2} $\vdots$ x_{lmr}	$T_{.m.}$	$\bar{x}_{.m.}$
합	$T_{1..}$	$T_{2..}$	$\cdots$	$T_{l..}$	T	
평균	$\bar{x}_{1..}$	$\bar{x}_{2..}$	$\cdots$	$\bar{x}_{l..}$		$\bar{\bar{x}}$

$$T = \sum_{i=1}^{l} T_{i..} = \sum_{j=1}^{m} T_{.j.}, \quad \bar{\bar{x}} = T / lmr \tag{6・25c}$$

$$T_{ij.} = \sum_{k=1}^{r} x_{ijk} \tag{6・25d}$$

$$\bar{x}_{ij.} = \frac{T_{ij.}}{r} \tag{6・25e}$$

한편 A_i, B_j 수준에서 r개의 데이터의 합을 다음과 같이 정의한다.

$$T_{ij.} = \sum_{k=1}^{r} x_{ijk} \tag{6・26}$$

실험 데이터는 다음과 같이 분석할 수 있다.

$$\begin{aligned}(x_{ijk} - \bar{\bar{x}}) = (\bar{x}_{i..} - \bar{\bar{x}}) + (\bar{x}_{.j.} - \bar{\bar{x}}) + (\bar{x}_{ij.} - \bar{x}_{i..} - \bar{x}_{.j.} + \bar{\bar{x}}) \\ + (x_{ijk} - \bar{x}_{ij.})\end{aligned} \tag{6・27}$$

양변을 제곱한 후에 모든 i, j, k에 대하여 합하면

$$\begin{aligned}\sum_{i=1}^{l}\sum_{j=1}^{m}\sum_{k=1}^{r}(x_{ijk} - \bar{\bar{x}})^2 &= \sum_i\sum_j\sum_k(\bar{x}_{i..} - \bar{\bar{x}})^2 + \sum_i\sum_j\sum_k(\bar{x}_{.j.} - \bar{\bar{x}})^2 \\ &+ \sum_i\sum_j\sum_k(\bar{x}_{ij.} - \bar{x}_{i..} - \bar{x}_{.j.} + \bar{\bar{x}})^2 \\ &+ \sum_i\sum_j\sum_k(x_{ijk} - \bar{x}_{ij.})^2\end{aligned} \tag{6・28}$$

과 같이 된다. 위의 식에서 보면 왼쪽에서부터 오른쪽으로 차례로 총 변동 (S_T), A의 변동 (S_A), B의 변동 (S_B), A, B의 교호작용의 변동 ($S_{A\times B}$), 오차변동 (S_E)이다. 실제로 위에 정의된 변동을 구할 때에는 다음과 같은 식을 사용하는 것이 간편하다.

$$S_T = \sum_i\sum_j\sum_k x_{ijk}^2 - CT \tag{6・29a}$$

$$S_A = \sum_i \frac{T_{i..}^2}{mr} - CT \tag{6・29b}$$

$$S_B = \sum_j \frac{T_{.j.}^2}{lr} - CT \tag{6・29c}$$

$$S_{A\times B} = S_{AB} - S_A - S_B \tag{6・29d}$$

$$S_E = S_T - S_{AB} \tag{6・29e}$$

$$S_{AB} = \sum_i\sum_j \frac{T_{ij.}^2}{r} - CT \tag{6・29f}$$

여기서 $CT=\frac{T^2}{lmr}$이다. 한편 각 변동에 대한 자유도는 각기 $\phi_T=lmr-1$, $\phi_{AB}=lm-1$, $\phi_A=l-1$, $\phi_B=m-1$, $\phi_{A\times B}=(l-1)(m-1)$, $\phi_E=lm(r-1)$이다. 반복이 있는 이원배치법의 분산분석표가 표 **6 · 9**에 나타나 있다.

표 6 · 9 반복이 있는 이원배치법의 분산분석표

요인	S	ϕ	V	$E(V)$	F_0	$F(\alpha)$
A	S_A	$l-1$	V_A	$\sigma_E^2+mr\sigma_A^2$	$\frac{V_A}{V_E}$	$F(\phi_A,\phi_E;\alpha)$
B	S_B	$m-1$	V_B	$\sigma_E^2+lr\sigma_B^2$	$\frac{V_B}{V_E}$	$F(\phi_B,\phi_E;\alpha)$
$A\times B$	$S_{A\times B}$	$(l-1)(m-1)$	$V_{A\times B}$	$\sigma_E^2+r\sigma_{A\times B}{}^2$	$\frac{V_{A\times B}}{V_E}$	$F(\phi_{A\times B},\phi_E;\alpha)$
E	S_E	$lm(r-1)$	V_E	σ_E^2		
T	S_T	$lmr-1$				

A_i수준, B_j수준 두 인자의 조합조건 A_iB_j에서 모평균의 신뢰수준 $(1-\alpha)$의 신뢰구간은 각각

$$\bar{x}_{i..}\pm t\left(\phi_E;\frac{\alpha}{2}\right)\sqrt{\frac{V_E}{mr}} \qquad (6 \cdot 30a)$$

$$\bar{x}_{.j.}\pm t\left(\phi_E;\frac{\alpha}{2}\right)\sqrt{\frac{V_E}{lr}} \qquad (6 \cdot 30b)$$

$$\bar{x}_{ij.}\pm t\left(\phi_E;\frac{\alpha}{2}\right)\sqrt{\frac{V_E}{r}} \qquad (6 \cdot 30c)$$

이다. 한편 최적값은 $\bar{x}_{ij.}$을 가장 좋게 할 때의 인자들의 수준이다.

이상으로 실험계획법의 개괄적 내용을 간단히 기술하였다. 앞에서 언급한 바와 같이 실험계획법에서는 실험의 배치나 방법을 조직적으로 정의한다. 그런 후 실험 결과의 통계적인 분석을 통하여 추정값을 추산하거나 특성치가 원하는 값을 갖도록 각종 인자의 수준을 결정한다. 위의 사항 이외에도 인자가 3개 이상인 다원배치법이 있는데 인자의 숫자가 늘어날수록 실험의 숫자가 기하급수적으로 늘어나기 때문에 실제로 사용하기에는 고가의 방법이다. 한편 인자의 배치방법이나 실험 결과에 대한 여러 가지 추정이나 검증 혹은 오차분석에 대한 다양한 통계이론이 있다. 이러한 다양한 이론은 설계 과정에 쓰인 예가 드물기 때문에 여기서는 생략한다.

예제 6 · 3 이원배치법 사용 시 분산분석표의 작성

어떤 실험에서 인자 A는 3개의 수준, 인자 B는 4개의 수준을 가진다고 하자. 이원배치법으로 실험 시 각 경우에 대한 반복실험을 두 번씩 행하였다. 이에 대한 실험 결과가 **표 6 · 10**에 있다. 실험 결과에 대한 분산분석을 구하여라.

표 6 · 10 예제 6 · 3의 실험 결과

인자 B \ 인자 A	A_1	A_2	A_3	$T_{.j.}$	$\bar{x}_{.j.}$
B_1	2	3	4	18	3
	1	5	3		
B_2	3	7	6	28	4.67
	4	3	5		
B_3	6	10	7	48	8
	8	12	5		
B_4	4	8	6	29	4.83
	2	5	4		
$T_{i..}$	30	53	40	123	
$\bar{x}_{i..}$	3.75	6.63	5		$\bar{\bar{x}} = 5.13$

|| 풀 이 ||

위의 자료로부터 각 수준마다의 합계 $T_{ij.}$와 평균 $\bar{x}_{ij.}$를 구한다. 실제 실험의 분석에서는 유의한 인자를 찾아내고, 실험이 관리상태에 있었는지 여부들을 판단하는 통계적 처리 과정을 거쳐야 한다. 그러나 여기서는 이들은 생략하고, 단지 분산분석표를 작성하는 과정만 설명한다. 식 (6 · 29)로부터

$$CT = \frac{T^2}{lmr} = 630.38 \tag{6 · 31a}$$

$$S_T = \sum_i \sum_j \sum_k x_{ijk}^2 - CT = 787 - 630.38 = 156.62 \tag{6 · 31b}$$

$$S_A = \sum_i \frac{T_{i..}^2}{mr} - CT = 33.25 \tag{6 · 31c}$$

$$S_B = \sum_j \frac{T_{.j.}^2}{lr} - CT = 78.45 \tag{6 · 31d}$$

$$S_{AB} = \sum_i \sum_j \frac{T_{ij.}^2}{r} - CT = 130.12 \tag{6 · 31e}$$

$$S_{A \times B} = S_{AB} - S_A - S_B = 18.42 \tag{6 · 31f}$$

$$S_E = S_T - S_{AB} = 26.5 \tag{6 · 31g}$$

위의 결과로부터 표 **6 · 11**의 분산분석표를 구할 수 있다.

표 6 · 11 예제 6 · 3의 분산분석표

요인	제곱합 S	자유도 ϕ	평균제곱 V	F
A	33.25	$\phi_A = l-1=2$	16.63	$V_A / V_E = 7.52$
B	78.45	$\phi_B = m-1=3$	26.15	$V_B / V_E = 11.84$
$A\times B$	18.42	$\phi_{A\times B} = (l-1)(m-1)=6$	3.07	$V_{A\times B} / V_E = 1.39$
E	26.5	$\phi_E = lm(r-1)=12$	2.21	
T	156.62	$lmr-1=23$		

예제 6 · 4 이원배치법 사용 시 특성치의 최적화 및 모평균의 신뢰구간 추정

앞의 예제 **6 · 3**에서 특성치를 최대로 하는 최적값을 구하고, 그때의 95% 모평균의 신뢰구간을 추정하여라.

▌▌풀 이▐▐

표 **6 · 12**에서 특성치를 최대로 하는 조합은 A_2B_3임을 알 수 있다. 이때 모평균의 신뢰구간은 식 (6 · 30c)에 의해

$$\bar{x}_{23.} \pm t\left(\phi_E; \frac{\alpha}{2}\right)\sqrt{\frac{V_E}{r}} = 11 \pm t(12\,;0.025)\sqrt{\frac{2.21}{2}} = 11 \pm 2.179 \times 1.051 = 11 \pm 2.29 \tag{6 · 32}$$

이 됨을 알 수 있다. 여기서도 $t(12\,;0.025)$는 일반적인 통계서적에 있는 t분포표에서 찾을 수 있다(Walpole, 1982).

표 6 · 12 예제 6 · 3의 각 인자에 대한 특성치의 평균

인자 B \ 인자 A	A_1		A_2		A_3	
	계	평균	계	평균	계	평균
B_1	3	1.5	8	4	7	3.5
B_2	7	3.5	10	5	11	5.5
B_3	14	7	22	11	12	6
B_4	6	3	13	6.5	10	5

6.3 직교배열표에 의한 설계

6.3.1 직교배열표

앞에서 실험계획법의 시행 시 전조합실시법(factorial design)에 대해 알아보았다. 전조합실시법은 통계적 수치에 대한 많고도 정확한 해를 제시함에도 불구하고 모든 조합에 대한 실험을 실시하기 때문에 고가의 방법이다. 실험비용의 절감을 위해 요인들의 전조합 중 일부만 실시해서 실험 결과를 분석하려는 방법을 일부실시법(fractional factorial design)이라 한다. 일부실시법은 전조합실시법의 일부만을 가지고 전조합실시법에 대한 메타모형을 정의하여 그로부터 실험 결과의 분석을 이끌어 내는 것이 보통이다. 따라서 각 인자의 수준을 어떻게 배치하여 어떤 방법으로 실험 결과를 분석하느냐가 관건이다.

일부실시법에도 여러 가지가 있지만 여기서는 직교배열표에 의한 일부실시법만을 다루도록 한다. 왜냐하면 일부실시법을 직접 설계에 사용한 사례는 직교배열표에 의한 설계방법이 대부분이기 때문이다. 직교배열표를 사용하지 않는 일부실시법은 대부분 반응표면법(response surface method)의 표면을 생성하기 위한 설계점의 후보값을 결정하는 데 사용한다. 이는 일부실시법을 설계에 직접 이용한다기보다는 간접적으로 이용하는 방법이라 하겠다. 직교배열표는 인자의 수가 많을 때 실험계획을 간단히 수립할 수 있도록 만든 표이다. 많은 인자로 큰 그물을 쳐서 기술적으로 있을 것 같은 2인자 교호작용을 검출하고, 기술적으로 없을 것 같은 2인자 및 고차의 교호작용을 희생시킨다. 이는 1946년 Rao가 처음 만든 이후 다양하게 응용되었는데 특히 통계분야에서 활발히 사용하고 있다(Hedayat *et al.*, 1999). 통계학에서의 직교배열표에 의한 실험은 많은 설명을 요하지만 여기서는 설계에 사용할 때 관련되는 사항만을 간단히 설명하도록 한다.

직교배열표는 행렬로 나타내는 표로서 그에 대한 표기법이 다양하게 있다. 여기서는 다구치가 정의한 표기방법을 사용하도록 하는데 일반적으로 다음 식으로 표기한다(Taguchi, 1987).

$$L_N\left(\prod_{i=1}^{n} s_i^{k_i}\right) \tag{6 · 33}$$

여기서 N은 직교배열표 L의 행의 수, n은 수준의 종류 숫자, s_i는 수준수, k_i는 해당되는 s_i수준을 가진 인자의 수이다. 예를 들어 $L_{18}(2^1 3^7)$은 행의 수가 18이고 하나의 2수준 인자와 일곱 개의 3수준 인자를 가진 직교배열표를 의미한다.

표 **6 · 13**에 나타나 있는 $L_9(3^4)$ 직교배열표의 예를 보자. 이는 3수준 인자가 4개일 경우까지 일부실시법을 시행할 수 있도록 만든 직교배열표이다. 전조합실시법을 실시하면 $3^4=81$번의 실험 횟수가 필요하지만 $L_9(3^4)$ 직교배열표를 쓰면 행의 수와 같은 9번의

일부 실험만 실시한다. 각 열을 살펴보면 각각의 수준수가 동일하게 나타난다. 각 열에서 1, 2, 3을 −1, 0, 1로 대치하여 9개의 요소를 가진 벡터를 생각하자. 각 열로 만들어진 벡터의 내적을 구해 보면 서로 다른 벡터의 내적이 0이 됨을 알 수 있다. 즉, 각 벡터가 벡터공간에서 서로 직교하고 있다. 이러한 특징 때문에 이 표를 직교배열표라 한다. 각종 직교배열표의 예가 부록 **6.B**에 있다.

표 6 · 13 $L_9(3^4)$형 직교배열표

실험번호	인자의 배치 및 수준				특성치 데이터
	A	B	C	D	
1	1	1	1	1	η_1
2	1	2	2	2	η_2
3	1	3	3	3	η_3
4	2	1	2	3	η_4
5	2	2	3	1	η_5
6	2	3	1	2	η_6
7	3	1	3	2	η_7
8	3	2	1	3	η_8
9	3	3	2	1	η_9

예제 6 · 5 직교배열표의 직교성

표 **6 · 13**에 있는 직교배열표 $L_9(3^4)$의 각 열이 직교함을 보여라.

❙❙ 풀 이 ❙❙

표 **6 · 13**의 직교배열표의 각 열은 $\mathbf{n}_i$라 하고, 표의 1, 2, 3을 각각 −1, 0, 1로 치환하고 내적을 구하면 다음과 같다.

$$\mathbf{n}_1 = [-1 \quad -1 \quad -1 \quad 0 \quad 0 \quad 0 \quad 1 \quad 1 \quad 1]^T \tag{6 · 34a}$$

$$\mathbf{n}_2 = [-1 \quad 0 \quad 1 \quad -1 \quad 0 \quad 1 \quad -1 \quad 0 \quad 1]^T \tag{6 · 34b}$$

$$\mathbf{n}_3 = [-1 \quad 0 \quad 1 \quad 0 \quad 1 \quad -1 \quad 1 \quad -1 \quad 0]^T \tag{6 · 34c}$$

$$\mathbf{n}_4 = [-1 \quad 0 \quad 1 \quad 1 \quad -1 \quad 0 \quad 0 \quad 1 \quad -1]^T \tag{6 · 34d}$$

$$\begin{aligned}\mathbf{n}_1 \cdot \mathbf{n}_2 &= (-1)(-1)+(-1)(0)+(-1)(1)+(0)(-1)+(0)(0) \\ &\quad +(0)(1)+(1)(-1)+(1)(0)+(1)(1) = 1-1-1+1 = 0\end{aligned} \tag{6 · 35}$$

이와 동일한 방법으로 모든 내적을 계산하면

$$n_1 \cdot n_3 = n_1 \cdot n_4 = n_2 \cdot n_3 = n_2 \cdot n_4 = n_3 \cdot n_4 = 0 \qquad (6 \cdot 36)$$

이다. 따라서 각 열은 서로 직교한다.

6.3.2 직교배열표에 의한 실험 결과 분석

4개의 3수준 인자가 있을 때 직교배열표를 이용하여 실험하는 예를 보자. 각 인자에 대한 사항이 표 **6 · 14**에 있다. 표 **6 · 13**의 각 행이 실험의 경우가 되는데 실험의 결과 관심 있는 특성치 η를 표 **6 · 13**과 같이 오른쪽에 기록한다. 실험을 수행하고 나면 실험 결과를 분석해야 한다. 실험 결과의 예가 표 **6 · 15**에 있다. 여기서 실험의 목적을 특성치 η를 최소화하는 인자의 수준을 결정하는 것이라 가정한다. 한편 직교배열표를 가지고 전조합 실시법에서 계산하는 분산분석표도 근사적으로 구할 수 있는데 이는 예제 **6 · 8**에서 다루도록 한다.

표 **6 · 15**로부터 특성치의 평균을 다음과 같이 정의할 수 있다.

$$m = \frac{1}{9}\sum_{i=1}^{9}\eta_i \qquad (6 \cdot 37)$$

각 인자의 수준에 의한 효과를 생각해 보자. 인자 A가 A_3의 값을 가질 때의 평균 m_{A_3}은 A_3가 포함된 실험 결과의 평균으로 나타내며 다음과 같이 된다.

$$m_{A_3} = \frac{1}{3}(\eta_7 + \eta_8 + \eta_9) \qquad (6 \cdot 38)$$

수준 A_3의 효과는 $(m_{A_3} - m)$이다. 이와 같은 방법으로 m_{A_1}과 m_{A_2}는 다음과 같이 구할 수 있다.

표 6 · 14 인자 및 수준의 예

인 자	수 준		
	1	2	3
A	A_1	A_2	A_3
B	B_1	B_2	B_3
C	C_1	C_2	C_3
D	D_1	D_2	D_3

표 6 · 15 각 실험에 대한 특성치의 결과

실험번호	η_1	η_2	η_3	η_4	η_5	η_6	η_7	η_8	η_9
특 성 치	20	50	30	25	45	30	45	65	70

$$m_{A_1} = \frac{1}{3}(\eta_1 + \eta_2 + \eta_3) \tag{6 · 39a}$$

$$m_{A_2} = \frac{1}{3}(\eta_4 + \eta_5 + \eta_6) \tag{6 · 39b}$$

인자 B, C, D의 각 수준에 의한 평균도 특정한 수준이 포함된 실험 결과의 평균으로 구할 수 있다. 표 **6 · 15**로부터 도출된 결과인 m_{A_i}, m_{B_i}, m_{C_i}, m_{D_i}, $i=1, 2, 3$이 그림 **6 · 3**에 있다. 그림에서 각 인자의 수준 중 η를 최소화하는 수준을 최적수준이라 할 수 있다. 인자 A는 1수준과 2수준이 동일한 효과를 가지므로 이 문제의 최적수준은 $A_1B_1C_1D_3$이거나 $A_2B_1C_1D_3$이 된다. 이러한 과정을 평균분석(analysis of means, ANOM)이라 부른다. 그림 **6 · 3** 대신에 표 **6 · 16**의 일원표를 사용할 수도 있는데 이에 대한 것은 나중에 소개한다.

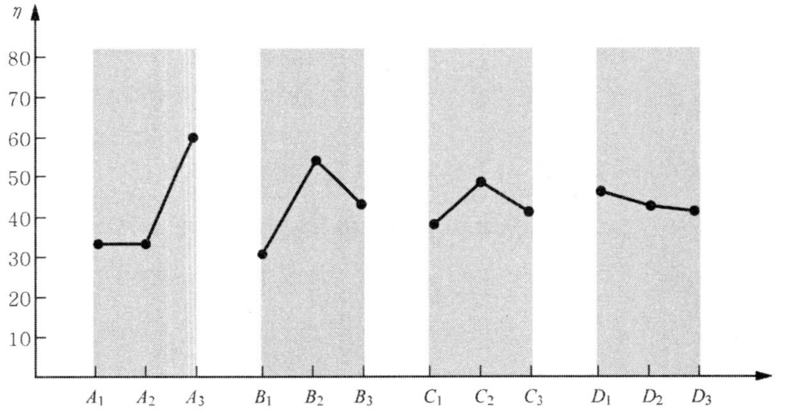

그림 6 · 3 표 6 · 15의 결과의 각 인자에 대한 그래프

표 6 · 16 직교배열표에 대한 일원표의 예

설계변수	수준 1	수준 2	수준 3
A	$m_{A_1} = \frac{\eta_1+\eta_2+\eta_3}{3}$	$m_{A_2} = \frac{\eta_4+\eta_5+\eta_6}{3}$	$m_{A_3} = \frac{\eta_7+\eta_8+\eta_9}{3}$
B	$m_{B_1} = \frac{\eta_1+\eta_4+\eta_7}{3}$	$m_{B_2} = \frac{\eta_2+\eta_5+\eta_8}{3}$	$m_{B_3} = \frac{\eta_3+\eta_6+\eta_9}{3}$
C	$m_{C_1} = \frac{\eta_1+\eta_6+\eta_8}{3}$	$m_{C_2} = \frac{\eta_2+\eta_4+\eta_9}{3}$	$m_{C_3} = \frac{\eta_3+\eta_5+\eta_7}{3}$
D	$m_{D_1} = \frac{\eta_1+\eta_5+\eta_9}{3}$	$m_{D_2} = \frac{\eta_2+\eta_6+\eta_7}{3}$	$m_{D_3} = \frac{\eta_3+\eta_4+\eta_8}{3}$

평균분석으로부터 최적값을 도출하는 것은 η의 데이터 구조식이 다음의 가법성을 만족한다는 가정 하에 이루어진다.

$$\eta(A_i,\ B_j,\ C_k,\ D_l) = \mu + a_i + b_j + c_k + d_l + e \tag{6・40}$$

여기서 μ는 모평균이며, a_i, b_j, c_k, d_l은 각 인자 A, B, C, D가 i, j, k, l번째 수준값을 가질 때 모평균으로부터의 편차이다. 오차 e는 실험오차와 가법모형의 오차를 의미한다. 식 (6・40)의 가법모형에서는 다음의 식이 성립한다.

$$a_1 + a_2 + a_3 = 0 \tag{6・41a}$$

$$b_1 + b_2 + b_3 = 0 \tag{6・41b}$$

$$c_1 + c_2 + c_3 = 0 \tag{6・41c}$$

$$d_1 + d_2 + d_3 = 0 \tag{6・41d}$$

위의 데이터 구조식의 특성으로부터 식 (6・38)에 있는 m_{A_3}의 내용을 살펴보면 다음 식과 같다.

$$\begin{aligned} m_{A_3} &= \frac{1}{3}(\eta_7 + \eta_8 + \eta_9) \\ &= \frac{1}{3}[(\mu + a_3 + b_1 + c_3 + d_2 + e_7) + (\mu + a_3 + b_2 + c_1 + d_3 + e_8) \\ &\quad + (\mu + a_3 + b_3 + c_2 + d_1 + e_9)] \\ &= \frac{1}{3}(3\mu + 3a_3) + \frac{1}{3}(b_1 + b_2 + b_3) + \frac{1}{3}(c_1 + c_2 + c_3) \\ &\quad + \frac{1}{3}(d_1 + d_2 + d_3) + \frac{1}{3}(e_7 + e_8 + e_9) \\ &= (\mu + a_3) + \frac{1}{3}(e_7 + e_8 + e_9) \end{aligned} \tag{6・42}$$

식 (6・42)를 보면 m_{A_3}의 값은 오차를 무시할 경우에 모평균에 a_3만을 더한 것이 된다. 이는 직교배열표 상에서 특정인자가 나타난 행들에서 다른 인자의 각 수준수가 동일한 수로 포함되어 식 (6・41)에 의해 다른 인자들의 효과가 상쇄되기 때문이다. 여기서 특기할 것은 오차의 분산을 σ_e^2이라 할 때 식 (6・42)에서 $\frac{1}{3}$이 곱해지는 이유로 식 (6・42)의 오차분산이 $\frac{1}{3}\sigma_e^2$이 된다는 점이다. 이와 같이 직교배열표에 의한 실험을 수행하면 적은 실험으로 각 수준에서 각 인자의 영향을 효과적으로 산출할 수 있다.

위의 과정에서 도출한 최적수준은 직교배열표 상의 한 행이 될 수도 있지만 직교배열표 상에는 없는 수준의 조합이 될 수도 있다. 예컨대 앞의 문제에서 최적수준을 $A_1B_1C_2D_2$

라 할 때 이는 직교배열표의 어떤 행과도 다른 조합이다. 이때는 가법모형을 이용하여 그림 **6 · 3**의 각 수준에 대한 평균값을 가지고 최적값 $\eta_{\mathrm{opt}}^{\mathrm{pred}}$를 다음과 같이 추정할 수 있다.

$$\eta_{\mathrm{opt}}^{\mathrm{pred}} = m + (m_{A_1} - m) + (m_{B_1} - m) + (m_{C_2} - m) + (m_{D_2} - m) \qquad (6 \cdot 43)$$

여기서 어떤 항이 중요하지 않을 때는 그 항을 무시하고 그 효과를 오차항에 풀링(pooling)시키는 수도 있다. 예컨대 식 (6 · 43)에서 C_2와 D_2에 의한 효과가 작다면 이에 의한 값을 무시하고 다음 식으로 추정할 수도 있다. 이에 대한 판단은 예제 **6 · 8**에 있는 분산분석표를 이용하여 하게 된다.

$$\eta_{\mathrm{opt}}^{\mathrm{pred}} = m + (m_{A_1} - m) + (m_{B_1} - m) \qquad (6 \cdot 44)$$

일반적으로 직교배열표상에 있지 않은 경우가 최적수준이고 그에 의한 최적값을 식 (6 · 43)과 같이 추정하였을 경우에는 확인실험을 해야 한다. 만일 확인실험에 의한 값이 식 (6 · 43)으로 추정한 값과 비슷하다면 모든 과정이 옳다는 것을 의미한다. 그러나 두 값의 차이가 크다면 처음에 가정한 가법모형에 무리가 있음을 말한다. 즉, 식 (6 · 40)의 가법모형에서 오차 e에 교락되어 있는 교호작용이 큰 것을 알 수 있다. 직교배열표에 의한 실험에서 교호작용효과를 감안하는 것은 쉽지 않다. 교호작용에 대한 사항은 뒤에서 설명하도록 한다. 실험에서 어떤 직교배열표를 선정해야 하는가는 대단히 중요한 문제이다. 이에 대한 방법은 다음의 예제를 통해 알 수 있다.

예제 6 · 6 직교배열표 선정 방법

2수준을 갖는 인자 A와 3수준을 갖는 인자 B, C, D, E, F가 있고 $A \times B$의 교호작용이 존재한다고 하자. 직교배열표를 이용하여 설계하려고 할 때 필요한 최소 직교배열표를 선택하여라.

❙❙ 풀 이 ❙❙

인자/교호작용	자유도
평균	1
A	2(수준) − 1 = 1
B, C, D, E, F	5 × (3(수준) − 1) = 10
$A \times B$	(2−1) × (3−1) = 2
합	14

우선 위의 표와 같이 문제의 자유도를 찾는다. 자유도의 합이 14로 계산되었다. 이 문제를 풀기 위해선 열에 2수준을 1개 이상 3수준을 5개 이상 가지는 직교배열표 중 행의 합이 14

이상이 되는 것을 택한다. 일반적으로는 최소의 것을 선택한다. 최소의 것보다 더 큰 것을 사용할 경우에는 더 좋은 설계를 할 수 있는 반면에 실험의 숫자가 늘어나는 것을 유의해야 한다.

예제 6 · 7 수학적 문제의 직교배열표를 이용한 최적화

다음의 최적화문제가 있다.

$$\text{minimize} \qquad f = A^2 + (B-1.5)^2 + (C-2.5)^2 \qquad (6 \cdot 45)$$

설계변수 A, B, C가 표 **6 · 17**과 같은 이산값을 가진다.

(1) 설계변수의 연속공간에서 수학적인 최적값을 구하여라.

(2) 전조합실시법으로 해를 구하여라.

(3) $L_9(3^4)$ 직교배열표를 이용하여 해를 구하여라. 여기서의 최적값을 전조합실시법의 해와 비교하고 논하여라.

표 6 · 17 예제 6 · 7의 인자 및 수준

인 자	수 준		
	1	2	3
A	−0.2	0.6	1.4
B	−2.0	0	2.0
C	2.0	2.8	3.6

❙❙ 풀 이 ❙❙

(1) 연속공간에서 수학적인 최적값은 함수가 모두 제곱합으로 이루어져 있으므로 $A=0$, $B=1.5$, $C=2.5$이다.

(2) 전조합실시법을 실시한 결과가 표 **6 · 18**에 있다. 표 **6 · 18**에서 f를 가장 작게 하는 설계점은 $A_1B_3C_2$로서 (−0.2, 2.0, 2.8)이며 그때의 함수값은 $f=0.38$이다.

(3) 표 **6 · 13**의 직교배열표의 행을 따라 식 (6 · 45)의 함수를 계산하면 다음과 같다.

$$f_1 = 12.54,\ f_2 = 2.38,\ f_3 = 1.5,\ f_4 = 12.7,\ f_5 = 3.82,$$

$$f_6 = 0.86,\ f_7 = 15.42,\ f_8 = 4.46,\ f_9 = 2.3$$

이를 표 **6 · 16**에서 η를 f로 대치하여 표 **6 · 19**와 같이 일원표를 만든다. 표 **6 · 19**에 있는 일원표를 이용할 때는 특정한 설계변수를 의미하는 행에서 가장 작은 값이 있는 열을 최적해에 대한 설계변수의 수준으로 한다. 따라서 표 **6 · 19**로부터 해는 $A_1B_3C_2$로서 (−0.2, 2.0, 2.8)이다. 이는 전조합실시법의 설계해와 동일하다.

식 (6 · 43)의 방법으로 최적점에서의 함수값을 추정해 본다. 평균 m은

표 6 · 18 예제 6 · 7의 전조합실시법 결과

	A	B	C	f
1	−0.2	−2.0	2.0	12.54
2	−0.2	−2.0	2.8	12.38
3	−0.2	−2.0	3.6	13.5
4	−0.2	0	2.0	2.54
5	−0.2	0	2.8	2.38
6	−0.2	0	3.6	3.5
7	−0.2	2.0	2.0	0.54
8	−0.2	2.0	2.8	0.38
9	−0.2	2.0	3.6	1.5
10	0.6	−2.0	2.0	12.86
11	0.6	−2.0	2.8	12.7
12	0.6	−2.0	3.6	13.82
13	0.6	0	2.0	2.86
14	0.6	0	2.8	2.7
15	0.6	0	3.6	3.82
16	0.6	2.0	2.0	0.86
17	0.6	2.0	2.8	0.7
18	0.6	2.0	3.6	1.82
19	1.4	−2.0	2.0	14.46
20	1.4	−2.0	2.8	14.3
21	1.4	−2.0	3.6	15.42
22	1.4	0	2.0	4.46
23	1.4	0	2.8	4.3
24	1.4	0	3.6	5.42
25	1.4	2.0	2.0	2.46
26	1.4	2.0	2.8	2.3
27	1.4	2.0	3.6	3.42

표 6 · 19 예제 6 · 7의 직교배열표에 의한 일원표

설계변수	수준		
	1	2	3
A	$m_{A_1}=5.47$	$m_{A_2}=5.79$	$m_{A_3}=7.39$
B	$m_{B_1}=13.55$	$m_{B_2}=3.55$	$m_{B_3}=1.55$
C	$m_{C_1}=5.95$	$m_{C_2}=5.79$	$m_{C_3}=6.91$

$$m = \frac{\sum_{i=1}^{9} f_i}{9} = 6.22 \tag{6·46}$$

이므로 식 (6·43)에 표 **6·19**의 값을 대입하면 다음과 같다.

$$f_{\text{opt}}^{\text{pred}} = 6.22 + (5.47 - 6.22) + (1.55 - 6.22) + (5.79 - 6.22) = 0.37 \tag{6·47}$$

직교배열표로부터 얻은 해에서 확인실험을 해 보면 $f_{\text{opt}} = 0.38$이다.

식 (6·45)에는 교호작용이 없고 가법성이 성립된다. 그러므로 직교배열표로 구한 해는 전조합실시법에서 구한 해와 일치한다. 그러나 식 (6·47)에서 산출하는 추정값 $f_{\text{opt}}^{\text{pred}}$와 f_{opt}가 다소 다른 이유는 $f_{\text{opt}}^{\text{pred}}$를 계산하는 중 반올림의 오차이다. 따라서 두 개의 값은 일치한다고 볼 수 있다.

예제 6·8 예제 6·7에 대한 분산분석표

예제 **6·7** 중 직교배열표로 실험한 것에 대해 분산분석표를 구하여라.

풀 이

예제 **6·7**에서 구한 함수값을 각 인자의 수준을 감안하여 다음과 같이 y_{ijk}라 정의한다.

$$y_{111} = f_1, \quad y_{122} = f_2, \quad y_{133} = f_3$$

$$y_{212} = f_4, \quad y_{223} = f_5, \quad y_{231} = f_6$$

$$y_{313} = f_7, \quad y_{321} = f_8, \quad y_{332} = f_9$$

$$CT = \frac{T^2}{9} = \frac{\left(\sum_{i=1}^{9} f_i\right)^2}{9} = \frac{55.98^2}{9} = 348.20 \tag{6·48}$$

인자 A의 변동은 표 **6·13**에 있는 직교배열표에서 A가 배치된 1열에 주목하면

$$\begin{aligned} S_A &= \sum_{i=1}^{3} \frac{T_{i..}^2}{3} - CT \\ &= \frac{1}{3}(T_{1..}^2 + T_{2..}^2 + T_{3..}^2) - CT \\ &= \frac{1}{3}[(y_{111} + y_{122} + y_{133})^2 + (y_{212} + y_{223} + y_{231})^2 + (y_{313} + y_{321} + y_{332})^2] - CT \\ &= \frac{1}{3}[(12.54 + 2.38 + 1.5)^2 + (12.7 + 3.82 + 0.86)^2 \\ &\quad + (15.42 + 4.46 + 2.3)^2] - 348.20 = 6.34 \end{aligned} \tag{6·49a}$$

이다. 여기서 $T_{i..}$는 A인자의 i번째 수준(A_i)에 대한 f의 합이다. 이와 동일한 방법으로

$$S_B = \sum_{i=1}^{3} \frac{T_{.i.}^2}{3} - CT$$

$$= \frac{1}{3}(T_{.1.}^2 + T_{.2.}^2 + T_{.3.}^2) - CT$$

$$= \frac{1}{3}[(y_{111} + y_{212} + y_{313})^2 + (y_{122} + y_{223} + y_{321})^2 + (y_{133} + y_{231} + y_{332})^2] - CT$$

$$= 248 \qquad (6 \cdot 49b)$$

$$S_C = \sum_{i=1}^{3} \frac{T_{..i}^2}{3} - CT$$

$$= \frac{1}{3}(T_{..1}^2 + T_{..2}^2 + T_{..3}^2) - CT$$

$$= \frac{1}{3}[(y_{111} + y_{231} + y_{321})^2 + (y_{122} + y_{212} + y_{332})^2 + (y_{133} + y_{223} + y_{313})^2] - CT$$

$$= 2.20 \qquad (6 \cdot 49c)$$

이다.

오차의 변동은 표 **6 · 13**의 인자 D에 해당하는 열에 대해 구한다.

$$S_E = \frac{1}{3}[(y_{111} + y_{223} + y_{332})^2 + (y_{122} + y_{231} + y_{313})^2 + (y_{133} + y_{212} + y_{321})^2] - CT = 0 \qquad (6 \cdot 49d)$$

여기서 $S_E=0$인 이유는 교호작용이 존재하지 않고 함수의 산출 시 실험이 아닌 계산을 시행함으로써 측정오차가 없기 때문이다. 따라서 총 변동은 다음과 같다.

$$S_T = S_A + S_B + S_C + S_E = 256.54 \qquad (6 \cdot 50)$$

다른 방법으로는

$$S_T = \sum_i \sum_j \sum_k y_{ijk}^2 - CT = 604.74 - 348.20 = 256.54 \qquad (6 \cdot 51)$$

이 된다. 위의 결과를 종합하여 분산분석표를 만들면 표 **6 · 20**과 같다.

표 6 · 20 예제 6 · 8의 분산분석표

요 인	S	ϕ	V
A	6.34	2	3.17
B	248	2	124
C	2.20	2	1.10
오차(E)	0	2	
T	256.54	8	

6.3.3 직교배열표에 의한 설계방법

앞에서 실험계획법에 사용하는 직교배열표를 설명하였다. 이제 직교배열표를 이용하는 설계방법에 대한 알고리즘(discrete Design using Orthogonal Arrays, DOA)을 설명한다.

제한조건이 있는 문제는 뒤에서 소개하기로 하고 우선 제한조건이 존재하지 않는 설계문제를 취급한다(Lee and Park, 1996).

다음의 설계문제가 있다.

$$\text{Find} \qquad \mathrm{b} \in R^n \tag{6 · 52a}$$

$$\text{to minimize} \quad f(\mathrm{b}) \tag{6 · 52b}$$

여기서 설계변수의 수 $n=4$이며 각 설계변수의 수준수가 각각 3이라 하자. 주목할 점은 실험계획법에서 일반적으로 사용하는 표기법과 설계에서 사용하는 표기법이 다소 다르다는 것이다. 설계에서의 목적함수 f는 실험계획법에서의 특성치 η와 같은 의미를 가지며, 설계변수 b_1, b_2, b_3, b_4는 인자 A, B, C, D와 동일하다.

알고리즘의 단계는 다음과 같다.

단계 1. 설계변수의 수와 수준수에 따라 적합한 직교배열표를 선택한다. $L_9(3^4)$ 직교배열표를 선택했다고 가정하면 선택한 직교배열표가 표 **6 · 13**에 있다.

단계 2. 선택한 직교배열표의 각 행에 대해 목적함수 f 혹은 η를 계산한다.

단계 3. 각 설계변수 b_i, $i=1, \cdots, 4$ 혹은 A, B, C, D에 대해 표 **6 · 16**과 같이 일원표를 만든다.

단계 4. 각 설계변수 b_i, $i=1, \cdots, 4$에 대해 표 **6 · 16**의 $m_{b_{ij}}$, $j=1, \cdots, 3$ 중 가장 적은 j값인 o_i, $i=1, \cdots, 4$를 찾는다.

단계 5. 설계변수 b_i에 대한 설계해를 o_i번째 수준의 값으로 결정한다. 확인실험을 위해 이를 가지고 다시 f의 값을 계산한다. 이때의 목적함수값이 직교배열표 상의 $f_1, f_2, \cdots, f_9$의 모든 값보다 우수하면 단계 4에서 결정한 설계해를 최종해로 선택하고, 그렇지 않으면 $f_1, f_2, \cdots, f_9$ 중 가장 우수한 행에서의 각 설계변수 수준을 최종해로 한다.

여기서 설명한 방법은 적은 계산량으로 우수한 해를 찾는 것이라 할 수 있다. 또한 이산공간(discrete space)에서 해를 구하는 것이다. 위의 단계 4에서는 교호작용을 무시하고 설계해를 구한다. 따라서 o_i, $i=1, \cdots, 4$의 수준보다 직교배열표의 한 행의 결과가 더 좋을 수 있다. 이의 약점을 보완하기 위하여 단계 5가 첨가되었다. 결과적으로 고가인 교호작용을 무시하고 현재보다 우수한 설계해를 구한다. 수준을 정의할 때 현재의 설계값을 1수준에 배치할 것을 추천한다. 그러면 직교배열표의 첫째 행에 항상 현재의 설계값이 포함되어 개선된 설계값을 얻는다. 주목할 점은 설계변수의 수준은 설계값의 크기의 순서와 무관하게 정의할 수 있다.

최적화방법이나 뒤에서 설명할 반응표면법은 주로 연속공간(continuous space)에서 해를 찾는다. 그러나 실제적인 공학설계에서는 이산공간에서 가용한 설계값이 불연속하게 존재하는 경우가 대부분이다. 따라서 연속공간에서 도출한 해는 설계자가 그에 가까운 이산공간에서의 불연속값으로 대치하게 된다. 대체적으로 이 방법은 무리가 없으나 제한조건이 예민할 때는 설계해를 선정하는 데 어려움이 따른다. 왜냐하면 제한조건이 위배될 수 있기 때문이다. 이산공간에서의 설계방법으로는 정수계획법(integer programming, Korte and Vygen, 2003), 유전자알고리즘(genetic algorithm : Goldberg, 1989), 시뮬레이티드 어닐링(simulated annealing : Osman and Kelly, 1996) 등의 알고리즘이 개발되어 있으나 본 서의 범위를 벗어나므로 이들에 대한 소개는 생략하기로 한다. 주목할 점은 이러한 알고리즘은 우수하나 대부분 막대한 계산량을 필요로 한다. 따라서 적은 계산량으로 기존의 설계값보다 좋은 해를 찾는 방법으로 이 절에서의 방법을 사용하는 것이 가능하리라 생각한다.

예제 6 · 9 수학적 문제에 대한 DOA의 적용

다음의 수학적 문제가 있다.

$$\text{Minimize} \quad f = -(A-B)^2 + 2B^2 + (2A+C)^2 + (D-0.3)^2 \qquad (6 \cdot 53)$$

각 인자는 표 **6 · 21**과 같이 2수준을 가진다.

(1) DOA 방법에 의해 식 (6 · 53)의 해를 구하여라.

(2) 식 (6 · 53)의 설계문제에 전조합실시법을 적용하고 해를 구하여라. 전조합실시법에 의한 해를 (1)번에서 DOA로 구한 해와 비교하고 그 차이를 논하여라.

표 6 · 21 예제 6 · 9의 각 인자에 대한 수준값

인 자	수 준	
	1	2
A	−0.5	0.3
B	−0.6	0.4
C	−0.9	1.0
D	−0.5	0.2

풀 이

(1) 우선 예제 **6 · 6**의 방법으로 $L_8(2^7)$ 직교배열표를 선택한다. 표 **6 · 21**에 있는 각 인자의 수준값을 표 **6 · 22**의 $L_8(2^7)$ 직교배열표에 대입한다. 이때 표 **6 · 22**의 2, 3, 4, 5열에 인자 A, B, C, D를 각각 배치하여 각 행에 대한 실험값을 구한다. i번째 행의 실험값을 f_i

라 하면 표 **6 · 23**과 같이 된다. 표 **6 · 24**의 일원표에서 각 인자에 대한 값 중 작은 수준을 택하면 설계해는 $A_2B_2C_2D_2$이며 이에 대해 확인실험을 하면 $f_{\text{opt}}^{\text{exp}} = 2.88$의 값을 가진다.

표 6 · 22 $L_8(2^7)$ 직교배열표

실험번호	열 번 호						
	1	2	3	4	5	6	7
1	1	1	1	1	1	1	1
2	1	1	1	2	2	2	2
3	1	2	2	1	1	2	2
4	1	2	2	2	2	1	1
5	2	1	2	1	2	1	2
6	2	1	2	2	1	2	1
7	2	2	1	1	2	2	1
8	2	2	1	2	1	1	2
기본표시	a	b	a b	c	a c	b c	a b c
교호작용 존재 시의 배치	A	B	$A \times B$	C	$A \times C$	D	e

표 6 · 23 예제 6 · 9에서 사용한 $L_8(2^7)$ 직교배열표의 각 행에 대한 계산

f_1	f_2	f_3	f_4	f_5	f_6	f_7	f_8
4.96	0.72	1.04	2.88	3.13	0.15	0.01	3.11

표 6 · 24 예제 6 · 9의 일원표

인 자	1 수 준	2 수 준
A	$\dfrac{f_1+f_2+f_5+f_6}{4}=2.24$	$\dfrac{f_3+f_4+f_7+f_8}{4}=1.76$
B	$\dfrac{f_1+f_2+f_7+f_8}{4}=2.2$	$\dfrac{f_3+f_4+f_5+f_6}{4}=1.8$
C	$\dfrac{f_1+f_3+f_5+f_7}{4}=2.29$	$\dfrac{f_2+f_4+f_6+f_8}{4}=1.72$
D	$\dfrac{f_1+f_3+f_6+f_8}{4}=2.32$	$\dfrac{f_2+f_4+f_5+f_7}{4}=1.69$

이를 직교배열표의 각 행과 비교해 보면 7번째 행의 값이 더 우수한 것을 알 수 있다. 따라서 최종해는 직교배열표의 7번째 행인 $A_2B_1C_1D_2$로 결정한다.

(2) 설계변수의 모든 경우에 대해 전조합실시법을 실시한 결과가 표 **6·25**에 있다. 각 행의 계산 결과를 비교하면 8번째 행의 함수값이 가장 작은 것을 알 수 있다. 따라서 여기서의 해는 $A_1B_2C_2D_2$이며 $f=-0.48$이 된다. (1)번의 해가 이와 다른 것은 (1)번에서는 교호작용을 고려하지 않았기 때문이다. 물론 우연히 직교배열표의 한 행과 전조합실시법의 가장 우수한 행이 동일할 수 있다.

표 6·25 예제 6·9의 전조합실시법의 결과

실험번호	A	B	C	D	f
1	−0.5 (1)	−0.6 (1)	−0.9 (1)	−0.5 (1)	4.96
2	−0.5 (1)	−0.6 (1)	−0.9 (1)	0.2 (2)	4.33
3	−0.5 (1)	−0.6 (1)	1.0 (2)	−0.5 (1)	1.35
4	−0.5 (1)	−0.6 (1)	1.0 (2)	0.2 (2)	0.72
5	−0.5 (1)	0.4 (2)	−0.9 (1)	−0.5 (1)	3.76
6	−0.5 (1)	0.4 (2)	−0.9 (1)	0.2 (2)	3.13
7	−0.5 (1)	0.4 (2)	1.0 (2)	−0.5 (1)	0.15
8	−0.5 (1)	0.4 (2)	1.0 (2)	0.2 (2)	−0.48
9	0.3 (2)	−0.6 (1)	−0.9 (1)	−0.5 (1)	0.64
10	0.3 (2)	−0.6 (1)	−0.9 (1)	0.2 (2)	0.01
11	0.3 (2)	−0.6 (1)	1.0 (2)	−0.5 (1)	3.11
12	0.3 (2)	−0.6 (1)	1.0 (2)	0.2 (2)	2.48
13	0.3 (2)	0.4 (2)	−0.9 (1)	−0.5 (1)	1.04
14	0.3 (2)	0.4 (2)	−0.9 (1)	0.2 (2)	0.41
15	0.3 (2)	0.4 (2)	1.0 (2)	−0.5 (1)	3.51
16	0.3 (2)	0.4 (2)	1.0 (2)	0.2 (2)	2.88

6.4 교호작용이 있을 경우의 직교배열표에 의한 설계

직교배열표를 이용해서 설계를 할 때, 인자 간의 교호작용이 크면 문제가 다소 복잡해진다. 즉, 특정한 인자의 조합에 의하여 특성치의 값이 많은 영향을 받을 때 그러하다. 식 (6·24)에서 $(ab)_{ij}$항이 큰 경우가 그 예라 하겠다. 그림 **6·2**에 교호작용을 도식적으로 보였는데 그림 **6·2** (a)는 교호작용이 없어서 $(ab)_{ij}$로부터의 효과를 무시할 수 있으나, 그림 **6·2** (b)(c)의 경우는 이를 무시할 수 없다. 앞 절에서 직교배열표를 이용할 때는 식 (6·40)의 데이터 구조식과 같이 교호작용에 의한 효과를 무시하고 실험 결과를 분석하였다. 그림 **6·2** (b)와 같이 동향적 교호작용이 존재할 때는 식 (6·40)에서 가정한 가법모델로부터 구한 설계해가 근사적으로 맞을 수 있으나 그림 **6・2** (c)와 같이 반향적 교호작용이 존재하면 직교배열표로부터 구한 설계해의 질이 좋지 않을 수 있다.

직교배열표를 이용한 설계를 실시할 때 정확한 해를 구하려면 다음의 두 가지 사항에 주의해야 한다.

(1) 인자 간에 교호작용이 있는지를 파악한다.

(2) 교호작용이 존재하면 직교배열표의 각 열에 인자를 배치할 때 해당 교호작용도 열에 배치해야 한다.

직교배열표를 이용한 실험에서 인자간의 교호작용을 파악하는 일은 쉽지 않다. 그런데 인자를 배치할 때 교호작용을 하나의 인자로 적절히 배치해야 하므로 그 존재여부를 사전에 알고 있어야 한다. 이를 정확히 파악하기 위해서는 그림 **6・2**와 같은 그래프를 사용하는 것이 좋다. 여기서 주목할 점은 인자의 특정 구간에서는 교호작용이 없더라도 구간이 바뀌면 교호작용이 나타날 수도 있다는 것이다. 그런데 인자의 수가 많고 고가의 실험에서는 그림 **6・2**의 방식으로 모든 인자의 상호 간에 존재하는 교호작용을 파악하는 것은 매우 어렵다. 따라서 경험이나 공학적 직감 등으로 교호작용을 정의하기도 한다.

교호작용의 유무만을 파악하는 간편한 방법이 있다. 교호작용을 무시하고 직교배열표에 인자를 배치하되 교호작용이 있으리라 생각되는 것에 대해서는 해당하는 열에 인자를 배치하지 않는다. DOA로 설계해를 구한 후

(1) $|f_{\text{opt}}^{\text{pred}} - f_{\text{opt}}^{\text{exp}}| / |f_{\text{opt}}^{\text{exp}}|$가 큰 값을 가지는 여부를 검증한다. 여기서 $f_{\text{opt}}^{\text{pred}}$는 직교배열표에서 구한 해에서 식 (6・43)에 의해 구한 특성치의 값이고 $f_{\text{opt}}^{\text{exp}}$는 그 해에서의 실제 실험값이다.

(2) 직교배열표의 한 행의 결과가 일원표로부터의 인자에 의한 실제 실험값보다 더 우수한지를 검증한다.

(3) 분산분석표에서 오차 열에 대한 평균제곱 V_E가 큰 값을 가지는지를 검증한다.

위의 검증 중 하나라도 만족하면 교호작용의 영향이 크다. 그러나 위의 검증을 모두 통과하더라도 교호작용이 존재할 수 있다. 따라서 위의 조건은 교호작용의 영향이 크기 위한 충분조건일 뿐 필요조건은 아니다. 또한 교호작용의 존재가 확인되더라도 어느 인자 사이에 존재하는가는 역시 그림 **6・2**의 과정을 거쳐야 정확히 알 수 있다. 이와 같이 교호작용의 파악은 복잡하고 고가의 과정이다. 따라서 앞 절에서 제시한 알고리즘을 사용하여 가장 좋은 설계값은 구하지 못하더라도 우수한 설계를 도출할 수 있다면, 공학적으로 충분한 설계해를 찾을 수 있으리라 사료된다.

만일 사전에 교호작용의 존재를 알고 있거나 교호작용이 있다고 판명되면 어떻게 할까.

이때는 존재하는 교호작용을 직교배열표의 열에 배치하도록 한다. 예를 들어 2수준의 인자가 4개(A, B, C, D)이고 인자 A, B 사이에 교호작용이 있다고 하자. 표 **6·22**의 직교배열표 $L_8(2^7)$를 사용하면 첫째와 둘째 열에는 각각 A, B를 배치하고 교호작용을 나타내는 셋째 열에는 $A \times B$의 교호작용을 배치하도록 한다. 그리고 넷째 열과 여섯째 열에 C와 D를 배치하고 나머지 열은 공란으로 둔다. 이에 대한 자세한 사항은 참고문헌 및 다음의 예제를 통해 익히도록 한다(Phadke, 1989).

예제 6·10 교호작용 검출에 대한 수학적 문제

예제 **6·9**에서 교호작용의 존재여부를 조사하여라.

풀 이

예제 **6·9**의 결과를 표 **6·26**과 같이 정리할 수 있다. 표 **6·26**으로부터 분산분석표를 작성하면 표 **6·27**과 같다. 앞에 열거한 검증 방법을 본 문제에 적용해 보면 다음과 같다.
(1) 식 (6·43)을 이용하면

$$f_{opt}^{pred} = m + (m_{A_2} - m) + (m_{B_2} - m) + (m_{C_2} - m) + (m_{D_2} - m) = 0.96 \quad (6 \cdot 54a)$$

$$f_{opt}^{exp} = 2.88 \quad (6 \cdot 54b)$$

$$|f_{opt}^{pred} - f_{opt}^{exp}| / |f_{opt}^{exp}| = 0.6667 = 66.67\% \quad (6 \cdot 54c)$$

위의 결과를 보면 오차가 매우 크다. 따라서 교호작용이 존재한다고 볼 수 있다.
(2) 앞 절의 예제 **6·9**의 결과를 보면 일원표로부터 도출된 설계해보다 직교배열표의 7번째 행이 우수하다. 따라서 교호작용이 있다는 것을 알 수 있다.

표 6·26 예제 6·9의 결과에 대한 정리

열번호	1		2		3		4		5		6		7	
인 자	e		A		B		C		D		e		e	
수 준	1	2	1	2	1	2	1	2	1	2	1	2	1	2
	4.96	3.13	4.96	1.04	4.96	1.04	4.96	0.72	4.96	0.72	4.96	0.72	4.96	0.72
	0.72	0.15	0.72	2.88	0.72	2.88	1.04	2.88	1.04	2.88	2.88	1.04	2.88	1.04
	1.04	0.01	3.13	0.01	0.01	3.13	3.13	0.15	0.15	3.13	3.13	0.15	0.15	3.13
	2.88	3.11	0.15	3.11	3.11	0.15	0.01	3.11	3.11	0.01	3.11	0.01	0.01	3.11
(1) 계	9.6	6.4	8.96	7.04	8.8	7.2	9.14	6.86	9.26	6.74	14.08	1.92	8	8
(2) (1)의 합	16		16		16		16		16		16		16	
(3) (1)의 차	−3.2		−1.92		−1.6		−2.28		−2.52		−12.16		0	
(4) $(3)^2$	10.24		3.69		2.56		5.20		6.35		147.87		0	
(5) (4)/8	1.28		0.46		0.32		0.65		0.79		18.48		0	

표 6 · 27 표 6 · 26으로부터 산출한 분산분석표

인 자	S	ϕ	V	F
A	0.46	1	0.46	0.07
B	0.32	1	0.32	0.05
C	0.65	1	0.65	0.1
D	0.79	1	0.79	0.12
오차(E)	19.76	3	6.59	
T	21.98	7		

(3) 표 **6 · 27**로부터 $V_E = 6.59$로서 다른 인자의 제곱합보다 큰 것을 알 수 있다. 따라서 교호작용이 존재한다는 것을 확인할 수 있다.

이 문제에서 그림 **6 · 2**와 같은 그래프를 그려 보면 그림 **6 · 4**와 같다. 따라서 $A \times B$, $A \times C$의 교호작용의 영향이 큰 것을 알 수 있다.

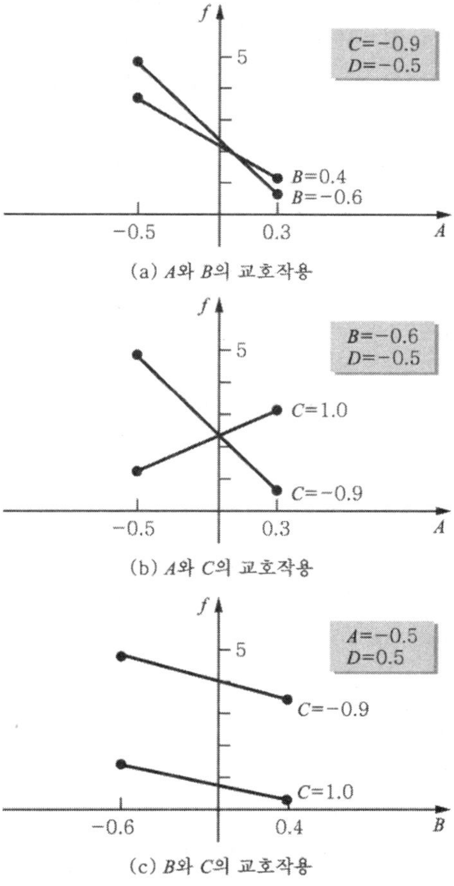

그림 6 · 4 예제 6 · 10의 교호작용 검출

예제 6 · 11 교호작용을 감안한 예제 6 · 10의 설계 문제

예제 **6 · 10**의 문제를 검출된 교호작용을 감안하여 $L_8(2^7)$ 직교배열표를 이용하여 설계하여라.

‖풀 이‖

예제 **6 · 10**에서 $A \times B$, $A \times C$의 교호작용이 크다는 것이 파악되었다. 표 **6 · 22**의 맨 아래 행과 같이 A, B, C, D와 교호작용을 배치하는데 표 **6 · 22**의 7번째 열은 오차의 산출로 공란으로 한다. 각 실험의 결과가 표 **6 · 28**에 있으며, 이에 대한 결과의 정리는 표 **6 · 29**에, 분산분석표는 표 **6 · 30**에 있다.

표 **6 · 30**을 보면 예제 **6 · 10**의 결과와 동일하게 $A \times B$, $A \times C$의 교호작용에 대한 제곱합이 상대적으로 큰 것을 알 수 있다. 이제는 위의 결과로부터 설계해를 구하도록 한다. 교호작용이 있는 인자들에 대해서는 앞서의 일원표가 아닌 이원표(two-way table)를 사용해야 한다. 이원표의 예가 표 **6 · 31** (a)(b)에 있다. 표 **6 · 31** (a)에 있는 이원표를 보자. 인자 A, B 사이에 교호작용이 있으므로 이와 같은 표를 만든다. 예를 들어 A_1B_1에 해당하는 값은 표 **6 · 22**에서 A, B가 동시에 1수준일 때 함수 f값을 구한다. 즉, 표 **6 · 22**의 1, 2열에서 A_1B_1의 조합을 가지는 행에 대한 함수값 f의 합을 계산한다. 이 경우 A_1B_1의 조합을 가지는 행은 1행과 2행이므로 이의 합을 표 **6 · 31** (a)와 같이 구한다. 나머지 A_1B_2, A_2B_1,

표 6 · 28 예제 6 · 11에서 사용한 $L_8(2^7)$ 직교배열표의 각 행에 대한 계산

f_1	f_2	f_3	f_4	f_5	f_6	f_7	f_8
4.96	0.72	3.13	0.15	0.64	2.48	0.41	3.51

표 6 · 29 예제 6 · 11의 결과에 대한 정리

열번호	1		2		3		4		5		6		7	
인 자	A		B		$A \times B$		C		$A \times C$		D		e	
수 준	1	2	1	2	1	2	1	2	1	2	1	2	1	2
	4.96	0.64	4.96	3.13	4.96	3.13	4.96	0.72	4.96	0.72	4.96	0.72	4.96	0.72
	0.72	2.48	0.72	0.15	0.72	0.15	3.13	0.15	3.13	0.15	0.15	3.13	0.15	3.13
	3.13	0.41	0.64	0.41	0.41	0.64	0.64	2.48	2.48	0.64	0.64	2.48	2.48	0.64
	0.15	3.51	2.48	3.51	3.51	2.48	0.41	3.51	3.51	0.41	3.51	0.41	0.41	3.51
(1) 계	8.96	7.04	8.8	7.2	9.6	6.4	9.14	6.86	14.08	1.92	9.26	6.74	8	8
(2) (1)의 합	16		16		16		16		16		16		16	
(3) (1)의 차	−1.92		−1.6		−3.2		−2.28		−12.16		−2.52		0	
(4) $(3)^2$	3.69		2.56		10.24		5.20		147.87		6.35		0	
(5) (4)/8	0.46		0.32		1.28		0.65		18.48		0.79		0	

표 6·30 표 6·29로부터 산출한 분산분석표

인 자	S	ϕ	V
A	0.46	1	0.46
B	0.32	1	0.32
$A \times B$	1.28	1	1.28
C	0.65	1	0.65
$A \times C$	18.48	1	18.48
D	0.79	1	0.79
오차(E)	0	1	
T	21.98	7	

A_2B_2에 대해서도 마찬가지로 계산한 결과가 표 **6·31**(a)에 있다. 각 조합에 대해 계산한 4개의 값 중 가장 적은 것을 선정한다. 여기서는 A_2B_1임을 알 수 있다. A, C에 대해서도 동일하게 적용한 결과가 표 **6·31**(b)에 있는데 해는 A_1C_2이다. D의 해는 표 **6·31**(c)의 일원표에서 정하여 두 번째 수준으로 한다. 그 이유는 D로 인한 교호작용은 존재하지 않기 때문이다.

이와 같이 한 인자가 다른 두 인자와 교호작용이 있을 때는 두 개의 이원표가 상이한 해를 제시할 수 있다. 이러한 경우는 A에 대한 일원표를 다시 만들어 A의 수준을 결정할 수 있다. 예제 **6·9**에서 A에 대한 일원표로부터 A_2가 결정되었다. 따라서 설계해를 $A_2B_1C_2D_2$로 정할 수 있다. 그러나 본 문제를 잘 살펴보면 표 **6·30**으로부터 $A \times C$의 교호작용이 $A \times B$의 교호작용보다 훨씬 큰 것을 알 수 있다. 이러한 경우에는 표 **6·31**(b)로부터 A_1C_2를 설계해로 하고 $A=A_1$일 때 표 **6·31**(a)로부터 B에 대한 좋은 해를 찾으면 A_1B_2이다. 따라서 최종해는 $A_1B_2C_2D_2$이다.

표 6·31 예제 6·11의 최적값 결정에 대한 이원표와 일원표

(a) 인자 AB의 이원표

	A_1	A_2
B_1	$f_1+f_2=5.68$	$f_5+f_6=3.12$
B_2	$f_3+f_4=3.28$	$f_7+f_8=3.92$

(b) 인자 AC의 이원표

	A_1	A_2
C_1	$f_1+f_3=8.09$	$f_5+f_7=1.05$
C_2	$f_2+f_4=0.87$	$f_6+f_8=5.99$

(c) 인자 D의 일원표

D_1	D_2
$f_1+f_4+f_5+f_8=9.26$	$f_2+f_3+f_6+f_7=6.74$

위에서 결정한 설계해에서의 함수값을 추정해 본다. 추정식은 식 (6·43)을 이용하면 다음과 같이 된다.

$$f_{\text{opt}}^{\text{pred}}=m+(m_{A_1B_2}-m)+(m_{A_1C_2}-m)+(m_{D_2}-m)=-0.24 \quad (6\cdot 55)$$

식 (6·55)를 식 (6·43)의 구조식의 표현을 빌면

$$m_{A_1B_2}=m+a_1+b_2+(ab)_{12} \quad (6\cdot 56\text{a})$$

$$m_{A_1C_2}=m+a_1+c_2+(ac)_{12} \quad (6\cdot 56\text{b})$$

$$m_{D_2}=m+d_2 \quad (6\cdot 56\text{c})$$

이므로 식 (6·55)에는 a_1이 중복 포함되어 있다. 따라서 식 (6·55)를 정확히 하면 다음과 같이 된다.

$$f_{\text{opt}}^{\text{pred}}=m+(m_{A_1B_2}-m)+(m_{A_1C_2}-m)+(m_{D_2}-m)-a_1=-0.48 \quad (6\cdot 57)$$

식 (6·57)의 a_1은 표 **6·29**의 첫 번째 열의 (1)번 항에서 다음과 같이 계산한다.

$$a_1=\frac{(8.96-7.04)/4}{2}=0.24 \quad (6\cdot 58)$$

이에 대한 확인실험을 하면 $f_{\text{opt}}^{\text{exp}}=-0.48$이다. 본 문제에는 오차가 없으므로 식 (6·57)은 정확한 값을 예측한다.

예제 6·12 5부재 트러스 구조물에 대한 교호작용 검출

그림 **6·5**에 5부재 트러스 구조물이 있다. 고유진동수를 최대화하기 위한 설계문제를 다음과 같이 정의하였다.

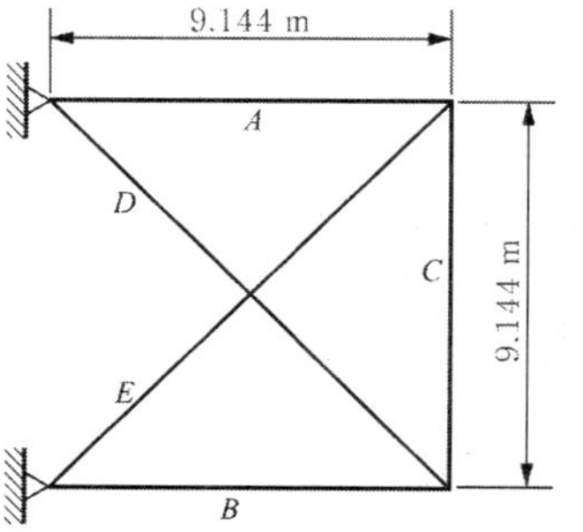

그림 6·5 5부재 트러스 구조물

$$\text{Maximize} \quad \xi \tag{6·59}$$

여기서 ξ는 구조물의 첫 번째 고유진동수이다. 인자(설계변수)는 각 단면의 면적으로서 표 **6·32**의 값을 가진다. 이에 대한 교호작용을 검출하여라.

표 6·32 예제 6·12의 인자 및 수준

수 준	인 자($\times 10^{-4}$m^2)				
	A	B	C	D	E
1	3.00	8.00	10.10	10.00	6.00
2	17.00	17.00	11.00	25.00	18.00
3	30.00	26.00	20.00	40.00	30.00

표 6·33 예제 6·12의 $L_{18}(2^1 \times 3^7)$ 직교배열표를 이용한 실험

실험 번호	열 및 인자의 배치								ξ(Hz)
	1	2	3	4	5	6	7	8	
	e	A	B	C	D	E	e	e	
1	1	1	1	1	1	1	1	1	34.40398
2	1	1	2	2	2	2	2	2	34.80376
3	1	1	3	3	3	3	3	3	31.75859
4	1	2	1	1	2	2	3	3	38.07272
5	1	2	2	2	3	3	1	1	40.39151
6	1	2	3	3	1	1	2	2	29.83928
7	1	3	1	2	1	3	2	3	41.13371
8	1	3	2	3	2	1	3	1	32.97368
9	1	3	3	1	3	2	1	2	42.08462
10	2	1	1	3	3	2	2	1	27.82737
11	2	1	2	1	1	3	3	2	28.18135
12	2	1	3	2	2	1	1	3	39.06658
13	2	2	1	2	3	1	3	2	31.56198
14	2	2	2	3	1	2	1	3	34.98063
15	2	2	3	1	2	3	2	1	42.04833
16	2	3	1	3	2	3	1	2	36.60479
17	2	3	2	1	3	1	2	3	36.44593
18	2	3	3	2	1	2	3	1	37.88146

❙❙ 풀 이 ❙❙

3수준의 인자가 5개 있으므로 표 **6 · 33**에 있는 직교배열표 L_{18}을 선택한다. L_{18}은 교호작용의 효과가 고르게 배치되어 있는 직교배열표이므로 교호작용을 무시하고 실험을 실시할 때 자주 이용하는 표이다. L_{18}에 각 인자를 배치하고 실험한 결과가 표 **6 · 33**에 있으며 표 **6 · 34**에 분산분석표가 있다. 또한 각 인자의 수준에 대한 평균값이 표 **6 · 34**에 있으며 일원표를 적용한 결과는 음영처리되어 있다. 표 **6 · 34**로부터 구한 설계해는 $A_3B_3C_2D_2E_3$이 되며 이때의 $\xi_{\text{opt}}^{\text{exp}}=42.806$이다. 교호작용의 검출을 위해서는 앞서의 여러 가지 검증방법을 사용할 수도 있으나 여기서는 표 **6 · 34**의 평균제곱을 사용해 본다. $V_E=6.5563+30.8026+14.6699=52.0288$이다. 이는 상대적으로 다른 평균제곱에 비해 크다고 할 수 있으나 교호작용이 각 열에 골고루 분포되어 있는 이유로 위에서 구한 수준을 최종해로 할 수도 있다. 또한 주목할 점은 $\xi_{\text{opt}}^{\text{exp}}$의 값이 표 **6 · 33**의 어떤 행에 있는 값보다 우수하다는 것이다. 따라서 교호작용이 있으나 교호작용을 무시하고 설계해도 우수한 값을 구했다는 것을 의미한다.

표 6 · 34 예제 6 · 12의 평균 및 분산분석

열번호	인자	각 수준에 대한 평균 1	2	3	자유도	제곱합	평균제곱
1	error	36.1624	34.9554		1	6.5563	6.5563
2	A	32.6736	36.1491	37.8540	2	83.6452	41.8226
3	B	34.9341	34.6295	37.1131	2	22.0193	11.0097
4	C	36.8728	37.4732	32.3307	2	94.8716	47.4358
5	D	34.4034	37.2616	35.0117	2	27.2039	13.6019
6	E	34.0486	35.9418	36.6864	2	22.1933	11.0967
7	error	37.9220	35.3497	33.4050	2	61.6051	30.8026
8	error	35.9211	33.8460	36.9097	2	29.3397	14.6699

예제 6 · 13 예제 6 · 12의 교호작용을 고려한 설계

예제 **6 · 12**의 문제를 교호작용을 고려하여 설계하여라.

❙❙ 풀 이 ❙❙

여기서는 위에서 교호작용을 무시할 수 없다는 가정 하에 교호작용을 감안하는 설계를 해본다. 교호작용을 검출해 본 결과 교호작용 $A\times B$, $A\times C$, $A\times D$, $A\times E$가 존재함을 발견하였다. 이들을 감안할 수 있는 직교배열표로 표 **6 · 35**에 있는 $L_{27}(3^{13})$을 선택한다. 이를 토대로 각 행을 실험하고 그에 대한 각 수준에서의 평균값을 구하고 분산분석을 해 보면 표 **6 · 36**과 같다. 표 **6 · 36**으로부터 $A\times E$의 영향이 크다고 판단하여 A, E에 관해 표 **6 · 37**과 같은 이

원표를 작성한다. 다른 인자에 대해서는 일원표를 작성하여 해를 구하면 $A_3B_3C_1D_2E_3$가 되며 이때의 $\xi_{\text{opt}}^{\text{exp}}=43.140$이다. 표 **6 · 38**에 전조합실시법에 의한 방법과 L_{18}과 L_{27}로 구한 두 방법의 실험 결과를 비교하였다. 설계자에 따라서는 공학적 의미에서 직교배열표에 의한 두 설계의 결과가 충분히 우수하다고 판단할 수 있다. 주목할 점은 교호작용을 감안하지 않더라도 L_{18} 같이 교호작용이 고르게 배치된 직교배열표를 사용하면 좋은 설계 결과를 얻을 수 있다는 것이다.

표 6 · 35 예제 6 · 13의 L_{27} (3^{13}) 직교배열표를 이용한 실험

실험 번호	열 및 인자의 배치													결 과 ξ (Hz)
	1	2	3	4	5	6	7	8	9	10	11	12	13	
	A	E	AE	AE^2	D	AD	AD^2	B	AB	AB^2	C	AC	AC^2	
1	1	1	1	1	1	1	1	1	1	1	1	1	1	34.4040
2	1	1	1	1	2	2	2	2	2	2	2	2	2	38.1740
3	1	1	1	1	3	3	3	3	3	3	3	3	3	36.6973
4	1	2	2	2	1	1	1	2	2	2	3	3	3	27.6969
5	1	2	2	2	2	2	2	3	3	3	1	1	1	35.8637
6	1	2	2	2	3	3	3	1	1	1	2	2	2	30.1594
7	1	3	3	3	1	1	1	3	3	3	2	2	2	27.6409
8	1	3	3	3	2	2	2	1	1	1	3	3	3	26.6787
9	1	3	3	3	3	3	3	2	2	2	1	1	1	32.2225
10	2	1	2	3	1	2	3	1	2	3	1	2	3	34.6604
11	2	1	2	3	2	3	1	2	3	1	2	3	1	38.0122
12	2	1	2	3	3	1	2	3	1	2	3	1	2	36.7979
13	2	2	3	1	1	2	3	2	3	1	3	1	2	34.9806
14	2	2	3	1	2	3	1	3	1	2	1	2	3	42.0869
15	2	2	3	1	3	1	2	1	2	3	2	3	1	34.7767
16	2	3	1	2	1	2	3	3	1	2	2	3	1	38.6751
17	2	3	1	2	2	3	1	1	2	3	3	1	2	35.4017
18	2	3	1	2	3	1	2	2	3	1	1	2	3	40.6838
19	3	1	3	2	1	3	2	1	3	2	1	3	2	32.4918
20	3	1	3	2	2	1	3	2	1	3	2	1	3	36.1618
21	3	1	3	2	3	2	1	3	2	1	3	2	1	35.5968
22	3	2	1	3	1	3	2	2	1	3	3	2	1	35.0717
23	3	2	1	3	2	1	3	3	2	1	1	3	2	41.6593
24	3	2	1	3	3	2	1	1	3	2	2	1	3	34.7589
25	3	3	2	1	1	3	2	3	2	1	2	1	3	40.1213
26	3	3	2	1	2	1	3	1	3	2	3	2	1	36.6048
27	3	3	2	1	3	2	1	2	1	3	1	3	2	41.5861

표 6 · 36　예제 6 · 13의 평균 및 분산분석

실험번호	인 자	각 수준에 대한 평균 1	2	3	평 균	자유도	제곱합
1	A	32.1708	<u>37.3417</u>	37.1169	35.5432	2	153.7579
2	E	<u>35.8885</u>	35.2282	35.5128	35.5432	2	1.9741
3, 4	$A \times E$					4	125.7039
5	D	33.9714	<u>36.7381</u>	35.9199	35.5432	2	36.3626
6, 7	$A \times D$					4	3.3840
8	B	33.3263	36.0655	<u>37.2377</u>	35.5432	2	72.5301
9, 10	$A \times B$					4	1.9863
11	C	<u>37.2954</u>	35.3867	33.9474	35.5432	2	50.7718
12, 13	$A \times C$					4	0.7570

표 6 · 37　예제 6 · 13의 이원표

		인자 A의 수준 A_1	A_2	A_3
인자 E의 수준	E_1	36.4251	36.4902	34.7501
	E_2	31.2400	37.2814	37.1633
	E_3	28.8474	38.2535	<u>39.4374</u>

표 6 · 38　예제 6 · 13의 결과 비교

인 자	A	B	C	D	E	결과 ξ(Hz)
전조합실시법	3	3	1	3	3	43.315
L_{18}	3	3	2	2	3	42.806
L_{27}	3	3	1	2	3	43.140

6.5 제한조건이 있을 경우의 직교배열표에 의한 설계

앞에서 직교배열표를 이용하여 실험을 하거나 설계를 할 때 특성치나 목적함수만 고려하였고 제한조건을 고려하지 않았다. 왜냐하면 실제 실험의 경우에는 인자로 이루어진 제한조건함수가 존재하는 일이 드물다. 또한 제한조건이 있더라도 직접 고려하지 않고 인자의 수준을 정할 때 실험자가 간접적으로 고려하는 수가 많다. 그러나 설계문제에는 식 (3 · 1)과 같이 많은 제한조건이 있다. 설계문제에서는 목적함수를 최소화하기 이전에 제한조건을 우선 만족해야 한다. 따라서 앞의 과정만으로는 설계문제를 해결하기에 미흡하다.

제한조건을 감안하기 위해 다음과 같은 특성함수 ψ 를 정의한다(Lee and Park, 2002).

$$\psi(\mathrm{b}) = f(\mathrm{b}) + P(\mathrm{b}) \tag{6・60}$$

여기서 b는 설계변수벡터, f는 목적함수이다. P는 식 (3・1)의 기호를 그대로 사용하면 다음과 같이 제한조건의 최대위배량으로 정의되는 벌칙함수이다.

$$P(\mathrm{b}) = \max(0, |h|, g) \times s \tag{6・61}$$

이는 제한조건 위배량의 최대값에 조절계수 s를 곱한 것이다. 조절계수의 크기에 따라 제한조건 위배량을 고려하는 정도가 변하게 된다. 위배량을 계산할 때는 제한조건의 최대위배량을 정규화(normalization)를 하는 것이 좋다. 그 이유는 제한조건 간의 차원(order)의 차이가 벌칙함수에 미치는 영향을 줄일 수 있기 때문이다.

특성함수 ψ 를 식 (6・60)과 같이 정의하면 앞 절의 η 대신 ψ 를 사용하여 **6.3.3**절의 과정을 그대로 따라가면 된다. 어떤 제한조건은 대상 시스템의 전반적인 특성을 나타낼 때가 있는데 그러한 함수는 거의 모든 설계변수의 함수일 때가 많다. 이 경우는 교호작용이 중요해질 수 있으므로 주의해야 한다.

ψ 를 이용해 직교배열표로 설계값을 구하는 것은 ψ 의 평균분석으로부터 설계해를 찾는 것이다. 여기서 직교배열표로부터 구한 설계값은 ① 교호작용을 무시할 경우 교호작용으로 인해 우수한 설계가 아니거나 ② ψ 에 대한 우수한 값을 도출하더라도 제한조건을 위반할 수 있다. **6.3.3**절에서는 제한조건이 없으므로 ①번의 한계를 극복하기 위하여 확인실험을 한 후 직교배열표 상에 배치한 것을 포함한 각 경우에서 가장 우수한 해를 결정하였다. 이렇게 결정된 해는 비록 가장 우수한 값은 아니라도 적은 노력으로 상당히 우수한 설계해를 제공한다. 따라서 여기서도 교호작용을 무시하고 **6.3.3**절의 방법을 사용한다. 그러나 제한조건이 있을 때는 이렇게 구한 해도 제한조건을 위반할 가능성이 남게 된다. 특히 직교배열표의 각 행이 제한조건의 최대위배량을 포함하므로 각 행이 다른 제한조건을 가지고 ψ 를 만들 수 있다. 따라서 **6.3.3**절의 방법을 그대로 사용하여 얻은 해는 제한조건을 위배할 확률이 커진다.

이를 극복하기 위한 것으로 다음과 같은 두 가지 방법이 있다.

(1) 직교배열표 상의 배치만 이용하는 경우

6.3.3절의 방법을 그대로 사용하면서 제한조건의 위배 여부만을 점검한다. 즉, 확인실험 결과와 직교배열표 상의 배치에 대한 결과 중 제한조건을 모두 만족하는 실험만을 골라 가장 우수한 ψ 를 도출하는 설계해를 찾는다. 표 **6・13**을 가지고 설명하면, 표 **6・13**의 η를 ψ 로 대치하여 각 행에 대한 ψ 를 구한 후 확인실험값과 표 **6・13**의 모든 값을 비교하여 제한조건을 만족하는 해 중 가장 우수한 것을 최종해로 하는 것이다.

(2) 추정값을 오름차순으로 배열하는 방법

식 (6・43)에 의하면 교호작용을 무시했을 때의 추정값을 구할 수 있다. 이러한 추정값을 전조합에 대해 실시한다. 즉, 모든 조합에 대한 ψ 의 추정값 ψ^{pred}을 계산한다. 이는 실제 실험이 없는 근사화로 행렬실험의 결과를 토대로 계산할 수 있다. 먼저 전조합의 수준조건에 따라서 목적함수와 벌칙함수의 추정값을 구한다. 벌칙함수와 목적함수의 추정값을 더하여 ψ 의 추정값 ψ^{pred}을 계산할 수 있다. 이러한 추정값을 가지고 전조합에 대해서 ψ^{pred}의 크기에 의해 오름차순으로 정리한다. 직교배열표 L_9으로 실시한 예가 표 **6・39**에 보여진다. 표 **6・39**에서의 실험번호는 표 **6・13**의 직교배열표와는 달리 ψ^{pred}값을 가지고 배열한 것이다. 즉, $\psi_i^{\text{pred}} < \psi_{i+1}^{\text{pred}}$, $i=1, 2, \cdots, 80$의 조건을 가지도록 오름차순으로 배치하였다. 각 경우에 대해 위로부터 순서대로 확인실험을 실시하여 제한조건을 만족하는 첫 경우를 일단 설계해로 선정한다. 표 **6・39**에서는 5번째 실험의 설계값을 설계해로 선정한다. 이후 직교배열표에 의한 실험에서 제한조건을 만족하면서 가장 우수한 해와 비교하여 최종해를 결정한다.

표 6・39 $L_9(3^4)$형 직교배열표의 경우에 추정치로 오름차순으로 배열한 예

실험번호	설계변수의 배치 및 수준				ψ 의 추정값	제한조건의 위배여부
	A	B	C	D		
1					ψ_1	위배
2					ψ_2	위배
3					ψ_3	위배
4	각 설계변수에 대한 i번째 행은 ψ 에 대한 수준				ψ_4	위배
5					ψ_5	만족
6					ψ_6	위배
⋮					⋮	⋮
$81=3^4$					ψ_{81}	·

추정값을 계산할 때 목적함수와 제한조건의 추정값을 따로 구하지 않고 특성치의 추정값을 직접 계산하는 방법이 있다. 이 방법은 목적함수와 제한조건의 추정값을 구하는 방법보다는 계산이 간단하고 계산량이 적은 장점이 있다. 그러나 ψ 의 추정값이 조절계수의 크기에 따라서 실제값과 크게 다를 수 있다. 왜냐하면 식 (6・60)과 같이 특성치의 평균을 목적함수값과 제한조건의 최대위배량에 조절계수를 곱한 값의 합으로 계산하기 때문이다. 즉, 제한조건이 위배되면 항상 특성치의 평균에 조절계수와 위배량의 곱으로 인하여 추정값이 왜곡될 수 있다. 그러므로 각 조합에 대한 추정값의 순위도 달라질 수 있다. 그러나

여기부터 특성치를 직접 이용하는 방법은 추정값을 정밀하게 구하려는 것이 아니라면, 계산이 간편하므로 이용할 수 있다.

위의 두 가지 방법 모두 수학적 최적값을 구하는 것은 아니다. 그러나 적은 계산량으로 이산공간(discrete space)에서 우수한 해를 찾는다는 점에서 매우 실용적인 방법이다.

예제 6 · 14 제한조건이 있는 수학적 문제

다음의 최적화문제가 있다.

Find $b_1,\ b_2,\ b_3,\ b_4$ (6 · 62a)

to minimize $f(\mathrm{b}) = b_1^2 + b_2^2 + 2b_3^2 + b_4^2 - 5b_1 - 5b_2 - 21b_3 + 7b_4$ (6 · 62b)

subject to $\dfrac{b_1^2 + b_2^2 + b_3^2 + b_4^2 + b_1 - b_2 + b_3 - b_4}{8} - 1 \le 0$ (6 · 62c)

$$\frac{b_1^2 + 2b_2^2 + b_3^2 + 2b_4^2 - b_1 - b_4}{10} - 1 \le 0 \qquad (6 \cdot 62\text{d})$$

$$\frac{2b_1^2 + b_2^2 + b_3^2 + 2b_1 - b_2 - b_4}{5} - 1 \le 0 \qquad (6 \cdot 62\text{e})$$

각 설계변수는 공히 −1, 0, 1의 3수준값을 가진다. 이상의 문제를
(1) 직교배열표 상의 배치만을 이용하여 설계해를 구하여라.
(2) 추정값을 오름차순으로 배열하여 해를 구하여라.

❙❙ 풀 이 ❙❙

(1) 우선 식 (6 · 60)으로부터 ψ 를 정의한다. 여기서는 임의로 식 (6 · 61)의 조절계수는 $s=100$으로 한다. 3수준의 설계변수가 4개이므로 $L_9(3^4)$ 직교배열표를 선정하여 각 행에 대해 실험하면 표 **6 · 40**과 같다. 표 **6 · 40**에서 7번째 실험에서만 제한조건이 위배되었으며 그 외의 실험에서는 모두 만족되었다. 표 **6 · 40**의 결과로부터 각 수준에 대한 일원표를 구하면 표 **6 · 41**과 같다. 표 **6 · 41**로부터 설계해의 수준은 $(b_1)_2(b_2)_3(b_3)_3(b_4)_1$임을 알 수 있다. 이 결과의 확인실험을 위해 식 (6 · 62)에 대입하여 구한 목적함수값은 −29이고, 제한조건의 값은 차례대로 −0.5, −0.4, −0.6이다. 이때의 최대 위배량은 0이므로 표 **6 · 41**의 결과와 표 **6 · 40**의 직교배열표상의 결과를 비교할 때 목적함수를 가장 적게 하는 설계변수의 값은 $(b_1)_2(b_2)_3(b_3)_3(b_4)_1$임을 알 수 있다.

(2) 식 (6 · 43)에 의해 ψ 의 전조합에 대한 추정값을 구한다. 전조합에 대한 추정치는 총 $3^4=81$개가 나올 수 있다. 이에 대한 것을 오름차순으로 정리하면 표 **6 · 42**와 같이 된다. 여기서는 목적함수와 제한조건에 대한 추정치를 따로 구했다. 표 **6 · 42**로부터 가장 처음으로 제한조건을 위배하지 않는 설계는 $(b_1)_2(b_2)_3(b_3)_3(b_4)_1$로 직교배열표 상의 배치만 이용한 경우와 같다. 따라서 설계해는 (1)과 동일하다.

표 6 · 40 직교배열표 $L_9(3^4)$에 의한 실험

실험번호	열 및 설계변수의 배치				특성함수(ψ)
	1	2	3	4	
	b_1	b_2	b_3	b_4	
1	1	1	1	1	29(ψ_1)
2	1	2	2	2	6(ψ_2)
3	1	3	3	3	−9(ψ_3)
4	2	1	2	3	14(ψ_4)
5	2	2	3	1	−25(ψ_5)
6	2	3	1	2	19(ψ_6)
7	3	1	3	2	23(ψ_7)
8	3	2	1	3	27(ψ_8)
9	3	3	2	1	−14(ψ_9)

표 6 · 41 예제 6 · 14에 대한 일원표

설계변수	수 준		
	1	2	3
b_1	8.67	2.67	12
b_2	22	2.67	−1.33
b_3	25	2	−3.67
b_4	−3.33	16	10.67

표 6 · 42 예제 6 · 14에서 추정치를 오름차순으로 배열한 예

순 위	설계변수의 배치 및 수준				ψ의 추정값	제한조건의 위배여부
	b_1	b_2	b_3	b_4		
1	2	3	3	1	−29	만족
2	3	3	3	2	−27	
3	2	2	3	1	−25	
4	1	3	3	1	−23	
⋮	⋮	⋮	⋮	⋮	⋮	
78	1	1	1	3	43	
79	3	1	1	3	53	
80	3	1	1	2	65	
$81=3^4$	3	1	1	1	79	

예제 6 · 15 구조설계 문제

그림 **3 · 3**에서 $l=1\text{m}$, $\theta=60°$이고, 하중이 $P=40{,}000\text{N}$이다. 하중이 구조물에 작용할 때 질량 M을 최적화하는 단면적 b_1, b_2, b_3을 결정하는 문제이다. 물성치는 탄성계수(E)=207GPa, 푸아송비(ν)=0.33, 밀도(ρ)=2770kg/m³를 사용하였다. 문제의 정식화는 다음과 같다.

$$\text{Find} \quad b_1,\ b_2,\ b_3 \tag{6·63a}$$

$$\text{to minimize} \quad M(b_1,\ b_2,\ b_3)=(\sqrt{2}b_1+b_2+\sqrt{2}b_3)\times\rho \tag{6·63b}$$

$$\text{subject to} \quad -100\text{MPa} \le \sigma_i \le 140\text{MPa}\ (i=1,\ 2,\ 3) \tag{6·63c}$$

여기서 $\sigma_i(i=1,\ 2,\ 3)$는 i번째 부재에 작용하는 응력을 의미한다. 각 변수가 표 **6 · 43**과 같은 수준값을 가질 때

(1) 직교배열표 상의 배치만을 이용하여 설계해를 구하여라.

(2) 추정값을 오름차순으로 배열하여 해를 구하여라.

표 6 · 43 예제 6 · 15의 설계변수의 수준값 (단위 : m²)

수 준	설계변수		
	b_1	b_2	b_3
1	0.00018	0.0001	0.00002
2	0.0002	0.00012	0.00004
3	0.00022	0.00014	0.00006

‖ 풀 이 ‖

(1) 설계변수의 수가 3개이고, 수준 수는 3인 점을 감안하여 $L_9(3^4)$ 직교배열표를 선택한다. 행렬실험을 행한 결과는 표 **6 · 44**와 같다. 여기서 조절계수는 $s=100$으로 하고 예제 **6 · 14**와 같은 과정으로 계산을 실행한다. 식 (6 · 60)의 ψ에 대한 일원표로부터의 결과는 표 **6 · 45**와 같다. 표 **6 · 45**로부터 설계해의 수준은 $(b_1)_3(b_2)_3(b_3)_3$임을 알 수 있다. 이에 대해 확인 실험한 결과 목적함수값은 1.485이다. 이때의 최대 위배량은 0이므로 표 **6 · 44**의 결과와 일원표로부터의 $(b_1)_3(b_2)_3(b_3)_3$를 비교하면 목적함수를 가장 적게 하는 설계변수의 값은 직교배열표의 5번째 행인 $(b_1)_2(b_2)_2(b_3)_1$임을 알 수 있다.

표 6 · 44 예제 6 · 15의 직교배열표에 의한 실험 결과

실험번호	열 및 설계변수 배치				특성치(ψ)
	1	2	3	4	
	b_1	b_2	무시	b_3	
1	1	1	1	1	12.689
2	1	2	2	2	10.141
3	1	3	3	3	7.115
4	2	1	2	3	4.467
5	2	2	3	1	1.194
6	2	3	1	2	1.328
7	3	1	3	2	1.748
8	3	2	1	3	1.429
9	3	3	2	1	1.328

표 6 · 45 예제 6 · 15에 대한 일원표

설계변수	수 준		
	1	2	3
b_1	9.982	2.330	1.502
b_2	6.301	4.255	3.257
b_3	5.070	4.406	4.337

(2) 여기서 목적함수와 제한조건의 추정치를 구하였다. 추정치를 오름차순으로 정렬하면 표 **6 · 46**과 같다. 표 **6 · 46**에서 제한조건을 만족하는 최적조건을 구하면 $\mathbf{b} = [0.0002\ 0.00014\ 0.00002]^T$로 $(b_1)_2(b_2)_3(b_3)_1$의 수준이고, 이때의 목적함수값은 1.2496이다. 표 **6 · 44**의 직교배열표 상의 값과 비교하면 (1)에서 얻은 해가 더 우수하다. 따라서 직교배열표의 5번째 실험의 설계해를 최종해로 선택한다.

표 6 · 46 예제 6 · 15에서 추정치를 오름차순으로 배열한 예

순 위	설계변수의 배치 및 수준			ψ 의 추정값	제한조건의 위배여부
	b_1	b_2	b_3		
1	3	1	1	1.2172	위배
2	2	3	1	1.2496	만족
⋮	⋮	⋮	⋮	⋮	⋮

6.6 직교배열표를 이용한 순차적 알고리즘

앞에서 설명한 직교배열표를 이용한 설계방법은 특정한 설계점 주위에 직교배열표를 설정하여 좋은 설계를 찾는 법이다. 여기서는 이를 확장해 반복 진행(iteration)함으로써 더 좋은 설계를 찾는 방법을 소개한다. 일부의 연구자들은 넓은 범위에 설계변수의 수준을 정의하고 직교배열표를 이용하여 범위를 좁혀 가면서 좋은 설계를 구하기도 한다(Ku *et al.*, 1998). 여기서는 초기설계 주위에 작은 범위의 수준을 설정한 후 앞에서의 방법을 적용한다. 좋은 설계를 찾으면 찾은 설계점 주위에 다시 직교배열표를 설정하여 수렴조건을 만족할 때까지 반복 진행을 실시한다. 전반적인 흐름도가 그림 **6·6**에 보여지는데 이에 대해 단계별로 간단히 설명하면 다음과 같다(Lee *et al.*, 2003).

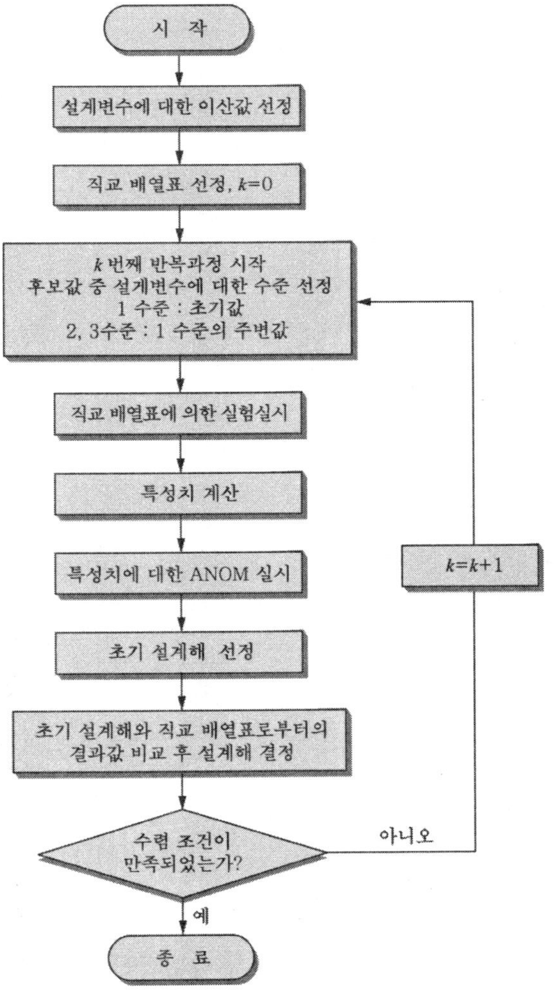

그림 6·6 SOA의 흐름도

단계 1. 문제 설정

목적함수와 설계변수를 정의하고 설계변수가 가질 수 있는 후보값을 설정한다. 후보값은 각 설계변수가 가지는 이산공간(discrete space)에서의 설계값이다. 후보값은 가용한 설계값이나 설계조건에 있는 값들을 사용한다. 초기설계 $\mathbf{b}^{(0)}$을 정의할 때 기존의 설계를 개량하려 할 경우에는 기존설계값을 초기설계로 대치하는 수가 많다. 반복계수를 $k=0$으로 설정하고 사용할 직교배열표를 선정한다. 수준수는 일반적으로 3으로 하는데 3수준은 비선형성, 즉 곡률효과와 큰 값과 작은 값으로 이루어진 구간을 탐색하는 데 용이하기 때문이다. 그 이상의 수준수는 함수의 계산량이 너무 많아 추천하지 않는다. 직교배열표의 선정은 설계변수의 수, 각 설계변수의 수준수를 고려하여 적절하게 선택한다.

단계 2. 설계변수의 수준값 결정

직교배열표에 명시된 수준에 대응되는 각 설계변수의 이산값을 직교배열표에 배치한다. 수준값들은 설계변수의 후보값들 중에서 선택하여야 한다. $\mathbf{b}^{(k)}$의 각 요소는 3개의 수준수 중 1수준으로 설정하고, 현재 설계값과 인접한 한 단계 낮거나 높은 후보값은 각각 2수준과 3수준으로 설정한다. 현재의 설계값이 후보값들 중 상한값이나 하한값일 때는 현재의 설계점을 1수준으로 하고 나머지 수준값은 인접한 후보값으로 설정한다. 그림 **6·7**은 설계변수의 수준값 결정에 대한 예를 보여준다. 현재의 설계값을 1수준으로 하는 이유는 현재의 설계값을 항상 직교배열표에 포함하기 위함이다. 그러면 행렬실험에서 언제나 현재보다 개선된 설계를 얻을 수 있다.

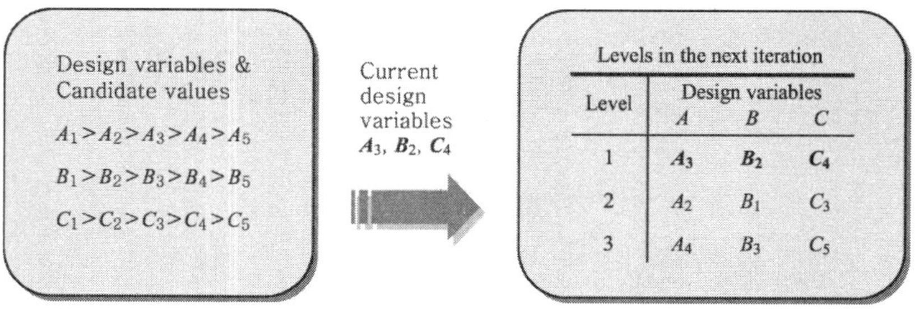

그림 6·7 설계변수의 수준 설정의 예

단계 3. 실험 실시

정의한 직교배열표에 대해 각 행마다 목적함수와 제한조건 함수를 계산한다. 제한조건이 없을 때와 있을 때에 대해 각각 **6.3.3**절과 **6.5**절에서 설명한 방법으로 설계해를 구한다. 반복수를 $k=k+1$로 하여 구한 설계값을 설계점 $\mathrm{b}^{(k)}$로 대치한다.

단계 4. 수렴여부 검사

설계변수의 변화가 없으면 종료하고 그렇지 않으면 단계 2로 돌아간다.

예제 6 · 16 SOA를 이용하는 수학적 문제

예제 **6 · 14**의 수학적 문제를 SOA를 이용하여 설계해를 구하여라. 단, 각 설계변수는 후보값으로 −10, −9, −8, −7, ⋯, 7, 8, 9, 10의 정수값을 가진다.

❙❙ 풀 이 ❙❙

첫 번째 반복 과정에서는 앞에서 구한 최적조건 $\mathrm{b}=[0 \quad 1 \quad 1 \quad -1]^T$을 각 설계변수의 1수준에 배치하고 그 주변의 후보값을 2수준과 3수준에 배치하여 종료조건이 만족될 때까지 반복 과정을 수행한다. 여기서는 총 2번의 반복 과정 후 종료하였다. 이에 따른 총 함수계산 횟수는 19회이다. 최종해는 $\mathrm{b}=[0 \quad 0 \quad 2 \quad 0]^T$이며, 이때의 목적함수값은 −34이다.

예제 6 · 17 SOA를 이용하는 구조설계 문제

예제 **6 · 15**의 3부재 트러스 문제를 SOA를 이용하여 설계해를 구하여라. 단, 각 설계변수의 후보값은 다음의 집합을 이루고, 초기의 수준값은 표 **6 · 47**로 설정하였다.

$$b_1,\ b_2,\ b_3(\times 10^{-5}\mathrm{m}^2) \in \{2, 4, 6, 8, 10, 12, 14, 16, 18, 20, 22, 24, 26, 28, 30, 32, 34, 36, 38, 40, 42, 44, 46, 48, 50\}$$

표 6 · 47 예제 6 · 17의 초기 설계변수의 수준값 (단위 : m^2)

수준	설계변수		
	b_1	b_2	b_3
1	0.00026	0.0001	0.00014
2	0.00024	0.00008	0.00012
3	0.00028	0.00012	0.00016

❙❙ 풀 이 ❙❙

초기에 표 **6 · 47**에 주어진 수준값을 배치하고 과정을 반복한다. 총 6회의 반복 후 종료하였다. 이에 따른 총 함수계산 횟수는 42회이다. 설계변수는 $\mathrm{b}=[0.00026 \quad 0.0001 \quad 0.00014]^T$에서 $\mathrm{b}=[0.0002 \quad 0.00012 \quad 0.00004]^T$로 변화하였고, 질량은 1.844에서 1.273으로 31% 감소되었다.

6.7 반응표면법에 의한 설계

6.7.1 소 개

설계에 관한 함수 f가 설계변수 벡터 b에 대하여 다음과 같은 관계를 가진다.

$$f = f(\mathrm{b}) \tag{6・64}$$

여기서 f는 설계변수 벡터 b에 대한 반응함수(response function)로 간주할 수 있다. 벡터 b의 요소가 2개인 경우 그림 **6・8**과 같이 f를 그래프로 표현할 수 있는데 그림 **6・8**의 곡면을 반응표면(response surface)이라 한다. 최적화를 할 때는 f를 반복적으로 계산해야 하는데, 계산량이 많을 때는 큰 비용이 요구된다. 특히 민감도계산에는 많은 양의 계산이 필요하게 된다. 이를 극복하기 위해서 식 (6・3)과 같이 특정한 방법에 의해서 함수 f를 명시적인 함수로 근사화하여 생성한 메타모형(metamodel)을 사용하는데 계산량이 상당히 줄어들 수 있다. 이렇게 근사화하는 방법 중 효과적인 것으로 반응표면법(response surface method, RSM)이 있다(Myers and Montgomery, 1995).

반응표면법은 주로 통계학에서 사용하여 왔다. 예를 들어 그림 **6・9**의 어떤 곡선 f를 명시적인 함수로 표현하기가 불가능하다고 하자. 이를 근사화하기 위하여 독립변수 x의 x_1, x_2, x_3에서의 함수 f를 계산한다. 이로부터 각종 방법으로 함수 f는 그림 **6・9**의 f_1, f_2, f_3 등으로 근사화할 수 있다. 즉, 실제의 반응표면은 f이나 설계에서는 근사화한 함수를 사용한다. 주목할 점은 세 번의 f의 계산만으로 근사화한 함수를 도출하였다. 근사화된 함수는 간단한 명시적 함수(explicit function)이므로 최적화 과정에서 근사화된 것에 대한 함수나 민감도계산에 대한 노력은 거의 무시할 수 있다.

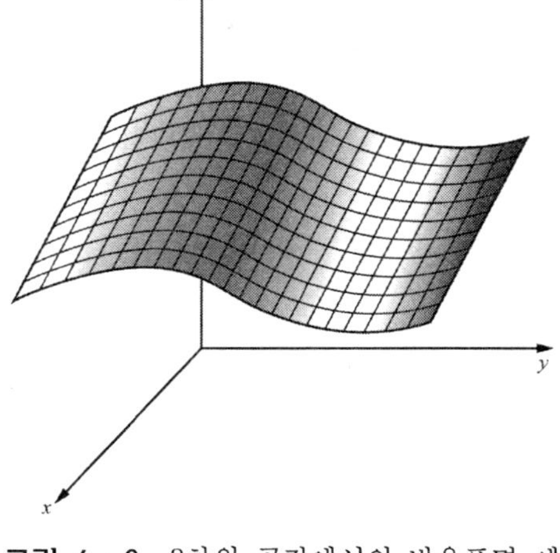

그림 6・8 3차원 공간에서의 반응표면 예

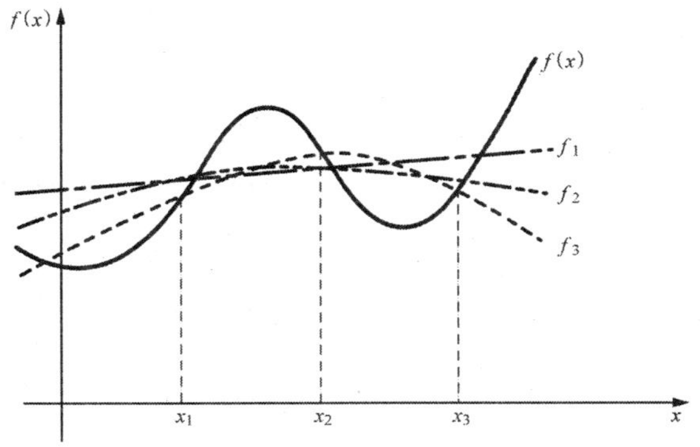

그림 6·9 표면 근사화의 예

통계학에서는 반응표면을 각종 통계자료를 얻기 위한 수단으로 사용하기도 한다. 설계에서는 주로 반응표면법으로 생성한 근사함수를 최적화 과정에서 이용하고 있다. 따라서 여기에서는 최적화 과정에서 사용하는 반응표면법을 위주로 설명하도록 한다. 우선 최적화 과정에서 반응표면법을 사용하기 위해서 다음과 같은 사항을 결정할 필요가 있다.

(1) 반응표면을 생성하기 위한 후보값의 선정
(2) 선정된 후보값으로부터 반응표면 생성 방법
(3) 생성된 반응표면을 사용하는 최적화방법 및 도출된 최적해의 해석

위의 사항을 바탕으로 반응표면법의 응용을 살펴보면 일반적으로 그림 **6·10**에 있는 흐름과 같다.

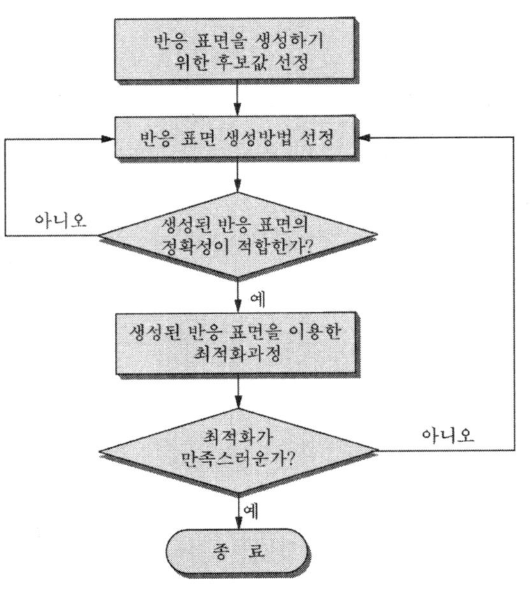

그림 6·10 반응표면법의 최적화 과정에서의 사용 흐름

6.7.2 반응표면의 생성

반응표면법을 사용하기 위해서 우선 반응표면 생성 방법을 살펴본다. 그림 **6 · 10**의 흐름에 따르면 후보값 선정 방법을 먼저 설명해야 하나 이해를 돕기 위해 반응표면 생성 방법을 우선 설명한다. 표 **6 · 48**과 같이 설계변수 $\mathrm{b} \in R^n$일 때 k개의 후보값을 선정했다고 하자. 이러한 후보값으로부터 함수 f에 대해 k개의 반응값을 도출하는데 표 **6 · 48**에 b_{ij}, $i=1, \cdots, k$, $j=1, \cdots, n$에 대해 f_i, $i=1, \cdots, k$가 있다. 여기서 b_{ij}는 j번째 설계변수의 f_i를 계산하기 위한 값이다. 근사화 과정에서는 함수 f를 1차나 2차 다항식으로 나타낸다. 3차 이상의 다항식이나 특수한 함수로 근사화할 수 있으나 고가인 이유로 자주 사용하지 않는다.

2차 다항식으로 근사화한 함수를 보면 다음과 같다.

$$f = a_0 + a_1 b_1 + a_2 b_2 + \cdots + a_n b_n + a_{11} b_1^2 + \cdots + a_{nn} b_n^2 + a_{12} b_1 b_2 + \cdots + a_{n-1,n} b_{n-1} b_n + \varepsilon \qquad (6 \cdot 65)$$

여기서 ε은 근사화 과정의 오차이다. 식 (6 · 65)는 1차 항과 2차 항을 같이 취급하는 방안이다. 이때 $l = n(n+1)/2 + n$이라 하고, $a_0 \to c_0$, $a_1 \to c_1$, $\cdots$, $a_{11} \to c_{n+1}$, $\cdots$, $a_{n-1,n} \to c_l$로 치환하고, 표 **6 · 48**에 보는 바와 같이 $b_1 \to \xi_1$, $\cdots$, $b_1^2 \to \xi_{n+1}$, $\cdots$, $b_{n-1} b_n \to \xi_l$로 놓으면 다음 식과 같이 된다.

$$f = c_0 + c_1 \xi_1 + c_2 \xi_2 + \cdots + c_l \xi_l + \varepsilon \qquad (6 \cdot 66)$$

여기서 근사식 $\hat{y}$를 다음과 같이 정의한다.

$$f \cong \hat{y} = c_0 + c_1 \xi_1 + c_2 \xi_2 + \cdots + c_l \xi_l \qquad (6 \cdot 67)$$

표 6 · 48 k개의 후보값에 대한 함수 f의 값

f	ξ_1	ξ_2	$\cdots$	ξ_n	ξ_{n+1}	ξ_{n+2}		$\cdots$			ξ_l
	b_1	b_2	$\cdots$	b_n	b_1^2	b_2^2	$\cdots$	b_n^2	$b_1 b_2$	$\cdots$	$b_{n-1} b_n$
f_1	b_{11}	b_{12}		b_{1n}	b_{11}^2	b_{12}^2		b_{1n}^2	$b_{11} b_{12}$		$b_{1,n-1} b_{1n}$
f_2	b_{21}	b_{22}		b_{2n}	b_{21}^2	b_{22}^2		b_{2n}^2	$b_{21} b_{22}$		$b_{2,n-1} b_{2n}$
$\vdots$	$\vdots$	$\vdots$		$\vdots$	$\vdots$	$\vdots$		$\vdots$	$\vdots$		$\vdots$
f_k	b_{k1}	b_{k2}		b_{kn}	b_{k1}^2	b_{k2}^2		b_{kn}^2	$b_{k1} b_{k2}$		$b_{k,n-1} b_{kn}$

표 **6 · 48**에 있는 b_{ij}로 이루어진 항을 ξ_{ij}로 대치할 수 있는데 각 ξ_{ij}, $i=1, \cdots, k$의 최대값과 최소값을 각각 1과 -1로 하기 위해 ξ_{ij}는 다음과 같은 식으로 변환한다.

$$x_{ij}=\frac{\xi_{ij}-(\max\limits_{m}(\xi_{mj})+\min\limits_{m}(\xi_{mj}))/2}{(\max\limits_{m}(\xi_{mj})-\min\limits_{m}(\xi_{mj}))/2} \tag{6 · 68}$$

표 **6 · 48**의 자료를 x_{ij}로 표시하면 표 **6 · 49**와 같이 되며, 식 (6 · 67)를 표 **6 · 49**의 데이터를 이용하면 다음과 같이 된다.

$$f_i \cong \hat{y}_i = c_0 + c_1 x_{i1} + c_2 x_{i2} + \cdots + c_l x_{il}, \quad i=1, \cdots, k \tag{6 · 69}$$

$$f_i = \hat{y}_i + \varepsilon_i \tag{6 · 70}$$

근사식 $\hat{y}$를 결정하기 위하여 표 **6 · 49**의 자료와 각 후보점의 오차(ε_i)를 가지고 다음의 L을 정의한다.

$$L=\sum_{i=1}^{k}\varepsilon_i^2=\sum_{i=1}^{k}(f_i-\hat{y}_i)^2=\sum_{i=1}^{k}(f_i-(c_0+\sum_{j=1}^{l}c_j x_{ij}))^2 \tag{6 · 71}$$

계수 $c_0, c_1, \cdots, c_l$을 오차제곱의 합인 L이 최소화되도록 정하는데 이에 대한 조건은

$$\frac{\partial L}{\partial c_i}=0, \quad i=0, 1, 2, \cdots, l \tag{6 · 72}$$

이다. 식 (6 · 72)의 조건을 자세히 전개하면 다음의 선형연립방정식이 된다.

$$\begin{bmatrix} k & \sum_{i=1}^{k}x_{i1} & \sum_{i=1}^{k}x_{i2} & \cdots & \sum_{i=1}^{k}x_{il} \\ \sum_{i=1}^{k}x_{i1} & \sum_{i=1}^{k}x_{i1}^2 & \sum_{i=1}^{k}x_{i1}x_{i2} & \cdots & \sum_{i=1}^{k}x_{i1}x_{il} \\ \vdots & \vdots & \vdots & \vdots & \vdots \\ \sum_{i=1}^{k}x_{il} & \sum_{i=1}^{k}x_{il}x_{i1} & \sum_{i=1}^{k}x_{il}x_{i2} & \cdots & \sum_{i=1}^{k}x_{il}^2 \end{bmatrix}\begin{bmatrix} c_0 \\ c_1 \\ \vdots \\ c_l \end{bmatrix}=\begin{bmatrix} \sum_{i=1}^{k}f_i \\ \sum_{i=1}^{k}x_{i1}f_i \\ \vdots \\ \sum_{i=1}^{k}x_{il}f_i \end{bmatrix} \tag{6 · 73}$$

표 6 · 49 표 6 · 48의 변환된 변수로의 표현

f	x_1	x_2	x_3	$\cdots$	x_l
f_1	x_{11}	x_{12}	x_{13}	$\cdots$	x_{1l}
f_2	x_{21}	x_{22}	x_{23}	$\cdots$	x_{2l}
$\vdots$	$\vdots$	$\vdots$	$\vdots$	$\cdots$	$\vdots$
f_k	x_{k1}	x_{k2}	x_{k3}	$\cdots$	x_{kl}

식 (6·73)의 방정식을 풀면 계수 벡터 $c = [c_0 \ \ c_1 \ \ \cdots \ \ c_l]^T$를 구하게 된다. 이상의 방법은 일반적인 최소자승법과 동일하다. 이상의 반응표면법을 사용함에 있어서 식 (6·65)에서 어떤 항까지를 고려하느냐에 따라서 계산량이 달라질 수 있다. 즉, $l = n$으로 하면 식 (6·65)에서 1차항만을, $l = 2n$으로 하면 1차항과 2차항 중 제곱항만을, $l = n(n+1)/2 + n$이면 2차식의 모든 항에 대해 근사화를 실시한 것이다. 일반적으로 고려하는 항의 수가 커지면 정확도가 증가하는 동시에 비용도 증가하므로 얼마나 많은 항을 고려할지는 사용자가 주변 상황에 맞추어 판단할 일이다.

예제 6·18 반응표면 생성의 수학적 문제

근사화할 함수가 다음과 같다.

$$f = \sin(b_1 + b_2) + (b_1 - b_2)^2 - 1.5b_1 + 2.5b_2 + 1 \qquad (6\cdot74)$$

위의 함수의 후보값을 $b_1 = -1.5,\ 1.25,\ 4$와 $b_2 = -3,\ 0,\ 3$에서 L_9 직교배열표를 이용하여 정의하고 반응표면법에 의해 근사화하여라.

❙❙ 풀 이 ❙❙

위의 후보값을 표 **6·50**의 L_9 직교배열표에 배치한다. 표 **6·50**은 표 **6·13**의 첫째 열과 둘째 열만 고려하였다. 표 **6·50**에서 x는 정규화한 값이고 각 후보점에 대한 함수 f의 계산 결과가 있다. 여기서는 설계변수가 2개이고 수준이 3이므로 L_9 직교배열표에 배치한 것은 전조합실시법으로 배치한 것과 동일하다. 근사화 함수는 다음과 같이 2차식으로 정의할 수 있다.

$$f = c_0 + c_1x_1 + c_2x_2 + c_3x_1^2 + c_4x_2^2 + c_5x_1x_2 + \varepsilon \qquad (6\cdot75a)$$

$$f \cong \hat{y} = c_0 + c_1x_1 + c_2x_2 + c_3x_1^2 + c_4x_2^2 + c_5x_1x_2 \qquad (6\cdot75b)$$

표 6·50 예제 6·18의 후보값의 배치 및 함수계산 결과

Observation	$b_1(x_1)$	$b_2(x_2)$	f
1	−1.5(−1)	−3(−1)	−1.022
2	−1.5(−1)	0(0)	4.503
3	−1.5(−1)	3(1)	31.997
4	1.25(0)	−3(−1)	8.704
5	1.25(0)	0(0)	1.636
6	1.25(0)	3(1)	8.793
7	4(1)	−3(−1)	37.341
8	4(1)	0(0)	10.243
9	4(1)	3(1)	4.157

표 **6 · 50**과 식 (6 · 73)으로부터

$$\begin{bmatrix} 9 & 0 & 0 & 6 & 6 & 0 \\ 0 & 6 & 0 & 0 & 0 & 0 \\ 0 & 0 & 6 & 0 & 0 & 0 \\ 6 & 0 & 0 & 6 & 4 & 0 \\ 6 & 0 & 0 & 4 & 6 & 0 \\ 0 & 0 & 0 & 0 & 0 & 4 \end{bmatrix} \begin{bmatrix} c_0 \\ c_1 \\ c_2 \\ c_3 \\ c_4 \\ c_5 \end{bmatrix} = \begin{bmatrix} 106.35169 \\ 16.26412 \\ -0.07552 \\ 87.21919 \\ 89.96951 \\ -66.20445 \end{bmatrix} \tag{6 · 76}$$

이다. 따라서

$$f \cong \hat{y} = 0.021377 + 2.710687x_1 - 0.012587x_2 - 16.551112x_1x_2 + 8.159028x_1^2 + 9.534189x_2^2 \tag{6 · 77}$$

의 근사함수를 얻을 수 있다.

예제 6 · 19 구조설계에서의 반응표면 생성

그림 **3 · 3**에서 $l=1\text{m}$, $P=40{,}000\text{N}$, $\theta=60°$를 갖는 3부재 트러스의 1번 부재의 응력은 다음과 같다.

$$\sigma = \frac{1}{b_1b_2 + \sqrt{2}b_1b_3 + b_2b_3}(2\sqrt{2}b_2 + 2(1+\sqrt{3})b_3) \times 10^4 \tag{6 · 78}$$

위의 응력을 $0.1 \times 10^{-4} \le b_1, b_2, b_3 \le 5.0 \times 10^{-4}$에 대하여 중심합성법을 이용하여 후보값을 배치하고 반응표면법으로 근사화하여라.

∥풀 이∥

중심합성법에 의해 후보값을 배치한 것이 표 **6 · 51**에 있다. 여기서 x는 설계변수를 정규화한 것이며 후보점에서의 계산 결과도 있다. 위의 응력을 2차식으로 다음과 같이 근사화할 수 있다.

$$\sigma = c_0 + c_1x_1 + c_2x_2 + c_3x_3 + c_4x_1x_2 + c_5x_1x_3 + c_6x_2x_3 + c_7x_1^2 + c_8x_2^2 + c_9x_3^2 + \varepsilon \tag{6 · 79a}$$

$$\sigma \cong \hat{y} = c_0 + c_1x_1 + c_2x_2 + c_3x_3 + c_4x_1x_2 + c_5x_1x_3 + c_6x_2x_3 + c_7x_1^2 + c_8x_2^2 + c_9x_3^2 \tag{6 · 79b}$$

표 6 · 51 예제 6 · 19의 후보값의 배치 및 함수계산 결과(b_i의 단위 : 10^{-4})

Observation	$b_1(x_1)$	$b_2(x_2)$	$b_3(x_3)$	σ
1	5(1)	5(1)	5(1)	4.858E+07
2	5(1)	5(1)	0.1(−1)	5.605E+07
3	5(1)	0.1(−1)	5(1)	7.593E+07
4	5(1)	0.1(−1)	0.1(−1)	6.813E+07

표 6 · 51 예제 6 · 19의 후보값의 배치 및 함수계산 결과(b_i의 단위 : 10^{-4}) (계속)

Observation	$b_1(x_1)$	$b_2(x_2)$	$b_3(x_3)$	σ
5	0.1(−1)	5(1)	5(1)	1.582E+08
6	0.1(−1)	5(1)	0.1(−1)	1.448E+09
7	0.1(−1)	0.1(−1)	5(1)	2.268E+09
8	0.1(−1)	0.1(−1)	0.1(−1)	2.429E+09
9	5(1)	2.55(0)	2.55(0)	5.672E+07
10	0.1(−1)	2.55(0)	2.55(0)	2.971E+08
11	2.55(0)	5(1)	2.55(0)	8.092E+07
12	2.55(0)	0.1(−1)	2.55(0)	1.465E+08
13	2.55(0)	2.55(0)	5(1)	9.262E+07
14	2.55(0)	2.55(0)	0.1(−1)	1.090E+07
15	2.55(0)	2.55(0)	2.55(0)	9.525E+07

표 **6 · 51**과 식 (6 · 73)으로부터

$$\begin{bmatrix} 15 & 0 & 0 & 0 & 0 & 0 & 0 & 10 & 10 & 10 \\ 0 & 10 & 0 & 0 & 0 & 0 & 0 & 0 & 0 & 0 \\ 0 & 0 & 10 & 0 & 0 & 0 & 0 & 0 & 0 & 0 \\ 0 & 0 & 0 & 10 & 0 & 0 & 0 & 0 & 0 & 0 \\ 0 & 0 & 0 & 0 & 8 & 0 & 0 & 0 & 0 & 0 \\ 0 & 0 & 0 & 0 & 0 & 8 & 0 & 0 & 0 & 0 \\ 0 & 0 & 0 & 0 & 0 & 0 & 8 & 0 & 0 & 0 \\ 10 & 0 & 0 & 0 & 0 & 0 & 0 & 10 & 8 & 8 \\ 10 & 0 & 0 & 0 & 0 & 0 & 0 & 8 & 10 & 8 \\ 10 & 0 & 0 & 0 & 0 & 0 & 0 & 8 & 8 & 10 \end{bmatrix} \begin{bmatrix} c_0 \\ c_1 \\ c_2 \\ c_3 \\ c_4 \\ c_5 \\ c_6 \\ c_7 \\ c_8 \\ c_9 \end{bmatrix} = \begin{bmatrix} 7.430E+09 \\ -6.295E+09 \\ -3.195E+09 \\ -1.467E+09 \\ 3.051E+09 \\ 1.451E+09 \\ -1.145E+09 \\ 6.906E+09 \\ 6.779E+09 \\ 6.754E+09 \end{bmatrix} \qquad (6 \cdot 80)$$

따라서 1번 부재에 대한 응력의 2차 반응표면은 다음과 같다.

$$\begin{aligned} \sigma \cong \hat{y} = 10^8 \times (&-1.245 - 6.295x_1 - 3.195x_2 - 1.467x_3 + 3.813x_1x_2 \\ &+ 1.814x_1x_3 - 1.431x_2x_3 + 3.564x_1^2 + 2.932x_2^2 + 2.803x_3^2) \end{aligned} \qquad (6 \cdot 81)$$

6.7.3 반응표면법에 의한 최적설계

반응표면법을 최적화에 적용하기 위해서는 관련된 함수들을 근사화해야 한다. 식 (3 · 1)에 있는 최적화문제를 생각하도록 한다. 일반적으로 등제한조건을 반응표면법으로 근사화하여 최적화 과정에 포함하면 정확히 만족하기가 어렵다. 따라서 등제한조건을 소거하여 설계변수를 줄이는 것이 보편적이다. 등제한조건이 없는 최적화문제는 다음과 같다.

Find $\quad \mathbf{x} \in R^n \qquad (6 \cdot 82a)$

to minimize $\hat{f}(\mathbf{x})$ (6・82b)

subject to $\hat{g}_j(\mathbf{x}) \le 0, \ j=1, \cdots, m$ (6・82c)

$\mathbf{x}_L \le \mathbf{x} \le \mathbf{x}_U$ (6・82d)

여기서 $\mathbf{x}$는 원래의 설계변수 $\mathbf{b}$로부터 앞에서의 과정으로 변환한 변수이며, $\hat{f}$과 $\hat{g}_j$는 목적함수와 j번째 제한조건을 반응표면법으로 근사화한 것이다. 주목할 점은 원래의 함수가 명시적으로 표기될 경우에는 근사화하지 않고 그 함수를 직접 사용해도 무방하다는 것이다. 식 (3・1)의 메타모델인 식 (6・82)의 최적화문제로부터 최적점을 찾는다. 메타모델을 이용한 최적화는 명시적인 함수만이 포함되어 있으므로 최적점을 찾기가 쉽다.

한편 비선형성이 심한 함수를 근사화할 경우 넓은 범위에서 실시하면 정확성이 떨어질 수 있다. 이를 위해 정확성을 산출하여 근사화의 정도를 산출하는 방법이 알려져 있으나 여기서는 단지 기법만을 소개하므로 각종 참고문헌을 참고하기 바란다(Myers and Montgomery, 1995).

예제 6・20 수학적 문제

다음과 같은 최적화문제를 1차 함수의 반응표면을 구하여 풀어라.

Find $\mathbf{b}$

to minimize $f = 100(b_2 - b_1^2)^2 + (1-b_1)^2$

$$g_1 = -b_1 - b_2^2 \le 0 \qquad (6・83)$$

$$g_2 = -b_1^2 - b_2 \le 0$$

$$-0.5 \le b_1 \le 0.5, \quad -1.0 \le b_2 \le 1.0$$

후보점은 $b_1 = -0.5, 0, 0.5$와 $b_2 = -1.0, 0, 1.0$에서 예제 **6・18**과 동일한 배치법을 사용하여라.

풀 이

예제 **6・18**과 같은 방법으로 L_9 직교배열표를 이용한 후보점에 대해 다음과 같이 목적함수와 제한조건을 1차 함수로 근사화할 수 있다. 여기서도 예제 **6・18**과 동일하게 전조합실시법을 사용한 것과 같다.

Find $\mathbf{x}$

to minimize $\hat{f} = 72 - x_1 - 33.33x_2$

subject to $\hat{g}_1 = -0.667 - 0.5x_1 \le 0$ (6・84)

$$\widehat{g_2} = -0.167 - x_2 \le 0$$

$$-1 \le x_1,\ x_2 \le 1$$

최적화 결과는 $f = 37.67$, $x_1 = 1$, $x_2 = 1$이다.

예제 6 · 21 구조 문제

그림 **3 · 3**에서 $l = 1\text{m}$, $P = 40{,}000\text{N}$, $\theta = 60°$를 갖는 3부재 트러스를 최적화하고자 한다. 최적화 정식화는 다음과 같다.

$$\text{Find} \quad \mathbf{b} \tag{6 · 85a}$$

$$\text{to minimize} \quad f = \sqrt{2}\,b_1 + b_2 + \sqrt{2}\,b_3 \tag{6 · 85b}$$

$$\text{subject to} \quad g_1 = \frac{2\sqrt{2}\,b_2 + 2(1+\sqrt{3})b_3}{b_1 b_2 + \sqrt{2}\,b_1 b_3 + b_2 b_3} - 14000 \le 0 \tag{6 · 85c}$$

$$g_2 = -\frac{2\sqrt{2}\,b_2 + 2(1+\sqrt{3})b_3}{b_1 b_2 + \sqrt{2}\,b_1 b_3 + b_2 b_3} - 10000 \le 0 \tag{6 · 85d}$$

$$g_3 = -\frac{2((1-\sqrt{3})b_1 - (1+\sqrt{3})b_3)}{b_1 b_2 + \sqrt{2}\,b_1 b_3 + b_2 b_3} - 14000 \le 0 \tag{6 · 85e}$$

$$g_4 = \frac{2((1-\sqrt{3})b_1 - (1+\sqrt{3})b_3)}{b_1 b_2 + \sqrt{2}\,b_1 b_3 + b_2 b_3} - 10000 \le 0 \tag{6 · 85f}$$

$$g_5 = -\frac{2(1-\sqrt{3})b_1 + 2\sqrt{2}\,b_2}{b_1 b_2 + \sqrt{2}\,b_1 b_3 + b_2 b_3} - 14000 \le 0 \tag{6 · 85g}$$

$$g_6 = \frac{2(1-\sqrt{3})b_1 + 2\sqrt{2}\,b_2}{b_1 b_2 + \sqrt{2}\,b_1 b_3 + b_2 b_3} - 10000 \le 0 \tag{6 · 85h}$$

$$0.1 \times 10^{-4} \le b_1,\ b_2,\ b_3 \le 5.0 \times 10^{-4} \tag{6 · 85i}$$

예제 **6 · 19**와 같은 후보점과 배치에 대해 목적함수와 제한조건을 2차 함수로 근사화하여 최적화하여라.

|| 풀 이 ||

설계변수를 정규화하여 반응표면법으로 구하면 최적화 정식화는 다음과 같다.

$$\text{Find} \quad \mathbf{x} \tag{6 · 86a}$$

$$\text{to minimize} \quad f = (9.762 + 3.465x_1 + 2.450x_2 + 3.465x_3) \times 10^{-4} \tag{6 · 86b}$$

$$\begin{aligned} \text{subject to} \quad g_1 = & -2.645 - 6.295x_1 - 3.195x_2 - 1.467x_3 + 3.813x_1x_2 \\ & + 1.814x_1x_3 - 1.431x_2x_3 + 3.564x_1^2 + 2.932x_2^2 \\ & + 2.803x_3^2 \le 0 \end{aligned} \tag{6 · 86c}$$

$$g_2 = 0.2452 + 6.295x_1 + 3.195x_2 + 1.467x_3 - 3.813x_1x_2 - 1.814x_1x_3 + 1.431x_2x_3 - 3.564x_1^2 - 2.932x_2^2 - 2.803x_3^2 \le 0 \quad (6 \cdot 86d)$$

$$g_3 = -2.391 - 3.788x_1 - 4.915x_2 - 0.2533x_3 + 4.302x_1x_2 - 1.006x_1x_3 + 0.4633x_2x_3 + 2.712x_1^2 + 2.602x_2^2 + 2.155x_3^2 \le 0 \quad (6 \cdot 86e)$$

$$g_4 = -0.00915 + 3.788x_1 + 4.915x_2 + 0.2533x_3 - 4.302x_1x_2 + 1.006x_1x_3 - 0.4633x_2x_3 - 2.712x_1^2 - 2.602x_2^2 - 2.155x_3^2 \le 0 \quad (6 \cdot 86f)$$

$$g_5 = -1.146 + 2.507x_1 - 1.72x_2 + 1.214x_3 + 0.4888x_1x_2 - 2.82x_1x_3 + 1.894x_2x_3 - 0.852x_1^2 - 0.3294x_2^2 - 0.6482x_3^2 \le 0 \quad (6 \cdot 86g)$$

$$g_6 = -1.254 - 2.507x_1 + 1.72x_2 - 1.214x_3 - 0.4888x_1x_2 + 2.82x_1x_3 - 1.894x_2x_3 + 0.852x_1^2 + 0.3294x_2^2 + 0.6482x_3^2 \le 0 \quad (6 \cdot 86h)$$

$$-1.0 \le x_1,\ x_2,\ x_3 \le 1.0 \quad (6 \cdot 86i)$$

초기값 $\mathbf{x}^0 = [0.102 \quad -0.878 \quad -0.388]^T$에서 목적함수 $f = 6.62 \times 10^{-4}$이고 제한조건 g_1, g_3, g_5가 위배된 점에서 시작하여 최적화하면 최적점 $\mathbf{x}^* = [0.159 \quad -0.171 \quad -0.886]^T$를 구할 수 있다. 이때 $f = 6.824 \times 10^{-4}$이고 g_1, g_3 제한조건이 활성제한조건이 되었다.

6.7.4 후보점의 선택 및 최적화 결과 분석

그림 **6·10**의 흐름도에서 후보점의 선택에 대해 고찰해 본다. 후보점의 선택에 있어서 고려할 점은 크게 두 가지이다. 첫째, 1차식으로 근사화하고자 할 때는 2^n 전조합실시법, 2수준계의 일부실시법(직교배열표를 이용한 방법을 많이 사용한다), 심플렉스 계획법 등이 있다. 둘째, 2차식으로 근사화하려면 3^n 전조합실시법, 3수준계의 일부실시법, 중심합성계획(central composite design), 회전계획(rotary design) 등이 있다. 이에 대한 사항과 근거는 참고문헌에 자세히 나와 있다(Myers and Montgomery, 1995).

반응표면법으로 최적화를 실시한 이후에 도출한 최적값이 원래 문제의 최적값이라는 보장은 없다. 특히 제한조건은 근사화된 함수를 만족하므로 원래 문제의 제한조건을 만족하는지를 검증해야 한다. 따라서 식 (6·82)의 해가 식 (3·1)의 수학적인 해가 아니라는 것을 기억할 필요가 있다.

예제 6 · 22 수학적 문제에서의 최적화 결과 분석

예제 **6 · 20**의 결과를 분석하여라.

❚❚ 풀 이 ❚❚

예제 **6 · 20**은 목적함수가 4차식이고 제한조건이 2차식으로 구성된 최적화문제를 1차식으로 근사화해서 반응표면법으로 최적화한 것이다. 원래 문제에서는 최적점이 $\mathbf{b}* = [0.5 \quad 0.25]^T$이고 목적함수는 $f = 0.25$이다. 하지만 1차식으로 근사화된 문제에서는 최적점이 $\mathbf{b}* = [0.5 \quad 1.0]^T$이고 목적함수가 $f = 37.667$이다. 두 결과의 차이가 큰 이유는 원래 문제가 비선형성이 매우 커서 1차로 근사화한 값이 이를 충분히 표현해 줄 수 없기 때문이다. 뿐만 아니라 각 설계변수의 최대, 최소 경계값의 간격이나 후보점을 선택하는 방법도 근사화한 반응에 영향을 줄 수 있다.

예제 6 · 23 구조설계 문제에서의 최적화 결과 분석

예제 **6 · 21**의 결과를 분석하여라.

❚❚ 풀 이 ❚❚

목적함수는 설계변수에 대하여 선형이고 제한조건은 설계변수에 대하여 유리함수이다. 이를 반응표면법을 이용하여 2차 함수의 형태로 근사화하여 최적화한다. 원래 문제에서는 최적점이 $\mathbf{b}* = [2.0230 \quad 1.0460 \quad 0.1]^T \times 10^{-4}$이고 목적함수는 $f = 4.048 \times 10^{-4}$이다. 예제 **6 · 21**에서는 반응표면법을 이용하여 2차 함수의 형태로 근사화했다. 근사화의 최적화 결과를 보면 최적점 $\mathbf{b}* = [2.94 \quad 2.13 \quad 0.38]^T \times 10^{-4}$이고 목적함수 $f = 6.824 \times 10^{-4}$이다. 이 값은 설계변수를 정규화하지 않은 값이다. 앞의 예제보다는 반응표면법을 이용한 최적화가 원래 문제 최적화에 더 가깝다. 또한 반응표면법을 이용한 최적점이 원래 문제의 제한조건을 위배하지 않은 것도 알 수 있다. 그 이유는 근사화한 2차 함수가 관련된 함수들을 잘 표현하기 때문이다.

참 고 문 헌

박성현, 응용실험계획법, 영지문화사, 1990.

박성현, 현대실험계획법, 민영사, 1996.

박영선 · 이주영 · 박경진, 「직교배열표를 이용한 승용차의 에어백의 설계」, 한국자동차공학회 논문집 3(2), pp. 62~76, 1995.

이정욱 · 박준성 · 이권희 · 박경진, 「직교배열표를 이용한 이산공간에서의 최적화 알고리즘 개발」, 대한기계학회논문집 A 25(10), pp. 1651~1656, 2001.

임재문 · 박경진, 「직교배열표를 이용한 승객보호장구의 설계」, 한국자동차공학회논문집 7(8), pp. 208~215, 1999.

임재문 · 한선규 · 전원기 · 우덕현 · 박경진, 「직교배열표를 이용한 에너지흡수 조향계의 해석 및 설계」, 한국자동차공학회논문집 7(6), pp. 144~155, 1999.

홍을표 · 신문균 · 박경진, 「승객 상해를 최소화하는 충돌특성곡선의 결정 및 반응표면법을 이용한 충돌 부품의 최적설계」, 한국자동차공학회논문집 9(2), pp. 116~129, 2001.

Alberto GD & Phillips DT, *Principles of Experimental Design and Analysis*, Chapman and Hall, Boca Raton, FL, 1994.

Box GEP & Draper NR, *Empirical Model-Building and Response Surfaces*, Wiley, New York, 1987.

Box GEP & Hunter WG, *Statistics for Experimenters*, Wiley, New York, 1978.

Freund JE & Walpole RE, *Mathematical Statistics*, Prentice-Hall, Eaglewood Cliffs, NJ, 1987.

Goldberg DE, *Genetic Algorithms in Search Optimization and Machine Learning*, Addison-Wesley, New York, 1989.

Hedayat AS & Sloane NJA & Stufken J, *Orthogonal Array: Theory and Applications*, Springer, Berlin Heidelberg New York, 1999.

Korte BH & Vygen J, *Combinatorial Optimization: Theory and Algorithms*, Springer, Berlin Heidelberg New York, 2003.

Ku KJ & Rao SS & Chen L, "Taguchi-Aided Search Method for Design Optimization of Engineering Systems," *Engineering Optimization* 30, pp. 1~23, 1998.

Lee KH & Eom IS & Park GJ & Lee WI, "Robust Design for Unconstrained Optimization Problems Using Taguchi Method," *AIAA J.* 34(4), pp. 1059~1063, 1996.

Lee KH & Park GJ, "Discrete Post Process of the Constrained Size Optimization Using Orthogonal Arrays," *Proceedings of 6th AIAA/USAF/NASA/ISSMO Symposium on Multidisciplinary Analysis and Optimization, Part 1*, 4~6 Sep., Belleve, pp. 56~61, 1996.

Lee KH & Park GJ, "Robust Optimization in Discrete Design Space for Constrained Problems," *AIAA J.* 40(4), pp. 774~780, 2002.

Lee KH & Yi JW & Park JS & Park GJ, "An Optimization Algorithm Using Orthogonal

Arrays in Discrete Design Space for Structures," *Finite Elements in Analysis and Design* 40(1), pp. 121~135, 2003.

Lim JM & Wu DH & Park GJ, "Analysis and Design Consideration of an Energy Absorbing Steering System using Orthogonal Arrays," *International Journal of Crashworthiness* 5(3), pp. 271~278, 2000.

Montgomery DC, *Design and Analysis of Experiments*, Wiley, New York, 1991.

Mood AM & Grabill FA & Boes DC, *Introduction to the Theory of Statistics*, McGraw-Hill, New York, 1974.

Myers RH & Montgomery DC, *Response Surface Methodology*, Wiley, New York, 1995.

Osman IH & Kelly JP, *Meta-Heuristics: Theory & Application*, Kluwer, Dordrecht, 1996.

Park GJ & Hwang WJ & Lee WI, "A Structural Optimization Post-Process Using Taguchi Method," *International Journal of Japan Society of Mechanical Engineers*, Series A 37(2), pp. 166~172, 1994.

Phadke MS, *Quality Engineering Using Robust Design*, Prentice Hall, Englewood Cliffs, NJ, 1989.

Vanderplaats GN, *Numerical Optimization Techniques for Engineering Design with Applications*, McGraw-Hill, New York, 1984.

Taguchi G, *Systems of Experimental Design* Vol. I · II, Kraus International Publications, New York, 1987.

Walpole MS, *Introduction to Statistics*, Macmillan, New York, 1982.

연 습 문 제

1. A 대학의 기계공학과 3학년 학생 수는 20명이고 그들의 이번 학기 평점은 다음과 같다.

   3.5 2.3 3.6 1.9 4.2 2.1 3.5 2.9 4.2 3.8
   2.0 3.3 4.3 1.8 2.7 3.2 3.7 1.6 2.6 3.9

   학생들 평점의 평균과 표준편차를 구하여라.

2. 위의 평점이 A 대학 졸업생 전체 중 샘플로 취한 20명의 성적이라 가정하고 모집단의 평균과 분산을 계산하여라.

3. 2번 문제에서 모평균의 95% 신뢰구간을 추정하여라. 단, t-분포표를 사용하여라.

4. 어떤 실험을 일원배치법으로 실시한 결과 다음과 같은 결과를 얻었다.

	인자의 수준		
	A_1	A_2	A_3
반복실험에 의한 반응값	97.45	85.89	38.37
	68.64	102.35	99.34
	72.39	97.37	58.65
	57.98	107.37	63.27
	62.38	89.79	46.89

   (1) 위의 실험에 대한 분산분석표를 구하여라.
   (2) 인자의 각 수준에서의 모평균의 90% 신뢰구간을 추정하여라. 단, t-분포표를 사용하여라.

5. 어떤 실험을 이원배치법으로 실시한 결과 다음과 같은 결과를 얻었다.

인자 B \ 인자 A	A_1	A_2	A_3
B_1	12.35	17.89	26.89
	14.78	12.78	32.24
	20.89	25.23	23.24
	15.98	18.99	12.38
B_2	18.67	23.35	37.27
	26.78	23.45	35.89
	31.26	35.47	25.67
	23.87	42.89	47.64
B_3	25.92	23.78	34.78
	12.98	32.87	25.98
	23.89	45.84	42.34
	35.62	59.82	56.73

인자 B \ 인자 A	A_1	A_2	A_3
B_4	23.82	48.93	35.89
	34.89	34.89	56.83
	63.78	63.21	54.23
	39.83	33.89	63.67

(1) 위의 실험 결과에 대한 분산분석표를 작성하여라.

(2) 특성치를 최대로 하는 값을 구하고 그때의 모평균의 95% 신뢰구간을 추정하여라. 단, t-분포표를 사용하여라.

6. 표 **6·22**의 $L_8(2^7)$ 직교배열표의 각 열이 직교함을 보여라.

7. 2수준을 갖는 인자 A, B와 3수준을 갖는 인자 C, D, E, F가 존재하며 $A\times C$, $A\times D$, $E\times F$의 교호작용이 유의하다. 필요한 최소 직교배열표를 선정하여라.

8. 다음의 최적화문제가 있다.

$$\text{Minimize} \quad f=2A^2-(B-A)^2-2C^2$$

각 인자의 수준이 다음과 같을 때

인 자	수 준		
	1	2	3
A	-1.5	0	1
B	-1	0	1
C	-1	0	1

(1) $L_9(3^4)$의 직교배열표를 사용하여 **6.3.3**절에 있는 방법으로 설계해를 구하여라.

(2) 전조합실시법으로 해를 구한 후 (1)에서의 결과와 비교하고 논의하여라.

9. 다음의 최적화문제가 있다.

$$\text{Minimize} \quad f=(A-3)^3+(3B-10A)^2+(2C-15B)^2+D^2$$

각 인자의 수준이 다음과 같을 때

인 자	수 준	
	1	2
A	2	5
B	5	8
C	4	7
D	1	4

(1) $L_8(2^7)$의 직교배열표를 사용하여 **6.3.3**절에 있는 방법으로 설계해를 구하여라.

(2) 전조합실시법으로 해를 구한 후 (1)에서의 결과와 비교하고 논의하여라.

10. 8번 문제에서
   (1) 분산분석표를 작성하고 각 인자의 영향도 및 오차에 대해 논하여라.
   (2) 분산분석표에서 오차의 영향도로부터 교호작용의 존재여부를 논하여라.
   (3) 필요하다면 교호작용을 감안하여 직교배열표로 설계를 실시하고 그 결과를 8번 문제의 결과와 비교하여라.

11. 9번 문제에서
   (1) 분산분석표를 작성하고 각 인자의 영향도 및 오차에 대해 논하여라.
   (2) 분산분석표에서 오차의 영향도로부터 교호작용의 존재여부를 논하여라.
   (3) 필요하다면 교호작용을 감안하여 직교배열표로 설계를 실시하고 그 결과를 9번 문제의 결과와 비교하여라.

12. 다음과 같은 문제가 있다.

$$\text{Minimize} \quad f=(b_1-3)^4+(b_2-5)^2+b_3^2+0.3(b_1b_2+b_2b_3+b_3b_1)$$

각 인자가 다음의 수준을 가질 때

	b_1	b_2	b_3
수준 1	1.5	2.0	2.0
수준 2	3.0	4.0	3.0
수준 3	4.5	6.0	4.0

   (1) $L_9(3^4)$의 직교배열표를 사용하여 **6.3.3**절에 있는 방법으로 설계해를 구하여라.
   (2) 전조합실시법으로 해를 구한 후 (1)에서의 결과와 비교하고 논의하여라.
   (3) 분산분석표를 작성하고 각 인자의 영향도 및 오차에 대해 논하여라.
   (4) 분산분석표에서 오차의 영향도로부터 교호작용의 존재여부를 논하여라.
   (5) 필요하다면 교호작용을 감안하여 직교배열표로 설계를 실시하고 그 결과를 (2)에서의 결과와 비교하여라.

13. 다음의 문제가 있다.

$$\text{Minimize} \quad f=\sum_{i=1}^{6}(b_i-2)^2$$

각 인자가 다음의 수준을 가질 때

	b_1	b_2	b_3	b_4	b_5	b_6
수준 1	1.0	2.0	0.8	2.0	1.5	1.3
수준 2	2.0	3.0	4.0	3.8	2.6	2.4
수준 3	3.1	4.0	5.2	5.6	3.7	3.5

(1) $L_{18}(2^1 \times 3^7)$의 직교배열표를 사용하여 **6.3.3**절에 있는 방법으로 설계해를 구하여라.
(2) 전조합실시법으로 해를 구한 후 (1)에서의 결과와 비교하고 논의하여라.
(3) 분산분석표를 작성하고 각 인자의 영향도 및 오차에 대해 논하여라.
(4) 분산분석표에서 오차의 영향도로부터 교호작용의 존재여부를 논하여라.
(5) 필요하다면 교호작용을 감안하여 직교배열표로 설계를 실시하고 그 결과를 (2)에서의 결과와 비교하여라.

14. 그림 **3·3**의 3부재 트러스 구조물의 설계문제가 다음과 같다.

$$\text{Maximize} \quad \xi_1$$

여기서 ξ_1은 첫 번째 고유진동수이다. 물성치는 탄성계수(E)=207GPa, 밀도(ρ)=2770kg/m^{3}을 사용한다. 설계변수의 수준이 다음과 같을 때

	설계변수(인자)($\times 10^{-4}$m^2)		
	b_1	b_2	b_3
수준 1	0.1	0.1	0.1
수준 2	2.5	2.5	2.5
수준 3	5.0	5.0	5.0

(1) 설계를 위한 최소한의 직교배열표를 선정하여라.
(2) **6.3.3**절에 있는 방법으로 설계하여라.
(3) 전조합실시법으로 해를 구하고 (2)에서의 답과 비교하여라.
(4) 교호작용의 존재여부를 판정하여라.
(5) (4)번에서 교호작용이 있다고 판정되었을 경우 이를 감안하여 직교배열표로 설계하고 전조합실시법으로 설계한 (3)의 결과와 비교하여라.

15. 아래 그림과 같은 10부재 문제의 설계문제가 다음과 같다.

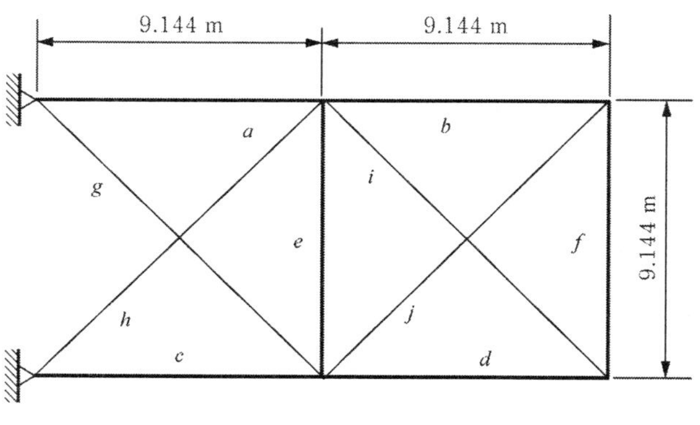

$$\text{Maximize} \quad \xi_1$$

여기서 ξ_1은 첫 번째 고유진동수이다. 물성치는 탄성계수(E)=207GPa, 밀도(ρ)=2770kg/m^{3}을 사용한다. 설계변수의 수준이 다음과 같을 때,

수 준	설계변수(인자)($\times 10^{-4}$m^2)				
	$A(a)$	$B(b)$	$E(e)$	$G(g)$	$I(i)$
1	6.452	6.452	6.452	6.452	6.452
2	70.968	70.968	70.968	70.968	70.968
3	135.484	135.484	135.484	135.484	135.484

다음과 같이 $L_{18}(2^1 \times 3^7)$ 직교배열표를 선정하고 설계변수를 배치하였다.

L_{18} 직교배열표 및 설계변수의 배치

실험 번호	열 및 설계변수의 배치								특성치 ξ_1(Hz)
	1	2	3	4	5	6	7	8	
	e	A	B	E	G	I	e	e	
1	1	1	1	1	1	1	1	1	
2	1	1	2	2	2	2	2	2	
3	1	1	3	3	3	3	3	3	
4	1	2	1	1	2	2	3	3	
5	1	2	2	2	3	3	1	1	
6	1	2	3	3	1	1	2	2	
7	1	3	1	2	1	3	2	3	
8	1	3	2	3	2	1	3	1	
9	1	3	3	1	3	2	1	2	
10	2	1	1	3	3	2	2	1	
11	2	1	2	1	1	3	3	2	
12	2	1	3	2	2	1	1	3	
13	2	2	1	2	3	1	3	2	
14	2	2	2	3	1	2	1	3	
15	2	2	3	1	2	3	2	1	
16	2	3	1	3	2	3	1	2	
17	2	3	2	1	3	1	2	3	
18	2	3	3	2	1	2	3	1	

(1) 각 행에 대해 실험을 실시하고 특성치를 구하여라.

(2) **6.3.3**절에 있는 방법으로 설계하여라.

(3) 전조합실시법으로 해를 구하고 (2)에서의 답과 비교하여라.

(4) 교호작용의 존재여부를 판정하여라.

(5) (4)번에서 교호작용이 있다고 판정되었을 경우 이를 감안하여 L_{27} 직교배열표로 설계하고 전조합실시법으로 설계한 (3)의 결과와 비교하여라.

16. 예제 **3·8**의 이익극대화 문제에서 설계변수가 다음의 이산값을 가질 수 있다.

	수 준	
	1	2
b_1	12	16
b_2	0	2

식 (6 · 60)을 이용하여 직교배열표로 설계해를 구하여라. 이때 조절계수 s를 0.1, 1.0, 10, 100으로 하여 각 경우에 대한 해를 구하여라.

17. 다음의 문제가 있다.

Find b_1, b_2

to minimize $f(\mathbf{b}) = (b_1 - 2)^2 + b_2^2$

subject to $(1 - b_1)^3 - b_2 \geq 0$

$0 \leq b_i,\ \ i = 1,\ 2$

여기서 설계변수는 다음의 이산값을 가질 때 식 (6 · 60)을 이용하여 직교배열표로 설계해를 구하여라. 이때 조절계수 s를 10, 50으로 하여 문제를 풀어라.

	수 준		
	1	2	3
b_1	−1	1	3
b_2	−2	0	2

18. 다음의 문제가 있다.

Find b_1, b_2, b_3

to minimize $f(\mathbf{b}) = -\ b_1 b_2 b_3$

subject to $72 - b_1 - 2b_2 - 2b_3 \geq 0$

$b_1 + 2b_2 + 2b_3 \geq 0$

$0 \leq b_i \leq 42,\ \ i = 1,\ 2,\ 3$

여기서 설계변수는 다음의 이산값을 가질 때 식 (6 · 60)를 이용하여 직교배열표로 설계해를 구하여라. 이때 조절계수 s를 5, 50으로 하여 문제를 풀어라.

	수 준		
	1	2	3
b_1	14	24	34
b_2	2	12	22
b_3	2	12	22

19. 다음의 문제가 있다.

Find b_1, b_2, b_3, b_4

to minimize $f(\mathrm{b}) = b_1 - b_2 - b_3 - b_1b_3 + b_1b_4 + b_2b_3 - b_2b_4$

subject to
$$8 - b_1 - 2b_2 \geq 0$$
$$12 - 4b_1 - b_2 \geq 0$$
$$12 - 3b_1 - 4b_2 \geq 0$$
$$5 - b_3 - b_4 \geq 0$$
$$8 - 2b_3 - b_4 \geq 0$$
$$8 - b_3 - 2b_4 \geq 0$$

여기서 설계변수는 다음의 이산값을 가질 때 식 (6·60)을 이용하여 직교배열표로 설계해를 구하여라. 이때 조절계수 s를 5, 10으로 하여 문제를 풀어라.

	수 준		
	1	2	3
b_1	−2	0	2
b_2	1	3	5
b_3	−2	0	2
b_4	2	4	6

20. SOA를 이용하여 16번 문제의 반복진행을 2번 실시하여라. 설계변수의 후보값은 다음과 같다.

후보값 $b_1 \in \{10, 11, 12, 13, 14, 15, 16, 17, 18\}$
$b_2 \in \{0, 1, 2, 3, 4\}$

$s = 10$이며 초기값은 $s = 10$일 때 16번 문제의 설계해이다.

21. SOA를 이용하여 17번 문제의 반복진행을 2번 실시하여라. 설계변수의 후보값은 다음과 같다.

후보값 $b_1, b_2 \in \{-5, -4, -3, -2, -1, 0, 1, 2, 3, 4, 5\}$

$s = 10$이며 초기값은 $s = 10$일 때 17번 문제의 설계해이다.

22. SOA를 이용하여 18번 문제의 반복진행을 2번 실시하여라. 설계변수의 후보값은 다음과 같다.

후보값 $b_1, b_2, b_3 \in \{0, 2, 4, 6, 8, \cdots, 36, 38, 40, 42\}$

$s = 50$이며 초기값은 $s = 50$일 때 18번 문제의 설계해이다.

23. SOA를 이용하여 19번 문제의 반복진행을 2번 실시하여라. 설계변수의 후보값은 다음과 같다.

$$후보값\ b_1, b_2, b_3, b_4 \in \{-2.0,\ -1.5,\ -1.0,\ -0.5,\ \cdots,\ 8,\ 8.5,\ 9,\ 9.5,\ 10\}$$

$s=10$이며 초기값은 $s=10$일 때 19번 문제의 설계해이다.

24. 반응표면법에 의해 17번의 최적화문제를 풀어라. 단, 설계변수의 후보값은 17번 문제에서 주어진 이산값을 사용하고 중심합성법을 이용하여라. 여기서 구한 최적해와 수학적 최적해, 17번의 결과를 비교하여라.

25. 반응표면법에 의해 18번의 최적화문제를 풀어라. 단, 설계변수의 후보값은 18번 문제에서 주어진 이산값을 사용하고 $L_9(3^4)$ 직교배열표를 이용하여라. 여기서 구한 최적해와 수학적 최적해, 18번의 결과를 비교하여라.

26. 반응표면법에 의해 19번의 최적화문제를 풀어라. 단, 설계변수의 후보값은 19번 문제에서 주어진 이산값을 사용하고 중심합성법을 이용하여라. 여기서 구한 최적해와 수학적 최적해, 19번의 결과를 비교하여라.

6.A 기초통계

여기서는 실험계획법에 의한 설계나 강건설계를 시행할 때 필요한 통계이론을 간단히 설명한다. 이론적인 자세한 사항은 각종 통계 서적을 참고하기 바란다.

[1] 평 균

우선 가장 흔히 사용하는 평균을 구한다. n개의 반응값을 $x_1, x_2, \cdots, x_n$이라 할 때 이들의 평균값 μ는 다음과 같다.

$$\mu = (x_1 + x_2 + \cdots + x_n)/n = \frac{1}{n}\left(\sum_{i=1}^{n} x_i\right) \tag{6.A · 1}$$

[2] 분산, 표준편차

식 (6.A · 1)에서 분산 σ^2과 표준편차 σ는 다음과 같다.

$$\sigma^2 = \frac{\sum_{i=1}^{n}(x_1 - \mu)^2}{n} \tag{6.A · 2}$$

[3] 확률변수와 분포

실험의 시행 때마다 나타날 수 있는 가장 기본적인 결과를 그 시행의 근원사상(elementary event)이라 하며 모든 가능한 근원사상들의 집합을 표본공간(sample space)이라 한다. 어떤 사상 A가 일어나리라 기대되는 확실성의 계량적 표시를 확률이라 한다. 임의의 근원사상에 대해 규칙에 따라 하나의 실수를 대응시킨 함수관계를 X라 할 때 이 함수는 대문자로 표시하며 확률변수라 부른다. 확률변수가 취하는 값은 소문자 x를 쓴다. 그러나 실험계획법에서는 확률변수를 소문자로 쓰는 경우도 많다.

확률변수 X가 취할 수 있는 x의 분포를 정의한 함수 $p(x)$를 확률변수 X의 확률밀도함수(probability density function, pdf)라 한다. 확률밀도함수는 연속확률변수와 이산확률변수에 대해 구할 수 있는데 여기서는 연속확률변수에 대한 사항만 설명한다. 연속확률변수 X의 pdf는 다음과 같은 성질을 갖는다.

(1) 모든 x에 대하여 $p(x) \geq 0$ (6.A · 3)

(2) $\int_{-\infty}^{\infty} p(x)\,dx = 1$ (6.A · 4)

확률 변수 X가 구간 $[a, b]$에 속할 확률은 다음과 같다.

$$P\{a \le X \le b\} = \int_a^b p(x)\mathrm{d}x \tag{6.A・5}$$

이외에 누적확률(cumulative probability)이 있는데 그 정의는 다음과 같다.

$$F(x) = P\{X \le x\} \tag{6.A・6}$$

확률밀도함수 중에 가장 대표적인 것으로 정규분포(normal distribution) 함수가 있다. 확률변수 X의 평균을 μ, 분산을 σ^2이라 할 때의 정규분포함수는 다음과 같이 정의한다.

$$f(x) = \frac{1}{\sqrt{2\pi}\sigma} e^{-\frac{1}{2}\left(\frac{x-\mu}{\sigma}\right)^2} \tag{6.A・7}$$

여기서 e는 자연대수의 밑수이다. 이와 같은 정규분포를 간략히 $N(\mu, \sigma^2)$으로 표기한다. $N(0, 1)$일 때를 표준정규분포라 하고 이의 확률변수를 Z로 표시하며 pdf는

$$\phi(z) = \frac{1}{\sqrt{2\pi}} e^{-\frac{1}{2}z^2} \tag{6.A・8}$$

과 같이 된다. 일반적으로 통계학에 관련된 서적에는 누적확률이 $1-\alpha$가 되는 다음의 z_α가 표로 수록되어 있다.

$$1-\alpha = P\{Z \le z_\alpha\} = \int_{-\infty}^{z_\alpha} \phi(z)\mathrm{d}z \tag{6.A・9}$$

표준정규분포함수의 모양이 그림 **6.A・1**에 있다.

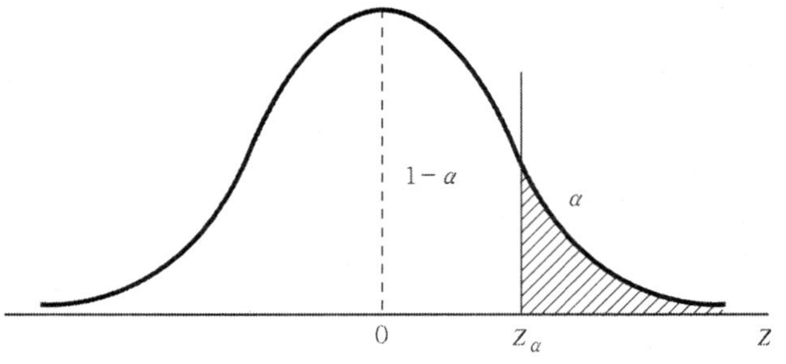

그림 6.A・1 표준정규분포 $N(0, 1)$

[4] χ^2−분포

만약 $Z_1, Z_2, \cdots, Z_n$이 n개의 서로 독립인 표준정규분포를 하는 정규분포라 하면

$$\chi^2(n) = Z_1^2 + Z_2^2 + \cdots + Z_n^2 \tag{6.A・10}$$

을 자유도(degrees of freedom)가 n인 χ^2-분포를 하는 확률변수로 정의한다. 통계서적에는 다음과 같은 $\chi^2(n;\alpha)$의 누적확률의 표가 수록되어 있다.

$$1-\alpha = P\{\chi^2(n) \le \chi^2(n;\alpha)\} \tag{6.A · 11}$$

[5] t-분포

만약 Z와 $\chi^2(n)$이 서로 독립인 확률변수이며 Z는 표준정규분포를 하고 $\chi^2(n)$은 자유도가 n인 χ^2-분포를 할 때 다음과 같은 확률변수

$$t(n) = \frac{Z}{\sqrt{\frac{\chi^2(n)}{n}}} \tag{6.A · 12}$$

를 자유도가 n인 t-분포를 한다고 말한다. 통계서적에는 다음과 같은 $t(n;\alpha)$의 누적확률의 표가 수록되어 있다.

$$1-\alpha = P\{t(n) \le t(n;\alpha)\} \tag{6.A · 13}$$

[6] F-분포

만약 $\chi_1^2(n_1)$과 $\chi_2^2(n_2)$가 서로 독립이며, 각각의 자유도가 n_1, n_2인 χ^2-분포를 할 때 확률변수

$$F = \frac{\chi_1^2(n_1)/n_1}{\chi_2^2(n_2)/n_2} \tag{6.A · 14}$$

는 분자의 자유도가 n_1이고 분모의 자유도가 n_2인 F-분포를 한다고 한다. 통계서적에는 다음과 같은 $F(n_1, n_2;\alpha)$의 누적확률의 표가 수록되어 있다.

$$1-\alpha = P\{F(n_1, n_2) \le F(n_1, n_2;\alpha)\} \tag{6.A · 15}$$

[7] 통계적 점추정

모집단의 제한된 규모의 표본을 추출하고 표본의 자료로부터 모집단의 어떤 특성을 나타내는 모수(parameter)를 추측하는 통계적 절차를 통계적 추정(statistical estimation)이라 한다. 추정하고자 하는 모수는 일반적으로 모집단의 평균(μ), 분산(σ^2) 등이다.

모집단에서 임의로 크기 n인 표본을 뽑았을 때 이를 $X_1, X_2, \cdots, X_n$이라 하자. 모집단의 평균 및 분산을 이들로부터 추정한다. "모평균 μ의 추정량이 표본평균 $\overline{X}$이다"라고 하면

$$\hat{\mu} = \overline{X} = \frac{\sum_{i=1}^{n} X_i}{n} \qquad (6.A \cdot 16)$$

$$\hat{\sigma}^2 = S^2 = \frac{\sum_{i=1}^{n} (X_i - \overline{X})^2}{n-1} \qquad (6.A \cdot 17)$$

위의 평균과 분산에 대한 추정인 $\hat{\mu}$, $\hat{\sigma}^2$을 불편추정량(unbiased estimator)이라 하는데 그 이유는 그들의 기대값이 다음과 같기 때문이다.

$$E(\overline{X}) = \mu \qquad (6.A \cdot 18)$$

$$E(S^2) = \sigma^2 \qquad (6.A \cdot 19)$$

[8] 통계적 구간추정

점추정이 평균과 분산값의 직접적 추정인데 반하여 구간추정은 평균과 분산값이 특정 범위에 존재하는 확률을 말한다. 여기서는 평균에 대한 구간추정에 대해서만 간단히 설명한다. 앞에서와 같이 n개의 표본의 평균과 분산의 점추정값을 $\overline{X}$, S^2이라 할 때 모평균은 t-분포에 의해 다음과 같은 식을 만족한다.

$$T = \frac{\overline{X} - \mu}{S/\sqrt{n}} \qquad (6.A \cdot 20)$$

$$P\left(-t_{\frac{\alpha}{2}} < T < t_{\frac{\alpha}{2}}\right) = 1 - \alpha \qquad (6.A \cdot 21)$$

$$P\left(\overline{X} - t_{\frac{\alpha}{2}} \frac{S}{\sqrt{n}} < \mu < \overline{X} + t_{\frac{\alpha}{2}} \frac{S}{\sqrt{n}}\right) = 1 - \alpha \qquad (6.A \cdot 22)$$

식 (6.A・22)는 모평균의 분포에 대한 확률을 나타내는 데 사용하는 t-분포의 자유도는 $n-1$이다.

6.B 직교배열표

6.B.1 2수준계의 직교배열표

표 6.B · 1 $L_4(2^3)$형 직교배열표

실험번호	열 번 호		
	1	2	3
1	1	1	1
2	1	2	2
3	2	1	2
4	2	2	1

표 6.B · 2 $L_8(2^7)$형 직교배열표

실험번호	열 번 호						
	1	2	3	4	5	6	7
1	1	1	1	1	1	1	1
2	1	1	1	2	2	2	2
3	1	2	2	1	1	2	2
4	1	2	2	2	2	1	1
5	2	1	2	1	2	1	2
6	2	1	2	2	1	2	1
7	2	2	1	1	2	2	1
8	2	2	1	2	1	1	2

표 6.B · 3 $L_{12}(2^{11})$형 직교배열표

실험번호	열 번 호										
	1	2	3	4	5	6	7	8	9	10	11
1	1	1	1	1	1	1	1	1	1	1	1
2	1	1	1	1	1	2	2	2	2	2	2
3	1	1	2	2	2	1	1	1	2	2	2
4	1	2	1	2	2	1	2	2	1	1	2
5	1	2	2	1	2	2	1	2	1	2	1

표 6.B · 3 $L_{12}(2^{11})$형 직교배열표 (계속)

실험 번호	열 번 호 1	2	3	4	5	6	7	8	9	10	11
6	1	2	2	2	1	2	2	1	2	1	1
7	2	1	2	2	1	1	2	2	1	2	1
8	2	1	2	1	2	2	2	1	1	1	2
9	2	1	1	2	2	2	1	2	2	1	1
10	2	2	2	1	1	1	1	2	2	1	2
11	2	2	1	2	1	2	1	1	1	2	2
12	2	2	1	1	2	1	2	1	2	2	1

표 6.B · 4 $L_{16}(2^{15})$형 직교배열표

실험 번호	열 번 호 1	2	3	4	5	6	7	8	9	10	11	12	13	14	15
1	1	1	1	1	1	1	1	1	1	1	1	1	1	1	1
2	1	1	1	1	1	1	1	2	2	2	2	2	2	2	2
3	1	1	1	2	2	2	2	1	1	1	1	2	2	2	2
4	1	1	1	2	2	2	2	2	2	2	2	1	1	1	1
5	1	2	2	1	1	2	2	1	1	2	2	1	1	2	2
6	1	2	2	1	1	2	2	2	2	1	1	2	2	1	1
7	1	2	2	2	2	1	1	1	1	2	2	2	2	1	1
8	1	2	2	2	2	1	1	2	2	1	1	1	1	2	2
9	2	1	2	1	2	1	2	1	2	1	2	1	2	1	2
10	2	1	2	1	2	1	2	2	1	2	1	2	1	2	1
11	2	1	2	2	1	2	1	1	2	1	2	2	1	2	1
12	2	1	2	2	1	2	1	2	1	2	1	1	2	1	2
13	2	2	1	1	2	2	1	1	2	2	1	1	2	2	1
14	2	2	1	1	2	2	1	2	1	1	2	2	1	1	2
15	2	2	1	2	1	1	2	1	2	2	1	2	1	1	2
16	2	2	1	2	1	1	2	2	1	1	2	1	2	2	1

6.B.2 3수준계의 직교배열표

표 6.B · 5 $L_9(3^4)$형 직교배열표

실험번호	열 번 호			
	1	2	3	4
1	1	1	1	1
2	1	2	2	2
3	1	3	3	3
4	2	1	2	3
5	2	2	3	1
6	2	3	1	2
7	3	1	3	2
8	3	2	1	3
9	3	3	2	1

표 6.B · 6 $L_{27}(3^{13})$형 직교배열표

실험 번호	열 번 호												
	1	2	3	4	5	6	7	8	9	10	11	12	13
1	1	1	1	1	1	1	1	1	1	1	1	1	1
2	1	1	1	1	2	2	2	2	2	2	2	2	2
3	1	1	1	1	3	3	3	3	3	3	3	3	3
4	1	2	2	2	1	1	1	2	2	2	3	3	3
5	1	2	2	2	2	2	2	3	3	3	1	1	1
6	1	2	2	2	3	3	3	1	1	1	2	2	2
7	1	3	3	3	1	1	1	3	3	3	2	2	2
8	1	3	3	3	2	2	2	1	1	1	3	3	3
9	1	3	3	3	3	3	3	2	2	2	1	1	1
10	2	1	2	3	1	2	3	1	2	3	1	2	3
11	2	1	2	3	2	3	1	2	3	1	2	3	1
12	2	1	2	3	3	1	2	3	1	2	3	1	2
13	2	2	3	1	1	2	3	2	3	1	3	1	2
14	2	2	3	1	2	3	1	3	1	2	1	2	3

표 6.B · 6 $L_{27}(3^{13})$형 직교배열표 (계속)

실험번호	열 번 호 1	2	3	4	5	6	7	8	9	10	11	12	13
15	2	2	3	1	3	1	2	1	2	3	2	3	1
16	2	3	1	2	1	2	3	3	1	2	2	3	1
17	2	3	1	2	2	3	1	1	2	3	3	1	2
18	2	3	1	2	3	1	2	2	3	1	1	2	3
19	3	1	3	2	1	3	2	1	3	2	1	3	2
20	3	1	3	2	2	1	3	2	1	3	2	1	3
21	3	1	3	2	3	2	1	3	2	1	3	2	1
22	3	2	1	3	1	3	2	2	1	3	3	2	1
23	3	2	1	3	2	1	3	3	2	1	1	3	2
24	3	2	1	3	3	2	1	1	3	2	2	1	3
25	3	3	2	1	1	3	2	3	2	1	2	1	3
26	3	3	2	1	2	1	3	1	3	2	3	2	1
27	3	3	2	1	3	2	1	2	1	3	1	3	2

6.B.3 혼합 직교배열표

표 6.B · 7 $L_{18}(2^1 \times 3^7)$형 직교배열표

실험번호	열 번 호 1	2	3	4	5	6	7	8
1	1	1	1	1	1	1	1	1
2	1	1	2	2	2	2	2	2
3	1	1	3	3	3	3	3	3
4	1	2	1	1	2	2	3	3
5	1	2	2	2	3	3	1	1
6	1	2	3	3	1	1	2	2
7	1	3	1	2	1	3	2	3
8	1	3	2	3	2	1	3	1
9	1	3	3	1	3	2	1	2
10	2	1	1	3	3	2	2	1

표 6.B · 7 $L_{18}(2^1 \times 3^7)$형 직교배열표 (계속)

실험번호	열 번 호							
	1	2	3	4	5	6	7	8
11	2	1	2	1	1	3	3	2
12	2	1	3	2	2	1	1	3
13	2	2	1	2	3	1	3	2
14	2	2	2	3	1	2	1	3
15	2	2	3	1	2	3	2	1
16	2	3	1	3	2	3	1	2
17	2	3	2	1	3	1	2	3
18	2	3	3	2	1	2	3	1

제 7 장

강건설계

7.1 서 론

최근 시장의 경쟁이 가속화됨에 따라 제품의 기능성 향상, 설계기간의 단축, 고품질, 저비용의 제품설계가 요구되고 있다. 특히 생산 과정 등에서 발생하는 제품성능의 변동은 설계자가 처음에 의도한 기능을 적절히 수행하지 못하게 한다. 그런데 제품성능의 변동은 불확실하다는 특징을 가지고 있다. 때문에 품질향상에 대한 노력의 일환으로 제품의 변동을 설계단계에서 고려하는 강건설계에 대한 연구가 이루어져 왔다. 강건설계는 품질과 신뢰성을 향상시키기 위하여 제품과 공정의 변동을 최소화하는 과정으로, 산업공학분야에서 많이 사용한다. 현재는 여러 분야에서 제품의 설계 과정에 이를 적용하고 있다.

우선 강건설계(robust design)의 정의에 대해 알아본다. 여러 연구자들이 강건설계의 개념을 정의하고 있는데 강건설계분야의 선구자라 할 수 있는 다구치(Taguchi)는 “변동의 원인을 제거하지 않고, 원인의 영향을 최소화하여 제품의 품질을 향상시키는 것”이라 하였다(Taguchi *et al.*, 2000). 한편 Suh는 “제조를 쉽게 하기 위하여 설계 및 공정변수가 큰 공차를 가지더라도 기능요구들을 만족하는 설계”를 강건설계로 정의하고 있다(Suh, 2001). 그리고 Box는 최소의 비용으로 소비자의 기대를 만족시키기 위한 제조자의 지속적인 관심을 가지는 것으로, “시스템의 중앙(median) 성능이 소비자를 만족시키고, 가능한 입력 변동에 독립적인 설계”라고 말하고 있다(Box and Fung, 1993). 이들은 각기 다른 표현을 사용하고 있으나 의미하는 바는 거의 비슷하다. 이들이 정의한 개념에서 공통적인 사항을 추출하여 간단히 요약하면 강건설계는 ‘변동에 둔감(insensitive)한 설계’라 할 수 있다.

종래에는 제품의 기능성이나 성능을 향상시키는 방향으로 설계방법을 개발하였다. 강건성을 고려하려면 종래의 설계방법에 강건성을 위한 사항을 추가해야 한다. 따라서 강건설계 기법은 이를 중심으로 발달되어 왔는데 그 흐름은 세 가지로 분류할 수 있다. 첫째, 강건설계의 출발점이라 할 수 있는 다구치방법이다. 다구치는 주로 공정에서의 각종 변수를 특정한 성능이 강건하도록 결정하는 방법을 제시하였는데 강건성의 개념을 정립하였다고 할 수 있다. 제품설계에서는 다구치가 제안한 개념을 적절히 이용하여 설계 과정에 이용한다. 둘째, 이미 다양하게 사용하고 있는 최적설계방법에 강건성을 증진시킬 수 있는 사항을 추가하는 강건최적설계 분야이다. 여기서는 목적함수와 제한조건에 강건성을 추가한다. 마지막으로 개념설계에서의 사용이 용이한 공리적설계 분야이다. 공리적설계에서는 제 1 공리인 독립공리를 만족하는 복수의 설계 중 가장 우수한 설계를 선정할 때 제 2공리를 적용한다. 제 2 공리의 적용에서 선택한 설계는 강건한 설계가 된다.

위에 언급한 세 가지 방법을 중심으로 각종 강건설계기법에 대해 설명하고 각각의 장단점과 응용에 대해 논한다. 강건설계를 적용할 때 용어에 대한 개념 등을 각 분야에서 다소 다르게 사용하여 왔다. 따라서 용어에 대한 개념을 명확히 정의하도록 한다. 강건성과 비슷한 개념으로 신뢰성설계(reliability design)가 있는데 여기서는 신뢰성설계에 대한 설명은 생략하고 강건설계에 주안점을 두어 설명한다.

7.2 평균과 변동

일반적인 설계를 최적설계의 정식화를 빌어 표현하면 식 (3・1)과 같다. 식 (3・1)에 속한 함수들은 대개 두 가지 방법으로 산출한다. 첫째, 함수의 수학적인 형태를 모를 경우에는 실험을 통해 도출한다. 공정변수 등을 결정하는 고전적인 다구치법에서 사용하는 방법이다. 둘째, 함수가 수학적인 식일 때 간단할 경우는 이를 직접 계산하고 복잡할 때는 수치해석을 이용한 컴퓨터 모사(computer simulation)를 사용한다. 여기서는 후자의 경우, 즉 함수를 계산할 수 있을 때를 고려한다.

외란이나 잡음이 있을 때 식 (3・1b)과 식 (3・1d)는 다음과 같이 변형된다.

$$f(\mathrm{b}) \rightarrow f(\mathrm{b}+\mathrm{z}^b,\ \mathrm{p}+\mathrm{z}^p) \qquad (7\cdot 1a)$$

$$g_j(\mathrm{b}) \rightarrow g_j(\mathrm{b}+\mathrm{z}^b,\ \mathrm{p}+\mathrm{z}^p) \qquad (7\cdot 1b)$$

여기서 $\mathrm{p} \in R^o$는 설계파라미터인데 일반적으로 설계 과정에서는 상수로 간주한다. $\mathrm{z}^b \in R^n$과 $\mathrm{z}^p \in R^o$는 각각 설계변수(design variable, controllable factor 혹은 control factor)와 설계파라미터에 발생하는 공차(tolerance), 잡음(noise), 외란 등을 의미한다. 이는 설계자가 정하기 어렵다는 특징에 따라 비제어인자(uncontrollable factor) 혹은 잡음인자(noise factor)라 부르기도 한다. 그리고 o는 설계파라미터 수이다.

강건설계에서는 강건성을 증진시키기 위해 식 (7 · 1)의 잡음인자를 고려하는 동시에 식 (3 · 1)의 설계식을 등제한조건을 소거하여 다음과 같이 변형할 수 있다.

$$\text{Find} \quad \mathbf{b} \in R^n \tag{7 · 2a}$$

$$\text{to minimize} \quad F(\mathbf{b}, \mathbf{p}, \mathbf{z}) \tag{7 · 2b}$$

$$\text{subject to} \quad G_j(\mathbf{b}, \mathbf{p}, \mathbf{z}) \le 0, \quad j = 1, \cdots, m \tag{7 · 2c}$$

$$\mathbf{b}_L \le \mathbf{b} \le \mathbf{b}_U \tag{7 · 2d}$$

여기서 F, G_j는 식 (7 · 1)의 f, g_j를 변형한 식이다. 일반적으로 F, G_j는 f, g_j의 평균과 변동으로 정의한다. 이에 함수의 평균과 변동에 관해 알아본다.

강건설계 이론은 평균(mean)과 변동(variance)의 특징을 많이 사용한다. 따라서 통계이론을 이용하여 전개할 때가 많다. 이들에 대해서 통계학에서 쓰는 식과 설계에서 사용하는 식이 다소 다르게 보일 수도 있으나 기본적인 개념은 동일하다. l을 표본이나 모집단의 숫자라 할 때 통계학에서 사용하는 평균과 변동에 대한 식이 표 **7 · 1**에 있다. 여기서 f_i는 i번째 표본이나 모집단의 특성치(반응함수 혹은 목적함수)이다. 특성치는 특정한 성질의 값이며 통계에서는 이 값에 대한 추세를 도출한다. 특성치는 어떤 변수에 대해서 고정된 값이 아니다. 그 이유는 각 인자가 각종 공차나 오차에 의하여 공칭값(nominal value)을 중심으로 분포를 하거나 잘 모르는 외부인자에 영향을 받음으로써 특성치값의 변동이 있기 때문이다.

표 7 · 1 평균과 변동에 관한 식

Name	Symbol	Formula
Sample mean	$\overline{f}$ or (m_f)	$\overline{f} = \frac{1}{l}\sum_{i=1}^{l} f_i$
Sample variance	V or (s_f^2)	$V = \frac{1}{l-1}\sum_{i=1}^{l}(f_i - \overline{f})^2$
Sample standard deviation	s_f	$s_f = \sqrt{V}$
Population mean	μ	$\mu = \frac{1}{l}\sum_{i=1}^{l} f_i$
Population variance	σ^2	$\sigma^2 = \frac{1}{l}\sum_{i=1}^{l}(f_i - \mu)^2$
Population standard deviation	σ	$\sigma = \sqrt{\sigma^2}$

이제 설계 시의 평균과 변동에 대해 알아본다. 표 **7・1**에서의 특성치 f는 설계에서 특정한 반응함수라고 할 수 있다. 설계변수(인자)의 값은 각종 원인에 의해 공칭값을 중심으로 분포를 한다. 따라서 반응함수 f의 값도 고정된 값이 아니고 잡음에 의한 분포를 하게 된다. 이러한 f의 분포를 정량화한 것이 표 **7・1**의 변동인데 변동에 영향을 미치는 예가 표 **7・2**에 있다. 반응함수 f의 평균을 μ_f로 분산(변동)을 σ_f^2으로 표기한다. σ_f는 표준편차이다. 이들은 설계변수의 분포에 대해 다음과 같이 계산된다.

$$\mu_f = E[f(\mathrm{b})] = \int\int \cdots \int f(\mathrm{b}+\mathrm{z}^b, \mathrm{p}+\mathrm{z}^p) \quad u_1(z_1^b)\cdots u_n(z_n^b)\, v_1(z_1^p)\cdots v_o(z_o^p)\, dz_1^b \cdots dz_n^b dz_1^p \cdots dz_o^p \tag{7・3a}$$

$$\sigma_f^2 = E[(f(\mathrm{b})-\mu_f)^2] = \int\int \cdots \int [f(\mathrm{b}+\mathrm{z}^b, \mathrm{p}+\mathrm{z}^p)-\mu_f]^2 \quad u_1(z_1^b)\cdots u_n(z_n^b)\, v_1(z_1^p)\cdots v_o(z_o^p)\, dz_1^b \cdots dz_n^b dz_1^p \cdots dz_o^p \tag{7・3b}$$

여기서 $E[\bullet]$는 괄호 안의 함수의 기대값을 나타내며, $u_i(z_i^b)$, $v_i(z_i^p)$는 각각 잡음인자 z^b와 z^p벡터의 i번째 요소의 확률밀도함수이다. 이들은 서로 독립인 것으로 가정한다. 이러한 확률밀도함수가 정규분포라면 다음과 같다.

$$u_i(z_i^b) = \frac{1}{\sigma_{b_i}\sqrt{2\pi}} \exp\left[\frac{-(b_i-\mu_{b_i})^2}{2\sigma_{b_i}^2}\right] \tag{7・4}$$

여기서 μ_{b_i}및 σ_{b_i}는 각각 i번째 설계변수의 평균과 표준편차이다. 강건설계는 기본적으로 식 (7・2)를 평균과 변동(혹은 표준편차)으로 대치하여 설계를 진행한다.

표 7・2 변동의 원인 사례

Factor	Example
External factor	• Temperature and relative humidity • Load • Human error • Dust in the environment
Unit-to-unit factor	• Weight of each part • Dimension tolerance • Differences by batch-to-batch • Thickness variations in coated products
Internal (aging) factor	• Wear • Mileage on a car • Weathering of paint on a house • Total current passing through a car battery • Plastic creep

예제 7 · 1 평균과 변동의 계산

다음 식이 있다.

$$f = b_1 + (b_2 - 2) + 2b_1 b_2 \tag{7·5}$$

잡음으로 인해 $(b_1, b_2) = (0.0, 0.0)$의 주변 $-0.5 \le b_1 \le 0.5$, $-0.5 \le b_2 \le 0.5$에서 b_1, b_2가 균등분포한다. $(b_1, b_2) = (0.0, 0.0)$에서 f의 평균과 변동을 구하여라.

❚❚ 풀 이 ❚❚

식 (7 · 3a)에 따라 평균은

$$\begin{aligned}\mu_f &= \int_{-0.5}^{0.5}\int_{-0.5}^{0.5} (b_1 + b_2 - 2 + 2b_1 b_2)[u(b_1 + 0.5) - u(b_1 - 0.5)] \\ &\quad [u(b_2 + 0.5) - u(b_2 - 0.5)]\, db_1 db_2 \\ &= -2\end{aligned} \tag{7·6}$$

이다. 여기서 u는 단위계단함수(unit step function)로 설계변수의 범위 내에서의 균등분포를 의미한다.

다음으로 식 (7 · 3b)에 따라 변동을 구하면

$$\begin{aligned}\sigma_f^2 &= \int_{-0.5}^{0.5}\int_{-0.5}^{0.5} [(b_1 + b_2 - 2 + 2b_1 b_2) - (-2)]^2 [u(b_1 + 0.5) - u(b_1 - 0.5)] \\ &\quad [u(b_2 + 0.5) - u(b_2 - 0.5)]\, db_1 db_2 \\ &= 0.1944\end{aligned} \tag{7·7}$$

이다.

예제 7 · 2 3부재 트러스 문제

예제 **3 · 1**의 식 (3 · 9)~(3 · 10)에 예제 **6 · 15**의 치수를 대입한 후 탄성계수 E가 $203\text{GPa} \le E \le 200\text{GPa}$에서 균등분포를 가질 때 수평방향 처짐 δ_x와 수직방향 처짐 δ_y의 평균과 변동을 구하여라. 단면적 $\mathrm{b} = [0.0002 \quad 0.00012 \quad 0.0002]^T$이다.

❚❚ 풀 이 ❚❚

단면적을 대입하면 δ_x와 δ_y는 다음과 같다.

$$\delta_x = \frac{\sqrt{2} l P_x}{b_1 E} = 1.414 \times 10^8 \frac{1}{E} \tag{7·8a}$$

$$\delta_y = \frac{\sqrt{2} l P_y}{(b_1 + \sqrt{2} b_2) E} = 1.325 \times 10^8 \frac{1}{E} \tag{7·8b}$$

식 (7 · 3a)에 따라 평균은

$$\mu_{\delta_x} = \int_{203E9}^{209E9} 1.414\times10^{8}\frac{1}{E}\frac{1}{209\times10^{9}-203\times10^{9}}$$
$$[u(E-203\times10^{9})-u(E-209\times10^{9})]\,dE \qquad (7\cdot9a)$$
$$=0.000686456$$

$$\mu_{\delta_y} = \int_{203E9}^{209E9} 1.325\times10^{8}\frac{1}{E}\frac{1}{209\times10^{9}-203\times10^{9}}$$
$$[u(E-203\times10^{9})-u(E-209\times10^{9})]\,dE \qquad (7\cdot9b)$$
$$=0.000643249$$

이다. 다음으로 식 (7 · 3b)에 따라 변동을 구하면

$$\sigma^2_{\delta_x} = \int_{203E9}^{209E9} \left(1.414\times10^{8}\frac{1}{E}-0.000686456\right)^2\frac{1}{209\times10^{9}-203\times10^{9}}$$
$$[u(E-203\times10^{9})-u(E-209\times10^{9})]\,dE \qquad (7\cdot10a)$$
$$=3.33186\times10^{-11}$$

$$\sigma^2_{\delta_y} = \int_{203E9}^{209E9} \left(1.325\times10^{8}\frac{1}{E}-0.000643249\right)^2\frac{1}{209\times10^{9}-203\times10^{9}}$$
$$[u(E-203\times10^{9})-u(E-209\times10^{9})]\,dE \qquad (7\cdot10b)$$
$$=2.92563\times10^{-11}$$

이다.

7.3 다구치법

7.3.1 소 개

다구치법은 일본에서 2차 대전 후 열악한 환경에서 우수한 품질의 제품생산을 위한 노력의 일환으로 다구치 박사가 창안한 방법인데, 강건설계의 시작이라 할 수 있다. 알려진 바에 의하면 일본전기통신회사의 연구소에서 실제 제품에 다구치법이 적용되었다(다구치, 1987). 그 후 미국의 Bell 연구소에서 관심을 가지면서 강건설계가 세계에 소개되었다. 특히 Phadke가 다구치법을 쉽게 이해할 수 있는 책을 보급하는 동시에 1980년대에 미국에서의 일본을 배우려는 사조와 맞물리면서, 다구치 법은 급속히 전파되었다(Phadke, 1989). 다구치법은 설계 및 제조공정에 공차 및 불확실성 등을 도입하여 품질을 향상시키는 데 공헌하였다. 초기에는 제품설계 방법보다는 공정설계의 방법으로 많이 사용하였다. 따라서 설계법으로서의 역할보다는 실험계획법 상의 방법으로 사용하였다.

초기의 다구치법은 강건설계를 위한 식 (7 · 2)에서 제한조건식 (7 · 2c)가 없는 문제를 해결하기 위한 것이었다. 즉, 목적함수만 있는 문제를 풀기 위한 것이었다. 그리고 식 (7 ·

2b)에서 설계파라미터 p와 잡음인자 z을 명확히 정의할 수 없음에도 강건한 설계를 얻을 수 있는 제어인자(설계변수) b를 결정할 수 있는 방법으로 다구치법이 제시되었다. 그림 **7·1**에 목적함수 f의 분포의 예가 있다. 여기서 μ_A, μ_B, μ_C는 각 분포의 평균값을 의미한다. 강건성은 잡음이 존재할 때 평균값 주변의 변동의 크기로 판단한다. 그런데 설계의 목적이 단순히 함수 f의 강건성을 얻는 것이라면 평균의 위치에 관계없이 설계안 A보다는 설계안 B, C를 선호할 수 있다. 그러나 일반적으로 설계에는 목표값(target value)이 있다. 목표값은 최소값, 최대값이 될 수도 있으며 특정한 공칭값(nominal value)이 될 수도 있다. 다구치법에서는 목표값을 만족하는 동시에 변동을 줄이는 방향으로 설계를 수행한다. 다구치 법에서는 목표값에 가깝고 변동이 적은 설계안 C가 가장 좋은 설계이다.

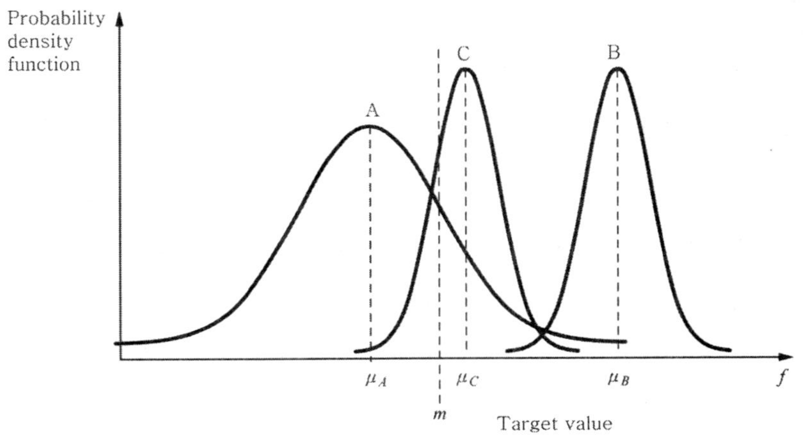

그림 7·1 반응함수 분포의 예

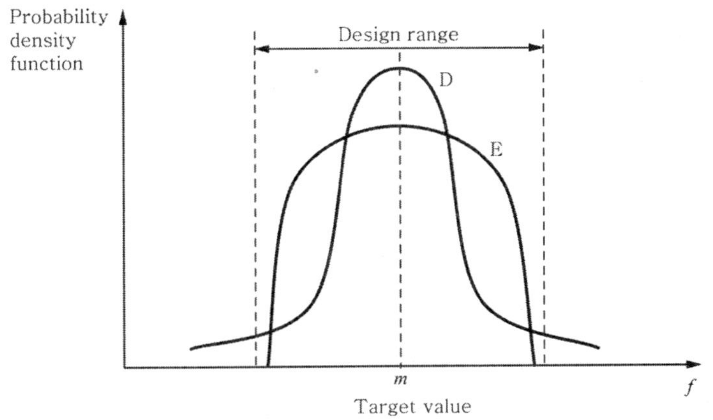

그림 7·2 두 설계의 확률밀도함수

이제 다른 관점에서 강건성을 비교한다. 설계안 D, E의 확률밀도함수를 표시한 그림 **7·2**를 보자. 설계범위(design range)를 설계의 허용범위라 정의하면 설계안 D, E의 평균은 모두 목표값을 만족한다. 그런데 설계안 D는 허용범위를 벗어날 확률이 있는 반면 설계안 E는 모두 설계범위 안에 있다. 그러나 기대하지 않았던 잡음이 발생하면 설계안 D는 설계범위 안에 있을 확률이 크지만 설계안 E는 설계범위 밖으로 벗어날 확률이 크다. 따라서 설계안 D가 설계안 E보다 외란에 더욱 강건(robust)하다고 할 수 있다.

7.3.2 손실함수와 S/N비

강건성을 정량적으로 나타내기 위해 다구치법은 2차 함수로 손실함수(loss function)를 다음과 같이 정의한다.

$$L(f)=k(f-m)^2 \tag{7·11}$$

여기서 m은 목표값이다. 실험에서 f를 반복적으로 산출하면 손실함수의 기대값은 다음과 같다.

$$Q=E[L(f)]=k[\sigma^2+(\mu-m)^2] \tag{7·12}$$

설계에서는 반응함수(혹은 목적함수)에 대해 기호 f를 많이 사용하는데 다구치법에서는 주로 y를 사용한다. 식 (7·11)의 손실함수는 목표값에서 벗어난 정도를 의미하는데, 이를 최소화하는 것이 강건설계이다. 그 결과로 그림 **7·2**의 설계안 D와 같은 것을 얻는다. 위의 과정을 다른 관점에서 설명하는 것이 그림 **7·3**에 있다. 그림 **7·3**에서 잡음인자(noise factor) $\mathbf{z}$는 제어할 수 없는 것으로서, 실험에서는 그 실체가 파악조차 되지 않는 경우가 많다. 설계에서는 잡음인자가 주로 공차를 의미한다. 그림 **7·3**과 같이 목표값이 주어졌을 때 제어할 수 없는 잡음인자가 있음에도 다구치법은 제어할 수 있는 제어인자(control factor)를 반응함수의 변동이 작아지도록 적절히 결정한다.

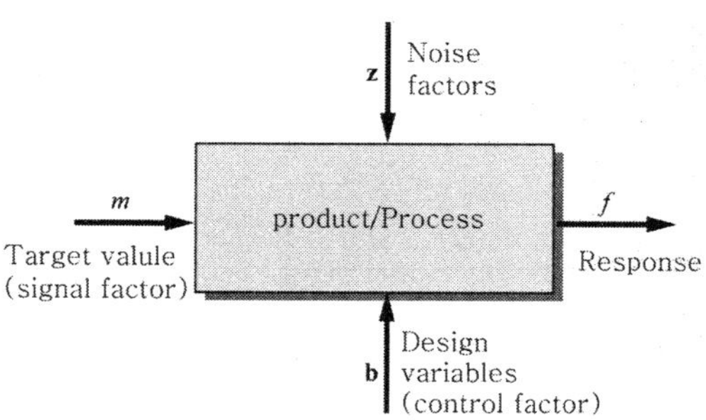

그림 7·3 제품생산의 P다이어그램

식 (7 · 12)를 손실함수로 사용할 때도 있다. 현재의 평균값을 목표값으로 전이시킬 수 있는 수단, 예를 들어 조절계수(scale factor)가 존재한다고 가정하자. 조절계수 s는

$$s = \frac{m}{\mu} \tag{7 · 13}$$

이다. 이를 이용하여 현재의 손실함수로부터 목표값을 만족했을 때의 손실함수 Q_a는 다음과 같이 계산한다.

$$Q_a = k\left\{\left(\mu\frac{m}{\mu} - m\right)^2 + \left(\frac{m}{\mu}\sigma\right)^2\right\} = km^2\frac{\sigma^2}{\mu^2} \tag{7 · 14}$$

가법성(additivity)를 높이기 위해 로그함수를 이용해 식 (7 · 14)를 다음과 같이 변형한다.

$$\eta = 10 \log_{10} \frac{\mu^2}{\sigma^2} \tag{7 · 15}$$

여기서 σ^2은 표본의 변동으로서 표 **7 · 1**의 s_f^2과 동일하다.

식 (7 · 15)는 신호인자(signal factor) μ와 잡음인자(noise factor) σ의 비율로 이루어져 있다. 그러므로 S/N비라 부른다. 식 (7 · 15)를 최대화하는 것은 식 (7 · 14)를 최소화하는 것과 같은 의미이다. 따라서 강건설계에서는 식 (7 · 15)를 최대화하게 된다. 이렇게 목표값을 지향하는 것을 망목특성(nominal-the-best type characteristic)이라 한다. 최소화는 망소(smaller-the-better)특성, 최대화는 망대(larger-the-better)특성이라 한다. 망대특성이나 망소특성이 있는 문제에서는 손실함수와 S/N비가 위의 식과는 다르다. 일반적으로 현재의 상태를 보여주는 손실함수보다는 목표값을 만족했을 때의 손실함수의 추정치인 S/N비를 많이 사용하는데, 그에 대한 예가 표 **7 · 3**에 있다.

표 7 · 3 S/N비의 식

특 성	S/N비
망목특성(Nominal-the-best)	with scale factor : $\eta = 10 \log \frac{m_f^2}{s_f^2}$ or : $\eta = -10 \log s_f^2$
망소특성(Smaller-the-better)	$\eta = -10 \log\left[\frac{1}{n}\sum_{i=1}^{n} f_i^2\right]$
망대특성(Larger-the-better)	$\eta = -10 \log\left[\frac{1}{n}\sum_{i=1}^{n} \frac{1}{f_i^2}\right]$

예제 7 · 3 수학문제에 대한 손실함수 및 S/N비

앞의 예제 **7 · 1**에서 $b_1=-0.1,\ 0.1$, $b_2=-0.1,\ 0.1$의 값을 가진다. 모든 조합에 대해 f를 계산하고 손실함수와 식 (7 · 15)의 S/N비를 구하여라. 목표값은 예제 **7 · 1**의 평균값으로 한다.

❙❙ 풀 이 ❙❙

이 예제에서 손실함수는 망목특성이고 목표값은 예제 **7 · 1**의 결과에 따르면 −2이다. 표 **7 · 4**는 모든 조합에 대하여 함수값 f를 계산하고 식 (7 · 11)에 대입하여 손실함수를 계산한 결과이다. 손실함수의 k값은 1로 한다. 결과에 따라서 손실함수의 평균과 변동을 계산하면, $\mu=0.0204$와 $\sigma^2=0.000576$이다. 평균과 변동을 식 (7 · 15)에 대입하면 S/N비는 −1.41162이다.

표 7 · 4 예제 7 · 3의 손실함수

실 험	b_1	b_2	f	손실함수
1	−0.1	−0.1	−2.18	0.0324
2	−0.1	0.1	−2.02	0.0004
3	0.1	−0.1	−2.02	0.0004
4	0.1	0.1	−1.78	0.0484

예제 7 · 4 3부재 트러스 문제에 대한 손실함수 및 S/N비

앞의 예제 **7 · 2**에서 E=203. 208. 209. 211GPa의 값을 가질 때 손실함수와 식 (7 · 15)의 S/N비를 구하시오. 목표값은 예제 **7 · 2**의 평균값으로 한다.

❙❙ 풀 이 ❙❙

손실함수는 망목특성이고 목표값은 예제 **7 · 2**의 결과에 따라 각각 $m_{\delta_x}=0.000686$, $m_{\delta_y}=0.000643$이다. 표 **7 · 5**에는 모든 조합에 대하여 함수값 δ_x와 δ_y를 계산하고 식 (7 · 11)에 대입하여 손실함수를 계산한 결과가 있다. 이때 손실함수의 k값은 1로 한다.

표 7 · 5 예제 7 · 4의 손실함수

실험	E (GPa)	δ_x(m)	δ_x의 손실함수	δ_y(m)	δ_y의 손실함수
1	203	0.000697	1.11×10^{-10}	0.000653	9.43×10^{-11}
2	208	0.000680	3.83×10^{-11}	0.000637	3.58×10^{-11}
3	209	0.000677	8.92×10^{-11}	0.000634	8.15×10^{-11}
4	211	0.000670	2.51×10^{-10}	0.000628	2.26×10^{-10}

결과에 따라서 손실함수의 평균을 계산하면, $\mu_{\delta_x}=1.23\times10^{-10}$과 $\mu_{\delta_y}=1.09\times10^{-10}$이다. 또한 변동을 계산하면 $\sigma^2_{\delta_x}=8.32\times10^{-21}$이고, $\sigma^2_{\delta_y}=6.69\times10^{-21}$이다. 이를 식 (7・15)에 대입하면 S/N비는 각각 2.57과 2.53이다.

7.3.3 파라미터 설계의 과정

다구치법은 크게 두 가지로 분류할 수 있다. 첫째는 잡음이나 공차가 있을 때 파라미터 값을 결정함으로써 손실함수를 줄이는 파라미터설계이고, 둘째는 공차를 감소시킴으로써 손실함수를 줄이는 공차설계이다. 공차설계는 대체적으로 고가이기 때문에 일반적인 설계 문제는 파라미터 설계방법을 많이 사용한다. 여기서는 파라미터설계에 대한 것만을 설명한다.

전술한 바와 같이 다구치법은 실험에서 효율적으로 사용하는데, 여기서는 일반적인 설계에서 사용할 수 있는 방법을 설명한다. 이를 위해 최적설계에서의 목적함수와 등가인 특성치(characteristic value)를 산출한다. 그리고 실제 실험보다는 계산이나 컴퓨터에 의한 모사에 의해 특성치를 얻는 경우에 대해 설명한다. 그간의 많은 발전을 통하여 각종 사례에 대한 다구치법의 응용이 개발되어 왔다. 따라서 그 응용방법이 다양하다. 여기서는 다구치법 중 가장 기본이 되는 방법만을 기술한다. 그 외의 각종 방법은 참고문헌을 참조하기 바란다(Taguchi, 1987 ; Phadke, 1989).

앞에서 설명한 대로 강건설계에는 두 가지 목적이 있다. 특성치의 변동을 줄이는 목적과 평균을 목표값에 가깝도록 하는 목적이다. 그런데 이 두 가지의 목적은 상충되는 경우가 많다. 다구치법은 이 두 가지 목적을 달성하기 위해 강건설계 과정을 이단계최적화(two-step optimization)로 정의한다. 첫째 변동을 줄이고, 둘째 평균이 목표값을 가지도록 한다. 이를 도식화한 것이 그림 **7・4**에 있다. 즉, 평균값의 위치에 관계없이 일단 변동을 줄인 후, 변동이 많이 늘어나지 않는 한도에서 평균을 목표값으로 이동시킨다.

다구치법의 첫째 단계에서는 변동을 줄인다. 이는 S/N비를 최대화하는 과정으로 제어인자(설계에서는 설계변수)의 값을 결정하는 것이다. 이때 제어인자의 후보값을 배치하는 방법에 직교배열표를 사용한다. 모든 경우를 감안하기 위해서는 제어인자의 후보값에 대한 전조합실시법을 시행해야 한다. 그러나 전조합실시법이 너무 고가일 경우 실험 횟수를 줄이는 일부실시법으로 직교배열표를 사용한다. 직교배열표는 앞의 제**6**장에 자세히 설명하였다. 직교배열표의 각 행에 대해 실험이 실시되며 평균과 분산은 각 행의 반복실험에서 도출된다. 반복실험 과정 중에 잡음인자가 자연스럽게 포함된다.

직교배열표의 각 행에 대해 반복실험을 하면 S/N비가 구해진다. 그리고 S/N비를 특성치로 사용하고 실험계획법의 일원표를 통해 제어인자의 최종값이 결정된다. 직교배열표의 각 행은 목표값을 정확히 만족하지 않는 경우가 대부분이다. 각 행에 대한 특성치는 식

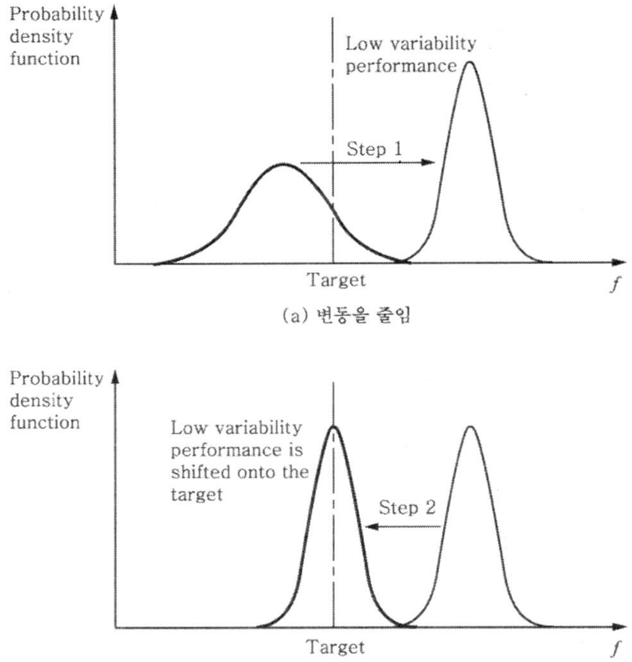

(a) 변동을 줄임

(b) 평균의 이동

그림 7 · 4 다구치법의 두 단계

(7 · 12)의 손실함수로 정의할 수도 있다. 그러면 변동이 크더라도 평균이 목표값에 가깝도록 하는 인자의 수준을 결정하기가 쉽다. 그러나 이는 변동이 작은 설계값을 얻으려는 강건설계의 목적에 위배될 수 있다. 따라서 조절인자가 있다는 것을 가정하여 목표값을 달성했을 때의 변동, 즉 S/N비가 사용된다. 이때 주의할 점은 인자간의 교호작용이 있을 때 직교배열표에 교호작용을 사전에 배치해야 한다는 것이다. 그러나 많은 경우 교호작용의 존재를 사전에 알기가 어려우며, 이 점이 직교배열표 사용의 걸림돌이 되기도 한다. 따라서 일원표로부터 도출된 제어인자 값으로 반드시 확인실험을 실시해야 한다.

컴퓨터모사(computer simulation)를 이용하여 반응함수를 계산하는 설계는 반복실험을 해도 동일한 결과를 얻게 되는 단점이 있는 반면, 설계파라미터 p와 잡음인자 z의 존재를 명확히 정의할 수 있다는 장점도 있다. 이 경우에는 테일러 급수전개, 몬테칼로 시뮬레이션 또는 외측배열 등을 이용한다. 그러면 직교배열표의 각 행에 대한 반복실험 효과가 나타나고 특성치의 평균 및 분산을 산출할 수 있다.

두 번째 단계에서는 평균값을 목표값과 일치시키기 위해서 조절인자를 찾는다. 조절인자(scale factor)는 변동에는 많은 영향을 미치지 않으면서 평균값의 이동만을 가능하게 하는 인자이다. 실험에서는 시간변수 등이 이러한 역할을 담당하기도 하지만 설계에서는 조절인자를 찾는 것이 어렵다. 따라서 직교배열표의 각 항에서 손실함수와 같이 평균과 변동을 동시에 고려하는 함수를 사용할 수도 있다.

계산이나 컴퓨터에 의한 모사로 설계를 할 때는 조절인자를 찾을 수 있는 경우가 드물다. 따라서 이러한 경우에는 이단계 최적화 과정 중 일단계만 실시하는 것이 좋다. 그러나 일단계 최적화만을 실시하기 위해서는 무엇을 특성치로 설정하느냐가 중요하게 된다. 한편 일반적인 설계문제에는 식 (3 · 1)에 보는 바와 같이 많은 제한조건이 있다. 그러므로 이들을 모두 포함하는 특성치를 정의해야 한다. 직교배열표를 사용하여 반복실험을 할 때는 공차의 효과를 감안해야 한다. 그러기 위해서 그림 **7 · 5**와 같은 내측배열과 외측배열을 사용하는 방법을 사용한다. 여기서 N_{in}은 내측배열의 행의 수이며 N_{out}은 외측배열의 행의 수이다. 이들의 용도는 예제에서 자세히 설명한다.

제한조건이 많은 경우의 특성치는 식 (3 · 1)로부터 다음과 같은 특성함수로 정의한다.

$$\Psi(\mathrm{b}) = w_1\mu_f + w_2\sigma_f + P(\mathrm{b}) \tag{7 · 16a}$$

$$P(\mathrm{b}) = \max(0, |h|, g)\times s \tag{7 · 16b}$$

식 (7 · 16)은 식 (6 · 60)~(6 · 61)과 비슷한 개념이다. 그런데 반복실험으로 인해 μ_f는 목적함수의 평균값, σ_f는 목적함수의 표준편차를 의미한다. 문제의 목적에 따라 가중치 w_1과 w_2를 설계자에 따라 0에서 1까지의 값으로 정의한다.

식 (7 · 16)의 ψ(b)를 특성치로 하여 제6장에서 설명한 직교배열표에 의한 설계법을 그대로 사용한다. 식 (7 · 16)을 살펴보면 제한조건의 위배량이 클 때는 강건성을 얻기 어려운 면이 있음을 알 수 있다. 따라서 될 수 있으면 제한조건이 만족하는 가용영역에서 다구치법을 실시할 것을 권장한다. 여기서 주목할 점은 앞의 제6장에서 설명한 직교배열표를 이용한 설계의 특징이 다구치법을 시행할 때도 대부분 유효하다는 것이다. 따라서 그에 대한 설명은 여기서는 생략한다.

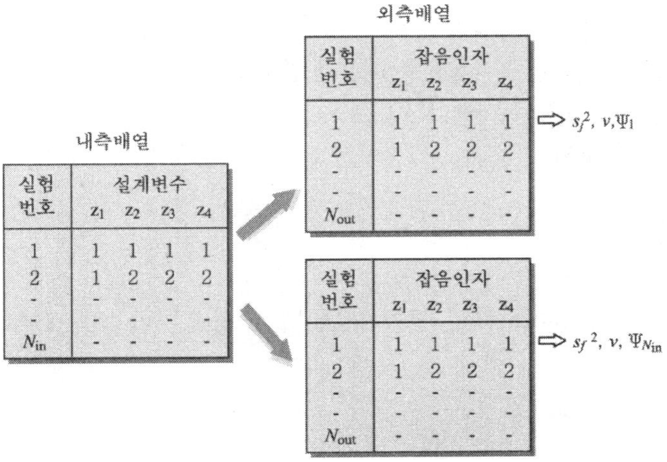

그림 7 · 5 외측배열과 내측배열의 관계

계산이나 컴퓨터모사에 의한 특성치 계산으로 일단계최적화를 실시하는 과정은 다음과 같다. 설계변수의 수 $n=4$이며 수준수가 각각 3이라 하자.

단계 1. 설계변수와 수준 수에 따라 적합한 직교배열표(내측배열)를 선택한다. 표 **6·13**의 $L_9(3^4)$ 직교배열표를 선택했다고 가정하자.

단계 2. 직교배열표의 행에 대해 반복실험을 실시하기 위해 각 행에 대해 잡음인자나 공차에 의한 외측배열을 선정한다. 외측배열은 또 하나의 직교배열표가 될 수도 있다. 이 과정이 그림 **7·5**에 있다. 따라서 모든 실험의 수는 $N_{\text{in}} \times N_{\text{out}}$이 된다.

단계 3. 선정한 외측배열로부터 내측배열의 각 행에 대해 식 (7·16)의 $\psi(\mathrm{b})$를 구한다. 여기서 $\eta \equiv \psi(\mathrm{b})$로 정의한다.

단계 4. 각 설계변수에 대해 표 **6·16**과 같이 일원표를 만들고 설계변수 b_i에 대해 표 **6·16**에서 $m_{b_{ij}}$, $j=1, 2, 3$ 중 가장 작은 수준 o_i, $i=1, \cdots, 4$를 찾는다.

단계 5. 설계해는 o_i번째 수준값을 갖는 b_i, $i=1, \cdots, 4$이다. 확인실험을 위해 결정한 설계변수값으로 다시 $\psi(\mathrm{b})$를 계산한다. 이것과 단계 3에서 계산한 직교배열표 상의 모든 행에 대한 값 중 가장 우수한 것을 최종해로 선정한다.

여기서 주목할 점은 **6.5**절과 같이 추정값을 이용할 수도 있다는 것이다. 즉, 오름차순으로 배열하여 그중 가장 우수한 것을 단계 5에서 비교하는 집합에 포함시킬 수 있다.

예제 7·5 수학적인 문제에 대한 다구치법의 응용

예제 **6·14**에 있는 문제를 위에 있는 방법으로 강건설계를 하여라. 이때 인자의 수준은 공히 −1, 0, 1의 3수준을 가지며 공차는 공히 $-0.1 \le z_i \le 0.1$의 값을 가진다.

(1) 위의 단계 1부터 단계 5까지의 방법을 이용하여 강건설계를 하여라.

(2) 추정값으로 오름차순으로 배열하여 최우수 값을 도출한 후 (1)의 결과와 비교하여 가장 강건한 해를 구하여라.

❙❙ 풀 이 ❙❙

(1) 단계에 따른 강건설계 과정

4개의 설계변수가 3수준이므로 내측배열로 표 **7·6**과 같이 $L_9(3^4)$ 직교배열표를 선택한다. 또한 직교배열표의 각 행에 대해 반복실험을 실시하기 위해서 외측배열로 $L_9(3^4)$ 직교배열표를 선택한다. 내측배열의 첫째 행에 대한 외측배열은 표 **7·7**과 같이 배치될 것이다. 단계 3에서는 특성치를 구해야 한다. 외측배열에서 구한 목적함수의 평균값 μ_f와 목적함수의 표준편차 σ_f를 식 (7·16)에 대입하여 내측배열의 해당하는 행에서의 특성치 $\eta \equiv \psi(\mathrm{b})$를 구하였다. 여기서 가중치 w_1과 w_2에는 각각 0.5, 0.5를 사용하고 조절계수 s는 100으로 한다. 표 **7·6**과 표 **7·7**에 내측배열과 외측배열의 결과가 있다.

표 **7·6**을 바탕으로 각 설계변수에 대한 일원표를 작성하면 표 **7·8**과 같다. 일원표에서 (2 3 2 1) 수준을 선택할 수 있다. 이때 설계변수의 값은 $\mathrm{b}=[0 \;\; 1 \;\; 0 \;\; -1]^T$이다. 다음으로 선택한 수준값에서 확인실험을 실시하였다. 확인실험 결과 목적함수의 평균은 −9.97이고,

표 7·6 예제 7·5에서의 내측배열

실험번호	설계변수				특성치 $\psi(\mathrm{b})$
	b_1	b_2	b_3	b_4	
1	−1	−1	−1	−1	15.70
2	−1	0	0	0	4.05
3	−1	1	1	1	−3.59
4	0	−1	0	1	8.07
5	0	0	1	−1	−11.66
6	0	1	−1	0	10.67
7	1	−1	1	0	32.38
8	1	0	−1	1	14.69
9	1	1	0	−1	−6.03

표 7·7 표 7·6의 실험번호 1의 행에 대한 외측배열

실험번호	설계변수의 공차				목적함수 $f(\mathrm{b})$
	z_1	z_2	z_3	z_4	
1	−1.1	−1.1	−1.1	−1.1	32.45
2	−1.1	−1.0	−1.0	−1.0	29.71
3	−1.1	−0.9	−0.9	−0.9	27.05
4	−1.0	−1.1	−1.0	−0.9	30.22
5	−1.0	−1.0	−0.9	−1.1	26.03
6	−1.0	−0.9	−1.1	−1.0	30.83
7	−0.9	−1.1	−0.9	−1.0	26.54
8	−0.9	−1.0	−1.1	−0.9	31.34
9	−0.9	−0.9	−1.0	−1.1	27.13

표 7·8 예제 7·5의 일원표

설계변수	수준		
	1	2	3
b_1	5.39	2.36	13.68
b_2	18.72	2.36	0.35
b_3	13.69	2.03	5.71
b_4	−0.66	15.70	6.39

변동은 1.94이며 이때의 특성치는 −4.02이다. 또한 제한조건을 위배하지 않았다. 마지막으로 직교배열표 상의 모든 행에 대한 값 중에서 가장 우수한 것과 비교한다. 표 **7 · 6**의 직교배열표에서 5번째 행의 값이 더 우수하다. 물론 이때도 제한조건이 위배되지 않는다. 그러므로 이를 최종해로 선택한다. 설계해는 $\mathrm{b}=[0\ \ 0\ \ 1\ \ -1]^T$이고, 이때 목적함수의 평균 및 변동은 −24.97, 1.65이다.

(2) 추정값으로 오름차순으로 배열하여 최우수 값 도출

제6장에서 언급한 대로 모든 조합에 대하여 목적함수의 추정값과 제한조건의 추정값을 각각 구하여 특성치의 추정값을 계산하였다. 이들을 특성치에 따른 오름차순으로 배열한 후에 첫 번째 행부터 확인실험을 하여 제한조건을 위배하는지를 검토한다. 표 **7 · 9**와 같이 첫 번째 행에서 제한조건이 만족되므로 설계해로 선택하였다.

확인실험에서 목적함수의 평균은 −28.97이고 변동은 1.62이다. 이때 특성치는 −13.68이므로 (1)에서 구한 해보다 우수하다. 따라서 이를 최종해로 한다.

표 7 · 9 예제 7 · 5를 오름차순으로 정렬한 표

순위	설계변수				특성치의 값	제한조건의 위배여부
	b_1	b_2	b_3	b_4		
1	0	1	1	−1	−13.68	만족
2	1	1	1	0		·
⋮	⋮	⋮	⋮	⋮		⋮
81	1	−1	−1	−1		·

예제 7 · 6 3부재 트러스 문제의 다구치법에 의한 강건설계

예제 **6 · 15**에서 각 설계변수의 수준이 표 **7 · 10**과 같고 공차는 $-0.00002 \le z_1, z_2 \le 0.00002$, $-0.000002 \le z_3 \le 0.0000015$ 이다. 다음 문제를 풀어라.

(1) 위의 단계 1부터 5까지의 방법을 이용하여 강건설계를 하여라.

(2) 추정값으로 오름차순으로 배열하여 최우수 값을 도출한 후 (1)의 결과와 비교하여 가장 강건한 해를 구하여라.

표 7 · 10 예제 7 · 6의 각 설계변수의 수준

설계변수	수준		
	1	2	3
b_1	0.0001	0.0002	0.0004
b_2	0.0001	0.0002	0.0003
b_3	0.000015	0.00002	0.00003

‖ 풀 이 ‖

(1) 단계에 따른 강건설계 과정

3개의 설계변수가 3수준이므로 내측배열로 $L_9(3^4)$ 직교배열표를 선택하고 표 **7・11**과 같이 설계변수를 배치하였다. 또한 직교배열표의 각 행에 대한 반복실험을 실시하기 위해서 외측배열로 $L_9(3^4)$ 직교배열표를 선택하였다.

다음으로 내측배열에서 해당하는 행의 특성치 $\eta \equiv \psi(\text{b})$를 구하였다. 여기서 가중치 w_1과 w_2에는 각각 0.5, 0.5를 사용하고 조절계수 s는 100으로 한다. 표 **7・11**에 실험 결과가 있다.

표 7・11 예제 7・6에서의 실험 결과

실험번호	설계변수				특성치 ψ(b)
	b_1	b_2	ignored	b_3	
1	−1	−1	−1	−1	91.666
2	−1	0	0	0	80.220
3	−1	1	1	1	67.911
4	0	−1	0	1	4.420
5	0	0	1	−1	0.701
6	0	1	−1	0	0.850
7	1	−1	1	0	0.964
8	1	0	−1	1	1.122
9	1	1	0	−1	1.231

표 **7・11**을 바탕으로 각 설계변수에 대한 일원표를 작성하면 표 **7・12**와 같다. 일원표에서 가장 작은 수준으로 (3 3 3) 수준을 선택할 수 있다. 이때 설계변수의 값은 $\text{b} = [0.0004 \ \ 0.0003 \ \ 0.00003]^T$이다. 다음으로 선택한 수준값에서 확인실험을 실시한다. 확인실험 결과 목적함수의 평균은 2.5148kg이고, 변동은 0.006941이며 이때의 특성치는 1.261이다. 또한 제한조건을 위배하지 않았다. 마지막으로 직교배열표 상의 모든 행에 대한 값 중에서 가장 우수한 것과 비교해 본다. 표 **7・11**의 직교배열표에서 5번째 행의 값이 더 우수하다. 그러므로 이를 설계해로 선택한다. 이는 $\text{b} = [0.0002 \ \ 0.0002 \ \ 0.000015]^T$이고, 이때 목적함수의 평균 및 변동은 1.396kg, 0.00694이다.

표 7・12 예제 7・6의 일원표

설계변수	수준		
	1	2	3
b_1	79.93	1.92	1.11
b_2	32.28	27.35	23.33
b_3	31.20	27.34	24.41

(2) 추정값을 가지고 오름차순으로 배열하여 최우수 값 도출

예제 **7 · 5**와 마찬가지 방법으로 특성치의 추정값을 구하였다. 이들을 특성치에 따른 오름차순으로 배열한 후에 첫 번째 행부터 확인실험을 통하여 제한조건을 위배하는지 검토한다. 표 **7 · 13**과 같이 첫째 행에서 제한조건이 만족되므로 이를 설계해로 선택한다. 이때 목적함수의 평균은 1.415kg이고 변동은 0.006941이다. 첫 번째 확인실험에서 해를 구하였으므로 두 번째 행부터는 확인실험을 하지 않았다. 이때의 특성치는 0.711이다. 따라서 (1)에서 구한 해가 더 우수하므로 (1)의 해를 최종해로 한다.

표 7 · 13 예제 7 · 6을 오름차순으로 정렬한 표

순위	설 계 변 수				특성치의 추정값	제한조건의 위배여부
	b_1	b_2	ignored	b_3		
1	0.0004	0.0003	·	0.000015	2.622	만족
2	0.0002	0.0003	·	0.000015	3.437	·
3	0.0004	0.0001	·	0.00003	4.787	·
⋮	⋮	⋮	⋮	⋮	⋮	⋮
27	0.0001	0.0001	·	0.000015	87.855	·

7.3.4 다구치법을 이용한 각종 방법

다구치법은 그 내용이 간결하기 때문에 통계에 대한 깊은 지식이 없어도 사용하기가 쉽다. 때문에 많은 기술자들이 다구치법을 사용하였다. 특히 실험계획법을 통해 실험을 하고 그 결과로 공정의 파라미터를 결정하는데 다구치법이 많은 기여를 하였다. 실험계획법에서의 성과를 토대로 설계공학자들이 이 방법을 설계 과정에 도입하려고 하였다. 그러나 설계 과정에 다구치법을 도입하는 과정에서 한계가 드러났고 그 한계를 극복하려는 방향으로 다구치법을 설계 과정에 적용하는 연구가 진행되어 왔다.

첫째, Montgomery(Montgomery, 1991), Lee(Lee *et al.*, 1996) 등은 S/N비에 대해 다음과 같은 어려움을 제기하고 있다. 망목특성의 경우 식 (7 · 15)로부터 알 수 있듯이 성능특성치의 분산(변동)과 평균이 결합되어 있다. 망목특성인 경우 식 (7 · 15)의 S/N비는 다음과 같이 고쳐 쓸 수 있다.

$$\eta = 10\log\mu^2 - 10\log\sigma^2 \qquad (7 \cdot 17)$$

식 (7 · 17)은 인자가 평균과 분산에 영향을 주는 인자들로 각각 분리가 될 경우 유효한 지수이다. 즉, 평균에 영향을 주는 조절인자, 분산에 영향을 주는 제어인자로 분리할 수 있는 설계에서는 식 (7 · 17)이 유용하다. 그러나 평균과 분산에 영향을 주는 인자들이 분리되지 않으면 S/N비에 평균과 분산의 효과가 교락되어 있기 때문에 구한 해가 강건해인지에 대한 의문이 생긴다. 즉, 다구치가 제시한 이단계최적화기법은 평균과 분산에 영향을

주는 인자들이 분리될 경우에 유효한 방법이다. 이에 컴퓨터 모사로 특성값을 구할 때에 앞 절에서는 일단계최적화 과정만을 거쳤다. 한편 Phadke 등은 성능특성치가 가질 수 있는 자격을 논함으로써 다구치법의 S/N비 및 직교배열표의 사용에 대한 유효성을 확보하려고 하였다(Phadke, 1989). 그러나 그 제한이 매우 엄격하고 예측이 힘들어 대다수의 문제에는 적용하기가 어렵다.

망소특성이나 망대특성 문제 역시 망목특성과 마찬가지로 S/N비에 평균과 분산의 효과가 교락되어 있어 표 **7·3**에 있는 S/N비를 직접 이용하는 것에는 논리적인 타당성이 결여될 수 있다. 따라서 고려하는 인자들이 평균과 분산에 영향을 주는 인자들로 명확히 분류가 되지 않을 때에 S/N비를 사용하면 적절하지 않은 해를 얻을 가능성이 있다. Box는 S/N비를 대치할 수 있는 변수변환법을 제안하고 비선형성이 강한 경우 해의 정확성을 보장할 수 없음을 지적하였다(Box, 1988). 또한 Montgomery(Montgomery, 1991), Leon(Leon *et al.*) 등은 다구치의 S/N비보다 분산을 직접 최소화하는 것이 효율적이라고 하였고 Lee(Lee *et al.*, 1996) 등은 가중치가 고려된 다중목적함수를 이용할 것을 추천하였다. 한편 Wu 등은 망목특성문제에 대해서 다구치의 S/N비, 평균표준편차(mean standard deviation, MSD), 분산을 강건지수로 설정하여 각각에 대한 강건성을 평가하였다(Wu and Chen, 2002).

둘째, 다구치법은 잡음의 효과를 고려하기 위해 직교배열표상의 한 행인 각 실험을 반복적으로 시행한다. 전산모사를 이용한 설계에서는 주로 설계변수의 공차 및 파라미터의 불확실성이 잡음으로 고려되기 때문에, 이들을 외측배열에 배치하여 반응치의 평균 및 분산을 산출한다. 그러나 이는 실험의 비효율성을 초래할 수 있다. 즉, 이 방법은 많은 해석횟수가 필요하다. 때문에 Welch(Welch *et al.*, 1990), Wu(Wu and Chu, 2002) 등은 이의 단점을 지적하면서 통합배열(combined array, 내측배열과 외측배열을 한 배열로 포함하는 배열)을 사용할 것을 제안하였다.

셋째, 고전적인 다구치 방법에서는 취급할 수 있는 특성치가 유일해야 한다. Phadke는 두 개 이상의 특성치가 있는 문제에서 설계자가 트레이드-오프(trade-off)로 강건해를 결정하는 방법을 제안하였다(Phadke, 1989). 그러나 이는 강건성에 대한 불확실성을 증대시킬 수 있다. Shiau 등은 각 특성치의 S/N비에 가중치를 고려하여 다특성치를 처리했는데 가중치를 정하는 것 역시 설계자의 주관에 의존하고 있다(Shiau, 1990). 다구치법을 연구하는 연구자들은 이를 해결하기 위한 다양한 방법들을 제시하고 있다(Tong and Su, 1997 ; Chen, 1997 ; Vining, 1998 ; Tsui, 1999).

넷째, 전술한 바와 같이 다구치법에서는 일반적인 설계에서 반드시 고려해야 하는 제한조건을 고려하기 어렵다. 이를 극복하는 동시에 조절인자가 없는 설계문제에 다구치의 개념을 적용하기 위해 Lee 등이 다음과 같은 순서를 따르는 방법을 제시하였다(Lee and Park, 2001). ① 공차를 고려하지 않는 고전적인 최적화방법으로 최적해를 찾는다. 이로써 목표값을 달성하는 것을 이루었다고 가정한다. ② 최적해의 주위에 설계 가능한 후보값을 정의한다. 그리고 후보값으로 직교배열표를 정의하고 앞 절에서 설명한 방법을 사용한다.

이상에 언급한 것과 같이 다구치법에 대한 최근의 연구는 고전적인 다구치법의 문제점들을 보완하는 방향으로 전개되고 있다.

예제 7 · 7 3부재 트러스 문제의 최적화 후의 다구치법에 의한 강건설계

예제 **7 · 6**의 문제를 최적화를 실시하니 최적값이 $b^* = [0.0002034 \quad 0.0001064 \quad 0.00000001]^T$이다. 최적값 주위의 수준을 표 **7 · 14**와 같이 설정하고 공차가 $-0.00002 \le z_1, z_2 \le 0.00002$, $-0.000000002 \le z_3 \le 0.000000002$일 때 내측배열과 외측배열을 이용하여 다음 문제를 풀어라.

표 7 · 14 예제 7 · 7의 각 설계변수의 수준

설계변수	수준 1	수준 2	수준 3
b_1	0.0001	0.0002	0.0003
b_2	0.00005	0.0001	0.00015
b_3	0.5E-8	1E-8	1.5E-8

(1) **7.3.3**절의 단계 1부터 단계 5까지의 방법을 이용하여 강건설계를 하여라.

(2) 추정값으로 오름차순으로 배열하여 최우수 값을 도출한 후 (1)의 결과와 비교하여 가장 강건한 해를 구하여라.

|| 풀 이 ||

(1) 단계별 강건설계 과정

설계변수 3개에 대하여 각각 3수준을 고려한다. 외측배열과 내측배열로 $L_9(3^4)$ 직교배열표를 선정하고 설계변수를 각 행에 배치한다. 다음으로 내측배열의 각 행에 해당하는 조건에서 외측배열에 대해 실험을 실시한다. 실험에서 구한 목적함수의 평균값 μ_f와 목적함수의 표준편차 σ_f로 특성치 $\eta \equiv \psi(\mathrm{b})$를 구한다. 표 **7 · 15**는 내측배열의 결과이다. 가중치 및 조절계수는 예제 **7 · 6**과 같다.

표 7 · 15 예제 7 · 7에서의 내측배열

실험번호	설계변수 b_1	b_2	ignored	b_3	특성치 $\psi(\mathrm{b})$
1	−1	−1	−1	−1	109.425
2	−1	0	0	0	102.359
3	−1	1	1	1	102.418
4	0	−1	0	1	109.576

표 7 · 15 예제 7 · 7에서의 내측배열 (계속)

실험번호	설 계 변 수				특성치 ψ(b)
	b_1	b_2	ignored	b_3	
5	0	0	1	−1	5.112
6	0	1	−1	0	1.617
7	1	−1	1	0	109.778
8	1	0	−1	1	5.300
9	1	1	0	−1	0.799

표 **7 · 15**의 결과를 바탕으로 각 설계변수에 대한 일원표를 작성하면 표 **7 · 16**과 같다. 표 **7 · 16**의 일원표에서 설계해는 (3 3 1) 수준이다. 이때 설계변수의 값은 $\mathrm{b}=[3E\text{-}4 \quad 1.5E\text{-}4 \quad 5E\text{-}9]^T$이다.

표 7 · 16 예제 7 · 7의 일원표

설계변수	수 준		
	1	2	3
b_1	104.73	38.77	38.63
b_2	109.59	37.59	34.94
b_3	38.45	71.25	72.43

선택한 수준값에서 확인실험을 실시하였다. 확인실험 결과 목적함수의 평균은 1.591kg이고, 변동은 0.00691이며 이때의 특성치는 0.799이다. 제한조건은 만족된다. 다음 단계로 직교배열표 상의 모든 행에서 가장 우수한 것과 비교해 본다. 직교배열표 상에서 9번째 실험 결과가 가장 우수한데 이는 앞의 설계해와 동일하다. 그러므로 이를 설계해로 선택한다.

(2) 추정값으로 오름차순으로 배열하여 최우수 값 도출

먼저 전조합에 대하여 목적함수와 제한조건의 추정값을 구하여 특성치의 추정값을 계산한다. 이들을 오름차순으로 배열한 후에 첫째 행부터 확인실험을 통하여 제한조건을 위배하지 않는 것을 구하는데 이의 결과가 표 **7 · 17**에 있다. 둘째 행에서 제한조건을 위배하지 않았으므로 이를 설계해로 선택한다. 이때의 평균은 1.591이고 분산은 0.00691이다. 참고로 특성치는 0.799이므로 앞의 (1)에서 구한 해와 동일하다. 따라서 이를 최종해로 한다.

표 7 · 17 예제 7 · 7을 오름차순으로 정렬한 표

순위	설 계 변 수				특성치의 추정값	제한조건의 위배여부
	b_1	b_2	ignored	b_3		
1	0.0002	0.00015	·	0.5E−8	1.62	위배
2	0.0003	0.00015	·	0.5E−8	5.02	만족
3	0.0002	0.0001	·	1.0E−8	5.11	·
⋮	⋮	⋮	⋮	⋮	⋮	⋮
27	0.0003	0.00005	·	0.5E−8	109.79	·

7.4 강건최적설계

7.4.1 강건최적설계의 소개

수학적으로 잘 개발된 최적설계기법을 이용하여 강건설계를 수행하려는 경향이 있다. 다구치법은 직교배열표를 사용하기 때문에 넓은 설계범위를 고려하기 어렵고, 설계변수를 이산공간(discrete space)에서만 정의할 수 있다. 물론 이산공간에서의 설계는 커다란 장점일 수도 있으나 경우에 따라서는 연속공간(continuous space)에서의 설계가 중요할 때도 있기 때문에 단점이 되기도 한다. 또한 일반적인 설계에서는 설계시방서 등에 의한 제한조건이 많은데, 다구치법은 제한조건을 처리하는 것이 매우 어렵다. 그러나 최적설계기법은 많은 제한조건을 쉽게 처리할 수 있다. 따라서 최적설계기법의 장점을 이용하기 위해 강건설계에 최적설계기법을 적용하는 연구가 수행되어 왔다. 일반적인 설계문제에서는 다구치법이 사용하는 평균과 변동을 조절하는 설계변수를 분리하기 어렵다. 반면에 최적설계에서는 모든 설계변수를 동시에 고려하여 설계값을 구하는 것이 용이하다. 이상의 문제를 해결하고자 하는 기술을 강건최적설계라 한다.

강건최적설계는 식 (7 · 2)로 정식화할 수 있다. 함수 F, G를 강건성 향상이라는 목적에 알맞도록 정의해야 하는데 각 함수의 강건성에 대해 다음과 같이 정의해 본다.

[1] 목적함수의 강건성

목적함수의 강건성은 설계변수의 공차에 대한 목적함수의 변화를 작게 하여 얻을 수 있다. 그림 **7 · 6**에 목적함수의 예가 있다. 일반적인 최적설계는 목적함수를 최소로 하는 설계점 A를 얻으려고 한다. 그러나 이 경우 공차가 있으면 목적함수가 급격하게 변화할 수 있다. 따라서 강건최적설계는 목적함수의 값은 다소 희생하더라도 설계점 B나 C와 같이 목적함수의 변화가 공차에 대해 둔감한 설계점을 얻으려고 한다.

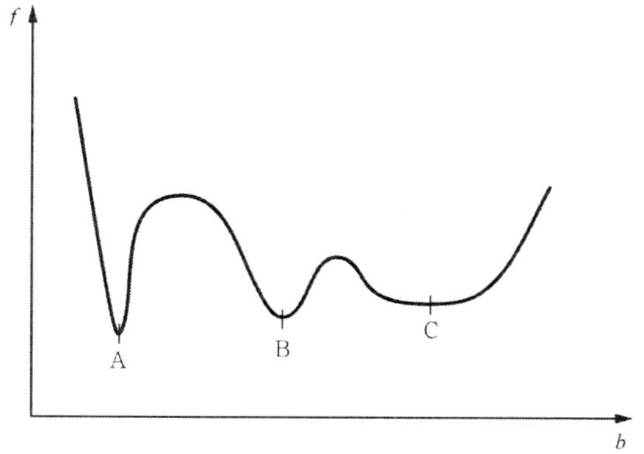

그림 7 · 6 목적함수의 강건성

[2] 제한조건의 강건성

제한조건의 강건성은 설계변수의 공차범위에서 제한조건이 만족됨을 의미한다. 따라서 그림 **7・7**에 보이는 바와 같이 가용영역(feasible region)이 줄어들게 된다.

참고로 목적함수나 제한조건을 확률론적 방법으로 감안하는 방법으로 신뢰성최적화(reliability optimization)나 확률론적 최적화(stochastic optimization) 이론이 있다. 이들에 대한 사항은 뒤에 간략히 언급하는데, 여기서는 강건설계를 중심으로 설명하므로 이들에 대한 자세한 사항은 생략한다.

위에 언급한 것을 바탕으로 강건최적설계의 정식화를 좀 더 자세히 기술하면 다음과 같다.

Find $\quad \mathbf{b} \in R^n \qquad (7 \cdot 18a)$

to minimize $\quad [\mu_f(\mathbf{b}, \mathbf{p}) \quad \sigma_f(\mathbf{b}, \mathbf{p})] \qquad (7 \cdot 18b)$

subject to $\quad g_j(\mathbf{b} + \mathbf{z}^b, \mathbf{p} + \mathbf{z}^p) \le 0, \quad j = 1, \cdots, m \qquad (7 \cdot 18c)$

$$\mathbf{b}_L \le \mathbf{b} + \mathbf{z}^b \le \mathbf{b}_U \qquad (7 \cdot 18d)$$

여기서 주목할 점은 잡음이 있더라도 평균과 표준편차(변동으로 간주할 수 있다)가 최소화되어야 하므로 식 (7・18b)에서의 목적함수는 두 개가 된다는 것이다. 식 (7・18c)의 의미는 설계변수나 설계파라미터에 잡음이 있더라도 제한조건을 만족해야 한다는 것이다. 강건최적설계기법은 식 (7・18)로 정의한 강건최적화문제를 어떻게 혹은 얼마나 효율적으로 해결할 수 있는가를 중심으로 개발되어 왔다.

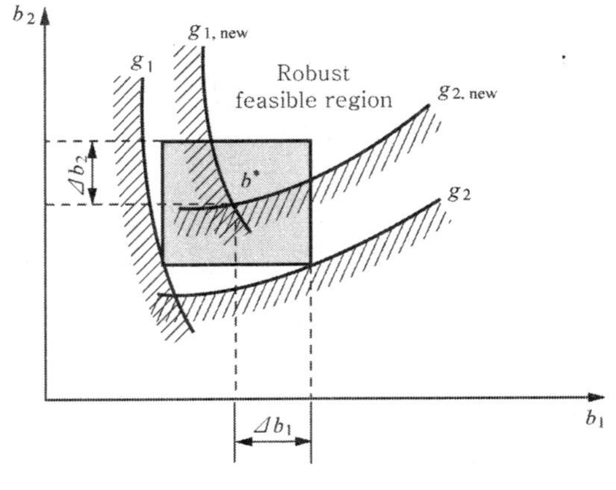

그림 7・7 가용영역의 변화

7.4.2 목적함수의 강건성

강건최적설계는 제한조건의 강건성보다는 둔감(insensitive)한 설계를 도출한다는 의미에서 목적함수의 강건성을 더욱 강조한다. 목적함수에 포함되어 있는 평균과 변동은 다음 식으로 근사화할 수 있다.

$$\mu_f \cong f(\mu_{\mathrm{b}}, \mu_{\mathrm{p}}) \tag{7・19a}$$

$$\sigma_f^2 \cong \sum_{i=1}^{n}\left(\frac{\partial f}{\partial b_i}\right)^2 \sigma_{b_i}^2 + \sum_{i=1}^{o}\left(\frac{\partial f}{\partial p_i}\right)^2 \sigma_{p_i}^2 \tag{7・19b}$$

μ_{b}와 μ_{p}는 각각 b와 p의 평균값 벡터이다. σ_{b_i}는 설계변수 b_i의 표준편차, σ_{p_i}는 파라미터 p_i의 표준편차이다.

식 (7・19a)의 μ_f는 설계변수 b와 설계파라미터 p가 공칭값 주위에 대칭적으로 분포한다는 가정을 하면 설계변수의 공칭값에서 계산한 식 (3・1b)의 $f(\mathrm{b})$를 직접 사용하면 된다. 따라서 평균을 최적화 과정에서 사용하는 데 큰 어려움이 없다. 표준편차는 민감도를 계산하는 유한차분법의 방법들인 전향차분(forward difference), 후향차분(backward difference), 중심차분(central difference)의 제곱평균값과 동일하다는 보고가 있다. 여기서 주의할 점은 식 (7・19)는 설계변수와 설계파라미터 간의 상관관계를 무시할 수 있고, 설계변수와 설계파라미터의 분포 범위가 작다는 가정 하에서 사용할 수 있는 식이다.

식 (7・19b)에서 보는 바와 같이 변동은 민감도, 즉 1차 미분값으로 이루어져 있다. 민감도함수가 목적함수에 포함되어 있으면 최적화 과정에서 2차 미분값이 필요하다. 그런데 잘 알려진 바와 같이 2차 미분값을 계산하는 것은 고가이므로 피하는 것이 좋다. 제한조건식 (7・18c)를 변동으로 표현하기도 하는데 이때도 2차 미분값이 필요하다. 이에 대해서는 뒤에서 설명할 것이다. 따라서 강건최적설계는 2차 미분값의 계산을 어떻게 회피하면서 우수한 강건해를 얻느냐는 것이 가장 중요한 점이라고 하겠다.

가장 간단한 방법은 목적함수를 민감도함수로 정의하여 2차 미분값을 그대로 구하는 것이다. 이것은 계산이 고가이긴 하지만 가장 확실한 방법이다. 그러나 목적함수에 포함된 민감도함수를 최소화하면 너무 국부적인 정보만을 포함한다는 한계가 있기도 하다. 강건최적설계 연구의 초기에는 목적함수의 민감도정보를 최소화하여 강건성을 얻으려고 하였다. 구조설계 시 목적함수가 질량이라면 명시함수로 표현할 수 있으므로 2차 미분값을 쉽게 구할 수 있고, 이를 이용해 강건최적설계가 가능하다. 그러나 질량의 강건성은 공학적으로 크게 의미가 없다는 비판이 있을 수 있다.

일부의 연구에서는 최적설계 시 제한조건의 강건성에는 1차 미분값만을 이용하고 목적함수의 강건성에는 2차 미분값을 사용한다. 이는 뒤에서 다시 설명할 것이다. 2차 미분값을 그대로 구해 강건최적설계를 수행하는 것은 컴퓨터 용량이 커짐에 따라 가능한 방법일 수 있다. 그러나 아직은 수학적인 문제나 작은 공학적 문제에 응용할 뿐 대규모 문제에서는 어려움이 있다.

2차 미분값을 계산하지 않으려는 여러 방법들이 제시되었다. 그중 민감도지수(sensitivity index, SI)라는 것이 제안되었는데 이는 현재의 설계점에서 최악조건(worst case)의 경우로 변동의 성격을 지닌다. 최악조건의 경우는 계산량을 줄이기 위해 직교배열표를 사용한다(Sundaresan *et al.*, 1995). 또한 목적함수를 회귀모델로 근사화하여 목적함수를 설계변수의 명시함수로 만들 수 있다. 목적함수를 반응표면법(response surface method, RSM)으로 근사화하면 2차식으로 변환할 수 있으며 이에 대한 2차 미분값 계산은 쉽다. 그 외에도 여러 연구가 RSM을 사용하여 목적함수를 근사화하였다.

그러나 RSM으로 근사화할 때는 함수의 민감한 부분(1차 미분값이 큰 부분)을 근사화 과정에서 지나칠 수 있다. 그런데 강건설계는 민감한 부분을 회피하려는 방법이라는 점을 감안하면 오히려 민감한 부분을 최종해로 결정할 위험이 있다. 한편 앞 절에서 설명한 바와 같이 다구치법을 사용하여 강건최적설계를 얻을 수도 있다. 이 방법에서는 수학적 알고리즘을 사용하지 않고 직교배열표의 각 행에 대해 외측배열을 설정하여 평균과 변동을 구한다. 평균과 변동을 최소화하는 과정에 실험계획법의 일원표를 사용하기 때문에 민감도를 계산할 필요가 없다.

예제 7·8 목적함수의 강건성

예제 **6·14**에서 $b_1 = b_2 = b_3 = b_4 = 1$이다. 공차는 공히 $-0.1 \le z_i \le 0.1$이며 균등분포를 가진다. 이때 목적함수의 평균과 변동식에 관한 식 (7·19)를 계산하여라.

▌▌풀 이▐▐

설계변수가 각각 균등분포를 가지므로, 각 설계변수의 평균을 구할 수 있다. 본 문제에는 파라미터가 없다. 아래의 식에서는 b_1에 대한 평균을 구하고 있다.

$$E(b_1) = \int_{0.9}^{1.1} \frac{x}{0.2}\, \mathrm{d}x = 1 \tag{7·20}$$

다른 설계변수에 대해서도 평균을 계산하면 $\mu_{\mathrm{b}} = [1 \quad 1 \quad 1 \quad 1]^T$이다. 다음으로 식 (7·19a)에 따라 목적함수의 평균을 구할 수 있다.

$$\mu_f \cong f(\mu_{\mathrm{b}}) = -19 \tag{7·21}$$

각 설계변수에 대한 변동은 아래와 같이 구할 수 있다.

$$\sigma_{b_i}^2 = \int_{0.9}^{1.1} \frac{(b_i - 1)^2}{0.2} \, \mathrm{d}b_i = 0.00333, \quad i = 1, \cdots, 4 \tag{7・22}$$

각 설계변수에 대한 민감도는

$$\frac{\partial f}{\partial b_1} = 2b_1 - 5 = -3, \quad \frac{\partial f}{\partial b_2} = 2b_2 - 5 = -3 \tag{7・23a}$$

$$\frac{\partial f}{\partial b_3} = 4b_3 - 21 = -17, \quad \frac{\partial f}{\partial b_4} = 2b_4 + 7 = 9 \tag{7・23b}$$

이다. 식 (7・19b)에 따라 변동을 계산하면 아래와 같다.

$$\sigma_f^2 \cong \sum_{i=1}^{n} \left(\frac{\partial f}{\partial b_i} \right)^2 \sigma_{b_i}^2 = (9 + 9 + 289 + 81) \times 0.00333 = 1.292 \tag{7・24}$$

이다.

예제 7・9 3부재 트러스 문제의 목적함수의 강건성

예제 **6・15**에서 각 설계변수가 표 **7・10**의 2수준 값을 가진다고 하자. 공차는 $-0.00002 \le z_1, z_2 \le 0.00002$, $-0.000002 \le z_3 \le 0.0000015$이며 균등분포를 한다. 목적함수의 평균과 변동식 (7・19)를 계산하여라.

|| 풀 이 ||

설계변수는 각각 균등분포를 가지므로, 예제 **7・8**의 식에 의하여 설계변수의 평균은 $\mu_b = [\,0.0002 \quad 0.0002 \quad 0.00001975\,]^T$이다. 그러므로 식 (7・19a)에 따라 목적함수의 평균을 구하면 $\mu_f = 1.415$kg이다. 본 문제에도 설계 파라미터는 없다.

각 설계변수에 대한 변동은 아래와 같이 구할 수 있다.

$$\sigma_{b_1}^2, \sigma_{b_2}^2 = \int_{1.8E-4}^{2.2E-4} \frac{(x - (2.0 \times 10^{-4}))^2}{4.0 \times 10^{-5}} \, \mathrm{d}x = 1.333 \times 10^{-10} \tag{7・25a}$$

$$\sigma_{b_3}^2 = \int_{1.8E-5}^{2.15E-5} \frac{(x - (1.0 \times 10^{-8}))^2}{3.5 \times 10^{-6}} \, \mathrm{d}x = 1.021 \times 10^{-12} \tag{7・25b}$$

각 설계변수에 대한 목적함수의 민감도는 아래와 같다.

$$\frac{\partial f}{\partial b_1} = \sqrt{2}\rho = 3917.372, \quad \frac{\partial f}{\partial b_2} = \rho = 2770, \quad \frac{\partial f}{\partial b_3} = \sqrt{2}\rho = 3917.372 \tag{7・26}$$

다음으로 식 (7・19b)에 따라 목적함수의 변동을 계산하면 아래와 같다.

$$\begin{aligned} \sigma_f^2 &\cong \sum_{i=1}^{n} \left(\frac{\partial f}{\partial b_i} \right)^2 \sigma_{b_i}^2 \\ &= (15345800 + 7672000) \times 1.333 \times 10^{-10} + 15345800 \times 1.021 \times 10^{-12} \\ &= 0.00308 \end{aligned} \tag{7・27}$$

7.4.3 제한조건의 강건성

앞에서 잡음이 있을 경우에 제한조건이 식 (7 · 18c)로 변환되었다. 제한조건의 처리는 식 (7 · 18c)의 구체적인 정의에 따라 달라진다. 우선 가용영역을 감소시키는 방법이 있다. 그림 **7 · 7**은 잡음으로 인해 가용영역이 감소되는 것을 나타낸다. 이는 식 (7 · 18c)에서 $\mathbf{z}^b$, $\mathbf{z}^p$가 있어도 제한조건을 만족해야 한다는 것으로부터 유추된 논리이다. 일반적으로 $\mathbf{z}^b$, $\mathbf{z}^p$는 설계에서는 공차로 간주할 수 있다. 이들은 범위로 정의할 수도 있지만 분포로 정의할 수도 있다. 이에 대한 연구는 기존의 공차설계에서의 방법을 이용하고 있다.

잡음이 분포로 존재하는 경우 식 (7 · 18c)를 다음과 같이 정의할 수 있다.

$$g_{j,\,\text{new}} \equiv g_j + k\sigma^2_{g_j} \le 0 \qquad (7 \cdot 28)$$

여기서 k는 사용자가 목적에 따라 정의하는 계수이고, σ_{g_j}는 잡음으로 인한 제한조건 g_j의 표준편차이다. 이는 Taylor 급수로 식 (7 · 19b)의 방법을 사용하여 다음과 같이 근사화할 수 있다.

$$\sigma^2_{g_j} \cong \sum_{i=1}^{n}\left(\frac{\partial g_j}{\partial b_i}\right)^2 \sigma^2_{b_i} + \sum_{i=1}^{o}\left(\frac{\partial g_j}{\partial p_i}\right)^2 \sigma^2_{p_i} \qquad (7 \cdot 29)$$

잡음이 범위로 존재하는 경우 최악조건을 이용하는 방법이 있는데 $g_{j,\,\text{new}}$ 및 식 (7 · 18d)를 다음과 같이 정의한다.

$$g_{j,\,\text{new}} = g_j + k_j^b \sum_{i=1}^{n}\left|\frac{\partial g_j}{\partial b_i}\right| |z_i^b| + k_j^p \sum_{i=1}^{o}\left|\frac{\partial g_j}{\partial p_i}\right| |z_i^p| \qquad (7 \cdot 30a)$$

$$\mathbf{b}_L \le \mathbf{b} + \mathbf{z}^b_{\max} \le \mathbf{b}_U \qquad (7 \cdot 30b)$$

여기서 $|z_i^b|$, $|z_i^p|$는 공차범위의 최대값을 의미하며 k_j^b, k_j^p는 사용자의 목적에 따라 정의하는 상수이다. 식 (7 · 29)과 식 (7 · 30a)는 1차 미분값을 포함하고 있다. 따라서 이들을 최적설계 과정에서 사용하려면 2차 미분값을 구해야 하는 어려움이 있다. 이를 극복하기 위해 1차 미분값을 상수로 간주할 수 있다.

그림 **7 · 7**에서 설계점 $\mathbf{b}^*$는 공차가 있을 때 제한조건을 만족하는 점인데 그에 대한 공차범위가 사각형으로 표시되어 있다. 다시 말하면 공차범위 내에서 제한조건이 만족하도록 $g_{j,\,\text{new}}$를 정의하는 것이다. 이는 다음과 같다.

$$g_{j,\,\text{new}} = \max\{g_j(\mathbf{b}),\ \forall\, \mathbf{b} \in \text{the hypersurface of Fig. 7.7}\} \qquad (7 \cdot 31)$$

이상의 방법 외에도 공차설계의 이론에 따라 다양하게 $g_{j,\,\text{new}}$를 정의하기도 하는데, 대부분 위에서 소개한 논리와 비슷한 것을 사용한다.

확률론적 해석을 요하는 제한조건의 강건화가 있다. 잡음이 분포(예를 들어 정규분포)를 가질 때 제한조건의 만족여부는 다음과 같이 확률적으로 표시하게 된다.

$$P[g_j(\mathrm{b}+\mathrm{z}^b, \mathrm{p}+\mathrm{z}^p) \le 0] \ge P_{j,0}, \quad j=1, \cdots, m \tag{7·32}$$

여기서 $P[\bullet]$는 확률, $P_{j,0}$는 제한조건이 만족해야 할 확률인데 잡음 z^b나 z^p가 확률분포를 하게 된다. 만일 모든 잡음에 대한 확률분포함수를 안다면 식 (7·32)의 확률은 다음과 같이 된다.

$$P[g_j(\mathrm{b}+\mathrm{z}^b, \mathrm{p}+\mathrm{z}^p) \le 0] = \int_{g_j(\mathrm{b}+\mathrm{z}^b,\, \mathrm{p}+\mathrm{z}^p) \le 0} \mathrm{d}(\mathrm{z}^b, \mathrm{z}^p)\, \mathrm{d}\mathrm{z}^b \mathrm{d}\mathrm{z}^p, \quad j=1, \cdots, m \tag{7·33}$$

여기서 $\mathrm{d}(\mathrm{z}^b, \mathrm{z}^p)$는 확률변수 z^b, z^p의 결합확률밀도함수(joint probability density unction)이다. 실제로는 식 (7·33)을 계산하기 어려우므로 근사화식을 사용한다.

식 (7·33)을 근사화하는 방법으로 모멘트정합방법(moment matching formulation)이 있다. 제한조건이 정규분포를 하고 있다고 가정할 경우에 확률계산을 단순화하는 데 가장 많이 쓰이는 방법 중 하나이다. 제한조건이 정규분포를 하면 식 (7·32)는 다음과 같이 변형할 수 있다.

$$\int_{-\infty}^{\frac{-g_j(\mathrm{b},\mathrm{p})}{\sigma_{g_j}}} \frac{1}{\sqrt{2\pi}} e^{-2\theta^2/2} \mathrm{d}\theta \ge \int_{-\infty}^{\phi_j(p_j)} \frac{1}{\sqrt{2\pi}} e^{-2t^2/2} \mathrm{d}t \tag{7·34}$$

여기서 $\phi_j(p_j)$는 표준정규분포에서 확률 p_j에 대한 변량이며

$$\phi_j(p_j) = \frac{g_j(\mathrm{b}+\mathrm{z}^b, \mathrm{p}+\mathrm{z}^p) - g_j(\mathrm{b}, \mathrm{z})}{\sigma_{g_j}} \tag{7·35}$$

이다. 따라서 식 (7·34)의 부등식의 관계로부터 식 (7·32)는 다음과 같이 변형된다.

$$g_{j,\,\mathrm{new}} \equiv g_j + \phi_j(p_j)\,\sigma_{g_j}^2 \le 0 \tag{7·36}$$

식 (7·36)은 식 (7·28)이 유도된 근거를 제공하고 있다. 확률론적 최적화에서는 식 (7·36)을 그대로 사용하기도 하지만 실제 강건최적설계에서는 식 (7·36)보다는 식 (7·28)을 더 많이 사용한다.

예제 7·10 제한조건의 강건성

예제 **6·14**에서 $b_1 = b_2 = b_3 = b_4 = 1$이다. 공차는 공히 $-0.1 \le z_i \le 0.1$이며 균등분포를 가진다. 이때 각 제한조건의 변동식 (7·29)를 구하고 $k=5$로 하여 식 (7·28)과 식

(7 · 30a)를 구하여라.

❙❙ 풀 이 ❙❙

제한조건의 변동을 식 (7 · 29)에 의하여 구한다. 제한조건은 아래와 같다.

$$g_1 = \frac{b_1^2 + b_2^2 + b_3^2 + b_4^2 + b_1 - b_2 + b_3 - b_4}{8} - 1 \le 0 \quad (7 \cdot 37a)$$

$$g_2 = \frac{b_1^2 + 2b_2^2 + b_3^2 + 2b_4^2 - b_1 - b_4}{10} - 1 \le 0 \quad (7 \cdot 37b)$$

$$g_3 = \frac{2b_1^2 + b_2^2 + b_3^2 + 2b_1 - b_2 - b_4}{5} - 1 \le 0 \quad (7 \cdot 37c)$$

3개의 제한조건에 대한 민감도를 구하면 표 **7 · 18**과 같다.

표 7 · 18 예제 7 · 10의 민감도

제한조건	$\frac{\partial}{\partial b_1}$	$\frac{\partial}{\partial b_2}$	$\frac{\partial}{\partial b_3}$	$\frac{\partial}{\partial b_4}$
g_1	0.375	0.125	0.375	0.125
g_2	0.1	0.4	0.5	0.3
g_3	1.2	0.2	0.4	−0.2

각 설계변수에 대한 변동은 예제 **7 · 8**에서 구하였으므로 식 (7 · 29)에 대입하면 각 제한조건에 대한 변동을 구할 수 있다. 여기서 설계 파라미터는 없다.

$$\sigma_{g_1}^2 \cong \sum_{i=1}^{n}\left(\frac{\partial g_1}{\partial b_i}\right)^2 \sigma_{b_i}^2 = 0.001041 \quad (7 \cdot 38a)$$

$$\sigma_{g_2}^2 = 0.000999, \quad \sigma_{g_3}^2 = 0.005594 \quad (7 \cdot 38b)$$

제한조건의 변동을 식 (7 · 28)에 대입하면

$$g_{1,\ new} = -0.5 + 5 \times 0.001041 = -0.494795 \quad (7 \cdot 39a)$$

$$g_{2,\ new} = -0.6 + 5 \times 0.000999 = -0.595005 \quad (7 \cdot 39b)$$

$$g_{3,\ new} = -0.2 + 5 \times 0.005594 = -0.172030 \quad (7 \cdot 39c)$$

와 같이 잡음이 분포로 존재할 때의 잡음으로 인한 제한조건을 구할 수 있다.

잡음이 범위로 존재하면 공차식 (7 · 30a)에 대입하는데 제한조건은

$$g_{1,\ new} = -0.5 + 5 \times 0.1 \times (0.375 + 0.125 + 0.375 + 0.125) = 0 \quad (7 \cdot 40a)$$

$$g_{2,\ new} = -0.1, \quad g_{3,\ new} = 0.8 \quad (7 \cdot 40b)$$

이다.

예제 7 · 11 3부재 트러스 문제의 제한조건의 강건성

예제 **6 · 15**에서 각 설계변수가 표 **7 · 10**의 2수준 값을 가진다고 하자. 공차는 $-0.00002 \le z_1, z_2 \le 0.00002$, $-0.000002 \le z_3 \le 0.0000015$이며 균등분포를 한다. 각 제한조건에 대하여 각 제한조건의 변동식 (7 · 29)를 구하고 $k=5$로 하여 식 (7 · 28)과 식 (7 · 30a)를 구하여라.

|| 풀 이 ||

제한조건의 변동을 식 (7 · 29)에 의하여 구한다. 6개의 제한조건은 아래와 같다.

$$g_1 = \frac{\sigma_1}{140\,\text{MPa}} - 1 = \frac{1}{140\,\text{MPa}} \frac{\sqrt{3}b_3 + 0.5(2\sqrt{2}b_2 + 2b_3)}{2b_1b_2 + 2\sqrt{2}b_1b_3 + 2b_2b_3} P - 1 \le 0 \tag{7 · 41a}$$

$$g_2 = \frac{-\sigma_1}{100\,\text{MPa}} - 1 \le 0 \tag{7 · 41b}$$

$$g_3 = \frac{\sigma_2}{140\,\text{MPa}} - 1 \le 0, \quad g_4 = \frac{-\sigma_2}{100\,\text{MPa}} - 1 \le 0 \tag{7 · 41c}$$

$$g_5 = \frac{\sigma_3}{140\,\text{MPa}} - 1 \le 0, \quad g_6 = \frac{-\sigma_3}{100\,\text{MPa}} - 1 \le 0 \tag{7 · 41d}$$

6개의 제한조건에 대한 민감도를 구하면 표 **7 · 19**와 같다.

표 7 · 19 예제 7 · 11의 민감도

제한조건	$\frac{\partial}{\partial b_1}$	$\frac{\partial}{\partial b_2}$	$\frac{\partial}{\partial b_3}$
g_1	−4463.468	−232.959	−1580.853
g_2	6248.855	326.143	2213.195
g_3	−553.021	−2562.553	2235.664
g_4	774.229	3587.574	−3129.930
g_5	3910.447	−2329.594	3816.517
g_6	−5474.626	3261.431	−5343.124

각 설계변수에 대한 변동은 예제 **7 · 9**에서 구하였으므로 이를 식 (7 · 29)에 대입하면 각 제한조건에 대한 변동을 구할 수 있다.

$$\sigma_{g_1}^2 \cong \sum_{i=1}^{n} \left(\frac{\partial g_1}{\partial b_i} \right)^2 \sigma_{b_i}^2 = 0.00267, \quad \sigma_{g_2}^2 = 0.00522 \tag{7 · 42a}$$

$$\sigma_{g_3}^2 = 0.00092, \quad \sigma_{g_4}^2 = 0.00181, \quad \sigma_{g_5}^2 = 0.00278, \quad \sigma_{g_6}^2 = 0.00544 \tag{7 · 42b}$$

제한조건의 변동을 식 (7 · 28)에 대입하면

$$g_{1,\,\text{new}} = -0.0291 + 5 \times 0.00267 = -0.0158, \quad g_{2,\,\text{new}} = -2.3332 \tag{7 · 43a}$$

$$g_{3,\,\mathrm{new}} = -0.417,\; g_{4,\,\mathrm{new}} = -1.8008,\; g_{5,\,\mathrm{new}} = -1.3786,\; g_{6,\,\mathrm{new}} = -0.4233 \quad (7 \cdot 43\mathrm{b})$$

와 같이 잡음이 분포로 존재할 때 잡음으로 인한 제한조건을 구할 수 있다.

잡음이 범위로 존재하면 공차식 (7 · 30a)를 이용하는데 제한조건은

$$g_{1,\,\mathrm{new}} = 0.4564,\; g_{2,\,\mathrm{new}} = -1.6797,\; g_{3,\,\mathrm{new}} = -0.0877 \quad (7 \cdot 44\mathrm{a})$$

$$g_{4,\,\mathrm{new}} = -1.3423,\; g_{5,\,\mathrm{new}} = -0.7304,\; g_{6,\,\mathrm{new}} = 0.4766 \quad (7 \cdot 44\mathrm{b})$$

이다.

7.4.4 최적화방법

강건최적설계방법에서는 앞에서 설명한 강건성을 얻기 위해 어떻게 최적화 시나리오를 정의하느냐가 중요하다. 강건최적설계 과정에서는 비선형계획법(nonlinear programming, NLP)을 사용하는데, 함수에 변동이 있기 때문에 최적화 과정에서 2차 미분값이 필요하다. 2차 미분값 계산이 고가인 것은 잘 알려진 사실인데 계산에 소요되는 부담을 감수하고라도 직접 2차 미분값을 이용할 수도 있다. 강건최적화에서 제한조건을 처리하기 위해서는 앞에서 소개한 식들을 최적화 과정에 직접 사용한다. 그런데 강건성을 고려하기 때문에 제한조건의 가용영역이 감소하는 경향이 있다. 한편 최적화 과정을 저렴하게 수행하기 위해 각종 방법을 사용하는데, 이는 제**3**장과 제**6**장에서 설명하였으므로 여기서는 설명을 생략한다.

강건최적설계에서 목적함수를 처리하는 것은 다소 복잡하다. 식 (7 · 18b)의 목적함수는 다중목적함수로 벡터이다. 실제 최적화 과정에서는 목적함수의 수가 한 개이어야 하기 때문에 이 벡터 요소들로 하나의 함수를 새롭게 정의한다. 다중목적함수를 처리하는 방법 중 가장 간단한 방법으로 가중치법(weighting objectives method)이 있다. 이 방법은 식 (7 · 18b)를 다음과 같이 변형한다.

$$f_{\mathrm{new}} = \alpha \frac{\mu_f(\mathrm{b},\mathrm{p})}{\mu_f^*} + (1-\alpha)\frac{\sigma_f(\mathrm{b},\mathrm{p})}{\sigma_f^*} \quad (7 \cdot 45)$$

여기서 μ_f^*와 σ_f^*는 정규화를 위한 기준치이다. α는 가중치로서 $0 \le \alpha \le 1$의 값을 가진다. 위의 가중치법은 비효율적인 방법이지만 가장 간단하기 때문에 자주 사용한다.

강건최적설계방법으로 많이 사용하는 것 중 하나로 절충의사결정문제(compromise decision support problem)가 있다(Mistree *et al.*, 1993). 절충의사결정문제는 목표달성 프로그래밍(goal programming)을 사용하는데, 목표달성 프로그래밍은 다중목적함수 최적화기법 중 하나이다. 목표달성 프로그래밍 방법은 목적함수가 달성해야 할 목표를 설계자가 결정하고 이를 목표 제한조건(goal constraint)으로 구성하여 실제 제한조건(real constraint)

과 함께 최적화를 수행한다. 목표 제한조건은 '목적함수는 해당 목표를 달성해야 한다'는 것을 제한조건으로 표현한 것이다. 절충의사결정 문제는 목표달성 프로그래밍의 제한조건 처리 방법을 개선한 강건설계방법이다. 이 방법은 수학 프로그래밍 방법과 목표달성 프로그래밍 방법을 결합한 다중목적함수 최적화기법으로서 목표를 달성할 때에는 적당한 절충을 고려하며 원래의 제한조건에 대해서는 절충 없이 반드시 만족시키도록 한다.

절충의사결정문제의 목적함수는 편차변수를 인자로 갖는 편차함수 $x(d_i^-, d_i^+)$이다. 따라서 제한조건을 만족하면서 목표를 달성할 때 편차가 가장 작은 설계값을 찾는 문제로 변한다. t개의 다중목적함수가 있는 절충의사결정문제는 다음과 같이 정식화한다.

$$\text{Find} \quad \mathrm{b} \in R^n \tag{7·46a}$$

$$\text{to minimize} \quad x = \{w_1 h_1(d_1^-, d_1^+), w_2 h_2(d_2^-, d_2^+), \cdots, w_t h_t(d_t^-, d_t^+)\} \tag{7·46b}$$

$$\text{subject to} \quad g_i(\mathrm{b}, \mathrm{p}) < 0, \quad i = 1, \cdots, l \tag{7·46c}$$

$$f_j(\mathrm{b}, \mathrm{p}) + d_j^+ - d_j^- = g_j^f \tag{7·46d}$$

$$d_j^- \cdot d_j^+ = 0 \tag{7·46e}$$

$$d_j^- \ge 0, \quad d_j^+ \ge 0, \quad j = 1, \cdots, t \tag{7·46f}$$

여기서 w_j는 가중치, g_j^f는 목적함수가 달성해야 하는 목표값이다. 그리고 d_j^-, d_j^+는 현재의 설계(current design)가 '설정목표' 달성 시 발생하는 편차(deviation)이며, d_j^-는 목표 미달량을, d_j^+는 목표 초과량을 의미한다. 결국 이러한 편차를 최소화함으로써 목표를 최대한 달성할 수 있다. 식 (7·46)에서 볼 수 있듯이 절충의사결정 문제는 목표달성 프로그래밍과는 달리 제한조건에 실제 명시적인 제한조건을 사용한다.

절충의사결정법에서는 여러 가지 편차함수를 정의하여 사용하고 있다. 가장 간단한 방법으로는 목적함수의 중요도에 따라서 해당 편차에 가중치를 곱하고 이들을 선형조합하여 편차함수를 정의하는 것이다. 어떤 경우에는 편차벡터의 가중치를 고려한 거리함수로 편차함수를 정의하기도 한다.

강건최적설계에서 절충의사결정법을 사용하게 되면 제한조건에 대한 강건성 및 가용성은 실제 제한조건으로 만족시킬 수 있다. 그리고 여러 가지 특성치에 대한 설계자의 다양한 요구는 '목표달성' 조건으로써 절충해서 만족시킬 수 있다. 또한 편차변수는 현재 설계가 설정 목표로부터 얼마나 초과 혹은 미달했는지에 대한 공학적 의미를 제공한다. 이 방법을 사용할 경우 비볼록문제(nonconvex problem)의 파레토 해도 찾을 수 있다. 이 외에도 다중목적함수를 해결하는 여러 가지 방법이 있다(Osyczka, 1984 ; Messac, 1996).

이와 같이 여러 가지 최적화방법을 통해 강건최적설계를 시도해 왔으며 일부는 성공적이었다. 그러나 아직까지는 하나의 통일된 방법이 제시되지 않고 있으며, 큰 규모의 예제를 해결한 예도 많지 않다. 무엇보다도 중요한 것은 강건설계가 어떤 의미를 가지며 강건설계의 결과 어떤 점이 크게 개선되었는지에 대한 사례와 자세한 분석이 필요하다.

예제 7 · 12 간단한 강건최적화 문제

앞의 예제 **7 · 8**과 **7 · 10**의 결과를 이용하여 예제 **6 · 14**의 강건최적설계를 실시하여라. 이때 목적함수는 식 (7 · 45)로 제한조건은 식 (7 · 30a)를 사용하며 식 (7 · 45)의 $\alpha = 0.5$이다.

❙❙ 풀 이 ❙❙

앞의 예제 **7 · 8**에서 구한 목적함수의 평균과 변동, 예제 **7 · 10**에서 구한 제한조건을 이용하여 강건최적설계를 실시한다. 최적화를 위하여 최적화 라이브러리인 DOT 5.4를 이용한다(Vanderplaats Research & Development, Inc., 2004). DOT를 이용하여 최적화를 수행하는 간략한 프로그램을 작성하였다. 여기서 DOT는 최적화를 수행하는 일종의 서브루틴(subroutine)의 역할로 이용된다. 최적화 알고리즘은 MMFD(Modified Method of Feasible Directions)를 사용하였다. 초기에 $\mathbf{b} = [1.0 \quad 1.0 \quad 1.0 \quad 1.0]^T$에서 출발하여 최적화를 통하여 나온 최적해는 $\mathbf{b}^* = [-0.408 \quad 0.548 \quad 1.69 \quad -0.455]^T$이고 이때의 목적함수의 평균과 변동은 −33과 0.993이다.

예제 7 · 13 3부재 트러스의 강건최적화

앞의 예제 **7 · 9**와 **7 · 11**의 결과를 이용하여 강건최적설계를 실시하여라. 이때 목적함수는 식 (7 · 45)로 제한조건은 식 (7 · 30a)를 사용하며 식 (7 · 45)의 $\alpha = 0.5$이다.

❙❙ 풀 이 ❙❙

예제 **7 · 9**에서 구한 목적함수의 평균과 변동, 예제 **7 · 11**에서 구한 제한조건을 이용하여 강건최적설계를 실시한다. 예제 **7 · 12**와 마찬가지로 DOT 5.4를 이용하여 최적화를 수행하는 간략한 프로그램을 작성하였다. 최적화 알고리즘은 MMFD를 사용하였다. 초기에 설계변수는 $\mathbf{b} = [0.0002 \quad 0.0002 \quad 0.00002]^T$, 목적함수의 평균과 변동은 1.42kg과 0.00308에서 출발하였다. 최적화를 통하여 나온 최적해는 $\mathbf{b}^* = [0.000276 \quad 0.000178 \quad 0.000006]^T$이고 이때의 목적함수의 평균과 변동은 1.64kg과 0.00308이다. 목적함수의 평균이 늘어난 이유는 잡음 때문에 설계변수의 초기치가 제한조건을 위배했기 때문이다.

7.5 공리적설계에 의한 강건설계

강건설계의 방법으로 제2장에서 소개한 공리적설계가 있다. 공리적설계는 2.1절에서 설명한 바와 같이 독립공리와 정보공리로 이루어져 있다. 두 공리에 대한 자세한 사항은 제2장에 설명하였다. 강건설계는 주로 정보공리와 관계가 있다.

공리적설계에서 강건설계는 독립공리를 만족한 후에 실시한다. 그러므로 독립적으로 기능요구를 만족하려는 것을 감안하면 하나의 기능요구와 하나의 설계파라미터가 있는 경우이므로 다음과 같은 관계식을 가진다.

$$FR = A \cdot DP \tag{7・47}$$

식 (7・47)에서 두 개의 DP를 발견하였으며 이들의 관계가 그림 7・8에 있다고 하자. 각 설계의 기울기를 설계의 강성(stiffness)이라고 하며 강성이 적은 설계 A가 같은 FR의 변동에 대해 DP의 공차를 크게 할 수 있으므로 강건한 설계가 된다. 따라서 강건설계를 얻기 위해서는 다음과 같은 순서를 따른다.

단계 1. 시스템영역의 변동을 최소화하기 위해 강성이 적은 설계를 택한다.

단계 2. 선택한 설계로부터 편차를 최소화하여 평균값과 목표값의 편차를 최소화한다.

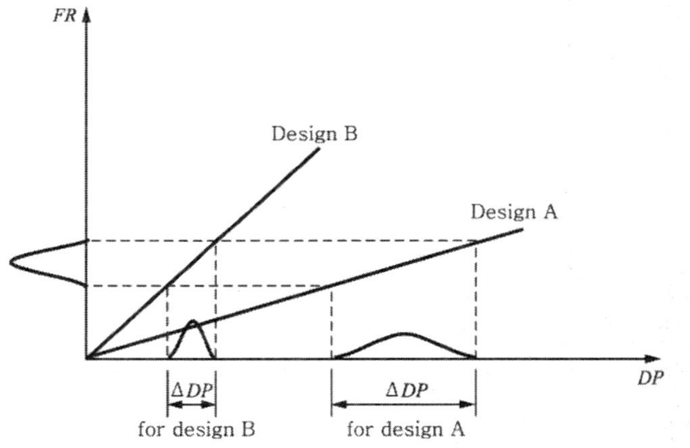

그림 7・8 두 설계에서의 FR의 분포

이상의 사항을 보면 다구치법과 대단히 유사한 것 같다. 그러나 다구치법에서는 이미 개념설계가 종료된 상태에서 구체적인 설계변수값을 정하는 반면 공리적설계에서는 개념설계단계에서 무엇을 택하는가에 강조점을 둔다. 공리적설계에서는 정보량을 최소화하면 강건한 설계를 얻게 된다. 정보량을 계산하는 방법과 예제는 제2장에 자세히 설명하였다.

또한 독립공리를 만족하는 두 개의 설계 중 정보량이 적은 강건설계를 얻는 예가 부록 **2.B**에 있다.

7.6 강건성지수

강건성을 나타내는 지수로 공리적설계에서의 성공의 확률(혹은 정보량)과 다구치법의 손실함수(혹은 S/N비)가 있다. 성공의 확률은 설계변수(설계파라미터)의 영역을 잘 고려하지만 설계변수의 분포에 따른 설계품질의 우열을 표현하기 어려운 점이 있다. 반면에 다구치법의 손실함수는 분포에 따른 우열은 잘 구분하지만 설계영역을 고려하지 못한다. 여기서는 이들의 장단점을 살펴보고 이들을 극복할 수 있는 강건성지수를 소개한다(황광현 · 박경진, 2002 ; Park, 2000).

설계는 기능요구를 만족시키는 설계변수를 선택하고 조정하는 활동이라고 할 수 있다. 기능요구의 분포는 설계변수들의 선택에 따라 다르게 된다. 예를 들어 그림 **7 · 9**와 같이 설계변수의 선정에 따라 기능요구의 분포가 A는 정규분포(normal distribution)를 하고, B는 균등분포(uniform distribution)를 한다고 하자. 각각의 분포는 설계영역 안에 대부분의 응답이 존재하는 경우이다. 이때 분포 B가 분포 A보다 성공의 확률이 더 높다. 그러나 강건설계의 관점에서 보면, 성능치가 목표값에 가까울 확률이 큰 분포 A의 경우가 더 좋은 설계이다. 성공의 확률은 설계영역 안에서 계산되므로 목표값 지향의 설계라기보다는 허용값 지향의 설계에 가깝다고 할 수 있다.

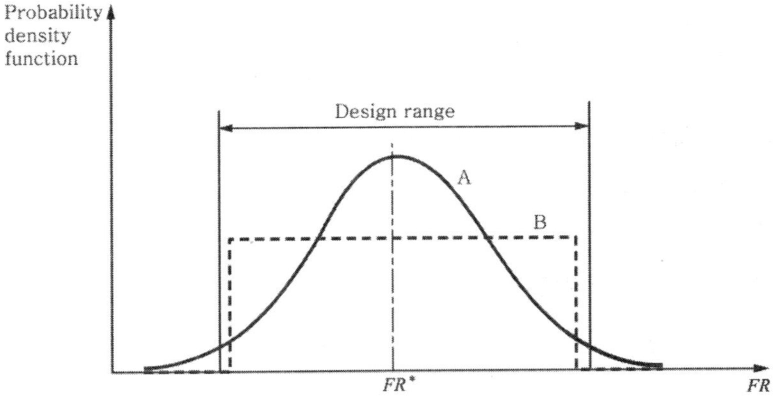

그림 7 · 9 시스템영역의 정규분포 및 균등분포

공학설계에는 대부분 설계영역이 있다. 손실함수는 목표에서의 편차로 손실을 측정하므로 설계영역을 고려하지 않는다. 편차가 커질수록 손실도 커진다. 그림 **7 · 10**과 같이 성

능의 평균이 설계영역을 벗어난 경우가 있다고 하자. A의 평균과 B의 평균이 동일하다. 그리고 A의 표준편차가 작으므로 A의 손실함수값이 더 작다. 하지만 B가 설계 영역 안에 들어올 확률이 크다. 이처럼 손실함수는 설계영역을 고려하지 못하는 단점이 있다. 이와 같이 성공의 확률과 손실함수를 기준으로 삼아 좋은 설계를 선택할 경우 두 기준이 항상 같은 결론을 내리지는 않는다.

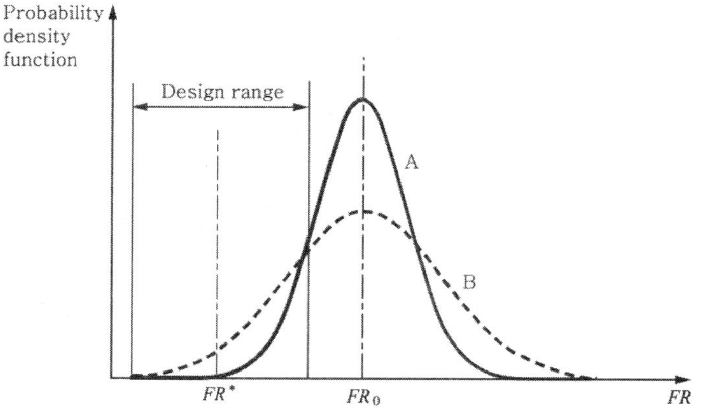

그림 7 · 10 평균치가 설계영역 밖에 있을 때의 시스템영역 분포

여기서는 위의 모순을 극복할 수 있는 강건성지수에 대해 살펴본다. 이를 가중치강건성지수라 명명한다. 시스템의 분포에 관계없이 목표값에 가까울수록 더 좋음을 표현하기 위하여 가중함수를 도입한다. 가중치강건성지수는 설계영역, 가중함수와 시스템의 확률밀도함수로 다음과 같다.

$$P_r = \int_{FR^*-\Delta}^{FR^*+\Delta} W(FR)\phi(FR)\,\mathrm{d}FR \qquad (7 \cdot 48)$$

여기서 P_r은 가중치강건성지수, Δ는 전체 설계영역의 반, FR^*는 목표값, $\phi(FR)$는 시스템의 확률밀도함수, $W(FR)$은 가중함수이다. 여기서 주의할 점은 Δ가 설계영역의 반일 필요는 없다.

가중함수 $W(FR)$은 설계영역의 상한값과 하한값 사이에서 정의되고, 목표값에서 최대값을 가지는 함수이다. 이는 1차 함수 혹은 2차 함수로 가정할 수 있다. 가중함수는 1차 함수로 다음과 같다.

$$W_1(FR) = \begin{cases} \dfrac{A_1}{\Delta}(FR-(FR^*-\Delta)) & (FR^*-\Delta \le FR \le FR^*) \\ \dfrac{A_1}{\Delta}((FR^*+\Delta)-FR) & (FR^* \le FR \le FR^*+\Delta) \end{cases} \qquad (7 \cdot 49)$$

가장 이상적인 경우에는 시스템영역의 확률밀도함수를 다음과 같이 단위충격함수(Dirac delta function)로 나타낼 수 있다.

$$\phi(FR) = \delta(FR - FR^*) \tag{7・50}$$

단위충격함수는 목표값에서 무한대의 크기를 가지는 성질이 있다. 가중치강건성지수(가중함수와 단위충격함수의 곱)를 1이 되게 하면 식 (7・49)의 A_1은 다음 식에 의하여 결정된다.

$$P_r = \int_{FR^* - \Delta}^{FR^* + \Delta} W_1(FR)\,\delta(FR - FR^*)\,\mathrm{d}FR = 1 \tag{7・51}$$

식 (7・51)을 1로 놓은 것은 확률밀도함수와 비슷하게 하기 위해 임의로 설정한 것이다. 식 (7・51)을 적분하면 $A_1 = 1$이 된다. 따라서 1차의 가중함수는 다음과 같이 된다.

$$W_1(FR) = \begin{cases} \dfrac{1}{\Delta}(FR - (FR^* - \Delta)) & (FR^* - \Delta \le FR \le FR^*) \\ \dfrac{1}{\Delta}((FR^* + \Delta) - FR) & (FR^* < FR \le FR^* + \Delta) \end{cases} \tag{7・52}$$

가중함수로 2차식을 사용할 수도 있다. 2차 가중함수 $W_2(FR)$도 1차 가중함수와 마찬가지 방법으로 계산한다. 식 (7・53)에서 위와 같은 과정을 거치면 $A_2 = 1$이다.

$$W_2(FR) = -\frac{\Delta^2}{\Delta^2}((FR - FR^*)^2 - \Delta^2) \tag{7・53}$$

여기서 유의할 사항은 분포가 단위충격함수가 아니면 $A_1 = 1$일 때 식 (7・51)의 적분이 1이 된다는 보장은 없다는 점이다. 그러나 복수의 설계를 비교하기에는 A_1의 값과 무관하게 식 (7・51)의 계산 결과로 충분하다. 가중치정보지수(weighted information index)는 가중치강건성지수에 대수를 취하여 다음과 같이 계산할 수 있다.

$$I = \log_2 \frac{1}{P_r} \tag{7・54}$$

위의 두 가지 가중함수들이 그림 **7・11**에 있다. 그림 **7・12**와 같이 두 가지 설계의 평균이 설계영역 내에 있고 분포의 성격이 같다고 하자(예를 들어 정규분포). 이때는 성공의 확률, 손실함수, 가중치강건성지수를 각각 기준으로 삼아 설계를 비교하면 모두 동일한 결론을 얻는다.

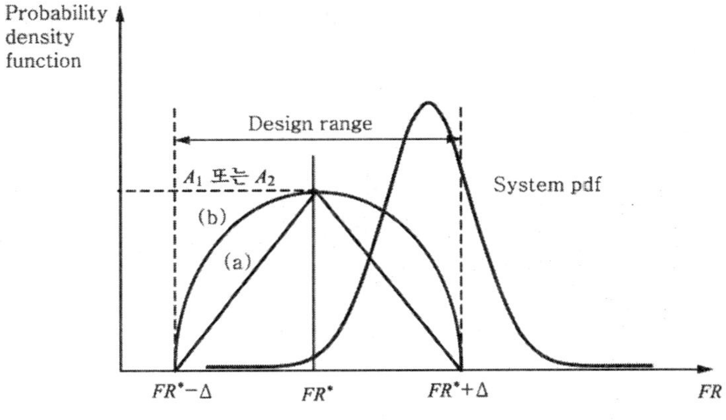

그림 7 · 11 가중함수 및 시스템영역의 분포 : (a) 1차 함수 (b) 2차 함수

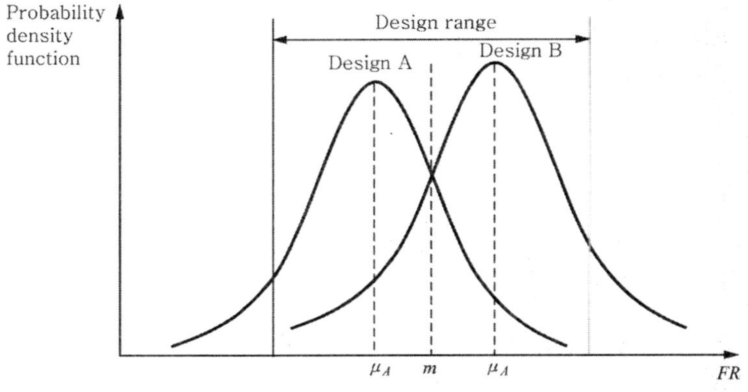

그림 7 · 12 평균값이 설계영역 안에 있는 두 가지 시스템영역의 분포

예제 7 · 14 강건성지수 계산

설계하고자 하는 기능요구(FR)의 목표값이 15이고, 설계영역은 5에서 25까지의 구간이다. 여러 가지 선택 가능한 설계 중에서 최고의 성공의 확률과 최소의 변동을 가지는 강건한 시스템을 선택하고 싶다. 시스템의 확률 분포들은 표 **7 · 20**과 같이 균등분포(a), 평균

표 7 · 20 예제 7 · 14의 평균과 표준편차

Mean / Standard deviation	Uniform distribution	Normal distribution		
	a	b	c	d
Mean (μ)	15	15	30	30
Standard deviation (σ)	5.78	4	4	6

과 표준편차가 서로 다른 정규분포(b, c, d)로 정의한다. 이를 확률밀도함수의 그래프로 표시하면 그림 **7 · 13**과 같다. 각각의 확률밀도함수를 사용하여 다구치법의 손실함수, 성공의 확률, 가중치강건성지수를 계산하고 각 설계를 강건설계의 관점에서 비교하여라.

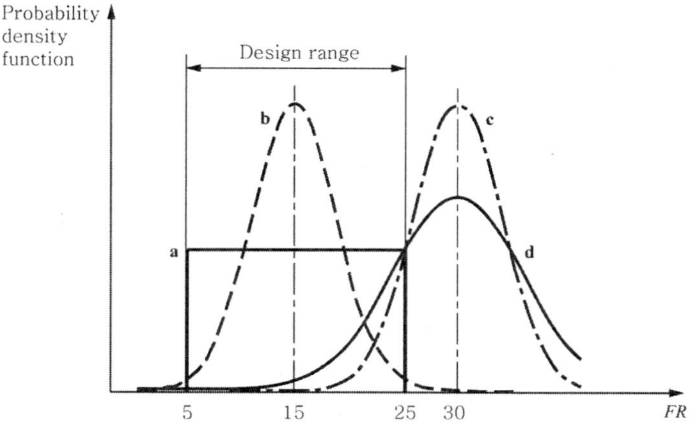

그림 7 · 13 예제 7 · 14의 시스템영역 분포

풀 이

성공의 확률은 주어진 확률밀도함수를 설계구간에서 적분한 값이다. 그리고 다구치의 손실함수는 식 (7 · 11)을 사용하고, 품질손실계수(k)는 2.0을 사용한다. 가중치강건성지수는 가중함수가 1차, 2차인 경우에 대하여 계산한다. 주어진 확률밀도함수에 대하여 각각을 계산하면 표 **7 · 21**과 같다. 성공의 확률과 강건성지수를 식 (2 · 23)과 식 (7 · 54)의 정보량의 개념을 사용하여 계산한 것이 표 **7 · 22**에 있다. 성공의 확률은 클수록 좋은 시스템이고, 정보량과 손실함수는 작을수록 좋은 시스템이다.

표 **7 · 22**에서 정보량과 손실함수는 a와 b의 우열과 c와 d의 우열에서 서로 다른 점을 보인다. 정보량의 관점에서는 a는 완벽한 시스템이나 손실함수의 계산에 의하면 b에 비하여 2

표 7 · 21 예제 7 · 14의 성공의 확률, 손실함수, 가중치강건성지수의 비교

Index	Uniform distribution	Normal distribution		
	a	b	c	d
Probability of success	1	0.99	0.11	0.20
Loss function	66.82	32	482	522
Robustness index (1st order)	0.5	0.68	0.02	0.07
Robustness index (2nd order)	0.67	0.84	0.03	0.10

표 7·22 예제 7·14의 정보량, 손실함수, 가중치정보지수의 비교

Index	Uniform distribution	Normal distribution		
	a	b	c	d
Information content	0.00	0.02	3.24	2.31
Loss function	66.87	32	482	522
Information (1st order)	1.00	0.55	5.63	3.93
Information (2nd order)	0.58	0.25	4.89	3.36

배 정도의 손실이 많은 시스템이다. 즉, 성공의 확률에 의하여 계산된 정보량은 허용치 설계를 할 뿐 변동에 대한 강건성을 표현하기 어렵다. 가중치정보지수는 이러한 점을 보완하여 2차 가중함수를 사용할 경우 a(0.58)가 b(0.25)에 비하여 약 2.3배 정도의 정보량이 많다.

c의 가중치정보량은 d보다 많다. 이는 d시스템의 성능치가 설계 영역 안에 많다는 것을 의미한다. 그러나 손실함수에 의하면 c가 d보다 손실이 적다. 이러한 경우 가중치정보지수는 설계영역 내의 분포만을 고려하여 계산되기 때문에 c(4.89)가 d(3.36)보다 약 1.5배 정도 가중치정보지수가 많다. 이러한 경우 가중치정보지수에는 편차보다 성공의 확률이 더 큰 영향을 준다. c와 d의 분포는 평균값이 설계 영역을 벗어난 경우이다. 이 경우는 손실함수의 지표가 성공의 확률보다 좋지 않으며 가중치정보지수로는 이를 방지할 수 있는 예를 보여준다.

7.7 요 약

강건설계의 기술의 분류와 그들의 특징에 대해 살펴보았다. 그것은 앞에서 언급한 대로 크게 세 가지로 나눌 수 있다. 각 분야를 간략히 정리하면 다음과 같다.

(1) 다구치법은 실험계획에 알맞게 정의되었다. 그리고 설계 기술자들이 다구치법이 추구하고 있는 강건성을 도입하기 위해 많은 노력을 하였다. 그러나 원래의 다구치법이 사용하는 조절계수(scale factor)를 일반적인 설계에서는 발견이 어렵고, S/N비를 직접 사용하는 것도 쉽지 않다. 이 같은 단점을 극복하기 위해 여러 가지 방법들을 개발하였지만 아직도 설계 시 수학적으로 명확한 강건해를 찾는 방법은 없다.

(2) 강건최적설계방법은 최적설계방법을 강건설계에 도입하려는 노력이다. 그러나 도입과정에서 다중목적함수와 2차 미분값을 처리해야 하는데 그 비용이 고가이다. 때문에 적당히 좋은 해를 찾거나 근사화한 해를 찾는 것이 경제적이다. 그런데 이 경우에는 고가의 방법인 최적설계방법을 굳이 도입할 필요가 있는지에 대한 논란이 있

을 수 있다.

(3) 공리적설계방법에서는 제2공리인 정보공리를 적용하여 강건설계를 도출할 수 있다. 정보량을 최소화하여 도출한 설계는 강건성을 가지며 다구치법의 손실함수도 최소화된다. 그러나 아직은 그 응용이 개념설계에 치중되어 있다. 앞으로는 정보공리를 이용한 강건설계를 상세설계에 응용할 필요가 있다.

각 방법은 우수성을 가지고 있으며 응용사례도 많이 있다. 그러나 각 방법을 실제문제에 응용하는 데 어려운 점이 있는 것도 사실이다. 따라서 각 방법의 착안점을 통합한 관점에서 강건설계법을 개발하는 것이 필요하다.

참 고 문 헌

박성현, 응용실험계획법 , 영지문화사, 1990.

박성현, 현대실험계획법 , 민영사, 1996.

이권희 · 엄인섭 · 박경진 · 이완익, 「제한조건이 없는 최적화문제의 강건설계에 관한 연구」, 대한기계학회논문집 18(11), pp. 2825～2836, 1994.

이권희 · 박경진, 「설계변수의 공차를 고려한 구조물의 강건 최적설계」, 대한기계학회논문집 A 21(1), pp. 112～123, 1997.

이권희 · 박경진, 「제한조건이 있는 문제의 이산설계 공간에서의 강건 최적설계」, 대한기계학회논문집 A 22(5), pp. 728～737, 1998.

정도현 · 이병채, 「기계구조의 강건 설계를 위한 최적화기법의 개발」, 대한기계학회논문집 A 24(1), pp. 215～224, 2000.

정도현 · 이병채, 「확률조건의 근사화를 통한 효율적인 강건 최적설계 기법의 개발」, 대한기계학회논문집 A 24(12), pp. 3053～3060, 2000.

황광현 · 이광원 · 박경진, 「승용차용 후사경의 진동 저감을 위한 강건최적설계」, 한국자동차공학회논문집 7(6), pp. 198～206, 1999.

황광현 · 박경진, 「강건성을 고려한 공리적설계의 새로운 정보 지수」, 대한기계학회논문집 A 26(10), pp. 2073～2081, 2002.

Belegundu AD & Zhang S, "Robustness of Design through Minimum Sensitivity," *Journal of Mechanical Design – Transactions of the ASME* 114, pp. 213～217, 1992.

Box GEP, "Signal-to-Noise Ratios, Performance Criteria, and Transformation (with discussion)," *Technometrics* 30(1), pp. 1～17, 1988.

Box GEP & Fung C, "Is Your Robust Design Procedure Robust?," *Quality Engineering* 6(3), pp. 503～514, 1993.

Chen LH, "Designing Robust Products with Multiple Quality Characteristics," *Computers Operations Research* 24, pp. 937～944, 1997.

Han JS & Kwak BM, "Robust Optimal Design of a Vibratory Microgyroscope Considering Fabrication Errors," *Journal of Micromechanics and Microengineering* 11, pp. 662～671, 2001.

Lee KH & Eom IS & Park GJ & Lee WI, "Robust Design for Unconstrained Optimization Problems Using the Taguchi Method," *AIAA Journal* 34(5), pp. 1059～1063, 1996.

Lee KH & Park GJ, "Robust Optimization Considering Tolerances of Design Variables," *Computers & Structures* 79(1), pp. 77～86, 2001.

Lee KH & Park GJ, "Robust Optimization in Discrete Design Space for Constrained Problems," *AIAA Journal* 40(4), pp. 774～780, 2002.

Leon RV & Shoemaker AC & Kacker RN, "Performance Measures Independent of Adjustment," *Technometrices* 29(3), pp. 253～285, 1987.

Mistree F & Hughes OF & Bras BA, "The Compromise Decision Support Problem and the Adaptive Linear Programming Algorithm," In: *Kamat MP (eds) Structural Optimization: Status and Promise*, Washington, D.C., pp. 247~286, 1993.

Messac A, "Physical Programming Effective Optimization for Computational Design," *AIAA Journal* 34, pp. 149~158, 1996.

Montgomery DC, *Design and Analysis of Experiments*, Wiley, New York, 1991.

Osyczka A, *Multicriterion Optimization in Engineering in FORTRAN Programs*. Ellis, Horwood, West Sussex, 1984.

Park GJ, "Investigation of Taguchi's Loss Function and the Probability of Success for Robust Design and Proposition of a New Index," Internal Report, Hanyang University, Seoul, Korea, 2000.

Park GJ & Lee TH & Lee KH & Hwang KH, "Robust Design: An Overview," *AIAA Journal* 44(1), pp. 181~191, 2006.

Parkinson A & Sorensen C & Pourhassan N, "A General Approach for Robust Optimal-Design," *Journal of Mechanical Design* 115(1), pp. 74~80, 1993.

Parkinson A, "Robust Mechanical Design Using Engineering Models," *Journal of Mechanical Design* 117, pp. 48~54, 1995.

Parkinson DB, "Robust Design by Variability Optimization," *Quality and Reliability Engineering International* 13(2), pp. 97~102, 1997.

Phadke MS, *Quality Engineering Using Robust Design*, Prentice Hall, Englewood Cliffs, NJ, 1989.

Shiau GH, "A Study on the Sintering Properties of Iron Ores Using the Taguchi's Parameter Design," *Journal of the Chinese Statistical Association* 28, pp. 253~275, 1990.

Suh NP, *Axiomatic Design: Advances and Applications*, Oxford University Press, New York, 2001.

Sundaresan S & Ishii K & Houser DR, "A Robust Optimization Procedure with Variations on Design Variables and Constraints," *Engineering Optimization* 24(2), pp. 101 ~ 117, 1995.

Taguchi G & Chowdhury S & Taguchi S, *Robust Engineering*, McGraw Hill, New York, 2000.

Taguchi G, *Introduction to Quality Engineering: Designing Quality into Products and Processes*, Asian Productivity Organization, Tokyo, Japan, 1986.

Taguchi G, *Systems of Experimental Design* Vol. I · II, Kraus International Publications, New York, 1987.

Tong LI & Su CT, "Optimizing MultiResponse Problems in the Taguchi Method by Fuzzy Multiple Attribute Decision Making," *Quality and Reliability Engineering International* 13(1), pp. 25~34, 1997.

Tsui KL, "Robust Design Optimization for Multiple Characteristic Problems," *International Journal of Production Research* 37(2), pp. 433~445, 1999.

Vanderplaats Research & Development, Inc., *DOT Design Optimization Tools User's*

Manual Version 5.4, CO, 2004.

Vining GG, "A Compromise Approach to Multiresponse Optimization," *Journal of Quality Technology* 30, pp. 309~313, 1998.

Welch WJ & Yu WK & Kang SM & Sacks J, "Computer Experiments for Quality Control by Parameter Design," *Journal of Quality Technology* 4(4), pp. 361~378, 1990.

Wu FC & Chyu CC, "A Comparative Study on Taguchi's SN Ratio, Minimizing MSD and Variance for Nominal the Best Characteristic Experiment," *International Journal of Advanced Manufacturing Technology* 20(9), pp. 655~659, 2002.

연 습 문 제

1. $f(b_1, b_2) = 3b_1^2 + 16b_1 + 16b_2^2 - 7$이 있다. $b_1 = b_2 = 1$에서 각 변수가 $0.5 \leq b_1 \leq 1.5$, $0.5 \leq b_2 \leq 1.5$의 범위에서 균등분포한다. $f(1,1)$의 평균과 변동의 기대값을 구하여라.

2. $f(b_1, b_2) = 2(b_1 + z_1) + 3(b_2 + z_2) + 2$의 식이 있다. $(b_1, b_2) = (1,1)$에서 z_1, z_2가 평균 0, 표준편차 1의 정규분포를 한다. $(b_1, b_2) = (1,1)$에서 f의 평균값과 변동의 기대값을 구하여라.

3. 예제 **7·2**에서 l이 평균 1m, 표준편차 0.05m인 정규분포를 한다. 이때 수평방향 처짐 δ_x와 수직방향 처짐 δ_y의 평균과 변동의 기대값을 구하여라.

4. **1**번 문제에서 $b_1 = 0.9,\ 1.1$, $b_2 = 0.8,\ 1.2$의 값을 갖는다. 모든 조합에 대해 $f(b_1, b_2)$를 계산하고 손실함수와 식 (7·15)의 S/N비를 구하여라. 목표값은 **1**번 문제의 평균값으로 한다.

5. **2**번 문제에서 $z_1 = -0.1,\ 0.1$, $z_2 = -0.1,\ 0.1$이다. 모든 조합에 대해 $f(b_1, b_2)$를 계산하고 손실함수와 식 (7·15)의 S/N비를 구하여라. 목표값은 **2**번 문제의 평균값으로 한다.

6. 예제 **7·2**에서 l=0.9, 0.95, 1.0, 1.05m이다. 이때 수평방향 처짐 δ_x의 손실함수와 식 (7·15)의 S/N비를 구하여라. 목표값은 연습문제 **3**의 평균값으로 한다.

7. 다음과 같은 수학문제가 있다.

$$f = (b_1 - 3)^4 + (b_2 - 5)^2 + b_3^2 + 0.3(b_1 b_2 + b_2 b_3 + b_3 b_1)$$

각 설계변수가 다음의 수준을 가진다.

수 준	b_1	b_2	b_3
1	1.5	2.0	−0.2
2	3.0	4.0	0.0
3	4.5	6.0	2.0

$L_9(3^4)$ 직교배열표를 내측배열로 선정하여라. 그리고 각 설계변수의 공차는 다음의 수준값을 갖는다.

수 준	z_1	z_2	z_3
1	−0.1	−0.1	−0.1
2	0	0	0
3	0.1	0.1	0.1

(1) $L_9(3^4)$의 외측배열을 만들어라.
(2) **7.3.3**절의 5단계로 강건설계를 하여라. 단, $w_1 = w_2 = 0.5$이다.
(3) 추정값을 가지고 오름차순으로 배열하여 최우수값을 도출한 후 (2)의 결과와 비교하여 가장 강건한 해를 구하여라.

8. 그림 **3·3**에 있는 3부재가 l=1m, θ=60°, E=207GPa, ρ=2770kg/cm^{3}이며, 설계문제는 다음과 같다.

$$\text{Maximize} \qquad \xi_1$$

여기서 ξ_1은 첫 번째 고유진동수이다. 설계변수의 수준이 다음과 같을 때

수 준	(×10^{-4}m^2)		
	b_1	b_2	b_3
1	0.1	0.1	0.1
2	2.5	2.5	2.5
3	5.0	5.0	5.0

$L_9(3^4)$ 직교배열표를 내측배열로 선정하여라. 각 설계변수의 공차는 다음의 수준값을 갖는다.

수 준	(×10^{-4}m^2)		
	z_1	z_2	z_3
1	−0.001	−0.002	−0.001
2	0	0	0
3	0.001	0.002	0.001

(1) $L_9(3^4)$의 외측배열을 만들어라.
(2) **7.3.3**절의 5단계로 강건설계를 하여라. 단, $w_1 = w_2 = 0.5$이다.
(3) 추정값을 가지고 오름차순으로 배열하여 최우수값을 도출한 후 (2)의 결과와 비교하여 가장 강건한 해를 구하여라.

9. 제6장의 연습문제 15를 가져온다. 각 변수에 대한 공차가 다음과 같다.

수 준	(×10^{-4}m^2)				
	z_a	z_b	z_e	z_g	z_i
1	−1	−1	−2	−1	−1
2	0	0	0	0	0
3	1	1	2	1	1

여기서 z_a, z_b, z_e, z_g, z_i는 각각 설계변수 a, b, e, g, i의 공차이다. 제**6**장의 연습문제 15에 있는 $L_{18}(2^1 \times 3^7)$을 내측배열 및 외측배열로 선정한다.

(1) **7.3.3**절의 5단계로 강건설계를 하여라. 단, $w_1 = w_2 = 0.5$이다.

(2) 추정값을 가지고 오름차순으로 배열하여 최우수값을 도출한 후 (1)의 결과와 비교하여 가장 강건한 해를 구하여라.

10. 다음의 수학적 문제가 있다.

$$\begin{array}{ll} \text{Find} & b_1, b_2 \\ \text{to minimize} & f(\mathrm{b}) = (b_1 - 2)^2 + b_2^2 \\ \text{subject to} & (1 - b_1)^3 - b_2 \geq 0 \\ & 0 \leq b_i, \quad i = 1, 2 \end{array}$$

설계변수는 다음의 이산값을 가진다.

수 준	b_1	b_2
1	−1.0	−2.0
2	1.0	0.0
3	3.0	2.0

두 변수 공히 $z_i = -0.2, 0.0, 0.2$, $i = 1, 2$의 공차를 가진다.

(1) 내측배열을 만들어라.

(2) 외측배열을 만들어라.

(3) **7.3.3**절의 5단계로 강건설계를 하여라. 이때 조절계수 $s = 50$으로 하여라. 단, $w_1 = w_2 = 0.5$이다.

11. 다음의 수학적 문제가 있다.

$$\begin{array}{ll} \text{Find} & b_1, b_2, b_3 \\ \text{to minimize} & f(\mathrm{b}) = -b_1 b_2 b_3 \\ \text{subject to} & 72 - b_1 - 2b_2 - 2b_3 \geq 0 \\ & b_1 + 2b_2 + 2b_3 \geq 0 \\ & 0 \leq b_i \leq 42, \quad i = 1, 2, 3 \end{array}$$

설계변수는 다음의 이산값을 가진다.

수 준	b_1	b_2	b_3
1	14.0	2.0	2.0
2	24.0	12.0	12.0
3	34.0	22.0	22.0

세 변수 공히 $z_i = -0.1,\ 0.0,\ 1.0,\ i = 1,\ 2,\ 3$의 공차를 가진다.

(1) 내측배열을 만들어라.

(2) 외측배열을 만들어라.

(3) **7.3.3**절의 5단계로 강건설계를 하여라. 이때 조절계수 $s = 1,\ 100$으로 하고 결과를 비교하여라. 단, $w_1 = w_2 = 0.5$이다.

12. 다음의 수학적 문제가 있다.

Find b_1, b_2, b_3, b_4

to minimize $f(\mathrm{b}) = b_1 - b_2 - b_3 - b_1b_3 - b_1b_4 - b_2b_3 - b_2b_4$

subject to $8 - b_1 - 2b_2 \geq 0$ $\quad 12 - 4b_1 - b_2 \geq 0$

$12 - 3b_1 - 4b_2 \geq 0$ $\quad 5 - b_3 - b_4 \geq 0$

$8 - 2b_3 - b_4 \geq 0$ $\quad 8 - b_3 - 2b_4 \geq 0$

설계변수는 다음의 이산값을 가진다.

수 준	b_1	b_2	b_3	b_4
1	−2	1	−2	−2
2	0	3	0	4
3	2	2	2	6

네 변수 공히 $z_i = -0.1,\ 0.0,\ 0.1,\ i = 1,\ \cdots,\ 4$의 공차를 가진다.

(1) 내측배열을 만들어라.

(2) 외측배열을 만들어라.

(3) **7.3.3**절의 5단계로 강건설계를 하여라. 이때 조절계수를 1, 10, 100으로 하고 결과를 비교하여라. 단, $w_1 = w_2 = 0.5$이다.

13. 10번 문제에서 각 설계변수가 2수준의 값을 가진다고 하자. 공차는 $-0.2 \leq z_i \leq 0.2$, $i = 1,\ 2$이며 균등분포를 한다.

(1) 목적함수의 평균과 변동을 식 (7 · 19)로 구하여라.

(2) 각 제한조건의 변동을 식 (7 · 29)로 구하고 $k = 10$으로 하여 식 (7 · 28)과 식 (7 · 30)을 구하여라.

14. 11번 문제에서 각 설계변수가 2수준의 값을 가진다고 하자. 공차는 $-0.1 \leq z_i \leq 0.1$, $i = 1,\ 2,\ 3$이며 균등분포를 한다.

(1) 목적함수의 평균과 변동을 식 (7 · 19)로 구하여라.

(2) 각 제한조건의 변동을 식 (7 · 29)로 구하고 $k = 5$로 하여 식 (7 · 28)과 식 (7 · 30)을 구하여라.

15. 12번 문제에서 각 설계변수가 3수준을 가진다고 하자. 공차는 $-0.1 \le z_i \le 0.1$, $i=1, \cdots, 4$에서 균등분포를 한다.

    (1) 목적함수의 평균과 변동을 식 (7·19)로 구하여라.

    (2) 각 제한조건의 변동을 식 (7·29)로 구하고 $k=10$으로 하여 식 (7·28)과 (7·30)을 구하여라.

16. 13번 문제의 결과를 이용하여 강건최적화를 하여라. 이때 목적함수는 식 (7·45)로, 제한조건은 식 (7·30)을 사용하며 식 (7·45)의 $\alpha=0.5$이다.

17. 14번 문제의 결과를 이용하여 강건최적화를 하여라. 이때 목적함수는 식 (7·45)로, 제한조건은 식 (7·30)을 사용하며 식 (7·45)의 $\alpha=0.5$이다.

18. 15번 문제의 결과를 이용하여 강건최적화를 하여라. 이때 목적함수는 식 (7·45)로, 제한조건은 식 (7·30)을 사용하며 식 (7·45)의 $\alpha=0.5$이다.

제 8 장

해석적 설계방법의 실제문제에의 적용

8.1 서 론

앞에서 각종 설계방법을 나열하고 설명하였다. 각 방법들은 특정한 과정을 사용한다. 어떤 공학적 대상물에 대해 하나의 방법만을 사용하여 설계를 실시할 수 있다. 그러나 이 과정에서 각 방법의 한계에 도달할 수 있다. 이럴 때 복수의 방법을 사용하여 설계할 수도 있는데, 문제의 특성에 따라 설계 시나리오를 적절히 정의하는 것이 중요하다.

설계방법을 적용하는 것은 개념설계와 상세설계의 과정에 따라 다를 수 있다. 경우에 따라서는 설계단계를 개념설계, 초기설계, 상세설계의 세 단계로 분류할 수도 있으나 설계방법을 응용하는 관점에서 보면 두 단계로 나누는 것이 적당하다. 설계는 응용하는 대상에 따라 다양하게 정의할 수 있으며 심지어는 하나의 대상물에 대해서도 상황에 따라 설계문제를 다르게 정의해야 할 때가 있다. 따라서 설계 시나리오를 일반적으로 정의하는 것은 대단히 어려운 문제이다. 그럼에도 불구하고 여기서는 설계 시나리오를 제시하고 그에 따라 각 설계문제를 해결하는 예를 설명할 것이다. 다만 제시하는 설계 시나리오는 대상문제에 따라 달라질 수 있으며 이 책에서 소개한 방법만을 설계방법으로 사용한다. 따라서 다른 방법을 사용하면 다른 시나리오를 작성할 수도 있을 것이다.

개념설계에서는 공리적설계를 효율적으로 사용할 수 있다. 우선 문제를 파악한 후 기능요구와 설계파라미터를 찾아내어 독립공리를 적용한다. 독립공리를 적용한 후 복수의 설계를 발견하면 정보공리를 적용하여 정보량이 가장 적은 설계를 최종설계로 결정한다. 정보량이 가장 적은 설계는 제7장에서 설명한 바와 같이 강건설계이기도 하다. 공리적설계를 적용하는 간단한 시나리오가 그림 **2·20**에 있다. 그러나 설계문제의 특성상 적용 사례에 따라 그림 **2·20**에 있는 과정을 적절히 변경하여 사용할 수도 있다.

개념설계가 완성되면 상세설계를 수행하는데 설계 대상물의 구체적인 치수 등이 결정된다. 이에 대한 전반적인 과정이 그림 **1·6**에 있다. 실제 상세설계 과정에서는 설계환경의 특성에 따라 각종 방법론이 다양하게 적용된다. 즉, 설계변수 공간이 연속공간인가 이산공간인가, 상세설계에서 추구하는 바가 최적설계인가 강건설계인가 혹은 사용하는 해석방법에 따라 적용하는 방법론과 설계 과정이 다양하게 달라진다. 구조물을 설계할 때 이 책에서 소개한 해석적 설계방법들을 적용하는 시나리오가 그림 **8·1**에 있다. 그러나 이는 하나의 방법일 뿐 설계환경에 따라 바뀔 수 있는 과정이다. 특히 최적화설계의 제일 아래 단계에서는 해석방법에 따라 민감도계산이 용이하면 수학적인 최적화방법을 사용할 수 있고 그렇지 않다면 반응표면법 등의 근사법을 사용할 수 있다.

이 장에서는 각종 설계방법을 이용한 예제들을 소개한다. 예제 가운데는 그림 **8·1**에 있는 설계 과정을 복합적으로 사용한 경우도 있고 단독으로 사용한 경우도 있다. 여기에 소개한 예제들이 모든 설계방법을 보여줄 수는 없으나 적어도 이들을 이용하는 아이디어는 제공해 줄 것이다.

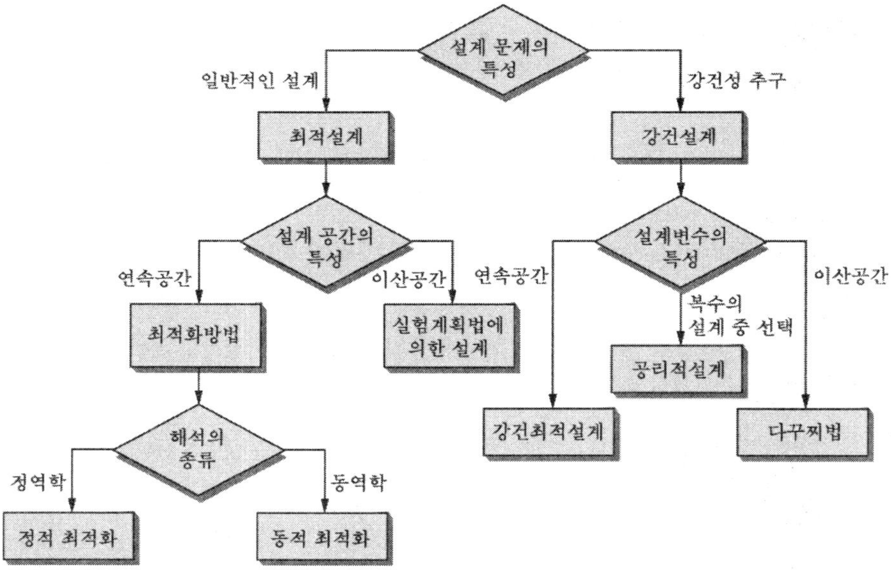

그림 8·1 구조설계 시나리오의 예

8.2 박판 주조 롤의 최적설계

8.2.1 문제의 설명

쌍롤형 박판주조공정(twin roll strip casting process)은 기존 연속주조 및 열간압연 공정을 생략하고 직접 열연코일을 생산하는 획기적인 공정 축약형 기술이다. 기존 연주 공정은 몰드(mold)를 이용하여 200~250mm의 슬래브를 주조하여 재가열, 조압연, 마무리 열간 압연 등을 거쳐 열연코일을 생산하는 공정이다. 이 공정은 연주공장에서 슬래브를 생산하고 이후 열연공장에서 압연 과정을 거쳐 코일을 생산한다. 그리고 박슬래브 주조 기술은 연주공정과 비슷하나 열연부하를 감소시키기 위해 슬래브의 두께를 50~75mm로 주조하고 이를 다시 압연하여 열연코일을 생산하는 공정 기술이다.

본 문제는 POSCO의 쌍롤형 박판주조공정에 대해 최적설계를 수행한 사례이다. 박판주조기술은 박슬래브 주조기술보다 진일보한 개념이다. 이 기술은 슬래브를 만들지 않고 맞물려 돌아가는 두 개의 주조롤에 용강을 부어 응고시킨다. 이와 동시에 일정량의 열간 변형을 가해 1~6mm의 철판재를 제조한다. 극히 짧은 시간(0.2~0.6초) 내에 모든 응고 과정을 완료해야 하고 고온의 용강이 급속 냉각 과정을 거치는 동안 주조롤의 전폭에 걸쳐 균일한 응고와 형상을 확보해야 한다. 박판주조기술은 전체 열간 압연공정을 생략할 수 있어 투자비는 물론 생산원가를 대폭 절감할 수 있는 주조기술이다.

박판주조공정은 그림 **8·2**와 같이 회전하는 두 롤에 용강을 직접 부어 응고시키면서 동시에 압연을 하는 공정이다. 롤은 물론 용강 공급 노즐, 용강이 새어 나오지 못하게 하는 에지댐(edge dam) 등의 요소 기술이 대단히 중요하다. 또한 기계장치를 정밀하게 제어(control)하는 기술도 매우 중요하다. 그 중에서도 롤은 주편을 생산해 내는 데 가장 큰 역할을 하고 있다.

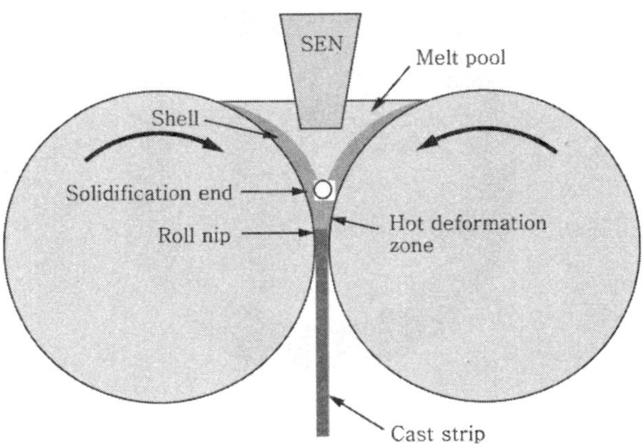

그림 8·2 쌍롤형 박판주조공정

주조롤은 용강과 접촉하는 동안에 용강으로부터 매우 큰 열량을 받는다. 때문에 주조롤 표면 부근의 온도변화율이 커서 열응력이 크게 발생한다. 그리고 용강과 접촉하지 않는 동안에는 냉각수 구멍의 열방출에 의해 냉각된다. 주조롤에는 가열과 냉각이 반복된다. 특히 주조롤 표면은 큰 온도 폭으로 가열과 냉각이 반복되기 때문에 큰 값의 인장 및 압축 열응력이 반복적으로 발생한다. 따라서 주조롤은 가해지는 열이 효과적으로 냉각되도록 설계해야 한다. 만일 과도한 반복부하를 받게 되면 이로 인해 주조롤 표면에 균열이 발생할 수 있다. 균열이 생기면 그 균열이 주편의 표면에 그대로 전달되어 주편 표면품질을 나쁘게 한다. 심한 경우 냉각수의 누수위험까지 초래할 수 있다. 따라서 조업의 안전과 표면품질을 좋게 하기 위해서 주조롤 표면 균열 가능성이 적도록 주조롤을 설계해야 한다.

8.2.2 박판주조롤 설계의 최적화 정식

압연공정에서는 압연롤 자체에 가해지는 외력이 크기 때문에 주조롤의 편평화 현상, 주조롤의 굽힘 및 전단현상 등이 나타난다. 그러나 박판주조용 롤은 공정의 기계적, 물리적인 특성상 용강상태에서 응고되는 시간이 매우 짧다. 따라서 응고와 동시에 주편이 주조롤을 통과하기 때문에 박판주조용 롤은 물리적인 외력이 일반적인 압연에 비해 매우 작은 상태에서 사용된다.

압연에 의한 외력은 주조롤의 응력분포에 크게 영향을 미치지 않으므로 외력은 무시하고 주조롤 표면에 발생하는 열응력을 검토한다. 유한유소모델을 이용하여 구리롤을 대상으로 응력계산을 수행한다. 그림 **8 · 3**은 응력계산을 위한 모델의 축방향 수직단면이다. 그리고 시간에 따라 경계조건이 변화한다. 따라서 그림 **8 · 4**와 같이 수직단면 전체를 계산하지 않고 롤 냉각수 구멍의 몇 부분만 취하여 2차원 평면변형 해석을 한다.

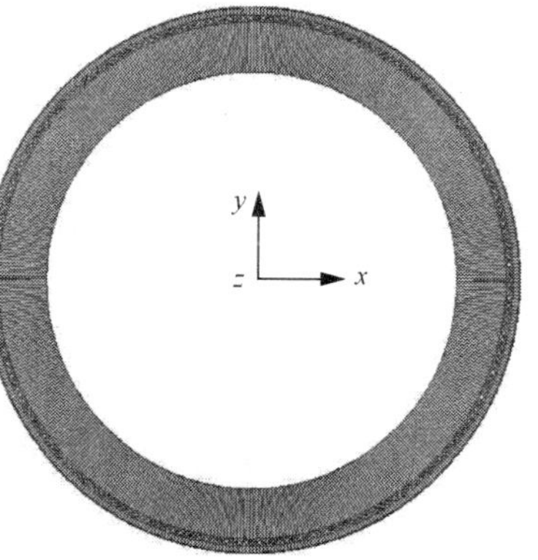

그림 8 · 3 냉각롤의 유한요소격자

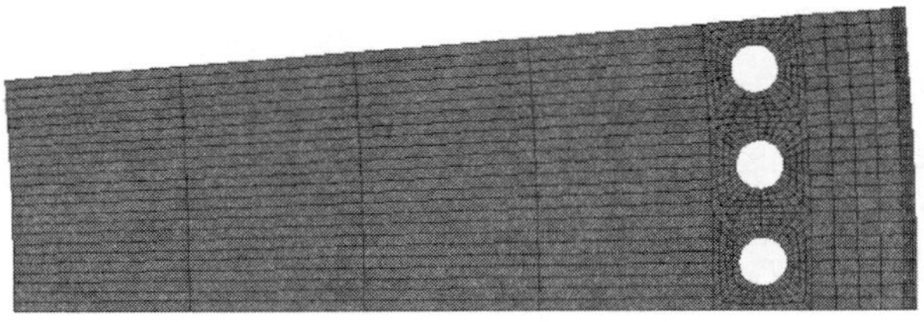

그림 8 · 4 축대칭 단면의 해석모델

주조롤의 원주방향으로는 변형이 없고 반경방향으로만 변형이 되도록 경계조건을 정의한다. 롤의 회전에 대한 경계조건은 롤에 가해지는 열적 경계조건, 즉 열유속이 회전하는 것처럼 모사한다. 그러므로 용강이 롤에 접촉하고 있는 구간에서는 열하중이 가해지고, 그렇지 않은 구간에서는 열하중이 없이 냉각되도록 한다. 그러면 경계조건이 롤의 회전과 같은 효과를 가진다.

열전달 및 열응력 해석을 위한 열적 경계조건은 주조롤에 용강의 열을 받는 부분과 받지 않는 부분으로 나눈다. 또한 온도해석 시 용강과 주조롤이 접촉할 때는 주조롤 표면에 일정량의 열량이 흡열된다는 경계조건을 사용한다. 냉각수 구멍에서는 구멍에서의 냉각수 유속 및 형상, 온도 등의 효과를 고려할 수 있는 열전달계수값을 사용한다. 주조롤에 최적설계를 적용하기 위해 지름 1250mm, 폭 1300mm인 POSCO 실험 설비를 이용한다. 구리롤에서 304 스테인레스(stainless)를 45mpm(m/min)의 속도로, 열유속은 6.2MW/m^2으로 하여 계산을 하는데, 매 계산 시마다 2도씩 회전하여 총 20회전 동안 해석을 실시하였다.

변형과 응력의 경향을 빠른 시간 내에 보기 위해서 탄성영역에서 유한요소해석을 하였다. 그림 **8 · 2**의 롤 닙(nip) 부근에서는 매우 높은 온도변화율이 예상된다. 따라서 유효(von Mises)응력이 항복응력을 초과할 수 있기 때문에 탄소성 유한요소법으로 해석하여 그 결과를 비교하였다. 또한 회전하는 주조롤은 위치에 따라 다른 경계조건에 접하게 된다. 그러므로 주조 진행상황과 같이 온도가 변화하는 과도응답해석(transient analysis)방법을 이용하였다.

주조롤에서는 높은 온도의 용강이 롤과 직접 접촉하기 때문에 롤의 냉각이 매우 중요하다. 그러므로 롤의 냉각을 위한 냉각수 구멍의 위치, 배열, 크기 등이 냉각의 중요 변수이다. 따라서 롤의 냉각수 구멍크기와 냉각수 구멍 위치를 롤의 최적화를 위한 설계변수로 정의한다. 그리고 열부하가 높은 주조롤은 내부 응력이 매우 높으며 이에 따라 변형도 크다. 이러한 응력과 변형은 열에 의한 것이기 때문에 냉각수 구멍을 통한 냉각이 롤의 온도 상승을 감소시키고 그만큼 응력과 변형도 감소된다. 그러므로 온도 및 열변형해석에서 구한 응력과 변형 및 변형률을 제한조건으로 하여 냉각수 구멍의 위치와 크기를 설계한다. 냉각수 구멍의 크기에 따라 롤의 체적이 달라지므로 가볍고 가공이 용이하게 할 목적으로 롤의 부피를 목적함수로 선택한다.

재료는 구리합금과 니켈 재료를 사용한다. 재료의 물성치는 온도에 의존하므로 온도에 따라 물성치가 변한다. 하중조건은 열유속의 변화와 주조속도의 변화를 주어 최적설계 과정에 포함한다. 최적설계를 위한 정식화는 다음과 같다.

Find	D, PCD	(8 · 1a)
to minimize	volume	(8 · 1b)
subject to	$\sigma \leq \sigma_{max} = 3.7 \times 10^{8}$	(8 · 1c)
	$\varepsilon \leq \varepsilon_{max} = 3 \times 10^{-2}$	(8 · 1d)
	$\delta \leq \delta_{max} = 3 \times 10^{-4}$	(8 · 1e)

여기서 D는 냉각수 구멍의 지름, PCD는 냉각수 구멍의 위치, σ는 응력, ε은 변형률, δ는 롤 표면에서 반경방향으로의 변형이다. 실제로는 등제한조건으로 유한요소방정식이 포함되어 있어 σ, ε, δ을 계산하게 된다. 구멍의 숫자는 일정하다고 가정한다. 따라서 구멍의 지름이 커지면 구멍간의 사이는 좁아진다. 식 (8 · 1)의 정식화에 대한 논리는 뒤에서 상세히 설명한다.

유한요소해석으로는 상용 소프트웨어인 ANSYS를 사용하였다(ANSYS, 2004). 최적화 알고리즘은 ANSYS 내의 방법을 사용하였는데 이것은 **6.7**절에 있는 반응표면법(response surface method)을 순차적으로 이용할 수 있게 변형한 알고리즘이다.

8.2.3 최적화 결과

박판주조용 주조롤은 충분한 크기의 용강풀(pool)을 형성한다. 그리고 용강과 롤의 접촉면적을 크게 하기 위하여 일반 압연롤보다 훨씬 큰 직경을 가지고 있다. 박판주조공정에서 주조롤은 연속주조에서의 몰드(mold)의 역할과 압연에서의 롤의 역할을 동시에 수행한다. 롤의 몰드 역할 관점에서 주조롤은 냉각수 구멍에 의한 냉각기능이 매우 중요하다. 한편 압연롤의 역할 관점에서 보면 주조롤의 변형 및 열팽창이 매우 중요한 역할을 한다. 그러나 외력을 거의 무시한 박판주조공정은 열변형과 내부응력이 롤 냉각과 매우 밀접한 관계를 가지고 있으므로 주조롤의 냉각에 해석의 주안점을 둔다.

초기상태에서 탄성응력과 변형상태에 대해 관찰하고, 최적설계를 적용한 후의 응력 및 변형상태를 고찰한다. 그리고 최적설계 적용 시 설계변수의 변화를 살펴본다. 그림 **8 · 5**는 20회전 후 롤 닢에서의 온도분포이다. 일반적으로 박판주조롤에 사용하는 구리합금은 경도가 높고 고온에서 사용가능한 지르코니아(Zr) 석출경화 합금이다. 이것은 400℃ 이상의 온도에서는 자체 물성을 잃을 가능성이 있다. 그런데 온도 결과에서 롤 닢의 표면온도

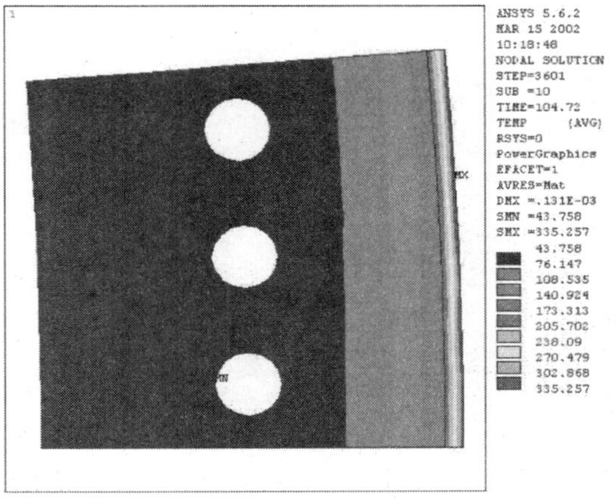

그림 8 · 5 롤 닙에서의 온도분포

분포가 350℃ 미만으로 나타나고 있다. 특히 주조롤의 도금층 아래의 구리합금 온도는 표면층 온도보다 훨씬 낮게 나타나고 있다. 그림 **8 · 6**은 20회전하는 동안 주조롤 표면의 온도변화를 나타내고 있다.

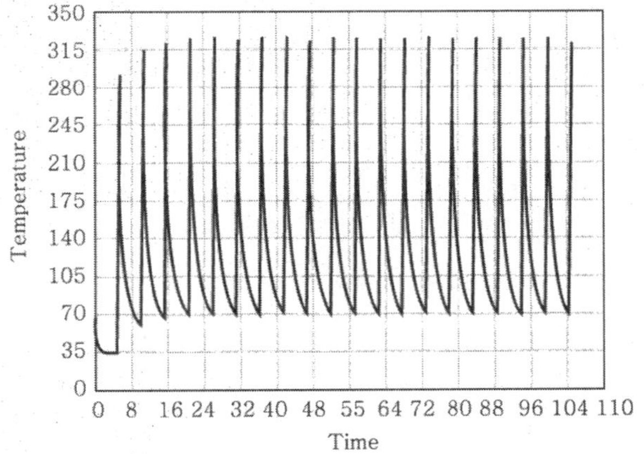

그림 8 · 6 시간영역에서 롤 표면의 온도변화

그림 **8 · 6**에서 닙의 온도가 약 330℃ 정도이고 용강풀의 표면인 매니스커스 직전의 온도는 약 70℃ 정도이다. 온도 결과에서 주조롤이 회전하면서 온도가 급격하게 변하고 있다. 그림 **8 · 7**은 롤 닙에서의 냉각수 구멍 주위의 온도분포를 나타내고 있다.

표 **8 · 1**은 롤 닙에서의 주조롤 온도와 변형 및 응력을 나타낸다. 롤 닙에서의 최대 팽창량은 반경방향으로 약 0.282mm 정도인데, 이러한 팽창은 주편 두께에 직접적인 영향을 미친다. 주조 중 초기 주편을 제외한 나머지 주편은 폭 방향으로 거의 편평한 상태의 주편을 형성하여야 한다. 그러기 위해서 주조롤의 팽창을 미리 예상하여 팽창이 주편의 형상

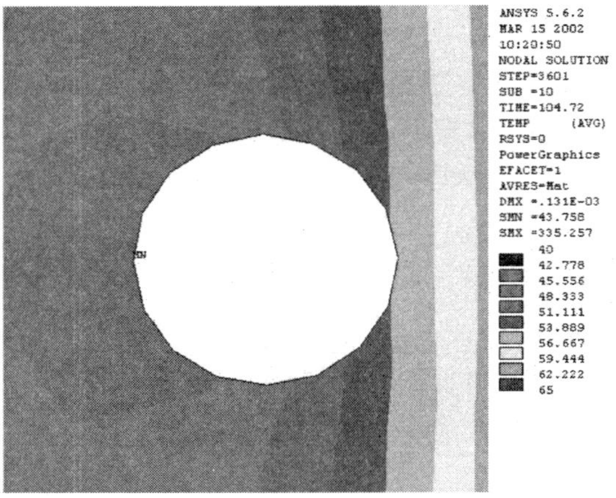

그림 8 · 7 냉각수 구멍 주위의 온도분포

표 8 · 1 롤 닢에서 열팽창에 의한 변화(20회전 후)

	Nip (20회전 후)	180° 회전 후	Meniscus 직전
온도(℃)	330	104	70
변형(mm)	0.282	0.265	0.242
응력(N/m^2)	1.33E9	3.02E8	1.95E8

에 영향을 덜 미쳐야 한다. 이를 위해 주조롤에 팽창의 양만큼 음으로 주조롤의 크라운 형상을 부여한다. 여기서 크라운이란 롤 열팽창에 의해 폭방향 팽창에 생기는 차이를 보상하기 위해 부여하는 형상을 말한다. 롤은 주조 중에 계속 팽창하다가 평형상태에 이르게 된다. 그 후 팽창량은 더 이상 늘어나지 않고 단지 주기적인 수축과 팽창만 반복한다. 만일 열하중 또는 속도가 커져서 롤에 가해지는 열부하가 커지면 롤의 평형상태에 이르는 시간이 훨씬 길어질 것이다.

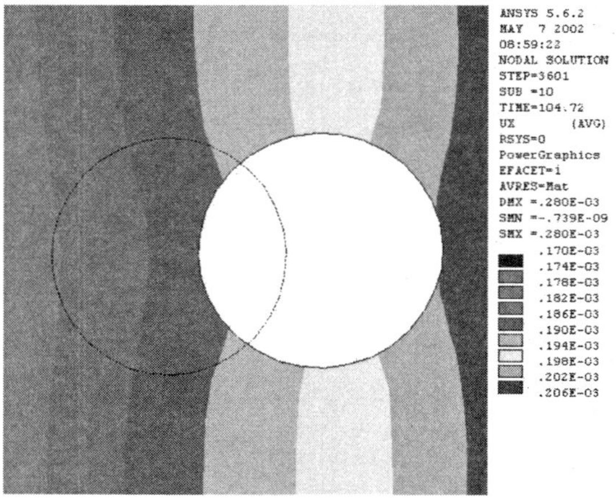

그림 8 · 8 열팽창에 의한 냉각수 구멍의 변화

주조 전 원래의 상태에서 롤 열변형에 의해 냉각수 구멍이 이동한 상태가 그림 8 · 8에 있다. 변형상태를 보면 변형은 닙에서 열적경계조건에 의해 팽창하고, 다시 롤 닙을 빠져 나와 열부하를 받지 않는 구간에 있을 때 다시 수축한다. 그러므로 주기적으로 팽창, 수축 작용을 반복하게 된다. 이러한 현상이 그림 8 · 9에서 보인다. 그림 8 · 10과 그림 8 · 11은 각각 탄성 해석으로 계산한 결과와 탄소성 해석으로 계산한 결과에 대한 롤 닙에서의 유효응력분포를 나타내고 있다. 유효응력이란 소성변형이 일어나는지 여부를 판단하기 위하여 사용하는 응력이다. 유효응력이 항복강도보다 크면 소성변형이 일어남을 의미한다.

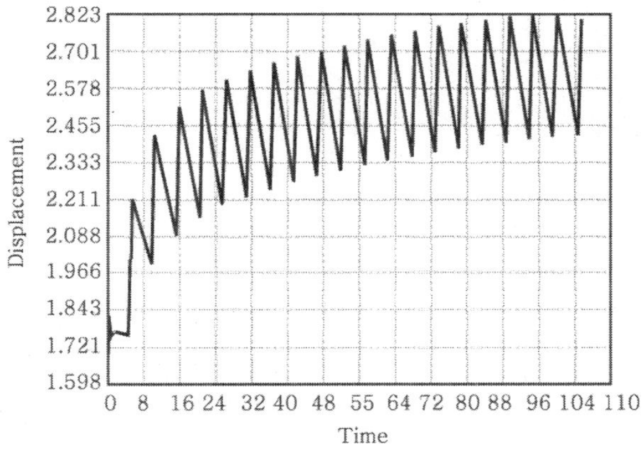

그림 8 · 9 시간영역에서 원주방향 변위

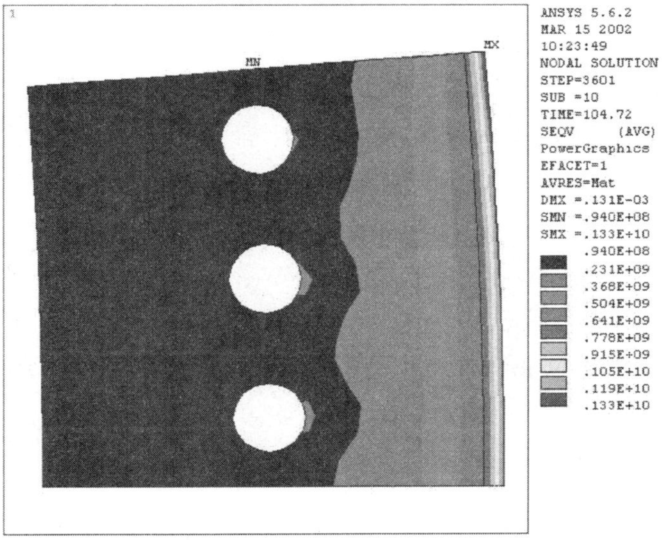

그림 8 · 10 롤 닙 표면 부근의 유효응력분포(탄성)

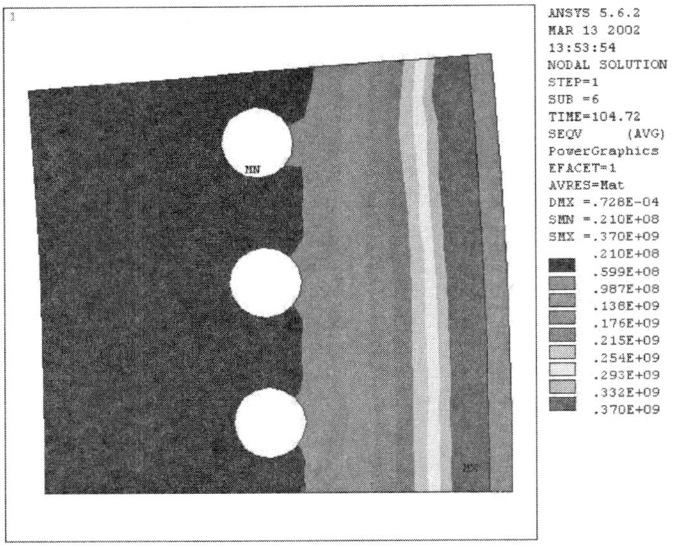

그림 8 · 11 롤 닢 표면 부근의 유효응력분포(탄소성)

그림 **8 · 10**에서 최대유효응력은 $1.33 \times 10^9 N/m^2$이다. 이는 매우 높은 값으로 실제의 경우에는 이렇게 높은 응력은 발생하지 않는다. 그러나 여기서는 탄성모델을 사용하였기 때문에 유효응력이 높게 나온다. 탄성변형해석에서 나온 결과는 실제가 아니므로 탄소성해석을 해야 한다. 그림 **8 · 11**은 탄소성 모델로 계산한 결과이며 항복응력값이 초과되지 않는다. 그 이유는 응력이 식 (8 · 1c)의 항복응력($3.7 \times 10^8 N/m^2$)에 도달하면 더 이상 증가하지 않는 완전소성곡선(elastic-perfectly plastic curve)을 사용하기 때문이다. 이로 인하여 식 (8 · 1c)의 응력제한조건은 탄소성해석을 사용할 때는 사용하지 않는다. 그러나 변형은 지속되며 평형상태에 이르면 더 이상 변형량의 변화는 없이 일정 구간에서 수축과 팽창을 반복한다. 유효응력으로 볼 때 주조롤 표면부의 급격한 온도변화율에 의해 소성영역에 있으며 소성변형을 하게 된다. 그러나 열변형에 의한 소성변형이고, 원주방향 압축응력(hoop stress)이 지배적이기 때문에 소성변형량은 매우 작다.

그림 **8 · 12**는 냉각수 구멍 주위의 유효응력분포를 나타내고 있다. 냉각수 구멍 주위의 유효응력은 $1 \sim 2.5 \times 10^8 N/m^2$로 항복응력($3.7 \times 10^8 N/m^2$) 이하이다. 주조롤에서 응력 분포는 표 **8 · 1**에서 보듯이 롤 닢에서 가장 높고 매니스커스에 도달하기 직전에서 가장 낮은 상태이다. 그리고 매니스커스 직전 상태는 소성변형영역에서 탄성변형영역으로 복귀한 상태이므로 응력이 높지 않다.

이와 같이 응력은 박판주조공정의 특성상 주어진 열부하 때문에 롤 닢에서 매우 높으며 소성변형 또한 피할 수 없다. 그렇지만 롤의 냉각을 얼마나 효과적으로 하느냐에 따라 응력과 변형을 줄일 수 있다. 그러기 위해서 냉각수 구멍의 크기와 위치가 상당히 중요한 변수로 작용한다.

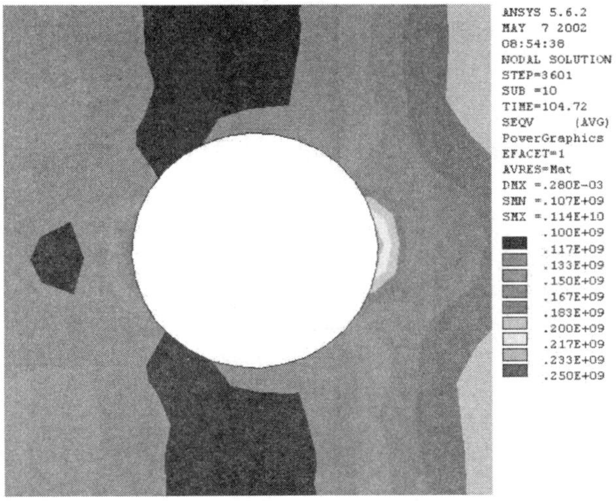

그림 8 · 12 냉각수 구멍 주위의 유효응력분포

구멍의 위치와 크기는 응력과 변형을 변화시키기 때문에 잘 선정하여야 한다. 구멍의 위치가 롤 표면에 가까울수록 표면온도가 낮아져 응력도 낮아지고 롤 표면과 멀어질수록 응력이 높아진다. 그리고 구멍의 크기가 커지면 롤 표면 온도분포가 균일하지 않으며 이에 따라 롤 표면의 응력분포도 균일하지 않게 된다. 반대로 구멍크기가 작아지면 온도분포 및 응력분포가 균일하게 된다. 그러나 구멍이 너무 작으면 가공이 불가능해지고 냉각효과가 떨어지기 때문에 적당한 구멍 크기를 선정하여야 한다. 그러므로 열부하에 의한 주조롤의 냉각을 주안점으로 하여 효과적인 냉각과 적은 열응력이 걸리도록 해야 한다. 따라서 구멍의 크기와 위치를 설계변수로 정하고 탄소성해석을 이용해 최적설계를 수행한다.

최적화를 위한 제한조건은 식 (8 · 1)과 같이 변형률 그리고 반경방향의 변위이다. 전술한 바와 같이 탄소성해석을 이용하므로 식 (8 · 1c)의 제한조건은 사용하지 않는다. 탄소성해석에서 응력이 항복응력값에 도달하면 항복응력을 초과하지 않고 변형만 계속 커진다. 이때의 변형률에 식 (8 · 1d)와 같이 제한조건을 부과한다. 변형률의 제한으로 응력에 대한 제한조건이 간접적으로 고려된다. 그리고 롤의 팽창이 너무 크면 주편의 편평화를 위한 크라운 양이 커야 한다. 이는 크라운 가공에도 영향을 미친다. 따라서 팽창형상의 예측이 쉽고 적은 양의 열팽창을 유도하기 위해 반경방향의 변위를 식 (8 · 1e)와 같이 제한조건으로 설정했다. 목적함수는 부피로 선정하였는데 그 이유는 구멍 크기와 위치에 따라 부피의 변화가 발생하기 때문이다.

표 **8 · 2**는 열하중조건인 속도와 열유속의 조건을 나타낸다. 이들 조건으로 최적설계를 수행한 결과, 냉각수 구멍의 지름은 주조롤의 지름에 대해 약 0.64% 비율의 결과가 나온다. 구멍 중심의 위치는 주조롤 중심으로 표면까지를 100%라 할 때 96%의 지점이 최적해

로 도출된다. 이 결과는 표 **8·2**의 경우 1에 해당된다. 주조롤의 변형률 및 변위는 제한 조건을 만족하는 범위에 있으므로 설계변수의 값들이 주어진 하중조건에서 최적의 상태라 판단된다. 그러나 속도와 열유속의 변화에 따라 해석 결과가 달라질 수 있고 이에 따라 냉각수 구멍 크기와 위치가 달라질 수 있다. 따라서 열하중조건을 변화시키면서 해석을 수행한다.

표 8·2 최적설계에 사용된 열하중조건

	속도(mpm)	열유속(MW/m^2)
경우 1	45	6.2
경우 2	60	8.4
경우 3	80	9.3
경우 4	100	10.2

표 **8·3**은 표 **8·2**의 조건으로 계산한 결과이다. 표 **8·3**과 같이 각각의 경우 속도와 열유속의 변화에 따라 응력과 변형 그리고 최적값 등이 조금씩 변한다.

주조롤의 속도와 열유속의 조건은 하중조건이기 때문에 이 하중조건에 따라 응력과 변형이 변하는 것은 당연한 현상이다. 그러나 최적설계의 제한조건으로 범위를 제한하였기 때문에 그 범위 내에서 모든 것이 만족되어야 한다. 유효응력의 최대값은 항복응력임을 볼 수 있다. 변형은 하중이 증가할수록 꾸준히 증가하지만 제한조건의 경계에는 미치지 못하고 있다. 모든 경우에서 제한조건을 만족하는 범위에서 설계변수의 값들은 거의 비슷하다. 이와 같이 냉각수 구멍의 크기와 위치의 최적값은 열유속과 주조롤의 회전속도의 변화에도 불구하고 변화의 폭이 작고 모든 경우에 대해 유사한 결과의 최적값을 얻는다.

최적설계 결과 설계변수가 하중조건의 변화에도 불구하고 거의 유사한 결과를 얻었으므로 목적함수도 거의 동일한 결과로 나타났다. 그림 **8·13**은 각각의 경우에서 목적함수인 부피의 결과를 나타내고 있다. 그림에서는 경우 1부터 4까지 부피가 증가하고 있는데 증가하는 양이 적으므로 무시할 수 있다.

표 8·3 속도와 열유속 조건에 대한 최적해

	응력(Pa)	변형률	변형(m)	구멍 크기(%)	구멍 위치(%)
경우 1	3.71E8	1.43E-2	1.03E-4	0.643	96.003
경우 2	3.75E8	2.47E-2	1.32E-4	0.641	96.001
경우 3	3.76E8	2.74E-2	1.33E-4	0.641	95.984
경우 4	3.78E8	2.99E-2	1.37E-4	0.640	96.000

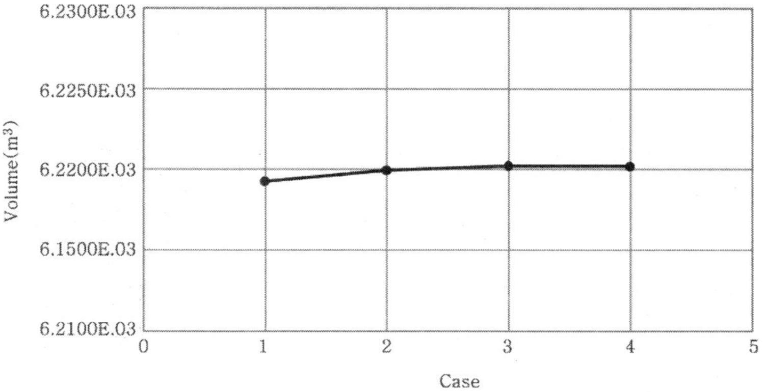

그림 8 · 13 각 조건에 대한 목적함수의 변화

8.2.4 요 약

박판주조 주조롤의 설계에서 2차원 평면변형모델을 사용하여 열전달 해석과 소성변형을 고려한 변형해석을 하고 최적설계를 적용하였다.

(1) 유효응력의 관점에서 주조롤 표면부의 급격한 온도변화율에 의해 롤 표면부가 소성영역에 있으며, 열변형에 의한 원주방향 압축응력이 지배적이기 때문에 소성변형량은 매우 작다.

(2) 설계관점에서 냉각수 구멍 주위의 응력분포는 구리의 항복응력보다 낮다. 매니스커스와 롤 닢 사이를 제외한 다른 영역들은 소성변형영역에서 탄성변형영역으로 복귀하는 상태이므로 유효응력분포가 낮은 상태로 가고 있음을 알 수 있다.

(3) 과도한 열부하에 의한 주조롤의 냉각에 주안점을 두었기 때문에 구멍의 크기와 위치를 설계변수로 선정하였고 최적설계를 수행했다.

(4) 부하를 증가시켰을 때 최적값은 미미한 변화만 보인다.

8.3 핵연료 지지격자체 스프링의 형상최적설계

8.3.1 문제의 설명

가압 경수로형 원자로(Pressurized Light Water Reactor, PWR)에서 지지격자체는 핵연료봉을 축방향 및 횡방향으로 지지하는 중요한 부분이다. 핵연료는 안전을 위하여 기계적 건전성이 유지되어야 하며 원자로 운전 중 경제적 효율 또한 유지되어야 한다. 핵연료의 기계적 건전성의 상실은 지지격자 스프링과 연료봉 등의 과도한 변형이나 손상에 의해 발생한다.

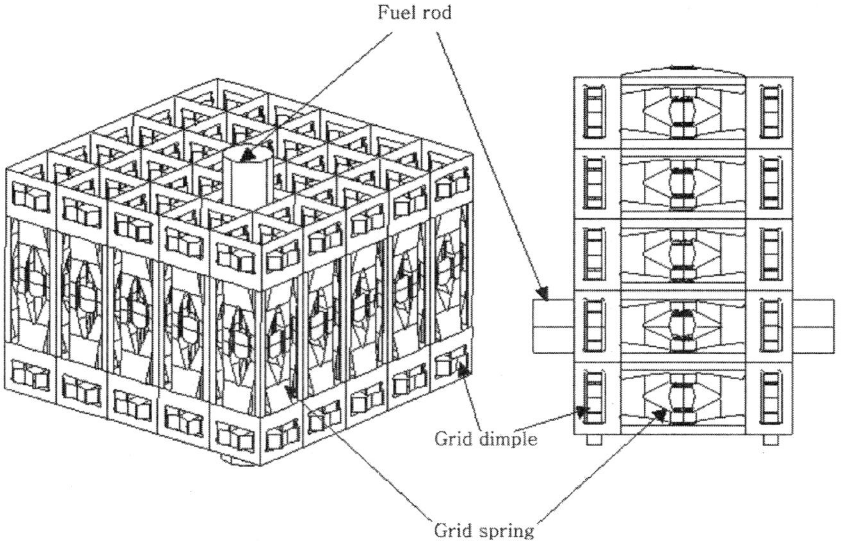

그림 8 · 14 지지격자체의 개략도

지지격자는 마찰 악력(friction grip)으로 연료봉을 횡방향 및 축방향으로 지지한다. 지지격자의 각 셀은 하나의 스프링과 두 개의 딤플로 서로 직교하는 두 세트로 이루어져 연료봉을 지지한다. 지지시스템은 열에 의한 연료봉의 팽창에 대비하여 축방향으로 연료봉이 변형할 수 있도록 해야 할 뿐만 아니라, 연료봉이 일직선을 유지하도록 연료봉 직경방향으로도 변형할 수 있도록 해야 한다.

지지격자의 개략도가 그림 **8 · 14**에 있다. 핵연료 집합체에서 지지격자는 연료봉과 접촉하고 진동 충격을 흡수하는 스프링과 딤플을 가지고 있다. 원자로 운전 중에나 핵연료 집합체의 운반 중에 연료봉과 스프링/딤플 사이에 진동이 발생한다. 이로 인해 핵연료 집합체의 제조공정 중 연료봉을 지지격자 속으로 삽입할 때 외력이 스프링과 딤플에 가해진다. 여기서 강도면에서 스프링에 비해 딤플이 크기 때문에 딤플의 변형은 무시할 만하다.

핵연료집합체의 일반적인 구조적 특징은 다음과 같다. 첫째, 핵연료봉을 횡방향과 축방향으로 지지해야 한다. 지지시스템은 연료봉의 열팽창과 성장을 허용해야 한다. 그리고 냉각재의 흐름으로 인한 진동 손상을 막기 위해 스프링은 충분한 접촉력을 가지고 연료봉을 지지해야 한다. 그러나 이로 인해 연료봉의 표면에 국부적인 과도응력이 걸리게 해서는 안 된다. 스프링 시스템의 설계는 연료봉에 알맞은 축하중을 분포시켜 연료봉의 기울어짐을 완화시키도록 하고 있다. 둘째, 지지격자는 연료봉의 냉각성을 유지하기 위하여 운전 중이나 사고 시에 공간을 유지한다. 원자로에서 연료봉 사이의 간격은 원자로의 열수력적 성능과 핵연료의 효과를 두드러지게 하도록 결정된 인자이다. 격자 셀의 간격과 수직공차를 줄이는 것은 열수력적 여유를 증가시키는 결과를 가져온다. 셋째, 격자체는 안내관과 계측관을 직선으로 유지하여 정상 조건이나 사고 조건 하에서 제어봉과 계측기를 삽입하는 데 방해가 되지 않아야 한다. 넷째, 격자체는 핵연료봉 사이에 수로(water channel)를 만들어 코어를 통해 냉각재의 혼합을 돕는다.

8.3.2 설계요구조건

원자로가 가동 중일 때에는 격자 스프링과 딤플이 강력한 방사능에 노출된다. 이 때문에 스프링은 핵연료봉을 지지하는 초기 스프링력을 잃어버리게 된다. 따라서 격자 스프링은 연료봉이 딤플과 접촉하여 진동하고 맞부딪히는 것을 허용해야 한다. 부적절하게 설계된 지지격자체는 스프링과 딤플을 연료봉 기준 셀의 중앙에 정확하게 위치시키지 못할 수 있다. 연료봉이 중앙 위치로부터 탈선하게 되면 연료집합체의 핵 특성을 거스르는 결과를 초래할 뿐만 아니라, 스프링과 딤플이 한쪽으로 굽어지는 기계적 손상을 일으킬 수도 있다.

종래의 격자 스프링 설계에서는 횡방향과 축방향 하중의 관점에서만 설계가 수행되었다. 또한 대부분의 스프링은 강성이 크고 대변형은 고려되지 못했다. 지지격자의 기능요구조건을 만족하기 위해서는 격자 스프링을 설계할 때 지지력뿐만 아니라 격자 스프링의 변형 또한 고려해야 한다. 따라서 격자의 설계 요구조건은 변형과 하중조건이라는 두 가지 관점에서 정의한다.

[1] 변형 요구조건(displacement requirement)

그림 **8 · 15**와 같이 핵연료 집합체는 연료봉을 각각의 지지격자체 셀 속으로 끌어 당겨서 제작한다. 이때 연료봉이 당겨지면서 진동하게 되고 지지격자 스프링은 최대 0.4mm 정도의 심한 변형을 일으키게 된다. 만일 연료봉이 완전히 장착된 후에도 격자 스프링이 설계 시의 정위치로 되돌아오지 못한다면 격자 스프링의 성능은 저하될 수 있다. 따라서 격자 스프링은 0.4mm 이상의 탄성영역(elastic range)을 가지도록 설계되어야 한다.

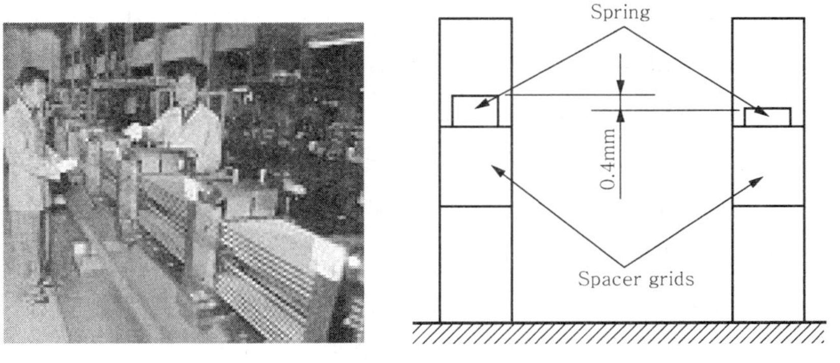

그림 8 · 15 핵연료 집합체의 제작 과정

이 요구조건은 선형영역(linear range)에서 정의한다. 그러나 가벼운 비선형변형은 허용된다. 나중에 주어진 형상에 의해서는 선형영역의 요구조건이 만족되지 않을 수 있음을 보일 것이다. 따라서 스프링이 주어진 영역하에서 최대한 유연성(flexibility)을 갖도록 설계한다.

[2] 하중 요구조건(force requirement)

원자로 내부에서의 방사선 조사 때문에 스프링은 이완된다. 이로 인해 원자로 내부에서 사용되는 지지격자체의 스프링은 초기 강도의 92%를 잃어버린다. 방사선 조사에 의해 유발된 물성치의 변화는 강도(strength) 변화, 연성(ductility) 변화, 응력 이완(stress relaxation), 성장 등이 있다. 만약 설계단계에서 이런 것들을 고려하지 않으면 격자가 위태롭게 될 수 있다. 원자로 운전 중 단위 격자 스프링은 2N의 유체 유발 진동을 견뎌야 한다. 따라서 방사선 조사를 고려하면 스프링력은 25N 이상이어야 한다. 격자체의 모든 부분은 유체 유발 진동을 제어하여 진동 유발 피로, 마모, 연료봉의 비정상위치 등의 문제를 일으키지 않도록 해야 한다. 또한 핵연료집합체를 운반하는 동안 연료봉이 이동하거나 스프링이 영구변형하지 않도록 격자 스프링은 횡방향 및 축방향의 가속도를 견뎌야 한다. 따라서 위에서 고려한 여러 가지 상황이나 알려지지 않은 장애 원인을 포함하면 요구되는 스프링력은 25N 이상이 될 수도 있다.

위의 조건을 고려하면 연료봉이 핵연료 집합체에 장착되어 스프링과 딤플 사이에 끼어진 초기 겹침상태에서, 스프링의 역학적 특성곡선은 25N 이상의 스프링력을 갖고 0.4mm의 범위에서 선형영역을 가져야 한다. 한편 최대 스프링력은 40N으로 정의한다.

8.3.3 지지격자 스프링 형상최적설계

격자구조 내의 스프링을 해석하고 설계하기 위한 설계 프로세스의 흐름이 그림 **8 · 16**에 있다. 설계는 다양한 관점을 포함할 수 있기 때문에 자동적인 설계 프로세스로 각 단계를 정의하기는 어렵다. 그 대신 공학적 감각으로 실제 설계를 수행하는 것이 어떤 면에서 매우 효율적이기도 하다. 그림 **8 · 16**의 흐름은 이런 특성들을 포함한다.

우선 지지격자의 개념설계에 대해 설명한다. 격자체 스프링은 처음에 공학적 감각에 의하여 설계되었다. 최적설계에서는 형상을 과감하게 변경하는 것이 어렵지만 개념설계 과정에서는 과감한 설계변경이 가능하다. 앞에서 설명한 설계요구조건은 선형영역(linear range)에서 정의되었다. 그러나 스프링의 변형은 소성(비선형)영역에 약간 걸쳐 있다. 따라서 개념설계는 비선형해석을 통해 수행된다. 설계는 시행착오를 거쳐 최대유연성을 가지며 최대응력을 낮추는 방향으로 이루어지도록 한다. 부과된 변위 경계조건하에서 지지격자 셀을 지지격자 스프링의 특성을 해석하기 위하여 모델링한다. 기하학적 모델은 상용

코드인 I-DEAS를 사용하여 만든다(IDEAS, 2002). 또한 대칭구조를 고려하여 얇은 셸요소로 이루어진 4분의 1 모델을 상용 유한요소해석 프로그램인 ABAQUS를 사용하여 해석한다(ABAQUS, 2003).

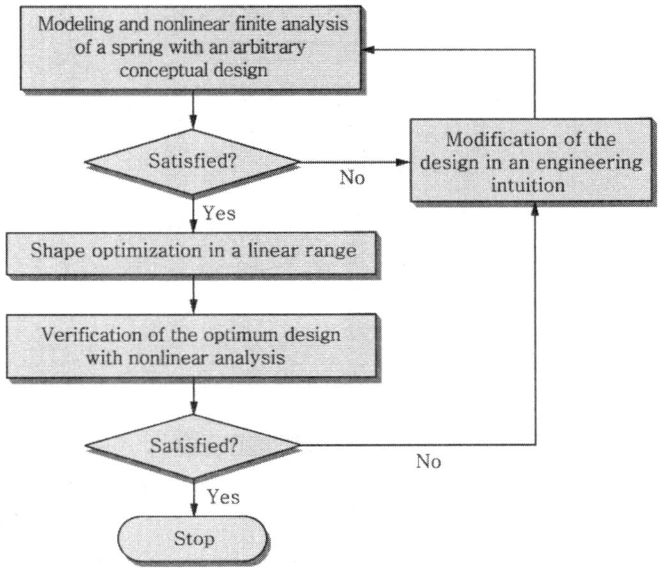

그림 8 · 16 스프링의 해석 및 설계 흐름도

앞서 제안한 설계 요구조건을 만족하는 스프링 특성을 얻기 위해 스프링 강성을 목적함수로 선택한다. 스프링 강성은 해석의 마지막 하중 단계에서 계산된 반력과 입력으로 미리 주어진 변위와의 비로 계산한다. 스프링 강성의 선형영역(linear range)은 제한조건으로 선택된다. 스프링 강성은 비선형 물성치를 가진 모델에서 최대 응력과 관련이 있다. 최대 응력이 스프링의 항복응력을 초과하지 않을 때 스프링 강성의 선형성은 보장된다. 그림 **8 · 17**에 개념설계 최종 모델이 있다.

비선형해석 결과 최대 변위는 0.9mm이다. 그림 **8 · 17**은 최대 변위 0.3mm에서 수행된 구조의 유효응력(von Mises stress)의 등가선(contour)을 나타낸다. 개념설계에서의 스프링의 힘-변위곡선이 그림 **8 · 18**에 있다.

그림 **8 · 17**의 A영역은 조금 다른 방향에서 연구되었다. 냉각재의 흐름에 의해 연료봉은 A영역에 접촉하여 진동한다. 두 물체의 미소한 상대 운동은 스프링과 연료봉의 접촉면에서의 마모(fretting wear)의 원인이 된다. 설계는 마모를 최소화하도록 수행되어야 하는데, 이는 국부접촉 응력의 최소화와 균일한 분포를 통해 달성될 수 있다. 이 설계 과정은 비선형해석이 포함되어 다루기가 쉽지 않으므로 스프링 형상최적화(상세설계)에 포함하지 않는다. 따라서 A영역의 설계는 개념설계 과정에서 독립적으로 수행한다. 접촉압력은

ABAQUS로 계산한다. 그림 **8 · 19** (a)는 원래 형상의 A영역에서의 접촉압력을 나타내고 있다. 많은 시행착오를 통해 향상된 A영역의 형상을 찾았는데 그 결과가 그림 **8 · 19** (b)에 있다.

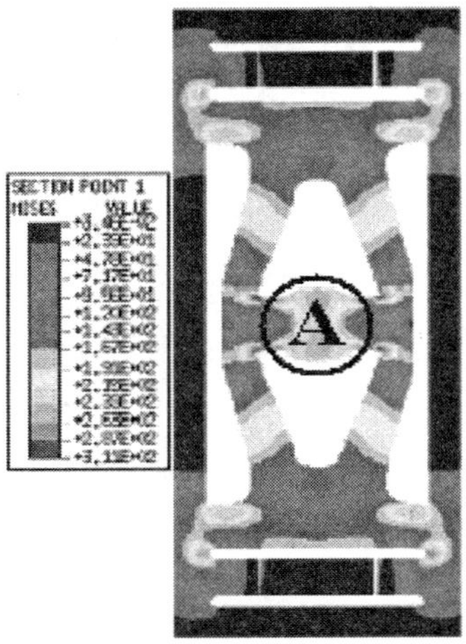

그림 8 · 17 개념설계 후의 von Mises 응력분포

전체 형상은 개념설계 과정에서 구한다. 상세설계는 형상최적설계로 수행하며 형상을 변경한다. 앞서 언급했듯이 스프링 형상의 최적화는 선형영역(linear range) 내에서 수행한다. 일반적으로 구조최적설계의 목적함수는 구조물의 무게를 사용한다. 하지만 개념설계단계에서 결정한 스프링 형상으로는 최대응력이 허용응력 이상이다. 따라서 최적설계의 목적함수는 최대응력의 최소화로 정의한다. 최적화문제는 아래와 같이 정의한다.

Find	design variables	(8 · 2a)
to minimize	maximum σ	(8 · 2b)
subject to	$\delta - 0.4 = 0$	(8 · 2c)
	$F_{\text{spring}} - 40 = 0$	(8 · 2d)

여기서 σ는 응력이고, δ는 스프링의 중앙에서의 처짐이다. 식 (8 · 2d)는 외력이 $F_{\text{spring}} =$ 40N으로서 그림 **8 · 17**의 접촉부위 A에 분포하중으로 가해진다는 의미이다. 식 (8 · 2c)의 변위조건은 첫 번째 설계요구조건으로부터 정식화되고, 식 (8 · 2d)의 하중조건은 두 번째 설계요구조건으로부터 정식화된다. 식 (8 · 2)의 최적화문제는 최대치의 최소화문제로써 아래와 같은 문제로 바꿀 수 있다.

Find	design variables	(8 · 3a)

$$\text{to minimize} \quad \beta \tag{8·3b}$$

$$\text{subject to} \quad \sigma - \beta \leq 0 \tag{8·3c}$$

$$\delta - 0.4 = 0 \tag{8·3d}$$

$$F_{\text{spring}} - 40 = 0 \tag{8·3e}$$

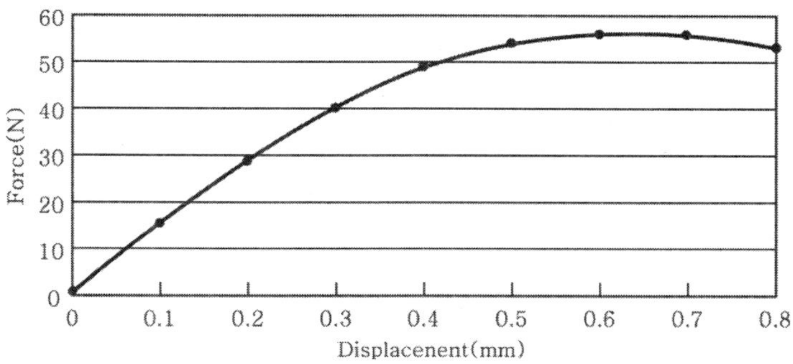

그림 8 · 18 개념설계 후 스프링의 힘-변형 곡선

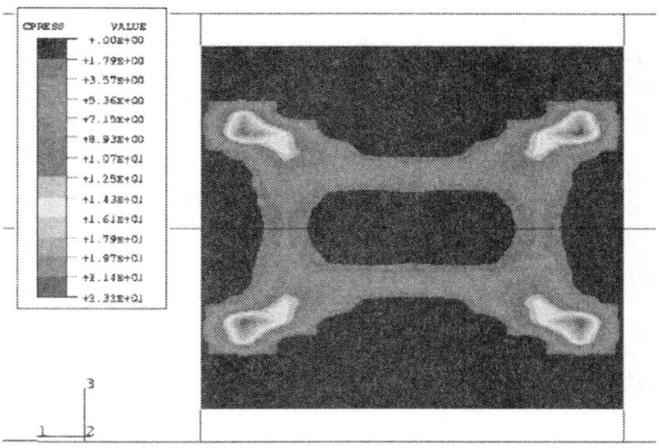

(a) 초기 형상

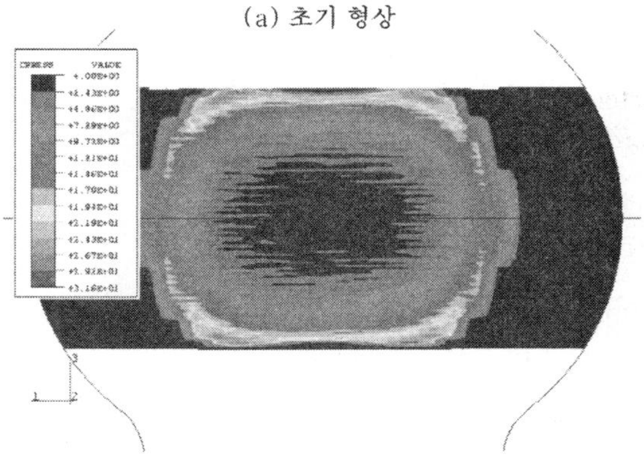

(b) 개선된 형상

그림 8 · 19 개념설계 후의 스프링 형상

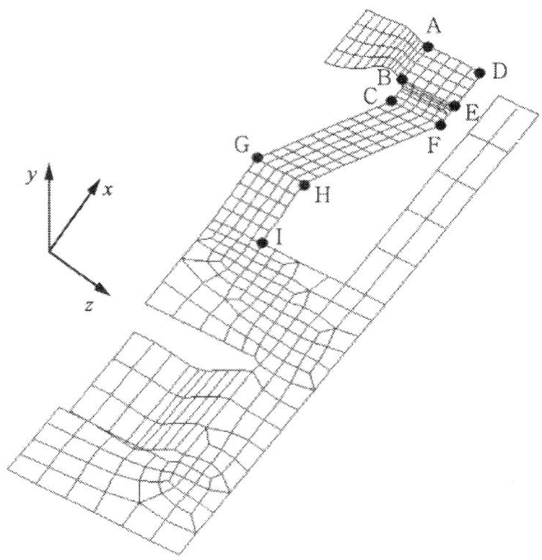

그림 8·20 스프링의 1/4 유한요소모델

표 8·4 형상최적설계의 결과 수치

	Design variable	Initial values	Optimum values
b_1	Scale factor of the perturbation vector for y-coordinate of nodes A, B, C in Fig. 8.20	0.0	0.01
b_2	Scale factor of the perturbation vector for y-coordinate of nodes D, E, F in Fig. 8.20	0.0	0.14
b_3	Scale factor of the perturbation vector for y-coordinate of node G in Fig. 8.20	0.0	−0.11
b_4	Scale factor of the perturbation vector for y-coordinate of node H in Fig. 8.20	0.0	−0.11
b_5	Scale factor of the perturbation vector for z-coordinate of node I in Fig. 8.20	0.0	0.54
b_6	Scale factor of the perturbation vector for x-coordinate of node G in Fig. 8.20	0.0	1.61
b_7	Scale factor of the perturbation vector for x-coordinate of node H in Fig. 8.20	0.0	0.94
b_8	Scale factor of the perturbation vector for z-coordinate of node H in Fig. 8.20	0.0	−2.0
β	Bound on stress	2.0	0.371
Objective function		2.0	0.371

유한요소 1/4모델이 그림 **8 · 20**에 있다. 8개의 설계변수를 선택했는데 이들은 그림 **8 · 20**과 표 **8 · 4**에 설명되어 있다. 최적화 과정에서는 상용 구조최적설계 소프트웨어인 GENESIS를 이용한다(GENESIS, 2004). 최적화의 초기값은 개념설계단계의 설계 결과이다. 최적화의 결과가 그림 **8 · 21**과 표 **8 · 4**에 있다. 최적화 결과에서 최대 응력이 0.382GPa로 항복응력을 초과한다. 하지만 약간의 소성 변형을 허용하면 이 설계는 받아들일 수 있을 것으로 생각한다. 최적화된 설계를 가지고 비선형해석을 수행한 결과가 그림 **8 · 22**에 있다. 최적화된 설계는 초기설계보다 더 유연해진 것을 알 수 있다. 또한 비선형해석을 통해 새로운 설계와 기존의 설계를 비교한 것이 그림 **8 · 23**에 있다. 기존의 설계들은 많은 부분이 설계요구조건을 벗어나 있는 반면, 최적화된 스프링은 성능이 향상되었다.

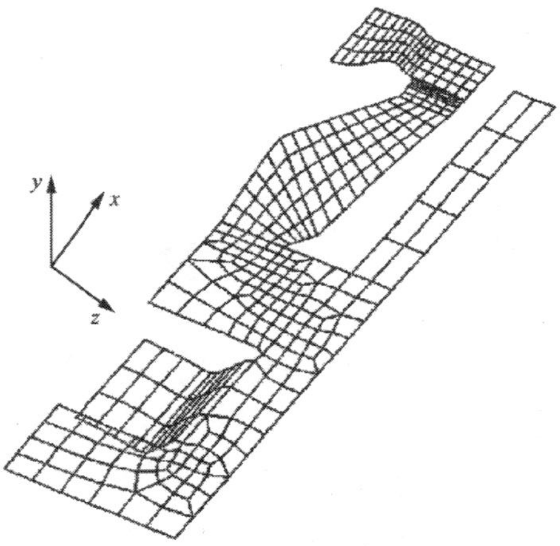

그림 8 · 21 형상최적설계 결과 모양

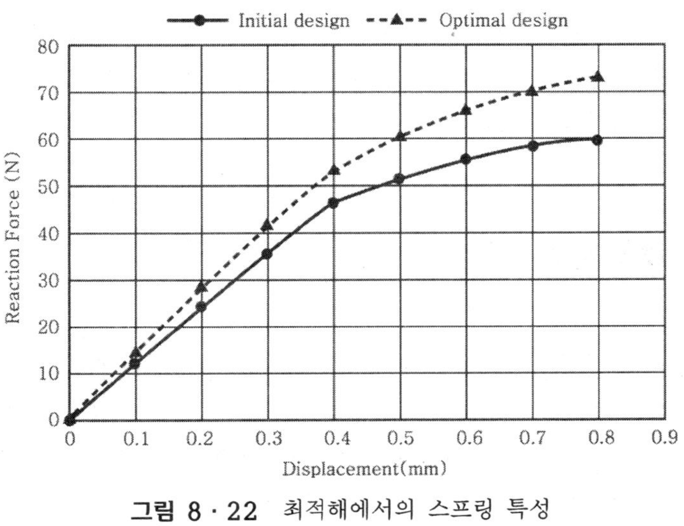

그림 8 · 22 최적해에서의 스프링 특성

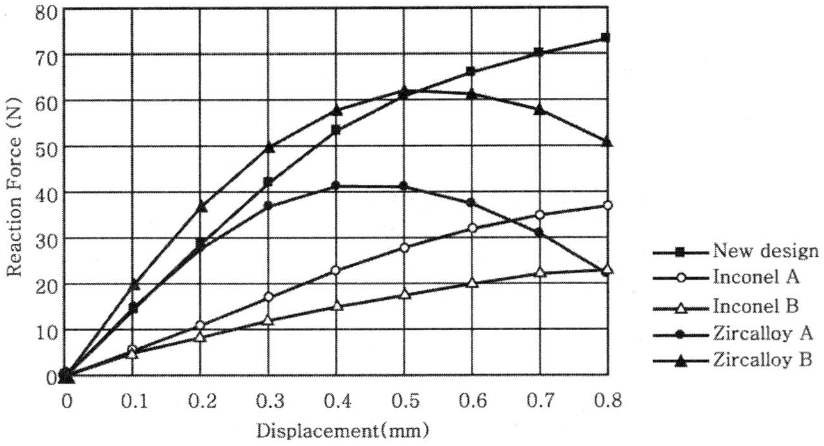

그림 8 · 23 기존설계와 최적해의 비교

8.3.4 요 약

(1) 지지격자 스프링을 위한 설계조건을 제조와 운전조건을 고려하여 정의하였다.
(2) 지지격자 설계를 위해서 실제로 응용할 수 있는 설계 과정을 제안하였다. 선형과 비선형 유한요소해석과 최적설계를 위해 개념설계와 상세설계가 적절히 정의되었다. 기본적으로 설계는 스프링의 유연성을 향상시키는 방향으로 진행되었다.
(3) 개념설계에서 공학적 감각에 의해 격자 스프링의 개괄적인 형상을 결정하고 이를 결정하는 과정에 비선형해석을 활용하였다.
(4) 상세설계에서는 설계요구조건을 만족하면서 스프링의 최대응력을 최소화하는 형상 최적설계가 적용되었다.
(5) 형상최적설계는 선형영역에서 수행하였기 때문에, 비선형해석을 통해 최적화된 설계의 성능을 평가하였다. 새로운 설계는 기존의 설계보다 그 성능이 매우 향상되었다.
(6) 설계 요구 조건들이 단지 선형영역에서만 정의되었기 때문에 비선형영역을 포함하는 설계를 위해서 더 많은 연구가 필요하다.

8.4 자동차 후사경의 설계

자동차 후사경은 자동차 옆에 부착되어 있어 운전자가 뒤를 볼 수 있게 해주는 거울이다. 그림 **8 · 24**에서 보는 바와 같이 후사경은 내부에 각종 부품을 포함하고 있으며 여기에 거울이 부착된다. 일반적으로 자동차가 주행할 때는 각종 진동이 발생하는데, 그 진동이 거울면에 전달되면 거울면의 진동이 후방시계를 확보하는 데 악영향을 미치게 된다.

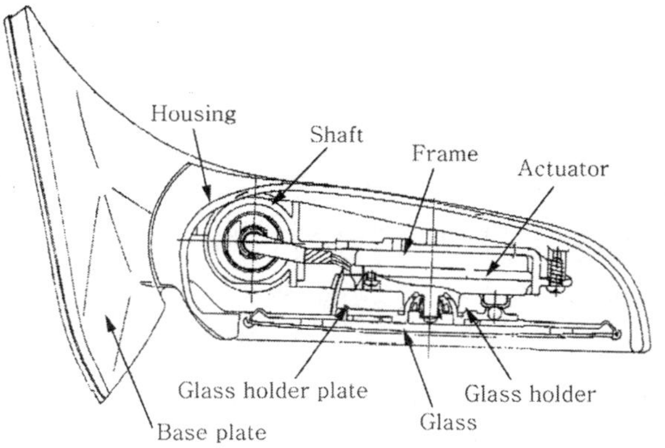

그림 8 · 24 자동차 후사경의 부품

후방시계의 확보는 안전문제에 직결되기 때문에 거울면의 진동을 작게 하는 것이 중요하다. 이러한 목적을 달성하기 위한 설계사례를 소개한다.

8.4.1 후사경의 유한요소모델링

우선 후사경의 진동해석을 실시한다. 진동해석에는 실험이 가장 정확하지만 설계변경이 있을 때마다 실험을 실시하는 것은 고가의 작업이다. 따라서 컴퓨터에 의한 유한요소법을 이용하여 진동해석을 실시한다. 그림 **8 · 24**와 같이 여러 부품을 조립하여 만든 구조물은 유한요소법의 각종 요소를 사용하는데 그 유한요소모델이 대단히 복잡하다. 따라서 실제 실험과 결과를 비교해서 유한요소모델을 검증한다.

자동차 후사경의 유한요소모델이 그림 **8 · 25**에 있다. 이는 주로 셸요소를 사용하여 만드는데 그림 **8 · 24**의 액추에이터 등은 질량효과가 중요하므로 질량요소를 사용한다. 각 부품을 연결하기 위해 때로는 보요소를 사용하는데 보요소의 단면계수를 정하는 것이 쉽

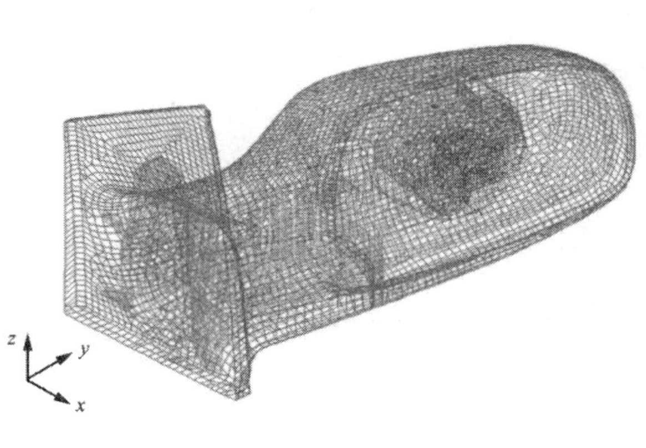

그림 8 · 25 자동차 후사경의 유한요소모델링

지 않다. 이런 인위적인 요소 등은 실험과의 비교를 통해 조절(tuning)한다. 경계조건은 그림 8 · 24의 베이스플레이트 부분을 고정하는 것이다. 진동을 감소시키기 위해서는 진동 정도를 측정해야 하는데 거울면의 변위를 측정한다.

유한요소모델의 검증을 위하여 우선 각 부품의 고유진동수를 실험으로 측정하여 이를 유한요소모델과 비교한다. 각 부품의 모델링의 검증을 위하여 그림 8 · 26과 같이 임팩트 해머와 FFT(fast fourier transform) 해석기를 이용하여 고유진동수를 측정한다. 그 후 측정값들을 각 부품의 모델링에 반영하여 물성치와 두께 등을 보정한다.

이후 각 부품의 유한요소모델을 조립한 후 실제의 제품에 대한 실험값과 일치하도록 유한요소모델을 조절(tuning)한다. 이 실험에 대한 개괄도가 그림 8 · 27에 있다. 조화응답

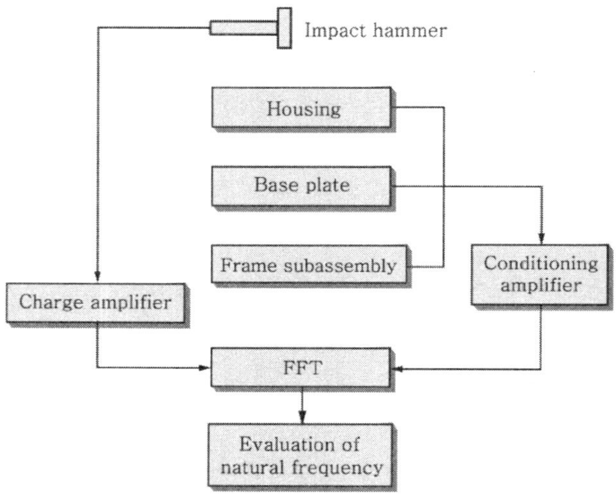

그림 8 · 26 실험기구를 이용한 후사경 각 부품의 고유진동수 측정 실험의 개괄도

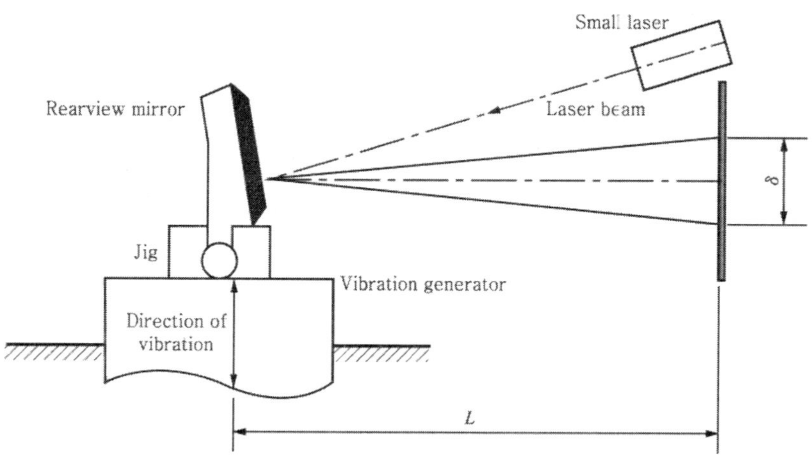

그림 8 · 27 진동으로 인한 거울면의 변위 측정 실험 개괄도

해석 결과를 검증하기 위해 강제진동실험을 수행하는데, 그림 **8 · 27**의 복합진동시험기를 이용하여 실험한다. L은 거울에서 측정판까지의 거리이고, δ는 거울면에의 변위를 나타낸다. 이 실험은 후사경을 실차상태의 조건으로 장착한 후 수직 또는 수평으로 10~200Hz의 주파수 범위에서 기계적인 진동을 가한다. 동시에 레이저빔을 거울 표면에 투사하여 빔의 편향각(deflection angle) 및 변위량을 측정한다. 이때 실험에서 설정된 10~200Hz의 주파수 범위에서 공진 시의 변위량을 측정한다. 본 실험에서의 진동 가속도 조건은 1G로 한다. 이에 대한 실험 결과의 예가 그림 **8 · 28**에 있다.

여러 번의 실험을 수행한 후 공진주파수의 평균값을 구하면 1차 공진점은 40Hz, 2차 공진점은 60Hz, 3차 공진점은 107.5Hz에서 발생한다. 유한요소해석에서 구한 값은 각각 39.8Hz, 61.1Hz, 107.2Hz이다. 이후 유한요소모델은 유효한 것으로 간주하고 설계를 실시한다.

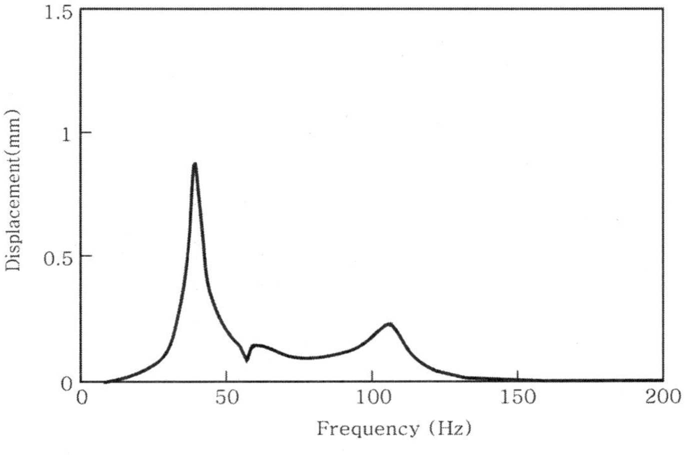

그림 8 · 28 거울의 조화응답 실험의 결과

8.4.2 후사경의 위상최적설계

후사경 설계 시 공진을 피하기 위해 첫 번째 공진주파수를 높게 할 필요가 있다. 다시 말하면 역학적으로 구조물의 강성을 높이도록 설계한다. 이를 위해서 그림 **8 · 24**의 거울면이 부착된 판(glass holder plate) 등에 보강재(stiffener)를 설치한다. 보강재 설치 방향을 알아보기 위해 위상최적설계를 실시한다. 위상최적설계를 위해서는 후사경 전체구조 중 일부만을 떼어 내어 유한요소법을 이용한다. 그림 **8 · 29**에 위상최적설계를 실시한 대상이 있다. 위상최적설계는 상용화소프트웨어인 GENESIS를 이용하며 GENESIS에 내장된 밀도법을 사용한다(GENESIS, 2004). 위상최적설계의 정식화는 다음과 같이 정의한다.

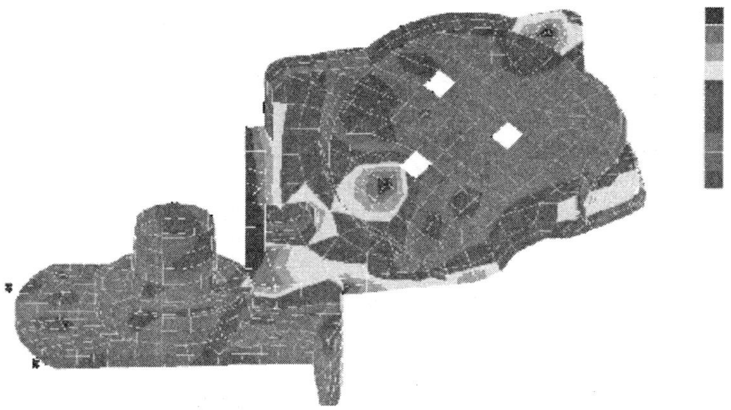

그림 8 · 29 후사경 일부 부품의 위상최적설계 결과

Find design variables (8 · 4a)

to minimize $0.7\frac{1}{\xi_1}+0.3\frac{1}{\xi_2}$ (8 · 4b)

subject to final mass $\le 0.5\times$initial mass (8 · 4c)

여기서 ξ_1은 첫 번째 고유진동수, ξ_2는 두 번째 고유진동수이다. ξ_1이 강성에 미치는 영향이 더 크기 때문에 가중치가 더 크다. 고유진동수를 최대화하기 위해 역수를 최소화한다.

위상최적설계의 결과가 그림 8·29에 있는데 진한 색으로 나타낸 부분이 보강재를 추천하는 장소이다. 위의 최적화 결과 초기설계에서는 $\xi_1=67.20$Hz, $\xi_2=82.07$Hz인데 위상최적화 후에는 $\xi_1=73.03$Hz, $\xi_2=86.71$Hz로 변했다. 한편 거울면의 변위는 초기에 0.396mm에서 최적화 후 0.222mm로 변하여 강성이 높아진 것을 알 수 있다. 그림 **8 · 29**의 위상최적설계의 결과는 대부분의 위상최적화 과정과 마찬가지로 그대로 사용할 수는 없고 설계자가 위상최적화의 결과를 감안하여 주변 상황에 따라 보강재를 정의하게 된다.

8.4.3 후사경의 치수최적설계

자동차 후사경의 설계를 위해 치수최적설계방법을 도입할 수 있다. 치수최적설계에 사용할 수 있는 설계변수는 각 부품의 두께로서 그림 **8 · 30**에 있는 6개로 정의한다. 그림 **8 · 30**은 치수최적설계에서 사용한 유한요소모델이기도 하다. 치수최적설계에 사용한 정식화는 다음과 같다.

Find thickness of each part (8 · 5a)

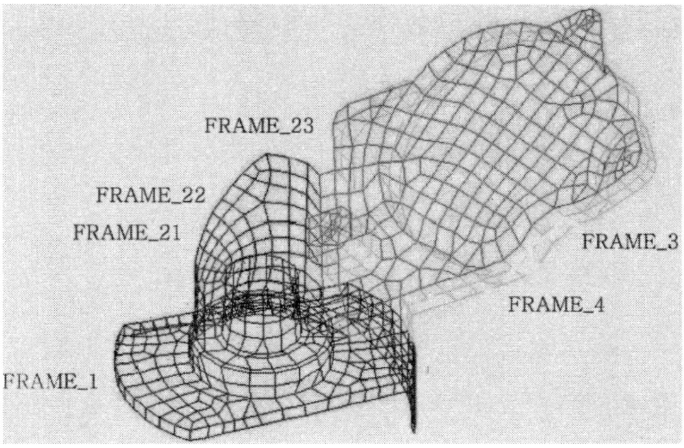

그림 8 · 30 후사경 치수최적설계의 유한요소모델

to maximize the first natural frequency ξ_1 (8 · 5b)

subject to mass $\leq$ initial mass (8 · 5c)

최적화 결과 고유진동수가 $\xi_1 = 67.2$Hz에서 $\xi_1 = 90.03$Hz로 증가하였다. 각 부품의 반복과정에서의 변화가 그림 **8 · 31**에 있다. 치수최적설계에서는 외력을 감안하여 응력제한조건 등을 포함할 수도 있다. 그러나 평상시의 주행에서 외력에 의해 후사경이 파손되지는 않으므로 외력에 의한 응력제한조건은 생략하였다.

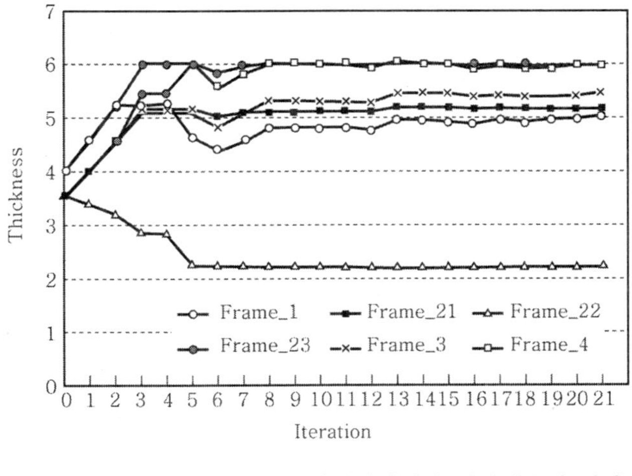

그림 8 · 31 후사경 치수최적설계에서의 설계변수의 변화

8.4.4 이산공간에서 직교배열표에 의한 설계

후사경의 설계를 **6.3**절의 방법으로 설계한다. 여기서 사용할 수 있는 설계변수의 종류가 표 **8·5**에 있다. 후사경의 강성을 최대화하기 위하여 주어진 하중에 대해 다음의 정식화로 거울면의 변위를 최소화하였다.

$$\text{Find} \quad A, B, C, D, E, F, G, H, I, J, K, L, M \tag{8·6a}$$

$$\text{to mimimize} \quad \delta_{\text{mirror}} \tag{8·6b}$$

위의 문제에서 설계변수는 표 **8·5**와 같이 13개이며 각 설계변수의 수준은 3으로 표 **8·6**에 있다. 전조합실시법을 실시하면 $3^{13}=1,594,323$회의 실험(유한요소해석)을 실시해야 하지만 직교배열표를 이용하면 실험 횟수를 대폭 줄일 수 있다. 이 문제에 대한 최소한의 직교배열표는 교호작용을 무시할 때 **6.3**절의 방법을 이용하면 $L_{27}(3^{13})$이므로 27회의 실험만을 실시한다. $L_{27}(3^{13})$ 직교배열표의 각 행에 대해 식 (8·6b)의 계산이 표 **8·7**에 있으며 그 결과로 일원표를 작성한 것이 표 **8·8**에 있다. 일원표로부터의 설계해는 $(A_1, B_2, C_2, D_2, E_3, F_3, G_3, H_3, I_3, J_3, K_2, L_3, M_3)$인데 여기서 아래첨자는 수준수를

표 8·5 후사경에서 고려할 수 있는 설계변수의 종류

Variable	Parts	Design variable
A	Frame	Young's modulus and density
B		Neck thickness
C		Bottom plate thickness
D		Rib effect
E	Shaft	Plate thickness
F		Spring stiffness between the frame and shaft
G		Radius of the spring
H		Young's modulus and density
I	Housing	Housing material density
J		Frame and housing connection
K	Glass & holder	Glass material density
L		Glass plate thickness
M		Spring between the frame and glass

표 8·6 표 8·5의 설계변수의 수준값

Factor \ Level	Level 1	Level 2	Level 3
A	$E=200.0$ $\rho=1.07\times10^{-10}$	$E=1662.40$ $\rho=1.74\times10^{-10}$	$E=7241.73$ $\rho=2.78\times10^{-10}$
B	1mm	3mm	5mm
C	1mm	5mm	9mm
D	5mm(horizontal)	No change	5mm(vertical)
E	1mm	3mm	5mm
F	$E=1.05\times10^4$	$E=2.1\times10^4$	$E=3.15\times10^4$
G	11.25mm	14.5mm	17.45mm
H	$E=1662.40$ $\rho=1.74\times10^{-10}$	$E=4698.15$ $\rho=4.238\times10^{-10}$	$E=7733.90$ $\rho=6.735\times10^{-10}$
I	0.4×10^{-10}	1.07×10^{-10}	1.74×10^{-10}
J	5mm(up and down)	No change	5mm(up, down and outside)
K	6.664×10^{-11}	8.33×10^{-11}	9.996×10^{-11}
L	1mm	3mm	5mm
M	1(right side)	No change	2(both sides)

표 8·7 $L_{27}(3^{13})$ 직교배열표 실험

Exp. no	A	B	C	D	E	F	G	H	I	J	K	L	M	Result(mm)
1	1	1	1	1	1	1	1	1	1	1	1	1	1	0.39476
2	1	1	1	1	2	2	2	2	2	2	2	2	2	0.34191
3	1	1	1	1	3	3	3	3	3	3	3	3	3	0.28839
4	1	2	2	2	1	1	1	2	2	2	3	3	3	0.36118
5	1	2	2	2	2	2	2	3	3	3	1	1	1	0.30609
6	1	2	2	2	3	3	3	1	1	1	2	2	2	0.32529
7	1	3	3	3	1	1	1	3	3	3	2	2	2	0.34880
8	1	3	3	3	2	2	2	1	1	1	3	3	3	0.34688
9	1	3	3	3	3	3	3	2	2	2	1	1	1	0.34139
10	2	1	2	3	1	2	3	1	2	3	1	2	3	0.35816
11	2	1	2	3	2	3	1	2	3	1	2	3	1	0.35264
12	2	1	2	3	3	1	2	3	1	2	3	1	2	0.36845
13	2	2	3	1	1	2	3	2	3	1	3	1	2	0.37198
14	2	2	3	1	2	3	1	3	1	2	1	2	3	0.34462
15	2	2	3	1	3	1	2	1	2	3	2	3	1	0.33676
16	2	3	1	2	1	2	3	3	1	2	2	3	1	0.35074

표 8·7 $L_{27}(3^{13})$ 직교배열표 실험 (계속)

Exp. no	Design variable													Result(mm)
	A	B	C	D	E	F	G	H	I	J	K	L	M	
17	2	3	1	2	2	3	1	1	2	3	3	1	2	0.35754
18	2	3	1	2	3	1	2	2	3	1	1	2	3	0.35462
19	3	1	3	2	1	3	2	1	3	2	1	3	2	0.37722
20	3	1	3	2	2	1	3	2	1	3	2	1	3	0.33820
21	3	1	3	2	3	2	1	3	2	1	3	2	1	0.36415
22	3	2	1	3	1	3	2	2	1	3	3	2	1	0.36814
23	3	2	1	3	2	1	3	1	2	1	1	3	2	0.35458
24	3	2	1	3	3	2	1	3	3	2	2	1	3	0.35871
25	3	3	2	1	1	3	2	3	2	1	2	1	3	0.33419
26	3	3	2	1	2	1	3	1	3	2	3	2	1	0.36348
27	3	3	2	1	3	2	1	2	1	3	1	3	2	0.33105

표 8·8 표 8·7의 결과의 일원표에 의한 결과

	A^*	B	C	D	E^*	F	G	H^*	I	J^*	K	L	M
1	0.3395	0.3538	0.3522	0.3512	0.3628	0.3579	0.3571	0.3576	0.3520	0.3555	0.3514	0.3523	0.3531
2	0.3551	0.3474	0.3445	0.3453	0.3451	0.3477	0.3483	0.3512	0.3500	0.3564	0.3430	0.3521	0.3530
3	0.3544	0.3476	0.3522	0.3553	0.3411	0.3433	0.3436	0.3401	0.3469	0.3371	0.3545	0.3444	0.3428

나타낸다. 일원표로부터 추출한 설계값을 가지고 식 (6·43)의 추정값 δ_{opt}^{pred}을 구하면 0.2634이다. 그러나 교호작용을 무시하였으므로 이의 확인실험을 해야 하는데 확인실험 결과 $\delta_{opt}^{exp}=0.2880$을 얻었다. 이는 표 **8·7**에 있는 어떤 행의 값보다 좋으므로 이산공간에서의 최종해로 선정한다.

참고로 본 문제에 대한 교호작용을 조사해 본다. **6.4**절에 있는 방법을 시행하여 다음 값을 구한다.

$$\frac{|\delta_{opt}^{pred}-\delta_{opt}^{exp}|}{|\delta_{opt}^{exp}|}=0.085 \tag{8·7}$$

식 (8·7)의 값은 일반적으로 작은 값이다. 한편 표 **8·7**의 직교배열표의 모든 경우보다 일원표로부터 추출한 값이 더 우수하며, 직교배열표의 모든 열을 사용하였으므로 오차 열이 없다. 따라서 본 문제는 교호작용이 크지 않은 경우라 하겠다.

8.4.5 후사경의 강건설계

이번에는 후사경의 거울면에서의 변위에 대한 강건설계를 실시한다. 강건설계 시에는 외측배열을 고려한다. 모든 경우에 대해 실시하려면 각 설계변수의 공차가 3수준을 가진다고 가정할 때 27×27=729회의 해석을 실시해야 한다. 이는 해석의 수가 너무 많으므로 변위에 민감한 설계변수만 선택해서 실시한다. 변위에 민감한 변수를 선택하기 위해 분산분석표를 사용하는데 그 결과가 표 **8·9**에 있다. 그리고 이에 대한 민감도가 그림 **8·32**에 있다. 이로부터 민감한 설계변수 A, E, H, J를 강건설계에 사용하기로 결정한다. 그 외의 변수는 앞에서 직교배열표로 결정한 치수를 가진다.

설계변수가 4개이고 각 설계변수의 공차가 표 **8·10**에 있다. 강건성을 높이기 위하여 다음의 S/N비를 최대화할 특성치로 정의한다.

$$\eta_i' = -10\log(\Phi_i^2) \qquad (8\cdot8)$$

표 8·9 각 변수에 대한 분산분석표

Factor	DOF	Sum of squares	Mean square	F
A^*	2	1.398	0.699	2.705
B	2	0.236	0.118	
C	2	0.357	0.179	
D	2	0.478	0.239	
E^*	2	2.408	1.204	4.658
F	2	1.000	0.500	
G	2	0.835	0.417	
H^*	2	1.424	0.712	2.755
I	2	0.117	0.058	
J^*	2	2.136	1.068	4.133
K	2	0.637	0.318	
L	2	0.365	0.183	
M	2	0.626	0.313	
Error	0	0	–	
Total	26	12.018	0.4622	
(Error)	(18)	(4.652)	(0.258)	

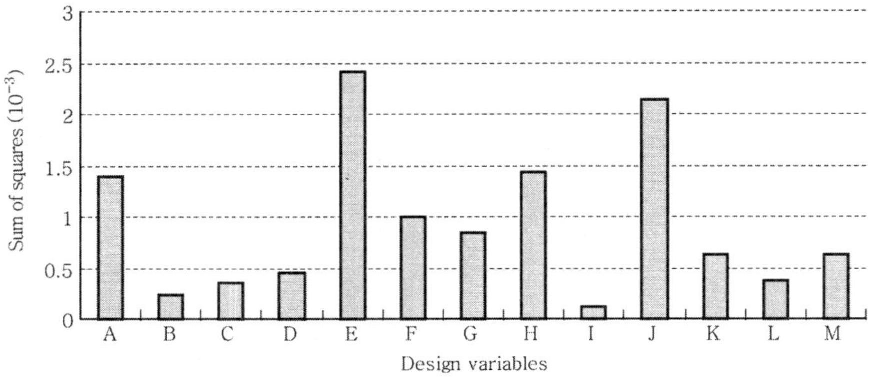

그림 8 · 32 표 8 · 9의 분산분석표로부터 도출한 각 변수의 기여도(민감도)

표 8 · 10 선정된 변수의 공차

Variable	Parts	Definition	Tolerance
A	Frame	Young's modulus and density	E : 50kg/mm^2 ρ : 3.5$\times 10^{-11}$kgfs^2/mm^2
E	Shaft	Plate thickness	0.4mm
H	Shaft	Young's modulus and density	E : 607kg/mm^2 ρ : 4.0$\times 10^{-11}$kgfs^2/mm^2
J	Connection	Frame and housing connection	1mm

여기서 Φ_i는 직교배열표 i번째 행의 표준편차 σ_i이다. 여기서는 설계변수가 4개이고 수준수가 3이므로 내측배열은 $L_9(3^4)$을 사용한다. 외측배열도 동일한 직교배열표를 사용한다. 외측배열의 설정 시 표 **8 · 10**의 공차값을 기준수치에서 가감하여 1수준과 3수준을 정의하고 기준수치를 2수준으로 한다.

내측배열의 각 행에 대한 표준편차를 구한 결과가 표 **8 · 11**에 있다. 그리고 강건설계를 실시한 후의 일원표가 표 **8 · 12**에 있다. 이 방법은 **7.3.3**절에 자세히 설명하였다. 표 **8 · 12**의 결과로부터 얻는 강건설계는 $A_1E_2H_2J_2$인데 이것은 우연히 표 **8 · 11**의 두 번째 행과 동일하다. 따라서 이를 최종해로 간주한다.

표 8 · 11 $L_9(3^4)$ 직교배열표를 이용한 내측배열의 특성값

실험번호	인자의 배치 및 수준				S/N비
	A	*E*	*H*	*J*	
1	1	1	1	1	3.89E1
2	1	2	2	2	5.47E1
3	1	3	3	3	4.72E1
4	2	1	2	3	4.04E1
5	2	2	3	1	4.86E1
6	2	3	1	2	4.84E1
7	3	1	3	2	4.29E1
8	3	2	1	3	4.79E1
9	3	3	2	1	4.91E1

표 8 · 12 표 8 · 11의 일원표

Level / Factor	*A*	*E*	*H*	*J*
1	46.939	40.727	45.071	45.522
2	45.770	50.404	48.055	48.677
3	46.655	48.233	46.238	45.166

8.5 저속차량 차체의 구조해석 및 최적설계

8.5.1 문제의 설명

자동차 산업에서는 차체를 경량화하기 위해 경량 재료를 도입하거나 새로운 가공 및 조립기술을 개발하려는 연구들이 활발하게 이루어지고 있다. 그런 노력의 일환으로 알루미늄 스페이스 프레임(aluminum space frame)을 적용한 전기자동차가 개발되고 있다. 전기자동차는 성능과 기능 면에서 종류가 다양한데, 그 중에서 골프장과 같은 비교적 짧은 거리에서 레저용 운송수단으로 사용되는 저속차량(low speed vehicle)이 있다.

여기서는 2인승 저속차량 모델에 대해 구조해석을 실시하고 그 결과를 일반승용차와 비교한다. 일반적으로 개발하고자 하는 자동차의 구조성능은 기존의 동급 자동차가 가진 성능보다 향상되도록 설계하는 경우가 많다. 그러나 저속차량의 경우 이러한 기준 모델이 없으므로 일반승용차의 구조성능에 대한 자료와 비교하여 저속차량이 만족해야 할 구조성능을 정의한다.

저속차량이 만족해야 하는 구조성능을 달성하기 위해서는 직관에 의한 단순 설계변경보다는 구조최적설계와 같이 정형화된 방법을 사용하는 것이 좋다. 설계 초기에는 위상최적설계를 수행하여 보강재가 필요한 부품을 선정한다. 그리고 선정된 부품의 단면을 설계하는데 위상최적설계를 다시 이용한다. 위상최적설계 후 저속차량 부품의 두께를 설계변수로 선정하여 치수최적설계를 실시한다. 이러한 일련의 위상최적설계와 치수최적설계를 이용하여 구조성능이 개선된 차체를 얻을 수 있다. 구조해석과 구조최적설계를 위해 상용 프로그램인 GENESIS를 사용한다(GENESIS, 2004).

8.5.2 알루미늄 스페이스 프레임과 저속차량

알루미늄은 자동차부품의 소재로 많이 사용되는 철(steel)에 비해 밀도가 1/3 정도 수준으로 매우 가벼우면서도 재활용이 가능한 성질을 지니고 있다. 최근에는 이러한 장점을 가진 알루미늄을 차체구조로 사용하려는 연구가 활발하다. 그러나 철에서 알루미늄으로 단순히 재료를 변경하는 것만으로는 구조물이 요구하는 특성을 만족하지 못한다. 따라서 그림 **8 · 33**과 같이 철을 이용한 기존의 일체형 모노코크(monocoque) 구조보다 스페이스 프레임 구조가 더 효과적이다. 일반적으로 철 모노코크 구조를 대신하여 알루미늄 스페이스 프레임을 적용할 경우 구조적 강성을 만족시키기 위해 스페이스 프레임의 단면 두께가 증가하게 된다. 따라서 알루미늄 스페이스 프레임 구조에서는 경량화가 중요하다.

미연방도로교통안전국의 문서는 그림 **8 · 34**와 같이 최고속도 25mph 이하의 차량(sub-25mph vehicle group)을 정의하고 있다. 이 부류에 속한 차량에는 최고속도가 15mph 이하의 일반적인 골프용 차량(golf car)과 속도를 20~25mph로 개선한 골프용 차량(speed modified golf car), 외관상 승용차와 유사하고 최고속도가 25mph 이하의 근거리용 전기자동차(neighborhood electric vehicle) 등이 있다.

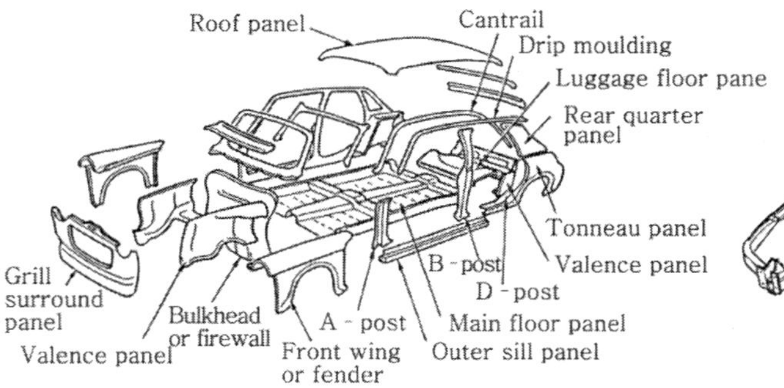

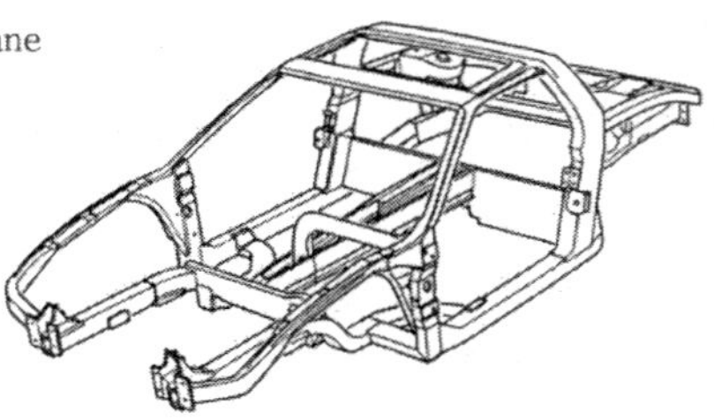

그림 8 · 33 모노코크 구조(왼쪽)와 스페이스 프레임(오른쪽)

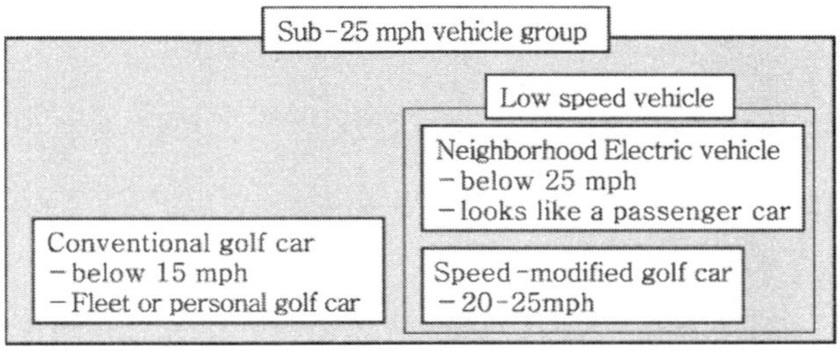

그림 8 · 34 최고속도 25mph 이하의 차량 분류

이러한 부류 중에서 최고 속도가 20~25mph인 차량을 저속차량(low speed vehicle)이라고 분류한다. 그림 **8 · 35**는 2인승 저속차량에 대한 CAD(computer aided design) 모델과 유한요소모델이다. 이것은 초기에 설계자가 직관적으로 설계한 구조이다. 유한요소모델에서는 두께가 얇은 스페이스 프레임 구조에 대해 2차원의 셸(shell) 요소를 사용하고 두께가 있는 부품에 대해서는 3차원의 솔리드(solid) 요소를 사용한다. 좌표계는 차체 길이 방향을 x축, 차축 방향을 y축, 그리고 차체 높이 방향을 z축으로 선정한다.

저속차량의 용도는 놀이공원이나 공항, 골프장과 같은 공공시설에서도 사용이 가능한 근거리 교통수단이다. 동력은 충전지를 이용하고 차체는 알루미늄 스페이스 프레임 구조이다. 재질은 차량용, 선박용, 기계부품, 각종 구조재의 재료로 사용하는 알루미늄 T6-6061이다. 재질의 물성치는 표 **8 · 13**과 같다.

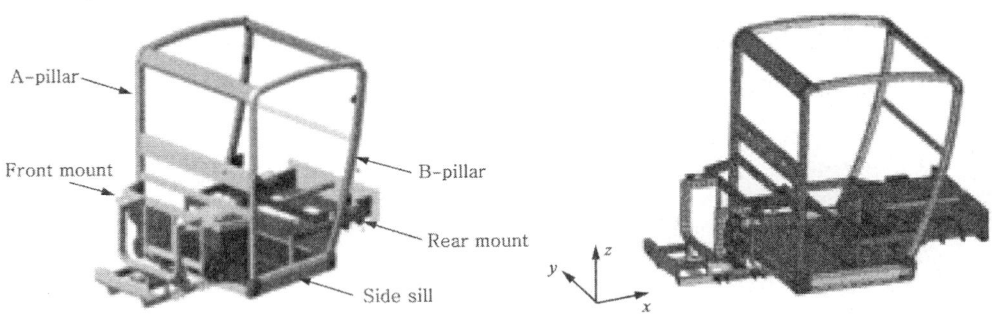

(a) CAD 모델 (b) 유한요소모델

그림 8 · 35 저속차량모델

표 8 · 13 T6-6061 알루미늄의 물성치

Young's modulus	73.1GPa
Poisson's ratio	0.33
Mass density	2.7×10^{-6}kg/mm^3
Yield strength	275MPa
Ultimate strength	310MPa

8.5.3 저속차량 차체의 구조해석과 일반차량과의 비교

일반적으로 차량 구조해석의 종류에는 강성해석과 강도해석, 충돌해석이 있다. 강성성능과 강도성능은 산업체에 따라 기준과 평가방법이 다소 다르고 해석과 실험을 통하여 성능을 예측·측정하여 설계에 반영한다. 충돌성능은 법규에 규정되어 있으며 충돌시험 시 상해치나 변형량 등의 허용조건을 만족해야 한다. 여기서는 강성성능과 강도성능을 고려한다.

강성해석은 차체의 굽힘, 비틀림 정도를 평가하여 승차감을 높이기 위함이며 강도해석에서는 차체의 내구성을 파악한다. 일반차량에 대해서는 강성 및 강도해석을 위한 하중조건이 잘 정의되어 있으나 저속차량에 대한 하중조건은 아직 정해져 있지 않다. 따라서 강성, 강도해석을 위해 일반차량에 사용하는 하중조건을 이용한다. 아울러 해석 결과를 기존의 승용차에 대한 해석 결과와 비교한다.

우선 초기설계인 그림 **8·35**의 모델에 대한 해석을 실시한다.

[1] 강성해석

차체는 주행 중에 노면의 상태나 운전 상태에 따라 변형이 일어난다. 이때 주로 굽힘이나 비틀림의 거동을 한다. 이러한 거동은 운전자가 직접 느끼게 되어 불편함을 초래할 수 있다. 강성해석은 임의의 하중에 대해 굽힘과 비틀림의 정도를 파악하는 정강성 해석과 고유진동수를 계산하는 모드해석으로 나뉜다.

굽힘강성을 구하기 위해 차체의 전후방 마운트(mount) 부위를 고정하고 차체의 하부구조의 좌우 패널(outer sill panel) 중앙부에 각각 4900N의 하중을 가한다. 이때 굽힘강성(bending stiffness) K_B는 다음과 같다.

$$K_B = P/\delta_z \tag{8·9}$$

여기서 P는 차체에 가하는 집중하중(9800N)이며 δ_z는 하중을 가한 지점에서 하중의 작용방향 변위이다.

비틀림강성(torsional stiffness)을 구하기 위해서 차체 후방을 고정하고 차체 전방에 x축 방향으로 비틀림하중을 가한다. 이때 하중을 준 지점에서 비틀림 각도를 산출하는데 비틀림강성 K_T는 다음과 같다.

$$K_T = T/\theta_x \tag{8·10}$$

여기서 T는 차체에 작용하는 비틀림하중(980Nm)이며, θ_x는 하중을 가한 지점에서의 비틀림각도이다. 그림 **8·36**은 기존모델의 굽힘과 비틀림해석 시 차체의 변형된 모습이며 초기설계의 굽힘강성은 3420N/mm, 비틀림강성은 3455Nm/deg으로 나타났다.

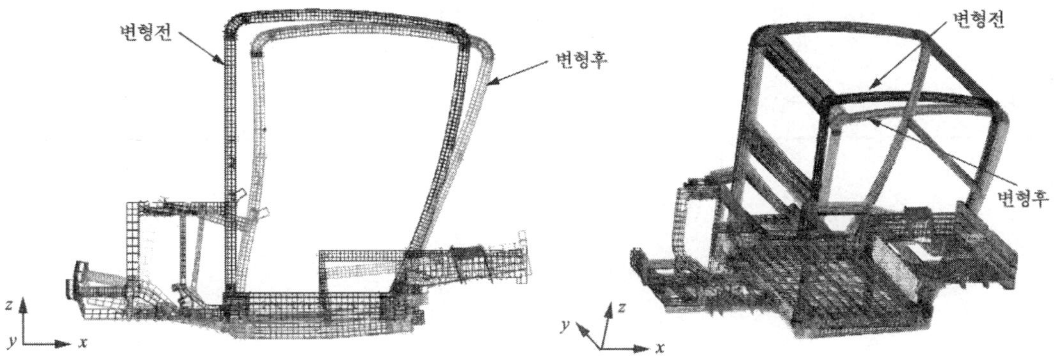

(a) 굽 힘 (b) 비틀림

그림 8 · 36 정강성해석 결과

모드해석의 목적은 차체의 고유진동수를 구하여 차체의 거동을 파악하는 것이다. 국부적인 진동보다는 굽힘과 비틀림모드를 살펴보고 그때의 고유진동수를 파악한다. 해석 결과 1차 굽힘모드는 25.6Hz에서, 1차 비틀림모드는 41.4Hz에서 나타났으며, 이때의 거동은 그림 **8 · 37**과 같다.

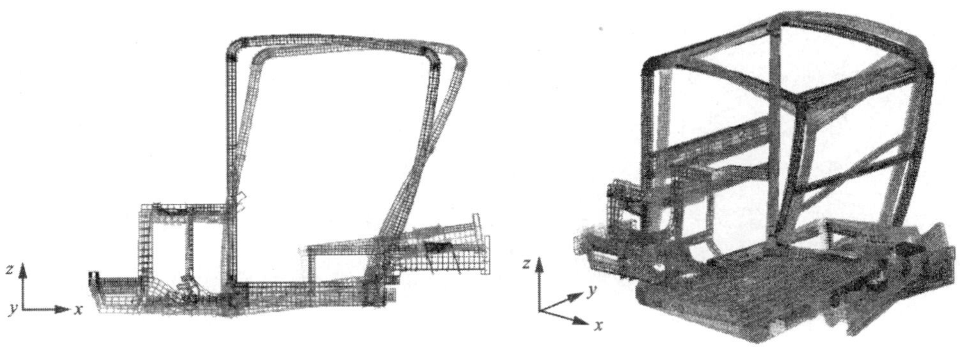

(a) 1차 굽힘모드 (b) 1차 비틀림 모드

그림 8 · 37 모드해석 결과

[2] 강도해석

저속차량에 대한 강도해석의 하중조건이 현재까지는 없다. 따라서 일반차량의 해석에 사용되는 하중조건을 적용한다. 강도해석을 위한 하중조건은 지면을 통하여 타이어, 바퀴, 현가장치(suspension system)를 거쳐 차례로 전달되기 때문에 차체해석 시 현가장치에 대한 모델링이 필요하다. 그러나 이 부분은 생략하고 하중이 직접 차체의 마운트(mount)에 작용하는 것으로 한다. 실제차량의 주행 상태에서 작용하는 하중 때문에 생기는 응력을 구하기 위하여 관성제거(inertia relief) 해석을 적용하였다.

강도해석을 위해 필요한 차량의 제원은 표 **8 · 14**와 같다.

표 8 · 14 저속차량의 제원

Total vehicle weight*	730kg
Wheelbase	1565mm
Track front	1205mm
Track rear	1205mm
Center of mass height	520mm
Distance from front axle to mass center in *x*direction	782.5mm

* : 순수한 차체중량(600kg)과 약간의 짐, 승객을 포함한 중량

강도해석에 사용할 하중조건을 구하기 위하여 몇 가지 특정한 주행상황을 선정하고 그때의 각 바퀴 반력을 구한다. 각 바퀴에 걸리는 반력은 정적 평형방정식을 이용하여 구할 수 있다. 위의 특정한 주행상황에서 구한 반력을 기본하중이라 정의한다. 그리고 여러 가지 다양한 주행상황에서 가해지는 하중은 기본하중에 계수를 곱하여 정의한다.

먼저 전진 · 후진 시에 각각 1.0g, 0.8g의 가속도로 급정거하는 경우를 고려해 보자. 이에 대한 자유물체도가 그림 **8 · 38**에 있다. $2R_1$과 $2R_2$는 앞뒤차축의 왼쪽과 오른쪽에 바퀴가 있음을 의미한다. 앞뒤 차축의 각 바퀴 중심에 대한 모멘트 평형으로부터 각 바퀴에 걸리는 힘을 계산할 수 있으며 표 **8 · 15**와 같다. 이때, 각 바퀴 중심에 걸린 반력은 앞뒤 마운트(mount)에 직접 작용하며 그림 **8 · 38**에서 점선 화살표로 표시하였다. 따라서 기본하중 R_1과 R_2는 두 가지씩 정의된다.

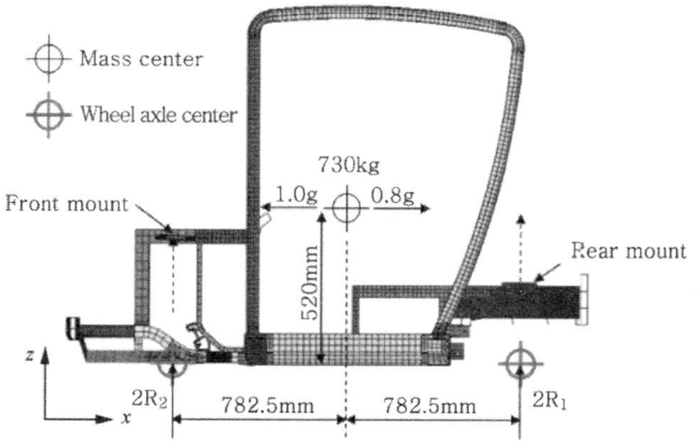

그림 8 · 38 전진 · 후진 급정거 시 자유물체도

표 8 · 15 전진 · 후진 급정거 시의 결과력

	R_1	R_2
1.0g으로 전진 급정거 시	600N	2980N
0.8g으로 후진 급정거 시	2742N	838N

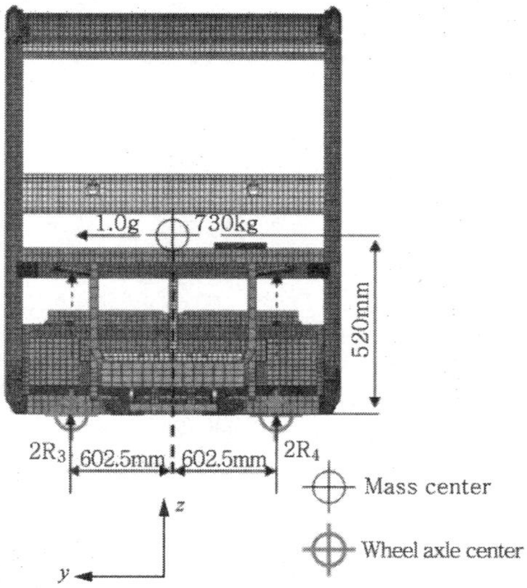

그림 8 · 39 왼쪽으로 1.0g으로 선회할 때의 자유물체도

차량이 1.0g으로 선회하는 경우를 살펴보자. 먼저 왼쪽으로 선회하는 경우 앞뒤 차축에 걸리는 반력을 구하기 위한 자유물체도를 그림 **8 · 39**에 나타내었다. $2R_3$와 $2R_4$는 앞뒤 차축에 각각 바퀴가 2개씩 있음을 의미한다. 모멘트 평형을 이용하여 각 바퀴에 걸리는 반력을 구할 수 있다. 차량이 1.0g으로 오른쪽으로 선회할 경우에는 R_3와 R_4의 하중 크기가 서로 반대이며 표 **8 · 16**에 정리하였다. 따라서 기본하중 R_3와 R_4도 2개씩 정의된다. 마지막으로 저속차량이 정지해 있는 경우에는 각 바퀴의 반력 R_5는 차체중량의 1/4이며 크기는 1790N이다.

기본하중 $R_i(i=1, \cdots, 5)$를 토대로 실제 주행 상황에서의 하중조건을 정의한다. 이러한 실제 주행 상황에는 차량이 웅덩이에 빠지는 상황(pothole brake), 차량의 왼쪽이나 오른쪽의 한쪽 바퀴만 웅덩이에 빠지는 상황(pothole coner left/right hand side), 차량이 둔턱을 지나가는 상황(ultimate vertical), 차량 후진 시의 급정거 상황(reverse brake), 차량의 왼쪽이나 오른쪽의 바퀴가 차도와 인도를 구분하는 연석을 치고 올라가는 상황(lateral curb strike) 등이 있다. 이 일곱 가지 하중조건에 대해 각 바퀴에 작용하는 하중을 표 **8 · 17**에 나타내었다.

표 8·16 왼쪽·오른쪽으로 1.0g으로 선회할 때의 결과력

	R_3	R_4
왼쪽으로 1.0g으로 선회 시	3335N	245N
오른쪽으로 1.0g으로 선회 시	245N	3335N

표 8·17 강도해석을 위한 하중조건

Wheel \ Load case	Pothole corner (LHS)			Pothole corner(RHS)		
	x	y	z	x	y	z
Front left	0	3335	10005	0	−245	245
Front right	0	245	245	0	−3335	10,005
Rear left	0	3335	10005	0	−245	245
Rear right	0	245	245	0	−3335	10,005
Wheel \ Load case	**Lateral curb strike (LHS)**			**Lateral curb strike(RHS)**		
	x	y	z	x	y	z
Front left	0	6670	3335	0	−245	245
Front right	0	245	245	0	−6670	3335
Rear left	0	6670	3335	0	−245	245
Rear right	0	245	245	0	−6670	3335
Wheel \ Load case	**Pothole brake**			**Reverse brake**		
	x	y	z	x	y	z
Front left	2980	0	8940	−670	0	838
Front right	2980	0	8940	−670	0	838
Rear left	600	0	1800	−2193	0	2742
Rear right	600	0	1800	−2193	0	2742
Wheel \ Load case	**Ultimate vertical**					
	x	y	z			
Front left	0	0	5370			
Front right	0	0	5370			
Rear left	0	0	5370			
Rear right	0	0	5370			

Remarks : Each wheel location is viewed from the top of the vehicle
LHS = left hand side
RHS = right hand side
Unit : Newton (N)

차량이 웅덩이에 빠지는 상황의 하중은 차량이 전진 급정거 시의 기본하중(R_1, R_2)을 x축으로 1배, z축으로 3배가 작용하는 것으로 한다. 차량의 한쪽 바퀴만 웅덩이에 빠지는 상황과 연석을 치고 올라가는 상황에서는 1.0g의 가속도로 회전하는 경우에 작용하는 기본하중(R_3, R_4)을 기초로 하중을 구한다. 실제로 운전자는 웅덩이나 연석을 발견하게 되면 이를 피하기 위하여 왼쪽이나 오른쪽으로 갑작스런 선회를 하게 된다. 따라서 왼쪽 바퀴가 웅덩이에 빠지거나 연석을 치고 올라가는 상황에서는 오른쪽으로 1.0g으로 선회할

때의 기본하중(R_3, R_4)을 적용한다. 웅덩이에 왼쪽 바퀴가 빠지는 경우에는 오른쪽으로 1.0g으로 선회할 때의 기본하중(R_3, R_4)을 y와 z축으로, 왼쪽 바퀴는 특별히 R_4의 3배를 z축으로 가한다.

왼쪽 바퀴가 연석을 치고 올라가는 상황에서는 오른쪽으로 1.0g으로 선회할 때의 기본하중(R_3, R_4)을 y와 z축으로, 왼쪽 바퀴는 특별히 R_4의 2배를 y축으로 가한다. 둔턱을 지나가는 경우는 정지상태의 기본하중 R_5의 3배를 z축에 작용한다. 후진 시 급정거 상황의 하중은 0.8g으로 후진 급정거할 때의 기본하중(R_1, R_2)을 z축으로, x축으로는 이 값의 0.8배가 작용하는 것으로 한다. 음의 부호는 작용하는 하중이 차체 중심을 향하도록 임의로 부여한 것이다.

강도해석 결과가 표 **8 · 18**에 있다. 차량이 웅덩이에 빠지는 상황과 둔턱을 지나가는 상황, 차량의 후진 시 급정거하는 경우에는 재료의 항복응력을 기준으로 평가한다. 차량의 한 쪽 바퀴만 웅덩이에 빠지는 상황과 차량이 연석을 치고 올라가는 상황에서는 재료의 극한강도를 기준으로 평가한다. 그 결과 현재의 모델이 모두 안전한 것으로 나타났다.

표 8 · 18 강도해석에서의 최대응력 및 강도평가

Loading condition	Maximum von Mises stress	Criterion	Evaluation
Pothole brake	205	Yield	Safe
Pothole corner	195 (LHS), 195 (RHS)	Ultimate	Safe
Ultimate vertical	138	Yield	Safe
Reverse brake	105	Yield	Safe
Later curb strike	110 (LHS), 110 (RHS)	Ultimate	Safe
Remarks: yield=yield strength, ultimate=ultimate strength, unit : MPa			

모든 하중조건 중에서 응력이 상대적으로 큰 것은 차량이 웅덩이에 빠지는 경우이다. 최대응력이 발생한 곳은 차체전방의 마운트와 차량 상판을 지지하는 가장 앞쪽의 지지대인 그림 **8 · 35**의 A-필라(pillar)의 연결 부분이다. 차량의 한쪽 바퀴만 빠지는 경우에는 그쪽 부분의 차체 전후방의 마운트 연결 부분에서 최대응력이 나타난다. 따라서 차체설계 시 이 부분을 고려해야 할 것이다. 그림 **8 · 40**과 그림 **8 · 41**에는 이 두 가지 상황에 대하여 변형된 모습과 함께 최대응력이 발생한 지점을 원으로 표시하였다.

그림 **8 · 42**는 7가지 하중조건에 대한 강도해석 결과로 최대응력의 크기를 막대그래프로 나타낸 것이다. 꺾은선그래프는 안전계수가 1.0, 1.5, 2.0인 경우에 허용응력이다. 현재 2인승 저속차량에 대한 응력 평가 기준은 없는 상태이므로 안전계수를 기준으로 강도 평가를 실시하였다. 전체적으로 살펴보면 안전계수가 1.0인 경우 모든 하중조건에서 최대응

력이 재료의 허용응력 안에 있다. 만일 안전계수를 1.5로 설정하면 차량이 웅덩이에 빠지는 상황에 취약하다. 안전계수가 2.0인 경우에는 후진 시 급정거 상황과 연석을 치고 올라가는 상황에서만 안전할 것으로 판단된다.

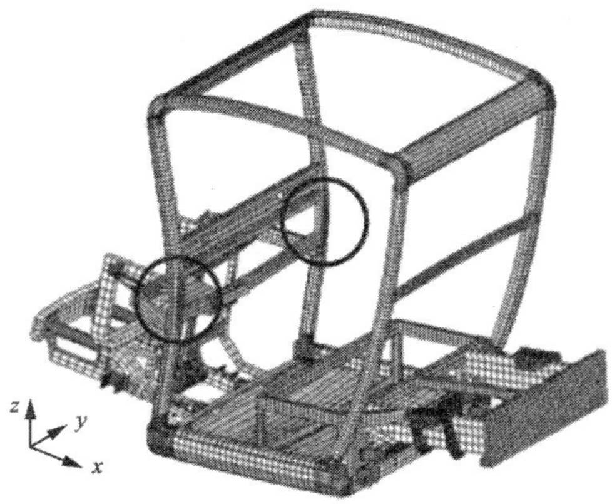

그림 8 · 40 차량이 웅덩이에 빠질 때의 변형과 최대응력 발생지점

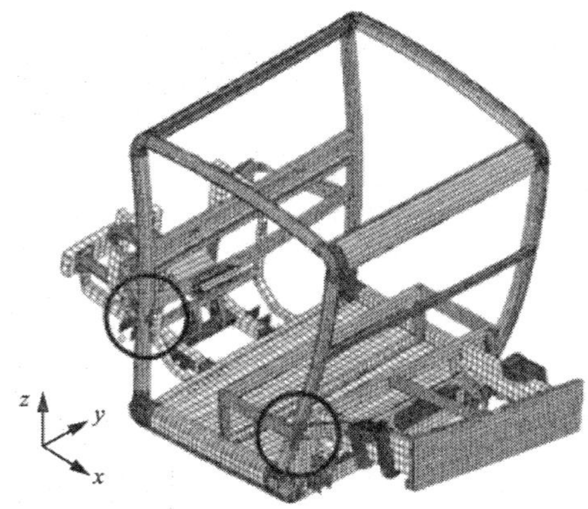

그림 8 · 41 왼쪽 바퀴가 웅덩이에 빠질 때의 변형과 최대응력 발생지점

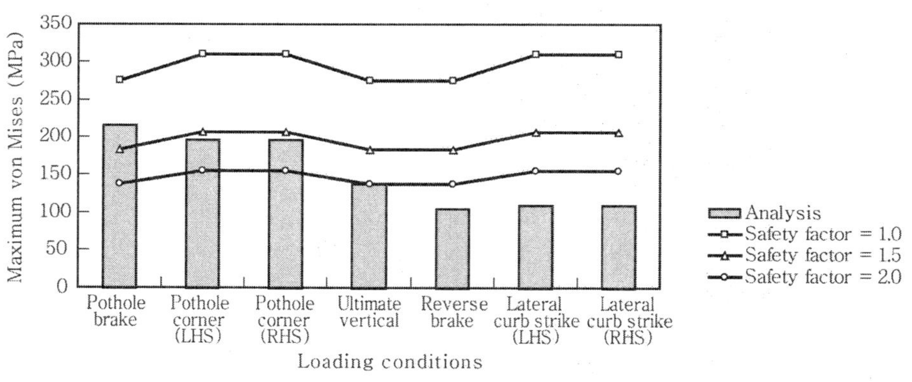

그림 8 · 42 강도해석 결과의 비교

[3] 일반차량과 저속차량의 강성 비교

저속차량 차체의 구조해석 결과와 기존의 일반자동차의 강성 자료를 비교하여 강성의 개선여부를 결정한다. 그 이유는 현재 저속차량의 강성이 어느 정도인지 나타낼 수 있는 기준이나 비교모델이 없는 상태이기 때문이다. 일반적으로 자동차의 크기나 종류가 다양하므로 자동차의 구조상 차체 중량에 대한 강성이나 휠베이스에 대한 강성을 서로 비교해 보았다. 현재 저속차량의 강성 수준이 어느 정도인지를 파악한다. 그런 뒤 같은 차체중량과 휠베이스의 일반차량이라면 어느 정도의 강성을 가져야 할 것인지를 찾고 저속차량의 성능 향상 정도를 결정하려고 한다.

굽힘강성과 비틀림강성을 비교할 때 식 (8 · 9)~(8 · 10)의 굽힘강성과 비틀림강성에 대한 식을 이용하거나 식 (8 · 11)~(8 · 12)를 이용하기도 한다. 굽힘강성은 차체를 집중하중이 작용하는 단순지지보(simply supported beam)로 가정하여 식 (8 · 11)의 EI값으로 정의한다.

$$EI = \frac{PL(3L^2 - 4x^2)}{48\delta} \tag{8 · 11}$$

여기서 P는 집중하중, L은 휠베이스 길이, x는 뒷축(rear axle)으로부터 집중하중이 작용하는 지점까지의 거리, δ는 집중하중이 작용하는 지점에서의 차체의 처짐이다. 비틀림강성은 차체의 한쪽이 고정되고 반대쪽에 비틀림하중이 작용하는 외팔보로 가정하여 식 (8 · 12)의 GJ값으로 정의한다.

$$GJ = \frac{TL}{\theta} \tag{8 · 12}$$

여기서 T는 비틀림하중(torque), θ는 기준면과의 비틀림각도이다.

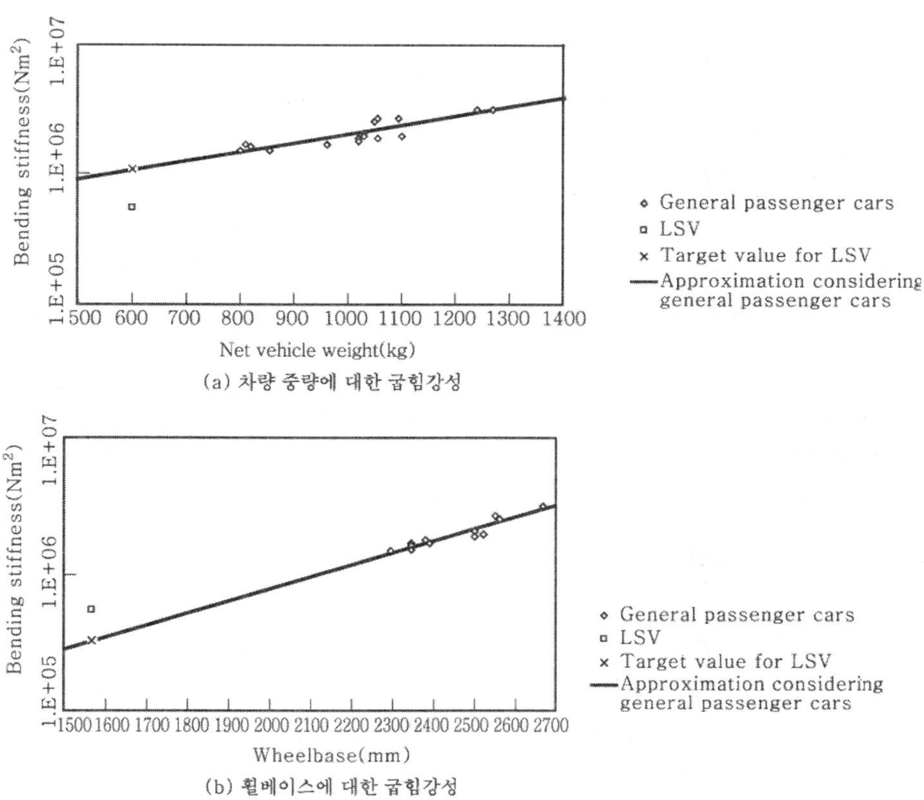

(a) 차량 중량에 대한 굽힘강성

(b) 휠베이스에 대한 굽힘강성

그림 8 · 43 저속차량과 일반차량의 굽힘강성 비교

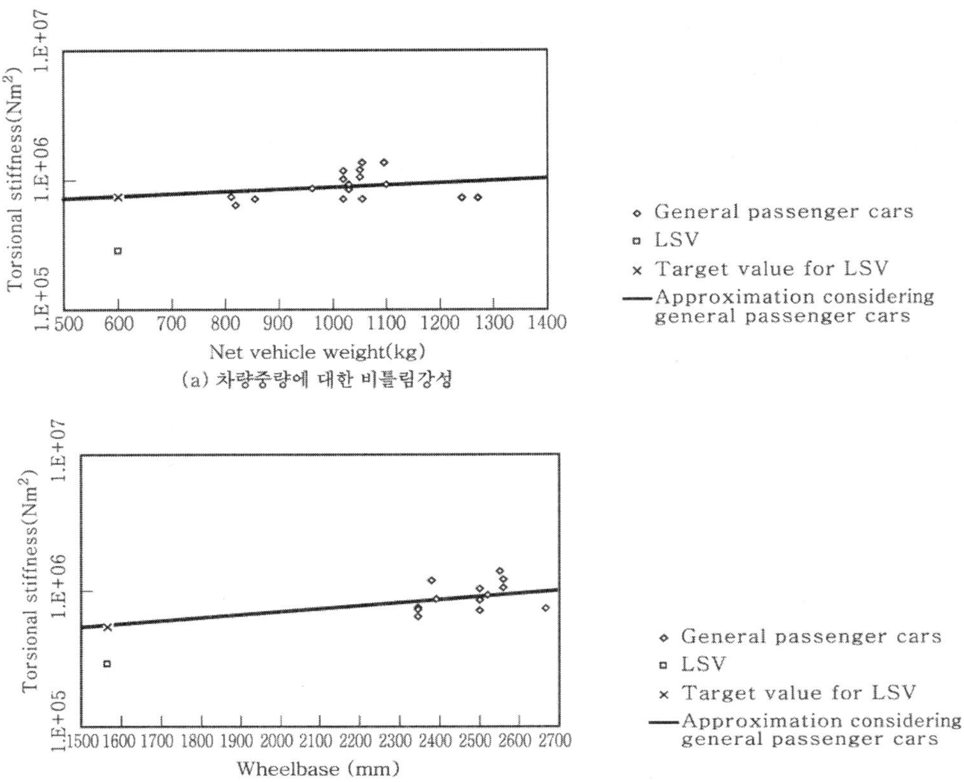

(a) 차량중량에 대한 비틀림강성

(b) 휠베이스에 대한 비틀림강성

그림 8 · 44 저속차량과 일반차량의 비틀림강성 비교

일반 자동차는 소형의 승용차를 의미한다. 식 (8 · 11)~(8 · 12)에서 정의한 굽힘강성과 비틀림강성을 각각 휠베이스와 차체중량에 대해서 표시하면 그림 **8 · 43**~**8 · 44**와 같다. 실선은 일반 자동차의 강성분포를 근사화한 것이며 저속차량의 현재 강성은 정사각형으로 표시하였다. 근사선과 저속차량의 강성을 비교해 보면 휠베이스에 대한 굽힘강성만 목표치가 현재 수준보다 낮고 나머지는 모두 현재 수준을 개선해야 함을 보이고 있다.

차체중량과 휠베이스를 고려한 굽힘강성(K_{BS})과 비틀림강성(K_{TS})의 목표치는 그림 **8 · 43**~**8 · 44**의 근사선을 기초로 다음과 같이 정의한다.

$$K_{BS} = \frac{K_{BS}^{W} + K_{BS}^{B}}{2} = \frac{417263\,e^{0.0016X} + 13351\,e^{0.002Y}}{2} \qquad (8 \cdot 13)$$

$$K_{TS} = \frac{K_{TS}^{W} + K_{TS}^{B}}{2} = \frac{580134\,e^{0.0004X} + 230820\,e^{0.005Y}}{2} \qquad (8 \cdot 14)$$

여기서 윗첨자 W는 차체중량, B는 휠베이스, 아래첨자 BS는 굽힘강성, TS는 비틀림강성을 의미하며 X는 차체중량(kg), Y는 휠베이스 길이(mm)이다.

표 8 · 19 저속차량 차체의 강성목표치

Loading condition	K_{BS} or K_{TS}	K_B or K_T	Displacement
Bending	697577Nm^2	4345N/mm	2.255mm
Torsional	621141Nm^2/rad	6927Nm/deg	0.1415degree

여기에서 선택한 저속차량의 순수한 차체중량(net vehicle weight)은 600kg, 휠베이스가 1565mm, 집중하중 $P=9800$N, 비틀림하중 $T=980$Nm이므로 표 **8 · 19**와 같이 목표치를 정의할 수 있다.

저속차량 차체의 현재 굽힘강성과 비틀림강성은 목표치에 비해 79%와 50%의 수준이다. 목표치는 저속차량의 휠베이스와 차체중량을 일반 차량이라고 가정하였을 때에 얻은 값이다. 목표치를 달성하기 위하여 구조최적설계를 이용한다.

8.5.4 구조최적설계를 이용한 저속차량 차체의 개선

앞서 선정한 강성목표치를 효율적으로 달성하기 위하여 리브(rib)와 같은 보강재를 적용한 차체설계를 수행한다. 저속차량 차체의 부품들은 속이 빈 스페이스 프레임 구조로 이 속에 리브(rib)를 설치하게 되면 강성이 효율적으로 증가할 수 있다. 따라서 리브(rib) 설계를 위하여 구조최적설계를 이용하였다. 우선 차체 전체를 설계영역으로 한 위상최적설계를 실시하여 보강이 필요한 부품을 선정한다. 이렇게 선정된 부품 속에 리브가 설치되는데 리브의 초기형상을 찾기 위해 위상최적설계를 다시 수행한다. 위상최적설계 결과를 토대로 여러 가지의 리브 형상을 저속차량 차체에 설치하여 구조해석을 수행한 후, 가장 좋은 강성 성능 개선을 보이는 리브를 결정한다. 이렇게 선정된 단면을 차체에 적용하고, 치수최적설계를 이용하여 강성 목표치를 만족하는 설계를 진행한다.

저속차량 전체에 대해 보강해야 할 부재(part)를 선정하기 위해 다음과 같은 위상최적설계를 실시한다.

$$\text{Find} \quad \text{parts} \tag{8 · 15a}$$

$$\text{to minimize} \quad E_{\text{bending}} + E_{\text{torsion}} \tag{8 · 15b}$$

$$\text{subject to} \quad \text{mass} \le 0.3\,\text{mass}_{\text{initial}} \tag{8 · 15c}$$

여기서 E_{bending}과 E_{torsion}은 각각 굽힘과 비틀림하중조건의 변형에너지이며, $\text{mass}_{\text{initial}}$은 차체 전체의 초기질량이다.

차체 전체에 대한 위상최적설계 결과를 토대로 보강이 필요한 부품들을 그림 **8 · 45**에 원으로 표시하였다. A-필라(pillar)와 B-필라 부품, 그리고 이들을 연결하는 하부구조인 패널부분(side sill)을 다른 부품에 비해 우선적으로 보강할 필요가 있다.

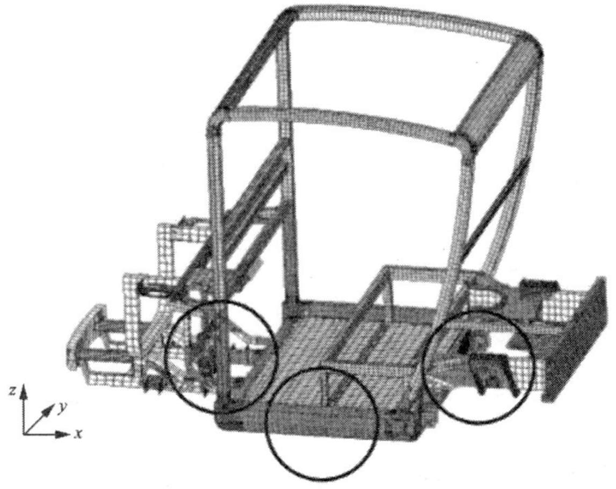

그림 8 · 45 차체 전체의 위상최적설계 결과

이러한 부품 중에서 A-필라를 선정하여 보강재 역할을 할 리브(rib)를 설계한다. 리브를 설계하기 위하여 A-필라에 대해 위상최적설계를 다시 수행한다. 저속차량 차체의 부품은 그림 **8 · 46** (a)와 같이 셸요소로 모델링되어 있다. 단면을 설계하기 위하여 셸요소로 모델링 된 A-필라를 3차원 솔리드요소로 속이 찬 A-필라로 다시 모델링하여 차체에 부착시킨다. 이때 A-필라의 외곽은 원래 A-필라의 두께를 의미하므로 위상최적설계의 설계영역(design domain)에서 제외한다.

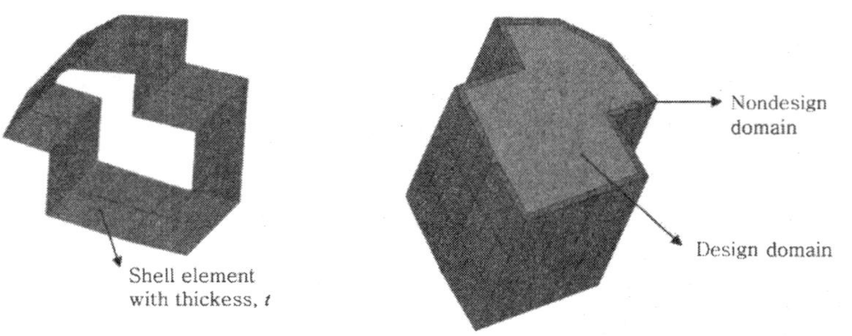

(a) 원래의 A-필라 단면과 위상최적설계를 위해 수정된 A-필라 단면

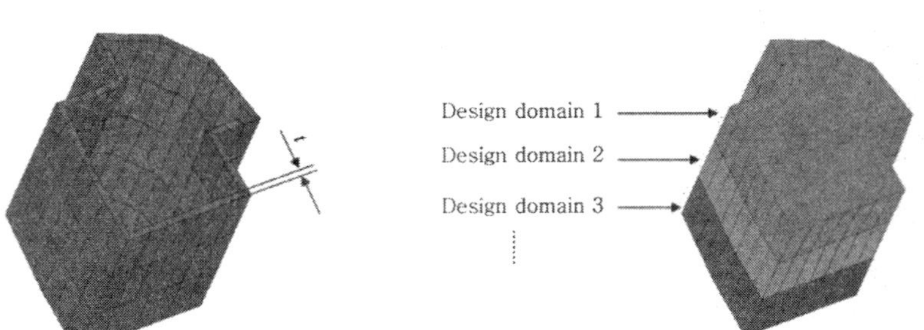

(b) 위상최적설계를 적용할 A-필라의 비설계영역과 설계영역(일부분만 나타냄)

그림 8 · 46 A-필라 단면의 위상최적설계를 위한 유한요소모델

스페이스 프레임 단면은 제작 특성상 일정한 형상을 가진 압출부재이다. A-필라를 하나의 설계영역으로 선정하여 위상최적설계를 수행하면 이때의 위상최적설계 결과로부터 리브 형상 후보를 찾기 어렵게 된다. 여기서는 그림 **8·46** (b)와 같이 각각의 A-필라를 65개의 설계영역으로 나누고 각 설계영역에 질량제한조건을 부여하여 위상최적설계를 수행한다. 총 130개 단면의 위상최적설계 결과 중에서 A-필라의 리브 설정에 도움이 되는 결과를 바탕으로 리브의 초기설계를 하였다. 위상최적설계 정식화는 다음과 같다.

Find the	mass distribution	(8·16a)
to minimize	$E_{\text{bending}} + E_{\text{torsion}}$	(8·16b)
subject to	$\text{mass}^k \leq 0.3\,\text{mass}^k_{\text{initial}}$	(8·16c)

여기서 k는 양쪽 A-필라에 있는 130개의 설계영역을 의미하고 $\text{mass}^k_{\text{initial}}$는 k번째 설계영역의 초기질량이다.

식 (8·16)의 위상최적설계를 실시하여 얻은 130개의 설계영역에 대한 결과 중에서 왼쪽 A-필라의 짝수 번째 설계영역의 위상최적설계 결과가 그림 **8·47**에 있다. 이 결과들 중에서 A-필라의 단면에 위치할 리브를 설계하는 데에 도움이 되는 결과가 그림 **8·48**에 있다.

그림 8·47 A-필라의 단면에 대한 위상최적설계 결과

식 (8·16)의 위상최적설계 결과를 토대로 그림 **8·48**과 같은 리브 형상을 여섯 가지 선정하였다. 각각의 리브를 채택한 A-필라를 단면 2부터 단면 7까지로 부르기로 한다. 이에 비해서 단면 1은 리브가 없는 원래의 A-필라를 말한다. 이렇게 선정한 일곱 가지 단면형상의 A-필라를 저속차량 차체에 각각 부착하여 강성해석을 실시한다. 리브가 없는 단면 1에 비해 모두 굽힘이나 비틀림강성이 증가하였고 이의 결과가 그림 **8·49**에 있다.

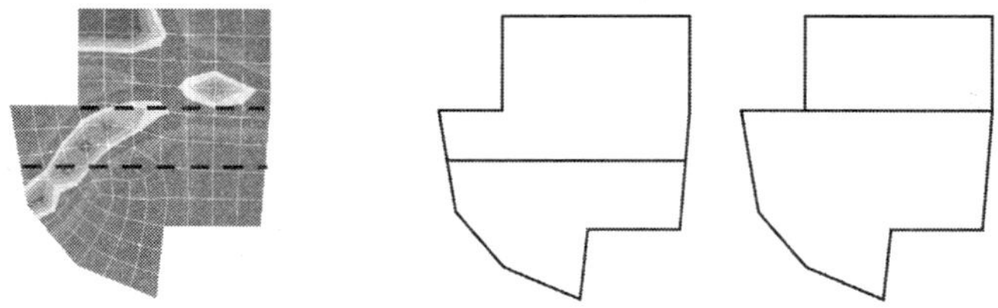

(a) 위상최적설계 결과(왼쪽)에 대한 단면 2(중간)와 단면 3 (오른쪽)의 선정

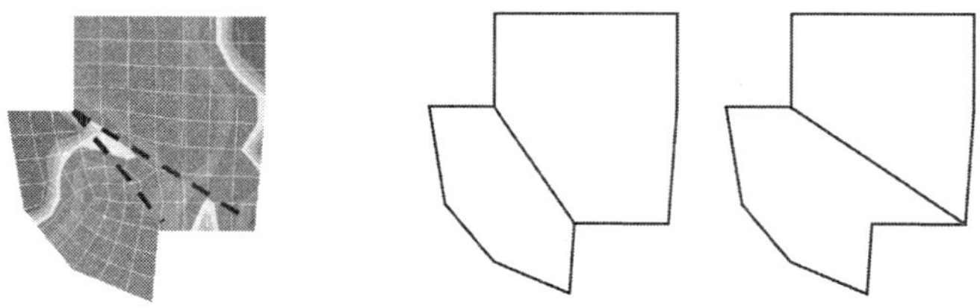

(b) 위상최적설계 결과(왼쪽)에 대한 단면 4(중간)와 5(오른쪽)의 선정

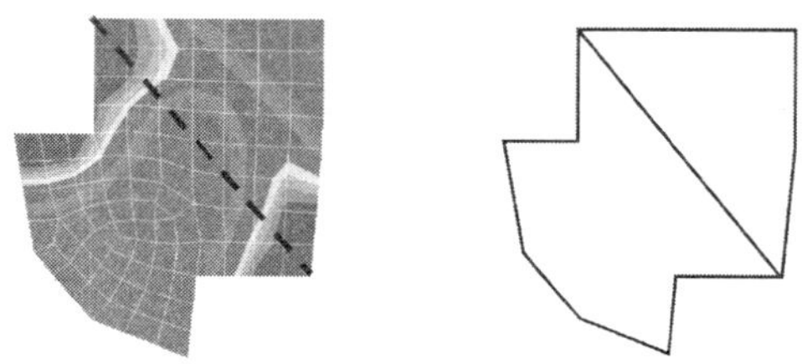

(c) 위상최적설계 결과(왼쪽)에 대한 단면 6의 선정

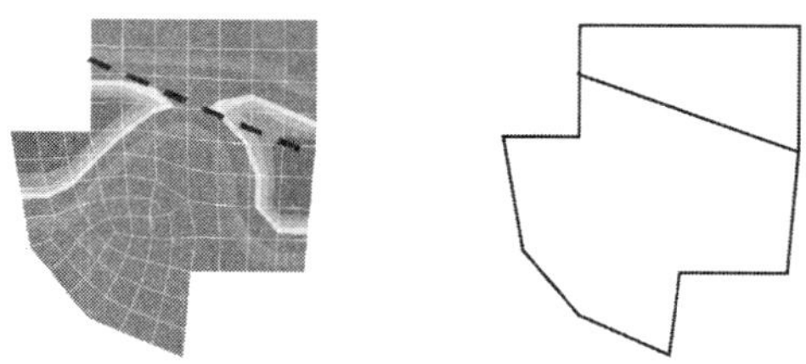

(d) 위상최적설계 결과(왼쪽)에 대한 단면 7의 선정

그림 8 · 48 리브의 초기설계를 위한 위상최적설계 결과와 이를 토대로 한 리브의 초기설계

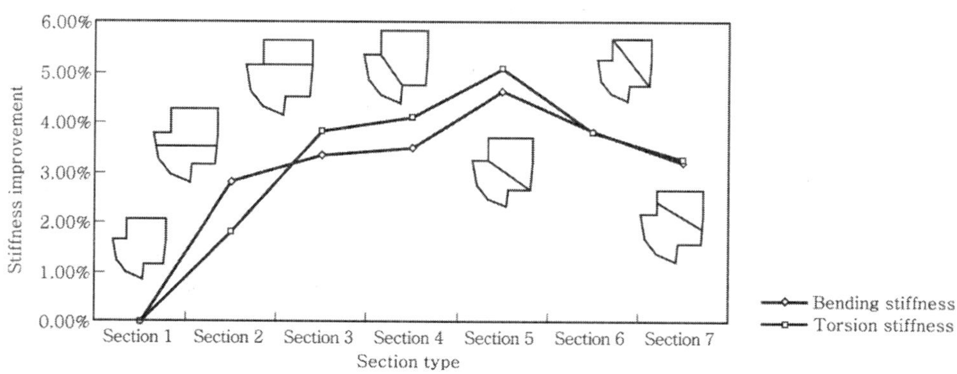

그림 8 · 49 단면 1에 대한 각 단면의 강성 비교

단면 5가 가장 우수한 것으로 보이며 단면 1에 비해 굽힘과 비틀림강성이 각각 4.6%와 5.0% 크다.

강성 목표치를 효율적으로 달성하기 위하여 최고의 강성 증가를 보이는 단면 5의 형상을 가진 A-필라를 저속차량에 장착한다. 이 모델에 대하여 강성목표를 만족하기 위한 치수최적설계를 수행한다. 이때 리브가 없는 단면 1을 가진 기존의 A-필라를 장착한 저속차량 차체에 대해서도 치수최적설계를 수행하여 서로 비교한다. 저속차량의 차체중량과 휠베이스를 고려한 강성목표를 구속조건으로 하고 차체무게를 최소화하도록 문제를 정의한다. 문제의 정식화는 다음 식과 같다.

Find	thickness	(8 · 17a)
to minimize	mass	(8 · 17b)
subject to	$\delta_B \leq 2.255\text{mm}$	(8 · 17c)
	$\delta_T \leq 0.1415°$	(8 · 17d)
	$\sigma^j \leq \sigma^j_{\text{allowable}}$	(8 · 17e)

여기서 δ_B는 굽힘강성의 변위, δ_T는 비틀림강성의 비틀림각도, σ^j는 강도 하중조건의 최대응력, $\sigma^j_{\text{allowable}}$는 강도 하중조건에서 각각의 허용응력으로 표 **8 · 18**의 강도평가기준이다. 첨자 j는 일곱 가지 강도 하중조건을 나타낸다. 설계변수는 차체의 전방구조와 후방구조를 제외한 차체 모든 부재의 두께인데, A-필라의 외곽 부분 및 리브의 두께도 설계변수로 선정한다.

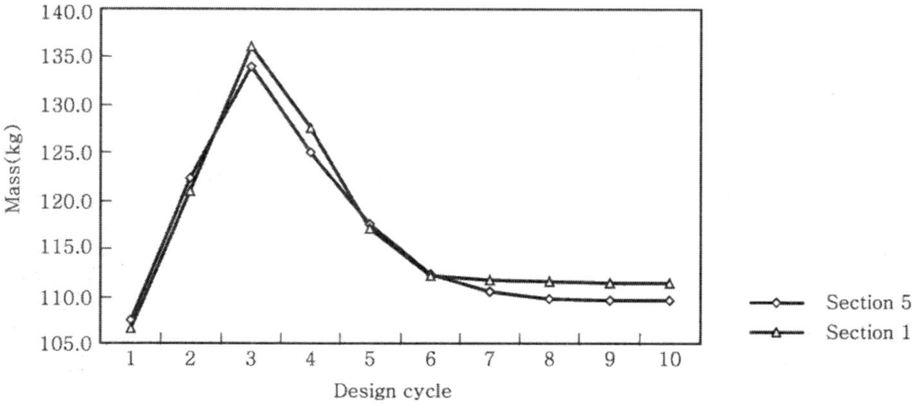

그림 8 · 50 목적함수 이력

그림 **8·50**은 목적함수의 변화이다. 현재의 저속차량의 모델은 강성목표를 크게 위배하고 있다. 해의 수렴속도를 높이기 위해 각 설계변수의 초기값을 현재 모델보다 1mm씩 증가시켜 구속조건의 위배량을 적게 하고 최적설계를 실시하였다. 위상최적설계를 통해 얻은 단면 5를 가진 차체를 최적화하면 리브가 없을 때의 차체를 최적화했을 때보다 1.9kg 더 감소한 결과를 얻었다.

최적화된 모델과 초기모델을 비교하면 굽힘강성은 21%, 비틀림강성은 50% 증가하였다. 반면에 차체중량은 24% 증가하였다. 강성목표를 만족하기 위하여 차체중량이 증가하였으나, 위상최적설계를 통한 스페이스 프레임의 리브 설계는 효율적이라 판단된다.

8.5.5 요 약

(1) 저속차량모델에 대하여 일반차량의 하중조건을 이용하여 강성해석과 강도해석을 했다.

(2) 저속차량이 가져야 할 강성목표치를 설정할 수 있는 식을 제안했다. 이 식에 의하면 차체중량이 600kg이고 휠베이스가 1565mm인 경우 목표치로서 굽힘강성은 4345N/mm이고 비틀림강성은 6927Nm/deg이다.

(3) 현재 저속차량의 강성이 일반차량과 비교하여 낮은 수준에 있으므로 강성을 개선하기 위하여 위상최적설계와 치수최적설계를 적용하였다. 위상최적설계를 이용하여 보강재를 채택할 부품으로 A-필라를 선택하고 이 부품의 단면에 대해 위상최적설계를 다시 적용하여 강성을 개선할 수 있는 단면을 설계하였다. 새롭게 설계된 A-필라를 채택한 저속차량 차체에 대해 제안한 강성목표를 만족하기 위한 치수최적설계를 수행하였다.

(4) 제안한 강성목표를 만족하기 위해서는 기존모델과 비교해 차체중량은 24%의 증가가 필요하며 이때의 굽힘강성은 21%, 비틀림강성은 50% 개선된다.

참 고 문 헌

박철민 · 김완수 · 박경진, 「쌍롤형 박판주조공정에서 주조 롤의 열응력 및 열변형 해석」, 대한기계학회논문집 A 26(9), pp. 1943~1951, 2002.

박철민 · 강태욱 · 박경진, 「박판주조롤의 최적설계」, 대한기계학회논문집 A 26(11), pp. 2466~2473, 2002.

박철민 · 박경진, 「쌍롤형 박판주조공정에서 열박음을 고려한 열적 크라운해석」, 한국정밀공학회지 19(11), pp. 200~210, 2002.

송기남 · 강병수 · 최성규 · 윤경호 · 박경진, 「공리적설계를 이용한 원자로 핵연료봉 지지격자체의 설계」, 대한기계학회논문집 A 26(8), pp. 1623~1630, 2002.

신정규 · 심진욱 · 황상진 · 박경진, 「저속차량 차체의 구조해석 및 구조최적설계」, 한국자동차공학회논문집 11(4), pp. 68~78, 2003.

황광현 · 이광원 · 박경진, 「승용차용 후사경의 진동 저감을 위한 강건최적설계」, 한국자동차공학회논문집 7(6), pp. 198~206, 1999.

ABAQUS/Standard User's manual Version 6.4, Hibbitt, Karlsson, Sorensen, Inc., Providence, RI, 2003.

ANSYS User's Manual Version 8.1, ANSYS Inc., Canonsburg, PA, 2004.

GENESIS User's Manual Version 7.5, Vanderplaats Research & Development, Colorado Springs, CO 2004.

Hwang KH & Lee KW & Park GJ, "Robust Optimization of an Automobile Rearview Mirror for Vibration Reduction," *Structural and Multidisciplinary Optimization* 21(4), pp. 300~308, 2001.

I-DEAS nx10 Help Bookshelf, Unigraphics Solutions Inc., Cypress, CA, 2002.

National Highway Traffic Safety Administration, *U.S. Code of Federal Regulations*, Title 49, Part 571, 1998.

Park KJ & Kang BS & Song KN & Park GJ, "Design of a Spacer Grid Using Axiomatic Design," *Journal of Nuclear Science and Technology* 40(12), pp. 989~997, 2003.

Park CM & Kim WS & Park GJ, "Thermal Analysis of the Roll in the Strip Casting Process," *Mechanics Research Communications* 30(4), pp. 297~310, 2003.

Shin MK & Shin JK & Hwang SJ & Park GJ, "Structural Analysis and Optimization of a Low Speed Vehicle Body," Proceedings of the Institution of Mechanical Engineers, Part D, *Journal of Automobile Engineering*, accepted, 2007.

제 9 장

자동차 안전도 문제에 대한 해석적 설계방법의 적용

9.1 서 론

이 장에서는 각종 설계방법을 자동차의 안전에 관련된 시스템의 설계에 적용하는 방법을 설명한다. 자동차의 안전도의 측정은 실차실험으로 확인할 때가 많다. 그림 **9·1**과 같이 실차를 충돌시키는 실차실험을 통하여 운전자나 승객의 머리, 가슴, 다리 등에 가해지는 힘이나 가속도를 측정한다. 그리고 이러한 측정값으로 안전도를 평가한다. 실차실험은 고가의 장비를 필요로 하고 실험비용도 고가이다. 따라서 실차실험을 대체하는 썰매실험(sled test)을 시행하는데 이것이 그림 **9·2**에 있다. 썰매실험에서는 그림 **9·1**의 충돌상

그림 9·1 실차 충돌실험(자동차성능연구소 제공)

그림 9 · 2 썰매실험(자동차성능연구소 제공)

황에서 추출한 차체의 감속도 곡선 등을 입력으로 하여 썰매가 움직인다. 이때 각종 부품들의 정확한 거동을 측정한다.

안전도를 측정하기 위해서는 위에서 설명한 실차실험이나 썰매실험이 최선이지만 이는 대단히 고가이다. 따라서 실험을 전산모사(computer simulation)로 대치하는 경우가 많다. 모사는 실험에 비해 저가이기 때문에 많은 실험 수를 요하는 설계방법을 적용할 때 특히 효율적이다. 그림 **9 · 1**에 보이는 실차실험의 모사에는 대체로 비선형유한요소법을 사용하는데 이에 대한 모델링 예가 그림 **9 · 3**에 있다. 한편 그림 **9 · 2**의 썰매실험은 일반적으로 다물체동역학을 이용하여 모사를 하는데 이에 대한 예가 그림 **9 · 4**에 있다.

안전도를 고려한 설계를 할 때는 실차실험이나 썰매실험보다는 전산모사를 이용하는 것이 일반적이다. 전산모사에서도 비선형유한요소법을 사용할 경우에는 많은 수치계산 시간이 소요된다. 그러므로 해석의 수가 많이 요구되는 최적설계 등을 적용할 때는 모사를 사용하더라도 큰 규모의 구조물 설계는 고가의 과정이 된다. 따라서 모사를 이용하여 최적설계 등을 할 때는 비교적 저렴한 다물체동역학을 이용하는 모사를 많이 사용한다.

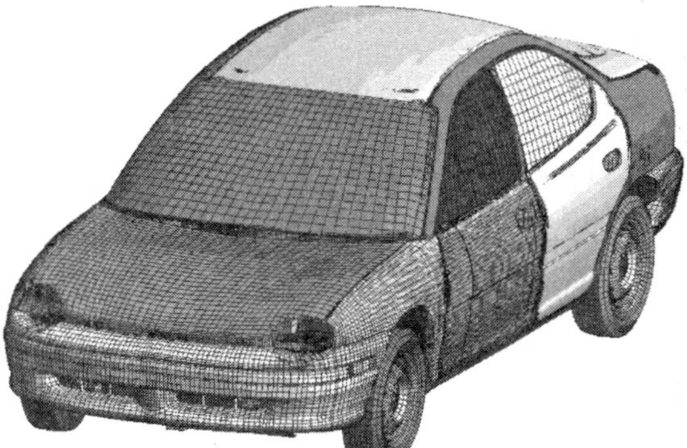

그림 9 · 3 자동차의 비선형 유한요소모델(http://www.ncac.gwu.edu)

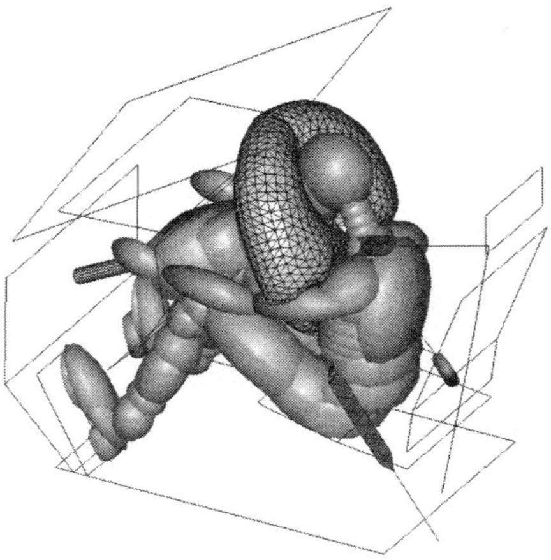

그림 9 · 4 다물체동역학을 이용하는 전산모사 모델

9.2 안전도 모사를 위한 모델링

9.2.1 다물체동역학을 이용한 모델링

다물체동역학으로 모사하기 위해서는 그림 **9 · 4**와 같은 모델링이 필요하다. 비선형유한요소법과 같이 물체를 직접 모델링하는 것이 아니고 집중질량이나 비선형 용수철 등으로 모델링한다. 따라서 모델링 기술이 필요하고 모델링 과정에서 실험 결과와의 조절(tuning) 과정을 거치게 된다. 여기서는 공용으로 사용할 수 있는 ATB (articulated total body)(ATB, 1988)라는 소프트웨어를 개선한 SAFE (safety analysis for occupant crash environment)(SAFE, 1999)라는 소프트웨어를 사용하였다. 이는 상용화된 MADYMO (mathematical dynamical models)라는 소프트웨어(MADYMO, 2003)와 비슷한 것이다. 여기서는 다물체동역학에 대한 지배방정식이나 풀이 과정은 생략하고 모델링 과정만을 간략히 설명한다.

우선 인체모형의 모델링이다. 주로 Hybrid III 더미(Backaitis and Mertz, 1994)를 사용하는데 그림 **9 · 4**에 있다. 인체의 각 부분을 타원체로 모델링하여 용수철과 댐퍼로 각 타원체들을 연결한다. 한편 설계차량의 도면으로부터 지붕, 앞 유리, 계기판, 무릎받침대, 바닥판, 의자 등은 하나의 면인 패널로 모델링한다. 그 예가 그림 **9 · 4**에 잘 나타나 있다. 그림 **9 · 5** (a)에 조향계가 보이는데 그림 **9 · 5** (b)와 같이 조향계는 타원체와 비선형 용수철로 모델링한다. 각 용수철의 특성은 그림 **9 · 6**과 같이 실험으로부터 얻은 힘-변형 곡선(force-displacement curve)으로 정의한다. 더미 몸체를 연결하는 용수철과 댐퍼도 이와 같은 과정을 거쳐서 정의한다.

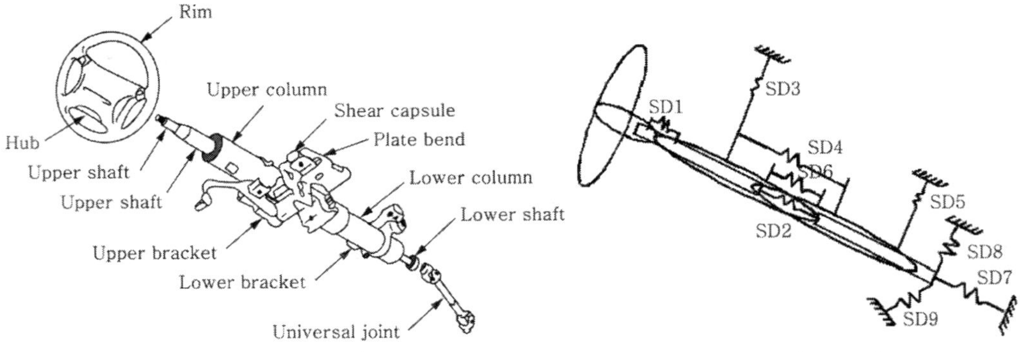

(a) 조향계의 구성 (b) 조향계의 모델링

그림 9 · 5 조향계

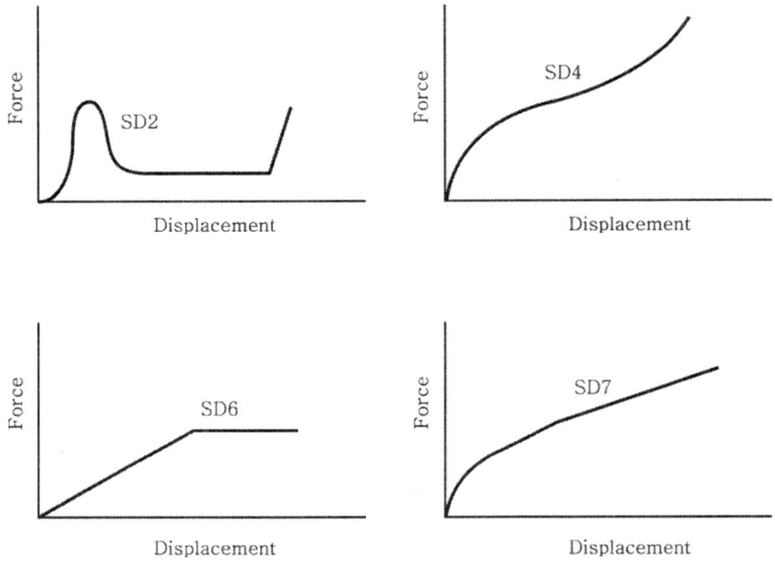

그림 9 · 6 조향계의 일부 용수철의 힘-변형 곡선의 예

그림 **9 · 4**의 에어백의 크기를 결정하는 것은 접혀 있는 상태에서 실험을 통해 얻는 에어백에 유입과 분출량에 따른 가스의 변화량(mass flow rate)이다. 에어백 표면을 유한요소로 모델링하고 이를 이용하여 더미와 조향계와의 접촉력을 계산할 수도 있다. 안전띠는 그 특성을 실험에 의해 그림 **9 · 6**과 비슷한 힘-변형 곡선으로 정의하는데 이를 유한요소로 정의하기도 한다. 모사에서는 그림 **9 · 4**의 타원체와 타원체 혹은 타원체와 패널 등이 서로 접촉한다. 이때 접촉을 모사하기 위해 필요한 힘-변형 곡선은 실험을 통해 그림 **9 · 7**과 같이 정의한다. 차량의 감속도 곡선은 일반적으로 실차실험으로부터 추출하여 모사의 입력으로 사용한다.

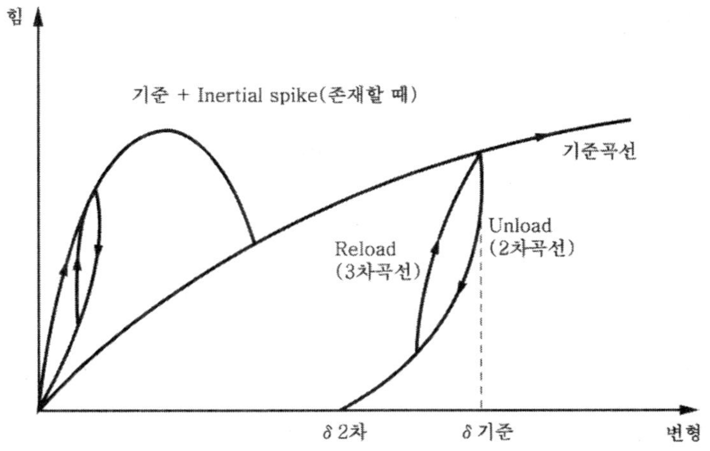

그림 9·7 힘-변형 곡선의 예

승객거동해석에서 가장 중요하게 산출하는 상해치는 머리의 가속도이다. 이를 위해 *HIC*(Head Injury Criteria)를 사용하는데 다음과 같이 정의한다.

$$HIC = \sup_{t_1, t_2}\left(\left\{\frac{1}{t_2 - t_1}\int_{t_1}^{t_2} a(t)dt\right\}^{2.5}(t_2 - t_1)\right) \tag{9·1}$$

여기서 $a(t)$는 머리의 무게 중심에서의 가속도이며 t_1, t_2는 *HIC*값을 최대화시키는 충격 기간 중의 시간이다. 또한 가슴에 가해지는 힘을 나타내는 *CSI*(Chest Severity Index)라는 것도 있는데 다음과 같이 정의한다.

$$CSI = \int_{t_{begin}}^{t_{end}} a(t)^{2.5}\,\mathrm{d}t \tag{9·2}$$

여기서 $a(t)$는 가슴의 무게중심의 가속도, t_{begin}과 t_{end}는 각각 충격의 시작과 끝의 시간이다. 한편 상해지수로서 대퇴부에 가해지는 하중(femur load), 가슴에 가해지는 최대가속도값, 또는 다음으로 정의되는 상해지수를 사용하기도 한다.

$$TTI(d) = 0.5 \times (G_R + G_{LS}) \tag{9·3}$$

여기서 G_R은 상부 또는 하부 갈비뼈 부위의 최대가속도값 중 큰 것을 의미하고 G_{LS}는 척추하부에서의 최대가속도값이다.

9.2.2 유한요소법에 의한 모델링

비선형 유한요소 운동방정식은 **4.2**절에 있는 선형 유한요소방정식에 비선형항과 질량에 의한 관성항을 첨가하여 가상일의 원리로부터 얻어진다. 결과식만을 보면

$$\mathrm{M}\ddot{\mathrm{z}} + \mathrm{C}\ddot{\mathrm{z}} + \mathrm{Kz} = \mathrm{f} \tag{9·4}$$

인데 여기서 C는 감쇠행렬로서 질량행렬 M과 강성행렬 K의 선형조합으로 대치하기도 한다.

비선형성에는 기하학적 비선형성과 물성 비선형성이 있는데 M, C, K가 z의 함수가 된다. 위의 미분방정식을 푸는 방법은 외연적인 방법(explicit method)과 내재적인 방법(implicit method)이 있다. 외연적인 방법은 역행렬을 구하지 않기 때문에 해를 빨리 구할 수 있으나 정확도가 떨어진다. 그러나 그림 **9·3**과 같은 대규모 문제에는 계산시간이 많이 필요하기 때문에 대개 외연적 방법을 사용한다. 이에 대한 자세한 사항은 참고문헌을 참조하기 바란다(Cook *et al.*, 1989).

그림 **9·3**에 있는 모델을 가지고 비선형 유한요소방정식을 풀면 그림 **9·1**과 같은 충돌상황을 재연하게 된다. 또한 자동차 전체모델이 아닌 부품에 대해 해석을 하면 외력에 의한 거동, 즉 변위나 응력 등을 계산할 수 있다.

9.3 에어백의 직교배열표를 이용한 설계문제

조향계에 장착되어 있는 에어백은 주로 정면충돌 시에 운전자를 보호하기 위한 보호장구이다. 여기서는 정면충돌 시 운전자의 안전을 도모할 수 있도록 **6.3.3**절의 방법을 이용하여 에어백을 설계한다. 우선 운전자의 안전에 대한 목적함수는 다음과 같이 다중목적함수로 정의된다.

$$\text{minimize} \quad f = 0.6 \times HIC + 0.4 \times CSI \tag{9·5}$$

여기서 HIC와 CSI는 각각 식 (9·1)과 (9·2)에 있다.

식 (9·5)를 풀기 위해 필요한 설계변수를 선택하는 과정을 설명한다. 차량에 에어백이 장착된 경우에는 에어백과 안전벨트가 서로 많은 영향을 미치므로 이를 감안하여 설계변수를 택한다. 에어백의 설계변수에는 질량흐름률(mass flow rate), 기체방출구의 면적(vent hole area), 인플레이터(inflator)의 점화시간(firing time), 안전벨트와 무릎판(knee bolster)의 강성이 있다. 여기서 주목할 것은 질량흐름률 등의 경우와 같이 힘-변형 곡선의 유형으로 주어진 곡선을 택하면 그 곡선의 보정계수(scale factor)가 설계변수가 된다는 점이다.

각 설계변수와 수준이 표 **9·1**에 있다. 각 설계변수의 수준은 5이며 초기설계는 기존 에어백의 설계값으로 3수준에 해당된다. 질량흐름률, 벨트와 무릎판의 강성은 보정계수(scale factor)를 이용하여 30% 범위 내에서 15% 단위로 증가시키거나 감소시킨다. 수준을 30% 범위 내에서 정한 이유는 일반적으로 설계변경의 범위가 크지 않고 몇 가지 이내의 값에서 설계값을 선택하기 때문이다. 설계변수의 수준은 주어진 상황에 따라 적절하게 선정한다. 표 **9·1**에서 보정계수가 1인 경우는 초기설계값이고 보정계수가 0.7인 경우는 강성을 30% 감소시킨 것이며 1.3인 경우는 30% 증가시킨 것이다. 기체 방출구의 면적과 점화시간은 기준값을 중심으로 일정한 차이가 나도록 변경하였다. 표 **9·1**에 따라서 직교배열표 $L_{25}(5^6)$을 선택하였는데 표 **9·2**에 있다. 각 행의 실험에 의한 목적함수와 각 상해치가 표 **9·2**에 있다. 각 행의 실험은 **9.2**절에서 소개한 SAFE를 이용해 모사하였다.

표 9·1 에어백의 설계변수와 수준

설계변수 \ 수준	1	2	3	4	5
질량흐름률	0.7	0.85	1.0	1.15	1.3
기체방출구의 면적(cm^2)	26	31	36	41	46
점화시간(ms)	23	26	29	32	35
안전벨트의 보정계수	0.7	0.85	1.0	1.15	1.3
무릎판의 보정계수	0.7	0.85	1.0	1.15	1.3

표 9·2 $L_{25}(5^6)$ 직교배열표에 의한 실험

실험번호 \ 설계변수	질량 흐름률	기체 방출구의 면적	점화 시간	안전 벨트의 보정계수	무릎판의 보정계수	*HIC*	*CSI*	목적함수
1	1	1	1	1	1	312.0	335.0	321.2
2	1	2	2	2	2	447.4	342.8	405.6
3	1	3	3	3	3	464.2	319.8	406.4
4	1	4	4	4	4	350.8	323.2	339.8
5	1	5	5	5	5	434.0	314.3	386.1
6	2	1	2	3	4	503.0	340.2	437.9
7	2	2	3	4	5	478.5	350.1	427.1
8	2	3	4	5	1	542.0	341.9	462.0
9	2	4	5	1	2	438.8	346.2	401.8
10	2	5	1	2	3	184.7	302.5	231.8

표 9·2 $L_{25}(5^6)$ 직교배열표에 의한 실험 (계속)

실험번호 \ 설계변수	질량 흐름률	기체 방출구의 면적	점화 시간	안전 벨트의 보정계수	무릎판의 보정계수	*HIC*	*CSI*	목적함수
11	3	1	3	5	2	526.9	406.6	478.8
12	3	2	4	1	3	509.1	415.9	471.8
13	3	3	5	2	4	491.0	352.0	435.4
14	3	4	1	3	5	232.1	299.3	259.0
15	3	5	2	4	1	562.2	331.8	470.0
16	4	1	4	2	5	755.2	437.5	628.1
17	4	2	5	3	1	670.7	495.1	600.5
18	4	3	1	4	2	328.6	306.3	319.7
19	4	4	2	5	3	352.6	315.2	337.7
20	4	5	3	1	4	237.6	329.2	274.2
21	5	1	5	4	3	643.7	406.8	548.9
22	5	2	1	5	4	320.2	303.2	313.4
23	5	3	2	1	5	259.9	310.9	280.3
24	5	4	3	2	1	633.2	399.5	539.7
25	5	5	4	3	2	330.5	350.1	338.3

표 **9·2**로부터 일원표를 구성하여 설계변수의 해를 구한 결과가 표 **9·3**에 있다. 설계해는 (1수준, 5수준, 1수준, 1수준, 4수준)이다. 확인실험 결과 이때의 목적함수는 239.1이 산출되었다. 그런데 표 **9·2**의 직교배열표의 10행의 목적함수가 231.8로서 더 작음을 알 수 있다. 따라서 직교배열표의 10행에 해당하는 조합을 최종해로 택하는데 그 결과가 표 **9·4**에 있다. 여기서는 에어백이 승객에게 가하는 압력을 감소시킴과 동시에 승객이 전방으로 이동하는 양을 감소시킴으로써 승객의 머리와 가슴에 작용하는 상해치를 감소시킨다.

표 9·3 표 9·2에 대한 일원표

수준	질량흐름률	기체 방출구의 면적	점화시간	안전벨트의 보정계수	무릎판의 보정계수
1	<u>1859.1</u>	2414.9	<u>1445.1</u>	<u>1749.3</u>	2393.4
2	1960.6	2218.4	1931.4	2240.6	1944.1
3	2115.0	1903.8	2126.3	2218.5	1996.7
4	2160.1	1877.9	2240.0	2105.6	<u>1800.7</u>
5	2020.7	<u>1700.6</u>	2372.7	1977.9	1980.7

표 9 · 4 에어백의 초기값과 최종해의 비교

상해치	초기설계	최종해
HIC	314.5	184.7
CSI	330.7	302.5

9.4 직교배열표를 이용한 에너지 흡수 조향계의 설계

9.4.1 문제의 설명

안전벨트와 에어백이 없는 경우 조향계는 운전자와 가장 먼저 충돌을 일으켜 충격에너지를 운전자에게 직접 전달하기 때문에 운전자에게 심각한 상해를 입힌다. 때문에 운전자의 상해를 줄이기 위하여 에너지 흡수 조향계에 대한 연구가 활발하게 진행되고 있다. 에너지 흡수 조향계의 충돌특성을 검토하고 에너지 흡수 성능을 개선시키기 위해서 직교배열표에 의한 설계방법을 적용한다. 에너지 흡수 조향계의 충돌 성능은 **9.2**절에 소개한 승객거동해석 소프트웨어인 SAFE를 이용하여 산출한다. 조향계는 강체요소와 조인트로 에너지 흡수 부품과 브래킷은 스프링-댐퍼 요소로 모델링한다. 이때의 스프링-댐퍼 요소에 적용되는 힘-변형 특성에는 하중제거 과정(unloading process)과 재부하 과정(reloading process)이 고려된다. 해석을 위해 모델링한 것이 그림 **9 · 5**에 있다.

해석모델은 모형몸체실험(body block test) 결과와 비교하여 검증한다. 실험으로는 파악하기 어려운 조향계 단품들의 거동은 해석으로부터 상세하게 파악할 수 있다. 모형몸체 실험기구가 그림 **9 · 8**에 있다. 검증된 해석모델을 이용하여 에너지 흡수 부품의 강성 변

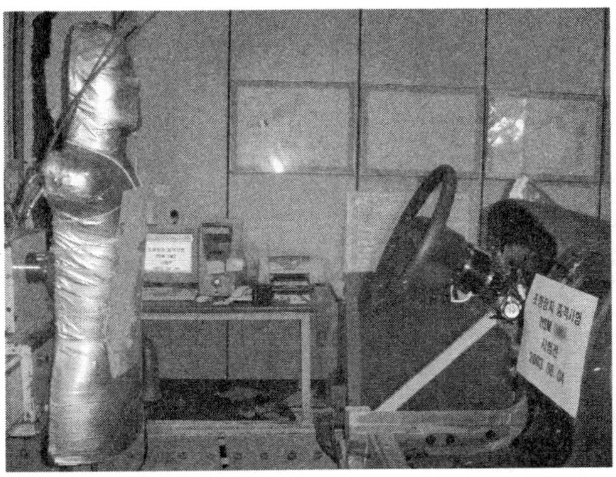

그림 9 · 8 모형몸체 실험기구(자동차성능연구소 제공)

화가 조향계의 거동과 에너지 흡수 특성에 미치는 영향을 검토한다. 또한 조향계의 충돌특성을 개선시킬 수 있는 에너지 흡수 부품들의 설계방안을 제시한다. 모형몸체에 작용하는 최대하중은 FMVSS 203 규정에 의해 제한되는 값이다(FMVSS, 2003). 이를 감소시키기 위해선 하중곡선의 미분값을 제곱하여 합한 후 이를 이용해 목적함수를 정의한다. 승객거동해석과 같이 비선형성이 강한 문제에서는 실험계획법을 이용한 설계가 효과적이다. 그러므로 **6.3.3**절의 방법을 이용하여 목적함수를 최소화함으로써 에너지 흡수 조향계의 충돌특성을 개선한다.

9.4.2 에너지 흡수 조향계의 모델링

그림 **9 · 5**와 같이 에너지 흡수 조향계는 조향휠(steering wheel)과 조향주(steering column)로 구성되어 있다. 림(rim)과 허브(hub)는 조향휠을 구성하는 주요 부품이다. 조향주는 상하축과 상하주의 4개 부품으로 구성되어 있다. 상축(upper shaft)에는 조향휠이 장착되며, 상축에서 전달받은 토크(torque)는 유니버설조인트(universal joint)를 통하여 조향기어 박스(steering gear box)에 전달되는데 하축(lower shaft)이 이 역할을 담당한다. 상주(upper column)는 상축과 볼베어링으로 연결되어 상축을 지지하며 브래킷으로 차량의 마운팅 프레임에 부착된다. 하주(lower column)는 하축을 지지하며 조향주가 움직이지 않도록 차량의 마운팅 프레임에 고정된다.

그림 **9 · 5**와 같이 조향휠과 조향주는 6개의 강체요소로 구성되어 있다. 에너지 흡수 부품과 브래킷은 9개의 스프링-댐퍼 요소로 구성되어 있다. 스프링-댐퍼 요소에는 하중제거 과정(unloading process)과 재부하 과정(reloading process)을 고려한 힘-변형 특성이 부여되었기 때문에 에너지 흡수 부품과 브래킷의 거동이 실제와 가깝게 된다. 에너지 흡수 부품의 힘-변형 특성은 단품 실험을 통해 구한다. 모형몸체는 질량과 관성을 갖는 하나의 강체요소로 모델링한다.

그림 **9 · 5**의 SD1(스프링 댐퍼 1)은 상주와 상축을 연결하는 볼베어링 부위이며 상대변위가 발생하지 않도록 힘-변형 특성을 부여한다. SD2는 상주와 상축을 연결하는 폴리아세탈몰딩(polyacetal molding)이며 압축변형으로 충돌에너지를 흡수한다. SD4는 플레이트 벤드(plate bend)로 여기에서 사용된 가장 중요한 에너지 흡수원이며 인장변형을 하면서 충돌에너지를 흡수한다. SD6은 상주와 하주가 압입 체결된 부분이며 압축변형을 하면서 충돌에너지를 흡수한다. SD7은 하축을 조향 기어 박스에 연결하는 고무 플랜지(rubber flange)를 나타낸다. 주요 에너지 흡수부의 힘-변형 특성은 그림 **9 · 6**에 있다. SD3, SD5, SD8, SD9는 조향계를 차량 구조물에 연결하는 브래킷이다.

9.4.3 모형몸체실험을 통한 해석모델의 검증 및 완성

조향계의 충돌성능을 파악하고 해석모델을 검증하기 위해 모형몸체실험을 수행한다. 모형몸체실험은 FMVSS 203 규정에 의해 24.14km/h(15mph)의 속도에서 모형몸체에 작용하는 충격하중이 11,125N(1134kgf)을 초과하지 않아야 한다. 모형몸체실험 결과와 SAFE 해석 결과를 일치시키기 위하여 힘-변형 특성의 보정계수(scale factor)를 조절한다. 주요 에너지 흡수 부품에 대한 힘-변형 곡선의 형상(경향)은 변경시키지 않도록 한다. 보정계수는 힘-변형 곡선에서 힘 항목에 곱해지는 상수인데 힘-변형 곡선의 형상은 그대로 유지하고 강성의 크기만을 조절할 수 있게 한다. 보정계수가 커지면 강성이 커지고 보정계수의 값이 작아지면 강성이 작아진다. 그림 **9·9**는 SAFE 해석 결과와 모형몸체실험 결과이다. 해석 결과와 실험 결과가 잘 일치하는 것을 알 수 있다.

해석 시 첫 번째 피크에서 모형몸체에 작용하는 충격하중을 1이라 할 때 두 번째 피크에서의 충격하중은 0.826이고 골 부분에서의 충격하중은 0.315이다. 첫 번째 피크에서의 하중을 기준으로 정규화(normalization)했으며 11,125N 이하의 값을 갖는다. 그림 **9·10**은 SAFE로 구한 주요 에너지 흡수 부품의 시간에 따른 변형이다. 그림 **9·11**은 에너지 흡수 부품에 작용하는 하중을 나타낸 것이다. 그림 **9·9**~**9·11**과 같이 22ms 부근에서 몰딩(SD2)과 칼럼압입부(SD6)가 파손되기 직전에 모형몸체에 작용하는 하중이 최대가 된다. 파손이 발생한 후에는 상주와 상축이 강체거동을 하면서 하중이 감소하다가 강체거동이 끝날 무렵에 다시 하중이 증가한다. 상주와 상축이 강체거동을 하는 구간인 22ms와 45ms 사이에서 플레이트부(SD4)가 인장변형을 하면서 충돌에너지를 흡수하며, 상주와 상축이 급격하게 하주와 하축방향으로 강체거동하는 것을 방지해 준다. 두 번째 피크는 상하주 및 상하축의 금속접촉에 의해 발생한 것이다. SD4가 인장 변형함으로써 급격한 강체거동을 방지하여 모형몸체에 작용하는 하중이 급격하게 증가하지 않도록 한다.

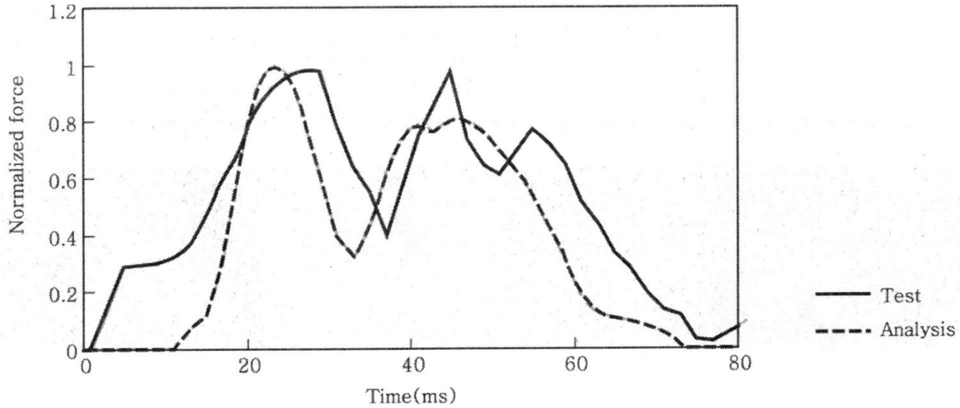

그림 9·9 모형몸체실험과 해석의 비교

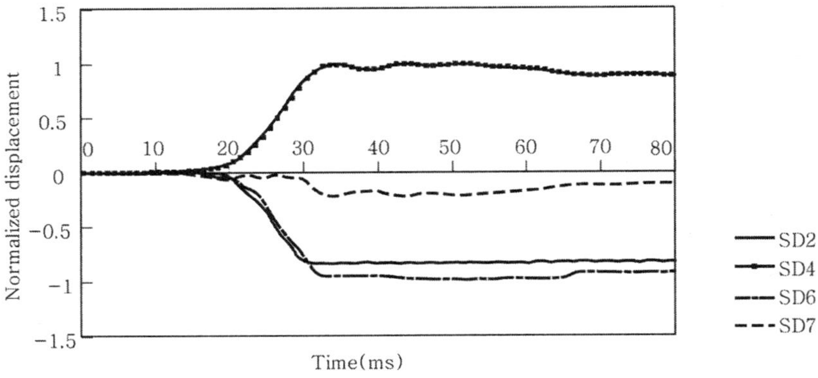

그림 9 · 10 에너지 흡수부의 변위

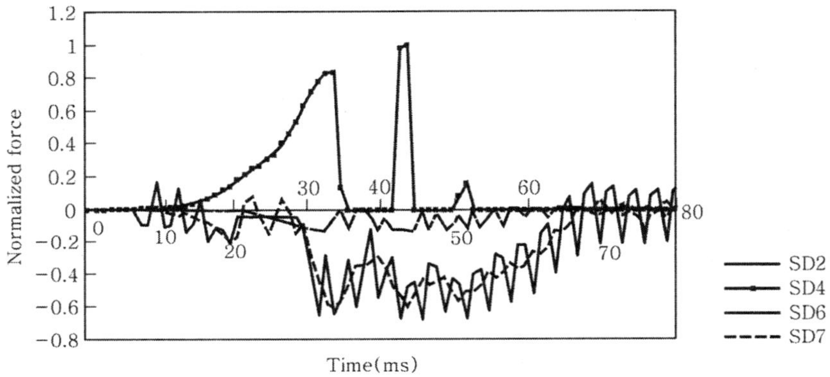

그림 9 · 11 에너지 흡수부에 가해지는 힘

모형몸체와 조향계의 거동을 SAFE를 이용하여 전산모사를 한 결과가 그림 **9 · 12**에 있다. 0ms에 모형몸체와 조향계가 접촉하기 시작하여 80ms에서 모형몸체가 조향계로부터 분리된다. 그림 **9 · 12**와 같이 모형몸체와 조향계가 겹쳐 보이는 것은 모형몸체와 조향계가 접촉한 후 모형몸체가 조향휠로 침투(penetration)하는 현상을 나타낸 것이다. SAFE와

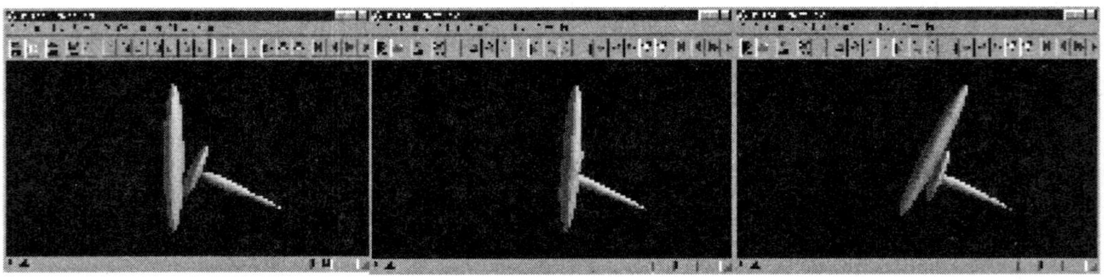

그림 9 · 12 시간에 따른 모형 몸체의 운동

같이 다물체동역학에 근거한 승객거동해석 소프트웨어는 이와 같이 침투하는 현상을 이용하여 변형량을 예측하고 접촉력(contact force)을 계산한다. 모형몸체와 조향휠 사이에서 발생한 침투길이(penetration length)를 변형량이라고 가정한다. 이로부터 설명한 조향계의 힘-변형 특성을 이용하여 모형몸체에 작용하는 충격하중을 구한다. 조향계에는 방향은 반대이고 크기가 같은 반작용력(reaction force)이 작용한다. 이 힘이 조향계의 몰딩과 칼럼압입부를 파손시켜 상주와 상축이 강체거동을 할 수 있도록 한다.

9.4.4 에너지 흡수 부품의 강성 변화에 따른 조향계의 거동 고찰

힘-변형 곡선의 보정계수값을 조정하여 스프링-댐퍼 SD2, SD4, SD6, SD7의 강성을 변화시켰다. 이에 따라 에너지 흡수부의 강성 변화가 조향계의 충돌 성능에 미치는 영향을 파악한다. 강성의 변화는 30% 범위 내에서 15%씩 증가시키거나 감소시켰다. 스프링-댐퍼의 강성에 따라 모형몸체에 작용하는 하중곡선이 그림 **9·13**~**9·16**에 있다. 각각의 그림에서 DN15와 DN30은 강성을 각각 15%와 30% 감소시킨 것이며 UP15와 UP30은 15%와 30% 증가시킨 것이다. ORG는 초기 강성값에 따른 결과이다.

그림 **9·13**과 같이 SD2의 강성을 증가시키면 첫 번째 피크에서 모형몸체에 작용하는 하중이 증가하고 두 번째 피크에서는 하중이 감소한다. SD4의 경우에는 그림 **9·14**에 나타낸 것과 같이 강성을 증가시키면 첫 번째 피크에서 하중이 증가하고 골 부분에서도 하

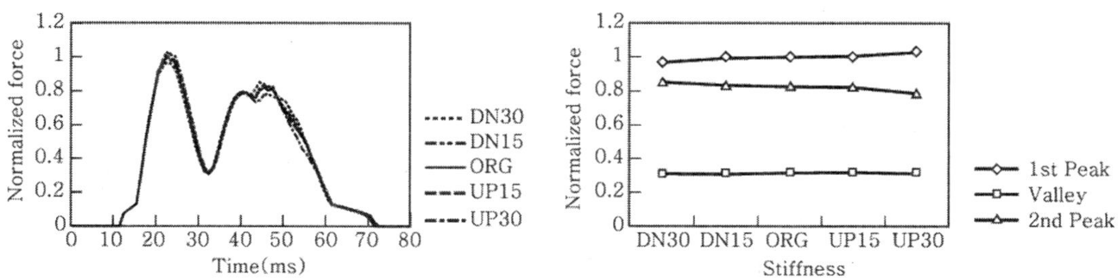

그림 9·13 SD2의 파라미터 검증

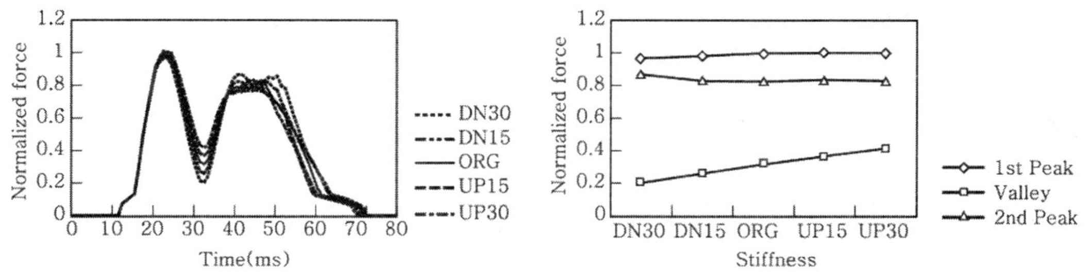

그림 9·14 SD4의 파라미터 검증

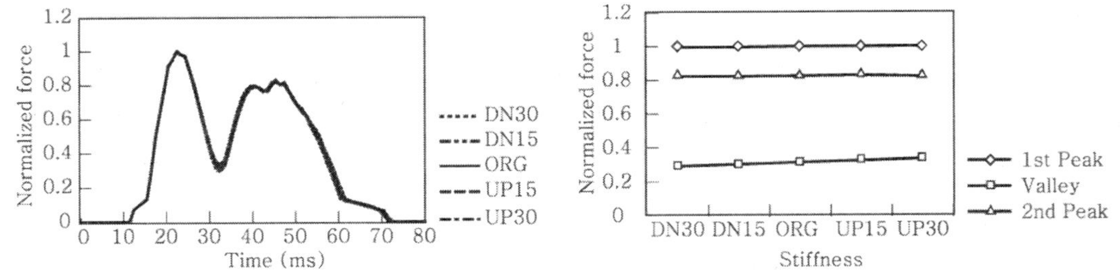

그림 9 · 15 SD6의 파라미터 검증

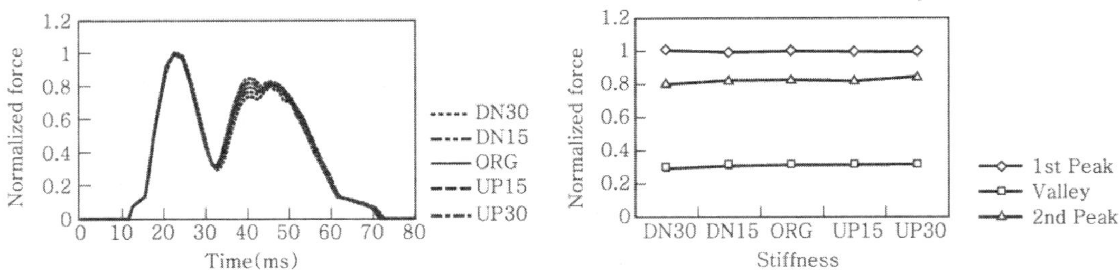

그림 9 · 16 SD7의 파라미터 검증

중이 증가한다. 두 번째 피크에서는 하중이 감소하다가 약간 증가하는데 이는 골 부분에서의 하중 증가가 영향을 미친 것이다. SD6의 경우도 그림 **9 · 15**와 같이 SD4와 유사한 경향을 보인다. 그러나 다른 에너지 흡수 부품에 비해서는 영향이 크지 않음을 알 수 있다. SD7에서는 그림 **9 · 16**과 같이 강성이 증가하면, 첫 번째 피크에서의 하중은 감소하고 두 번째 피크에서의 하중은 증가하며 골 부분에서의 하중 역시 증가한다. SD2와 SD7은 서로 상반되는 경향을 갖는다. 이는 SD7이 유연(soft)해지면 SD7의 자체 변형이 증가되어 몰딩이 파손되는 것을 지연시키기 때문이다. 이상에서 보는 것과 같이 첫 번째 피크에서의 모형몸체에 작용하는 하중을 감소시키기 위해서는 SD2, SD4, SD6의 강성을 감소시키고 SD7의 강성은 증가시켜야 된다. 반면에 두 번째 피크에 대해서는 SD2의 강성은 증가시키고 SD7의 강성은 감소시켜야 한다. 또한 첫 번째 피크와 두 번째 피크에서 모형몸체에 작용하는 하중을 감소시키기 위한 것은 서로 상반되는 결과를 초래하기 때문에 두 값을 모두 감소시키는 것은 용이하지 않다.

9.4.5 목적함수의 정의

모형몸체에 작용하는 충격하중을 최소화하고 에너지 흡수 부품을 효과적으로 설계하기 위해서는 목적함수를 적절하게 정의해야 한다. **9.4.3**절에서 언급한 것과 같이 모형몸체에 작용하는 최대 하중이 FMVSS 203에서 상해치를 나타내는 지수이며 최소화해야 할 대상이다. 상해치를 감소시키기 위하여 최소화해야 할 목적함수로 하중곡선에서 나타나는 두 개의 피크를 선정할 수 있다. 그러나 **9.4.4**절에 설명한 것과 같이 에너지 흡수 부품의 강성변화에 따라 초기설계에 의한 결과를 중심으로 하중곡선의 피크가 전후로 이동한다. 따라서 피크를 목적함수로 이용하는 것보다는 하중곡선과 관련된 것을 이용하는 것이 바람직하다.

여기서는 하중곡선을 구간별로 나누어 구한 미분값의 제곱합을 목적함수로 이용한다. 충돌상황에서 승객에게 전달되는 충격량 또는 운동량을 이상화한 두 개의 곡선이 그림 **9·17**에 있다. 운동량보존법칙에 의해 이 곡선들이 갖는 면적은 동일하다. 이 곡선들이 시간 t_m을 중심으로 좌우 대칭 형상을 갖는다고 가정하자. 그림 **9·17**과 같이 곡선 C_A가 곡선 C_B보다 최대하중이 작기 때문에 바람직한 형태의 충격량곡선이라고 할 수 있다. 그림 **9·17**에 있는 곡선을 구간별로 나누어 미분값을 구하고, 이 미분의 절대값을 전체 구간에서 적분한다. 그러면 표 **9·5**와 같이 곡선 C_A는 $2f_1$이며 곡선 C_B는 $2f_2$이다. $f_1 < f_2$이므로 곡선 C_A의 미분의 합이 곡선 C_B의 경우보다 작다. 이와 같은 현상에 주목하여 하중곡선에 대한 미분의 적분값이 감소하도록 설계변수들의 값을 정한다. 그러면 낮은 피크를 갖는 하중곡선을 구할 수 있다. 따라서 초기에 구한 충격하중곡선이 C_B와 같은 형태인 경우 C_A와 같은 형태로 변경시키기 위해 식 (9·6)과 하중곡선에 대한 미분의 제곱합을

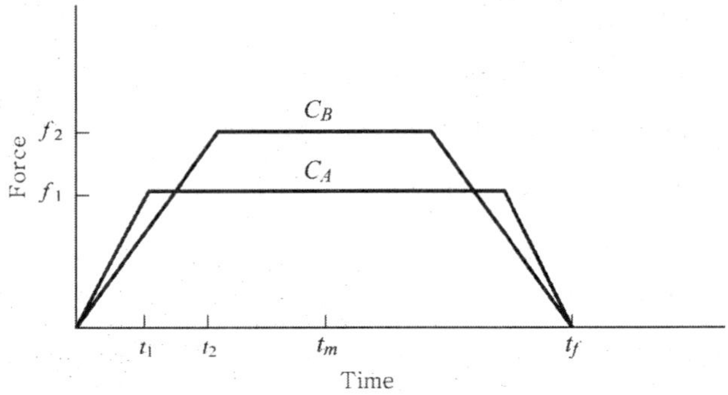

그림 9·17 이상적인 시간-힘 곡선

표 9·5 미분의 적분합

	Curve C_A	Curve C_B
0부터 t_m까지	$\left\lvert\left(\frac{f_1}{t_1}\right)\times t_1+0\times(t_m-t_1)\right\rvert=f_1$	$\left\lvert\left(\frac{f_2}{t_2}\right)\times t_2+0\times(t_m-t_2)\right\rvert=f_2$
t_m부터 t_f까지	$\left\lvert\left(-\frac{f_1}{t_1}\right)\times t_1+0\times(t_m-t_1)\right\rvert=f_1$	$\left\lvert\left(-\frac{f_2}{t_2}\right)\times t_2+0\times(t_m-t_2)\right\rvert=f_2$
합	$2f_1$	$2f_2$

이용한다. 식 (9 · 6)에서 미분에 제곱을 취한 것은 부호에 의한 영향을 제거하기 위해서이다.

$$F_{\text{objective}}(\mathrm{b})=\int\left(\frac{\mathrm{d}f}{\mathrm{d}t}\right)^{2}\mathrm{d}t \qquad (9\cdot 6)$$

9.4.6 직교배열표를 이용한 설계

승객거동해석은 비선형성이 매우 강하고 함수에 떨림이 많으므로 민감도를 이용하는 수학적인 최적화가 용이하지 않다. 따라서 **6.3.3**절에 있는 방법을 이용하여 에너지 흡수 부품의 설계 개선안을 구한다. 식 (9 · 6)에 있는 하중곡선에 대한 미분의 제곱합을 최소화하기 위하여 직교배열표를 이용하였으며, 표 **9 · 6**에 보이는 바와 같이 4개의 설계변수와 5개의 수준(level)을 갖는 직교배열표를 구성하였다. 스프링-댐퍼 SD2, SD4, SD6, SD7의 힘-변형 함수의 보정계수가 설계변수이다. 표 **9 · 6**에서 1, 2수준은 강성을 각각 30%, 15% 감소시킨 것이며 3수준은 강성을 변화시키지 않은 것이다. 4, 5수준은 강성을 각각 15%, 30% 증가시킨 것이다. 이 직교배열표에 의한 해석 결과 및 하중곡선의 미분값의 제곱합이 표 **9 · 6**에 있으며 표 **9 · 6**으로부터 도출한 일원표가 표 **9 · 7**에 있다.

설계변수의 해는 최소값을 갖는 각각의 수준으로 결정되므로, SD2는 1수준, SD4는 5수준, SD6은 5수준, SD7은 1수준이 해가 된다. 결정된 설계해를 이용하여 해석 결과를 구하면 하중곡선에 대한 미분의 제곱합은 0.864이다. 이는 표 **9 · 6**의 어떤 행보다도 우수하므로 최종 최적해로 채택한다. 첫 번째 피크에서 모형몸체에 작용하는 하중은 0.987이며 두 번째 피크에서의 하중은 0.839이고 골 부분에서의 하중은 0.425이다. 하중곡선의 미분의 제곱합이 13.6% 감소하였고 첫 번째 피크에서의 하중은 1.3% 감소하였다. 두 번째 피크에서의 하중은 1.58% 증가하였고 골 부분에서의 하중은 34.9% 증가하였다.

일반적으로 하중곡선의 피크가 하나인 문제에서는 초기설계보다 개선된 결과를 쉽게 구할 수 있다. 그러나 이와 같이 피크가 두 개인 문제에서는 골 부분의 영향 때문에 그다지 개선된 결과를 구하지 못한다. 이 경우에는 직교배열표상에서 적절하다고 판단되는 설계변수들의 조합을 설계해로 선택할 수 있다. **9.4.4**절에 설명한 설계변수의 강성변화에 따른 결과를 반영하면, 표 **9 · 6**에서 하중곡선에 대한 미분의 제곱합이 감소한 것 중에서 3째 행의 설계변수들의 조합을 선택할 수 있다. 표 **9 · 6**과 같이 하중곡선의 미분의 제곱합은 1.7% 감소하고 첫 번째 피크에서의 하중은 0.967로 3.3% 감소하며 골 부분에서의 하중은 1.6% 감소한다. 두 번째 피크에서의 하중은 0.852로 3.2% 증가하지만 첫 번째 피크보다 작은 값을 가지므로 크게 문제되지는 않는다. 이러한 방법은 직교배열표의 실험 결과로부터 공학적 감각으로 설계해를 추출한 예이다.

표 9·6 $L_{25}(5^5)$ 직교배열표에 따른 실험

Trial number	Design variables				Normalized forces			$\int\left(\frac{df}{dx}\right)^2 dx$
	SD2	SD4	SD6	SD7	1st peak	2nd peak	Valley	
1	1	1	1	1	0.951	0.878	0.153	1.134
2	1	2	2	2	0.964	0.855	0.233	1.055
3	1	3	3	3	0.967	0.852	0.310	0.983
4	1	4	4	4	0.975	0.864	0.379	0.943
5	1	5	5	5	0.982	0.868	0.440	0.878
6	2	1	2	3	0.963	0.870	0.185	1.188
7	2	2	3	4	0.968	0.858	0.261	1.066
8	2	3	4	5	0.974	0.841	0.334	0.985
9	2	4	5	1	0.991	0.827	0.374	0.915
10	2	5	1	2	0.998	0.830	0.388	0.918
11	3	1	3	5	0.979	0.926	0.216	1.234
12	3	2	4	1	0.994	0.812	0.251	1.025
13	3	3	5	2	0.999	0.830	0.329	0.989
14	3	4	1	3	1.001	0.826	0.345	0.964
15	3	5	2	4	1.010	0.826	0.405	0.923
16	4	1	4	2	0.990	0.827	0.202	1.139
17	4	2	5	3	0.989	0.825	0.284	1.034
18	4	3	1	4	0.993	0.824	0.300	1.019
19	4	4	2	5	1.005	0.814	0.365	0.966
20	4	5	3	1	1.029	0.777	0.410	0.883
21	5	1	5	4	0.981	0.899	0.238	1.174
22	5	2	1	5	0.986	0.888	0.258	1.132
23	5	3	2	1	1.006	0.784	0.290	0.971
24	5	4	3	2	1.024	0.799	0.359	0.946
25	5	5	4	3	1.043	0.779	0.419	0.916

표 9·7 표 9·6에 대한 일원표 결과

level	SD2	SD4	SD6	SD7
1	<u>4.992</u>	5.868	5.167	<u>4.929</u>
2	5.072	5.312	5.102	5.047
3	5.135	4.948	5.113	5.084
4	5.041	4.734	5.007	5.125
5	5.139	<u>4.518</u>	<u>4.990</u>	5.195

9.4.7 요 약

승객거동해석 소프트웨어인 SAFE를 이용하여 에너지 흡수 조향계의 충돌특성을 검토하였으며 이를 개선시키고자 하였다. FMVSS 203 규정에 의한 모형몸체실험과 해석 결과를 비교하여 해석모델을 완성하였는데, 조향계의 상하축과 상하주의 거동이 실제와 일치하였다. 모형몸체에 작용하는 충격하중을 감소시키기 위한 목적함수로 하중곡선에 대한 미분의 제곱합을 제안하였으며, 에너지 흡수 부품을 최적화하기 위하여 직교배열표를 이용하였다. 직교배열표를 이용한 결과 일원표로부터 설계해를 도출할 수 있었다. 그러나 피크가 두 개인 반응곡선을 감안하여 설계자의 판단으로 직교배열표 상에서 더 좋은 해를 제시하였다. 여기에서의 결과는 여러 가지 실험에 대한 경우의 수를 만들고, 그중 적합한 결과를 최종해로 결정하는 데 직교배열표를 사용한 것과 동일하다. 이처럼 직교배열표는 일원표 등을 사용하지 않고 실험에 대한 경우의 수만을 만드는 데도 사용할 수 있다.

9.5 자동차 도어의 충격빔 설계

9.5.1 문제의 설명

자동차 분야에서는 측면충돌에 관한 실험방법 및 기준을 정하여 시행하고 있다. 측면충돌에 대한 옆문강도실험은 직경 305mm의 강철원주나 반원주로 제작된 실험장치를 사용한다. 차량중심선상의 수직면에 직각이 되는 실내방향으로 옆문 외부표면의 전체변위량이 460mm에 도달할 때까지 12.7mm/s 이하의 속도로 연속적인 하중을 가한다. 초기 충돌 저항실험은 120초 이내에 완료되어야 한다.

옆문강도실험은 차체가 조립된 상태에서 수행된다. 그러나 여기서는 충격빔 자체의 침투저항성능 향상을 목적으로 설계를 수행하기 때문에 충격빔 외의 다른 부품들은 고려하지 않는다. 충격빔의 전산모사에서는 비선형유한요소 소프트웨어인 LS/DYNA3D(LS/DYNA, 2003)를 사용하여 비선형해석을 수행하였다. LS/DYNA3D는 외연적 시간적분법을 사용한다. 외연적 시간적분법의 특성상 실제실험과 같이 낮은 속도로 전산모사를 수행하면 계산량이 너무 많으므로 충격체의 속도를 800mm/s로 증가시켰다. 그림 **9 · 18**은 전산모사 과정을 나타낸다. 전산모사에서 실제 옆문 모델과 충격빔 모델이 등가성을 가지도록 충격빔과 옆문의 내판과 연결되는 지점을 그림 **9 · 19**와 같이 스프링으로 모델링하였다. 여기에서 사용되는 지배방정식은 식 (9 · 4)와 같다.

그림 **9 · 20**에 실험 결과가 있다. 실험은 침투량이 155mm, 310mm, 460mm인 지점에서의 평균 저항 하중값으로 옆문의 성능을 평가한다. 여기에서는 초기 충돌저항이 나타나

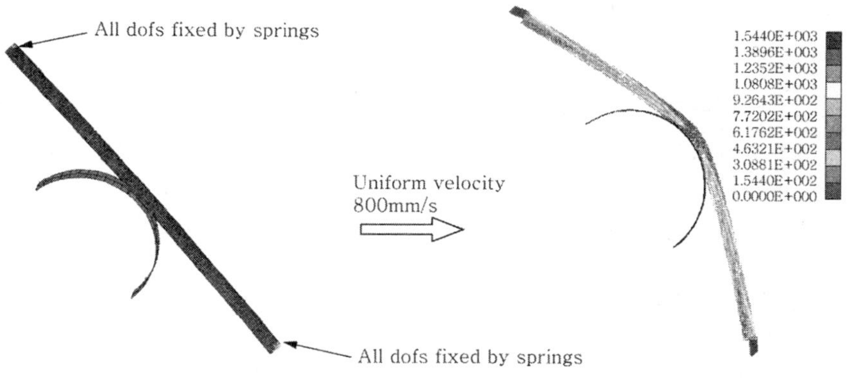

그림 9·18 충격빔의 전산모사

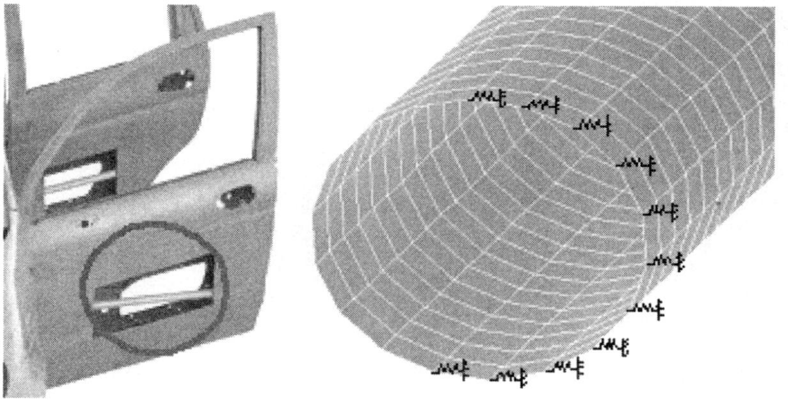

그림 9·19 모델링 및 경계조건

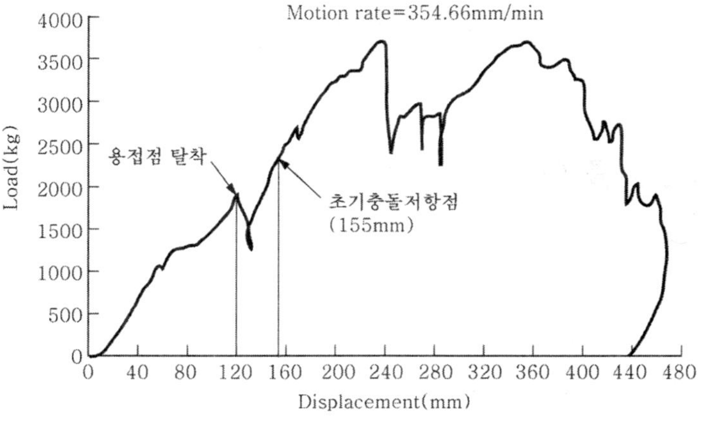

그림 9·20 충격빔의 실험 결과

는 155mm 침투를 침투저항성능으로 정한다. 그런데 실험 결과로부터 침투량이 약 120mm인 부근에서 하중의 급격한 변화가 있음을 알 수 있다. 이것은 충격빔의 연결부인 브래킷(bracket)에서 용접점 탈착이 발생하여 생긴 결과이다. 따라서 용접부 탈착의 영향을 고려하지 않기 위하여 탈착 전의 값인 120mm일 때의 실험값과 전산모사의 결과를 비교하여 모델링을 완성한다.

9.5.2 문제의 정식화

측면충돌의 경우 정면충돌에 비하여 충격체와 승객 간의 거리가 매우 가깝다. 이를 고려하여 에너지 소산보다는 충격빔의 강성을 증대시켜 침투저항성능을 향상시키는 것이 설계목적이 된다. 충격빔의 크기와 두께가 커지면 강성 역시 커진다. 따라서 충격빔의 초기모델을 선정한 후 선정한 초기모델의 중량을 제한조건으로 사용하였다. 이런 점들을 고려하면 최적화문제의 정식화는 식 (9・7)과 같다.

$$\text{Find} \quad a,\ b,\ t \tag{9・7a}$$

$$\text{to maximize} \quad f(a,\ b,\ t) \tag{9・7b}$$

$$\text{subject to} \quad w < w_0 \tag{9・7c}$$

여기서 충격빔은 타원체이다. a는 타원의 장경, b는 타원의 단경, t는 빔의 두께, $f(a,\ b,\ t)$는 최대화시킬 충격빔과 충격체 간의 접촉력 함수, w_0는 초기 타원 충격빔의 중량, w는 타원의 중량이다.

일반적으로 충격빔의 단면이 원형이었던 것에 비해 여기서는 단면의 형태를 타원으로 설정하였다. **6.5**절의 직교배열표를 이용한 설계법과 **6.7**절의 반응표면법을 사용하여 타원의 형상과 두께를 최적화한다. 실험 시 발생하는 충격체와 충격빔의 접촉력으로 충격빔의 침투저항성능을 평가한다.

9.5.3 직교배열표를 이용한 충격빔 설계

설계수행 시 제한조건을 고려하기 위하여 식 (6・60)과 같이 벌칙함수 $P(\mathrm{b})$를 이용하여 정의한 특성함수 $\psi(\mathrm{b})$는 다음과 같다.

$$\psi(\mathrm{b}) = f(\mathrm{b}) - P(\mathrm{b}) \tag{9・8}$$

여기서의 정의가 식 (6・60)과 다소 다른 것은 목적함수를 최대화시키는 문제이기 때문이다. 식 (9・8)의 특성함수에 의한 이산해가 제한조건함수를 모두 만족한다고 보장할 수 없다. 이 경우 조절계수를 크게 설정함으로써 해결할 수 있지만, 조절계수가 크면 특성함수에서 목적함수의 영향을 무시하는 결과를 초래할 수 있다. 따라서 여기서는 원래 목적함수 $f(\mathrm{b})$에 비해 벌칙항이 한 차원 낮게 되도록 조절계수의 값을 정하였다. 특성함수를 이용해 직교배열표로부터 최적 수준을 결정하는 방법은 **6.5**절의 방법과 동일하다.

인자 및 수준의 수가 3이므로 **6.3**절에 소개한 방법으로 최소 직교배열표인 $L_9(3^4)$을 선정할 수 있다. 그러나 여기서는 정확성을 높이고 교호작용이 균일하게 분포하는 혼합직교배열표 $L_{18}(2^1 \times 3^7)$을 선정했다. 따라서 18회의 유한요소해석으로부터 결과를 산출한 후 일원표를 작성하여 해를 산출한다. 이 직교배열표를 선정한 이유는 설계변수인 충격빔의 장경, 단경 및 두께 사이의 교호작용 영향을 실험 전에 미리 파악하는 것이 어려우므로, 각 설계변수 사이의 교호작용이 모든 행에 고르게 분포되게 하기 위함이다.

각 설계변수의 수준값이 표 **9·8**에 있으며 직교배열표에 의한 실험 결과가 표 **9·9**에 있다. 일원표의 분석 결과 해는 $[a_1 \quad b_3 \quad t_1]^T = [17 \quad 11 \quad 2.6]^T$(mm)인데, 이러한 수준에서의 확인실험 결과 접촉력은 3.16×10^7kgmm/s이며 제한조건이 위배된다. 따라서 제한조건을 만족하면서 목적함수가 가장 큰 해를 직교배열표로부터 구하면 표 **9·9**의 12번째 항이다.

표 9·8 각 설계변수의 수준($\times 10^{-3}$m)

설계변수	수준		
	1	2	3
a	17.0	15.5	14.0
b	14.0	12.5	11.0
t	2.6	2.4	2.2

표 9·9 직교배열표 실험에 의한 결과

실험 번호	열 번호 및 설계변수($\times 10^{-3}$m)								ψ(b)
	1	2	3	4	5	6	7	8	
	오차	a	b	t	오차	오차	오차	오차	
1	0	17.0	14.0	2.60	0	0	0	0	3.51E+07
2	0	17.0	12.5	2.40	0	0	0	0	2.83E+07
3	0	17.0	11.0	2.20	0	0	0	0	2.69E+07
4	0	15.5	14.0	2.60	0	0	0	0	2.75E+07
5	0	15.5	12.5	2.40	0	0	0	0	2.71E+07

표 9 · 9 직교배열표 실험에 의한 결과 (계속)

실험 번호	열 번호 및 설계변수($\times 10^{-3}$m)								ψ(b)
	1	2	3	4	5	6	7	8	
	오차	a	b	t	오차	오차	오차	오차	
6	0	15.5	11.0	2.20	0	0	0	0	2.59E+07
7	0	14.0	14.0	2.40	0	0	0	0	2.50E+07
8	0	14.0	12.5	2.20	0	0	0	0	2.39E+07
9	0	14.0	11.0	2.60	0	0	0	0	2.72E+07
10	0	17.0	14.0	2.20	0	0	0	0	2.98E+07
11	0	17.0	12.5	2.60	0	0	0	0	3.07E+07
12	0	17.0	11.0	2.40	0	0	0	0	2.87E+07
13	0	15.5	14.0	2.40	0	0	0	0	2.48E+07
14	0	15.5	12.5	2.20	0	0	0	0	2.47E+07
15	0	15.5	11.0	2.60	0	0	0	0	2.87E+07
16	0	14.0	14.0	2.20	0	0	0	0	2.34E+07
17	0	14.0	12.5	2.60	0	0	0	0	2.82E+07
18	0	14.0	11.0	2.40	0	0	0	0	2.67E+07

한편 **6.5**절에서 설명한 바와 같이 추정값을 오름차순으로 배치한다. 그 결과가 표 **9 · 10**에 있다. 네 번째의 시도에서 제한조건이 만족되는데 이는 위에서 구한 결과와 동일하다. 따라서 최종해는 $[a_1 \quad b_3 \quad t_2]^T = [17 \quad 11 \quad 2.4]^T$(mm)로 결정한다. 표 **9 · 11**에서 초기설계와 여기서 구한 해를 비교하였다.

표 9 · 10 오름차순으로 배열한 결과

실험번호	추정값	설 계 변 수			제한조건
		a	b	t	
1	30677777.8	1	3	1	Violated
2	29977777.8	1	2	1	Violated
3	29861111.1	1	1	1	Violated
4	28961111.1	1	3	2	Satisfied
5	28261111.1	1	2	2	
⋮	⋮	⋮	⋮	⋮	
25	24544444.4	2	1	3	
26	24377777.8	3	2	3	
27	24261111.1	3	1	3	

표 9·11 초기치와 최종해의 비교

단면형상	결 과		개 선 량	
	저항력(N/N)	무게(kg/kg)	저항력	무 게
초기값	1.000	1.000	−	−
최종해	1.196	0.896	19.6%	−10.4%

9.5.4 반응표면법에 의한 설계

반응표면법은 **6.7**절에 자세히 설명하였다. 여기서는 목적함수를 2차 함수로 근사화한다. 근사화를 위한 후보점과 함수값은 표 **9·9**의 $L_{18}(2^1 \times 3^7)$ 직교배열표로 실험한 결과를 사용한다. 이렇게 하여 얻은 함수값이 다음 식에 있다.

$$f(a,\ b,\ c) = 421010 - 26773274a - 16339739b - 88044159t \\ + 6.25\times10^8 a^2 + 1.89\times10^8 b^2 + 1.44\times10^{10} t^2 \\ + 5.58\times10^8 ab + 1.27\times10^9 bt + 7.13\times10^8 ta \qquad (9 \cdot 9)$$

식 (9·9)를 목적함수로 하고 식 (9·7c)를 제한조건으로 하여 최적화를 수행한 결과 최적해는 $[a \quad b \quad t]^T = [17 \quad 11 \quad 2.403]^T$(mm)이다. a는 상한치로 b는 하한치로 t는 중간값을 취해서 직교배열표에서 나온 설계해와 거의 동일하다.

9.5.5 요 약

자동차 충격빔의 충돌저항성능 향상과 중량 감소를 위하여 충격빔 단면의 최적화를 수행하였다. 충격빔 단면의 장경과 단경, 두께를 설계변수로 선정하였다. 그리고 직교배열표 및 반응표면법에 의해 충격빔의 형상을 결정하였다.

(1) 비선형성이 큰 충격빔의 설계를 위하여 직교배열표 실험에 의한 설계와 반응표면법을 이용한 설계를 각각 수행하여 비교하였다. 두 방법에 의한 설계 결과가 매우 유사하다.

(2) 직교배열표를 이용한 설계에서는 원형 단면 충격빔의 충돌저항성능이 19.6% 향상되었으며, 10.4%의 중량이 감소되었다. 반응표면법을 이용한 최적화의 경우 19.44%의 충돌저항성능 향상과 10.39%의 중량 감소를 얻었다.

9.6 전동 틸트/텔레스코픽 조향계의 설계

9.6.1 문제의 설명

전동 틸트/텔레스코픽 조향계는 **9.4**절에 소개한 기존의 조향계에 몇 가지 기능을 추가한 것이다. 추가된 기능은 운전자의 신체 크기나 위치에 맞는 핸들의 위치를 조절하고, 그 위치를 기억하는 기능이다. 이 기능이 추가된 조향계에서는 운전자가 승하차할 때 핸들이 자동으로 전방으로 움직여 운전자가 타고 내리기에 충분한 공간을 확보한다. 그리고 운전 시에는 사전에 기억된 위치로 재조정된다. 이것을 틸트/텔레스코픽 기능이라 하며 이를 위해 전동 모터 1~2개, 기어 및 기어박스, 틸트 튜브, 틸트 브래킷, 텔레스코픽 하우징, 스플라인 샤프트 등의 부품이 추가된다. 따라서 기존의 조향계보다 복잡한 구조를 갖고 있다. 이러한 부품 및 위치, 치수 선정에 따라 조향계의 성능이 좌우되므로 이에 대한 분석과 그에 따른 설계가 필요하다.

전동 틸트/텔레스코픽 조향계의 기본은 차량의 방향전환을 위한 조향기능과 틸트/텔레스코픽 기능이다. 한편 운전 시에는 충돌 안전도와 진동 성능이 우수해야 한다. 조향기능은 조향축과 이를 연결하는 유니버설조인트에 의해 결정되며, 틸트/텔레스코픽 기능은 모터와 기어에 의해 작동된다. 이외에 충돌안전도성능과 진동성능은 조향계의 여러 부품들의 위치와 치수에 의해 결정된다. 설계는 개념설계와 상세설계의 순서로 실시한다. 개념설계에서는 공리적설계법을 사용하고, 상세설계에서는 직교배열표 및 최적설계방법을 병행한다.

9.6.2 공리적설계를 이용한 개념설계

충돌 및 진동 성능 향상을 위해 다음과 같이 공리적 접근방법으로 설계를 분석한다. 조향계의 기능요구 항을 살펴보면 다음과 같다.

FR_1 : 틸트/텔레스코픽 기능이 가능하게 하라.
FR_2 : 조향휠에 의한 회전력 전달을 용이하게 하라.
FR_3 : 조향주의 강도를 유지하라.

승하차 시에 충분한 공간을 마련하기 위해 조향계의 틸트/텔레스코픽 기능이 가능해야 한다. 그리고 일반적인 조향계와 같이 원활한 차량의 진행방향 결정을 위해 회전력 전달이 용이해야 한다. 또한 운전자의 안전을 위해서 일정 강도를 유지해야 한다. 이러한 기능요구에 대해서 각각에 가장 관계가 있는 요소들을 다음과 같이 설계파라미터(DPs)로 선정하였다.

DP_1 : 기어, 모터, 유니버설조인트, 스플라인
DP_2 : 유니버설조인트의 위치 및 각도
DP_3 : 조향주 구조물의 배치 및 치수

FR_1에 대해 DP_1을 위와 같이 선정한 이유는 틸트/텔레스코픽 운동을 가능하게 하는 것이 모터로 구동되는 랙과 피니언기어에 의한 것이기 때문이다. 여기에 유니버설조인트와 스플라인을 사용하면 틸트/텔레스코픽 기능이 쉽다. FR_2에 대해서는 유니버설조인트 2개의 위치 각도에 따라 조향성능이 좌우되기 때문에 이들을 DP_2로 선정하였다. FR_3에 대해 DP_3를 위와 같이 선정한 이유는 조향주의 강도는 선정된 각각의 부재들의 배치와 치수에 의해 결정되기 때문이다.

여기서 주된 관심은 조향계의 안전도 성능과 진동 성능이다. 따라서 앞에서 분류한 FR_3와 DP_3에 대해서만 설명한다. 강도를 유지(FR_3)하기 위해 하위개념의 기능요구사항(FR_{3x})들은 DP_3으로부터 다음과 같이 정의한다.

FR_{31} : 굽힘강도를 유지하라.
FR_{32} : 충돌 시 충돌에너지를 흡수하라.
FR_{33} : 차량의 진동에 의한 공진을 방지하라.

굽힘강도 유지는 구조물 형상을 유지하기 위한 기능요구이다. 충돌 시 에어백이 없으면 운전자에게 직접적인 상해를 주기 때문에 조향주가 충돌에너지를 흡수해야 한다. 또한 차량에 가해지는 내외부에서의 가진에 의한 진동수와 조향주의 고유진동수가 일치할 경우 공진에 의해서 조향계가 심하게 흔들려 승차감이 나쁘게 된다. 따라서 FR_3의 하부개념에 대한 설계변수(DP_{3x})는 다음과 같이 선정한다.

DP_{31} : 지지점(메인-브래킷, 로우어-브래킷), 틸트 포인트의 볼트 강도
DP_{32} : 메인-브래킷의 볼트 빠짐, 3점 지지점, 칼럼 부위에서의 압입부, 주에너지 흡수부
DP_{33} : 구조물의 형상, 치수, 유격

FR_{31}에 대해 DP_{31}을 위와 같이 선정한 이유는 지지점의 위치와 틸트 포인트의 볼트가 지배적이기 때문이다. FR_{32}에 대한 DP_{32}의 선정 이유는 다음과 같다. 충돌 시에는 차체와 연결되는 조향주 부품인 메인-브래킷에서 볼트가 빠진다. 그리고 내부 조향주의 상주와 하주가 압입되면서 충돌에 의한 힘이 주에너지 흡수부, 볼트 빠짐부, 칼럼 압입부에 작용하면서 충돌에너지가 흡수된다. 이렇게 설정된 설계파라미터는 충돌 시에만 작용한다. 그리고 3점 지지점은 충돌 시에는 조향주가 압입할 때 가이드 역할을 한다. 그리고 하우징

과 마찰에 의해서 에너지를 흡수하며, 주행 시에는 내부 조향주와 메인-브래킷을 연결을 하여 진동특성을 향상시킨다. FR_{33}에 대해 DP_{33}을 위와 같이 선정한 이유는 일반적으로 조향주 전체의 형상, 치수, 조립품 간의 유격에 의해 진동특성이 결정되기 때문이다. 그림 **9 · 21**은 기능요구와 설계변수의 조직도이다.

식 (9 · 10)은 조향계 전반적인 분석에 대한 설계방정식이다. 식 (9 · 11)은 FR_3, 즉 강도 유지에 대한 하부에서의 설계방정식이다.

$$\begin{bmatrix} FR_1 \\ FR_2 \\ FR_3 \end{bmatrix} = \begin{bmatrix} X & 0 & 0 \\ X & X & 0 \\ X & X & X \end{bmatrix} \begin{bmatrix} DP_1 \\ DP_2 \\ DP_3 \end{bmatrix} \qquad (9 \cdot 10)$$

$$\begin{bmatrix} FR_{31} \\ FR_{32} \\ FR_{33} \end{bmatrix} = \begin{bmatrix} X & 0 & 0 \\ 0 & X & 0 \\ X & X & X \end{bmatrix} \begin{bmatrix} DP_{31} \\ DP_{32} \\ DP_{33} \end{bmatrix} \qquad (9 \cdot 11)$$

여기서 제**2**장에서 설명한 바와 같이 0은 관계없음을, X는 관계가 있음을 의미한다. 식 (9 · 10)~(9 · 11)의 설계행렬을 보면 설계파라미터에 대해 모두 비연성화(decoupled design) 설계이다.

공리적설계 관점에서 보면 안전을 위한 설계와 진동저감을 위한 설계는 식 (9 · 11)의 순서대로 진행하면 독립적으로 할 수 있다. 따라서 각각에 대해 상세설계를 실시하여 효율적으로 충돌 및 진동특성을 향상시킬 수 있다. 이렇게 개념설계단계에서는 각각의 기능요구(FRs)를 만족시키기 위한 설계파라미터(DPs)를 선정한다. 이어지는 상세설계단계에서는 식 (9 · 11)에서 DP_{31}이 결정된 후 DP_{32}와 DP_{33}의 세부 사항을 결정하게 된다. 그림 **9 · 22**는 이러한 과정을 거쳐서 설계된 전동 틸트/텔레스코픽 조향계의 시제품이다.

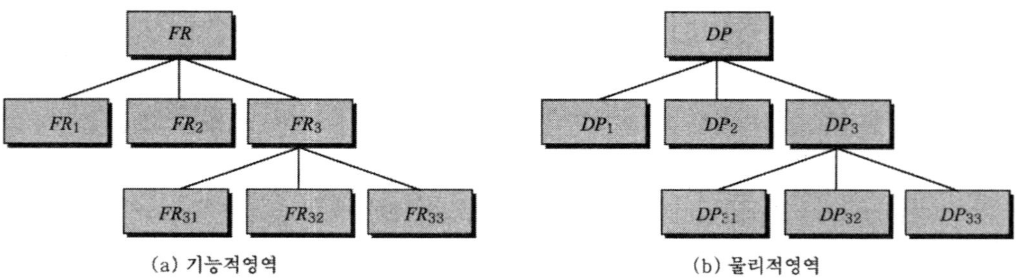

그림 9 · 21 조향계에 대한 FR-DP 사상 조직도

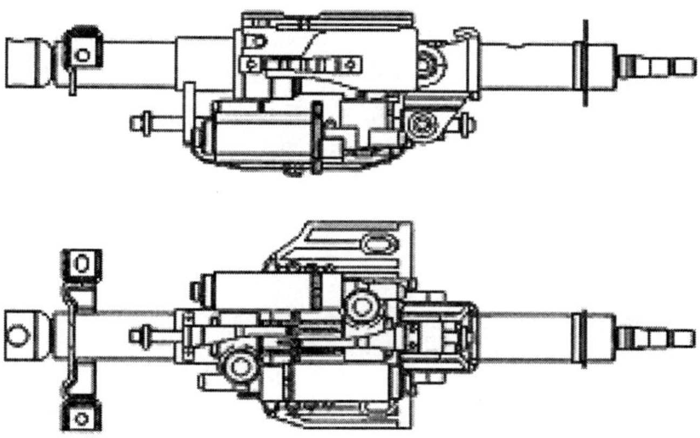

그림 9 · 22 전동 틸트/텔레스코픽 조향계

9.6.3 충돌안전도를 고려한 상세설계

본 절은 FR_{32}를 만족하기 위해서 상세설계(DP_{32})에서 에너지 흡수부의 힘-변형 함수를 결정하는 설계 과정이다. 전동 틸트/텔레스코픽 조향계는 운전대와 조향주로 구성되어 있다. 운전대의 림과 허브는 **9.4**절과 달리 질량이 없는 접촉타원체(contact ellipsoid)로 모델링한다. 따라서 이에 해당하는 질량과 관성모멘트는 조향축(steering shaft)이 포함한다. 그리고 다른 부품들은 질량과 관성모멘트가 있는 세그먼트로 모델링한다. 부품들 간의 연결은 슬립조인트(slip joint)와 유니버설조인트를 사용한다. 슬립조인트로 모델링한 연결부위는 축방향 이동이 구속되어야 한다. 때문에 스프링 상수가 큰 스프링-댐퍼 요소를 사용한다. 그림 **9 · 23**은 스프림-댐퍼 요소를 이용하여 조향계의 조인트와 에너지 흡수부를 모델링한 것이다.

사용한 스프링-댐퍼의 힘-변형 곡선은 정적 실험을 통해서 구하고 모델링 과정에서 보정(tuning)했다. 그림 **9 · 23**의 각 부분은 다음과 같다.

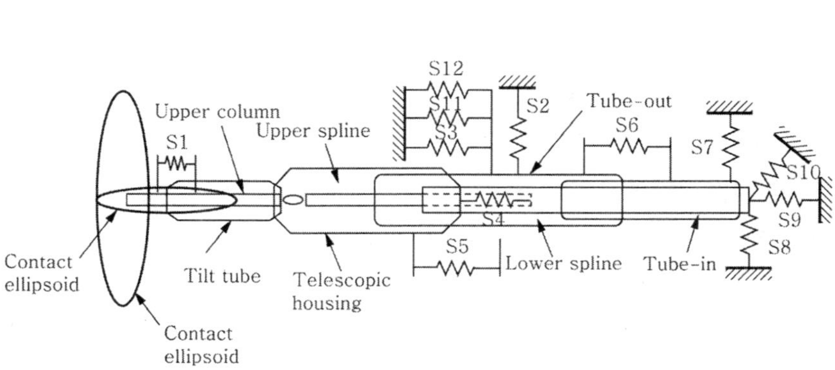

그림 9 · 23 전동 틸트/텔레스코픽 조향계의 모델링

S1 : 볼 베어링
S2 : 상부 장착 브래킷
S3 : 주에너지 흡수부
S4 : 스플라인
S5 : 텔레스코픽 모터축
S6 : 칼럼 압입부
S7 : 하부 장착 브래킷
S9 : 유니버설조인트
S8, S10 : 차량 마운팅부
S11 : 볼트 빠짐부
S12 : 텔레스코픽 하우징 지지부

S1은 틸트-튜브와 조향축 간을 베어링으로 연결한 것이다. 충돌 시 변형이 거의 없기 때문에 큰 스프링 상수를 사용한다. S2는 상부 브래킷이 차체에 장착되는 것을 모델링한 스프링-댐퍼이다. S3는 주에너지 흡수부를 모델링한 것이다. 이는 틸트-튜브가 충격하중을 받아 축 방향으로 변형되어 내려갈 때 늘어난다. 이때의 변형이 충격에너지를 흡수한다.

S4는 두 개의 하부 조향축 사이 스플라인으로 연결된 부분을 모델링한 것이다. S5는 텔레스코픽을 위해 하우징과 칼럼 인-아웃 사이를 모터의 스크류로 연결한 것을 모델링한 것이다. 이는 충격을 받아도 변형이 거의 없기 때문에 큰 스프링 상수를 사용하였다. 충돌이 일어나 틸트-튜브가 충격을 받으면 칼럼-인과 칼럼-아웃이 상대 이동을 하면서 변형이 발생한다. 이때 S6이 충격에너지를 흡수하게 된다. S7은 조향주가 차체에 장착되는 하부 브래킷을 모델링한 것이다. S8, S9, S10은 하부 조향 축이 유니버설조인트에, 파워핸들의 경우 유압 기구에 연결되는 부분이다.

S11은 상부 브래킷과 조향주 사이를 연결하는 볼트를 모델링한 것이다. 이것은 평상시에는 조향주를 상부 장착 브래킷에 견고하게 고정시킨다. 충돌 시에는 이탈하면서 초기 충돌에너지를 흡수한다. S12는 텔레스코픽 하우징과 메인-브래킷 사이를 지지하는 것으로 조향주를 지지하고 있어 진동 성능을 좋게 한다. 충돌 시에는 조향계가 변형되면서 부품간 간섭이 발생하는 것을 막기 위해서 하우징과 메인브래킷 사이에서 가이드라인 역할을 한다. 이것을 3점 지지라 한다. 또 다른 기능으로 충돌 시 가이드 역할을 하면서 발생하는 간섭에 의해 에너지를 흡수하는 역할이 있다.

모형몸체실험은 **9.4**절에서 행한 것과 같이 FMVSS 203 규정(FMVSS, 2003)에 의해 시속 24.14km(15mph)의 속도로 실시한다. 모형몸체에 작용하는 충격하중이 11,125N(1134kgf)을 초과하지 않도록 되어 있다. 실험 결과와 해석 결과를 일치시키기 위하여 스프링-댐퍼의 힘-변형 함수의 크기를 보정(tuning)하는데, 에너지 흡수부의 데이터는 변경하지 않는다.

조향주의 충돌해석 결과를 바탕으로 모형몸체에 작용하는 하중을 최소화한다. 이를 위해 직교배열표를 이용하여 스프링-댐퍼 요소의 힘-변형 함수의 설계조합을 결정한다. 표 **9 · 12**와 같이 설계변수는 주에너지 흡수부(S3), 칼럼 압입부(S6), 볼트 빠짐부(S11), 3점 지지점(S12)에 대한 것이다. 각각의 설계변수의 수준은 −15%부터 +15%까지 강성을 변화시키는 범위 내에서 5수준으로 한다. 여기서 강성변화는 그림 **9 · 24**의 힘-변형 곡선의 조절계수를 변화시키는 것을 의미한다. 직교배열표는 표 **9 · 13**과 같이 $L_{25}(5^6)$ 직교배열표를 이용한다. 이 직교배열표를 이용하면 설계인자가 4개이고, 수준이 5일 때 25번의 해석만으로 좋은 결과를 얻을 수 있다.

모델링을 완성한 후 표 **9 · 13**의 직교배열표의 각 행에 해당하는 해석을 실시하였다. 여기서의 결과값은 정규화한 것이다. 표 **9 · 14**의 일원표를 작성한 결과 모두 1수준에서 모형몸체에 작용하는 하중이 최소인 것으로 나타났다. 이는 표 **9 · 13**의 직교배열표상의 첫

표 9 · 12 설계변수 및 수준

	1	2	3	4	5
S3	0.85	0.93	1.0	1.07	1.15
S6	0.85	0.93	1.0	1.07	1.15
S11	0.85	0.93	1.0	1.07	1.15
S12	0.85	0.93	1.0	1.07	1.15

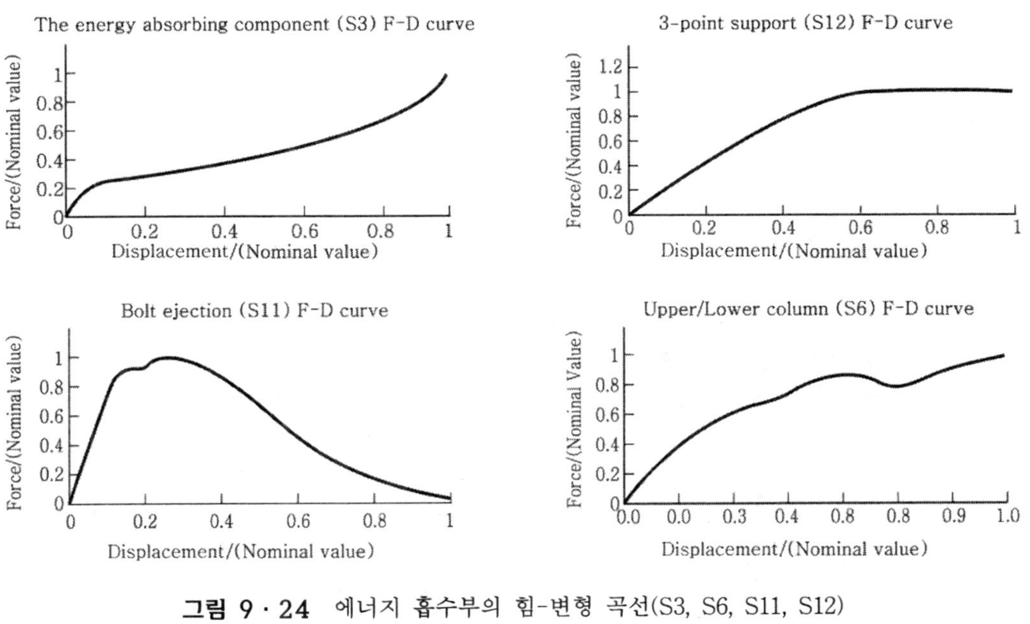

그림 9 · 24 에너지 흡수부의 힘-변형 곡선(S3, S6, S11, S12)

표 9·13 선택한 $L_{25}(5^6)$ 직교배열표

Exp. no.	S3	S6	S11	S12	Impact load
1	1	1	1	1	0.9227
2	1	2	2	2	0.9789
3	1	3	3	3	0.9948
4	1	4	4	4	1.0112
5	1	5	5	5	1.0210
6	2	1	2	3	0.9689
7	2	2	3	4	1.0048
8	2	3	4	5	1.0229
9	2	4	5	1	0.9592
10	2	5	1	2	0.9857
11	3	1	3	5	1.0282
12	3	2	4	1	0.9630
13	3	3	5	2	0.9988
14	3	4	1	3	0.9934
15	3	5	2	4	1.0104
16	4	1	4	2	1.0008
17	4	2	5	3	0.9891
18	4	3	1	4	1.0024
19	4	4	2	5	1.0169
20	4	5	3	1	0.9877
21	5	1	5	4	1.0248
22	5	2	1	5	1.0153
23	5	3	2	1	0.9859
24	5	4	3	2	1.0110
25	5	5	4	3	1.0140

표 9·14 표 9·13에 대한 일원표

	1	2	3	4	5
S3	4.9286	4.9415	4.9938	4.9969	5.0510
S6	4.9454	4.9511	5.0048	4.9917	5.0188
S11	4.9195	4.9610	5.0265	5.0119	4.9929
S12	4.8185	4.9752	4.9602	5.0536	5.1043

행과 동일하며 다른 행과 비교해도 최적값이다. 초기모델과 직교배열표의 해에 의한 모델에 의한 모사 결과가 그림 **9 · 25**에 있다. 직교배열표의 해에 의한 모델에서 피크 하중이 7.7% 감소하였다.

위에서 에너지 흡수부의 강성이 낮을수록 좋은 값이 도출되었다. 더 낮아질 수 있는가를 확인하기 위해서 설계변수의 범위를 표 **9 · 15**와 같이 넓힌다. 이를 이용해 직교배열표로 실험한 것이 표 **9 · 16**에 있다. 표 **9 · 16**으로부터 일원표를 작성하고 일원표로부터 가장 좋은 해를 구한 것이 표 **9 · 17**에 있다. 표 **9 · 17**의 해를 가지고 다시 확인실험을 한 결과 충격하중이 0.8790이다. 이를 직교배열표의 각 행과 비교하면 10행의 결과가 0.8499로 제일 좋은 것임을 알 수 있다.

표 **9 · 15**는 임의로 설계변수의 범위를 넓힌 경우이다. 여기서 얻은 결과로는 실제로 부품을 제작할 수 없다는 것을 알 수 있었다. 이에 대한 자세한 설명은 생략한다. 따라서 제품을 제작할 수 있는 최종해는 표 **9 · 13**에서 도출된 값이다.

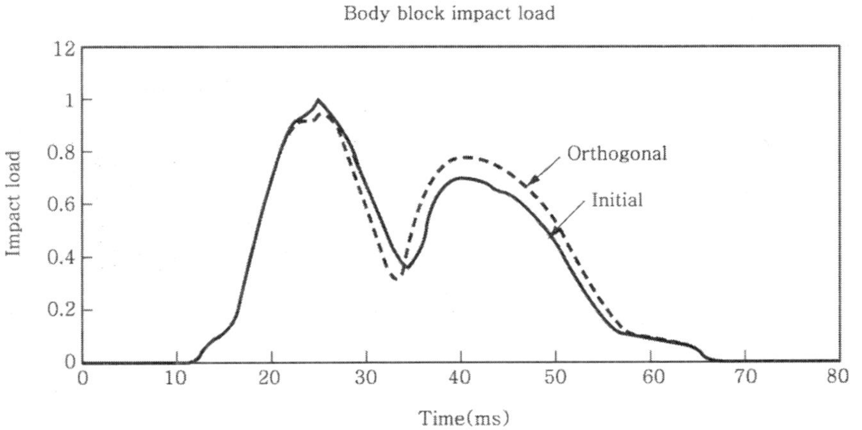

그림 9 · 25 초기설계와 직교배열표에 의한 설계의 비교

표 9 · 15 새로운 설계에 대한 설계변수 및 수준

	1	2	3	4	5
S3	0.3	0.5	0.7	1.0	1.2
S6	0.3	0.5	0.7	1.0	1.2
S11	0.3	0.5	0.7	1.0	1.2
S12	0.3	0.5	0.7	1.0	1.2

표 9·16 새로운 수준에 대한 직교배열표 실험

No.	S3	S6	S11	S12	Impact load
1	1	1	1	1	0.9697
2	1	2	2	2	0.8968
3	1	3	3	3	0.8770
4	1	4	4	4	0.9543
5	1	5	5	5	0.9963
6	2	1	2	3	0.8669
7	2	2	3	4	0.9350
8	2	3	4	5	0.9884
9	2	4	5	1	0.9002
10	2	5	1	2	0.8499
11	3	1	3	5	0.9708
12	3	2	4	1	0.8983
13	3	3	5	2	0.9126
14	3	4	1	3	0.8862
15	3	5	2	4	0.9618
16	4	1	4	2	0.9074
17	4	2	5	3	0.9267
18	4	3	1	4	0.9539
19	4	4	2	5	1.0123
20	4	5	3	1	0.8929
21	5	1	5	4	1.0177
22	5	2	1	5	1.0079
23	5	3	2	1	0.8839
24	5	4	3	2	0.9056
25	5	5	4	3	0.9969

표 9·17 표 9·16에 대한 일원표

	1	2	3	4	5
S3	4.6941	4.5404	4.6297	4.6932	4.8120
S6	4.7325	4.6647	4.6158	4.6586	4.6978
S11	4.6676	4.6217	4.5813	4.7453	4.7535
S12	4.5450	4.4723	4.5537	4.8227	4.9757

9.6.4 진동특성을 고려한 상세설계

개념설계 단계에서 언급한 기능요구조건 중에서 FR_{33}은 차량의 진동에 의한 공진방지를 위한 것이다. 따라서 여기서는 DP_{33}이 결정된다. DP_{33}에 대한 상세설계는 치수 및 형상최적설계를 이용하여 진동특성을 향상시키기 위한 설계이다. 진동해석 및 최적설계의 목적은 차량진동과의 공진을 피하기 위해 조향주의 1차 고유진동수를 증가시키는 것이다. 차량의 진동은 엔진의 폭발에 의한 떨림, 노면의 불규칙, 제동 시 브레이크의 토크 변동에 의해 발생된다. 그 진동수는 일반적으로 10~30Hz의 대역에 있다. 따라서 조향주뿐만 아니라 다른 부품의 고유진동수도 이 대역을 피하도록 설계한다. 조향주를 유한요소로 모델링하여 모드해석을 수행한 후 진동실험을 통해서 모델링의 타당성을 검증한다. 이렇게 완성된 유한요소모델을 이용해 치수 및 형상최적설계를 수행하고 조향주의 고유진동수를 증가시킬 수 있는 설계방안을 제시한다.

진동해석 및 최적설계에는 구조최적설계 소프트웨어인 GENESIS(GENESIS, 2004)를 사용하였다. 이를 이용해 조향계를 모델링한 것이 그림 **9·26**에 있다. 표 **9·18**은 조향계의 진동실험 결과와 모드해석한 결과를 비교한 것이다. 이로써 모델링은 완성되었다고 간주한다.

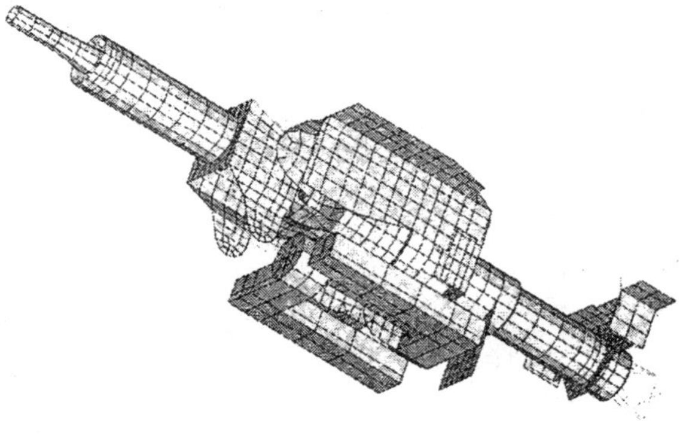

그림 9·26 전동/틸트 텔레스코픽 조향계의 유한요소모델

표 9·18 고유진동수에 대한 실험과 모사의 비교

	Modal test	Modal analysis
1st	25	25
2nd	90	110

실험으로 검증된 모델링을 이용하여 조향주의 1차 고유진동수를 증가시키기 위해 최적설계를 수행한다. 설계변수로 선정한 것이 표 **9·19**에 있는데, 이들 중 일부가 그림 **9·27**에 있다. 최적설계를 위한 정식화는 다음과 같다.

Find	design variables (b)	(9·12a)
to minimize	the weight of the steering column	(9·12b)
subject to	the first natural frequency > 30Hz	(9·12c)
	$\sigma \le \sigma_{all}$	(9·12d)
	$b_L \le b \le b_U$	(9·12e)

위의 정식화 과정을 토대로 치수최적설계 및 형상최적설계를 동시에 수행한다. 최적설계를 수행한 결과 1차 고유진동수가 27.1Hz로 증가하는 결과를 얻었다. 이는 식 (9·12c)를 위배한다. 즉, 현재의 상태에서는 유용영역이 없음을 알 수 있다.

표 9·19　최적화 과정에서의 설계변수

	Design variable
Size variables	Tilt-tube, tilt-bracket, main-bracket Base-bracket, housing, motor-bracket, Column-out
Shape variables	Housing, main-bracket, spline shaft male

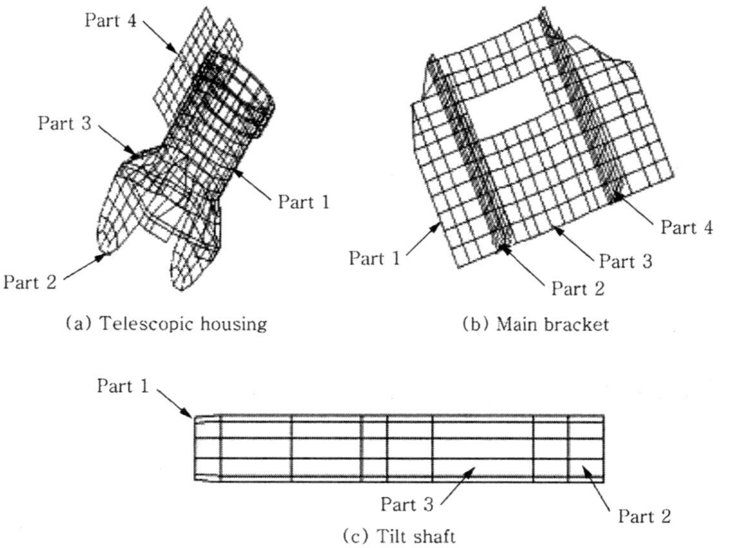

그림 9·27　치수최적설계의 설계변수

유용영역을 찾기 위해 틸트/텔레스코픽용 스크류의 직경을 50% 증가시킨 후 진동해석과 최적설계를 수행한다. 참고로 스크류 직경은 표 **9·19**의 설계변수에 포함되어 있지 않다. 표 **9·20**과 같이 최적설계 결과 고유진동수가 30Hz로 증가한다. 최적설계 수행 시 조향주의 무게가 증가하는데, 이는 제한조건식 중에서 1차 고유진동수가 30Hz 이상이어야 한다는 것을 만족시키기 위해서 부품의 치수들이 커지기 때문이다. 그리고 최적설계 결과를 근거로 조향주를 제작하여 실험한 결과 31Hz로 증가하였다. 이때 설계변수값이 표 **9·21**에 있다. 스크류 직경을 50% 증가시킨 문제에 대한 초기값과 최적값에서의 조화응답해석이 그림 **9·28**에 있다. 피크값은 최적화 과정에 포함되어 있지 않은데도 피크값이 현저히 감소함을 알 수 있다.

표 9·20 최적화 결과

	Optimum value
Weight(kg)	11.1
Frequency(Hz)	30

표 9·21 각 설계변수의 최적화 결과 (단위 : mm)

Design variable	Initial	Final
Tilt-tube	2	4
Tilt-bracket	5.5	7.5
Main-bracket		
(Part 1)	10	12.5
(Part 2)	6	8
(Part 3)	7.5	7
(Part 4)	6	9.5
Base-bracket	4.5	4.5
Housing		
(Part 1)	6	6.5
(Part 2)	9	10
(Part 3)	6	10
(Part 4)	8	16.1
Column-out	2.25	2.5
Motor-bracket	8	10
Tilt shaft		
(Part 1)	2	2.5
(Part 2)	3.5	4
(Part 3)	5.15	5

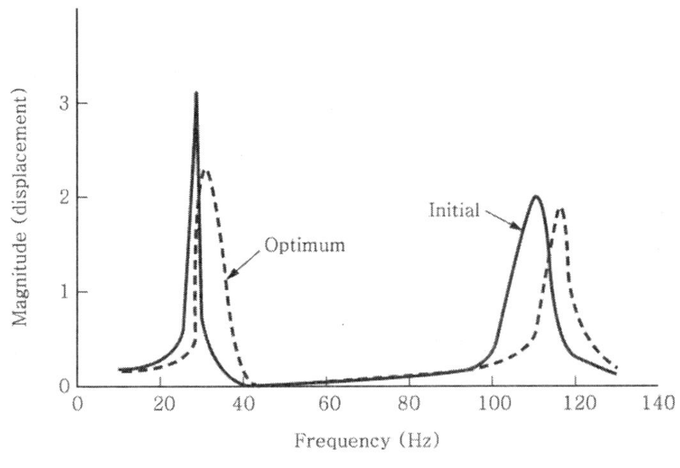

그림 9·28 최적설계 결과의 조화응답

9.6.5 요 약

전동 틸트/텔레스코픽 조향주를 개발하기 위하여 개발 시작 단계인 개념설계 단계에서 공리적설계를 적용하였다. 기능요구별로 분류하여 설계 과정을 독립적으로 정의했다. 기능요구와 이에 따른 설계변수 선정으로 설계 과정이 계층적으로 구성되었다. 기능요구를 틸트/텔레스코픽 기능, 충돌안전도특성, 고유진동수 증가로 정의했고, 이를 서로 독립적으로 해결하기 위한 설계변수가 선정되었다. 이로 인해 각각의 상세설계는 공리적설계가 제시하는 순서에 의해 독립적으로 수행되었다. 충돌을 고려한 설계에서는 승객거동해석 프로그램인 SAFE(SAFE, 1999)를 이용하여 해석을 하였고 직교배열표를 이용하는 설계방안이 제시되었다. 진동저감에 관한 설계에서는 조향주를 유한요소법으로 해석하였으며 최적설계를 수행하여 설계값을 제시하였다.

9.7 안전띠 일체형 의자의 정·후면충돌해석 및 설계

9.7.1 문제의 설명

자동차용 의자는 크게 의자등받이, 머리지지대, 의자방석, 방석지지대, 등받이조절기 등으로 나누어진다. 의자등받이는 일체형 원통프레임으로 되어 있다. 운전석 의자등받이와 의자방석은 의자의 우측에 위치한 연결나사와 좌측에 위치한 등받이 조절기에 의해 서로 연결된다. 등받이의 전후 방향 회전은 이 등받이 조절기에 의해 가능하다.

안전띠 일체형 의자의 구조는 일반적인 의자와 달리 안전띠가 의자 구조물에 부착되어 있다. 따라서 충돌 시 몸체 크기에 상관없이 안전띠가 몸체에 가깝게 위치하므로 상해지수가 낮아진다. 반면에 부착된 안전띠에 의해 의자 구조물에 큰 힘이 가해지는 단점이 있다. 그림 **9·29**에 안전띠 일체형 의자의 정면도와 측면도가 있다. 이 의자는 크게 7개 부분으로 나누어지는데, 의자등받이 프레임, 의자등받이 플라스틱 사출물, 머리지지대, 머리지지대 높이 조절기, 등받이 조절기, 의자방석, 방석미끄럼대이다. 안전띠 일체형 의자는 기존 의자와 의자등받이 부분에서 약간의 구조적 차이가 있다. 여기서 기존 의자란 안전띠 일체형이 아닌 일반적인 의자이다.

의자등받이에는 중공 사각형 모양의 프레임이 좌우에 고정되어 있다. 우측 프레임에는 사각기둥의 머리지지대 높이 조절기가 끼워져 있고, 머리지지대가 높이 조절기에 연결되어 있다. 또한 프레임 좌우에는 기존 의자에서의 등받이 스프링과 마찬가지로 승객의 허리부분을 지지하기 위해서 플라스틱 지지대가 연결되어 있다. 이 의자등받이 좌우 프레임은 기존 의자와 달리 플라스틱 사출물이 덮여져 있다. 의자방석은 기존 방석의 얇은 철판구조와 달리 큰 강도를 갖는 패널과 플라스틱 구조물의 결합으로 이루어져 있다. 이 구조물은 방석미끄럼대에 연결되어 있고 전후의 움직임은 구동 모터에 의해 이루어진다. 의자등받이와 방석은 기존 의자와 달리 좌우 모두에 부착되어 있는 등받이 조절기로 연결되어 있다. 특히 기존 의자가 기어 형태로 이가 맞물려 등받이의 회전이 이루어지는 반면에, 안전띠 일체형 의자는 스크루 기어의 회전에 따라 전후 방향으로 등받이 회전이 이루어진다.

기존의 일반적인 의자와 일체형 의자의 제원은 표 **9·22**와 같다. 이들 제원 중 높이, 폭, 길이, 두께는 의자의 골조구조에 기초한 자료이다. 상품화되어 있는 안전띠 일체형 의자는 일반적인 의자에 비해 약 3배 가량 무겁다. 따라서 안전띠 일체형 의자의 구조설계 시에는 무게를 줄이는 것이 중요하다.

(a) 정면도

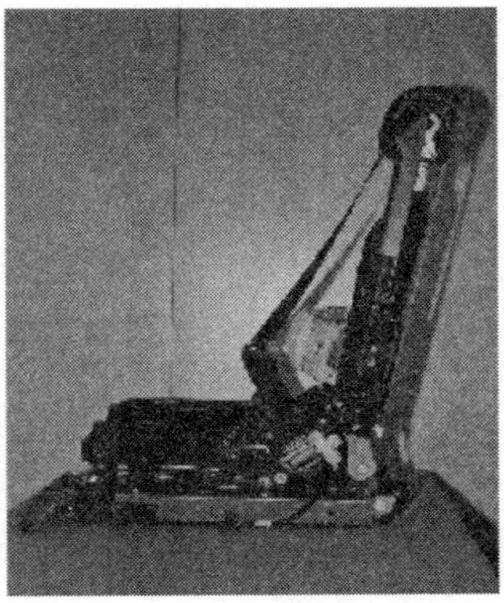
(b) 측면도

그림 9·29 안전띠 일체형 의자의 모습

표 9 · 22 기존 의자 및 안전띠 일체형 의자의 제원

	Conventional seat		Belt integrated seat	
Height(mm)	690		840	
Width(mm)	480		510	
Length(mm)	510		735	
Thickness(mm)	45		54	
Weight(kgf)	Seat back structure	2.7	Seat back structure (including headrest and height adjuster)	9.1
	Seat cushion structure	9.6	Seat cushion structure	18.4
	Seat back cover	1.5	Seat back cover	3.8
	Seat cushion cover	1.6	Seat cushion cover	5.4
	Headrest	0.7	Driving motor	2.9
			Motcr controller	2.7
			Weight except motor part	36.7
	Total weight	16.1	Total weight	42.3

9.7.2 안전띠 일체형 의자의 모델링

전산모사에 필요한 모델링을 위해 수행한 충돌모의실험 자료는 다음과 같다. 승용차의 정면충돌 시 승객의 상해를 평가하기 위해 가장 일반적으로 사용되는 규정은 FMVSS 208 규정(FMVSS, 2003)이다. 이 규정을 기준으로 할 때, 더미는 Hybrid Ⅲ 50% 더미(Backaitis and Mertz, 1994)가 사용되며 실험용 대차의 충돌 시 속도는 27.75mph(44.7km/h)이다. 대차의 충돌 시 발생한 감속도 파형은 그림 **9 · 30**과 같다.

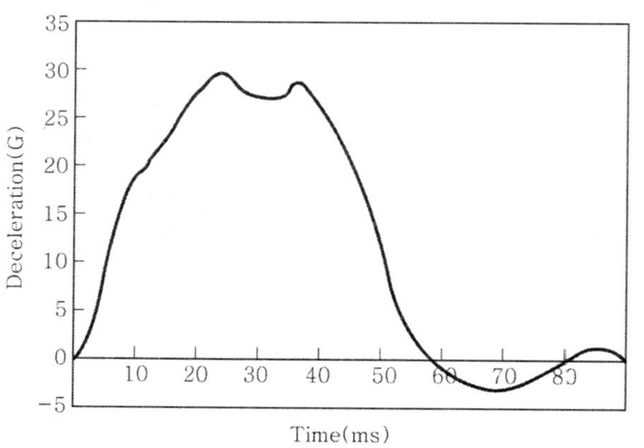

그림 9 · 30 정면충돌의 감속도 곡선

모사에서는 승객거동해석 소프트웨어인 SAFE(SAFE, 1999)를 이용하여 안전띠 일체형 의자를 모델링한다. 의자모델링의 구성은 등받이와 방석 등 크게 두 부분으로 되어 있다. 의자등받이는 그림 **9 · 31** (a)와 같이 9개의 세그먼트로 나누고, 각각의 세그먼트를 핀조인트와 스프링-댐퍼 시스템으로 연결한다. 머리지지대는 의자등받이에 핀조인트로 연결된다. 의자방석은 그림 **9 · 31** (b)와 같이 3개의 세그먼트로 나누고 각각 스프링-댐퍼 시스템으로 연결하며, 각 세그먼트는 미끄럼조인트로 차량에 연결된다. 의자 방석과 등받이는 핀조인트로 연결된다. 세그먼트의 일반적인 모양은 타원체이다. 그러므로 그림 **9 · 31**과 같이 사각형에 가까운 하이퍼타원체(hyper ellipsoid)로 구성하여 실제와 유사하도록 한다.

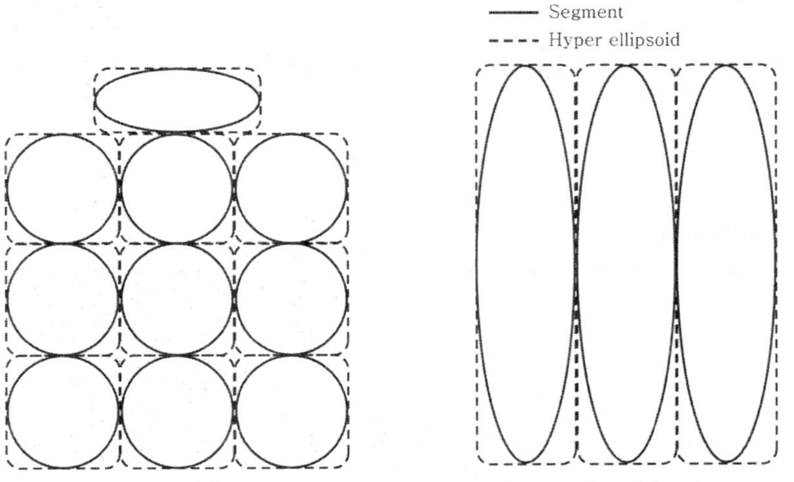

그림 9 · 31 등받이와 방석의 모델링

9.7.3 정면 및 후방추돌해석

다물체동역학을 이용한 승객거동해석에서 가장 중요한 사항은 충돌실험 시의 상황을 적절하게 모델링하여 입력하는 것이다. 승객 및 의자는 질량과 부피를 갖는 강체로 모델링하고 차체는 평면요소로 모델링하며 각 요소의 충돌 시 변형특성은 단품 실험자료를 이용하여 힘-변형함수로 구현한다. 차량의 충돌특성은 그림 **9 · 1**의 충돌실험에서 구한 차량의 시간에 따른 감속도(deceleration)값을 입력하고 모사를 수행한다. 모사의 결과는 실험에서 고속 촬영한 승객거동과 비교하고 이로부터 모델링을 완성한다.

기존 의자와 안전띠 일체형 의자의 안전띠 각 지지점에서 발생하는 하중곡선이 그림 **9 · 32**에 있다. 이때 발생한 힘의 최대값과 시간은 표 **9 · 23**에 있다. 기존 의자의 경우 각 안전띠 지지점에서 힘이 최대로 도달하는 시간이 거의 유사하게 나타나지만, 안전띠 일체형 의자는 왼쪽 어깨 안전띠에서의 힘이 최대가 되는 시간이 기존 의자보다 약 30ms

정도 느리다. 이것은 왼쪽 어깨 안전띠 지지점이 충돌 시 의자와 함께 이동하기 때문인 것으로 보인다. 또한 안전띠 일체형 의자에서는 어깨 안전띠 양단에 발생하는 힘의 합이 기존 의자와 비슷하지만 균형적으로 분산되고 있다. 이는 승객상해에 좋은 영향을 미칠 것으로 기대한다.

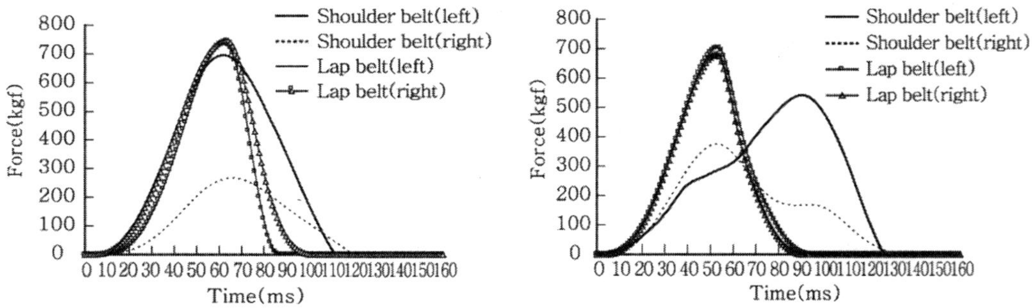

그림 9 · 32 지지점에서의 외력 비교

표 9 · 23 최대 외력 및 시간

		Left shoulder	Right shoulder	Left lap	Right lap
Conventional seat	Force(kgf)	695.2	226.48	735.06	746.95
	Time(ms)	62	66	63	63
Belt integrated seat	Force(kgf)	541.13	375.32	702.76	680.27
	Time(ms)	90	53	53	53

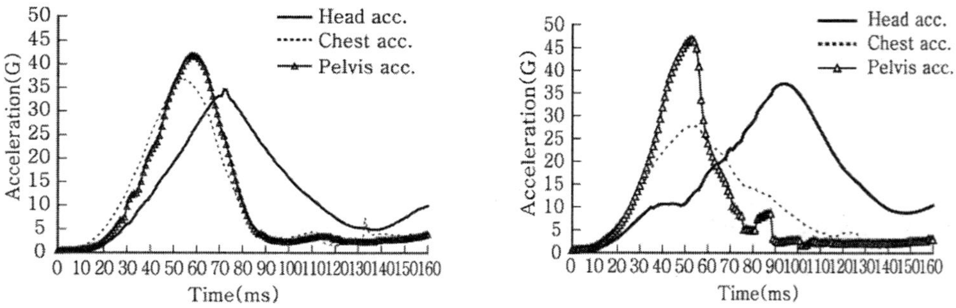

그림 9 · 33 가속도 비교

기존 의자와 안전띠 일체형 의자에서의 승객 머리, 가슴 그리고 골반에 대한 가속도곡선은 그림 **9 · 33**에 있으며 최대값과 그때의 시간은 표 **9 · 24**와 같다. 머리가속도 값은 기존 의자와 거의 유사하지만, 왼쪽 어깨 안전띠 지지점이 충돌 시 의자와 함께 이동하므로 머리가속도의 최대값은 기존 의자보다 약 20ms 정도 늦게 나타난다. 가슴의 최대가속도 값도 기존 의자보다 약 24% 감소한다. 따라서 머리와 가슴에 작용하는 최대가속도가 발생하는 시간이 분산되므로 승객 상해에 유익하다. 가슴의 경우는 머리에 비하여 차량 내부와의 공간이 협소함에도 최대가속도가 감소한다.

표 9 · 24 최대 가속도 및 시간

		Head	Chest	Pelvis
Conventional seat	Acceleration(G)	34.640	36.722	41.835
	Time(ms)	72	55	58
Belt integrated seat	Acceleration(G)	37.075	27.818	46.811
	Time(ms)	94	54	53

이는 승객상해에 매우 좋은 경향으로 평가되며, 에어백 등 부가안전장치의 장착에도 좋은 영향을 줄 것으로 보인다. 더미의 머리와 가슴에 대한 가속도 값과 어깨 안전띠지지점에 작용하는 힘의 관계가 그림 **9 · 34**에 있다. 안전띠 일체형 의자의 경우, 머리가속도곡선과 왼쪽 어깨 안전띠의 하중곡선의 형상이 유사하다. 또한 가슴의 가속도곡선과 오른쪽 어깨안전띠의 하중곡선의 형상이 서로 유사하다. 이는 안전띠가 머리와 가슴의 승객상해에 중요한 역할을 하는 것을 증명하는 것이다. 그러므로 안전띠 일체형 의자에 적합한 안전띠의 종류를 선별하는 일이 요구된다.

안전띠는 풀림(spool out)량을 안전띠 감김기(retractor)만이 잡아주는 ELR(emergency locking retractor) 타입과 풀림량을 안전띠 감김기와 안전띠 강제 물림기(lift bar)가 동시에 잡아 주어 풀림량을 줄이는 WLR(web locking retractor) 타입으로 구분된다. 따라서 안전띠 풀림량(slack)의 차이를 이용하여 각각을 모델링한다. 즉, ELR은 간격을 0mm로 WLR은 간격을 −20mm로 한다. 또한 안전띠강성(belt stiffness)을 저강성(low stiff-ness)과 고강성(high stiffness)으로 구분하여 종류를 세분화한다.

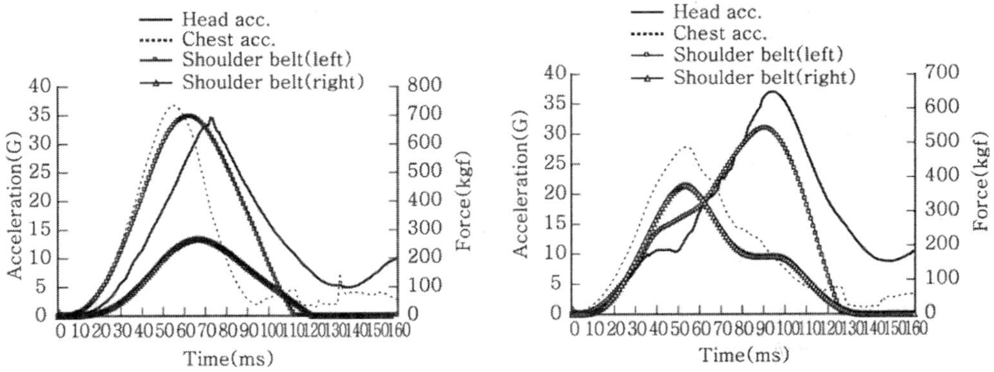

그림 9 · 34 어깨띠에 걸리는 외력 및 가속도 비교

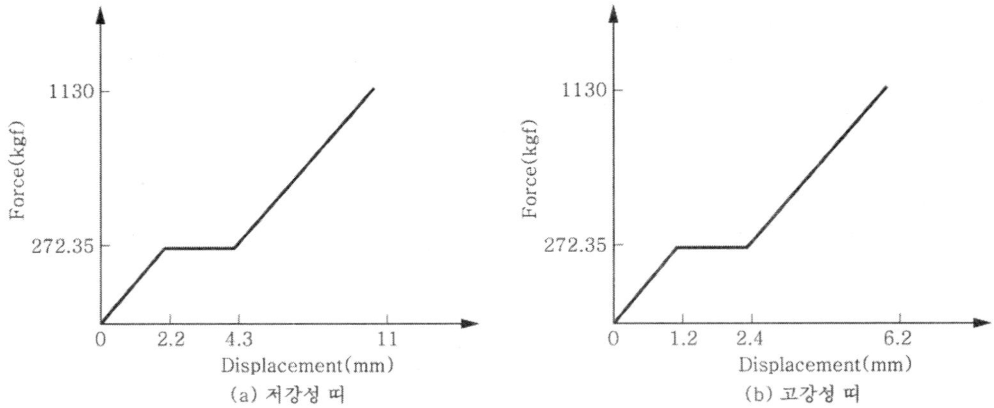

그림 9 · 35 퓨즈 타입 안전띠의 변형된 힘-변형 곡선

각각의 강성에 더미 가슴과 안전띠 사이의 간격을 각각 세 가지로 분류한다. 충돌 시 안전띠를 당겨주는 역할을 하는 프리텐셔너(pretensioner)가 있는 경우는 안전띠와 더미 가슴과의 간격을 −40mm로, 프리텐셔너가 없는 경우는 0mm로, 또한 헐거움을 고려한 경우는 40mm로 한다. 프리텐셔너는 충돌 초기에 안전띠를 강제로 감아주어 안전띠의 헐거움을 줄이는 장치이다. 마지막으로 안전띠 부가장치 중 하나인 퓨즈 형태 안전띠(fuse-type belt)의 특성을 고려하여 각각을 네 가지로 분류하여 모델링한다. 퓨즈 형태 안전띠는 안전띠의 일정량을 접어서 재봉한 것이다. 이 재봉한 부분에 한계값 이상의 하중이 작용될 때 재봉이 풀어져 안전띠의 길이가 재봉량(stitched length)만큼 늘어나서 하중이 감소한다. 이러한 현상을 힘-변형 함수와 조합하면 그림 **9 · 35**와 같다.

기존 의자와 안전띠 일체형 의자에서 다양한 안전띠에 대한 승객의 머리상해치(*HIC*)와 가슴상해치(*CSI*)의 결과는 표 **9 · 25～9 · 26**과 같다. 안전띠 일체형 의자에서는 프리텐셔너가 장착되지 않은 안전띠의 경우에 머리 상해치가 적게 나오는 경향을 보인다. 이것은 안전띠 일체형 의자의 경우 안전띠의 초기 헐거움이 극히 적은 구조이므로 일종의 프리텐셔너 역할을 하는 것으로 보인다. 반면에 가슴상해치는 프리텐셔너가 장착된 안전띠에서 적게 나오는 경향이 있다. 이는 충돌 시 안전띠 일체형 의자등받이의 이동이 가슴보다 머리의 변위와 가속도에 보다 많은 영향을 주는 것으로 볼 수 있다. 기존 의자에서는 프리텐셔너가 장착된 안전띠에서 머리와 가슴상해치가 적게 나오는 경향을 보이며 프리텐셔너의 역할, 즉 초기 헐거움을 줄이는 것이 승객상해에 중요함을 나타낸다.

두 의자 모두에서 퓨즈 형태 안전띠의 재봉량이 클수록 머리 및 가슴상해치가 적게 나온다. 승객이 차량 내부에 접촉을 하지 않는 범위 내에서는 가능한 많은 이동거리를 가지며 충돌에너지를 흡수하는 것이 안전함을 나타낸다. 두 의자 모두 고강성 안전띠보다 저강성 안전띠에서 결과치들이 일정한 경향을 보인다. 그리고 전체적으로 안전띠 일체형 의자에서 승객의 상해가 적음을 알 수 있다. 해석 결과로는 안전띠 일체형 의자는 ELR, 저강성 및 프리텐셔너 미장착 안전띠가, 그리고 기존 의자는 WLR, 저강성 및 프리텐셔너 장착 안전띠가 가장 우수한 결과를 보인다.

후방추돌은 정지되어 있는 차량의 후미를 다른 차량이 충돌하는 경우를 말하는데, 충돌 시 승객의 등과 목 부분이 의자에 하중을 가하며 척추와 목뼈에 상해가 발생된다. 이를 최소화하기 위해 의자의 등받이는 강성이 커야 하고 충격에너지를 충분히 흡수하면서 붕괴되어 승객에 가해지는 하중을 최소화할 수 있어야 한다.

표 9·25 안전띠 일체형 의자의 비상잠금 및 잠금리트랙터

Stiffness	Slack (mm)	Stitched length (mm)	ELR		WLR	
			HIC	*CSI*	*HIC*	*CSI*
Low	−40	0	191.87	119.26	199.50	119.19
		44.5	133.27	95.66	143.11	95.86
		88.9	86.71	87.72	91.83	86.37
		133.4	78.25	84.49	76.36	81.60
	0	0	179.88	123.31	185.05	120.68
		44.5	121.21	101.76	126.04	97.53
		88.9	82.27	95.51	84.22	91.00
		133.4	80.72	93.86	80.36	88.37
	40	0	176.12	131.25	177.01	127.07
		44.5	121.01	110.80	119.83	106.50
		88.9	84.46	102.71	83.22	99.61
		133.4	83.40	100.78	82.08	97.95
High	−40	0	229.88	134.05	233.93	143.42
		44.5	209.98	110.36	216.99	120.80
		88.9	159.07	99.47	172.78	107.16
		133.4	118.30	92.97	135.82	100.51
	0	0	215.78	129.17	222.81	128.82
		44.5	187.01	107.13	198.58	106.59
		88.9	131.37	98.27	144.33	97.23
		133.4	88.08	92.80	100.75	90.89
	40	0	198.73	139.34	207.10	133.94
		44.5	174.70	114.61	178.82	109.78
		88.9	119.89	106.38	122.04	101.62
		133.4	84.20	101.92	82.74	96.99

표 9 · 26 기존 의자의 비상잠금 및 잠금리트랙터

Stiffness	Slack (mm)	Stitched length (mm)	ELR		WLR	
			HIC	*CSI*	*HIC*	*CSI*
Low	−40	0	151.12	187.03	146.25	179.77
		44.5	156.71	167.88	154.38	162.50
		88.9	143.18	130.02	144.11	127.81
		133.4	117.81	98.78	120.86	98.50
	0	0	156.90	205.45	152.11	198.99
		44.5	161.19	181.22	157.22	174.44
		88.9	147.34	139.08	142.78	133.86
		133.4	117.58	102.41	117.40	100.09
	40	0	160.51	211.05	157.74	209.57
		88.9	163.37	183.92	161.75	183.67
		88.9	146.40	138.95	147.17	139.65
		133.4	111.52	100.67	113.70	102.31
High	−40	0	145.49	203.30	138.07	189.07
		44.5	154.67	203.17	149.53	191.56
		88.9	161.46	189.42	158.69	180.57
		133.4	162.87	165.62	160.09	161.16
	0	0	166.29	244.61	156.45	222.10
		88.9	171.99	239.46	161.77	219.81
		88.9	173.93	221.10	165.86	203.76
		133.4	170.37	192.95	163.70	177.34
	40	0	169.29	263.19	170.74	257.27
		44.5	173.35	254.07	175.57	249.49
		88.9	179.59	232.88	175.52	228.89
		133.4	168.31	201.23	170.55	198.88

후방추돌 상황을 모델링한다. 후방추돌을 모사하기 위한 감속도파형이 그림 **9 · 36**에 있는데 이는 충돌모의실험에서 얻은 데이터이다. 후방추돌 시 속도는 18.4mph(29.6km/h)이다. 안전띠의 지지점, 기준점 그리고 강성은 정면충돌의 경우와 동일한 것을 사용한다. 기존 의자를 사용한 경우와 안전띠 일체형 의자를 사용한 경우에 후방추돌 시 발생하는 의자와 더미의 거동이 그림 **9 · 37**에 있다. 충돌 초기에는 승객과 의자의 거동에 큰 차이가 없으나 80∼160ms의 구간에서는 기존 의자의 승객의 머리는 가슴에 비하여 많은 변위를 보이며 목 부위가 골절되는 거동을 보인다. 160ms 근처에서는 머리가 후방으로 계속 움직일

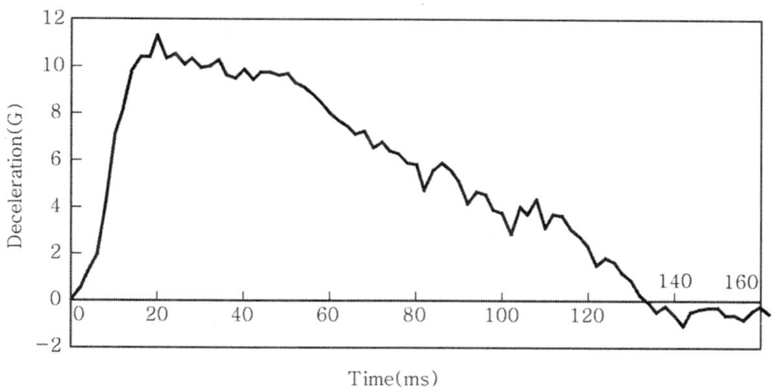

그림 9 · 36 후방추돌의 감속도 곡선

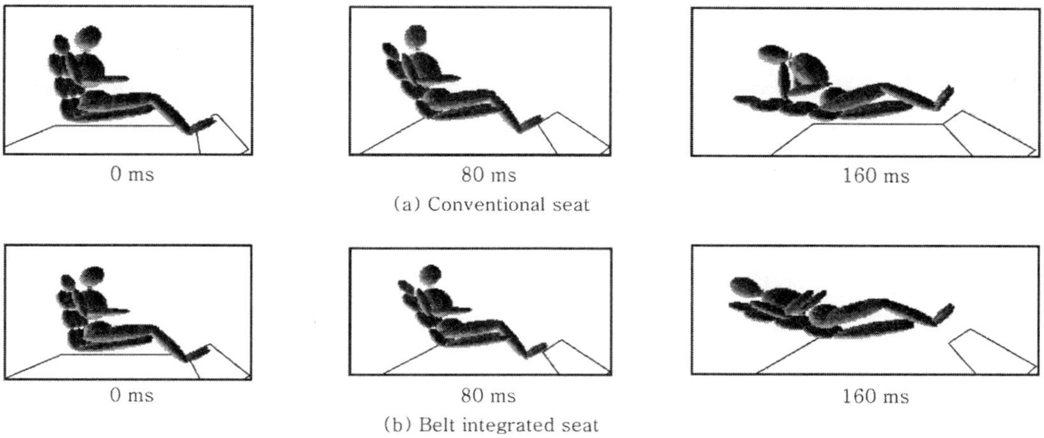

그림 9 · 37 후방추돌 시 더미의 비교

때 의자등받이의 탄성적 튐(elastic rebound)으로 인하여 가슴을 정면으로 이동시킨다. 이로 인해 머리와 가슴의 상대 속도가 증가하고 그 결과 목의 상해도 역시 증가한다. 반면 안전띠 일체형 의자의 경우, 안전띠로 인해 승객의 등 부분이 의자등받이에 지속적으로 구속되므로 충돌차량의 가속도가 최대가 되기 이전의 초기부터 충돌에너지를 흡수할 수 있다. 따라서 승객의 머리와 가슴에 대한 상대속도가 작아지며 상해가 상당히 감소할 것으로 기대한다.

일반적으로 후방추돌 시 승객상해는 머리를 비롯한 상체가 뒤로 젖혀져서 발생하는 목뼈의 골절 여부와 목 부위에 발생하는 토크(torque)의 크기에 좌우된다. 모사에서 승객 목 부위에 발생하는 토크가 그림 **9 · 38**에 있다. 0~80ms 구간에서 기존 의자와 안전띠 일체형 의자의 승객의 목에 걸리는 토크는 큰 차이를 보이지 않는다. 기존 의자의 경우는 120ms 이후부터 토크가 발생하여 170ms 부근에서 약 310kgfcm의 최대값에 이른다. 안전

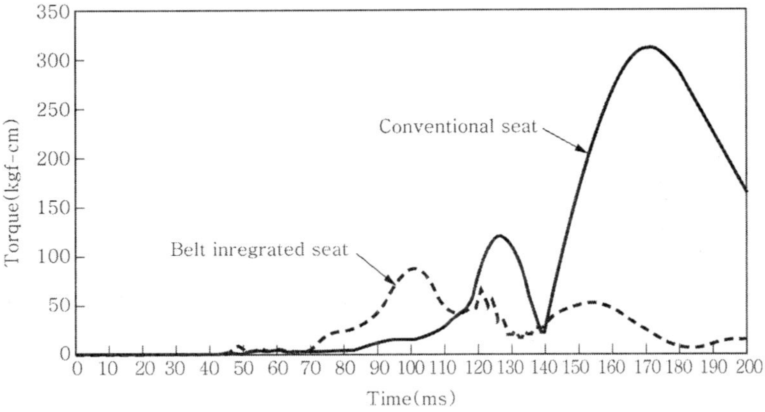

그림 9 · 38 목에 가해지는 토크의 비교

띠 일체형 의자의 경우는 80ms 이후부터 지속적인 토크 값을 가지며 120ms 부근에서 약 70kgfcm의 최대값을 갖는다. 이것은 기존 의자와는 달리 안전띠 일체형 의자가 충돌의 전 구간에서 승객을 안전띠로 구속하여 주는 결과로 보인다. 따라서 후방추돌 시 안전띠 일체형 의자가 승객의 안전도 향상에 중요한 역할을 할 수 있을 것으로 생각한다.

9.7.4 구조최적설계

안전띠 일체형 의자의 구조설계 경향을 알아보기 위하여 유한요소모델을 그림 **9 · 39**와 같이 구성하고, 구조해석 및 최적설계 전용 프로그램인 GENESIS(GENESIS, 2004)를 사용하여 구조최적설계를 수행한다. 일반적인 의자구조물로는 충돌 시 발생되는 하중을 지탱하기에 부적합할 것으로 판단된다. 따라서 앞 절에서 충돌해석 시 나타난 의자의 각 조인트 부분의 하중 결과와 기존의 상품화되어 있는 안전띠 일체형 의자의 형상을 고려하여 그림 **9 · 39**와 같이 보강재를 추가한 형태의 구조최적설계 모델을 구성한다. 추가된 보강재는 아래와 같다.

(1) 좌어깨띠 고정점을 위한 좌측 시트프레임의 연장부재
(2) 시트백 프레임의 대각선방향으로 가로지르는 보강재
(3) 우측 리크라이너 부위에 장착한 코일 스프링요소와 선형스프링요소

구조해석 시 사용된 유한요소의 종류와 물성치는 표 **9 · 27**~**9 · 28**과 같으며 경계조건은 의자의 강체운동을 방지하기 위해 각 레일 양단의 각 방향 변위를 구속한다. 실제차량의 충돌에서는 소성변형이 발생하지만 소성변형을 고려한 구조최적설계는 어렵고 전산비용도 고가이다. 그러므로 여기서는 탄성변형을 일으키는 정적문제만을 고려한다. 때문에 이 설계 결과는 안전띠 일체형 의자의 초기설계에 대한 경향과 설계 예를 제시하는 데 그

그림 9 · 39 안전띠 일체형 의자의 유한요소모델

표 9 · 27 안전띠 일체형 모델에 사용한 유한요소 및 숫자

Type	Quad. shell	Triang. shell	Rigid	Spring	Total
Number	235	1922	52	3	2212

표 9 · 28 안전띠 일체형 의자의 물성치

Young's modulus	Density	Poisson's ratio
2.068×10^8kN/m^2	7.82×10^3kg/m^3	0.29

의의가 있다. 하중조건 및 각 제한조건의 한계량을 동적 시뮬레이션 결과와 경험을 바탕으로 간단히 정의하고 구조최적설계를 수행한다. 동하중실험에서 얻어진 안전띠 하중의 최대값과 시간에 따른 평균값을 하중조건으로 사용한다.

하중의 작용점은 각각 좌어깨띠 고정점(left shoulder belt anchor point), 우어깨띠 고정점(right shoulder belt anchor point), 좌무릎띠 고정점(left lap belt anchor point), 우무릎띠 고정점(right lap belt anchor point)이다. 또한 좌우 45° 사면충돌을 고려하기 위해 정면충돌 시 발생한 하중의 45° 분력을 계산하여 각각 정의한다. 각 지점에서의 최대하중값과 시간에 따른 평균하중값을 3축방향분력으로 표시하면 표 **9 · 29**와 같다. 최적설계를 위한 변위 및 응력의 허용조건은 응력해석 결과를 바탕으로 하여 의자의 변위와 응력의 허용치를 각각 45mm와 4.5×10^5kN/m^{2}로 정의한다.

안전띠에 작용하는 하중의 최대값과 평균값을 각각 고려하고 또한 정면충돌의 경우와 3가지 충돌조건을 모두 고려하는 다중충돌의 경우 등 다음과 같은 네 가지 경우로 설계를 수행한다.

표 9 · 29 외력조건

Crash direction	Anchor point location	Ave. belt load(kN)			Max. belt load(kN)		
		x	y	z	x	y	z
Front	Left of shoulder belt	2.5	−0.9	−0.5	5.1	−1.9	−1.0
	Right of shoulder belt	1.1	0.4	1.1	2.5	0.9	2.7
	Left of lap belt	1.2	−0.4	2.2	3.4	−1.2	6.1
	Right of lap belt	1.2	0.4	2.3	3.2	1.2	5.9
45° left	Left of shoulder belt	2.4	1.1	−0.5	4.9	2.3	−1.0
	Right of shoulder belt	0.5	1.0	1.1	1.1	2.5	2.7
	Left of lap belt	1.2	0.6	2.3	3.3	1.5	6.1
	Right of lap belt	0.6	1.2	2.3	1.4	3.1	5.9
45° right	Left of shoulder belt	1.1	−2.4	−0.5	2.3	−4.9	−1.0
	Right of shoulder belt	1.0	−0.5	1.1	2.5	−1.1	2.7
	Left of lap belt	0.6	−1.2	2.3	1.5	−3.2	6.1
	Right of lap belt	1.1	−0.6	2.3	3.1	−1.4	5.9

Case 1. 정면충돌 시 안전띠 평균하중 고려
Case 2. 후방추돌 시 안전띠 평균하중 고려
Case 3. 정면충돌 시 안전띠 최대하중 고려
Case 4. 후방추돌 시 안전띠 최대하중 고려

설정된 설계변수와 경우에 따른 최적설계 결과는 표 **9 · 30**과 같다. 자세한 수치는 생산회사의 보안문제로 인하여 기술하지 못한다. 표 **9 · 30**에 기술된 수치 중 설계변수에 대한 부분은 적절히 스케일링(scaling)된 것이다. 대개 최적설계의 결과는 설계경향을 파악하는 데 사용되는 점에 비추어 볼 때 표 **9 · 30**의 값들은 경향을 나타내는 데는 충분하다. 여기서 좌측 시트프레임의 설계변수는 오른쪽 어깨안전띠를 고정하기 위한 부재의 설계변수와 서로 설계변수결합(design variable linking)으로 연결되어 있다. 또 모든 시트마운팅브래킷은 한 가지 설계값으로 연결되어 있다. 구조최적설계에 따른 결과 분석을 요약하면 다음과 같다.

(1) 안전띠가 고정되는 좌측 시트프레임을 따라 두께 증가가 가장 많이 나타났다. 즉, 좌측 리크라이너와 좌측 시트프레임의 두께 증가는 Case 4에서 상한치와 26mm 정도로서 기존의 안전띠 일체형 의자의 경우와 유사한 결과를 보인다.

표 9·30 안전띠 일체형 의자의 최적설계 결과

	Design variable (thickness /spring coeff.)	Initial	Case 1	Case 2	Case 3	Case 4
1	Left seat frame	2.52	5.62	7.74	14.2	14.2
2	Right seat frame	2.52	1.4	1.4	7.64	7.93
3	Lower and upper seat frame	2.52	1.4	1.4	2.98	5.77
4	Crossed member between seat back frames	1.4	1.4	1.4	1.4	4.87
5	Left/upper recliner	7.72	18.45	17.64	23.64	23.07
6	Left/lower recliner	8.96	20.12	19.68	38.05	35.95
7	Right/upper recliner	5.6	2.18	8.89	28.88	17.21
8	Right/lower recliner	5.6	4.58	3.71	14.94	9.52
9	Left coil spring coeff.	140,000	184,800	139,860	122,920	54,600
10	Left liner spring coeff.	140,000	94,600	100,000	59,080	210,000
11	Right coil spring coeff.	0.14	0.39	0.43	1.59	2.35
12	Right liner spring coeff.	0.14	1.58	3.72	2436	1397
13	Seat cushion frame	1.4	1.4	1.4	1.4	2.56
14	Seat mounting bracket	3.5	3.5	5.81	6.10	11.98
15	Seat rail	3.5	2.8	2.8	2.8	2.8
	Objective function(kg)	9.704	10.75	11.35	16.44	20.33
	No. of iterations		7	11	22	16

(2) 우측 리크라이너의 두께와 시트대각선 부재는 정면충돌 시에는 큰 영향이 없으나 사면충돌을 고려하는 경우에는 두께의 증가가 현저하게 나타난다. 이는 정면충돌을 주로 고려하는 시험법규와는 달리 보다 현실감 있는 설계를 위해서는 시트대각선 부재가 중요한 역할을 할 수 있음을 보여준다.

(3) 좌측 리크라이너부에 장착되는 스프링의 계수도 큰 값을 갖는다. 따라서 이에 적합한 에너지 흡수요소의 설계가 요구된다.

(4) 시트마운팅브래킷은 충돌조건이 강화되면서 두께의 증가가 나타나고 하단부에 위치하므로 충돌각도에 큰 영향을 받지 않는다.

(5) 시트레일과 의자방석 프레임은 모두 하한값을 갖는다. 따라서 차체의 바닥에 적절히 구속된다면 두께의 증가 없이 설계가 가능할 것으로 보인다.

(6) 의자의 중량은 초기치 9.7kg에서 최고 20.33kg으로의 증가를 보였다. 이는 기존의 안전띠 일체형 의자에 비해 수치적으로 약 45%의 무게가 감소한다.

9.7.5 요 약

(1) 기존의 안전띠 일체형 의자의 구조를 분석하고 SAFE를 이용하여 정·후면 충돌해석을 위한 다물체동역학 프로그램 모델을 확립하였으며 기존의 패널로 모델링된 의자를 세그먼트로 모델링하는 새로운 기법을 도입하였다.

(2) 안전띠 일체형 의자는 안전띠가 의자에 부착되어 충돌 시 어깨안전띠에 발생한 힘이 의자등받이에도 전달된다. 따라서 더미와 의자등받이가 함께 이동하고 안전띠의 헐거움도 극히 적은 구조이므로 승객의 비정상거동도 감소될 것으로 기대한다. 해석 결과 상해치는 기존의 의자에 비하여 전반적으로 적게 나타났으며 상해치의 최대값도 서로 분산되므로 승객안전도 향상에 기여할 것이다.

(3) 다양한 안전띠 매개변수를 고려하여 안전띠 일체형 의자에 적합한 안전띠를 제안하였다. 안전띠 일체형 의자는 ELR, 저강성 및 프리텐셔너 미장착 안전띠의 경우가 가장 우수한 결과를 보였다.

(4) 상용소프트웨어인 GENESIS를 이용하여 보강재를 포함한 안전띠 일체형 의자의 유한요소모델을 정의하고, 정면 및 좌우 45° 사면충돌 시의 외력 조건을 정의하여 다중하중조건을 갖는 구조최적설계를 수행하였다. 구조최적설계를 통하여 좌측 시트 프레임과 리크라이너 등은 일반적인 의자에 비하여 상당한 두께 증가를 보였다. 이러한 설계경향을 고려하여 실제 현장의 설계조건을 고려한 초기설계가 가능할 것으로 생각한다.

(5) 여기서의 구조최적설계 결과는 정하중에 대해서 선형해석을 사용한 결과이다. 그러나 자동차 충돌 시의 하중은 동하중이고 비선형해석을 해야 한다. 이에 대한 것은 제10장에서 다분야통합최적설계와 함께 다시 설명할 것이다.

9.8 승객상해를 최소화하는 충돌특성곡선의 결정 및 충돌부품의 설계

9.8.1 문제의 설명

충돌을 고려한 차량의 설계 과정에서는 먼저 차체를 설계하고, 실차실험이나 차체충돌해석을 통해 얻어지는 차량의 충돌특성곡선과 부품의 힘-변형 특성을 구한다. 그리고 이를 이용하는 승객거동해석을 통해 승객 보호장구를 설계하는 순차적인 방식으로 설계를 수행하게 된다. 이러한 특성 때문에 승객거동해석은 주어진 충돌특성곡선 하에서 승객의 상해를 줄이려는 수동적인 설계만을 수행하여 왔다. 이러한 방식으로 설계된 승객 보호장구는 충돌특성곡선이라는 제한조건에 의해 성능의 제한을 가지게 된다. 그러나 만약 승객의 상해를 감소시킬 수 있는 충돌특성곡선을 설계 초기단계에서 찾을 수 있다면, 이러한 충돌특성곡선을 이용하여 승객 보호장구를 설계함으로써 안전도 측면에서 차량의 성능은 크게 향상될 수 있다. 물론 이러한 경우에는 결정한 충돌특성곡선을 지니는 차체를 설계하여야 한다.

충돌 시 차량의 감속도는 승객의 운동을 발생시켜 보호장구나 차량 내부의 부품들과의 충돌에 의해 상해를 유발한다. 여기서는 이러한 감속도의 형태를 반영하는 충돌특성곡선과 상해 사이의 상관관계를 이용하여 감속도의 형태를 설계변수로, 승객의 상해를 목적함수로 한다. 그리고 이를 최소화하는 최적화문제를 정식화한다. 또한 이렇게 얻어진 충돌특성곡선을 이용하여 승객 보호장구들을 설계하고, 원래의 충돌특성곡선 상태에서의 승객의 상해의 차이를 살펴본다.

앞에서 소개한 바와 같이 승객 보호장구 설계에는 직교배열표를 이용하는 실험계획법 등이 주로 적용되어 왔다. 민감도를 이용한 최적설계는 적당하지 않음도 설명했다. 직교배열표를 이용하면 이산설계공간에서 공학적인 설계가 가능하다는 장점을 가지고 있다. 한편 민감도 값을 구하지 않고 함수값만을 가지고 최적설계를 수행할 수 있는 반응표면법을 사용할 수도 있다. 여기서는 반응표면법을 이용한 최적설계 모듈을 내장하고 있으면서 외부 해석 프로그램과 연계를 할 수 있는 VisualDOC(VisualDOC, 2004)을 사용한다. 승객거동해석에는 SAFE(SAFE, 1999)를 사용한다.

9.8.2 반응표면근사법

반응표면법의 아이디어를 약간 변형한 알고리즘을 사용한다. 이것은 VisualDOC에 내장되어 있는데 반응표면근사법(response surface approximate optimization, RSAO), 혹은 2차근사법(second-order approximation method, Lee *et al.*, 1993)이라 부른다. 반응표면법은 최적화문제에서 기본적으로 주어진 후보점들로부터 최소자승법을 통하여 목적함수와 제한조건을 2차 함수로 근사화하는데 이는 **6.7**절에 설명되어 있다.

이 문제에서는 RSAO를 사용하였으며 이에 대한 것을 간략히 설명하면 다음과 같다. 우선 적은 수의 후보점만을 선정한 후 이러한 후보점으로부터 목적함수와 제한조건을 근사화한다. 근사화 시 후보점의 수에 따라 최소자승법으로부터 2차 함수의 몇 개의 계수만을 산출한다. 예를 들어 초기에는 선형계수만을 산출할 수도 있다. 불충분하게 근사화된 함수로 최적화를 실시한 후, 그로부터 얻어진 최적점을 후보점의 군에 포함시킨다.

새로운 후보점의 군으로 다시 목적함수와 제한조건을 근사화하고 다시 최적화를 실시하는 것을 반복적으로 실시하게 된다. 반복 과정은 근사화된 함수로부터의 최적점이 변하지 않을 때까지 실시하게 되는데 이에 대한 과정이 그림 **9·40**에 있다. 한편 SAFE와 VisualDOC의 접목 방법은 그림 **9·41**에 있다.

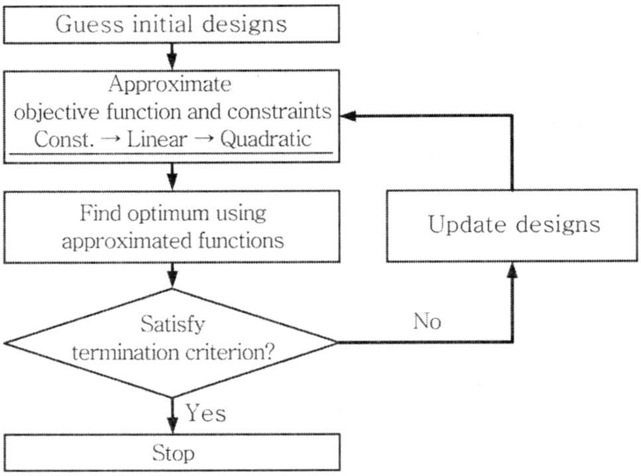

그림 9·40 RSAO의 흐름도

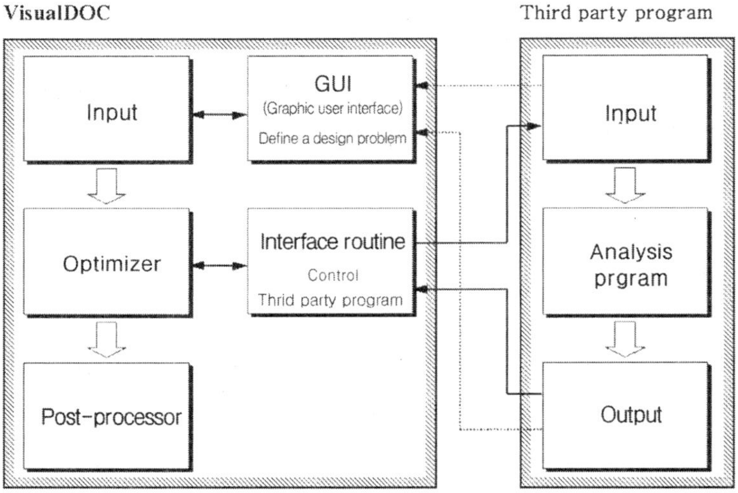

그림 9·41 VisualDOC과 제3의 프로그램과의 접목

9.8.3 승객상해치의 최소화를 위한 감속도형태의 결정 방법

차체충돌해석은 그림 **9·1**의 실차실험으로부터 차량의 충돌과 관련된 주요 부재들의 충돌에너지 흡수특성 및 승객의 생존공간이 충분히 확보될 수 있는지를 검증하기 위해 개발 과정에서 사용한다. 또한 개발 중인 차량의 시제품이 만들어지기 전에 차량의 감속도 특성과 부품의 힘-변형 특성을 얻어낸다. 그리고 이를 승객거동해석에 이용하여 차량개발 초기단계에서부터 승객 보호장구를 개발하는 것이 가능하다.

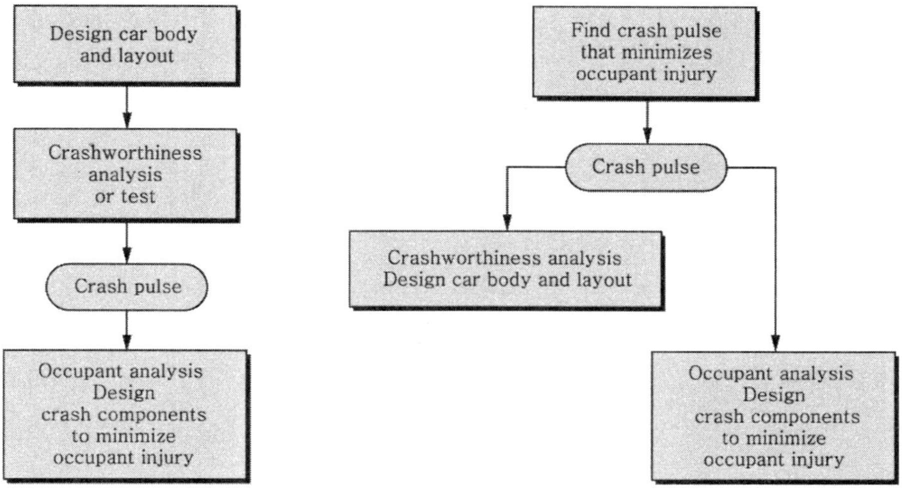

(a) 현재의 설계법 (b) 제안한 설계법

그림 9·42 현재의 방법과 제안한 방법의 비교

기존의 설계에서는 그림 **9·42** (a)와 같이 순차적인 설계 과정의 반복을 통해 최종제품을 결정한다. 그러므로 최종제품을 설계하는 데 많은 시간이 소요된다. 또한 차체충돌해석을 통하여 결정된 충돌특성곡선을 이용하여 승객 보호장구의 설계를 수행한다. 따라서 충돌 시의 승객보호 성능을 향상시키는 데 제한이 생기게 된다. 그러나 승객의 상해를 최소화할 수 있는 감속도의 형태를 먼저 결정하고, 이를 이용하여 승객 보호장구를 설계하면 승객보호 성능을 향상시킬 수 있는 여지가 훨씬 더 커진다. 또한 동시에 이러한 감속도의 형태를 표현해낼 수 있는 차체를 설계함으로써 설계의 효율을 높이고 설계에 필요한 시간을 단축할 수 있게 된다. 즉, 그림 **9·42** (b)와 같은 설계방법을 이용하여 차량을 설계할 수 있게 된다. 이러한 설계방법을 사용하고자 하는 경우에는 충돌특성곡선의 결정이 선행되어야 한다. 따라서 승객의 상해를 최소화하는 충돌특성곡선을 찾아내는 문제를 살펴본다.

9.8.4 감속도형태 결정을 위한 문제의 정식화

차량의 충돌특성곡선을 결정하기에 앞서 차량에 충돌이 발생하는 상황의 물리적인 특성을 살펴본다. 차량에 충돌이 발생하는 경우, 충돌현상은 충돌과 관련된 물리적인 법칙을 만족해야만 한다. 운동하는 물체는 뉴턴(Newton)의 운동법칙을 따르기 때문에 차량의 운동 역시 다음과 같이 뉴턴의 운동법칙으로 기술할 수 있다.

$$F \cdot \mathrm{d}t = \mathrm{d}(mv) = m\frac{\mathrm{d}v}{\mathrm{d}t}\,\mathrm{d}t \qquad (9 \cdot 13)$$

여기에서 F는 힘, m은 질량, t는 시간, 그리고 v는 속도이다. 여기에 질량이 일정하다고 할 때 차량에 가해지는 충격량은

$$\int F\,\mathrm{d}t = \int m\frac{\mathrm{d}v}{\mathrm{d}t}\,\mathrm{d}t = m\int\frac{\mathrm{d}v}{\mathrm{d}t}\,\mathrm{d}t = m\int a\,\mathrm{d}t \tag{9·14}$$

이다. 여기서 a는 가속도이다.

서로 다른 차량에 동일한 충격을 가하는 경우 각각의 차량은 아래와 같이 운동량보존법칙을 만족한다.

$$\text{For model 1}\quad \int_0^T F^{\text{model1}}\,\mathrm{d}t = m^{\text{model1}}\int_0^T a^{\text{model1}}\,\mathrm{d}t \tag{9·15a}$$

$$\text{For model 2}\quad \int_0^T F^{\text{model2}}\,\mathrm{d}t = m^{\text{model2}}\int_0^T a^{\text{model2}}\,\mathrm{d}t \tag{9·15b}$$

일반적으로 차량의 충돌에 의한 에너지 흡수특성은 차량이 가진 부품들의 적당한 배치를 통하여 제어하게 된다. 이런 관점에서 차량을 구성하는 부품들을 더하거나 빼지 않기 때문에 차량의 질량은 거의 일정하다. 결국 질량이 같고 부품의 배치가 서로 다른 두 차량이 동일한 충격을 받으면 운동량보존법칙으로부터 다음 식을 만족해야만 한다.

$$\int_0^T a^{\text{model1}}\,\mathrm{d}t = \int_0^T a^{\text{model2}}\,\mathrm{d}t \tag{9·16}$$

즉, 충돌 시 시간에 대한 감속도의 적분값이 일정해야 한다. 이는 두 차량의 감속도 그래프의 면적이 질량배치와는 상관없이 항상 일정하다는 것을 의미한다.

차량이 정면충돌하면 차량의 속도는 급격히 감소한다. 그리고 차량에 후방추돌이 발생하는 경우에는 차량이 전방으로 가속된다. 감속도 형태를 결정함에 있어서도 이러한 상식에서 벗어나지 않는 감속도 형태를 얻을 수 있도록 하는 제한조건이 필요하다. 이렇게 감속도가 일정한 형태를 가질 수 있도록 하는 설계변수의 범위를 지정해 주어, 감속도 형태가 상식적인 형태를 유지할 수 있도록 설계변수에 상·하한을 지정해 줄 수 있다.

정의하는 문제가 승객의 상해를 최소화하는 감속도의 형태를 결정하는 최적화문제이기 때문에 목적함수로 승객의 상해정도를 사용하였다. 목적함수가 되는 승객의 상해정도는 차량의 충돌 상황에 따라 적당한 상해치를 사용하여 정의한다. 이 문제는 물리적인 법칙에 위배되지 않는 영역에서 감속도의 형태를 설계변수로 하고 승객의 상해를 목적함수로 하는 최적화문제로 정의할 수 있다. 따라서 최적화문제를 다음과 같이 정식화한다.

Find crash pulse (9·17a)

to minimize injury of the occupant (9·17b)

subject to side constraints (9 · 17c)

conservation of linear momentum (9 · 17d)

충돌특성곡선은 승객거동해석을 위한 입력 데이터이다. 충돌특성곡선은 시간에 대한 감속도의 불연속적인 값들이며 이런 데이터들은 경우에 따라 90개에서 900개까지의 데이터들을 포함한다. 때문에 이 모든 점들을 설계변수로 선정한다는 것은 불가능하다. 설계변수를 선정하기 위해 그림 **9 · 43**과 같이 데이터들의 선형보간(linear interpolation)을 이용하여 나머지 점들에서의 감속도를 결정하는 방법을 사용한다. 그리하여 승객거동해석의 입력 데이터값을 선정하고, 이때 사용되는 선형보간을 위해 필요한 시간과 그에 대한 감속도 값들을 설계변수로 선정한다. 이상에서 선정된 설계변수와 목적함수, 제한조건들을 모두 고려하면 최적화문제는 다음 식과 같이 된다.

Find $t_i,\ a_i,\ \ i=1, \cdots, n$ (9 · 18a)

to minimize injury of the occupant (9 · 18b)

subject to $t_{iL} < t_i < t_{iU},\ \ a_{iL} < a_i < a_{iU}$ (9 · 18c)

$$\int_0^T a\,dt = \text{const.} \tag{9 · 18d}$$

여기서 t_i는 선형보간의 기반이 되는 점들에서의 시간, a_i는 가속도를 나타낸다. 한편 n은 각 설계변수의 숫자이며 아래 첨자 L과 U는 각각 하한치와 상한치를 의미한다.

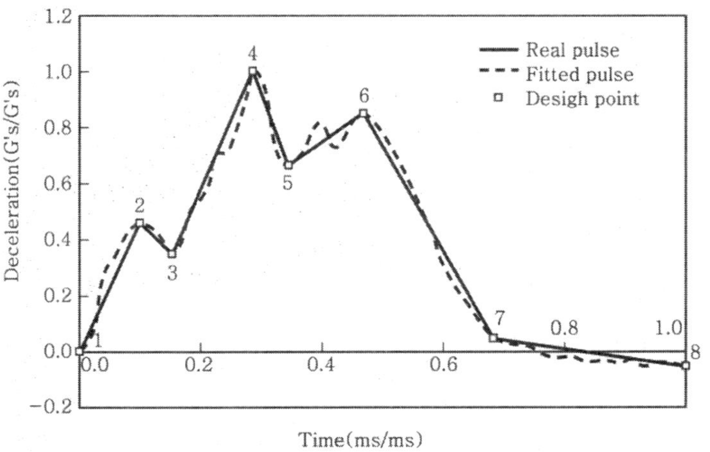

그림 9 · 43 정면충돌에서의 설계변수의 정의

9.8.5 에어백이 있는 차량의 정면충돌

에어백이 있는 차량의 정면충돌 감속도 형태를 결정한다. 그림 **9·43**과 같이 8개의 점이 1차 보간곡선으로 연결된다. 8개 점들의 시간과 감속도의 크기를 설계변수로 선정한다. 정면충돌의 경우 승객의 상해를 정의하는 기준으로 머리상해도(head injury criterion, *HIC*), 가슴상해도(chest severity index, *CSI*), 그리고 대퇴부하중(femur load) 등이 있다(FMVSS, 2003). 여기서는 *HIC*값을 목적함수로 한다. *HIC*에 대한 것은 앞에서 설명하였다. 이상에서 정의한 설계변수들과 목적함수를 이용하고 운동량보존법칙에 대한 제한조건으로 최적화문제를 정의한다. 설계변수의 상·하한치가 표 **9·31**에 있다. 최적화문제는 식 (9·18b)의 목적함수만 *HIC*값으로 대치한 것이다.

표 9·31 정면충돌에서의 설계변수의 상한치와 하한치

Point	Time point		Deceleration	
	Lower bound	Upper bound	Lower bound	Upper bound
1	0.000	0.000	−0.003	−0.003
2	0.047	0.170	0.366	0.494
3	0.179	0.330	0.258	0.385
4	0.340	0.415	0.873	1.000
5	0.425	0.566	0.557	0.685
6	0.575	0.755	0.732	0.860
7	0.858	1.000	0.000	0.112
8	1.000	1.000	−0.048	−0.048

표 9·32 정면충돌에서의 최적해

Point	Initial		Optimum	
	Time	Deceleration	Time	Deceleration
1	0.000	−0.003	0.000	−0.003
2	0.071	0.459	0.071	0.527
3	0.143	0.344	0.143	0.332
4	0.286	1.000	0.286	0.932
5	0.357	0.663	0.357	0.595
6	0.500	0.850	0.500	0.782
7	0.714	0.051	0.786	0.043
8	1.000	−0.048	1.000	−0.048

위에서 정의한 최적화문제의 최적해를 RSAO를 이용하여 구한다. 표 **9 · 32**에 있는 설계변수의 위치에서 얻은 최적값이 표 **9 · 33**에 있다. *HIC*값이 기존의 감속도 형태에 비해 6.15%가 개선되었다. 이렇게 얻어진 최적값은 그림 **9 · 44**와 같은 형태의 감속도 형태로 표현할 수 있다. 승객의 상해치가 작기 위해서 첫 번째 피크(peak)값과 두 번째 피크값이 작아져야 한다. 또한 이 둘 사이의 간격이 넓어져야 한다. 전체적인 형태를 보면 감속도의 형태가 사다리꼴의 형태가 되어 가는 것을 알 수 있다.

표 9 · 33 정면충돌에서의 초기값과 최적값의 비교

	HIC	Remarks
Initial pulse	1.000	1
Optimum	0.938	−6.15%

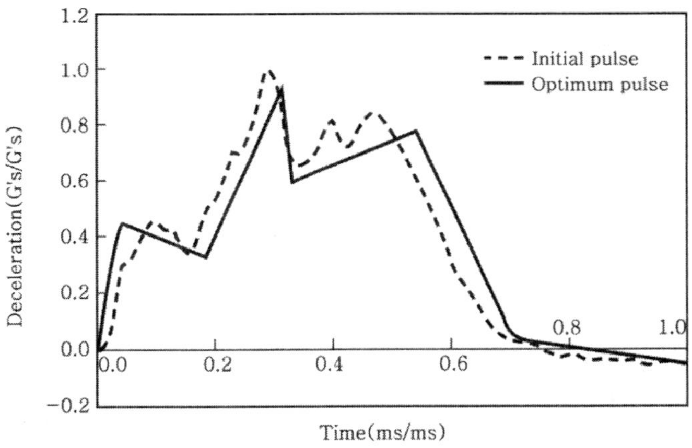

그림 9 · 44 정면충돌의 초기값과 최적값의 비교

9.8.6 의자만을 고려한 차량의 후방추돌

후방추돌로 인해 자동차가 갑자기 전방으로 가속을 받게 되면 의자와 함께 몸통이 전방으로 이동한다. 그러나 머리는 목 이외에 아무런 지지도 받지 못하기 때문에 몸통에 비해 상대적으로 천천히 움직이게 된다. 이러한 목의 상대 회전 운동은 목 부분의 손상을 유발한다. 여기서는 여러 가지 목 상해들 중에서 상대적으로 임계값이 낮아 상해가 쉽게 발생할 수 있는 목의 젖힘모멘트(extension moment)가 목적함수이다.

후방추돌 역시 정면충돌과 마찬가지로 감속도의 형태를 그림 **9 · 45**와 같은 11개의 점에 대한 1차 보간곡선으로 연결한다. 또한 운동량보존법칙을 만족하는 제한조건과 표 **9 · 34**와 같은 설계변수의 상하한을 가지는 최적화문제를 정의한다. 정식화는 $n=11$로 하여 식 (9 · 18)과 동일하며 식 (9 · 18b)의 목적함수만 다음과 같이 정의한다.

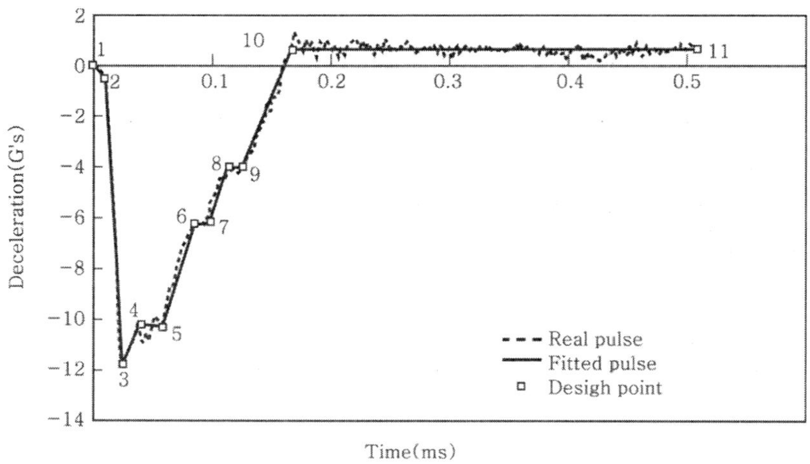

그림 9 · 45 후방추돌에 대한 설계변수의 정의

표 9 · 34 후방추돌에서의 상한치와 하한치

Point	Time point		Deceleration	
	Lower bound	Upper bound	Lower bound	Upper bound
1	0.000	0.000	−0.061	−0.061
2	0.001	0.015	−0.700	−0.500
3	0.018	0.030	−13.500	−10.500
4	0.032	0.045	−11.500	−8.500
5	0.050	0.065	−11.500	−8.500
6	0.078	0.088	−7.500	−5.000
7	0.091	0.101	−7.500	−5.000
8	0.108	0.118	−5.500	−3.000
9	0.121	0.129	−5.500	−3.000
10	0.166	0.166	0.594	0.594

Minimize extension moment of the neck (9 · 19)

위에서 정의된 최적설계문제를 RSAO를 이용하여 최적화하면 그림 **9 · 46**과 같은 감속도의 형태와 표 **9 · 35**와 같은 결과를 얻는다. 최적화 결과 목적함수의 값이 13.07% 감소한 것을 볼 수 있다. 즉, 승객에게 피해를 적게 주기 위해서 첫 번째 피크값의 크기가 작아야 한다. 또한 충돌 초기에 감속도의 형태가 삼각형 형태의 예리한 모양보다 사다리꼴 형태를 취함으로써 전체 가속도의 평균이 작아지고 그로 인해 상해는 적어진다.

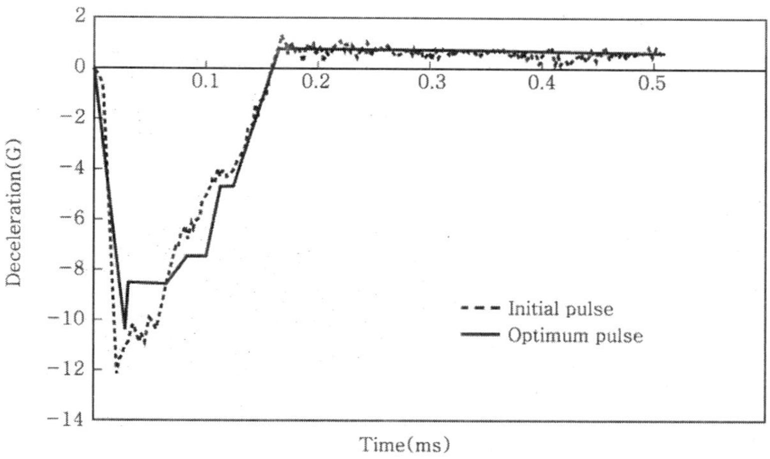

그림 9・46 후방추돌에 대한 초기값과 최적값의 비교

표 9・35 후방추돌에서의 초기치와 최적해의 비교

	Extension moment(Nm)	Remarks
Initial pulse	13.426	/
Optimum	11.672	−13.07%

최적화방법을 이용하여 상해를 감소시킬 수 있는 충돌특성을 구하기 위하여 충돌특성곡선을 설계변수로, 승객의 상해를 목적함수로, 운동량보존법칙과 설계변수의 상하한을 제한조건으로 가지는 최적화문제를 정의했다. 이로부터 승객의 상해를 최소화할 수 있는 충돌특성곡선을 결정했다. 이렇게 구해진 충돌특성곡선을 이용하여 승객 보호장구를 설계함으로써 승객의 상해를 효율적으로 감소시킬 수 있을 것이다.

9.8.7 정면충돌 시 승객 보호장구 설계

앞에서 구한 정면충돌곡선을 가지고 에어백 설계를 실시한다. 이와 관련하여 **9.3**절과 같이 설계변수를 선택한다. 에어백의 설계변수는 질량흐름률(mass flow rate), 기체방출구의 면적(vent hole area), 인플레이터의 점화시간(firing time), 안전벨트와 무릎판(knee bolster)의 강성이다. 이에 대한 것이 표 **9・36**에 있다. 제한조건은 없으며 목적함수는 *HIC*값이다.

직교배열표를 이용하여 설계를 수행한다. 실험을 위해서 표 **9・37**과 같은 직교배열표 $L_{25}(5^6)$을 사용한다. **9.3**절의 자료를 이용하는데, 1수준은 0.7, 2수준은 0.85, 3수준은 기존값인 1.0, 4수준은 1.15, 5수준은 1.3으로 정규화한다. 표 **9・38**과 같이 일원표를 작성한

표 9 · 36 에어백 설계 시 설계변수

Design variable number	Description of design variables
1 (*A*)	Mass flow of the airbag
2 (*B*)	Vent hole area of the airbag
3 (*C*)	Firing time of the inflator in the airbag system
4 (*D*)	Stiffness of the seat belt
5 (*E*)	Stiffness of the knee bolster

표 9 · 37 에어백 설계에 대한 직교배열표 실험

Exp. no.	Column number and assigned factor						*HIC*
	1	2	3	4	5	6	
	1 (*A*)	2 (*B*)	3 (*C*)	4 (*D*)	5 (*E*)	error	
1	1	1	1	1	1	1	0.720
2	1	2	2	2	2	2	0.785
3	1	3	3	3	3	3	0.734
4	1	4	4	4	4	4	0.702
5	1	5	5	5	5	5	0.781
6	2	1	2	3	4	5	0.668
7	2	2	3	4	5	1	0.678
8	2	3	4	5	1	2	0.772
9	2	4	5	1	2	3	0.721
10	2	5	1	2	3	4	0.643
11	3	1	3	5	2	4	0.748
12	3	2	4	1	3	5	0.763
13	3	3	5	2	4	1	0.609
14	3	4	1	3	5	2	0.708
15	3	5	2	4	1	3	0.636
16	4	1	4	2	5	3	0.816
17	4	2	5	3	1	4	0.856
18	4	3	1	4	2	5	0.720
19	4	4	2	5	3	1	0.934
20	4	5	3	1	4	2	0.577
21	5	1	5	4	3	2	1.000
22	5	2	1	5	4	3	0.780
23	5	3	2	1	5	4	0.639
24	5	4	3	2	1	5	0.674
25	5	5	4	3	2	1	0.760

표 9 · 38 표 9 · 37에 대한 일원표

Factor	Level mean					Mean
	1	2	3	4	5	
1(A)	0.745	0.696	0.693	0.781	0.771	0.737
2(B)	0.790	0.772	0.695	0.748	0.679	0.737
3(C)	0.714	0.732	0.682	0.763	0.793	0.737
4(D)	0.684	0.705	0.745	0.747	0.803	0.737
5(E)	0.732	0.747	0.815	0.667	0.724	0.737

결과 $A_3B_5C_3D_1E_4$의 값을 얻는다. 확인실험 결과 $HIC=0.69$이므로 직교배열표 상의 20번째 행의 값이 $HIC=0.577$로 더 우수하여 이를 최적값으로 간주한다. 이런 결과가 나타나는 이유는 교호작용을 무시했기 때문이다.

다음으로 위의 실험계획법과 같은 설계변수를 사용하고, 1수준과 5수준에서의 설계변수의 값을 각각 설계변수의 상하한으로 하는 최적설계문제를 정의한다. 민감도를 이용하는 최적설계방법과 RSAO를 이용하여 최적설계를 수행하고 그 결과를 비교한다. 그림 **9 · 47**은 목적함수에 대한 민감도를 이용한 최적설계와 RSAO를 이용하여 얻어진 최적화 과정을 비교한 그래프이다. 이것은 초기설계값에 대해 정규화된 그래프이다. 수학적 민감도를 이용하는 최적설계를 수행한 경우가 RSAO를 사용한 경우보다 열등한 해를 얻는다. 그 이유는 승객거동해석처럼 요동이 심한 해석의 경우에는 국부적인 수학적 민감도가 전반적인 추세에 반하는 경우가 많기 때문이다.

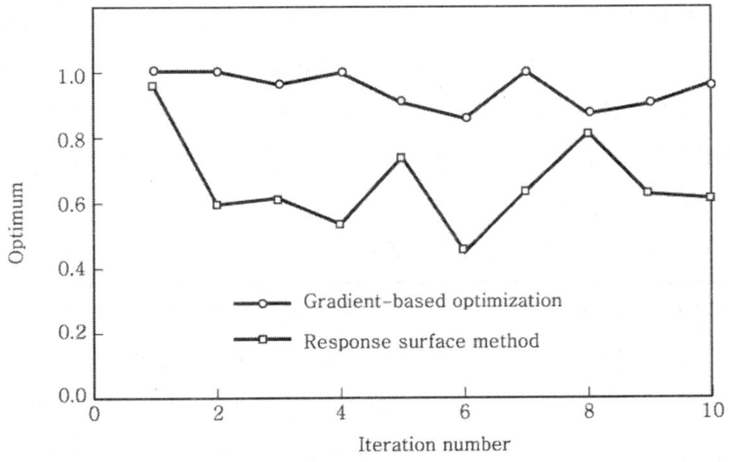

그림 9 · 47 정면충돌 최적화 과정

표 9 · 39 에어백 설계에 대한 각 방법의 최적값의 비교

Design method	Design variable					*HIC*
	1 (*A*)	2 (*B*)	3 (*C*)	4 (*D*)	5 (*E*)	
Orthogonal array	1.150	1.000	1.000	0.700	1.150	1.000
Gradient based method	1.000	0.868	0.966	1.049	0.900	0.991
RSAO	0.700	0.962	0.966	0.700	1.142	0.687

위의 결과들을 비교한 것이 표 **9 · 39**에 있다. RSAO를 이용한 경우 가장 좋은 결과를 얻을 수 있었다. 또한 민감도를 이용한 최적설계의 경우와 직교배열표를 이용한 경우에도 개선된 값들을 얻을 수 있었다. 그러나 직교배열표를 이용한 경우의 해는 이산공간에서 얻은 설계이므로 연속공간에서 얻은 해보다는 열등하나 공학적인 타당성을 부여할 수 있다.

9.8.8 목상해를 고려한 의자설계

앞에서 구한 후방추돌곡선을 감안하여 의자설계를 실시한다. 후방추돌 시 승객의 목부위상해는 의자의 안전성능에 따라 크게 좌우된다. 특히 후방추돌 상황에서는 정면충돌과 달리 특별한 보호장구가 없으며 의자가 유일한 보호장구이다. 따라서 의자는 승객 보호장구로서의 기능을 갖추고 있어야 한다. 후방추돌은 대부분 저속에서 발생하지만 목과 몸통 사이의 상대운동을 유발시켜 목 부분의 손상을 가져온다.

목상해는 목의 젖힘모멘트, 굽힘모멘트, 전단력, 인장/압축력 등에 의해 발생한다. 특히 젖힘모멘트는 임계상해값이 낮을 뿐만 아니라 후방추돌 시 상해를 일으키는 가장 주된 원인이다. 따라서 젖힘모멘트를 줄이는 데 목적을 두고 설계를 수행해야 한다. 설계변수가 표 **9 · 40**에 있다. 이들은 목상해에 큰 영향을 미치는 머리와 머리받침대 사이의 거리, 의자등받이 강성, 의자등받이 조인트의 회전강성, 등받이와 더미의 마찰계수, 머리받침대의 강성이다. 목적함수는 젖힘모멘트로 정의하고 제한조건은 없는 것으로 한다.

표 9 · 40 후방추돌 시 의자설계에 대한 설계변수

Design variable number	Description of design variables
1 (*A*)	Clearance between the occupant's head and headrest
2 (*B*)	Stiffness of the seat back upholstery
3 (*C*)	Friction coefficient of the seat back
4 (*D*)	Torsional stiffness of the seat back
5 (*E*)	Headrest stiffness

직교배열표를 이용하여 설계를 수행하기 위해 설계변수의 수준을 표 **9·41**과 같이 선정하였다. 실험에 사용된 직교배열표는 표 **9·42**에 있다. 설계변수의 최적값을 구하기 위하여 표 **9·42**의 값들로부터 표 **9·43**의 일원표를 만든다. 이로부터 설계해는 $A_1B_3C_3D_1E_1$이고 확인실험 결과 목적함수값이 19.335이다. 이를 표 **9·42**의 직교배열

표 9·41 의자설계에 대한 인자 및 수준

Level	Design variable				
	A	*B*	*C*	*D*	*E*
1	5cm	−50%	0.30	10°	−50%
2	7cm	0	0.45	20°	0
3	9cm	50%	0.60	30°	50%

표 9·42 의자설계에 대한 직교배열표

Exp. No.	Columns number and design variable								Extension moment (Nm)
	1	2	3	4	5	6	7	8	
	error	*A*	error	*B*	*C*	*D*	*E*	error	
1	1	1	1	1	1	1	1	1	13. 357
2	1	1	2	2	2	2	2	2	15. 278
3	1	1	3	3	3	3	3	3	14. 034
4	1	2	1	1	2	2	3	3	18. 434
5	1	2	2	2	3	3	1	1	15. 788
6	1	2	3	3	1	1	2	2	11. 829
7	1	3	1	2	1	3	2	3	16. 964
8	1	3	2	3	2	1	3	1	11. 731
9	1	3	3	1	3	2	1	2	18. 218
10	2	1	1	3	3	2	2	1	13. 220
11	2	1	2	1	1	3	3	2	20. 188
12	2	1	3	2	2	1	1	3	12. 054
13	2	2	1	2	3	1	3	2	12. 103
14	2	2	2	3	1	2	1	3	14. 308
15	2	2	3	1	2	3	2	1	19. 767
16	2	3	1	3	2	3	1	2	14. 700
17	2	3	2	1	3	1	2	3	12. 916
18	2	3	3	2	1	2	3	1	16. 043

표 9 · 43 표 9 · 42에 대한 일원표

Design variable	Level mean 1	Level mean 2	Level mean 3	Mean
1 (*A*)	14.689	15.371	15.095	15.052
2 (*B*)	17.147	14.705	13.304	15.052
3 (*C*)	15.448	15.327	14.380	15.052
4 (*D*)	12.332	15.917	16.907	15.052
5 (*E*)	14.738	14.996	15.422	15.052

표와 비교해 본 결과 직교배열표의 8행이 11.731로 가장 우수하였다. 여기서도 교호작용을 고려하지 않았기 때문에 이런 결과를 얻은 것으로 생각한다. 앞에서 에어백설계의 결과와 동일한 형태의 설계 결과가 그림 **9 · 48**과 표 **9 · 44**에 있다. 이의 분석은 앞의 경우와 거의 같다.

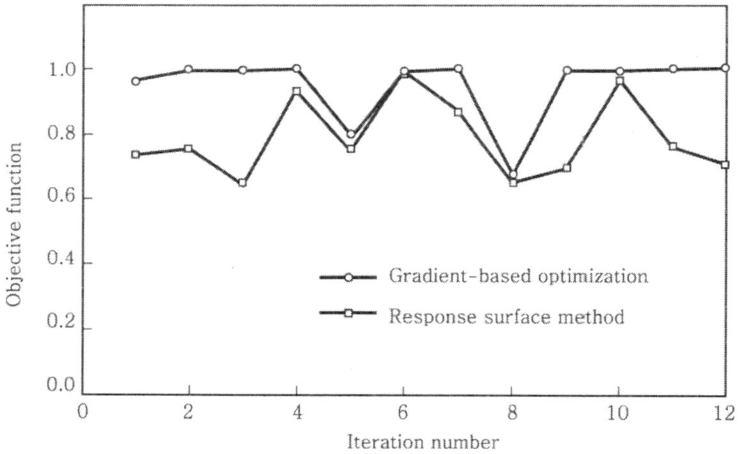

그림 9 · 48 후방추돌의 최적화 과정

표 9 · 44 의자설계에 대한 각 방법의 최적값의 비교

Design method	Design variable *A*	*B*	*C*	*D*	*E*	Extension moment(Nm)
Orthogonal array	−5.0	1.5	0.300	70.0	1.5	11.731
Gradient-based method	−5.0	0.5	0.6	70.0	1.25	11.446
RSAO	−2.396	0.5	0.6	70.0	0.591	11.250

9.8.9 요 약

기존의 순차적인 승객거동해석과는 다르게 승객거동해석에서의 입력이 되는 충돌특성곡선을 먼저 결정하였다. 이를 이용하여 충돌부품을 설계함으로써 승객의 상해를 크게 감소시킬 수 있었다. 이를 위해 승객의 상해를 최소화하는 충돌특성곡선의 결정 문제를 정식화하였다. 승객의 상해정도를 목적함수로 하고 운동량보존법칙 등을 제한조건으로 하는 최적화문제를 정식화하여, 정면충돌과 후방추돌에 적용했다. 이렇게 얻어진 충돌특성곡선을 이용하여 승객 보호장구를 설계했다. 초기의 충돌특성곡선을 이용하여 설계된 승객 보호장구와 제안한 방법에 의해 설계한 보호장구의 성능을 표 **9 · 45**에서 비교했다.

표 9 · 45 감속도 곡선에 따른 설계의 비교

	Original pulse		Optimum pulse	
	Initial design for components	Optimum design	Initial design for components	Optimum design
HIC from frontal impact	1.000 -	0.613 −38.75%	0.938 −6.15%	0.425 −57.53%
Extension moment from rear end impact	1.000 -	0.930 −7.01%	0.869 −13.07%	0.838 −16.21%

참 고 문 헌

박영선 · 박경진 · 이완익, 「최적설계 시 이차근사법의 수치성능 평가에 관한 연구」, 대한기계학회논문집 16(2), pp. 236~247, 1992.

박경진 · 박영선 · 이주영 · 정근섭 · 서명원 · 위인혁, 「승객거동 해석의 시뮬레이션에 관하여」, 한국자동차공학회지 14(6), pp. 29~35, 1992.

박영선 · 이주영 · 박경진, 「승객상해의 감소를 위한 승용차 조향주의 최적설계」, 한국자동차공학회논문집 3(1), pp. 33~44, 1995.

박영선 · 이주영 · 박경진, 「직교배열표를 이용한 승용차의 에어백의 설계」, 한국자동차공학회논문집 3(2), pp. 62~76, 1995.

신문균 · 박경진 · 이완익 · 김형준 · 정근섭, 「승용차 충돌시 승객 해석을 위한 모델링의 예」, 한국자동차공학회지 14(2), pp. 88~98, 1992.

양우호 · 박영선 · 박경진 · 박상희 · 이형주, 「승객 안전도를 고려한 안전띠 일체형 의자의 정후면 충돌해석 및 설계」, 한국자동차공학회논문집 7(4), pp. 295~310, 1999.

이재완 · 윤경한 · 박경진, 「후방추돌시 탑승자 목 상해 감소를 위한 연구」, 한국자동차공학회논문집 8(3), pp. 130~138, 2000.

임재문 · 박경진, 「자동차 충돌시 에어백의 거동해석의 경향」, 한국자동차공학회지 (해설) 17(2), pp. 14~23, 1995.

임재문 · 김창환 · 박경진, 「구와 원환체를 이용한 에어백의 모델링 및 비정상위치시 승객 거동해석」, 자동차공학회논문집 4(1), pp. 96~109, 1996.

임재문 · 최중원 · 박경진, 「ATB 소프트웨어를 이용한 측면충돌시 승객거동해석 모델링의 확립 및 분석」, 한국자동차공학회논문집 4(6), pp. 85~96, 1996.

임재문 · 한선규 · 전원기 · 우덕현 · 박경진, 「직교배열표를 이용한 에너지흡수 조향계의 해석 및 설계」, 한국자동차공학회논문집 7(6), pp. 144~155, 1999.

임재문 · 박경진, 「직교배열표를 이용한 승객보호장구의 설계」, 한국자동차공학회논문집 7(8), pp. 208~215, 1999.

홍을표 · 신문균 · 박경진, 「승객 상해를 최소화하는 충돌특성곡선의 결정 및 반응표면법을 이용한 충돌 부품의 최적설계」, 한국자동차공학회논문집 9(2), pp. 116~129, 2001.

ATB User's Guide, Wright-Patterson Air Force Base, Dayton, OH, 1988.

Backaitis SH & Mertz HJ (eds), *Hybrid III: The First Human-Like Crash Test Dummy*, Society of Automotive Engineers, Warrendale, PA, 1994.

Cook RD & Malkus PS & Pleska ME, *Concepts and Application of Finite Element Analysis*, Wiley, New York, 1989.

Federal Motor Vehicle Safety Standards (FMVSS), *Code of Federal Regulations: Title 49-Transportation*, part 571, National Archives and Records Administration, Wachington D.C. 2003.

GENESIS User's Manual Version 7.5, Vanderplaats Research & Development, Colorado

Springs CO, 2004.

Lee WI & Park GJ & Park YS, "A Study on the Second-Order Approximation Method for Engineering Optimization," In: *Proceedings of the IFIP WG7.5 Fifth Working Conference*, pp. 213~220, 1993.

Lee JW & Yoon KH & Park GJ, "A Study on Occupant Neck Injury in Rear End Collisions," Proceedings of the Institution of Mechanical Engineers, Part D, *Journal of Automobile Engineering* 217(1), pp. 23~29, 2003.

Lim JM & Choi JW & Park GJ, "Automobile Side Impact Modeling Using ATB Software," *International Journal of Crashworthiness* 2(3), pp. 287~297, 1997.

Lim JM & Wu DH & Park GJ, "Analysis and Design Consideration of an Energy Absorbing Steering System using Orthogonal Arrays," *International Journal of Crashworthiness* 5(3), pp. 271~278, 2000.

LS/DYNA User's Manual, Livermore Software Technology, CA, 2003.

MADYMO User's Manual Version 6.1, TNO Automotive, The Netherlands, 2003.

Park YS & Lee JY & Lim JM & Park GJ, "Optimum Design of a Steering Column to Minimize the Injury of Passenger," *International Journal of Vehicle Design* 17(4), pp. 398~414, 1996.

Park YS & Park GJ, "Crash Analysis and Design of a Belt Integrated Seat for Occupant Safety," Proceedings of the Institution of Mechanical Engineers, Part D, *Journal of Automobile Engineering* 215(8), pp. 875~889, 2001.

SAFE User's Manual, Hanyang University, Korea, 1999.

Shin MK & Hong SW & Park GJ, "Axiomatic Design of the Motor Driven Tilt/Telescopic Steering System for Safety and Vibration," Proceedings of the Institution of Mechanical Engineers, Part D, *Journal of Automobile Engineering* 215(2), pp. 179~187, 2001.

Shin MK & Park KJ & Park GJ, "Occupant Analysis and Seat Design to Reduce Neck Injury from Rear End Impact," *International Journal of Crashworthiness* 8(6), pp. 573~581, 2003.

VisualDOC User's Manual Version 4.0, Vanderplaats Research & Development, Colorado Springs CO, 2004.

제 10 장 다분야통합최적설계

10.1 서 론

최근 들어 공학에서 고려해야 하는 시스템은 거대하고 복잡해졌다. 이러한 시스템에 대한 설계 요구 조건은 더욱 까다로워지고 있다. 따라서 설계자들은 기존의 설계방법을 수정하거나 새로운 설계방법을 찾게 되었으며, 이러한 노력 중의 하나가 다분야통합최적설계(multidisciplinary design optimization, MDO)이다. 다분야통합최적설계는 기존의 최적설계의 범주에 속한다. 기존의 최적설계 적용은 주로 한 분야(discipline)에서만 이루어졌다. 그러나 실제 공학에서 발생하는 문제는 한 분야만을 고려하여 해결하기가 쉽지 않다. 이를 극복하기 위해서는 다양한 분야를 고려한 설계방법론이 필요하며 이를 다분야통합최적설계라고 부른다. 여기서 다양한 분야를 고려한다는 것은 다양한 분야에 대해 설계에 필요한 해석을 실시한다는 것을 의미한다.

단일분야를 고려한 최적설계 중에서 가장 개발이 잘된 것으로 알려진 구조최적설계를 살펴보자. 구조최적설계에서는 관계된 분야가 주로 구조역학 또는 재료역학 등으로 한 분야의 해석 결과를 고려한다. 이에 반해 다분야통합최적설계는 여러 분야의 해석 및 설계를 통합적으로 고려하는 설계기법이다. 따라서 설계변수와 제한조건, 목적함수 등이 한 분야를 고려하는 최적설계보다 많아지게 된다. 또한 여러 분야에 대해 해석을 독립적으로 실시하는 경우도 있지만, 어떤 분야의 해석 결과가 다른 분야의 해석에 입력이 되거나 복수의 분야가 설계조건을 공유하는 이른바 연성이 되어 있는 경우도 있다. 이 때문에 다분야통합최적설계에서는 분야간의 연성을 해결하고 대규모의 최적설계문제를 효율적으로 관리하는 것이 중요한 문제이다.

다분야통합최적설계는 항공기 날개의 설계에서 시작되었다고 할 수 있다. 항공기의 날개에는 주위의 공기 흐름에 의해 압력이 작용한다. 이러한 압력은 날개에 양력(lift force)으로 작용하기도 하고 항력(drag force)으로 작용하기도 한다. 날개 주변의 압력은 날개 구조물에 외력으로 작용하여 날개를 변형시킨다. 날개에 변형이 발생하면 날개 주위의 공기 흐름이 변하게 되어 날개 주변의 압력이 바뀐다. 바뀐 압력은 다시 날개 구조물을 변형시키게 되는데, 날개 주변의 압력과 날개의 변형이 더 이상 변화가 없을 때 비로소 비행기 날개의 해석이 완료된다. 이러한 현상은 공력탄성학(aeroelasticity)이라는 학문 영역에서 분석하고 있다. 최근에는 컴퓨터를 이용하는 해석기법이 광범위하게 도입되어 공기의 흐름에 의한 압력분포는 전산유체역학(computational fluid dynamics)으로, 날개의 변형은 전산구조역학(computational structural mechanics)으로 해석한다. 그런데 각 해석의 결과가 다른 해석의 입력이 되기 때문에 두 분야가 연성되어 있다.

비행기 날개를 해석할 때는 위의 두 분야를 동시에 고려해야 하는데, 일반적으로 설계문제도 각 분야에 대해 따로 정의한다. 예를 들어 전산유체역학의 결과를 이용하여 항력을 최소화하는 설계를 하며, 전산구조역학의 결과를 통해서 날개 무게의 최소화를 꾀한다. 이때 다분야통합최적설계를 사용하는데 두 분야가 목적함수, 설계변수, 제한조건을 독립적으로 소유할 수도 있으며 공유할 수도 있다. 비행기 날개의 해석 및 설계는 연성이 대단히 강한 문제인데 이에 대한 다분야통합최적설계문제는 아직도 최종적으로 해결되어 있지 않다. 다만 응용하는 연구자에 따라 다양한 시도가 이루어지고 있는 상태이다. 비행기 날개의 설계에는 위의 두 분야 외에 제어분야를 도입하기도 한다. 비행기 날개의 설계에 대해서는 많은 연구가 있으므로 여기서는 비행기 날개에 대한 다분야통합최적설계에 대한 자세한 논의보다는 일반적인 다분야통합최적설계방법을 기술하고 그에 대한 응용성을 논한다(Sobieszczanski-Sobieski and Haftka, 1996).

다분야통합최적설계를 구현하기 위해서는 우선 대상문제에 대한 정식화(formulation)가 필요하다. 정식화가 완료되면 이를 실제로 풀기 위하여 적당한 다분야통합최적설계방법을 선택하고 선택한 방법에 따라 정식화를 변형한다. 그리고 최적화기법을 사용하여 문제를 풀게 된다. 최적화기법으로는 대체로 민감도 정보를 이용한 방법을 많이 사용하고 있으나, 최근에는 유전자알고리즘(genetic algorithm), 신경회로망(neural networks), 시뮬레이티드 어닐링(simulated annealing) 등 민감도정보가 필요하지 않은 접근을 시도하고 있다. 한편 다분야통합최적설계를 구현할 수 있도록 ModelCenter(ModelCenter, 2004), iSIGHT (iSIGHT, 2004), Optimus(Optimus, 2003), MIDAS(Team Midas, 1995), VisualDOC (VisualDOC, 2004) 등의 여러 가지 프레임워크가 상용화되어 있어 설계자에게 도움을 주고 있다. 여기서는 주로 다분야통합최적설계에 대한 정식화 및 해결하는 방법을 설명한다.

현재까지 다분야통합최적설계방법론은 대략 일곱 가지가 나와 있으며 이를 간략히 살펴보면 다음과 같다. MDF(multidisciplinary feasible) 방법은 다분야통합최적설계의 가장 기본적인 방법으로 설계가 진행되는 동안 매번 분야간 연성을 푸는 시스템해석을 수행하게 된다. 시스템해석이 고가인 반면 사용하기가 비교적 쉬우며 다분야통합최적설계방법의 기본이 된다. 이에 반해 시스템해석 없이 각 분야에서 독립적인 해석을 수행하면서 설계를 하는 IDF(individual discipline feasible) 방법이 개발되었으며, 더 나아가서는 각 분야에서 해석 자체도 수행하지 않는 AAO(all-at-once) 방법도 있다. 이러한 세 가지 방법의 특징은 각 분야에 설계 권한이 없고 단지 해석만 하는 것이다(Cramer *et al.*, 1993).

위에 언급한 세 방법을 기본으로 각각의 분야에 독자적인 설계 권한을 부여하는 좀더 현실적인 방법론들이 뒤를 이었다. 이러한 방법들에는 CSSO(concurrent subspace optimization, Sobieszczanski-Sobieski, 1988), CO(collaborative optimization, Braun, 1996), BLISS(bi-level integrated system synthesis, Sobieszczanski-Sobieski *et al.*, 1998), 독립적 하부 시스템에 의한 다분야통합최적설계(multidisciplinary optimization based on independent subspaces, MDOIS, 신문균 · 박경진, 2004) 등이 있다.

CSSO는 시스템해석을 한 뒤에 전역민감도방정식(global sensitivity equations, GSE)을 풀어서 설계변수에 대한 연성변수의 전역민감도 정보를 얻을 수 있다. 그런 뒤 각 분야는 자신의 설계조건과 함께 다른 분야의 설계조건을 간접적으로 고려하여 설계를 진행한다. 이를 지켜보는 상위수준(upper level)에 있는 관리자는 COP(coordination optimization problem)을 통하여 전체 설계문제가 효율적으로 진행되도록 관리한다. BLISS는 CSSO와 유사하게 전역민감도를 이용하지만, 하위수준(lower level)에 있는 각 분야는 고유한 설계변수만 다루며 공통된 설계변수는 상위수준에서 결정한다. MDOIS는 다목적함수를 가진 설계문제에 대한 접근 방법을 제안하고 있다. 설계문제가 각 분야별로 독립적으로 나눠진 경우에는 MDOIS를 이용하여 설계를 진행하는 것이 효과적이다. 이 세 가지 정식화는 매번 사이클(cycle) 초기에 시스템해석을 수행한다. 반면에 CO는 IDF와 유사하게 시스템해석이 없는 정식화이다. 상위수준에서는 각 분야가 독자적인 설계를 수행할 때에 최대한 달성해야 할 목표치를 정해 주며, 하위수준의 각 분야에서는 이 목표치를 최대한 만족하면서 독립적인 설계를 수행한다.

여기서는 다분야통합최적설계의 특징을 살펴보고 위의 일곱 가지의 방법론들을 서로 비교한다. 처음에 제시되었을 때의 논리를 중심으로 각 방법을 설명한다. 그러나 아직도 이러한 방법들은 연성이 약하거나 소규모 문제만을 완벽하게 해결할 수 있으며 실제적인 대규모 문제에 대해서는 가능성만을 제시하거나 특정한 근사화방법을 이용한다. 연성이 강한 대규모의 문제를 수학적으로 완벽하게 풀 수 있는 방법은 아직은 없는 것으로 보인다. 따라서 대규모 문제에서는 수학적인 최적값보다는 각종 근사화를 이용하여 현재의 설계보다는 개선된 설계를 얻으려 시도한다. 실제적 대규모 문제에 다분야통합최적설계방법을 적용할 때는 그때마다 위의 방법을 변형하고 근사법을 적절히 이용한다. 따라서 여기서 소개하는 다분야통합최적설계방법 중 어떤 것도 최종적이라고 말할 수 없다. 단지 이들은 현재까지 개발된 다분야통합최적설계방법이므로 앞으로 더 나은 방법들의 개발이 이어져야 할 것이다.

10.2 다분야통합최적설계

설계는 대상물의 응답을 설계자가 원하고자 하는 방향으로 이끌어 가는 과정이라 할 수 있다. 대상물의 응답을 구하는 과정을 해석(analysis)이라 한다. 최근에는 대부분 이러한 해석 과정이 컴퓨터에 의해 이루어지고 있다. 다분야통합최적설계에도 이와 마찬가지로 고려하고자 하는 분야의 해석이 근간이 되는데 여러 분야의 해석이 요구된다. 그리고 이러한 해석은 서로 연관되어 있으며 이를 연성(coupling)되어 있다고 말한다.

일반적으로 연성이란 어떤 대상과 다른 대상이 서로 연결되어 있는 상태를 의미한다. 서로 연결된 상태에 따라서 한쪽의 변화가 다시 자기에게 돌아오는 순환적인 연결이 있을 수 있고, 그런 변화가 다시 돌아오지 않을 수도 있다. 이에 비해서 연성이 없는 상태는 서로 독립적으로 나뉘어져 있으며 아무런 관련이 없는 상태를 말한다. 즉, 한 분야의 설계변수의 변화가 다른 분야에 영향이 없는 경우이다. 이러한 연성의 의미는 공학 문제에서 많이 사용하고 있다. 특히 다분야통합최적설계에서는 이를 대단히 중요하게 사용하고 있다. 주로 분야간의 해석에 연성이 있는 문제를 어떻게 풀 것인가에 관심이 있는데 설계상의 연성을 효과적으로 다루려는 노력도 있다. 해석 및 설계에서의 연성을 다음과 같이 정리한다.

① 해석의 연성 : 어떤 분야의 해석 결과(상태변수)가 다른 분야의 입력으로 작용하면 해석에서 연성이 있다고 말한다. 이러한 연성은 제2장의 공리적설계에서의 용어를 빌면 입력관계가 한 방향인 경우에는 비연성화(decoupled) 관계, 양방향인 경우에는 연성(coupled) 관계라고 말하며 서로 입력 데이터가 필요하지 않는 경우에는 비연성(uncoupled) 관계라고 한다.

② 설계의 연성 : 여러 분야가 설계문제에 관련된 변수나 함수를 공유할 수 있다. 이를 설계의 연성이라고 한다. 일반적으로 분야들이 설계변수, 목적함수, 제한조건 중 일부 혹은 전부를 공유한다.

③ 해석과 설계의 관계 : 해석은 주어진 설계변수에 대한 상태변수의 평형상태를 찾아내는 과정이다. 또한 설계는 현재의 상태(해석)를 설계자가 원하는 결과로 이끌어 가는 과정이다. 해석한 후에 얻은 결과를 설계에서 이용하는 것을 NAND(nested analysis and design)이라 한다. 한편 해석을 실시하지 않고 해석기를 현 상태의 평가기로만 사용하는 방법이 있는데 이를 SAND(simultaneous analysis and design)

라고 한다(Balling and Sobieszczanski-Sobieski, 1996).

10.2.1 해석의 연성

다분야통합최적설계를 해결할 때는 설계의 연성보다는 해석의 연성이 더 어려우며 이를 해결하는데 초점이 맞추어져 있다. 따라서 여기서는 해석의 연성을 중심으로 설명한다. 두 개의 분야가 있는 문제를 생각해 본다. 해석간에 서로 연성되어 있는 문제를 다음과 같이 나타낼 수 있다.

$$\mathbf{z}_1 = \mathbf{h}_1(\mathbf{b}_1,\ \mathbf{b}_c,\ \mathbf{z}_2^c) \tag{10・1a}$$

$$\mathbf{z}_2 = \mathbf{h}_2(\mathbf{b}_2,\ \mathbf{b}_c,\ \mathbf{z}_1^c) \tag{10・1b}$$

여기서 $\mathbf{h}_1$, $\mathbf{h}_2$는 각각 1번 분야와 2번 분야의 해석기를 의미한다. 이러한 해석기는 설계변수와 연성변수를 가질 수 있다. 1번 분야에서는 $\mathbf{b}_1 \in R^{nd1}$을, 2번 분야에서는 $\mathbf{b}_2 \in R^{nd2}$를 지역적으로 다룰 수 있는데 이를 지역설계변수(local design variables)라고 한다. $\mathbf{b}_c \in R^{ndc}$는 두 분야가 공유하는 공통설계변수(shared design variables)이다. $\mathbf{z}_1 \in R^{ns1}$은 1번 분야의 해석기에서, $\mathbf{z}_2 \in R^{ns2}$는 2번 분야의 해석기에서 얻은 결과이며 이를 상태변수(state variables)라 한다. $nsi(i=1,\ 2)$는 i번 해석기의 상태변수 수를, $ndi(i=1,\ 2,\ c)$는 지역 및 공통설계변수의 수를 의미한다.

분야간에 연성이 있을 때 상태변수 가운데 전부 또는 일부는 다른 분야의 입력으로 전달된다. 이러한 상태변수를 특별히 연성변수(coupling variables) $\mathbf{z}_1^c \in R^{nc1}$, $\mathbf{z}_2^c \in R^{nc2}$라 명명한다. 이에 반해서 상태변수 가운데 연성변수가 아닌 것을 비연성변수(non-coupling variables) $\mathbf{z}_1^{nc} \in R^{nnc1}$, $\mathbf{z}_2^{nc} \in R^{nnc2}$라 한다. $nci(i=1,\ 2)$는 i번 분야의 연성변수 수를, $nnci(i=1,\ 2)$는 i번 분야의 비연성변수의 수를 의미한다. i번 분야의 상태변수 수는 $nsi = nci + nnci(i=1,\ 2)$이며 $\mathbf{z}_1 = [\ \mathbf{z}_1^{nc^T}\quad \mathbf{z}_1^{c^T}\ ]^T$, $\mathbf{z}_2 = [\ \mathbf{z}_2^{nc^T}\quad \mathbf{z}_2^{c^T}\ ]^T$이다.

식 (10・1)의 해석기는 다음과 같이 연성변수와 비연성변수를 구분하여 쓸 수도 있다.

$$\mathbf{z}_1^{nc} = \mathbf{h}_{11}(\mathbf{b}_1,\ \mathbf{b}_c,\ \mathbf{z}_2^c) \tag{10・2a}$$

$$\mathbf{z}_1^c = \mathbf{h}_{12}(\mathbf{b}_1,\ \mathbf{b}_c,\ \mathbf{z}_2^c) \tag{10・2b}$$

$$\mathbf{z}_2^{nc} = \mathbf{h}_{21}(\mathbf{b}_2,\ \mathbf{b}_c,\ \mathbf{z}_1^c) \tag{10・2c}$$

$$\mathbf{z}_2^c = \mathbf{h}_{22}(\mathbf{b}_2,\ \mathbf{b}_c,\ \mathbf{z}_1^c) \tag{10・2d}$$

식 (10 · 1)은 실제 해석기이며 필요에 따라서는 개념적으로 식 (10 · 2)를 사용할 수도 있다. 두 식의 의미는 동일하다.

각 분야의 해석기는 주어진 설계변수에 대하여 해석을 수행한다. 해석에 연성이 있을 때는 연성변수를 구해야 비로소 해석이 완료된다. 연성변수를 구하는 대표적 방법으로 고정점반복법이 있는데 실제문제에서는 이것만도 대단히 어렵다. 예를 들어 앞 절에서 설명한 비행기 날개의 경우는 공력탄성학의 풀이 과정이 이에 해당하는데, 다분야통합최적설계에 응용하기에는 아직 여러 가지 어려움이 많다. 따라서 이러한 연성문제를 풀기 위해 근사법을 도입하기도 한다. 연성변수를 구하면 해석이 모두 완료된 상태이며 이를 MF (multidisciplinary feasibility)라고 한다. 이에 반해 연성변수를 고려하지 않고 각 분야에서만 해석을 완료한 상태는 IF(individual feasibility)라고 한다. 다분야통합최적설계에서는 이러한 MF와 IF를 어떻게 달성하는가가 중요한 문제이다.

앞서 언급한 해석의 세 가지 연성관계를 고려하여 다분야통합최적설계에서의 해석 종류를 그림 **10 · 1**과 같이 나타낼 수 있다. 각 분야에서는 설계변수 $\mathbf{b}_1$, $\mathbf{b}_2$, $\mathbf{b}_c$의 값이 고정된 상태에서 해석을 하며 해석기 $\mathbf{h}_1$, $\mathbf{h}_2$를 통하여 상태변수 $\mathbf{z}_1$, $\mathbf{z}_2$를 얻게 된다.

그림 **10 · 1** (a)에서는 설계변수에 대해 각 분야에서 독립적으로 해석을 수행한다. 그림 **10 · 1** (b)에서는 $\mathbf{h}_1$ 해석기에서 얻은 $\mathbf{z}_1$ 중에서 $\mathbf{z}_1^c$가 $\mathbf{h}_2$ 해석기에 필요한 입력 정보가 된다. 이 두 가지의 경우에는 한 번의 해석으로부터 결과를 얻을 수 있다. 반면 그림 **10 · 1** (c)에서는 두 분야의 해석 결과가 서로 다른 해석기의 입력으로 사용되는 경우를 나타낸다. 이 경우에 $\mathbf{z}_1^c$, $\mathbf{z}_2^c$의 변화가 없으면 해석을 종료한다. 앞에서 설명한 바와 같이 그림

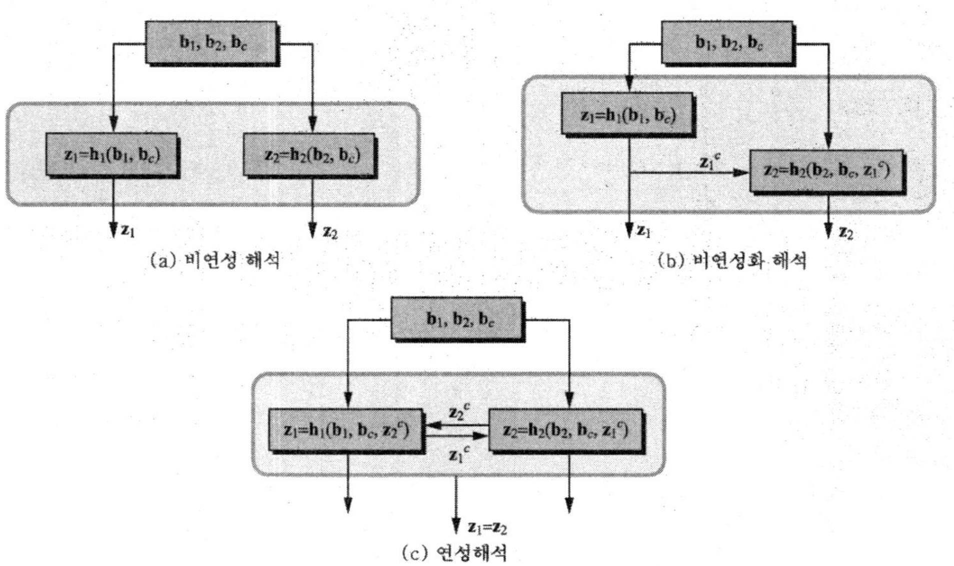

그림 10 · 1 다분야통합최적설계의 관점에서 본 해석의 분류

10 · 1(c)에서 해석이 종료가 되는 상태, 즉 연성변수가 더 이상 변하지 않은 상태를 MF라 한다. 그리고 연성변수와 관계없이 각 해석이 완료된 상태를 IF라 한다. 다분야통합최적설계는 일반적으로 그림 **10 · 1**(c)의 연성해석을 포함하며 이 과정을 시스템해석(system analysis)이라 한다. 따라서 그림 **10 · 1**의 세 가지 경우 중에서 그림 **10 · 1**(c)가 가장 중요하다고 하겠다.

10.2.2 다분야통합최적설계의 정식화

설계변수, 목적함수, 제한조건의 분야간의 공유 여부에 따라 다분야통합최적설계 정식화를 정의한다. 두 개의 분야가 있을 때 다분야통합최적설계의 정식화는 다음과 같다.

$$\text{Find} \quad \mathbf{b}_1, \mathbf{b}_2, \mathbf{b}_c \tag{10·3a}$$

$$\text{to minimize} \quad \mathbf{f}(\mathbf{b}_1, \mathbf{b}_2, \mathbf{b}_c, \mathbf{z}_1, \mathbf{z}_2) \tag{10·3b}$$

$$\text{subject to} \quad \mathbf{g}(\mathbf{b}_1, \mathbf{b}_2, \mathbf{b}_c, \mathbf{z}_1, \mathbf{z}_2) \le 0 \tag{10·3c}$$

$$\mathbf{z}_1 = \mathbf{h}_1(\mathbf{b}_1, \mathbf{b}_c, \mathbf{z}_2^c) \tag{10·3d}$$

$$\mathbf{z}_2 = \mathbf{h}_2(\mathbf{b}_2, \mathbf{b}_c, \mathbf{z}_1^c) \tag{10·3e}$$

여기서 $\mathbf{b}_1, \mathbf{b}_2, \mathbf{b}_c$는 각각 1번과 2번 분야의 지역설계변수, 두 분야의 공통설계변수를 나타낸다. $\mathbf{f} = [f_1 \;\; f_2 \;\; f_c]^T$는 1번과 2번 분야의 지역목적함수와 공통목적함수를 나타내는 목적함수벡터이며, $\mathbf{g} \in R^m$는 제한조건벡터이다.

식 (10 · 3)의 목적함수와 제한조건을 다분야통합최적설계의 관점에서 자세히 쓰면 다음과 같다.

$$\text{Find} \quad \mathbf{b}_1, \mathbf{b}_2, \mathbf{b}_c \tag{10·4a}$$

$$\text{to minimize} \quad \begin{bmatrix} f_1(\mathbf{b}_1, \mathbf{b}_c, \mathbf{z}_1) \\ f_2(\mathbf{b}_2, \mathbf{b}_c, \mathbf{z}_2) \\ f_c(\mathbf{b}_1, \mathbf{b}_2, \mathbf{b}_c, \mathbf{z}_1, \mathbf{z}_2) \end{bmatrix} \tag{10·4b}$$

$$\text{subject to} \quad \mathbf{g}_1(\mathbf{b}_1, \mathbf{b}_c, \mathbf{z}_1) \le 0 \tag{10·4c}$$

$$\mathbf{g}_2(\mathbf{b}_2, \mathbf{b}_c, \mathbf{z}_2) \le 0 \tag{10·4d}$$

$$\mathbf{g}_c(\mathbf{b}_1, \mathbf{b}_2, \mathbf{b}_c, \mathbf{z}_1, \mathbf{z}_2) \le 0 \tag{10·4e}$$

$$\mathbf{z}_1^{nc} = \mathbf{h}_{11}(\mathbf{b}_1, \mathbf{b}_c, \mathbf{z}_2^c) \tag{10·4f}$$

$$z_1^c = h_{12}(b_1, b_c, z_2^c) \qquad (10 \cdot 4g)$$

$$z_2^{nc} = h_{21}(b_2, b_c, z_1^c) \qquad (10 \cdot 4h)$$

$$z_2^c = h_{22}(b_2, b_c, z_1^c) \qquad (10 \cdot 4i)$$

여기서 $g_i \in R^{m_i}$는 i번 분야의 지역제한조건을 나타내며, $g_c \in R^{m_c}$는 두 분야의 공통제한조건이다. m_1, m_2, m_c는 1번, 2번 분야의 지역제한조건 및 공통제한조건의 수이며 $m = m_1 + m_2 + m_c$이다. 식 (10 · 4b)의 목적함수 중에서 일반적으로 f_c는 사용하지 않는다. h_{11}, h_{12}, h_{21}, h_{22}는 식 (10 · 2)와 같고 식 (10 · 3)과 식 (10 · 4)는 같은 의미이다. 여기서는 두 개의 분야가 관련되어 있는 경우에 대해 정식화를 보였다. 세 개 이상의 분야가 관련되어 있더라도 위와 같은 방법으로 정식화할 수 있다.

10.2.3 다분야통합최적설계방법론의 분류

다분야통합최적설계를 풀기 위해 많은 방법들이 개발되었다. 일반적으로 식 (10 · 3)에 있는 다분야통합최적설계문제에서 각 분야의 관계는 그림 **10 · 2** (a)로 보일 수 있다. 다분야통합최적설계방법론은 대체적으로 그림 **10 · 2** (a)와 같은 관계를 가지는 문제를 단단계

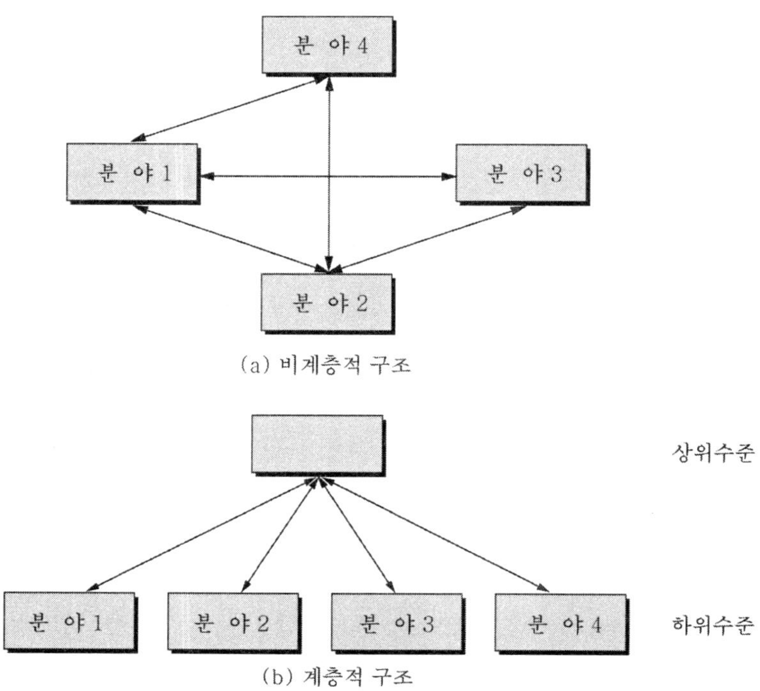

그림 10 · 2 다분야통합최적설계방법론의 구조에 따른 분류

혹은 다단계로 해결하려고 한다. 그림 **10・2** (a)의 비계층적 관계를 직접 이용하거나 그림 **10・2** (b)의 구조를 이용하더라도 최적기가 하나의 단계(수준)에만 존재하는 것이 단단계 최적화방법이다. 반면에 문제를 그림 **10・2** (b)와 같이 계층적으로 나누고 각 단계에 최적기를 사용하는 것이 다단계 최적화방법이다. 일반적으로 다단계방법에서는 2단계방법만이 사용될 뿐이다.

단단계방법론은 대체로 세 가지로 분류된다. 첫째는 해석 시 비계층적 구조를 직접 이용하는 방법이다. 이는 일반적인 최적설계문제와 상통하는 것으로 그림 **10・3**으로 도식화할 수 있다. 해석에서의 MF(Multidisciplinary Feasibility)를 항상 구해서 최적화를 실시한다. 해석 시 분야를 분해(decomposition)하지 않으며 임의의 사이클에서도 MF가 만족된다. MDF 방법이 여기에 속한다.

단단계방법론의 두 번째 방법은 고가의 시스템해석을 피하기 위해 그림 **10・2** (b)와 같이 각 분야를 분해하는데 최적기는 하나만 있다. 즉, 연성변수를 구하는 과정을 최적화 사이클에 포함시킨다. 이는 다시 두 가지의 방법으로 분류된다. 첫째는 연성변수에 대응하는 보조변수 s_1^c, s_2^c를 새로 추가해서 각 해석기에 부여하고, 주어진 보조변수에 대해 각 분야에서 한번의 해석으로 대치된다. 그리고 MF를 찾기 위해 원래 설계문제와 함께 이러한 보조변수가 사이클 중에 계속 갱신된다. 설계문제가 최종해를 찾으면 비로소 해석간의 연성도 해결되는 것이 특징이다. 이러한 방법은 시스템해석을 하지 않는 대신, 설계문제가 복잡해지는 경향이 있으며 그림 **10・4**와 같다. 최적화 도중에 매번 IF를 달성하지만 MF는 설계가 종료된 시점에서 달성된다. IDF 방법이 여기에 속한다.

둘째는 앞서의 해석조차도 수행하지 않기 위해 SAND(Simultaneous Analysis and Design)의 개념을 이용하는 방법인데 그 내용은 그림 **10・5**와 같다. 그림 **10・2** (b)와 같이 각 분야를 분해하는데 최적기는 하나만 있다. 각 분야에서는 실제 해석을 수행하지 않는다. 다만 설계를 수행하면서 나오는 연성변수 s_1^c, s_2^c를 포함한 상태변수 s_1, s_2가 타당($e_1 = 0$, $e_2 = 0$)한지를 검토할 뿐이다. 따라서 설계가 수행되는 도중에 해석간의 MF는

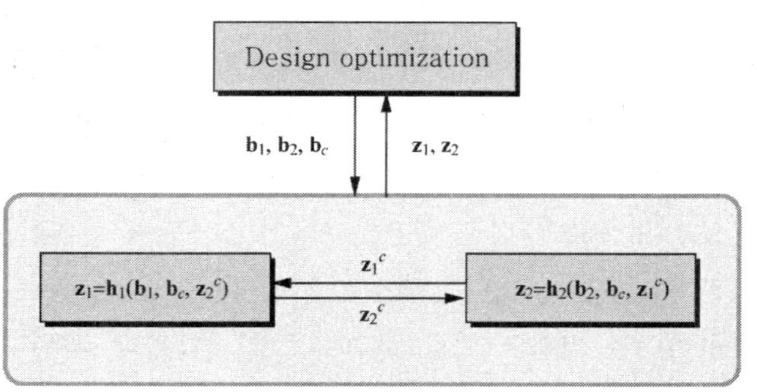

그림 10・3 MF를 이용하는 단단계 다분야통합최적설계방법

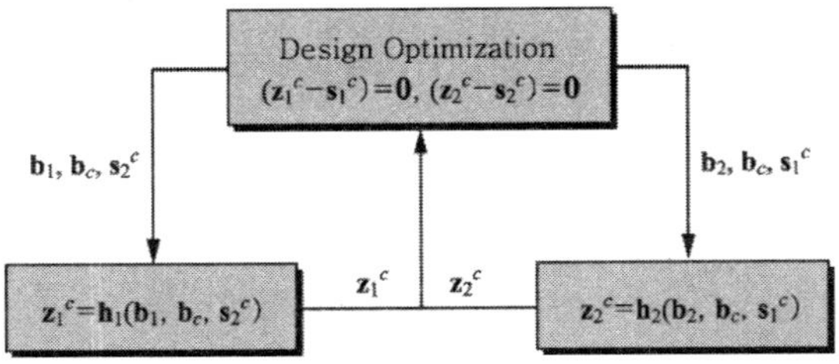

그림 10 · 4 IF를 이용하는 단단계 다분야통합최적설계방법

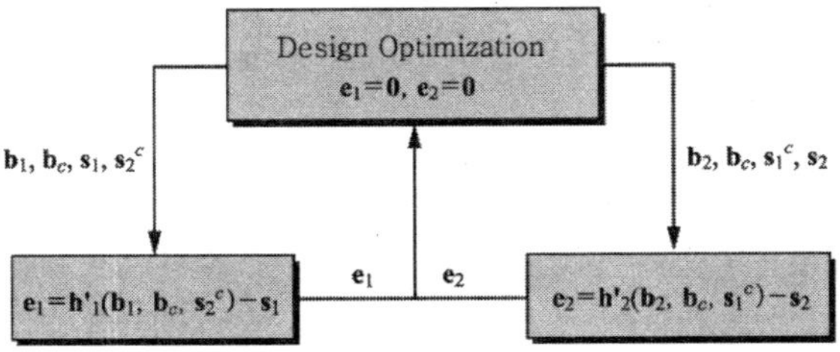

그림 10 · 5 SAND를 이용하는 단단계 다분야통합최적설계방법

물론 각 해석의 IF가 달성되는 것을 보장할 수 없으나, 설계가 완료되면서 IF와 MF가 동시에 달성된다. 기존의 고가의 해석기 h_1, h_2 대신에 저가의 평가기(h_1', h_2' 또는 e_1, e_2)를 사용할 수 있을 때는 저비용이라는 장점이 있다. 그러나 해석기만 있을 때 이를 평가기로 전환해야 한다는 점과 MF와 IF를 달성하는 것을 모두 설계에 의존하므로 설계문제가 더욱 복잡해진다는 것이 단점이다. AAO 방법이 여기에 속한다.

단단계방법론의 세 번째 방법으로 시스템해석을 하면서 각 분야의 분해도 실시하여 그림 **10 · 2** (b)의 구조를 가지는 방법을 들 수 있다. MDOIS가 이에 속하는데 최적화의 매 사이클에서 시스템해석을 수행한다. 우선 그림 **10 · 3**의 아랫부분의 시스템해석을 실시하고 연성변수를 계산한다. 이를 각 분야에 전달하며 각 분야에서는 전달받은 연성변수를 바탕으로 최적화를 실시한다. 이때 최적기가 각 분야에 있다는 것이 특징이다.

모든 다단계방법론은 각 분야를 분해하여 해석과 설계를 실시한다. 그림 **10 · 2** (b)의 구조를 사용하는데 상위수준과 하위수준에 모두 최적기가 있다. 즉, 통합적으로도 설계를 실시하나 각 분야에서도 설계를 실시한다. 일반적으로 MF를 달성하는 방법에 따라 크게 두 가지로 분류한다.

첫째는 그림 **10 · 3**과 비슷한 개념을 이용하는 것으로 CSSO, BLISS 등이 여기에 속한다. 각 사이클의 시작 시 우선 시스템해석을 실시한다. 그 후 상위수준의 최적화 과정을 통해 하위수준의 파라미터를 정하고 이를 하위수준에 전달한다. 하위수준에서는 상위수준에서 전달받은 파라미터를 상수로 가정하여 최적화를 실시하고 상위수준에 필요한 값을 정한다. 하위수준에서 결정된 값은 다시 상위수준에 전달되어 최적화사이클이 진행된다.

둘째는 그림 **10 · 4**와 비슷한 흐름을 이용하는데 CO가 여기에 속한다. 즉, 시스템해석이 없으며 최적화 도중에는 IF만이 달성되고 MF는 최적화의 최종 과정에서 달성된다. 그림 **10 · 4**의 아랫부분에도 최적기가 있어서 여기서 설계변수를 결정하게 된다. 하위수준에서는 IF를 달성하는 동시에 설계변수와 연성변수에 대한 목표값을 만족할 수 있도록 설계변수를 결정한다. 하위수준에서 결정한 설계값은 상위수준으로 전달되며 상위수준에서는 다시 IF를 만족하는 동시에 MF를 만족할 수 있도록 설계변수와 연성변수에 대한 목표값을 결정하여 하위수준에 전달한다.

여기서 다분야통합최적설계방법론의 분류는 이미 개발되어 사용되고 있는 방법들을 염두에 두고 실시하였다. 예를 들어 평가기를 사용하는 다단계방법은 아직 개발되어 있지 않으므로 분류에 포함하지 않는다. 분류한 각 방법의 자세한 과정은 뒤에 설명한다.

예제 10 · 1 MF, IF, 평가값을 찾는 방법

다음의 두 가지 해석이 있다.

$$z_1^c = 2b_1 + 3b_3^2 - 0.5z_2^c$$

$$z_2^c = 5b_2^2 + 2b_3 - z_1^c$$

$[b_1 \quad b_2 \quad b_3]^T = [1 \quad 1 \quad 1]^T$일 때,

(1) MF를 만족하는 해를 고정점반복법으로 찾아라.

(2) 그림 **10 · 4**의 $[s_1^c \quad s_2^c] = [1 \quad 1]$를 추가할 때 IF를 만족하는 해를 구하여라.

(3) (2)의 조건에서 그림 **10 · 5**의 평가기를 이용하여 e_1, e_2를 구하여라.

❙❙ 풀 이 ❙❙

(1) z_1^c, z_2^c의 초기값을 각각 1로 가정한다.

$$z_1^c = 2b_1 + 3b_3^2 - 0.5z_2^c \qquad (z_2^c = 1\text{을 대입}) \tag{10 · 5a}$$

$$z_2^c = 5b_2^2 + 2b_3 - z_1^c \qquad (z_1^c = 1\text{을 대입}) \tag{10 · 5b}$$

식 (10 · 5a)의 결과를 식 (10 · 5b)에 식 (10 · 5b)의 결과를 식 (10 · 5a)에 대입하고 이 과정을 수렴할 때까지 반복하면 MF를 만족하는 해를 얻게 된다. 이 과정은 표 **10 · 1**에 나타나 있다. 결과는 $z_1^c = 3.0$, $z_2^c = 4.0$이다.

(2) IF를 만족하는 해는 다음의 식과 같다.

$$\begin{aligned} z_1^c &= h_1(b_1, b_3, s_2^c) \\ &= 2b_1 + 3b_3^2 - 0.5s_2^c \\ &= (2)(1) + (3)(1)^2 - 0.5(1) = 4.5 \end{aligned} \tag{10 · 6}$$

표 10・1 예제 10・1의 시스템해석 과정

No.	z_1^c	z_2^c
1	1.00000	1 00000
2	4.50000	6.00000
3	2.00000	2.50000
⋮	⋮	⋮
39	3.00000	3.99999
40	3.00000	4.00000

$$z_2^c = h_2(b_2, b_3, s_1^c) = 5b_2 + 2b_3 - s_1^c = (5)(1) + (2)(1) - 1 = 6.0 \quad (10 \cdot 7)$$

(3) 평가기를 이용해서 구한 e_1, e_2는 다음과 같다.

$$e_1 = h_1{'}(b_1, b_3, s_2^c) - s_1^c = 2b_1 + 3b_3^2 - 0.5s_2^c - s_1^c = (2)(1) + (3)(1)^2 - 0.5(1) - 1 = 3.5 \quad (10 \cdot 8)$$

$$e_2 = h_2{'}(b_2, b_3, s_1^c) - s_2^c = 5b_2 + 2b_3 - s_1^c - s_2^c = (5)(1) + (2)(1) - 1 - 1 = 5.0 \quad (10 \cdot 9)$$

10.3 다분야통합최적설계방법론에 필요한 기초 이론

본 절에서는 앞으로 소개할 다분야통합최적설계방법에서 사용하는 기초 이론을 설명한다.

10.3.1 선형분해 및 전역민감도

식 (10・3)의 설계문제가 대규모인 경우는 이를 하나로 해결하기가 어려울 수 있다. 따라서 대규모 설계문제를 각 분야에 대해 분해할 수 있는데 대개 해석기의 사용 상태와 동일하게 분해한다. 식 (10・3)을 상태방정식을 제외하고 목적함수를 선형합($f = f_1 + f_2 + f_c$) 하여 간단히 표현하면 다음과 같다.

Find $\quad \mathrm{b}_1, \mathrm{b}_2, \mathrm{b}_c \quad (10 \cdot 10a)$

to minimize $f(\mathrm{b}_1, \mathrm{b}_2, \mathrm{b}_c, \mathrm{z}_1, \mathrm{z}_2)$ (10 · 10b)

subject to $\mathrm{g}(\mathrm{b}_1, \mathrm{b}_2, \mathrm{b}_c, \mathrm{z}_1, \mathrm{z}_2) \le 0$ (10 · 10c)

식 (10 · 10)에서는 설계변수에 대해 목적함수와 제한조건이 연성되어 있다. 이러한 목적함수와 제한조건을 각 분야에서 다루기 위해서는 분해(decomposition)할 필요가 있으며, 다음과 같은 테일러의 선형전개를 이용한다.

$$f \cong f_0 + \frac{\mathrm{d}f}{\mathrm{d}\mathrm{b}_1}\Delta \mathrm{b}_1 + \frac{\mathrm{d}f}{\mathrm{d}\mathrm{b}_2}\Delta \mathrm{b}_2 + \frac{\mathrm{d}f}{\mathrm{d}\mathrm{b}_c}\Delta \mathrm{b}_c \tag{10 · 11a}$$

$$g_j \cong g_{j0} + \frac{\mathrm{d}g_j}{\mathrm{d}\mathrm{b}_1}\Delta \mathrm{b}_1 + \frac{\mathrm{d}g_j}{\mathrm{d}\mathrm{b}_2}\Delta \mathrm{b}_2 + \frac{\mathrm{d}g_j}{\mathrm{d}\mathrm{b}_c}\Delta \mathrm{b}_c, \quad j = 1, \cdots, m \tag{10 · 11b}$$

여기서, $\frac{\mathrm{d}}{\mathrm{d}\mathrm{b}_l} = \left[\frac{\mathrm{d}}{\mathrm{d}b_{l1}} \quad \frac{\mathrm{d}}{\mathrm{d}b_{l2}} \quad \cdots \quad \frac{\mathrm{d}}{\mathrm{d}b_{lr}}\right]$, $\Delta \mathrm{b}_l = [\Delta b_{l1} \quad \Delta b_{l2} \quad \cdots \quad \Delta b_{lr}]^T$로 $l \in \{1, 2, c\}$, $r \in \{nd1, nd2, ndc\}$이다. 첨자 $_0$은 현재 설계변수에서의 목적함수와 제한조건의 값이며 Δ는 현재 설계변수에서 근방에로의 변화를 의미한다.

이와 같이 목적함수와 제한조건을 각 분야의 설계변수에 대하여 표현할 수 있다면, 각 분야에서는 해당 설계변수를 이용하여 독립적인 문제를 정의할 수 있다. 예를 들어서, 설계변수 b_1, b_c는 1번 분야에서 다루고 설계변수 b_2는 2번 분야에서 다룬다고 하자. 이때 각 분야의 목적함수와 제한조건은 다음과 같다.

(1) 1번 분야

Find $\mathrm{b}_1, \mathrm{b}_c$ (10 · 12a)

to minimize $f_0 + \frac{\mathrm{d}f}{\mathrm{d}\mathrm{b}_1}\Delta \mathrm{b}_1 + \frac{\mathrm{d}f}{\mathrm{d}\mathrm{b}_c}\Delta \mathrm{b}_c$ (10 · 12b)

subject to $g_{j0} + \frac{\mathrm{d}g_j}{\mathrm{d}\mathrm{b}_1}\Delta \mathrm{b}_1 + \frac{\mathrm{d}g_j}{\mathrm{d}\mathrm{b}_c}\Delta \mathrm{b}_c \le 0, \quad j = 1, \cdots, m$ (10 · 12c)

(2) 2번 분야

Find b_2 (10 · 12d)

to minimize $f_0 + \frac{\mathrm{d}f}{\mathrm{d}\mathrm{b}_2}\Delta \mathrm{b}_2$ (10 · 12e)

subject to $g_{j0} + \frac{\mathrm{d}g_j}{\mathrm{d}\mathrm{b}_2}\Delta \mathrm{b}_2 \le 0, \quad j = 1, \cdots, m$ (10 · 12f)

이와 같이 1차의 선형 근사식으로 분해하는 것을 선형분해(linear decomposition)라 한다. 이러한 선형 근사화를 위해 각 설계변수에 대한 목적함수와 제한조건의 미분을 구할 필요가 있다. 목적함수와 제한조건에 있는 상태변수는 연성변수와 비연성변수로 표현될 수 있으므로 식 (10・11)의 미분항은 다음과 같다.

$$\frac{df}{db_1}=\frac{\partial f}{\partial b_1}+\frac{\partial f}{\partial z_1^{nc}}\frac{dz_1^{nc}}{db_1}+\frac{\partial f}{\partial z_1^{c}}\frac{dz_1^{c}}{db_1}+\frac{\partial f}{\partial z_2^{nc}}\frac{dz_2^{nc}}{db_1}+\frac{\partial f}{\partial z_2^{c}}\frac{dz_2^{c}}{db_1} \quad (10\cdot 13a)$$

$$\frac{df}{db_2}=\frac{\partial f}{\partial b_2}+\frac{\partial f}{\partial z_1^{nc}}\frac{dz_1^{nc}}{db_2}+\frac{\partial f}{\partial z_1^{c}}\frac{dz_1^{c}}{db_2}+\frac{\partial f}{\partial z_2^{nc}}\frac{dz_2^{nc}}{db_2}+\frac{\partial f}{\partial z_2^{c}}\frac{dz_2^{c}}{db_2} \quad (10\cdot 13b)$$

$$\frac{df}{db_c}=\frac{\partial f}{\partial b_c}+\frac{\partial f}{\partial z_1^{nc}}\frac{dz_1^{nc}}{db_c}+\frac{\partial f}{\partial z_1^{c}}\frac{dz_1^{c}}{db_c}+\frac{\partial f}{\partial z_2^{nc}}\frac{dz_2^{nc}}{db_c}+\frac{\partial f}{\partial z_2^{c}}\frac{dz_2^{c}}{db_c} \quad (10\cdot 13c)$$

$$\frac{dg_j}{db_1}=\frac{\partial g_j}{\partial b_1}+\frac{\partial g_j}{\partial z_1^{nc}}\frac{dz_1^{nc}}{db_1}+\frac{\partial g_j}{\partial z_1^{c}}\frac{dz_1^{c}}{db_1}+\frac{\partial g_j}{\partial z_2^{nc}}\frac{dz_2^{nc}}{db_1}+\frac{\partial g_j}{\partial z_2^{c}}\frac{dz_2^{c}}{db_1} \quad (10\cdot 13d)$$

$$\frac{dg_j}{db_2}=\frac{\partial g_j}{\partial b_2}+\frac{\partial g_j}{\partial z_1^{nc}}\frac{dz_1^{nc}}{db_2}+\frac{\partial g_j}{\partial z_1^{c}}\frac{dz_1^{c}}{db_2}+\frac{\partial g_j}{\partial z_2^{nc}}\frac{dz_2^{nc}}{db_2}+\frac{\partial g_j}{\partial z_2^{c}}\frac{dz_2^{c}}{db_2} \quad (10\cdot 13e)$$

$$\frac{dg_j}{db_c}=\frac{\partial g_j}{\partial b_c}+\frac{\partial g_j}{\partial z_1^{nc}}\frac{dz_1^{nc}}{db_c}+\frac{\partial g_j}{\partial z_1^{c}}\frac{dz_1^{c}}{db_c}+\frac{\partial g_j}{\partial z_2^{nc}}\frac{dz_2^{nc}}{db_c}+\frac{\partial g_j}{\partial z_2^{c}}\frac{dz_2^{c}}{db_c} \quad (10\cdot 13f)$$

여기서, $\frac{dq_k^n}{db_l}=\left[\frac{dq_k^n}{db_{l1}} \quad \frac{dq_k^n}{db_{l2}} \quad \cdots \quad \frac{dq_k^n}{db_{lr}}\right]$, $l\in\{1, 2, c\}$, $k\in\{1, 2\}$, $q\in\{nc, c\}$, $r\in\{nd1, nd2, ndc\}$, $j=1, 2, \cdots, m$이다. 위 식들의 좌변을 알기 위해서는 우변의 값을 알아야 한다. 우변에서 편미분은 명시적(explicit)인 편미분이며 전미분(total derivative)은 시스템해석의 미분에서 얻을 수 있다.

이를 구하기 위해 시스템해석의 식 (10・2)를 다음과 같이 전개할 수 있다.

$$dz_1^{nc}=\frac{\partial h_{11}}{\partial b_1}db_1+\frac{\partial h_{11}}{\partial b_c}db_c+\frac{\partial h_{11}}{\partial z_2^c}dz_2^c \quad (10\cdot 14a)$$

$$dz_1^{c}=\frac{\partial h_{12}}{\partial b_1}db_1+\frac{\partial h_{12}}{\partial b_c}db_c+\frac{\partial h_{12}}{\partial z_2^c}dz_2^c \quad (10\cdot 14b)$$

$$dz_2^{nc}=\frac{\partial h_{21}}{\partial b_2}db_2+\frac{\partial h_{21}}{\partial b_c}db_c+\frac{\partial h_{21}}{\partial z_1^c}dz_1^c \quad (10\cdot 14c)$$

$$dz_2^{c}=\frac{\partial h_{22}}{\partial b_2}db_2+\frac{\partial h_{22}}{\partial b_c}db_c+\frac{\partial h_{22}}{\partial z_1^c}dz_1^c \quad (10\cdot 14d)$$

여기서 $\dfrac{\partial \mathbf{h}_{pq}}{\partial \mathbf{b}_l}=\begin{bmatrix}\dfrac{\partial \mathbf{h}_{pq}}{\partial b_{l1}} & \dfrac{\partial \mathbf{h}_{pq}}{\partial b_{l2}} & \cdots & \dfrac{\partial \mathbf{h}_{pq}}{\partial b_{lr}}\end{bmatrix}$, $(l\in\{1,2,c\},\ p,q\in\{1,2\})$, $\dfrac{\partial \mathbf{h}_{pq}}{\partial \mathbf{z}_l^c}=$ $\begin{bmatrix}\dfrac{\partial \mathbf{h}_{pq}}{\partial z_{l1}^c} & \dfrac{\partial \mathbf{h}_{pq}}{\partial z_{l2}^c} & \cdots & \dfrac{\partial \mathbf{h}_{pq}}{\partial z_{ls}^c}\end{bmatrix}$ $l,p,q\in\{1,2\}$, $s\in\{nc1, nc2\}$, $r\in\{nd1, nd2, ndc\}$이다. 식 (10・14)를 근간으로 설계변수에 대한 상태변수의 변화율을 구할 수 있다. 예를 들어 $\mathbf{b}_1$에 대한 상태변수의 변화율을 계산하면 다음과 같다.

$$\frac{d\mathbf{z}_1^{nc}}{d\mathbf{b}_1}=\frac{\partial \mathbf{h}_{11}}{\partial \mathbf{b}_1}+\frac{\partial \mathbf{h}_{11}}{\partial \mathbf{z}_2^c}\frac{d\mathbf{z}_2^c}{d\mathbf{b}_1} \tag{10・15a}$$

$$\frac{d\mathbf{z}_1^{c}}{d\mathbf{b}_1}=\frac{\partial \mathbf{h}_{12}}{\partial \mathbf{b}_1}+\frac{\partial \mathbf{h}_{12}}{\partial \mathbf{z}_2^c}\frac{d\mathbf{z}_2^c}{d\mathbf{b}_1} \tag{10・15b}$$

$$\frac{d\mathbf{z}_2^{nc}}{d\mathbf{b}_1}=\frac{\partial \mathbf{h}_{21}}{\partial \mathbf{z}_1^c}\frac{d\mathbf{z}_1^c}{d\mathbf{b}_1} \tag{10・15c}$$

$$\frac{d\mathbf{z}_2^{c}}{d\mathbf{b}_1}=\frac{\partial \mathbf{h}_{22}}{\partial \mathbf{z}_1^c}\frac{d\mathbf{z}_1^c}{d\mathbf{b}_1} \tag{10・15d}$$

이를 행렬로 나타내면 다음과 같다.

$$\begin{bmatrix}\mathbf{I} & 0 & 0 & -\dfrac{\partial \mathbf{h}_{11}}{\partial \mathbf{z}_2^c}\\ 0 & \mathbf{I} & 0 & -\dfrac{\partial \mathbf{h}_{12}}{\partial \mathbf{z}_2^c}\\ 0 & -\dfrac{\partial \mathbf{h}_{21}}{\partial \mathbf{z}_1^c} & \mathbf{I} & 0\\ 0 & -\dfrac{\partial \mathbf{h}_{22}}{\partial \mathbf{z}_1^c} & 0 & \mathbf{I}\end{bmatrix}\begin{bmatrix}\dfrac{d\mathbf{z}_1^{nc}}{d\mathbf{b}_1}\\ \dfrac{d\mathbf{z}_1^{c}}{d\mathbf{b}_1}\\ \dfrac{d\mathbf{z}_2^{nc}}{d\mathbf{b}_1}\\ \dfrac{d\mathbf{z}_2^{c}}{d\mathbf{b}_1}\end{bmatrix}=\begin{bmatrix}\dfrac{\partial \mathbf{h}_{11}}{\partial \mathbf{b}_1}\\ \dfrac{\partial \mathbf{h}_{12}}{\partial \mathbf{b}_1}\\ 0\\ 0\end{bmatrix} \tag{10・16}$$

식 (10・16)에서 연성변수에 관계된 항만을 다시 쓰면 다음과 같다.

$$\begin{bmatrix}\mathbf{I} & -\dfrac{\partial \mathbf{h}_{12}}{\partial \mathbf{z}_2^c}\\ -\dfrac{\partial \mathbf{h}_{22}}{\partial \mathbf{z}_1^c} & \mathbf{I}\end{bmatrix}\begin{bmatrix}\dfrac{d\mathbf{z}_1^{c}}{d\mathbf{b}_1}\\ \dfrac{d\mathbf{z}_2^{c}}{d\mathbf{b}_1}\end{bmatrix}=\begin{bmatrix}\dfrac{\partial \mathbf{h}_{12}}{\partial \mathbf{b}_1}\\ 0\end{bmatrix} \tag{10・17}$$

식 (10・16)~(10・17)을 전역민감도 방정식(global sensitivity equations, GSE)이라 한다. 이 식을 각 설계변수에 대해 풀면 각 설계변수에 대한 연성변수의 변화율을 얻는다. 이 정보는 식 (10・13)에서 사용할 수 있으며 뒤에 소개하는 각종 다분야통합최적설계방법론에서 이용한다.

10.3.2 최적민감도

최적민감도는 최적설계 시 상수로 고려하는 파라미터(parameter)가 바뀌었을 때 그 파라미터에 대한 최적값의 변화율이다. 예를 들어 최적점에서 구조최적설계의 하중, 허용응력, 재료강성 등이 바뀌었을 때의 최적값의 변화율이다. 일부의 다분야통합최적설계방법론에서는 상위수준에서 결정한 설계변수가 하위수준의 각 분야에서는 상수로 취급하는 파라미터가 된다. 따라서 상위수준의 최적화 과정에서 민감도해석을 할 때는 하위수준의 최적민감도를 이용하게 된다. 하위수준의 최적점에서 KKT(Karush-Kuhn-Tucker) 조건을 이용하여 최적민감도를 얻을 수 있는 식을 유도한다.

식 (3・1)에서 부등제한조건만 존재하는 문제의 KKT 필요조건은 다음과 같다.

$$\nabla f(\mathrm{b}) + \sum_{j\in J}\lambda_j \nabla g_j(\mathrm{b}) = 0 \tag{10・18a}$$

$$g_j(\mathrm{b}) = 0, \quad j \in J \tag{10・18b}$$

$$\lambda_j > 0 \tag{10・18c}$$

여기서 J는 활성화제한조건의 집합이다. 등제한조건은 항상 활성화되어 있으므로 라그랑지승수 λ의 부호에 대한 조건 식 (10・18c)를 제외하면 동일한 형태로 포함할 수 있다. 따라서 등제한조건이 있더라도 여기에서의 유도는 유효하다.

상수로 취급하는 파라미터 p가 변하더라도 변한 p에 의한 최적점에서의 식 (10・18)은 변하지 않아야 한다. 이는 식 (10・18a)와 (10・18b)를 p로 미분하면 0이 되는 것을 의미한다. 이를 식으로 써보면

$$\sum_{k=1}^{n}\left[\frac{\partial^2 f(\mathrm{b})}{\partial b_i \partial b_k} + \sum_{j\in J}\lambda_j \frac{\partial^2 g_j(\mathrm{b})}{\partial b_i \partial b_k}\right]\frac{\partial b_k}{\partial p} + \sum_{j\in J}\frac{\partial g_j(\mathrm{b})}{\partial b_i}\frac{\partial \lambda_j}{\partial p} + \frac{\partial^2 f(\mathrm{b})}{\partial b_i \partial p} + \sum_{j\in J}\lambda_j \frac{\partial^2 g_j(\mathrm{b})}{\partial b_i \partial p} = 0, \quad i = 1, \cdots, n \tag{10・19a}$$

$$\sum_{k=1}^{n}\frac{\partial g_j(\mathrm{b})}{\partial b_i}\frac{\partial b_i}{\partial p} + \frac{\partial g_j(\mathrm{b})}{\partial p} = 0, \quad j \in J \tag{10・19b}$$

이다. 식 (10・19)는 행렬식으로

$$\begin{bmatrix} \mathrm{A}_{n\times n} & \mathrm{B}_{n\times J} \\ \mathrm{B}_{J\times n} & 0_{J\times J} \end{bmatrix}\begin{bmatrix} \delta \mathrm{b} \\ \delta \lambda \end{bmatrix} + \begin{bmatrix} \mathrm{c}_{n\times 1} \\ \mathrm{d}_{J\times 1} \end{bmatrix} = 0 \tag{10・20a}$$

이 된다. 여기서 각 요소들은 다음과 같다.

$$A_{ik} = \frac{\partial^2 f}{\partial b_i \partial b_k} + \sum_{j \in J} \lambda_j \frac{\partial^2 g_j}{\partial b_i \partial b_k} \tag{10・20b}$$

$$B_{ij} = \frac{\partial g_j}{\partial b_i}, \quad j \in J \tag{10・20c}$$

$$c_i = \frac{\partial^2 f}{\partial b_i \partial p} + \sum_{j \in J} \lambda_j \frac{\partial^2 g_j}{\partial b_i \partial p} \tag{10・20d}$$

$$d_j = \frac{\partial g_j}{\partial p}, \quad j \in J \tag{10・20e}$$

$$\delta \mathrm{b} = \left[\frac{\partial b_1}{\partial p} \quad \frac{\partial b_2}{\partial p} \quad \cdots \quad \frac{\partial b_n}{\partial p} \right]^T \tag{10・20f}$$

$$\delta \lambda = \left[\frac{\partial \lambda_1}{\partial p} \quad \frac{\partial \lambda_2}{\partial p} \quad \cdots \quad \frac{\partial \lambda_J}{\partial p} \right]^T \tag{10・20g}$$

식 (10・20a)로부터 $\delta \mathrm{b}$와 $\delta \lambda$를 구할 수 있으며 이를 이용하여 목적함수에 대한 최적민감도를 구하면

$$\frac{\mathrm{d}f(\mathrm{b})}{\mathrm{d}p} = \frac{\partial f(\mathrm{b})}{\partial p} + \nabla^T f(\mathrm{b})\,\delta \mathrm{b} \tag{10・21a}$$

이거나, 혹은

$$\frac{\mathrm{d}f(\mathrm{b})}{\mathrm{d}p} = \frac{\partial f(\mathrm{b})}{\partial p} + \lambda^T \frac{\partial \mathrm{g}(\mathrm{b})}{\partial p} \tag{10・21b}$$

가 되는데 식 (10・21b)는 식 (10・18a)와 (10・19b)로부터 유도할 수 있다. 일반적으로 최적민감도라 함은 $\delta \mathrm{b}$, $\frac{\mathrm{d}f(\mathrm{b})}{\mathrm{d}p}$를 의미한다.

예제 10・2 연성변수의 전역민감도 계산

다음과 같은 최적문제가 있다.

Find	b_1, b_2, b_c	(10・22a)
to minimize	$f = f_1 + f_2 = (z_1^{nc} - 0.5)^2 + (z_2^{nc} - 0.5)^2$	(10・22b)
subject to	$g_1 = 1.0 - z_1^{nc} \le 0$	(10・22c)
	$g_2 = 1.0 - z_2^{nc} \le 0$	(10・22d)
	$z_1^{nc} = (b_1 - 2.5) + (b_c - 2.0) - 0.5 \times z_2^c$	(10・22e)
	$z_1^c = (b_1 - 2.5) + (b_c - 2.0) - 0.4 \times z_2^c$	(10・22f)

$$z_2^{nc}=(b_2-3.0)+(b_c-2.0)-0.7\times z_1^c \tag{10·22g}$$

$$z_2^c=(b_2-3.0)+(b_c-2.0)-0.6\times z_1^c \tag{10·22h}$$

$$0.0\le b_1, b_2, b_c(=5.0)\le 10.0 \tag{10·22i}$$

여기서 전역민감도 $\left[\dfrac{dz_1^c}{db_1}\quad\dfrac{dz_2^c}{db_1}\right]$과 $\left[\dfrac{dz_1^c}{db_2}\quad\dfrac{dz_2^c}{db_2}\right]$를 구하여라.

❙❙ 풀 이 ❙❙

$\left[\dfrac{dz_1^c}{db_1}\quad\dfrac{dz_2^c}{db_1}\right]$와 $\left[\dfrac{dz_1^c}{db_2}\quad\dfrac{dz_2^c}{db_2}\right]$를 식 (10 · 15)를 이용하여 나타내면 다음과 같은 연립 방정식이 된다.

$$\frac{dz_1^c}{db_1}=\frac{\partial z_1^c}{\partial b_1}+\frac{\partial z_1^c}{\partial z_2^c}\frac{dz_2^c}{db_1}=1+(-0.4)\times\frac{dz_2^c}{db_1} \tag{10·23a}$$

$$\frac{dz_2^c}{db_1}=\frac{\partial z_2^c}{\partial b_1}+\frac{\partial z_2^c}{\partial z_1^c}\frac{dz_1^c}{db_1}=0+(-0.6)\times\frac{dz_1^c}{db_1} \tag{10·23b}$$

$$\frac{dz_1^c}{db_2}=\frac{\partial z_1^c}{\partial b_2}+\frac{\partial z_1^c}{\partial z_2^c}\frac{dz_2^c}{db_2}=0+(-0.4)\times\frac{dz_2^c}{db_2} \tag{10·23c}$$

$$\frac{dz_2^c}{db_2}=\frac{\partial z_2^c}{\partial b_2}+\frac{\partial z_2^c}{\partial z_1^c}\frac{dz_1^c}{db_2}=1+(-0.6)\times\frac{dz_1^c}{db_2} \tag{10·23d}$$

식 (10 · 23)의 연립방정식을 풀면 $\left[\dfrac{dz_1^c}{db_1}\quad\dfrac{dz_2^c}{db_1}\right]=[1.31579\quad -0.78947]$과 $\left[\dfrac{dz_1^c}{db_2}\quad\dfrac{dz_2^c}{db_2}\right]=[-0.52632\quad 1.31579]$를 얻을 수 있다.

예제 10 · 3 최적민감도 계산

다음의 최적문제가 있다.

Find	b_1, b_2	(10 · 24a)
to minimize	$f(\mathrm{b})=(b_1+p)^3+b_2$	(10 · 24b)
subject to	$g_1=-b_2^2+2b_2(b_1-p)+3\le 0$	(10 · 24c)
	$0\le b_1,\ \ b_2\le 5$	(10 · 24d)

위의 문제에서 $p=2$일 때 최적민감도 $\dfrac{df(\mathrm{b})}{dp}$를 구하여라.

❙❙ 풀 이 ❙❙

이 문제의 최적점은 $b_1=0.0$, $b_2=0.64575$이다. 이 점에서의 최적민감도는 식 (10 · 21b)

로부터 구할 수 있다. 최적점에서 이 식의 각 항의 값을 구하면

$$\frac{\partial f(\mathbf{b})}{\partial p} = 3(b_1 + p)^2 = 3(0+2)^2 = 12 \tag{10·25a}$$

$$\lambda = 0.18892 \tag{10·25b}$$

$$\frac{\partial g}{\partial p} = -2b_2 = -2\times 0.64575 = -1.2915 \tag{10·25c}$$

위의 값들을 이용해서 구한 최적민감도 $\frac{df(\mathbf{b})}{dp}$는 다음과 같다.

$$\frac{df(\mathbf{b})}{dp} = 12 + (0.18892)(-1.2915) = 11.75601 \tag{10·26}$$

10.4 다분야통합최적설계방법론

이 절에서는 두 개의 분야가 있다는 가정 하에 앞에서 언급한 일곱 가지의 다분야 통합 최적설계방법론을 설명한다.

10.4.1 Multidisciplinary Feasible(MDF)

MDF 방법은 최적설계의 매 사이클에서 시스템해석을 실시하는 단단계방법이다. 분야들을 분해하지 않고 시스템해석을 단일 분야에서의 해석기처럼 다룬다. MDF를 달리 AiO (All-in-One) 방법이라고도 한다.

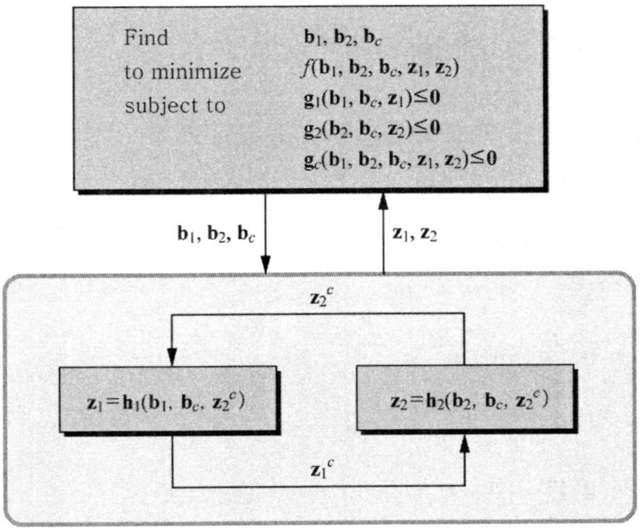

그림 10·6 MDF의 구조

그림 **10 · 6**은 MDF의 일반적인 구조이다. 시스템해석에는 통상 고정점반복법을 사용한다. 한편 최적기는 민감도 정보가 필요하다. 민감도 정보는 앞에서 설명한 전역민감도 방정식으로부터 구하거나 유한차분법을 시스템해석에 적용하여 얻을 수 있다. MDF 방법은 수렴했을 경우 수학적 최적값을 얻을 수 있다는 이점 때문에 다분야통합최적설계의 근본이 된다. 따라서 다른 방법론에 의한 해는 MDF로부터 얻은 해와 비교, 평가한다.

다시 말하면 MDF는 식 (10 · 3)을 직접 푸는 것이다. 목적함수는 각 분야의 목적함수를 합하여 고려할 수 있다. 식 (10 · 3d)와 (10 · 3e)는 시스템해석에서 다룬다. MDF는 각 분야가 비계층적인 구조를 가지고 있는 문제를 분해 과정이 없이 직접 푼다. 설계를 위해 필요한 최적기는 하나이고 설계변수 수는 지역설계변수 수($nd1+nd2$)와 공통설계변수 수(ndc)의 합이다.

예제 10 · 4 MDF 방법의 적용

예제 **10 · 2**의 최적화문제를 MDF 방법으로 풀어라.

풀 이

예제 **10 · 2**의 문제를 MDF의 방법으로 풀기 위한 정식화는 식 (10 · 22)와 같다. 설계변수 b_1, b_2, b_c의 초기값을 5.0으로 하여 최적화를 진행한다. 매 사이클에서 변화된 설계변수의 값에 따라 상태변수 z_1^{nc}, z_1^c, z_2^{nc}, z_2^c들이 평형상태에 도달할 때까지 시스템해석을 수행한다. 이 과정은 앞의 예제 **10 · 1** (1)의 과정과 같다. 시스템해석이 평형을 이루게 되면 이를 최적화 과정에 반영한다. 이와 같은 사이클을 목적함수가 수렴할 때까지 진행하여 얻은 해는 $b_1=3.44059$, $b_2=4.16281$, $b_c=2.61497$, $f=0.50000$이다.

10.4.2 Individual Discipline Feasible (IDF)

IDF 방법은 시스템해석이 없으며 분야들의 분해가 있는 단단계방법이다. 각 연성변수($\mathbf{z}_1^c$, $\mathbf{z}_2^c$)에 보조변수($\mathbf{s}_1^c$, $\mathbf{s}_2^c$)를 사용하고, 시스템해석의 MF를 대신할 적합조건(compatibility condition)을 정의하고 적합조건을 최적화 과정에 등제한조건으로 포함한다. IDF 방법의 정식화는 다음과 같다.

$$\text{Find} \quad \mathbf{b}_1, \mathbf{b}_2, \mathbf{b}_c, \mathbf{s}_1^c, \mathbf{s}_2^c \qquad (10 \cdot 27a)$$

$$\text{to minimize} \quad f(\mathbf{b}_1, \mathbf{b}_2, \mathbf{b}_c, \mathbf{z}_1, \mathbf{z}_2) \qquad (10 \cdot 27b)$$

$$\text{subject to} \quad \mathbf{g}_1(\mathbf{b}_1, \mathbf{b}_c, \mathbf{z}_1) \le 0 \qquad (10 \cdot 27c)$$

$$\mathbf{g}_2(\mathbf{b}_2, \mathbf{b}_c, \mathbf{z}_2) \le 0 \qquad (10 \cdot 27d)$$

$$g_c(b_1, b_2, b_c, z_1, z_2) \le 0 \qquad (10 \cdot 27e)$$

$$c_1 = s_1^c - z_1^c = 0 \qquad (10 \cdot 27f)$$

$$c_2 = s_2^c - z_2^c = 0 \qquad (10 \cdot 27g)$$

$$z_1 = h_1(b_1, b_c, s_2^c) \qquad (10 \cdot 27h)$$

$$z_2 = h_2(b_2, b_c, s_1^c) \qquad (10 \cdot 27i)$$

각 분야들은 다른 분야에서 나올 연성변수에 대한 출력을 기다리지 않고, 최적화 과정에서 결정해 주는 보조변수(s_1^c, s_2^c)의 값을 이용하여 해석을 수행(IF)한다. 수행된 해석을 통하여 얻은 실제의 연성변수 z_1^c, z_2^c는 최적화 과정에서 결정하는 보조변수(s_1^c, s_2^c)와 일치(MF)해야 한다. 따라서 이들에 대한 적합조건 c_1, c_2가 식 (10 · 27f)와 (10 · 27g)의 등제한조건으로 설계문제에 포함된다. IDF 방법에 대한 전반적인 흐름이 그림 **10 · 7**에 있다.

원래 문제를 IDF로 풀면 설계변수의 수는 연성변수에 대한 보조변수의 수만큼 늘어난다. 설계변수의 수는 기본적으로 $nd1 + nd2 + ndc$ 이외에 $N(s_1^c) + N(s_2^c)$로 연성변수에 대한 보조변수의 수만큼 증가한다. $N(s_1^c)$은 s_1^c 벡터의 요소수를 의미하는 기호이다. 앞에서 언급한대로 분야간의 연성은 등제한조건으로 해결한다. 등제한조건의 수는 연성변수의 수와 동일하고 최적해를 얻으면 분야간의 연성(MF)도 만족할 수 있다.

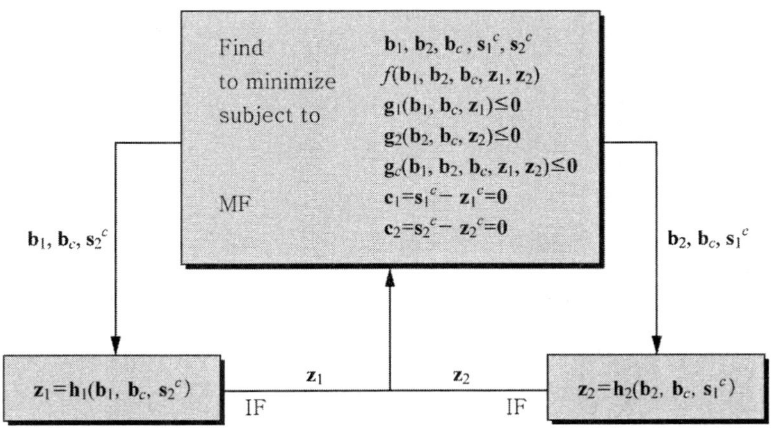

그림 10 · 7 IDF의 구조

예제 10 · 5 IDF 방법의 적용

예제 **10 · 2**의 최적화문제를 IDF 방법으로 풀어라.

❙❙ 풀 이 ❙❙

예제 **10 · 2**의 방법을 IDF의 방법으로 풀기 위해서는 문제의 정식화를 다음과 같이 변형하여 풀게 된다. 시스템해석이 없는 대신에 연성변수(z_1^c, z_2^c)에 대한 보조변수 s_1^c, s_2^c가 설계변수로 추가된다.

$$\text{Find} \quad b_1,\ b_2,\ b_c,\ s_1^c,\ s_2^c \tag{10·28a}$$

$$\text{to minimize} \quad f=(z_1^{nc}-0.5)^2+(z_2^{nc}-0.5)^2 \tag{10·28b}$$

$$\text{subject to} \quad g_1=1.0-z_1^{nc}\le 0 \tag{10·28c}$$

$$g_2=1.0-z_2^{nc}\le 0 \tag{10·28d}$$

$$c_1=s_1^c-z_1^c=0 \tag{10·28e}$$

$$c_2=s_2^c-z_2^c=0 \tag{10·28f}$$

$$z_1^{nc}=(b_1-2.5)+(b_c-2.0)-0.5\times s_2^c \tag{10·28g}$$

$$z_1^c=(b_1-2.5)+(b_c-2.0)-0.4\times s_2^c \tag{10·28h}$$

$$z_2^{nc}=(b_2-3.0)+(b_c-2.0)-0.7\times s_1^c \tag{10·28i}$$

$$z_2^c=(b_2-3.0)+(b_c-2.0)-0.6\times s_1^c \tag{10·28j}$$

위의 정식화를 풀어서 얻은 해는 $b_1=3.44476$, $b_2=4.16617$, $b_c=2.61121$, $s_1^c=1.11054$, $s_2^c=1.11196$, $f=0.49999$이다.

10.4.3 All-at-Once(AAO)

AAO 방법은 분야의 분해는 있으나 시스템해석과 분야별 해석조차도 없는 단단계방법이다. 최적해를 구하는 도중에 수행되는 해석은 최적해를 구한 시점에서 보면 무의미한 것이라 볼 수 있다. 해석이 고비용이기 때문에 평가기가 있다는 가정 하에 AAO가 개발되었다.

실제로 해석은 주어진 설계변수에 대해 상태변수를 얻는 과정이며 그림 **10 · 8**과 같이 도식화할 수 있다. 그림 **10 · 8**은 1번 분야의 해석기를 나타내며 주어진 설계변수 $\mathbf{b}_1$, $\mathbf{b}_c$와 연성변수 $\mathbf{z}_2^c$에 대하여 해석기를 이용하여 상태변수 $\mathbf{z}_1$을 얻게 된다.

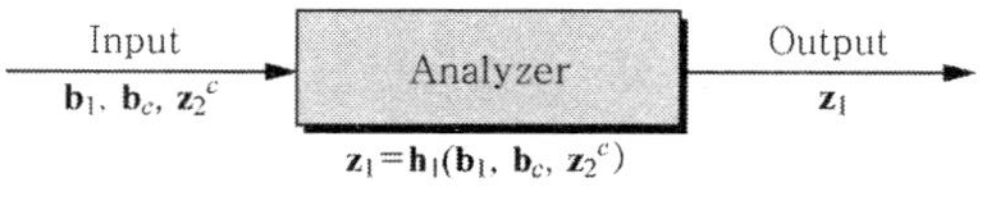

그림 10 · 8 해석의 과정

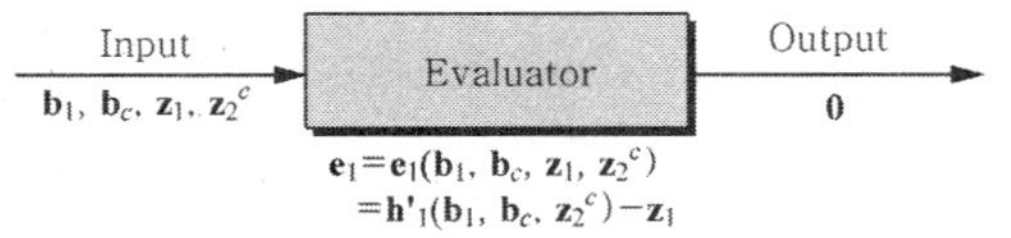

그림 10 · 9 평가기의 역할

이러한 해석을 다른 개념으로 볼 수 있다. 그림 **10 · 9**와 같이 설계변수와 상태변수를 입력으로 하여 평가했을 때에 0이 나오면 해석이 수행된 것으로 생각할 수 있다. 그림 **10 · 9**의 개념은 앞에서 설명한 SAND 개념을 다분야통합최적설계로 적용한 것이다. 연성변수를 포함한 상태변수(z_1, z_2)에 대해 보조변수(s_1, s_2)를 도입하고 해석기 대신에 평가기(evaluator)를 이용한 등제한조건을 사용한다. IDF와 유사하지만 IDF는 연성변수에 대한 보조변수를 설계변수에 추가하여 실제 해석을 수행하는 반면, AAO는 연성변수(z_1^c, z_2^c)와 비연성변수(z_1^{nc}, z_2^{nc})에 대한 보조변수 모두를 설계변수에 포함한다.

AAO의 정식화는 다음과 같다.

$$\text{Find} \quad b_1,\ b_2,\ b_c,\ s_1^{nc},\ s_1^c,\ s_2^{nc},\ s_2^c \tag{10 · 29a}$$

$$\text{to minimize} \quad f(b_1,\ b_2,\ b_c,\ s_1^{nc},\ s_1^c,\ s_2^{nc},\ s_2^c) \tag{10 · 29b}$$

$$\text{subject to} \quad g_1(b_1,\ b_c,\ s_1^{nc},\ s_1^c) \le 0 \tag{10 · 29c}$$

$$g_2(b_2,\ b_c,\ s_2^{nc},\ s_2^c) \le 0 \tag{10 · 29d}$$

$$g_c(b_1,\ b_2,\ b_c,\ s_1^{nc},\ s_1^c,\ s_2^{nc},\ s_2^c) \le 0 \tag{10 · 29e}$$

$$e_1 = 0 \tag{10 · 29f}$$

$$e_2 = 0 \tag{10 · 29g}$$

$$e_1 = h_1'(b_1,\ b_c,\ s_2^c) - s_1 \tag{10 · 29h}$$

$$e_2 = h_2'(b_2,\ b_c,\ s_1^c) - s_2 \tag{10 · 29i}$$

AAO의 자세한 흐름이 그림 **10 · 10**에 있다. 이 방법에는 해석이 없으므로 각 분야는 해석을 수행하지 않고 최적화 과정에서 주는 보조변수와 설계변수의 값에 대해 해석이 타당한 지를 검토한다. 이 방법은 최적해를 얻게 되면 각 분야에서의 IF와 분야간의 MF를 달성하게 된다. 상태변수의 수만큼 등제한조건이 필요하고 설계변수의 수는 $nd1 + nd2 + ndc$ 외에 $N(s_1^{nc}) + N(s_2^{nc})$, $N(s_1^c) + N(s_2^c)$이 추가된다.

앞서 말한 세 가지의 정식화는 다음과 같은 특징이 있다.

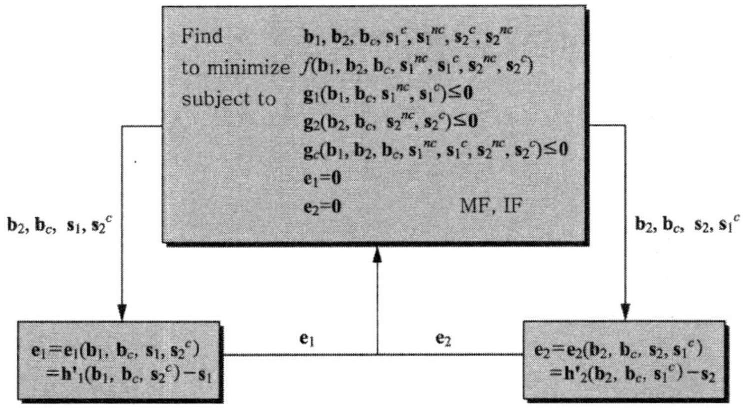

그림 10 · 10 AAO의 구조

(1) 설계를 수행하는 최적기가 한 개인 단단계 최적화기법이다.
(2) 각 분야에서는 해석이나 평가만 수행한다.
(3) 정식화의 개념이나 이론이 간단하여 이해가 쉽다.
(4) 제한조건이나 목적함수가 공유된 문제도 동일한 방법으로 푼다.

다분야통합최적설계를 할 때 MDF, IDF, AAO와 달리 각 분야에 설계권한을 주는 방법들이 있다. 이들에 대한 것은 다음 절부터 설명한다.

예제 10 · 6 AAO 방법의 적용

예제 **10 · 2**의 최적화문제를 AAO 방법으로 풀어라.

|| 풀 이 ||

예제 **10 · 2**의 문제를 AAO의 방법으로 풀기 위해서는 문제의 정식화를 다음과 같이 변형하여 풀게 된다. IDF 방법이 연성변수만 설계변수에 추가하는 데에 반해 AAO 방법은 연성변수와 더불어 비연성변수도 설계변수에 추가한다. 따라서 보조변수 s_1^{nc}, s_1^c, s_2^{nc}, s_2^c가 설계변수로 추가된다.

Find $b_1,\ b_2,\ b_c,\ s_1^{nc},\ s_1^c,\ s_2^{nc},\ s_2^c$ (10 · 30a)

to minimize $f=(s_1^{nc}-0.5)^2+(s_2^{nc}-0.5)^2$ (10 · 30b)

subject to $g_1=1.0-s_1^{nc}\le 0$ (10 · 30c)

$g_2=1.0-s_2^{nc}\le 0$ (10 · 30d)

$e_{11}=(b_1-2.5)+(b_c-2.0)-0.5\times s_2^c-s_1^{nc}=0$ (10 · 30e)

$e_{12}=(b_1-2.5)+(b_c-2.0)-0.4\times s_2^c-s_1^c=0$ (10 · 30f)

$$e_{21}=(b_2-3.0)+(b_c-2.0)-0.7\times s_1^c-s_2^{nc}=0 \qquad (10 \cdot 30g)$$

$$e_{22}=(b_2-3.0)+(b_c-2.0)-0.6\times s_1^c-s_2^c=0 \qquad (10 \cdot 30h)$$

위의 정식화를 풀어서 얻은 해는 $b_1=6.05743$, $b_2=6.77966$, $b_c=0.0$, $s_1^{nc}=1.00001$, $s_1^c=1.11354$, $s_2^{nc}=0.99951$, $s_2^c=1.11111$, $f=0.49957$이다.

10.4.4 Concurrent Subspace Optimization(CSSO)

CSSO는 시스템해석을 실시하며 분야들을 분해하고 각 분야에 설계권한을 부여하는 다단계방법이다. CSSO는 문제를 상위수준과 하위수준으로 나눈다. 상위수준에서는 하위수준에서 설계를 수행할 때에 각 분야의 제한조건을 잘 고려할 수 있도록 일종의 파라미터를 결정한다. 이 파라미터를 결정하는 상위수준의 문제를 COP(Coordinate Optimization Problem)라 한다. 반면에 하위수준인 각각의 분야(CSSO에서는 이를 하부공간(subspace)이라고도 한다)에서는 상위수준에서 결정한 파라미터를 고려한 제한조건에 대해, 목적함수를 최소화하는 설계를 수행한다. 각 분야에서 다루는 함수들은 **10.3.1**절의 선형분해를 사용해서 정의한다. 그리고 최적설계 결과와 함께 최적민감도를 제공한다. 하위수준의 최적화 결과로 얻는 설계변수는 시스템해석에서, 최적민감도는 상위수준에서 파라미터를 다시 결정할 때에 사용한다.

CSSO는 MDF처럼 식 (10・3)의 문제에서 시스템해석을 먼저 실시한다. 식 (10・3d)~(10・3e)는 시스템해석에서 사용하는 것으로 연성변수 $\mathbf{z}_1^c$, $\mathbf{z}_2^c$의 변화가 없을 때까지 고정점반복법과 같은 방법을 사용하여 해석을 수행한다. 이에 대한 자세한 것은 식 (10・2)에 있다.

전체 문제를 하위수준에서 각 분야의 문제로 선형분해하기 위해서는 식 (10・15)~(10・17)에 설명한 전역민감도가 필요하다. 전역민감도를 계산하면 설계변수에 대한 연성변수의 민감도를 구할 수 있으며, 이 값은 연성변수를 각 설계변수에 대해 선형근사화할 때에 사용한다. 각각의 분야에서 고려해야 할 제한조건의 수가 많은 경우에 CSSO에서는 식 (10・31)과 같은 KS(Kreisselmeier-Steinhouser)함수를 이용한 누적제한조건(cumulative constraint)을 사용한다.

$$C=\frac{1}{\rho}\ln\left[\sum_{i=1}^{m}\exp(\rho g_i)\right] \qquad (10 \cdot 31)$$

여기서 ρ는 설계자가 결정하는 조절계수, m은 제한조건 수, g_i는 i번째 제한조건이다.

식 (10・31)의 제한조건을 사용하면 각 분야에서 고려해야 할 제한조건이 다수라 하더라도 이들을 하나의 누적제한조건으로 처리할 수 있다. 이 함수의 특징은 하나의 제한조건이라도 위배되면 이 함수값이 양수가 된다는 점이다. 반면 제한조건이 모두 만족할 경우에는 음수가 된다. 따라서 이 함수값이 음수이거나 0이면 제한조건이 만족됨을 의미한다. 조절계수는 그 크기가 클수록 원래 제한조건을 잘 표현해 줄 수 있지만 너무 큰 경우에는 수치에러를 낼 수 있으므로 주의해야 한다.

CSSO의 흐름도가 그림 **10 · 11**에 있다. 식 (10 · 3)의 문제를 푼다고 가정할 때 첫 번째 사이클에서는 주어진 설계변수 b_1, b_2, b_c에 대해 시스템해석과 전역민감도해석을 실시한다. 이 계산 결과를 이용하여 각 분야에서 최적화를 시행한 후 최적민감도를 산출한다. 각 분야의 최적화에서는 연성변수를 선형근사화하여 각 분야에 속한 해석기를 이용한다. 최적민감도정보를 이용하여 상위수준의 COP 문제를 구성하고 풀면 다음 사이클의 하위수준에서 사용할 계수가 결정된다. 두 번째 사이클부터는 시스템해석 결과로 종료조건을 검색한다.

이제 하위수준에서의 설계문제에 대해 고찰한다. CSSO에는 공통설계변수 b_c를 하나의 분야에서만 고려한다. 다시 말해 공통설계변수가 없다는 전제 하에 진행한다. 전체 문제를 분야별로 나누어 보면 다음과 같다.

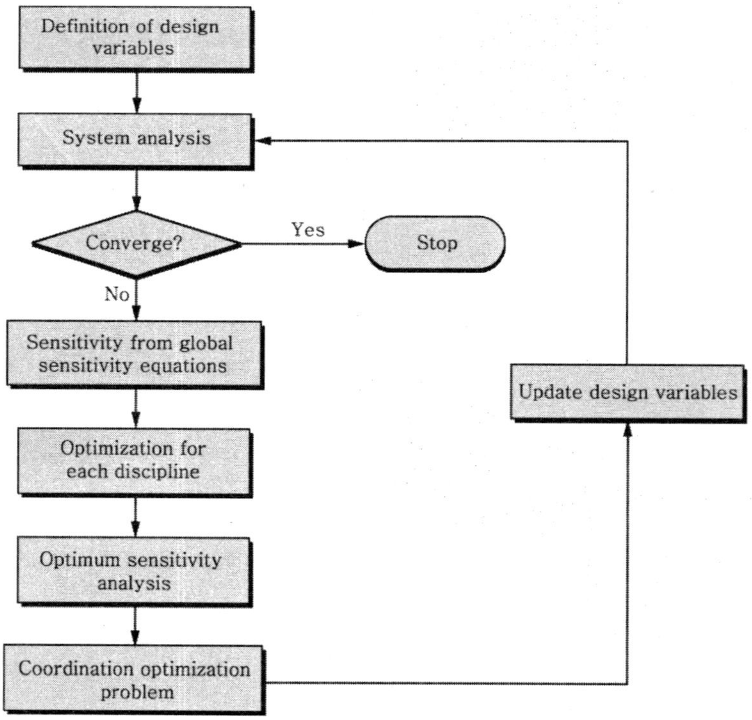

그림 10 · 11 CSSO의 흐름도

(1) 1번 분야

Given $r_1^1,\ r_1^2,\ t_1^1,\ t_1^2,\ s^1,\ s^2$ (10・32a)

find $\mathbf{b}_1,\ \mathbf{b}_c$ (10・32b)

to minimize $f \cong f_0 + \dfrac{\mathrm{d}f}{\mathrm{d}\mathbf{b}_1}\Delta\mathbf{b}_1 + \dfrac{\mathrm{d}f}{\mathrm{d}\mathbf{b}_c}\Delta\mathbf{b}_c$ (10・32c)

subject to $C_1 \le C_{10}[s^1(1-r_1^1)+(1-s^1)t_1^1]$ (10・32d)

$$\widetilde{C}_2 \cong C_{20} + \frac{\mathrm{d}C_2}{\mathrm{d}\mathbf{b}_1}\Delta\mathbf{b}_1 + \frac{\mathrm{d}C_2}{\mathrm{d}\mathbf{b}_c}\Delta\mathbf{b}_c \le C_{20}[s^2(1-r_1^2)+(1-s^2)t_1^2] \quad (10\cdot 32\mathrm{e})$$

$$\mathbf{z}_1^{nc} = \mathbf{h}_{11}(\mathbf{b}_1,\ \mathbf{b}_c,\ \widetilde{\mathbf{z}}_2^c) \quad (10\cdot 32\mathrm{f})$$

$$\mathbf{z}_1^c = \mathbf{h}_{12}(\mathbf{b}_1,\ \mathbf{b}_c,\ \widetilde{\mathbf{z}}_2^c) \quad (10\cdot 32\mathrm{g})$$

$$\widetilde{\mathbf{z}}_2^{nc} = \mathbf{z}_{10}^{nc} + \frac{\mathrm{d}\mathbf{z}_2^{nc}}{\mathrm{d}\mathbf{b}_1}\Delta\mathbf{b}_1 + \frac{\mathrm{d}\mathbf{z}_2^{nc}}{\mathrm{d}\mathbf{b}_c}\Delta\mathbf{b}_c \quad (10\cdot 32\mathrm{h})$$

$$\widetilde{\mathbf{z}}_2^c = \mathbf{z}_{20}^c + \frac{\mathrm{d}\mathbf{z}_2^c}{\mathrm{d}\mathbf{b}_1}\Delta\mathbf{b}_1 + \frac{\mathrm{d}\mathbf{z}_2^c}{\mathrm{d}\mathbf{b}_c}\Delta\mathbf{b}_c \quad (10\cdot 32\mathrm{i})$$

(2) 2번 분야

Given $r_2^1,\ r_2^2,\ t_2^1,\ t_2^2,\ s^1,\ s^2$ (10・33a)

find $\mathbf{b}_2$ (10・33b)

to minimize $f \cong f_0 + \dfrac{\mathrm{d}f}{\mathrm{d}\mathbf{b}_2}\Delta\mathbf{b}_2$ (10・33c)

subject to $\widetilde{C}_1 \cong C_{10} + \dfrac{\mathrm{d}C_1}{\mathrm{d}\mathbf{b}_2}\Delta\mathbf{b}_2 \le C_{10}[s^1(1-r_2^1)+(1-s^1)t_2^1]$ (10・33d)

$$C_2 \le C_{20}[s^2(1-r_2^2)+(1-s^2)t_2^2] \quad (10\cdot 33\mathrm{e})$$

$$\widetilde{\mathbf{z}}_1^{nc} = \mathbf{z}_{10}^{nc} + \frac{\mathrm{d}\mathbf{z}_1^{nc}}{\mathrm{d}\mathbf{b}_2}\Delta\mathbf{b}_2 \quad (10\cdot 33\mathrm{f})$$

$$\widetilde{\mathbf{z}}_1^c = \mathbf{z}_{10}^c + \frac{\mathrm{d}\mathbf{z}_1^c}{\mathrm{d}\mathbf{b}_2}\Delta\mathbf{b}_2 \quad (10\cdot 33\mathrm{g})$$

$$\mathrm{z}_2^{nc} = \mathrm{h}_{21}(\mathrm{b}_2,\ \mathrm{b}_c,\ \tilde{\mathrm{z}}_1^c) \tag{10·33h}$$

$$\mathrm{z}_2^{c} = \mathrm{h}_{22}(\mathrm{b}_2,\ \mathrm{b}_c,\ \tilde{\mathrm{z}}_1^c) \tag{10·33i}$$

s^p, r_k^p, t_k^p는 하위수준의 각 분야에서 상수이며 상위수준의 COP에서 이들을 결정한다. 여기서 k와 p는 분야 번호이며 첫 번째 사이클에서는 사용자가 s^p, r_k^p, t_k^p의 값을 적당히 정하여 시작한다. 목적함수가 해당 분야의 고유한 것이라면 위와 같은 근사화가 필요 없지만 다른 분야의 설계변수도 포함한다면 1차 선형화를 한다. 임의의 분야에서 고려해야 할 제한조건의 수가 많아도 누적제한조건(cumulative constraint)으로 하나가 되며 이러한 제한조건은 다른 분야에서 선형근사화로 고려한다. 이는 각각의 분야에서 결정한 설계가 연성에 의해 다른 분야의 제한조건을 위배시킬 수 있기 때문에 다른 분야의 제한조건을 간접적으로 고려하려는 시도이다. 이에 대한 것이 식 (10·32e)와 식 (10·33d)에 있다. 여기서 $\dfrac{\mathrm{d}C}{\mathrm{d}\mathrm{b}_i}(i=1,\ 2,\ c)$는 전역민감도로부터 구하는 정보이다. CSSO에서는 다른 분야의 제한조건을 적절히 조절하는 계수 s^p, r_k^p, t_k^p를 이용하여 각각의 분야에서 설계를 수행하게 된다.

계수들을 도식화한 것이 그림 **10·12**에 있다. 그림 **10·12** (a)는 r_k^p계수에 대한 설명이다. 1번 분야의 제한조건 C_1이 위배되었다고 하자. 1번 분야에서 r_1^1만큼, 2번 분야에서는 r_2^1만큼 서로 위배량을 나누어 만족시킨다. 이러한 의미에서 r_2^1계수는 1번 분야의 제한조건의 위배량에 대해 2번 분야에서 고려해야 할 책임량이 된다. 이를 책임계수(responsibility coefficient)라 하며 다음과 같은 특징이 있다.

$$\sum_{k=1}^{NSS} r_k^p = 1,\quad p=1,\ \cdots,\ NSS \tag{10·34}$$

여기서 NSS는 분야의 수다. 위 식의 의미는 'p번째 분야의 제한조건 C_p의 위배량을 1로 보았을 때에 임의의 k번째 분야에서의 책임량은 r_k^p이다'가 된다.

그림 **10·12** (b)에 보상계수(trade-off coefficient) t가 있다. 1번 분야의 제한조건 C_1이 만족되었다고 하자. 이때 t_1^1이 음수이므로 1번 분야에서는 C_1을 t_1^1만큼 과잉 만족하려고 한다. 그리고 t_2^1은 양수가 되므로 2번 분야에서는 $\tilde{C}_1$가 t_2^1만큼 위배되더라도 목적함수를 더 줄이려고 한다. 임의의 p번째 분야의 제한조건 C_p에 대한 k번째 분야의 보상계수는 t_k^p가 되며 다음과 같은 관계를 만족한다.

$$\sum_{k=1}^{NSS} t_k^p = 0,\quad p=1,\ \cdots,\ NSS \tag{10·35}$$

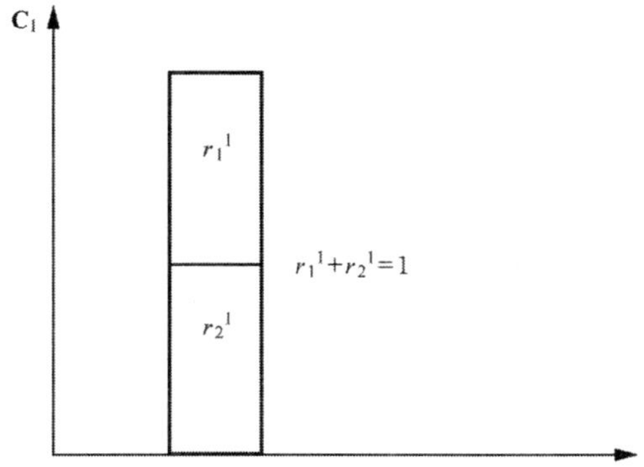

(a) 책임계수 r

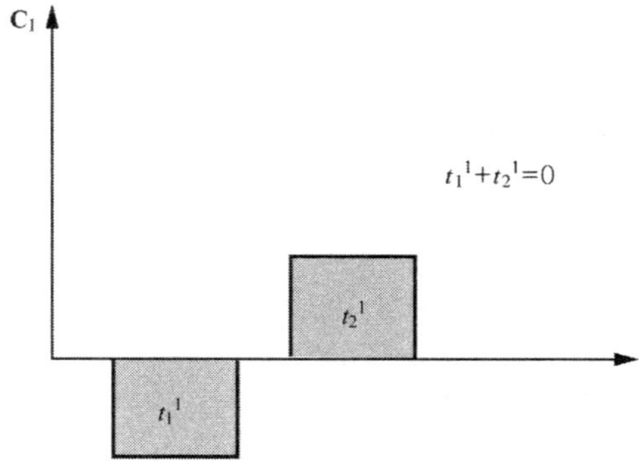

(b) 보상계수 t

그림 10 · 12 책임계수와 보상계수

위 식의 의미는 'p번째 분야의 제한조건 C_p가 만족되면 목적함수를 더 줄이기 위하여 임의의 k번째 분야에서의 제한조건을 t_k^p만큼 위배하거나 과잉 만족시킨다'로 해석할 수 있다.

s^p는 앞서 말한 책임계수와 보상계수를 적절히 활용하는 스위치 역할을 하는 계수이며 작동은 다음과 같다. C_p가 위배되면 $s^p=1$이 되어 보상계수는 작동하지 않는다. 이와 반대로 C_p가 만족되면 $s^p=0$이 되므로 책임계수는 작동하지 않는다. 스위치 계수는 제한조건 위배여부에 따라 자동적으로 결정된다. 반면에 책임계수와 보상계수는 초기에 적당한 값을 설계자가 주어야 한다. 그러나 설계가 진행되면 상위수준의 COP에서 그 값을 자동적으로 정한다.

COP는 다음과 같이 정의한다.

$$\text{Find} \quad r_k^p,\ t_k^p\ (k, p=1,\ 2) \tag{10 · 36a}$$

$$\text{to minimize} \quad f_0+\sum_{p=1}^{2}\sum_{k=1}^{2}\frac{\mathrm{d}f}{\mathrm{d}r_k^p}\Delta r_k^p+\sum_{p=1}^{2}\sum_{k=1}^{2}\frac{\mathrm{d}f}{\mathrm{d}t_k^p}\Delta t_k^p \tag{10 · 36b}$$

$$\text{subject to} \quad \sum_{k=1}^{2} r_k^p=1,\ \ 0\le r_k^p\le 1,\ \ p=1,\ 2 \tag{10 · 36c}$$

$$\sum_{k=1}^{2} t_k^p=0,\ \ p=1,\ 2 \tag{10 · 36d}$$

식 (10 · 36b)에서는 책임계수와 보상계수에 대한 목적함수의 최적민감도가 필요하다. 책임계수와 보상계수가 각 분야에서 고정된 상수이므로 각 분야에서 이에 대한 최적민감도를 구하여 식 (10 · 36b)에 대입한다.

예제 10 · 7 CSSO 방법의 적용

예제 **10 · 2**의 최적화문제를 CSSO 방법으로 풀어라.

| | 풀 이 | |

먼저 시스템해석을 한 후에 다음과 같이 전역민감도를 구한다.

$$\frac{dz_1^{nc}}{db_1}=\frac{\partial z_1^{nc}}{\partial b_1}+\frac{\partial z_1^{nc}}{\partial z_2^c}\frac{dz_2^c}{db_1}=1-(0.5)\times\frac{dz_2^c}{db_1} \tag{10 · 37a}$$

$$\frac{dz_1^c}{db_1}=\frac{\partial z_1^c}{\partial b_1}+\frac{\partial z_1^c}{\partial z_2^c}\frac{dz_2^c}{db_1}=1-(0.4)\times\frac{dz_2^c}{db_1} \tag{10 · 37b}$$

$$\frac{dz_2^{nc}}{db_1}=\frac{\partial z_2^{nc}}{\partial z_1^c}\frac{dz_1^c}{db_1}=(-0.7)\times\frac{dz_1^c}{db_1} \tag{10 · 37c}$$

$$\frac{dz_2^c}{db_1}=\frac{\partial z_2^c}{\partial z_1^c}\frac{dz_1^c}{db_1}=(-0.6)\times\frac{dz_1^c}{db_1} \tag{10 · 37d}$$

$$\frac{dz_1^{nc}}{db_2}=\frac{\partial z_1^{nc}}{\partial z_2^c}\frac{dz_2^c}{db_2}=(-0.5)\times\frac{dz_2^c}{db_2} \tag{10 · 37e}$$

$$\frac{dz_1^c}{db_2}=\frac{\partial z_1^c}{\partial z_2^c}\frac{dz_2^c}{db_2}=(-0.4)\times\frac{dz_2^c}{db_2} \tag{10 · 37f}$$

$$\frac{dz_2^{nc}}{db_2}=\frac{\partial z_2^{nc}}{\partial b_2}+\frac{\partial z_2^{nc}}{\partial z_1^c}\frac{dz_1^c}{db_2}=1-(0.7)\times\frac{dz_1^c}{db_2} \tag{10 · 37g}$$

$$\frac{dz_2^c}{db_2}=\frac{\partial z_2^c}{\partial b_2}+\frac{\partial z_2^c}{\partial z_1^c}\frac{dz_1^c}{db_2}=1-(0.6)\times\frac{dz_1^c}{db_2} \tag{10 · 37h}$$

$$\frac{dz_1^{nc}}{db_c}=\frac{\partial z_1^{nc}}{\partial b_c}+\frac{\partial z_1^{nc}}{\partial z_2^c}\frac{dz_2^c}{db_c}=1-(0.5)\times\frac{dz_2^c}{db_c} \tag{10 · 37i}$$

$$\frac{dz_1^c}{db_c}=\frac{\partial z_1^c}{\partial b_c}+\frac{\partial z_1^c}{\partial z_2^c}\frac{dz_2^c}{db_c}=1-(0.4)\times\frac{dz_2^c}{db_c} \tag{10 · 37j}$$

$$\frac{dz_2^{nc}}{db_c}=\frac{\partial z_2^{nc}}{\partial b_c}+\frac{\partial z_2^{nc}}{\partial z_1^c}\frac{dz_1^c}{db_c}=1-(0.7)\times\frac{dz_1^c}{db_c} \tag{10 · 37k}$$

$$\frac{dz_2^c}{db_c}=\frac{\partial z_2^c}{\partial b_c}+\frac{\partial z_2^c}{\partial z_1^c}\frac{dz_1^c}{db_c}=1-(0.6)\times\frac{dz_1^c}{db_c} \tag{10 · 37l}$$

식 (10 · 37)의 전역민감도방정식을 풀면 $\frac{dz_1^{nc}}{db_1}=1.39474$, $\frac{dz_1^c}{db_1}=1.31579$, $\frac{dz_2^{nc}}{db_1}=-0.92105$, $\frac{dz_2^c}{db_1}=-0.78947$, $\frac{dz_1^{nc}}{db_2}=-0.65790$, $\frac{dz_1^c}{db_2}=-0.52632$, $\frac{dz_2^{nc}}{db_2}=1.36842$, $\frac{dz_2^c}{db_2}=1.31579$, $\frac{dz_1^{nc}}{db_c}=0.73684$, $\frac{dz_1^c}{db_c}=0.78947$, $\frac{dz_2^{nc}}{db_c}=0.44737$, $\frac{dz_2^c}{db_c}=0.52632$의 설계변수에 대한 상태변수의 전역민감도값을 구할 수 있다. 이 값들은 각 분야의 정식화에

사용된다. 각 분야의 정식화는 다음과 같으며 CSSO에서는 공통설계변수를 하나의 분야에서 고려하는 것을 원칙으로 한다. 여기서는 1번 분야에서 고려하였다.

(1) 1번 분야

Given $r_1^1,\ r_1^2,\ t_1^1,\ t_1^2,\ s^1,\ s^2$ (10・38a)

find $b_1,\ b_c$ (10・38b)

$$\text{to minimize } f_1 = f_0 + \frac{\mathrm{d}f}{\mathrm{d}b_1} \times \Delta b_1 + \frac{\mathrm{d}f}{\mathrm{d}b_c} \times \Delta b_c$$

$$= f_0 + \left(\frac{\partial f}{\partial z_1^{nc}}\frac{\mathrm{d}z_1^{nc}}{\mathrm{d}b_1} + \frac{\partial f}{\partial z_2^{nc}}\frac{\mathrm{d}z_2^{nc}}{\mathrm{d}b_1}\right) \times \Delta b_1$$

$$+ \left(\frac{\partial f}{\partial z_1^{nc}}\frac{\mathrm{d}z_1^{nc}}{\mathrm{d}b_c} + \frac{\partial f}{\partial z_2^{nc}}\frac{\mathrm{d}z_2^{nc}}{\mathrm{d}b_c}\right) \times \Delta b_c$$

$$= f_0 + [2(z_1^{nc} - 0.5)(1.39474) + 2(z_2^{nc} - 0.5)(-0.92105)] \times \Delta b_1$$

$$+ [2(z_1^{nc} - 0.5)(0.73684) + 2(z_2^{nc} - 0.5)(0.44737)] \times \Delta b_c \quad (10 \cdot 38\text{c})$$

$$\text{subject to } C_1 \leq C_{10}[s^1(1 - r_1^1) + (1 - s^1)t_1^1] \quad (10 \cdot 38\text{d})$$

$$\widetilde{C}_2 \cong C_{20} + \frac{\mathrm{d}C_2}{\mathrm{d}b_1}\Delta b_1 + \frac{\mathrm{d}C_2}{\mathrm{d}b_c}\Delta b_c \leq C_{20}[s^2(1 - r_1^2) + (1 - s^2)t_1^2] \quad (10 \cdot 38\text{e})$$

$$C_1 = \frac{1}{\rho_1}\ln[\exp(\rho_1 g_1)] = g_1 \quad (10 \cdot 38\text{f})$$

$$z_1^{nc} = (b_1 - 2.5) + (b_c - 2.0) - 0.5 \times \tilde{z}_2^c \quad (10 \cdot 38\text{g})$$

$$z_1^c = (b_1 - 2.5) + (b_c - 2.0) - 0.4 \times \tilde{z}_2^c \quad (10 \cdot 38\text{h})$$

$$\tilde{z}_2^c = z_{20}^c + \frac{\mathrm{d}z_2^c}{\mathrm{d}b_1} \times \Delta b_1 + \frac{\mathrm{d}z_2^c}{\mathrm{d}b_c} \times \Delta b_c$$

$$= z_{20}^c + (-0.78947) \times \Delta b_1 + (0.52632) \times \Delta b_c \quad (10 \cdot 38\text{i})$$

$$\tilde{z}_2^{nc} = z_{20}^{nc} + \frac{\mathrm{d}z_2^{nc}}{\mathrm{d}b_1} \times \Delta b_1 + \frac{\mathrm{d}z_2^{nc}}{\mathrm{d}b_c} \times \Delta b_c$$

$$= z_{20}^{nc} + (-0.92105) \times \Delta b_1 + (0.44737) \times \Delta b_c \quad (10 \cdot 38\text{j})$$

여기서 첨자 $_0$은 각 사이클에서의 초기값이다.

(2) 2번 분야

Given $r_2^1,\ r_2^2,\ t_2^1,\ t_2^2,\ s^1,\ s^2$ (10・39a)

find b_2 (10・39b)

$$\text{to minimize } f_2 = f_0 + \frac{\partial f}{\partial b_2} \times \Delta b_2 = f_0 + \left(\frac{\partial f}{\partial z_1^{nc}}\frac{\mathrm{d}z_1^{nc}}{\mathrm{d}b_2} + \frac{\partial f}{\partial z_2^{nc}}\frac{\mathrm{d}z_2^{nc}}{\mathrm{d}b_2}\right) \times \Delta b_2 \quad (10 \cdot 39\text{c})$$

$$= f_0 + [2(z_1^{nc} - 0.5)(-0.65790) + 2(z_2^{nc} - 0.5)(1.36842)] \times \Delta b_2 \quad (10 \cdot 39\text{d})$$

$$\tilde{C}_1 \cong C_{10} + \frac{\mathrm{d}C_1}{\mathrm{d}b_2}\Delta b_2 \le C_{10}[s^1(1-r_2^1)+(1-s^1)t_2^1] \tag{10·39e}$$

$$C_2 \le C_{20}[s^2(1-r_2^2)+(1-s^2)t_2^2] \tag{10·39f}$$

$$C_2 = \frac{1}{\rho_2}\ln[\exp(\rho_2 g_2)] = g_2 \tag{10·39g}$$

$$z_2^{nc} = (b_2-3.0)+(b_c-2.0)-0.7\times\tilde{z}_1^c \tag{10·39h}$$

$$z_2^c = (b_2-3.0)+(b_c-2.0)-0.6\times\tilde{z}_1^c \tag{10·39i}$$

$$\tilde{z}_1^c = z_{10}^c + \frac{\mathrm{d}z_1^c}{\mathrm{d}b_2}\times\Delta b_2 = z_{10}^c + (-0.52632)\times\Delta b_2 \tag{10·39j}$$

$$\tilde{z}_1^{nc} = z_{10}^{nc} + \frac{\mathrm{d}z_1^{nc}}{\mathrm{d}b_2}\times\Delta b_2 = z_{10}^{nc} + (-0.65790)\times\Delta b_2 \tag{10·39k}$$

위와 같은 분야의 최적화를 진행할 때 스위치계수(s^p)는 설계자가 시스템해석 후에 제한조건을 판단하여 결정한다. 이때 제한조건을 만족하였을 경우에는 $s^p=0$으로 하고, 위배하였을 경우에는 $s^p=1$로 설정하여 제한조건에 대한 각 분야의 책임량을 조절하여 준다.

(3) 상위수준의 최적화(COP)

$$\text{Find} \quad r_k^p,\ t_k^p\ (k, p=1, 2) \tag{10·40a}$$

$$\text{to minimize } f_0 + \sum_{p=1}^{2}\sum_{k=1}^{2}\frac{\mathrm{d}f}{\mathrm{d}r_k^p}\Delta r_k^p + \sum_{p=1}^{2}\sum_{k=1}^{2}\frac{\mathrm{d}f}{\mathrm{d}t_k^p}\Delta t_k^p \tag{10·40b}$$

$$\text{subject to} \quad \sum_{k=1}^{2} r_k^p = 1,\ 0\le r_k^p \le 1,\ p=1, 2 \tag{10·40c}$$

$$\sum_{k=1}^{2} t_k^p = 0,\ p=1, 2 \tag{10·40d}$$

위의 COP를 진행할 때 필요한 $\frac{\mathrm{d}f}{\mathrm{d}r_k^p}$, $\frac{\mathrm{d}f}{\mathrm{d}t_k^p}$의 값은 각 하위수준의 최적해에서 최적민감도 해석을 수행하여 구한다.

COP 에서는 새로운 r_p^k, t_p^k의 값을 결정하여 각 분야에 할당하고 각 하위수준에서 설계를 진행하여 수렴할 때까지 진행한다. 이 과정을 반복하여 $b_1=3.08284$, $b_2=3.08524$, $b_c=2.97466$, $f=0.50243$의 결과를 얻었다.

10.4.5 Bi-Level Integrated System Synthesis(BLISS)

BLISS는 시스템해석을 실시하고 각 분야를 분해하는 다단계방법이다. 다른 방법에 비해 비교적 최근에 등장한 방법이다. BLISS는 전체 문제를 상위수준과 하위수준으로 나눈다. 하위수준은 상위수준의 설계변수(공통설계변수)를 고정하고 지역설계변수를 이용하여 각 분야에 대해 최적화를 실시한다. 그리고 상위수준에서는 이와 반대로 지역설계변수를 고정하고 상위수준의 공통설계변수를 이용하여 최적화를 수행한다.

BLISS는 식 (10 · 4)로 정식화된 것에서 공통제한조건인 식 (10 · 4e)가 없는 문제를 푼다. 이를 토대로 식 (10 · 4)에서 정의한 문제를 **10.3.1**절의 선형분해를 이용하여 다음과 같이 하위수준과 상위수준으로 분리한다.

(1) 1번 분야

Given	$\mathbf{b}_1,\ \mathbf{b}_c,\ \mathbf{z}_2^c$	(10 · 41a)
find	$\Delta\mathbf{b}_1$	(10 · 41b)
to minimize	$\dfrac{\mathrm{d}f}{\mathrm{d}\mathbf{b}_1}\Delta\mathbf{b}_1$	(10 · 41c)
subject to	$\mathbf{g}_1(\mathbf{b}_1,\ \mathbf{b}_c,\ \mathbf{z}_1) \le 0$	(10 · 41d)
	$\mathbf{z}_1^{nc} = \mathbf{h}_{11}(\mathbf{b}_1,\ \mathbf{b}_c,\ \mathbf{z}_2^c)$	(10 · 41e)
	$\mathbf{z}_1^c = \mathbf{h}_{12}(\mathbf{b}_1,\ \mathbf{b}_c,\ \mathbf{z}_2^c)$	(10 · 41f)

(2) 2번 분야

Given	$\mathbf{b}_2,\ \mathbf{b}_c,\ \mathbf{z}_1^c$	(10 · 42a)
find	$\Delta\mathbf{b}_2$	(10 · 42b)
to minimize	$\dfrac{\mathrm{d}f}{\mathrm{d}\mathbf{b}_2}\Delta\mathbf{b}_2$	(10 · 42c)
subject to	$\mathbf{g}_2(\mathbf{b}_2,\ \mathbf{b}_c,\ \mathbf{z}_2) \le 0$	(10 · 42d)
	$\mathbf{z}_2^{nc} = \mathbf{h}_{21}(\mathbf{b}_2,\ \mathbf{b}_c,\ \mathbf{z}_1^c)$	(10 · 42e)
	$\mathbf{z}_2^c = \mathbf{h}_{22}(\mathbf{b}_2,\ \mathbf{b}_c,\ \mathbf{z}_1^c)$	(10 · 42f)

(3) 상위수준

Given	$\mathbf{b}_c$	(10 · 43a)
find	$\Delta\mathbf{b}_c$	(10 · 43b)
to minimize	$\dfrac{\mathrm{d}f}{\mathrm{d}\mathbf{b}_c}\Delta\mathbf{b}_c$	(10 · 43c)

우선 시스템해석을 실시하여 연성변수를 구한다. 하위수준에서의 목적함수는 원래 목적함수를 식 (10 · 41c)와 식 (10 · 42c)와 같이 각 분야의 지역설계변수에 대하여 선형근사

화한 것이다. 이를 위해서 앞의 CSSO에서와 같이 전역민감도를 이용한다. 하위수준의 최적화 과정에서는 연성변수를 상수로 간주하여 각 분야에 속한 해석기를 이용한다. 상위수준에서는 식 (10・43c)의 목적함수에 대한 공통설계변수의 최적민감도가 필요하며, 이를 위해 각 하위수준의 최적점에서의 최적민감도 정보가 필요하다. 그런데 하위수준이 두 개가 있으므로 서로 다른 최적민감도가 도출될 수 있다. 따라서 시스템해석을 만족시킬 때의 최적민감도를 구한다. 이때 최적민감도를 계산하기 위해서 BLISS는 GSE/OS(GSE/optimized subsystems) 과정을 이용한다.

전역민감도방정식과 식 (10・41)~(10・42)의 최적민감도를 연립시킨 GSE/OS는 다음과 같다.

$$\begin{bmatrix} I & 0 & 0 & -\frac{\partial h_{11}}{\partial z_2^c} & -\frac{\partial h_{11}}{\partial b_1} & 0 \\ 0 & I & 0 & -\frac{\partial h_{12}}{\partial z_2^c} & -\frac{\partial h_{12}}{\partial b_1} & 0 \\ 0 & -\frac{\partial h_{21}}{\partial z_1^c} & I & 0 & 0 & -\frac{\partial h_{21}}{\partial b_2} \\ 0 & -\frac{\partial h_{22}}{\partial z_1^c} & 0 & I & 0 & -\frac{\partial h_{22}}{\partial b_2} \\ 0 & 0 & 0 & -\frac{\partial b_1}{\partial z_2^c} & I & 0 \\ 0 & -\frac{\partial b_2}{\partial z_1^c} & 0 & 0 & 0 & I \end{bmatrix} \begin{bmatrix} \frac{dz_1^{nc}}{db_c} \\ \frac{dz_1^c}{db_c} \\ \frac{dz_2^{nc}}{db_c} \\ \frac{dz_2^c}{db_c} \\ \frac{db_1}{db_c} \\ \frac{db_2}{db_c} \end{bmatrix} = \begin{bmatrix} \frac{\partial h_{11}}{\partial b_c} \\ \frac{\partial h_{12}}{\partial b_c} \\ \frac{\partial h_{21}}{\partial b_c} \\ \frac{\partial h_{22}}{\partial b_c} \\ \frac{\partial b_1}{\partial b_c} \\ \frac{\partial b_2}{\partial b_c} \end{bmatrix} \qquad (10 \cdot 44)$$

식 (10・44)의 $\frac{\partial b_1}{\partial z_2^c}$과 $\frac{\partial b_1}{\partial b_c}$, $\frac{\partial b_2}{\partial z_1^c}$와 $\frac{\partial b_2}{\partial b_c}$는 각각 1번과 2번 분야의 최적민감도값이다.

최적민감도는 목적함수와 제한조건을 전역민감도로 선형근사화한 후 다음의 최적화문제로부터 구한다.

$$\text{Given} \quad \Delta p = \text{one of } (\Delta b_c, \Delta z_i^c) \qquad (10 \cdot 45a)$$

$$\text{find} \quad \Delta b_i \qquad (10 \cdot 45b)$$

$$\text{to minimize} \quad f_0 + \frac{df}{db_i}\Delta b_i \qquad (10 \cdot 45c)$$

$$\text{subject to} \quad g_{i0} + \frac{dg_i}{db_i}\Delta b_i \le 0 \qquad (10 \cdot 45d)$$

여기서 i는 분야 번호이며 식 (10・45)의 결과는 다음과 같이 편미분항들을 근사적으로 구하는 데 이용한다.

$$\frac{\partial \mathrm{b}_i}{\partial \mathrm{p}} \approx \frac{\Delta \mathrm{b}_i}{\Delta \mathrm{p}} \tag{10 · 46}$$

이 외에 **10.3.2**절에 소개한 바와 같이 최적민감도를 구하는 다른 방법도 있다. 식 (10·46)으로부터 구한 편미분값들을 식 (10·44)에 대입하여 식 (10·44)의 해를 구한다. 식 (10·44)에서 나머지 편미분값은 식 (10·16)에 사용하는 것과 동일하다. 식 (10·44)의 해는 식 (10·43c)의 목적함수를 근사화하는 데 사용한다.

위에서 설명한 BLISS의 수행 과정은 다음과 같이 요약할 수 있다.

단계 1. 설계변수 b_1, b_2, b_c를 초기화한다.
단계 2. 시스템해석을 실시하고 상태변수 $\mathbf{z}_1$, $\mathbf{z}_2$를 얻는다.
단계 3. 수렴여부를 확인하고 설계를 계속할지를 결정한다.
단계 4. 전역민감도를 구한다.
단계 5. 하위수준의 각 분야에서 식 (10·41)과 (10·42)의 최적화문제를 푼다.
단계 6. 하위수준에서 GSE/OS를 위한 식 (10·44)를 세우고 해를 구한다.
단계 7. 상위수준에서 식 (10·43)의 최적화문제를 푼다.
단계 8. 설계변수를 갱신하고 단계 2로 간다.

예제 10·8 BLISS 방법의 적용

예제 **10·2**의 최적화문제를 BLISS 방법으로 풀어라.

|| 풀 이 ||

먼저 현 설계점에서 시스템해석을 마친 후, 하위수준의 목적함수를 설정하기 위해 전역민감도를 구하게 된다. 이 식과 결과는 예제 **10·7**의 CSSO 예제의 결과와 동일하다. 전역민감도를 바탕으로 각 분야에서는 다음과 같은 문제를 푼다.

(1) 1번 분야

Given b_1, b_c, z_2^c (10·47a)

find Δb_1 (10·47b)

to minimize
$$\frac{\mathrm{d}f}{\mathrm{d}b_1} \times \Delta b_1 = \left(\frac{\partial f}{\partial z_1^{nc}} \frac{\mathrm{d}z_1^{nc}}{\mathrm{d}b_1} + \frac{\partial f}{\partial z_2^{nc}} \frac{\mathrm{d}z_2^{nc}}{\mathrm{d}b_1} \right) \times \Delta b_1$$
$$= [2(z_1^{nc} - 0.5)(1.39474) + 2(z_2^{nc} - 0.5)(-0.92105)] \times \Delta b_1 \tag{10 · 47c}$$

subject to $g_1 = 1.0 - z_1^{nc} \le 0$ (10·47d)

$z_1^{nc} = (b_1 - 2.5) + (b_c - 2.0) - 0.5 \times z_2^c$ (10·47e)

$z_1^c = (b_1 - 2.5) + (b_c - 2.0) - 0.4 \times z_2^c$ (10·47f)

(2) 2번 분야

$$\text{Given} \quad b_2,\ b_c,\ z_1^c \tag{10・48a}$$

$$\text{find} \quad \Delta b_2 \tag{10・48b}$$

$$\text{to minimize} \quad \frac{\mathrm{d}f}{\mathrm{d}b_2}\times\Delta b_2=\left(\frac{\partial f}{\partial z_1^{nc}}\frac{\mathrm{d}z_1^{nc}}{\mathrm{d}b_2}+\frac{\partial f}{\partial z_2^{nc}}\frac{\mathrm{d}z_2^{nc}}{\mathrm{d}b_2}\right)\times\Delta b_2 \tag{10・48c}$$

$$=[2(z_1^{nc}-0.5)(-0.65790)+2(z_2^{nc}-0.5)(1.36842)]\times\Delta b_2 \tag{10・48d}$$

$$\text{subject to} \quad g_2=1.0-z_2^{nc}\le 0 \tag{10・48e}$$

$$z_2^{nc}=(b_2-3.0)+(b_c-2.0)-0.7\times z_1^c \tag{10・48f}$$

$$z_2^c=(b_2-3.0)+(b_c-2.0)-0.6\times z_1^c \tag{10・48g}$$

연성변수 z_1^c과 z_2^c은 각 분야에서 상수로 가정하였다.

상위수준의 최적화문제를 구성하기 위해서는 식 (10・49)의 GSE/OS를 이용하여 최적민감도를 얻는다. 식 (10・44)로부터

$$\begin{bmatrix} 1 & 0 & 0 & 0.5 & -1 & 0 \\ 0 & 1 & 0 & 0.4 & -1 & 0 \\ 0 & 0.7 & 1 & 0 & 0 & -1 \\ 0 & 0.6 & 0 & 1 & 0 & -1 \\ 0 & 0 & 0 & -\dfrac{\partial b_1}{\partial z_2^c} & 1 & 0 \\ 0 & -\dfrac{\partial b_2}{\partial z_1^c} & 0 & 0 & 0 & 1 \end{bmatrix} \begin{bmatrix} \dfrac{\mathrm{d}z_1^{nc}}{\mathrm{d}b_c} \\ \dfrac{\mathrm{d}z_1^c}{\mathrm{d}b_c} \\ \dfrac{\mathrm{d}z_2^{nc}}{\mathrm{d}b_c} \\ \dfrac{\mathrm{d}z_2^c}{\mathrm{d}b_c} \\ \dfrac{\mathrm{d}b_1}{\mathrm{d}b_c} \\ \dfrac{\mathrm{d}b_2}{\mathrm{d}b_c} \end{bmatrix} = \begin{bmatrix} 1 \\ 1 \\ 1 \\ 1 \\ \dfrac{\mathrm{d}b_1}{\mathrm{d}b_c} \\ \dfrac{\mathrm{d}b_2}{\mathrm{d}b_c} \end{bmatrix} \tag{10・49}$$

위에서 구한 최적민감도를 이용하여 상위수준의 최적화를 구성한다.

(3) 상위수준

$$\text{Given} \quad b_c \tag{10・50a}$$

$$\text{find} \quad \Delta b_c \tag{10・50b}$$

$$\text{to minimize} \quad \frac{\mathrm{d}f}{\mathrm{d}b_c}\times\Delta b_c=\left(\frac{\partial f}{\partial z_1^{nc}}\frac{\mathrm{d}z_1^{nc}}{\mathrm{d}b_c}+\frac{\partial f}{\partial z_2^{nc}}\frac{\mathrm{d}z_2^{nc}}{\mathrm{d}b_c}\right)\times\Delta b_c \tag{10・50c}$$

식 (10・47)과 (10・48)에서는 지역설계변수를 식 (10・50)에서는 공통설계변수를 얻는다. 이러한 과정을 반복하여 $b_1=3.02503$, $b_2=3.75753$, $b_c=3.02503$, $f=0.501046$의 결과를 얻었다.

10.4.6 Collaborative Optimization(CO)

Collaborative Optimization(CO)는 시스템해석을 하지 않으며 분야들을 분해하고 상위와 하위수준에 최적기가 있는 다단계방법이다. CO에는 시스템해석을 대신하여 보조변수와 적합조건을 사용하는데 이는 IDF 방법의 개념과 유사하다. 상위수준은 하위수준의 각 분야가 달성해야 할 목표치를 설정하고, 각 분야에서 수행한 결과로부터 목적함수를 최소화하는 설계를 한다. 상위수준에는 시스템해석을 대신하기 위해 적합조건이라는 제한조건이 추가된다. 또한 연성변수에 보조변수를 도입한다. 하위수준에서는 각 분야의 설계조건을 감안하여 상위수준의 목표치를 최대한 만족할 수 있도록 최적화를 실시한다.

CO를 적용하는 첫 번째 단계는 어떤 변수에 대해서 보조변수를 도입할 것인가를 결정하는 일이다. 이것은 설계자의 선택이며 이로 인해 정식화의 형태가 조금씩 다를 수 있다. 여기서는 지역설계변수($\mathbf{b}_1$, $\mathbf{b}_2$)와 공통설계변수($\mathbf{b}_c$), 연성변수에 대해 다음과 같이 보조변수를 정의한다.

$$\mathbf{b}_1 = \mathbf{s}_1,\ \mathbf{b}_2 = \mathbf{s}_2,\ \mathbf{b}_c = \mathbf{s}_c,\ \mathbf{z}_1^c = \mathbf{s}_1^c,\ \mathbf{z}_2^c = \mathbf{s}_2^c \tag{10・51}$$

식 (10・51)에서 각 식의 좌변은 하위수준의 분야에서 사용되는 설계변수이거나 연성변수이다. 이 값들에 대해서 상위수준에서 결정해 주는 일종의 목표값이 우변에 있다. 이러한 목표값이 보조변수이며 이 값을 각 분야에서는 최대한 만족하려고 한다.

식 (10・4)의 전체 문제에 대해 각 분야의 문제는 다음과 같다.

(1) 1번 분야

Given	$\mathbf{s}_1,\ \mathbf{s}_c,\ \mathbf{s}_1^c,\ \mathbf{s}_2^c$	(10・52a)
find	$\mathbf{b}_1,\ \mathbf{b}_c,\ \mathbf{z}_2^c$	(10・52b)
to minimize	$c_1 = \lVert \mathbf{b}_1 - \mathbf{s}_1 \rVert^2 + \lVert \mathbf{b}_c - \mathbf{s}_c \rVert^2 + \lVert \mathbf{z}_1^c - \mathbf{s}_1^c \rVert^2 + \lVert \mathbf{z}_2^c - \mathbf{s}_2^c \rVert^2$	(10・52c)
subject to	$\mathbf{g}_1(\mathbf{b}_1,\ \mathbf{b}_c,\ \mathbf{z}_1) \le 0$	(10・52d)
	$\mathbf{z}_1^{nc} = \mathbf{h}_{11}(\mathbf{b}_1,\ \mathbf{b}_c,\ \mathbf{z}_2^c)$	(10・52e)
	$\mathbf{z}_1^c = \mathbf{h}_{12}(\mathbf{b}_1,\ \mathbf{b}_c,\ \mathbf{z}_2^c)$	(10・52f)

(2) 2번 분야

Given	$\mathbf{s}_2,\ \mathbf{s}_c,\ \mathbf{s}_1^c,\ \mathbf{s}_2^c$	(10・53a)
find	$\mathbf{b}_2,\ \mathbf{b}_c,\ \mathbf{z}_1^c$	(10・53b)
to minimize	$c_2 = \lVert \mathbf{b}_2 - \mathbf{s}_2 \rVert^2 + \lVert \mathbf{b}_c - \mathbf{s}_c \rVert^2 + \lVert \mathbf{z}_1^c - \mathbf{s}_1^c \rVert^2 + \lVert \mathbf{z}_2^c - \mathbf{s}_2^c \rVert^2$	(10・53c)

$$\text{subject to} \quad \mathbf{g}_2(\mathbf{b}_2, \mathbf{b}_c, \mathbf{z}_2) \le 0 \qquad (10 \cdot 53\text{d})$$

$$\mathbf{z}_2^{nc} = \mathbf{h}_{21}(\mathbf{b}_2, \mathbf{b}_c, \mathbf{z}_1^c) \qquad (10 \cdot 53\text{e})$$

$$\mathbf{z}_2^{c} = \mathbf{h}_{22}(\mathbf{b}_2, \mathbf{b}_c, \mathbf{z}_1^c) \qquad (10 \cdot 53\text{f})$$

여기서 $\|\cdot\|$는 l_2 놈(norm)으로서 일반적으로 벡터의 크기이다.

각 분야는 일종의 목표치를 상위수준에서 부여받는다. CO의 첫 사이클에서는 이러한 목표치를 임의의 초기치로 설정하여 하위수준의 설계부터 시작한다. 각 분야의 목적함수는 목표치와 해당 분야의 변수(상태변수와 설계변수)의 차이이다. CO에서는 지역제한조건만 고려한다. 특히 공통설계변수나 연성변수는 각 분야에서 지역설계변수와 동일하게 간주한다. 각 분야는 관련된 해석기를 사용하여 함수들을 계산한다.

상위수준은 각 변수에 대해 하위수준의 목표치를 결정하는 데 각 분야의 해석기를 사용한다. 최적화문제를 다음과 같이 정식화한다.

$$\text{Find} \quad \mathbf{s}_1, \mathbf{s}_2, \mathbf{s}_c, \mathbf{s}_1^c, \mathbf{s}_2^c \qquad (10 \cdot 54\text{a})$$

$$\text{to minimize} \quad f(\mathbf{s}_1, \mathbf{s}_2, \mathbf{s}_c, \mathbf{z}_1^{nc}, \mathbf{z}_1^c, \mathbf{z}_2^{nc}, \mathbf{z}_2^c) \qquad (10 \cdot 54\text{b})$$

$$\text{subject to} \quad c_1 = c_{10} + \frac{\mathrm{d}c_1}{\mathrm{d}\mathbf{s}}\Delta\mathbf{s} = 0 \qquad (10 \cdot 54\text{c})$$

$$c_2 = c_{20} + \frac{\mathrm{d}c_2}{\mathrm{d}\mathbf{s}}\Delta\mathbf{s} = 0 \qquad (10 \cdot 54\text{d})$$

$$\mathbf{z}_1^{nc} = \mathbf{h}_{11}(\mathbf{s}_1, \mathbf{s}_c, \mathbf{s}_2^c) \qquad (10 \cdot 54\text{e})$$

$$\mathbf{z}_1^{c} = \mathbf{h}_{12}(\mathbf{s}_1, \mathbf{s}_c, \mathbf{s}_2^c) \qquad (10 \cdot 54\text{f})$$

$$\mathbf{z}_2^{nc} = \mathbf{h}_{21}(\mathbf{s}_2, \mathbf{s}_c, \mathbf{s}_1^c) \qquad (10 \cdot 54\text{g})$$

$$\mathbf{z}_2^{c} = \mathbf{h}_{22}(\mathbf{s}_2, \mathbf{s}_c, \mathbf{s}_1^c) \qquad (10 \cdot 54\text{h})$$

여기서 $\mathbf{s} \in \{\mathbf{s}_1, \mathbf{s}_2, \mathbf{s}_c, \mathbf{s}_1^c, \mathbf{s}_2^c\}$이다. 상위수준의 목적함수의 민감도는 해석적으로 구하거나 다음과 같이 유한차분법으로 구한다.

$$\frac{\mathrm{d}f}{\mathrm{d}\mathbf{s}} \cong \frac{\Delta f}{\Delta\mathbf{s}} = \frac{f(\mathbf{s}+\Delta\mathbf{s}) - f(\mathbf{s}-\Delta\mathbf{s})}{2\Delta\mathbf{s}}, \quad \mathbf{s} \in \{\mathbf{s}_1, \mathbf{s}_2, \mathbf{s}_c, \mathbf{s}_1^c, \mathbf{s}_2^c\} \qquad (10 \cdot 55)$$

식 (10 · 54c)~(10 · 54d)의 등제한조건은 하위수준의 각 분야의 목적함수이다. 이를 위해 CSSO와 BLISS에서와 같이 각 분야에서 최적민감도를 계산한다. 식 (10 · 21b)의 결과를 이용하면 다음과 같이 식 (10 · 54c)~(10 · 54d)의 최적민감도를 구할 수 있다.

$$\frac{\mathrm{d}c_j}{\mathrm{d}\mathbf{s}} = \frac{\partial c_j}{\partial \mathbf{s}} + \lambda_j^T \frac{\partial \mathbf{g}_j}{\partial \mathbf{s}}, \quad \mathbf{s} \in \{\mathbf{s}_1, \mathbf{s}_2, \mathbf{s}_c, \mathbf{s}_1^c, \mathbf{s}_2^c\}, \quad j=1, 2 \qquad (10 \cdot 56)$$

식 (10 · 56)에서 우변의 두 번째 항을 살펴보자. 각 분야의 지역제한조건은 목표치에 대해 음함수(implicit function)이므로 이는 0이 된다. 그리고 우변의 첫 번째 항은 각각의 분야의 목적함수를 목표치에 대해 편미분하면 되므로 식 (10 · 56)은 다음과 같다.

$$\frac{\mathrm{d}c_1}{\mathrm{d}\mathbf{s}} = -2(\mathbf{d}_1 - \mathbf{s}), \quad \mathbf{d}_1 \in \{\mathbf{b}_1, \mathbf{b}_c, \mathbf{z}_1^c, \mathbf{z}_2^c\}, \quad \mathbf{s} \in \{\mathbf{s}_1, \mathbf{s}_c, \mathbf{s}_1^c, \mathbf{s}_2^c\} \qquad (10 \cdot 57a)$$

$$\frac{\mathrm{d}c_2}{\mathrm{d}\mathbf{s}} = -2(\mathbf{d}_2 - \mathbf{s}), \quad \mathbf{d}_2 \in \{\mathbf{b}_2, \mathbf{b}_c, \mathbf{z}_1^c, \mathbf{z}_2^c\}, \quad \mathbf{s} \in \{\mathbf{s}_2, \mathbf{s}_c, \mathbf{s}_1^c, \mathbf{s}_2^c\} \qquad (10 \cdot 57b)$$

이와 같이 CO에서는 최적민감도를 해석적으로 쉽게 얻을 수 있다.

위의 정식화는 그림 **10 · 13**과 같이 나타낼 수 있다. 이 방법은 기본적으로 IDF를 확장한 개념이다. 공통제한조건을 다루지 않고 설계문제가 미리 나눠져 있는 형태에 적용이 가능하다. 각각의 분야가 해석과 설계를 독립적으로 수행하여 서로 영향을 주지 않는다.

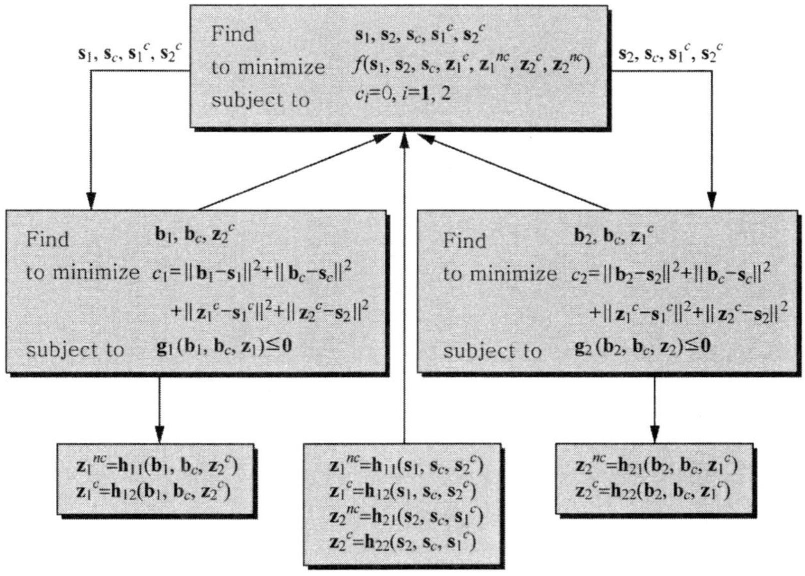

그림 10 · 13 CO의 흐름도

예제 10 · 9 CO 방법의 적용

예제 **10 · 2**의 최적화문제를 CO를 이용하여 풀어라.

‖ 풀 이 ‖

CO는 문제에 따라서 여러 가지 정식화가 가능하다. 특히 보조변수의 선정에 따라 각 분야의 목적함수(c_1, c_2)가 다르게 된다. 이 예제에서는 공통설계변수와 연성변수에 대해서 보조변수를 선정하였다.

(1) 1번 분야

Given	$s_c,\ s_1^c,\ s_2^c$	(10·58a)
find	$b_1,\ b_c,\ z_2^c$	(10·58b)
to minimize	$c_1=(b_c-s_c)^2+(z_1^c-s_1^c)^2+(z_2^c-s_2^c)^2$	(10·58c)
subject to	$g_1=1.0-z_1^{nc}\le 0$	(10·58d)
	$z_1^{nc}=(b_1-2.5)+(b_c-2.0)-0.5\times z_2^c$	(10·58e)
	$z_1^c=(b_1-2.5)+(b_c-2.0)-0.4\times z_2^c$	(10·58f)

(2) 2번 분야

Given	$s_c,\ s_1^c,\ s_2^c$	(10·59a)
find	$b_2,\ b_c,\ z_1^c$	(10·59b)
to minimize	$c_2=(b_c-s_c)^2+(z_1^c-s_1^c)^2+(z_2^c-s_2^c)^2$	(10·59c)
subject to	$g_2=1.0-z_2^c\le 0$	(10·59d)
	$z_2^{nc}=(b_2-3.0)+(b_c-2.0)-0.7\times z_1^c$	(10·59e)
	$z_2^c=(b_2-3.0)+(b_c-2.0)-0.6\times z_1^c$	(10·59f)

하위수준의 각 분야에서의 최적민감도값을 상위수준으로 전달하는데 이때의 값은 $\frac{dc_1}{ds_c}=-2\times(b_c-s_c)$, $\frac{dc_1}{ds_1^c}=-2\times(z_1^c-s_1^c)$, $\frac{dc_1}{ds_2^c}=-2\times(z_2^c-s_2^c)$, $\frac{dc_2}{ds_c}=-2\times(b_c-s_c)$, $\frac{dc_2}{ds_1^c}=-2\times(z_1^c-s_1^c)$, $\frac{dc_2}{ds_2^c}=-2\times(z_2^c-s_2^c)$이다.

(3) 상위수준

Given	$b_1,\ \frac{dc_1}{ds_c},\ \frac{dc_1}{ds_1^c},\ \frac{dc_1}{ds_2^c},\ b_2,\ \frac{dc_2}{ds_c},\ \frac{dc_2}{ds_1^c},\ \frac{dc_2}{ds_2^c}$	(10·60a)
find	$s_c,\ s_1^c,\ s_2^c$	(10·60b)
to minimize	$(z_1^{nc}-0.5)^2+(z_2^{nc}-0.5)^2$	(10·60c)
subject to	$c_1=c_{10}+\frac{dc_1}{ds_c}\times\Delta s_c+\frac{dc_1}{ds_1^c}\times\Delta s_1^c+\frac{dc_1}{ds_2^c}\times\Delta s_2^c=0$	(10·60d)
	$c_2=c_{20}+\frac{dc_2}{ds_c}\times\Delta s_c+\frac{dc_2}{ds_1^c}\times\Delta s_1^c+\frac{dc_2}{ds_2^c}\times\Delta s_2^c=0$	(10·60e)

$$z_1^{nc} = (b_1 - 2.5) + (s_c - 2.0) - 0.5 \times s_2^c \qquad (10 \cdot 60f)$$

$$z_2^{nc} = (b_2 - 3.0) + (s_c - 2.0) - 0.7 \times s_1^c \qquad (10 \cdot 60g)$$

위의 문제를 풀고 난 결과 새로운 목표치가 생기게 되고 그 결과를 다시 각 분야에 보내 설계를 계속 진행한다. 이 과정을 반복하여 목적함수가 수렴할 때까지 진행한다. 이 결과 얻은 해는 $b_1 = 6.04083$, $b_2 = 6.76783$, $b_c = 0.0$, $s_1^c = 1.10539$, $s_2^c = 1.0854$, $f = 0.49223$이다.

10.4.7 Multidisciplinary Design Optimization Based on Independent Subspaces (MDOIS)

MDOIS는 시스템해석을 수행하며 분야들의 분해가 있는 단단계방법이다. 많은 경우 다분야통합최적설계문제에서는 각 분야가 물리적으로 분리되어 있고 각 분야에 적합한 해석기를 독립적으로 사용한다. 또한 각 분야는 해석상에서만 연성되어 있다. 이런 종류의 문제는 각각의 분야에 대해 독립적인 설계문제를 정의할 수 있다. 이는 앞에서 설명한 일반적인 다분야통합최적설계에 비해 비교적 간단한 문제이다. MDOIS는 이런 문제를 효율적으로 해결할 수 있는 방법이다.

물리적으로 각 분야가 분리되어 있다는 것은 다음의 두 가지 조건과 같은 의미이다.

(1) 설계변수는 각각의 분야에 대해 지역설계변수만 존재한다.

(2) 목적함수와 제한조건은 각각의 분야에 대해 분리되어야 한다.

일반적인 수학문제나 비행기날개 설계문제를 위와 같은 가정으로 해결하는 것은 다소 어렵다. 그러나 실제 많은 기계설계문제는 위의 가정에 맞게 정의할 수 있으며 그 예가 본장의 부록에 수록되어 있다. 이 조건을 만족하는 문제는 공통설계변수와 공통목적함수 및 공통제한조건이 없는 문제이며 다음과 같다.

Find $\mathbf{b}_1, \mathbf{b}_2$ (10 · 61a)

to minimize $f_1(\mathbf{b}_1, \mathbf{z}_1) + f_2(\mathbf{b}_2, \mathbf{z}_2)$ (10 · 61b)

subject to $\mathbf{g}_1(\mathbf{b}_1, \mathbf{z}_1) \le 0$ (10 · 61c)

$\mathbf{g}_2(\mathbf{b}_2, \mathbf{z}_2) \le 0$ (10 · 61d)

$\mathbf{z}_1 = \mathbf{h}_1(\mathbf{b}_1, \mathbf{z}_2^c)$ (10 · 61e)

$\mathbf{z}_2 = \mathbf{h}_2(\mathbf{b}_2, \mathbf{z}_1^c)$ (10 · 61f)

식 (10 · 61)을 풀기 위해서 우선 앞에서 설명한 시스템해석을 실시한다. 시스템해석을 한 후에 설계변수에 대한 연성변수의 민감도를 구하는 전역민감도를 사용할 수도, 그렇지 않을 수도 있다. 각각의 독립된 분야에 대하여 다음과 같은 문제를 푼다.

(1) 1번 분야

$$\text{Given} \quad \mathbf{z}_2^c \tag{10·62a}$$

$$\text{find} \quad \mathbf{b}_1 \tag{10·62b}$$

$$\text{to minimize} \quad f_1(\mathbf{b}_1, \mathbf{z}_1) \tag{10·62c}$$

$$\text{subject to} \quad \mathbf{g}_1(\mathbf{b}_1, \mathbf{z}_1) \le 0 \tag{10·62d}$$

$$\mathbf{z}_1 = \mathbf{h}_1(\mathbf{b}_1, \mathbf{z}_2^c) \tag{10·62e}$$

(2) 2번 분야

$$\text{Given} \quad \mathbf{z}_1^c \tag{10·63a}$$

$$\text{find} \quad \mathbf{b}_2 \tag{10·63b}$$

$$\text{to minimize} \quad f_2(\mathbf{b}_2, \mathbf{z}_2) \tag{10·63c}$$

$$\text{subject to} \quad \mathbf{g}_2(\mathbf{b}_2, \mathbf{z}_2) \le 0 \tag{10·63d}$$

$$\mathbf{z}_2 = \mathbf{h}_2(\mathbf{b}_2, \mathbf{z}_1^c) \tag{10·63e}$$

식 (10·62a)와 식 (10·63a)는 시스템해석으로 얻은 연성변수의 값이다. 전역민감도를 이용할 수 있는 경우에는 연성변수의 값을 다음과 같이 근사화하여 설계변수의 변화량에 대한 연성변수의 변화를 식 (10·62)~(10·63)에서 고려할 수 있다.

$$\mathbf{z}_1^c = \mathbf{z}_{10}^c + \frac{d\mathbf{z}_1^c}{d\mathbf{b}_2} \Delta \mathbf{b}_2 \tag{10·64a}$$

$$\mathbf{z}_2^c = \mathbf{z}_{20}^c + \frac{d\mathbf{z}_2^c}{d\mathbf{b}_1} \Delta \mathbf{b}_1 \tag{10·64b}$$

여기서 $\mathbf{z}_{10}^c$, $\mathbf{z}_{20}^c$는 시스템해석 후에 얻은 $\mathbf{z}_1^c$, $\mathbf{z}_2^c$의 값이다. 한편 위와 같이 선형근사화하지 않고 각 분야의 최적화 시 연성변수를 상수로 간주할 수도 있다. 전역민감도를 이용하는 경우의 MDOIS 흐름도는 그림 **10·14**와 같다.

MDOIS는 설계자 입장에서 매우 실용적인 방법론이다. 또한 각 분야가 설계권한을 가질 수 있다. 이 방법의 특징은 시스템해석을 실시하여 각 해석에 대한 IF와 MF를 이루고 나서 설계를 수행하는 기법이다.

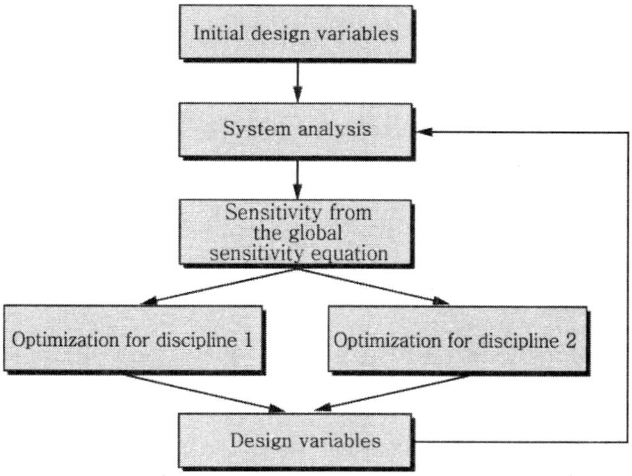

그림 10 · 14 MDOIS의 흐름도

예제 10 · 10 MDOIS 방법의 적용

예제 **10 · 2**의 최적화문제를 MDOIS 방법으로 풀어라.

❙❙ 풀 이 ❙❙

시스템해석을 실시하여 연성변수(z_1^c, z_2^c)를 찾는다. 이 예제에서는 전역민감도를 이용하지 않으므로 전역민감도를 구하는 과정은 생략한다. MDOIS의 방법을 적용하기 위해 공통설계변수는 1번 분야에서 고려하기로 한다. 각 분야의 문제는 다음과 같다.

(1) 1번 분야

Given z_2^c (10 · 65a)

find b_1, b_c (10 · 65b)

to minimize $f_1 = (z_1^{nc} - 0.5)^2$ (10 · 65c)

subject to $g_1 = 1.0 - z_1^{nc} \le 0$ (10 · 65d)

$z_1^{nc} = (b_1 - 2.5) + (b_c - 2.0) - 0.5 \times z_2^c$ (10 · 65e)

$z_1^c = (b_1 - 2.5) + (b_c - 2.0) - 0.4 \times z_2^c$ (10 · 65f)

(2) 2번 분야

Given b_c, z_1^c (10 · 66a)

find b_2 (10 · 66b)

to minimize $f_2 = (z_2^{nc} - 0.5)^2$ (10 · 66c)

$g_2 = 1.0 - z_2^{nc} \le 0$ (10 · 66d)

$$z_2^c = (b_2 - 3.0) + (b_c - 2.0) - 0.6 \times z_1^c \tag{10 · 66e}$$

$$z_2^{nc} = (b_2 - 3.0) + (b_c - 2.0) - 0.7 \times z_1^c \tag{10 · 66f}$$

각 분야에서 얻은 결과를 이용하여 다시 시스템해석을 한다. 이 과정을 반복하여 얻은 결과는 $b_1 = 3.02838$, $b_2 = 3.75068$, $b_c = 3.02838$, $f = 0.50149$이다.

10.4.8 다분야통합최적설계방법론의 비교 및 토의

다양한 다분야통합최적설계방법론의 정식화 및 풀이 방법을 설명하였다. 다분야통합최적설계방법은 기본적으로 그림 **10 · 2** (a)의 비계층적 구조의 문제를 직접 해결하거나 이를 그림 **10 · 2** (b)의 계층적 구조로 변환하여 해결하려고 한다. 또한 정식화 및 풀이 방법은 문제에 따라 새롭게 구성하고 정의할 수도 있다. 따라서 여기에 소개한 방법들은 많은 연구에서 검증된 방법들 중에서 가장 기본적인 방법을 발췌한 것이며, 이 외에도 여러 가지가 있을 수 있음을 밝힌다.

우선 다분야통합최적설계는 단단계(single level)로 직접 해결하는 것과 이를 다단계(multi-level)로 나누어 해결하는 것으로 분류할 수 있다. 전자의 방법에는 MDF, IDF, AAO, MDOIS가 속하며 후자의 방법에는 CSSO, BLISS, CO가 속한다. 단단계방법들은 각 방법의 이해가 쉽고 응용이 간단하나 MDF, IDF, AAO는 각 분야에 대한 설계를 독립적으로 하지 못하는 면이 있다. 한편 다단계방법들은 여러 분야를 나누어 각기 해결한 후 이를 다시 조합하는 장점은 있으나 적용 과정이 복잡하다.

다분야통합최적설계방법은 시스템해석의 시행 여부로도 분류할 수 있다. 시스템해석에서는 연성변수를 계산하게 된다. MDF, CSSO, BLISS, MDOIS에서 시스템해석을 하고 있는데 최적화 과정 중에는 항상 MF(multidisciplinary feasibility)가 만족된다는 장점이 있다. 그러나 MDF와 같은 단단계방법에서는 최적화 과정 중에 너무 많은 시스템해석을 해야 하는 문제점이 있다. 일부의 다단계방법들에서는 시스템해석을 한 후 이의 결과와 전역민감도를 각 분야에 전달하는데 전역민감도의 계산이 일반적으로 대단히 고가이다.

IDF와 CO 방법에는 시스템해석이 존재하지 않는 장점이 있으나 그로 인해 최적화 과정에서 IF(individual feasibility)는 만족하나 MF가 만족하지 않는 면이 있다. 또한 각 분야의 해석이 대단히 많아질 수 있는 어려움이 있다. AAO는 해석을 하지 않고 평가기만을 사용한다. AAO를 적용할 때 평가기가 있으면 편리하나 기존의 해석기를 사용할 경우에는 이를 평가기로 전환해야 한다. 최적화 과정 중에는 MF는 물론 IF도 성립하지 않고 최적화를 끝내야만 해석도 만족하는 단점이 있다.

다분야통합최적설계의 방법에 따라서는 공통제한조건과 분야간 공통설계변수를 처리하는 방법이 다르다. 우선 MDOIS는 공통적인 함수를 가질 수 없다. MDF, IDF, AAO 등의 단단계방법에는 이러한 문제가 존재하지 않으나 다단계방법에서는 이에 대한 처리가 다르다. CSSO에서는 공통제한조건과 공통설계변수를 포함할 수 없다. 다만 다른 분야의 지역 제한조건을 전역민감도를 이용하여 각 분야에서 포함함으로써 이들에 대한 효과를 감안해 줄 수 있다. BLISS는 공통설계변수는 다루지만 공통제한조건을 다룰 수 없다. 하위수준간에 공통설계변수의 존재 여부에 따라서 이들의 효과를 상위수준에서 고려하기 위해 최적민감도를 사용한다. 최적민감도의 계산은 CO의 경우를 제외하고는 대단히 고가이다. 각 방법의 특징이 표 **10 · 2**에 비교되어 있다. ○는 해당 항목을 고려하거나 필요하다는 의미로 쓰이며 ×는 그 반대이다. 여기서 소개한 방법들은 수학적으로 전개하였다. 그러나 실제의 대규모 문제에서는 이와 같이 모든 과정을 수학적으로 얻기 어려울 수 있다. 따라서 소개한 과정 중에 근사법을 적절히 사용하여 다분야통합최적설계를 수행하는 것이 보통이다.

표 10 · 2 각 다분야통합최적설계방법의 특징 비교

방 법	단 계	공통제한 조건	공통설계 변수	시스템 해석	전역 민감도	최적 민감도	IF 만족	MF 만족
MDF	단단계	○	○	○	×	×	항상	항상
IDF	단단계	○	○	×	×	×	항상	최적값
AAO	단단계	○	○	×	×	×	최적값	최적값
CSSO	다단계	×	×	○	○	○	항상	항상
BLISS	다단계	×	○	○	○	○	항상	항상
CO	다단계	×	○	×	×	○	항상	최적값
MDOIS	단단계	×	×	○	×○	×	항상	항상

10.5 요 약

다양한 분야에서의 해석 및 설계를 통합적으로 운용하는 방법으로 다분야통합최적설계가 제안되었다. 다분야통합최적설계의 정식화는 비교적 쉽게 정의할 수 있다. 그러나 이를 일반적으로 해결하는 방법을 찾아보기는 어렵다. 따라서 현재도 이러한 문제를 해결하기 위해 많은 노력을 경주하고 있다.

우선 다분야통합최적설계의 어려운 점은 해석간의 연성을 들 수 있다. 비행기 날개에서 유체동역학과 고체역학이 연성되어 있는 공탄성해석의 경우를 보면 해석 자체가 불가능하지는 않으나 대단히 복잡하다. 따라서 많은 해석이 요구되는 최적화에 이를 포함시키는 것이 대단히 어렵다. 특히 많은 방법들은 전역민감도나 최적민감도 등 수학적으로도 복잡

한 과정을 포함하고 있는데, 이들과 복잡한 해석을 연계시키는 것은 더욱 어려운 과정이다. 따라서 아직도 공탄성해석과 다분야통합최적설계방법을 수학적으로 조합하여 완벽하게 최적값을 구한 예는 드물다.

공탄성해석과 달리 해석간의 연성이 강하지 않은 문제도 많이 있다. 이럴 때는 비교적 다분야통합최적화를 적용하기가 용이하다. 그러나 비선형해석 등과 같이 해석 자체가 대규모인 경우가 있다. 해석이 대규모일 때는 단분야최적화(single disciplinary optimization)조차도 매우 어려운 문제이다. 해석수단이 발달함에 따라 최근에는 대부분의 문제가 대규모 해석을 동반하고 있는 실정이다. 따라서 앞에서 소개한 다분야통합최적설계방법을 직접적으로 최근의 실제문제에 적용하기란 쉽지 않다.

초기의 연구에서는 해석간에 연성이 있는 경우만을 다분야통합최적설계로 간주했다. 최근에는 해석간의 연성은 없지만, 다수의 해석방법이 목적함수나 제한조건에 관계되어 있는 경우도 다분야통합최적설계로 간주하는 경향이 있다. 또한 해석간의 연성이 없이 분야간에 설계변수나 제한조건을 공유하는 문제도 다분야통합최적설계로 본다.

위에서 언급한 어려움 때문에 다분야통합최적설계는 응용사례에 따라 각기 다른 방법을 사용한다. 즉, 앞에서 설명한 각 다분야통합최적설계방법을 직접 사용하는 것이 아니라 조합하여 사용하거나, 특정한 방법의 아이디어를 모방하여 사용자가 새로운 방법을 정의하기도 한다. 이때 가장 많이 사용하는 것 중 하나가 근사화이다. 특히 해석이 대규모일 때는 제6장에서 소개한 반응표면법(response surface method)을 자주 사용한다. 즉, 각 분야에서 시행하는 최적화 과정을 근사적으로 시행하는 것이다. 이에 대한 예가 이 장의 부록에 있다.

이상에 설명한 바와 같이 다분야통합최적설계는 대규모의 문제를 해결하려는 노력이며 이에 대한 완벽한 해결책은 아직은 없다고 볼 수 있다. 따라서 이에 대한 많은 연구가 이어질 것으로 기대한다.

참 고 문 헌

신문균, 「독립적 하부시스템에 의한 다분야통합최적설계」, 한양대학교 대학원 박사학위청구논문, 2001.

신문균 · 김창희 · 박경진, 「자동차 충돌문제에 MDO를 적용하기 위한 시스템해석 방법 개발」, 자동차공학회논문집 11(5), pp. 210~218, 2003.

신문균 · 박경진, 「독립적 하부 시스템에 의한 다분야통합최적설계」, 대한기계학회논문집 A 28(2), pp. 191~117, 2004.

ANSYS User's Manual Version 8.1, ANSYS Inc., Canonsburg PA, 2004.

Balling RJ & Sobieszczanski-Sobieski J, "Optimization of Coupled Syatems: A Critical Overview of Approach," *AIAA Journal* 34(1), pp. 6~17, 1996.

Barthelemy JF & Sobieszczanski-Sobieski J, "Optimum Sensitivity Derivatives of Objectives Function in Nonlinear Programming," *AIAA Journal* 21, pp. 913~915, 1983.

Braun RD, *Collaborative Optimization: An Architecture for Large-Scale Distributed Design*, Ph.D. Dissertation, Stanford University, 1996.

Cramer EJ & Dennis JE Jr., & Frank PD & Lewis RM & Shubin GR, "Problem Formulation for Multidisciplinary Optimization," Center for Research on Parallel Computation Rice Univ. Rept. CRPC-TR93334, 1993.

Goldberg DE, *Genetic Algorithm in Search, Optimization and Machine Learning*, Addison-Wesley, New York, 1989.

Hajela P & Bloebaum CL & Sobieszczanski-Sobieski J, "Application of Global Sensitivity Equations in Multidisciplinary Aircraft Synthesis," *Journal of Aircraft* 27(12), pp. 1002~1010, 1990.

iSIGHT User's Guide Version 7.1, Engineous Software Inc., Cary, NC, 2004.

ModelCenter User's Manual Version 8.1, Phoenix-Int. Inc., Blacksburg, VA, 2004.

Optimus User's Manual Version 4.0, LMS Int., Leuven, Belgium, 2003.

Pham DT & Karaboga D, *Intelligent Optimization Techniques*, Springer Berlin Heidelberg, New York, 2000.

Renaud JE & Gabriele GA, "Approximation in Nonhierarchic System Optimization," *AIAA Journal* 32(1), pp. 198~205, 1994.

Sellar RS & Renaud JE & Batille SM, "Optimization of Mixed Discrete/Continuous Design Variables System Using Neural Networks," 5th AIAA/NASA/USAF/ISSMO Symposium on Multidisplinary Analysis and Optimization, Panama City, FL, 1994.

Shin MK & Park GJ, "Multidisciplinary Design Optimization Based on Independent Subspaces," *International Journal for Numerical Methods in Engineering* 64, pp. 599 ~617, 2005.

Sobieski IP & Kroo I, "Collaborative Optimization Applied to an Aircraft Design Problem," *Proceedings of AIAA Aerospace Sciences Meeting*, AIAA-96-0715, 1996.

Sobieszczanski-Sobieski J, *A Linear Decomposition Method for Large Optimization Problems-Blueprint for Development*, NASA TM 83248, 1982.

Sobieszczanski-Sobieski J, "Optimization by Decomposition: A Step from Hierarchic to Nonhierarchic Systems," *Recent Advances in Multidisciplinary Analysis and Optimization*, NASA TM-101494, 1988.

Sobieszczanski-Sobieski J, "On the Sensitivity of Complex, Internally Coupled Systems," *AIAA Journal* 28(1), pp. 153~160, 1990a.

Sobieszczanski-Sobieski J, "Sensitivity Analysis and Multidisciplinary Design Optimization for Aircraft Design: Recent Advances and Results," *Journal of Aircraft* 27(12), pp. 993~1001, 1990b.

Sobieszczanski-Sobieski J & Agte J & Sandusky R Jr., "Bilevel Integrated System Synthesis," *Proceedings of AIAA/USAF/NASA/ISSMO Symposium on Multidisciplinary Analysis and Optimization*, AIAA-98-4916, 1998.

Sobieszczanski-Sobieski J & Barthelemy JF & Riley KM, "Sensitivity of Optimum Solutions to Problem Parameters," *AIAA Journal* 20(9), pp. 1291~1299, 1982.

Sobieszczanski-Sobieski J & Haftka RT, "Multidisciplinary Aerospace Design Optimization: Survey of Recent Developments," AIAA Paper 96-0711, 1996.

Team Midas *Multidisciplinary Integrated Design Assitant for Spacecraft* (MIDAS), Jet Propulsion Lab., Pasadena, California, 1995.

Townsend JC & Weston RP & Eidson TM, *A Programming Environment for Distributed Complex Computing: An Overview of the Framework for Interdisplinary Design Optimization (FIDO) Project*, NASA TM 109058, 1993.

Vanderplaats GN, *Numerical Optimization Techniques for Engineering Design*, McGraw-Hill, New York, 1984.

VisualDOC User's Manual Version 4.0, Vanderplaats Research & Development, Colorado Springs CO, 2004.

10.A 충돌을 고려한 안전띠 일체형 의자의 다분야통합최적설계

10.A.1 문제의 설명

자동차가 충돌할 때 승객을 보호하는 장구로 의자, 에어백, 안전띠, 에너지 흡수 조향계 등이 있다. 여기서는 안전띠 일체형 의자(belt integrated seat, BIS)를 설계한다. 안전띠 일체형 의자에는 그림 **10.A·1**과 같이 안전띠가 의자에 부착되어 있다. 안전띠 일체형 의자는 승객의 크기, 착석 위치, 의자의 위치에 따라 안전띠의 성능이 달라지지 않도록 비정상 거동을 막는 역할을 한다. 그리고 충돌 시 의자의 프레임이 변형을 하여 에너지를 흡수하기 때문에 승객의 상해를 줄이는 효과가 있다. 또한 후방추돌 시 승객이 의자에 부딪힌 후에 생기는 반동을 효과적으로 구속하여 승객이 차량 내부 구조와 부딪힐 확률을 줄인다. 그러나 안전띠에 의한 하중이 차체에 작용하는 기존의 의자와는 달리 안전띠에 의한 하중이 의자에 직접 작용한다. 이 하중을 견디기 위해 안전띠 일체형 의자는 기존 의자보다 대체로 무겁다. 따라서 구조최적화를 통해 안전띠 일체형 의자를 경량화하면서 우수한 안전도 성능을 유지하는 설계가 필요하다. 이를 위해 안전띠 일체형 의자, 에어백, 안전띠, 에너지 흡수 조향계로 구성된 충돌 모델을 고려한다.

본 예제는 이미 **9.7**절에서 다룬 바 있다. **9.7**절에서는 충돌 시 더미에 의해 의자에 가해지는 외력만을 고려하여 의자의 구조물을 최적설계하였다. 최적설계 시 구조물이 선형 거동을 한다고 가정하여 설계를 하였는데 여기서는 충돌 시 구조물 거동의 비선형성도 감안한다. 그리고 이러한 설계 과정을 다분야통합최적설계로 접근한다.

(a) (b)

그림 10.A·1 안전띠 일체형 의자의 모습

10.A.2 각 분야들간의 연성관계 규명

안전띠 일체형 의자의 해석에는 비선형구조해석과 승객거동해석이 사용된다. 승객거동해석은 다물체동역학의 지배방정식을 이용한다. 그리고 각 물체가 접촉할 때의 현상에 미리 준비된 힘-변형(force-deflection)곡선을 이용한다. 승객거동해석을 하여 승객의 머리상해치(head injury criteria, *HIC*)를 감소시킨다. 이에 대한 자세한 사항은 제**9**장에서 설명하였다. 비선형구조해석은 의자의 충돌해석에 사용하고 그 결과는 의자의 중량을 최소화하는 데 이용한다. 구조해석과 승객거동해석에 필요한 입력은 각각 안전띠에 의한 하중과 등받이의 회전강성이다.

구조분야에서 설계변경이 일어나면 등받이의 회전강성이 변한다. 등받이의 회전강성은 승객거동해석의 입력이다. 따라서 구조분야의 설계변경은 승객거동해석의 입력을 변화시킨다. 한편 승객거동분야의 설계변경은 안전띠에 의한 하중의 변화를 가져온다. 안전띠에 의한 하중은 안전띠 일체형 의자의 구조해석에 사용되는 입력이다. 따라서 승객거동분야의 설계변경은 구조해석의 입력을 변화시킨다. 그러므로 안전띠 일체형 의자의 구조해석과 승객거동해석 사이에는 연성관계가 있다. 그 연성관계는 그림 **10.A·2**와 같이 등받이의 회전강성과 안전띠에 의한 하중으로 규정할 수 있다. 이 연성관계 때문에 차량 충돌을 고려한 안전띠 일체형 의자의 설계가 어렵다.

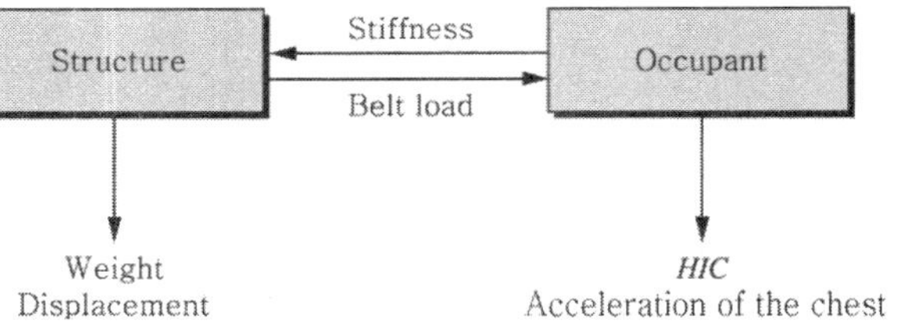

그림 10.A·2 안전띠 일체형 의자의 비선형구조해석과 승객거동해석 간의 연성관계

10.A.3 안전띠 일체형 의자의 설계를 위한 정식화

식 (10.A·1)은 충돌을 고려한 안전띠 일체형 의자를 설계하기 위한 정식화이다. 의자의 중량과 승객의 머리 상해치가 동시에 감소해야 하는데 가중치를 이용한 다목적함수로 표현하였다.

Find	b_o, b_s	(10.A·1a)
to minimize	$F = \alpha_1 W + \alpha_2 HIC$	(10.A·1b)
subject to	$g_1 = \Delta d_{\text{anchor}} \le 200\text{mm}$	(10.A·1c)

$$g_2 = \Delta d \leq 120\text{mm} \tag{10.A · 1d}$$

$$g_3 = HIC \leq HIC^{o} \tag{10.A · 1e}$$

$$g_4 = G_{\text{chest}} \leq G^{o}_{\text{chest}} \tag{10.A · 1f}$$

여기서 $\mathbf{b}_o$는 승객거동분야의 설계변수벡터로서 그 요소는 미리 준비된 안전띠의 힘-변형 곡선, 조향계의 에너지 흡수부의 힘-변형 곡선, 에어백에 유입되는 가스의 유량 등의 조절 계수(scale factor)들이다. $\mathbf{b}_s$는 구조분야의 설계변수벡터로서 의자 각 부분의 두께들이다. Δd_{anchor}는 안전띠 장착점의 변위이고, Δd는 그림 **10.A · 3**의 조향주가 더미와 충돌할 때에 조향주의 길이방향으로 접혀지는 변위이다. 그림 **10.A · 3**의 모델링에 대한 설명은 제**9**장에 있다. G_{chest}는 더미의 가슴 가속도의 크기이다. HIC는 더미의 머리상해치로서 식 (9 · 1)에 있다.

식 (10.A · 1)의 정식화에서는 설계변수벡터 제한조건, 목적함수가 승객거동분야와 구조분야의 두 분야로 명확하게 분리되어 있다. 그러나 식 (10.A · 1)의 최적화문제를 하나의 최적화문제로 직접 푸는 것은 어렵다. 목적함수의 가중치를 합리적으로 결정해야 하는 문제와 연성관계를 처리하는 문제가 해결되지 않았기 때문이다. 이를 풀기 위해 **10.4.7**절에 설명한 MDOIS 방법을 사용한다.

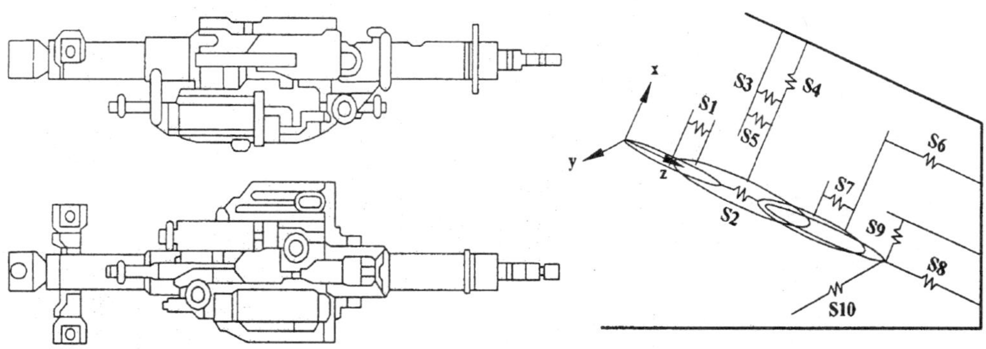

그림 10.A · 3 에너지 흡수 조향계 및 모델링

10.A.4 MDOIS를 이용한 안전띠 일체형 의자의 설계

앞서 언급한 바와 같이, 한 분야의 목적함수, 설계변수, 제한조건이 다른 분야들과 독립적이고 오직 연성변수만이 각 분야들간의 관계를 나타내는 문제에 MDOIS를 사용할 수 있다. 식 (10.A · 1)의 정식화는 이 조건을 만족하고 있으므로 안전띠 일체형 의자의 설계에 MDOIS를 적용한다.

[1] 연성변수 계산을 위한 시스템해석

시스템해석 단계는 연성변수를 구하기 위해 비선형 연립방정식을 푸는 것과 동일하다. 일반적으로 시스템해석 단계에서는 고정점반복법(fixed-point iteration method)이나 뉴턴-랩슨(Newton-Raphson)법을 사용한다. 그러나 실제 공학문제에서 이 방법을 적용하는 것이 어려울 때가 있다. 왜냐하면 대부분의 문제가 방정식으로 표현하는 것 자체가 불가능하기 때문이다.

안전띠 일체형 문제의 연성변수는 안전띠에 의한 하중과 등받이의 회전강성(혹은 힘-변형 곡선)이다. 수학적인 형태로 비선형방정식을 표현할 수 없기 때문에, 이 연성변수들의 값을 고정점반복법이나 뉴턴-랩슨법으로는 구할 수 없다. 따라서 다른 접근법을 시도해야 한다. 또한 시스템해석에 드는 비용을 가급적 줄이는 것도 중요하다. 한편 비선형 구조해석은 고가인 반면, 승객거동해석은 아주 저렴하기 때문에 비선형 구조해석의 횟수를 줄이는 것이 현실적인 대안이다. 그림 **10.A·4**는 연성변수인 안전띠에 의한 하중과 등받이의 회전강성을 결정하기 위해 수행하는 시스템해석의 흐름이다.

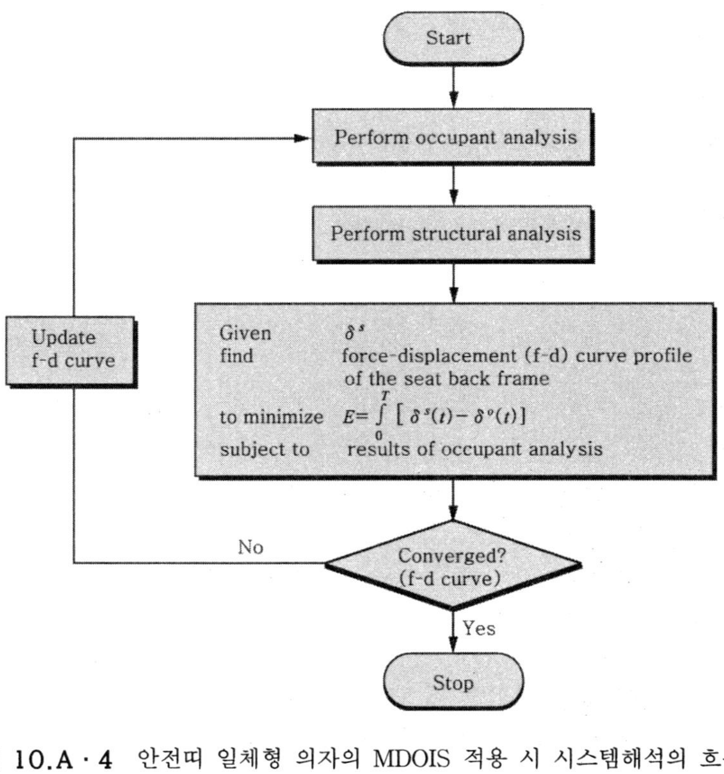

그림 10.A·4 안전띠 일체형 의자의 MDOIS 적용 시 시스템해석의 흐름도

그림 **10.A · 4**에서는 우선 구조해석에서 얻은 안전띠 장착점의 변위를 목표값(δ^s)으로 정한다. 그리고 승객거동해석에서 얻은 안전띠 장착점의 변위(δ^o)가 이 목표값이 되도록 등받이의 회전강성(힘-변위곡선)을 결정한다. 이 회전강성을 나타내는 힘-변위곡선의 개형은 이미 사전에 결정되어 있으므로 이것의 조절계수만으로 회전강성을 조절한다. 이에 대한 사항은 이미 **9.3**절에서 설명하였다.

구체적인 순서는 다음과 같다.

단계 1. 승객거동해석에서 등받이 회전강성의 힘-변형 곡선을 초기화한다. 등받이 회전강성은 그림 **10.A · 5** (a)에 모델링한 스프링-댐퍼의 강성이다.

단계 2. 승객거동해석을 수행하여 구조해석에서 사용할 안전띠에 의한 하중을 구한다.

단계 3. 그림 **10.A · 5** (b)에 보이는 구조해석을 통해 안전띠 장착점의 변위[$\delta^s(t)$]를 구한다. 하중조건은 단계 2에서 구한 것을 적용한다.

단계 4. 승객거동해석에서 얻은 안전띠 장착점의 변위[$\delta^o(t)$]를 단계 3에서 얻은 구조해석에서의 안전띠 장착점 변위[$\delta^s(t)$]와 일치시킬 수 있도록 식 (10.A · 2)와 같이 등받이의 회전강성을 나타내는 힘-변형 곡선을 결정한다.

Find scale factors of the predefined force-displacement curves (10.A · 2a)

to minimize $$E = \int_0^T \{\delta^s(t) - \delta^o(t)\}^2 \mathrm{d}t \qquad (10.A \cdot 2b)$$

subject to results of occupant anlysis (10.A · 2c)

단계 5. 힘-변형 곡선이 변하지 않는 수렴조건을 만족하면 멈추고 그렇지 않으면 단계 2로 간다.

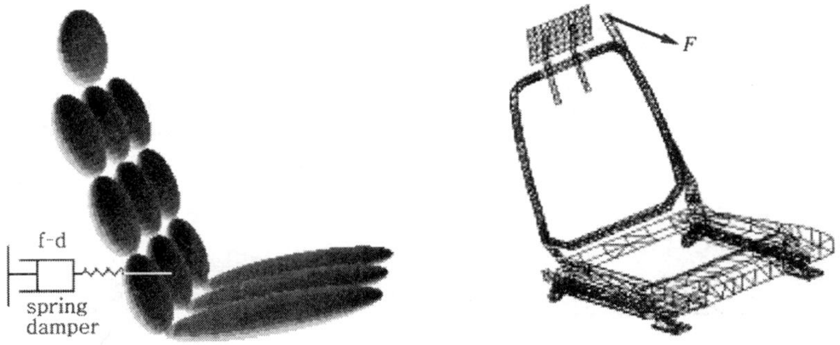

(a) 승객거동해석을 위한 의자의 모델링 (b) 구조해석을 위한 의자의 모델링

그림 10.A · 5 BIS의 각 분야에서의 모델링

위의 시스템해석이 수렴했을 때 얻는 것들은 연성변수들이다. 이들은 단계 2에서 계산한 안전띠에 의한 하중과 단계 4에서 결정한 등받이의 회전강성이다. 여기서 주목할 것은 단계 2에서 단계 5까지의 흐름에서 고가의 비선형 구조해석은 단 한 번 수행하고 저렴한 승객거동해석은 여러 번 수행한다는 점이다. 이렇게 하면 시스템해석의 비용을 절감할 수 있다.

첫 번째 사이클에서의 시스템해석 결과를 설명하면 다음과 같다. 승객거동해석의 결과를 **9.8**절에 소개한 반응표면법을 사용하여 명시함수로 근사화한다. 시스템해석은 5번의 반복으로 수렴하였다. 결정된 등받이의 회전강성과 안전띠에 의한 하중은 그림 **10.A · 6~10.A · 7**과 같다. 결정된 등받이의 회전강성은 승객거동해석분야로 전달되고, 안전띠 장착점의 변위(하중과 동일한 효과이다)는 구조해석분야로 전달되어 각 분야의 입력으로 사용된다.

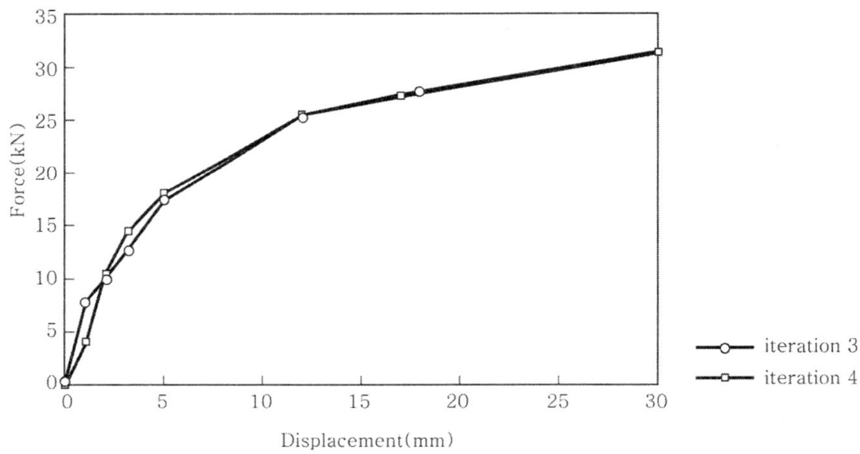

그림 10.A · 6 MDOIS의 첫 번째 사이클의 시스템해석에서 힘-변형 곡선의 변화 예

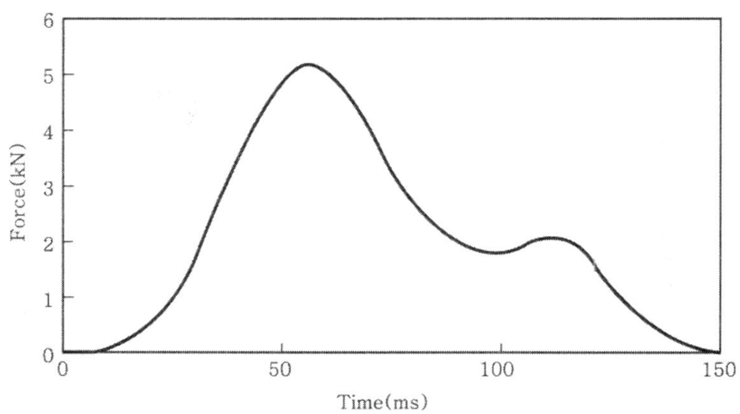

그림 10.A · 7 MDOIS의 첫 번째 사이클의 시스템해석에서 벨트 힘의 곡선

[2] 1번 분야 최적화(구조해석분야)

각 분야는 시스템해석에서 전달받은 연성변수값을 고정된 입력으로 하여 최적화를 독립적으로 수행한다. 각 분야의 정식화는 다음과 같다.

Given	belt load	(10.A · 3a)
find	b_s	(10.A · 3b)
to minimize	W	(10.A · 3c)
subject to	$g_1 = \Delta d_{\text{anchor}} \leq 200\text{mm}$	(10.A · 3d)

여기서 b_s는 구조물의 두께이다.

[3] 2번 분야 최적화(승객거동해석 분야)

Given	force-deflection curves for the seat back frame	(10.A · 4a)
find	b_o	(10.A · 4b)
to minimize	HIC	(10.A · 4c)
subject to	$g_2 = \Delta d \leq 120\text{mm}$	(10.A · 4d)
	$g_3 = HIC \leq HIC^o$	(10.A · 4e)
	$g_4 = G_{\text{chest}} \leq G^o_{\text{chest}}$	(10.A · 4f)

여기서 b_o는 각 곡선의 조절계수이다.

[4] 최적화 결과

각 분야가 독립적으로 각각의 목적함수를 최소화하기 때문에 식 (10.A · 1b)와 같은 가중치를 사용할 필요가 없다. 각 분야 최적화방법으로는 **9.8**절에서 언급한 반응표면근사법을 사용하였다. 각 해석에서 얻은 결과는 떨림이 많으므로 민감도 기반 최적화에 직접 이용하기 어렵다. 이 경우 실험계획법이나 기타 민감도에 기반하지 않은 설계법을 선택할 수 있다. 그러나 민감도 기반 최적화는 일단 정식화가 의미 있게 되어 있고 함수에 떨림이 없다면 매우 빠른 답을 준다. 따라서 여기서는 반응표면법을 사용하여 응답을 매끄럽게 근사화한 후, 근사화된 식으로 민감도 기반 최적화를 실시하였다.

설계해는 6사이클만에 수렴하였다. 그림 **10.A · 8**은 각 분야의 목적함수의 수렴이력이다. 목적함수값의 크기가 서로 다른 범위에 있기 때문에 초기치를 1로 정규화하였다. 그림

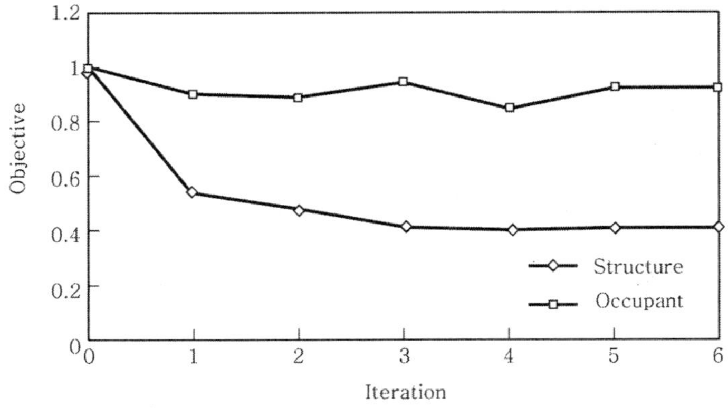

그림 10.A · 8 각 분야의 목적함수의 이력

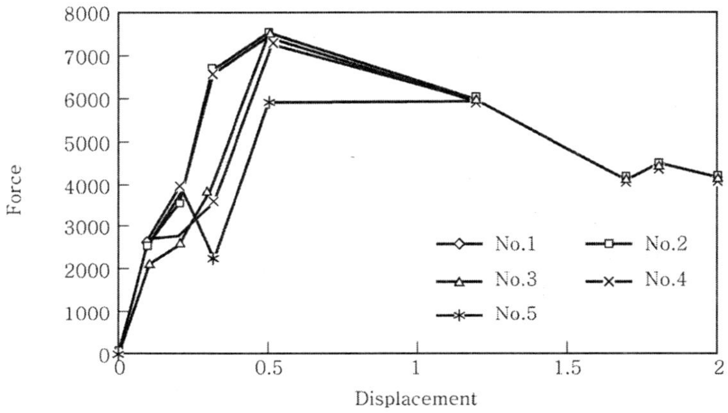

그림 10.A · 9 MDOIS의 사이클에 따른 회전강성 이력

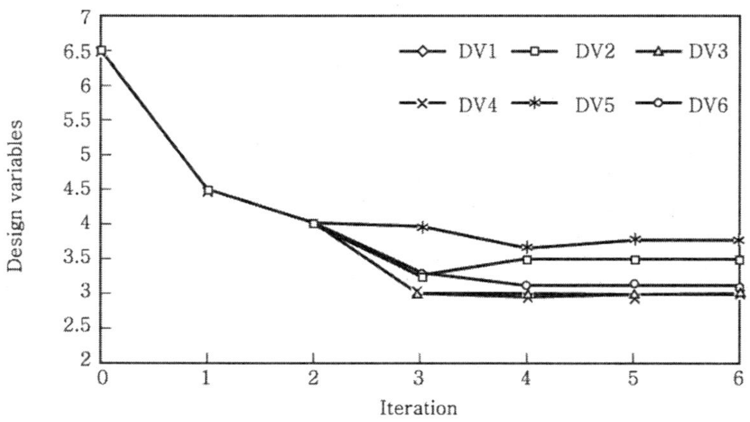

그림 10.A · 10 MDOIS의 사이클에 따른 의자에 대한 설계변수 이력

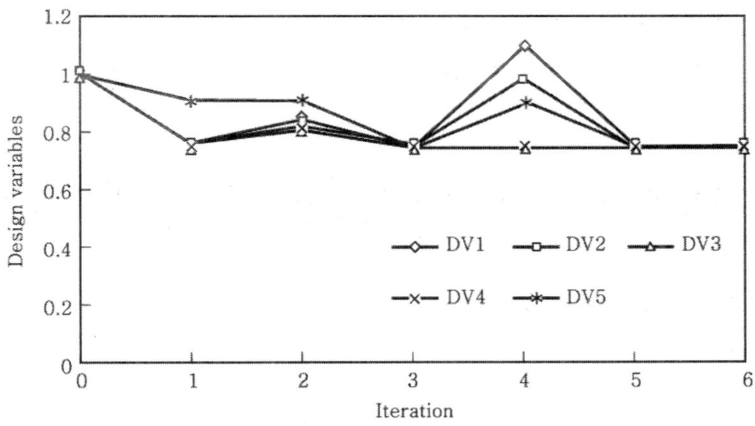

그림 10.A · 11 MDOIS의 사이클에 따른 승객거동분야에서의 설계변수 이력

표 10.A · 1 구조분야와 승객거동 분야의 설계변수

	Structure discipline	Occupant discipline
DV1	Thickness of the lower right recliner	Scale factor for the force-displacement curve of the shear capsule
DV2	Thickness of the upper right recliner	Scale factor for the force-displacement curve of the ball sleeve
DV3	Thickness of the upper left recliner	Scale factor for the force-displacement curve of the energy absorbing steering column
DV4	Thickness of the lower left recliner	Scale factor for the mass-flow rate of the airbag
DV5	Thickness of the left back frame	Scale factor for the force-displacement curve of the seat belt
DV6	Thickness of the right back frame	

10.A · 9는 등받이의 회전강성의 이력이다. 그림 10.A · 10~10.A · 11은 각 분야의 설계 이력이다. 자세한 설계변수에 대한 자세한 설명은 표 10.A · 1에 있다. 그림 10.A · 11에서 승객거동해석 분야의 모든 설계변수가 0.75로 수렴하였는데, 이는 최적해가 설계변수의 하한치에 도달했기 때문이다. 설계 결과 승객의 머리 상해치와 의자의 중량을 동시에 줄이면서 주어진 제한조건을 모두 만족하였다.

10.A.5 요 약

다분야통합최적설계방법론의 하나인 MDOIS를 차량의 충돌을 고려한 안전띠 일체형 의자를 설계하는 데에 적용하였다. 원래의 MDOIS에서는 시스템해석이나 민감도해석 등이 수학적으로 정의되어 있다. 그러나 실제문제를 해결할 때는 설계자가 현실성을 감안하여 알맞게 각종 근사법 등을 이용할 수 있다. 이는 본문에 언급한 사항과 일치하는 사항이다.

10.B 다분야통합최적설계방법을 활용한 박판주조롤의 설계

10.B.1 문제의 설명

쌍롤형 박판주조공정은 8.2절에 자세히 설명하였다. 이것을 도식화한 것이 그림 8・2에 있다. 8.2절에는 열응력을 감안한 최적화가 기술되어 있는데 용강으로부터 전달되는 열량을 상수로 간주하였다. 그리고 열량으로부터 열응력을 계산하고 이를 바탕으로 롤을 설계하였다. 따라서 단분야최적화가 적용되었다.

실제의 쌍롤형 박판주조공정에서는 용강으로부터 롤에 전달되는 열량이 상수가 아니다. 열량은 용강의 상태에 따라 다르다. 즉, 용강을 만드는 각종 변수에 따라 열량이 다르게 된다. 이러한 열량 하에서 롤의 설계를 바꾸면, 열전달의 상태가 달라지고 결과적으로 용강의 상태도 변한다. 따라서 전달되는 열량이 변하게 된다. 용강의 상태와 롤의 해석 및 설계가 연성되어 있으므로 이는 전형적인 다분야통합최적설계의 예이다.

위의 문제에 다분야통합최적설계를 적용한다. 박판구조롤에 관한 해석은 용융금속의 응고 및 유동해석과 주조롤의 열응력해석으로 나눌 수 있다. 그리고 각 해석분야에 독립적으로 설계문제를 정의한다. 두 분야의 관계는 간단한 1차원 열확산 해석(thermal diffusion analysis)으로 규정할 수 있으며, 이를 연성변수를 계산하는 시스템해석으로 사용한다. 각 분야의 설계가 독립적이므로 다분야통합최적설계에는 MDOIS(multidisciplinary design optimization based on independent subspaces)를 사용한다.

10.B.2 용융금속의 응고 및 유동해석

박판주조공정에서는 용융금속과 주조롤이 접하는 매우 짧은 시간 안에 적정 응고셀이 형성되어야 하기 때문에 롤 표면을 통한 열유속이 일반 연주를 통한 열유속에 비해 약 4~6배 정도 크다. 따라서 박판주조공정에서는 미소한 외부 교란(disturbance)도 주조롤에 많은 영향을 미친다. 외부 교란 인자로는 용강 불균일 공급, 롤 표면에서 형성되는 가스 불균일성, 탕면높이 불안정성, 주조 중 용융금속의 공급온도 등이 있다.

이러한 여러 인자들 가운데 노즐과 관련된 것으로는 용강 불균일 공급, 스컬(skull) 및 스컴(scum) 혼입, 그리고 탕면 높이 불안정성이 있다. 스컬은 탕면에서의 산화물질이고 스컴은 탕면에서의 화학물질인 찌꺼기이다. 그러나 이들은 최적화 과정에서 감안하지 않는다. 응고와 관련된 것은 주조롤의 회전속도와 용융금속의 공급온도이다. 노즐과 관련된 외부 교란을 최소화하기 위해서는 탕면 안정화와 롤 폭 방향으로 균일한 용강이 공급될 수 있도록 용융금속을 안정되게 공급해야 한다. 그리고 탕면 및 에지댐(edge dam) 근처 지역에서 스컬 생성이 최대한 억제되어야 한다. 여기서는 주조롤의 설계와 관련된 인자만 고려하였다. 계산의 간략화를 위해 주조롤과 노즐 폭이 같다고 가정하였다. 여기서 폭은 그림 **10.B · 1**에서 z방향 폭이다.

박판주조공정은 온도와 유동이 비선형적으로 결합된 복잡한 난류적 특성을 보이는 시스템으로서, 이 현상을 모사하기 위해서는 응고 모델이 결합된 비압축성 Navier-Stokes 방정식을 풀어야 한다. 용융금속의 난류성을 모사하기 위해서 $k-\varepsilon$난류 모델을 이용하여 난류운동에너지(K), 난류운동에너지소산율(ε_1)에 대한 방정식을 추가로 풀어야 한다. 난류전달방정식을 풀 때도 고체 분야에서는 K, ε_1의 값이 영(zero)이 되도록 운동량방정식에서 사용하는 것과 유사한 감쇠항을 고려하며 이를 원천항(source term)으로 처리하였다. 그림 **10.B · 1**은 유동해석을 위한 모델로서 y-z면에 대칭이다.

용융금속 공급구의 공급속도는 균일하다고 가정하였다. K 및 ε_1의 초기값은 연주에서 일반적으로 사용하는 식 (10B · 1)을 적용한다.

$$T_{in} = \text{temperature of molten steel}(℃) \quad (10.B \cdot 1a)$$

$$V_{in} = Q_{out}/(\rho \times A_{in}) \quad (10.B \cdot 1b)$$

$$K_{in} = 0.01 \times V_{in}^2 \quad (10.B \cdot 1c)$$

$$\varepsilon_{in} = K_{in}^{1.5}/D_{in} \quad (10.B \cdot 1d)$$

여기서 Q_{out}, A_{in}, D_{in}은 각각 용융금속의 유량(kg/s), 용융금속 토출구 면적 및 특정길이(mm)이다.

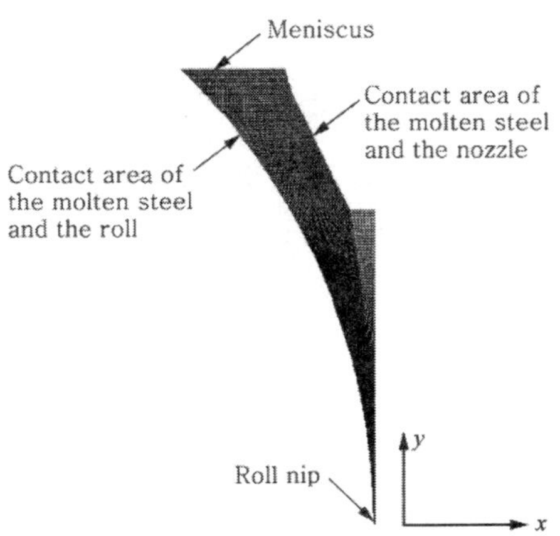

그림 10.B · 1 y-z 면에 대칭인 용강 단면의 해석 모델

그림 **10.B · 1**의 롤 닙에서 주조 방향으로 전도에 의한 열전달량은 주조롤 표면으로의 열전달량에 비해 무시할 정도로 작다. 따라서 온도에 대해서 단열 경계조건을 사용하며 그 외 경계조건은 식 (10.B · 2)와 같다.

$$\frac{\partial T}{\partial y} = \frac{\partial V_y}{\partial y} = \frac{\partial K}{\partial y} = \frac{\partial \varepsilon_l}{\partial y} = 0 \tag{10.B · 2a}$$

$$V_x = 0 \tag{10.B · 2b}$$

여기서 T, V는 각각 주조온도, 주조속도이다. 주조롤 표면에서는 용융금속의 슬립이 없다고 가정한다. 그리고 주속에 따른 주편 두께 및 열유속(heat flux) 관계에는 다음의 실험식을 이용한다.

$$D = C \times t^a \tag{10.B · 3a}$$

$$HF = h(T_{\text{strip}} - T_{\text{roll}}) \tag{10.B · 3b}$$

여기서 D, HF, t, T_{strip}, T_{roll}, h는 각각 주편두께(mm), 열유속(W/mm^2), 용융금속과 주조롤의 접촉시간, 주변의 온도, 롤의 온도, 열전달계수(W/mm^2℃)이다. C와 a는 상수이다.

탕면은 편평하다고 가정한다. 탕면에서 형성되는 용융금속의 곡률 형상 및 크기는 용융금속의 점도 및 밀도, 주조롤 속도 등에 크게 좌우된다. 탕면을 불활성 상태로 유지할 목적으로 탕 내로 공급되는 가스에 의해 가스와 용융금속 사이에는 전단력이 존재하지만 그 힘이 작기 때문에 계산에서는 무시한다. 따라서 탕면이 자유표면이라고 가정한다. 탕면에서의 열방출의 대부분은 복사에 의해서 일어난다고 가정하며 가스에 의한 대류 열전도 효과는 무시한다. 탕면에서의 열방출에는 다음 식을 사용한다.

$$\frac{\partial V_x}{\partial y} = 0 \tag{10.B · 4a}$$

$$V_y = 0 \tag{10.B · 4b}$$

$$Q_{\text{surface}} = \sigma_s \varepsilon_s (T^4 - T_a^4) \tag{10.B · 4c}$$

여기서 T_a, σ_s, ε_s는 각각 대기온도(℃), 스테판-볼쯔만 상수(W/mm^2℃^{4}), 용융금속의 방사율이다. 한편 노즐과 용융금속과의 경계조건은 다음 식을 이용한다.

$$\frac{\partial T}{\partial \mathrm{n}} = 0 \tag{10.B · 5a}$$

$$V_x = V_y = 0 \tag{10.B · 5b}$$

여기서 n은 노즐 표면에 수직한 방향 단위 벡터이다.

계산은 주조롤 설계에 영향을 미치는 인자들을 중심으로 수행한다. 용융금속의 공급온도와 탕면 높이, 노즐에서의 토출속도 및 노즐의 형상을 결정하고 용융금속의 유동을 해석한다. 유동해석으로부터 용융금속의 흐름과 온도 등을 알 수 있으며 주조롤과 접촉하는 부분에서는 응고셀의 형성을 알 수 있다. 응고셀의 형성은 용융금속의 유동해석에서 가장 중요한 과정이다. 계산에 사용된 용융금속의 물성치 및 주요 치수는 표 **10.B · 1**에 있다.

표 10.B · 1 수치계산에 사용된 물성치 및 주요 치수

Liquidus temperature(℃)	1450
Solidus temperature(℃)	1399
Specific heat(J/kg · ℃)	703
Thermal conductivity(W/mm · ℃)	3.0×10^{-2}
Density(kg/mm^3)	7.266×10^{-6}
Thermal expansion coefficient(/℃)	6.6×10^{-5}
Latent heat(J/kg)	2.6×10^{-5}
Emissivity of molten steel	0.8
Morphology constant	1.0×10^{4}
Roll diameter(mm)	1250
Roll width(mm)	1300
Viscosity(kg/mm · sec)	5.0

10.B.3 주조롤 열전달 및 열응력 해석

박판주조공정과 비슷한 종래의 압연공정에서는 압연롤 자체에 가해지는 외력이 크기 때문에 롤의 편평화 현상, 롤의 굽힘 및 전단현상 등이 나타난다. 그러나 박판주조공정에서는 주편이 롤 닙 부근에서 응고가 완료되기 때문에 롤에 가해지는 반발력이 크지 않다. 따라서 압연에 의한 물리적인 외력이 롤의 응력분포에 크게 영향을 미치지 않는다. 그러므로 물리적인 외력은 무시하고 주조롤 표면의 열응력의 영향을 중심으로 검토한다.

주조롤의 열전달과 열탄성해석을 위해서는 **8.2**절과 같이 그림 **8 · 4**의 한 부분만을 고려한다. 열탄성해석은 주조롤 표면부분에서는 반경방향으로 변형이 발생하며 원주방향과 내부의 경계면은 모두 변형이 되지 않는 조건을 사용한다. 온도를 계산할 때에는 주조롤 표면부를 제외한 나머지 면에 단열조건을 사용한다. 그리고 용융금속과 접촉하는 부분은 일정량의 열량을 흡수하고 접촉하지 않는 부분은 대기로 복사되는 조건을 사용한다. 주조롤 내부 냉각수 구멍의 열전달계수값은 냉각수 구멍의 형상 및 냉각수 유속, 온도 등을 고려한 Dittus-Boelter 식으로부터 구한다. 관 형태에서 열전달 계수는 다음과 같다.

$$\frac{h_w d}{k_w} = 0.023\left(\frac{\rho_w v_w d}{\mu_w}\right)^{0.8}\left(\frac{C_{pw}\mu_w}{k_w}\right)^{0.4} \tag{10.B · 6}$$

여기서 h_w는 냉각수의 열전달계수(W/mm^2), ρ_w는 냉각수 밀도(kg/mm^3), μ_w는 냉각수 점도(kg/mm · s), v_w는 냉각수 속도(mm/s), C_{pw}는 냉각수 비열(kg/mm^2), k_w는 냉각수 열전도도(W/mm℃), d는 냉각수 구멍 지름(mm)이다.

10.B.4 주조롤 설계에 MDOIS의 적용

[1] 다분야통합최적화를 위한 문제 정의

분야를 해석 도구에 의해 구조분야와 용융금속의 유동 및 응고 분야로 나누고 각 분야에서 해석 및 설계를 실시한다. 연성변수는 시스템해석에서 계산하고 시스템해석에서 나온 결과가 각각의 분야에 대한 해석의 전달된다. 그리고 각 분야는 독립된 설계변수와 제한조건으로 목적함수를 최소화한다. 이 과정을 수렴할 때까지 반복한다.

MDOIS 방법은 여러 개의 작은 설계문제로 분해하는 과정에서 목적함수도 분해되어 각 분야의 목적함수의 합은 원래 문제의 목적함수와 같다. 제한조건과 설계변수는 하나의 분야에만 속한다. 주조롤의 문제는 각 분야의 목적함수를 독립적으로 정의할 수 있는 다목적함수 문제이다. 그리고 각 분야에는 고유의 제한조건이 있다. 각 분야의 최적화에는 상용소프트웨어인 ANSYS의 최적화 모듈을 이용한다(ANSYS, 2004).

[2] 시스템해석

본 문제의 시스템해석에서는 일차원 해석을 통한 열확산해석(thermal diffusion analysis)으로 연성관계가 있는 열하중값을 구한다. 그림 **10.B · 2**와 같이 일차원 그리드를 이용하여 주조롤의 회전을 고려하고 용융금속의 온도를 계산한다. 이로부터 주편의 온도와 주

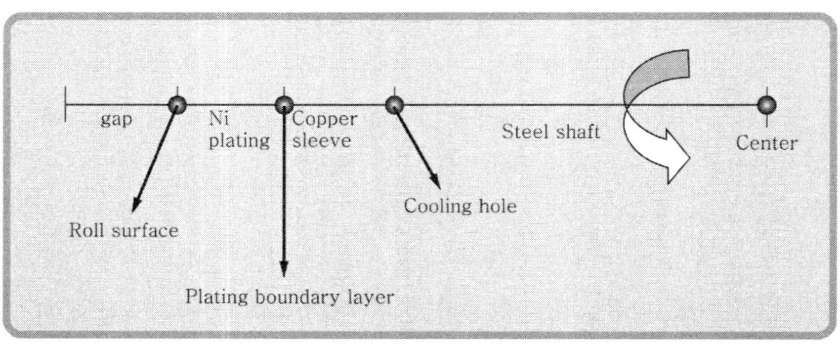

그림 10.B · 2 일차원 해석을 이용한 시스템해석

조롤 표면온도를 계산할 수 있다. 또한 일차원 해석에서는 열전달계수값을 이용하는데 열전달계수는 주조속도에 의존한다. 열전달 계수는 실험을 통해 얻은 값을 사용한다.

열확산해석의 계산 결과는 주조롤 표면온도와 주편 표면온도이다 이 결과를 이용하여 열유속(heat flux)을 산출하고 이를 각 분야에 입력으로 전달한다. 시스템해석에 필요한 입력값은 각 분야에서의 최적화 결과이다. 시스템해석의 입력값은 냉각수 구멍 위치, 냉각수 구멍 크기, 니켈 도금두께, 주조속도, 용융금속의 공급온도, 용융금속의 높이로서 각 분야의 설계변수값들이다.

[3] 1번 분야 최적화(용융금속 유동해석 분야)

유동 및 응고해석 분야에서는 판재의 생산성을 최대로 하는 것이 목적이다. 용융금속의 공급온도, 용융금속의 높이 및 주조속도와 같은 주조변수가 설계변수이며 주조롤에서 빠져나오는 출구의 판재온도가 제한조건이다.

이에 대한 최적화 정식은 다음과 같다.

Given	Heat flux	(10.B · 7a)
find	$V,\ T_{in},\ H_L$	(10.B · 7b)
to maximize	Productivity($V \times$strip thickness)	(10.B · 7c)
subject to	$T_l \leq T_c \leq T_u$	(10.B · 7d)
	$T_l \leq T_s \leq T_u$	(10.B · 7e)

여기서 V는 주조속도(m/s), T_{in}는 용융금속의 공급온도(℃), H_L은 용융금속의 높이(mm)이다. T_c와 T_s는 롤 닢의 중심과 표면에서의 온도이고 T_l과 T_u는 온도의 하한치와 상한치이다.

[4] 2번 분야 최적화(주조롤의 구조해석 분야)

주조롤 구조 분야에서는 주조롤의 형상을 최적화한다. 설계변수는 주조롤의 냉각을 위해 주조롤의 냉각수 구멍의 크기와 구멍 위치, 냉각수 구멍수, 주조롤의 니켈 도금두께 등이다. 목적함수는 주조롤의 표면온도이다. 온도는 주조롤의 응력과 밀접한 관계가 있다. 주조롤의 온도가 낮아지면 주조롤의 표면응력이 낮아진다. 그리고 주기적인 하중을 받더라도 온도편차가 작아지므로 주조롤의 수명이 연장된다. 주조롤의 냉각과 가장 많이 관련된 변수들은 냉각수 구멍과 니켈 도금두께이다. 응력과 변형률, 반경방향 롤의 변위, 냉각수 구멍간의 거리가 제한조건이다. 또한 냉각수 구멍이 표면에 너무 가까우면 표면 변위가 냉각수 구멍이 없는 부위보다 팽창이 적게 되어 구불구불하게 되는 변형이 발생한다. 따라서 각 부위별 변위 차이도 제한조건이 된다.

이를 정식화하면 다음과 같다.

Given	Heat flux	(10.B · 8a)
find	d, PCD, num, T_{Ni}	(10.B · 8b)
to minimize	T_s	(10.B · 8c)
subject to	$\sigma \le \sigma_{\text{allowable}}$	(10.B · 8d)
	$\varepsilon \le \varepsilon_{\text{allowable}}$	(10.B · 8e)
	$\delta \le \delta_{\text{allowable}}$	(10.B · 8f)
	$\Psi_{\text{L}} \le \Psi \le \Psi_{\text{U}}$	(10.B · 8g)
	$1.5d \le \text{hole interval} \le 2.5d$	(10.B · 8h)

여기서 d는 냉각수 구멍의 지름(mm), PCD는 냉각수 구멍의 위치(mm), num은 냉각수 구멍수, T_{Ni}는 도금두께(mm), σ는 응력, δ는 지름 방향의 변위(mm), Ψ는 근접한 절점의 반지름 방향 변위 차이(mm)이다.

10.B.5 최적화 결과

박판주조용 주조롤의 직경은 크다. 그 이유는 충분한 크기의 용융금속풀(pool)을 형성하여 용융금속과 주조롤의 접촉면적을 크게 하기 위해서이다. 박판주조공정에서 주조롤은 연속주조에서의 몰드(mold)의 역할과 압연에서의 롤의 역할을 동시에 수행한다. 그러므로 롤의 몰드 역할 관점에서 주조롤의 냉각수 구멍에 의한 냉각성능이 매우 중요하다. 또한 압연롤의 역할 관점에서 보면 주조롤의 변형 및 열팽창이 매우 중요하다. 그리고 주조롤에 열부하를 가하는 용융금속의 유동 및 응고는 주조변수 설정에 중요한 역할을 한다. 주조롤의 구조해석과 용융금속의 유동해석은 설계 과정이나 실제 주조에서 밀접한 관계를 가지며 서로 영향을 미친다. 주조롤을 설계하는 데에 연성관계를 이용하여 큰 설계문제를 여러 개의 작은 설계문제로 분해하고 각 문제들에 대해 독립적으로 설계를 수행하는 MDOIS를 적용한다.

주조롤에서는 냉각성능에 의해 유동 및 응고 양상이 달라진다. 용융금속의 유동 및 응고는 주조롤에 열부하를 전달하고 주조롤의 응력 및 변형, 주조롤의 표면온도에 막대한 영향을 준다. 열의 흐름은 용융금속에서 주조롤로 전해지므로 주조롤과 용융금속 사이에 부여되는 열부하값이 서로 연관된다. 그러므로 이 변수를 시스템해석에서 구하고 그 결과가 각의 분야의 입력값이다. 부여된 입력값에 의해 각 분야에서는 각기 최적화를 수행하고 수행한 결과를 다시 시스템해석으로 보내는 과정을 반복하여 최종 수렴된 값을 얻는다.

최적화가 진행되면서 식 (10.B · 7)의 결과가 표 **10.B · 2**에 있다. 표의 결과는 정규화한 값이다. 주조속도는 빨라지며 용융금속의 공급온도는 낮아진다. 용탕의 높이는 초기치에서 약간 낮아진다. 식 (10.B · 8)의 결과가 표 **10.B · 3**에 있다. 설계 결과 초기설정값에 비해 많은 변화가 있다. 냉각수 구멍의 크기는 30% 이상 증가하며, 위치는 약 1.6% 정도 증가한다. 냉각수 구멍의 수는 21% 감소한다. 열장벽 역할을 하는 표면니켈 도금의 두께는 거의 50% 감소한다. 주조롤 표면온도의 최소를 위한 설계변수들 중에서 가장 큰 영향을 미치는 것은 니켈 도금의 두께이며 구멍의 크기가 매우 중요하다. 각 분야의 최적설계 결과, 목적함수의 변화가 그림 **10.B · 3**에 있다. 4사이클만에 목적함수가 수렴했다.

표 10.B · 2 응고 및 유동해석 분야의 설계변수 이력

	Initial	Cycle 1	Cycle 2	Cycle 3	Cycle 4
V(m/s)	1.0	1.196	1.151	1.19	1.19
T_{in}(℃)	1.0	0.975	1.964	0.973	0.97
H_L(mm)	1.0	1.044	0.904	0.838	0.98

표 10.B · 3 구조해석 분야에서의 설계변수 이력

	Initial	Cycle 1	Cycle 2	Cycle 3	Cycle 4
d(mm)	1.0	1.52	1.46	1.46	1.33
PCD(mm)	1.0	1.016	1.015	1.015	1.016
num(ea)	1.0	0.796	0.783	0.788	0.788
T_{Ni}(mm)	1.0	0.645	0.655	0.635	0.54

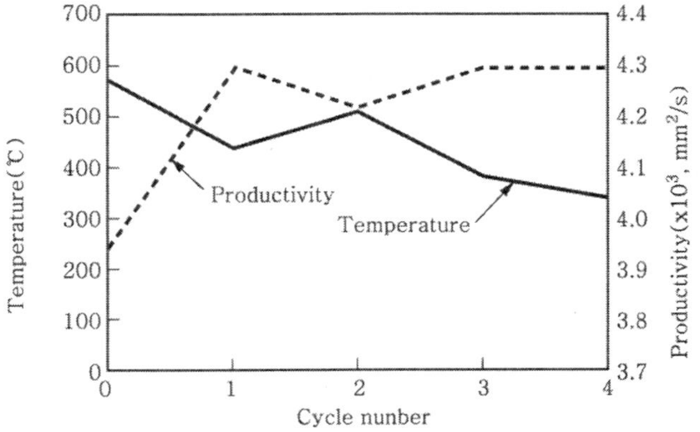

그림 10.B · 3 목적함수 이력

10.B.6 요 약

박판주조에는 여러 분야가 복합적으로 관련되어 있다. 전체 시스템 내에는 설계변수들이 복잡하게 얽혀 있어 서로 다른 분야의 설계에 영향을 준다. 기존에는 각 분야별로 독립적으로 설계하였다. 그중 한 예가 **8.2**절에 있다. 여기서는 다분야통합최적설계를 적용했으며 그 결과 다음과 같이 요약된다.

(1) MDOIS를 이용하여 박판주조 시스템에서 주조롤과 용융금속간의 연성관계를 알아내고 이를 분해하였다.

(2) 시스템해석에서 연성변수는 열유속 값으로 접촉면에 따라 값이 변하고 롤 닙 쪽으로 가면 갈수록 열유속이 높아진다.

(3) 용융금속의 최적화에서 생산량을 최대로 하기 위한 주조변수인 속도, 공급온도, 그리고 용융금속 높이의 최적점을 찾았다.

(4) 주조롤의 형상이 초기설정값에 비해 냉각수 구멍크기는 33% 증가하며 냉각수위치는 1.6%의 증가하고 냉각수 구멍수는 21% 감소한다.

(5) 주목할 점은 연성을 감안한 결과는 **8.2**절의 결과와 다르고 더 정확하다는 것이다.

찾 아 보 기

(ㄱ)

(ㅇ)

(ㅈ)

(ㅊ)